Die Gebläse.

Bau und Berechnung

der

Maschinen zur Bewegung, Verdichtung und Verdünnung der Luft.

Von

Albrecht von Ihering,
Kaiserlicher Regierungsrat, Mitglied des Kaiserlichen Patentamtes,
Dozent a. d. Kgl. Friedrich Wilhelms-Universität zu Berlin.

Mit 522 Textfiguren und 11 Tafeln.

Zweite, umgearbeitete und vermehrte Auflage.

Berlin.
ag von Julius Springer.
1903.

ISBN-13: 978-3-642-98535-5 e-ISBN-13: 978-3-642-99349-7

DOI: 10.1007/978-3-642-99349-7

Reprint of the original edition 1903

Vorwort zur ersten Auflage.

Indem ich das vorliegende Buch über „Gebläse“ der Öffentlichkeit übergebe, sehe ich mich zunächst genötigt, auf eine kaum zu vermeidende Ungenauigkeit des Titels hinzuweisen. Eine Schrift, welche die Maschinen zur Ortsveränderung der Luft zum Gegenstand ihrer Betrachtungen hat, darf die in neuerer Zeit zur ausgedehntesten Anwendung gelangten Maschinen zur Verdichtung und Verdünnung der Luft, die Luftkompressoren und Luftpumpen oder Vakuumpumpen nicht unberücksichtigt lassen. Da dieselben jedoch weder ihrem Zwecke noch dem Sprachgebrauch gemäss zu den Gebläsen zu rechnen sind, so habe ich die Unzulänglichkeit des Haupttitels durch den Nebentitel „Bau und Berechnung der Maschinen zur Bewegung, Verdichtung und Verdünnung der Luft“ zu beseitigen versucht.

Eine weitere Schwierigkeit lag in der Einteilung des Stoffes.

Während die Kompressoren und Luftpumpen ihrer Wirkungsweise und Bauart nach zu den Cylinder-Gebläsen zu rechnen sind und als Unterabteilung derselben zu behandeln gewesen wären, zog ich es vor, dieselben in besonderen Kapiteln zu erledigen, um nicht durch ein zu weit gegliedertes Schema, wie es sich im ersteren Falle ergeben hätte, die Übersichtlichkeit zu beeinträchtigen. Auch bezüglich der Schraubengebläse ist ähnliches zu bemerken. Dieselben gehören streng genommen ihrer Wirkungsweise nach zu den Kolbengebläsen mit fortwährend umlaufendem Kolben oder Kapselgebläsen, indessen lässt sich auch gegen das Zusammenfassen mit diesen manches geltend machen, weshalb ich auch hier eine Lostrennung von der an sich schon so umfangreichen Klasse der Kolbengebläse aus demselben Grunde wie bei den Luftkompressoren für wünschenswert hielt. Dass durch beide Anordnungen das strenge Ordnungsgefühl manches Lesers vielleicht verletzt werden wird, muss ich wohl zugestehen, indessen hoffe ich, auch hierbei auf Nachsicht rechnen zu dürfen.

Was die Bezeichnung der einzelnen Klassen anbetrifft, so habe ich für die auf der Centrifugalkraft beruhenden Gebläse die Bezeichnung Schleudergebläse oder Ventilatoren angewandt, den letzteren Ausdruck jedoch nicht, wie es häufig noch geschieht, auch für die Kapselgebläse beibehalten. Die gleichfalls noch vielfach gebräuchliche Bezeichnung Ejektoren habe ich durch das Wort „Strahlgebläse“ ersetzt.

Für die Beibehaltung des Wortes „Kompressoren“ bedarf es wohl keiner Rechtfertigung, da dasselbe sich ebenso gut wie das Wort Expansion derartig in den technischen Sprachgebrauch eingebürgert hat, dass ein Überbordwerfen desselben den Ausdruck nur erschweren würde.

Der vereinzelten Wiedergabe älterer Konstruktionen lag die Absicht zu grunde, einen Vergleich derselben mit dem gegenwärtig Gebräuchlichen zu ermöglichen und hierdurch für die weitere Ausbildung der betreffenden Maschinenklassen einigen Anhalt zu gewähren. Wenn auch einige wenige, kaum empfehlens- und nachahmungswerte Konstruktionen aufgenommen sind, so geschah es in der Erwägung, dass auch der Nachweis, welch falsche Bahnen der erfinderische Geist zuweilen einschlägt, lehrreich ist und vor ähnlichen Fehlern zu bewahren vermag.

Bei der Behandlung der Ventilatoren war mein Augenmerk vor allem auf das Sammeln und die Wiedergabe von Versuchsergebnissen gerichtet. Die Ergebnisse zahlreicher, mit den verschiedensten Ventilatoren angestellter Versuche sind in vielen in- und ausländischen Fachzeitschriften derartig zerstreut zur Veröffentlichung gelangt, dass es mir wünschenswert erschien, sie zusammenzufassen und aus ihnen das Gemeinsame und Charakteristische hervorzuheben, um einmal in diesen Werten für die Untersuchung anderer eine gewisse Grundlage zu liefern, sodann aber auch durch möglichst genaue Wiedergabe der Art und Weise der Ausführung der Versuche für die Vornahme neuer Versuche einige Anleitung zu geben und endlich durch den Hinweis auf die vielfach zutage tretenden Ungenauigkeiten und Unvollständigkeiten der gefundenen Werte die unbedingte Notwendigkeit fortgesetzter wissenschaftlicher Versuche hervorzuheben.

Während es ursprünglich in meiner Absicht lag, die vielfachen Anwendungen der verdichteten oder verdünnten Luft, wenn auch nur im allgemeinen, mit zum Gegenstand der Behandlung zu machen, so musste ich hiervon, abgesehen von verschiedenen anderen Gründen, schon aus Rücksicht auf den mir gesteckten Rahmen Abstand nehmen.

Bei der Ableitung der Gleichungen zur Berechnung der Gebläse im zweiten Teil dieser Schrift war ich überall bestrebt, dieselbe mit den Hilfsmitteln der niederen Mathematik durchzuführen, um auch jenen Lesern, welchen die höhere Mathematik nicht geläufig ist, das Verständnis zu ermöglichen, indem ich hierin dem von Weisbach-Herrmann in dem Lehrbuche der Ingenieurmechanik gegebenen Beispiele Folge leistete. Nur dort, wo eine Entwickelung mit Hilfe der niederen Mathematik entweder gar nicht oder nur auf grossen Umwegen zum Ziele geführt hätte, bediente ich mich der Methoden der höheren Mathematik.

Durch das möglichst bis auf die neueste Zeit vervollständigte Literaturverzeichnis hoffte ich allen denen, welche eingehende Studien über bestimmte Maschinen zu machen gewillt sind, dienlich sein zu können.

Schliesslich darf ich es nicht unterlassen, allen jenen Firmen und Fachgenossen, welche mich durch die Zusendung von Zeichnungen und Versuchsergebnissen und sonstige Mitteilungen in bereitwilligster Weise unterstützt haben und der Verlagsbuchhandlung für ihr höchst dankenswertes Entgegenkommen bezüglich der vortrefflichen Ausstattung des Buches meinen aufrichtigsten Dank zu sagen.

Möchte mein Buch allen, welche sich über die Maschinen zur Bewegung der Luft zu unterrichten wünschen, von Nutzen sein können und eine freundliche und nachsichtige Beurteilung der Fachgenossen finden!

Aachen, den 28. Mai 1893.

Albrecht von Ihering.

Vorwort zur zweiten Auflage.

Bereits im Sommer des Jahres 1900 erhielt ich seitens der Verlagsbuchhandlung die Mitteilung, dass eine neue Auflage meines Buches über die „Gebläse“ erforderlich sei, jedoch war es mir teils infolge meiner amtlichen Tätigkeit, teils infolge der Arbeit an der zweiten Auflage eines anderen, von mir herausgegebenen Buches nicht möglich, das Erscheinen der vorliegenden zweiten Auflage soweit zu beschleunigen, dass ich hätte verhindern können, dass mein Buch längere Zeit vergriffen war. Ich hoffe, dass ich durch die wesentliche sachliche Erweiterung und Ergänzung meines Buches bis zur allerneuesten Zeit, welche ich mir angelegen sein liess, für die lange Verzögerung des Erscheinens Entschuldigung finden werde.

Um den Umfang des Buches gegen die erste Auflage nicht zu sehr zu erweitern, war ich genötigt, den für die Aufnahme der grossen Anzahl neuer, seit der ersten Auflage ausgeführter Konstruktionen auf dem Gebiete der Gebläsemaschinen, Luftkompressoren und Ventilatoren erforderlichen Raum durch Fortlassen eines grossen Teiles älterer und veralteter Ausführungen zu gewinnen.

Völlig neu ist das Kapitel der erst seit etwa 6 Jahren in der Praxis in stetig zunehmendem Masse zur Anwendung gelangten „Hochofengas-Gebläsemaschinen“. Neu aufgenommen ist ferner das Kapitel der hydraulischen Kompressoren oder Wasserdruckkompressoren, sodann die mannigfaltigen Konstruktionen von neueren Luftkompressoren mit Federventilen, mit rückläufigen Ventilen, mit Kolbenschiebersteuerungen und der zahlreichen neueren Ausführungen von Kondensatorluftpumpen.

Auf dem Gebiete der Ventilatoren sind besonders die Konstruktionen von Rateau mit Antrieb durch Dampfturbinen, von

Davidson und Mortier zu nennen, welche völlig neu hinzu gekommen sind und eine eingehende Behandlung erfahren haben.

Wie auch schon bei der ersten Auflage war es auch jetzt mein Bestreben, durch die Wiedergabe möglichst reichhaltigen Versuchsmaterials, soweit es mir zur Verfügung stand, dem Leser zu ermöglichen, sich von der Leistungsfähigkeit der einzelnen Konstruktionen ein Bild zu machen und aus dem Versuchsmaterial weitere Schlüsse zu ziehen.

Der theoretische Teil wurde wesentlich gekürzt und einzelne Kapitel, so dasjenige über die Berechnung der vorteilhaftesten Kondensatorspannung und dasjenige über die Berechnung der Schwungräder als entbehrlich ganz fortgelassen.

Da ich es mir zur Pflicht gemacht habe, bei der Wiedergabe im Texte stets die Literatur zu erwähnen, um ein ausführliches Studium in den Originalveröffentlichungen zu ermöglichen, so konnte das Literatur-Verzeichnis, welches vom Jahre des Erscheinens der ersten Auflage bis zur Gegenwart weiter geführt wurde, sich auf die Wiedergabe der wichtigsten Veröffentlichungen beschränken. Dasselbe ist ja auch eigentlich mehr oder weniger entbehrlich geworden, seitdem in fast allen technischen Zeitschriften, so der Zeitschrift für das Berg-, Hütten- und Salinenwesen im preussischen Staate, der Zeitschrift des Vereins deutscher Ingenieure, der Zeitschrift für komprimierte Gase, und anderen seit Jahren ausführliche Literaturübersichten gegeben werden, welche ein eingehendes Quellenstudium um so mehr ermöglichen, als sie, so namentlich das Verzeichnis der zweiten vorgenannten Zeitschrift, nach Materien und Stichworten vortrefflich geordnet sind.

Den vielen Maschinenfabriken und Fachgenossen, welche mich durch Zusendung eines ausserordentlich reichhaltigen, wertvollen Materials in der entgegenkommendsten Weise unterstützt haben, sei an dieser Stelle mein verbindlichster Dank erstattet.

Auch der Verlagsbuchhandlung, welche keine Mühen und Kosten gescheut hat, die äussere Ausstattung namentlich durch die Aufnahme einer grösseren Anzahl von Tafeln in jeder Weise zu fördern, sei dieser Dank in gleicher Weise ausgesprochen.

Berlin, den 24. Januar 1903.

Albrecht von Ihering.

Inhalts-Verzeichnis.

I. Teil.

Beschreibung der Gebläse.

Drittes Kapitel.

II. Teil.

Berechnung der Gebläse.

Berichtigungen.

S. 61. Zeile 9 von unten liess: Indirekt gesteuerte Ventile von Riedler für Gebläse, Kompressoren und Luftpumpen.

S. 61. Zeile 1 von unten ist zu streichen.

Einleitung.

Unter Gebläsen versteht man alle jene Arbeitsmaschinen, welche entweder nur eine Ortsveränderung oder eine Orts- und Druckveränderung atmosphärischer Luft bezwecken.

Eine Ortsveränderung der Luft, d. h. die Verdrängung einer bestimmten Luftmenge aus einem bestimmten Raum, ihre Fortleitung nach einem anderen Raum oder in die äussere Atmosphäre und ihre Ersetzung durch eine neue Luftmenge kann aus verschiedenen Gründen erforderlich sein.

Ist die in einem bestimmten Raum vorhandene Luft durch mechanische oder chemische Prozesse verunreinigt, verdorben und daher zur Unterhaltung des Atmungsprozesses oder zur weiteren Ausführung mechanischer oder chemischer Prozesse unbrauchbar geworden, so muss sie durch neue reine Luft ersetzt werden. Man nennt diese Art der Lufterneuerung Lüftung.

Soll ferner in einem bestimmten Raume eine Verbrennung stattfinden, so ist die zur Unterhaltung derselben notwendige Luftmenge den Brennstoffen fortwährend zuzuführen, während die durch den Verbrennungsprozess verbrauchte Luft nebst den Verbrennungsprodukten, im wesentlichen Stickstoff und Kohlensäure, abzuführen sind. In diesem Falle nennt man die Luftbewegung den Zug, ihre Ausführung die Zugerzeugung. In den beiden angeführten Fällen wird lediglich eine Ersetzung der gebrauchten Luft durch frische Luft, also nur eine Ortsveränderung der Luft bezweckt.

Soll jedoch in einem Raume zu irgend welchem Zwecke eine Luftverdünnung (Depression) erzeugt werden, so hat das Gebläse ausser der Ortsveränderung auch eine wesentliche Druckverminderung zu bewirken.

Jede Ortsveränderung der Luft ist jedoch infolge der Elastizität der Luft auch mit einer Druckänderung verbunden, die erstere ohne eine solche nicht ausführbar. Indessen ist die letztere in den beiden erstgenannten Fällen nur Mittel zum Zweck und wird nur in dem Masse bewirkt, als zur Bewegung der Luft eben erforderlich ist.

Eine vierte Art der Luftbewegung ist die durch Kompression oder Zusammendrücken der Luft bewirkte, welche eine Ortsveränderung verbunden mit einer wesentlichen Druckerhöhung bezweckt.

Man kann also im wesentlichen vier Zwecke unterscheiden, welchen die Gebläse zu dienen haben:

1. Entfernung verdorbener und Zuführung frischer Luft bei Wohn- und Arbeitsräumen, Lüftung.
2. Zuführung frischer Luft und Abführung der Verbrennungsprodukte bei Verbrennungsprozessen, Zugerzeugung.
3. Herstellung einer Luftverdünnung oder einer möglichsten Luftleere in einem geschlossenen Raume, Absaugen oder Absorption.
4. Verdichtung einer Luftmenge und Fortleitung nach ihrem Verwendungsort, Kompression.

Die Anwendung der beiden ersten Arten von Gebläsen ist ohne weiteres durch die von ihnen zu erfüllenden Zwecke gegeben.

Die Herstellung luftleerer oder richtiger nahezu luftleerer Räume findet Anwendung bei den Kondensatoren der Dampfmaschinen, in der chemischen Industrie zum Absaugen von Gasen, bei Verdampfapparaten aller Art, Vakuumbremsen, bei der Fabrikation der elektrischen Glühlampen u. s. w. Die Anwendung der verdichteten Luft, Druckluft oder Pressluft, endlich ist die vielseitigste. Sie findet statt zur Kraftübertragung, zum Betriebe von Arbeitsmaschinen, speziell von Gesteinsbohrmaschinen und Hebemaschinen im Bergbau, ferner von sogen. pneumatischen Werkzeugen, bei Luftdruckbremsen sowie zur Unterhaltung der Verbrennung bei hüttenmännischen Prozessen, speziell in Hochofenanlagen und Bessemereien.

Bezüglich ihrer Wirkungsweise lassen sich die Gebläse in folgende vier Hauptklassen einteilen.

1. Die Kolbengebläse, bei welchen die Luft durch einen massiven Kolben bewegt wird.
2. Die Centrifugalgebläse, bei welchen die Luft vermöge der durch rasch umlaufende Flügel oder Schaufeln ihr erteilten Centrifugalkraft bewegt wird.
3. Die Schraubengebläse, bei welchen die Luft durch schraubenförmig gestaltete Flügel fortbewegt wird.

   Die letzteren beiden Klassen werden häufig auch mit dem gemeinsamen Namen Ventilatoren bezeichnet.
4. Die Strahlgebläse, bei welchen die Luft durch einen mit grosser Geschwindigkeit aus einer Mündung ausfliessenden Dampf-, Wasser- oder Luftstrahl angesaugt und fortbewegt wird.

Ausser den in die vier angeführten Klassen gehörigen Gebläse gibt es noch einige andere Arten derselben, die Wassertrommelgebläse, Schneckengebläse und ähnliche Konstruktionen, welche jedoch in neuerer Zeit wohl kaum noch irgendwo im Betriebe sind, geschweige denn noch ausgeführt werden, also nur historisches Interesse besitzen. Dieselben sind daher nicht in den Kreis der nachfolgenden Betrachtung gezogen und muss für ihr Studium auf die Lehrbücher der beschreibenden Maschinenlehre und Ingenieurmechanik verwiesen werden.

I. Teil.

Beschreibung der Gebläse.

Erstes Kapitel.

Die Kolben-Gebläse.

Unter Kolbengebläsemaschinen oder Kolbengebläsen schlechthin versteht man alle jene Maschinen zur Luftbewegung, welche zu diesem Zwecke mit einem massiven Verdränger, dem Kolben, versehen sind, welcher in einem geschlossenen Raume beweglich ist und durch seine Bewegung die Ortsveränderung der Luft bewirkt.

Entsprechend den drei einfachsten, gesetzmässigen Bewegungen, der gradlinig hin- und hergehenden, der schwingenden und der drehenden Bewegung, hat man drei Arten von Kolbengebläsen zu unterscheiden:

1. Kolbengebläse mit gradlinig hin- und hergehendem Kolben oder Cylindergebläse,
2. Kolbengebläse mit um eine Achse schwingendem Kolben oder Balggebläse, auch Blasebälge genannt,
3. Kolbengebläse mit einem oder mehreren fortlaufend sich umdrehenden Kolben oder Kapselgebläse.

Die Cylindergebläse bilden eine der wichtigsten Klassen aller Gebläsemaschinen sowohl hinsichtlich der Mannigfaltigkeit ihrer Konstruktion als auch hinsichtlich ihrer Verbreitung und Anwendung. Während man unter Cylindergebläsen schlechthin nur jene Gruppe versteht, welche zur Luftbeschaffung und Verdichtung für Hochöfen und Bessemereien dient, müssen ihrer analogen Wirkungsweise und Konstruktion halber auch alle jene Luftförderungsmaschinen hier Aufnahme finden, welche durch gradlinig hin- und hergehende Bewegung eines massiven Verdrängers in einem geschlossenen Raume saugend und drückend wirken, also sowohl die Vakuum- oder Luftpumpen, als auch die Luftkompressoren oder Luftverdichter. Dieselben stimmen hinsichtlich ihres Zweckes und ihrer Wirkungsweise mit den Gebläsemaschinen völlig überein und unterscheiden sich von denselben eigentlich nur durch die Druckverhältnisse und ihre Steuerungsorgane.

Bei der Einteilung der Cylindergebläse kann man verschiedene Gesichtspunkte annehmen, nach welchen sich dieselben wesentlich unterscheiden. Dieselben ergeben folgende Einteilung der Cylindergebläse:

a) bezüglich ihrer Wirkungsweise in:
 α) einfach wirkende } Gebläse;
 β) doppelt wirkende } Gebläse;
b) bezüglich der äusseren Anordnung in:
 α) liegende } Gebläse;
 β) stehende } Gebläse;
c) bezüglich des Antriebs in Gebläse:
 α) mit indirektem Antrieb durch Balancier oder Kurbelübertragung (Dampf- und Gebläsecylinder nebeneinander liegend oder stehend),
 β) mit direktem Antrieb (Dampf- und Gebläsecylinder in einer Achse horizontal oder vertikal gelegen);
d) bezüglich der Massenausgleichung in:
 α) Maschinen ohne } Schwungrad;
 β) Maschinen mit } Schwungrad;
e) bezüglich der Luftdruckverhältnisse in:
 α) Luftpumpen und Vakuumpumpen,
 β) Niederdruckmaschinen, Gebläse für Schmiedefeuer, Hochöfen, Kupolöfen,
 γ) Hochdruckmaschinen, Gebläse für Bessemereianlagen, Luftkompressoren für beliebige Zwecke, Verbundkompressoren;
f) bezüglich der Abschlussorgane in:
 α) Maschinen mit selbsttätig wirkenden oder kraftschlüssigen Abschlussorganen,
 β) Maschinen mit zwangläufigen oder paarschlüssigen (gesteuerten) Abschlussorganen;
g) bezüglich der Abdichtung in:
 α) Maschinen mit elastischer Abdichtung, lederne Cylinderbälge, Membranbälge,
 β) Maschinen mit flüssiger Abdichtung, Baadersches Gebläse, nasse Luftkompressoren,
 γ) Maschinen mit fester Abdichtung, Hochofen- und Bessemergebläse, trockene Luftkompressoren.

Andere Unterscheidungen liessen sich noch treffen, z. B. hinsichtlich des Betriebes durch Menschen-, Wasser- oder Dampfkraft, durch Gasmotoren etc.

Da jedoch bei obigen Unterscheidungen ein und dieselbe Maschine z. B. eine Hochofengebläsemaschine, mehreren Gruppen gleichzeitig angehört, (z. B. als doppelt wirkendes, liegendes Gebläse mit direktem Antrieb, Schwungrad und selbsttätig wirkenden Ventilen zu aβ, bα, cβ, dβ, eβ etc.), so soll zur nachfolgenden Beschreibung der verschiedenen Systeme die gebräuchlichste Einteilung nach dem Zwecke gewählt werden, und sollen die vorstehenden Gesichtspunkte erforderlichenfalls nur bei Unterabteilungen berücksichtigt werden.

Hiernach gruppieren sich die Cylindergebläse folgendermassen:

1. Maschinen zur Luftverdichtung und -förderung für Verbrennungszwecke, für Schmiedefeuer, Kupolöfen, Hochöfen, Bessemereianlagen etc.
   Cylinderbälge, Hochofen- und Bessemergebläsemaschinen.
2. Maschinen zur Luftverdichtung und -förderung für sonstige Zwecke, für Bergbau, Kraftübertragung, pneumatische Fundierungen, pneumatische Förderungen, pneumatische Werkzeuge, Bremsen etc.
   Luftkompressoren oder trockene und nasse Luftverdichter.
3. Maschinen zur Luftverdünnung und Luftentziehung, zur Herstellung luftverdünnter Räume,
   Luftpumpen.

Da die Balggebläse oder Blasebälge sowohl ihrem Alter als auch ihrer Konstruktion nach die unterste Stufe aller Gebläse einnehmen, so sollen dieselben an erster Stelle, hierauf die Cylinderbälge, die Hochofen- und Bessemergebläsemaschinen behandelt werden, während die Beschreibung der Luftkompressoren, Luftpumpen und Kapselgebläse in besonderen Kapiteln erledigt werden soll.

A. Die Blasebälge.

Dieselben sind die einfachsten und ältesten Gebläsemaschinen und bestehen aus folgenden Teilen (Fig. 1 u. 2). In dem hölzernen Kasten A ist die Platte oder der Kolben B um das Charnier G drehbar beweglich. Die Bewegung desselben erfolgt durch die Stange C. Am vorderen Ende des Kastens befindet sich die Düse H, welche entweder direkt in eine Feuerungsanlage mündet oder durch eine Rohrleitung mit letzterer in Verbindung steht. Im Boden des Kastens befindet sich die Saugöffnung E, welche durch eine Klappe D geöffnet oder verschlossen wird.

Geht die Stange C und mit ihr der schwingende Kolben B nach oben, so entsteht im Kasten eine geringe Luftdruckverminderung durch Vergrösserung des Raumes, wodurch der Kolben durch E nach Aufheben der Klappe D Luft von aussen ansaugt. Beim Niedergang des Kolbens wird die Klappe D geschlossen und die unterhalb des Kolbens angesaugte Luft durch die Düse hinausgedrückt.

Dieses Gebläse ist ein einfach wirkendes, d. h. es wird nur bei einer Bewegungsrichtung Luft verdrängt, dieselbe gelangt daher nur stossweise in die Feuerung. Um dies zu vermeiden, also um einen fortwährend wirkenden Luftstrom zu erhalten, kann man das Gebläse mit einem Luft- oder Windsammler versehen (Fig. 3) oder dasselbe doppeltwirkend ausführen (Fig. 4). In Fig. 3 ist *A* der Sammelraum, welcher einerseits von der festen Wand *C*, andererseits von dem um das Charnier *F* drehbaren,

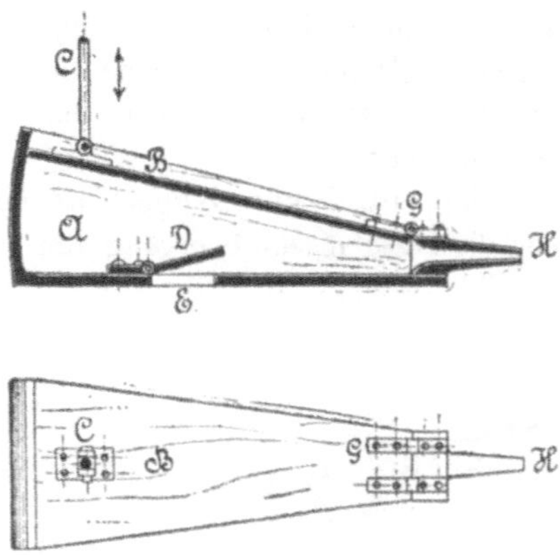

Fig. 1 u. 2.

beweglichen Deckel *D* begrenzt wird, während die Rück- und Seitenwände genau wie in Fig. 1 gebildet sind. Auf dem Deckel *D* sind die Gewichte *E*

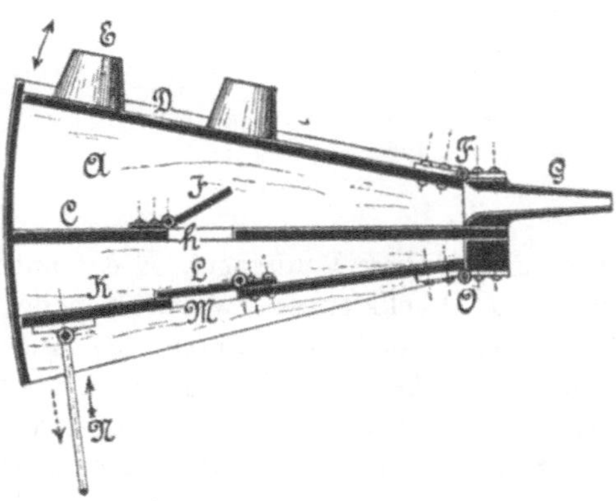

Fig. 3.

befestigt, welche denselben stets nach unten zu drücken bestrebt sind. Durch die Düse *G* gelangt die gepresste Luft in die Feuerungsanlage. Im unteren Teile des Kastens ist der um das Charnier *O* drehbare Kolben *K* durch die Stange *N* auf- und niederbeweglich angebracht.

Geht derselbe nach oben (wie in der Figur gezeichnet), so tritt die vorher angesaugte Luft durch die Öffnung *H* nach Anheben der Klappe *I* in den Raum *A*, wobei sowohl der Deckel *D* gehoben, als auch ein bestimmtes Luftquantum durch die Düse ausgeblasen wird. Beim Niedergang von *K* schliesst sich die Klappe *I*, während *L* sich öffnet, und durch die Saugöffnung *M* Luft eingesaugt wird. Zugleich sinkt der Deckel *D* infolge der auf ihm ruhenden Gewichte *E* nieder und verdrängt hierbei die in *A* enthaltene Luft durch die Düse *G*. Folgen sich die Hübe rasch genug, so dass der Deckel *D* noch nicht seine tiefste Lage erreicht hat, wenn neue Luft durch *I* eingeblasen wird, so ist der durch *G* ausgeblasene Luftstrom ein ununterbrochener.

Fig. 4 stellt ein doppeltwirkendes Balggebläse dar. *A* ist die Mittelkammer, von welcher die Düse *K* zur Feuerung führt, *B* die Oberkammer,

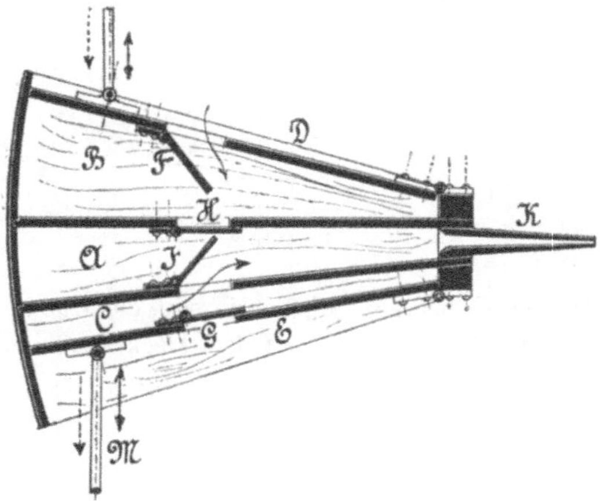

Fig. 4.

C die Unterkammer, *D* der obere Verdränger, *E* der untere, *F* und *G* sind Saugklappen, *H* und *I* Druckklappen, welche sich in die Mittelkammer öffnen. Die Zugstangen *L* und *M* bewirken den Auf- und Niedergang der Verdränger und gehen beide gleichzeitig aufwärts oder abwärts. Die Wirkungsweise ist ohne weiteres aus der Figur zu ersehen.

Die vorbeschriebenen Bälge sind Typen der ältesten Ausführungen dieser Gebläsearten. Ihrer äusseren Form wegen erhielten dieselben den Namen Spitzbälge oder Spitzbalgen. Da dieselben vielfach in Schweden in Gebrauch waren und vornehmlich von einem Erbauer Namens Windholm ausgeführt wurden, erhielten sie auch den Namen „schwedische Windholmgebläse“[1]).

---

[1]) Rühlmann, Allg. Masch.-Lehre. Bd. IV. S. 728. Karmarsch, Geschichte d. Technologie. S. 245.

Ein grosser Nachteil der besprochenen Gebläse liege in der Unmöglichkeit, dieselben luftdicht zu erhalten, da die hölzernen Verdränger einen gewissen Spielraum in den Kästen haben müssen.

Diesen Nachteil vermeiden die ledernen Balggebläse, welche sich infolgedessen auch länger erhalten haben und noch gegenwärtig in manchen kleineren Schmieden und Schlossereien in Gebrauch sind. Auch bei diesen unterscheidet man einfachwirkende, doppeltwirkende Bälge, und solche mit Luftsammler.

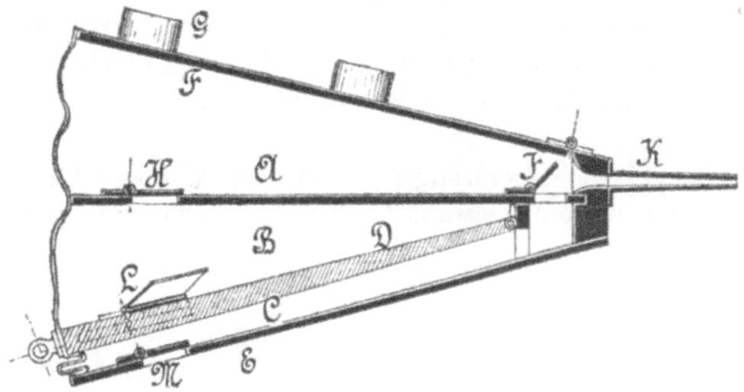

Fig. 5.

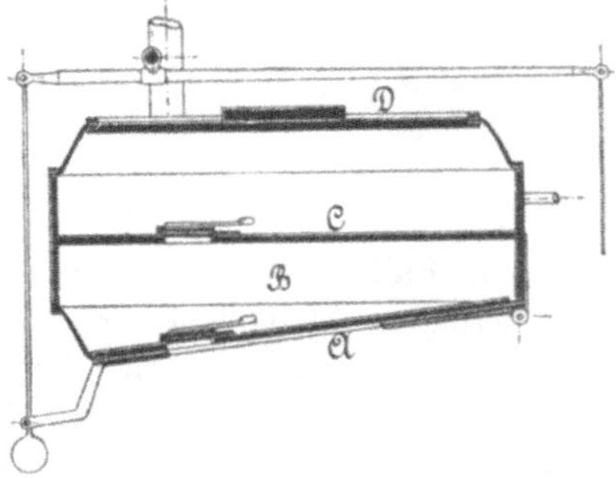

Fig. 6.

Eine ältere Konstruktion dieser Art (von dem Franzosen Rabier[1]) stellt Fig. 5 dar. *A* ist der Sammler, welcher mit einem beweglichen und durch Gewichte *G* belasteten Deckel *F* versehen ist. Aus ihm führt die Düse *K* in die Feuerung oder Windleitung. Unterhalb des Sammlers liegen die beiden Bälge *B* und *C*, welche durch den Verdränger *D* von einander getrennt sind. Derselbe enthält zwei seitlich nach aussen führende Saugkanäle, welche durch zwei Klappen *L* geschlossen werden können.

---

[1]) Rühlmann, Allg. Masch.-Lehre. Bd. IV. S. 729.

In der Figur sind die Klappen geöffnet gezeichnet, weil beim Niedergang des Verdrängers Luft in den Raum B eingesaugt wird. H ist die Druckklappe für den letzteren, I diejenige für den unteren Balg, dessen Saugklappe M im festen Boden E angebracht ist.

Die Wirkungsweise ist ohne weiteres verständlich. In der gezeichneten Stellung hat der Verdränger die Luft aus dem unteren Balg durch I in den Sammler A bezw. die Düse K geblasen, während durch L Luft in den oberen Balg B gesaugt ist. Beim Aufgang schliessen sich I und L, während H und M sich öffnen.

Zwei neuere Konstruktionen sind in Fig. 6 und 7 gegeben, in ersterer ein einfach wirkender Balg mit Luftsammler, in letzterer ein doppeltwirkender. (D.R.P. No. 23376 und No. 27844 von Fr. Behmer und C. Schwartz in Werl.)

Der schwingende Verdränger A ist von kleinerer Grundfläche als das Gehäuse B und die Mittelwand C. Das zur Abdichtung dienende Leder

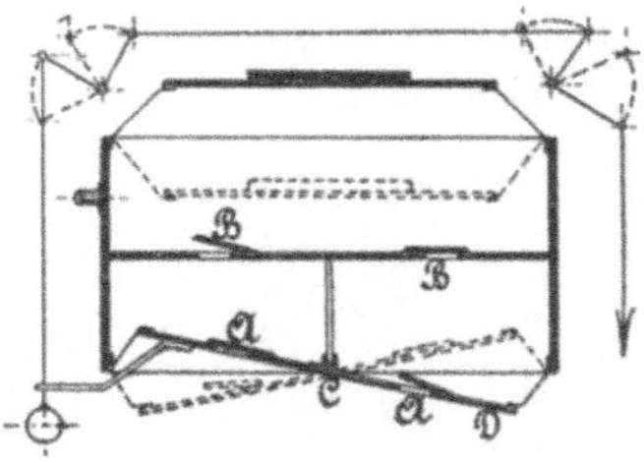

Fig. 7.

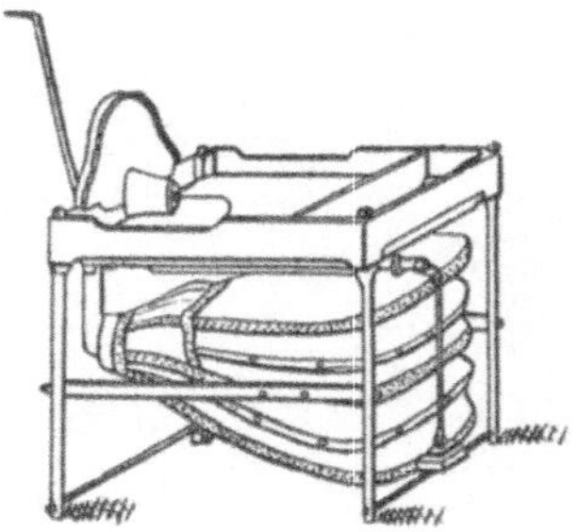

Fig. 8.

wird nicht wie in Fig. 5 in Falten gelegt, sondern bleibt fast ganz straff gespannt, wodurch eine geringere Abnutzung desselben erzielt wird. Die Ventile sind durch kleine Gegengewichte derartig ausgeglichen, dass sie sich beim geringsten Überdruck der äusseren Luft öffnen. In Fig. 6 ist die obere Kammer, in welche die obere Windleitung mündet, mit dem durch Gewichte beschwerten Deckel D geschlossen, welcher beim Einsaugen der Luft in die untere Kammer niedersinkt, wodurch auch während dieser Periode ein Luftstrom in die Windleitung gelangt.

In Fig. 7 ist die untere Kammer durch eine Scheidewand in zwei Hälften geteilt, deren jede durch ein Saug- und Druckventil A und B Luft ein- und ausführt. Bei C ist der Verdränger D drehbar befestigt. Die Bewegung desselben ist aus der Figur ersichtlich.

Die Verbindung eines ledernen Balges mit einem Schmiedefeuer stellt Fig. 8 dar. Hier ist der Balg einfachwirkend und mit einer darüberliegenden Luftsammelkammer versehen, aus welcher das Druckrohr zur Form des Schmiedefeuers führt.

Während bei den zuerst erwähnten hölzernen Bälgen die Dichtung eine sehr unvollkommene war, ist sie bei Lederbälgen fast vollkommen. Indessen wird nach längerem Gebrauche das Leder häufig brüchig oder es entstehen Undichtigkeiten in den Fugen. Eine bessere Abdichtung findet dagegen statt bei den beiden folgenden Gebläsen mit *nasser Liderung*, dem *Wettersatz* Fig. 9 und dem *Tonnengebläse* Fig. 10 u. 11. Beide sind mit einem um eine Drehachse schwingenden Verdränger versehen.

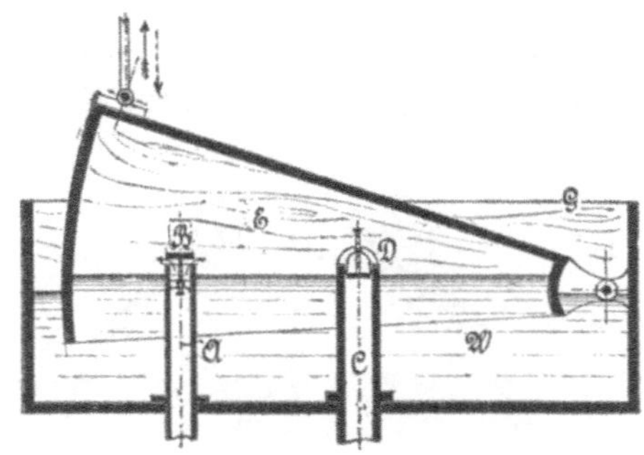

Fig. 9.

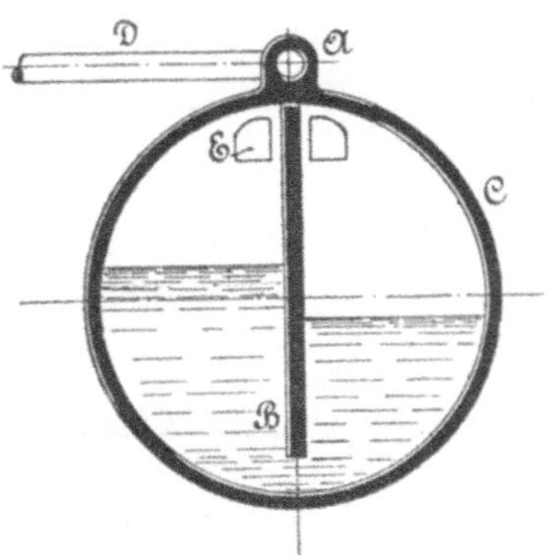

Fig. 10.

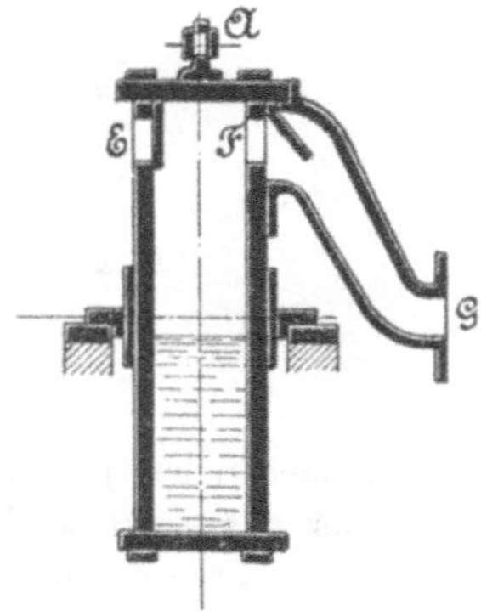

Fig. 11.

Derselbe ist in Fig. 9 kastenförmig gestaltet. Beim Aufgang saugt derselbe Luft durch das Rohr A und Ventil B an, während die Druckleitung C durch das Ventil D geschlossen ist; beim Niedergang wird B geschlossen und D geöffnet. Das in dem Kasten G enthaltene Wasser W schliesst die Kammer oder den hohlen Verdränger E nach den Seiten hin völlig luftdicht ab. Allerdings wird der Wasserspiegel abwechselnd gehoben und gesenkt, auf welchen Umstand bei der Anordnung der Ventile B und D Rücksicht zu nehmen ist.

Bei dem Tonnengebläse Fig. 10 und 11 wird die Bewegung der Luft durch Schwingung der Tonne *C* um ihre horizontale Querachse bewirkt. Durch eine feste Zunge oder Scheidewand *B* ist der Innenraum in 2 Kammern geteilt, deren jede mit einer Saugklappe *E* und einer (gegenüberliegenden) Druckklappe *F* versehen ist. Beide Druckklappen münden in das Druckrohr *G*, dessen Achse mit der Drehachse der Tonne zusammenfällt. Durch eine Stopfbüchse ist die Abdichtung des sich drehenden Rohres *G* mit dem anschliessenden Ableitungsrohr bewirkt. An der obersten Stelle der Tonne ist eine Schwing- oder Pleuelstange *D* befestigt, bei deren horizontaler Hin- und Herbewegung die Tonne um ihre Achse schwingt. Die Wasserspiegel der beiden Kammern stehen abwechselnd höher oder tiefer, je nachdem in der betreffenden Kammer die Luft verdrängt oder angesaugt wird.

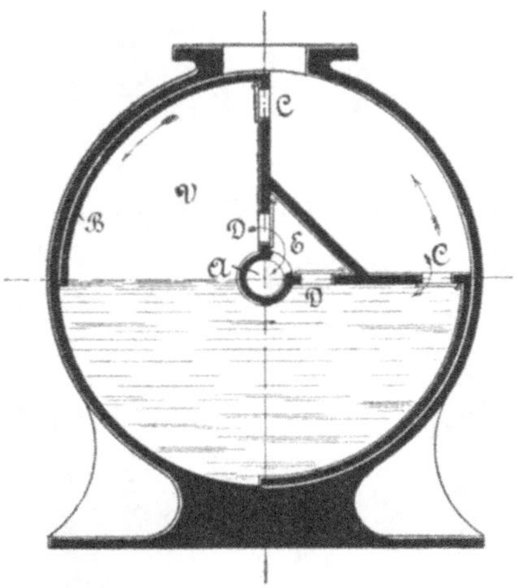

Fig. 12.

Als eine Verbesserung des Tonnengebläses kann das Gebläse von Carlile[1]) angesehen werden, Fig. 12, bei welchem zwei um eine hohle Achse *A* schwingende Viertelcylinder *B* die Luft durch die Ventile *C* ansaugen, dieselbe beim Niedergang verdichten und durch die Druckventile *D* in die Kammer *E* drücken, von wo sie durch die hohle Achse in die Druckleitung gelangt. Die Abdichtung erfolgt durch Wasser, welches das Gehäuse bis zur Mitte anfüllt, so dass der schädliche Raum auf ein Minimum reduziert ist[2]). Ein Nachteil dieses Gebläses ist das Aufsteigen der Wassersäule auf der Saugseite während der Kompression.

---

1) W. A. Carlile, Birmingham, Engl. Pat. Nr. 11813 vom 29. 7. 1890.

2) Vergl. weiter unten „Nasse Luftkompressoren“ (Kapitel 3, C).

Beim Niedergang des linken Flügels B wird die eingeschlossene Luftmenge V komprimiert, hierdurch aber auf die Wassersäule ein fortwährend wachsender Druck ausgeübt, welcher sich nach der anderen Seite fortpflanzt, so dass ein Öffnen des Saugventils hier nicht stattfinden kann. Vermeiden liesse sich dieser Übelstand durch Anbringen einer mittleren Scheidewand, wodurch zwei getrennte Wasserräume entstehen würden und ein Überströmen des Wassers verhindert würde.

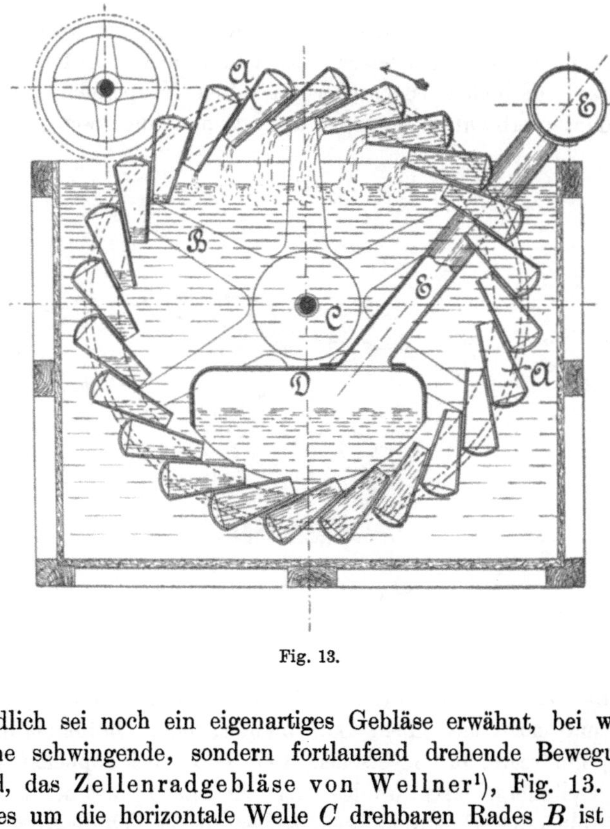

Fig. 13.

Endlich sei noch ein eigenartiges Gebläse erwähnt, bei welchem jedoch keine schwingende, sondern fortlaufend drehende Bewegung ausgeführt wird, das Zellenradgebläse von Wellner[1]), Fig. 13. Am Umfange eines um die horizontale Welle C drehbaren Rades B ist beiderseits eine grössere Anzahl konischer Zellen A befestigt, welche beim Niedergang mit Luft erfüllt sind. Dieselbe entweicht in der tiefsten Lage der Zellen aus denselben und wird in der Glocke D aufgefangen, von wo dieselbe durch das Druckrohr E dem Ort ihrer Verwendung zugeführt wird. Das Rad ist von einem mit Wasser gefüllten, hölzernen oder eisernen Kasten umgeben. Der Kompressionsdruck entspricht der Höhe der Wasser-

1) G. Wellner, Brünn, D.R.P. No. 10041.

säule zwischen dem Wasserspiegel und der Ausgussstellung der Zellen. Da keine Luft verloren gehen kann, ist der Wirkungsgrad des Gebläses ein sehr günstiger, indessen ist die Luft, da sie durch das Wasser in die Glocke *D* gelangt, sehr feucht. Für kleinere Luftmengen dürfte sich das Gebläse wohl empfehlen.

B. Die Cylinder-Balggebläse.

Die hierher gehörigen Maschinen bezwecken, einen möglichst gleichmässigen Strom schwach gepresster oder komprimierter Luft für einen auf offenem Herd (Schmiedefeuer) oder in Öfen (Kupolöfen, Schmelzöfen) stattfindenden Verbrennungsprozess zur mehr oder weniger lebhaften

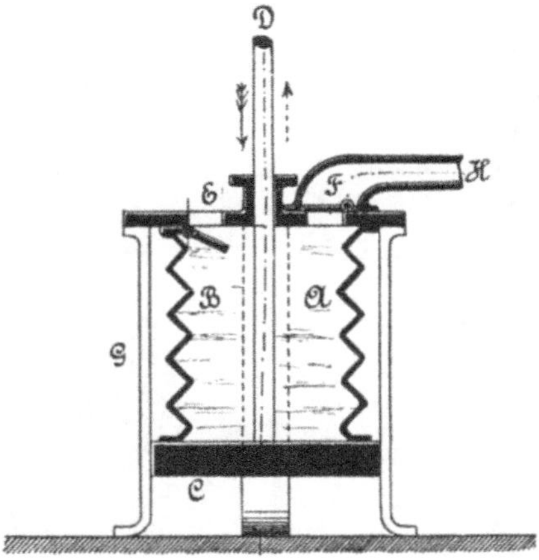

Fig. 14.

Unterhaltung desselben zu liefern. Sie sind daher meist doppeltwirkend ausgeführt und noch mit einem Luftsammler, oder, hüttenmännisch ausgedrückt, „Windregulator“[1]) versehen, weil selbst bei doppelter Wirkungsweise des Cylindergebläses infolge der erst nach gewisser Kompression der Luft erfolgenden Einströmung derselben in die Windleitung kein fortwährender Luftstrom zu erzielen ist. Letzterer ist jedoch für die meisten Verbrennungszwecke unbedingt erforderlich.

Die einfachsten Cylinderbalggebläse sind diejenigen, welche, meist nur durch Menschenkraft (Hand oder Fuss) betrieben, zur Unterhaltung

1) Näheres hierüber siehe: Wedding, Grundriss der Eisenhüttenkunde. II. Aufl. S. 76 u. S. 92 u. folg. Weissbach, Ingenieur- und Maschinen-Mechanik. Teil III. Abteil. II, S. 1070 u. folg.

des Feuers kleinerer, meist tragbarer Schmiedefeuer, sogenannter **Feldschmieden**, dienen. Dieselben bestehen aus einem würfelförmigen oder cylindrischen Raum, dessen Seitenwände aus Leder gebildet sind, dessen Deckel oder Boden aber gradlinig hin und her bewegt werden kann, wodurch der Innenraum abwechselnd vergrösserst und verkleinert, hierdurch zuerst Luft aufgesaugt und sodann komprimirt und verdrängt wird.

Die einfachste Konstruktion dieser Art ist in Fig. 14 gegeben, welche ein **einfachwirkendes** Gebläse dieser Art darstellt. *A* ist der Innenraum, *B* die Lederdichtung, *C* der Kolben, welcher durch die Stange *D* bewegt wird, *E* die Saug-, *F* die Druckklappe, welche in die Wind-

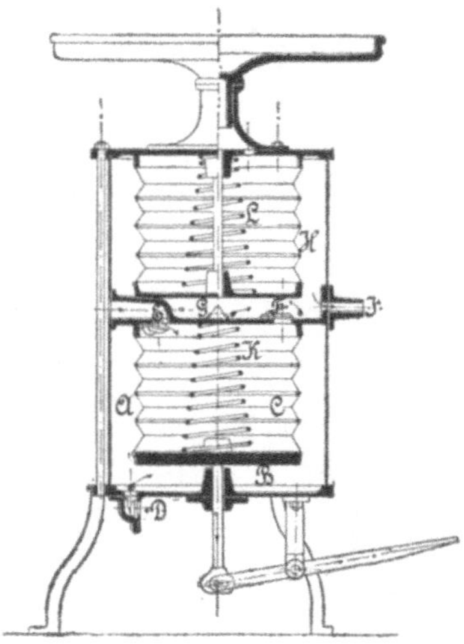

Fig. 15.

leitung *H* mündet. *G* ist das den Kolben führende, entweder aus 3 oder 4 eisernen Stützen oder aus einem Blechcylinder bestehende Gestell.

Da dieses Gebläse nur beim Aufgang des Kolbens, also nur unterbrochen Wind liefert, so wird es in dieser Ausführung selten angewandt, sondern zur Herstellung eines gleichmässigeren Windstromes mit einem Windbehälter oder Regulator versehen, welcher während der Saugperiode des Kolbens in Wirksamkeit tritt.

In den Figuren 15—17 sind 3 doppeltwirkende Cylinder-Balggebläse[1]) dargestellt, welche ausserdem noch mit einem Windregulator versehen sind. Fig. 15 ist ein zu Lötzwecken angewandtes Gebläse, welches durch den Fuss des Arbeiters bewegt wird. *A* ist der Windcylinder, in welchem

---

[1]) Von G. A. Kroll & Co. in Hannover.

der Kolben *B* abwechselnd auf- und niedergeht. Da er oberhalb mit einem Lederbalg *C* versehen ist, so wirkt sowohl die untere, als auch die obere Seite saugend und drückend. *D* und *E* sind die beiden Saugventile, *F* und *G* die beiden Druckventile. *H* ist der Windregulator im oberen Teile des Gehäuses; derselbe wird durch den Winddruck zusammengedrückt, während die Feder *L* stets das Bestreben hat, ihn auszudehnen. Hierdurch wird der bei *I* auftretende Luftstrom ziemlich gleichförmig erhalten.

Bei der Anordnung Fig. 16 wird die Luft aus dem Windsammler *A* direkt unter das Schmiedefeuer *B* geleitet. Sie ist sowohl für Hand-

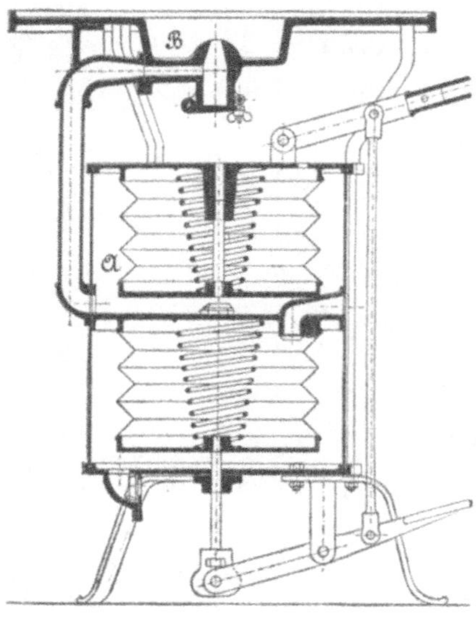

Fig. 16.

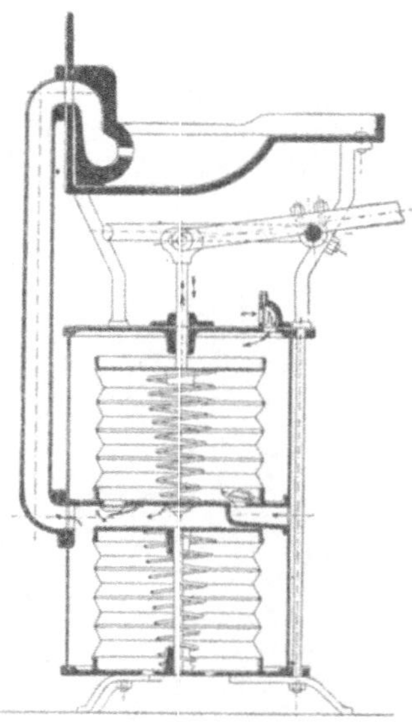

Fig. 17.

als auch Fussbetrieb eingerichtet. In Fig. 17 befindet sich der Windsammler unterhalb des Windcylinders, und tritt die Luft seitlich in das Schmiedefeuer ein.

In Fig. 18 ist die äussere Anordnung eines doppeltwirkenden Cylinderbalg-Gebläses dargestellt. *A* ist die Lufteinströmung, *B* die Ausströmung, *C* der Antriebshebel, *D* der Windcylinder und *E* der Windsammler oder Regulator.

Eine andere Anordnung der Luftklappen zeigt Fig. 19. Dieselbe ist ausgeführt an dem Gebläse von A. Enfer jeune, Paris, dessen äussere Form Fig. 20 wiedergibt.

In dem Cylinder *A* wird ein mit Lederbalg *B* versehener Kolben auf- und niederbewegt. Beim Niedergange saugt derselbe durch *C* innen

Luft an, während der Raum im Cylinder *A* verkleinert, die Luft also durch die Druckklappe *F* verdrängt wird. Beim Aufgange entweicht die Luft aus dem Innern des Balges *B* durch die Druckklappe *E*, während durch *D*

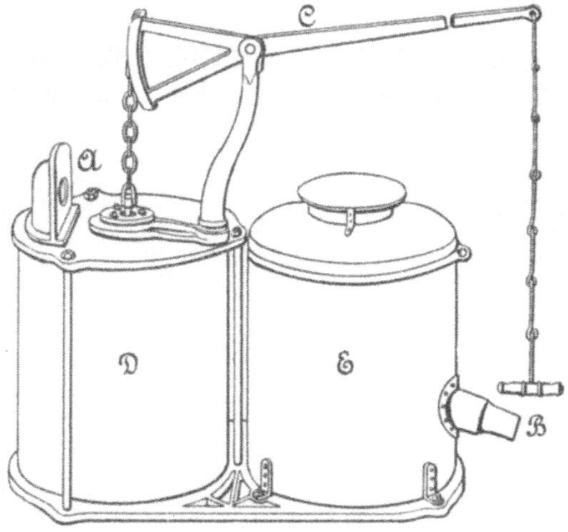

Fig. 18.

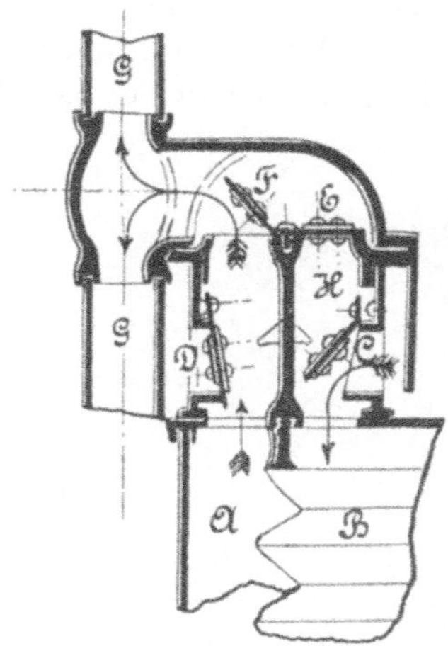

Fig. 19.

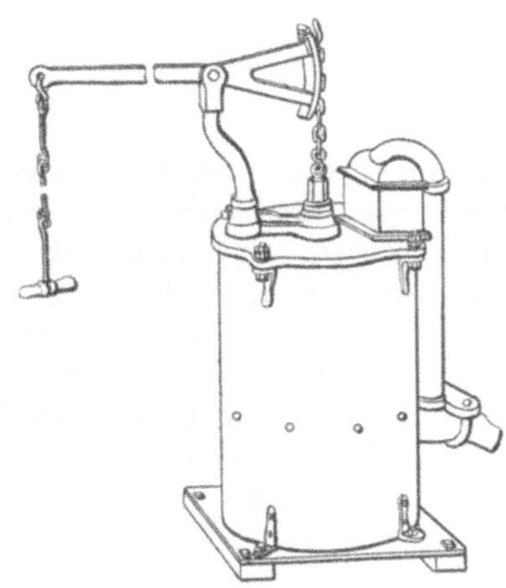

Fig. 20.

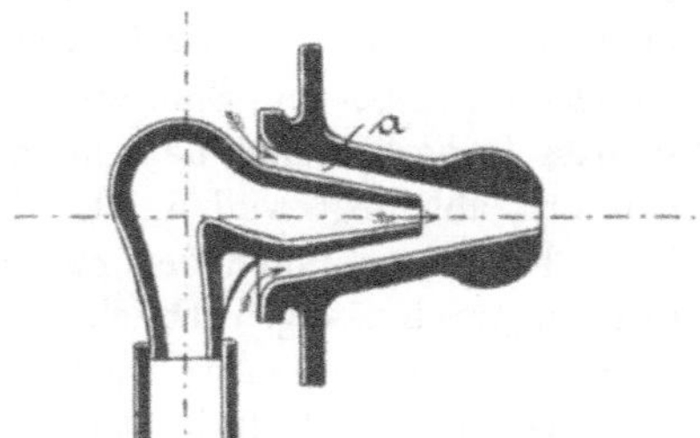

Fig. 21.

Luft in den äusseren Cylinder *A* gesaugt wird. *G* ist das gegabelte Windleitungsrohr. Sämtliche Klappen sind auf dem Cylinder in dem leicht zugänglichen Kästchen *H* angebracht, wodurch ein grosser Vorteil bei etwa notwendigen Reparaturen an den Klappen geboten ist.

Besonders erwähnenswert ist die Anordnung der Windform Fig. 21 an demselben Gebläse. Indem diese konisch gestaltet und mit einem ringförmigen Zwischenraum *a* versehen ist, wirkt dieselbe als Luftstrahlgebläse (siehe weiter unten Kapitel 7) und erhöht so den Wirkungsgrad des Gebläses bedeutend, indem es durch den Ring *a* Luft ansaugt und dem Feuer zuführt.

Eine neue Reguliervorrichtung von Hillenbrand für Cylinderblasebälge mit einem Pumpenbehälter und einem Regulierbehälter ist in Fig. 22

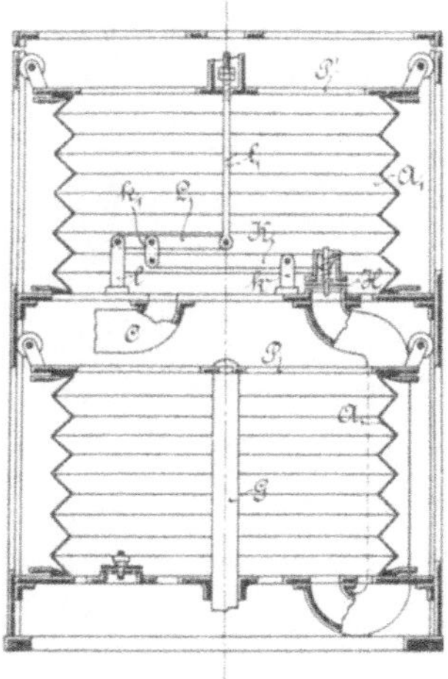

Fig. 22.

dargestellt[1]). Bei derselben wird das Einlassventil *H*, welches aus einer Gummiplatte gebildet ist, bei der höchsten Stellung des oberen Behälters A_1 vermittelst der Hebel und Stangen l_1, L, k_1 und K gegen seinen Sitz gedrückt, so dass keine Luft aus dem unteren Balg *A*, welcher durch die Stange *G* auf- und abbewegt wird, in den Regulierbehälter A_1 mehr gelangen kann.

Erst wenn durch den auf den oberen Balg durch die Platte *P* ausgeübten gleichmässigen Druck die Luft aus demselben durch das Rohr *C* entfernt ist, öffnet sich beim Sinken von *P* das Ventil *H* wieder und lässt wieder neue Luft in den Regulierbehälter eintreten.

C. Die Hochofengebläsemaschinen.

Die weitaus grösste Anwendung findet die komprimierte Luft zur Erzeugung einer lebhaften Verbrennung in vielen Hüttenprozessen, so namentlich zum Schmelzen der Erze in den Hochöfen, bei dem Umschmelzen

1) Deutsche Pat.-Schrift No. 92375 vom 9. 6. 1897.

des Roheisens in Kupolöfen zum Zwecke der nachfolgenden Entkohlung durch den Bessemerprozess sowie zur Unterhaltung der Verbrennung bei letzterem. Die Luftmengen, welche diese Prozesse benötigen, sind so gross, dass zu ihrer Beschaffung die grössten Maschinen sowohl hinsichtlich der äusseren Anordnung als auch bezüglich ihres Kraftbedarfs erforderlich sind. In letzterer Hinsicht werden dieselben nur übertroffen von den grossen Dampfschiffs- und Wasserhaltungsmaschinen, während jedoch keine dieser Maschinengattungen sich in der Grösse der Cylinder und des ganzen Raumbedarfs sowie bezüglich des fast überwältigenden Eindruckes mit ihnen messen kann. Es kommen bei diesen Gebläsen Cylinder bis zu 3 m Durchmesser und mit ähnlich grossem Hube vor, und sind solche von 2 bis $2\,^1/_2$ m Durchmesser sehr vielfach zu finden.

Diese Dimensionen erscheinen jedoch nicht übermässig gross, wenn man die Luftmengen erwägt, welche die erwähnten Schmelzöfen zur Unterhaltung ihres Betriebes erfordern.

Für einen Hochofen, welcher täglich mit 100 t Koks aus 330 t Möllerung 110 t Roheisen ausschmilzt, ist eine mehr als fünffache Luftmenge, nämlich 520 t Luft erforderlich, „eine Menge, die, wenn Luft auf Eisenbahnwagen geladen werden könnte, zwei schwere Lastzüge füllte“[1]).

Nach Wedding[2]) berechnet sich die Windmenge eines Hochofens folgendermassen. Für eine tägliche Produktion des Ofens von 100 t gleich 100000 kg Roheisen sind pro 100 kg Roheisen 90 bis 150 kg Koks für weisses, bezw. 100 bis 200 kg Koks für graues Eisen erforderlich, welche pro 100 kg 600 kg Luft von 0,25 Atm. Überdruck zu ihrer Verbrennung bedürfen. Demnach sind pro Tag 540000 bis 1200000 kg Luft, je nach der Art des herzustellenden Roheisens, dem Ofen zuzuführen. Hieraus ergibt sich die Luftmenge in cbm durch Einführung des spez. Gewichts $\gamma = 1{,}2936$ kg pro cbm zu $Q = \frac{540000}{1{,}2936} = 417500$ bis 927650 cbm in 24 Stunden oder $Q_1 = 4{,}83$ bis $10{,}74$ cbm pro Sekunde. Dies ist die von der Maschine zu liefernde Luftmenge im komprimierten Zustande, woraus sich die von der Maschine pro Sek. anzusaugende Luftmenge je nach der Grösse des Überdrucks noch beträchtlich grösser berechnet.

Nach Dürre[3]) haben vielfach angestellte Berechnungen aus den Analysen der Rohmaterialien und Hochofenprodukte den Luft- oder Windbedarf ergeben und seien einige derselben hier angeführt:

---

1) Gemeinfassliche Darstellung des Hüttenwesens. Herausgegeben vom Verein deutsch. Eis.-Hüttenleute. Düsseldorf 1889. S. 16.

2) Siehe Taschenbuch der „Hütte“, 15. Aufl. II. S. 451 u. 456.

3) Dürre, Anlage und Betrieb der Eisenhütten. Bd. II. S. 41, 49, 72 u. folg.

Hochofenwerke	Windmenge in kg p. 1000 kg Roheisen
1. Clarence bei Middlesborough	6543
2. dto.	5193
3. Ormesby bei Middlesborough	4897
4. Cousex bei Durham	5071
5. dto.	3571
6. Providence bei Charleroi	5108
7. Hörde i. Westf.	5838,5

Man kann hiernach im Maximum 6,5 kg, im Mittel 5,5 kg Wind pro kg Roheisen rechnen, woraus die stündlich anzusaugende Windmenge in cbm von atmosphärischem Druck durch Umrechnung nach den weiter unten entwickelten Gleichungen leicht zu ermitteln ist, wenn die stündliche Produktion des Hochofens bekannt ist.

Die Grösse des Überdruckes der komprimierten Luft schwankt je nach der Höhe des Hochofens, der Beschickung und der Lagerung des Materials in demselben, sowie je nach der Länge der Luftleitung und der Beschaffenheit der zur Vorwärmung der Luft angewandten Winderhitzungsapparate zwischen 0,06 bis 0,1 m Quecksilbersäule im Hochofen, 0,184 m in den Düsen und ca. 0,2 m in den Leitungen oder dem sogenannten Regulator, einem grösseren Luftsammelraum, in welchen die Luft vor dem Eintritt in den Hochofen gedrückt wird.

Für Bessemergebläsemaschinen sind diese Werte noch beträchtlich höher, weil die Luft in den Konvertern oder Birnen den ferrostatischen Druck des Eisens zu überwinden d. h. das in der Birne enthaltene flüssige Eisen ganz zu durchdringen hat. Bei ihnen beträgt der Überdruck 1,5 Atmosphären beim sauren und bis zu 2 Atmosphären beim basischen oder Thomas-Prozess.

Beide Umstände zusammen, die grosse von der Maschine zu liefernde Luftmenge und der, namentlich im letzteren Falle grosse Kolbendruck bedingen also sehr grosse und kräftig konstruierte Maschinen.

So verschiedenartig dieselben nun auch in ihrer äusseren Anordnung und ihrer Leistungsfähigkeit sein mögen, so ist doch allen die folgende typische Konstruktion und Wirkungsweise gemeinsam.

In einem gusseisernen, stehenden oder liegenden Cylinder befinden sich entweder in den Deckeln oder in besonderen, ringförmig den Cylinder einschliessenden Kammern auf jeder Seite des Cylinders Lederklappen oder Ventile, von denen die grössere Anzahl sich nach dem Innern des Cylinders, die kleinere in einen Sammelkasten öffnet. Die ersteren bedecken die Saug- oder Einlassöffnungen zum Einsaugen der Luft in den Cylinder, die letzteren verschliessen die Druck- oder Auslassöffnungen, durch welche hindurch die Luft in den Sammelkasten und von hier in die Luftleitungen gelangt.

Im Cylinder bewegt sich ein luftdicht abschliessender Kolben hin und her, welcher durch die nach aussen tretende Kolbenstange von irgend einer Kraftmaschine, einem Wasserrad, oder in neuerer Zeit fast ausschliesslich einer Dampfmaschine bezw. einem Gasmotor die zur Kompression und Verdrängung der Luft erforderliche Kraft empfängt.

Während auf der einen Cylinderseite die Luft angesaugt wird, findet auf der anderen Seite die Kompression derselben auf den erforderlichen Enddruck und das Verdrängen derselben aus dem Cylinder statt. Beim Rückgang des Kolbens erfolgen genau dieselben Vorgänge in den, den vorigen entgegengesetzten Cylinderräumen.

Die Unterschiede der einzelnen Maschinensysteme liegen in der äusseren Aufstellung, der Art und Weise des Antriebes, der Anzahl der Gebläse- und Dampfcylinder, der Anordnung der Klappen oder Ventile und verschiedenen anderen Gesichtspunkten mehr.

Bezüglich des Enddruckes der Kompression unterscheiden sich, wie bereits vorher besprochen wurde, die Hochofengebläsemaschinen von den Bessemergebläsen, jedoch sind die hierdurch bedingten Konstruktionsänderungen keine so wesentlichen, dass die äussere Anordnung hierdurch beeinflusst würde. In neuester Zeit sind jedoch mit den letzteren Maschinen verschiedene Wandlungen vorgegangen, während sie früher genau nach dem Typus der Hochofenmaschinen gebaut wurden, weshalb ihre Besprechung gesondert von jener der Hochofengebläse vorgenommen werden soll.

Die Einteilung der Hochofengebläsemaschinen erfolgt am übersichtlichsten auf Grund ihrer äusseren Anordnung, und ist hierbei zunächst die Lage der Cylinderachse, ob lotrecht oder wagrecht, sodann die Art der Kraftübertragung von der Dampfmaschine auf das Gebläse, ob durch Balancier oder direkt, sowie die Art der Massenausgleichung und Hubbegrenzung, also die Anwendung eines Schwungrades oder der Fortfall eines solchen, und endlich die Anzahl der Luft- und Dampfcylinder als Unterscheidungsmittel angenommen.

Hiernach ergibt sich die nachfolgende Einteilung, welche alle überhaupt ausgeführten Arten dieser hochwichtigen Klasse von Gebläsen umfasst.

Einteilung der Hochofengebläsemaschinen:

I. Stehende Maschinen:

A. Indirekt wirkende oder Balanciermaschinen;

a) ohne Hilfsrotation oder Schwungrad;

α) mit einem } Dampfcylindern;
β) mit zwei }

b) mit Hilfsrotation oder Schwungrad;

α) mit einem } Dampfcylindern;
β) mit zwei }

B. Direkt wirkende Maschinen;

a) ohne Hilfsrotation oder Schwungrad;

α) mit einem } Dampfcylindern;
β) mit zwei }

b) mit Hilfsrotation oder Schwungrad;

α) mit einem }
β) mit zwei } Dampfcylindern;
γ) mit drei }

II. Liegende Maschinen:

A. mit einem Luftcylinder;

B. mit zwei Luftcylindern.

I. Stehende Maschinen[1].

Die ältesten Gebläsemaschinen sind in ihrer äusseren Anordnung den ältesten Dampfmaschinen, den Balancier-Wasserhaltungsmaschinen der englischen Bergwerke fast genau nachgebildet, indem nur an Stelle des unter Tage liegenden Pumpencylinders der, auf das Niveau des Dampfcylinders gestellte Gebläsecylinder, an Stelle des mächtigen Schachtgestänges die Gebläsekolbenstange trat.

Die ersten Maschinen waren ohne Schwungrad ausgeführt. Die Mängel dieses Systems, welche auch den direkt wirkenden stehenden Maschinen ohne Schwungrad anhaften, sind folgende:

1. die sehr geringe Kolbengeschwindigkeit;
2. grosse schädliche Räume, welche nötig waren, um elastische Dampf- und Luftpuffer gegen zu hohes Aufgehen der Kolben zu schaffen
3. sehr geringe Expansion, daher
4. wegen der beiden letzten Übelstände sehr grosser Dampfverbrauch.

Mit der Anwendung eines Schwungrades zur Hubbegrenzung und Überwindung der toten Punkte wurde vielleicht der wichtigste Fortschritt im Gebläsemaschinenbau gemacht. Dasselbe gestattete sofort eine bedeutend höhere Tourenzahl, also auch grössere Kolbengeschwindigkeit einzuführen und dadurch die Leistungsfähigkeit der Maschinen beträchtlich zu erhöhen, andererseits aber den Dampfverbrauch zu verringern. Bezüglich der Lage des Schwungrades sind die beiden folgenden Systeme zu unterscheiden.

Dasselbe liegt entweder zwischen dem Dampfcylinder und dem Unterstützungsmauerwerk des Balanciers, welches infolgedessen in der Mitte durchbrochen sein musste, wodurch seine Stabilität und Festigkeit verringert wurde, oder ausserhalb.

---

[1]) Siehe I. Aufl. Figg. 23—40.

Die erste Anordnung erforderte ein weiteres Auseinanderziehen der Maschine und eine Verlängerung des Balanciers zur Befestigung der Steuerungs-Gestänge, wodurch die Konstruktion komplizierter wurde.

Die Verlegung des Schwungrades nach aussen bedingte freilich gleichfalls eine Verlängerung des Balanciers, die Anbringung des sogenannten Horns, an dessen äusserstem Ende die Pleuelstange angreift, gewährte aber dafür den grossen Vorteil einer bequemen Befestigung der Gestänge für den Dampfschieber, die Luft-, Kaltwasser- und Kesselspeisepumpe am Balancier und einer leichteren Gradführung der Kolben- und Pumpenstangen.

Ein weiterer, wichtiger Schritt in der Vervollkommnung der Gebläsemaschinen war die Einführung des Woolfschen Prinzips. Bei älteren Maschinen wurde neben dem ursprünglichen Dampfcylinder der Hochdruckcylinder eingebaut, die Kolbenstange und Schieberstange am Parallelogramm des ersten Cylinders befestigt und die Dampfzuleitung an den Hochdruckcylinder angeschlossen. Bei späteren Ausführungen findet sich an Stelle des Wattschen Parallelogramms bereits eine Prismengradführung für alle Kolbenstangen, während die Bewegung der Steuerung durch Exzenter und Exzenterstange, Winkelhebel etc. von der Schwungradwelle aus, diejenige der Pumpen vom Balancier aus erfolgt.

Fig. 23 stellt eine Maschine dieses Systems, jedoch mit Unterstützung des Balanciers durch eine gusseiserne Säule dar. Die Maschine ist im Jahre 1882 von der Maschinenfabrik Bolzano, Tedesco u. Co. in Schlan für die Carl-Emilshütte in Königshof bei Beraun in Böhmen erbaut. Der Gebläsecylinder A besitzt an beiden Enden ringsumlaufende Kanäle B, in welche die Saugklappen C und Druckklappen D eingebaut sind. Die letzteren öffnen sich in zwei schmiedeeiserne ringförmige Kanäle E, aus welchen die Luft in das Sammelrohr F und von dort in die Windleitung gelangt. Der Balancier ist aus Eisenblech genietet, das Schwungrad aus 8 Teilen zusammengesetzt[1]).

Fast gleichzeitig mit den Balanciermaschinen kamen bei den Wasserhaltungsmaschinen die direkt wirkenden stehenden Maschinen in Gebrauch, und wurde dieses System dann bald auf die Gebläsemaschinen übertragen. Dieselben boten jedoch, so lange sie ohne Schwungrad und nur mit Gegenbalancier ausgeführt waren, keinerlei Vorteile gegenüber den Balanciermaschinen, da auch sie grosse schädliche Räume, geringe Tourenzahlen, geringe Expansion und grossen Dampfverbrauch hatten. Auch ihnen gab daher erst die Einführung der Hilfsrotation Lebenskraft, und haben die stehenden, direkt wirkenden Maschinen mit Schwungrädern sich bis zur Gegenwart behauptet, ja in vielen Gegenden und bei vielen Fabriken den Vorzug vor den liegenden Maschinen erhalten.

---

1) Über die Ermittelung der Leistung dieser Maschine s. Ausführliches I. Aufl. S. 27 u. folg.

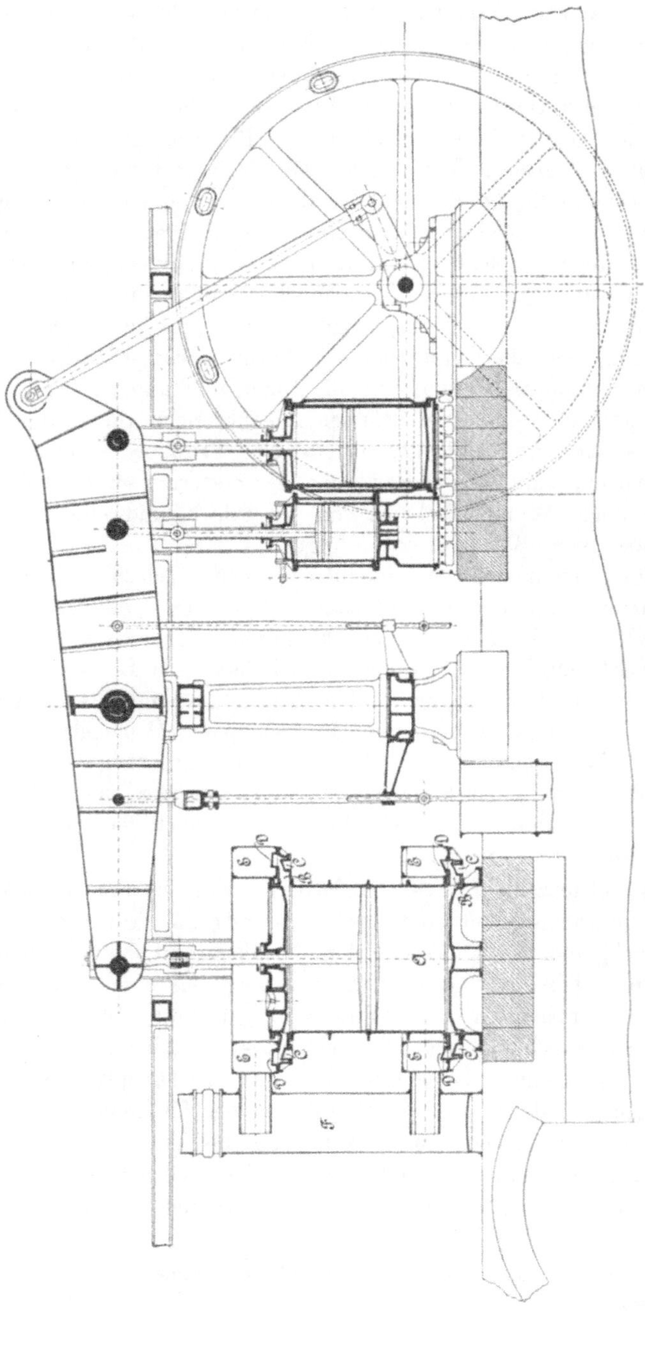

Fig. 23.

In zahlreicher Anwendung findet sich die stehende Maschine in den nordamerikanischen Eisenhütten.

Eine solche Zwillingsgebläsemaschine neuerer Konstruktion, mit obenstehendem Gebläsecylinder beschreibt R. Volkmann[1]) in Yonkers, N. Y. in der Zeitschr. d. Vereins deutscher Ingenieure i. J. 1891. Derselben ist folgendes entnommen.

Die Maschine ist auf Tafel I abgebildet. Sie bedient die Hochöfen der Pennsylvania Steel Co. in Sparrow Point Works. Ihre Hauptabmessungen sind folgende:

Raumbedarf 12,2 m Länge,
9,8 „ Breite (in der Richtung der Achse genommen),
9,8 „ Höhe.

Dampfcylinder-Durchmesser	1118	mm
Gebläse „ „	2134	„
Gemeinschaftlicher Hub	1524	„
Kondensator-Durchmesser	914	„
Plungerpumpen-Durchmesser	660	„
„ Hub	762	„
Schwungrad-Durchmesser	7315	„
Armzahl	8	„
Kranzhöhe	457	„
Kranzbreite	381	„
Gewicht	36000	kg
Balancier-(Stahlguss) Länge	5296	mm (Zapfenmittel bis Zapfenmittel)
„ -Höhe	1524	„

Die Saugventile, 21 an der Zahl, sitzen in cylindrischen Gehäusen und sind mit letzteren auswechselbar. „Sie sind als Stahl-Tellerventile mit Lederdichtung konstruiert, deren ziemlich langer, mit dem Teller aus einem Stück bestehender Führungsstift am unteren Ende eine Bufferfeder trägt. Die 13 Druckventilteller sind ausgeführt wie die der Saugventile, nur dass ihre Führungsstifte am unteren Ende auf einen Gummibuffer aufschlagen und ihre Gehäuse Glocken mit cylinderförmiger Verlängerung gleichen. Die Saug- und Druckventile haben sämtlich 178 mm Durchmesser und sind in 2 Gruppen in den Windcylinderboden so eingebaut, dass die 13 Druckventile die Seite nach den Druckröhren einnehmen.

„Die Steuerung der Dampfcylinder besorgen 4 getrennte Kolbenschieber, in der Mitte des Balanciers liegend, die Einlassschieber von 254 mm Durchmesser zwischen den Hinter-, die Auslassschieber von 279 mm Durchmesser zwischen den Vorderständern. Die Eintrittstutzen sind an den oberen und unteren Cylinderenden mit kürzesten Kanälen angeschlossen und durch kupferne Wellblechrohre verbunden. Je zwei Schieber haben

---

1) Zeitschr. d. Vereins deutsch. Ing. 1891, S. 457, Tafel 12.

eine gemeinschaftliche Steuerachse, die etwas seitlich von den Schiebermitteln und oberhalb der Cylinder in den Ständern gelagert sind, die inneren Ständer nach der Hauptmaschinenmitte hin durchdringen und von dort aufgekeilten Hebeln angetrieben werden. Von diesen Hebeln steht der kürzere — für die Einlassschieber — mit den Zugstangen in Verbindung, welche nach einem Kulissenstein führen; der längere — für die Auslassschieber — dagegen ist mit seinen Zugstangen an das obere Ende eines hornförmig ausgebildeten zweiteiligen Exzenterbügels angeschlossen, und dieses hornförmige Ende bildet zugleich den Schlitten für den soeben erwähnten Kulissenstein. Eine sehr starke doppelarmige Schwinge mit tiefliegendem Stützpunkt schützt den am unteren Ende der Kulisse durchbolzten Exzenterbügel gegen Verdrehen, so dass die oberen Punkte des hornförmigen Endes durch die Exzenterscheibe eine schwingende Bewegung erhalten, die sie auf die Steuerhebel der Auslassschieber übertragen. Die Hängeschiene der Kulissenstange führt mittelst Doppelhebels und Zugstangen zu dem hinteren Ende der Maschine, von dort aus erfolgt mit Handrad und Schraube die Einstellung des Kulissensteines und mithin die Füllung, wozu eine genaue Teilung am Handrad angebracht ist.

„Das gemeinschaftliche Hauptabsperrventil von 305 mm Durchmesser liegt äusserst bequem bedienbar genau auf Maschinenmitte, ebenfalls am hinteren Ende der Maschine, um welchen Punkt überhaupt sämtliche Steuerhebel, Steuerräder für die Bedienung der Maschine einschliesslich aller Beobachtungsgeräte geschickt gruppiert sind.

„Zwei Ausblase-Absperrventile, an den oberen Auslasskolbenschiebern angebracht, leiten den Auspuffdampf, wenn die Absperrvorrichtungen zwischen Kondensator und unterem Auslasskolbenschieber geschlossen sind, nach einem auf Hauptmaschinenmitte liegenden, nach oben geleiteten Auspuffrohr von 343 mm Durchmesser.

„Das gesamte Gewicht einer Zwillingsmaschine beträgt rd. 360000 kg.

„Bei der Besichtigung waren drei dieser Maschinen in Tätigkeit und Raum für eine vierte vordanden. An diesen dreien war zu beobachten, dass der nach deutschen Verhältnissen hohe Winddruck von 0,74 bis 1,05 kg/qcm, der Dampfdruck von 5,6 bis 6,0 kg/qcm schwankte, und dass die Maschinen befähigt sind, mit 17 bis 36 Umdr. in der Minute zu laufen.“

Als eine in mancher Hinsicht vorteilhafte Erweiterung des stehenden Zwillingssystems ist die stehende Drillingsmaschine der Friedrich-Wilhelms-Hütte zu Mülheim an der Ruhr anzusehen. Bei derselben, Fig. 24 und 25, liegen die Dampf- und Gebläsecylinder hoch, während die Kolbenstangen der ersteren nach unten durch die Cylinder hindurch geführt sind und mit je einem Kreuzkopf und einer Pleuelstange in Verbindung stehen, welche die darunter liegende Schwungradwelle bewegen. Durch diese Konstruktion ist die sehr hohe Lage der beiden Cylinder bedingt, da selbst bei einem Hube von nur 1,2 m und $2^1/_2$ facher Pleuelstangenlänge die Höhe von Mitte Schwungrad bis Mitte Dampfcylinder sich zu ca. $4^1/_2$ m ergibt.

Nach Angabe[1]) des Erbauers J. Schlink besitzt die Maschine neben „den allgemeinen guten Eigenschaften der stehenden, direkt wirkenden Maschinen noch die besonderen Vorzüge

a) einer vollkommenen statischen Ausgleichung der beweglichen Teile ohne jedes Gegengewicht;

b) einer sehr gleichmässigen Windlieferung;

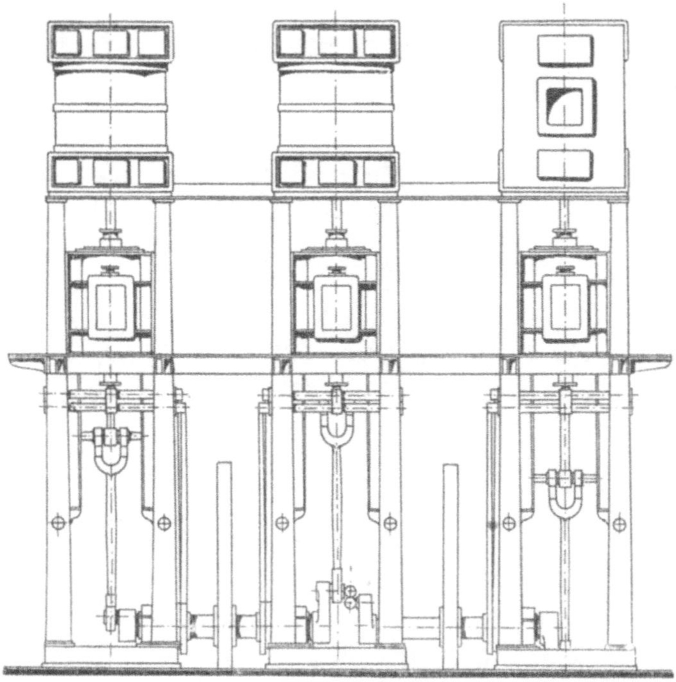

Fig. 24.

c) einer geringeren Raumbeanspruchung bei verhältnismässig hoher Leistungsfähigkeit;

d) einer nicht übermässigen Schwere oder Grösse der einzelnen Teile, daher Handlichkeit bei vorkommenden Reparaturen;

e) eines sparsamen Dampfverbrauchs, indem die gegenseitige Ergänzung der Cylinder hohe Expansionen gestattet."

Als weitere Vorteile möchte Verfasser noch die folgenden hinzufügen:

f) Möglichkeit der Abkupplung eines Cylinders bei vorkommenden Betriebsstörungen und dadurch bedingten Reparaturen;

---

1) Schlink, a. a. O. S. 42.

g) bedeutende Verringerung der Schwungradgewichte infolge der gegenseitigen Ausgleichung der auf- und niedergehenden Massen und dadurch Verringerung der Reibungsarbeit.

Wenn trotz dieser Vorzüge das Drillingssystem keine weitere Verbreitung gefunden hat, so mag dies wohl in folgenden, nicht zu verkennenden Übelständen seinen Grund haben:

a) die grosse Höhe der Maschine erschwert die Übersichtlichkeit und Wartung ganz ausserordentlich. Die letztere erfordert den Aufbau

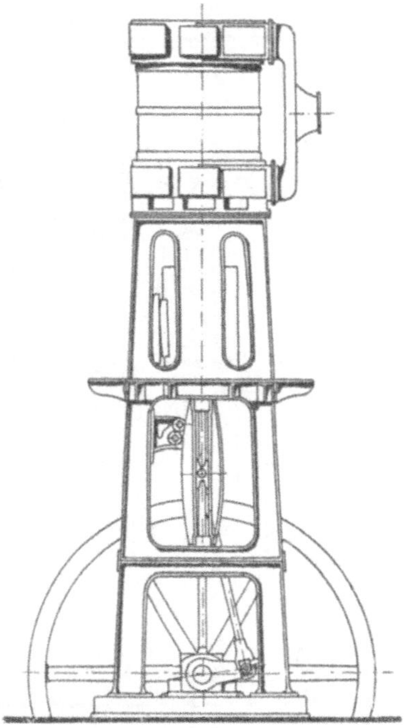

Fig. 25.

zweier Plattformen, einer obersten zur Bedienung der Stopfbüchsen der Gebläsecylinder und zur Vornahme etwaiger Reparaturen an den Windklappen, einer unteren zur Bedienung der Dampfcylinder. Da ausserdem 4 Schwungradlager und 9 Pleuelstangenlager zu kontrollieren und mit Schmiermaterial zu versorgen sind, so ist die sorgsame Wartung der Maschine eine bedeutend schwierigere als bei stehenden Illings- oder Zwillingsmaschinen;

b) die hohe Lage der Cylinder legt die Besorgnis von starken Erschütterungen und Vibrationen in der Maschine bei einigermassen rascherem Gange nahe;

c) infolge des zur Vermeidung der letzteren sehr kräftig ausgeführten Unterbaues ist das Gewicht der ganzen Maschine ein sehr grosses, welches auf eine relativ kleine Bodenfläche wirkt, wodurch sehr tiefe Fundamentbauten notwendig werden, die Maschinen aber bei nicht sehr festem Baugrund überhaupt nicht zu empfehlen sein dürften;

d) schliesslich mögen auch die relativ hohen Anschaffungskosten gegenüber ein- und zweicylindrischen Maschinen abschreckend wirken[1]).

Das Bestreben nach möglichster Stabilität der stehenden Maschinen führte zu der Umkehrung der vorstehend besprochenen Maschinen, der Verlegung des Gebläsecylinders nach unten und des Dampfcylinders nach oben.

Auch als Woolfsche Maschine ist dasselbe System ausgeführt worden, wobei jedoch beide Cylinder wieder ziemlich hoch über den Fussboden gelegt sind. Die erste Ausführung dieses Systems erfolgte seitens der englischen Firma Kitson u. Co., Airedale Foundry in Leeds, unter Mitwirkung des englischen Ingenieurs A. Hill für die Lackenby Iron Works bei Middlesborough.

Stehende Verbund-Hochofengebläse-Maschine der Kölnischen Maschinenbau-Aktiengesellschaft in Köln-Bayenthal.

Diese auf Tafel II abgebildete stehende Gebläsemaschine ist für eine Normalleistung von 1600 cbm, eine Maximalleistung von 1920 cbm angesaugter Luft und normal 1 Atmosphäre, maximal 1,8 Atmosphären Winddruck bei 50 resp. 60 Umdrehungen i. d. Minute, $6^1/_2$ Atmosphären Admissionsdruck im Schieberkasten des Hochdruckcylinders und Anschluss an eine Weiss'sche Kondensation konstruiert.

Der Hochdruckcylinder hat einen Durchmesser von 1600 mm und Schiebersteuerung, während die Steuerung des Niederdruckcylinders durch eine von Hand verstellbare Meyer'sche Kolbenschiebersteuerung erfolgt. Die Gebläsecylinder sind in zentral um die Gebläsecylinder angeordneten Ventilkästen untergebracht und bestehen aus kleinen, in Stahl geschmiedeten Ventilen mit Rotgussventilsitzen und Federbelastung.

Ein in die Abdampfleitung eingebautes Wechselventil gestattet, die Maschine auch ohne Kondensation zu betreiben. Die Wellenlager, Zapfenlager und Gradführungsplatten sind mit Weissmetall ausgegossen. Der Dampfverbrauch stellt sich auf 7 kg für die indizierte Pferdekraft und Stunde.

Diese Maschine ist seit Juni 1901 in Betrieb.

Eine Gebläsemaschine gleichfalls amerikanischer Bauart neueren Systems, von Gordon, ist in den Figuren 26 und 27 im Vertikal-

---

[1]) Über die Konstruktionsverhältnisse der beiden für die neue Hochofenanlage der Friedrich-Wilhelmshütte zu Mülheim gebauten Drillingsmaschinen s. Näheres I. Aufl. S. 40 u. 41.

Schnitt dargestellt, während Fig. 28 den Cylinder in grösserem Masstab wiedergibt.

Das Eigenartige dieses Maschinensystems liegt in der Steuerung der

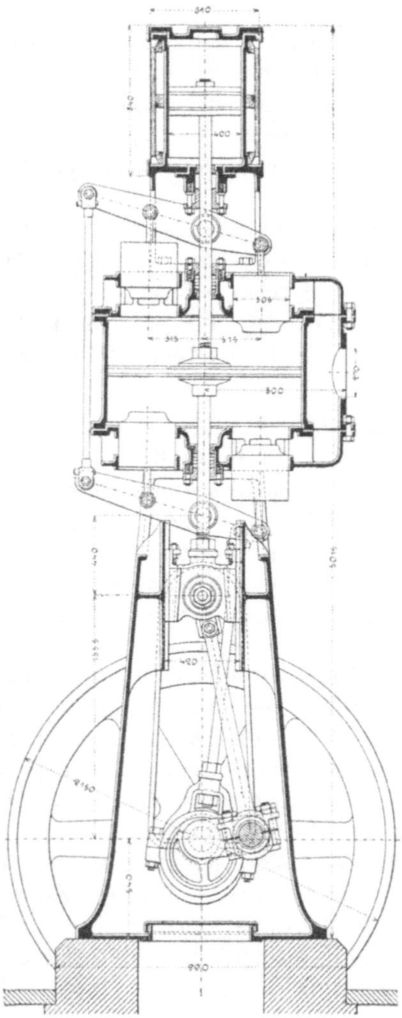

Fig. 26.

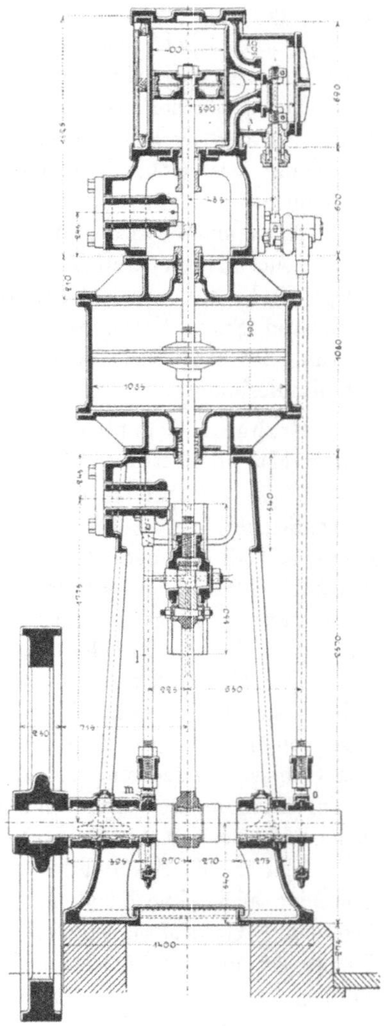

Fig. 27.

Gebläsecylinder durch **Kolbenschieber**, von welchen je einer für die Saug- und einer für die Druckseite angeordnet ist. Jeder dieser Schieber wird in der aus den Figuren 26 und 27 ersichtlichen Weise gesteuert. Die Schieber haben 305 mm Durchmesser bei einem Durchmesser des

Gebläsecylinders von 1067 mm und sind für Drücke bis zu 0,4 kg/qcm und eine Geschwindigkeit der Maschine bis 160 Touren in der Minute angewandt[1]). Das Verhältnis des Ventilquerschnitts zum Cylinderquerschnitt beträgt 1:12, die Kolbengeschwindigkeit 183 bis 244 m/min oder 3,05 bis 4,07 m/sek.

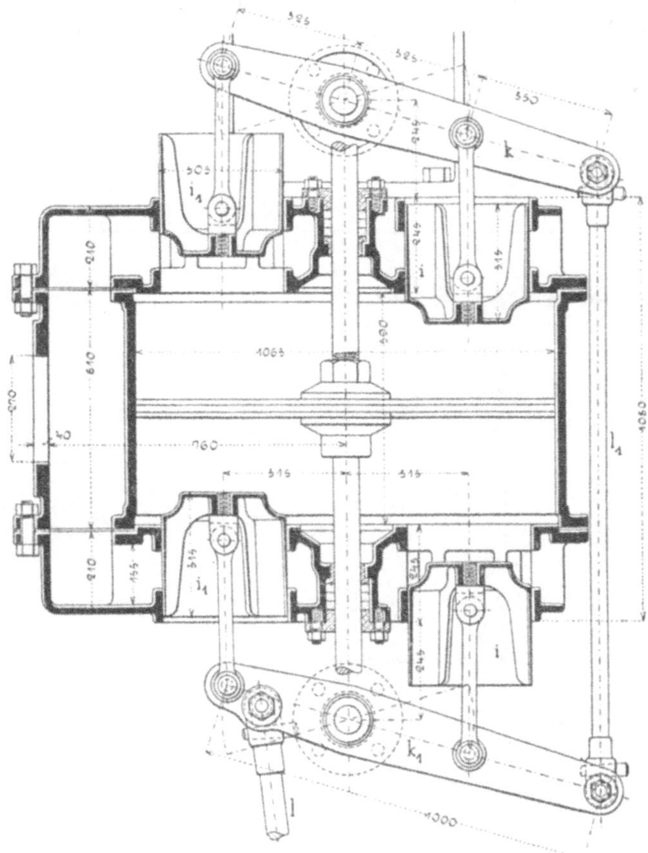

Fig. 28.

Die Steuerung der Ventile erfolgt durch eine einzige Ventilstange und ungleicharmige Doppelhebel, deren Drehpunkte in der Cylinderachse über bezw. unter dem Cylinder liegen, wie aus Fig. 28 näher ersichtlich ist. Um einen allmählichen Abschluss der Kanäle zu bewirken, sind die inneren Kanten der Schieber abgebrochen und durch viertelringförmige Aushöhlungen ersetzt.

[1]) Näheres s. D. Prakt. Masch.-Konstrukteur. 1899. S. 147 u. Tafel 48 u. Stahl und Eisen, 1899. S. 1052.

II. Liegende Maschinen.

Unter den liegenden Hochofengebläsemaschinen, welche sich schon zu Anfang der 50er Jahre des vorigen Jahrhunderts[1]) einbürgerten, nimmt wohl gegenwärtig die liegende Zweicylinderverbundmaschine den ersten Platz ein. Ältere Ausführungen zeigen nur einen Gebläsecylinder, betrieben entweder durch 2 seitlich daneben liegende Dampfcylinder, oder einen

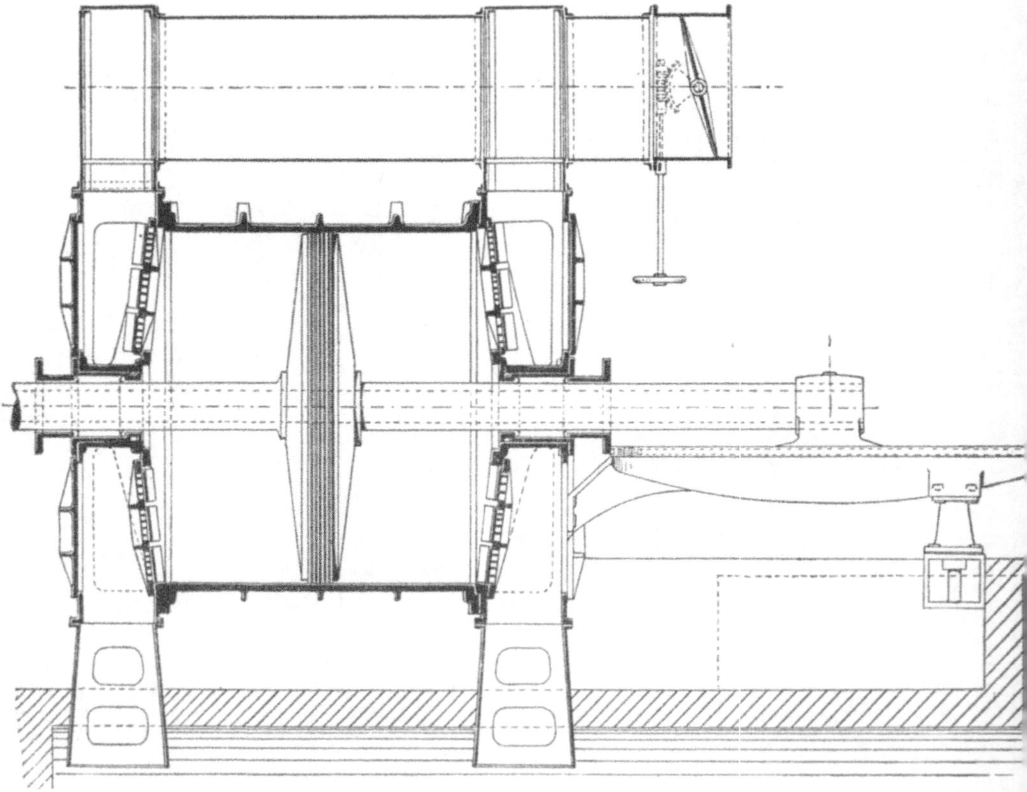

Fig. 29.

davor liegenden, direktwirkenden Dampfcylinder. Auch Schiebergebläse nach Slate'schem System wurden liegend ausgeführt, konnten jedoch auch in dieser Anordnung sich nicht dauernd einführen. Abbildungen der letzteren finden sich in Schlink[2]) sowie in Weissbach-Herrmanns Lehrbuch der Ingenieurmechanik[3]). Liegende Drillingsgebläse sind nicht ausgeführt.

1) Schlink, „Stahl und Eisen", 1888, No. 1.
2) Schlink, a. a. O. S. 54 u. 55.
3) II. Aufl. 1880. Bd. III. 2. Abteil. S. 1087 u. folg.

Bei allen neueren Maschinen findet sich folgendes Gemeinsame:

Die Gebläsecylinder liegen am hinteren Ende des Rahmens, beide sind betrieben durch die nach hinten verlängerten Dampfkolbenstangen, die Gebläsekolbenstangen sind durch beide Cylinderdeckel hindurchgeführt und vorn und hinten getragen. Vor den Dampfcylindern liegt die Gradführung (Querhäupter mit Gleisführungen oder Corlissrahmen) am vorderen Ende des Rahmens die Schwungradwelle mit einem Schwungrad, betrieben durch 2, meist unter 90 Grad versetzte Stirnkurbeln.

Die Unterschiede der verschiedenen Ausführungen beruhen in der Art der Windableitung, entweder unterhalb, oder oberhalb der Maschinenachse,

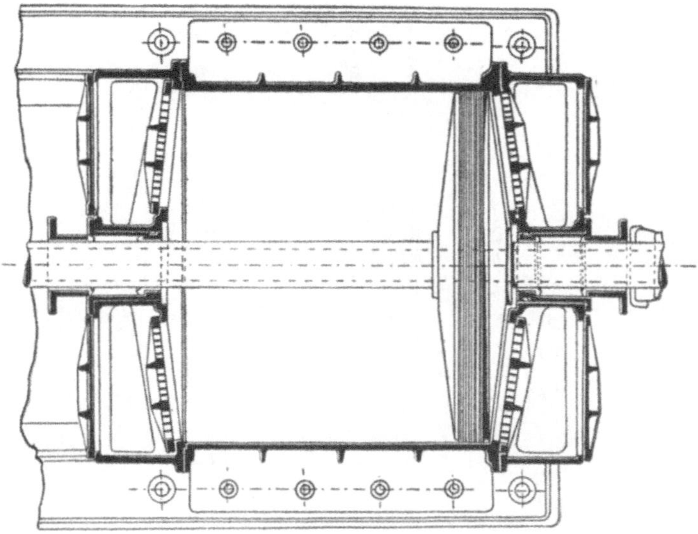

Fig. 30.

in der Steuerung der Dampfmaschinen und in der Konstruktion und Anordnung der Windklappen oder -Ventile.

Die Steuerung der Dampfmaschine ist meistens als Ventilsteuerung ausgeführt, die Ventile sind entweder, wie bei Sulzermaschinen, an beiden Cylinderenden übereinander oder seitlich angeordnet. Schieber- und Corlisssteuerungen finden sich seltener.

Die Verschiedenheiten im Bau der Gebläsecylinder sind im wesentlichen folgende:

Zwillingsgebläsemaschine der Julienhütte, Gleiwitz O.-S., im Jahre 1889 von der sächsischen Maschinenfabrik in Chemnitz gebaut, Tafel III, Fig. 29 Vertikalschnitt, Fig. 30 Horizontalschnitt des Gebläsecylinders. An beiden Cylinderenden sind besondere Saug- und Druckkammern angesetzt, deren erstere mit je einem trichterförmigen Saugstutzen unter das Maschinenfundament reichen, um von hier aus die durch gemauerte Kanäle zugeführte und daher möglichst abgekühlte Luft anzusaugen, deren letztere in ein gemeinschaftliches, schmiedeeisernes, durch Drosselklappe verschliessbares Druckrohr münden, an welches die Windleitung anschliesst.

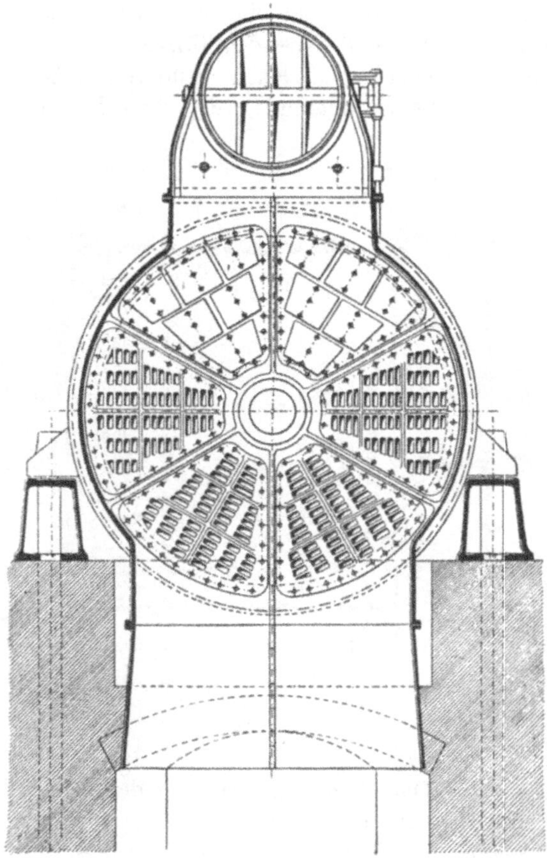

Fig. 31.

Die Anordnung der Windklappen in den Cylinderdeckeln ist aus Fig. 31 zu ersehen, während Fig. 32 die äussere Ansicht des Deckels und den Querschnitt des Rahmens und des Führungsgleises gibt.

Der freie Deckelquerschnitt ist in 6 gleichgrosse Sektoren geteilt, deren 4 zur Aufnahme der Saugklappen, 2 für die Druckklappen bestimmt sind. Jeder Sektor erhält 6 trapezförmige Lederklappen, welche in der Mitte an dem Deckel durch je 3 Schrauben befestigt sind. Dieselben bedecken je 8 bez. 10 Saug- oder Drucköffnungen, deren Anordnung aus Fig. 43 zu erkennen ist. Die beiden oberen Sektoren (Druckraum) sind durch Querrippen im Deckel gegen die 4 unteren Sektoren (Saugraum) abgeschlossen. Das Verhältnis der Windklappenquerschnitte zum Cylinderquerschnitt ist $^1/_5$ bei den Saugklappen, $^1/_8$ bei den Druckklappen.

Über die sonstigen Konstruktionsverhältnisse ergab die Mitteilung der Fabrik folgendes:

Durchmesser der Dampfcylinder . .	1100 mm
„ „ Windcylinder . . .	2350 „
Gemeinschaftlicher Hub	1800 „

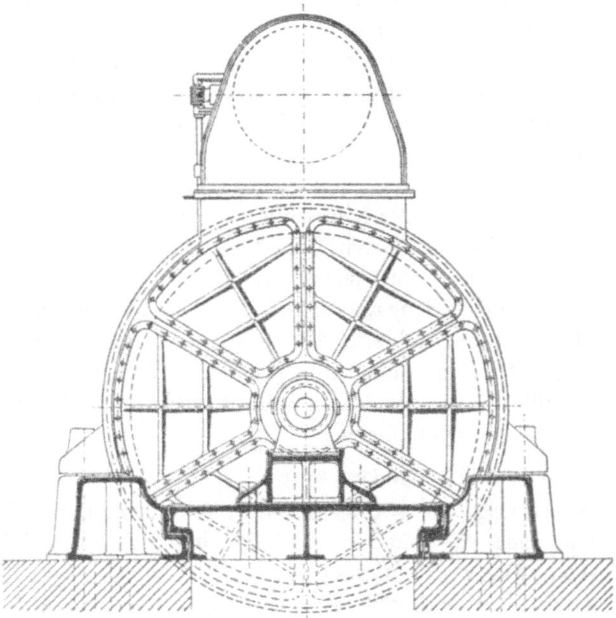

Fig. 32.

Dimensionen der besonderen, 5 m unter Maschinenfussboden liegenden Kondensationsbetriebsmaschine:

Dampfcylinderdurchmesser	450 mm
Luftpumpencylinderdurchmesser . . .	550 „
Gemeinschaftlicher Hub	680 „

Die Maschine soll mit 4 Atm. Admissionsüberdruck und 12 % Cylinderfüllung arbeiten und bei 30 Touren 900 cbm Wind i. d. Minute von atm. Spannung auf 0,4 Atmosphären pressen.

Beide Cylinder besitzen zwangläufige Ventilsteuerungen nach dem Patent der sächs. Maschinenfabrik No. 30377. Die Regulierung beider

Cylinder erfolgt von einem Regulator aus und kann jeder Cylinder so eingestellt werden, dass auf beide Cylinder genau dieselbe Arbeit kommt, wodurch die Schwungradwelle eine möglichst geringe Beanspruchung erhält. Die Tourenzahl der Maschine kann durch eine Veränderung des Regulatorgewichts von 16 bis auf 38 Touren eingestellt werden.

Bei Versuchen, welche an Ort und Stelle nach vollendeter Aufstellung vorgenommen wurden, ergab sich ein dynamischer Wirkungsgrad (nach den Wind- und Dampfdiagrammen berechnet) von 86 %, welcher Wert als sehr günstig bezeichnet werden kann. Die gleichzeitige Windspannung, am Anfang der Windleitung gemessen, betrug 0,46 Atm. Die Maschine lief hierbei mit 35 Touren vollkommen ruhig, so dass die Tourenzahl ohne Gefahr auf 40 erhöht werden könnte.

Zwillings-Gebläsemaschine für die Bergbau- und Hütten-Aktiengesellschaft „Lenne Ruhr" in Altenhunden, gebaut von der Dahlbrucher Maschinenfabrik vorm. Gebr. Klein in Dahlbruch[1]).

Dieselbe zeigt mit der vorhergehenden Maschine der sächsischen Maschinenfabrik bezüglich der Konstruktion des Windcylinders viele Übereinstimmung. Es sind an beiden Cylinderenden ganz ähnliche Saug- und Druckkammern wie dort vorhanden, und saugen die ersteren gleichfalls mittelst trichterförmiger Saugstutzen aus dem im Fundament befindlichen Luftkanal die Luft an, während die Druckräume gleichfalls wie dort in ein gemeinsames Windrohr über der Maschine münden.

Der ausführlichen Mitteilung über die vorliegende Maschine (a. a. O. S. 891) ist folgendes entnommen:

Die Lieferungsbedingungen waren

1. Eine Leistung von 200 bis 300 cbm Wind von 0,2 kg Pressung auf 1 qcm, gemessen in der Windleitung, bei der vorteilhaftesten Ausnutzung des Dampfes.
2. Der im alten Möllerhause verfügbare Raum zur Aufstellung der neuen Maschine und der alten Reservemaschine.
3. Die dauernde Betriebsfähigkeit und geringer Verschleiss der arbeitenden Maschinenteile.

Die Hauptmasse der Maschine sind folgende:

Dampfcylinder-Durchmesser	. . . .	600 mm
Gebläsecylinder- „	. . . .	1500 „
Gemeinschaftlicher Hub	. . . .	1000 „

Jede Maschine ist mit einer besonderen Kondensationseinrichtung versehen, und kann gebotenenfalls jede Maschine für sich allein betrieben werden.

---

[1]) Zeitschr. d. Vereins d. Ing. 1884, Tafel 35 u. 36.

Für die Leistung der Maschine hatte die liefernde Maschinenfabrik folgende Verpflichtungen übernommen:

1. Bei $4\,^1/_2$ Atm. Kesseldruck und normaler Leistung von 225 cbm i. d. Min. beträgt der Dampfverbrauch 12,5 kg für je 100 cbm Wind von 0,2 kg Druck in der Windleitung, als äusserste Grenze waren 15 kg Dampf bewilligt.
2. Die Maschine muss die Leistung von 300 cbm Wind i. d. Min. bei 0,2 kg Windpressung ohne Anstand ausführen können und wird so stark gebaut, dass mit 6 Atm. Kesseldruck dauernd gearbeitet werden kann. Für Windpressungen von 0,4 kg muss die Maschine in allen Teilen gleichfalls volle Sicherheit gewähren.

Über die Ergebnisse des Abnahmeversuchs, welcher im Auftrage der Empfängerin von Herrn Civilingenieur Grabau aus Hannover ausgeführt wurde, wird an gleicher Stelle folgendes berichtet.

Aus den Cylinderabmessungen ergab die Berechnung unter Berücksichtigung der Kolbenstangenquerschnitte (Durchm. der Dampfkolbenstange vorn und hinten 89 mm, der Gebläsekolbenstange vorn und hinten 190 mm) für den

Dampfcylinder:

Querschnitt des Dampfcylinders . .	2827,43 qcm
„ der Kolbenstange . . .	62,21 „
Wirksamer Dampfcylinderquerschnitt	2765,22 qcm

Leistung der Maschine $Ni = \frac{2765{,}22 \,.\, 2 \,.\, 2}{60 \,.\, 75} \,.\, n\, p_m$, wenn mit n die minutliche Tourenzahl, mit p_m der mittlere wirksame Dampfdruck auf den Kolben bezeichnet wird.

Gebläsecylinder:

Querschnitt des Gebl.-Cylinders .	17671,5 qcm
„ der Kolbenstange . .	283,5 „
Wirksame Kolbenfläche	17388 qcm

Angesaugte Luftmenge = 1,7388 cbm für einen Hingang des Kolbens.

Die Maschine wurde vor dem Versuche so reguliert, dass sie durchschnittlich etwa 265 cbm Wind minutlich lieferte. Die Windpressung wurde durch einen in der Windleitung befindlichen Schieber auf 0,2 kg eingestellt.

Der Kesseldruck betrug $4\,^1/_2$ Atm.

Die Maschine erreichte während des $6\,^1/_2$ stündigen Versuchs 16965 Umdrehungen und verbrauchte während dieser Zeit 13377 kg Dampf, während die Windleistung, berechnet nach den Diagrammen der Gebläsecylinder, 6,155 cbm für 1 Umdrehung, also 16965 × 6,155 = **104419** cbm im ganzen betrug. Die Dampfmenge für je 100 cbm gelieferten Windes betrug mithin

$$\frac{13\,377}{1044{,}19} = \mathbf{12{,}81} \text{ kg.}$$

Die gefundenen Werte wurden trotz der geringen Überschreitungen des garantierten Dampfverbrauchs von 12,5 kg für 100 cbm Wind als zufriedenstellend angesehen, weil die Kessel der Sicherheitsventile wegen nicht auf den vollen Druck von $4 \frac{1}{2}$ Atm. angestrengt werden konnten.

Zwillings-Gebläsemaschine der Buderusschen Eisenwerke zu Lollar, gebaut von der Isselberger Hütte, Tafel IV und Fig. 33 und 34, Seiten- und Rückansicht des Gebläsecylinders. Die Maschine ist für eine angesaugte Windmenge von 400 cbm i. d. Min. berechnet, der Winddruck zu 33 cm Quecksilbersäule = 0,434 Atm. angegeben. Die Anordnung der Windsaug- und Druckklappen ist entgegen der, bei den früher besprochenen Maschinen getroffenen, radialen Anordnung horizontal. Die erstere Anordnung dürfte jedoch etwas grössere freie Durchgangsquerschnitte

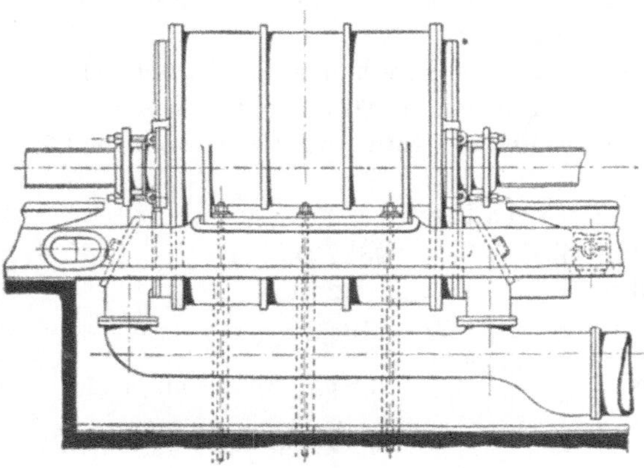

Fig. 33.

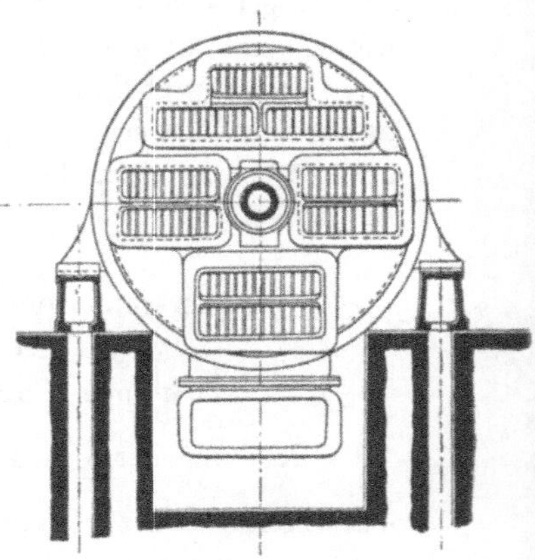

Fig. 34.

geben. Die Windableitung erfolgt in der Richtung der Maschinenachse nach hinten. Alles Weitere ist aus den Abbildungen ersichtlich.

Liegende Hochofengebläse-Maschinen der Kölnischen Maschinenbau-Aktiengesellschaft in Köln-Bayenthal.

Diese Maschinen werden von der genannten Firma für eine Normalleistung von 250 cbm, eine Maximalleistung von 400 cbm angesaugter Luft und 50 cm Windpressung bei 36 resp. 57 Umdrehungen i. d. Minute, 8 Atmosphären Kesseldruck und mit Kondensation ausgeführt. Der Hochdruckcylinder hat einen Durchmesser von 700 mm, der Niederdruckcylinder einen Durchmesser von 1050 mm, die beiden Gebläsecylinder Durchmesser von 1500 mm, der gemeinsame Hub beträgt 1000 mm.

Die Bajonettgestelle liegen in der ganzen Länge auf dem Fundament. Die Dampfcylinder und der Receiver sind doppeltwandig ausgeführt und mit Dampf geheizt. Die Steuerung des Hochdruckcylinders erfolgt durch eine vom Regulator beeinflusste Präzisions-Ventilsteuerung.

während die Ventilsteuerung des Niederdruckcylinders von Hand verstellt werden kann. Die Dampfcylinder und Gebläsecylinder sind durch Rundführungen verbunden und ruhen auf gehobelten Schlitten, so dass die durch die Erwärmung erfolgende Ausdehnung nicht behindert ist. Die hintere Kolbenstangenführung ist ebenfalls als Rundführung ausgebildet, damit das Gestänge kleinen, durch die Stellung des Kurbelzapfens etwa verursachten oscillierenden Bewegungen folgen kann.

Zur Erhöhung des Wirkungsgrades saugt die Maschine die kalte Luft von aussen an.

Die Gebläseventile sind in zentral um die Gebläsecylinder angeordneten Ventilkästen untergebracht und bestehen aus kleinen Blechscheiben mit Federbelastung.

Das abgedrehte Schwungrad ist mit Sperrzähnen und Andrehvorrichtung versehen.

Die Luftpumpe, welche über Flur aufgestellt ist, wird von dem Kreuzkopf des Niederdruckcylinders angetrieben.

Ein in die Abdampfleitung der Maschine eingebautes Wechselventil gestattet, die Maschine auch ohne Kondensation zu betreiben.

Der Dampfverbrauch stellt sich auf 7,2 kg für die indizierte Pferdekraft und Stunde.

Die Inbetriebsetzung der ersten Maschine dieser Art erfolgte im Jahre 1897.

Hochofengebläsemaschinen mit gesteuerten Ventilen, System Riedler.

Hochofengebläse mit selbsttätig sich öffnenden und zwangläufig geschlossenen Ventilen wurden zuerst von Professor A. Riedler entworfen und zuerst beim Hochofengebläse in Hattingen, später bei den Hochofengebläsen in Hieflau, Königshof und Kladno ausgeführt.

In den Figg. 35 und 36 ist das Wesentliche des Gebläses in Hieflau dargestellt. Die Antriebsverbundmaschine treibt mit der verlängerten Kolbenstange jedes Dampfcylinders einen doppeltwirkenden Windcylinder. In den Deckel des letzteren sind die Saug- und Druckklappen eingebaut, und zwar, wie der Querschnitt zeigt, öffnen sich die Klappen am Scharnier, die Saugklappen nach innen, die Druckklappen nach aussen. Die Klappen stützen sich auf die Scharniere, so dass eine möglichst einfache Führung des ein- und ausströmenden Windes erzielt wird.

Die Schlussbewegung wird von einer Querwelle durch einen unrunden Daumen übertragen; letzterer wirkt auf 2 Rollen an einem vertikal stehenden Hebel, von welchem aus durch Übertragungsstangen die Schlussbewegung auf die, vor den Windklappen liegenden Querwellen übertragen wird.

Die Saugklappen werden durch eine Zugstange, die Druckklappen durch einen Druckhebel geschlossen. Die neueren Ausführungen der Riedler'schen Gebläse, sowie der Luftkompressoren mit Riedler-Stumpf'schen

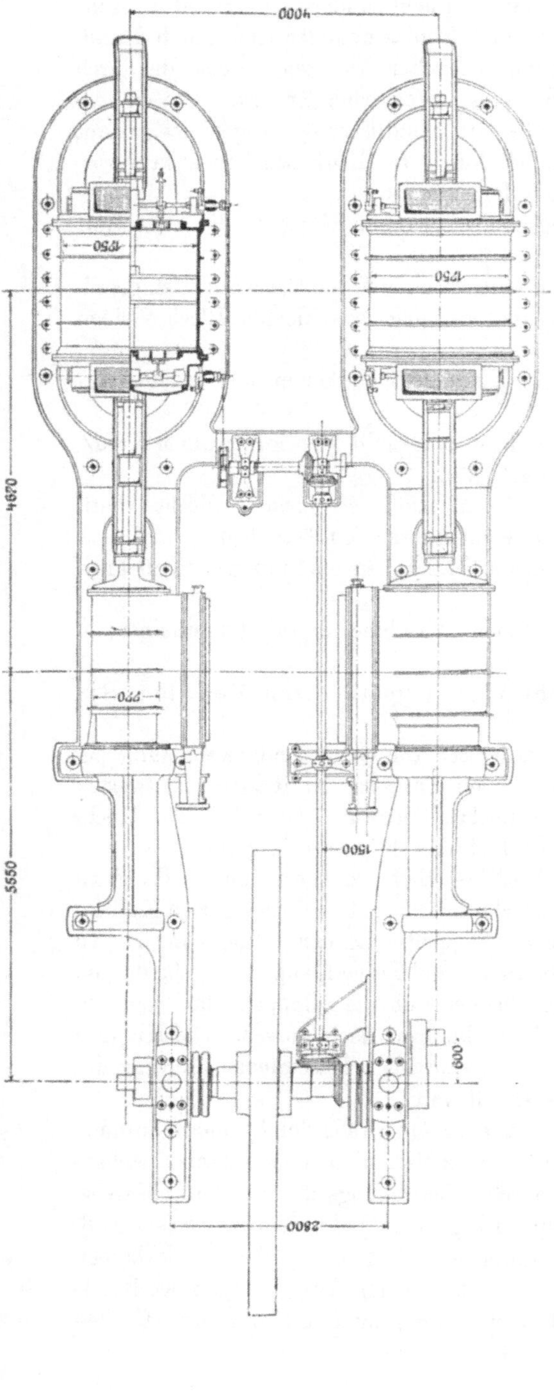
4000
1250
1250
4670
770
5550
1500
600
2800

Fig. 35.

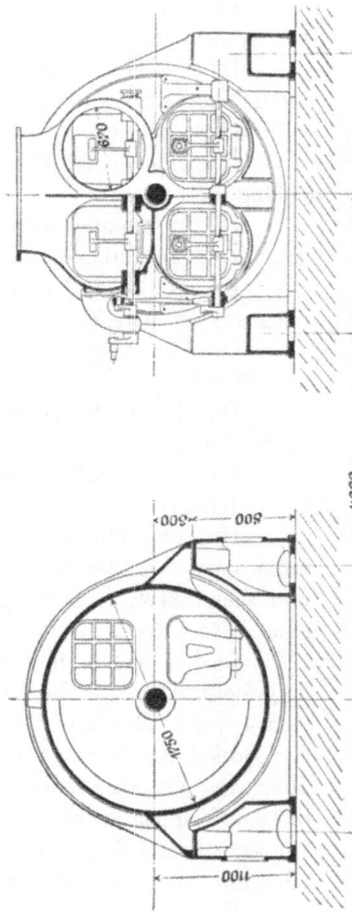
670
2200
4000
800
300
2050
1250
1100

Fig. 36.

Ventilen werden in einem besonderen, weiter unten folgenden Abschnitt behandelt werden.

Verbund-Gebläsemaschine der Hernádthaler Eisenwerke in Krompach.

Diese, von der Maschinenfabrik Bolzano, Tedesco u. Co. in Schlan in Böhmen im Jahre 1896 gebaute und in Krompach aufgestellte Maschine ist in Fig. 37 in perspektivischer Ansicht und auf Tafel V abgebildet[1]). Die Maschine ist liegend, die Dampfmaschine als Verbundmaschine ausgeführt. Sowohl die Dampf- als auch die Windcylinder sind mit Corlisssteuerung versehen.

Die Abmessungen der Cylinder sind folgende:

Durchmesser des Hochdruckcylinders . .	900	mm
„ „ Niederdruckcylinders . .	1380	„
„ der Windcylinder	1950	„
gemeinschaftlicher Hub	1400	„

Die Steuerung des Hochdruckdampfcylinders geschieht nach dem System Wöllner[2]), worauf hier nicht näher eingegangen werden soll.

Die Steuerung der Windcylinder wird von dem dritten, zu jeder Cylinderseite gehörigen Exzenter bewegt, dessen Stange auf die, in der Mitte des Cylinders befestigte, dreiarmige Schwinge *A* wirkt, von welcher vier Corlissschieber, je ein unten liegender Saugschieber und ein oben liegender Druckschieber, angetrieben werden. Die Form der Schieber und die Anordnung der über den Druckschiebern angebrachten Druck- oder Rückschlagventile sind aus der Tafel verständlich. Die Zahl der letzteren beträgt auf jeder Cylinderseite 20; sie werden beim Anheben infolge der spiralförmigen Führungen der mittleren Führungscylinder etwas gedreht, während sie beim Niedergang infolge dieser Führung etwas gebremst werden und daher langsamer als freifallende Ventile auf die Sitze auftreffen, infolgedessen aber auch nicht so leicht zerbrechen. Ein Ventil ist auf Tafel V im Querschnitt dargestellt und sind die spiralförmigen Führungen im Schnitte angedeutet.

Die Verhältnisse der Lufteinlass- und Auslass-Querschnitte zum Cylinderquerschnitt berechnen sich folgendermassen:

Querschnitt der Einlassschieberöffnung	2100	qcm
„ „ Auslass „ „	1800	„
„ „ 20 Druckventile	2450	„
„ des Windcylinders nach Abzug der Kolbenstange	29515	„

daher

---

1) Vergl. Näheres in der Abh. des Verfassers in der Zeitschr. d. Ver. deutsch. Ing. 1898. S. 1153 u. folg.

2) Siehe Blaha, Die Steuerung der Dampfmaschine. 3. Aufl. S. 175.

Fig. 37.

Verhältnis der Saugöffnung zum freien Cylinderquerschnitt		1 : 14
„ „ Auslassöffnung zum freien	„	1 : 16,4
„ „ Druckventilöffnung zum freien	„	1 : 12

Die Luftgeschwindigkeiten ergeben sich daraus

a) bei 33 Min. Umdrehung oder 1,54 m/sek. Kolbengeschwindigkeit

im Saugschieber zu rd.	21,6	m/sek.
„ Druckschieber zu rd.	25,3	„
in den Ventilen zu rd.	18,5	„

b) bei 53 Min. Umdrehung oder 2,47 m/sek. Kolbengeschwindigkeit

im Saugschieber zu rd.	34,6	m/sek.
„ Druckschieber zu rd.	40,5	„
in den Ventilen zu rd.	29,6	„

Durch die vorbeschriebene Anordnung der Druckventile über dem Auslassschieber wird der Druckraum am Ende des Austreibens der Luft abgeschlossen, wodurch die Schieber entlastet werden, so dass dieselben nur kurze Zeit unter dem Maximaldruck zu arbeiten haben. Infolgedessen können alle Steuerungsteile verhältnismässig leicht gehalten werden und ist auch die Abnutzung der Schieber eine geringe. Die Leistung der Maschine wurde bei dem von Prof. Hermann zu Chemnitz im August 1897 angestellten Abnahmeversuch ermittelt, und ergab dieselbe folgende Werte:

Datum des Versuches	20. August 1897.	
Dauer „ „	9 Std. 55 Min.	
Minuten-Umdrehung i. Mitt.	37,5	
mittlere indizierte Spannung im Hochdruckcylinder	2,05	kg/qcm
„ „ „ „ Niederdruckcylinder	0,9656	„
„ „ „ in den Windcylindern	0,3974	„
Leistung im Hochdruckcylinder	304,91	PSi.
„ „ Niederdruckcylider	333,01	„
Gesamtleistung	637,92	„
Leistung im Windcylinder	547,08	„
Mechanischer Wirkungsgrad	85,75	pCt.
Dampfverbrauch für 1. PSi. Std. einschliesslich Mantel- und Aufnehmerheizung	6,93	kg
desgl. ohne Heizung	6,33	kg
Vakuum im Kondensator	63,5	cm
Einspritzwassertemperatur	18—20^0 C.	
Windtemperatur (oberhalb der Ventile)	56^0 C.	
Windpressung am Manometer i. Mitt.	0,37 Atm.	

Die Sauglinien der Versuchsdiagramme der Windcylinder zeigen ziemliche Unregelmässigkeit, welche ihre Ursache in einer zeitweiligen Änderung des Saugkanals hatte. In die, unter dem Fussboden liegenden, gemauerten Saugkanäle münden zwei turmartige Luftfänger ein, deren einer während des Versuches geschlossen war. Hierdurch entstanden in dem abgeschlossenen

Luftschacht beim Ansaugen Luftbewegungen und Wirbelbildungen, die bei der diesem Raume näher liegenden Hochdruckseite grössere Schwankungen während der Saugperiode verursachten.

Ebenso ungünstig für den Versuch waren die unmittelbar an den Windcylindern zur Erzeugung des für die Windpressung erforderlichen Drosselwiderstandes angebrachten Schieber. Der Mangel eines entsprechend grossen Windsammlers hatte zur Folge, dass sich, wie aus den Diagrammen zu ersehen, der Druck im Windcylinder während der Ausschubperiode stark steigerte.

Nachdem jedoch der Hochofen einige Zeit nach dem Abnahmeversuch in Betrieb gesetzt war, wurden die Windcylinder nochmals indiziert und ergaben nunmehr das ebenfalls auf Tafel V abgebildete Diagramm, welches einen fast wagerechten Verlauf der Drucklinie während der Ausschubperiode und auch eine bessere Sauglinie zeigt.

D. Die Bessemer-Gebläsemaschinen.

Wenngleich die allgemeine Anordnung der Bessemer-Gebläsemaschinen, wie bereits erwähnt wurde, nicht wesentlich von derjenigen der Hochofengebläsemaschinen verschieden ist, so erfordert doch der bedeutend höhere Luftdruck, die stärkere Erwärmung der Luft und die grössere Tourenzahl eine bedeutend stärkere Bauart der ganzen Maschine sowie eine Verstärkung der Saug- und Druckorgane, wodurch eine Änderung in der Konstruktion der Saug- und Druckkanäle und Cylinderdeckel bedingt ist. Die stärkere Erwärmung erfordert Wasserkühlung, für welche jedoch, da die Luft direkt in die Bessemerkonverter geleitet wird und daher nicht feucht sein darf, keine Wassereinspritzung anwendbar ist. Hierdurch ist die Anordnung doppelwandiger Cylinder mit Wassermantel, sowie zur Vergrösserung der Abkühlungsfläche doppelwandiger Cylinderdeckel gleichfalls mit Wasserkühlung geboten. Durch beide Umstände wird die Konstruktion der Cylinder umständlicher. Während endlich bei den geringen Drücken der Hochofengebläsemaschinen zum Abschluss der Saug- und Druckkanäle Leder-, Filz- und Gummiklappen Anwendung finden können, sind dieselben für Bessemergebläse infolge des höheren Drucks, der zu starken Abnutzung und daher erforderlichen allzu häufigen Auswechselung ungeeignet und in neuerer Zeit fast durchweg durch Metallventile ersetzt worden, wodurch gleichfalls Konstruktionsänderungen bedingt sind.

Hinsichtlich der äusseren Aufstellung der Cylinder kommen in neuerer Zeit wohl nur noch die direktwirkenden stehenden und liegenden Maschinen zur Ausführung, da die Balancier-Maschine für Bessemergebläse der kleineren Tourenzahl wegen ungeeignet ist.

I. Stehende Bessemer-Gebläsemaschinen.

Die Konstruktion einer älteren, stehenden Bessemer-Gebläsemaschine der Société John Cockerill in Seraing, welche für die Bessemerei-Anlage

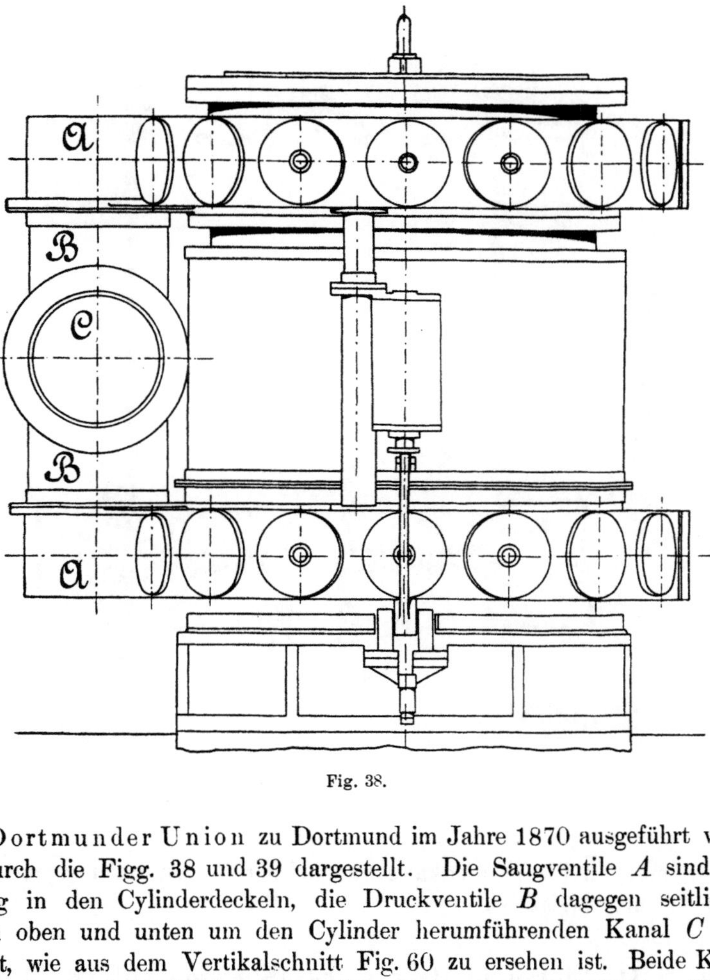

Fig. 38.

der Dortmunder Union zu Dortmund im Jahre 1870 ausgeführt wurde, ist durch die Figg. 38 und 39 dargestellt. Die Saugventile A sind ringförmig in den Cylinderdeckeln, die Druckventile B dagegen seitlich in einem oben und unten um den Cylinder herumführenden Kanal C angebracht, wie aus dem Vertikalschnitt Fig. 60 zu ersehen ist. Beide Kanäle stehen durch ein Verbindungsrohr D und einen mit zwei Kolben F^1 und F^2 versehenen Cylinder E mit einander in Verbindung. Durch die Stangen H und K und den Hebel I werden die Kolben F^1 und F^2 beim Hubwechsel der Maschine gehoben, so dass ein momentaner Druckausgleich zwischen beiden Cylinderseiten erfolgt, wodurch, wie später gezeigt werden wird, der volumetrische Wirkungsgrad der Maschine bedeutend vergrössert, der Anfangsdruck auf der Saugseite dagegen verkleinert wird. Die Druckventilstangen sind doppelt geführt und stossen mit den äusseren Enden gegen Spiralfedern, welche in den Deckeln der Ventilkästen gelagert sind. Der Gebläsecylinder ist mit einem oben offenen Wassermantel *G* umgeben, in welchen fortwährend frisches Kühlwasser einfliesst. Beide Druckkanäle *A*,

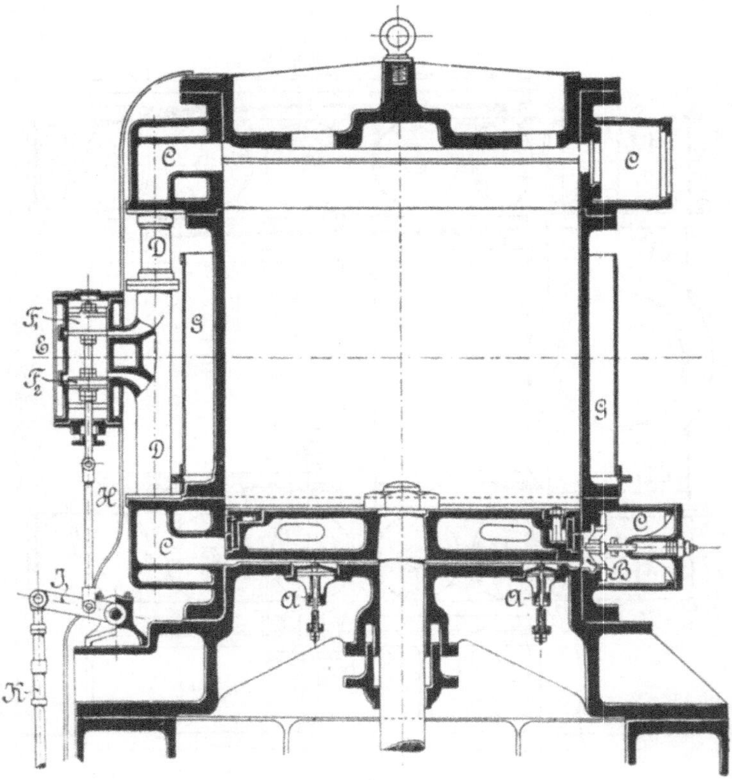

Fig. 39.

Fig. 59, münden in ein vertikales Sammelrohr *B*, von welchem die Windleitung *C* abgezweigt ist.

II. Liegende Bessemer-Gebläsemaschinen.

Als Beispiele neuerer Konstruktionen sind im folgenden zunächst zwei Ausführungen, eine Maschine der Gutehoffnungshütte zu Sterkrade und eine Maschine der Essener Union zu Essen behandelt, welche sich hauptsächlich durch die Anordnung der Ventile unterscheiden.

Bessemer-Verbund-Gebläsemaschine für die Bessemerei der Gebrüder Röchling in Völcklingen, Fig. 40 Ansicht, Fig. 41

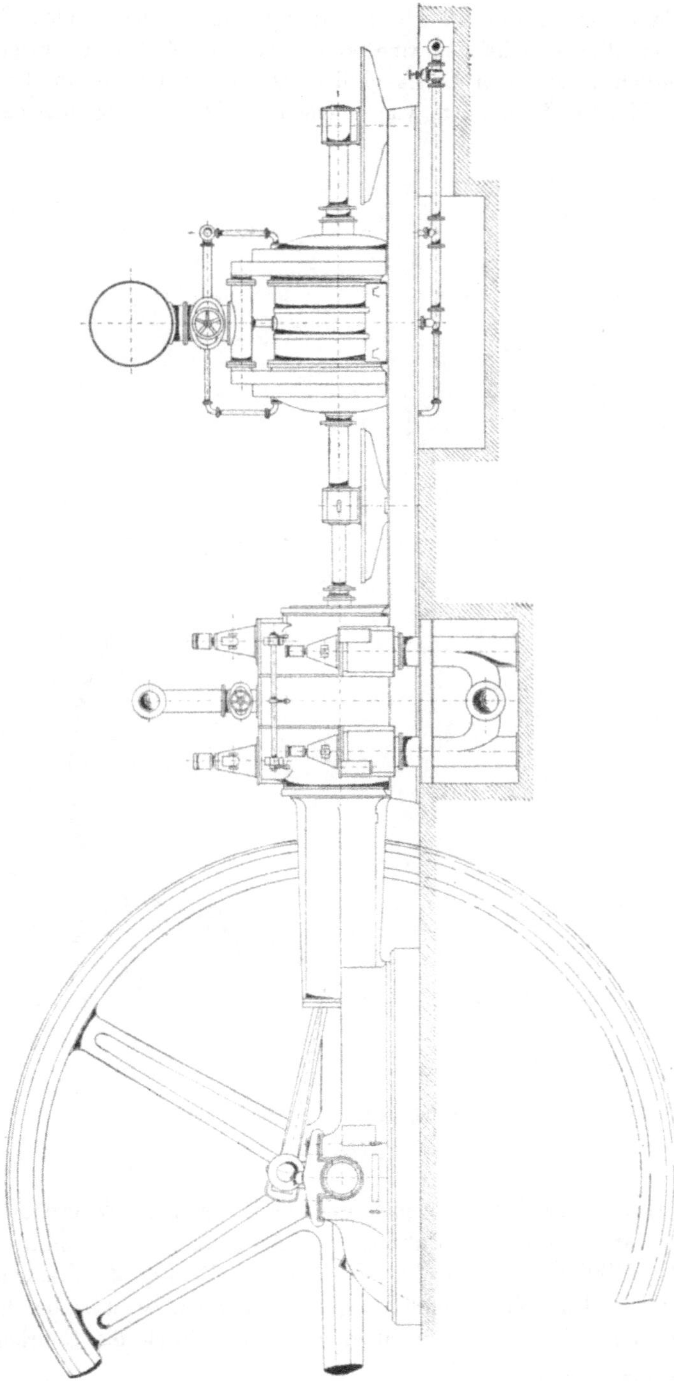

Fig. 40.

Vertikalquerschnitt, Fig. 42 Horizontallängsschnitt. An beiden Cylinderenden befindliche, schmale, ringförmige Kanäle *A* liegen zwischen den Saugventilen *C* und den Druckventilen *D*, welche letztere in 2 ringsumlaufende Kanäle *B* münden, von welchen ein Verbindungsrohr nach dem

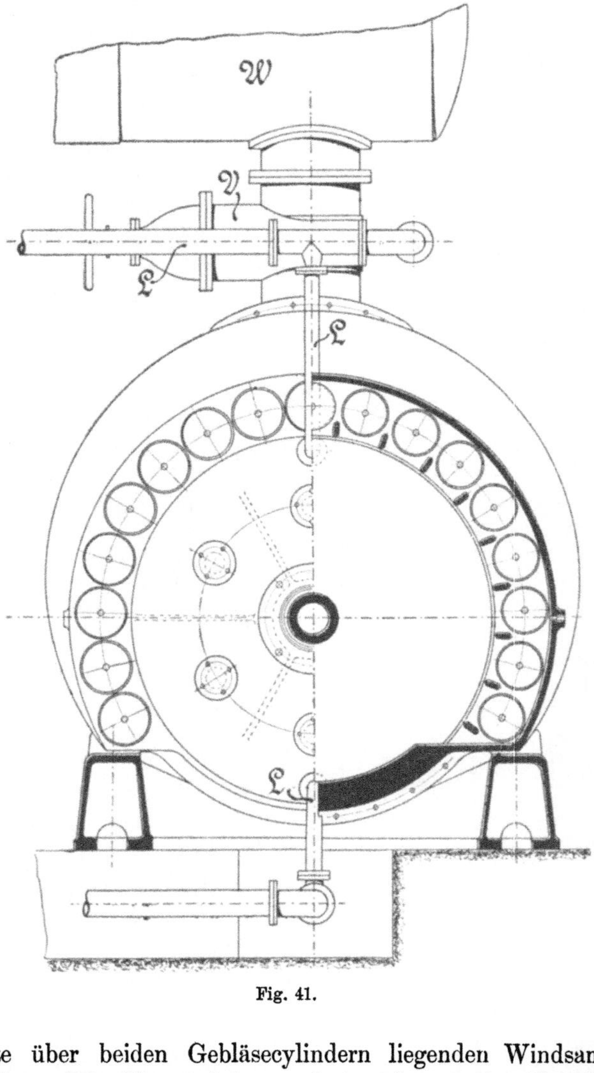

Fig. 41.

in der Mitte über beiden Gebläsecylindern liegenden Windsammler *W*, Fig. 41, führt. Die Konstruktion und Anordnung der Ventile ist aus Fig. 43 ersichtlich. Durch die Windschieber *V*, Fig. 41, können beide Cylinder von dem Windsammler abgesperrt werden, so dass bei Betriebsstörungen eine Maschine allein arbeiten kann. Durch die Rohrleitung *L* wird sowohl den Cylindermänteln als auch den Deckeln Kühlwasser zugeführt. Die Steuerung der Dampfmaschine geschieht durch Ventile, deren Anordnung insofern bemerkenswert ist, als die Einlassventile oben auf dem Cylinder, die Auslassventile jedoch nicht wie gewöhnlich unterhalb, sondern seitlich neben dem Cylinder liegen. Die Konstruktionsverhältnisse der Maschine sind folgende:

Dampfcylinder-Durchm.:	Hochdruckcylinder:	1300	mm
	Niederdruckcylinder:	1900	„
Windcylinder-Durchm.		1700	„
Gemeinschaftlicher Hub		1700	„

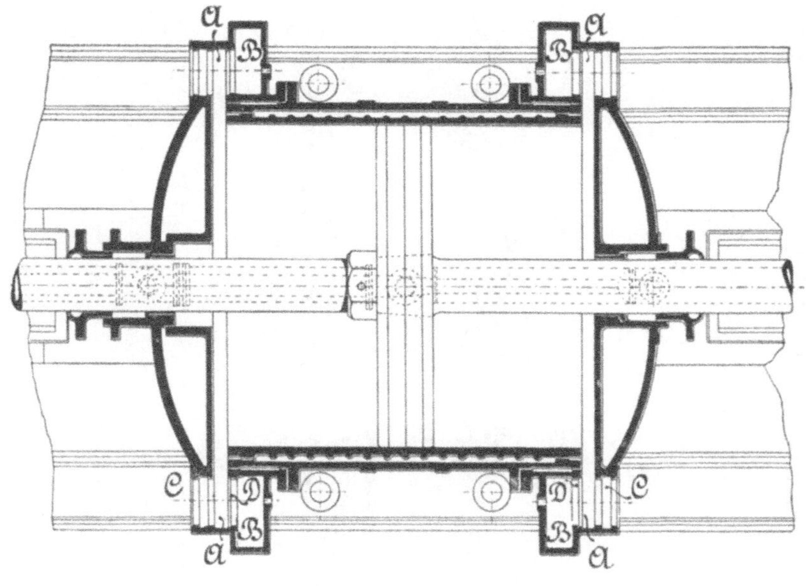

Fig. 42.

Umdrehungszahl		36	i. d. Min.
Minutlich angesaugte Luftmenge		540	cbm
Winddruck		2,2	Atm. Überdruck.
Indizierte Pferdestärkenzahl	ca.	1800	
Anfangsspannung im Hochdruckcylinder		5	Atm. Überdruck.
Füllung im Hochdruckcylinder	ca.	0,4	
Freier Saugventilquerschnitt	ca.	$^1/_6$	der Kolbenfläche.
Freier Druckventilquerschnitt	ca.	$^1/_{12}$	der Kolbenfläche.

Zum Betriebe der Kondensationsanlage ist eine besondere Kondensationszwillingsmaschine von folgenden Abmessungen vorhanden:

Dampfcylinder, Dmr.	= 280 mm, Hub = 600 mm
Doppeltwirkende Luftpumpen, Dmr.	= 500 „ Hub = 600 „
Umdrehungszahl	60 i. d. Min.

Bessemer-Zwillings-Gebläsemaschine für die Bessemerei des Hörder Bergwerks- und Hüttenvereins, in Betrieb gesetzt

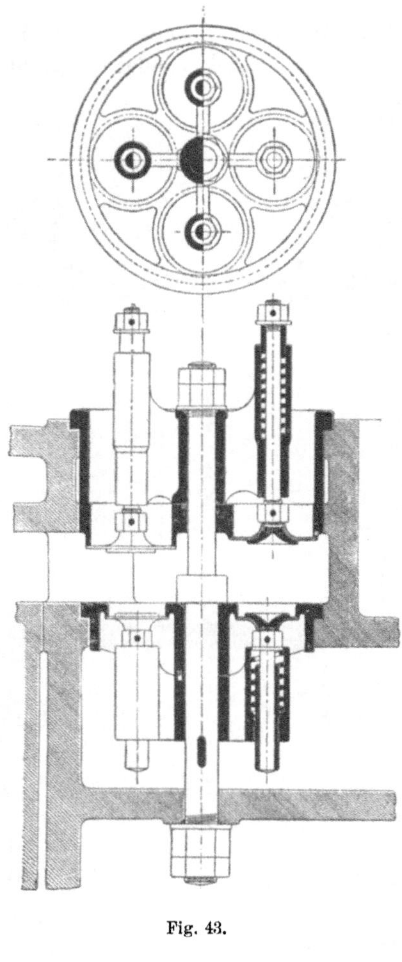

Fig. 43.

Sommer 1891. Fig. 44 Seitenansicht, Fig. 45 Horizontalschnitt und Grundriss des Gebläse-Cylinders, Fig. 46 Vertikalquerschnitt durch den Ventilkasten.

Die Saugventile, je 8 grössere und 16 kleinere, sind in den Cylinderdeckeln konzentrisch zur Cylinderachse, die Druckventile, je 8 an der Zahl, an beiden Cylinderenden in einem kastenförmigen Aufbau angebracht;

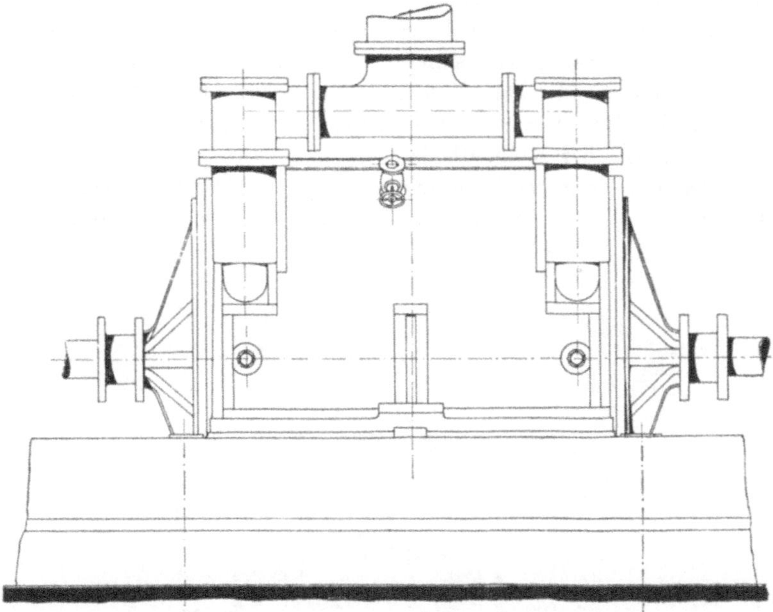

Fig. 44.

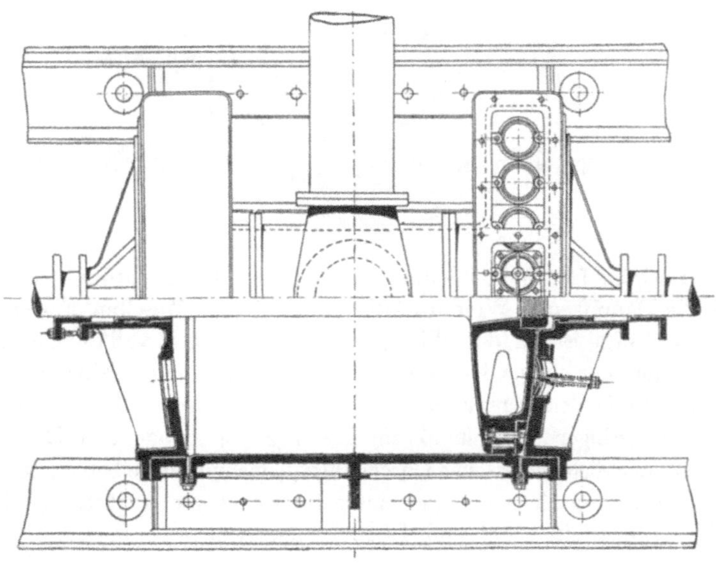

Fig. 45.

hierdurch ist zwar der schädliche Raum etwas vergrössert, jedoch bietet diese Konstruktion den Vorteil der bequemeren Zugänglichkeit der Ventile, geringerer Reibungswiderstände in den Führungen, sowie sicheren und dichteren Abschlusses. Das Verhältnis des freien Durchgangsquerschnittes berechnet sich für die Saugventile zu $^1/_{4,68} = 0{,}214$, für die Druckventile zu $^1/_{14} = 0{,}072$ der Kolbenfläche.

Der Wassermantel ist durch eine um den Cylinder gelegte Blechbekleidung gebildet, wodurch die Konstruktion leichter und wohl auch

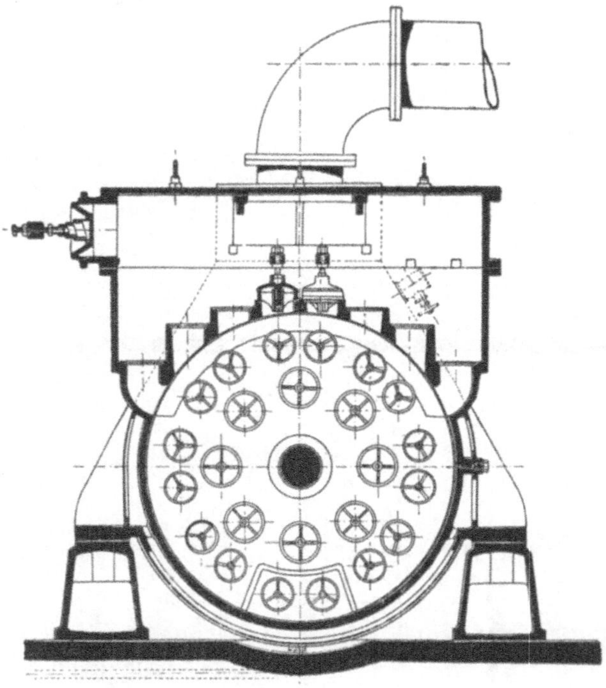

Fig. 46.

billiger wird. Die Windableitung ist aus Fig. 44 ersichtlich. In Fig. 47 sind die Dampf- und Winddruckdiagramme dieser Maschine wiedergegeben. Bemerkenswert ist an den Winddiagrammen der fast vollkommen horizontale Verlauf der oberen Drucklinien, sowie das Zusammenfallen der unteren Horizontallinie des Diagramms mit der atmosphärischen Linie, woraus sich ein sehr geringer Widerstand zur Hebung der Saug- und Druckventile, sowie ein reichlich bemessener Durchgangsquerschnitt derselben erkennen lässt.

Über zwei liegende Bessemergebläse neuerer Ausführung berichtet R. M. Daelen in Stahl und Eisen[1]) folgendes:

---

1) Stahl u. Eisen 1888, 2. S. 433 und 575.

1. Bessemer-Gebläsemaschine der „Gutehoffnungshütte“ zu Sterkrade-Oberhausen.

Das Verhältnis des Dampfcylinders zum Windcylinder ist bei derselben 1 : 1,29, der Füllungsgrad 0,3 für einen Dampfdruck von 3,5 kg/qcm und Winddruck von 2,0 kg/qcm. Die Maximalleistung beträgt bei voller Füllung und 5—6 kg/qcm Dampfdruck bez. 2,5 kg Winddruck 360 bez. 450 cbm Wind in der Minute für 25 bez. 30 Touren oder 1,4 bez. 1,7 m Kolbengeschwindigkeit, welche Maximalwindmenge für eine Charge von 10 t berechnet ist.

Die Ventilanordnung ist die folgende: Auf jeder Cylinderseite befinden sich 36 Saug- und 18 Druckventile von 140 mm lichter Weite, 17 mm bez. 20 mm Hubhöhe und einem Gesamtquerschnitt von $^1/_8$ bez. $^1/_{13}$ der Kolbenfläche. Alle Ventile und Ventilsitze sind ausschliesslich aus Metall hergestellt, wodurch nicht nur eine grössere Haltbarkeit als bei Lederventilen erzielt, sondern auch eine grössere Kolbengeschwindigkeit ermöglicht wird.

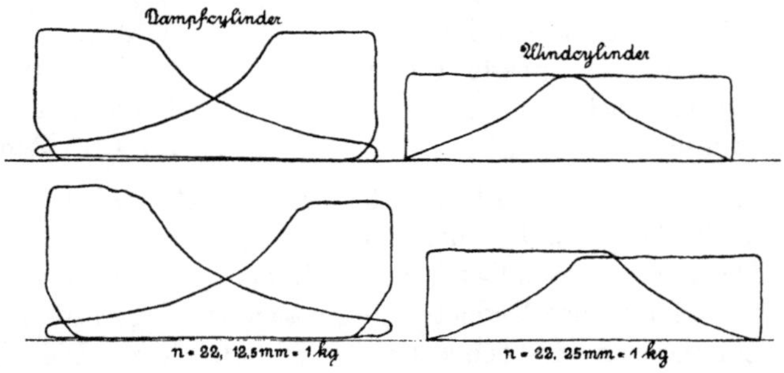

Fig. 47.

Die Radialstellung der Ventile ergibt im Gegensatz zu den sonst gebräuchlichen Anordnungen einen kleinen schädlichen Raum von nur 3 $^0/_0$ des Cylinderinhaltes auf jeder Seite.

Nach Riedler wurden zum Zwecke des Druckausgleiches beide Cylinderseiten durch ein mit einem gesteuerten Ventil versehenes Rohr verbunden. Diese Konstruktion wurde jedoch, da kein wesentlicher Vorteil damit erzielt wurde, später wieder fallen gelassen. Der Grund für den Nichterfolg dieser Anordnung lag in dem zu kleinen Querschnitt des Verbindungsrohres. Es wurden daher nach Wellners Vorschlag Nuten im Cylinder angebracht, welche ebenfalls einen Druckausgleich zwischen beiden Cylinderseiten bewirken sollten. Dieselben gaben bei 15 mm Tiefe und 70 mm Breite zusammen einen Querschnitt von $^1/_{100}$ des Cylinderquerschnittes und 0,4 $^0/_{00}$ des Cylinderinhaltes an schädlichem Raum.

Daelen empfiehlt an dieser Stelle, die anzusaugende Luft zur Erhöhung des Nutzeffektes an einem System dünnwandiger, mit Wasser gekühlter Rohre vorbeistreichen zu lassen, anstatt sie aus dem durch die Dampfleitung und Dampfcylinder erhitzten Maschinenraum zu entnehmen, welcher Vorschlag an und für sich entschieden als richtig und beherzigenswert anzuerkennen ist, jedoch einmal die Maschine komplizierter und teurer machen würde, da doch für die Wasserzirkulation auch eine Zirkulationspumpe zu beschaffen wäre, und sodann auch den Kühlwasserbedarf erhöhen würde.

2. Bessemer-Gebläsemaschine des Bochumer Vereins, gebaut von der Hannoverschen Maschinenbau-Aktiengesellschaft.

Die Maschine dient zum gleichzeitigen Betriebe von 2 Konvertern von je 7,5—8 t Einsatz.

Die Abmessungen derselben sind folgende:

Durchmesser der Dampfcylinder . .	1,6 m
„ „ Luftcylinder . . .	1,8 „
Gemeinschaftlicher Hub	1,73 „
Mittlere bez. grösste Tourenzahl . .	30 bez. 40
Dampfdruck	4—5 Atm.
Luftdruck	1,5—1,7 Atm.

Das Ansaugen der Luft erfolgt sowohl durch seitliche Saugventile als auch durch eine Anzahl in den Deckeln angebrachter Saugklappen von Gummi. Die Sauggeschwindigkeit der Luft beträgt 12,1 m, die Druckgeschwindigkeit 26,5 m, das Verhältnis des gesamten Saugventil- bez. Druckventilquerschnitts zum Kolbenquerschnitt $^1/_7$ bez. $^1/_{15,3}$. Die Ventilkegel sind aus gestanztem Flusseisenblech hergestellt, die Ventile zu je 4 auf einem Sitz vereinigt, ähnlich der in Fig. 43 (S. 51) dargestellten Anordnung. Die minutlich angesaugte Windmenge beträgt bei 30 Touren ca. 240 cbm, bei 40 Touren ca. 320 cbm.

Einige andere Mitteilungen desselben Autors über Bessemer-Gebläsemaschinen [1]) mögen hier noch kurz wiedergegeben werden.

Derselbe empfiehlt das liegende System bei Bessemergebläsen gegenüber dem stehenden seiner bedeutend billigeren Herstellungskosten halber, welche bei ersterem bis zu 20—30 % geringer als bei letzterem sein dürften. Als Hauptvorteil der stehenden Gebläse bezeichnet Daelen die dadurch ermöglichte vertikale Aufstellung der Ventile und Anordnung derselben in den Deckeln, was bei liegenden Maschinen schwieriger ausführbar ist. Der Anwendung von Verbundmaschinen mit Kondensation erkennt Daelen gegenüber den Maschinen mit einem Cylinder ohne Kondensation eine Dampfersparnis von 25—30 % zu.

Bezüglich der Querschnitte der Saug- und Druckventile empfiehlt Daelen:

---

1) Verh. d. Vereins zur Beförd. d. Gewerbfl. 1883, Bd. 62, S. 173 u. folgende.

$$F_s = {}^1/_6 - {}^1/_5\, F$$
$$F_d = {}^1/_{18} - {}^1/_{15}\, F,$$

mithin das Verhältnis $\frac{F_s}{F_d} = 3$ zu machen. Der schädliche Raum endlich soll auf jeder Cylinderseite nicht über 5 % des Cylinderinhaltes sein.

Liegende Verbund-Stahlwerks-Gebläsemaschine der Kölnischen Maschinenbau-Aktiengesellschaft in Köln-Bayenthal.

Diese auf Tafel VI abgebildete Gebläsemaschine ist für eine Normalleistung von 600 cbm, eine Maximalleistung von 850 cbm angesaugter Luft und $2\,{}^1/_2$ Atmosphären Winddruck bei 35 resp. 50 Umdrehungen i. d. Minute und 8—10 Atmosphären Kesseldruck und Anschluss an eine Zentral-Kondensation konstruiert. Der Hochdruckcylinder hat einen Durchmesser von 1300 mm, der Niederdruckcylinder einen Durchmesser von 1700 mm, die beiden Gebläsecylinder von je 1800 mm, der gemeinsame Hub beträgt 1700 mm. Die Bajonettgestelle der Maschine liegen in der ganzen Länge auf dem Fundament. Die Dampfcylinder und der Receiver sind doppeltwandig ausgeführt, mit Dampf geheizt und mit Hochglanzblech gemantelt. Die Steuerung des Hochdruckcylinders erfolgt durch eine von Hand verstellbare Rider-Kolbenschiebersteuerung, während die Steuerung des Niederdruckcylinders durch einen Kolbenschieber, System Trick, erfolgt.

Die Dampfcylinder und Gebläsecylinder sind durch zweiteilige Rundführungen verbunden und ruhen auf gehobelten Füssen, so dass die durch die Erwärmung erfolgende Ausdehnung nicht behindert ist. Die hintere Kolbenstangenführung ist ebenfalls als Rundführung ausgebildet, damit das Gestänge kleinen, durch die Stellung des Kurbelzapfens etwa verursachten, oscillierenden Bewegungen folgen kann.

Zur Erhöhung des Wirkungsgrades saugt die Maschine die kalte Luft von aussen an.

Die Gebläseventile sind in zentral um die Gebläsecylinder angeordneten Ventilkästen untergebracht und bestehen aus kleinen Blechscheiben mit Federbelastung. Zwei in die Abdampfleitung der Maschine eingebaute Abdampfschieber gestatten, die Maschine entweder mit oder auch ohne Kondensation laufen zu lassen.

Der Dampfverbrauch stellt sich auf ca. 7 kg für die indizierte Pferdekraft und Stunde bei Anschluss an die Zentralkondensation. Die Inbetriebsetzung der ersten dieser Maschinen erfolgte im Jahre 1897.

Liegende Verbund-Bessemer-Gebläsemaschine der Maschinenbau-Aktien-Gesellschaft „Union“ in Essen.

Diese auf Tafel VII dargestellte, für den Lothringer Hüttenverein Aumetz-Friede in Kneutingen erbaute Maschine, welche im Jahre 1900 dem Betriebe übergeben wurde, ist eine Verbundmaschine mit Centralkondensation und direkt gekuppelten Gebläsecylindern.

Der Hochdruckcylinder hat 1300 mm, der Niederdruckcylinder 2000 mm und die beiden Gebläsecylinder 1650 mm Durchmesser, der gemeinschaftliche Hub beträgt 1700 mm.

Der Betriebsdruck beträgt 10 Atm. und der Winddruck 2—2 $^1/_2$ Atm. Die angesaugte Luftmenge beträgt 740 cbm i. d. Minute bei 55 Touren.

Der Hochdruckcylinder hat Ventilsteuerung nach Patent Gutermuth, der Niederdruckcylinder Corlissschiebersteuerung.

Die Gebläsecylinder haben gesteuerte Saugschieber und rückläufige Druckventile nach Patent Riedler-Stumpf.

III. Bessemer-Gebläsemaschinen mit gesteuerten Ventilen, System Riedler[1]).

Bei allen, im vorstehenden besprochenen, Gebläsemaschinen erfolgt die Öffnung und Schliessung der Saug- und Druckventile oder Klappen durch die bewegte Luft selbsttätig. Es ist leicht einzusehen, dass hierdurch die Luftlieferung, d. h. die Menge der angesaugten und aus dem Cylinder in die Windleitung gepressten Luft in nicht zu vernachlässigender Weise beeinträchtigt wird. Verfolgt man die Bewegung der Saug- und Druckklappen, so ist klar, dass die Öffnung der ersteren erst geschieht, nachdem im Cylinder eine gewisse Luftverdünnung erfolgt ist, damit der äussere Luftdruck vermöge des entstandenen Überdruckes die Ventile oder Klappen zu bewegen im stande ist. Der Kolben wird daher erst einen Bruchteil seines Hubes zurücklegen müssen, ehe das Ansaugen von Luft erfolgt. Beim Rückgang findet kein momentaner Abschluss statt, vielmehr muss der im Cylinder enthaltenen Luft erst eine gewisse Beschleunigung erteilt werden, infolge deren sie die Ventile bez. Klappen zu schliessen vermag. Es wird mithin, da der Schluss nicht genau im Moment des Hubwechsels stattfindet, ein Teil der angesaugten Luft wieder aus dem Cylinder entweichen, ehe die Saugklappen sich schliessen. Da ferner der Abschluss der Druckventile oder Klappen gleichfalls nicht genau beim Hubwechsel, sondern erst dann stattfindet, wenn der Überdruck der Windleitung genügt, um den Ventilen bez. Klappen die zum Schliessen erforderliche Beschleunigung zu erteilen, so findet auch ein Rückströmen der komprimierten Luft aus der Windleitung in den Cylinder während eines, wenn auch kleinen, Bruchteils des Kolbenhubes statt. Durch alle 3 erwähnten Vorgänge aber findet ein Luftverlust oder eine Verminderung des volumetrischen Wirkungsgrades, d. h. des Verhältnisses der tatsächlich

---

[1]) Nach Angaben von Prof. Riedler. Näheres s. 1. Aufl. S. 70 u. f.

gelieferten zu der theoretischen, dem Hubvolumen des Kolbens entsprechenden Luftmenge statt. Es ist daher klar, dass dieser Wirkungsgrad um so günstiger ausfallen wird, je rascher der Schluss der Ventile stattfindet, je genauer derselbe mit dem Hubwechsel zusammenfällt. Letzteres ist jedoch nur erreichbar durch Anwendung äusserer Kräfte, indem an Stelle des selbsttätigen Schlusses ein gezwungener Schluss tritt, die Ventile oder Klappen also gesteuert werden. Da nun durch die Steuerung der Abschlussorgane für den rechtzeitigen Schluss gesorgt ist, so kann denselben ein bedeutend grösserer Hub als den selbsttätigen Ventilen gegeben werden, und es kann an Stelle einer grösseren Anzahl kleiner Organe mit kleinem Hube ein einziges grosses Abschlussorgan mit grossem Hube treten. Endlich

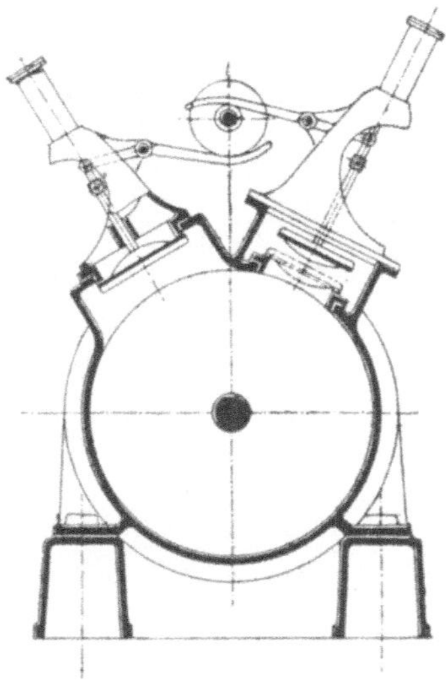
Fig. 48.

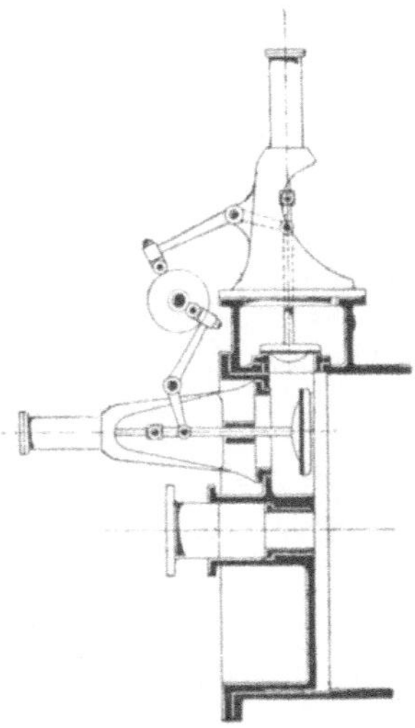
Fig. 49.

kann die Geschwindigkeit der Maschine wegen des, durch äussere Kräfte erfolgenden Schlusses gesteigert, infolgedessen aber für dieselbe Luftmenge ein kleinerer Cylinder, also auch ein kleinerer und leichterer Kolben gewählt werden, wodurch sowohl die Abnutzung als auch die Reibungsarbeit und die Arbeit zur Beschleunigung der bewegten Massen sowie endlich auch die Herstellungskosten der Maschine geringer ausfallen. Die Vorzüge des vorbeschriebenen Systems lassen sich nach dem Gesagten in folgendem zusammenfassen:

1. Abschluss der Saug- und Druckorgane beim Hubwechsel.
2. Grösserer volumetrischer Wirkungsgrad.
3. Ersatz einer grösseren Anzahl kleinerer Abschlussorgane mit grossen Dichtungsflächen durch je ein Saug- und Druckorgan, geringere

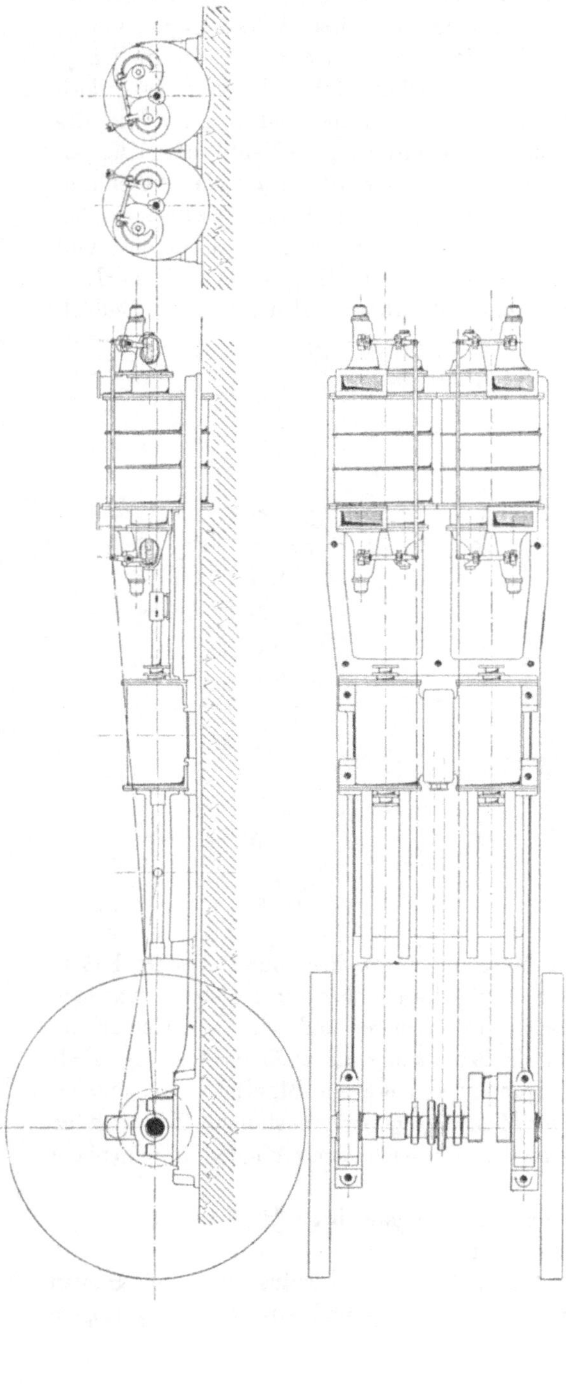

Fig. 50—52.

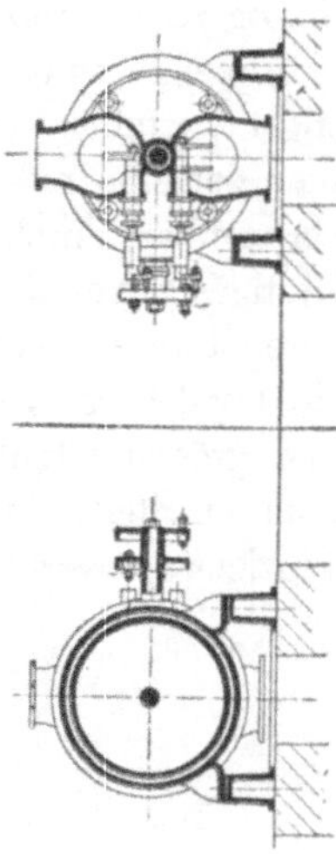

Fig. 54.

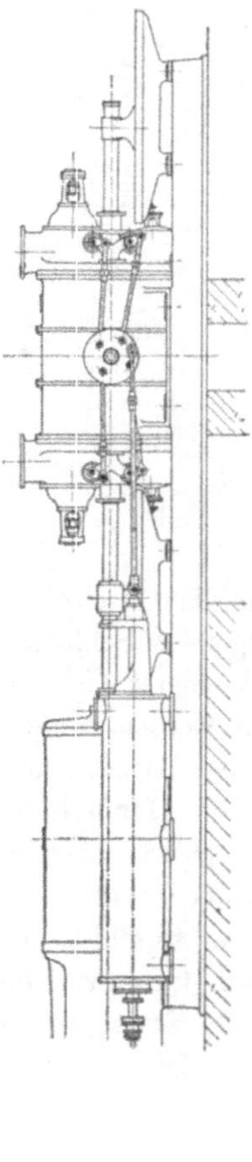

Fig. 53.

Abnutzung und leichtere Auswechselung derselben, kleinere Dichtungsflächen.

4. Möglichkeit grösserer Kolbengeschwindigkeit.
5. Kleinere Cylinder, leichtere Kolben, geringere Abnutzung und kleinerer Arbeitsverlust.
6. Billigere Herstellung der Maschine.

Die erste grössere Anlage, bei welcher das Riedler'sche System Anwendung gefunden hatte, ist die Bessemergebläsemaschine für das Stahlwerk der Österreichisch-Alpinen Montan-Gesellschaft zu Heft in Kärnten[1]).

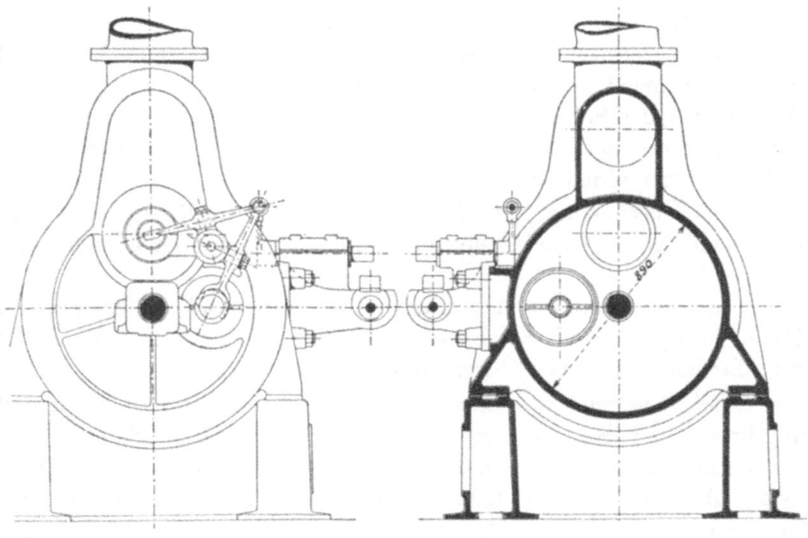

Fig. 55.

Einige ältere Ausführungen von Riedler-Gebläsen sind in den Fig. 48—55 dargestellt. Die Fig. 48 und 49 geben die Ventilanordnung der Hefter Maschine, Fig. 50—52 zeigt die Anordnung eines mit gesteuerten Ventilen (von der Siegener Maschinenbauaktiengesellschaft vorm. A. & H. Oechelhäuser in Siegen) ausgeführten Stahlwerksgebläses in Haspe (Stahlwerk Krieger & Co.). Die zugehörige Antriebsmaschine ist eine alte Zwillingsmaschine eines Bandagen-Walzwerks, an welche 2 Windcylinder hinzugebaut wurden. Das Gebläse war bestimmt, bei 40 – 60 Umdrehungen Wind von $1\frac{1}{2}$—$2\frac{1}{2}$ Atm. Spannung zu liefern. Die Gebläseventile, gleichfalls als Plattenventile ausgeführt, sind in den Cylinderdeckeln ange-

---

[1]) Näheres siehe I. Aufl. S. 71 u. folg. und Zeitschr. d. Vereins Deutsch. Ing. 1884, S. 2 u. folg.

bracht, mit horizontal liegenden Spindeln geführt, und die Schlussbewegung wird von einer unrunden Scheibe auf der Kurbelwelle durch Vermittlung doppelarmiger Hebel auf die Ventile übertragen. Die Kupplung der Steuerung zwischen Saug- und Druckventil erfolgt durch eine schräg liegende Übertragungswelle.

Das Gebläse hat sich im Betriebe vollständig bewährt, und wurde Ende der 80er Jahre für dasselbe Werk ein zweites, grösseres Gebläse gleichfalls von A. & H. Oechelhäusser ausgeführt, dessen Gebläseventilsteuerung in den Figg. 53 und 54 dargestellt ist.

Zum Antrieb dieser neuen Gebläsemaschine diente eine Verbundmaschine, hinter jedem Dampfcylinder einen doppeltwirkenden Windcylinder direkt antreibend.

Die einfachen Plattenventile sind vertikal über einander im Cylinderdeckel angebracht, und die Steuerung erfolgt nicht durch einen besonderen Antrieb von der Schwungradwelle aus, sondern die Schlussbewegung wird unmittelbar von der verlängerten Schieberstange der Dampfmaschine, und zwar vom Grundschieber aus, angetrieben.

Die Übertragung auf die 4 Ventile jedes Gebläsecylinders erfolgt durch eine schwingende Scheibe durch Vermittlung von Kniehebeln (D.R.P. No. 45614).

In Fig. 55 ist die Anordnung der Ventile und der Steuerung des Riedler-Gebläses im Stahlwerk Neuberg dargestellt. (Gebaut von der Maschinenfabrik der Österr.-Alpin. Montan-Ges.).

Die Saug- und Druckventile sind neben einander im Cylinderdeckel angebracht. Die Steuerung erfolgt durch querliegende Hebel, deren Enden mit Kugelzapfen versehen sind, von welchen ab Zugstangen zum Antrieb in der Mitte des Gebläsecylinders führen. Dort ist in einer Geradführung eine Kurvenbahn angebracht, welche unmittelbar von der verlängerten Grundschieberstange der Dampfmaschine bewegt wird. Die Übertragung der Schlussbewegung von dieser Kurvenbahn auf einen zweiarmigen Kniehebel erfolgt in gleicher Weise, wie dies weiter unten für den Riedlerschen Kompressor in Aussig angegeben ist.

Die rückläufigen Ventile von Riedler-Stumpf für Gebläse, Kompressoren und Luftpumpen[1]).

Die Riedler-Kompressoren mit gesteuerten Ventilen wurden in den letzten zehn Jahren namentlich in Amerika und England mit Ventilen nach den Figuren 56—60 ausgeführt. Die Figuren 56 und 57 veranschaulichen die Ventile eines Verbund-Kompressors der Delaware Lackawanna & Western Railroad Co., Avondale, Penn. Das Gesamtbild dieses Kompressors ist in den Figuren 61 und 62 gegeben. Der Kompressor ist als

---

[1]) Nach Angaben des Erfinders, Prof. J. Stumpf in Charlottenburg.

Verbundkompressor mit zweistufiger Dampf-Expansion und zweistufiger Luftkompression mit angehängter Einspritz-Kondensation durchgeführt. Die Ventile werden durch elastische Hebel geschlossen. Diese Hebel sind derart auf die Steuerspindel aufgesetzt, dass mit den gezeichneten Schrauben, welche ihrerseits in Lücken, die in die Steuerwelle eingebracht sind, eingreifen, das Festklemmen der den Ventilschluss bewirkenden Feder erfolgt. Die Steuerbewegung wird hierbei fast durchgängig von einem Exzenter abgeleitet, welches

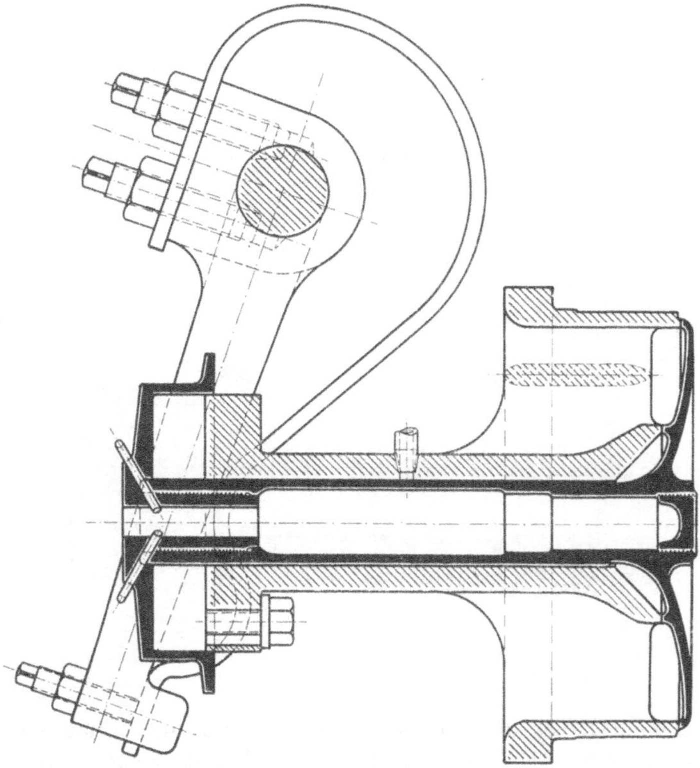

Fig. 56.

der Kurbel um $90 + 70^0$ etwa voreilt oder um ca. 20^0 nacheilt. Der den restlichen 20^0 entsprechende Weg wir durch ein Verdrücken der Feder aufgenommen. Die Feder ihrerseits ist wieder einstellbar durch eigene Schrauben, welche in die Enden der Hebel eingesetzt sind. Ferner sind die Federn so berechnet und bemessen, dass der ganze Hub des Ventils durch die Feder aufgenommen werden kann, ohne ein Brechen derselben zu veranlassen Die Notwendigkeit hierzu ergab sich aus der Erfahrung, dass vielfach bei einstufiger Kompression schlechtes Öl verwandt wurde, welches im Druckraum unter dem Einfluss der grossen Hitze verbrannte und Rückstände auf der Ventilführung zurückliess, derart, dass das Ventil bald vollständig festsass. Diese Erfahrungen machten eine Steuerung notwendig, welche eine Nachgiebigkeit im Steuergestänge für diesen Fall vorsah.

Die Ventile sind durchgängig als geschmiedete Stahlventile gedacht und nur als solche, in den Vereinigten Staaten wenigstens, zur Ausführung gelangt. Hieraus ergibt sich die Form der Ventile, welche möglichst als reine Drehkörper ausgebildet sind.

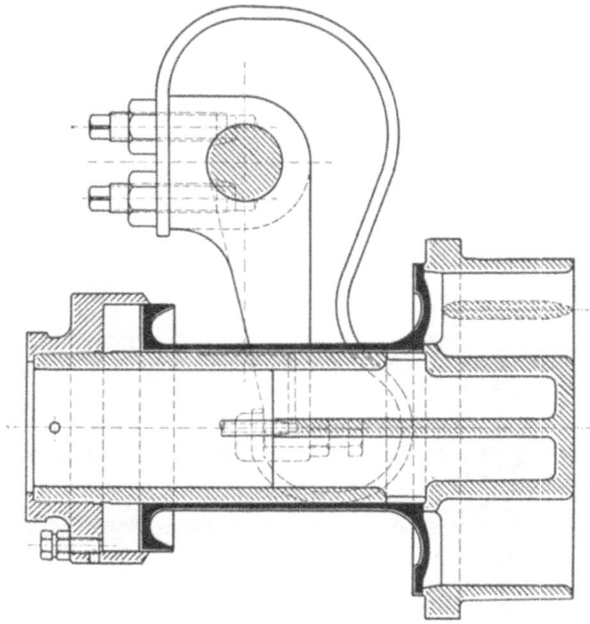

Fig. 57.

Sowohl Druck- als Saugventil sind mit reichlich bemessenen Luftpuffern versehen, welche die Eröffnung der Ventile recht sanft gestalten sollen. Diese Luftpuffer sind ausserdem regulierbar eingerichtet, und sind zu diesem Zwecke eigene Regulierschrauben vorgesehen, wie aus den dargestellten Figuren ersichtlich ist.

Diese Steuerung wurde bei einer grösseren Anzahl von Kompressoren verwandt, welche in Österreich zur Ausführung gelangten. Bei diesen Kompressoren, welche meist durch Schiebermaschinen angetrieben wurden, konnte die Ableitung der Steuerbewegung von dem Expansions-Exzenter der Expansions-Doppelschieber-Steuerung erfolgen.

Die Einrichtung wurde dabei meist so getroffen, dass eine gemeinsame Spindel, wie dies aus Fig. 63 ersichtlich ist, sich durch Saug-

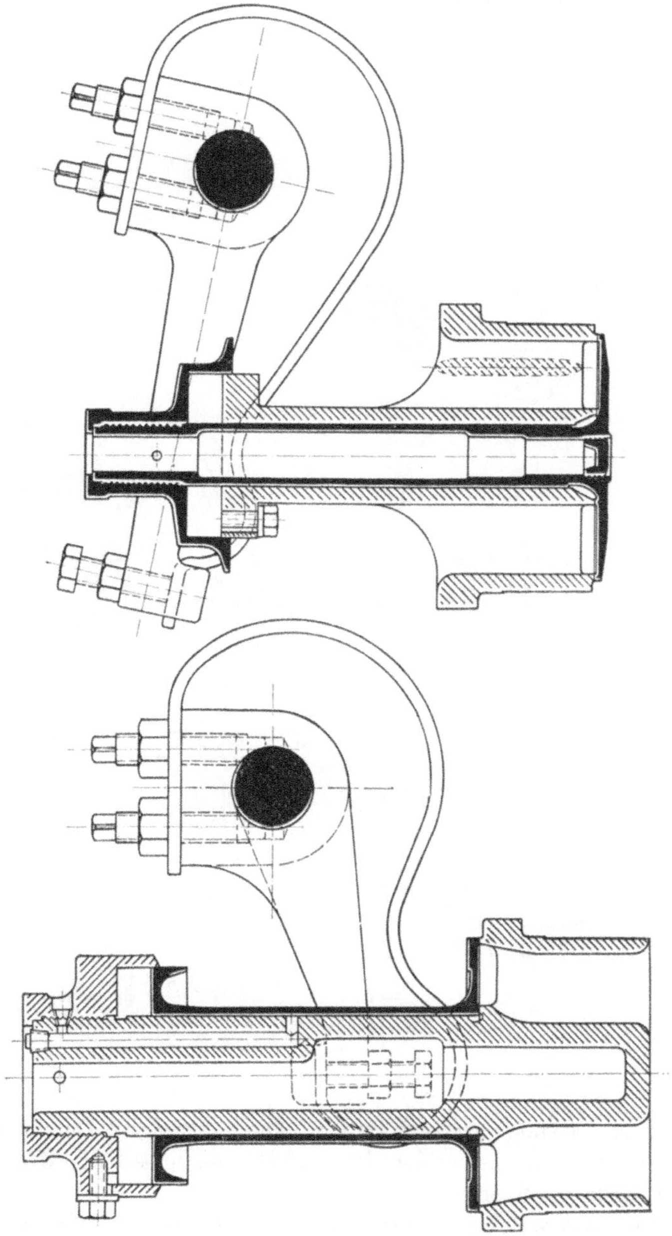

Fig. 58—59.

und Druckraum erstreckte und in diesen Räumen je ein Saug- und ein Druckventil betätigte. Die beiden Spindeln der beiden Ventilkästen konnten dabei in einfachster Weise verkuppelt und mit dem Antrieb-

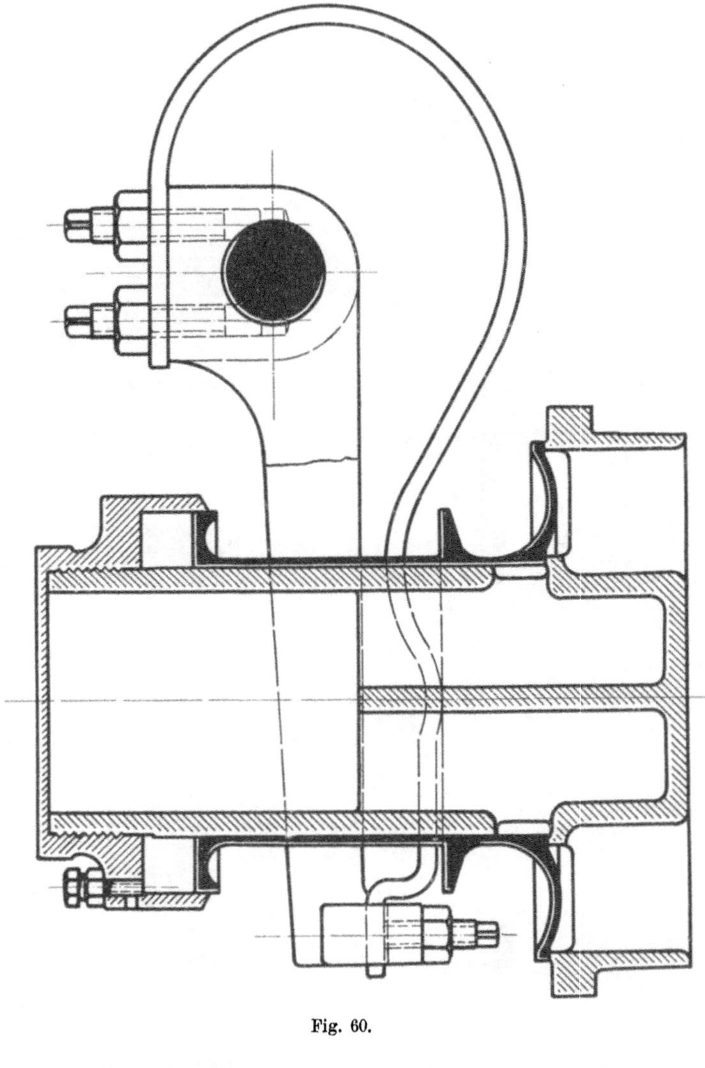

Fig. 60.

Exzenter in Verbindung gesetzt werden. Die konstruktive Durchbildung der Steuerung ist somit ausserordentlich einfach und haben die Kompressoren in allen Fällen vollkommen entsprochen.

Eine andere Gruppe von gesteuerten Kompressor-Ventilen, Patent Riedler, ist in den Figuren 64—66 veranschaulicht. In den

Figuren 67—69 ist der zu den Ventilen 65 und 66 gehörige Ventilkasten dargestellt. Die Konstruktion des Ventilkastens ist analog der

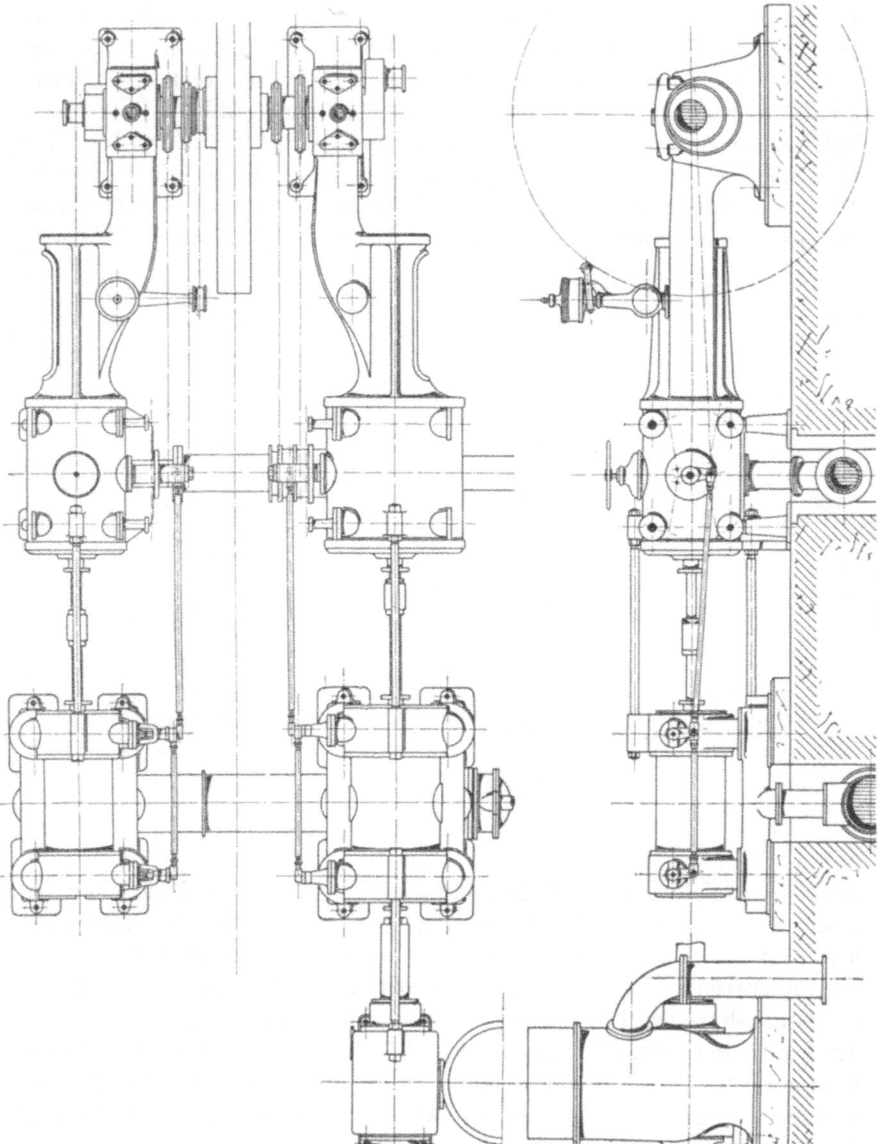

Fig. 61—62.

in Figur 63 veranschaulichten Konstruktion. In Saug- und Druckraum, die durch eine vertikale Doppelwand von einander geschieden sind, ist je ein Saug- und je ein Druckventil eingesetzt. Beide Ventile werden durch eine gemeinsame Spindel gesteuert. Durch den einen Fuss wird die Luft angesaugt und durch den gegenüberliegenden Fuss fortgedrückt. Beide Hohlfüsse stützen sich auf den als Rahmen ausgebildeten Saug- bezw. Druckröhren. Die Steuerung der Ventile geschieht indirekt, z. B. der Steuerhebel des Saugventils drückt die äussere Hülse gegen den Druck der Feder nach unten und macht so den Hub des Ventils frei. Bei der Eröffnungsbewegung der äusseren Hülse bildet sich infolge Mitnahme der zwischen Feder und Hülse eingeschalteten Druckplatten ein teilweises Vakuum, welches die Eröffnung des Ventiles frühzeitiger einleiten wird und somit eine exaktere Gestaltung des Diagrammes bei Beginn der Saug-

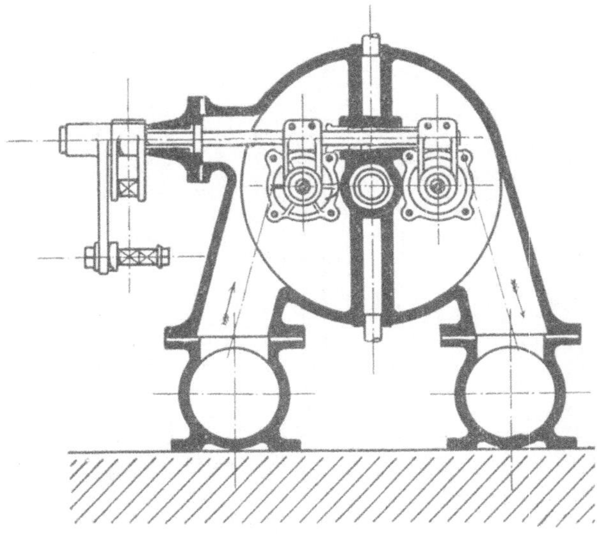

Fig. 63.

Periode veranlassen wird. Sobald sich das Ventil eröffnet, bildet derselbe Raum den Pufferraum, dessen Wirkung durch die hinter der Kopfplatte des Ventils sich ergebende Vakuumwirkung noch verstärkt wird. Sollte die Pufferwirkung nicht genügen und die Kopfplatte des Ventils gegen die Druckplatte der Feder anschlagen, so gibt letztere gegen den Druck der Feder nach, wodurch immer noch eine gewisse Wirkung der Pufferfeder auch in diesem Eventualfalle noch sicher gestellt ist. Die Pufferwirkung am Ende der Eröffnung und die Vakuumwirkung am Anfang derselben ist nun noch regulierbar durch die beiden eingesetzten Regulierschrauben. Die Puffer- bezw. Vakuumräume sind so ausgebildet, dass dieselben von der Aussenluft total abgeschlossen sind, so dass kein Staub zu den Schleifflächen hinzutreten kann.

In ähnlicher Weise ist das Druckventil durchgebildet. Auch hier wird die äussere Hülse durch den Steuerhebel gegen den Druck der Feder zurückgeschoben, wodurch sich in den Raum zwischen Ventil- und Druckplatte ein Unterdruck bilden wird. Durch diesen Unterdruck wird die Eröffnungsbewegung des Druckventils schon früher eingeleitet. Dies hat

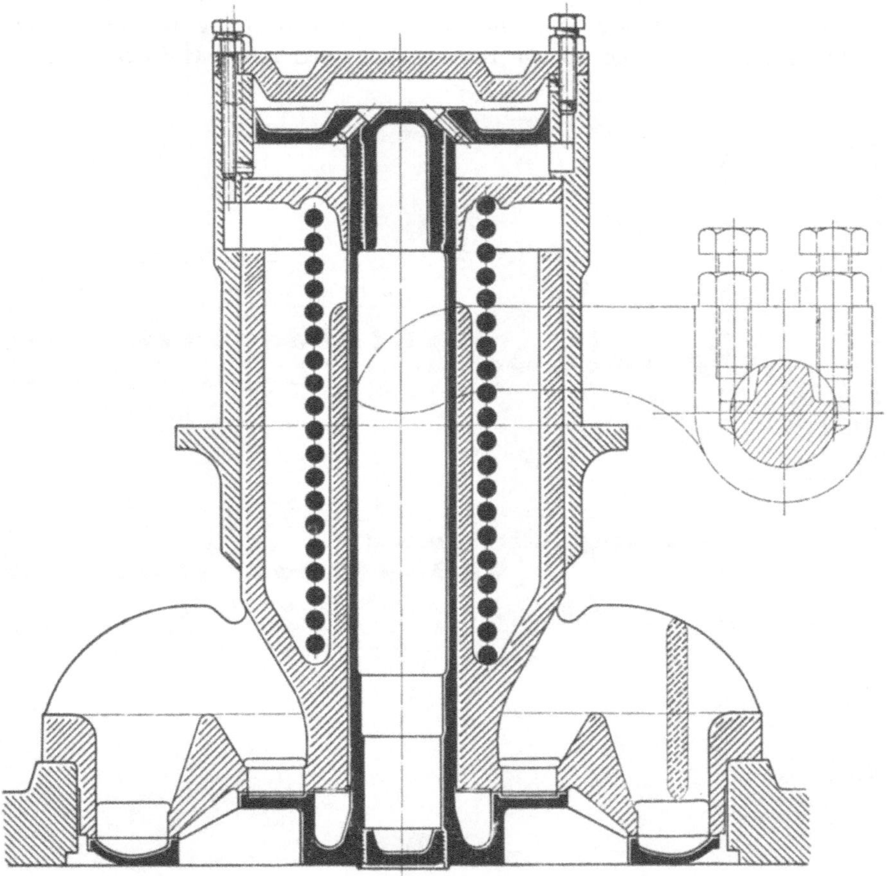

Fig. 64.

für das Druckventil eine besondere Wichtigkeit, indem ja eigentlich jedes Druckventil bei einem Kompressor bezw. Gebläse sich zu spät öffnet, wodurch die bekannte Druckerhöhung beim Anfang der Eröffnung des Druckventils veranlasst wird. In dem Augenblick, wo der Kompressionsdruck im Innern des Cylinders den Druck des Druckraumes erreicht, sollte theoretisch die ganze Eröffnung des Ventils schon vollzogen sein, statt dessen beginnt die Eröffnung erst nach diesem Punkte. Indem die Eröffnung nun Zeit beansprucht, die mit Bezugnahme auf die zu der Zeit stattfindenden hohen Kolbengeschwindigkeit sehr gross ausfällt, müssen sich, wie das ja alle Indikator-Diagramme, namentlich bei hohen Tourenzahlen zeigen, sehr erhebliche Druckerhöhungen und entsprechende Arbeitsverluste ergeben. Zweck der vorliegenden Einrichtung ist, die Eröffnungsbewegung des Ventils schon früher beginnen zu lassen und hierdurch die Verlustflächen bei der Eröffnung zum Wegfall zu bringen. Der Erfolg hat gezeigt, dass den an die Konstruktion geknüpften Hoffnungen und

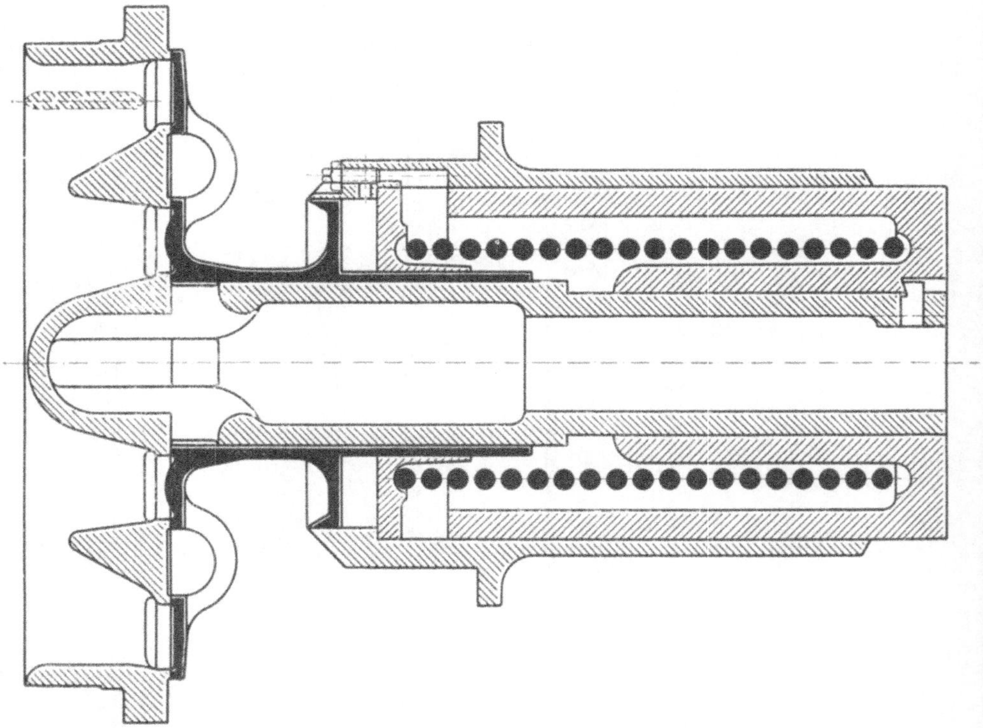

Fig. 65.

Erwartungen vollkommen entsprochen wurde. Die Diagramme zeigten selbst bei höheren Tourenzahlen einen durchweg exakten regelmässigen Verlauf bei allen Linien, einschliesslich der Drucklinie. Der Erfolg war so durchschlagend, dass für eine einzige Firma in den Vereinigten Staaten 12 grosse Kompressoren mit diesen Ventilen ausgerüstet wurden.

Auch bei dem Druckventil dient der Vakuumraum gleichzeitig als Pufferraum bei der Eröffnung, wobei die Druckplatte mit der Feder noch eine zusätzliche Sicherung hinsichtlich der Erzielung einer sanften Eröffnung abgibt. Auch hier ist eine Regulierschraube vorgesehen, womit man die Vakuum- bezw. Pufferwirkung einstellen kann. Die Konstruktion ist im übrigen so getroffen, dass das innere Gehäuse, worin der Puffer, die Feder, Druckplatte u. s. w. untergebracht sind, nach Möglichkeit vor Schmutz und Staub geschützt sind.

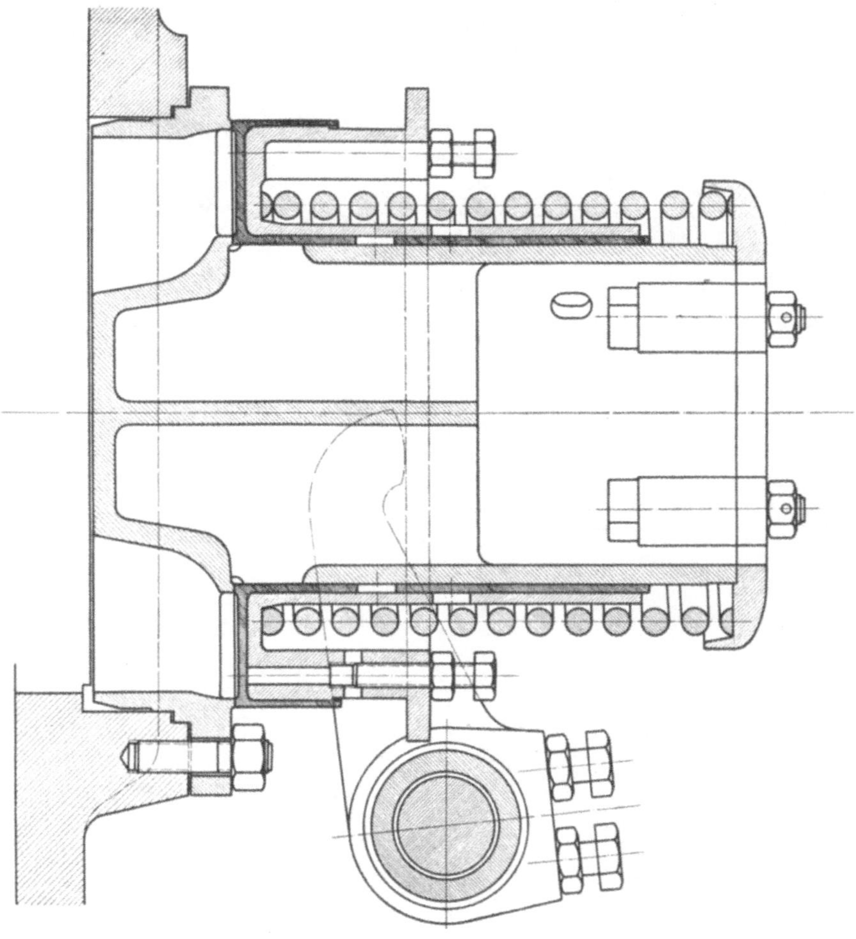

Fig. 66.

Beide Ventile, Saug- und Druckventil, sind, obwohl sie als Ringventil ausgebildet sind, aus geschmiedetem Stahl angefertigt. Beim Saugventil ist solches nur durch ein Herausfräsen des zwischen dem zentralen Teil und dem äusseren Ring zwischen den Rippen gelegenen Materials möglich.

Das Druckventil ist so ausgebildet, dass zunächst der ganze Körper gedreht wird, wobei sich zwischen dem äusseren Ring und dem Zentral-

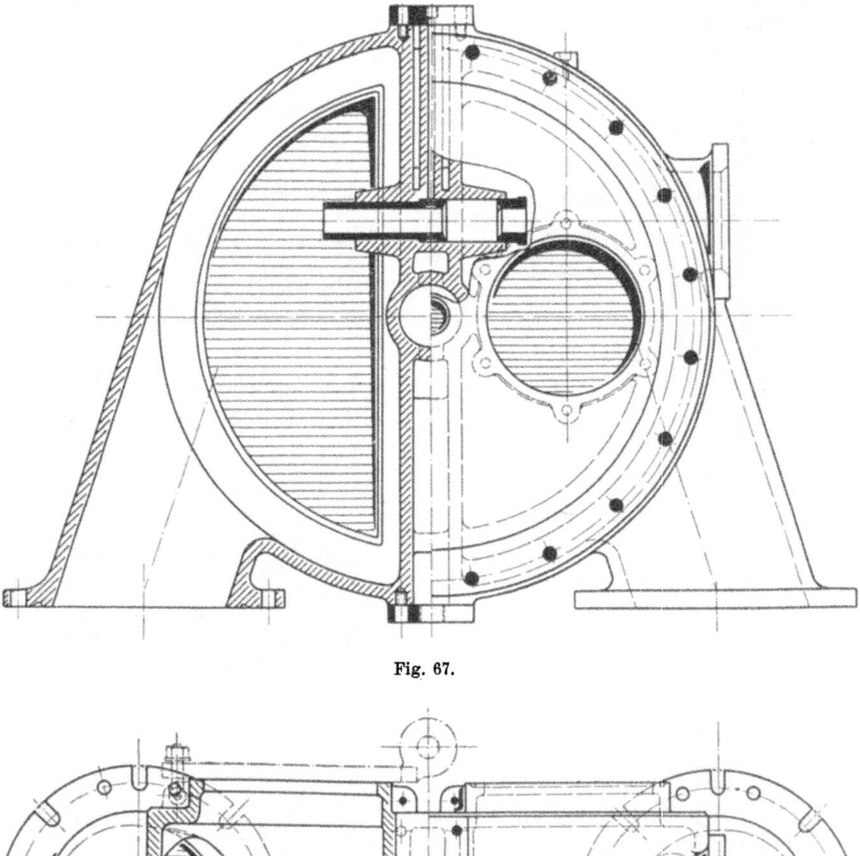

Fig. 67.

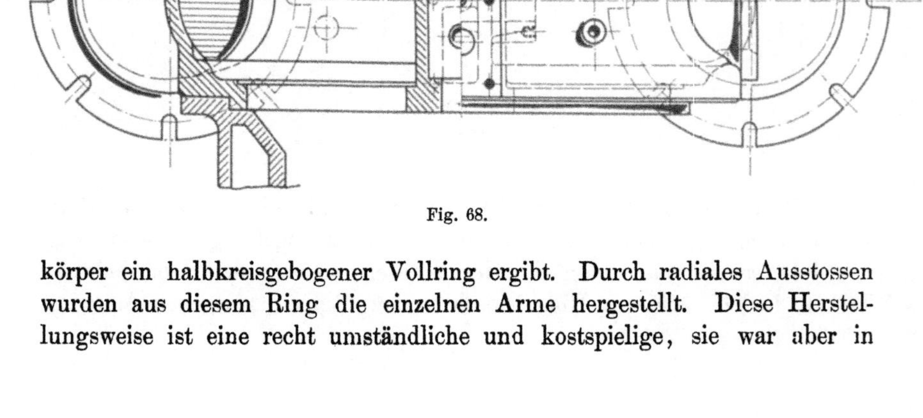

Fig. 68.

körper ein halbkreisgebogener Vollring ergibt. Durch radiales Ausstossen wurden aus diesem Ring die einzelnen Arme hergestellt. Diese Herstellungsweise ist eine recht umständliche und kostspielige, sie war aber in diesen Fällen geboten, indem mit diesen Ventilen ein Gasgemenge gepumpt wurde, welches solche Gase enthielt, denen nur Schmiedeeisen bezw. Stahl widerstehen konnte. Bronze z. B. war vollständig ausgeschlossen. Andererseits wurden durch den Betrieb derart hohe Anforderungen gestellt, dass sich die Verwendung eines vorzüglichen Materials als notwendig erwies. Mehrere Kompressoren befinden sich seit sieben Jahren in anhaltenden Betrieb (Tag und Nacht), wobei bis jetzt die Ventile vollkommen entsprochen haben. In Fig. 66 ist das Druckventil eines grossen Bessemer-Gebläses veranschaulicht.

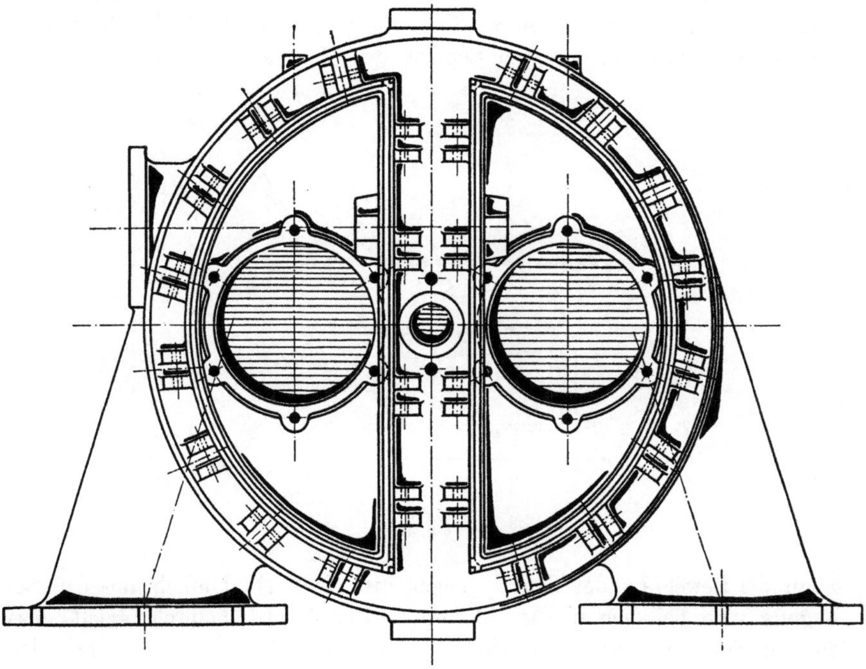

Fig. 69.

Auch bei diesem Ventil wird eine Vakuumwirkung vor der Eröffnung durch Zurückschieben der Hülse gegen die Feder erzeugt. Derselbe Raum dient als Pufferraum bei der Eröffnung, wobei die Feder noch als zusätzliches Pufferorgan in Wirksamkeit treten kann. In allen Fällen geschieht der Schluss des Ventils durch die Feder nach Massgabe der rückläufigen Bewegung der Steuerung. Sollte sich bei der Rückbewegung irgendwo ein Hemmnis ergeben, was durch Verbrennen von Schmieröl, durch Ansaugen von Staub, Schmutz u. s. w. eintreten kann, so bleiben die einzelnen Teile einfach hängen, und der Hebel schwingt frei weiter. Demnach kommt eine solche indirekte Steuerung den praktischen Anforderungen, die sich bei den angedeuteten Betriebsverhältnissen ergeben können, in vorzüglichster Weise nach.

Auch bei dem in Fig. 66 gezeigten Ventil kann die Vakuum- bezw. Pufferwirkung durch eine Regulierschraube beherrscht werden.

Expresskompressoren mit rückläufigen Ventilen.

Die Erfindung der rückläufigen Ventile rührt von Professor Stumpf her. Der Grundgedanke dieser eigenartigen Konstruktion ist der, dass die Eröffnungsbewegung hinsichtlich ihrer Richtung umgekehrt wurde, wodurch der Schluss des Ventils durch den Kolben wiederum ermöglicht wurde. Bei den gesteuerten Ventilen normaler Konstruktion erfolgt die Schlussbewegung des Ventils entgegengesetzt der Kolbenbewegung. Der Kolben kann sofort zum Schluss des Ventils herangezogen werden,

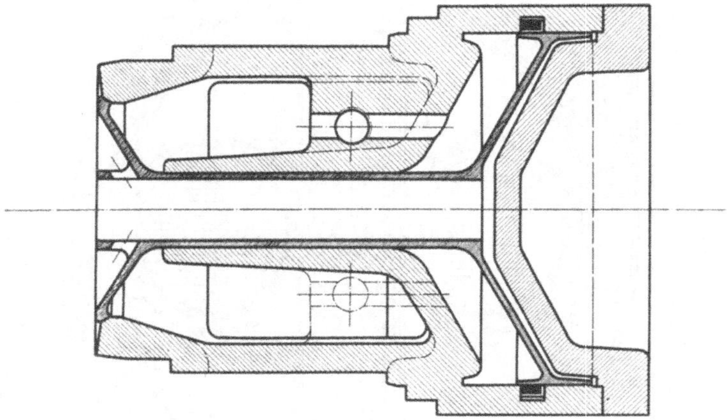

Fig. 70.

wenn die Bewegung des Ventils umgekehrt wird. Die Umkehrung der Bewegung wird bei dem in Fig. 70 dargestellten Ventil dadurch erzielt, dass das Druckventil ähnlich wie ein Saugventil ausgebildet wird, wobei sich an das Ende der hohlen Führungsspindel des Ventils eine Platte anschliesst, die etwa hinsichtlich ihrer Fläche doppelt so gross ist wie die nach dem Cylinderinnern hin liegende Abschlussplatte. Die Druckänderung im Innern des Cylinders wird sich durch die hohle Führungsspindel auf die Rückseite der erwähnten grossen Druckplatte des Ventils erstrecken. In dem Augenblick, wo der Kompressionsdruck im Innern des Cylinders den Luftdruck im Druckraum übersteigt, wird sich ein Überdruck auf das Ventil geltend machen, der sich aus dem Flächenunterschied der beiden Platten ergibt. Dieser Überdruck wird das Ventil nach innen aufwerfen und so der Druckluft den Austritt nach dem Druckraum hin gestatten. Der Kolben läuft nun gegen das geöffnete Ventil an und drückt dasselbe mit der Geschwindigkeit Null im Totpunkte auf den Sitz auf. Der Schluss geschieht somit vollkommen geräuschlos, indem die Schlussgeschwindigkeit Null ist. Die Eröffnung geschieht ebenfalls lautlos, indem auf der Rückseite der grossen Platte ein übergrosser Pufferraum zur Verfügung steht. Dieser Pufferraum kann durch eigene Stellschrauben eingestellt werden. In den Kolben werden Federn eingesetzt, die auch den Anschlag des Ventils am Kolben lautlos gestalten. Hieraus ergibt sich, dass diese Ventile ausserordentlich ruhig funktionieren müssen, was eine recht lange Lebensdauer der Ventile gewährleisten muss.

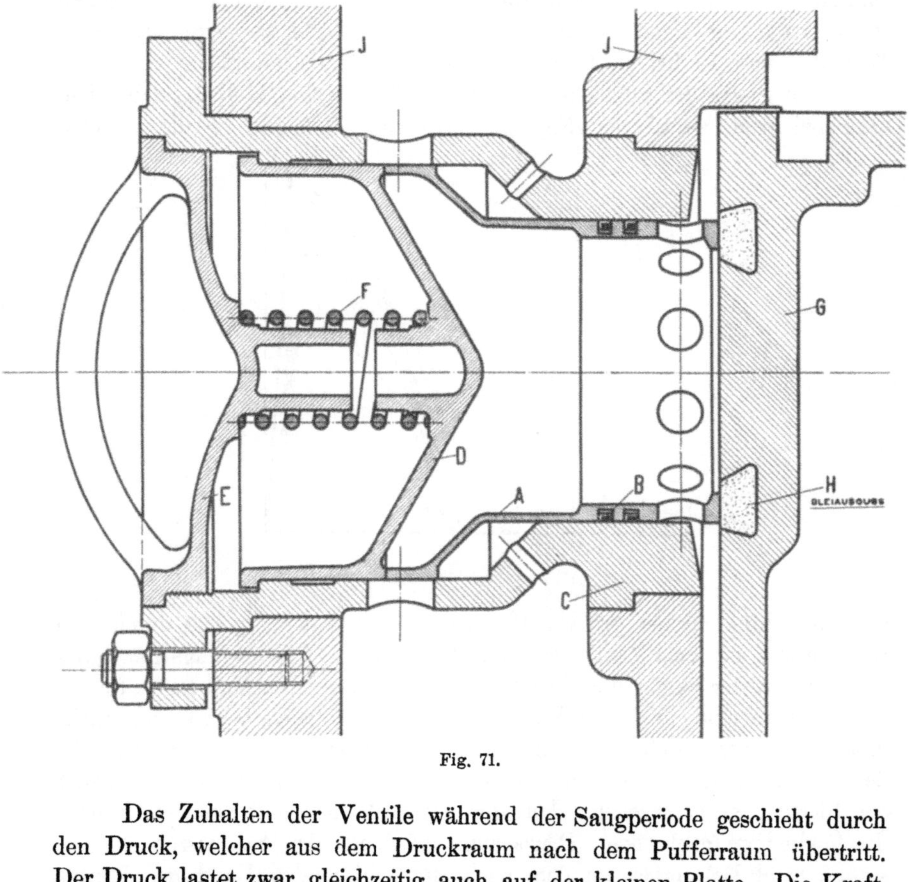

Fig. 71.

Das Zuhalten der Ventile während der Saugperiode geschieht durch den Druck, welcher aus dem Druckraum nach dem Pufferraum übertritt. Der Druck lastet zwar gleichzeitig auch auf der kleinen Platte. Die Kraft, welche somit den Schluss des Ventils sichergestellt, ergibt sich wieder aus dem Flächenunterschied der beiden Platten. Der Aussenrand der grossen Platte ist soweit verlängert, dass derselbe einem in das zweiteilige Gehäuse eingesetzten nach innen spannenden Spannring Raum gibt. Hierdurch wird während der Saugperiode die Dichtung sichergestellt. An Stelle dieser Schleifdichtung könnte auch eine Dichtung durch einen Sitz vorgesehen werden. Die Schleifdichtung hat nur den Vorzug, dass die volle Druckdifferenz, die sich aus dem Unterschied der beiden Platten ergibt, als Dichtungskraft auf den Ventilsitz zur Geltung kommt.

Eine verbesserte Konstruktion des rückläufigen Ventils ist in Fig. 71 gegeben. Bei diesem Ventil ist die Ventilröhre bis zu dem Ventilsitz der Fig. 70 erweitert, wodurch der erwähnte Flächenunterschied zwischen der grossen und kleinen Platte sich in dem verbleibenden Rand ergibt. Die Eröffnungskraft bei Beginn der Eröffnung, sowie die Schlusskraft während der Ansaugung wird somit bei dem Ventil der Fig. 71 genau so sein wie bei dem Ventil der Fig. 70. Überhaupt wird die ganze Wirkungsweise in beiden Fällen vollkommen identisch sein.

An Stelle der Sitzdichtung der Fig. 70 ist eine Kolben-Schleifdichtung bei dem Ventil der Fig. 71 verwandt. Dagegen ist die Kolben-

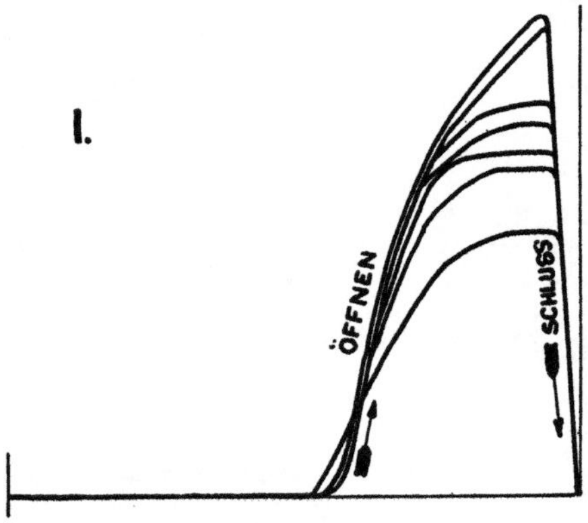

Fig. 72.

Schleifdichtung an der grossen Platte des Ventils der Fig. 70 durch eine Sitzdichtung bei dem Ventil der Fig. 71 ersetzt. Die Eröffnungs-Bewegung geschieht wieder gegen die Wirkung eines Puffers. Der Kolben läuft, wie bei dem vorher beschriebenen Ventil, gegen das geöffnete Ventil und drückt dasselbe mit der Geschwindigkeit Null im Todpunkte auf den Sitz auf. Um den Anschlag am Kolben lautlos zu gestalten, ist an Stelle einer Feder ein Bleiausguss vorgesehen. Um den Übertritt der Luft aus dem Innern des Cylinders nach dem Druckraum während der Schlusszeit zu gestatten, sind Bohrungen an dem nach innen liegenden Rand des Ventils angebracht.

Bei diesem Ventil geschieht im Gegensatz zu dem in Fig. 70 gezeichneten Ventil der Austritt der Luft nach dem Druckraum an dem äusseren Ventilrand der grossen Platte. Dies hat den Vorzug, dass sich der Hub des Ventils im Verhältnis des Durchmessers der kleinen Platte zum Durchmesser der grossen Platte verkleinert. Die Abdichtung des

Druckraumes nach dem Cylinderinnern hin während der Zeit des Ansaugens geschieht durch zwei Kolbenspannringe, die in das Ventil eingesetzt sind.

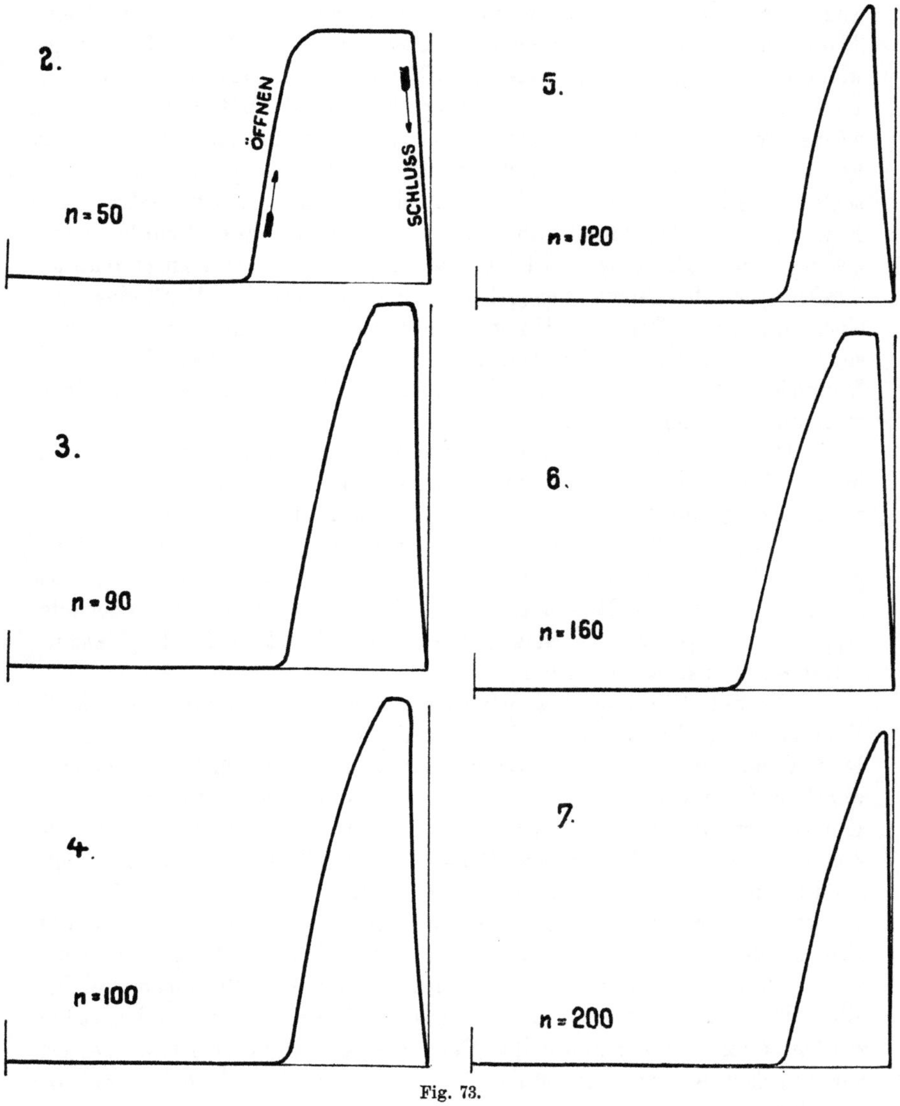

Fig. 73.

In diesem speziellen Falle ist der Sitz des Ventils nachgiebig eingerichtet, um Fehler in der Einstellung des Ventils, die sonst durch in den Kolben eingesetzte Federn auch aufgenommen werden könnten, unschädlich zu machen. Mit dieser Einrichtung kann z. B. das Ventil schon vor dem Hubwechsel auf den Sitz aufgedrückt werden bezw. das Ventil kann sich im entgegengesetzten Falle ein Stück selbständig schliessen. Auch sind erfolgreiche Versuche nach der Richtung gemacht worden, den Sitz teilweise als Ventil auszunutzen. Dies kann, namentlich bei hohen Tourenzahlen, in der Weise erzielt werden, dass die Druckfeder für gewöhnlich mit einer sehr geringen Kraft auf den Sitz drückt. Indem der Überdruck im Anfang der Eröffnung des Ventils mit der Tourenzahl wächst, wird von einer gewissen Geschwindigkeit an auch der Sitz sich heben, aber infolge der Feberbelastung vor dem Todpunkte wieder geschlossen sein. Bei dieser Wirkungsweise ergibt sich eine sehr rasche Eröffnung des Ventildurchtritts-Querschnittes, indem zwei Ventile in entgegengesetzten Richtungen bei Verwendung eines sehr grossen Durchtrittsdurchmessers den Raum frei geben. Dies hat auf den Ventilüberdruck einen günstigen Einfluss. Unter allen Umständen muss die Feder aber so bemessen sein, das im Todpunkte das zurückgeschobene Ventil den Ventilsitz antrifft. Die Feder wird ihrerseits durch einen eigenen eingeschraubten Deckel angedrückt.

Die Konstruktion hat den grossen Vorzug, dass Ungenauigkeiten in der Einstellung keine weiteren Folgen haben. Ferner gestattet dieselbe das Auswechseln von Ventilen in der denkbar kürzesten Zeit, wobei kein Einstellen der Steuerung u. s. w. nötig ist. Die Konstruktion gestattet ferner einen Zusammenbau des Ventils mit dem Sitz und Gehäuse ausserhalb der Maschine, so dass das Ganze als zusammengebauter Apparat stets zur Auswechselung bezw. zum Einsetzen in die Maschine vorrätig gehalten werden kann.

Die gute Wirkungsweise der rückläufigen Druckventile ist durch die Ventilerhebungsdiagramme 1—7. in den Figuren 72 und 73 veranschaulicht. Diese Diagramme wurden mit Hilfe einer Indikator-Trommel aufgenommen, wobei der Schreibstift mit dem Ventil in Verbindung stand. Die aufsteigende Kurve zeigt die Eröffnungskurve, die sich anschliessende Horizontale die Zeit der Eröffnung bis zu dem Punkte, wo der Kolben gegen das Ventil anläuft und dasselbe auf den Sitz, der gezeigten Schlusslinie gemäss, aufdrückt. Der Schluss erfolgt, wie die Figur zeigt, genau im Todpunkt, also mit der Geschwindigkeit Null. Aus den Ventilerhebungsdiagrammen erhellt, dass die Ventilbewegung absolut exakt und vollkommen frei von allem Flattern ist, wie solches bei anderen Ventilen meistens beobachtet werden kann. Das Flattern der Ventile ist der Hauptübelstand bei den gewöhnlichen Kompressorventilen, indem dadurch die Ventilführung, die Ventilbelastung, Federn u. s. w. ausserordentlich stark in Anspruch genommen werden. Ferner wird der Wirkungsgrad des Kompressors durch das Flattern sehr ungünstig beeinflusst, indem das Ventil zeitweise sich in der Nähe des Sitzes befinden wird, wo der Durchtrittsquerschnitt infolge der hohen Kolbengeschwindigkeit noch stark in Anspruch genommen wird. Es ergeben sich somit infolge des Flatterns sehr erhebliche Diagrammverluste und sind das Brechen der Belastungsfedern, das Anschleudern der Ventile gegen die Hubbegrenzungen und das Brechen derselben weitere unangenehme Folgen. Solches ist, wie aus den Ventilerhebungsdiagrammen hervorgeht, bei den rückläufigen Ventilen vermieden. In dem Diagramm Fig. 72 sind mehrere Diagramme übereinander gezogen, welche bei verschiedenen Drucken und Geschwindigkeiten aufgenommen wurden. Diese Diagramme zeigen wieder, dass jegliches Flattern des Ventils vermieden ist.

Auch die Saugventile können als rückläufige Ventile ausgebildet werden. Die Konstruktion ist aber umständlicher als die Druckventilkon-

	Leistungen i. d. Min. cbm	Pressung Atm.	Tourenzahl	Hub mm	Wind-cylinder mm	Dampf-cylinder mm	Bemerkungen
1. Hochofengebläse für Donawitz	700	0,9	60	1300	2120	870/1740	Maschinenfabrik Oesterr. Alp. Montan-Ges. (1.–2.)
2. 3 Hochofengebläse f. Eisenerz	700	0,9	60	1300	2820	870/1740	
3. 1 Hochofengebläse f. Donawitz	700	0,9	60	1300	2820	870/1740	E. Skoda in Pilsen
4. 1 Hochofengebläse f. Witkowitz	700	0,9	60	1300	2820	870/1740	
5. 1 Stahlwerksgebläse für Haspe		2	65	1500	1300	—	Siegener Masch.-Bau-A.-G.
6. 1 Stahlwerksgebläse für Kneutingen . .		2,5	60	1600	1650	—	Gute Hoffnungshütte in Sterkrade
7. 1 Stahlwerksgebläse für Kneutingen . .	500 (5.–9.)	2,5	60	1600	1650	—	Union in Essen
8. 1 Hochofengebläse m. Gasmotorenantrieb .		0,25	90	750	1650	Gasmotor (8.–9.)	—
9. 1 Hochofengebläse m. Gasmotorenantrieb .		0,25	135	500	1650		—

struktion. Auch liegt die Notwendigkeit bei den Saugventilen nicht so vor, wie bei den Druckventilen. Namentlich wenn der schädliche Raum ziemlich klein gehalten ist, kann das Ansaugeorgan sehr wohl als zwangläufig betätigtes Organ ausgebildet werden. Bei den Express-Kompressoren und Express-Gebläsen sind die Saugorgane durchweg als Corliss-Schieber ausgebildet, welche nebenbei den grosen Vorzug eines recht kleinen schädlichen Raumes besitzen.

Die ausserordentlich günstigen Betriebsresultate, sowie die grosse konstruktive Einfachheit haben den rückläufigen Ventilen in kurzer Zeit ein grosses Anwendungsgebiet verschafft. Eine grosse Anzahl von Kompressoren und Gebläsen ist mit rückläufigen Ventilen ausgerüstet worden.

Das absolut richtige Funktionieren der Ventile sowie der sichere Schluss derselben macht sie speziell für raschlaufende Kompressoren und Gebläse geeignet. Viele Kompressoren, deren Tourenzahlen auf 2—300 hinaufgehen, sowie grosse Gebläse, welche von Gichtgasmotoren angetrieben werden, mit Umdrehungszahlen bis zu 150 i. d. Minute sind mit bestem Erfolge mit rückläufigen Ventilen ausgerüstet worden. Die Tabelle auf S. 78 gibt eine grössere Anzahl der in Ausführung begriffenen bezw. mit Riedler-Stumpf-Ventilen bereits ausgerüsteten Maschinen [1]).

Konverter-Gebläse der Siegener Maschinenbau-Aktiengesellschaft für das Hasper Eisen- und Stahlwerk [2]).

Diese Maschine sollte vertragsmässig in der Minute 380 cbm Wind ansaugen und auf 2 Atmosphären komprimieren. Dieselbe hat 1500 mm Dampfcylinder- und 1300 mm Windcylinder-Durchmesser, während der gemeinschaftliche Hub 1500 mm beträgt. Die Windcylinder haben dieselbe Anordnung wie die weiter unten dargestellte und beschriebene Maschine derselben Firma mit Körting'schen Gasmotoren, also für den Einlass des Windes Steuerhähne, für den Auslass Riedler-Stumpf'sche Ventile. Ursprünglich waren die letzteren als Doppelsitzventile ausgeführt, die sich gut bewährt hatten, indessen machte auf die Dauer die Dichtung zweier Sitzflächen mit Rücksicht auf die verschiedene Wärmeausdehnung der betreffenden Materialien erhebliche Schwierigkeiten, und war die mittlere Führung der Ventile der Schmierung von aussen nicht gut zugängig. Es wurden daher einzelne Ventile nach der neuen einsetzbaren Form ausgeführt, welche sich derartig bewährten, dass die älteren Ventile nach und nach beseitigt und durch die neuen Ventile ersetzt werden sollen. Bei den Saugschiebern beträgt der freie Durchgangsquerschnitt der Luft 1 : 5,5, derjenige der Druckventile 1 : 9,7 der Windkolbenfläche. Die vorzügliche Wirkungsweise des Ein- und Auslasses ist aus den, am angeführten Orte abgebildeten Diagrammen zu ersehen, welche bei 1,7 m Kolbengeschwindigkeit abgenommen wurden. Die Maschine ist seit Mai 1900 im Betriebe, und war die erste, welche mit Riedler-Stumpf'schen Ventilen ausgeführt wurde. Das Gesamtgewicht beträgt nahezu 180000 kg, wovon 14800 auf das Schwungrad entfallen.

IV. Neuere Ventilkonstruktionen für Gebläsemaschinen.

Unter den zahlreichen, in den letzten 10 Jahren zur Anwendung gelangten neuen Ventilkonstruktionen für Gebläsemaschinen sind besonders die folgenden bemerkenswert:

---

1) Stahl und Eisen 1899. No. 2, S. 766.

2) Stahl und Eisen 1901. No. 11, S. 571 Bericht von Majert.

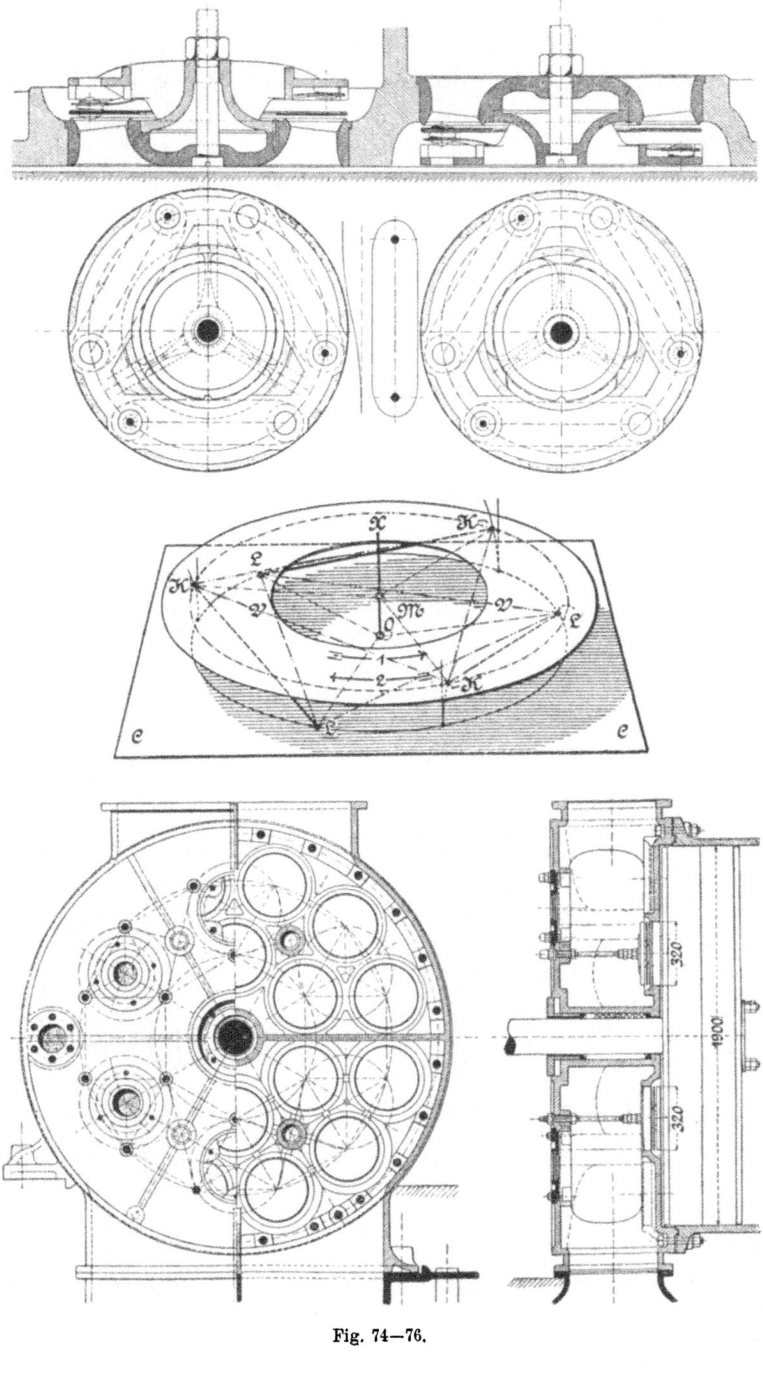

Fig. 74—76.

Gebläseventile von Lang-Hoerbiger.

Diese, als „reibungslos geführte Ringklappenventile“ bezeichneten Ventile sind in den Figuren 74 bis 78 abgebildet[1]). Fig. 74

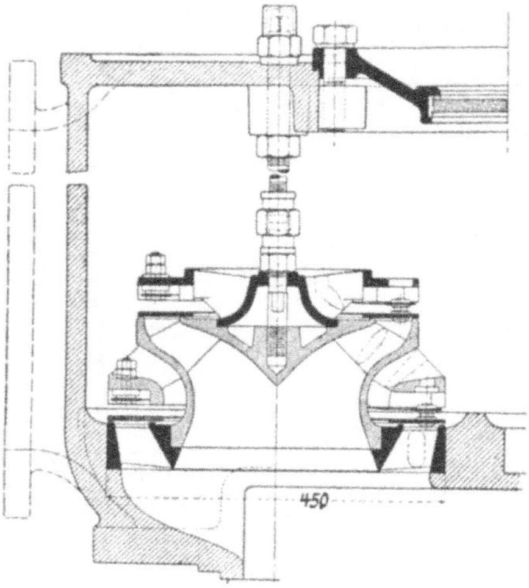

Fig. 77.

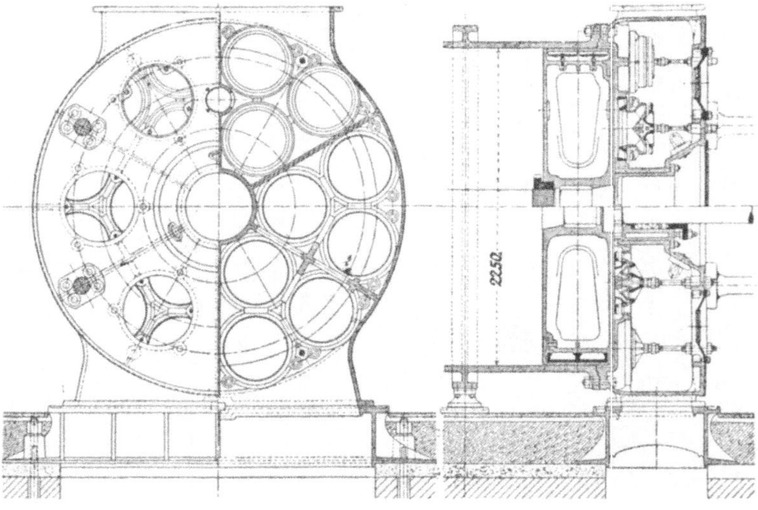

Fig. 78.

[1]) Nach dem Prospekt der Firma Hoerbiger & Rogler in Budapest, V, Lipot-Körut 1. D. R.-Pat. No. 87267 von 7./8. 1895. Vergl. ferner Stahl u. Eisen, 1897. Abhandlung von Hoerbiger.

zeigt ein einfaches Gebläseventil für mittelgrosse, liegende Cylinder. In Fig. 75 ist die Konstruktion der Ventile schematisch dargestellt. Eine aus dünnem Stahlblech hergestellte Ringklappe *V* ist mittelst dreier oder mehrerer biegsamer Lenker *LK* an der festen Ventilauflagerebene *CC* befestigt. Durch den Druck der Luft gegen die Ringklappe wird die letztere gehoben, wobei sie vermöge ihrer eigenartigen, äusserst elastischen Aufschwingung eine geringe Drehung um ihre ideelle Ventilachse *OX* ausführt. Vermöge ihres sehr geringen Gewichtes können die Ventile bei Maschinen mit grossen Tourenzahlen Anwendung finden, und ist ihr Spiel trotzdem ein äusserst ruhiges.

Die Anordnung der Ventile Fig. 74 im Cylinderdeckel ist aus Fig. 76 ohne weiteres verständlich, während die Figuren 77 und 78 ein etagenförmiges Druckventil und die Anordnung desselben im Ventildeckelgehäuse erkennen lassen.

Nach Angabe der Erbauerin dieser Ventile sind bis Ende des Jahres 1899 28 Gebläsecylinder — darunter 8 ältere Cylinder — mit diesen Ventilen ausgeführt worden oder waren zu jener Zeit im Bau.

Gebläseventil von R. Meyer.

Den Hoerbiger-Lang'schen Ventilen ähnlich ist das neue reibungslose Plattenventil von Rudolf Meyer in Mülheim a. d. Ruhr;

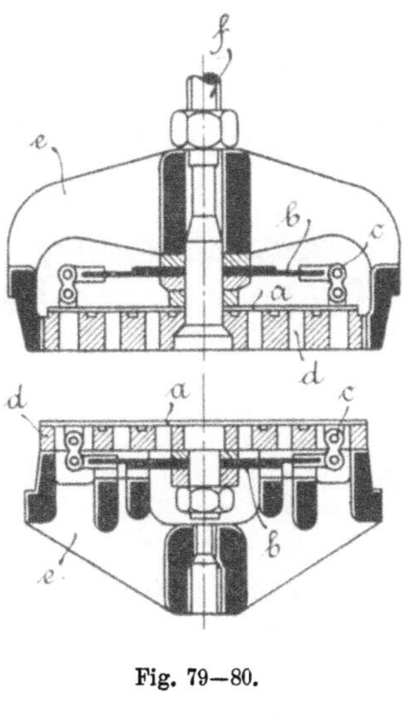

Fig. 79—80.

Figuren 79—81. In Fig. 79 ist das Druckventil, in Fig. 80 das Saugventil abgebildet, während Fig. 81 den Einbau desselben in den Cylinder zeigt.

Die dünne Stahl-Ventilplatte *a* ist durch Gelenke *c* mit einer oberhalb bezw. unterhalb des Ventils an der Stange *f*, welche den Ventilsitz *d* festhält, befestigte Flachfeder *b* verbunden. Das Ventil hebt sich infolgedessen sehr leicht an und wird beim Hubwechsel durch die Feder *b* auf

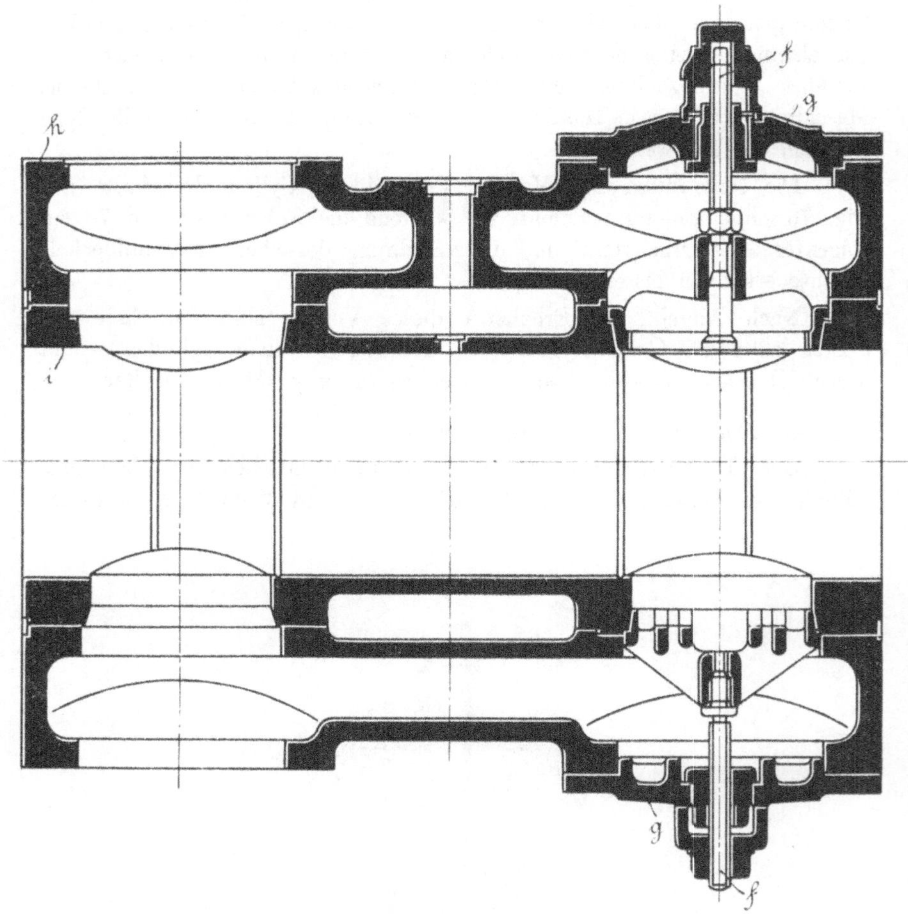

Fig. 81.

seinen Sitz *d* zurückgeworfen. Die getroffene Anordnung dürfte leichtes Spiel und geringen Ventilwiderstand bewirken.

Gebläseventil von Gutermuth[1]).

Bevor die theoretischen und praktischen Vorzüge des neuen Abschlussorganes näher beleuchtet werden, erscheint es zweckdienlich, die Eigentüm-

[1]) Nach Angabe des Erfinders, Prof. M. F. Gutermuth in Darmstadt.

lichkeiten der gewöhnlichen Ventile hinsichtlich ihres Spieles und der durch sie bedingten Strömungsverhältnisse kurz zu kennzeichnen.

Sämtliche Ventilkonstruktionen weisen theoretische und praktische Übelstände auf, welche bei geringer Hubzahl wenig, bei grosser Hubzahl dagegen sehr empfindlich in die Erscheinung treten.

Bei gegebener Durchflussmenge bestimmen bekanntlich Eigengewicht und Federbelastung des Ventils den Ventilhub und die Durchflussgeschwindigkeit.

Die bei grösserer Umdrehungszahl erforderlichen kleinen Ventilhübe verlangen grosse Ventilumfänge und bedeutende Ventilbelastungen. Die Folgeerscheinungen dieser Verhältnisse sind umständliche Ventilkonstruktionen, grosse Massen und erhebliche Durchgangswiderstände, welche stossendes und geräuschvolles Spiel der Ventile, sowie starke Abnutzung der Sitze im Gefolge haben.

Das zuverlässige Ventilspiel wird am empfindlichsten beeinträchtigt durch die ungünstigen Strömungsverhältnisse infolge häufiger Richtungswechsel vor und hinter dem Ventil.

Der Umstand, dass der Flüssigkeitsstrom der Ventilschlussbewegung entgegengerichtet ist, verhindert besonders bei raschem Gange rechtzeitigen Ventilschluss, so dass letzterer erst unter dem Einfluss des eintretenden Druckwechsels erfolgt, wodurch gleichfalls hartes und geräuschvolles Aufsitzen der Ventile verursacht wird.

Ferner ergeben sich dadurch, dass die Flüssigkeit in vielen Richtungen am Ventilumfang ausströmt, während hinter dem Ventil der Abfluss nur nach einer Richtung erfolgt, beträchtliche Wirbelungsverluste und die Neigung zum Kippen oder Klemmen der Ventile in ihren Führungen.

Die mit dem Durchfluss durch Ventile entstehenden Druckhöhenverluste sind in den meisten Fällen weniger durch den reinen Ventildurchgangswiderstand als vielmehr durch die, mit den ungünstigen Strömungsverhältnissen entstehenden Wirbelungsverlusten bedingt.

Aus vorstehendem ergeben sich nachfolgende 3 prinzipielle Mängel:

1. Grosses Eigengewicht oder starke Belastungsfedern und damit sich ergebender grosser Durchgangswiderstand.
2. Ungünstige Massenwirkung, wodurch stossender und geräuschvoller Gang entsteht, sowie nicht selten Ventile und Sitze zerschlagen werden.
3. Unzweckmässige Strömungsverhältnisse der Flüssigkeiten oder Gase und dadurch hervorgerufene bedeutende Kontraktions- und Wirbelungsverluste, sowie Unzuverlässigkeit des Ventilspiels.

Von diesen Übelständen ist die Gutermuth'sche Klappenkonstruktion in Verbindung mit der besonders ausgebildeten Sitzform frei, da sie

1. praktisch kleinstmögliche Masse,
2. kleinstes Eigengewicht und kleinste Federbelastung,
3. überaus günstige Strömungsverhältnisse, bei welchen nur sehr geringe Kontraktionsverluste auftreten und Wirbelungsverluste vollständig vermieden sind,

besitzt.

Dabei teilt aber gleichzeitig die Klappe mit dem Ventil alle Vorzüge, welche für letzteres Organ überhaupt geltend gemacht werden können.

Bei der in den Figuren 82—84 [1]) dargestellten Steuerung sind in einem auf jeder Cylinderseite angeordneten, konisch eingepassten, rundschieberartigen Gehäuse, welches jedoch fest in das Cylindergehäuse eingesetzt ist, je ein System mehrerer Saug- und Druckklappen angeordnet, welche aus dünnen, um einen festen Dorn mehrfach herumgeschlungenen, ausserordentlich elastischen Stahlplatten bestehen. Die Wege der Luft sind derartig gewählt, dass bei der Öffnung der Klappen möglichst geringe Widerstände durch Drosselung der Luft hervorgebracht werden. In der schematischen Darstellung Fig. 84 sind die verschiedenen Klappenformen in geöffnetem Zustande gezeichnet. Durch diese Anordnung ist der Widerstand gegen Öffnen der Ventile auf das denkbar kleinste Mass beschränkt, so dass die Klappen ausserordentlich leicht spielen. Wie aus Fig. 82 hervorgeht, geht die Druckluft an der Saugklappe vorbei durch die Druckklappe in die Druckleitung. Leider liegen über die Bewährung der angeführten Konstruktion bei grosser Tourenzahl eingehendere Versuche nicht vor, namentlich über die Dauerhaftigkeit der Stahlklappen, indessen dürfte auch selbst bei nicht sehr grosser Lebensdauer derselben bei dem geringen Preise und der leichten Auswechselbarkeit die Konstruktion namentlich für raschlaufende Gebläse und Kompressoren ihrer ausserordentlichen Einfachheit halber empfehlenswert sein.

Der Hub der Klappe ist unabhängig von deren Federspannung und nur durch Form und Dicke des im Sitz fertig gebildeten Flüssigkeitsstrahles bedingt. Die grösste Durchflussgeschwindigkeit hängt nur vom Sitzquerschnitt und der Kolbengeschwindigkeit ab, während die Federbespannung darauf keinen massgebenden Einfluss nimmt. Die Klappe legt sich einfach auf den im Sitz fertig gebildeten Strahl auf und nähert sich für die Schlussbewegung in dem Masse dem Sitze, als die austretende Flüssigkeitsmenge mit der Kolbengeschwindigkeit gegen Hubende sich vermindert. Ein Zurückbleiben der Klappe ist dabei ausgeschlossen, sie muss dem, mit abnehmender Flüssigkeitsmenge sich abschwächenden, Flüssigkeitsstrahle folgen und daher rechtzeitig sich schliessen.

Die Federspannung ist nahezu unabhängig von dem für die Durchflussgeschwindigkeit erforderlichen Überdruck und hat wesentlich nur die Beschleunigungskraft, welche für die Klappenbewegung nötig ist, zu liefern.

---

[1]) Zeitschrift für komprimierte Gase 1901. Heft 1, S. 11.

Werden die Sitze aus genügend schmalen Gittern konstruiert, so können die Klappen aus so dünnen Blechen ausgeführt werden, dass selbst für 50 Atm. und darüber 1 mm Blechstärke ausreicht. Durch Anwendung

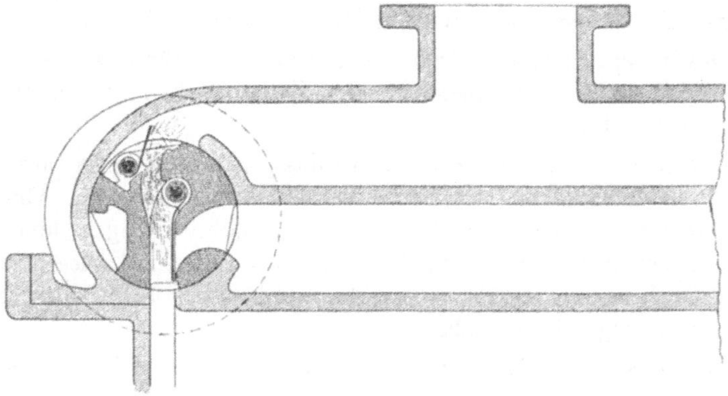

Fig. 82.

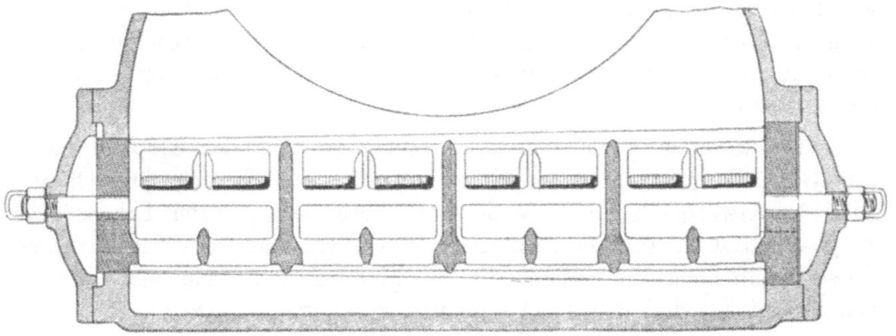

Fig. 83.

Fig. 84.

grösserer Bleche an der Platte oder Garnieren der Klappen mit dünnen Blechauflagen ist ausserdem beliebig hohem Druck zu begegnen.

Die Führung des Flüssigkeitsstromes erfolgt bei der Klappe in der einfachsten und vollkommensten Art, ohne empfindliche Richtungswechsel und Kontraktionsverluste. Die Durchflussgeschwindigkeiten können daher ein mehrfaches der seither üblichen betragen, ohne so grosse Gesamtdruckhöhenverluste zu erzeugen wie bei Ventilen mit geringeren Durchflussgeschwindigkeiten. Die Sitzquerschnitte lassen sich bedeutend kleiner und die Sitze daher widerstandsfähiger als bei Ventilen ausführen.

Das Klappenspiel ist infolge des Fortfalls von Führungen ein absolut zuverlässiges, und ist ein Klemmen oder Hängenbleiben des Organs vollständig ausgeschlossen.

Infolge der Herstellung der Abschlussplatte und Feder aus einem einzigen Blechstreifen ist nicht nur das denkbar billigste Abschlussorgan geschaffen, sondern sind auch die Grundbedingungen hinsichtlich der Masse der Abschlussorgane, Zuverlässigkeit dessen Spieles und Einfachheit der Strömungsverhältnisse erfüllt, welche die Beherrschung beliebig hoher Umdrehungszahlen stellt.

Infolge kleinster Masse des Abschlussorganes, zuverlässiger Arbeitsweise desselben und einfachster Strömungsverhältnisse ist das Spiel der Klappen vollkommen stossfrei und geräuschlos. Die Erreichung einer gewissen Umdrehungszahl von Pumpen, Gebläsen und Kompressoren ist nicht mehr wie seither von der konstruktiven Ausbildung der Abschlussorgane abhängig, sondern bei Anwendung der federnden Klappen nur vom Maschinentriebwerk.

Der theoretische und praktische Vorzug der federnden Klappen dürfte eine Begründung schon in der Natur selbst finden, die stets ihre Organe nach den Gesetzen kleinster Widerstandsarbeit und grösster Lebensdauer zu gestalten weiss und deshalb auch unsere Herzkammern für den das Leben erhaltenden Blutumlauf mit Herzklappen und nicht mit Ventilen ausgestaltet hat und den Fisch durch Kiemen atmen lässt.

Von konstruktivem wie betriebstechnischem Standpunkte aus ergeben sich zu Gunsten der federnden Klappen noch weitere wichtige Unterschiede, unter denen noch die folgenden besonders angeführt werden mögen:

1. Universelle Anpassungsfähigkeit an konstruktive Bedürfnisse, da die Klappe an keine Lage gebunden ist und sowohl vertikal, wie horizontal oder beliebig geneigt angeordnet werden kann.
2. Gleiche Brauchbarkeit für rasche und langsam gehende Maschinen.
3. Kein Verschleiss der Sitzflächen oder Klappen, da die Sitzfläche von der Luft oder dem Wasserstrom nicht berührt wird und die Klappe selbst keinen für empfindliche Abnutzung genügenden Widerstand bietet.
4. Einfacher Einbau und bequeme Zugänglichkeit der Organe.
5. Leichte Regulierbarkeit und Einstellbarkeit auf verschiedene Hübe und Federspannungen.

Gebläseventil von E. König in Aschersleben.

Dasselbe besteht, wie aus Fig. 85 und 86 hervorgeht[1]), aus zwei Platten *a*, welche auf einer gemeinschaftlichen Welle *b* derart befestigt sind, dass sich die Gewichte derselben in Bezug auf die Welle nahezu ausgleichen. Die Welle ist in dem Ventilkasten drehbar gelagert und ragt mit ihrem einen Ende aus demselben hervor. Auf der Welle sitzt ein doppelarmiger Hebel, an dessen beiden Enden Federn *d* angeordnet sind, durch welche der Schluss der doppelten Ventilklappen herbeigeführt wird. Das Ventil wirkt derartig, dass, sobald der Luftdruck im Gebläsecylinder eine genügende Stärke erreicht hat, durch die in den Kanälen *l* und *m* gegen die Platten drückende Luft dieselben geöffnet werden und solange offen bleiben, bis der Gebläsekolben den Saughub wieder beginnt. Da nicht nur die Gewichte

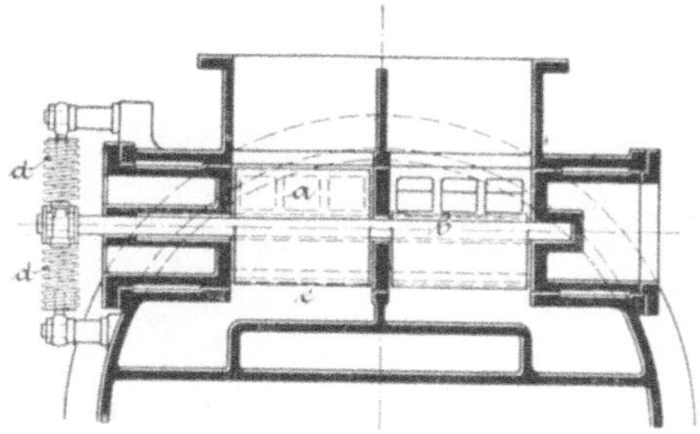

Fig. 85.

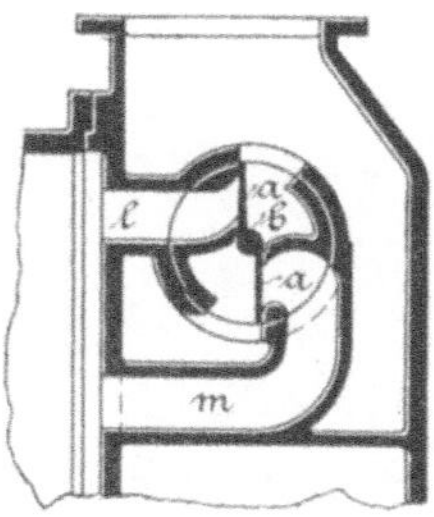

Fig. 86.

der beiden Klappen *a a* gegen einander ausbalanciert sind, sondern auch der Luftdruck und die dadurch sich ergebenden Biegungsmomente aufgehoben werden, so ist das Spiel dieser Klappen ein sehr leichtes.

Druck- und Saugventil-Anordnung für Gebläsemaschinen von Timmermanns in Lüttich[2]).

Bei derselben sind die Ventile *e*, Fig. 87, an dem Umfange eines besonderen, in den Cylinderdeckel *a* einsetzbaren, vorzugsweise cylindrisch ausgebildeten Ventilträgers *b* angeordnet. Der letztere ist mit einem aufklappbaren Verschlussdeckel *h* versehen, an welchem sich ein zur Verengerung des schädlichen Raumes dienendes kegelartiges Einsatzstück h_1 befindet. Hierdurch ist es möglich, die Ventile leicht nachzusehen und auszuwechseln, da die Ventilsitze von der inneren Cylinderseite aus zugängig sind. Allerdings scheint die Vermehrung des schädlichen Raumes bei dieser Anordnung eine nicht unbeträchtliche zu sein.

---

1) Deutsche Pat.-Schrift 123 997.

2) Deutsche Pat.-Schrift 123 994.

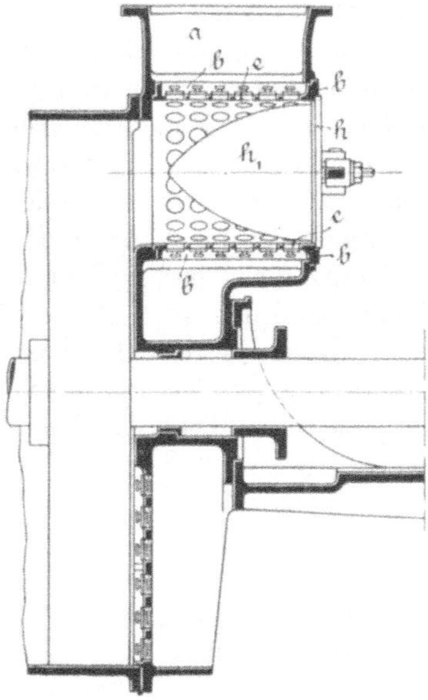

Fig. 87.

Schiebersteuerung für Gebläsemaschinen und Luftkompressoren von Brooks in Philadelphia.

Die in Fig. 88 abgebildete Steuerung[1]), welche vornehmlich für die Auslasschieber von Gebläsemaschinen und Kompressoren verwandt wird, bezweckt ein Bremsmittel in der Art eines Bremscylinders zu schaffen, mit Hilfe dessen die Öffnung und Schliessbewegung des Schiebers geregelt wird und nachteilige Stösse auf den Schieber möglichst vermieden werden. Die Einrichtung ist folgende. An dem cylindrischen Gehäuse 1 ist eine Schiebeführung 17 befestigt. Der im Cylinder 1 arbeitende Kolben 18 hat am Ende einen cylindrischen Ansatz 19, in welchen eine kolbenförmige Verlängerung 20 hineinragt. Eine oscillierende Welle 21 ruht in Lagern der Führung 17 und wird durch einen Hebel *T* bewegt. Auf der Welle 21 ist ein Daumen befestigt, der zwei gegenüberliegende konzentrische Flächen 22 und 23 aufweist, die durch zwei Hubflächen 24 und 25 mit einander verbunden sind. Ein hin- und hergehender Schieber 26 ist an der Stelle 27 ausgespart und trägt an jeder Seite des Daumens eine Rolle 28 bezw. 29, die den Daumen in jeder Lage desselben berühren. Am Ende des Schlittens befindet sich ein im hinteren Ende des Kolbens 18 sich bewegender Kolben 30, welcher mit der mittleren Öffnung 31 ver-

---

[1]) Deutsche Pat.-Schrift 121 549.

sehen ist und bei der in der Figur gezeigten Lage offen ist, jedoch von der kolbenförmigen Verlängerung 20 verschlossen wird, wenn sich der Kolben 18 gegen den Daumen bewegt. Im Kolben 30 befindet sich ein einstellbarer Luftauslasskanal 32. Durch die auf den Schieberstangenkolben 18 wirkende Druckluft wird der Auslasschieber y geöffnet und durch die vorbeschriebene Vorrichtung 21 und 22 und den Hebel T geschlossen. Durch ein zwischen den Schieberstangenkolben 18 und den zwangläufig bewegten Schieberschliessapparat 30 und 26 eingeschaltetes Luftkissen wird die Bewegung der Schieberschliessvorrichtung derartig bewirkt, dass der Schieberstangenkolben 18 bei beliebiger Stellung der Schliessvorrichtung 30/26 fortwährend und gleichmässig gebremst werden kann, und hierdurch ein stossfreies Schliessen und Öffnen des Schiebers ermöglicht wird. Durch den Kolben G des Arbeitscylinders wird zunächst die Druckluft durch den Kanal

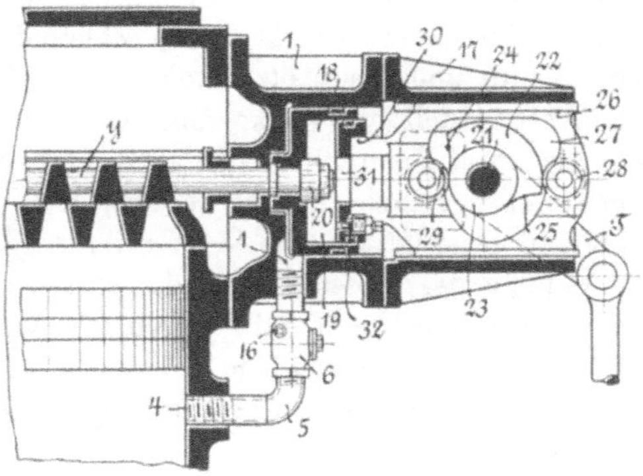

Fig. 88.

4, 5, 6 in den Cylinder 1 gepresst, wo sie mit allmählich zunehmendem Drucke auf den Kolben 18 wirkt. Die Bewegung des Schiebers y findet jedoch einen Widerstand durch den Druck, mit welchem derselbe auf seinem Sitz gehalten wird und wird dieser Druck mit der zunehmenden Bewegung des Kompressionskolbens gegen die Schieber hin beständig kleiner, bis er auf beiden Schieberseiten nahezu gleich ist. In diesem Augenblicke genügt der Überdruck auf den Kolben 18 zur Bewegung des Schiebers, welche, nachdem sie begonnen hat, eine sehr rasche ist; jedoch wird durch die in dem Raume 19 eingeschlossene Luft eine bremsende Wirkung gegen Ende des Hubes des Schiebers hervorgebracht. Hat jedoch die untere Kante des Arbeitskolbens die Öffnung 4 im Cylinder wieder freigelegt, so kann die in den Cylinder 1 eingedrückte Luft durch die Öffnung des Cylinders 1 wieder zurückweichen, indessen kann die Geschwindigkeit der Rückströmung durch Einstellung des im Ventilgehäuse 6 befindlichen Hahnes 16 geregelt werden. Durch den jetzt auf der Rückseite des Kolbens 18 wirkenden Überdruck wird nun der Schieber gegen Ende des Hubes des Arbeitskolbens wieder geschlossen. Die Auseinanderbewegung beider Kolben 18 und 30 erfolgt hierauf durch den Steuermechanismus, so dass die Vorrichtung wieder in die ursprüngliche Lage gebracht wird.

Ventilsteuerung von L'Orange in Charlottenburg für Gebläse und Kompressoren.

Dieselbe besteht[1]) aus einem gesteuerten Ventilsitz *A* und einem sich selbsttätig bewegenden Ventil *B*. Das Eigenartige der Steuerung beruht darin, dass dem durch den Überdruck geöffneten selbsttätigen Ventil *B* der Ventilsitz *A* nachgeschoben wird, sobald der Arbeitskolben mit einer federnden Platte gegen den unteren Rand des letzteren, welcher in den Cylinderraum hineinragt, nachgeschoben wird, so dass sich im Todpunkt die Dichtungsflächen des Sitzes und Ventils wieder berühren und hierdurch ein vorläufiger Abschluss bewirkt wird, während beim Rückgang des Arbeitskolbens Ventil und Ventilsitz zufolge des auf ihnen lastenden Überdruckes in die Anfangsstellung zurückgeführt werden. Die verschiedenen Stellungen sind in den drei Figuren 89—91 abgebildet. Durch einen am Ventil *B* befindlichen Blechcylinder *b* wird die über dem Ventil befindliche Luft abgeschlossen und beim Öffnen des Ventils verdrängt, wobei dieselbe am oberen Ende während des grössten Teils des Hubes entweichen kann, wodurch ein sanftes Aufsetzen des Ventils gegen die Widerlager bewirkt wird. Durch eine von aussen einstellbare Schraube *C* kann die Durchtrittsöffnung, also auch die Durchschnittsgeschwindigkeit der Luft aus dem Luftpuffer geregelt werden.

Einer interessanten Übersicht über die Entwickelung und den Stand der Gebläsemaschinen z. Zt. der Pariser Weltausstellung des Jahres 1900[2]) ist Nachstehendes entnommen:

Um bei Gebläsemaschinen das Volumen und den Druck des gelieferten Windes nach und nach zu vermehren, sah man sich genötigt, die Leistung der Gebläsemaschinen durch Vermehrung der Tourenzahl derselben, Vergrösserung der Cylinder und Erhöhung des Druckes zu steigern. Während früher die alten Gebläsemaschinen bei einem Dampfdruck von 2—4 kg und mässigen Tourenzahlen Winddruck von etwa 0,4 kg lieferten und Durchmesser von 3 m bis 3,65 m der Windcylinder aufwiesen, verwenden die modernen Gebläsemaschinen Dampfdrücke bis 8 kg und mehr und liefern bei 40 und 50 und mehr Touren in der Minute 800—1000 cbm angesaugter Luftmenge in der Minute, welche auf $^1/_2$—1 kg Überdruck verdichtet wird. Trotzdem bleiben die Cylinderdurchmesser wesentlich hinter

1) Deutsche Pat.-Schrift 123 995.

2) Revue Industrielle 1901. No. 23, S. 226.

den früheren Abmessungen zurück, indem dieselben etwa $2^1/_2$ m nicht überschreiten. Die gegenwärtig gebräuchlichen stehenden Maschinen sind entweder derartig gebaut, dass Wind- und Dampfcylinder über einander angeordnet sind und durchweg Hochdruck- und Niederdruckcylinder neben einander angeordnet sind, oder die Anordnung ist derartig, dass ein Luftcylinder und ein Dampfcylinder seitlich neben einander aufgestellt sind und auf einen gemeinschaftlichen darunter liegenden Balancier wirken. Dieses von Professor Stumpf erfundene System gestattet eine wesentlich niedrigere und dabei solidere Bauart der Maschinen. Die Übelstände der über-

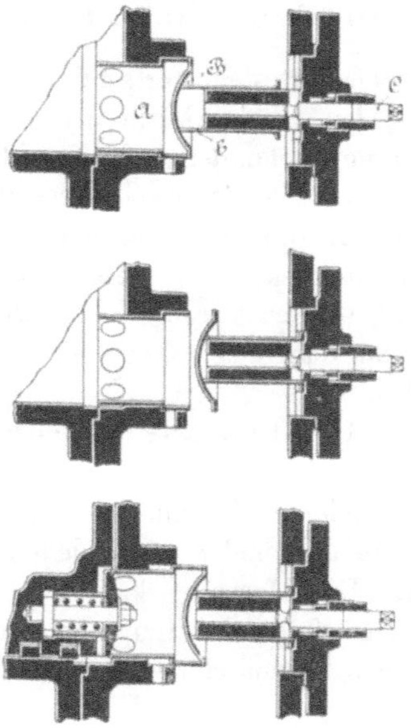

Fig. 89—91.

einander liegenden Cylinder werden hierbei vollständig vermieden, wodurch gleichfalls die Ausgleichung der Massen durch den Balancier wesentlich erleichtert wird, ja die Wirkung der Massen fast vollständig aufgehoben wird, da dieselben sich nahezu ausgleichen, anstatt sich wie bei den über einander liegenden Cylindern zu summieren. Hierdurch wird erreicht, dass die Fundamente der Gebläsemaschinen wesentlich leichter gehalten werden können als bei der Anordnung der erstbeschriebenen Art. Eine Maschine des Stumpf'schen Systems, welche Anfang des Jahres 1900 von der Maschinenfabrik Andritz in Graz für die Stahlwerke von Donawitz im Bau begriffen war, hat folgende Abmessungen:

Durchmesser des Hochdruckcylinders . .	0,87 m
„ „ Niederdruckcylinders . .	1,74 „
„ „ Windcylinders	2,12 „
Gemeinschaftlicher Hub	1,30 „
Tourenzahl der Maschine	50—70 i. d. M.
Winddruck	60—90 kg
Dampfdruck	8 „
Angesaugte Luftmenge	900—1240 cbm i.d.M.

E. Durch Gasmotoren betriebene Gebläsemaschinen.

Einer der bemerkenswertesten Fortschritte im Gebiete des Gebläsemaschinenbaues ist mit den in der Mitte der 90er Jahre des 19. Jahrhunderts zur Anwendung gelangten, durch Hochofen-Gichtgase betriebenen Gasmotoren verbunden, da durch diese neue Betriebsart der Gebläsemaschinen ganz neue Anforderungen an den Bau der Gebläsemaschinen bezüglich ihrer Regulierfähigkeit, ihrer Geschwindigkeit und in mancher anderen Hinsicht gestellt wurden. Einige der wichtigsten Ausführungen dieser Maschinen sollen im folgenden, soweit es der beschränkte Raum gestattet, behandelt werden.

1. Hochofengas-Gebläsemaschine der Société J. Cockerill in Seraing[1]).

Die in Fig. 92 abgebildete Maschine ist liegend ausgeführt und wird mit einem einzigen Gasmotorcylinder nach dem System Delamar-Debouteville betrieben. Die Maschine kam am 20. November 1899 in Seraing in Betrieb und hat folgende Hauptabmessungen:

Cylinder der Gasmaschine	Drm.	1,30 m
Hub		1,40 „
Windcylinder		1,70 „
Länge der gemeinschaftlichen Kolbenstange		4,40 „
Durchmesser derselben		0,30 „
„ der Kurbelwelle		0,46 „
„ des Schwungrades		5,00 „
Gewicht des Schwungrades		35 T.
Gasmotor-Länge		11 m
„ Breite		6 „
Gebläsecylinder-Länge		5,5 „
„ Breite		3,5 „
Gesamtgewicht der Maschine		160 T.

1) Engng. 1900. S. 87.

Fig. 92.

Die Luftmenge beträgt bei 80 Umdrehungen der Maschine 500 cbm in der Minute, der Normalluftdruck 40 cm Quecksilbersäule, die Normalleistung der Maschine bei dieser Umdrehungszahl und diesem Luftdruck 550 PS. Die Saugventile des Windcylinders sind Stahlscheiben von 80 mm Drm. und 1 mm Dicke. Das Betriebsgas ist nicht gereinigt, sondern wird nur in einer eisernen Kühlkammer von 6 m Länge, 6 m Höhe und 1,25 m Breite gekühlt, in welche durch einen Körting'schen Apparat von 10 mm Drm. Wasser eingestäubt wird. Hierdurch wird die Temperatur auf 20 ° C. erniedrigt. Eine Maschine dieser Ausführung ist in den Hochofenwerken der Gesellschaft in Seraing in Betrieb. Eine Maschine von gleichen Abmessungen war in der Pariser Weltausstellung 1900 ausgestellt[1]).

Die Resultate, welche mit der Pariser Maschine erzielt wurden, sind folgende:

im Dampfcylinder	900 ind. P.S.
im Druckluftcylinder	725 P.S.
Gasverbrauch	2,853 cbm p. Std.,
während die ältere Maschine in Seraing	3,329 „ „ „

erfordert.

In Fig. 93[2]) ist die Maschine im Grundriss und Aufriss dargestellt. Wie aus der Figur hervorgeht, ist die Kolbenstange der Gasmaschine durch den hinteren Deckel hindurchgeführt und direkt mit der Kolbenstange der Gebläsemaschine gekuppelt. Das Gebläse enthält kleine runde Stahlscheibenventile mit Schraubenfedern, deren je 4 oder 5 auf einem Sitz aus Stahlguss vereinigt sind. Die Saugventile liegen innen und tritt die Luft von aussen durch einen Fundamentkanal in die Fussplatte des Windcylinders ein, wie aus dem Aufriss zu ersehen ist. Die Vorrichtung zur Veränderung des Winddruckes ist in Fig. 94 dargestellt. Dieselbe arbeitet selbsttätig, kann aber auch von Hand eingestellt werden und ist ihre Wirkungsweise folgende:

Am Fusse der an beiden Enden des Gebläsecylinders befindlichen Kanäle ist eine Anzahl grosser Saugventile 5 angebracht, welche bei normalem Gange selbsttätig spielen, bei erhöhtem Winddruck von den Hebeln G eine Zeitlang am Schlusse verhindert werden können, wodurch ein Teil der angesaugten Luft wieder ausgeblasen wird, sobald der Kolben die Kompressionsperiode beginnt. Diese Hebel werden von den auf der Welle B sitzenden verstellbaren Coulissen C beinflusst, welche letztere sich durch den im Druckregulator D befindlichen Kolben mittels des Hebels E verschieben, sobald der Winddruck den durch eine im Druckregulator an-

1) Engng. 1900. S. 845.
2) Stahl und Eisen. 1901. S. 491.

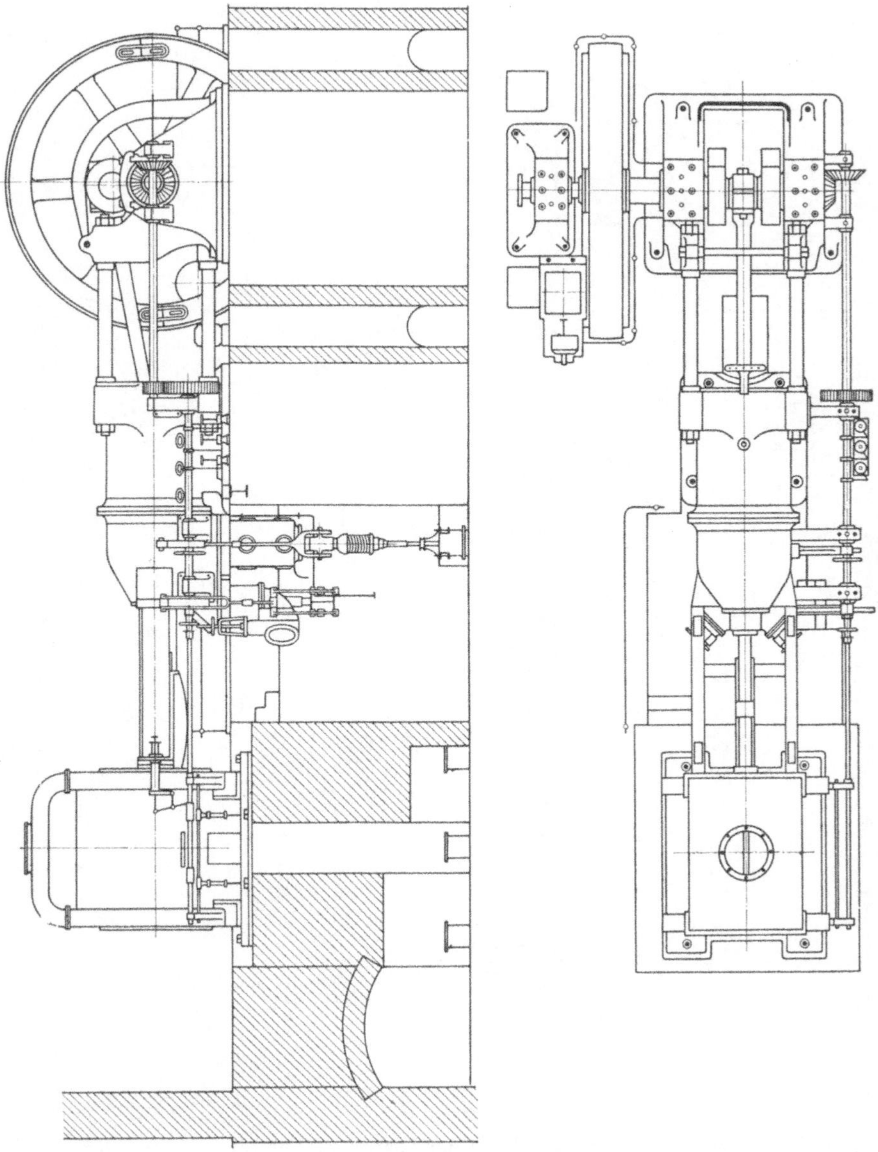

Fig. 93.

gebrachte Feder verursachten Gegendruck zu überwinden vermag. Das ganze System verschiebt sich mithin diesem Winddruck entsprechend und erfolgt der Schluss der Ventile daher um so später, je weiter die Coulisse aus

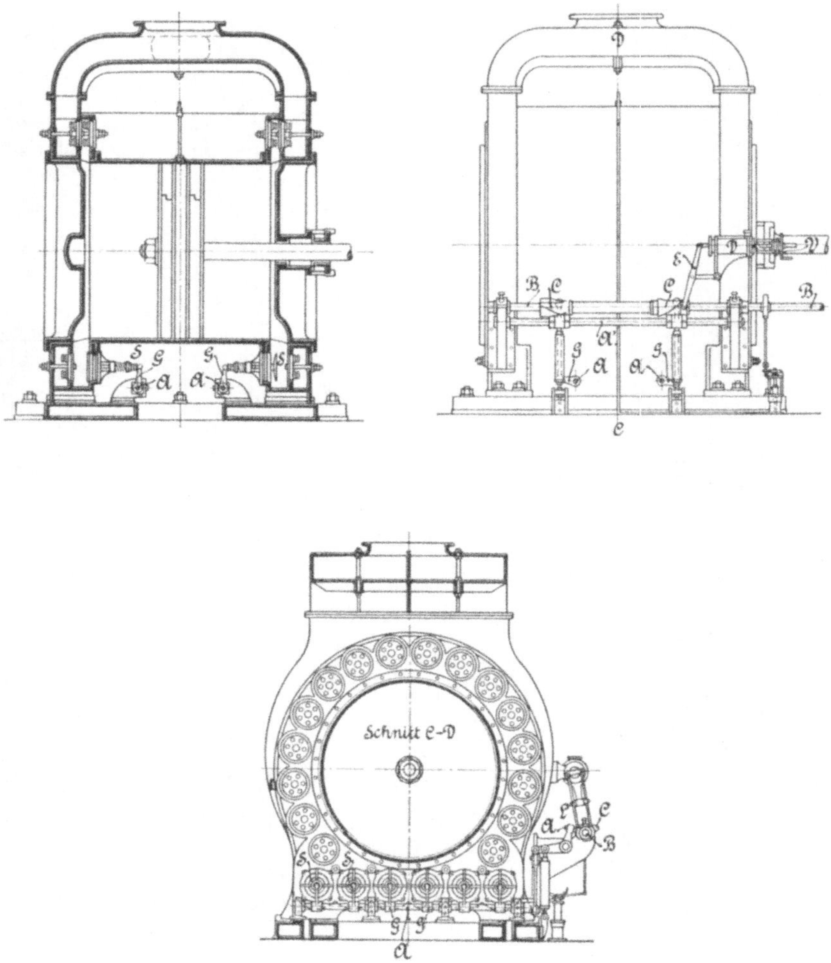

Fig. 94.

ihrer Normallage sich verrückt bis zu der äussersten Stellung, bei welcher die Saugventile beim Kolbenhubwechsel und Rückgange fortwährend geöffnet bleiben, also eine Nutzarbeit gar nicht mehr verrichtet wird. Der Mechanismus kann auch von Hand mittels des Handrades V betätigt werden, in welchem Falle beim Ingangsetzen der Maschine der Leerlauf durch Öffnen der Saugventile S hergestellt werden kann.

In der Fig. 95[1]) ist der Ausgleichmechanismus derselben Firma mit Anwendung eines Ausgleichschiebers in grösserem Massstabe dargestellt.

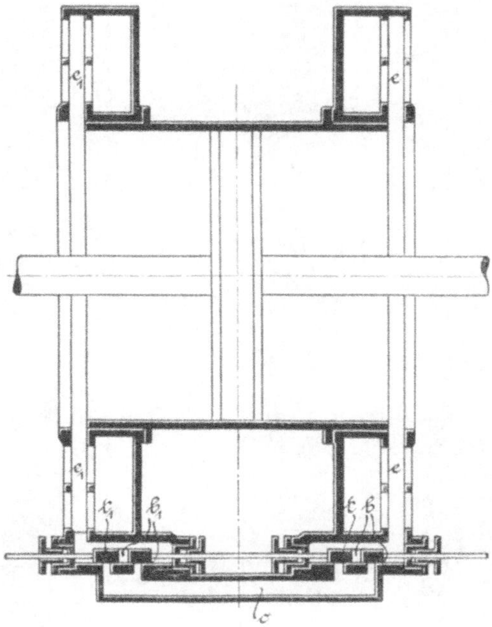

Fig. 95.

2. Hochofengas-Gebläsemaschinen der Maschinenbau-Aktiengesellschaft vormals Breitfeld, Daněk & Co. in Prag-Carolinenthal.

Von dieser Firma sind neuerdings mehrere Hochofen-Gasgebläsemaschinen zur Aufstellung gelangt, welche den Maschinen der Société Coquerill in Seraing im wesentlichen nachgebildet sind. Die allgemeine Anordnung der Ausführungen dieser Art ist in Fig. 96 abgebildet. In Tabelle 1 auf S. 100 sind die Hauptabmessungen dieser Maschinen wiedergegeben. Die Tourenzahlen derselben bewegen sich zwischen 84 und 94 in der Minute und dementsprechend die Windleistungen zwischen 500 und 600 cbm in der Minute. Von der gleichen Firma sind sowohl Maschinen mit Riedler'schen Ventilen als auch Maschinen mit freien Ringventilen sowie endlich solche mit geführten Ringventilen ausgeführt. Bei den letzteren

1) Deutsche Pat.-Schrift No. 106 358.

Fig. 96.

betragen die Tourenzahlen bis zu 55 in der Minute und können bis auf 75 in der Minute und sogar noch höher gesteigert werden. Die Ausführung der letzteren Maschinen sind in Tabelle 2 wiedergegeben.

Gebläsemaschinen mit Gasbetrieb (System Delamare-Deboutteville).

Tabelle 1.

Aufstellungs-ort	System	Abmessungen: Durchmesser der Gascylinder	Abmessungen: Durchmesser der Windcylinder	Abmessungen: Gemeinsamer Hub	Umlaufszahl	Winddruck	Windleistung cbm i. d. Min.	Anzahl der Ventile einer Cylinderseite
Aktien-Gesellschaft für Eisen- und Kohlenindustrie, Differdingen	Eincylinder	1300	1700	1400	84	0,5	500	11
Böhmische Montan-Gesellschaft, Königshof	Eincylinder	1300	1700	1400	94	0,5	560	11
Berg- und Hütten-Gesellschaft auf Insel Elba	Eincylinder	1300	1700	1400	84	0,5	500	11

Tabelle 2.

Aufstellungs-ort	System	Abmessungen: Durchmesser der Dampfcylind.	Abmessungen: Durchmesser der Windcylinder	Abmessungen: Gemeinsamer Hub	Umlaufszahl	Dampf-Überdruck	Winddruck	Windleistung cbm i. d. Min.	Anzahl der Ventile einer Cylinderseite
Chemische Fabrik Aussig [1])	Eincylindergebläse ohne Kondensation. Flachschiebersteuerung	530	840	900	64	6	0,7	60	4
Eisenwerk Witkowitz	Verbund-Stahlwerkgebläse mit Anschluss an eine Central-Kondensation. Drehschiebersteuerung	1040/1960	1700	1500	55	6	1,5	700	4
Alpine Montan-Gesellschaft [2])	Verbund-Stahlwerkgebläse mit Kondensation. H. D. Ventil-, N. D. Drehschiebersteuerung	895/1260	1050	1500	30	6	2,5	150	2

[1]) Die Konstruktion dieses Gebläses weicht gegenüber den vorstehenden Angaben bezüglich der Ventilausführung insofern ab, als nur einfache Ringventile aus Metall mit elastischer Dichtung und direkter Einwirkung des Steuerungsdaumens verwendet wurden.

[2]) Abweichende, vereinzelte Konstruktion.

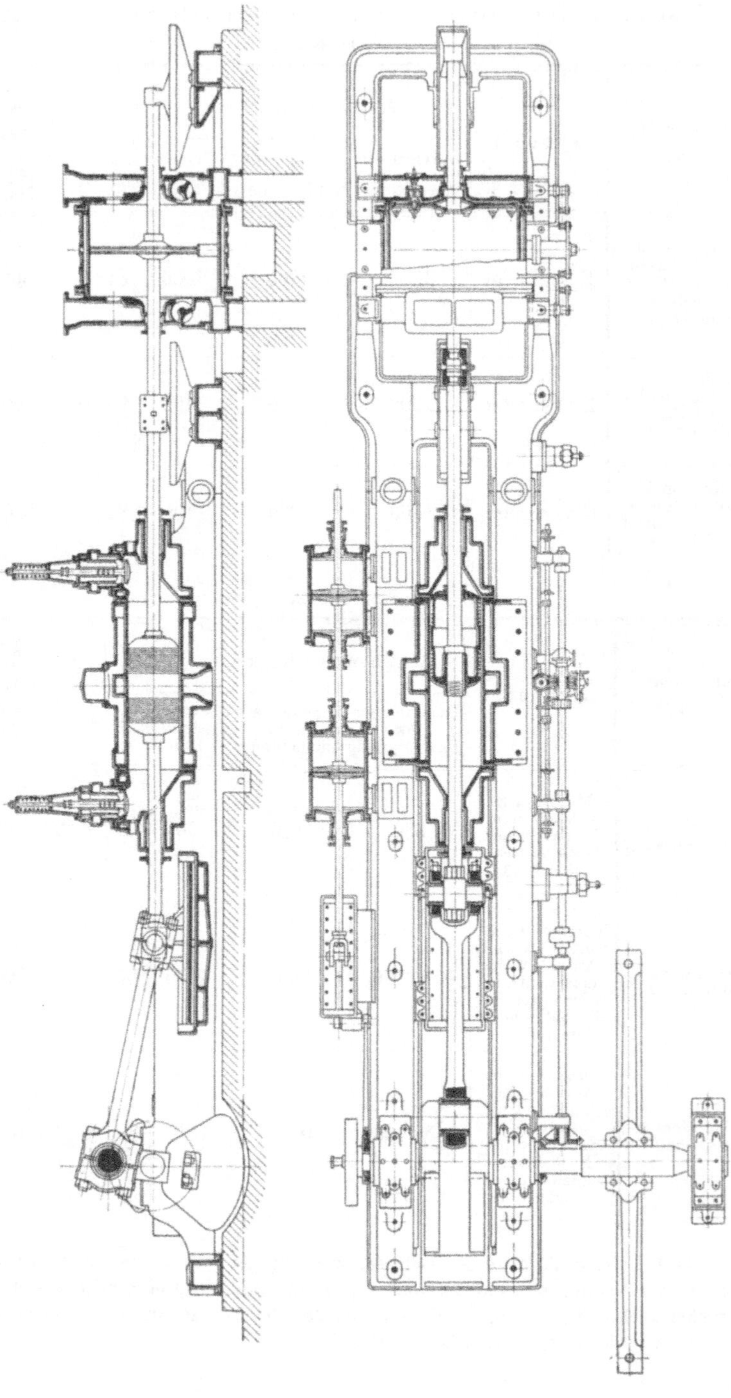

Fig. 97.

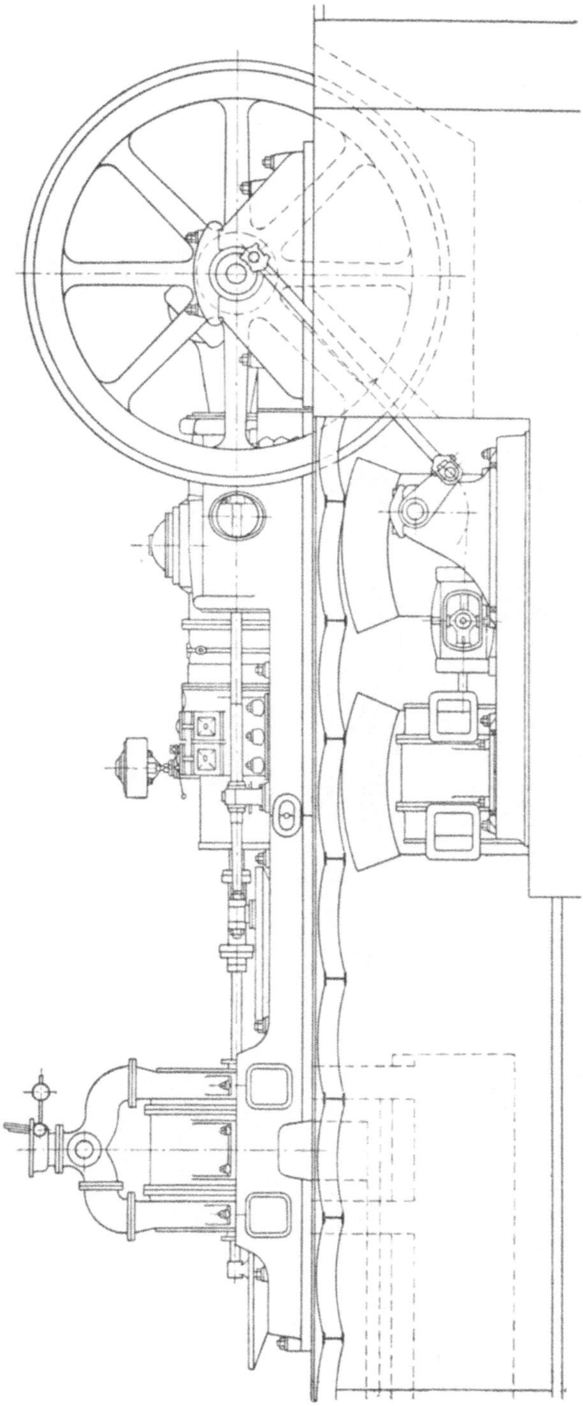

Fig. 98.

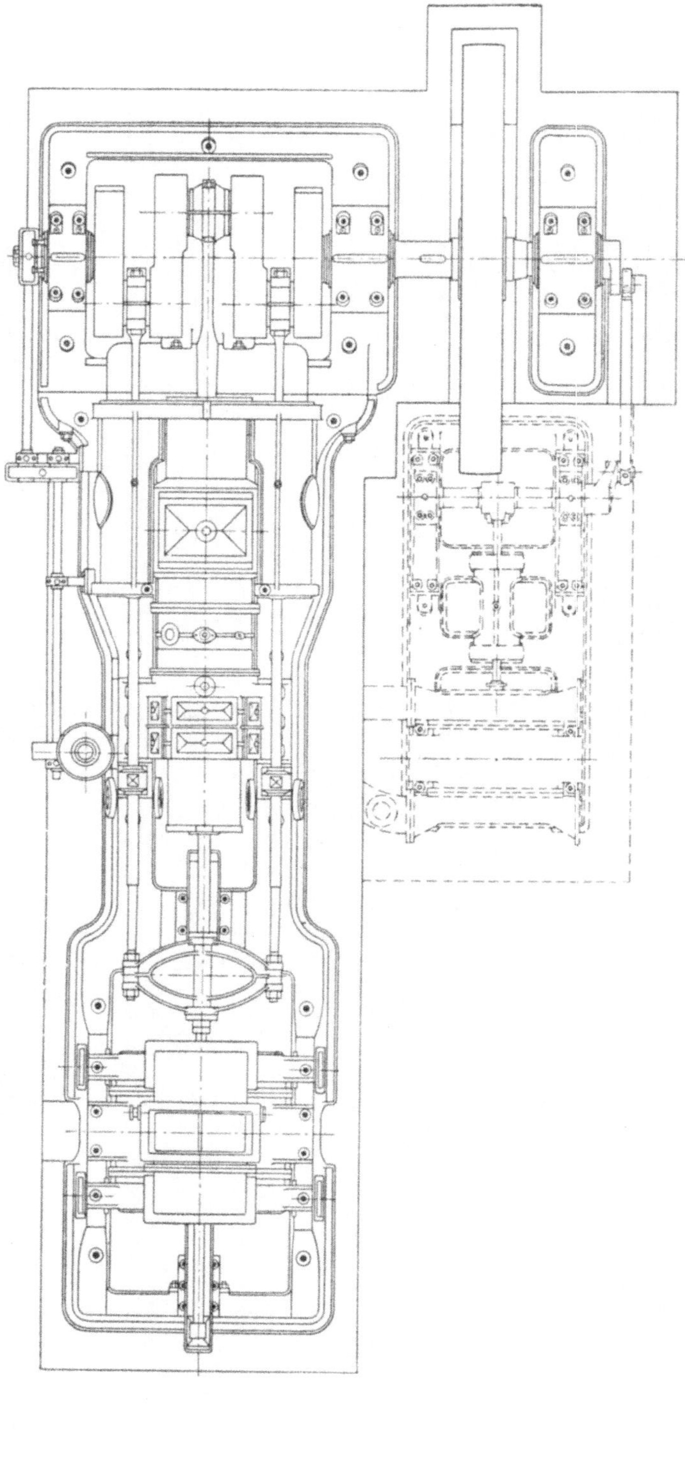

Fig. 99.

3. Körting'sche doppeltwirkende Zweitakt-Gasmaschine mit Gebläse.

Die in Fig. 97 dargestellte Zweitaktgebläse-Maschine von Gebrüder Körting in Hannover[1]) ist mit einer von der Siegener Maschinenbau-Aktiengesellschaft in Siegen hergestellten Gebläsemaschine mit gesteuerten Saugschiebern und rückläufigen Stumpf'schen Ventilen versehen. Dies Gebläse ist für die niederrheinische Hütte in Duisburg-Hochfeld bestimmt und soll die Maschine beim Betriebe mit Hochofengas 500 PS. leisten. Der Windcylinder hat 1600 mm Durchmesser, 1100 mm Kolbenhub. Derselbe ist mit schwingenden Hähnen für den Eintritt der Saugluft und mit Stumpf-Riedel'schen Ventilen für den Austritt versehen. Die Einrichtung ist derart getroffen, dass die Hähne früher oder später den Luftzutritt abschliessen können, so dass mit veränderlicher Saugmenge gearbeitet werden kann und die Arbeit der Maschine zur Verdichtung einer geringeren Luftmenge verwendet wird, als der Vollleistung entspricht, sobald die Füllung früher beendet wird. Diese verringerte Luftmenge kann mithin auch auf einen höheren Druck gebracht werden. Es kann demnach die der grössten Leistung stets sehr naheliegende günstigste Arbeitsleistung der Gasmaschine für den Normalbetrieb nutzbar gemacht werden, und trotzdem erforderlichenfalls durch Verringerung der Windmenge ein diese Normalleistung wesentlich übersteigender Winddruck erreicht werden. Die Vorrichtung verfolgt somit denselben Zweck wie die auf Seite 97 beschriebene Einrichtung der Gesellschaft Coquerill in Seraing. Die Gasmaschine ist die bekannte Körting'sche Zweitakt-Gasmaschine mit besonderem Luft- und Gascylinder, mittels deren das Betriebsgas bezw. die Betriebsluft unter Druck in den Zweitaktcylinder eingeführt wird. Bei einer ähnlichen Maschine wurden folgende Versuchsergebnisse ermittelt:

indizierte Leistung	544 PS.
Nutzleistung	341,5 „
Gasverbrauch für 1 PS. i. d. Min.	1,635 cbm Generatorgas
„ „ effektive PS.	2,305 „ „
Von der aufgewendeten Wärme	
wurden verwandelt in indizierte Arbeit	37,9 %
„ „ „ Nutzarbeit	23,8 „

Die Tourenzahl dieser Maschinen beträgt bis 100 und mehr Touren, so dass dieselben leicht mit Gebläsemaschinen direkt gekuppelt werden können.

4. Hochofengas-Gebläsemaschine von Oechelhäuser.

Bei der in den Figuren 98 und 99[2]) abgebildeten Maschine, welche für die Ilseder Hütte in Gr.-Iselde bei Peine bestimmt ist, dient zum Antriebe

1) Stahl und Eisen. 1901. S. 501.
2) Stahl und Eisen. 1901. S. 496.

des Gebläses der bekannte Zweitaktgasmotor von Oechelhäuser. Der Durchmesser des Gascylinders dieser, von der Firma A. Borsig in Berlin gebauten Maschine beträgt 678 mm, der Hub beider Arbeitskolben je 950 mm, der Cylinderdurchmesser des von der Siegener Maschinenbauaktiengesellschaft in Siegen gebauten Gebläses 1600 mm bei 950 Kolbenhub. Die Normalleistung des Gebläses soll bei 125 Umdrehungen etwa 450 cbm angesaugte Luft betragen, welche auf 0,5 Atm. Winddruck gepresst werden soll.

F. Die Konstruktionsverhältnisse der Gebläsemaschinen Rheinland-Westfalens, Ober-Schlesiens und Österreich-Ungarns.

Geleitet von dem Wunsche, ein möglichst reichhaltiges Material zur Beurteilung der Hochofen- und Bessemer-Gebläsemaschinen zu sammeln, veranstaltete Verfasser im Sommer des Jahres 1891, unter der bereitwilligsten und dankenswertesten Beihilfe der Geschäftsführer der drei grossen eisenhüttenmännischen Vereine Deutschlands und Österreich-Ungarns, des Vereins deutscher Eisenhüttenleute, des oberschlesischen Berg- und hüttenmännischen Vereins und des Vereins der Montan-, Eisen- und Maschinenindustriellen Österreich-Ungarns eine Zusammenstellung der Konstruktionsverhältnisse einer grossen Anzahl von Gebläsemaschinen [1]). Derselben sind die nachfolgenden Mitteilungen über den Umfang der Zusammenstellung, einige aus denselben abgeleitete allgemeine Gesichtspunkte, sowie die Angabe der Konstruktionsverhältnisse einiger weniger, meist neuerer Maschinen entnommen.

Die Zusammenstellung umfasst 227 Maschinen von 84 Werken, wobei jedoch zu bemerken ist, dass, falls eine Bessemer- und Hochofenanlage in einem Werke vereinigt sind, die erstere als besondere Anlage aufgeführt ist.

Die Verteilung der Maschinen ist aus der nachstehenden übersichtlichen Zusammenstellung zu ersehen.

I. Hochofen-Gebläsemaschinen.	Anzahl der Werke	Anzahl der Maschinen
1. Rheinland und Westfalen	24	94
2. Österreich-Ungarn	27	59
3. Oberschlesien	9	38
Summe	60	191

1) Veröffentlicht im Österreichischen Jahrbuch der Bergakademien 1892. Heft 4, sowie auszugsweise in „Stahl und Eisen“ 1892. Heft 23.

II. Bessemer-Gebläsemaschinen.

1. Rheinland und Westfalen	10	17
2. Österreich-Ungarn	12	17
3. Oberschlesien	2	2
Summe . .	24	36
beide zusammen . .	84	227

Zur Erleichterung eines Vergleiches war es nötig, die in einzelnen Werken etwa vorhandenen verschiedenen Maschinensysteme bei dem II. Teile der Zusammenstellung zu trennen und alle Maschinen gleichen Systems zu vereinigen.

Aus dieser Gruppierung ergibt sich die nachfolgende Übersicht:

I. Hochofen-Gebläsemaschinen.

A. Balanciermaschinen.	Anzahl der Werke	Anzahl der Maschinen
1. Rheinland-Westfalen	6	13
2. Österreich-Ungarn	4	6
3. Oberschlesien	4	6
Summe . .	14	25
B. Stehende Maschinen.		
1. Rheinland-Westfalen	17	40
2. Österreich-Ungarn	12	19
3. Oberschlesien	9	28
Summe . .	38	87
C. Liegende Maschinen.		
1. Rheinland-Westfalen	19	41
2. Österreich-Ungarn	15	25
3. Oberschlesien	3	4
Summe . .	37	70
Zusammen . .	—	182

II. Bessemer-Gebläsemaschinen.

A. Stehende Maschinen.		
1. Rheinland-Westfalen	3	4
2. Österreich-Ungarn	—	—
3. Oberschlesien . . . . . . , ...	—	—
Summe . .	3	4
B. Liegende Maschinen.		
1. Rheinland-Westfalen	8	13
2. Österreich-Ungarn	12	17
3. Oberschlesien	2	2
Summe . .	—	32
Zusammen . .	—	36

Die vorstehende Übersicht gestattet folgende, natürlich nur annäherungsweise giltigen Schlüsse.

I. Hochofengebläse.

1. Die Balanciermaschinen sind in bedeutender Minderzahl, die tehenden am meisten vertreten. Die Anzahl der ersteren ist ca. 28 % der letzteren und ca. 35 % der liegenden Maschinen, das Verhältnis der liegenden zu den stehenden ist ca. 0,8.

2. Die Anzahl der stehenden und liegenden Maschinen ist in Rheinland-Westfalen dieselbe, in Österreich-Ungarn haben die liegenden, in Oberschlesien die stehenden Maschinen den Vorzug.

3. Die Gesamtanzahl aller aufgeführten Hochofengebläsemaschinen beträgt hier 182, während sie in der ersten Übersicht 191 betrug. Die fehlenden neun Maschinen sind hier nicht aufgeführt, weil dieselben nicht durch Dampfmaschinen, sondern durch Wasserkraftmaschinen betrieben werden.

II. Bessemer-Gebläsemaschinen.

1. Hierfür sind Balanciermaschinen nicht in Gebrauch, was ja in der für Bessemer-Gebläsemaschinen gebräuchlichen grösseren Tourenzahl und der Nichtausführbarkeit derselben bei Balanciermaschinen seine Erklärung findet.

2. Stehende Bessemer-Gebläsemaschinen sind nur in Rheinland-Westfalen mit ca. 10 % der Gesamtanzahl vertreten, in Österreich-Ungarn und Oberschlesien gar nicht ausgeführt.

3. Den liegenden Maschinen ist überall der Vorzug gegeben, was wohl auch aus der für die raschere Tourenzahl notwendigen grösseren Stabilität der letzteren gegenüber den stehenden Maschinen leicht zu erklären ist.

4. Die Anzahl der Bessemereien, sowie der in ihnen im Betrieb befindlichen Maschinen ist in Rheinland-Westfalen und Österreich-Ungarn ungefähr dieselbe[1]).

5. Die Anzahl der Bessemer-Gebläsemaschinen ist ca. 18 % der Hochofen-Gebläsemaschinen. Vielleicht liesse sich an der Hand der Statistik der deutschen und österreichisch-ungarischen Eisenproduktionen ein ähnliches Verhältnis zwischen der Bessemer-Roheisen- und -Flusseisenproduktion, sowie zwischen der Flusseisenproduktion in Konvertern (saures und basisches Verfahren) zu derjenigen mittels des Siemens-Martin-Prozesses ableiten.

Bezüglich der Anzahl der ausgeführten Maschinen seitens der verschiedenen Maschinenbauanstalten ergibt sich nebenstehende Übersicht:

Eine grössere Anzahl von Fabriken ist mit je einer Maschine vertreten, von verschiedenen Maschinen dagegen war die Lieferantin nicht zu ermitteln. Die nebenstehende Zusammenstellung lässt folgendes erkennen:

---

1) Dieser Vergleich kann, wenn auch nur sehr ungenau, den Schluss zulassen, dass die Entwickelung der Bessemereien in Österreich-Ungarn und Rheinland-Westfalen auf fast gleicher Höhe steht.

Nummer	Name der Maschinenfabrik	Wohnort	Hochof.-Gebl.			Bessem.-Gebl.			Summe
			Rh.-Westf.	Öst.-Ung.	O.-Schles.	Rh.-Westf.	Öst.-Ung.	O.-Schles.	
1	Märkische Maschinenbauanst. vorm. Kamp & Co. . . .	Wetter a. d. Ruhr	8	3	1	3	2	2	19
2	Société John Cockerill . . .	Seraing, Belgien	9	3	—	1	—	—	13
3	Gute-Hoffnungs-Hütte . . .	Sterkrade (Rheinprov.)	11	—	—	2	—	—	13
4	Köln. Maschinenbau-Akt.-Ges.	Köln-Bayenthal	4	1	2	3	1	—	11
5	Maschinenfabrik Wöhlert . .	Berlin	6	1	4	—	—	—	11
6	Siegener Masch.-Bau-Akt.-Ges. vorm. A. u. H. Oechselhäuser	Siegen (Westfalen)	8	—	—	2	—	—	10
7	Friedrich-Wilhelms-Hütte . .	Mülheim a. d. Ruhr	8	—	—	1	—	—	9
8	Gebrüder Klein	Dahlbruch (Westf.)	8	—	—	1	—	—	9
9	Maschinenfabrik Egells . .	Berlin	—	—	8	—	—	—	8
10	Gebrüder Flender	Sieghütte (Westf.)	7	—	—	—	—	—	7
11	Maschinenfabrik Breitfeld, Daněk & Co.	Prag	—	5	—	—	1	—	6
12	Maschinenfabrik Andritz . .	Graz (Steiermark)	—	2	—	—	3	—	5
13	Witkowitzer Maschinenfabrik	Witkowitz (Mähren)	—	5	—	—	—	—	5
14	Maschinenfabrik von A. Borsig	Berlin	—	—	4	—	—	—	4
15	Masch.-Akt.-Ges. „Union" . .	Essen	—	—	—	3	1	—	4
16	Königl. Hüttenamt Gleiwitz .	Gleiwitz (O.-Schles.)	—	—	4	—	—	—	4
17	Gräfl. Stolbergsche Faktorei	Ilsenburg (am Harz)	4	—	—	—	—	—	4
18	Erzh. Masch.-Bauanst. Ustron	Prag	—	4	—	—	—	—	4
19	Prager Masch.-Fabrik (Ruston & Co.)	Prag	—	3	—	—	1	—	4
20	Maschinenfabrik Bolzano, Tedesco & Co.	Schlan (Böhmen)	—	1	—	—	2	—	3
21	Maschinenfabrik Hoppe . .	Berlin	—	—	3	—	—	—	3
22	Maschinenfabrik Körösi . .	Graz	—	—	—	—	3	—	3
23	Gräfl. Kristall. Masch.-Fabrik	Brückl	—	3	—	—	—	—	3
24	Märk.-schles. Masch.-Bauanst.	Berlin	—	—	3	—	—	—	3
25	Ruffersche Maschinenfabrik .	Breslau	—	—	3	—	—	—	3
26	Sächs. Maschinenfabrik vorm. R. Hartmann	Chemnitz	2	—	1	—	—	—	3
27	Masch.-Fabrik Schulz & Göbel	Wien	—	2	—	—	1	—	3
28	Maschinenfabrik Siegl . . .	Wiener-Neustadt	—	2	—	—	1	—	3
29	Bothwell & Co.	Bolton	2	—	—	—	—	—	2
30	Hannov. Masch.-Bau-Akt.-Ges.	Hannover	1	—	—	1	—	—	2
31	Kitson & Co.	Leeds	2	—	—	—	—	—	2
32	Leyser	Wien	—	2	—	—	—	—	2
33	Pirnasche Maschinenfabrik .	Pirna (Sachsen)	—	2	—	—	—	—	2
34	Prinz Rudolphs-Hütte . . .	Dülmen (Westfalen)	2	—	—	—	—	—	2
35	Fürstl. Salmsche Masch.-Fabr.		—	2	—	—	—	—	2
36	Th. Schulz	Wien	—	2	—	—	—	—	2
37	Gräfl. Stolbergsche Maschinenfabrik	Magdeburg	2	—	—	—	—	—	2
38	J. Watt	London	—	2	—	—	—	—	2

1. Die grösste Anzahl der bezüglichen Maschinen, fast 9% der gesamten Anzahl, war geliefert von der Märkischen Maschinenbauanstalt zu Wetter a. d. Ruhr.

2. Die grösste Anzahl von Hochofen-Gebläsemaschinen lieferte die Société Cockerill in Seraing (12); für Rheinland und Westfalen speziell die Gutehoffnungshütte in Sterkrade, für Österreich-Ungarn die Prager Maschinenfabrik vormals Breitfeld, Daněk u. Co. und die Witkowitzer Maschinenfabrik, für Oberschlesien die Egells'sche Maschinenfabrik in Berlin.

3. Mit Bessemer-Gebläsemaschinen sind in Rheinland und Westfalen die Märkische Maschinenbauanstalt, die Kölnische Maschinenbauanstalt, sowie die Essener Union gleichmässig vertreten, während für Österreich-Ungarn die beiden Grazer Firmen, die Maschinenfabriken von Andritz und von Körösi dieselbe Anzahl geliefert haben.

4. An der Lieferung nach Österreich-Ungarn waren fünf deutsche Fabriken mit 11 Maschinen beteiligt, darunter die Märkische Maschinenbauanstalt zu Wetter a. d. Ruhr allein mit 5 Maschinen.

In den beiden Tabellen auf S. 110—113 sind die Konstruktionsverhältnisse einiger neueren Maschinen, welche der allgemeinen Zustellung entnommen sind, gegeben, und zwar zunächst in der allgemeinen, sodann in der speziellen Zusammenstellung.

Für zwei Werte sind aus der speziellen Zusammenstellung sämtlicher Maschinen die Verhältniszahlen ermittelt und zwar für die Kolbengeschwindigkeit und die stündliche Windmenge in Kubikmetern, bezogen auf eine indizierte Pferdestärke.

1. *Die Kolbengeschwindigkeit.*

Kolbengeschwindigkeit. $c = \frac{s \cdot n}{30}$ in Metern.

	Hochofen-Gebläse				Bessemer-Gebläse			
		Min.	Max.	Mittel		Min.	Max.	Mittel
Balanc.-Masch.	Rheinl.-Westf.	0,879	1,392	1,032	Rheinl.-Westf.	—	—	—
	Österreich-Ung.	0,837	1,495	1,238	Österreich-Ung.	—	—	—
	Ob.-Schlesien	1,270	1,708	1,463	Ob.-Schlesien	—	—	—
Stehende Masch.	Rheinl.-Westf.	1,016	2,035	1,295	Rheinl.-Westf.	1,88	2,00	1,913
	Österreich-Ung.	0,793	1,300	1,064	Österreich-Ung.	—	—	—
	Ob.-Schlesien	0,833	2,093	1,320	Ob.-Schlesien	—	—	—
Liegende Masch.	Rheinl.-Westf.	0,691	2,000	1,265	Rheinl.-Westf.	1,12	2,267	1,888
	Österreich-Ung.	0,630	2,130	1,322	Österreich-Ung.	0,938	4,00	2,042
	Ob.-Schlesien	0,942	1,800	1,275	Ob.-Schlesien	1,465	1,465	1,465

Durchschnitt (Hochofen-Gebläse): Balancier 1,245; Stehend 1,226; Liegend 1,287

Durchschnitt (Bessemer-Gebläse): Stehend 1,913; Liegend 1,742

1 Laufende No.	2 No. des Werkes	3 No. d. Maschine dieses Werkes	4 Name des Hüttenwerkes	5 Anzahl der Maschinen	6 Davon für Hochöfen	7 Davon für Bessemerei	8 Davon stehend	9 Liegend	10 Durchmesser des Dampfcylinders m	11 Durchmesser des Gebläsecylinders m	12 Hub des Dampfcylind. m	13 Hub des Gebläsecylinders m	14 Dampfdruck kg/qcm	15 Luftdruck Atmosphären
			A. Hochofen-											
	1		Main-Weser-Hütte, Lollar, Buderussche Eisenwerke											
66		5	Verbundmaschine . .	—	—	—	—	1	1,000 × 1,400	2,000	1,600		5	0,59
	2		Phönix, Lahr bei Ruhrort											
73		4	. . . .	—	—	—	—	1	0,875 × 1,350	1,900	1,500		3,5	0,36 bis 0,4
	3		Schalker Gruben- und Hüttenverein, Schalke	—	—	—	—	—	—	—	—	—		—
81		1	Zwillingsmaschine . (2 Gebläsecylinder).	—	—	—	1	—	1,150	2,200	1,500		5,5	
	4		Carl Emils-Hütte in Königshof a. d. böhm. Westbahn											
102		3	Balanciermaschine . .	—	—	—	1	—	1,114 × 1,527	2,845	1,857 × 2,845	2,845	5	0,33
103		4	2 Gebläsecylinder . .	—	—	—	—	1	0,814 × 1,140	2,035	2,133	2,133		0,41
	5		Eisenwerk Kladno der Prager Eisen-Ind.-Gesellschaft											
115		1	Verbund-Maschine, je 2 Gebläsecylinder	—	—	—	—	1	0,900 × 1,260	2,035	2,133	2,133	8	0,33
116		2		—	—	—	—	1						
117		3		—	—	—	—	1						
118		4		—	—	—	—	1						
	6		Julienhütte O.-Schles.											
177		3		—	—	—	—	1	1,100	2,400	1,800		4,5—5	0,43
			B. Bessemer-											
	1		Hasper Eisen- u. Stahlwerke											
196		1	. . . . . .	—	—	—	—	1	0,628	1,050	0,942		7	1,5
197		2	Verbund-Maschine . .	—	—	—	—	1	0,780 × 1,100	1,035	1,200			
	2		Hörder Eisenwerke, Hörde i. W.											
201		2		—	—	—	—	1	1,340	1,650	1,570		4,5	1,5
	3		Kladno, Eisenwerke der Prag. Eisen-Industr.-Ges. Prag											
212		1	Zwillingsmaschine . .	—	—	—	—	1	0,790	0,950	—	—	8	2
213		2	Zwillingsmaschine . .	—	—	—	—	1			1,600			
	4		Teplitzer Walzwerk u. Bessem.-Hütte, Böhm.											
223		2		—	—	—	—	1	0,713	0,843	1,268		6	1

16	17	18	19	20	21	22				23	24	25	26	27
Füllungsgrad	Dampfmenge kg stündlich	Luftmenge cbm i. d. Min.	Pferdestärkenzahl e	Tourenzahl n i. d. Min.	Erbaut von	Schwungraddimensionen Durchmesser	Armzahl	Kranzmaasse in m	Gewicht in kg	Preis Mark	Gewicht der Maschin. kg	Kolbengeschwindigkeit in m	Jahr der Erbauung	Gewicht des Schwungrades pro 1 i. PS. in kg
Gebläsemaschinen.														
0,4	—	277	300 max. 900	14 bis 29	Isselburger Hütte	7,500	8	0,260 × 0,360	30 000	66 000	192 000	1,547	1886	100
variabel	4320	340,8	540	40	Gebr. Klein, Dahlbruch	6,250	8	0,280 × 0,400	26 000	85 000	130 000	2,000	1887	48,2
—	—	—	—	—	Köln. Maschinenbau-Akt.-Ges.	—	—	—	—	—	—	—	—	—
	—	342	760	—		6,000	8	0,260 brt.	25 000	90 000	175 000	1,5	1891	26
—	4370	508	460	14	Bolzano, Tedesco & C., Schlan	9,200	8	—	—	50 000 ex. Schw.-Rad u. Fund.	?	1,495	1882	—
—	—	822	780	30	M.-Akt.-Ges. vorm. Breitfeld, Daněk & Co., Prag	7,000	8	—	—	55 000 ex. Schw.-Rad u. Fund.	91 000	2,133	1890	—
0,33	— —	je 832	je 500	30	Breitfeld & Daněk, Prag	je 7,000	je 8	0,250 × 0,400	je 22 750	je 48 000 ex. Fnd.	je 70 000 inkl. Swr	2,133	1890	45,5
	— —					je 6,500	je 6	0,260 × 0,315	je 21 500	je 42 000 ex. Fnd.	je 70 000 inkl. Swr		1889	43
0,2	4000	900	880	30	Sächs. M.-F., Chemnitz	8,000	8	—	35 000	110 000	—	1,800	1889	39,7
Gebläsemaschinen.														
0,85	6990	180	575	55	Siegener Masch.-B.-Akt.-G., vormals A. und H. Oechelhäuser, Siegen	—	—	—	—	50 000	60 000	1,727	1887	—
0,35 bis 0,75	9670			45		—	—	—	—	65 000	95 000	1,800	1891	—
0,4	—	je 480	je 2000	35 bis 40	Essener Union, Essen	—	—	—	—	—	—	—	1891	—
0,25 bis 0,5	je 3398	je 235	je 600	je 75	Bolzano, Schlan	6,350 6,780	8 8	— —	— —	26 000 o. Fund. 26 000	o. Swrd. 31 500	4,00	1887	—
0,25 norm.	8000	178	800	70	Prag. Masch.-B.-Akt.-Ges., Prag	6,000	10	0,290 × 0,330	6800	31 000	300 000	2,958	1891	—

II. Spezielle

1	2	3	4	5	6	7	8
Laufende No. der Statistik	No. des Werkes	Name des Werkes	Erbauer der Maschine	Jahr der Erbauung	Bauart der Maschine	Kolbengeschwindigkeit m	s = Hub / D = Durchm.
						A. Hochofen-	
66	1	Main-Weser-Hütte, Station Lollar, Buderussche Eisenwerke	Isselburger Hütte, Isselburg	1886	liegend	1,547	1,14 / 1,60
73	2	Phönix, Laar bei Ruhrort	Gebr. Klein, Dahlbruch	1887	„	2,0	1,11 / 1,71
81	3	Schalker Gruben- und Hüttenverein, Schalke	Köln. Masch.-Bau-Akt.-G. Bayenthal	1891	stehend	1,5	1,30
102	4	Carl Emil-Hütte in Königshof a. d. Böhm. Westbahn	Bolzano, Tedesco & Co., Schwan	1882	„	1,495	1,21 / 1,67
103		„	Masch.-Akt.-Ges. vorm. Breitfeld, Daněk & Co., Prag	1890	„	2,133	1,871 / 2,621
115 / 116 / 117 / 118	5	Eisenwerk Kladno der Prager Eisenindustrie-Gesellschaft	Breitfeld, Daněk & Co. in Prag	1890 / 1890 / 1889 / 1889	liegend	2,133	1,69 / 2,37
177	5	Julienhütte, Oberschlesien	Sächsische Masch.-Fabrik, Chemnitz	1889	„	1,800	1,64
						B. Bessemer-	
196	1	Hasper Eisen- und Stahlwerke, Haspe i. Westfalen	Siegener Masch.-B.-Akt.-Ges. vorm. A. u. H. Oechelhäuser, Siegen	1887	liegend	1,727	1,500
197				1889	liegende Verbundmasch.	1,800	1,091 / 1,538
201	2	Hörder Eisenwerke, Hörde in Westfalen	Union, Essen a. d. Ruhr	1891	liegende Zwillingsm.	1.963	1,172
212 / 213	3	Kladno, Eisenwerk der Prager Eisenindustrie-Gesellschaft, Prag	Bolzano, Tedesco & Co., Schlan in Böhmen	1887	„	4,0	2,025
223	4	Teplitzer Walzwerk u. Bessemerhütte, Teplitz, Böhmen	Prag. Masch.-Akt.-Ges. vorm. Breitfeld, Daněk & Co., Prag	1891	„	2,958	1,778

Zusammenstellung.

9	10	11	12	13	14	15	16	17	18
Querschnitt F_1 des Dampfcylinders	Querschnitt F_2 des Luftcylinders	$\frac{F_2}{F_1}$	Ni pro 1 m Kolbengeschwindigkeit	Stündl. Windmenge pro 1 i. PS.	Stündl. Dampfmenge pro 1 i. PS	$\frac{13}{14} = \frac{\text{Wst.}}{\text{Dst.}}$	$\frac{\text{Gewicht}}{\text{Wst.}}$ = Gewicht bez. auf 1 cbm Wind	Windmenge bez. auf 1 m Kolbengeschwindigkeit	Preis der Maschine für 1 cbm Wind stündlich
qm	qm			Wst.	Dst.				Mk.
Gebläsemaschinen.									
0,785 1,539	3,142	4,00 2,041	194	42,00	—	—	11,56	2,98	3,97
0,601 1,431	2,855	6.02 2,00	270	78	8.00	4,75	—	2,00	—
1,039	3,801	3,66	130	56,6	—	—	—	3,8	4,39
0,975 1,833	6,397	6,56 3,48	307,7	66,24	—	—	—	5,55	1,64
0,520 1.021	3,253	6,25 3,18	365,7	63,23	—	—	3,69	6,42	1,12
0,636 1,247	3,253	2,61 5,12	234,4	50,00	—	—	—	6,50	—
0,950	4,524	4,76	242	61,36	9,10	6,75	—	8,33	2.04
Gebläsemaschinen.									
0,31	0,866	2,79	333	18,78	—	—	—	—	—
0,478 0,950	0,841	0,88 1,76	320	18,78	—	—	—	—	—
2,138	1,52	1,410	—	14,40	11,55	—	—	—	—
0,49	0,709	1,45	150	23,5	—	—	—	—	—
0,399	0,588	1,40	270	13,35	10,00	—	—	—	—

Die vorstehende Tabelle gestattet folgende Schlüsse:

1. Die Kolbengeschwindigkeit für Hochofengebläse steigt nicht über 2,2 m, dagegen erreicht dieselbe bei Bessemer-Gebläsemaschinen sogar einen Betrag von 4 m! Die geringste Kolbengeschwindigkeit findet sich bei älteren liegenden Maschinen.

Die Maximalkolbengeschwindigkeit bei Balancier-Gebläsemaschinen beträgt 1,7 m, ein Wert, welcher die Durchschnittsgeschwindigkeit ziemlich beträchtlich überschreitet und auch wohl nur bei ausnahmsweise forciertem Betriebe eingehalten werden dürfte.

2. Wenngleich der Durchschnittswert der Kolbengeschwindigkeit bei liegenden Bessemergebläsen kleiner ist als bei stehenden Maschinen, so dürfte doch für erstere eine grössere Kolbengeschwindigkeit im allgemeinen zulässiger sein als für letztere, weil die mit zunehmender Geschwindigkeit sich beträchtlich steigernden Erschütterungen und Vibrationen bei stehenden Maschinen eine Überschreitung der Geschwindigkeit von 2 m wohl nicht gestatten, während dieselbe bei liegenden Maschinen sogar bis auf das Doppelte gesteigert werden kann.

3. Von den Balanciermaschinen zeigen diejenigen Oberschlesiens die grösste Kolbengeschwindigkeit, welche im Mittel fast 1,5 m beträgt.

2. *Die stündlich angesaugte Windmenge in Kubikmetern, bezogen auf eine indizierte Pferdestärke.*

Stündliche Windmenge in Kubikmetern, bezogen auf eine indizierte Pferdestärke.

		Hochofen-Gebläse			Bessemer-Gebläse		
		Min.	Maxim.	Mittel	Min.	Maxim.	Mittel
Balancier-Masch.	Rheinland-Westf.	48,9	134,8 (?)	76,32	—	—	—
	Österreich-Ungarn	52,29	88,89	68,58	—	—	—
	Ober-Schlesien	60,0	108,11 (?)	82,98	—	—	—
			Durchschn.:	**75,96**	—	—	—
Liegende Masch.	Rheinland-Westf.	45	93,75	63,78	12,56	16,8	15,00
	Österreich-Ungarn	48	126 (?)	72,77	—	—	—
	Ober-Schlesien	21,6	148,75 (?)	64,04	—	—	—
			Durchschn.:	**66,68**		Durchschn.:	**15,00**
Stehende Masch.	Rheinland-Westf.	41	92	59,88	5,16	18,78	13,64
	Österreich-Ungarn	63,23	99,84	84,42	8,67	23,5	15,11
	Ober-Schlesien	41,14	61,36	52,70	13,6	13,6	13,60
			Durchschn.:	**65,70**		Durchschn.:	**14,12**

So verschieden auch die Windmengen sind, welche von einzelnen Maschinen pro Pferdestärke stündlich geliefert werden und bei Balanciermaschinen zwischen 48,9 cbm uud 134,8 cbm, bei stehenden Maschinen zwischen 21,6 und 148,75 cbm, bei liegenden Maschinen zwischen 41 und 100 cbm schwanken, so zeigt doch die Mehrzahl der Maschinen eine ziemlich genaue Übereinstimmung mit den aus den sämtlichen Werten gefundenen Durchschnittszahlen.

1. Für Balancier-Hochofengebläse beträgt der Durchschnitt ca. 76 cbm, für stehende und liegende Maschinen ca. 66 bis 67 cbm, so dass im Mittel für Hochofen-Gebläsemaschinen die stündlich angesaugte Windmenge für eine indizierte Pferdestärke zu **70** cbm angegeben werden kann.

2. Bei Bessemer-Gebläsemaschinen kann als Durchschnittszahl **14** bis **15** cbm stündlich angesaugte Windmenge für eine indizierte Pferdestärke angegeben werden. Diese Zahl hat jedoch nur relativen Wert, da die Bessemer-Gebläsemaschinen immer nur mit bestimmten Pausen arbeiten, also von einer stündlichen Windmenge eigentlich nicht gesprochen werden kann. Es ist darunter also die Windmenge zu verstehen, welche die Maschine, bezogen auf 1 Stundenpferdekraft, ansaugen würde, wenn der Betrieb ein dauernder wäre.

3. Die bedeutend geringere Windmenge bei Bessemer-Gebläsemaschinen erklärt sich aus den bedeutend höheren Enddrücken für Bessemereiwind als für Hochofenwind und dem hierdurch bedingten, bedeutend grösseren Kraftbedarf für 1 cbm Wind als bei Hochofen-Gebläsemaschinen. Man kann nun aus der Tabelle auch umgekehrt den Kraftbedarf an indizierten Pferdestärken für 1 cbm stündlicher Windmenge berechnen, indem man den reciproken Wert der Tabellenwerte bildet. Man erhält dann ca. $\frac{1}{70}$ ind. PS. für 1 cbm stündlich angesaugter Windmenge für Hochofen-Gebläsemaschinen, dagegen $\frac{1}{14}$ bis $\frac{1}{15}$ ind. PS. für 1 cbm stündlicher Windmenge für Bessemer-Gebläsemaschinen, d. h. ca. 4- bis 5 mal soviel im letzteren Falle.

Aus letzterer Beziehung lässt sich durch einfache Umrechnung ein zur Berechnung bequemerer Wert aufstellen.

Für Hochofen-Gebläsemaschinen ist:

$Ni_1 = \frac{1}{65}$ bis $\frac{1}{75}$ PS. für 1 cbm stündlich angesaugter Windmenge, folglich ist:

$Ni_2 = 80$ bis 92,3 PS. für 6000 cbm stündlicher Windmenge,
oder für 100 cbm minutlicher „

und endlich

$Ni_0 =$ **0,8** bis **0,923** PS. für 1 cbm minutlicher Windmenge.

Bei Bessemer-Gebläsemaschinen ist:

$Ni_1 = \frac{1}{14}$ bis $\frac{1}{15}$ PS. für 1 cbm stündlicher Windmenge, folglich $Ni_2 = 400$

bis 428,5 PS. für 6000 cbm stündlicher Windmenge oder 100 cbm minutlicher Windmenge, also endlich $Ni_0 = \mathbf{4}$ bis **4,3** PS. für 1 cbm minutlich angesaugter Windmenge.

Für Überschlagsrechnungen dürften vorstehende Zahlen wohl hinreichende Genauigkeit ergeben. Kennt man den minutlichen Windbedarf, so lässt sich hieraus mit ziemlicher Annäherung die indizierte Pferdestärkenzahl der Maschinen berechnen oder die Güte ausgeführter Maschinen einigermassen beurteilen.

Von allen weiteren Zusammenstellungen hat Verfasser aus verschiedenen Gründen Abstand genommen. Vielleicht, dass spätere, nochmalige genauere Beantwortungen einzelner Fragebogen die Möglichkeit geben, in dieser Beziehung weiter zu gehen, als es diesmal möglich war, jedenfalls müssten dann für manche Durchschnittswerte in der Zusammenstellung einzelne, zu stark von einander abweichende Zahlen fortgelassen werden, damit sich ein einigermassen richtiges Verhältnis ergäbe.

3. Die Wahl des Balancier-, liegenden oder stehenden Systems.

Wie bereits Schlink in seiner vortrefflichen Abhandlung über die Gebläsemaschinen ausführte, ist für die Wahl des Maschinensystems keine bestimmte Regel aufzustellen. Geschmack und Mode, vorhandener Raum, Güte des Fundamentbaugrundes, Bequemlichkeit der Wartung, Übersichtlichkeit der Maschine, Anlagekapital und viele andere Umstände spielen hierbei eine Rolle, und wird bei sonst gleicher Güte und Leistungsfähigkeit für manche Verhältnisse die stehende, für manche die liegende Maschine vorzuziehen sein. Balancier-Gebläsemaschinen dürften wohl in neuester Zeit kaum noch ausgeführt werden. Die jüngste von den in der Gesamt-Statistik besprochenen Balanciermaschinen, laufende No. 102, stammte aus dem Jahre 1882.

Einen gewissen Anhalt zur Beantwortung der Frage, wo und in welchem Grade die Vorliebe für das eine oder andere Maschinensystem vorhanden ist, gibt die nachfolgende Zusammenstellung:

Es entschieden sich für das

Liegende System:

a) in Rheinland-Westfalen 13 Hüttenverwaltungen
b) in Österreich-Ungarn 10 „
c) in Oberschlesien 2 „

Stehende System:

a) in Rheinland-Westfalen 2 Hüttenverwaltungen
b) in Österreich-Ungarn 7 „
c) in Oberschlesien 6 „

Unentschieden blieben bez. liessen die Frage unbeantwortet:

a) in Rheinland-Westfalen 12 Werke
b) in Österreich-Ungarn 13 „

Zwei Werke erklärten sich ausdrücklich für die liegende Anordnung mit gesteuerten Windklappen bez. Ventilen nach Riedler'schem System.

Es erklärten sich somit im ganzen:

25 Werke für das liegende System,
15 „ „ „ stehende „

während von 25 Werken die Entscheidung nicht vorlag.

Zunächst ist sofort ersichtlich, dass in Oberschlesien die stehenden Maschinen bez. Balanciermaschinen den liegenden gegenüber stark bevorzugt werden, was auch schon aus der ersten Zusammenstellung zu ersehen ist, in welcher Oberschlesien mit 28 stehenden und 6 Balanciermaschinen, also zusammen 34 Maschinen mit stehenden Cylindern, gegenüber 4 liegenden Maschinen vertreten war. In Rheinland-Westfalen scheint dagegen das letztere System etwas mehr als die übrigen im Gebrauch zu sein, da 13 Werke sich direkt für dasselbe erklärt haben und in der ersten Zusammenstellung 19 Werke mit 41 liegenden Maschinen 17 Werken mit 40 stehenden Maschinen gegenüberstehen. Jedoch ist eine so ausgesprochene Vorliebe, wie sie in Oberschlesien für das stehende System vorhanden zu sein scheint, für ein bestimmtes System nicht zu erkennen.

Über die richtige Wahl, welche bei bestimmten vorliegenden Verhältnissen zwischen den verschiedenen Maschinensystemen zu treffen ist, und die hierbei massgebenden Gesichtspunkte gibt Schlink die folgenden beherzigenswerten Regeln zunächst für Hochofengebläse:

1. „Jeder Hochofen erhält seine besondere Gebläsemaschine, deren Dimensionen vom Windbedarf abhängig sind.

2. Steht die Bestimmung der Dampfspannung frei, so nehme man diese möglichst hoch, keinenfalls unter 5—6 Atmosphären Überdruck.

3. Maschinen mit Kondensation arbeiten im Dampfverbrauch stets günstiger als solche ohne Kondensation; bei niedrigen Dampfspannungen sind erstere unter allen Umständen vorzuziehen.

4. Die Anlage von Einzelmaschinen, namentlich ohne Kondensation, erscheint nicht rätlich, da die zulässige Expansion nur gering und der Dampfverbrauch zu gross ist. Wer sich für Einzelmaschinen mit Kondensation entscheidet, nehme stehende direktwirkende oder Balanciermaschinen. Liegende Einzelmaschinen in sehr grossen Abmessungen sind minder empfehlenswert.

5. Zwillings- und Drillingsmaschinen sind bewährte, gute Systeme, ihre Anwendung wird unbedingt geboten, wenn Kondensation unausführbar oder nicht wünschenswert ist. Wir empfehlen in erster Reihe stehende Drillingsmaschinen, in zweiter liegende Zwillingsmaschinen, letztere hauptsächlich, weil sie keiner Gewichtsausgleichung bedürfen.

6. Das Woolfsche oder Compound-Prinzip ist vortrefflich und überall anzuwenden, wo man in den Anlagekosten keiner Beschränkung unterliegt und Reserven zur Verfügung stehen.
7. Die Kondensation soll stets ausschaltbar und zeitweises Arbeiten ohne sie möglich sein, damit Auswechselungen und Reparaturen an der Kondensation ohne Stillstand der Maschinen auszuführen sind. Dasselbe gilt für sonstige mit der Maschine verbundene Pumpwerke, welche unbedingt anderweitige Reserven haben müssen".

Für Bessemergebläse empfiehlt Schlink folgende Regeln zur Beachtung:

1. „Einzelmaschinen sind unter allen Umständen zu vermeiden.
2. Ob stehende oder liegende Maschinen, kann dem Geschmack des Entscheidenden überlassen bleiben.
3. Anwendung von Kondensation ist empfehlenswert; die Kondensation soll aber rasch sowie bequem ausschaltbar und Arbeiten ohne dieselbe möglich sein. Anderweitige Pumpwerke mit den Maschinen zu verbinden ist nicht ratsam.
4. Das Woolfsche oder Compoundsystem bietet hinsichtlich der Dampfersparnis die grössten Vorteile.
5. Drillingsmaschinen sind ebenfalls vorzüglich.
6. Schiebergebläse nach Adamson'schem Systeme haben sich in der Praxis durchaus bewährt und dürfen empfohlen werden".

Zweites Kapitel.

Die Luftkompressoren.

Den Maschinen der vorhergehenden Klasse in ihrer Wirkungsweise gleich, in ihrer Bauart, ihrer Verwendung und der Grösse des erzielten Kompressionsdruckes jedoch von ihnen wesentlich verschieden sind die Luftkompressoren oder Luftverdichter.

Was zunächst ihre Bauart anbetrifft, so wird dieselbe wesentlich beeinflusst durch die Wasserkühlung, welche bei allen Luftkompressoren infolge der starken Wärmeentwickelung ein unbedingtes Erfordernis ist. Je nachdem dieselbe nur in äusserer Kühlung des Cylinders, Mantel- und Deckelkühlung besteht, oder zur Erhöhung des Effektes in das Innere des Cylinders Kühlwasser in fein verteiltem Zustande oder Staubform eingespritzt wird, oder endlich der Cylinder grossenteils mit Wasser gefüllt ist, welches abkühlend auf die Cylinderwände und die Luft selbst wirkt, haben sich drei verschiedene Systeme der Kompressoren ausgebildet, von welchen namentlich das letzte ganz wesentliche konstruktive Abweichungen von dem Typus der Cylindergebläse zeigt.

Man unterscheidet nach diesem Gesichtspunkt der Kühlmethode:

1. trockene Kompressoren,
2. halbnasse „
3. nasse „

Auch hinsichtlich ihrer Anwendung stehen die Kompressoren den Gebläsen gegenüber, da die in ihnen komprimierte Luft nie zu Verbrennungszwecken, vielmehr meist zur Kraftübertragung, so im Bergbau zum Betriebe unterirdischer Gesteinsbohrmaschinen, Lufthaspeln und Wasserhaltungen, oder zur Kraftverteilung bei städtischen Druckluftanlagen, ferner zum Betriebe von Lokomotiven für Strassenbahnen, zum Betriebe von Luftdruckbremsen bei Eisenbahnfahrzeugen, zu pneumatischen Fundierungen und Abteufungen, zu pneumatischen Werkzeugen, zum Betriebe von Torpedomaschinen, zur Erzeugung kalter Luft in Kältemaschinen, zum Transport von Flüssigkeiten in Zuckerfabriken und chemischen Fabriken, zum Mischen von Flüssigkeiten an Stelle von Rührwerken, zum Betriebe von Sirenen und Nebelhörnern auf Leuchttürmen u. s. w. verwandt wird.

Die bedeutend höheren Kompressionsdrücke endlich, welche in den Luftkompressoren erzielt werden sollen und beispielsweise bei Torpedokompressoren bis zu 200 Atm. gehen, bedingen für die Konstruktion gleichfalls Abweichungen von dem Typus der gewöhnlichen Cylindergebläsemaschinen.

Als Grundlage für die Einteilung der höchst mannigfaltigen Ausführungen der Kompressoren soll im folgenden die bereits erwähnte dreifache Art der Wasserkühlung angenommen werden. Den hierdurch gegebenen drei Klassen der trockenen, halbnassen und nassen Kompressoren sollen noch zwei andere zugefügt werden, welche sich zwar bezüglich der Wasserkühlung einer der drei ersten Klassen zuteilen liessen, jedoch ihrer im übrigen wesentlich abweichenden Konstruktion wegen besser abgesondert behandelt werden; es sind dies die Kompressoren mit gesteuerten Ein- und Auslassorganen und die Verbundkompressoren. Für Unterabteilungen soll, wo es ausführbar ist, die Übereinstimmung der Abschlussorgane massgebend sein.

A. Trockene Kompressoren.

Die Konstruktion derselben steht derjenigen der vorbehandelten Cylindergebläse, speziell der Bessemergebläse am nächsten. Da für viele Zwecke die Verwendung feuchter Luft untunlich ist, weil der Wassergehalt der Luft entweder bei der nachfolgenden Arbeitsleistung der komprimierten Luft zu einer Eisbildung und Verstopfung der Kanäle Veranlassung giebt oder in den Maschinen Rostbildung bewirkt, so muss man in diesen Fällen auf die Abkühlung der durch die Kompression erhitzten Luft durch direkte Berührung mit kaltem Wasser verzichten und sich mit äusserer Kühlung der Cylinderwände und Cylinderdeckel begnügen. Dass der beabsichtigte Effekt hierdurch nur sehr unvollkommen erreicht wird, hat leider die Erfahrung bestätigt und ergeben auch die theoretischen Untersuchungen. Bei höheren Drücken, also starker Erwärmung der Luft, wird die äussere Kühlung dann als befriedigend angesehen werden müssen, wenn sie wenigstens den einen Zweck ausreichend erfüllt, das Zersetzen der Schmieröle oder -fette durch zu hohe Temperatur im Cylinder zu vermeiden.

Da selbst bei mässig grosser Kolbengeschwindigkeit bezw. Tourenzahl der Maschine der Zeitraum, während dessen die komprimierte und dadurch erwärmte Luft im Cylinder verbleibt, ein zu geringer ist, um eine bis ins Innere der komprimierten Luftmenge gehende Abkühlung zu bewirken, so werden nur die äussersten, mit den Cylinderwandungen in direkter Berührung befindlichen Luftteilchen abgekühlt werden, bei der schlechten Wärmeleitungsfähigkeit der Luft aber die grössere Menge derselben den Cylinder mit der Endtemperatur der Kompression verlassen. Die Schmiermittel jedoch werden, da die Innenwände der Cylinder mässig abgekühlt sind, hierdurch vor einer Zersetzung durch die erhitzte Luft bewahrt. Dass natürlich auch hierfür eine Grenze einzuhalten ist, bis zu welcher die Erwärmung der Luft, also auch die Kompression ohne schädlichen Einfluss auf die Schmiermittel und somit auch auf die Betriebsfähigkeit der Maschine getrieben werden kann, ist selbstverständlich.

Für die meisten praktischen Bedürfnisse genügen absolute Luftdrücke von 6 bis 8 Atmosphären, und werden auch kaum einfache Kompressoren mit höherer als 7 facher Verdichtung der Luft gebaut. Es wird später erörtert werden, wie man dem, allerdings nur selten vorkommenden, Bedürfnis nach bedeutend höher gespannter Luft durch stufenweise Kompression der Luft in mehreren Cylindern abgeholfen hat.

Hinsichtlich der Abschlussorgane können folgende zwei Unterabteilungen gemacht werden:

a) Ventilkompressoren (ohne Druckausgleichvorrichtung),
b) Schieberkompressoren (mit Druckausgleichvorrichtung).

I. Ventilkompressoren.

a) Einfach wirkend.

1. Kompressor Davey. Figg. 100—102.

An der Stirnfläche des einfach wirkenden, gegen die vertikale Achse der Maschine geneigt liegenden Cylinders *A* befinden sich die beiden Ventile, das Saugventil *B* und das Druckventil *C*, an letzteres anschliessend die Druckluftleitung. Zwei einfach wirkende Cylinder liegen neben einander, und werden die Kolben derselben durch zwei um 180° versetzte Kurbeln der Maschinenachse *M*, Fig. 100, bewegt. Beide Cylinder sind mit einem Wassermantel *W* umgeben. Da mit wachsendem Luftdruck die Arbeit zur Kompression und Verdrängung der Luft in einen Luftbehälter stetig wächst, so muss auch die Leistung der Dampfmaschine zum Betriebe der Luftkompressoren wachsen und hierzu eine veränderliche Füllung gegeben werden können. Um die hierdurch entstehende Komplikation der Dampfmaschine zu vermeiden und eine konstante Arbeitsleistung und Tourenzahl derselben zu erhalten, muss mit Rücksicht auf die veränderliche Kompressionsarbeit die angesaugte Luftmenge derart reguliert werden, dass möglichst die Bedingung erfüllt wird, das Produkt aus der angesaugten Luftmenge und dem Kompressionsenddruck konstant zu erhalten. Dies bezweckt die der ausführenden Firma[1]) patentierte Reguliervorrichtung. Die Regulierung kann auf doppelte Weise erfolgen, entweder durch eine grössere Anzahl

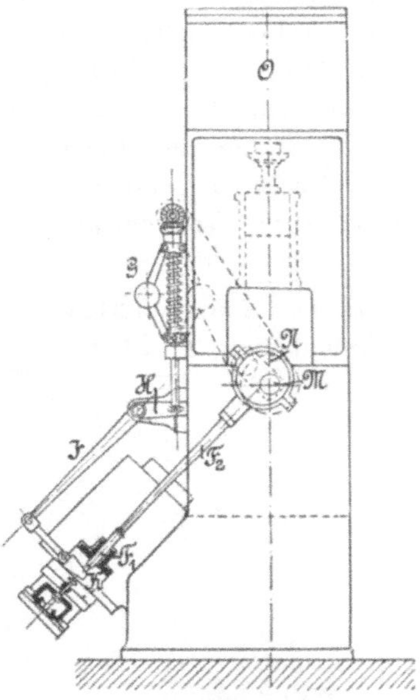

Fig. 100.

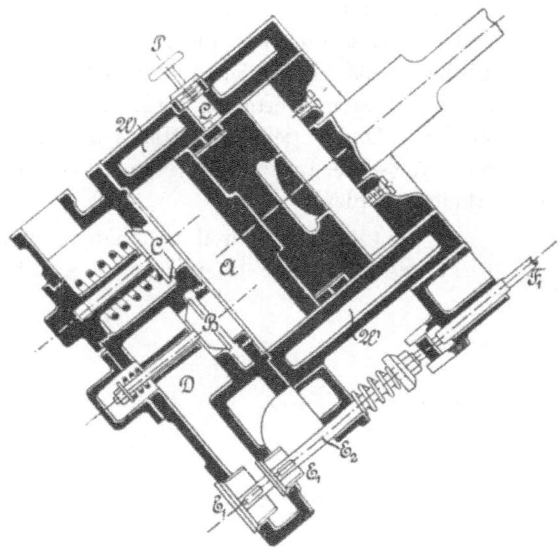

Fig 101.

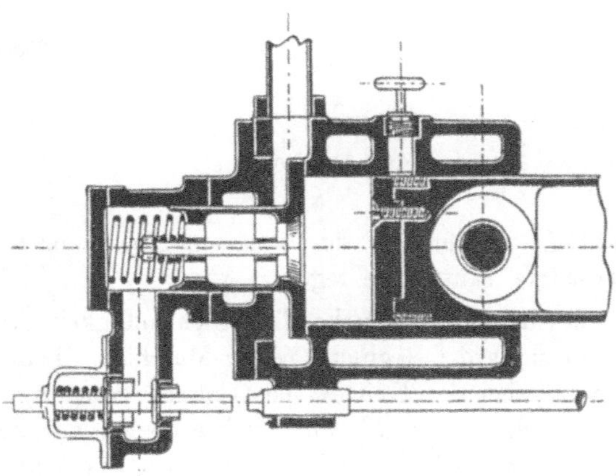

Fig. 102.

in der Cylinderwand in der Längsrichtung neben einander liegender, durch Schrauben P verschliessbarer Löcher L, oder durch eine von der Maschine

---

[1]) Hathorn, Davey & Co., London, 3. Princess Street, Westminster S.W. D.R.P. No. 45 572 vom 29. 4. 1888.

selbsttätig verstellbare Reguliervorrichtung. Die erstere Vorrichtung wirkt folgendermassen. Wird der zu leistende Druck stärker, so öffnet man am Beginn des Kolbenrückgangs zunächst das oberste Loch und hierauf nach und nach mit wachsendem Drucke im Luftbehälter ein Loch nach dem andern. Hierdurch wird die angesaugte Luft teilweise durch die geöffneten Löcher wieder ausgetrieben und erst nach dem Vorübergang des Kolbens an dem letzten, geöffneten Loche die Luft im Cylinder zusammengedrückt werden. Durch richtiges Öffnen und Regulieren der Löcher L kann auf diese Weise die Luftmenge verändert, die Kompressionsarbeit also konstant erhalten werden.

Weit günstiger, weil unabhängig von der Wartung des Maschinisten, wirkt die selbsttätige Regulierung. Am Ende des Saugkanals D ist ein

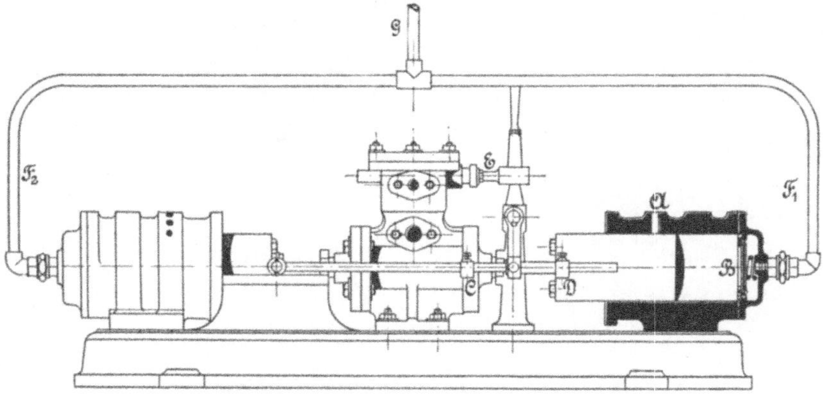

Fig. 103.

Doppelsitzventil E_1 angebracht, durch dessen längere oder kürzere Eröffnung die angesaugte Luftmenge reguliert wird.

Da bei zunehmendem Drucke die Geschwindigkeit der Maschine abnehmen wird, so sinkt der Regulator G der Maschine. Durch den Winkelhebel HJ wird hierbei der Keil K nach aussen gezogen; die durch das Exzenter bewegte Stange F_1 F_2 wird infolgedessen nur kürzere Zeit auf die Ventilstange E_2 einwirken, das Ventil E_1 also nur kürzere Zeit öffnen.

Es ist leicht ersichtlich, dass der innersten Stellung des Keils, bei welcher das dickere Ende desselben zwischen den Stangen F_1 und E_2 liegt, die grösste bezw. längste Eröffnung des Ventils E_1 entspricht, der äussersten Stellung dagegen die geringste bezw. kürzeste, und dass durch richtige Wahl des Keilwinkels eine, dem allmählich zunehmenden Druck genau entsprechende Abnahme der angesaugten Luftmenge erzielt werden kann.

2. Kompressor Wilkinsohn. Fig. 103.

In ähnlicher Weise wie bei Davey wendet Wilkinsohn[1]) eine grössere Anzahl mehr oder weniger weit vom Cylinderende entfernter Saugöffnungen A für die Luft an und verbindet zwei einfach wirkende Cylinder mit einer doppeltwirkenden Dampfmaschine zu einem Ganzen. Beim Ausgang des Kolbens saugt derselbe erst dann Luft an, wenn die hintere Kante desselben an der ersten Öffnung vorbei gegangen ist.

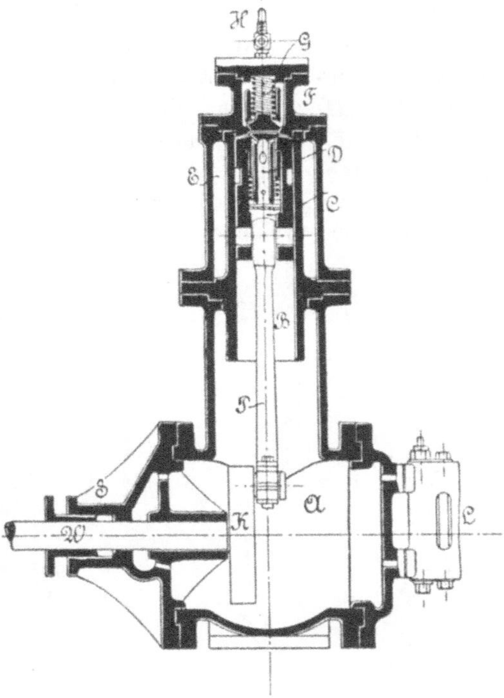

Fig. 104.

Durch Schliessen oder Öffnen näher oder weiter entfernt gelegener Öffnungen kann die Menge der angesaugten Luft, ähnlich wie bei Davey, reguliert werden. Am äusseren Cylinderende befindet sich ein grosses, scheibenförmiges Druckventil B. Von beiden Druckkammern laufen die Rohre $F_1 F_2$ zu einer gemeinsamen Druckleitung G. Durch verstellbare Anschlagknaggen C und D kann der Hub der Schieberstange E reguliert werden.

3. Kompressor Kilbourn. Fig. 104.

Die Kilbournsche Konstruktion[2]) ist sowohl für Luft, als auch namentlich für Gase wie Kohlensäure, schweflige Säure, Ammoniak etc.

---

1) Engl. Pat. No. 9513 v. 29. 6. 1888.

2) Engl. Pat. No. 4851 v. 31. 3. 1888.

bestimmt. Im unteren Hohlraum *A* des Maschinengestells wird durch die mittelst der Stopfbüchse *S* gut abgedichtete Welle *W* die Kurbelscheibe *K*, durch diese die Pleuelstange *P* und hierdurch der hohle, mit langer Führung versehene Kolben *C* bewegt. Bis zur Mitte der Welle ist der Hohlraum *A* mit Schmieröl gefüllt, so dass Welle und Pleuelstange fortwährend geschmiert werden. Ein Ölstandsglas *L* dient zur Beobachtung des Ölstandes. Im oberen Teile des Kolbens *C* befindet sich das gleichfalls hohle, am oberen Ende mit seitlichen Bohrungen versehene Saugventil *D*, durch welches beim Niedergang des Kolbens Luft, bezw. Gase aus dem Hohlraum *A* durch den Kolben hindurch angesaugt werden, während dieselben nach erfolgter Verdichtung durch das mit einer Feder *G* belastete Druckventil *F* in die Druckleitung *H* gelangen. Der schädliche Raum ist durch die getroffene Anordnung auf ein kleinstmögliches Mass gebracht.

4. Kompressor Brotherhood.

Das Eigenartige dieses in Fig. 105 in Ansicht und teilweisen Querschnitt des Cylinders, in Fig. 106 im vertikalen Längsschnitt abgebildeten Kom-

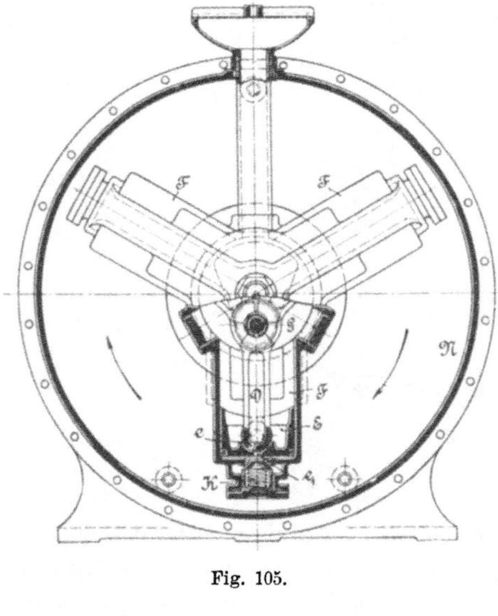
Fig. 105.

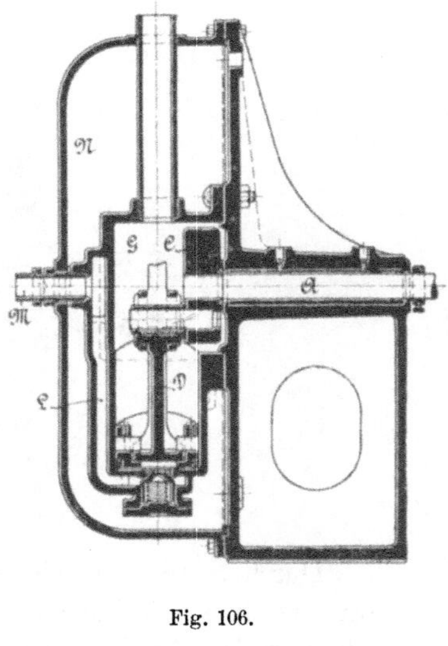
Fig. 106.

pressors der bekannten englischen Firma[1]) in Lambeth (England) besteht in der Steuerung der Luftcylinder. Der Kompressor besitzt mehrere, 3—4, einfach wirkende, radial um eine gemeinsame Antriebswelle angeordnete Cylinder *F*, welche alle von einem gemeinschaftlichen Gehäuse *N* umschlossen sind. Die inneren offenen Enden dieser Cylinder münden sämtlich in eine gemeinschaftliche Kammer *G*, in welcher sich die Kurbel *C* der Welle *A*

1) Deutsche Pat.-Schrift 97911.

bewegt. Das Einsaugen der Luft in den Cylinder erfolgt nun durch das Innere der Kolben E hindurch, indem bei der Einwärtsbewegung des Kolbens ein in dem unteren Ende der Kolbenstange D befindlicher Durchlass e mit einer Öffnung e^1 des Kolbens in Verbindung tritt, worauf die im Innern des Kolbens befindliche Luft in den Kompressionscylinder eintreten kann. Beim Niedergang des Kolbens dagegen überdeckt das untere

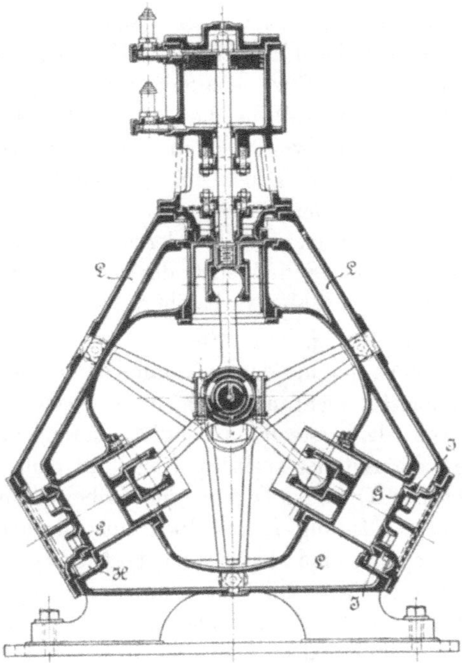

Fig. 107.

Ende der Kolbenstange den Durchlass e^1 wieder, so dass ein Zurückströmen der Luft in die innere Kammer G vermieden wird, die Kompression stattfinden kann und am Ende des Hubes die Druckluft durch das Druckventil K hindurch in einen seitlich am Cylinder sich entlang ziehenden Kanal L und von hier in die Druckleitung M geschafft werden kann. Es ist klar, dass die ganze Anordnung ausserordentlich kompendiös und einfach und daher besonders zur Erzeugung von Druckluft in engen Räumen für Bergbaubetriebe etc. geeignet erscheint; indessen ist nicht zu übersehen, dass der Wirkungsgrad derselben kein sehr hoher sein kann, da das Einsaugen nicht von der Todpunktlage aus beginnt und auch die Eröffnung der Saugkanäle zu Anfang und zu Ende der Saugperiode eine schleichende ist, also ein starkes Drosseln der Saugluft bewirkt wird. Trotzdem dürfte die Konstruktion ihrer Einfachheit halber empfehlenswert sein.

Von der gleichen Firma ist eine andere Bauart zur Ausführung gekommen[1]), bei welcher die Cylinder gleichfalls sternförmig um die Antriebswelle angeordnet sind, jedoch die Anordnung der Saug- und Druckventile eine wesentlich andere ist. Bei dieser Maschine, Fig. 107, sind die Saugventile *G* ringförmig ausgebildet und sitzen in den Cylinderdeckeln, welche direkt den Eintritt der Luft von aussen gestatten. Der diese Saugventile im Cylinderdeckel umgebende Raum ist von einem Raume *H* umschlossen, dessen unterer Abschluss den Sitz eines zweiten gleichfalls ringförmigen Ventils *J* bildet, so dass beim Eingange des Kolbens nach innen sich das durch Federn gegen seinen Sitz gehaltene ringförmige Saugventil öffnet, während beim Ausgang des Kolbens die Luft durch das ringförmige Druckventil in den Raum *H* und von hier in eine gemeinschaftliche Kammer *L* und aus dieser endlich in die Druckleitung entweicht. Die vorbeschriebene Anordnung hat gegenüber der ersteren den Vorzug, dass sowohl Saug- wie Druckventile durch Entfernen des Cylinderdeckels leicht nachgesehen und ausgewechselt werden können und auch die Leistung des Kompressors eine wesentlich günstigere als die des vorbeschriebenen sein wird.

5. Kompressor Greig. Fig. 108.

In der Art der Ansaugung der Luft durch den hohlen Kolben dem Kilbourn'schen Kompressor nicht unähnlich, unterscheidet sich die Greig'sche Konstruktion[2]) von der ersteren wesentlich durch die Ausbildung des Druckventils und die Art der Luftzuführung. In dem mit einem Wassermantel *W* umgebenen Cylinder *O* wird der Kolben *A* auf- und abbewegt. Durch eine längliche Öffnung *B* desselben tritt aus dem Saugrohr *C* die Luft in den Hohlraum *A* und durch die beim Niedergang geöffneten Saugventile *D* über den Kolben, um beim Aufgang komprimiert zu werden. Am oberen Ende des Cylinders befindet sich das als hohle Scheibe ausgeführte und den Cylinder abschliessende Druckventil *E*. Dasselbe wird oberhalb in cylindrischer Führung *F* geführt, während die hohle Ventilstange E_1 durch die Stopfbüchse *S* nach aussen tritt, wo dieselbe zwei Stutzen *G* und *H* zum Befestigen eines Wasserzuleitungsschlauches bezw. Ableitungsschlauches trägt. Durch das Rohr *G* fliesst das Kühlwasser in den unteren Raum des durch eine dünne Scheibe geteilten Ventilhohlraumes und durch den oberen Raum des Ventiles, sowie um das Zuflussrohr herum nach dem Abflussstutzen *H*. Durch lebhafte Wasserzirkulation dürfte wohl eine ziemlich gute Abkühlung des Druckventils und hierdurch der oberen Luftschichten während der Kompression erreicht werden. Jedoch ist nicht zu übersehen, dass ein Dichthalten des Druckraumes nur durch festes Anziehen der Stopfbüchse *S* zu erreichen ist, letzteres aber ein schweres Spiel des Druckventils, wenn nicht gar ein Festklemmen des-

---

1) Deutsche Pat.-Schrift 109862.

2) Engl. Pat. No. 11106 v. 31. 8. 1886.

selben in seiner obersten Stellung zur Folge haben muss. Auch dürfte ein Dichthalten des Ventils bei der Grösse der Dichtungsfläche Schwierigkeiten machen.

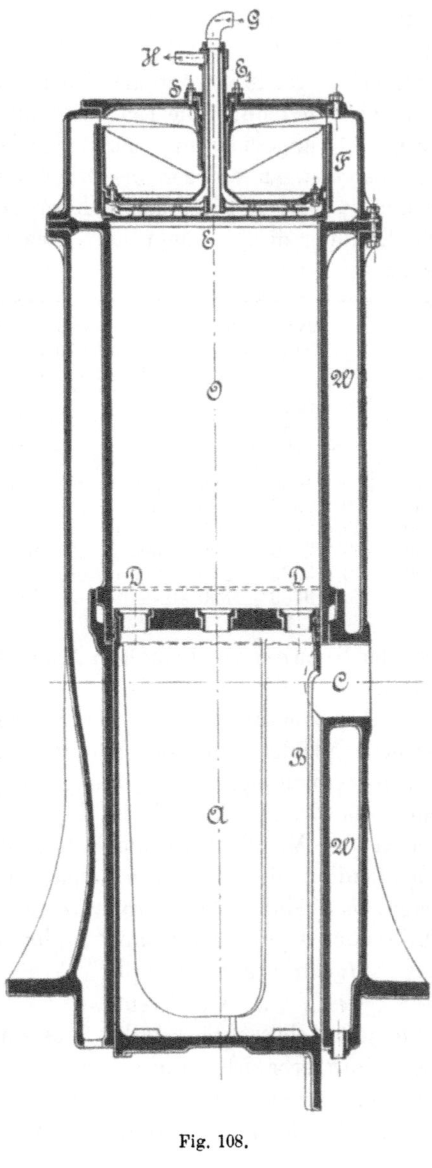

Fig. 108.

b) Doppeltwirkend.

1. Kompressor Blancke. Figuren 109—112.

Fig. 109 gibt die allgemeine Anordnung, die Figuren 110 und 111 den Vertikallängs- und Querschnitt des Blancke'schen[1]) Kompressors. Die Anordnung der Saug- und Druckventile ist ohne weiteres klar, die Konstruktion derselben aus Fig. 112 ersichtlich; durch eine in der Höhe der Cylinderachse im Deckel liegende horizontale Scheidewand ist der Saugraum von dem Druckraum getrennt. Die Luft wird durch den Saugstutzen *A* und Kanal *B*, Fig. 111, angesaugt und durch den Druckkanal *C* nach dem Druckstutzen *D* gepresst, an welchen die Druckrohrleitung anschliesst. An die Stutzen *E* und *F*, Fig. 111, ist die Kühlwasserzu- und -ableitung angeschlossen. Die Leistung dieser Kompressoren bei verschiedenen Luftdrücken ergibt die nachstehende Tabelle:

No.	Durchmesser des Cylinders für		Hub	Touren i. d. Minute	Raum, welchen der Kompressor einnimmt		Ungefähre Leistung an komprimierter Luft in Litern i. d. Minute mit einem Druck von					Ungefähres Gewicht in
	Luft mm	Dampf mm	mm		Länge mm	Breite mm	½ Atm.	1 Atm.	2 Atm.	3 Atm.	4 Atm.	kg
1	100	130	160	200	1400	800	120	80	45	—	—	300
2	130	180	230	150	1900	900	300	210	150	—	—	800
3	120	210	260	120	2150	1000	—	—	—	70	50	1000
4	210	250	350	80	2650	1200	1000	700	450	350	—	1700
5	250	300	400	70	3000	1200	2000	1300	700	600	—	3200
6	300	350	450	60	3350	1300	—	—	900	650	400	4000

2. Kompressor der Braunschweigischen Maschinenbauanstalt. Figuren 113 und 114.

Die Saug- und Druckventile liegen, je eins an der Zahl, an beiden Cylinderenden über den Cylindern und stehen durch schmale Kanäle mit den Cylinderräumen in Verbindung. Die Führung der Saugventile erfolgt durch die Ventilstange, die der Druckventile ist doppelt, indem sowohl die Ventilstange, als auch das Ventil selbst durch Rippen im Ventilsitz geführt wird, wodurch allerdings der schädliche Raum um einen, wenn auch kleinen, Betrag vergrössert wird. Das Verhältnis des freien Saug- und Druckventilquerschnitts zum Cylinderquerschnitt ergibt sich zu:

$^1/_7$ für das Saugventil,
$^1/_{20}$ „ „ Druckventil.

Letzteres dürfte wohl eine etwas starke Drosselung der Luft und hierdurch vermehrten Kraftverbrauch verursachen.

Die Cylinder sind freihängend, die Zugänglichkeit der Ventile ist eine sehr bequeme, auch ist durch die vertikale Anordnung derselben ein

[1]) C. W. Jul. Blancke & Co., Merseburg.

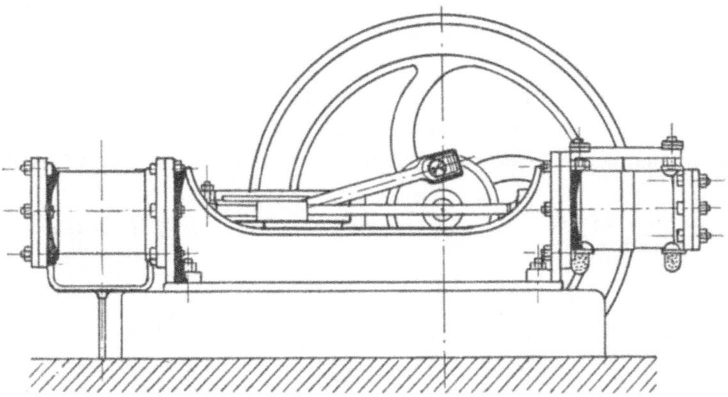

Fig. 109.

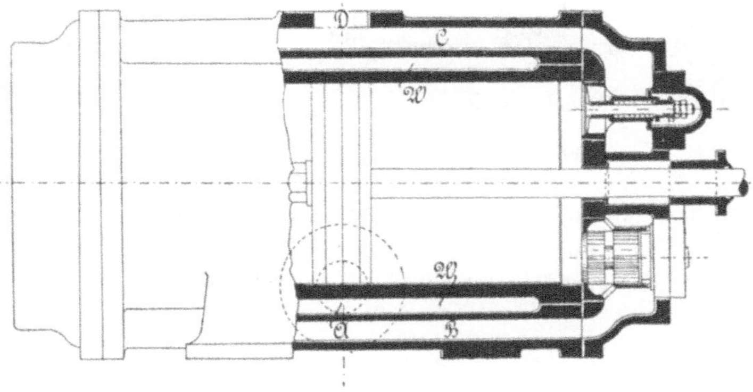

Fig. 110.

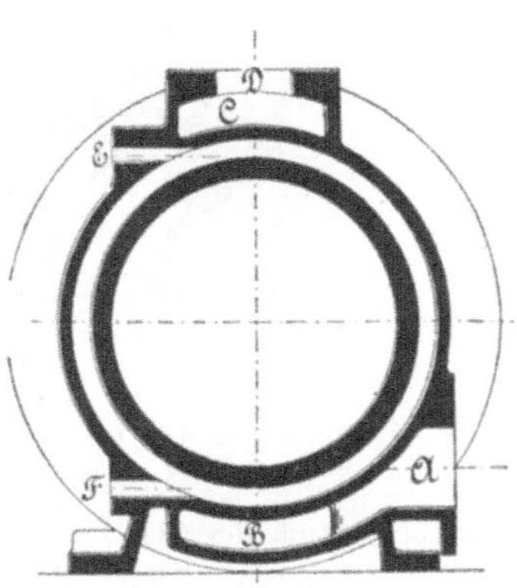

Fig. 111.

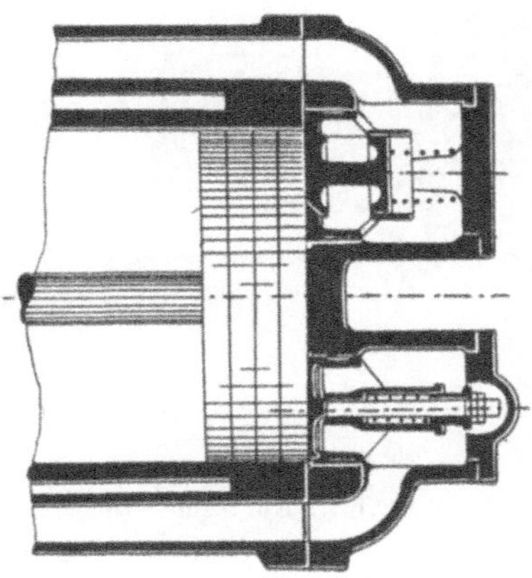

Fig. 112.

Arbeitsverlust durch die Reibung der Ventilstangen in den Führungen, ein Verschleissen der letzteren, sowie ein Festklemmen und Undichtwerden der Ventile vermieden. Es darf daher wohl ausgesprochen werden, dass trotz der stärkeren Drosselung der Luft und des etwas vergrösserten schädlichen Raumes die vertikale Anordnung der Ventile gegenüber der horizontalen aus den angeführten praktischen Gründen den Vorzug verdient.

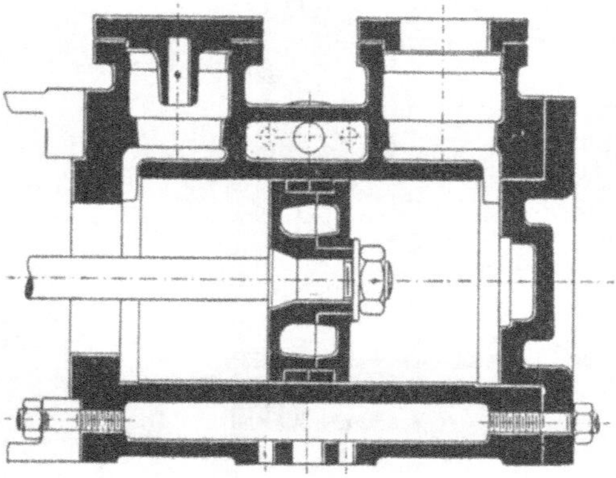

Fig. 113.

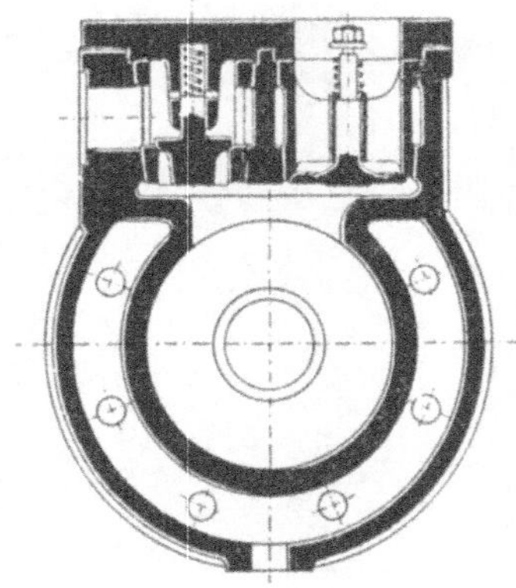

Fig. 114.

3. Kompressor Ingersoll-Sergeant[1]). Figuren 115—117.

Als Umkehrung der Konstruktion der Gebläsemaschine zu Libetbanja in Oberungarn[2]) erscheint die Konstruktion des Sergeant-Kompressors

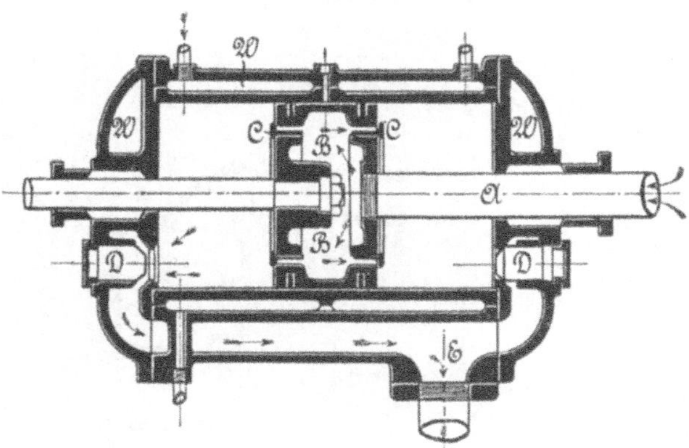

Fig. 115.

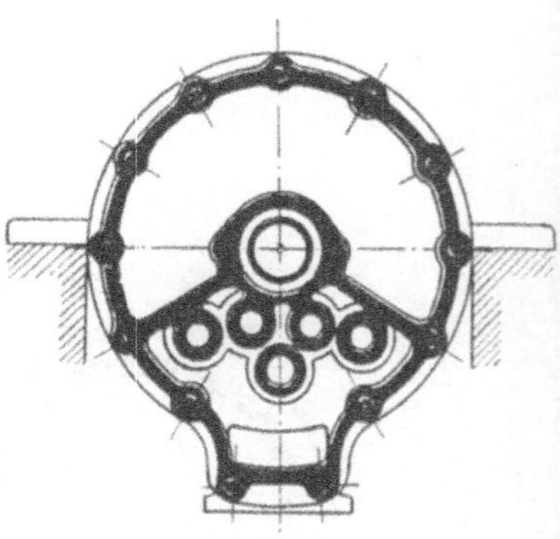

Fig. 116.

1) D.R.P. No. 52997 von H. C. Sergeant, New-York; Industries 1891, S. 601. Ausgeführt von der Ingersoll-Sergeant-Drill-Company, 114 A, Queen Victoria Street, London, E. C.

2) s. 1. Aufl. S. 54.

pressors. Während dort die Ableitung der gepressten Luft durch die hohle Kolbenstange in den Windsammler geschah, erfolgt hier das Ansaugen der Luft durch die Kolbenstange *A* in den Kolben *B*. An beiden Stirnflächen desselben, Fig. 117, ist je ein ringförmiges Ventil von T-förmigem Querschnitt angebracht, durch welches die Luft in das Innere des Cylinders gelangt. Die Druckventile *D* liegen in einem kreissektorförmigen Hohlraume des Deckels, Fig. 115, von welchem je ein Kanal nach der unterhalb des Cylinders liegenden Druckleitung *E* führt. Sowohl der Cylinder als auch der grössere Teil des Deckels ist mit einem Wassermantel *W* versehen. Die Druckventile *D* sind als Kegelventile mit cylindrischer Führung und innen liegenden Federn ausgeführt. Durch die im

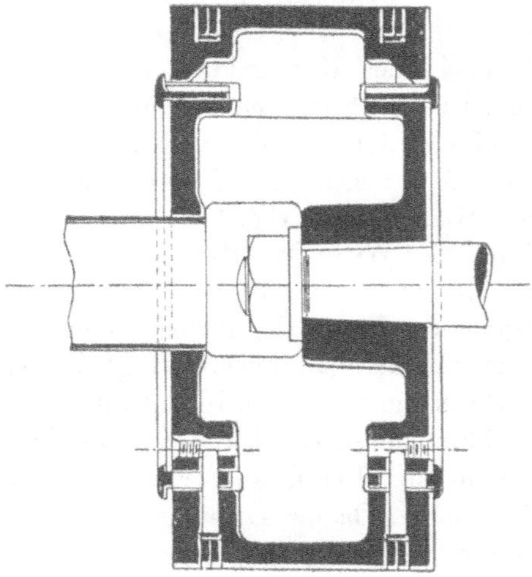

Fig. 117.

Federgehäuse abgeschlossene Luft, welche beim Öffnen des Ventils komprimiert wird, ist ein elastischer Buffer gebildet und die Wirkung der Spiralfeder noch verstärkt.

Als Vorteile seiner Konstruktion gibt der Erfinder folgende an:

„Der Betrieb des mit Einlassventilen von der beschriebenen Form ausgerüsteten Kompressors kann ein sehr rascher sein; da genannte Ventile ein ziemlich grosses Gewicht besitzen, so können sie sich bei Beginn des Kolbenhubes infolge ihres Trägheitsmomentes sehr schnell öffnen und schliessen, ohne die Erreichung des zum Öffnen der Ventile nötigen Luftdruckes abwarten zu müssen. Durch den Wegfall der Einlassventile im Cylinderdeckel ist es ferner möglich, einen grösseren Teil der Kopfseiten des Cylinders mit Wassermantel zu versehen.“

Diesen gewiss anzuerkennenden Vorteilen stehen jedoch folgende Nachteile gegenüber:

1. Starkes Schlagen und hierdurch verursachtes Geräusch der Saugventile und Gefahr des Brechens der verhältnismässig dünnen Ventilringe.
2. Komplizierte, daher kostspielige und nicht sehr dauerhafte Konstruktion des Kolbens, sowie der Saugventile.
3. Schwierigkeit der Vornahme von Reparaturen am Kolben und den Saugventilen.
4. Erwärmung der angesaugten Luft durch die infolge der Stopfbüchsenreibung und Kompressionswärme erhitzte Kolbenstange, hierdurch bewirkte Verringerung des volumetrischen Wirkungsgrades und Vergrösserung der Kompressionsarbeit.
5. Vergrösserung des Cylinders durch die erforderliche grössere Breite des Kolbens.

Ob diese Nachteile der Konstruktion durch die zuvor erwähnten Vorteile aufgehoben oder gar übertroffen werden, mag dahingestellt bleiben. Jedenfalls dürften die Herstellungs- und Unterhaltungskosten des Sergeantkompressors höhere als die der meisten vorbesprochenen Konstruktionen sein.

4. Kompressor Sturgeon. Fig. 118.

In höchst sinnreicher Weise benutzt Sturgeon[1]) die Bewegung der Kolbenstange zum Öffnen und Schliessen der Saugventile beim Hubwechsel. Beim Beginn des Hubes der Kolbenstange A wird vermöge der Reibung zwischen ihr und der Stopfbüchse B D die letztere, welche das Saugventil bildet, mitgenommen, bis die Innenkante S_1 an die feste Kante S_2 des Deckels anschlägt und hierdurch den Hub des Ventils begrenzt. Durch die konzentrisch zum Ventil angebrachten Saugöffnungen C wird hierbei die Luft eingesaugt. Da die Öffnung des Saugventils im Moment des Hubwechsels beginnt, so findet ein sehr rascher Druckausgleich der im schädlichen Raume noch enthaltenen komprimierten Luft mit der äusseren Luft und ein fast sofortiges Ansaugen statt. Beim Rückgang des Kolbens wird zwar das Saugventil erst nach Zurücklegung eines geringen Hubes geschlossen, so dass während dieser Zeit eine bestimmte Luftmenge aus dem Cylinder entweicht, jedoch ist dieselbe kaum grösser als bei selbsttätig schliessenden Saugventilen, so dass der volumetrische Wirkungsgrad wohl ein ebenso günstiger wie bei selbsttätigen Saugorganen ist.

Das Verhältnis des freien Saug- und Druckventilquerschnitts zum Cylinderquerschnitt ergibt sich hier folgendermassen:

Saugventil . . . . $^1/_{21,3} = 0{,}047$
Druckventile (8 Stück) . . . . $^1/_{4,76} = 0{,}21.$

Der Saugventilquerschnitt ist jedenfalls, sowohl im Verhältnis zum Cylinderquerschnitt, als auch zum Druckventilquerschnitt viel zu klein, so

1) Vergl. Maschinenbauer 1883. S. 348.

dass ein starker Druckverlust beim Ansaugen entsteht. Eine Vergrösserung des ringförmigen Eintrittsquerschnitts bei ganz geöffnetem Saugventil ist nur erreichbar durch grösseren Hub (S_1 S_2), wodurch aber beim Rückgang des Kolbens wieder ein desto grösserer Luftverlust bewirkt wird. Eine Vergrösserung des Saugventildurchmessers ist aber aus praktischen Gründen wegen der Unterbringung der Druckventile im Cylinderdeckel nicht ausführbar. Derselbe beträgt in Fig. 118 genau die Hälfte des Cylinderdurchmessers und dürfte dies wohl die oberste Grenze für den Saugventildurchmesser sein. Es ist hieraus ersichtlich, dass der Vorteil des grösseren volumetrischen Wirkungsgrades, sowie die Möglichkeit grösserer Touren-

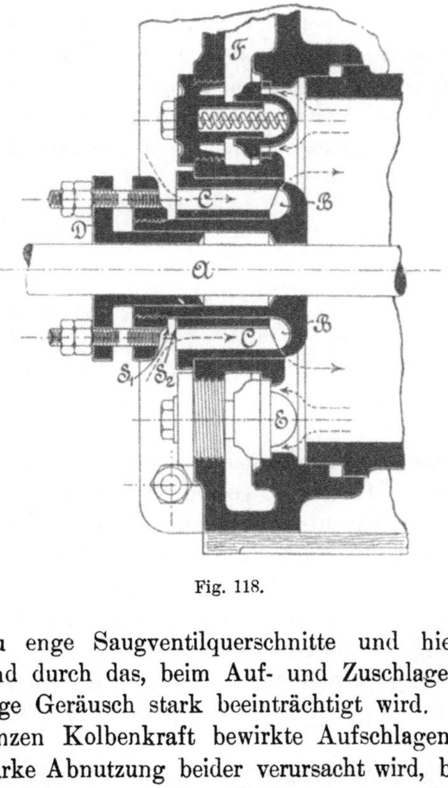

Fig. 118.

zahlen durch zu enge Saugventilquerschnitte und hierdurch bewirkten Arbeitsverlust und durch das, beim Auf- und Zuschlagen der Saugventile verursachte, lästige Geräusch stark beeinträchtigt wird. Dass auch durch das mit der ganzen Kolbenkraft bewirkte Aufschlagen der Ventile auf die Sitze eine starke Abnutzung beider verursacht wird, braucht wohl kaum besonders hervorgehoben zu werden. So interessant und eigenartig die von Sturgeon erdachte Konstruktion mithin auch ist, so dürfte sie sich doch aus praktischen Gründen kaum einer langdauernden Anwendung erfreuen.

5. Kompressor der Aktiengesellschaft Hohenzollern in Düsseldorf.

Luftkompressoren, bei denen das Zurückströmen der verdichteten Luft mittels freigehender Ventile stattfindet, haben den Nachteil, dass sie nur mit mässigen Umdrehungszahlen befriedigend arbeiten, da bei gesteigerter Geschwindigkeit die Ventile im Augenblick des Hubwechsels infolge des Einflusses ihrer Masse noch nicht auf ihren Sitz angelangt sind und von dem dann eintretenden Rückstrom der Luft heftig zugezogen werden. Um letzteres zu vermeiden, werden bei der Anordnung der obigen Firma [1]) die Druckventile derartig gegeneinander versetzt, dass sie nach und nach durch den Kolben vom Cylinderinhalt abgeschnitten werden. Denkt man sich in Fig. 119 den Kolben in der Todpunktstellung rechts und den Cylinder während der Saugperiode durch Vermittelung von Ventilen oder Drehschiebern mit Luft gefüllt, so wird beim Rückwärtsgang des Kolbens nach rechts beim Beginn der Verdichtung, sobald der Druck der Druckleitung erreicht ist, ein Öffnen der Ventile *A B C* stattfinden. Sobald nun die äussere Kante des Kolbens, in Fig. 120 mit *a b* dargestellt, bei der Bewegung des Kolbens in der Pfeilrichtung das erste der Ventile *A* erreicht, wird zunächst das Ventil *A*, hierauf *B* und hierauf *C* durch den Kolben vom Cylinderraum abgeschlossen. Von dem Augenblicke an, in wel-

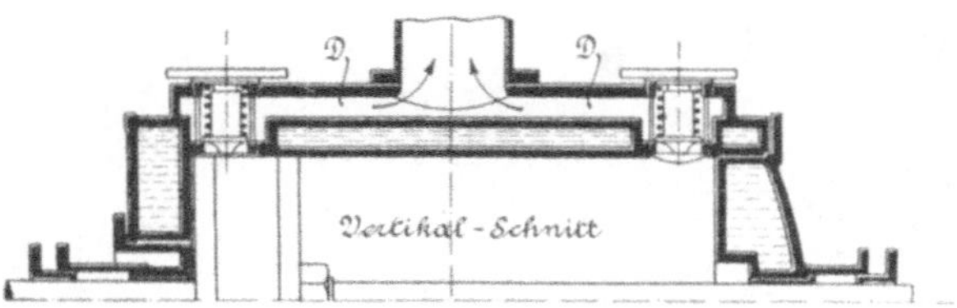

Fig. 119.

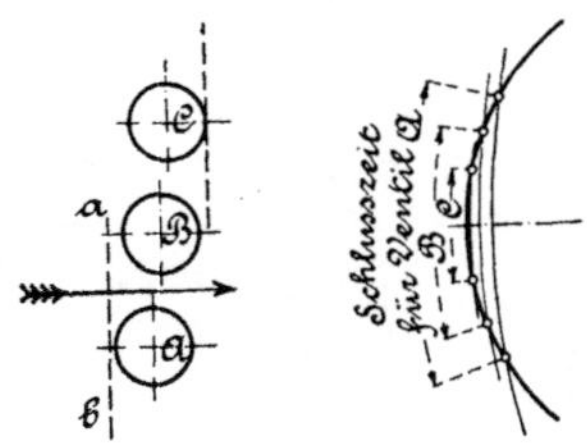

Fig. 120.

chem die Verengerung des Ventileingangs beginnt, beginnt auch die Schlussbewegung des Ventils. Geht der Kolben rückwärts und gibt die Ventilöffnung wieder frei, so haben sich die Ventile bereits unter gleichem Drucke über und unter dem Ventil und ohne jeden Rückstrom unter dem Einflusse ihrer Federn geschlossen. Hierdurch wird ein sanftes Aufsetzen der Ventile einerseits und ein Vermeiden von Luftverlusten durch Rückströmung aus der Druckleitung *D* andererseits erreicht.

6. Vorrichtung zum Offenhalten und sanften Schliessen selbsttätiger Ventile von Luftkompressoren von Tourneau in Berlin.

Der Zweck dieser Anordnung [2]) ist der, die Ventile nach ihrem selbsttätigen Eröffnen durch den im Cylinder erzeugten bezw. in der Druckleitung herrschenden Druck bis kurz vor der Kolben-Todpunktslage offen zu halten, dann aber die Druckflüssigkeit oder das verdichtete Gas so langsam nach der Cylindersaugseite überzuleiten oder entweichen zu lassen,

1) Deutsche Pat.-Schrift 97 067.

2) Deutsche Pat.-Schrift 96 508.

dass die hierdurch in selbsttätigem Schluss aufgehaltenen Ventile sich langsam und geräuschlos schliessen. Zu diesem Zwecke erhält der Arbeitscylinder des doppelt wirkenden Luftkompressors innerhalb der beiden Kolbentodpunktslagen A_1 und A_2 Kanäle L_1 und L_2, an welche die Druckausgleichapparate angeschlossen sind. Dieselben bestehen aus einem selbsttätig wirkenden Rückschlagventil in Verbindung von einem von Hand einstellbaren Durchlassorgan (Hahn oder Ventil). Die Saugventile S_1 und S_2 und die Druckventile D_1 und D_2 erhalten Führungen, welche am oberen Ende erweitert sind, so dass kleine Ringkolben entstehen, die in ihren durch Deckel abgedichteten Führungscylindern frei hin- und hergehen können und bei geschlossenen Ventilen die Ringräume P_1 bis P_4 frei lassen. Jeder Ventilführungscylinder enthält einen Kanal K_1 bis K_4,

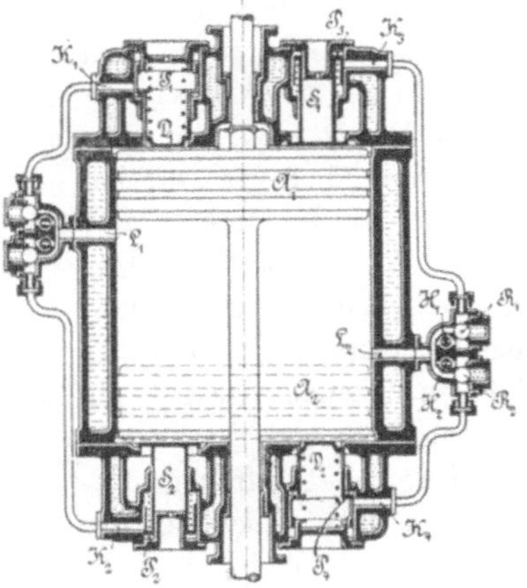

Fig. 121.

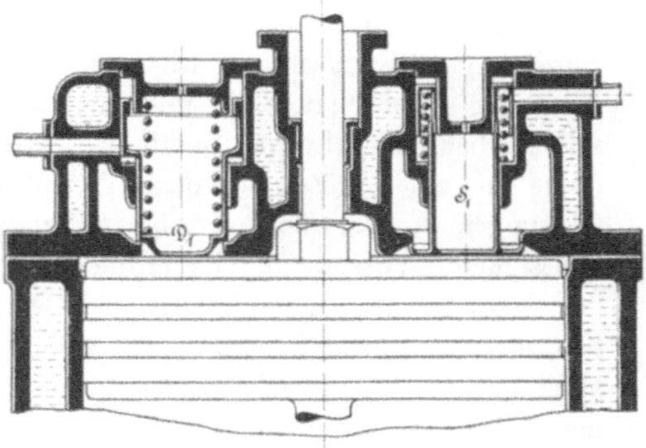

Fig. 122.

welcher in der Ruhelage des Ventils vom Ventilsteuerkolben abgeschlossen wird, bei geöffnetem Ventil aber mit den vorhin erwähnten Ringräumen in Verbindung steht. Infolge dieser Anordnung wird nun, sobald der Arbeitskolben z. B. aus der gezeichneten Lage A_1 nach der zweiten Endlage A_2 sich bewegt, die Druckluft durch den Cylinderkanal L_2, die Rückschlagventile R_1 und R_2 etc. in die Räume P_3 und P_4 gedrückt, wodurch die Ventile S_1 und D_2, welche sich vorher selbsttätig geöffnet haben, gegen ihre Hubbegrenzungen gedrückt werden. Überdeckt jedoch der Arbeitskolben bei seinem Weitergehen den Kanal L_2, so schliessen sich die Rückschlagventile R_1 und R_2 durch ihre Federn. Gibt endlich der Kolben in der Nähe seiner untersten Stellung A_2 den Kanal L_2 wieder frei, so kann die Druckluft durch die kleinen Öffnungen der einstellbaren Hähne H_1 und H_2 unter Umgehung der Rückschlagventile nach der Cylindersaugseite wieder entweichen. Die Geschwindigkeit dieser Rückströmung, also auch des Schlusses der Ventile S_1 und D_2 auf ihren Sitz kann durch die Einstellung dieser Hähne somit geregelt werden.

In Fig. 122 ist die Anordnung eines Saug- und Druckventils S_1 und D_1 in etwas grösserem Massstabe dargestellt. Wenngleich nicht zu verkennen ist, dass durch die vorbeschriebene Anordnung der beabsichtigte Zweck eines verhältnismässig ruhigen Schlusses der Ventile erreicht werden kann, so dürfte doch einmal die sehr komplizierte Konstruktion, sowie andererseits die Schwierigkeit, mit der vorliegenden Ausführung rasch laufende Kompressoren zu bauen, für die weitere Anwendung dieser an sich höchst sinnreichen Anordnung hindernd sein.

7. Kompressor von Schüchtermann & Kremer in Dortmund.

In den Figuren 123 und 124 ist das Saug- bezw. Druckventil dieser Kompressoren dargestellt. Beide Ventile sind als einfache Ringtellerventile ausgebildet und liegt das eigenartige der Konstruktion in der Herbeiführung eines möglichst sanften Ventilschlusses, einmal durch die Verwendung zweier gegeneinander wirkender Federn, speziell beim Druckventil, und eines ringförmigen Rückschlagventils mit dem bekannten Collmann'schen Katarakt. Der letztere, R und R_1, liegt beim Saugventil unterhalb desselben, beim Druckventil überhalb desselben. Die Ventile sind am Umfange mit einer grösseren Anzahl kreisförmiger, nach oben spitz zulaufender Öffnungen R_1 versehen, welche anfänglich der im Katarakt befindlichen Flüssigkeit (Wasser, Öl, Glycerin oder dergl.) einen leichten Austritt aus dem Kataraktraum K gewähren, gegen Ende des Schlusses aber die Flüssigkeit mehr und mehr drosseln, und schliesslich die Durchgangsöffnung völlig abschliessen. Die gleiche Konstruktion befindet sich bekanntlich bei den neuen Collmann'schen Ventilsteuerungen und hat sich auch für Luftkompressoren nach Angabe der Erbauerin vorzüglich bewährt.

Die Wirkung dieses Kataraktes zeigt sich deutlich in den Ventilerhebungsdiagrammen. Ist z. B. $c\,c\,c$ die Anhubkurve des Ventils, Fig. 125, so sind für die verschiedenen Füllungen die, bei ca. 3 Meter Kolbengeschwindigkeit tatsächlich eintretenden Ventilschlusslinien die steilen Kurven $m\,m\,m$. Infolge der exakten Flüssigkeitskataraktwirkung flachen sich diese steilen Schlusskurven $m\,m$ knapp vor der Ventilschlusslinie $s\,s$ nach den Krümmungen $z\,z\,z$ ab, und es erfolgt ein, für alle Füllungen genau gleicher, rascher Ventilschluss mit sanftem Aufsetzen der Ventile, wie derselbe durch Luftbuffer oder Zwanglaufsteuerungen dauernd nie zu erreichen ist.

Da hierbei im Gegensatze zur Luftbufferwirkung eine tropfbare, nicht ausdehnbare oder zusammendrückbare Flüssigkeit verwendet wird, so ist dieser Ventilschluss ganz frei von jeder variablen Kompressions- oder Expansionswirkung und proportional zu der Grösse des freien Durchströmquerschnittes für die Flüssigkeit, weshalb diese Bewegung durch die Form der im Kataraktkolben angebrachten Durchströmöffnungen genau konstruktiv festgelegt werden kann und praktisch genommen als eine gezwungene Bewegung anzusehen ist.

Da ferner die Grösse des das Ventil schliessenden Federdruckes nur in umgekehrt quadratischem Verhältnisse auf die Durchströmgeschwindigkeit des Öles und in noch geringerem Masse auf die Ventilgeschwindigkeit Einfluss hat, so sind vorkommende Veränderungen in der Grösse dieses Ventilschlussdruckes, somit auch in der Grösse der diesen Druck ver-

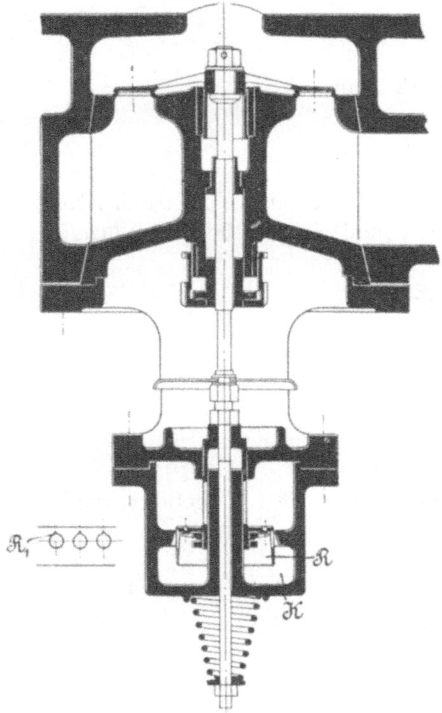

Fig. 123.

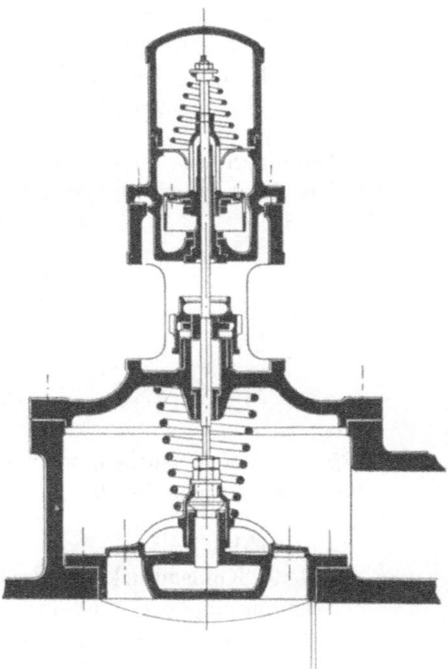

Fig. 124.

mindernden Reibungswiderstände (wie in der Praxis erwiesen) ohne nennenswerten Einfluss auf diese gezwungene Schlussbewegung und sind einstellbare Teile wie die Lufthähne der Luftbuffersteuerungen nicht erforderlich. Es ist daher diese Ventilschlussbewegung als eine völlig zuverlässige, von den veränderlichen Reibungswiderständen z. B. der Stopfbüchse und von der Wartung unabhängige zu bezeichnen.

Zwei Ausführungen dieser Kompressoren finden sich auf den Zechen Caroline und Vollmond der Harpener Bergbau-Aktiengesellschaft in Dortmund. Die Leistungen derselben, welche nach dem Verbundsystem arbeiten, betragen 5200 cbm angesaugter Luft in der Stunde [1]). Die Hauptabmessungen der Kompressoren sind folgende:

Hochdruckcylinderdurchmesser	575	mm
Niederdruckcylinderdurchmesser	900	„
Durchmesser der Kolbenstange	110	„
Dampfcylinderdurchmesser	700	„
Kolbenhub	1100	„
Leistung bei 50 Touren angesaugte Luft auf 5—6 Atm.	3700	cbm
Leistung bei 60 Touren angesaugte Luft auf 5—6 Atm.	4500	„
Leistung bei 70 Touren angesaugte Luft auf 5—6 Atm.	5200	„

Garantiert ist von der ausführenden Firma ein volumetrischer Nutzeffekt der Niederdruckcylinder von 95 % und ein maschineller Nutzeffekt

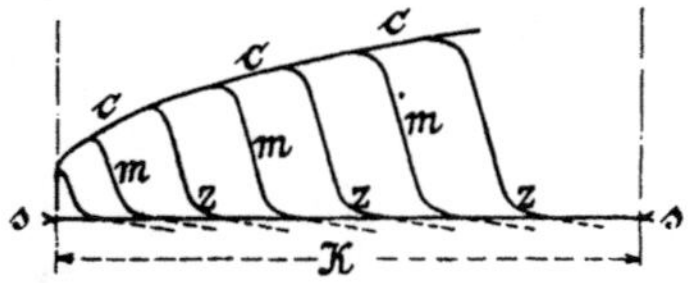

Fig. 125.

von 85 %. Bei Versuchen, welche am 6. Juni 1901 ausgeführt wurden, ergaben sich folgende Werte:

Tourenzahl	64	
Mittlerer Kolbendruck der Zwillingsdampfmaschine	2,066	kg
Gesamtleistung der Maschine (beide Cylinder zusammen)	482,9	PS.
Theoretisch angesaugte Luftmenge (aus den Abmessungen berechnet)	5334,2	
Volumetrischer Wirkungsgrad der Niederdruckcylinder	95,6	und
	94,5	
im Mittel	95,2	%

Demnach wirklich angesaugte Luftmenge

$$5334{,}2 \times 0{,}952 = 5078{,}2 \text{ cbm}$$

während bei 70 Touren 5200,0 „

garantiert waren.

---

1) Glückauf 1901, Bd. 37, S. 973 ff.

Mittlerer Luftdruck aus allen Diagrammen

im Niederdruck-Cylinder	1,044 Atm.
„ Hochdruck- „	2,794 „
Hieraus Arbeitsleistung des Niederdruck-Cylinders	206,21 PS.
„ „ „ Hochdruck- „	223,025 „
Summa	429,235 PS.

Daher maschineller Wirkungsgrad $\frac{429,24}{482,89} = 88,6\,\%$.

Die Gesamtkühlfläche des zwischen dem Niederdruck- und Hochdruckcylinder eingeschalteten Zwischenkühlers mit Messingrohren betrug 60,4 qm, die gesamte Kühlwassermenge 10,3 cbm.

Bei der Untersuchung der Kompressorenanlage auf Zeche Vollmond am 9. Juni 1901 ergaben sich die in der nachfolgenden Tabelle enthaltenen Resultate bezüglich der Temperaturen in den Luftcylindern vor und nach der Kompression, der Kühlwassererwärmung und der gesamten Kühlwassermengen.

Zeit	Temperatur in °C.: der angesaugten Luft	beim Austritt a. d. Niederdruckcylinder	vor dem Eintritt i. d. Hochdruckcylinder	beim Austritt a. d. Hochdruckcylinder	Kühlwassertemperatur beim Eintritt	Kühlwassertemperatur beim Austritt	Druck der Luft beim Austritt a. dem Hochdruckcylinder in Atm.	Druck der Luft beim Austritt a. dem Niederdruckcylinder in Atm.
8 Uhr 30 Min.	16,5	128,5	33,5	122	15	25,5	6	1,75
8 „ 45 „	16,5	132	34	123	15	26	5,5	1,75
9 „ — „	18,0	133	34	123,5	15	26	5,25	1,75
9 „ 15 „	18,0	133	34,5	124	15	26	5,25	1,75
9 „ 30 „	18,0	134	37	125,5	15	29,5	5,25	1,75
9 „ 45 „	18,0	135	37,5	126	15	31	5,25	1,75
10 „ — „	18,0	134,5	35,5	126	15	27	5,25	1,75
10 „ 15 „	20	134,5	35,5	126,5	15	27	5,25	1,75
10 „ 30 „	20	134,5	35	127	15	26,5	5,25	1,75
10 „ 45 „	20	134,5	35,5	127	15	27	5,25	1,75
11 „ — „	21	134,5	36	128,5	15	26,5	5,25	1,75
11 „ 15 „	21	135	38	129	15	29	5,25	1,75
11 „ 30 „	21	135	39	129	15	29	5,25	1,75
im Mittel . .	18,9	133,7	35,8	125,9	15	27,4	5,32	1,75

Kühlwasser im ganzen 30,956 cbm,
„ für 1 Stunde 10,315 „

Aus den Mittelwerten geht hervor, dass die Luft vor dem Eintritt in den Hochdruckcylinder um etwa 100° im Zwischenbehälter abgekühlt wurde, während das Kühlwasser von 15 auf 27, also um etwa 12—13° erwärmt wurde. Die Niederdruckdiagramme zeigten gegen Ende des Hubes eine ziemlich starke Erhebung gegenüber dem normalen Kompressionsdruck, welcher auf die plötzliche Drosselung der Luft zurückzuführen ist. Die Hochdruckdiagramme zeigten einen normalen Verlauf und war auch bei denselben ein Erhebungswiderstand für die Ventile nicht zu bemerken.

II. Schieberkompressoren mit Druckausgleichvorrichtung.

Wie bereits bei den Bessemergebläsen erwähnt wurde, bewirkt die am Ende jedes Kolbenhubes im schädlichen Raum enthaltene komprimierte Luft eine beträchtliche Vergrösserung des Anfangsdruckes beim Beginn des neuen Kolbenhubes, welcher selbst bis auf das Doppelte des Druckes auf den Dampfkolben steigen kann, und eine, wenn auch nur momentane, übermässige Beanspruchung des Triebwerkes verursacht. Da aber auch die Öffnung der Saugventile nicht eher erfolgen kann, als bis der Druck im Cylinder auf bezw. etwas unter den äusseren Luftdruck gesunken ist, dies aber um so später erfolgen wird, je grösser der schädliche Raum, also auch die in ihm enthaltene Luftmenge und je höher der Kompressionsdruck ist, so wird der volumetrische Wirkungsgrad hierdurch nicht unbeträchtlich verkleinert [1]).

Zur Vermeidung dieser Übelstände hat zuerst Prof. Wellner einen Druckausgleich zwischen beiden Cylinderseiten durch Überströmen der komprimierten Luft des schädlichen Raumes nach der Saugseite in Vorschlag gebracht und zur Erreichung desselben an beiden Cylinderenden Nuten angebracht, welche bei der Endstellung des Kolbens eine Verbindung zwischen beiden Cylinderräumen herstellen. Dasselbe bezwecken die nachfolgend beschriebenen Konstruktionen bei Schieberkompressoren. Das allen Gemeinsame ist die Herstellung einer Verbindung zwischen den beiden Cylinderkanälen am Ende des Kolbenhubes.

1. Kompressor Burckhardt-Weiss [2]).

Die äussere Form desselben ist aus den Figuren 126 und 127 ersichtlich. Dampf- und Luftcylinder sind parallel nebeneinanderliegend wie bei Ammoniak- und Kohlensäure-Kompressoren angeordnet. Die Steuerung der Dampfmaschine ist eine vom Regulator beeinflusste Doppelschiebersteuerung. Die beiden auf der gemeinsamen Schwungradwelle sitzenden Kurbeln sind um einen Winkel von 50 Grad [3]) gegeneinander versetzt und zwar eilt die Luftkurbel der Dampfkurbel vor.

---

1) Ausführliches hierüber: Theoret. Teil, Kapitel 4; 5, B; 7. C.

2) Vergl. Zeitschr. d. Vereins deutsch. Ing. 1885, S. 929 u. folg. Tafel 36.
F. J. Weiss, Trockene Schieberkompressoren und Vakuumpumpen mit potenzierter Leistung, ausgeführt von der Firma Burckhardt & Weiss in Basel.

3) Näheres hierüber Theoret. Teil, Kapitel 8, B.

Das Wesen der Burckhardt-Weiss'schen Konstruktion beruht auf dem in den Figuren 128—130 dargestellten Schieber. Derselbe besitzt zwei Durchlasskanäle *A* und *B*, den Druckausgleichkanal *C* und die Muschel *D*, Fig. 129, welche die Verbindung zwischen dem Saugkanal *E* und den Cylinderkanälen herstellt. Auf dem Rücken des Grundschiebers

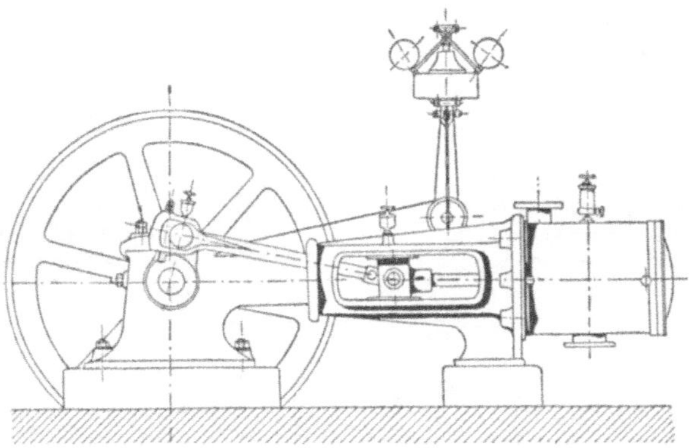

Fig. 126.

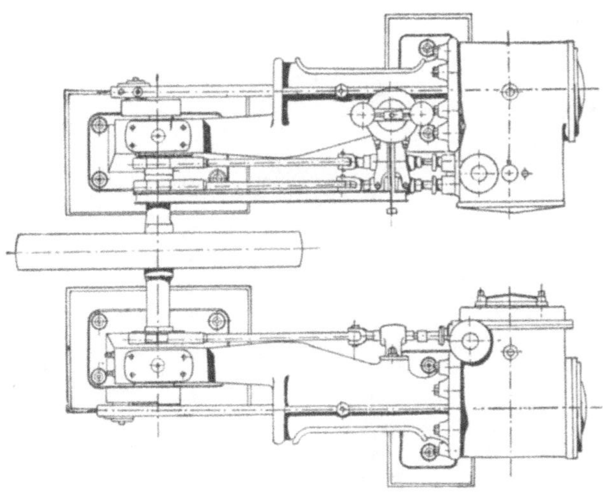

Fig. 127.

ist die Platte *F* befestigt und wird durch zwei Spiralfedern gegen denselben gedrückt. Bei der in Fig. 128 gezeichneten Stellung findet links vom Kolben Ansaugen, rechts Kompression statt. Am Ende derselben wird durch den inneren Überdruck die Platte *F* gehoben, so dass die Luft in den Schieberkasten und von hier in die Druckluftleitung gelangt. In

Fig. 130 ist die Stellung des Schiebers am Ende der Ausströmung kurz vor Beginn des Druckausgleichs, in Fig. 129 die Stellung während des Druckausgleichs dargestellt.

Als Hauptvorteile der Burckhardt-Weiss'schen Kompressoren

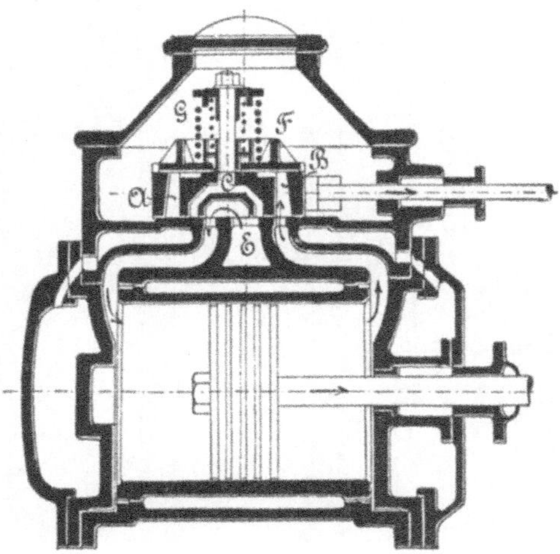

Fig. 128.

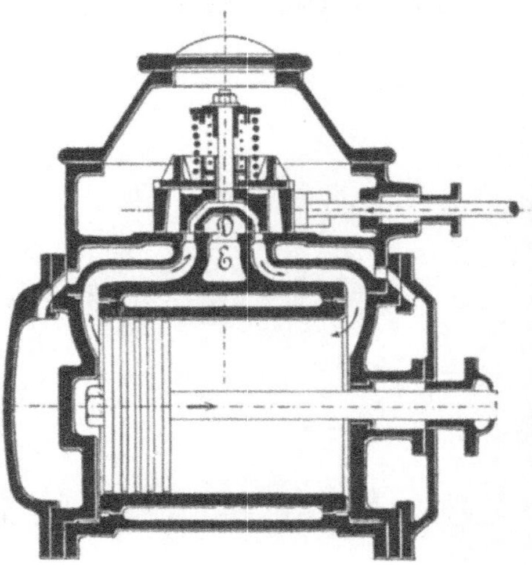

Fig. 129.

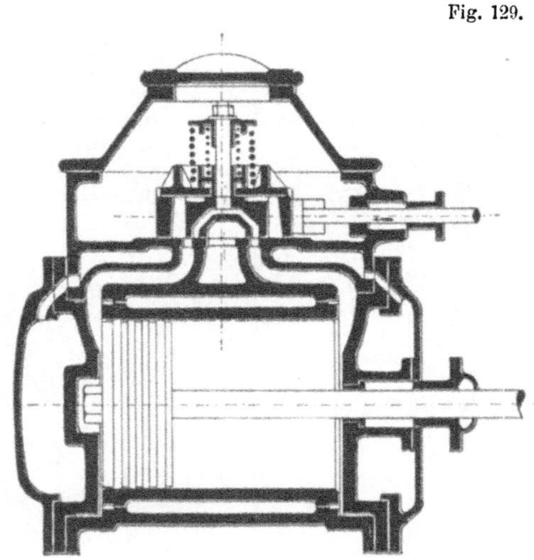

Fig. 130.

werden sowohl von Weiss (a. a. O.), als auch von den zur Ausführung derselben berechtigten Fabriken [1]) die nachfolgenden angegeben:

[1]) Sangerhäuser Aktien-Maschinenfabrik vorm. Hornung und Rabe, Sangerhausen. Duisburger Maschinenbauanstalt vorm. Bechem und Keethmann, Duisburg a. Rh. Klein, Schanzlin und Becker, Frankenthal.

1. Grössere Kolbengeschwindigkeit als bei Ventil-Kompressoren.
2. Bedeutend grösserer volumetrischer Wirkungsgrad, daher
3. Kleinere Cylinder als bei Ventilkompressoren bei gleicher Luftmenge.
4. Geringere Reibungsarbeit.
5. Kleineres Gewicht und geringere Anschaffungskosten.
6. Weniger Reparaturen, weil geringere Abnutzung als bei Ventilen.
7. Besseres Dichthalten als bei Ventilen.
8. Wegfall des bei Ventilkompressoren auftretenden Geräusches.

Als Hauptbedenken, welche gegen die Weiss'schen Kompressoren geltend gemacht werden, welche sich jedoch allgemein gegen alle Schieberkompressoren richten, lassen sich folgende hervorheben:

1. Undichthalten der Schieber.
2. Grosser Kraftbedarf der Schieber.
3. Starke Erwärmung der Luft.

Der erste Vorwurf wird in dem bereits erwähnten Prospekt der Sangerhäuser Maschinenfabrik in folgender Weise zurückgewiesen:

„Ein gegen unsere Konstruktion erhobener Einwand, dass die Schieber auf die Dauer nicht dicht halten, auf Grund böser Erfahrungen, welche man mit angefressenen Schiebern bei Dampfmaschinen und früheren Schiebergebläsen gemacht hat, ist hinfällig. Wo aber Schieber angefressen worden sind, hatte dies immer in schlechter und mangelhafter Schmierung seinen Grund. Es ist Tatsache, dass man früher gerade bei Gebläsen auf eine richtige Schmierung der Schieber unbegreiflicherweise nicht die geringste Sorgfalt verwendete, auch keine richtige Einrichtung dafür hatte. Ganz anders bei unseren Schiebern! Da ist im Gegenteil auf sehr einfache, aber zielbewusste und zweckmässige Art eine kontinuierliche und selbsttätige Schmierung der Schieber eingerichtet, und zwar mittels des Schmierapparates Patent Weiss, der speziell nur für Luftcylinder und Luftschieber, nicht für Dampf, konstruiert ist und dessen Wirkungsweise auf Druckwechsel beruht. Die kontinuierliche Ölzuführung des Schmierapparates — sichtbar an aufsteigenden Luftblasen — lässt sich auf jedes gewünschte Mass einstellen, wodurch somit gleichzeitig neben rationellster Schmierung die höchst mögliche Ökonomie im Ölverbrauch erreicht wird. Bei schon jahrelang in ununterbrochenem Betriebe befindlichen Vakuumpumpen und Kompressoren haben sich die Schieber auf das vorzüglichste bewährt."

Es dürfte wohl zweifellos sein, dass bei geeigneter Schmierung ein Einfressen des Schiebers leichter als bei Dampfmaschinen vermieden werden kann, da die auftretenden Maximaltemperaturen im allgemeinen nicht so hoch als bei letzteren sind. Der Vorwurf des schwierigen Dichthaltens dürfte somit unberechtigt sein. Jedenfalls würde sich zur Reinigung der Luft die Anbringung von Staubfängern am Anfang der Saugleitung überall dort empfehlen, wo durch den Betrieb Verunreinigung der Luft zu erwarten ist.

Gegen den zweiten Vorwurf des zu grossen Kraftbedarfs richtet sich nachfolgender Abschnitt der erwähnten Broschüre:

„Der ebenfalls schon zum Ausdruck gekommene Vorwurf, dass die Schieber eine grosse Kraft zu ihrer Bewegung absorbieren, beruht auf falscher, vorgefasster Meinung, wie wir an einem Beispiel darlegen wollen. Der bereits erwähnte Schieber für eine angesaugte Luftmenge von 12 cbm i. d. Minute hat eine Gleitfläche (im ganzen, also einschliesslich der Aussparungen gemessen) von

$$32{,}1 \cdot 34{,}4 = 1\,104{,}24 \text{ qcm}.$$

„Die Druckspannung betrage 4 Atm. Überdruck. Nehmen wir nun möglichst ungünstig an, die ganze Gleitfläche werde fortwährend mit diesem Überdruck an den Schieberspiegel angedrückt, was ja eigentlich nicht der Fall ist, indem der Schieber zeitweise abwechselnd links und rechts von der Druckluft unten teilweise entlastet ist, so würde der Schieber mit einer Kraft:

$$P = 1\,104{,}24 \cdot 4 = 4416{,}96 \text{ kg}$$

an den Schieberspiegel gedrückt.

„Der Reibungskoeffizient für einen gut geschmierten Schieber sei 0,05. Also die Reibung:

$$4\,416{,}96 \cdot 0{,}05 = 220{,}848 \text{ kg}.$$

Bei dem Schieberweg = 100 mm und einer Umdrehungszahl n = 95 i. d. Min. erhält man die mittlere Schiebergeschwindigkeit i. d. Sekunde zu:

$$= \frac{95 \cdot 0{,}1}{30} = 0{,}316 \text{ m}$$

und somit die Reibungsarbeit des Schiebers in einer Sekunde:

$$= 220{,}848 \cdot 0{,}316 = 69{,}787 \text{ mkg oder}$$

$$= \frac{69{,}787}{75} = 0{,}930 \text{ Pferdekraft}.$$

In diese Reibungsarbeit darf auch noch diejenige am Exzenter und an der Stopfbüchse und Führung der Schieberstange eingerechnet gedacht werden, weil die Arbeit wegen zu grosser Annahme von P wesentlich zu gross berechnet wurde.

„Da nun bei obigen Umdrehungszahlen und bei obiger Spannung der Druckluft der Kompressor circa 66 Pferdekräfte Dampfarbeit verbraucht, so beträgt die durch den Schiebermechanismus verlorene Reibungsarbeit nur $\frac{0{,}93}{66} = 0{,}014$, also noch nicht $1^1/_2\,^0/_0$ der Gesamtarbeit".

Die Vernachlässigung der Exzenter- und Stopfbüchsenreibungsarbeit bezw. die Zusammenfassung derselben mit der Schieberarbeit ergibt doch wohl unrichtige Resultate. Bedenkt man, dass wegen des hohen Luftüberdrucks im Schieberkasten die Stopfbüchse fest angezogen werden muss, um ein Dichthalten zu erreichen, dass mit wachsender Reibungsarbeit in der Stopfbüchse aber auch die Exzenterreibungsarbeit wächst, so dürfte in Wirklichkeit die Reibungsarbeit doch grösser als $1^1/_2$ % der Gesamtarbeit in Anrechnung zu bringen sein.

Der Vorwurf stark erwärmter Luft, welcher endlich noch den Weiss-schen Kompressoren gemacht wird und in gleicher Weise alle trockenen Kompressoren trifft, kann dagegen in keiner Weise entkräftet werden. Hierdurch ist aber auch ein vermehrter Kraftverbrauch verursacht. Beide Übelstände zusammen wiegen die Vorteile der besprochenen Konstruktion teilweise auf. Die Mantel- und Deckelkühlung kann niemals so energisch wirken, dass sie gerade während der Kompression der Luft die erzeugte Wärme abzuführen im stande wäre. Während aller übrigen Perioden ist sie aber auf die Betriebsarbeit ohne Einfluss. Sie bezweckt und erreicht eben nur eine derartige Abkühlung der Cylinderwände, dass das an ihnen haftende Schmieröl weit unter seiner Zersetzungstemperatur, also vollkommen wirksam bleibt.

Es darf andererseits nicht unterschätzt werden, dass die Weiss'schen Kompressoren vollkommen trockene Luft liefern, welche für viele Zwecke allein brauchbar ist, da selbst mässiger Feuchtigkeitsgehalt der Luft bei längerem Betriebe Verunreinigung, Rostbildung und häufig auch Eisbildung in den Arbeitsmaschinen verursacht.

2. Kompressor Finke[1]). Fig. 131.

Die Lufteintrittskanäle *e* münden ausserhalb der Kanäle *c* in den Schieberspiegel und werden mit den Kanälen *c* durch Aussparungen *m*

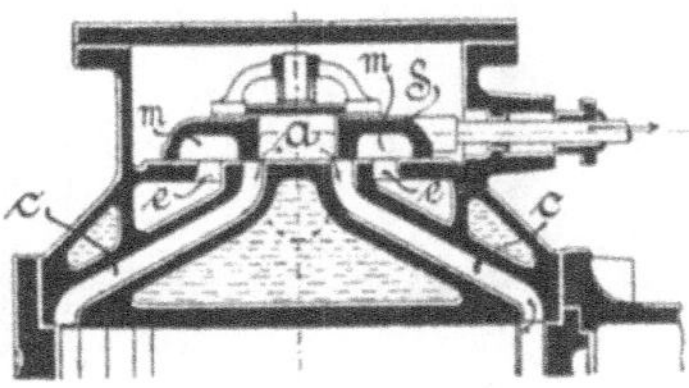

Fig. 131.

des Schiebers *S* verbunden, wo hingegen die Mittelöffnung *a* des Schiebers *S* den Luftaustritt, sowie die Verbindung beider Kanäle *c* beim Hubwechsel zum Zwecke des Druckausgleiches vermittelt. Der Schieber hat den Vorzug leichterer und billigerer Herstellung, indem sowohl die Aussparungen *m*, als auch die mittlere Öffnung *a* leicht einzugiessen sind. Auch ein Verstopfen der engen Umlaufkanäle, wie dies bei Anordnung

1) A. Finke, Braunschweig, D.R.P. No. 62138 s. Z. d. V. d. Ing. 1892, S. 818.

derselben im Schieber leicht möglich ist, dürfte als ausgeschlossen zu betrachten sein.

Das auf dem Rücken des Schiebers befindliche Druckventil arbeitet genau wie dasjenige des Weiss'schen Schiebers.

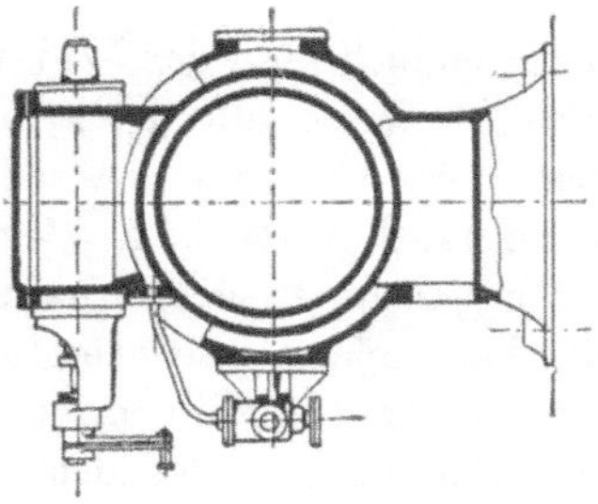

Fig. 133.

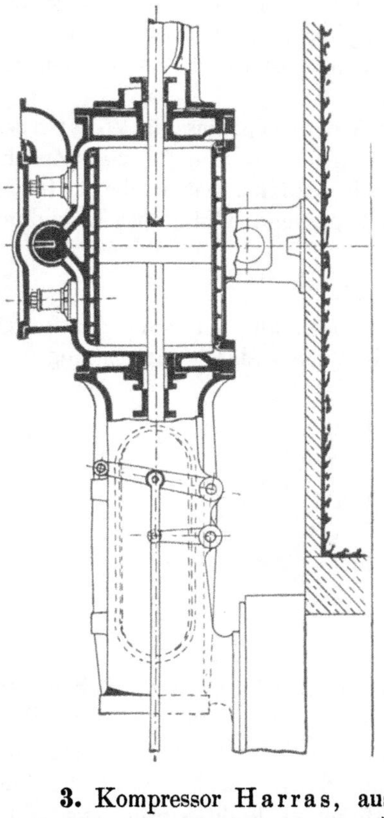

Fig. 132.

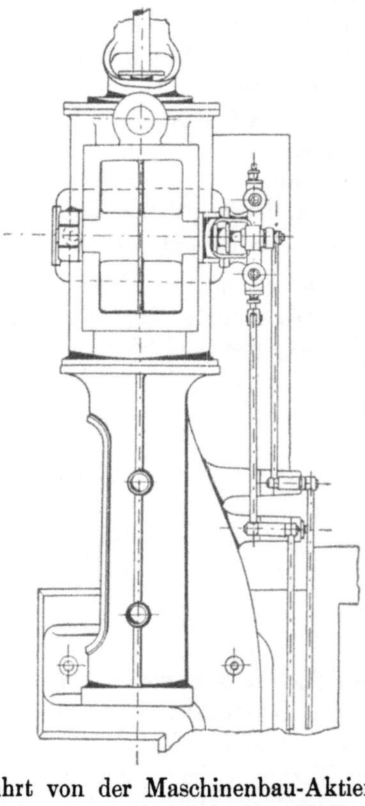

Fig. 134.

3. Kompressor Harras, ausgeführt von der Maschinenbau-Aktiengesellschaft vorm. Breitfeld, Daněk & Co., Prag-Karolinenthal. Figuren 132—136.

Die allgemeine Anordnung desselben ist aus den Figuren 132 bis 134 zu ersehen. Durch einen in der Mitte des Cylinders über dem Saugkanal angebrachten Rundschieber, Fig. 135, wird das Ansaugen der Luft reguliert.

In den Cylinderkanälen *B* und *C* befinden sich die Öffnungen *D* und *E*, über welchen die Druckventile, Fig. 136, angeordnet sind. Der

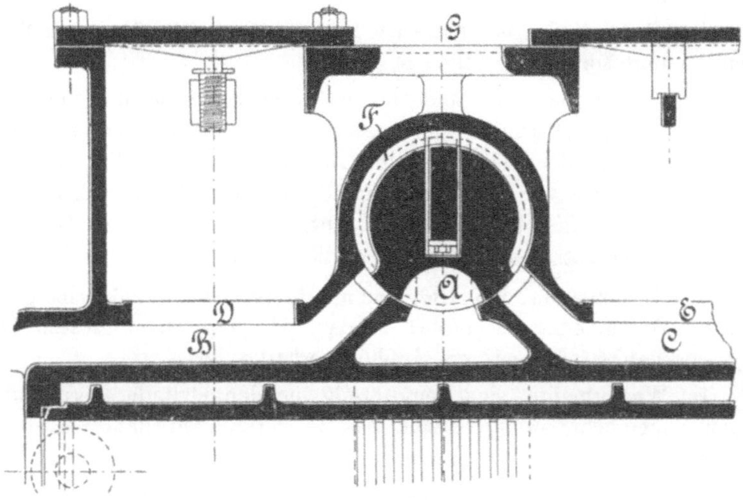

Fig. 135.

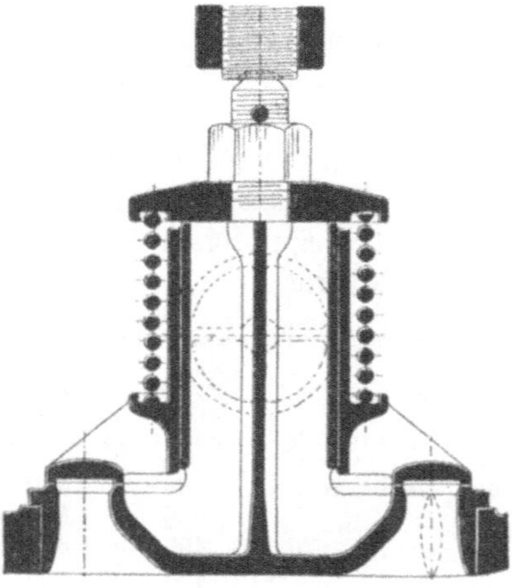

Fig. 136.

Rundschieber enthält den ringförmigen Druckausgleichkanal *F*, Fig. 135, welcher bei der gezeichneten Stellung die Verbindung zwischen beiden Cylinderseiten herstellt. Bei *G* ist die Druckluftleitung angeschlossen. Während also der Luftaustritt wie bei Ventil-Kompressoren selbsttätig erfolgt, wird der Saug- und Ausgleichschieber von der Maschine durch ein Exzenter und einen Zwischenhebel bewegt. Ersteres eilt der Maschinenkurbel um ca. 90° nach. Der Druckausgleich beginnt $^1/_2$ % vor dem Ende des Kolbenhubes und dauert bis $^1/_2$ % nach Überschreitung des toten Punktes.

Die Vorzüge der besprochenen Konstruktion gegenüber den Weiss-schen Kompressoren sind folgende.

Der Drehschieber hat eine kleinere Schieberfläche als jene, so dass der Druck, mit welchem er gegen die Schieberfläche gepresst wird, geringer ist. Ausserdem wird derselbe nur mit dem jeweilig im Cylinder herrschenden Druck angepresst, während auf dem Weiss'schen Schieber fortwährend der Maximaldruck ruht. Infolge des geringeren Druckes ist die Schmierung besser ausführbar und die Abnutzung eine geringere.

Die Druckventile, Fig. 136, sind als Ringventile mit möglichst grossem, äusserem Durchmesser ausgeführt, so dass dieselben einen grossen Durchgangsquerschnitt, also geringe Hubhöhe erhalten.

Im Wassermantel sind spiralförmig um den Cylinder herumlaufende Rippen angebracht, wodurch eine bessere Zirkulation des Wassers, also auch eine bessere Kühlung bezweckt wird.

In Figur 133 ist noch eine kleine Pumpe abgebildet, welche entweder zur Wasserzirkulation dient, oder, falls Wassereinspritzung gewünscht wird, dieselbe während der Kompressionsperiode ausführt.

Der volumetrische Wirkungsgrad des Harras'schen Kompressors beträgt, nach den Diagrammen berechnet, 90—95 %. Die Kolbengeschwindigkeit desselben variiert zwischen 1,5 und 2 m, die Tourenzahl geht bei kleineren Maschinen bis 100 und darüber, bei grösseren bis 60—70 i. d. Minute. Die nachfolgende Zusammenstellung[1]) ergibt für einige Ausführungen des Harras'schen Kompressors die Abmessungen und die effektiv angesaugte Luftmenge i. d. Minute.

Aufstellungsort	Durchmesser mm	Hub mm	Tourenzahl	Luftmenge cbm i. d. Min.
Mileschauer Gewerkschaft, Pribram . .	260	400	100	3,68
Fischer-Zeche, Zieditz	350	630	90	9,53
Mauthner & Sohn, Wien	400	400	100	8,90
Doblhoffschacht, Wiklitz	420	650	90	14,29
Sylvester-Zeche, Dux	450	650	90	16,44
Kohlenwerke der Nordbahn, Poln. Ostrau	600	900	70	31,42

1) Nach einem von der Firma dem Verf. gütigst übermittelten „Führer durch die Maschinenhalle der Landes-Jubiläumsausstellung zu Prag, 1891.“ Abteilung: Masch.-Akt.-Gesellschaft vorm. Breitfeld, Daněk und Co.

4. Kompressor Bettinger und Balcke.

Eine auf demselben Prinzipe wie der Harras'sche Kompressor beruhende Konstruktion hat der Kompressor der Firma Bettinger und Balcke in Frankenthal, dessen Anordnung aus den Figuren 137—140 nach dem vorher Gesagten ohne weiteres verständlich ist.

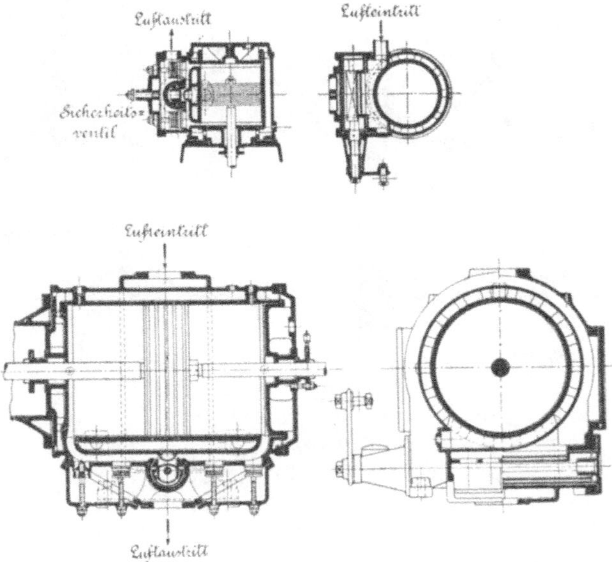

Fig. 137—140.

5. Kompressor Hirzel[1]). Figuren 141—144.

Ähnlich wie bei den früher besprochenen Konstruktionen erfolgt am Ende des Kolbenhubs der Druckausgleich durch den Schieber hindurch, jedoch ist die Anordnung des Kanals hier eine andere. Wie die Figuren 141 und 144 zeigen, sind seitlich von den Schieberkanälen A und B zwei schmale Kanäle C und D eingegossen, welche mit der aus dem Cylinder verdrängten Luft am Ende des Hubs gefüllt sind. Kommen nun die im Schieber, Fig. 143, befindlichen Kanäle E und F, welche durch den inneren Kanal G miteinander verbunden sind, über C und D zu stehen, so ist die Verbindung zwischen C und D, also auch den Kanälen A und B und beiden Cylinderseiten hergestellt und der Druckausgleich erfolgt. An Stelle des beim Weiss'schen Kompressor angewandten Rückschlagventils findet der Abschluss des Schieberinneren vom Schieberkasten und der Druckleitung durch eine um die Achse H drehbare Rückschlagplatte I statt.

Die letztere Anordnung dürfte wohl nicht so vorteilhaft wie ein Ventil sein, da die Erhebung der Platte, sowie der Schluss derselben mehr

1) Heinrich Hirzel, Masch.-Fabrik Leipzig-Plagwitz.

Kraft und Zeit erfordert als bei Ventilen. Als Vorteil des Schiebers bezeichnet der Erfinder die Anordnung des Umlaufkanals seitlich im Schieber

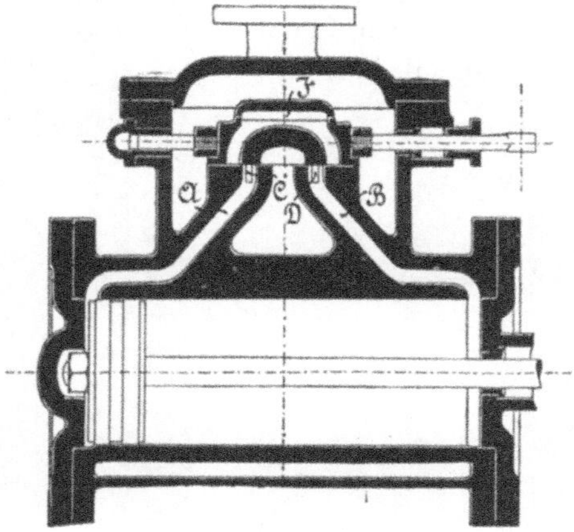

Fig. 141.

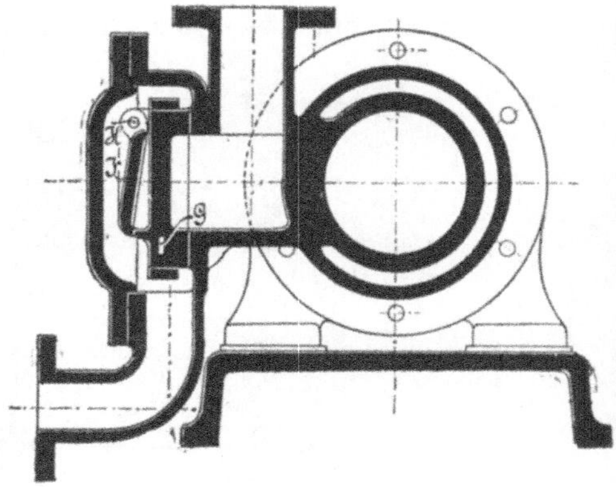

Fig. 142.

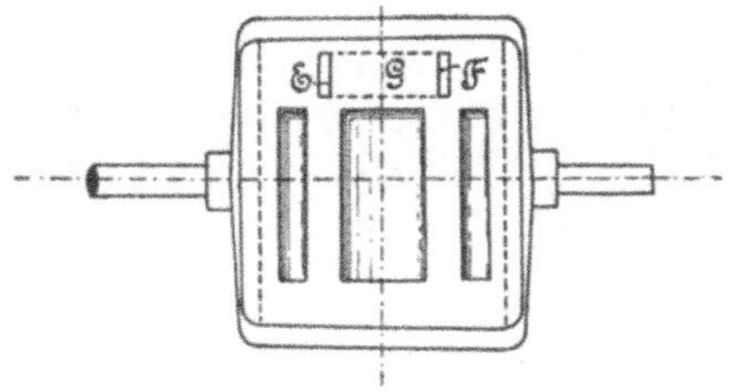

Fig. 143.

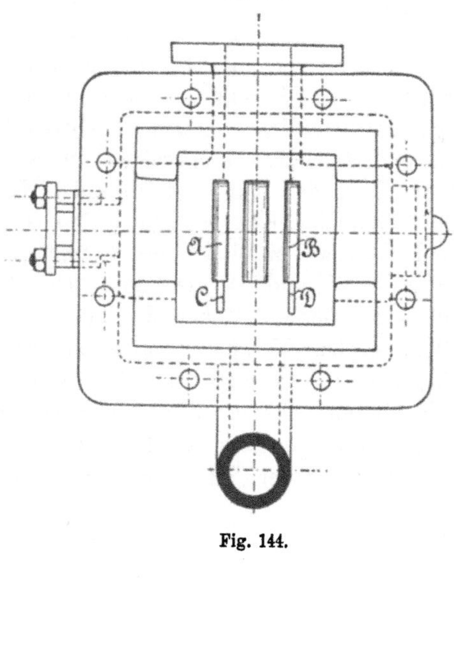

Fig. 144.

gegenüber der Anbringung desselben parallel mit den anderen Kanälen, wodurch der Schieber einfacher, billiger herstellbar und geringerer Abnutzung ausgesetzt sei.

6. Kompressor Langen und Hundhausen[1]). Fig. 145.

Wie aus der gezeichneten Mittellage des Schiebers ohne weiteres verständlich ist, erfolgt der Druckausgleich zwischen beiden Cylinderseiten durch den Hohlraum *A* des Muschelschiebers *M* hindurch, während der Abschluss des mittleren Einströmungs- oder Saugkanals *B* durch einen Rundschieber *C* bewirkt wird. Es sollen hierdurch die mit der Anwendung eines engen Umlaufkanals verbundenen praktischen Schwierigkeiten vermieden werden, welche bei der Herstellung des Kanals im Guss entstehen,

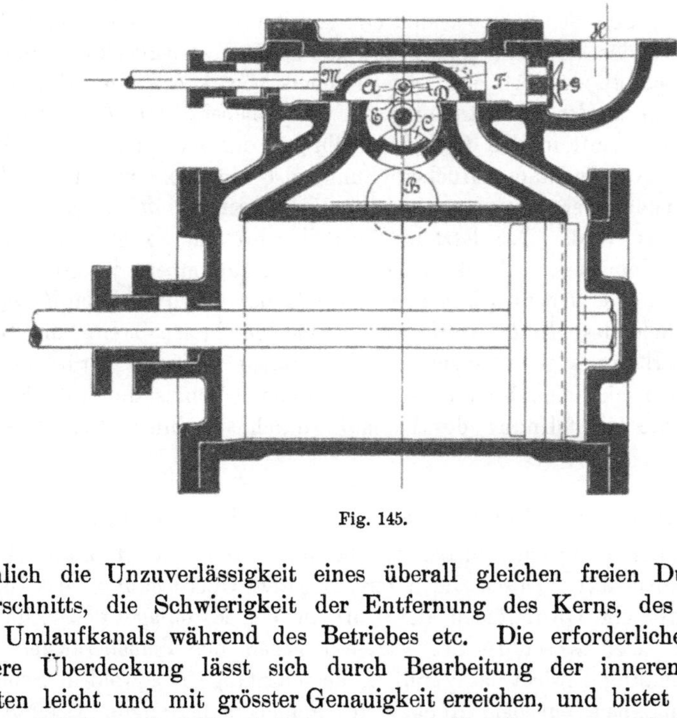

Fig. 145.

nämlich die Unzuverlässigkeit eines überall gleichen freien Durchgangsquerschnitts, die Schwierigkeit der Entfernung des Kerns, des Reinigens des Umlaufkanals während des Betriebes etc. Die erforderliche negative innere Überdeckung lässt sich durch Bearbeitung der inneren Muschelkanten leicht und mit grösster Genauigkeit erreichen, und bietet die grosse innere Höhlung der Muschel einen grossen Durchgangsquerschnitt für die überströmende Luft.

Da die Eröffnungsperioden beider Schieber gleichzeitig beginnen müssen, so kann der Muschelschieber den Rundschieber mitnehmen. Letzteres geschieht durch die am Muschelschieber befestigte Stange *D*, welche am oberen Ende des Doppelhebels *E* angreift. Geht der Kolben

[1]) Langen und Hundhausen, Grevenbroich, D.R.P. No. 55170.

aus der gezeichneten Stellung nach links, so bewegt sich der Schieber nach rechts.

Durch richtige Wahl der Überdeckungen des Rundschiebers kann man den Beginn der Saugperiode mit dem Ende der Expansion der im schädlichen Raum enthaltenen Luft zusammenfallen lassen. Die linksseitig komprimierte Luft gelangt durch den linken Kanal, nach Öffnen desselben durch die linke Schieberkante, in den Schieberkasten *F* und wird nach Erreichung des in der Druckleitung *H* herrschenden Druckes durch das Rückschlagventil *G* hindurch in die Leitung gedrückt. Da jedoch die linke Schieberkante früher abschliesst, als der Kolben seine Endstellung erreicht hat, so wird die im linken Kanal enthaltene Luft noch während eines geringen Kolbenwegs weiter komprimiert, wodurch ein unnötiger Überdruck gegen den Schieber und ein Arbeitsverlust erzeugt wird, welcher unter Umständen (je nach der Grösse der äusseren Überdeckung und des Kanalquerschnitts) ein Abheben des Schiebers bewirken kann. Ein zweiter Nachteil liegt in der Rückströmung der im Schieberkasten *F* enthaltenen komprimierten Luft in den Cylinder während der Kompression, wodurch einerseits eine momentane Druckerhöhung, also ein Stoss auf den Kolben, die Kolbenstange etc., andererseits eine Vergrösserung der Kompressionsarbeit bewirkt wird. Der letztere Nachteil wird um so grösser sein, je höher der Kompressionsdruck, oder bei Vakuumpumpen, je grösser das Vakuum ist. Der Überdruck gegen den Schieber durch zu hohe Kompression am Ende des Hubes würde sich vermeiden lassen, wenn die Breite des Schieberlappens genau gleich der Kanalbreite gemacht würde, so dass unmittelbar nach dem Abschluss des Ausströmungskanals durch die äussere Schieberkante die Öffnung des Umlaufs durch die innere Schieberkante erfolgt.

7. Kompressor Menck und Hambrock[1]). Fig. 146.

Der hohle Muschelschieber *SS* bewirkt durch die Höhlung *A* das Ansaugen der Luft. Durch die innere, negative Überdeckung *i* des Innenraums *B* ist ein Überströmen der Luft in der Mittellage des Schiebers ermöglicht. Den Abschluss des letzteren gegen den Schieberkasten und die Druckleitung bewirkt das Ventil *C*, dessen Stange *D* sowohl im Schieber als auch in einem auf dem Rücken des Schiebers befestigten Bock *E* geführt ist.

Der Hauptvorzug der vorliegenden Konstruktion besteht in dem Fortfall des engen Umlaufkanals, der leichteren Herstellung des Schiebers, gleichmässigeren Druckverteilung im Inneren des Schiebers und dadurch bewirkten geringeren Abnutzung.

---

[1]) Menck und Hambrock, Ottensen bei Hamburg, D R.P. No. 40838.

8. Kompressor O'Neill[1]). Figuren 147 und 148.

Ähnlich wie bei Harras wird das Ansaugen, sowie der Druckausgleich durch einen Drehschieber bewirkt, jedoch befindet sich die Druckkammer über letzterem, während bei Harras die Druckventile auf den Cylinderkanälen angebracht waren.

In der Mitte über dem Cylinder schwingt der mit einem Durchgangskanal *B* versehene Rundschieber *A* in der cylindrischen Kammer *C* hin und her. Die obere und untere Höhlung desselben vermittelt bei schräger Stellung des Schiebers abwechselnd die Verbindung zwischen dem linksseitigen bezw. rechtsseitigen Luftkanal und dem Saugkanal *D* bezw. Druckventil *E*. In der gezeichneten Mittellage findet Überströmung der Luft von der einen nach der anderen Cylinderseite statt.

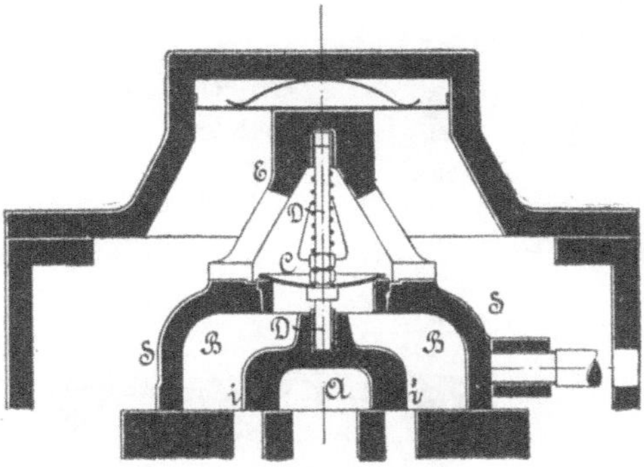

Fig. 146.

So einfach und sinnreich auch die Konstruktion ist, so dürften doch praktische Gründe gegen ihre dauernde Verwendung sprechen. Da infolge des Kompressionsüberdrucks der Schieber bald an der einen, bald an der anderen Seite stärker angedrückt wird, so findet ein allmähliches Ausschleifen der cylindrischen Kammer *C*, sowie der Schieberstange *G* in den beiderseitigen Stopfbüchsen statt. Letztere lassen sich zwar erneuern, nicht aber die Innenkammer *C*. Die geringste Undichtheit aber bewirkt ein Überströmen der Luft während der Kompression, wodurch die Leistung der Maschine sowohl volumetrisch als auch dynamisch beeinträchtigt wird. Während bei Harras der Drehschieber stets fest gegen den Schieberspiegel angedrückt wird und ein Einschleifen in denselben nicht nur nicht schädlich ist, sondern nur ein grösseres Dichthalten bewirkt, hat hier die beiderseitige Abnutzung unvermeidlich ein rasches Undichtwerden des Drehschiebers zur Folge. Mehr oder weniger vermeiden liesse sich die Ab-

1) Engl. Pat. 16132, Engng., Bd. 48, S. 94.

nutzung durch Anwendung eines konischen statt cylindrischen Schiebers, welcher nach Art selbstdichtender Hähne durch den Überdruck angepresst würde und nachstellbar wäre.

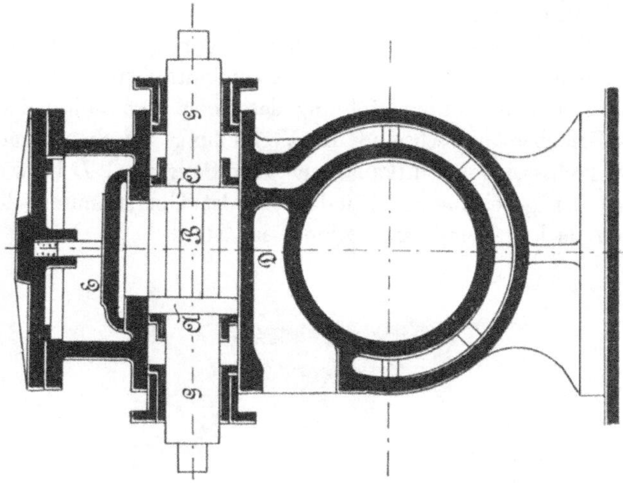

Fig. 148.

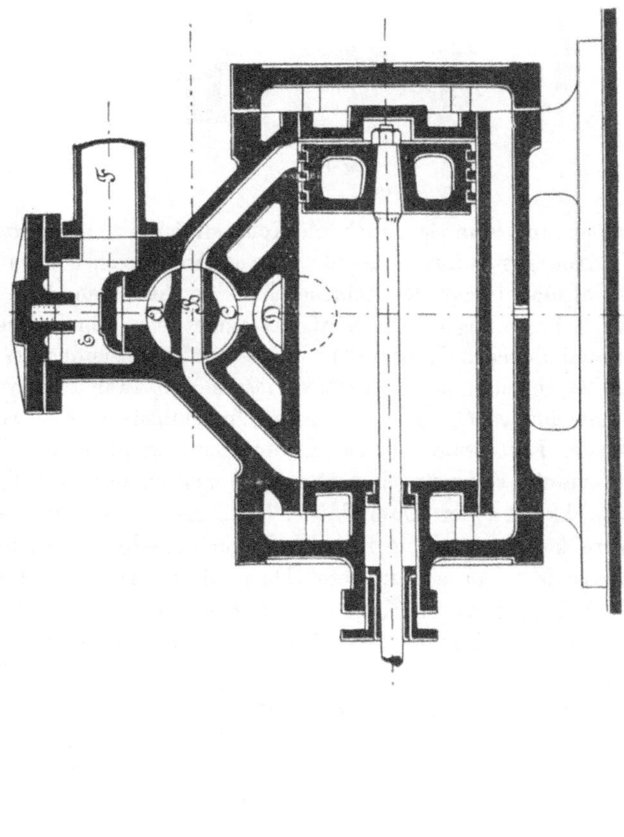

Fig. 147.

9. Kompressor Wegelin und Hübner[1]). Figuren 149—151.

In schematischer Darstellung zeigt Fig. 149 den Querschnitt durch den Wegelin-Hübner'schen Kompressor. Der Verteilungsschieber *A*, welcher auf dem mit den beiderseitigen Druckkanälen und dem mittleren Saugkanal versehenen Schieberspiegel gleitet, trägt ähnlich wie der Weiss-sche Schieber auf seinem Rücken ein Rückschlagventil *C*, welches die Luft in die Druckleitung entweichen lässt. Durch zwei seitlich von den Kanälen *A* liegende (in der schematischen Darstellung nach unten ge-

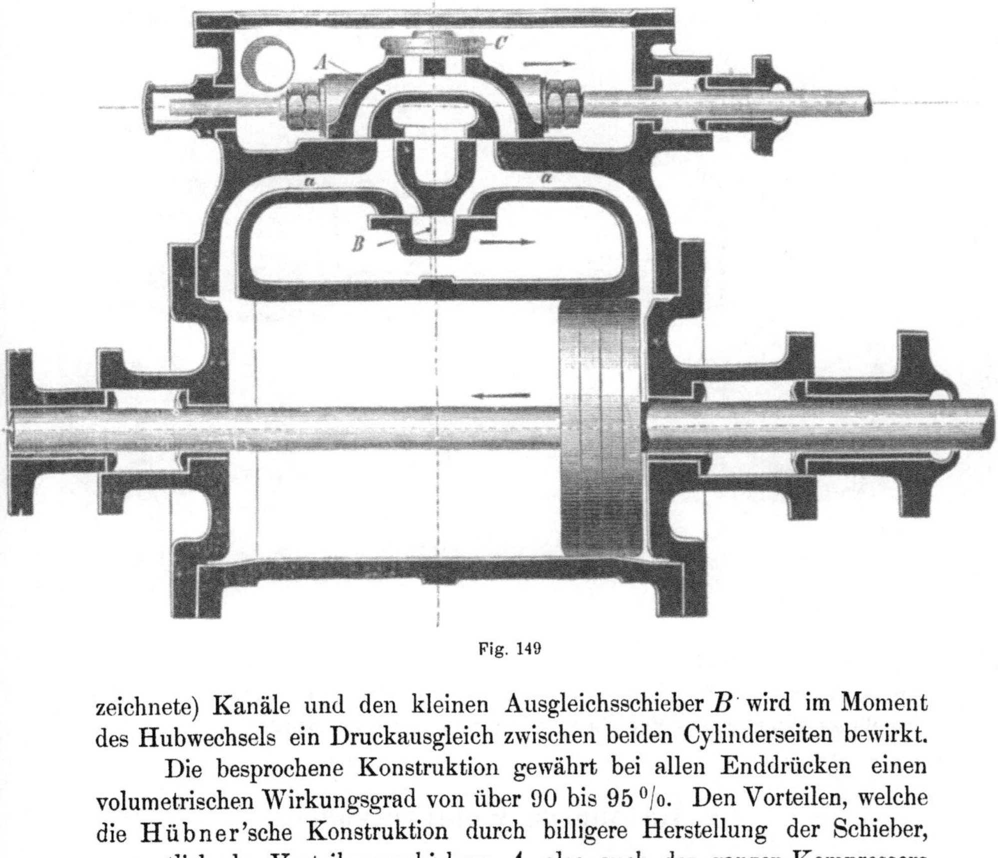

Fig. 149

zeichnete) Kanäle und den kleinen Ausgleichsschieber *B* wird im Moment des Hubwechsels ein Druckausgleich zwischen beiden Cylinderseiten bewirkt.

Die besprochene Konstruktion gewährt bei allen Enddrücken einen volumetrischen Wirkungsgrad von über 90 bis 95 %. Den Vorteilen, welche die Hübner'sche Konstruktion durch billigere Herstellung der Schieber, namentlich des Verteilungsschiebers *A*, also auch des ganzen Kompressors bietet, steht der Nachteil eines doppelten Schieberkastens und Schieberspiegels, zweier Schieberstangen, Stopfbüchsen und Antriebsmechanismen für die Schieber gegenüber. Trotzdem ist der Preis der Hübner'schen Luftpumpen nicht höher als jener anderer Systeme von gleicher Leistungs-

---

1) Wegelin & Hübner, Halle a. Saale.

fähigkeit. Als ein wesentlicher Vorteil der Hübner'schen Ausführung ist die geringe Gefahr eines Verstopfens der Ausgleichkanäle anzusehen, was bei den engen Umlaufkanälen im Weiss'schen Schieber und namentlich dem Hirzel'schen Schieber zumal bei der Schwierigkeit des vollkommenen Ausputzens des Kerns nach dem Gusse leichter eintreten kann.

Bei grösseren Cylindern von 500 mm Durchmesser aufwärts wird das Rückschlagventil *C* durch 4 kleinere Ventile *V* ersetzt, welche auf einer, die Schieberkasten in zwei Kammern *A* und *B* trennenden Scheidewand *C* sitzen, wie aus den Figuren 150 und 151 ersichtlich ist. Diese Konstruktion ist gewählt worden, da der Schieber bei grösseren Cylindern,

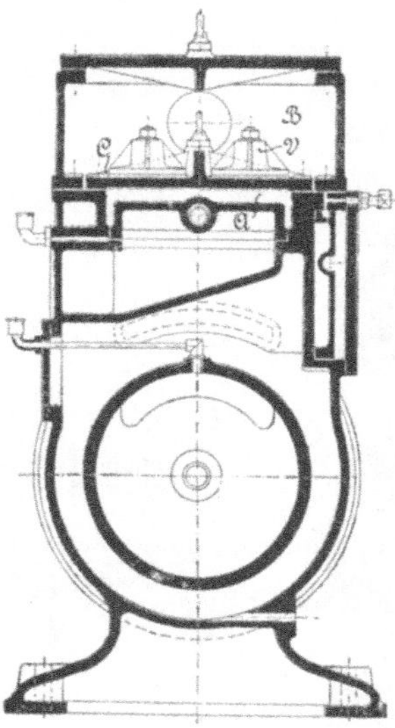

Fig. 150.

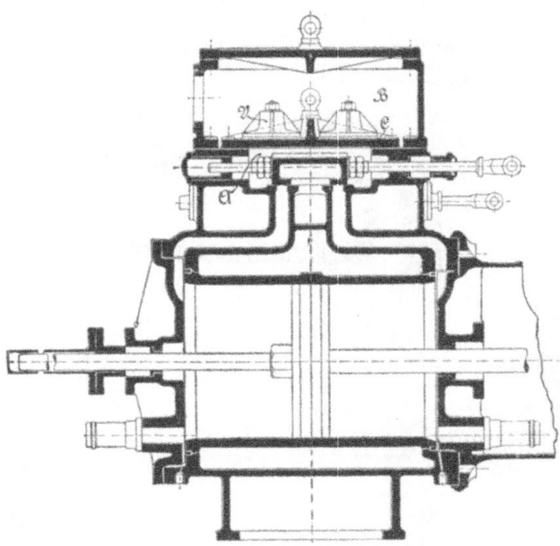

Fig. 151.

wenn man das Rückschlagventil auf seinem Rücken anordnen würde, sehr grosse Abmessungen erhalten und dadurch bei schnellem Gange ein unangenehmes Zucken des Schiebergestänges hervorrufen würde.

B. Halbnasse Kompressoren.

Dieselben arbeiten mit Wasserkühlung durch Einspritzung kalten Wassers, teils während der Saugperiode, teils während der Kompressionsperiode, teils während beider Perioden.

Um die Zweckmässigkeit der verschiedenen Methoden einer vorläufigen Prüfung zu unterziehen, sei folgende Betrachtung angestellt[1]).

---

[1]) Vergl. auch Theoret. Teil, Kap. 3.

Die Erwärmung der Luft durch die Kompression bringt einen Arbeitsverlust mit sich, welcher sich genau berechnen lässt und der in Wärme umgesetzten Arbeit entspricht.

Könnte die Druckerhöhung ohne Erwärmung, also bei konstanter Temperatur oder isothermisch erfolgen, so wäre die aufzuwendende Arbeit am geringsten. Wird die ganze, bei der Kompression entwickelte Wärme dagegen in der Luft belassen, mit derselben also aus dem Cylinder entfernt, so ist die Kompressionsarbeit am grössten. Die Kompression erfolgt in letzterem Falle adiabatisch. Es ist daher ohne weiteres klar, dass eine Kraft- oder Arbeitsersparnis nur während der Kompression[1]) stattfinden kann und dieselbe um so grösser ist, je weniger die Luft erwärmt, je stärker sie also gekühlt wird. Sowohl die Saugarbeit, als auch die Arbeit zum Verdrängen der Luft aus dem Cylinder sind unabhängig von der Kompressionsarbeit und es ist hieraus sofort ersichtlich, dass eine Abkühlung der Luft sowohl während des Ansaugens als auch während des Hinausschaffens aus dem Cylinder ohne Einfluss auf den Kraftbedarf des Kompressors ist. Da die Menge der bei der Kompression entwickelten Wärme nicht von der absoluten Anfangs- und Endtemperatur der Luft, sondern nur von dem Verhältnis beider zueinander oder dem Kompressionsgrad abhängig ist, so ist auch eine Abkühlung der Luft vor oder nach der Kompression nutzlos und daher zwecklos. Dieselbe muss vielmehr in möglichst vollkommener Weise während der Kompression erfolgen, um einen Gewinn an Kompressionsarbeit zu bewirken.

Um eine Wassereinspritzung während der Kompression zu ermöglichen, muss natürlich der Wasserdruck grösser als der jeweilige Kompressionsdruck sein. Der erstere kann jedoch entweder veränderlich sein und

---

[1]) In gleichem Sinne äussert sich Rossigneux (Compt. rend. d. l. Soc. min. 1891, S. 192) über die Zweckmässigkeit der Kühlung während der Kompression und die Nutzlosigkeit derselben vorher und nachher. Der Inhalt seiner Mitteilung lässt sich in folgendem zusammenfassen: der Unterschied zwischen der äusseren Temperatur des Kompressionscylinders und der aus den Diagrammen und Versuchen sich ergebenden Lufttemperatur ist häufig beträchtlich. Der Umstand, dass die aus dem Kompressor fortgeschaffte Luft abgekühlt ist, beweist noch nicht, dass die Kompression ohne beträchtliche Erwärmung stattgefunden hat. Bei Versuchen mit Burckhardt-Weiss'schen Kompressoren, von Mathet auf den Gruben von Blanzy angestellt, bei welchen die Luft auf 7 Atm. abs. komprimiert war, wurde in den Schieberkasten Wasser eingespritzt, wodurch man Luft von der Temperatur der Aussenluft erhielt, während sich aus den Diagrammen eine Temperatur von 140° feststellen liess. Das Diagramm blieb (wie wohl selbstverständlich) trotz der während des Verdrängens aus dem Cylinder erfolgten Abkühlung dasselbe. Allein wirksam auf die Kraftersparnis ist eine Abkühlung während der Kompression, dagegen hat weder während des Saugens noch während des Hinausschiebens eine Abkühlung irgend welchen Arbeitsgewinn zur Folge. Rossigneux empfiehlt daher, bei nassen Kompressoren, speziell dem Hanarte'schen Kompressor (siehe weiter unten Kap. 2, C.), Rohrspiralen in den Luftraum über dem Wasserspiegel zu legen und dieselben während der Kompression zu kühlen.

mit dem Kompressionsdruck gleichmässig zunehmen, oder fortwährend derselbe und grösser als der Luftdruck am Ende der Kompression sein. Beide Möglichkeiten sind zur Ausführung gekommen.

Der Wunsch einer möglichst raschen und vollkommenen Abkühlung der Luft veranlasste die Einführung des Kühlwassers in möglichst fein verteiltem Zustande, was durch Zerstäuber oder Düsen mit engen Öffnungen erreicht wird.

So vorteilhaft nun auch die Zerstäubung des Wassers für die Abkühlung ist, so bietet doch die praktische Ausführung dieser Einspritzung Schwierigkeiten, welche namentlich bei längerem Betriebe auftreten. Da alle Zerstäubungsvorrichtungen aus feinen Öffnungen bestehen müssen, durch welche das Wasser vor dem Eintritt in den Cylinder hindurchgehen muss, dieselben aber Verstopfungen durch Rostbildung, Verunreinigungen im Wasser etc. in hohem Grade ausgesetzt sind, ferner aber eine Reinigung derselben mit Betriebsstörungen und häufigen Reparaturen verbunden ist, so treten, namentlich bei ununterbrochenem Betrieb, häufig die Fälle ein, dass infolge von Verstopfungen entweder nur mit teilweiser Einspritzung gearbeitet wird, oder die Einspritzung, wenn man ihre Untauglichkeit infolge der Verstopfung erkannt hat, ganz abgestellt wird. In beiden Fällen ist aber der eigentliche Zweck der Kühlung nicht erreicht. Es kann daher nur bei sehr einfacher, leicht zu reinigender und doch gut zerstäubender Einspritzungsvorrichtung ein dauernder Arbeitsgewinn infolge der Abkühlung erreicht werden.

Die äussere Anordnung der halbnassen Kompressoren unterscheidet sich kaum von derjenigen der trockenen Kompressoren. Zwischen den Ventilen ist meistens in den Cylinderdeckeln für die Einspritzvorrichtung Platz zu lassen, wodurch für die Ventile ein etwas kleinerer Deckelquerschnitt übrig bleibt. Die Mantelkühlung ist genau wie bei den trockenen Kompressoren ausgeführt. Die Wasserabführung erfolgt durch die Druckventile hindurch, und befindet sich meist unterhalb des Cylinders ein Wasserabflussrohr, welches zeitweilig oder dauernd entleert wird.

Zum Trocknen der Luft ist es, namentlich bei Kompressoren für Gesteinsbohrmaschinen, empfehlenswert, in die Druckleitung grössere Luftkessel einzuschalten, in welchen sich das Wasser abscheidet, während die Luft vorübergehend zur Ruhe kommt.

Einige Konstruktionen der halbnassen Kompressoren sind die folgenden.

1. Kompressor Cornet.

Auf den Kohlengruben zu Levant-le-Flénu in Belgien wurde von Cornet die in Fig. 152 abgebildete Konstruktion angewandt. Die Luft wird durch den hohlen Kolben des stehenden Kompressors durch 4 Saugventile angesaugt, welchen ebensoviel Druckventile gegenüberstehen. Durch 4 am oberen Ende des Cylinders seitlich angebrachte Einspritzdüsen wird während der Kompression Wasser eingespritzt. Der Wassermantel ist durch einen den Cylinder umgebenden Blechmantel, in welchen frisches Kühlwasser einfliesst, in einfacher und billiger Weise gebildet. Alle Ventile sind aus Rotguss und von oben leicht zugänglich. Die mit dem Cornet'schen Kompressor angestellten Versuche ergaben günstige Resultate.

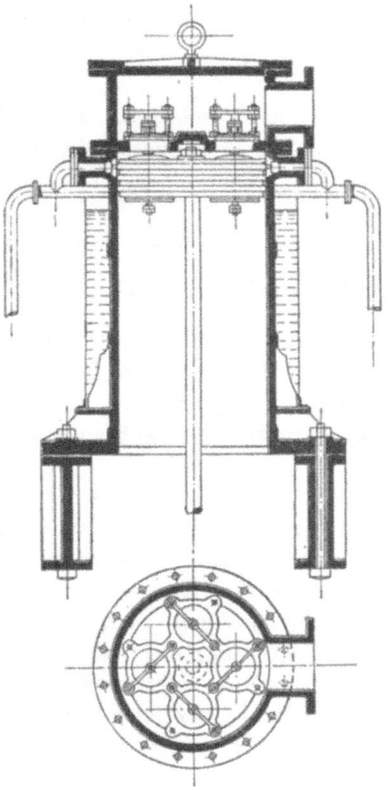

Fig. 152.

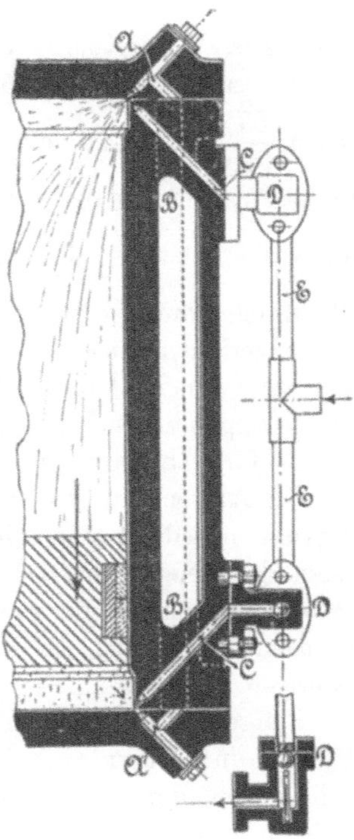

Fig. 153.

2. Kompressor Hertel-Meyer[1]). Fig. 153.

Bei demselben erfolgt das Einspritzen des Kühlwassers in Nebelform während der Saugperiode. Ein kleiner Teil der komprimierten Luft tritt durch den Kanal *A B* von der Druckseite zur Saugseite und saugt beim Ausströmen aus einem rechtwinklig zum Luftkanal stehenden Wasserkanal *C* Wasser an, welches beim Aufstossen auf die Rohrwand zerstäubt und in diesem Zustand in den Cylinder getrieben wird. Durch ein kleines

1) Ausgeführt von der Maschinenfabrik G. A. Schütz (vorm. Schütz u. Hertel) in Wurzen in Sachsen.

Kugelventil D wird die Zuleitung E während der Druckperiode auf einer Cylinderseite geschlossen, so dass die durch C eintretende Druckluft nicht in die Kühlwasserleitung gelangen kann.

Nach dem Ergebnis wiederholter Temperaturmessungen, welche mit einem Hertel-Meyer'schen Kompressor in Hänichen[1]) in Sachsen angestellt wurden, sollte die Temperatur der Luft nach der Kompression auf 6 Atm. nur um ca. 20 Grad C. höher als die Anfangstemperatur sein, wobei der Kühlwasserverbrauch nur $\frac{1}{4000}$ der angesaugten Luftmenge betragen hatte. Der Kompressor hatte 350 mm Durchmesser und 500 mm Hub und saugte stündlich 577 cbm Luft an. Die Wassermenge betrug darnach $\frac{577}{4000} = 0{,}144$ cbm $= 144$ kg stündlich oder für 1 cbm Luft 0,25 kg Wasser, woraus sich das Verhältnis des Kühlwassergewichts zum Luftgewicht (letzteres zu 1,2938 kg bei 0 Grad angenommen[2]) zu $\frac{0{,}25}{1{,}2938} = 0{,}193$ oder rund $^1/_5$ ergibt. Die Temperaturerhöhung um nur 20 Grad C. bei dem geringen Wasserverbrauch erscheint doch etwas zu günstig, da die Erwärmung der Luft ohne Kühlung bei 6 Atmosphären bei nur 10 Grad Anfangstemperatur auf 203,49 Grad C.[3]) erfolgen, die Temperaturerhöhung also 193 Grad betragen würde.

Die Anwendung so feiner Bohrungen, wie sie die Hertel-Meyer'sche Konstruktion bedingt, führt leicht zu den bereits eingangs erwähnten Übelständen des Verstopfens der Wasser- und Luftkanäle. Ausserdem aber ist die Kühlung während der Saugperiode als wertlos zu betrachten, wie gleichfalls nachgewiesen ist, so dass die erzielte Wirkung im Verhältnis zur schwierigen Ausführung der Konstruktion nicht bedeutend erscheint.

Einige Ausführungen dieser Kompressoren von der Firma G. A. Schütz in Wurzen in Sachsen sind in der Tabelle auf S. 162 enthalten und zwar von liegenden, doppeltwirkenden Kompressoren für direkten Dampfbetrieb mit einem Luft- und einem Dampfcylinder.

3. Kompressor Müller[4]). Fig. 154.

Von dem eingangs ausgesprochenen Gedanken geleitet, empfiehlt Müller die Wassereinspritzung während der Kompression in möglichst vollkommener Weise von der Kolbenseite her. Es ist leicht verständlich, dass bei der Bewegung des Kolbens im Cylinder zuerst die dem Kolben zunächst liegenden Luftteilchen verschoben und verdichtet werden, und der Druck sich zunächst von der Kolbenfläche aus, wenn auch sehr

1) Jahrb. f. d. Berg- u. Hüttenwes. im Königr. Sachsen, 1890. S. 34.

2) Vergl. Theoret. Teil, Kapitel 1.

3) Vergl. Tabelle 2, Theoret. Teil, Kapitel 1.

4) K. Müller, Freiburg i. B., D.R.P. No. 52528.

rasch, fortpflanzt. Die erste und stärkste Erwärmung der Luft wird also unmittelbar vor dem Kolben stattfinden, die günstigste Abkühlung also auch dann eintreten, wenn die Einspritzung vom Kolben aus erfolgt. Denkt man sich den Cylinder unverhältnismässig verlängert, z. B. als langes Rohr, an dessen einem Ende die Kompression beginnt, so wird bei genügend grosser Länge des Rohres am anderen Ende erst nach einer bestimmten, wenn auch sehr kleinen, jedoch messbaren Zeit eine Drucksteigerung stattfinden, da der Druck zu seiner Fortpflanzung durch die Luft hindurch eine gewisse Zeit benötigt. Andererseits ist hieraus ersichtlich, dass, da der Gegendruck zuerst von den dem Kolben am nächsten liegenden Luftschichten ausgeübt wird, während die übrigen Schichten infolge des Beharrungsvermögens noch in Ruhe sind, auch am Kolben die Erwärmung der Luft beginnt und bei fortgesetzter Kompression beständig am Kolben

Nummer des Kompressors	Durchmesser des Luftkolbens mm	Durchmesser des Dampfkolbens mm	Gemeinschaftl. Kolbenhub mm	Anzahl der Touren i. d. Minute	Angesaugte Luft i. d. Stunde cbm	Effektive Leistung an komprimierter Luft in Kubikmetern per Stunde mit einem Überdruck von 1 Atm.	2 Atm.	3 Atm.	4 Atm.	5 Atm.	6 Atm.	Ungefähres Gewicht kg
10	200	220	400	100	142	68	45,5	32,5	24,5	19,5	16	2800
12	250	250	400	100	222	104	71	51	38,5	—	—	3000
14	350	250	400	100	435	210	139	—	—	—	—	3300
16	280	280	500	90	315	152	101	72,5	54,8	45	—	4600
18	350	350	500	90	490	237	156	112	85	67	—	5100
20	350	400	600	80	523	254	167	120	91	—	—	8300
24	400	400	700	75	745	360	238	171	125	100	—	8900
26	500	500	700	75	1165	570	375	270	200	—	—	10300
28	500	500	800	70	1250	600	400	285	215	—	—	11800
30	700	500	800	70	2450	1180	785	—	—	—	—	12500
34	800	600	1000	60	3400	1650	1090	—	—	—	—	15500

sich steigert. Da aber das Wärmeleitungsvermögen der Luft gering ist, so werden die dem Kolben zunächst liegenden Luftschichten bereits erwärmt sein, ehe die am anderen Ende des Rohres befindlichen Luftschichten auf gleiche Temperatur gelangen.

So gering nun auch die angeführten Unterschiede sind, jedenfalls lehren sie, dass die Kühlung am vorteilhaftesten von der Kolbenseite und nicht etwa von der entgegengesetzten Seite aus erfolgten muss.

Um diesen Zweck zu erreichen, konstruiert Müller den Kolben hohl, verbindet denselben durch ein Rohr *A B* mit einer Druckwasserleitung *C* und lässt das Wasser während der Kompression durch eine grosse Anzahl feiner Öffnungen *D* aus dem Kolben in den Cylinder einspritzen. Die Saugventile *E* und Druckventile *F* sind an den Stirnwänden der beiden einfachwirkenden Cylinder angebracht. Zwischen die Druckwasserleitung *C* und das Rohr *A B* ist ein Dreiweghahn *G* eingeschaltet, welcher das Druckwasser abwechselnd nach dem einen oder anderen Cylinder gelangen lässt, während beim Ansaugen der Luft kein Wasser aus dem Kolben in den Cylinder eingespritzt wird. Das Rohr *C* schwingt bei der Bewegung des Kolbens hin und her und ist am oberen Ende durch einen Gummischlauch mit der Druckwasserleitung verbunden. Diese durch die Konstruktion erforderliche, elastische Verbindung, welche in die Rohrleitung eingeschaltet ist, dürfte sich wohl nicht dauernd bewähren. Indessen ist die Art der Wasserzuführung für das Wesen der Konstruktion nebensächlich, da das letztere nur auf der Einspritzung von Kühlwasser während der Kompressionsperiode aus dem hohlen, auf der Vorderseite durchlöcherten Kolben beruht.

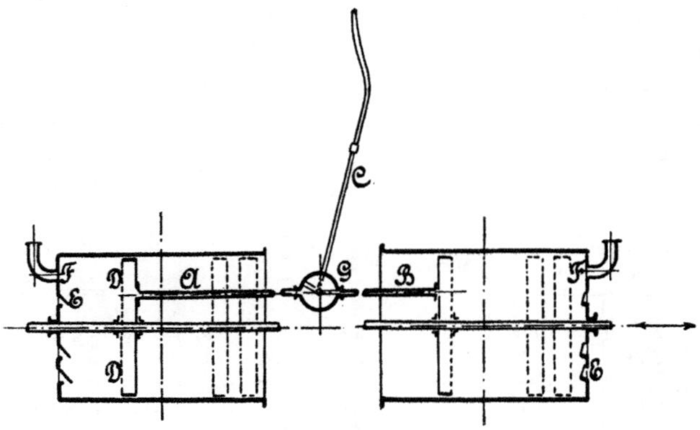

Fig. 154.

4. Kompressor von C. Oetling in Strehla a. E.

Die von der genannten Firma ausgeführten Ventilkompressoren gehören zu den halbnassen, da dieselben teilweise mit Wassereinspritzung arbeiten. Fig. 155 zeigt die Gesamtanordnung eines einstufigen Dampfkompressors neuester Konstruktion durch mehrere Schnitte. Die Kolben des Dampf- und des Luftcylinders sind durch eine Kolbenstange direkt verbunden; letztere Anordnung gewährleistet eine vorzügliche Ausnutzung der Betriebskraft, da nur sehr wenig Reibungsverluste stattfinden. Die Verbindung der beiden Cylinder stellt ein aus Stahlguss gefertigtes Zwischenstück her, welch letzteres wegen des leichteren Nachsehens der Ventile nicht, wie es bei Tandem-Dampfmaschinen sehr oft üblich, geschlossen ausgeführt ist, sondern aus mehreren Stegen besteht.

Das von obiger Firma angewendete Kühlverfahren setzt sich aus 3 Teilen zusammen:

1. Aus der Mantelberieselungskühlung,
2. aus der im Innern des Cylinders entstehenden Wechselwirkung, hervorgerufen durch das Verdampfen des der Luft zugeführten Wassers,
3. aus der Einspritzkühlung in die Druckräume der Cylinderdeckel.

Das von der Wasserleitung kommende Kühlwasser fliesst durch ein über dem Cylindermantel aufgehängtes Berieselungsrohr, von wo aus es in lauter feine Strahlen verteilt über die äussere Wandung des Cylinders rieselt. Die von unterhalb des Cylinders durch Öffnungen im Verkleidungsblech eingesaugte Luft streicht nun zwischen letzterem und dem rieselnden

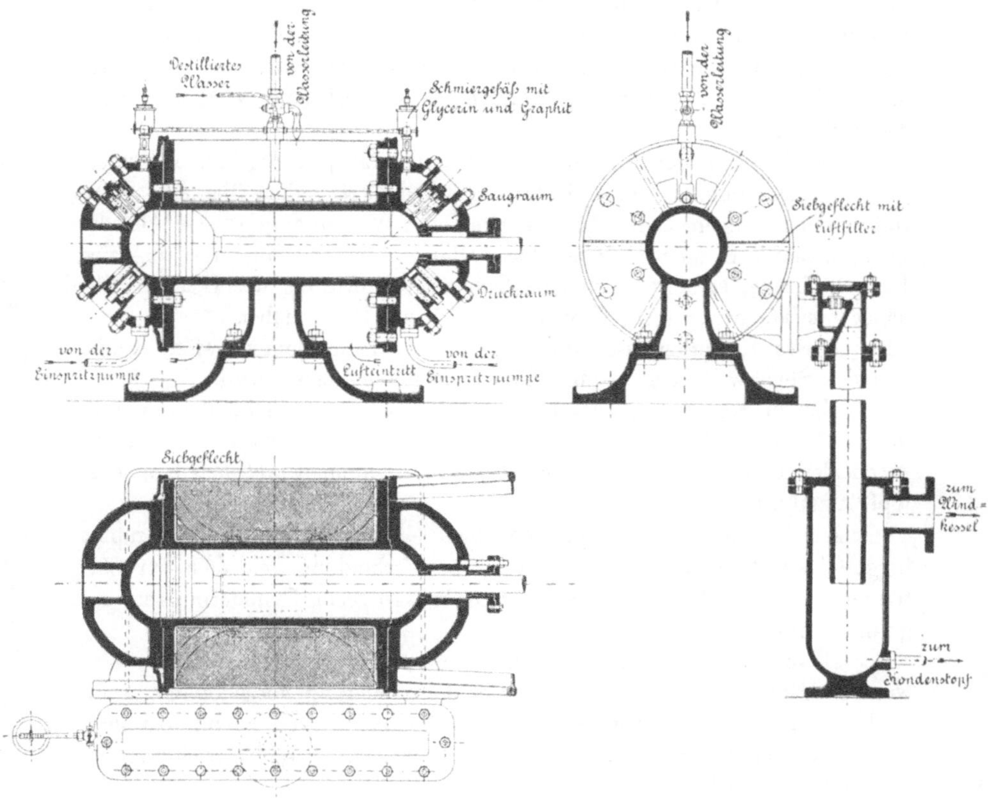

Fig. 155.

Wasser hindurch und dringt durch Löcher von der Innenseite der Flanschen in die Saugkammer der Cylinderdeckel.

Durch diese Art der Kühlung wird das Wasser erstens besser ausgenutzt als bei der gewöhnlichen Mantelkühlung, da es durch seine Verdampfung ca. 600 Kalorien per Kilogramm der durch die Cylinderwandung gehenden Wärme bindet, zweitens wird die Luft dadurch entstaubt, drittens erwärmt, wodurch sie im stande ist, mehr Feuchtigkeit zu absorbieren, viertens wird sie mit Wasserdampf gesättigt.

Um eine noch vollkommenere Sättigung der Luft herbeizuführen, wird der letzteren, bevor sie in den Cylinder tritt, noch destilliertes bezw. Regenwasser zugeführt.

Das absorbierte (nicht mechanisch mitgerissene) Wasser ruft beim Eintritt in den Cylinder im letzteren eine Wechselwirkung hervor, die darin besteht, dass durch allmähliche Erhöhung des Druckes während der Kompressionsperiode der Siedepunkt des Wassers in die Höhe rückt und dieses bestrebt ist, sich niederzuschlagen, woran es aber durch die rapid steigende Kompressionswärme verhindert wird. Je besser die Sättigung ist, umsomehr Wärmeeinheiten werden gebunden, umso wirksamer wird also auch die Kühlung sein.

Der Kraftverbrauch wird noch durch die Einspritzung kalten Wassers in die Druckkammern der Cylinderdeckel reduziert, indem hier eine Kontraktion der heissen Luft und des gebildeten Wasserdampfes wie bei der Dampfeinspritz-Kondensation erfolgt. Dieses soll nicht nur eine intensive Deckelkühlung, sondern auch eine frühzeitige Eröffnung der Druckventile, daher nur einen geringen Ventilwiderstand zur Folge haben.

Dieses Einspritzwasser wird durch eine kleine Pumpe gefördert, die von der Steuerwelle des Dampfcylinders aus angetrieben wird.

Um zu verhindern, dass allzu viel Wasser in die Druckleitung und in den Windkessel gelangt, ist hinter dem Rückschlagventil ein Wasserabscheider angeordnet, in dem sich das Wasser sammelt und dem Kondenstopf zugeführt wird.

Zur Schmierung des Cylinders dient ein aus Glycerin und Graphit hergestelltes Präparat, das tropfenweise in Verbindung mit dem zur Sättigung der Luft dienenden destillierten Wasser dem Cylinderinneren zugeführt wird.

Diese Schmierung hat sich als eine ausserordentlich wirksame erwiesen. Explosionen, wie sie so oft bei Ölschmierung vorgekommen sind, sind hier vollkommen ausgeschlossen, da diese Stoffe nicht entzündbar sind.

Die von der Firma angewandte Kompressor-Ausrückvorrichtung beruht auf der Wirkungsweise der Differentialkolben.

Der von der Druckleitung kommende und mit einem bestimmten normalen Druck unter den Stempel *a*, Fig. 156, strömenden Luft wird durch eine Feder *b* das Gleichgewicht gehalten. Das verjüngte Ende des Stempels berührt dann gerade den im Differentialkolben verstellbaren Stift *c*, mittels welchem der Druck genau auf 0,1 Atm. reguliert werden kann. Ein zweites, ebenfalls mit der Druckleitung in Verbindung stehendes Rohr, lässt die Luft radial zum Differentialkolben strömen. Sobald nun unter dem Stempel Überdruck eintritt, drückt letzterer gegen den Stahlstift und hebt den Differentialkolben so weit, bis letzterer die Öffnungen *d* und *e* frei gibt, die Luft also ungehindert unter den Kolben *f* strömen kann und den mit diesem in Verbindung stehenden Hebel des Sicherheitsventiles ausrückt. Sobald durch den Auspuff genügend Luft entwichen ist, wird der Druck sofort sinken und mithin auch der Stempel in seine normale Stellung zurückkommen.

Einen ähnlichen wie den auf den Abbildungen ersichtlichen Kompressor hat die Firma Oetling beispielsweise für die Montanwachsfabrik Völpke und die Eisenbahnhauptwerkstätte Paderborn geliefert.

Die Dimensionen der Maschine waren in beiden Fällen folgende:

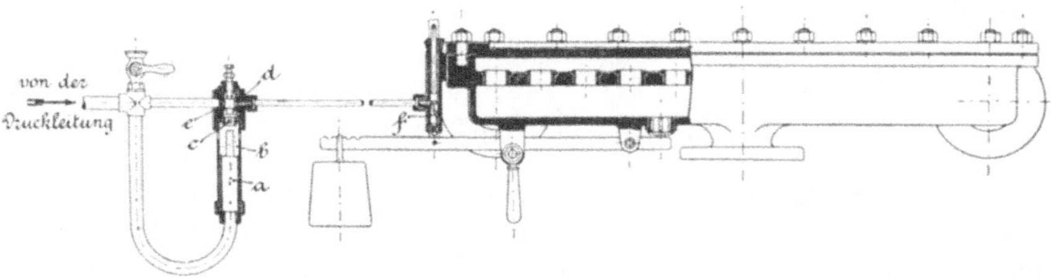

Fig. 156.

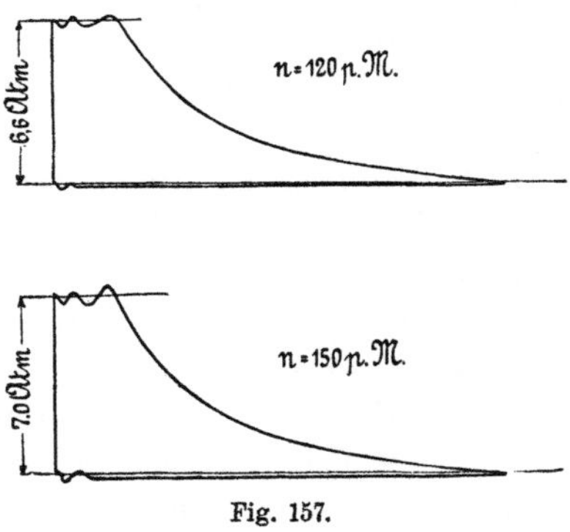

Fig. 157.

Durchmesser des Dampfcylinders 245 mm,
Durchmesser des Luftcylinders 230 mm,
Gemeinschaftlicher Hub der Maschine 600 mm,
Normale Umdrehungen = 120 pro Minute.

Die Tourenzahl konnte jedoch gesteigert werden und lief die Maschine bei 150 i. d. Minute noch vollkommen ruhig und funktionierten die Ventile vollständig zufriedenstellend, wie die genommenen und in Fig. 157 vorgeführten Indikatordiagramme beweisen. Der Saugwiderstand war ein sehr geringer, schädlicher Raum war fast gar nicht vorhanden, was durch die eigenartige Deckel- und Ventilkonstruktion bedingt ist.

Die hier angewendete, im vorhergehenden beschriebene Kühlung und Schmierung erwies sich in beiden Fällen als zufriedenstellend, und geht aus den Diagrammen hervor, dass der Verlauf der Kompressionskurve sich der Isotherme nahe anschliesst, was durch die reichliche Kühlung durch Wassereinspritzung bewirkt sein kann. Über den Kühlwasserverbrauch allerdings ist seitens der genannten Firma nichts mitgeteilt worden, und dürfte derselbe für die Vorkühlung, Nachkühlung, Mantelkühlung und Einspritzung jedenfalls ein ausserordentlich grosser sein und hierdurch die etwaigen geringen Vorzüge der Nachkühlung bezw. der eventuelle Kraftgewinn völlig ausgeglichen werden. Es ist zweifellos, dass nur strengwissenschaftlich durchgeführte Versuche hierüber genauen Aufschluss geben können.

C. Nasse Kompressoren.

Von dem Gedanken geleitet, dass eine vom Arbeitskolben bewegte Wassermenge, welche direkt auf die Luft einwirkt, eine günstige Abkühlung derselben während der Kompression, eine Abkühlung der Cylinderwände und Deckel, sowie eine Beseitigung des schädlichen Raumes auf jeder Kolbenseite bewirken würde, erbaute zuerst Sommeiller für die Gesteinsbohrmaschinen des Mont-Cenis-Tunnels einen nassen Kompressor, bei welchem zwischen dem Kolben und der Luft eine Wassersäule eingeschaltet war.

Am 20. März 1860 erhielt er ein französisches Patent auf seine Konstruktion. Dieselbe ist die Grundlage für alle späteren nassen Kompressoren geworden, welche sich für manche Zwecke gut bewährt haben. Wie jedoch bei den früher besprochenen Systemen den Vorteilen unverkennbare Nachteile gegenüberstehen, so auch hier.

Die Vorteile der nassen Kompressoren sind im wesentlichen folgende:

1. stärkere Abkühlung der Luft als bei Mantelkühlung, daher geringere Endtemperatur der Luft,
2. grösserer volumetrischer Wirkungsgrad,
3. grössere Einfachheit und dadurch bewirkte geringere Reparaturbedürftigkeit.

Die Nachteile bestehen hauptsächlich in folgenden Umständen:

1. geringere Kolbengeschwindigkeit. Bei raschem Gange finden Stösse, Wasserschläge, Wellen- und Schaumbildung, Umherspritzen von Wasser statt, wodurch der Feuchtigkeitsgehalt der Luft bedeutend erhöht wird,
2. grössere Abmessungen, grösseres Gewicht und grösserer Raumbedarf,
3. grösserer Wasserverbrauch,
4. grösserer Kraftbedarf infolge des grösseren Arbeitsverlustes zur Beschleunigung der Wassermassen, beim Durchgang durch die Ventile, sowie infolge der grösseren Kolbenreibung.

Die Hauptnachteile der kleineren Kolbengeschwindigkeit und der Wirbel- und Wellenbildung des Wassers hat zu sinnreichen Konstruktionen geführt (vgl. weiter unten die Kompressoren von Humboldt und Hanarte), welche dieselben mehr oder weniger beseitigt haben.

Die wichtigsten Ausführungen der nassen Kompressoren sind die folgenden.

1. Kompressor Sommeiller[1]). Figuren 158 und 159.

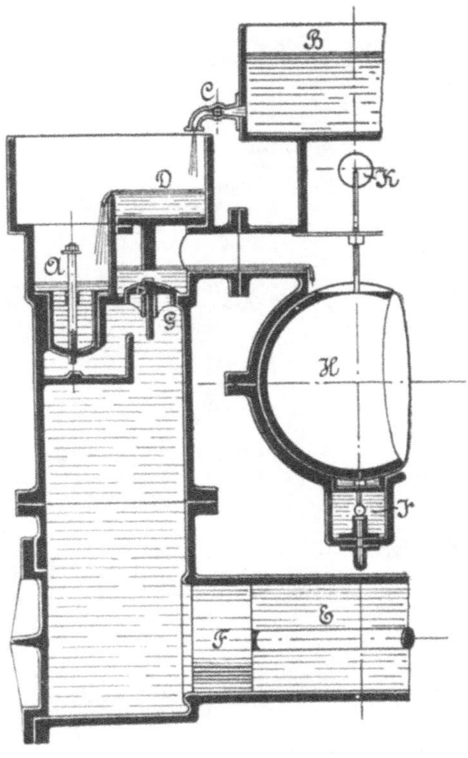

Fig. 158.

Die in der Patentschrift Sommeiller's abgebildete Konstruktion ist aus Fig. 158 zu ersehen. Durch das Saugventil A wird beim Rechtsgang des im horizontalen Cylinder E verschiebbaren Kolbens F Luft und zugleich eine bestimmte Wassermenge, welche das Saugventil bedeckt hat, angesaugt. Aus dem Behälter B fliesst die bei jedem Hube anzusaugende Wassermenge durch den Regulierhahn C in das Gefäss D und über den

[1]) Zeitschr. d. V. d. Ing. 1876, Taf. XI. Civilingenieur 1863, Taf. 26. Dufresne, Étude historique sur l'emploi de l'air comprimé. Paris, Steinheil 1889, S. 10 und 21, Tafel 3. Pernolet, L'air comprimé, S. 288 u. folg.

Rand desselben auf das Saugventil *A*. Die angesaugte Luft wird beim Rückgang des Kolbens durch die aufsteigende Wassersäule komprimiert und durch das Druckventil *G* aus dem Cylinder verdrängt. Da am Ende des Hubes alle Luft und auch die vorher angesaugte Wassermenge aus dem Cylinder entfernt ist, das Druckventil aber unter Wasser steht, so findet beim neuen Spiel des Kolbens ein Zurückfliessen von Wasser, je-

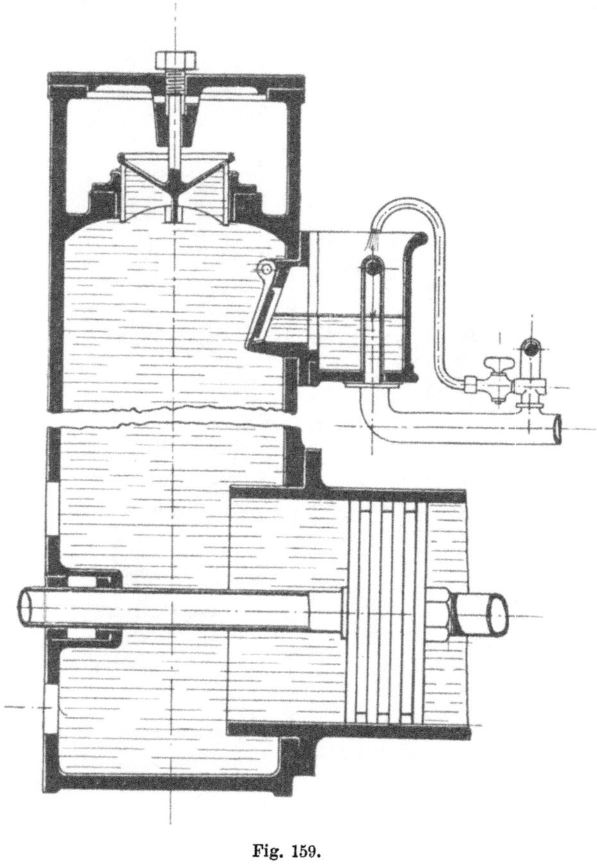

Fig. 159.

doch seltener von Luft statt, so dass ein Luftverlust kaum vorhanden, der volumetrische Wirkungsgrad also sehr gross ist. Das mit der Luft ausgetriebene Wasser wird durch ein von einem Schwimmer *H* bewegtes Ventil *I* mit geringer Hubhöhe abgelassen, während die Luft in die Druckleitung *K* gelangt.

Der Patentanspruch Sommeiller's hat folgenden Wortlaut:

„Nach dem vorher Gesagten besteht mein Apparat zur Kompression elastischer Flüssigkeiten im wesentlichen:

1. „in einem Kolben, welcher durch irgend eine Kraft bewegt wird und abwechselnd auf zwei Kompressionscylinder wirkt, welche mit dem Cylinder des Kolbens in Verbindung stehen und in deren jedem eine Wassersäule auf- und niederschwingt, welche zwischen diesen Kolben und die zu komprimierende Luft oder das Gas eingeschaltet ist;
2. „in einem Systeme von Saug- und Druckventilen mit hydraulischem Abschluss, welche keinen Verlust an komprimierter Luft oder Kompression zulassen;
3. „in einem beständigen und natürlichen Wasserkreislauf, welcher keine mechanische Arbeit zu seiner Bewegung erfordert und gleichzeitig zum Abschluss der Saugventile und zur Abkühlung der während der Kompression mit der Luft in Berührung kommenden Teile dient;
4. „in einem Entleerungssystem dieses Wassers nach seiner Wirksamkeit durch eine selbsttätige Vorrichtung, welche zu ihrer Bewegung nur dies Wasser selbst und ein Schwimmventil benötigt."

Eine spätere Ausführung des Sommeiller'schen Kompressors aus den 70er Jahren zeigt Fig. 159 [1]), welche von der Société John Cockerill in Seraing gebaut wurde. Das Druckventil liegt in der Mitte des vertikalen Cylinders, die Saugklappe seitlich. Die Wasserzu- und -abführung geschieht durch die in der Figur gezeichneten Rohre. Die Konstruktionsverhältnisse des letzteren Kompressors sind nach Pernolet [2]) folgende:

Dampfcylinder		
Kolbendurchmesser	0,50	m
Kolbenhub	1,20	„
Luftkompressor		
Kolbendurchmesser	0,45	„
Kolbenhub	1,20	„
Kolbenquerschnitt	0,1590	qm
Hubvolumen	0,191	cbm
Tourenzahl (grösste) i. d. Min.	16	
Kolbengeschwindigkeit	0,64	m
Theoretisch angesaugte Luftmenge i. d. Min. bei dieser Kolbengeschwindigkeit für 1 Cylinder	6,106	cbm
für 2 Cylinder	12,212	„
Absoluter Luftdruck	4 bis 6	Atm.

1) Pernolet, a. a. O. S. 303, Fig. 125.
2) a. a. O. S. 304.

Effektive Luftmenge i. d. Min. bei 4 Atm.	3,053	cbm
„ „ „ „ „ „ 6 „	2,035	„
Absoluter Dampfdruck	4,25 bis 6,25	Atm.
Schwungraddurchmesser	5,1	m
Schwungradgewicht	5600	kg

Bei Versuchen mit den Kompressoren der Gruppe St. Eugénie in Blanzy war bei einem Kompressor gleicher Abmessungen die Luftmenge bei 4,5 Atm. absoluter Luftpressung Q = 3,15 cbm i. d. Minute, der volumetrische Wirkungsgrad $\eta_v = 0{,}83$. Die Tourenzahl betrug dabei 18 i. d. Minute, die entsprechende Kolbengeschwindigkeit also 0,72 m i. d. Sekunde. Eine Steigerung derselben hatte ein rasches Sinken des Wirkungsgrades zur Folge.

2. Kompressor Richter und Paschke. Fig. 160.

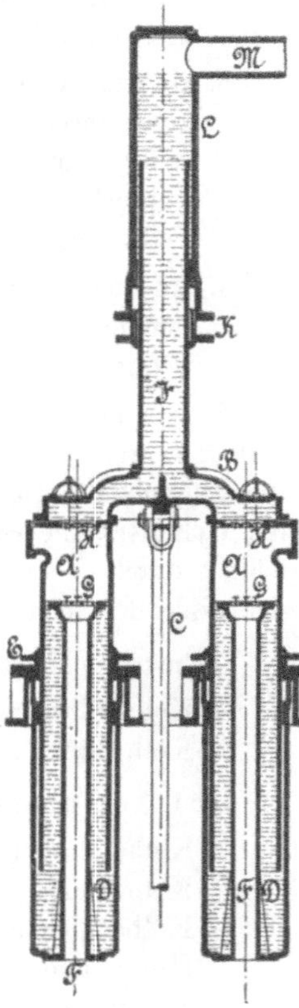

Fig. 160.

Zwei unten offene Rohre *A*, welche an einer gemeinschaftlichen, hohlen Traverse *B* befestigt sind und durch eine Pleuelstange *C* auf und nieder bewegt werden, tauchen in zwei stehende Cylinder *D* ein und sind durch Stopfbüchsen *E* gegen dieselben abgedichtet. Im Inneren der Cylinder befinden sich die Saugrohre *F*, welche oben die Saugventile *G* tragen. Beim Aufgang des Rohres *A* wird durch dieselben Luft angesaugt, beim Niedergang komprimiert und durch die Druckventile *H* und das mit Wasser gefüllte Steigrohr *I* hindurch in den Cylinder *L* und die Druckleitung *M* gedrückt.

Durch das im Cylinder *D* enthaltene Wasser wird der schädliche Raum ausgefüllt. So sinnreich auch die auf dem Prinzip der Taucherglocken beruhende Konstruktion ist, so hat dieselbe doch so grosse Nachteile, dass sie sich dauernd kaum bewähren dürfte. Dieselben liegen:

1. In dem grösseren Kraftbedarf, bewirkt durch das grosse Gewicht der zu hebenden Rohre *A* und *I* und der Wassersäule in *L*, sowie durch den Widerstand, welchen die Luft beim Durchgang durch die Wassersäule *I* findet. Derselbe ist auch nicht durch die allerdings sehr vollkommene Abkühlung der Luft beim Durchgang durch das Wasser aufgehoben, da ja eine Abkühlung der Luft nach der Kompression keinerlei Kraftersparnis bietet,

2. in der schwierigen Aufstellung,
3. in dem schwierigen Dichthalten der drei grossen Stopfbüchsen,
4. in der voluminösen Anordnung,
5. in der Vergrösserung der Reibungsarbeit durch die drei langen Stopfbüchsen,
6. in der nur beim Niedergang des Kolbens, also periodisch oder stossweise erfolgende Luftlieferung.

Wie bereits angedeutet, ist der Übelstand geringer Kolbengeschwindigkeit und starker Wasserstösse und -schläge bei rascherem Gange durch verschiedene Konstruktionen zu beseitigen gesucht worden. Ausgehend von

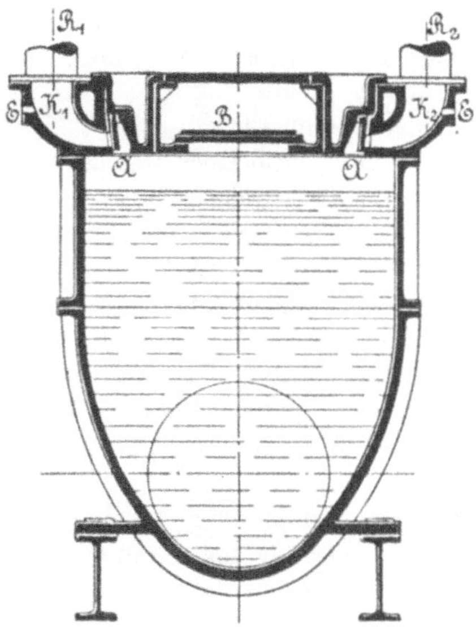

Fig. 161.

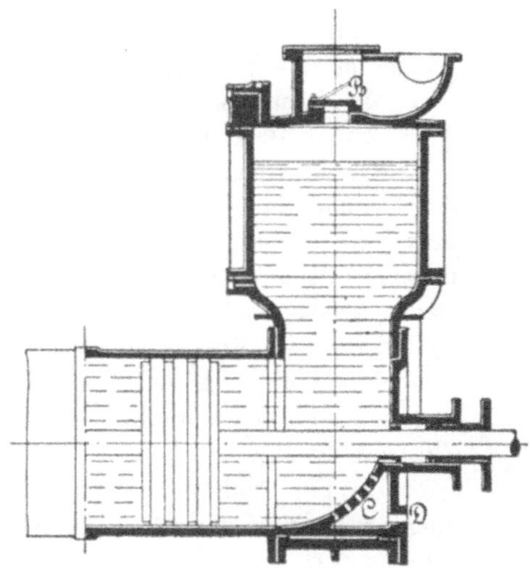

Fig. 162.

dem Gedanken, dass die Geschwindigkeit der aufsteigenden Wassersäule abnimmt, hierdurch die Wellen- und Wirbelbildungen aber gleichfalls verringert werden, wenn der Querschnitt des Cylinders nach oben hin erweitert wird, haben die Konstrukteure fast aller neueren nassen Kompressoren die Cylinder nach oben hin vergrössert.

Die wichtigsten dieser Ausführungen sind die folgenden:

3. Kompressor Hanrez. Figuren 161 und 162.

Die Luft wird durch zwei Saugklappen A aus den Saugrohren R_1 R_2 angesaugt, während sie durch die Druckklappe B aus dem Cylinder entfernt wird. Die Krümmer K_1 K_2 werden während der Druckperiode mit Wasser gefüllt, welches durch kleine, im Cylinderdeckel befindliche Löcher C und eine von D nach E führende (in den Figuren nicht gezeichnete) Druckleitung eingespritzt wird. In der Leitung $D\ E$ befindet sich ein kleines Rückschlagventil, welches sich beim Ansaugen des Kolbens schliesst und ein Zurückfliessen des Wassers verhindert. Da ein Teil des Wassers durch das Druckventil entweicht, so wird dasselbe bei jedem Hube durch Zufluss von aussen her ersetzt. Die Rohrleitung $D\ E$ bewirkt eine lebhafte Wasserzirkulation, indem die unteren, abgekühlten Wasserschichten in das Saugrohr eingeführt werden und den oberen, erwärmten Schichten Platz machen. Es wird hierdurch eine sehr vollkommene Ausnutzung des ganzen im Cylinder enthaltenen Wassers zur Kühlung der Luft erreicht.

Wie aus den Figuren ersichtlich ist, erweitert sich der stehende Cylinder oberhalb nach beiden Horizontalrichtungen hin. Der obere Querschnitt beträgt bei demselben fast das doppelte (1,95 fache) des Kolbenquerschnitts, so dass die Wassergeschwindigkeit in demselben Verhältnisse kleiner als die Kolbengeschwindigkeit ist.

4. Kompressor Humboldt[1]). Figuren 163 und 164.

Zwei einfach wirkende Cylinder sind auf einem gemeinsamen Rahmen befestigt. Ein langer Plungerkolben tritt an den einander zugekehrten Seiten der Cylinder in die letzteren ein und ist durch Stopfbüchsen abgedichtet. Sein Antrieb erfolgt entweder durch zwei Pleuelstangen, welche seitlich an zwei in seiner Mitte angebrachten Zapfen angreifen, oder durch eine Kolbenstange, welche durch den vorderen Cylinderdeckel hindurch geht. Auf jeden Cylinder ist ein Ventilkasten von der aus den Figuren verständlichen, eigentümlichen Form aufgesetzt. Die Konstruktionen der Figuren 163 und 164 unterscheiden sich nur hinsichtlich der Ausbildung dieses Kastens und der Abschlussorgane.

In Fig. 163 ist die Saugöffnung durch eine ringförmige Gummi- oder Lederklappe A bedeckt, welche sich in geöffneter Stellung gegen den Anschlag B legt. Die Druckklappe C ist gleichfalls aus Gummi oder Leder hergestellt und innerhalb des Saugventils angebracht. Die Rohre R und R_1 dienen zur Entwässerung bezw. Wasserzuführung. Diese Konstruktion erschwerte die Auswechslung der Saugklappen sehr, weshalb bei den neueren Maschinen die Anordnung nach Fig. 164 getroffen wurde.

Bei dieser Ausführung ist die Gummiplatte durch einen oder mehrere runde Gummiringe A ersetzt und ist dieselbe Konstruktion auch für das Druckventil B gewählt. Nach Mitteilung der ausführenden Firma haben sich die runden Gummiringe gut bewährt und sind nur selten auszuwechseln. Der Querschnitt des Ventilkastens direkt unter dem Kegel beträgt mehr als das Doppelte des Kolbenquerschnitts, an der höchsten Stelle noch das $1\,^1/_2$ fache desselben.

Es bedarf wohl kaum der Erwähnung, dass die Entscheidung über die Vorzüge des einen oder anderen Kompressoren-Systems bedeutend

---

[1]) Maschinenbau-Aktiengesellschaft „Humboldt", Kalk bei Köln.

schwierig ist. Für viele Zwecke werden nasse Kompressoren den halbnassen oder trockenen wohl überlegen sein, für andere werden dieselben wegen ihres bedeutend grösseren Gewichtes und grösseren Raumbedarfs den

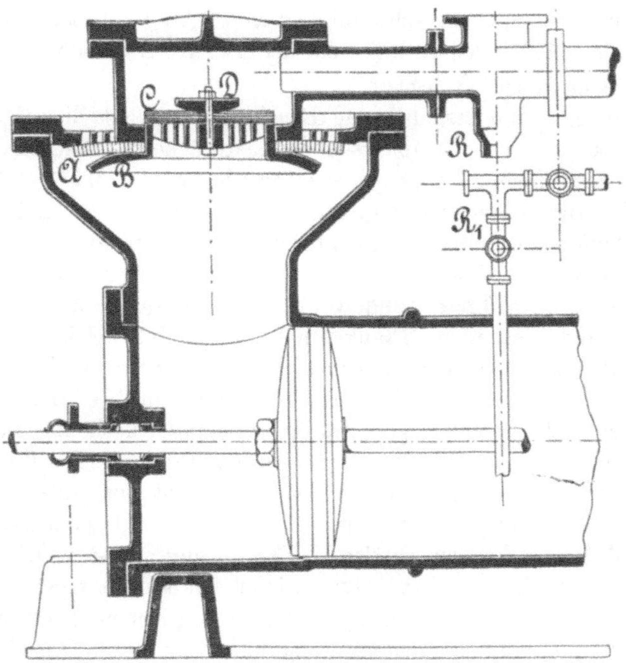

Fig. 163.

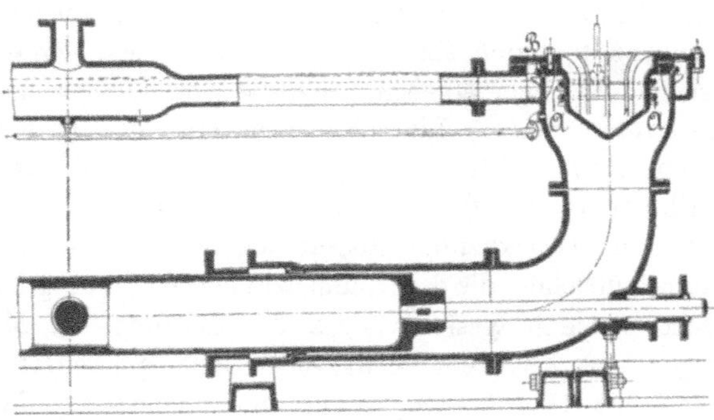

Fig. 164.

ersteren wohl nachstehen müssen. Nur ausgedehnte Versuche unter genau gleichen Verhältnissen würden einen Massstab zur Würdigung der verschiedenen Systeme geben, wozu jedoch leider in sehr seltenen Fällen Gelegenheit geboten ist.

Eine vergleichende Zusammenstellung einer Reihe von Versuchen mit Humboldt'schen Kompressoren ist in der Tabelle auf S. 176 und 177 gegeben. Dieselbe ergibt, dass der grösste volumetrische Wirkungsgrad 92,7 % und die entsprechende Kolbengeschwindigkeit 0,94 m war, dass dagegen bei der Kolbengeschwindigkeit von 1,36 m derselbe auf nur ca. 85 % sinkt. Alles weitere mag aus der Tabelle ersehen werden.

5. Kompressor Dingler.

Eine sehr interessante neue Druckluftanlage ist diejenige auf der Kgl. Steinkohlengrube Camphausen bei Saarbrücken [1]). Bei der Neuanlage des staatlichen Steinkohlenbergwerkes Camphausen im Jahre 1872 war sogleich die Anwendung der Druckluft zum Betriebe von Bohrmaschinen beim Abteufen der Schächte geplant, zu welchem Zwecke ein Humboldtscher Kompressor aufgestellt wurde, welcher noch heute an gleicher Stelle in Betrieb ist. Im Jahre 1886 wurde ein Kompressor der Firma Klein-Schanzlin und Becker in Frankenthal aufgestellt, welcher jedoch nach wenigen Jahren ausser Betrieb kam. Dagegen wurde im Jahre 1895 ein Kompressor der Dingler'schen Maschinenfabrik in Zweibrücken zur Aufstellung gebracht, welcher gegenwärtig gleichfalls noch im Betriebe ist. Beide Kompressoren sind sogenannte nasse Kompressoren. Der Dingler'sche Kompressor unterscheidet sich von dem Humboldt-Kompressor sowohl bezüglich der Anordnung der gesamten Anlage als auch bezüglich der Ventile. Die Ventile [2]) bestehen aus runden, im Kreise angeordneten Öffnungen von 2,5 cm Durchmesser, die durch Gummiringe von kreisförmigem Querschnitt verschlossen werden. Vier Reihen jener Öffnungen dienen als Saug-, zwei als Druckventile. Zum Einspritzen des Einspritzwassers für die Druckluftpumpen während der Druckperiode zum Zwecke der Abkühlung der Luft und der Erneuerung des Wassers dienen 2 kleine Plungerpumpen, welche am äusseren Ende der Pumpenseite durch eine Traverse angetrieben werden. Bei den Abnahmeversuchen hat sich ergeben, dass das von den erwähnten Pumpen gelieferte Wasserquantum (1,5 Liter für einen Hub und eine Kolbenseite) bei höheren Umdrehungszahlen nicht genügt, da durch die schnellere Bewegung des Plungers wesentlich mehr Wasser als sonst bei langsamerer Bewegung durch die Druckventile ausgetrieben wird, wodurch im Cylinder schädliche Räume entstehen, die den volumetrischen Wirkungsgrad verringern. Durch Versuche wurde festgestellt, dass die Leistung der Maschine bei 40 Umdrehungen von 2,377 cbm Luft von 4 Atmosphären Überdruck auf 2,775 cbm, d. i. um 16,7 % steigt, wenn durch genügende Wasserzufuhr durch die Saugventile (etwa 6,5 Liter für einen Hub und Pumpenseite) jenes fehlende Wasserquantum ersetzt wird. Auf Grund dieser Erfahrungen lässt man bei über 30 Touren der Maschine eine grössere Wassermenge

---

1) Zeitschr. f. d. Berg-, Hütten- und Salinenwesen. 1900. Bd. 48. S. 491 u. f.

2) Vergl. am vorher (Fussnote 1) angef. Orte Tafel X, Fig. 1—3.

Tabellarische Zusammenstellung der an einem nassen Humboldt'schen Luftkompressor

Kompression von Atmosphäre zu Atmosphäre	1—2							2—3						
No. der Versuche	I	II	III	IV	V	VI	VII	I	II	III	IV	V	VI	VII
Gesamttourenzahl . .	112	112	106	111	108	110	119	120	108	107	109	108	113	115
Zeit in Minuten . . .	5,6	3,5	2,6	2,3	2,0	1,9	1,8	5,6	3,3	2,5	2,4	2.1	1,9	1,7
Touren i. d. Minute .	20	32	40	48	54	58	66	21,5	33	42	45,5	51	60	68
Hubzahl	224	224	212	222	216	220	238	240	216	214	218	216	226	230

$\frac{\text{Einströmquerschnitt}}{\text{Plungerquerschnitt}} = \frac{1}{3}$ $\frac{\text{Druckquerschnitt}}{\text{Plungerquerschnitt}} = \frac{1}{4}$

Wasserverbrauch = 0,18 Liter für jeden Doppelhub.

zufliessen, um den volumetrischen Wirkungsgrad zu erhöhen. Trotzdem ergaben die Abnahmeversuche, dass die garantierte Luftmenge von 30 cbm bei 40 Touren bezw. 3,73 cbm bei 50 Touren von je 4 Atmosphären Überdruck auch bei erhöhtem Wasserzusatz nicht geleistet wurde, vielmehr war die Luftmenge bei je 4 Atmosphären Überdruck folgende:

2,278 cbm bei 30 Touren,
2,775 „ „ 40 „
2,576 „ „ 50 „
2,288 „ „ 60 „

Hieraus ergibt sich, dass der günstigste volumetrische Wirkungsgrad bei etwa 40 Touren, die höchste Leistung ebenfalls bei etwa 40 Touren liegt und bei grösserer Geschwindigkeit die Maschine ungünstig arbeitet. Diese eigentümliche Erscheinung hat ihren Grund in folgendem Umstande. Bei zu schnellem Gang der Maschine wird das Wasser in den Pumpen zu rasch auf- und abgeschleudert und zerstäubt, wodurch kleine schaumartige Bläschen gebildet werden, welche schädliche Räume bilden und hierdurch den Wirkungsgrad verringern. Bei 50 und 60 Touren erfolgt infolgedessen das Ansaugen der Luft erst nach etwa $^1/_3$ des Hubes, wie aus den Diagrammen sich ergab. Da jedoch bei dem ungünstigen volumetrischen Wirkungsgrad der dynamische verhältnismässig gleich günstig bleibt, so wird die Arbeitsleistung der Dampfmaschine bei mehr als 40 Touren von der Luftpumpe nicht mehr vollständig verbraucht, so dass die Maschine schneller und schneller lief, und schliesslich ohne grössere Füllungsgrade der Dampfmaschine durchging. Infolgedessen wurde der ursprüngliche

Versuche vom 18. Februar 1883

von 200 mm Plungerquerschnitt, 600 mm Hub.

3—4							4—5							Mittelwerte für Kompression von 1—5 Atmosphären						
I	II	III	IV	V	VI	VII	I	II	III	IV	V	VI	VII	I	II	III	IV	V	VI	VII
128	111	114	110	116	116	123	134	107	108	104	110	112	120	494	438	435	434	436	451	477
5,6	3,3	2,6	2,25	2,1	2,0	1,8	5,5	3,2	2,6	2,2	2,1	2,0	1,75	22,3	13,3	10,3	9,15	8,3	7,8	7,05
23	34	44	49	52	58	68	24,5	33	41	47	52	58	68,5	22	33	42	47	52	58,5	68
256	222	228	220	220	232	226	268	214	216	208	220	224	240	988	876	870	868	872	902	954
							Kolbengeschwindigkeit . .							0,44	0,66	0,84	0,94	1,04	1,19	1,36
							Theoretische Luftmenge in cbm von 5 Atm. . . .							4,65	4,176	4,148	4,09	4,1	4,24	4,48
							Wirkliche Luftmenge . .							3,79 cbm						
							Wirkungsgrad in % . .							81,4	91	91,5	92,7	92,4	89	84,6

Plunger von 500 mm durch einen solchen von 550 mm ersetzt. Die genaueren Angaben über die Abmessungen, den Dampfverbrauch und die Leistungen der beiden Kompressoren sind aus der Tabelle auf S. 178 zu ersehen. Interessant ist eine Zusammenstellung über die Anlage- und Betriebskosten der gesamten Druckluftanlage, welche in Kürze wiedergegeben zu werden verdient. Die Kosten der gesamten Anlage setzen sich wie folgt zusammen:

Anlagekosten des Humboldt-Kompressors Mk. 42000,
„ „ Dingler- „ „ 20000
(beide einschliesslich der Baukosten)
Summa: Mk. 62000.

Mit Rücksicht auf die längere Betriebszeit des ersten Kompressors wird derselbe nur mit 1/4 des Anlagekapitals in Rechnung gesetzt, also Mk. 10500,
so dass die Gesamtsumme . . . . . . „ 30500 beträgt,
mithin der Betrag für Amortisation und Verzinsung derselben zu 10% pro Jahr . . „ 3050,
also pro Monat . . . . „ 254, ergeben.

Die Betriebskosten der beiden Kompressoren betragen monatlich:

Kosten für Dampfverbrauch (gemäss Zeile 12 der Tabelle) . . . . Mk. 2010,
bei einer Betriebszeit von 16 Std. pro Tag,
Wärterlohn . . . . „ 220,
Kosten für Schmierung, Dichtungsmaterial etc. „ 80,
Amortisation und Verzinsung . . . . . . „ 254,
Summa monatlich: Mk. 2564.

Bei einer Leistung der beiden Kompressoren zusammen von 4750 cbm Druckluft am Tage (Zeile 22 der Tabelle) stellt sich 1 cbm Druckluft von 5 Atmosphären absolut (4 Atmosphären Überdruck) zu 2,1 Pfg. bezw. 1,73 Pfg. ohne Berücksichtigung der Amortisation und Verzinsung.

6. Kompressor Staněk[1]). Figuren 165—167.

Die äussere Anordnung ist nicht wesentlich von derjenigen des Humboldt-Kompressors verschieden. Die stehenden Cylinder *A* sind nach

No.			Humboldt	Dingler
			Kompressor	
1	Cylinderdurchmesser	mm	550	550
2	Kolbenhub	m	1,5	1,1
3	Umdrehungen i. d. Min.		14	25
4	Admissionsdampfspannung Atm. abs. .		5,5	6,0
5	Füllungsgrad		0,3	0,3
6	Mittlere Dampfspannung in der Auspuffperiode		1,1	1,1
7	Nutzbarer Dampfverbrauch i. d. Sek. .	kg	0,1479	0,2115
8	Dampfverlust i. d. Sek.	„	0,1110	0,1181
9	Gesamtdampfverbrauch i. d. Sek. . .	„	0,2589	0,3296
10	Kosten von 1 kg Dampf	Pfg.	0,185	0,185
11	„ für Dampf i. d. Sek.	„	0,0479	0,061
12	„ „ „ im Tage	Mk.	27,59	52,80
13	Plungerdurchmesser	mm	500	550
14	Plungerhub	m	1,5	1,1
15	Durchmesser der Kolbenstange . . .	mm	85	85
16	Hubvolumen beider Pumpen	cbm	0,5805	0,5164
17	Volumetrischer Wirkungsgrad . . .		0,9	0,9
18	Angesaugtes Luftquantum pro Hub . .	cbm	0,5225	0,4648
19	Geliefertes Luftquantum von 5 Atm. abs.	„	0,1045	0,0930
20	do. i. d. Min.	„	1,463	2,3239
21	„ „ „ Stunde	„	87,777	139,44
22	„ im Tage	„	1404,44	3346,4
23	Leistung der Dampfmaschine PS. . .		53,61	79,46
24	„ des Kompressors pro Hub . .	mkg	8480,6	7480,0
25	„ „ „ i. d. Sek. PS.		26,28	41,557
26	Dynamischer Wirkungsgrad	%	49	52,3

oben hin erweitert und tragen einen Saug- und einen Druckventilkasten. In dem ringförmigen Raum *B*, welcher den Saugkasten bildet, sind die Saugventile nach unten öffnend angebracht, während die Druckventile, nach oben öffnend, im Druckkasten *C* sitzen. Das erforderliche Kühlwasser, welches ca. 0,27—0,3 % des vom Kolben durchlaufenen Raumes beträgt, fliesst in die Saugkammer *B* und wird von hier mit der Luft angesaugt.

[1]) Ausgeführt von der Prager Maschinenbauanstalt, vormals Breitfeld, Daněk u. Co., Prag-Karolinenthal.

Dasselbe gelangt sodann mit der Luft in die Druckleitung und wird im Sammelrohr *D* durch ein bei *E* anschliessendes Rohr abgelassen.

Die Saug- und Druckventile sind runde Kautschukscheiben, welche in der Mitte durch eine Schraube gehalten werden und um diese herum sechs gebohrte Löcher von je 20 mm Durchmesser überdecken. Der Durchgangsquerschnitt beider Ventilgruppen ist infolge der getroffenen Anordnung

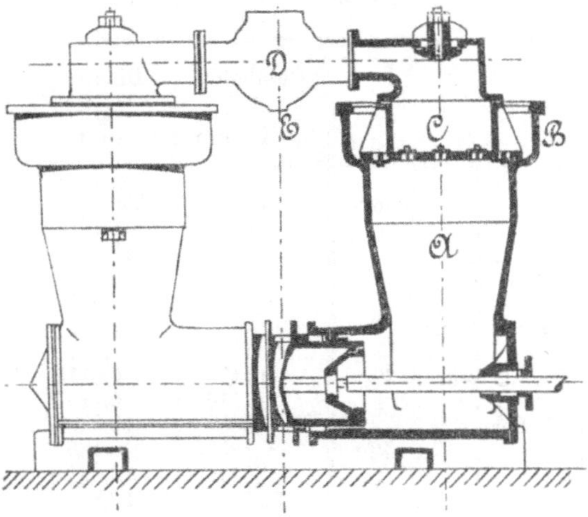

Fig. 165.

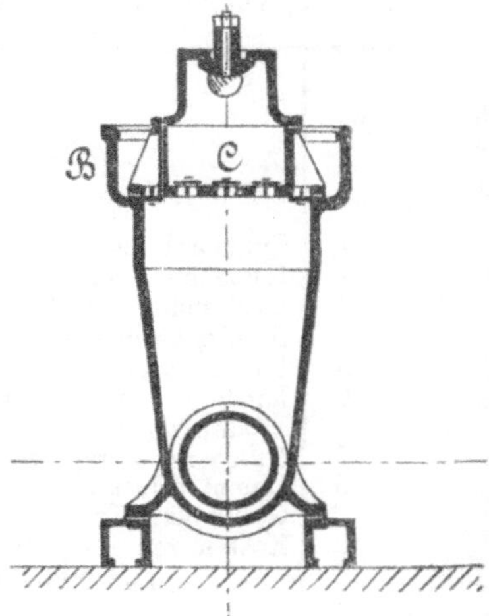

Fig. 166.

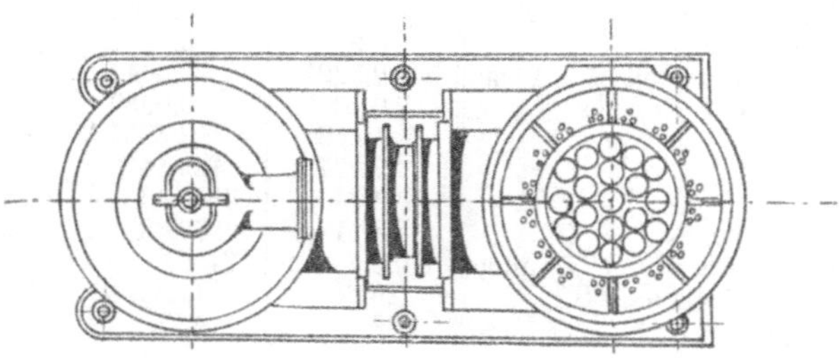

Fig. 167.

sehr gross und kann durch Erweiterung des Saugkastens *B* noch beliebig vergrössert werden.

Einer eingehenden Beschreibung[1]) der Kompressorenanlage am Annaschacht zu Pribram in Böhmen von Novák ist Nachfolgendes entnommen.

---

[1]) Der Luftkompressor am Annaschacht in Pribram. Österr. Z. f. Berg- und Hüttenwesen. 1879. S. 267 u. folg.

Die Amessungen der Maschine sind folgende:

Durchm. des Kompressorkolbens . . .	0,41 m
„ „ Dampfkolbens	0,38 „
Hub beider Kolben	0,76 „
Dampfdruck	4,5—4,8 Atm.
Luftmenge bei 1 Umdrehung . . .	0,20068 cbm
„ i. d. Min. bei 40—50 Umdr. .	8,02—10,03 „
Querschnittserweiterung im Kompressionscylinder	$2^1/_2$ fach
Geschwindigkeit der bewegten Wassersäule im Niveau	$^2/_5$ der Kolbengeschw.
Freier Ventilquerschnitt	0,32 der Kolbenfläche.

Zahlreiche Versuche, welche mit der erwähnten Maschine angestellt wurden, ergaben zunächst bezüglich der Erwärmung der Luft und des Kühlwasserverbrauchs bei verschiedenen Tourenzahlen die folgende Werte:

Tourenzahl in 1 Min.	Temp. der Luft im Maschinenraum	Temperatur des Einspritzwassers	Temperatur des gebrauchten Wassers	Wasserverbrauch in der Min.	Wasserverbrauch in % des Cyl.-Volums	Temp. der Luft im Reservoir	Spannung der Luft im Reservoir
Zahl	°C.	°C.	°C.	cbdm	%	°C.	Atm.
30	28,5	14	25	5	0,27	30	4
40	26	10,5	26,5	7	0,29	31	4
50	26	10	25	8	0,27	27,5	4
60	26	9	21	12	0,34	25	4
70	26	8	15	20	0,48	24	4

Der Kraftverbrauch wurde gleichfalls durch die Versuche am Annaschacht festgestellt und ist aus nachfolgender Tabelle zu ersehen.

Tourenzahl in 1 Min.	Indizierte Arbeit in PS. im a) Dampfcylinder	Indizierte Arbeit in PS. im b) Luftcylinder	Verhältniss von $\frac{\text{Luftarbeit b)}}{\text{Dampfarbeit a)}}$	Nettoleistung c) d. Maschine in PS. 90% der indizierten Leistung	Verhältniss der Luftarbeit b) zur Nettoleistung c)
30	11,39	8,52	0,748	10,25	0,831
40	14,64	11,54	0,788	13,17	0,876
50	18,88	14,74	0,7807	16,99	0,867
60	21,98	17,00	0,7734	19,78	0,859
70	31,11	21,72	0,665	27,99	0,779

Nach neueren Angaben der erbauenden Fabrik beträgt der Kraftbedarf für 1 cbm minutlicher Luftmenge von 4 Atm. Überdruck 20e PS. ausschliesslich der Maschinenreibung.

Bezüglich der Leistungsfähigkeit des Staněk'schen Kompressors im Vergleich mit derjenigen halbnasser und trockener Kompressoren wurden

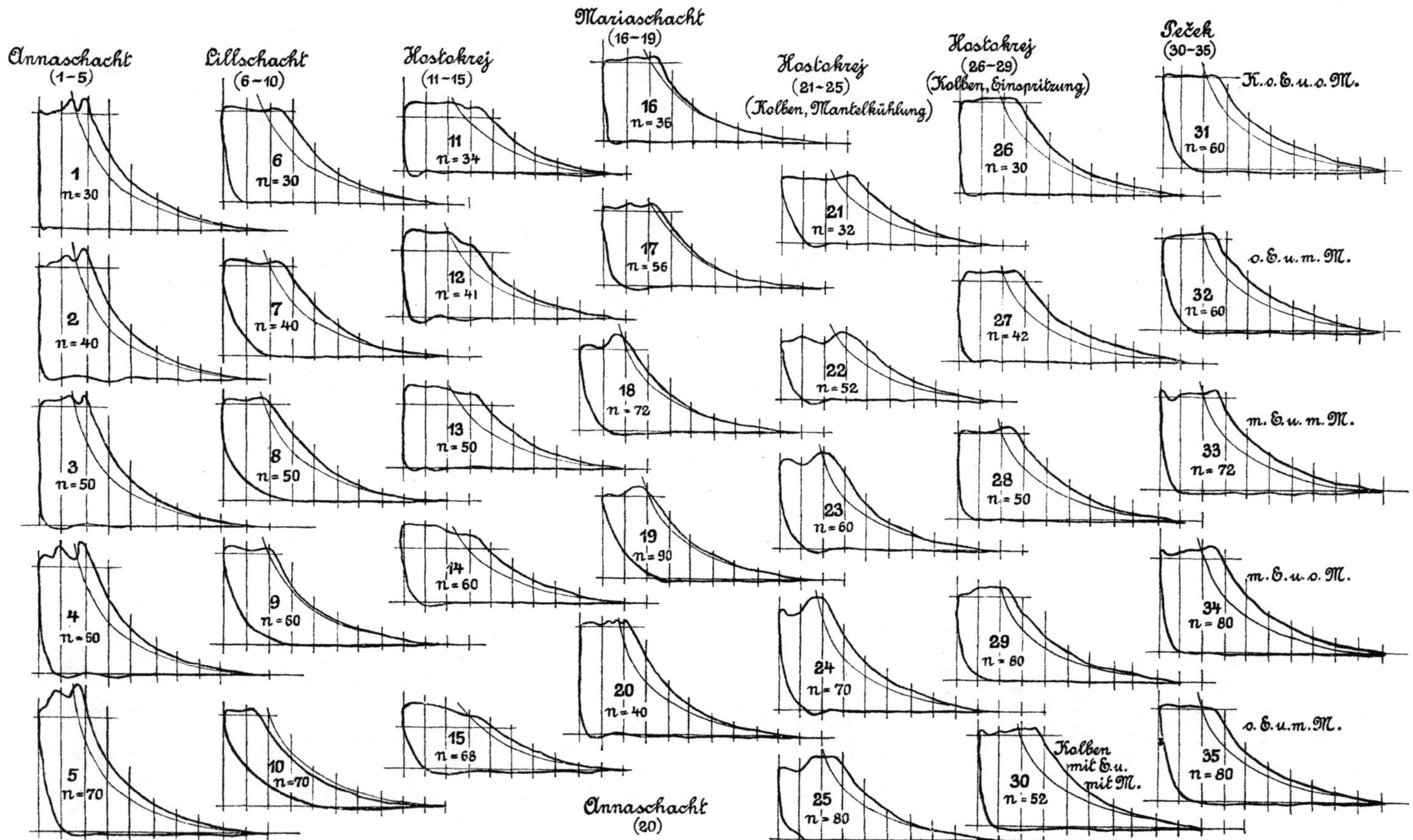
Annaschacht (1–5)
1 n = 30
2 n = 40
3 n = 50
4 n = 60
5 n = 70
Lillschacht (6–10)
6 n = 30
7 n = 40
8 n = 50
9 n = 60
10 n = 70
Hostokrej (11–15)
11 n = 34
12 n = 41
13 n = 50
14 n = 60
15 n = 68
Mariaschacht (16–19)
16 n = 36
17 n = 56
18 n = 72
19 n = 90
Annaschacht (20)
20 n = 40
Hostokrej (21–25) (Kolben, Mantelkühlung)
21 n = 32
22 n = 52
23 n = 60
24 n = 70
25 n = 80
Hostokrej (26–29) (Kolben, Einspritzung)
26 n = 30
27 n = 42
28 n = 50
29 n = 60
Kolben mit E.u. mit M.
30 n = 52
Pežek (30–35)
K.o.E.u.o.M.
31 n = 60
o.E.u.m.M.
32 n = 60
m.E.u.m.M.
33 n = 72
m.E.u.o.M.
34 n = 80
o.E.u.m.M.
35 n = 80

Fig. 168.

aus verschiedenen, meist auch in Pribram angestellten Versuchen die in nachstehender Tabelle zusammengestellten Werte ermittelt. Die Luftdruck-Diagramme der hierbei untersuchten, verschiedenen Kompressoren sind aus Fig. 168 zu ersehen.

1	2	3	4	5	6		7	8	9	10	11
Laufende No.	Ort der Aufstellung und Art des Kompressors	Diagramm No.	Kolben-geschwindigkeit m	Tourenzahl	Kolben- Durchmesser m	Kolben- Fläche qcm	Kolbenhub m	Luftdruck im Reservoir Atm.	Temperatur der komp. Luft ° R.	Freier Querschnitt des Saugventils % der Kolbenfläche	Freier Querschnitt des Druckventils % der Kolbenfläche
I. 1	Annaschacht, Staněk-Komp. mit Gummikugeln als Druckventilen	1	0,6	30	0,25	490	0,6	5,25	30	32	21
2		2	0,8	40	—	—	—	5	31	—	—
3		3	1,0	50	—	—	—	5,32	30	—	—
4		4	1,2	60	—	—	—	4,84	25	—	—
5		5	1,4	70	—	—	—	5,15	24	—	—
II. 6	Lillschacht, Staněk, Gummischeibenventile	6	0,6	30	0,25	490	0,6	4	25	34	32
7		7	0,8	40	—	—	—	4	25	—	—
8		8	1,0	50	—	—	—	4,3	25	—	—
9		9	1,2	60	—	—	—	4	25	—	—
10		10	1,4	70	—	—	—	4	25	—	—
III. 11	Hostokrey, Staněk, Kugelventile als Druckventil	11	0,861	34	0,41	1320	0,76	2,4	—	18	10
12		12	1,03	41	—	—	—	3	—	—	—
13		13	1,26	50	—	—	—	2,7	—	—	—
14		14	1,52	60	—	—	—	2,3	—	—	—
15		15	1,72	68	—	—	—	1,9	—	—	—
IV. 16	Humboldt-Sievers'scher Komp. Maria-Schacht, Pribram	16	0,6	36	0,16	201	0,5	3,5	30	36	24
17		17	0,93	56	—	—	—	3,4	—	—	—
18		18	1,20	72	—	—	—	3,6	—	—	—
19		19	1,50	90	—	—	—	3,7	—	—	—
V. 21	Hostokrey, Trockener Komp. mit Mantelkühlung	21	0,81	32	0,368	1063	0,76	?	bis 130	19	12
22		22	1,31	52	—	—	—	?	—	—	—
23		23	1,52	60	—	—	—	?	—	—	—
24		24	1,77	70	—	—	—	?	—	—	—
25		25	2,02	80	—	—	—	?	—	—	—
VI. 26	Derselbe Komp. wie bei V mit Mantelkühlung u. Einspritzung	26	0,76	30	—	—	—	4	30	—	—
27		27	1,06	42	—	—	—	3,6	30	—	—
28		28	1,26	50	—	—	—	3,8	30	—	—
29		29	2,02	80	—	—	—	3,7	30	—	—
VII.	Kolbenkomp. in Peček										
30	a) ganz trocken	31	0,95	60	0,26	530	0,475	4	104	15	12
31	b) trocken mit Mantelkühlung	32	0,95	60	—	—	—	4	100	—	—
32		35	1,20	80	—	—	—	4	121	—	—
33	c) Einspritzung ohne Mantel	34	1,26	80	—	—	—	4	25	—	—
34	d) Einspritzung und Mantelkühlung	30	0,82	52	—	—	—	4	20	—	—
35		33	1,14	72	—	—	—	4	25	—	—

Auf Grund der vorstehend mitgeteilten Versuchsresultate stellt Nověk folgende Betrachtungen an:

1. „Trockene Kolbenkompressoren mit blosser Mantelkühlung können nicht zur Verwendung empfohlen werden, weil der schädliche Raum derselben nicht unter 5—6 % sinkt, die Kühlung der Luft eine mangehafte, daher der Verlust durch nachträgliche Abkühlung der erhitzten Luft vor dem Gebrauch ein sehr hoher ist, zudem ein dauerndes Dichthalten der Metallventile sehr schwierig und die Anwendung von Gummi- und Lederklappen wegen der hohen Temperatur ausgeschlossen ist. Diese Kompressoren werden unter allen Umständen die geringste Luftlieferung, daher geringsten Effekt geben.
2. „Halbnasse Kolben-Kompressoren, oder solche mit Einspritzung vermeiden die unter 1. genannten Übelstände; bei denselben werden jedoch, weil nie absolut reines Wasser vorhanden ist, namentlich der Kolben und der Cylinder sehr rasch abgenutzt und unbrauchbar.
3. „Piston-Kompressoren (nasse Kompressoren) mit Einspritzung und richtiger Ventilkonstruktion sind für dauernden Betrieb allen anderen vorzuziehen; dieselben erlauben ebenso hohe Geschwindigkeit wie die Kolbenkompressoren und wie selbe für die treibende Dampfmaschine noch mit Vorteil anzuwenden sind, haben einen kleinen schädlichen Raum, liefern kalte Luft, so dass alle späteren Verluste durch nachträgliche Abkühlung ausgeschlossen sind, verursachen nur geringe Reparatur, die Ventile derselben sind dauerhaft und stets luftdicht, dieselben erleiden eine geringe Abnutzung, haben daher lange Dauer, und sind jedenfalls nicht teuerer als Kolbenkompressoren, und wenn ja, so werden die jedenfalls geringen Mehrkosten durch die lange Dauer der Maschine bei weitem aufgewogen.“

Eine Erklärung der Diagramme auf Fig. 168 ist nicht erforderlich, dieselben lassen ohne weiteres den Einfluss der Tourenzahl oder Kolbengeschwindigkeit auf den volumetrischen Wirkungsgrad und die Temperatur, sowie denjenigen der Kühlung und Ventilkonstruktion auf die Kompressionsarbeit erkennen.

7. Kompressor Hanarte. Figuren 169—171.

In der vollkommensten, weil theoretisch richtigen Weise erreicht Hanarte[1]) eine Vermeidung aller Wirbelbildungen und Wasserschläge bei seinem Kompressor, dessen beide stehenden Cylinder nach oben hin erweiterte Rotationsparaboloide bilden. Ursprünglich für Pumpen angewandt[2]) ergaben diese Cylinder sehr günstige Resultate. Bei 300 Touren war der

1) Hanarte, Ing. de mines, Mons, Belgien.

2) Uhland, prakt. Masch.-Konst. XXIII, No. 17, S. 114 und 115.

Gang derselben vollkommen ruhig ohne Schläge oder Zittern. Nach demselben Prinzip erbaute die Firma M. Sommeiller Luftkompressoren, welche sich ausgezeichnet bewährten. Die Kolbengeschwindigkeit konnte ruhig auf das Dreifache der sonst üblichen Kolbengeschwindigkeit erhöht werden, ohne dass Wasserschläge oder sonstige Störungen vorkamen. Wie aus Fig. 169 ersichtlich ist, liegen die Saug- und Druckventile in einer Horizontalebene an der höchsten und am meisten erweiterten Stelle des Cylinders. Durch ein in die Saugkammer mündendes Rohr wird beim Ansaugen der Luft Wasser mit eingeführt, da ein geringer Teil desselben während des Austreibens der Luft verloren geht.

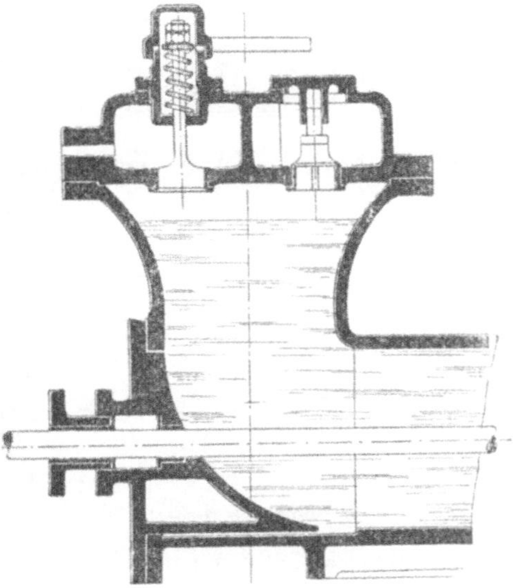

Fig. 169.

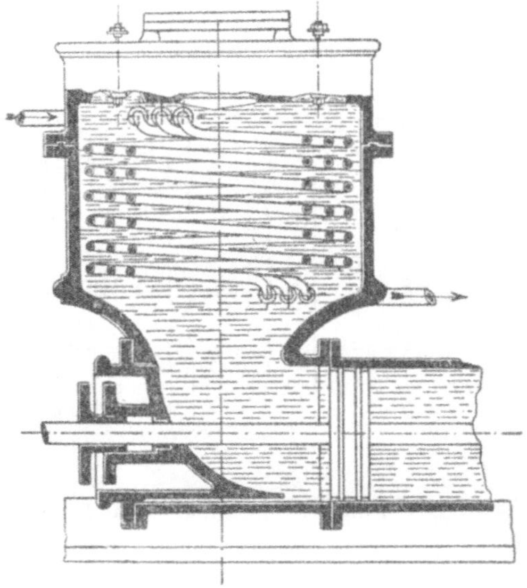

Fig. 170.

Das Wesentliche der Hanarte'schen Konstruktion ist die Erweiterung des Cylinders nach dem Prinzip, den Wasserspiegel nach oben hin in derselben Weise zunehmen zu lassen, wie die Anzahl der, bei der Kompression entwickelten Wärmemengen wächst.

Den Mitteilungen über den Harnate'schen Kompressor in den Comptes redues[1]) ist Nachfolgendes entnommen.

Nach den Versuchen, welche Grand in den Gruben zu Albi (Belgien) angestellt hatte, ergab der Harnate'sche Kompressor einen volumetrischen Wirkungsgrad von 92 bis 96 %, wobei der Temperaturunterschied der Luft vor und nach der Kompression nur 4° C. betragen haben soll.

---

1) Compt. rend. d. l. Soc. min. 1891, S. 151.

Nach einer Mitteilung von Hanarte am gleichen Orte ist es prinzipiell fehlerhaft, bei der Kompression der Luft hohe Kolbengeschwindigkeit anzuwenden, da mit derselben die Wärmeentwicklung rasch steigt.

Hanarte berechnet (allerdings unter Zugrundelegung des Mariotteschen Gesetzes) die Wärmeentwickelung für die verschiedenen Kompressionsgrade, wie aus der folgenden Tabelle ersichtlich ist. Hierbei ist ein Inhalt des Kompressors von 1 cbm und ein Hub von 1 m vorausgesetzt und der Enddruck der Kompression zu $p_2 = 5,9$ Atm. abs. angenommen.

Kompression von — auf — Atm. abs.	Durchlaufener Weg nach dem Mariotte'schen Gesetz in m	Bei der Kompression von einer Atm. auf die andere entwickelte Wärmemenge in W. E. nach der Gleichung: $Q = \frac{1}{424} \cdot p_0 V_0 \ln \frac{p_1}{p_0}$	Bei 2 mm durchlaufenen Kolbenweges entwickelte und vom Kühlwasser abzuleitende Wärmemenge in W. E.
1—2	$\left(1 - \frac{1}{2}\right) \cdot 1 = 0,500$	16,89 W. E.	0,033 W. E.
2—3	$\left(\frac{1}{2} - \frac{1}{3}\right) \cdot 1 = 0,167$	9,41 „ „	0,056 „ „
3—4	$\left(\frac{1}{3} - \frac{1}{4}\right) \cdot 1 = 0,083$	7,48 „ „	0,089 „ „
4—5	$\left(\frac{1}{4} - \frac{1}{5}\right) \cdot 1 = 0,050$	5,42 „ „	0,108 „ „
5—5,9	$\left(\frac{1}{5} - \frac{1}{5,9}\right) \cdot 1 = 0,031$	4,054 „ „	0,130 „ „

Aus den gefundenen Werten folgert Hanarte, dass bei 35 Touren oder einer Kolbengeschwindigkeit von $\frac{1 \,.\, 35}{30} = 1,16$ m $= 1166$ mm am Ende der Kompression eine Wärmemenge von $1166 \times 0,13 = 151,58$ W. E. in jeder Sekunde abzuleiten wäre. Indem Hanarte nun den Wasserspiegel nach oben hin genau der sekundlich abzuleitenden Wärmemenge entsprechend vergrössert, beabsichtigt er, eine vollkommenere Kühlung als bei andern Systemen zu erreichen.

Um jedoch auch während der Kompression zu kühlen, wendet Hanarte auf Vorschlag von Rossigneux[1]) die in Fig. 171 dargestellte Konstruktion an. Im Innern der beiden stehenden Cylinder sind Ketten, Stangen oder dergl. befestigt, welche während der Saugperiode vom Einspritzwasser benetzt werden. Dieselben bieten während der Kompression eine grosse gekühlte und mit Wasser bedeckte Oberfläche dar, welche die Kompressionswärme der Luft in sehr vollständiger Weise aufsaugt. In Fig. 170

1) Compt. rend. d. l. Soc. min. 1891, S. 192.

sind mehrere konzentrische Rohrschlangen im oberen Teil des Cylinders angebracht, welche während der Kompression mit Wasser gekühlt und an ihrer äusseren Oberfläche vom niedersinkenden Wasser benetzt werden, wodurch gleichfalls eine grosse Wärmeentziehung während der Kompression bewirkt wird.

Im Becken von Calais, sowie in Belgien (Havré-Ville, Bois-du-Luc etc.[1]) sind verschiedentlich Hanarte'sche Kompressoren, auch als Zwillingskompressoren aufgestellt und arbeiten mit 30 bis 35 Touren sehr zufriedenstellend ohne die geringsten Stösse oder Störungen.

Weniger zufriedenstellend[2]) arbeitete ein Kompressor desselben Systems auf der Gruppe S. Eugénie der Gruben von Blanzy. Derselbe sollte bei 30 Touren in 24 Stunden 6000 cbm Luft von 4,5 kg abs. Druck liefern.

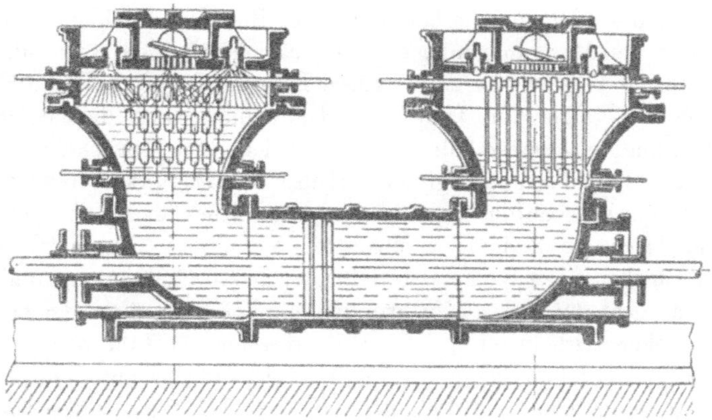

Fig. 171.

Es waren 2 Dampfcylinder von 0,72 m Dmr.,
2 Luftcylinder von 0,62 m Dmr. und einem gemeinschaftlichen Hub von 1 m vorhanden. Der Kompressor lief jedoch infolge fehlerhafter Konstruktion nur mit 20 Touren. Der grösste Vorwurf, der ihm jedoch gemacht wurde, war die sehr unbequeme und schwierige Zugänglichkeit der Ventile, sowie das, durch Umherspritzen von Wasser aus den Ventilen verursachte, unsaubere Aussehen der Maschine.

Es scheint nach dem Gesagten, dass die Wartung der Maschine eine nachlässige und die Regulierung des Wasserzuflusses keine richtige gewesen war, da ja gerade die Wirbelbildung und das Umherspritzen von Wasser

1) Génie civil 1890, S. 124. Vgl. die Mitteilung über die Versuche zu Blanzy in der 1. Auflage.

2) Salomon's Reisebericht in Belgien. Z. f. B. H. Sal.-Wesen 1887, Bd. 35, S. 231.

bei dem Hanarte'schen Kompressor infolge seiner Konstruktion geringer ausfallen musste als bei anderen Kompressoren ähnlichen Systems.

Leider stehen dem Verfasser keine neueren Versuchsresultate des Hanarte'schen Kompressors zur Verfügung, indessen dürften die Vorteile desselben auch ohne weitere Erörterung in die Augen fallen.

8. Kompressor D'Auria.

Dieser nach dem Duplex-System gebaute Luftkompressor[1]) ist mit einem hydraulischen Druckausgleicher ausgerüstet, welcher die Ausgleichung der zu Beginn und am Ende des Hubes welchselnden Kräfteverhältnisse vermittelt, ähnlich den Anordnungen bei Luftpumpen. Der Druckausgleicher besteht aus einem Cylinder samt einem Kolben und einem die Räume zu beiden Seiten des mittleren Kolbens verbindenden Rohrboden. Der Ausgleichskolben ist an der Verbindungsstange zwischen dem Dampf- und Luftkolben des Kompressors befestigt. Der Rohrboden bildet zugleich das Fundament der Maschinenanlage. Der Ausgleichscylinder sowie der Rohrboden sind mit Wasser oder einer andern Flüssigkeit gefüllt. Beim Hin- und Hergange der Kolben im Dampf- und Luftcylinder wird die im Druckausgleicher enthaltene Wassersäule von dem mittleren Ausgleichskolben hin- und herbewegt, wobei sie den zu Beginn des Hubes vom Dampfkolben abgegebenen Energie-Überschuss aufnimmt, um ihn gegen Ende des Hubes mit einem geringen, durch die Reibung verursachten Verlust an den Luftkompressor wieder abzugeben. Der Kompressor selbst ist mit vertikalen Saug- und Druckventilen ausgestattet, deren Konstruktion ähnlich derjenigen der bekannten amerikanischen Druckventile ist. Bei grösseren Ausführungen wird der Kompressor als Verbundkompressor gebaut. Ein solcher mit einer Leistungsfähigkeit von 85 cbm i. d. Minute erfordert eine Grundfläche von 7,62 auf 2,44 m, besitzt ein Gewicht von 20866 kg und bedarf keiner Fundamentierung, da derselbe selbst bei hoher Hubzahl vollkommen stossfrei arbeitet und daher an seinem Standorte nicht festgeschraubt zu werden braucht, ja sogar in der Luft an Ketten schwebend aufgehängt werden kann.

D. Wasserdruck-Kompressoren.

Bei denselben wird durch direkten Wasserdruck, ohne Zuhilfenahme eines maschinell bewegten Verdrängers, die Luft komprimiert. Dieselben bestehen im wesentlichen aus einem meist vertikalen Cylinder, in welchen abwechselnd eine bestimmte, unter Druck stehende Wassermenge einströmt, wodurch die Luft komprimiert und nach Bedarf durch ein Druckventil am oberen Ende des Cylinders aus dem Luftkessel entfernt wird. Durch einen

---

[1]) Österr. Zeitschr. f. Berg- u. Hüttenwesen. 1901, No. 35, S. 468, Taf. 17, Fig. 8.

vom aufsteigenden Wasserspiegel gehobenen Schwimmer wird die Umsteuerung der Wasser- und Lufthähne bewirkt. Der gemeinsame Nachteil dieser Konstruktionen liegt:

1. in dem grossen Wasserverbrauch,
2. in der im Verhältnis hierzu geringen Luftmenge,
3. in der Kompliziertheit der Steuerungsapparate,
4. in den hierdurch bewirkten häufigeren Reparaturen.

Ein Vorteil ist allerdings in dem Fortfall einer Antriebsmaschine und der infolgedessen billigeren Herstellung dieser Apparate zu suchen. Jedenfalls sind dieselben nur für kleinere Luftmengen zum Heben von Flüssigkeiten, für Bierdruckapparate etc. geeignet und nur dort anwendbar, wo eine reichliche Druckwassermenge (Wasserleitung, Hochreservoir) vorhanden ist.

1. Luftkompressions-Apparat von J. Otters in Aachen[1]). Eine Konstruktion dieser Art zeigen die Figuren 172—174.

In den Luftkessel A tritt durch den Dreiweghahn B, Fig. 172, das Druckwasser ein, hebt den Schwimmer C, bis derselbe gegen den Anschlag D der Steuerstange E stösst, wodurch die Stange und mit ihr das längere Ende des doppelarmigen Hebels F gehoben wird, hierdurch mittelst der Stange G und des Hebels H der Dreiweghahn umgesteuert wird, worauf das Druckwasser seitlich abfliesst. Zugleich mit der Umsteuerung des Dreiweghahns erfolgt die Öffnung des Lufteinströmungsventils M, welches während der Kompression durch die am kurzen Ende des Doppelhebels K befindliche Klappe L geschlossen ist. Die höchste Stellung der Hebel F und K ist in der Figur punktiert gezeichnet. Beim Niedergang des Schwimmers schlägt derselbe gegen den Bund I am unteren Ende der Stange E und steuert hierdurch wieder um. Eine Abänderung des Steuerungsmechanismus zeigen die Figuren 173 und 174, bei welchen auf den Umsteuerhebeln ein mit einer schweren Kugel als Laufgewicht versehenes, längliches Gefäss G befestigt ist, dessen Zweck ein besseres Überwinden der Reibungswiderstände beim Umsteuern ist. Die beiden gezeichneten Endlagen machen die Konstruktion ohne weitere Erklärung verständlich. An Stelle des Dreiweghahns ist ein aus Fig. 174 ersichtliches Doppelsitzventil V angewandt, welches die Ein- bezw. Ausströmung des Wassers durch die Rohre R_1 bezw. R_2 reguliert. Die Wirkungsweise des Schwimmers ist dieselbe wie bei der Anordnung Fig. 172 und aus der Figur ersichtlich.

2. Hydraulischer Luftkompressor von Taylor.

Einen wesentlichen Fortschritt in der direkten Verwendung des Druckwassers zur Luftkompression bedeutet die Erfindung des Amerikaners Taylor.

Bei dieser vor einigen Jahren für grosse Leistungen zur Anwendung gebrachten Drucklufterzeugungsvorrichtung erfolgt die Luftkom-

---

1) D.R.P. No. 11 640 und 15 402.

pression unter Vermeidung irgend welcher bewegter Maschinenteile lediglich durch in einem vertikalen Rohre niederstürzendes Druckwasser. Das letztere trägt am oberen Ende den sogenannten Saug-

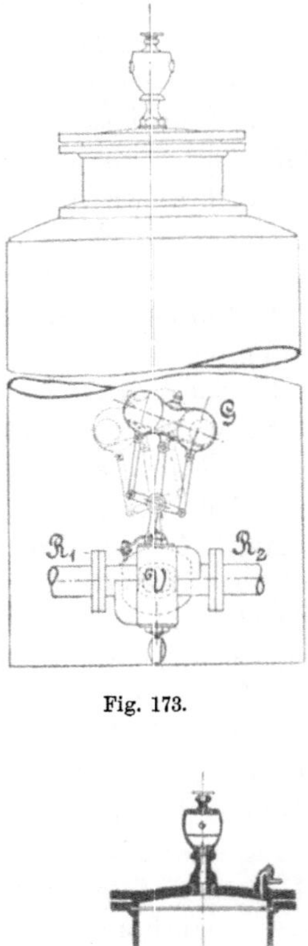

Fig. 173.

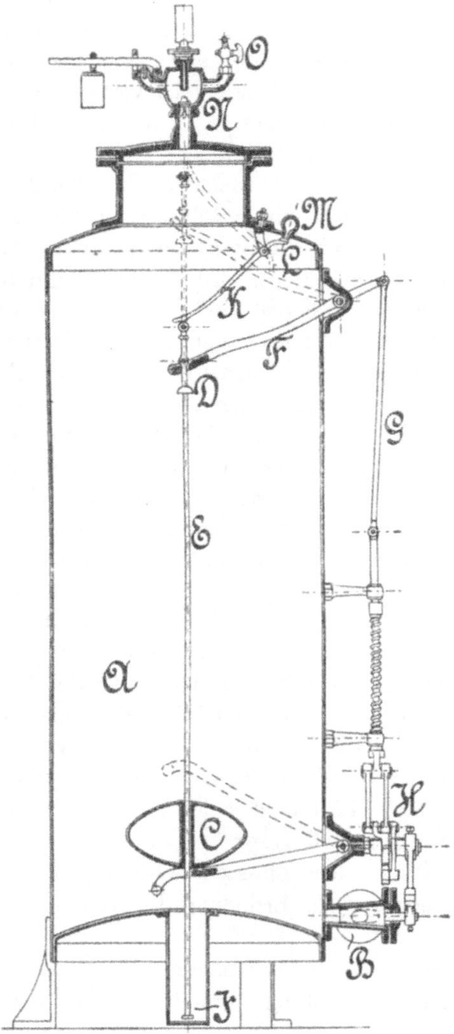

Fig. 172.

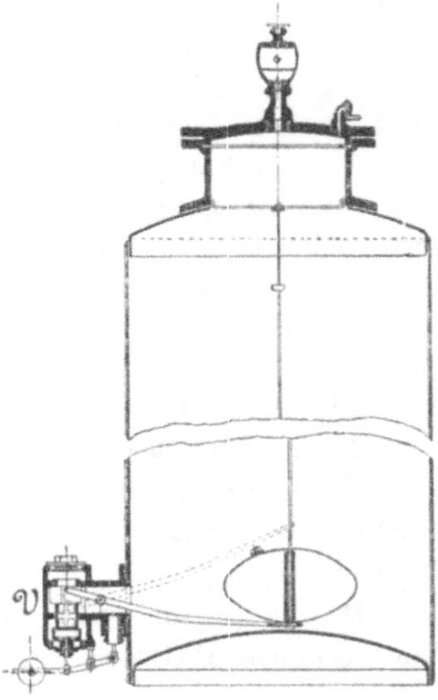

Fig. 174.

kopf[1]) und ragt mit dem unteren Ende in einen Luftabscheider. Die für die gewünschte Luftpressung erforderliche Länge des Fallrohrs beträgt je 10 m für jede Atmosphäre Überdruck. Der Saugkopf besteht aus einer grossen Anzahl konzentrisch angeordneter enger Röhrchen, durch welche die zu verdichtende Luft angesaugt wird. Der Luftabscheider wird von einem Behälter gebildet, welcher mit Führungswänden zum Zwecke der leichteren Trennung von Druckluft und Wasser versehen ist. Bei den normalen Ausführungen ist dieser Kompressor in einen entsprechend tiefen Schacht, Fig. 175, eingebaut und mit der auszunützenden Wasserkraftanlage derart in Verbindung gebracht, dass die Luftzuführungsröhrchen des Saugkopfes unter den oberen Wasserspiegel tauchen und der Wasserzufluss in das Wasserrohrinnere erfolgt, während der Wasserabfluss aus dem unteren Teile des Luftabscheiders um das Fallrohr herum durch den Schacht nach oben zum Untergraben hin stattfindet. In der den Saugkopf umströmenden Wassermasse des Obergrabens entsteht ein gewisser Unterdruck unter die atmosphärische Spannung, unter dessen Einfluss das Ansaugen von Luft durch die Röhrchen des Saugkopfes in das niederfallende Wasser erfolgt und zwar in Form unzählig vieler, kleiner Bläschen. Letztere werden auf ihrem Wege im Schacht nach abwärts mehr und mehr verdichtet bis zu dem im Luftabscheider herrschenden Druck, welcher der Wassersäule vom Luftabscheider bis zum Wasserspiegel des Untergrabens entspricht. Der Arbeitsvorgang in dieser Vorrichtung liefert im Vergleich zur mechanischen Kompression für gleich grosse angesaugte Luftmengen den Vorteil kleinsten Arbeitsaufwandes, da die Kompression isothermisch mit der Wassertemperatur erfolgt. Der grosse praktische Vorteil des Apparates liegt in der durch den Wegfall von Maschinen, Maschinenhäusern, Fundamenten, Dampfkesseln, Bedienungsmannschaften u. s. w. gegebenen Einfachheit der Anlage, ferner in der leichten Anpassungsfähigkeit an schwierige örtliche Verhältnisse, der Zuverlässigkeit des Betriebes und in dem Fortfalle jeglicher Überwachung und Bedienung. Namentlich zur Ausnutzung der durch Flussregulierungen verfügbaren Wasserkräfte mit kleinen Gefällen und grossen Wassermengen wird dieser Kompressor leicht Anwendung finden können, da bei dem niedrigen Gefälle die Ausnutzung für Wasserkraftmaschinen in den meisten Fällen nicht lohnend sein würde. Die einzigen Unkosten liegen beim Bau in der Ausschachtung des Steigschachtes, welcher am oberen Ende gemauert und mit einem Traggerüst für das Fallrohr und das Luftabnahmerohr versehen ist, sowie in den verhältnismässig geringen Kosten für die eisernen Rohre und Behälter. Nach diesem Prinzip sind in Amerika bereits mehrfach grössere Anlagen hydraulischer Kompressoren ausgeführt, welche durch die vor mehreren Jahren gegründete Taylor-Gesellschaft gebaut wurden.

---

[1]) Zeitschr. f. komprimierte flüssige Gase. 1891, Heft 1, April, S. 12, Tafel 2.

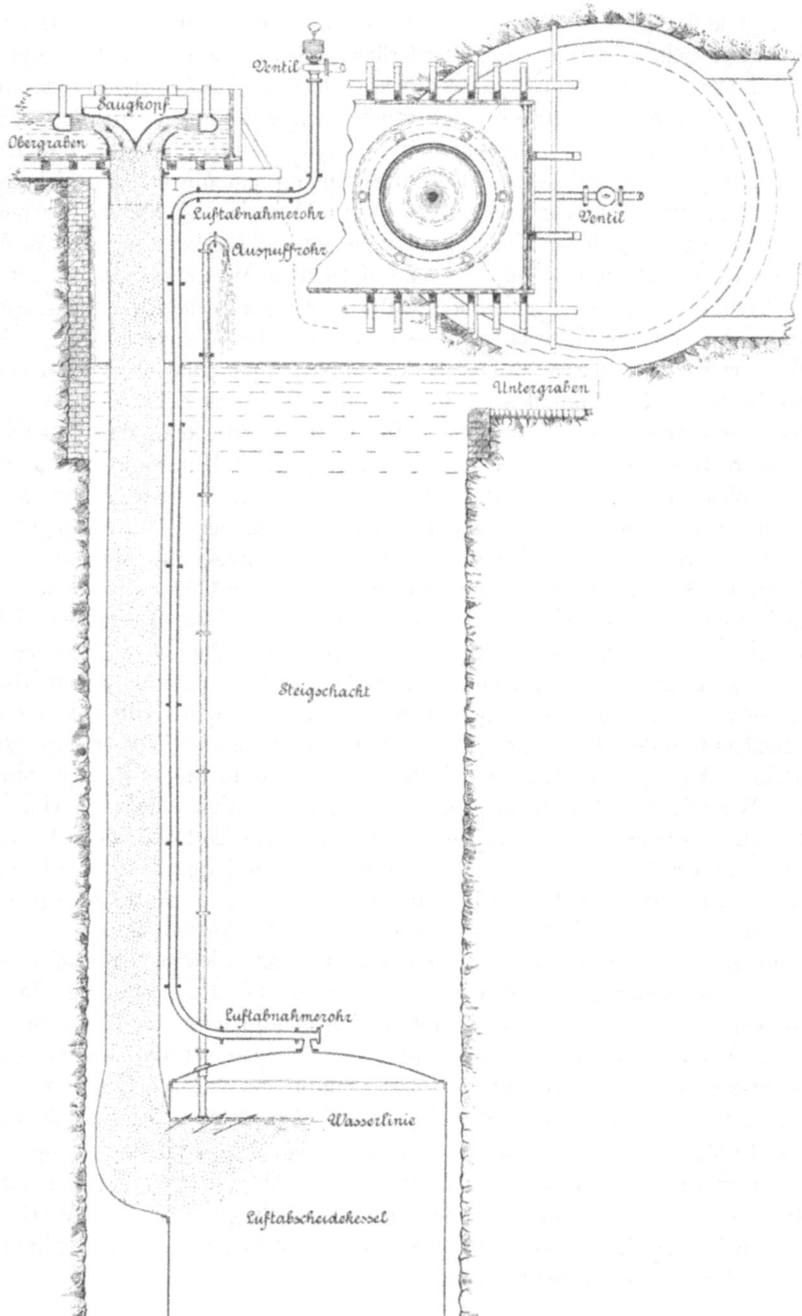
Ventil
Saugkopf
Obergraben
Luftabnahmerohr
Auspuffrohr
Ventil
Untergraben
Steigschacht
Luftabnahmerohr
Wasserlinie
Luftabscheidekessel

Fig. 175.

In Magog, einer kleinen Stadt im Staate Canada, befindet sich seit 3 Jahren ein Kompressor von 150 PS. in störungsfreiem Betriebe. Derselbe erzeugt ohne Aufsicht und Wartung Pressluft von 5 Atmosphären zum Betrieb der Arbeitsmaschinen einer Kattundruckerei. Eine 500 PS.-Anlage ist in Ainsworth in Britisch-Columbien im Betrieb, während u. a. eine 700 PS.-Anlage in Mamora im Staate Canada und eine 1500 PS.-Anlage in Norwich im Staate Connecticut im Bau begriffen ist. In Deutschland wurde die erste Anlage in einer alten Turbinenanlage des Hüttenwerkes in Dillingen a. Saar ausgeführt. Der vorhandene Turbinenschacht wurde auf grössere Tiefe niedergetrieben. Da es sich bei dieser Versuchsanlage zunächst nur um den praktischen Nachweis der einfachen und zuverlässigen Wirkungsweise des Kompressors handelte, wurden die Abteufungsarbeiten bei etwa 21 m Schachttiefe unterbrochen, wobei unter Abrechnung der Konstruktionshöhe des Luftabscheidekessels und des Gefälls der Wasserkraft, also des Höhenunterschiedes zwischen Ober- und Untergraben eine wirksame Wassersäule von 12 m für eine Luftspannung von 1,2 Atmosphären übrig blieb. Die Anlage arbeitet vollkommen befriedigend und ist der Nutzeffekt bei der Anlage bis zu 95% nachgewiesen worden, welche Werte sich bei richtiger Dimensionierung der Fallrohre und vollkommenerer Ausführung der Saugköpfe und Luftabscheider wohl noch erhöhen dürften.

E. Kompressoren mit gesteuerten Ein- und Auslassorganen.

Bereits bei der Besprechung der Bessemergebläsemaschinen ist der Vorteil des rechtzeitigen Abschlusses der Saug- und Druckventile beim Hubwechsel erläutert und die Riedler'sche Konstruktion für diesen Zweck besprochen worden. Auch unter den bisher behandelten Kompressoren befinden sich verschiedene, welche dieses Prinzip ganz oder teilweise zur Ausführung bringen. Bei allen Kompressoren mit Druckausgleich diente zum rechtzeitigen Abschluss der Saugkanäle ein zwangläufig bewegtes Organ, ein Flach- oder Rundschieber, während allerdings die Druckkanäle durch kraftschlüssig bewegte Ventile geschlossen wurden. Indessen ist auch die zwangläufige Bewegung oder Steuerung der letzteren versucht und ausgeführt worden. Es sollen daher zwei Gruppen dieser Klasse getrennt behandelt werden:

1. Kompressoren mit gesteuerten Einlassorganen,
2. „ „ „ Ein- und Auslassorganen.

I. Kompressoren mit gesteuerten Einlassorganen.

Da der volumetrische Wirkungsgrad um so grösser ist, je genauer der Beginn des Ansaugens mit dem Hubwechsel zusammenfällt, die Eröffnung der Saugventile beim Hubwechsel aber nur durch eine Steuerung möglich ist, so ist der Vorteil gesteuerter Einlassorgane hierdurch von selbst gegeben. Ihre Ausführung bietet keine Schwierigkeit, da die Bewegung von der Schwungradwelle oder den hin und her gehenden Maschinenteilen leicht abgeleitet werden kann. Der Abschluss der Druckleitung erfolgt hierbei meistens durch kraftschlüssige Ventile.

1. Kompressor Reumaux[1]). Figuren 176—178.

An den beiden Stirnflächen des liegenden Cylinders sind je zwei nebeneinanderliegende Saugventile *A* und je ein Druckventil *B* angebracht. Die ersteren sind nach aussen hin erweitert und tragen je eine Saugmuschel *C*, in welche während des Ansaugens Kühlwasser einfliesst. Die Saugventilstangen *D* sind am vorderen Ende mit einem Gelenk *E* versehen, welches beim Aufgang des Daumens *F* nachgibt und nach oben gedreht wird, während es beim Niedergang desselben in der horizontalen Lage verbleibt. Daumen *F* und Gelenk *E* bilden die Hauptteile der Steuerung. Die Bewegung des Daumens erfolgt durch einen Hebel *G*, welcher seinerseits durch Zwischenhebel und Exzenterstange von einem auf der Schwungradwelle befestigten Exzenter bewegt wird. Die Wirkungsweise der Steuerung ist die folgende. Beim Bewegen des linksseitigen Hebels *G*, Fig. 176, von rechts nach links wird Daumen *F* von oben nach unten gedreht. Hierbei schlägt die Kante K_1 gegen das Gelenk *E*, verschiebt hierdurch dasselbe und die Ventilstange *D* nach rechts und öffnet das Saugventil. Ist der Daumen soweit nach unten gedreht, dass Kante K_2 über die Unterkante von *E* hinweggeht, so klinken beide Teile aus, und wird das Ventil durch den Druck der Feder *I* zugezogen. Beim Aufgang von *F* wird das Gelenk *E* gehoben, so dass der Daumen ungehindert nach oben gedreht werden kann.

Das Kühlwasser fliesst durch die Druckventile und die Druckleitung nach unten ab.

Zwei Ausführungen des Reumaux'schen Kompressors auf den Mines de Lens (Pas de Calais), Schacht 6 bei Douvrin[2]) haben folgende Abmessungen:

1. Einfacher Kompressor:

Dampfcylinder-Durchmesser	0,6 m
Luftcylinder- „	0,54 „
Gemeinschaftlicher Hub	0,7 „
Tourenzahl i. d. Min.	45—60
Dampfdruck	4,25 kg/qcm
Luftdruck	5,5 „

1) Portef. d. machines 1887, Tafel 23 und 24.

2) Salomon, Reisebericht in Belgien, Z. f. B. H. Sal.-Wesen. 1887, Bd. 35, S. 231.

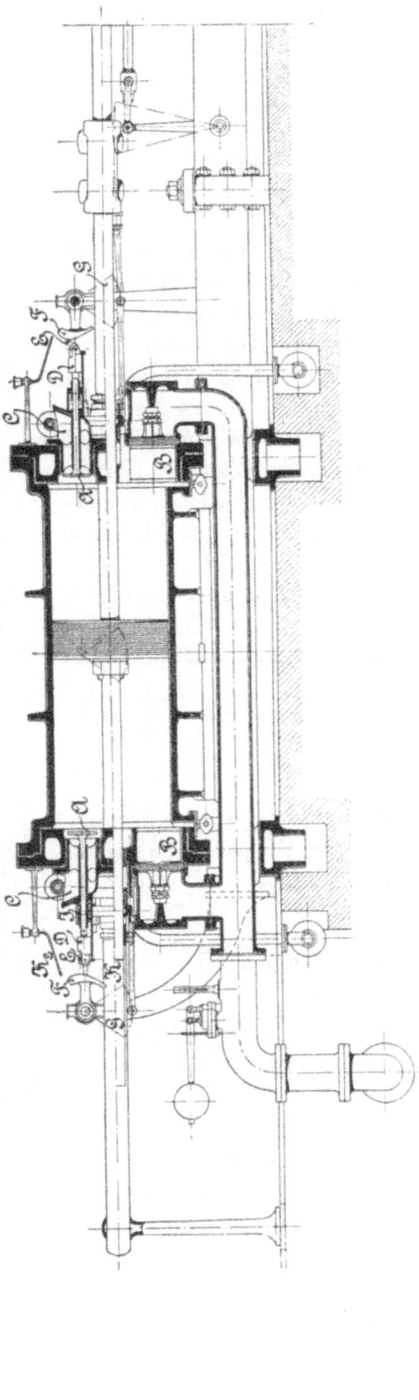

Fig. 176.

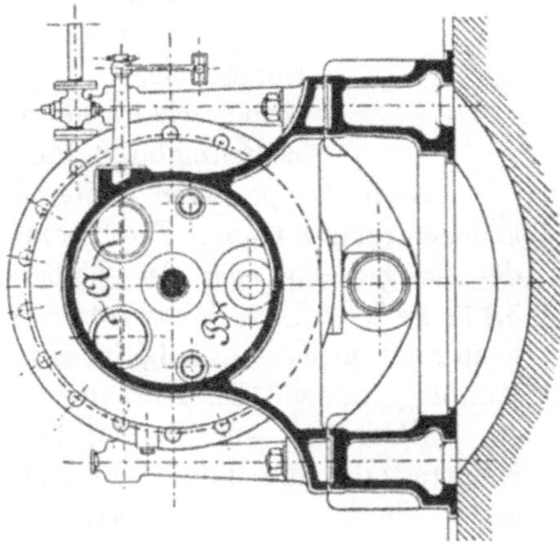

Fig. 178.

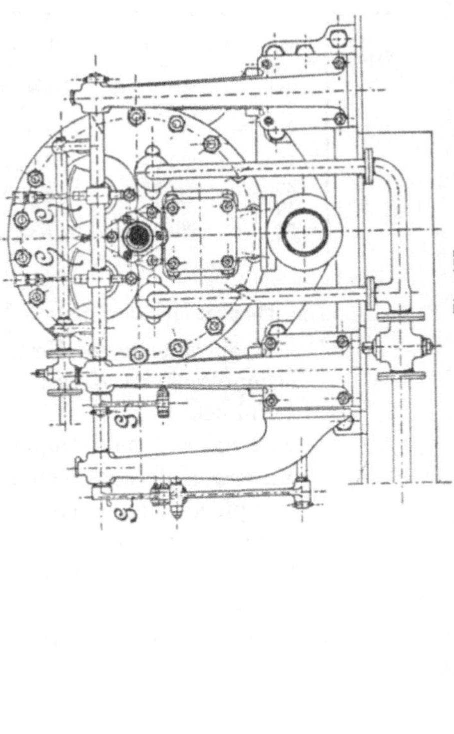

Fig. 177.

Dampfarbeit Ni 79 PS.
Luftarbeit Ne 70 PS.

$$\text{Dynam. Wirkungsgrad } \eta_d = \frac{70}{79} = 0{,}886$$

2. Zwillingskompressor:
Dampfcylinder-Durchmesser 0,7 m
Luftcylinder- „ 0,62 „
Gemeinschaftlicher Hub 1,6 „
Tourenzahl i. d. Min. 45.

Beide Kompressoren zeigten bei den angegebenen Tourenzahlen vollkommen ruhigen Gang. Die Kühlwassermenge betrug das vierfache Gewicht des Luftgewichts oder dem Volumen nach für 1 cbm angesaugte Luft 5,175 kg oder Liter Wasser = 5,18 %. Leider ist die Kompressions-Endtemperatur nicht mitgeteilt, indessen dürfte nach dem früher Gesagten die Kühlung während des Ansaugens keinen Effektsgewinn verursachen.

Über einen am 12. Mai 1886 mit dem letzteren der beiden obigen Kompressoren ausgeführten Versuch ist folgendes zu berichten [1]). Um zunächst die Änderung der Leistung der Maschine bei verschiedenen Tourenzahlen festzustellen, wurden vier Versuche bei bezw. 19, 26, 40 und 54 Touren ausgeführt.

Die Diagramme, welche bei den verschiedenen Touren abgenommen wurden, ergaben folgende Leistungen:

Versuch No.	Minutl. Touren-zahl n	Indiz. Leistung der Dampfmaschine Ni	Indiz. Leistung im Luftcylinder Ne	$\frac{Ne}{Ni} \cdot 100$	Kolben-geschwindigkeit in m	Sekundl. angesaugte Luftmenge cbm
1	19	209	185,4	88,7	1,01	0,612
2	26	289,82	257,40	88,8	1,39	0,837
3	40	487,4	391,28	80,3	2,133	1,288
4	54	680,26	532,36	78,3	2,88	1,739

Die Diagramme des dritten Versuchs bei 40 Touren zeigt Fig. 179.
Die Hauptwerte dieses Versuchs sind folgende:
Dampfdruck im Kessel . . . . 6,00 kg/qcm
Luftdruck . . . . 6,00 „ „
Füllungsgrad im Dampfcylinder 0,4
Mittlere Kolbengeschwindigkeit . . . . . . 2,133 m
Dampfcylinderquerschnitt . . . . 3848 qcm
Kolbenstangenquerschnitt . . . . 78,5 „
Wirksame Kolbenfläche . . . . 3769,5 „

[1]) Portef. économique d. mach. 1887, Bd. XII, S. 83 und 84.

Luftcylinderquerschnitt	3019	qcm
Kolbenstangenquerschnitt	78	„
Wirksame Kolbenfläche	2941	„
Mittlerer Dampfdruck (vorn)	2,221	kg/qcm
„ „ (hinten)	2,323	„ „
Luftdruck (vorn)	2,369	„ „
„ „ (hinten)	2,309	„ „

Dampfarbeit, aus dem vorderen Dampfdruck berechnet

$$\frac{3769{,}5 \cdot 2{,}221 \cdot 2{,}133}{75} = 238{,}1 \text{ PS.}$$

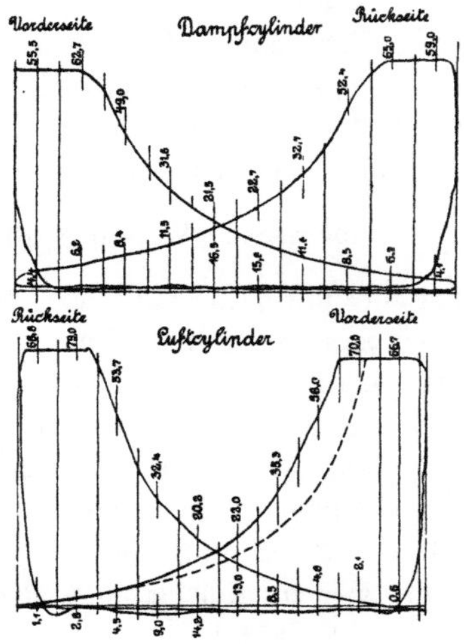

Fig. 179.

Dampfarbeit, aus dem hinteren Dampfdruck berechnet

$$\frac{3769{,}5 \cdot 2{,}323 \cdot 2{,}133}{75} = 249{,}3 \text{ PS.}$$

Mittlere Dampfarbeit beider Cylinder zusammen

$$238{,}1 + 249{,}3 = 487{,}4 \text{ PS.}$$

Luftarbeit, aus dem vorderen Luftdruck berechnet

$$\frac{2941 \cdot 2{,}369 \cdot 2{,}133}{75} = 198{,}15 \text{ PS.}$$

Luftarbeit, aus dem hinteren Luftdruck berechnet

$$\frac{2941 \cdot 2{,}309 \cdot 2{,}133}{75} = 193{,}13 \text{ PS.}$$

Mittlere Luftarbeit beider Luftcylinder zusammen

$$198{,}15 + 193{,}13 = 391{,}28 \text{ PS.}$$

Dynamischer Wirkungsgrad $\frac{Ne}{Ni} = \frac{391{,}28}{487{,}4}$ . . 0,803 PS.

Sekundlich angesaugte Luftmenge cbm	. . .	1,288
Temperatur der angesaugten Luft	. . . . .	26° C.
„ „ komprimierten „	. . . . . .	21° „
„ des eingespritzten Wassers	. . .	13° „

Die Angaben über die sekundlich angesaugte Luftmenge, sowie über die Temperatur der komprimierten Luft müssen jedoch als fehlerhaft bezeichnet werden, wie leicht nachzuweisen ist. Berechnet man aus dem Hubvolumen (unter Berücksichtigung des Kolbenstangenquerschnitts) die theoretische sekundliche Luftmenge, so erhält man

$$V = \frac{0{,}2941 \cdot 1{,}6 \cdot 40}{30} = 0{,}62741 \text{ cbm}$$

oder für beide Cylinder 1,2548 cbm. Die oben angeführte Luftmenge von 1,288 cbm ergibt sich, wenn man statt der wirksamen Kolbenfläche den Cylinderquerschnitt von 0,3019 qm einsetzt, was jedoch unzulässig ist. Die effektive Luftmenge ist somit noch kleiner und beträgt, wenn man (nach den Diagrammen) einen volumetrischen Wirkungsgrad von $\frac{111}{118{,}5} = 0{,}939$ einführt, nur 1,1783 cbm oder nur 91,5 % der oben mitgeteilten Luftmenge.

Die Angabe der Temperatur der komprimierten Luft zu 21° C., also um 5° geringer als diejenige der angesaugten Luft, würde zu dem Schlusse berechtigen, dass die Kompression mindestens bei konstanter Temperatur stattgefunden hätte, was jedoch, wie später[1]) gezeigt wird, in Wirklichkeit nicht ausführbar ist. Angenommen jedoch, dass die Kompression wirklich so erfolgt wäre, so würde die Berechnung der Kompressionsarbeit für die, wie oben nachgewiesen, als viel zu günstig angegebene Luftmenge sich zu

$$N_e = \frac{1{,}288 \cdot 20038}{75} = 344{,}12 \text{ PS.}$$

berechnen[2]), während der Versuch 391,28 PS. ergeben hat, somit die wirkliche Kompressionsarbeit um 47,16 PS. grösser als die theoretische Kompressionsarbeit ist.

Für die effektive Luftmenge von 1,1783 cbm betrüge der theoretische Wert nur 314,8 PS., der Unterschied zwischen diesem Wert und dem Versuchswert sogar 76,48 PS., also fast 20 % des letzteren.

Abgesehen von dem soeben geführten Nachweis lässt sich jedoch auch aus den Diagrammen durch Vergleich der Kompressionslinie mit der in das eine derselben eingezeichneten Kompressionslinie für konstante Temperatur ohne weiteres ersehen, dass die Kompression nicht bei konstanter Temperatur stattgefunden hat, somit die Temperatur der komprimierten Luft nicht 21° sein konnte, hier also jedenfalls ein Fehler in den Angaben vorliegen muss.

---

1) Theoret. Teil, Kapitel 2, A.

2) Vgl. Theoret. Teil, Kapitel 1.

Trotz der beiden nachgewiesenen Fehler, welche die Leistung des Reumeaux'schen Kompressors wesentlich günstiger erscheinen lassen, als sie tatsächlich ist, muss doch das Ergebnis der Versuche sowohl bezüglich des volumetrischen als auch des dynamischen Wirkungsgrades als ein recht günstiges bezeichnet und der Reumeaux'sche Kompressor auf Grund dessen als einer der leistungsfähigsten, neueren Kompressoren angesehen werden.

2. Ventilsteuerung für Luftkompressoren, Gebläse etc. von Icken in Frankfurt a. M.

Der Zweck derselben ist, einen Rückdruck der aus dem Cylinder entfernten gepressten Luft auf das Druckventil, sowie ein Zurückströmen

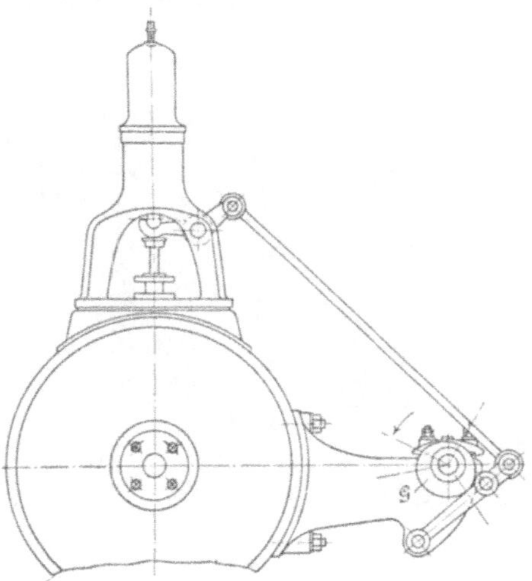

Fig. 180.

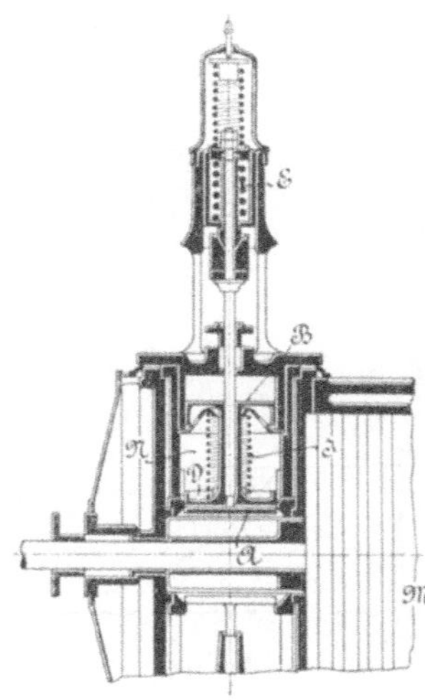

Fig. 181.

und Zurückexpandieren der gepressten Luft möglichst zu vermeiden. Bei der in Figuren 180 und 181[1]) abgebildeten Steuerung wird die Ventilöffnung und der Abschluss desselben durch ein zwangläufig bewegtes Ventil *A* und ein selbsttätig wirkendes Rückschlagventil *D* mit Luftbuffer *B* in der Weise bewirkt, dass das zwangläufig bewegte Ventil *A* zuerst geöffnet und zuerst geschlossen wird und danach erst das von der Steuerwelle mittels einer Daumenscheibe *G* bewegte Ventil. Beim Beginn des Kolbenrückgangs nach rechts expandiert im Arbeitscylinder *M* die Luft nach der Linie 4/5 des Diagramms aus dem schädlichen Raume. Würde nun angenommen, dass das Rückschlagventil *D* noch nicht völlig geschlossen sei, so müsste das Steuerventil *A* durch den im Druckraum *N* herrschenden Überdruck geöffnet werden, wenn es nicht durch eine Feder *E* gegen seinen Sitz gepresst

1) Deutsche Pat.-Schrift 113 092.

würde. In demselben Verhältnis, als der Druck im Arbeitscylinder *M* im Verlauf der Expansion abnimmt, also der Überdruck oder der Unterschied der Drücke im Druckraum *N* und Arbeitscylinder *M* zunimmt, wird die Feder *E* gespannt, sodass, auch wenn das Rückschlagventil *D* noch nicht ganz geschlossen ist, doch das Steuerventil mit einem gewissen Kraftüberschuss auf seinem Sitz lastet. Auch während der Saugperiode, also während des Weges 5—1, Fig. 182, in welcher Zeit sich der Cylinder mit der anzusaugenden Luft füllt, bleibt das Steuerventil *A* geschlossen. Beim Beginn der Kompression 1—3 lässt die Spannung der Feder *E* nach und erreicht im Punkte 2 bereits den Zustand der Spannungslosigkeit, bis zu welchem Punkte also das Steuerventil *A* geschlossen bleibt. Von nun an kommt die oberste Feder *G* zur Geltung und bewirkt das Öffnen des Steuer-

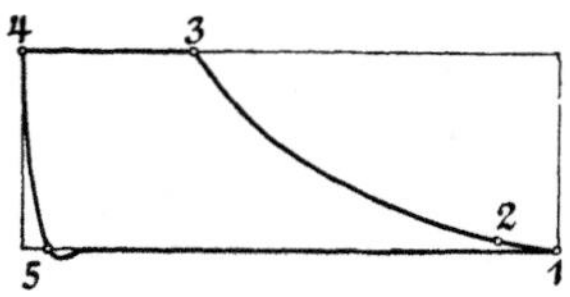

Fig. 182.

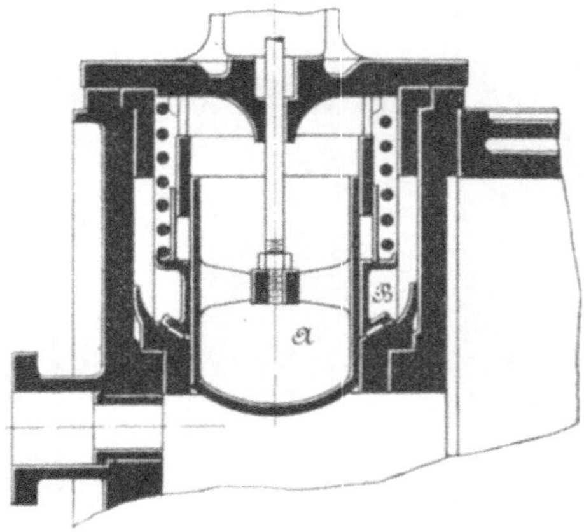

Fig. 183.

ventils *A*, welches bis zum Punkte 3 des Diagramms seine grösste Öffnung erreicht. Das Rückschlagventil *D* jedoch ist während der Saugperiode und der Kompressionsperiode geschlossen bis zum Punkte 3, worauf der Überdruck dieses Ventil öffnet. Von jetzt an regelt sich der Hub der Ventile *A* und *D* entsprechend der jeweiligen Kolbengeschwindigkeit, so dass im Punkte 4, dem Todpunkte des Arbeitskolbens *H* der Hub des Steuerventils *A* gleich Null ist, während das Rückschlagventil *D*, da jetzt der Druck über und unter demselben gleich gross ist, sich unter der alleinigen Einwirkung der Feder *J* und des Buffers *B* sanft schliesst.

Eine andere Ausführungsform dieser Steuerung ist in Fig. 183 dargestellt[1]), bei welcher im Gegensatz zu der vorbeschriebenen Anordnung, bei welcher das Steuerventil *A* mit der Stirnfläche abdichtet, die Abdichtung durch die Stirnfläche des Ventils bewirkt wird. Das Rückschlag-

1) Deutsche Pat.-Schrift 114 991.

ventil kann entweder als Ringventil B ausgebildet sein oder es können ein oder mehrere seitlich angeordnete Rückschlagventile rings um den gesteuerten Kolben A angeordnet sein. Die letztere Anordnung dürfte gegenüber der vorbeschriebenen den Vorzug einer noch sanfteren Wirkungsweise und eines möglichen, rascheren Ganges des Luftkompressors besitzen.

3. Ventilsteuerung für Luftkompressoren von Burckhardt in Basel.

Den bereits bei mehreren Ausführungen von Luftkompressoren beabsichtigten Zweck, einen möglichst sanften Schluss der Ventile zu erreichen,

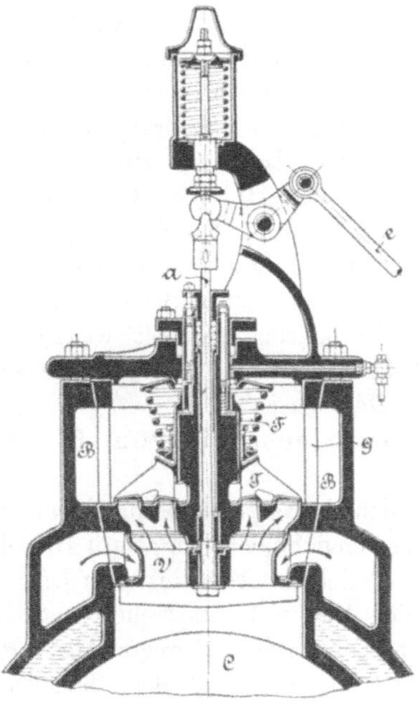

Fig. 184.

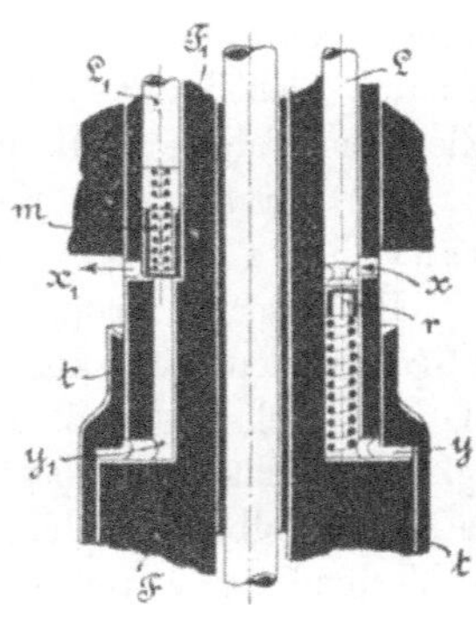

Fig. 185.

sucht auch die Konstruktion von Burckhardt zu erzielen [1]). Bei derselben sind Saug- und Druckventile konzentrisch zueinander in einem gemeinschaftlichen Ventilgehäuse angeordnet zu dem Zwecke, die schädlichen Räume derselben möglichst zu verringern, das Saugventil auf einfache Weise zu steuern und leicht zugänglich zu machen. Endlich bezweckt die vorliegende Konstruktion, die Öffnungs- und Schlussgeschwindigkeit des Druckventils von aussen während des Ganges durch Veränderung des Bufferwiderstands beliebig regeln zu können. In dem Ventilgehäuse G, Fig. 184, findet sich das von aussen durch die Zugstange e bezw. a steuerbare Saug-

---

1) Deutsche Pat.-Schrift 118 625.

ventil V, welches ein ungesteuertes Druckventil T über sich trägt. Vermittels einer als Buffercylinder ausgebildeten Führungshülse t wird das letztere auf einer feststehenden Führung F geführt. Der obere Teil F^1 der letzteren dient als Bufferkolben und ist mit den Kanälen x, y, x_1, y_1 und von aussen einstellbaren Saug- und Druckventilen r und m Fig. 185 versehen. Infolge dieser Anordnung wird während des Druckhubes das Druckventil T durch die aus dem Cylinderraum C herausgedrückte Druckluft gehoben und gleichzeitig die Druckluft aus dem Druckraum B unter Schliessen des Ventils r durch den Kanal x y in den Innenraum der Hülse t angesaugt, wodurch die Öffnungsgeschwindigkeit beeinflusst wird. Beim Schliessen des Druckventils T jedoch bildet die in dem Innenraum der Führungshülse befindliche Luft einen Luftbuffer und wird während der Schlussbewegung des Ventils T allmählich unter Anheben des Ventils m durch den Kanal y_1 x_1 in den Druckraum B zurückgedrängt. Hierdurch wird eine Verzögerung des Schlusses des Ventils T und ein sanftes Aufsetzen desselben bewirkt. Dadurch, dass der Hub des Druckventils m von aussen mittels der Schraubenspindel L_1 und der Durchgangsquerschnitt bei x mittels der Schraubenspindel L während des Ganges der Maschine vergrössert oder verkleinert werden kann, kann auch die Öffnungs- und Schlussgeschwindigkeit des Druckventils beliebig geregelt werden. Die Steuerung des Saugventils kann in beliebiger Weise von der Maschinenwelle aus erfolgen, z. B. mittels einer Daumenscheibe.

4. Entlastete Kolbenschieber-Steuerung von Harth in Frankfurt a. M.

Bei dieser Steuerung, Fig. 186 [1]), besteht das Wesentliche aus einem zwangläufig bewegten Steuerkolben A und aus einem Schieberringventil B, welches auf dem Rücken des Steuerkolbens A abdichtet. Wie aus dem Diagramm Fig. 187 ersichtlich ist, beginnt bei der dem Punkte 1 entsprechenden Stellung des Arbeitskolbens K der Steuerkolben A bei seiner Bewegung nach rechts die Verbindung zwischen dem Arbeitscylinder Z und dem Saugraum L herzustellen, so dass durch das Saugrohr M, von dem an jeder Cylinderseite ein besonderes vorhanden ist, während des Kolbenweges 1, 2 Luft angesaugt wird. Nach Beendigung der Saugperiode unterbricht der Steuerkolben A bei seiner Bewegung nach links die Verbindung zwischen dem Saugraum L und dem Cylinder Z. Bei der nunmehr erfolgenden Umkehr des Arbeitskolbens K findet die Kompression nach der Linie 2, 3, das Hinausdrücken aus dem Cylinder auf dem Wege 3, 4 statt. Bei der Stellung 5 des Diagramms beginnt der Steuerkolben A bereits die Verbindung zwischen dem Cylinderraum Z und dem Spaltraum J zwischen Steuerkolben und Ventil B herzustellen. Das letztere bleibt nun solange geschlossen, bis der Druck im Cylinder den im Druckraum C

---

[1]) Deutsche Pat.-Schrift 123996.

herrschenden Druck um eine gewisse, zur Öffnung des Ventils erforderliche Grösse übersteigt. In diesem Augenblicke öffnet sich das Ventil *B* selbsttätig, worauf durch den zwischen dem Steuerkolben und dem Ventil gebildeten Ringraum die Druckluft in den Druckraum *C* und von hier durch das Druckrohr *N* in die Druckleitung gelangen kann. Beim Rückwärtsgang des Kolbens *A* wird die Verbindung zwischen dem Druckraum

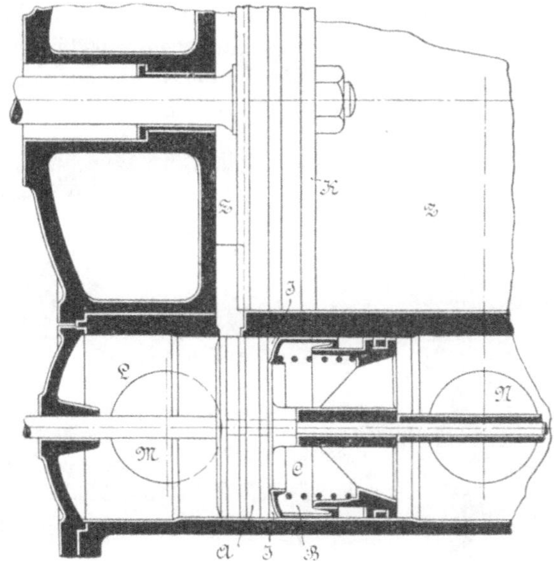

Fig. 186.

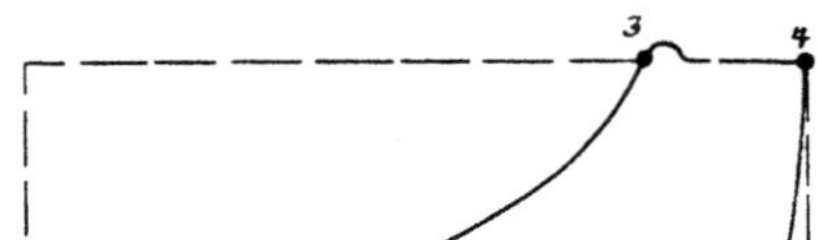

Fig. 187.

C und dem Cylinderraum *Z* abgeschlossen, worauf sich das Ventil *B* langsam unter Einwirkung einer schwachen Feder während der ganzen Saugperiode schliessen kann, da dasselbe auf beiden Seiten mit gleichem Drucke belastet ist, so dass ein Zuschlagen desselben mit grosser Kraft verhindert wird. Infolge dieser eigenartigen Anordnung dürfte sich die Steuerung für grössere Umdrehungszahlen bei Luftkompressoren und Luftpumpen besonders eignen. Ein Nachteil derselben liegt jedoch in der schweren Zugänglichkeit der beiden innerhalb der Steuerkolben *A* auf jeder Seite des Arbeitscylinders liegenden Ringventile B, da, um an dieselben zu gelangen, die ganze äussere Steuerung mit dem Steuerkolben entfernt werden muss.

5. Entlastete Kolbenschieber-Steuerung von Rudolf Meyer in Mülheim a. Ruhr.

Diese in Fig. 188 [1]) abgebildete Steuerung ist eine entlastete Kolbenschiebersteuerung, bei welcher an Stelle der gewöhnlichen, selbsttätigen Saugventile ein einziges, zwangläufig bewegtes Steuerorgan, ein Kolbenschieber, und in diesem letzteren an Stelle der gewöhnlichen selbsttätigen Druckventile je ein Zwillingsventil GG_1 und FF_1 in der Weise angeordnet sind, dass hierdurch der Schluss der Druckventile vollständig unabhängig von der

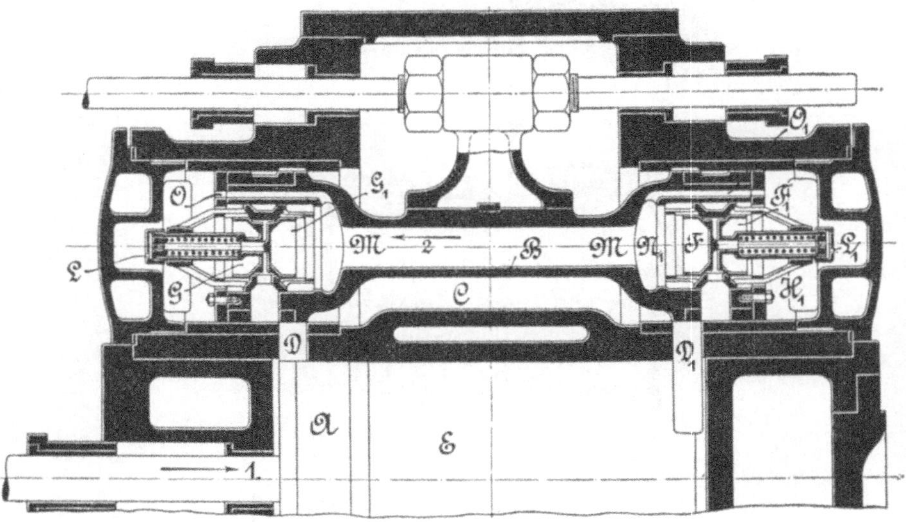

Fig. 188.

Kolbengeschwindigkeit des Arbeitskolbens bewirkt wird. Bewegt sich der Maschinenkolben A aus der linken Endstellung in der Pfeilrichtung 1 nach rechts, so wird durch die Steuerung der Steuerkolben B nach links (Pfeil 2) bewegt, so dass nunmehr die Luft aus dem Saugraum C, an welchen seitlich das Luftsaugrohr angeschlossen ist, durch den geöffneten Kanal D hindurch in den Cylinder E treten kann. Gleichzeitig wird die bereits vor dem Kolben im Cylinder befindliche Luft verdichtet und durch den ebenfalls in der Öffnung befindlichen Kanal D_1 und durch die Zwillingsventile F und F_1 in die durch Kanal O_1 miteinander verbundenen Druckräume N_1 H_1 und von hier in die Druckleitung befördert. Durch die Anordnung der Druckventile FF_1 und GG_1 im Innern des Schiebers B sind

[1]) Deutsche Pat.-Schrift 92 598.

dieselben durch die umgebende Druckluft fast vollständig entlastet, sodass während die Öffnung in gleicherweise wie bei gewöhnlichen Druckventilen erfolgt, der Schluss dagegen vermöge der Entlastung nahezu geräuschlos und nur infolge des durch die Luftkatarakte L und L_1 regulierbaren Federdruckes sehr sanft auf die einander gegenüberliegenden Sitze erfolgt, da nach beendigter Entfernung der Druckluft aus dem Arbeitscylinder der Raum zwischen den Druckventilen mit Luft von derselben Spannung wie in der Druckleitung erfüllt ist, und somit der Schluss nicht durch den Überdruck zwischen Druckleitung und Saugspannung wie bei gewöhnlichen Ventilen, sondern nur durch den Druck der zwischen beiden Ventilen eingeschalteten Federn bewirkt wird. Durch den mittleren Kanal M im Schieber B ist der Druckausgleich zwischen allen vier Ventilen hergestellt. Gegenüber der Anordnung von Harth in Frankfurt a. M. zeigt diese Konstruktion den Vorzug wesentlich leichterer Zugänglichkeit der Ventile, da dieselben nach Öffnen der beiderseitigen Kolbenschieberkastendeckel mit ihren Ventilsitzen zusammen leicht aus dem Schieber herausgenommen werden können.

6. Luftkompressor von Köster.

Die Steuerung dieses Kompressors, D.R.-P. No. 76308, Fig. 189—191, geschieht durch einen zwangläufig bewegten Kolbenschieber A in Verbindung mit einem selbsttätigen Rückschlagventil B. Der Kolbenschieber steuert Anfang und Ende der Saugperiode, sowie Ende der Druckperiode, und zwar öffnet er den Kanal C abwechselnd auf der Saug- und Druckseite kurz nach den Todpunkten des Arbeitskolbens D, um ihn in dem Moment, in welchem der Arbeitskolben die folgende Todlage erreicht, wieder zu schliessen. Nach Eröffnen des Kanals auf der Druckseite tritt die Luft mit zunehmender Kompressionsspannug unter das Rückschlagventil B und öffnet dieses, sobald der Druck im Cylinder den im Druckraum E herrschenden erreicht hat. Der Arbeitskolben D drückt nun die Luft durch das Ventil B in den Druckraum E. Genau in der nun folgenden Todpunktlage des Arbeitskolbens unterbricht der Schieber die Verbindung zwischen Arbeitscylinder und Ventil B, und drückt während seiner weiteren Bewegung nach dem Ventil zu die zwischen sich und diesem befindliche Pressluft in den Druckraum E. Durch diese eigenartige Verdrängerwirkung des Steuerkolbens A wird der Ventilhub ganz allmählich verringert, und so ein sanfter Schluss dieses Organs bewirkt. Das von dem Steuerkoben A bestrichene Volumen ist sehr gering gegenüber dem Arbeits-Volumen ($^1/_{30}$ bis $^1/_{40}$). Der Ventilhub wird sich nach Abschluss des Kanals C auf der Druckseite, entsprechend diesem geringen Steuerkolben-Volumen stark vermindern, und bei der Umkehr des Steuerkolbens A auf ein kleines Mass herabgesunken sein. Unter Berücksichtigung der Tatsache, dass der Ventilhub, bei richtig gewählter Feder, ungefähr proportional der Kolbengeschwindigkeit zurespektive (von ungefähr Mitte Hub an) abnimmt, so dass er bei der Todpunktlage des Arbeitskolbens D schon verhältnismässig gering sein wird, und wenn weiter in Erwägung gezogen wird, dass von diesem (der Todpunktlage des Arbeitskolbens entsprechenden) Zeitpunkt an dem Ventil B zu seinem völligen Schluss noch etwas mehr, als die Zeit eines halben Hubes zur Verfügung steht, kann man sagen, dass die für diese Steuerung möglichen Umlaufzahlen praktisch fast unbegrenzt sind. Die Steuerung eignet sich in der Tat für jede beliebige Umdrehungszahl.

Der Steuerkolben A bewirkt durch seine eigenartige Verdrängerwirkung nicht allein die günstige Arbeitsweise des Ventiles, sondern ein

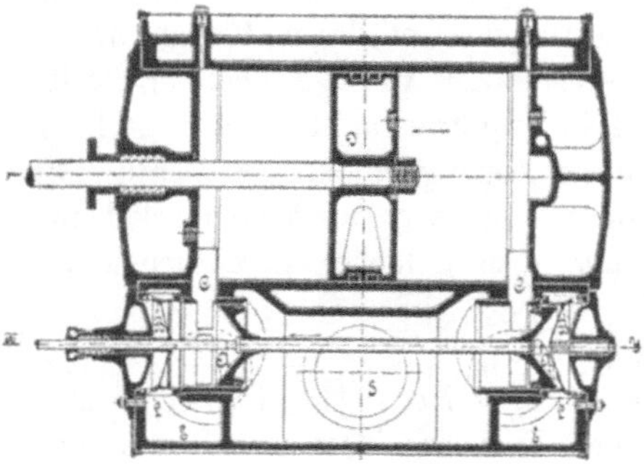

Fig. 189.

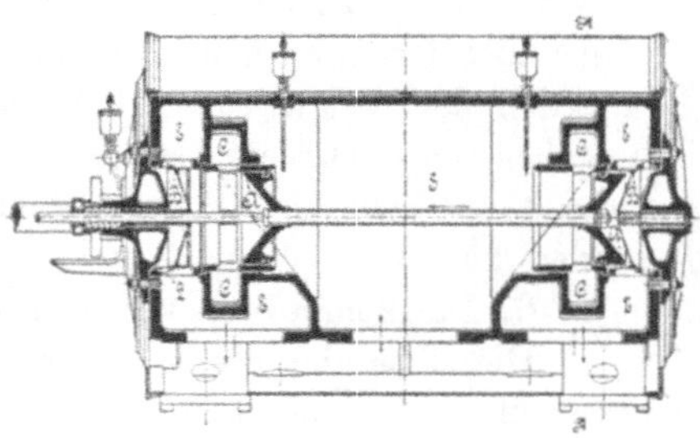

Fig. 190.

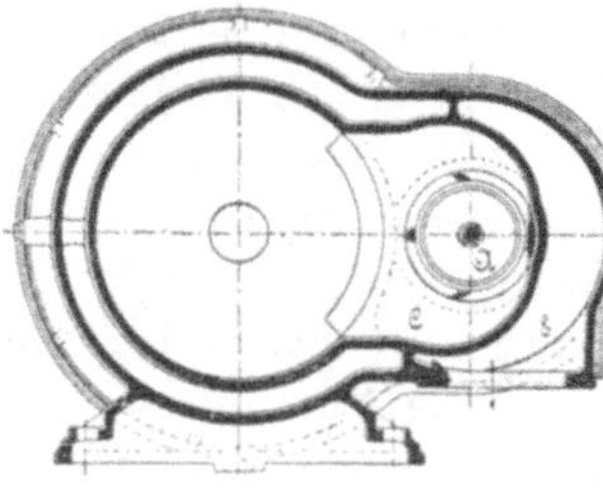

Fig. 191.

Hauptvorzug liegt noch darin, dass die gepresste Luft, die zwischen dem Schieber A und dem Ventil B sich befindet, fortgedrückt wird. Das zwischen dem Schieber A in seiner, dem Ventil am nächsten gelegenen Todlage und dem Ventil B selbst eingeschlossene Volumen wird derart bemessen, dass es bis zur Wiedereröffnung des Kanals auf der Druckseite auf ungefähr 1 Atm. abs. (gleich der Spannung im Arbeitscylinder bei Eröffnen des Kanales C) zurückexpandiert ist. Während bei vielen Konstruktionen das in den Durchtrittskanälen bleibende Volumen Pressluft bei Eröffnung der Druckkanäle in den Cylinder zurückschiesst, und dadurch eine, oft sehr beträchtliche, unnötige Arbeitsvergrösserung bewirkt wird, ist dies hier durch die Verdrängerwirkung des Steuerkolbens unter allen Umständen vermieden.

Erwähnenswert ist noch der doppelte Abschluss zwischen Saug- und Druckraum während eines grossen Teiles einer Kurbeldrehung, derart, dass nicht nur der Schieber *A*, sondern zugleich das geschlossene Ventil *B* die fortgedrückte Luft von dem Arbeitscylinder absperrt.

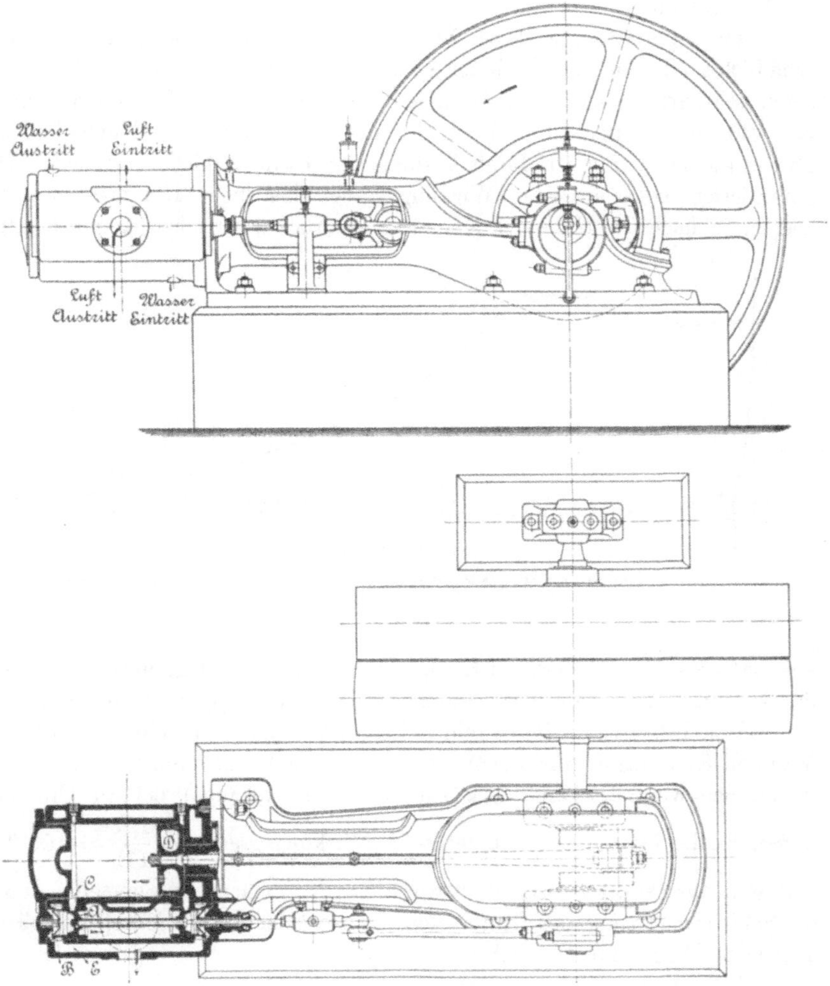

Fig. 192.

Das Rückschlagventil wird möglichst leicht gebaut und schliesst sich unter Einwirkung einer Feder, die nach Ventilgewicht, Ventilhub und Umdrehungszahl, im geschlossenen Zustand des Ventiles eine Spannung von 0,006 bis 0,02 kg auf 1 qcm freie Ventilfläche aufweist.

Fig. 192 zeigt einen Eincylinder-Kompressor für Riemenbetrieb. Ebenso wie für Dampf- oder Riemenantrieb werden diese Kompressoren ein- oder zweistufig für elektromotorischen Antrieb bei jeder vorkommenden Umdrehungszahl und Anordnung von den Firmen Pokorny & Wittekind in Bockenheim — Frankfurt a. M. und Neumann & Esser in Aachen gebaut.

Die Kompressoren dieser Bauart arbeiten ohne Druckausgleich. Die schädlichen Räume der Cylinder sind gering. Sie betragen bei Kompressoren mittlerer Grössen und normalen Umdrehzahlen (z. B. 85 i. d. Minute bei 400 cbm Saugleistung i. d. Stunde) $1\frac{1}{2}$—3 % des Nutzvolumens. Dieser kleine Betrag ist durch Teilung der Kolbenschieber erreicht. Die garantierten volumetrischen Wirkungsgrade einstufiger Kompressoren betragen, je nach der Höhe des Kompressionsdruckes zwischen 2 und 6 Atm.

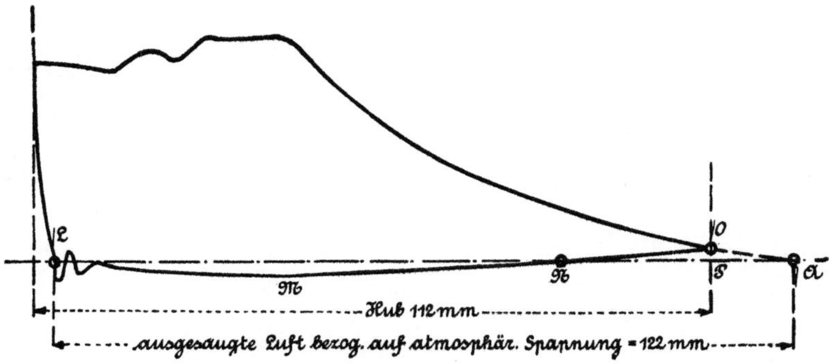

Fig. 193.

abs., 90—98 %. Bei Verbund-Kompressoren mit 6—8 Atm. absolutem Enddruck beträgt der garantierte volumetrische Wirkungsgrad 95—96 %.

Von Interesse dürfte es sein, dass bei Versuchen an einem vertikalen Verbund-Kompressor für 6000 cbm stündliche Saugleistung (ohne eigentlichen Saugwindkessel mit beträchtlicher Saugrohrlänge) bei 85 Umdrehungen in der Minute ein volumetrischer Wirkungsgrad von $\frac{122}{112} = 109$ %, also weit über 100 % festgestellt wurde[1]). [Verursacht war derselbe durch die Schleuderwirkung der Luftmassen während der Saugperiode (siehe obenstehendes Diagramm Fig. 193).]

7. Kompressor Strnad[2]).

Ähnlich wie bei dem Harras'schen Kompressor erfolgt die Regulierung des Luftein- und -austritts durch Rundschieber. Jedoch sind an

---

1) Näheres s. weiter unten bei Verbund-Kompressoren.

2) D.R.P. No. 58 690 vom 28. 12. 1890 von F. Strnad, Civil-Ingenieur in Schmargendorf bei Berlin.

Stelle des einen mittleren Schiebers bei Harras zwei an beiden Cylinderenden angebrachte Rundschieber vorhanden. Im Innern jedes Schiebers befinden sich metallene Druckklappen, welche den Abschluss gegen die Druckleitung bilden.

Während somit durch die Kanten des Rundschiebers der Anfang und das Ende der Saugperiode, sowie der Schluss der Druckperiode (oder des Hinausdrängens aus dem Cylinder) unveränderlich reguliert wird, ermöglichen die selbsttätigen Druckklappen einen veränderlichen Beginn der Periode des Hinausschaffens der Luft aus dem Cylinder, also auch einen veränderlichen Kompressionsenddruck, entsprechend den Druckschwankungen in der Druckleitung, bezw. wenn stufenweise Kompression stattfindet, in den Luftbehältern. Durch die Ersetzung eines mittleren Drehschiebers durch zwei seitliche wird allerdings die Konstruktion komplizierter und die Herstellung des Kompressors kostspieliger, indessen ist durch diese Anordnung der schädliche Raum auf einen sehr kleinen Betrag herabgezogen und beträgt nur $2^1/_2$ % des Hubvolumens.

Der Druckausgleich zwischen Druckseite und Saugkanal erfolgt am Ende des Hubes durch die Höhlung des Rundschiebers.

An Stelle der Rückschlag- oder Druckklappe wendete Strnad später ein Druckventil an, dessen Konstruktion aus Fig. 194 verständlich ist. S ist die Höhlung für den Einlass der anzusaugenden Luft, C die Durchlassöffnung für die komprimierte Luft, R das Druckventil mit cylindrischer Führung und Federbelastung.

Die neueren Ausführungsformen des Strnad'schen Kompressors seien im folgenden näher beschrieben.

An jedem Cylinderende ist ein Corlisschieber angeordnet, welcher die Kanäle für den Ein- und Austritt der Luft enthält und auf dem Druckkanale eine Reihe von Ventilen trägt, welche den Austritt der Luft selbsttätig einleiten, wenn der Druck im Cylinder den im Druckraume überschreitet, während der Schieber den Abschluss des Druckkanales besorgt. Dieser Abschluss des Druckkanales erfogt genau bei Eintritt der Kolbentodlage und wird dadurch die Luftsäule im Druckrohre verhindert zurückzuströmen und sich mit ihrer ganzen lebendigen Kraft auf die noch nicht ganz geschlossenen Ventile zu stürzen und dieselben geräuschvoll zuzuschlagen. Die Ventile, welche mit möglichst geringer Masse ausgeführt werden, bleiben sich selbst (bezw. ihrer nur mässig angespannten Schlussfeder) überlassen und haben während des ganzen Kolbenrücklaufes Zeit, sich sanft und ruhig auf ihren Sitz niederzulassen, wodurch hier auch bei den höchsten Umlaufszahlen ein nahezu geräuschloser Gang erzielt wird, während bei gewöhnlichen selbsttätigen, oder auch gesteuerten Ventilen der Schluss momentan bei der Richtungsumkehr des Kolbens erfolgen soll, was nicht zu erreichen ist, da bei der geringsten Verspätung des Schlusses die Luftsäule im Druckrohre sich nach rückwärts in Bewegung setzen und das Ventil heftig zuschlagen wird.

Der Antrieb der Schieber erfolgt durch ein um ca. 90 Grad (mit etwas Nacheilung) gegen die Maschinenkurbel aufgekeiltes Exzenter.

Das Spiel des Schiebers und der Ventile ist aus Fig. 194—196 zu erkennen. Der Rundschieber *A* verbindet abwechselnd den Cylinderraum *L* mit dem Saugkanale *S* und dem Druckkanale *D*. Fig. 194 zeigt das Ansaugen der Luft durch die Höhlung des Rundschiebers. Während der Kolben

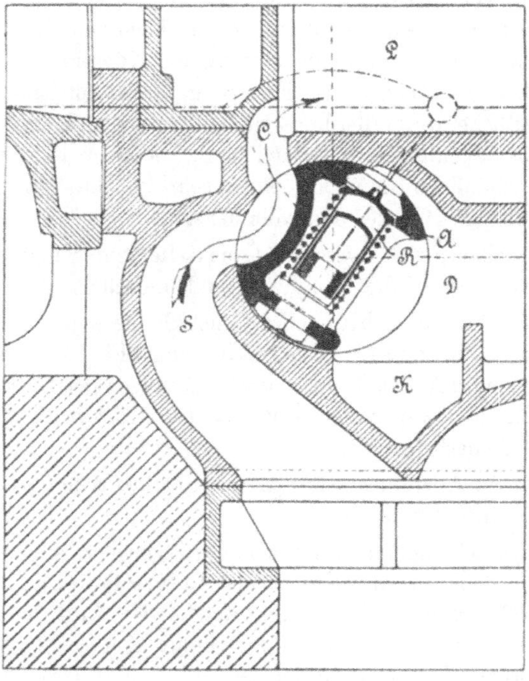

Fig. 194.

von rechts nach links zurückgeht und die verdichtete Luft vor sich her schiebt, schwingt der Rundschieber nach links und bringt den, von den Ventilen *R* bedeckten, Schieberkanal vor den Cylinderkanal *C*, sodass die Ventile selbsttätig gehoben werden, wenn der Druck im Cylinder den im Druckraume *D* überschreitet, Fig. 195. Hat der Kolben seine Todlage erreicht, so ist der Schieber um soviel nach rechts zurückgegangen, dass, wie in Fig. 196 ersichtlich ist, der Druckkanal eben geschlossen wird. Die Luft im Druckrohre wird dadurch stossfrei durch den Schieber abgefangen und die Ventile, welche noch nicht ganz geschlossen haben, können sich während des Kolbenrückganges sanft auf ihren Sitz niederlassen.

Die meist gebräuchliche Anordnung mit tiefliegenden Schiebern, welche etwa $2^{1}/_{2}$ bis $2^{0}/_{0}$ schädlichen Raum bedingt, ist in den Figuren 197 und 198 im Längs- und Querschnitt eines Cylinders ersichtlich gemacht.

Bei Anwendung dieser Konstruktion als Vakuumpumpe wird der Schieber in der Regel im Cylinderdeckel angeordnet und lässt sich der schädliche Raum sodann auf $1^{1}/_{2}$ bis $1^{0}/_{0}$ einschränken.

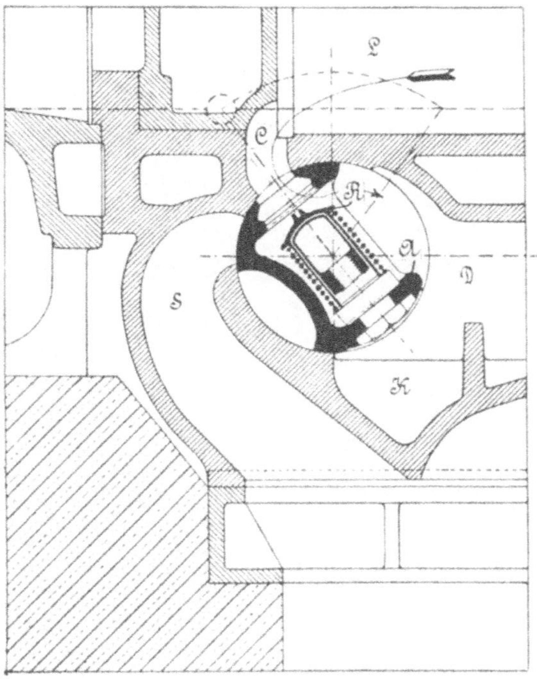

Fig. 195.

Infolge dieses geringen schädlichen Raumes fällt bei diesem Systeme der kraftraubende Druckausgleich vollständig weg. Dadurch ist das System in der Leistung sehr vollkommen und eignet sich infolge der Anwendung von Corliss-Schiebern auch für die grössten Ausführungen, bei welchen Flachschieber nicht mehr genügen und erfreut sich insbesondere für Bergwerksbetriebe grosser Beliebtheit.

Die erste grössere Anwendung hat der Strnad'sche Kompressor bei der von L. A. Riedinger in Augsburg gebauten Offenbacher Druckluftanlage gefunden, welche im Herbste 1891 dem Betriebe übergeben wurde. Die von den Professoren Schroeter und Gutermuth vorgenommene, sehr sorgfältig durchgeführte Untersuchung hat sehr günstige Resultate ergeben, welche in der Tabelle auf S. 212 zusammengestellt sind.

Im übrigen sei auf den Bericht von Prof. Gutermuth in der Zeitschrift des Vereins deutscher Ingenieure[1]) verwiesen.

An Stelle der näheren Beschreibung dieser Anlage, welche die erste Auflage dieses Buches enthielt, möge eine neuere Ausführung des Strnad'schen Systemes, nämlich die Luftverdichtungsanlage auf „Gottes-

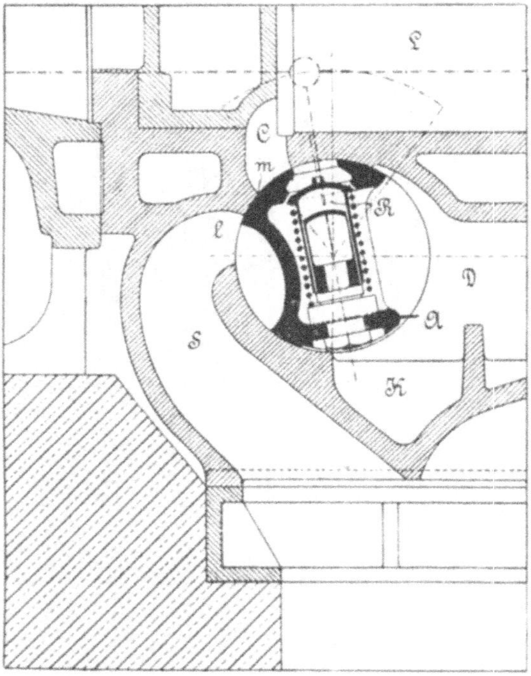

Fig. 196.

hilfeschacht" des Steinkohlenbauvereines Gottessegen in Lugau vorgeführt werden.

Die Abmessungen des zweistufig arbeitenden Kompressors sind: 750/500 mm Durchmesser bei 1000 mm Hub, 81 bis 87 Umdrehungen in der Minute, wobei stündlich 3900 bis 4200 cbm Luft angesaugt und auf 5 Atm. Überdruck verdichtet werden.

Die beiden Kompressorcylinder, Tafel VIII, sind direkt an die Kolbenstangen der Dampfcylinder gekuppelt. Zwischen den Luftcylindern

---

1) Die Druckluftanlage Offenbach von Prof. M. F. Gutermuth zu Aachen, Z. d. V. d. Ing. 1892, Bd. XXXVI. S. 1449 folg. — I. Aufl. S. 136.

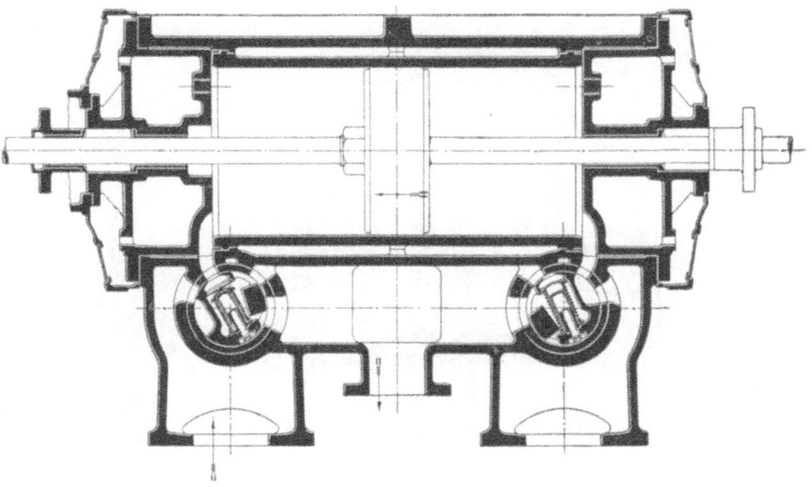

Fig. 197.

Versuchsergebnisse des ersten Kompressors System Strnad der Luftdruckzentrale in Offenbach.

Versuch	Kompressor: Luftpressungen in Atm. abs.: Barometer	Zwischenkühler	Druckleitung	Lufttemperaturen in °C.: Saugleitung	H.-D.-Cyl. Druckrohr: vorn	hint.	volumetr. Wirkungsgrad am N.-D.-Cyl.: vorn	hint.	effektive Leistung N_e	Min.-Umdr.	Dampfmaschine: Eintritts-Dampfspannung Atm. eff.	indizierte Leistung N_i	stündl. Speisewassermenge für 1 PS_i	Mantelwasser in % des Speisewassers	mechan. Wirkungsgrad $\frac{N_e}{N_i}$	Stündliche Luftlieferung in cbm: im ganzen	für 1 Kompressor-PS	für 1 Dampf PS	Bemerkungen
I	1,03	2,88	7,12	6,0	26,7	40,6	0,975	0,967	162,45	50,0	7,26	197,24	7,16	9,6	0,824	1904,8	11,72	9,67	
II	1,02	2,82	7,10	5,2	24,1	38,9	0,974	0,970	162,16	50,1	7,29	195,34	7,66	12,3	0,830	1910,8	11,76	9,77	
III	1,02	2,90	8,62	3,2	30,2	50,3	0,973	0,966	180,78	50,7	7,19	213,66	7,29	12,0	0,846	1928,5	10,67	9,05	
IV	1,02	2,77	7,10	14,9	30,4	41,7	0,974	0,965	232,88	70,7	7,08	275,24	7,64	10,6	0,846	2689,1	11,54	0,78	
V	—	—	—	—	—	—	0,973	0,967	120,64	38,0	—	144,32	—	—	0,836	1446,2	12,0	10,0	
VI	—	—	—	—	—	—	—	—	8,39	48,0	—	28,8	—	—	—	—	—	—	Leerlauf m.
VII	—	—	—	—	—	—	—	—	19,32	79,0	—	55,52	—	—	—	—	—	—	Kompressor

ist tiefliegend ein Oberflächenkühler von 120 qm Kühlfläche angeordnet, welchen die Luft nach Verdichtung im Niederdruckcylinder durchstreichen muss. Für die reichliche Bemessung der Kühlfläche war das Bestreben massgebend, auch bei hohen Umlaufszahlen möglichst rationell zu arbeiten und jede schädliche Erwärmung zu vermeiden.

Die Anordnung der Steuerung des Hochdruckcylinders entspricht der in Fig. 197 und 198 gezeigten Anordnung. Bemerkenswert ist, dass die

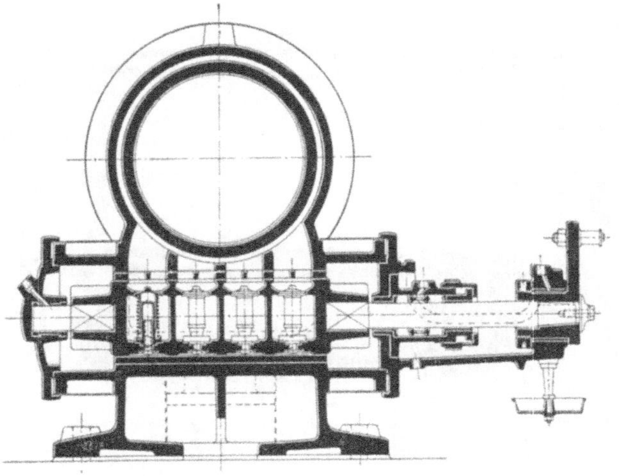

Fig. 198.

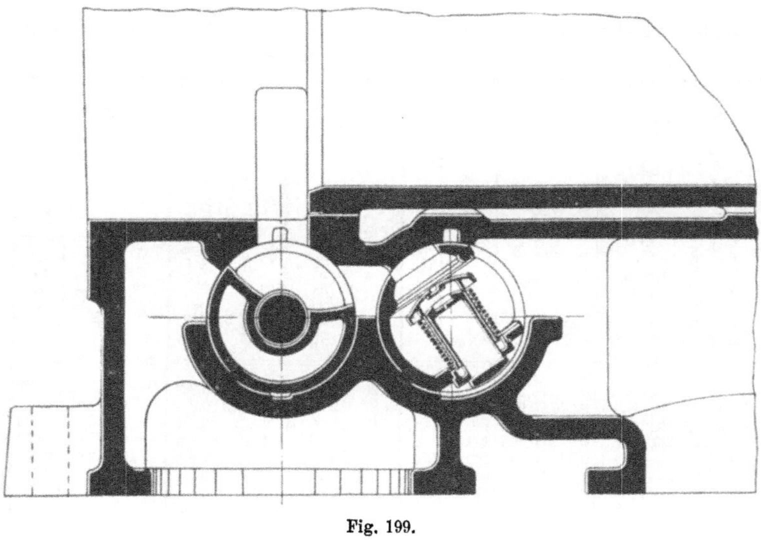

Fig. 199.

Schieber in Büchsen aus besonders dichtem Material laufen, was sich sehr gut bewährt haben soll.

Die Anordnung der Steuerung des Niederdruckcylinders ist insofern von der der Hochdruckseite abweichend, als die Einlassschieber getrennt von den Austrittsschiebern angeordnet sind, wie in Fig. 199 dargestellt ist. Die Auslassschieber enthalten die selbsttätigen Ventile und werden durch ein Exzenter angetrieben. Von den Antriebshebeln der Auslassschieber werden durch entsprechend schräg angeordnete Stangen, Fig. 200, die Eintrittsschieber mit betätigt, was eine gute Eröffnung der Eintrittsquerschnitte ergibt. Diese Schieberanordnung bedingt eine mässige Vergrösserung des schädlichen Raumes, was bei zweistufiger Verdichtung zulässig ist, gestattet jedoch die Durchmesser der Schieber sehr klein zu halten, was sich bei grossen Ausführungen sehr vorteilhaft erwiesen hat.

Es ist die Einrichtung getroffen worden, dass jeder der beiden Kompressorcylinder auch allein, also einstufig, arbeiten kann. Da die sogenannte „Rückexpansion", d. i. die Ausdehnung der Luft im schädlichen Raume bei Beginn des Hubes, sich mit dem Anfangsdrucke im Dampfcylinder summiert und das Gestänge der Niederdruckseite zu hoch beansprucht würde, wenn der Niederdruckkompressorcylinder allein arbeitet, so ist vorgesehen worden, dass die zuvor erwähnten kurzen Antriebsstangen der Eintrittsschieber, Fig. 200, durch andere ersetzt werden können, die so be-

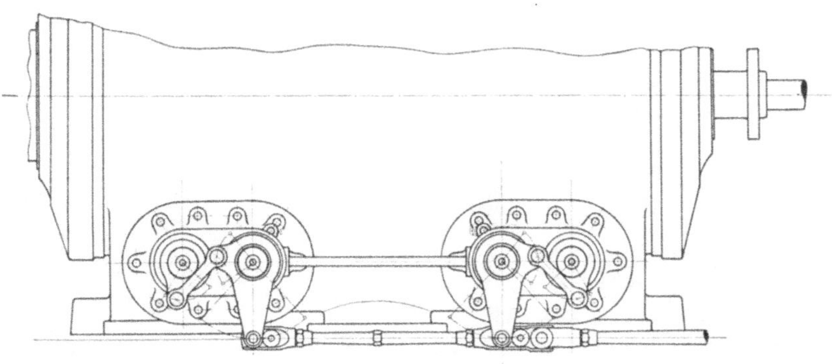

Fig. 200.

messen sind, dass die Eröffnung des Saugkanales genau im toten Punkte erfolgt, wodurch die Rückexpansion ganz wegfällt. Von einer Änderung der Stangenlänge etwa mittels Schraubenschlüssel oder durch ein Handrädchen wurde abgesehen, damit nicht durch eine irrtümliche, nur teilweise Verstellung die Maschine gefährdet würde.

Die Anlage ist von der Maschinenfabrik Hofmann & Zinkeisen in Zwickau gebaut worden.

Von dem Strnad'schen System sind bis Ende des Jahres 1901 ca. 150 Ausführungen zu verzeichnen.

Erwähnt sei noch die Bauart der stehenden Verbundkompressoren, die von der Firma Th. Calow & Co. in Bielefeld mit der Strnad'schen Steuerung ausgeführt wird, welche bei grosser Einfachheit alle Vorzüge eines zweistufigen Kompressors vereinigt und in den Figuren 201—203 dargestellt ist. Die Ringfläche des abgestuften Kolbens bildet den Hoch-

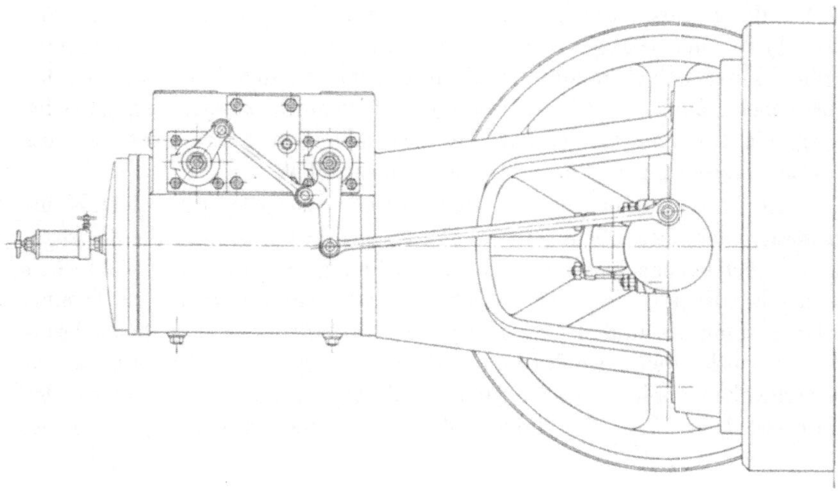

Fig. 203.

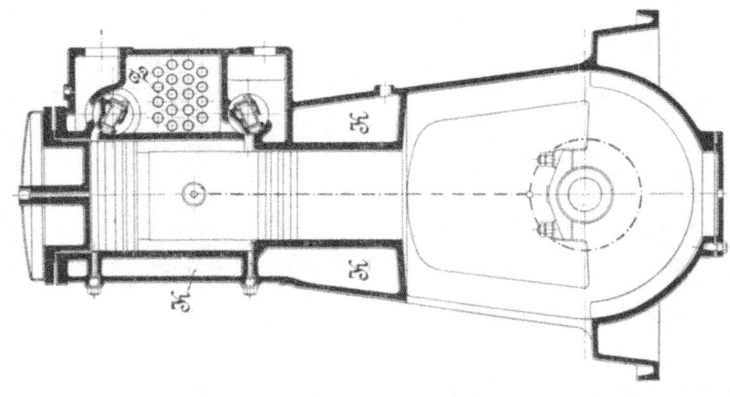

Fig. 202.

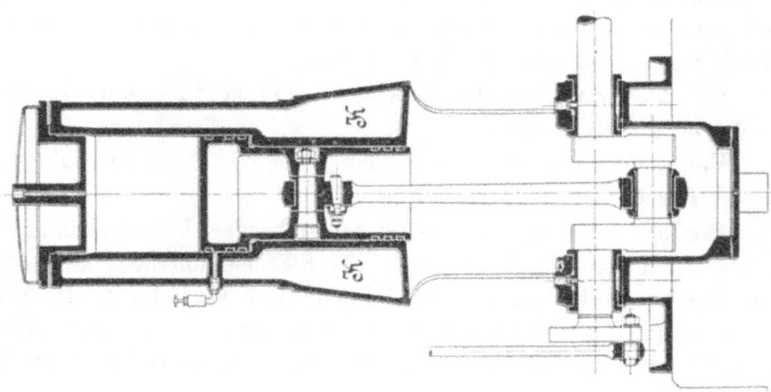

Fig. 201.

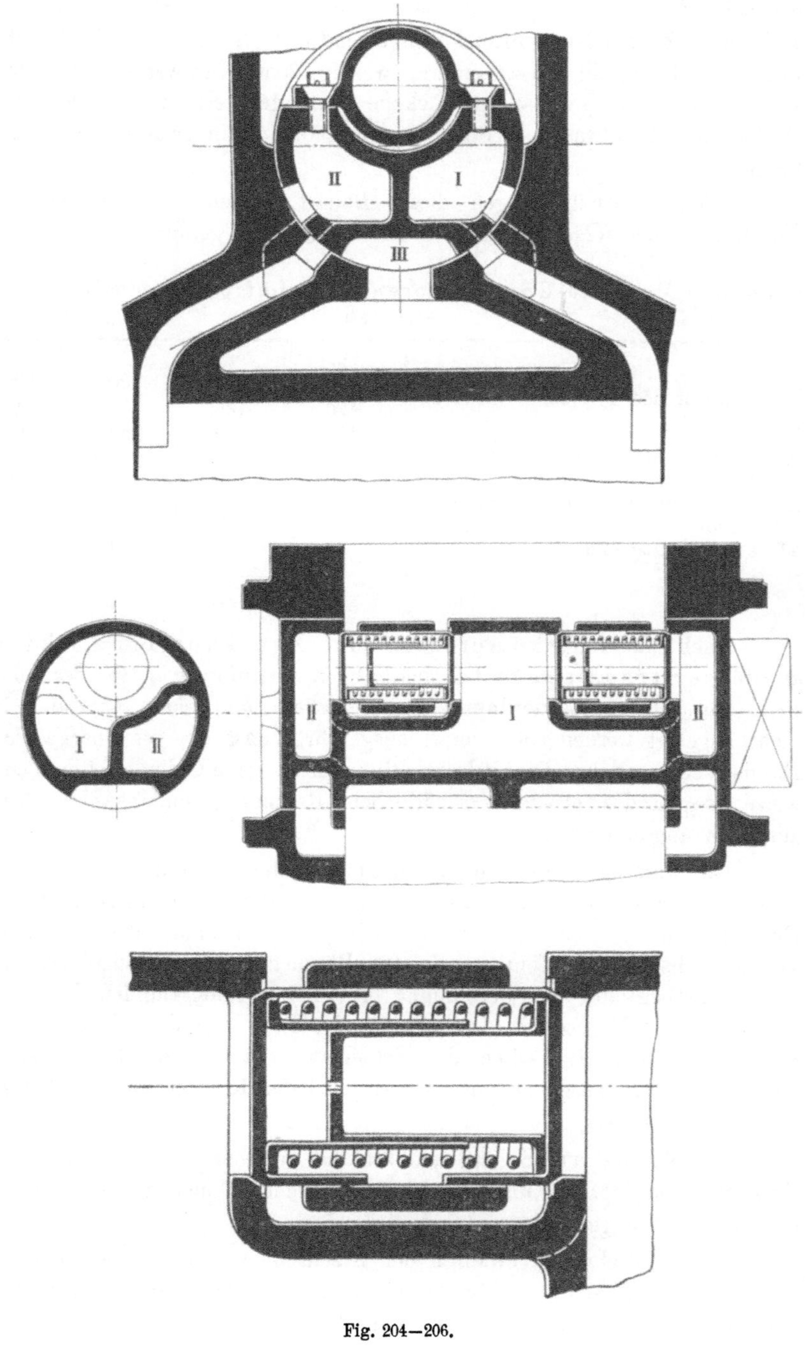

Fig. 204—206.

druckcylinder. Das System ist wie ersichtlich einfach wirkend. Der Überströmraum Z vom Niederdruck- zum Hochdruckcylinder dient als Zwischenkühler und enthält Messingrohre, welche vom Kühlwasser durchströmt werden, so dass vollständig trockene Luft geliefert wird. Der Raum K ist mit Kühlwasser erfüllt, welches die Cylinderräume vollständig umgibt.

Kleinere Ausführungen dieser Bauart werden von der genannten Firma nach der folgenden Tabelle in den Handel gebracht:

Stehende Verbund-Kompressoren und -Luftpumpen mit Riemenantrieb.

Durchmesser der Cylinder	$\frac{150}{120}$	$\frac{200}{165}$	$\frac{250}{200}$	$\frac{300}{245}$
Hub	150	200	250	300
Anzahl der Umdrehungen i. d. Minute	200	200	175	150
Absoluter Enddruck der komprimierten Luft	10 Atm.			
Eff. anges. Luftmenge in cbm	28	70	120	175

Auch als Luftkompressor mit Druckausgleich wird das angeführte Strnad'sche System bei billigen Ausführungen, wo der höhere Preis für getrennte Anordnung von Schiebern an beiden Cylinderseiten nicht angelegt werden soll, derart ausgeführt, dass ein gemeinschaftlicher Rundschieber, welcher die Auslassventile enthält, beide Cylinderseiten steuert, wobei wegen des grösseren schädlichen Raumes ausnahmsweise Druckausgleich angewendet wird.

Die Figuren 204—206 zeigen eine solche Steuerung. Die Ventile sind hier parallel zur Schieberachse gelegt und arbeiten paarweise zusammen. Fig. 206 zeigt ein Paar solcher Ventile in grösserem Massstabe. Es öffnen sich abwechselnd die Ventile, die den Räumen I und II zugekehrt sind, welche abwechselnd die Verbindung mit den Cylinderkanälen herstellen. Die Höhlung III bedient den Eintritt der Luft von der Mitte her; die Höhlung an den Stirnseiten des Schiebers vermittelt durch Übergangsräume den Druckausgleich ähnlich, wie es beim Kompressor von Hirzel beschrieben wurde.

Die Tabelle auf S. 218 enthält die gangbaren Ausführungen für direkten Dampfbetrieb und werden die gleichen Abmessungen auch für Riemenbetrieb angewendet.

Die Rundschieber gewähren den Flachschiebern gegenüber den Vorteil geringeren Kraft- und Ölverbrauches, die Ventile sind mit Luftpuffern ausgestattet und arbeiten absolut geräuschlos.

Einstufig arbeitende Kompressoren von Strnad mit direktem Dampfbetrieb.

Durchmesser des Dampfcylinders in mm bei 6 Atm. Betriebsdr.	Durchmesser des Dampfcylinders in mm bei 8 Atm. Betriebsdr.	Durchmesser des Luftcylinders in mm	Hub in mm	Zulässige Umdrehungszahl pro Min.	Angesaugte Luft in cbm pro Stunde	Endüberdruck der Luft in Atm.
150	140	140	120	150	30	5
150	140	150	120	185	45	4
150	140	160	120	220	60	3
150	140	190	120	220	85	2
150	140	230	120	220	125	1
150	140	280	120	220	185	1/2
200	180	160	160	135	47	5
200	180	175	160	170	73	4
200	180	190	160	200	100	3
200	180	230	160	200	150	2
200	180	270	160	200	210	1
200	180	320	160	200	290	1/2
250	220	210	200	120	90	5
250	220	230	200	150	135	4
250	220	250	200	180	200	3
250	220	290	200	180	270	2
250	220	350	200	180	400	1
250	220	400	200	180	500	1/2

II. Kompressoren mit gesteuerten Ein- und Auslassorganen.

1. Kompressor Riedler.

Kompressoren mit gesteuerten Ventilen wurden, ebenso wie Stahlwerksgebläse, zuerst von Prof. Riedler in grösserem Masstabe ausgeführt.

Die Ventile der meisten bisher ausgeführten Riedler-Kompressoren sind einsitzig, und nur bei grösseren Maschinen wurden mehrringige Ventile angewendet.

Die Schlussbewegung erfolgt teils durch unrunde Scheiben oder Steuerung mit Kurvenbahnen (D.R.P. No. 24849 u. a.), oder durch Kniehebel (D.R.P. No. 45614) oder, in neuerer Zeit, durch zwischengeschaltete Federn (D.R.P. No. 60447 und 64772).

In den Figuren 207—209 ist ein von Breitfeld, Daněk & Co. in Prag für Aussig gebauter Kompressor dargestellt.

Bei diesem Kompressor sind die einsitzigen Ventile vertikal übereinander im Cylinderdeckel angebracht und werden von einer schwingenden Kurvenbahn gesteuert (D.R.P. No. 41580 und 42374), die ihren Antrieb von der verlängerten Schieberstange des Dampfmaschinen-Grundschiebers erhält. Die Kurven sind so angeordnet, dass die Ventile bei der Kurbelstellung im toten Punkte geschlossen sind. Da aber die Antriebsexzenter

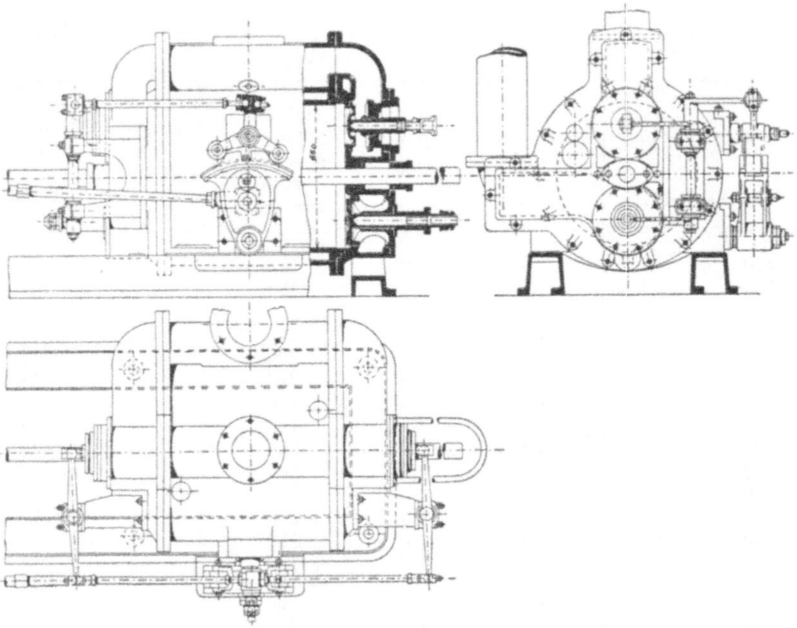

Fig. 207—209.

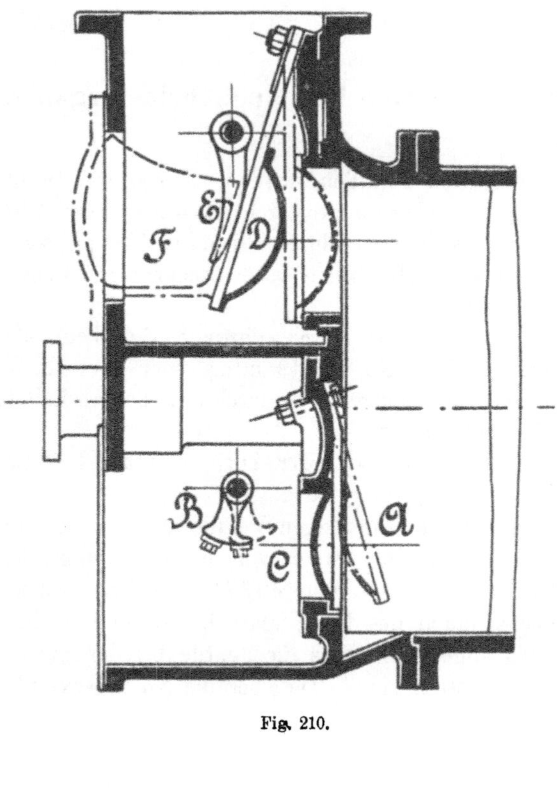

Fig. 210.

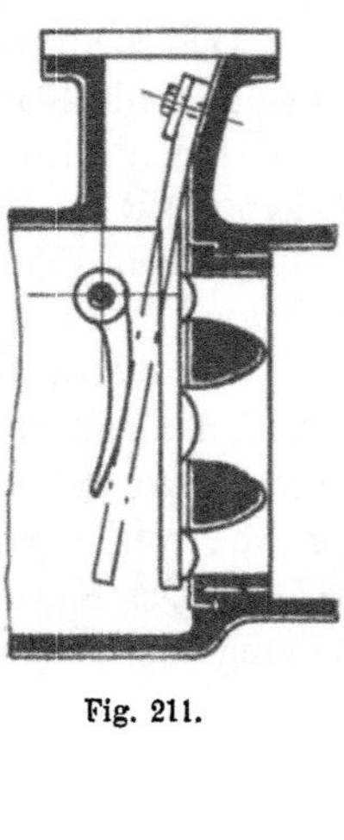

Fig. 211.

Voreilungswinkel besitzen, mithin der Hub des Steuerungsantriebs erst nach dem Hubwechsel der Maschine die Bewegungsrichtung ändert, so sind die Kurvenenden mit konzentrischen Stücken begrenzt, über welche die Rollen ablaufen, ohne die Steuerungsteile und Ventile zu bewegen.

Eine spätere Ausführung eines Riedler-Kompressors ist in den Figuren 210 und 211 dargestellt.

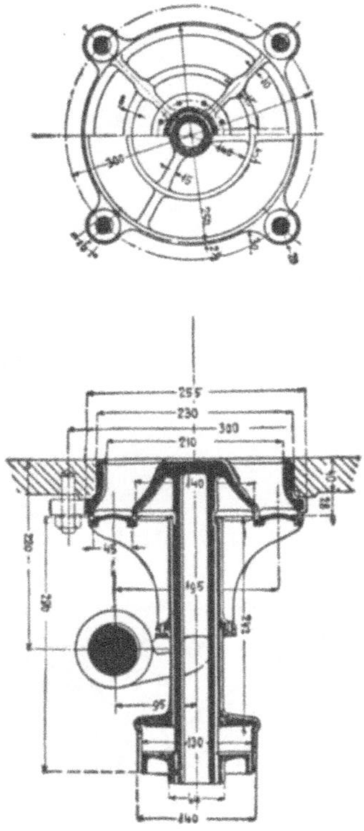

Fig. 212.

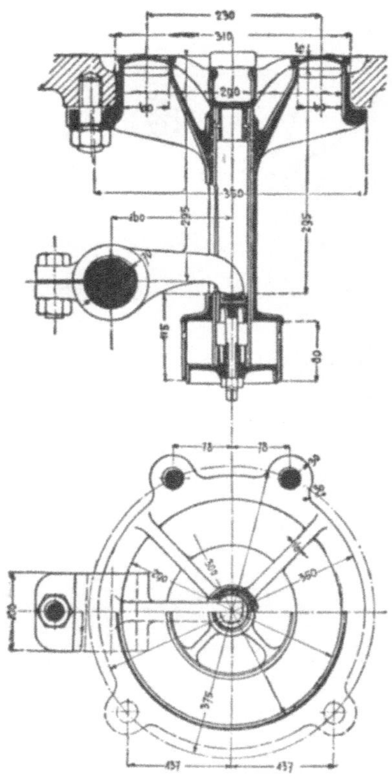

Fig. 213.

Die im Cylinderdeckel angeordneten Klappen erhalten möglichst grossen Querschnitt und ist an Stelle mehrerer kleinerer Ventile je eine grosse Saug- und Druckklappe angebracht. Die Klappen sind möglichst leicht gehalten und mittels elastischer Bänder oder Federn derart befestigt, dass sie stets das Bestreben haben sich zu öffnen (D.R.P. No. 54194). Durch die elastische Befestigung erfolgt ein rasches Öffnen derselben. Der Schluss erfolgt jedoch durch irgend welche, von aussen bewegte Steuerung.

In Fig. 210 ist die Saugklappe *A* in geschlossenem Zustand, die Druckklappe *D* geöffnet dargestellt. Erstere ist durch ein elastisches

Band *C* (Drahtband, Gummischnüre, Kette mit eingeschalteter Feder, Hanfgurt mit Gummieinlage oder dergl.) mit dem Hebel *B* verbunden, welcher das Ventil am Ende der Saugperiode zuzieht. Das Druckventil wird durch den daumenförmigen Hebel *E* beim Hubwechsel zugedrückt. *F* ist ein Anschlag zur Hubbegrenzung für das Ventil *D*. Eine etwas andere Konstruktion des Druckventils ist in Fig. 211 dargestellt.

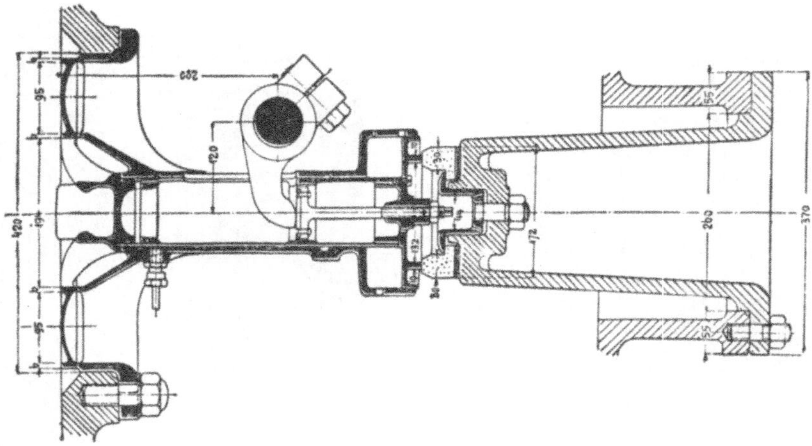

Fig. 215.

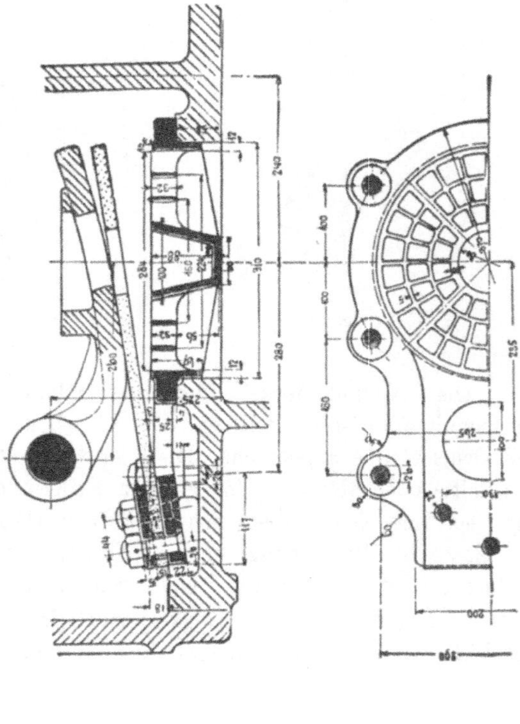

Fig. 214.

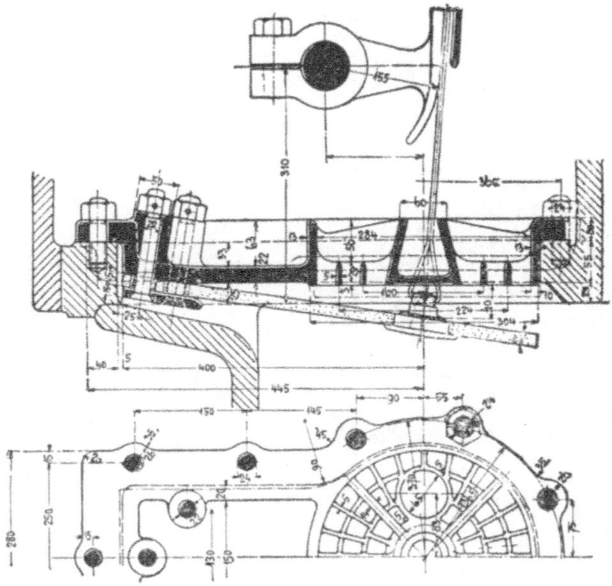

Fig. 217.

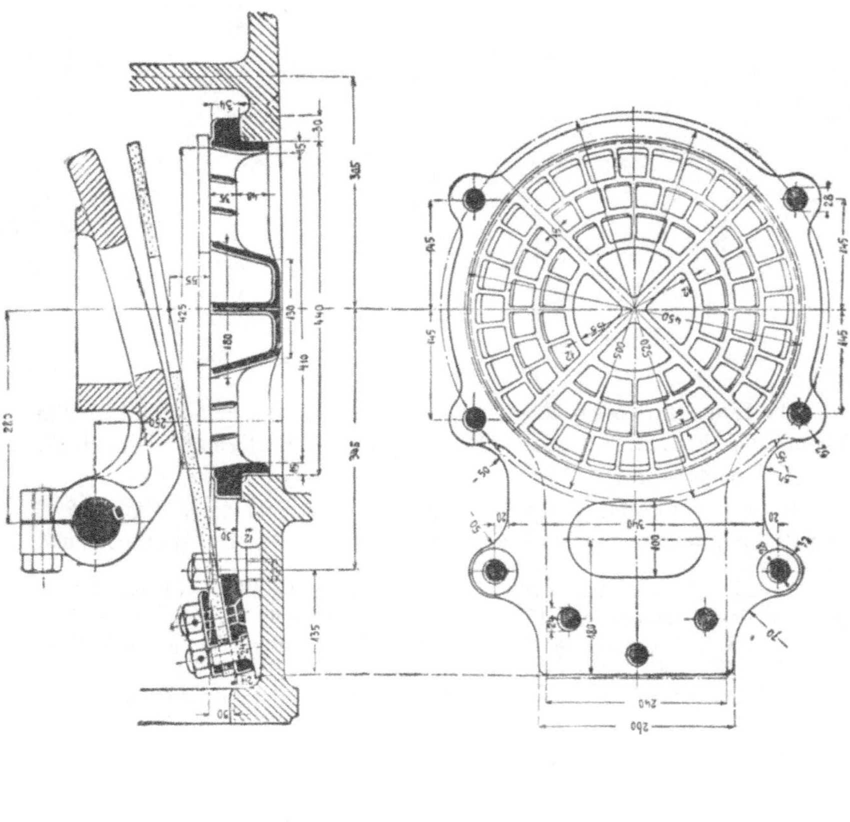

Fig. 216.

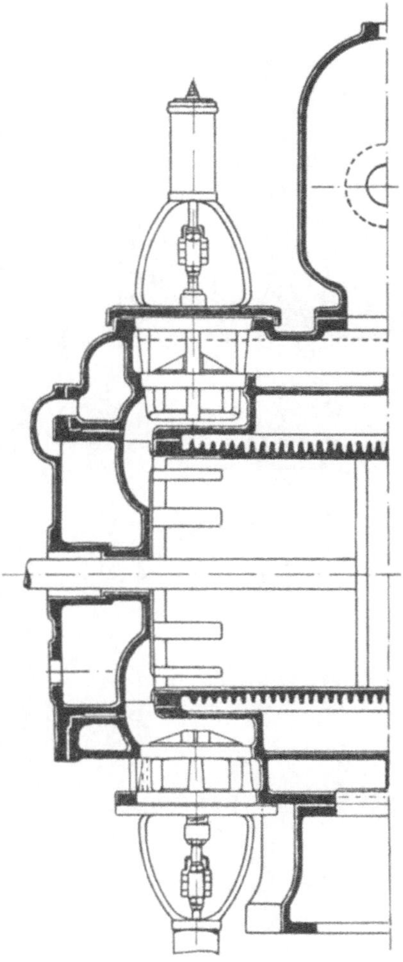

Fig. 218.

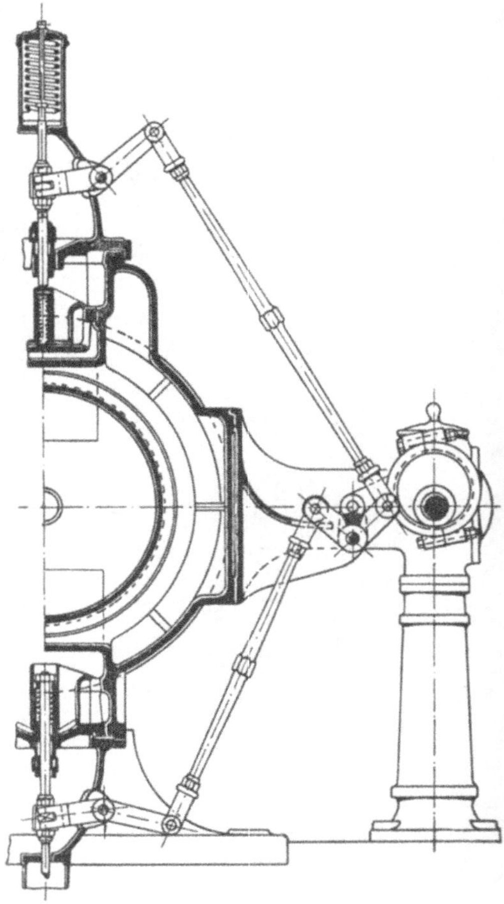

Fig. 219.

Die Konstruktionseinzelheiten der Riedler'schen, gesteuerten Ventile sind aus den Figuren[1]) 212 bis 217 ohne weitere Erklärung verständlich.

2. Kompressor Pröll.

Eine andere Form eines gesteuerten Kompressors ist in den Figuren 218 und 219 dargestellt und einem Druckluftprojekt[2]) von Dr. Pröll entnommen.

---

[1]) Vergl. Z. d. V. deutsch. Ing. 1885, S. 502, 521, Riedler, Konstruktionsregeln von Gebläseventilen; do. 1886, S. 935, Ringventile für Pumpen und Gebläse, do. 1888, S. 481, 505, 529. Riedler, Gesteuerte Ventile für Gebläse. — Z. d. V. d. Ing. 1892, S. 864. Fig. 22--27.

[2]) Projekt einer städtischen Druckluftanlage von Dr. R. Pröll, Dresden, C. Tittmann, 1890.

Derselbe ist in seiner allgemeinen Anordnung einer Ventildampfmaschine nachgebildet. Die Steuerung erfolgt durch ein Exzenter, welches das Schliessen der Saug- und Druckventile beim Hubwechsel bewirkt. Die Ventilstangen sind mit den Ventilen nicht fest verbunden, sondern gestatten den letzteren freie Bewegung. Durch eingesetzte Federn erhalten die Ventile das Bestreben, sich stets zu öffnen, sodass sie sich nach beendigter Einwirkung der Steuerung auf dieselben infolge des Federdruckes rasch und leicht heben Bemerkenswert ist an dem Pröll'schen Kompressor noch die Anwendung der Wellner'schen Umlauf- oder Ausgleichsnuten, welche an beiden Cylinderenden eingehobelt sind, sowie der rippenförmige Mantel des inneren Cylinders. Derselbe bezweckt, eine grössere Oberfläche für die Wirkung des Kühlwassers zu schaffen. Sowohl der Cylinder als auch die Deckel sind mit Wasserkühlung versehen und ist von einer Wassereinspritzung in den Cylinder Abstand genommen.

Die Luftmenge des Kompressors von 0,7 m Durchmesser und 1,25 m Hub berechnet Pröll bei einem volumetrischen Wirkungsgrad von 0,9 zu 0,4331 cbm für einen Hub oder zu 5,1972 cbm i. d. Minute bei 60 Touren der Maschine.

Die Kühlwassermenge berechnet sich bei einer Anfangs- und Endtemperatur von 10^0 bezw. 40^0 C. zu 2 kg i. d. Sek. oder 129 kg i. d. Min., was (unter Annahme eines spezifischen Gewichtes von 1,293 kg für 1 cbm Luft) einem 18 fachen Wassergewicht entsprechen würde.

3. Kompressor Reynolds[1]). Figuren 220 und 221.

Durch eine der Corlisssteuerung ähnliche Rundschiebersteuerung wird der Schluss der Druckventile bewirkt, während die Eröffnung derselben selbsttätig durch den jeweiligen Kompressionsdruck erfolgt. Das Wesen der Steuerung ist in der Patentschrift gekennzeichnet durch:

„die selbsttätige Öffnung des von der Steuerung der Maschine geschlossenen Auslassventils, welche hervorgerufen wird durch das Zusammenwirken einer Treib- mit einer Auslassvorrichtung, wobei in einem geschlossenen Treibcylinder *A* (Fig. 220) der auf einer Seite unter dem Rezipientendruck und auf der anderen Seite unter dem Kompressionsdruck im Arbeitscylinder stehende Kolben *B* unter Einwirkung dieses wechselnden Druckes bewegt und zwecks Öffnung des Ventils so unter den einen Schenkel *C* eines drehbar gelagerten Winkelhebels *D* gestossen wird, dass dessen anderer Schenkel *E* den bis dahin festgehaltenen Dreharm *F* des Ventils freigibt, worauf dieser Arm *F* durch seine von einem Gewicht *G* (oder einer Feder) hervorgerufene Bewegung die Öffnung des Ventils bewirkt.“

Der Schluss erfolgt durch die am vorderen Ende gegabelte Stange *H*, welche an einem Zapfen *J* eines zweiten, auf der Drehachse sitzenden

---

1) D.R.P. No. 45027 vom 21. 2. 1888. E. Reynolds, Milwaukee, Nordamerika.

Hebels K angreift. Der Einlassschieber wird durch die Stange L und den Hebel M bewegt.

Das Rohr R_1 steht mit der Druckleitung bezw. dem Luftbehälter, das Rohr R_2 mit dem Cylinderende in Verbindung. Der Kolben B wird daher erst gehoben werden und den Auslassschieber öffnen, wenn im Cylinder ein zur Überwindung der Kolben- und Stopfbüchsenreibung genügender Überdruck über den Leitungsdruck bezw. den Druck im Luftbehälter erreicht ist.

Die Anwendung des durch den Druckunterschied bewegten Kolbens B im Cylinder A zur Öffnung des Auslassorgans zeigt gewisse Ähnlichkeit

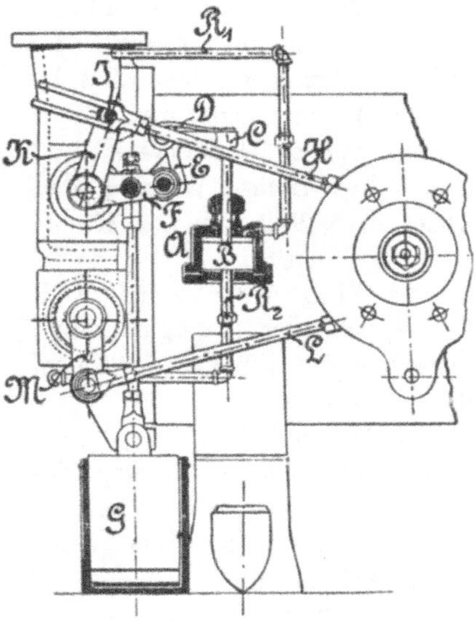

Fig. 220.

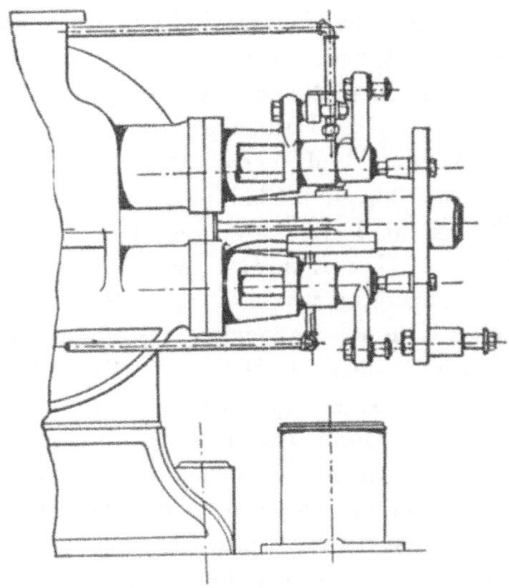

Fig. 221.

mit der nachbesprochenen Hasemann'schen Konstruktion, jedoch ist die Bewegungsübertragung zur Einwirkung auf den Auslassschieber bei Reynolds bedeutend einfacher als bei Hasemann.

4. Kompressor Hasemann. Figuren 222 und 223.

Die Regulierung des Luftein- und -austritts erfolgt durch einen Schieber A nach Art des Trick'schen Kanalschiebers, welcher durch eine Gooch'sche Kulissensteuerung bewegt wird. Die Verstellung der Schieberstange B erfolgt durch ein Wendegetriebe C, welches selbsttätig von der Maschine durch einen Hilfskolben D in einem Cylinder E umgeschaltet wird. Letzterer steht durch die Kanäle F und G mit dem Druckkanal und dem Schieberkasten in Verbindung. Zur Verstellung der Schieberstange

[1]) D.R.P. No. 41681. 8. 3. 1887.

und somit zur Veränderung der Kompressions- und Ausströmungsperiode wird der Druckunterschied benutzt, welcher entsteht, wenn etwa der Schieber die Ausströmung schon öffnen sollte, ehe der Druck im Cylinder gleich dem Druck im Schieberkasten ist, oder umgekehrt, wenn der Druck im Cylinder höher als der letztere ist. Im ersten Falle wird der Kolben *D* nach unten gedrückt, also das rechte Getriebe eingekuppelt, wodurch die Schieberstange gesenkt, also eine kleinere Exzentrizität oder ein späteres Öffnen des Druckkanals bewirkt wird. Der Kanal *G* wird durch die Schieber-Muschel abwechselnd mit der linken oder rechten Cylinderseite in Verbindung gesetzt.

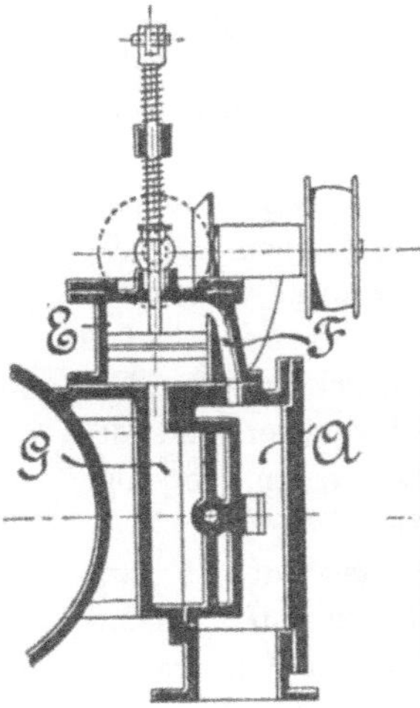

Fig. 222.

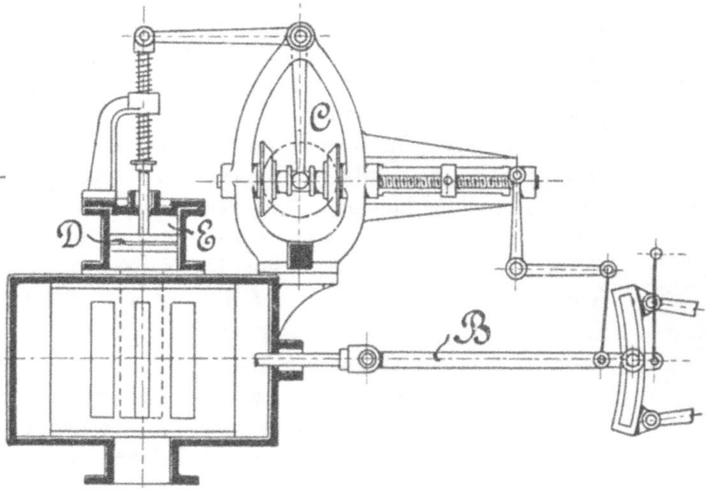

Fig. 223.

Das Ein- und Ausrücken des Wendegetriebes bezw. das Verstellen der Kulissensteuerung wiederholt sich so lange, bis die dem stattfindenden Kompressionsgrade entsprechende richtige Stellung der Steuerung erreicht ist. Von diesem Momente an bleibt die Steuerung in bestimmter Lage stehen.

Es ist nicht zu verkennen, dass der beschriebene Mechanismus in sinnreicher Weise die Frage der rechtzeitigen Kanaleröffnung bei Schieberkompressoren löst. Indessen ist die Konstruktion eine ziemlich umständliche, sodass sowohl die Herstellung als auch die Unterhaltung der Maschine im Verhältnis zu dem erreichten Nutzen wohl zu kostspielig sein dürfte.

F. Verbund-Kompressoren.

Infolge des Einflusses des schädlichen Raumes, welcher in jedem Kompressor vorhanden ist, kann, wie später[1]) gezeigt werden wird, die Kompression in einem Cylinder nur bis zu einer gewissen Grenze getrieben werden, da bei einer Überschreitung derselben beim Rückgang des Kolbens keine Luft angesaugt wird, vielmehr die im schädlichen Raum enthaltene Luft während des ganzen Kolbenhubes expandiert. Nimmt man z. B. den Inhalt des schädlichen Raumes zu 5 $^0/_0$ oder $^1/_{20}$ des ganzen Hubvolumens an und denkt sich die Luft auf $^1/_{20}$ ihres Volumens oder den 20fachen Druck komprimiert, so wird am Ende der Kompression der schädliche Raum mit Luft von 20 Atm. Druck gefüllt sein, beim Rückgang des Kolbens jedoch die Expansion auf das Hubvolumen zurück erfolgen, daher während des ganzen Hubes keine Luft mehr angesaugt und der Kompressor wirkungslos werden.

Da jedoch für manche Zwecke noch bedeutend höher gespannte Luft benötigt wird, so würde man dieselbe bei der Kompression in einem Cylinder niemals erhalten können. Man wendet daher für diese Zwecke Verbund-Kompressoren an, welche nach und nach — durch stufenweise Kompression — die Luft auf den gewünschten Enddruck bringen. Der Kompressionsgrad eines jeden Cylinders wird hierdurch kleiner und der Enddruck des ersten Cylinders zum Anfangsdruck des zweiten, derjenige des zweiten zum Anfangsdruck des dritten und so fort.

Soll beispielsweise die Luft gleichmässig in 3 Stufen auf 125 Atm. komprimiert werden, so würde dieselbe im ersten Cylinder auf 5 Atmosphären, im zweiten Cylinder von 5 auf 25 Atmosphären und im letzten von 25 auf 125 Atmosphären komprimiert werden müssen. In jedem Cylinder würde dann der Druck eine fünffache Vergrösserung, das Volumen eine Verkleinerung auf etwa $^1/_5$ des Hubvolumens erfahren. Die Kompression auf den fünffachen Druck aber bietet keinerlei praktische Schwierigkeiten, und ist auch der volumetrische Wirkungsgrad für diesen Kompressionsgrad noch sehr günstig.

Bezüglich der Ausführung der stufenweisen Kompression lassen sich zwei Möglichkeiten unterscheiden. Entweder gelangt die Luft direkt vom ersten, grösseren, zum zweiten, kleineren Cylinder, so dass häufig sogar das Saugventil des kleineren Cylinders zugleich das Druckventil des grösseren Cylinders ist, oder dieselbe wird von dem ersten Cylinder in ein Reservoir oder einen Zwischenraum gedrückt, in welchem sie möglichst stark wieder abgekühlt wird, um keine zu grosse Erwärmung zu erhalten, weil hierdurch ein Einfressen der Kolben und Kolbenstangen infolge der

---

[1]) Theoret. Teil, Kapitel 6.

Verflüchtigung der Schmiermittel unausbleiblich sein würde. Im zweiten Falle saugt der kleinere Cylinder die Luft aus dem Zwischenbehälter ab.

Zur praktischen Anwendung gebracht wurde die stufenweise Kompression zuerst durch den Engländer Paget, welcher im Jahre 1867 einen dreistufigen Torpedo-Kompressor ausführte. Nach ihm führte zunächst Whitehead in Fiume zu demselben Zwecke ähnliche Kompressoren aus.

Die Frage, ob auch für geringere Enddrücke, zumal noch unter 10 Atm. die stufenweise Kompression mit Zwischenkühlung vorteilhaft ist, soll weiter unten [1]) beantwortet werden.

Die wichtigsten Konstruktionen stufenweiser Kompressoren sind im folgenden zusammengestellt, und hierbei zunächst die Ausführungen ohne Zwischenbehälter, sodann diejenigen mit Zwischenbehälter in alphabetischer Reihenfolge besprochen.

I. Verbund-Kompressoren ohne Zwischenbehälter.

1. Kompressor Bellis und Morcom [2]). Figuren 224 und 225.

Derselbe ist zusammengesetzt aus vier einfach wirkenden, um je 90° gegeneinander versetzten Hohlcylindern *H*, deren Bewegung nach innen gegen die Wellenachse zu durch Federdruck, nach aussen durch ein Exzenter erfolgt.

In dem festen Gehäuse *A*, welches mit fortwährend sich erneuerndem Kühlwasser gefüllt ist, dreht sich die Welle *B*, auf welcher in der Mitte das Exzenter *C* aufgekeilt ist. Das letztere verschiebt einen würfelförmigen, mit Ein- und Austrittsöffnungen *E* und *F* für die Luft versehenen Hohlkörper *D* nach zwei aufeinander senkrecht stehenden Richtungen hin und her. Bei dieser Bewegung wird sowohl abwechselnd je ein Cylinder ganz in das feste Gehäuse *A* hineingedrückt, während der gerade gegenüberliegende Cylinder sich in seiner äussersten Lage befindet, als auch durch die abwechselnd miteinander in Verbindung tretenden Öffnungen *F* und *G* im Cylinder *H* bezw. im Hohlkörper *D* die Luft in den Hohlraum des Cylinders eingesaugt. Mit dem Hohlcylinder *H* ist ein zweiter, gleichfalls hohler Cylinder *J* von kleinerem Durchmesser fest verbunden, welcher in dem dritten Cylinder *L* hin- und hergleitet. Die drei Ventile *M*, *N* und *O* bewirken den Ein- und Auslass der Luft in die Hohlcylinder *J* und *L*.

Die zweistufige Kompression der Luft erfolgt nun folgendermassen: Das Ansaugen geschieht bei der Bewegung der Cylinder *H* aus dem Gehäuse nach der Wellenachse zu durch die Kanäle *E*, *F* und *G* hindurch.

---

1) Siehe Theoret. Teil, Kapitel 6.

2) Engl. Pat. No. 4065 vom 6. 3. 1891. G. E. Bellis und A. Morcom, Birmingham; s. Industries 19. 2. 1892.

Beim Rückgang der Cylinder wird die im Innern von *H* enthaltene Luft durch schmale Kanäle *a* und das Druckventil *M* hindurch in den Hohlraum von *J* gedrückt. Beim zweiten Spiel tritt sodann die im Cylinder *J* enthaltene Luft durch das Ventil *N* in den Cylinder *L*, um beim Rückgang des Kolbens nochmals komprimiert und durch das Ventil *O* in die Druckkammer *P* geschafft zu werden. Von diesen Kammern der 4 Cylinder führen sodann 4 Druckrohre *Q* zu einem gemeinsamen Druckrohr, welches die Luft an den Ort ihrer Verwendung führt.

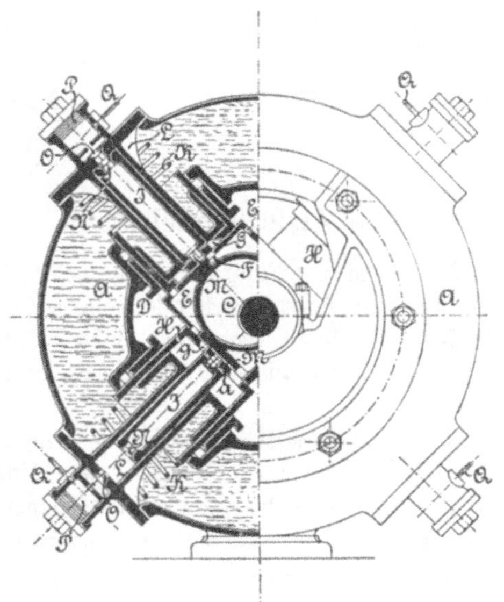

Fig. 224.

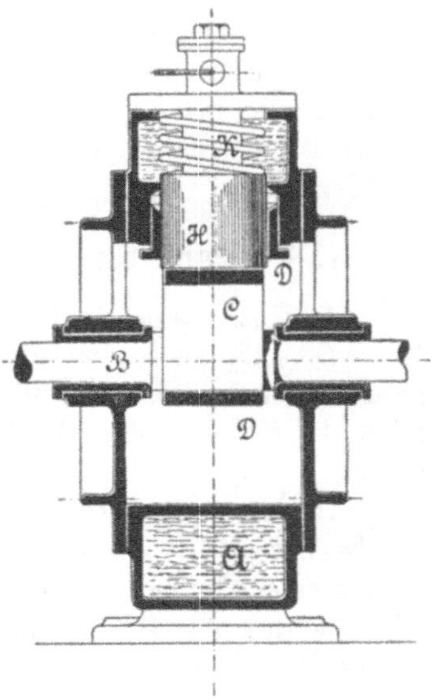

Fig. 225.

2. Kompressor Blyth[1]). Figuren 226—228.

In einem geschlossenen cylindrischen Gehäuse *D*, Fig. 227, bewegt sich ein hohler Kolben *C* horizontal hin und her, in dessen Innern ein zweiter Kolben *B* in einer cylindrischen Bohrung vertikal auf- und niedergeht. Die Bewegung beider Kolben geschieht durch ein mit seitlichen und axialen Öffnungen versehenes hohles Exzenter *E* auf der Welle *W*, an deren einem Ende ein mit einem Kurbelzapfen *K* versehenes Schwungrad befestigt ist. Durch den Hohlraum des Gestells wird die Luft bei *A* angesaugt und gelangt durch das hohle Exzenter hindurch in den grossen Cylinder *D*, wird sodann beim Rückgang des grossen Kolbens *C* komprimiert und in den Hohlraum *F* des kleinen Cylinders gedrückt, wo dieselbe zum zweiten Male (durch den Kolben *B*) komprimiert und durch

1) J. F. Blyth & Co., London, s. Engineering 1888, Bd. 46, S. 227.

das Exzenter hindurch nach dem Austrittsrohr *G* geschafft wird. Durch die im Exzenter *E* in geeigneter Weise angebrachten Öffnungen α und β, Fig. 228, wird das Ansaugen und Fortschaffen, durch γ und δ die Verbindung zwischen beiden Cylindern *D* und *F* bewirkt. Durch richtige Wahl der

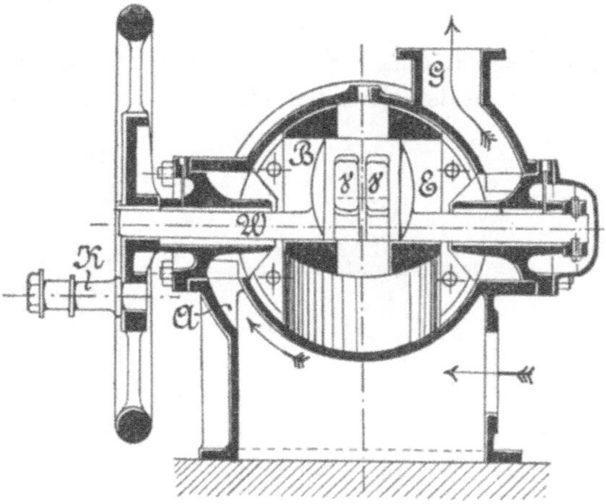

Fig. 226.

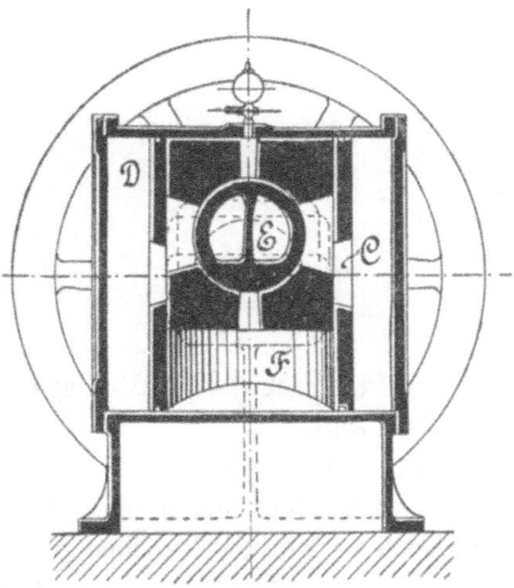

Fig. 227.

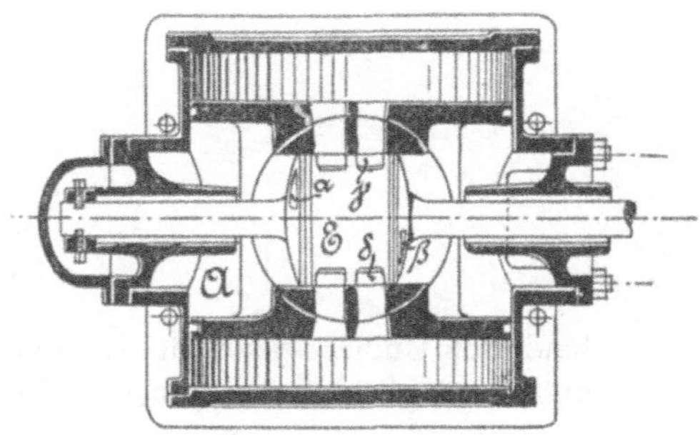

Fig. 228.

Überdeckungen ist man im stande, jede beliebig hohe Kompression auszuführen. Eine veränderliche Kompression ist jedoch nicht möglich, da jede Maschine nur für einen bestimmten Enddruck berechnet ist.

Der Blyth'sche Kompressor gestattet, eine ziemlich grosse Tourenzahl anzuwenden und ist äusserst kompendiös gebaut. Bei der in der angeführten Quelle beschriebenen Maschine betrug die Luftmenge bei 125 Touren 500 cb′[1]) minutlich von 5 ℔ Druck, wobei der Raumbedarf der Maschine nur 39 q′ Bodenfläche auf 3′ 3″ Höhe war.

Der liegende Kolben *C* ist mit Dichtungsringen versehen, während der stehende Kolben *B*, sowie das Exzenter genau in die entsprechenden Cylinder eingepasst sind.

Ein grosser Nachteil dieses Kompressors dürfte in der unvermeidlichen Abnutzung der beiden letzteren Hohlcylinder und dem hierdurch

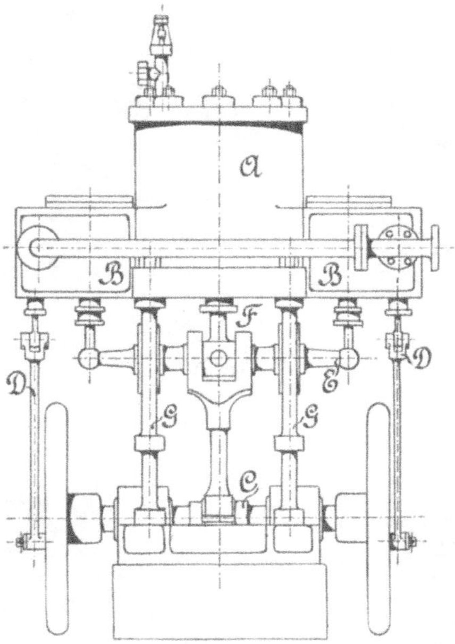

Fig. 229.

bewirkten Undichtwerden des Kompressors, sowie in der schwierigen Montage und Zugänglichkeit der inneren Teile zu suchen sein.

3. Kompressor Brotherhood[2]). Figuren 229—231.

Der zur Kompression der Luft für Torpedodruckluftmaschinen dienende, mit dreistufiger Kompression arbeitende Kompressor ist in seiner äusseren Anordnung in Fig. 229 dargestellt. Zu beiden Seiten des Luftkompressors *A* liegen die Dampfcylinder *B* mit einfacher, von der Schwungradwelle *C* betriebener Schiebersteuerung *D*. Beide Dampfkolbenstangen greifen an den Enden der Traverse *E* an, in deren Mitte die Kolbenstange *F* des

---

1) Engl. Masse.

2) Peter Brotherhood, London. D.R.P. No. 13273 vom 20. 8. 1880. Siehe Engineering 1890, Bd. 48, S. 10.

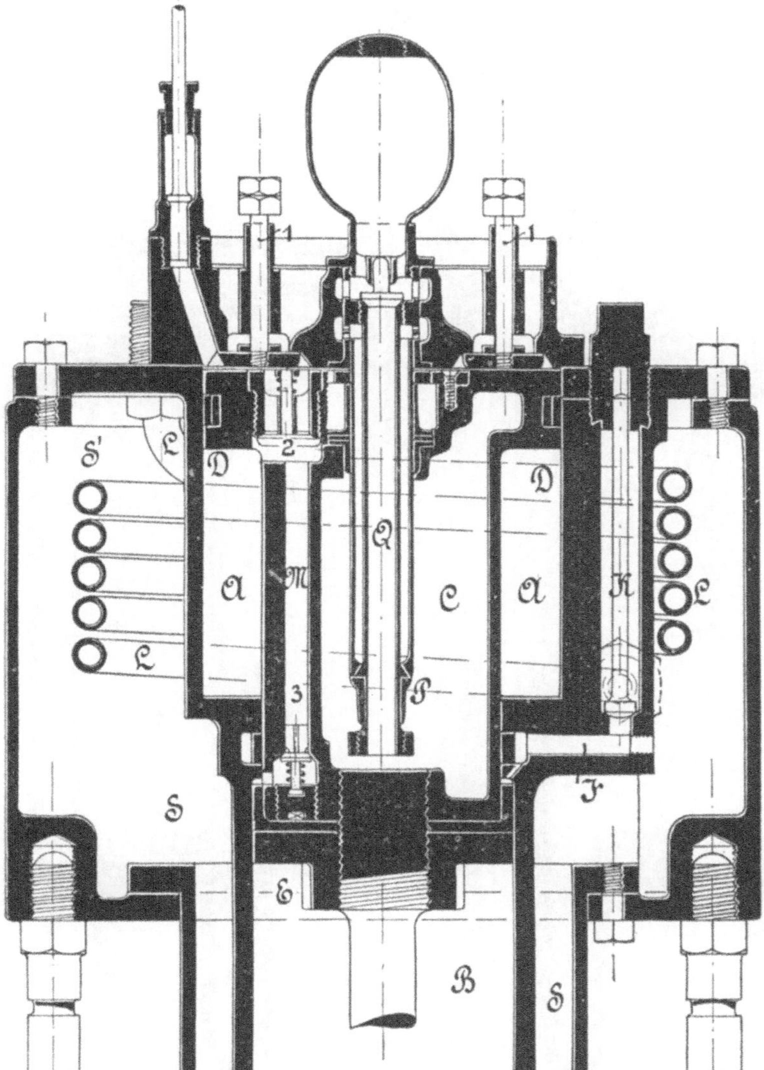

Fig. 230.

Kompressors befestigt ist. Vier schmiedeeiserne Stützen G tragen die Cylinder und dienen zugleich zur Gradführung der Traverse. Die innere Einrichtung des Luftcylinders ist aus den Figuren 230 und 231 ersichtlich. Zwei Cylinder A und B von ungleichem Durchmesser liegen übereinander,

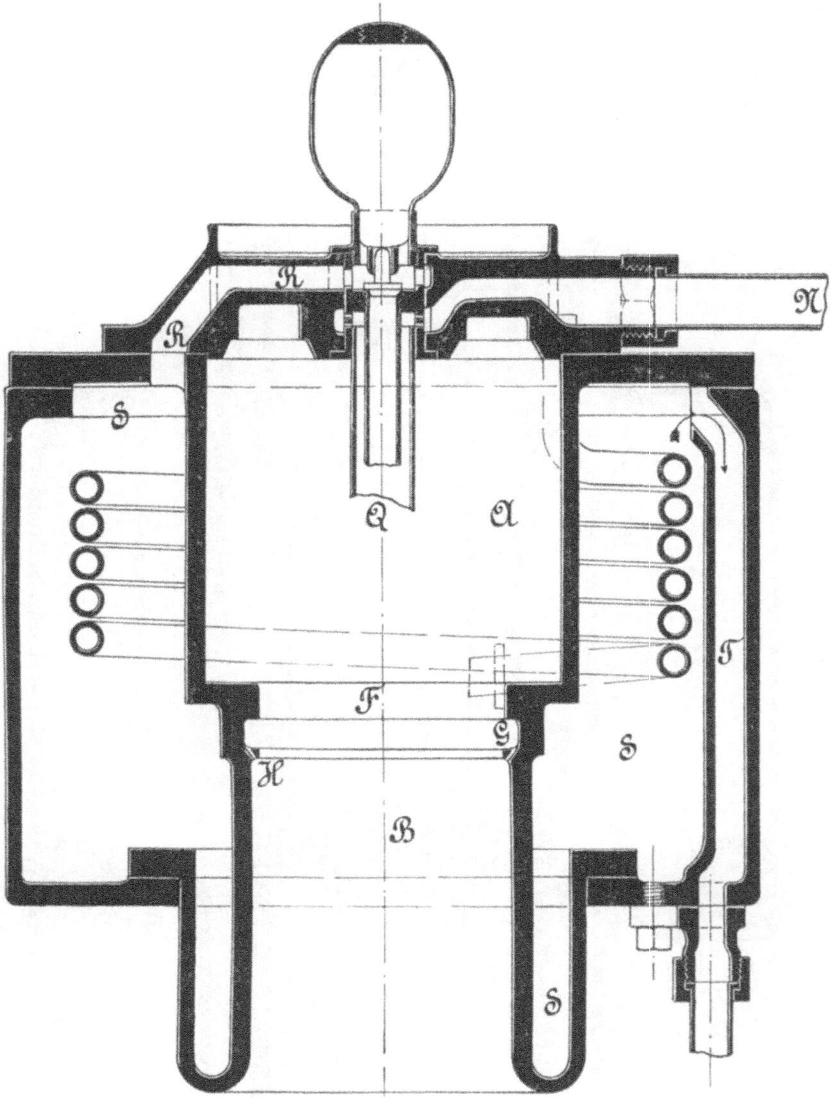

Fig. 231.

in ihnen gleiten die durch den Hohlcylinder *C* zusammengehaltenen Kolben *D* und *E* auf und nieder. Die dreifache Kompression der Luft erfolgt durch die beiden Kolbenflächen des oberen Kolbens *D* und die Ringfläche des unteren Kolbens *E*. Durch vier im oberen Cylinderdeckel befindliche Saugventile 1 wird die Luft beim Niedergang des Kolbens in den Raum über dem oberen Kolben *D* angesaugt. Beim Aufgang desselben wird sie komprimiert und nach Erreichen des ersten Mitteldrucks, z. B. 5 Atm., durch drei Druckventile 2 in den ringförmigen Raum *A* unter dem oberen Kolben gedrückt. Hierauf erfolgt der zweite Niedergang des Kolbens und die Kompression der in *A* enthaltenen Luft auf den zweiten Mitteldruck, z. B. 25 Atm., sowie das Hinausschaffen aus *A* durch drei kleine Kanäle *M* und drei Druckventile 3 hindurch in den ringförmigen Raum über dem unteren Kolben *E*. Beim Aufgang des letzteren erfolgt sodann die dritte Kompression auf den Enddruck, z. B. 125 Atm., und das Verdrängen durch den ringförmigen Kanal *H*, den Kanal *I* und das letzte Druckventil in den Raum *K*, an welchen die Rohrspirale *L* als Luftbehälter angeschlossen ist, von wo die Luft abgeleitet wird. Die Kühlung erfolgt sowohl innerhalb des Kolbens *C* als auch ausserhalb der Cylinder in folgender Weise.

Durch das Zuflussrohr *N*, Fig. 231, gelangt das Kühlwasser in ein das Rohr *Q* umgebendes Rohr, wird von hier beim Niedergang des Kolbens, indem das äussere Rohr sich dem Innenraum *C* gegenüber verschiebt, also als Taucherkolben wirkt, durch ein Ventil *P* angesaugt, beim Aufgang durch das innere Rohr *Q* und das am oberen Ende desselben befindliche Ventil, sowie den Verbindungskanal *R*, Fig. 231, in den grossen Sammelbehälter *S* geschafft, welcher beide Cylinder *A* und *B* einschliesst, von wo dasselbe durch das Überfallrohr *T* abfliesst. Auf diese Weise ist eine ziemlich rasche, fortgesetzte Erneuerung des Kühlwassers und eine lebhafte Zirkulation desselben ermöglicht.

Zwei Ausführungen der Brotherhood-Kompressoren, welche auf der Pariser Weltausstellung i. J. 1889 ausgestellt waren, lieferten: 10 cb′ (0,3 cbm) Luft von 1500 ℔ pro q″ (ca. 110 Atm.) stündlich, wobei das Gewicht der ganzen Maschine nur 250 kg betrug, und die grössere Maschine 20 cb′ von 1500 ℔ pro q″ (0,6 cbm von ca. 110 Atm) bei einem Gewicht von ca. 600—700 kg. Beide Maschinen waren im stande, im äussersten Falle bis auf 2500 ℔ pro q″ (ca. 180 Atm.) zu komprimieren.

So kompliziert auch die Konstruktion dieser Maschine ist, so ist doch gerade für Torpedoboote eine möglichst kompendiöse Anordnung und möglichst geringes Gewicht erforderlich, welche Bedingungen der Kompressor von Brotherhood vollauf erfüllt.

4. Kompressor Fasoldt und Smith[1]). Fig. 232.

Ein unten offener Hohlcylinder *A*, welcher im Innern eine Kolbenstange *B* und an dieser einen massiven Scheibenkolben *C* trägt, bewegt sich vertikal auf und nieder, wobei sich der Hohlcylinder *A* relativ zu dem feststehenden Kolben *F*, der Kolben *C* aber in dem Hohlraum *E* des

---

1) E. C. Fasoldt und E. W. Smith, Albany, Nordamerika, Engl. Pat. No. 11 359. Engineering 1889, Bd. 48, S. 615.

feststehenden Cylinders *D* verschiebt. Am oberen Ende des Kolbens *F* sind drei Ventile *G*, *H* und *I* angebracht, welche den Ein- und Austritt der Luft regulieren. Die mehrstufige Kompression der Luft geschieht nun folgendermassen.

Beim Aufgang des Cylinders *A* wird durch das Ventil *G* von aussen Luft angesaugt. Beim Niedergang des Cylinders wird dieselbe komprimiert und durch das Ventil *H* hindurch in den kleineren Cylinder geschafft,

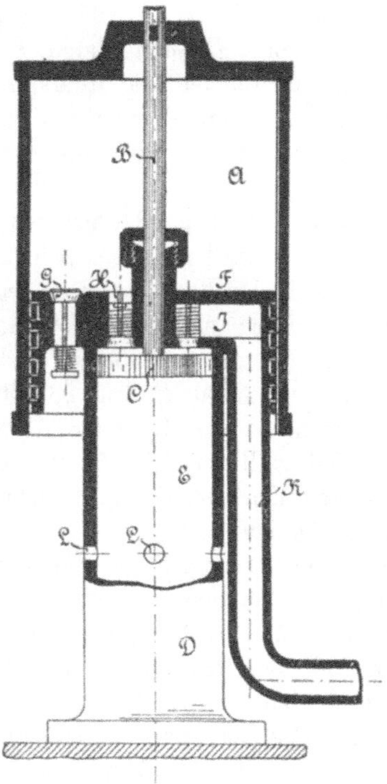

Fig. 232.

wobei eine zweite, der Volumverkleinerung entsprechende Kompression stattfindet. Beim Aufgang des Kolbens *C* findet sodann die Kompression auf den gewünschten Enddruck statt, worauf die Luft durch das Ventil *I* hindurch in die Druckleitung *K* gedrückt wird. Die Öffnungen *L* dienen zum Ein- und Auslass der Luft unter den Kolben *C*, damit sich unter demselben kein Luftpuffer bilden kann.

Es ist also bei dieser Konstruktion ein Ventil gespart, indem das Ventil *H* zugleich Druckventil für den grossen und Saugventil für den kleinen Cylinder ist. Abgesehen von der Schwierigkeit der Montierung der beiden Cylinder *A* und *E* auf genau gleiche Achse dürfte die Konstruktion ihrer Einfachheit und geringen Abnutzung halber empfehlenswert sein. Eine Wasserkühlung ist allerdings nicht anwendbar, indessen ist der Nutzen derselben bei blosser Mantelkühlung ja nicht beträchtlich, so dass dieselbe wohl entbehrt werden kann. Ausserdem aber liesse sich der innere Cylinder wohl mit einem Wassermantel ausführen, ohne dass die Saugventile *G* verengt würden.

5. Kompressor Lake[1]). Fig. 233.

Zwei nebeneinanderliegende Cylinder, ein Luft- und ein Dampfcylinder von ungleichen Durchmessern sind mit zwei Saug- und Druckventilen für die Luft und Drehschiebern für den Dampf versehen. Während auf der

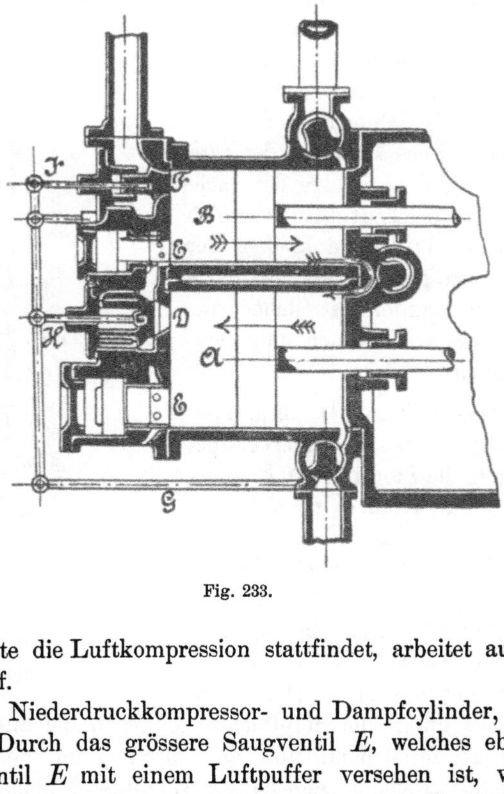

Fig. 233.

linken Kolbenseite die Luftkompression stattfindet, arbeitet auf der rechten Seite der Dampf.

A ist der Niederdruckkompressor- und Dampfcylinder, *B* der Hochdruckcylinder. Durch das grössere Saugventil *E*, welches ebenso wie das kleinere Saugventil *E* mit einem Luftpuffer versehen ist, wird die Luft angesaugt, beim Rückgang komprimiert und durch *D* hindurch in den kleinen Cylinder *B* gedrückt, woselbst die Kompression auf den Enddruck und das Hinausschieben durch das Druckventil *F* hindurch erfolgt. Die Druckventile werden durch die Steuerung *G H I* beim Hubwechsel geschlossen.

---

[1] Engl. Pat. No. 15833 vom 8. 10. 1889. H. H. Lake, Southampton.

Wenn somit auch die Anordnung des Lake'schen Kompressors eine kompendiöse und einfache ist, so ist doch ein Hauptnachteil vorhanden, welcher dieser Konstruktion anhaftet und sie völlig unbrauchbar macht, die Erwärmung der Kompressionscylinder durch den Dampf. Angenommen die Kompression sollte nur auf 10 Atm. Enddruck getrieben werden, so würde dies einer durch die Kompression bewirkten Temperaturerhöhung um rund 270° C. entsprechen. Nimmt man den absoluten Druck des frischen Dampfes zu nur 5 Atm. an, so würde dieser eine Temperatur von rund 150° besitzen. Rechnet man dagegen die mittlere, nur vom Dampf allein herrührende Temperatur des Cylinders zu nur 120°, so würde immerhin die Endtemperatur der Luft auf ca. 350 bis 400° steigen, wodurch einmal die Schmierung fast unmöglich, das spezifische Volumen der Luft aber so gross wird, dass infolge der nachherigen Abkühlung der Luft das tatsächlich gelieferte Volumen bedeutend kleiner, der Kraftverbrauch also grösser sein wird. Die Lake'sche Konstruktion ist daher aus diesem Grunde als vollkommen unbrauchbar zu bezeichnen.

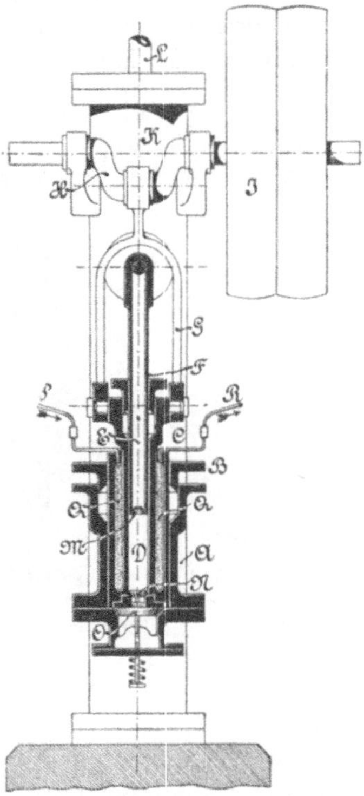
Fig. 234.

6. Kompressor Scott[1]). Fig. 234.

In dem stehenden Cylinder *A* bewegt sich, durch die Stopfbüchse *B* abgedichtet, der hohle Kolben *C* auf und nieder. Derselbe wird durch die von der Kurbelwelle *H* bewegte gegabelte Pleuelstange *G* gehoben und gesenkt. Erstere erhält ihren Antrieb durch die Riemenscheiben *I*. Im Innern des hohlen Kolbens *C* befindet sich das aussen abgedrehte Rohr *E*, welches durch die Stopfbüchse *F* gegen die äussere Luft abgedichtet ist. *E* ist feststehend und am oberen Ende am Gestell *K* der Maschine befestigt, welches zugleich als Windkessel dient. Von ihm gelangt die Luft durch das Druckrohr *L* zur Verbrauchsstelle.

Beim Aufgang des Kolbens *C* wird durch das am Boden des Cylinders befindliche Ventil *O* Luft von aussen angesaugt, beim Niedergang durch

---

1) Erfind. Ausstellung, London, 1885. Revue d. min. 1886, Bd. 20, S. 556. Siehe ferner A. Kǎs, „Zur Schadlosmachung des schädlichen Raumes". Österr. Zeitschr. f. B. u. H.-Wesen, 1886, S. 287 u. folg.

das Druckventil *N* hindurch in den Hohlraum *D* des Kolbens gedrückt und hierbei infolge des bedeutend kleineren Inhalts von *D* komprimiert. Beim Wiederaufgang des Kolbens wird sodann die in *D* befindliche Luft auf den Windkesseldruck komprimiert und durch das am unteren Ende des Rohres *E* befindliche Druckventil *M* nach dem Windkessel *K* geschafft.

Der hohle Kolben *C* ist mit einem Wassermantel *Q* umgeben, in welchen durch das biegsame Rohr oder den Schlauch *P* das Wasser zu- und durch *R* abfliesst.

Auch hier sind, ähnlich wie bei dem Kompressor von Fasoldt und Smith, nur 3 Ventile vorhanden. Die Konstruktion ist sehr kompendiös und einfach und dürfte auch mit Hilfe der beiden Stopfbüchsen *B* und *F* leicht dicht zu halten sein.

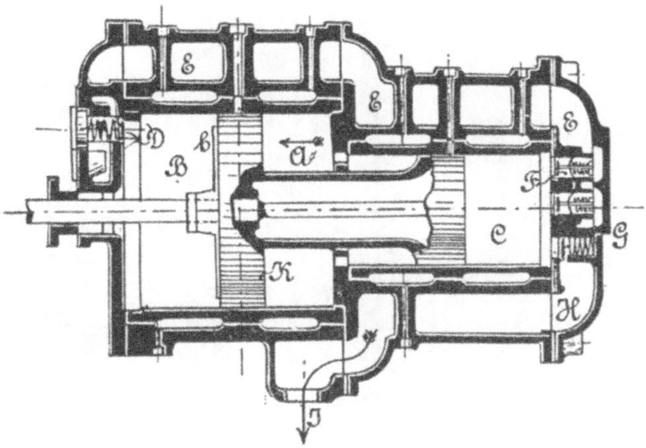

Fig. 235.

7. Kompressor Sergeant[1]). Fig. 235.

Derselbe besteht aus zwei Cylindern *B* und *C* von ungleichen Durchmessern, in welchen ein Doppelkolben *K* hin und her bewegt wird. Die Einströmung der Luft erfolgt durch die mit der äusseren Luft in Verbindung stehende, in der Scheidewand zwischen beiden Cylindern befindliche Saugöffnung *A* und den mit einem Ringventil *b* versehenen Kolben *K* hindurch in den grossen Cylinder *B*. Die Konstruktion des Kolbens ist der auf S. 131 dargestellten ähnlich. Durch mehrere Druckventile *D* wird die Luft in den Umlaufkanal *E* gepresst, von hier durch die Saugventile *F* in den Cylinder *C* gesaugt und schliesslich nach beendeter Kompression durch das Druckventil *G* und den Kanal *H* in die Druckleitung *I* ge-

1) H. C. Sergeant, New-York, 318 West, 47th Street, Amerika. Pat. No. 415822 vom 4. 1. 1889.

Engl. Pat. No. 7604 vom 7. 5. 1889.

schafft. Beide Cylinder sind mit einem Wasssrmantel versehen. Die in der Figur nur schematisch dargestellten Ventile sind wie diejenigen des Ingersoll-Sergeant-Kompressor, S. 131, konstruiert.

Der Umlaufkanal *E* dient gewissermassen als Zwischenbehälter, in welchem die Luft durch Berührung mit den gekühlten Cylinderwänden zugleich etwas abgekühlt wird. Der Sergeant-Kompressor könnte daher

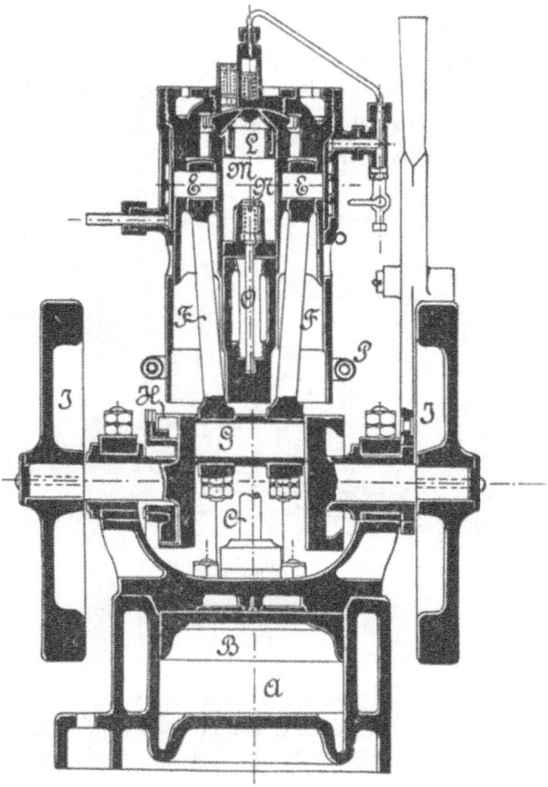

Fig. 236.

aus diesem Grunde auch zur Gruppe der Verbund-Kompressoren mit Zwischenbehälter gezählt werden.

8. Kompressor Whitehead[1]). Figuren 236—238.

Der im unteren Teil des Gestells befindliche Dampfcylinder *A* enthält den Kolben *B*, dessen zwei Kolbenstangen *C* direkt mit dem Luftkolben *D*, Fig. 237, verbunden sind. Derselbe ist unten offen und wird durch zwei an den Zapfen *E* angreifende Pleuelstangen *F* von der Kurbel-

1) Whitehead & Co., Fiume, D.R.P. No. 50353 vom 7. 3. 1889.

welle G bewegt, auf welcher das Exzenter H mit Federregulator, sowie zwei Schwungräder J befestigt sind.

Durch den hohlen Kolben D wird beim Niedergang die Luft von unten her angesaugt und tritt durch das ringförmige Ventil K, Fig. 238, von T-förmigem Querschnitt, welches möglichst leicht gehalten ist, über den Kolben. Beim Aufgang wird die Luft komprimiert und durch das

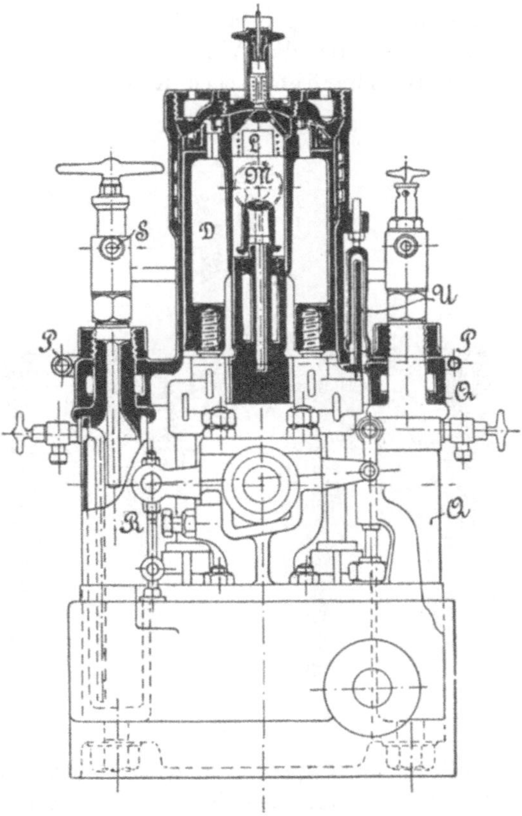

Fig. 237.

Kegelventil L in den inneren Cylinder M gedrückt. Beim abermaligen Niedergang des Kolbens wird die in M enthaltene Luft nochmals komprimiert und durch das Druckventil N in den Hohlraum O geschafft, von wo dieselbe in die mit einem Wasserrohr umgebene Spirale P und sodann in die hohlen Säulen Q und R der Maschine gelangt. In ihnen wird das beim Ansaugen durch das, über dem grossen Cylinder befindliche, Rohr T und das Ventil V, Fig. 238, einfliessende Kühlwasser abgesondert, indem dasselbe hier niederfällt und durch Ablasshähne abgelassen werden kann.

Von *S* aus, Fig. 237, gelangt die Luft durch eine Druckleitung zur Verbrauchsstelle. Das Kühlwasser wird durch eine von der Kolbenstange mitbewegte kleine Druckpumpe *U* durch die Rohrspirale *P* und die um den grossen Cylinder schraubenförmig herumlaufenden Kanäle *W* gedrückt. Die Ventile *L* und *N* sind in der Mitte überhöht, um ein Einfliessen von Wasser in die Druckräume möglichst zu vermeiden. Der Wasserzufluss durch das Rohr *T* und das Ventil *V* ist so reguliert, dass die schädlichen Räume durch dasselbe eben ausgefüllt werden.

Die kompendiöse Form des Whitehead'schen Kompressors ist ebenso wie bei dem Brotherhood'schen Kompressor bedingt durch die

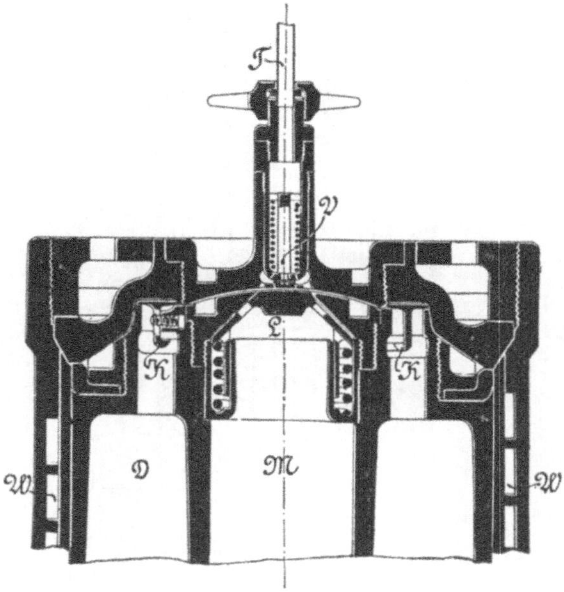

Fig. 238.

Verwendung desselben für Torpedoboote zum Füllen der Torpedo-Luftkessel, welche die Druckluft zum Betriebe der Torpedomaschinen enthalten. Diese Kompressoren werden für Luftdrücke bis zu 150 Atm. Enddruck gebaut.

Das durch die Saugventile einfliessende Kühlwasserquantum wird in einem Wasserabscheider abgesondert.

Eine Wasserdruckpumpe, welche von der Exzenterstange betrieben wird, besorgt die nötige lebhafte Wasserzirkulation, wobei das Wasser zuerst das Hochdruckluft-Ventilgehäuse umspülend, in den Mantel des Hochdruckcylinders tritt und von hier ins Freie gelangt.

Ventile und Stulpen sind sehr leicht zugänglich. Die schädlichen Räume können genauest auf das Minimum eingestellt werden.

Diese Kompressoren haben ein geringes Gewicht, machen 400 bis 500 Umdrehungen minutlich und liefern stündlich bis über 650 Liter komprimierte Luft bei einem volumetrischen Wirkungsgrad von ca. 90%.

Bei den schweren Dampfkompressoren befindet sich zwischen den beiden Luftcylindern der Dampfcylinder mit Rundschieber, welcher seitlich von einer Gegenkurbel der Maschinenkurbel bewegt wird. Die Kompression erfolgt ebenfalls zweistufig mit gleicher Abkühlungsart wie bei der vorbeschriebenen Anordnung. Bei den Kompressoren für Transmissionsantrieb besteht das Triebwerk aus Kurbeln mit einem Kurbelzapfen, welcher Niederdruck- und Hochdruckkolben antreibt. Die Kompression der Luft erfolgt zweistufig auf die gleiche Art wie bei den Kompressoren mit direktem Dampfantrieb. Diese Kompressoren werden auch mit Elektromotoren direkt gekuppelt ausgeführt und finden vielseitige Anwendungen bis zu Winddrücken von 300 kg pro qcm, insbesondere für das Luftverflüssigungsverfahren. In die Druckluftleitung ist ein Wasserabscheider eingeschaltet, um möglichst trockene Luft zu erzielen. Um beide Kompressionscylinder sind Kühlmäntel angeordnet, in welchen die die Druckluft enthaltenden Rohrspiralen liegen. Das Kühlwasser wird durch eine gemeinschaftliche Kühlleitung diesen Mänteln zugeführt, welche am unteren Ende derselben mündet, während das erwärmte Kühlwasser oben abfliesst.

II. Verbund-Kompressoren mit Zwischenbehälter.

1. Kompressor Hanarte. Figuren 239—241.

Auf der Internationalen Ausstellung zu Antwerpen im Jahre 1885 stellte Ingenieur Hanarte[1]) einen Verbund-Kompressor aus, bei welchem die Luft in vier Stufen auf 70 Atm. Druck komprimiert wurde. Derselbe bestand aus vier Paaren einfach wirkender Cylinder nach Hanarte's System, S. 183, zwischen welchen drei Zwischenbehälter *D*, *J* und *O* mit Kühlvorrichtung aufgestellt waren. Die Luft wird in die Cylinder *A* und *B* von aussen angesaugt, hierauf durch das Rohr *C* nach dem ersten Zwischenbehälter *D* gedrückt, von dort durch *E* in die Cylinder *F* und *G* eingesaugt. Von hier gelangt dieselbe durch das Rohr *H*, den zweiten Zwischenbehälter *J* und das Saugrohr *K* in das dritte Cylinderpaar *L M* und endlich von hier durch *N*, *O*, *P* in den kleinsten Kompressor *R Q*, von wo das bei *S* anschliessende Druckrohr die Luft nach einem Sammelbehälter oder direkt zur Verwendungsstelle führt. Hanarte hat sämtliche Rohre mit Rippen versehen, um eine möglichst grosse wärmeabgebende Oberfläche zu erhalten. Die einzelnen Kompressionsenddrücke betrugen im angeführten Falle in den beiden ersten Cylindern *A* und *B* 5 Atm., den zweiten 25 Atm., den dritten 41,83 Atm. und den letzten 71 Atm.

---

[1]) Vgl. Compt. rend. d. soc. min. 1891, S. 157.

absolut. Das Kompressionsdiagramm ist aus Fig. 241 zu ersehen. In demselben stellen die schraffierten Flächen die Mehrarbeit infolge der Erwärmung der Luft, Linie *A B* die adiabatische, *A C* die isothermische

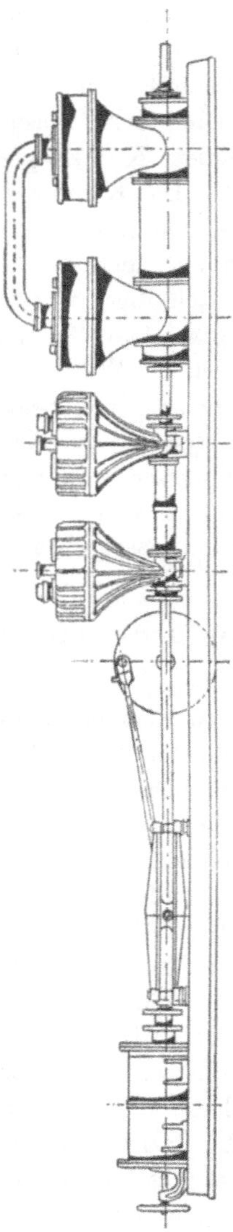

Fig. 239.

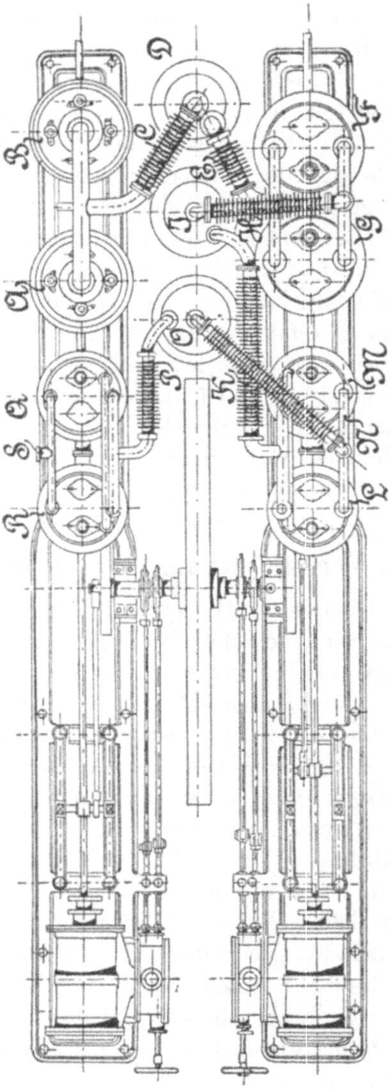

Fig. 240.

Kurve dar. Leider sind in der angeführten Quelle keine weiteren Angaben über den Kraftverbrauch, den dynamischen und volumetrischen Wirkungsgrad, sowie über die Dimensionen und die Tourenzahl der

Maschine gemacht, weshalb von ausführlicherer Behandlung abgesehen werden muss.

2. Kompressor Kaselowsky[1]). Figuren 242 und 243.

Derselbe ist zu dieser Gruppe zu rechnen, weil zwischen der ersten und zweiten Kompression der Luft eine Abkühlung derselben in der Rohrspirale *R* stattfindet.

Von dem im Dampfcylinder *B* bewegten Kolben *A* wird die Kraft durch zwei Kolbenstangen *C* und *D* auf eine Kurbelschleife *E* übertragen, welche die Kurbelwelle *F* in Umdrehung setzt, an deren einem Ende ein Schwungrad, am andern eine Kurbel nebst Gegenkurbel zum Betrieb einer kleinen Wasserdruckpumpe *P* und zur Bewegung des Schiebers *Q* befestigt sind. Von der Kreuzschleife führen drei Kolbenstangen in die Luftcylinder, und zwar *G* und *H* in die beiden äusseren Cylinder *K* und *L*, *J* in den mittleren Cylinder *M*.

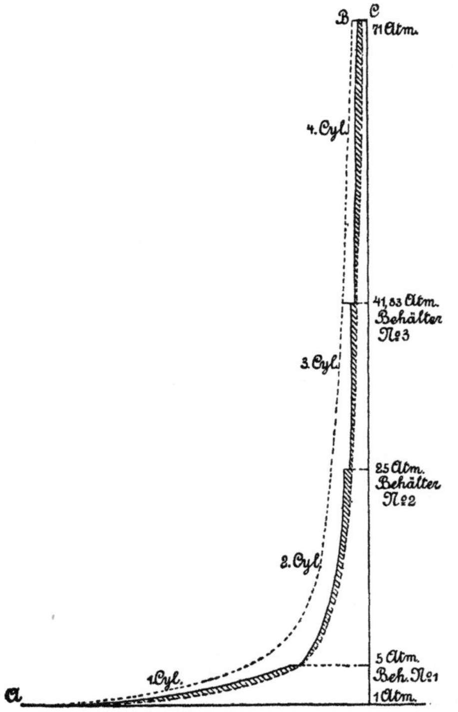

Fig. 241.

Beim Aufgang der Kolben wird durch die in den Kolben angebrachten Saugventile die Luft in die Cylinder gesaugt, beim Niedergang durch ein (in der Figur nicht ersichtliches) Druckventil in die Rohrspirale *R* gedrückt und dort abgekühlt. Von hier saugt der Kolben des mittleren Cylinders *M* die Luft durch das Ventil *N* an, komprimiert dieselbe beim Aufgang und presst sie durch das Ventil *O* in eine zweite, parallel zur ersteren verlaufende Spirale *T*, in welcher die Luft nochmals abgekühlt wird und bei *U* die Maschine verlässt. Alle drei Kompressionscylinder nebst den Spiralen sind von einem Wassermantel *S* umgeben, in welchem durch die Druckpumpe *P* eine fortwährende Wasserzirkulation unterhalten wird.

Die Maschine ist, ebenso wie die Kompressoren von Brotherhood und Whitehead, zum Füllen der Luftkessel für Torpedoboote bestimmt

---

1) E. Kaselowsky, Berlin, Engl. Pat. No. 16135 vom 9. 12. 1886.

und daher möglichst kompendiös und leicht gebaut. Wegen ihrer Übersichtlichkeit und Einfachheit, sowie der leichten Zugänglichkeit der Ventile dürfte die vorstehende Konstruktion den vorgenannten noch vorzuziehen sein.

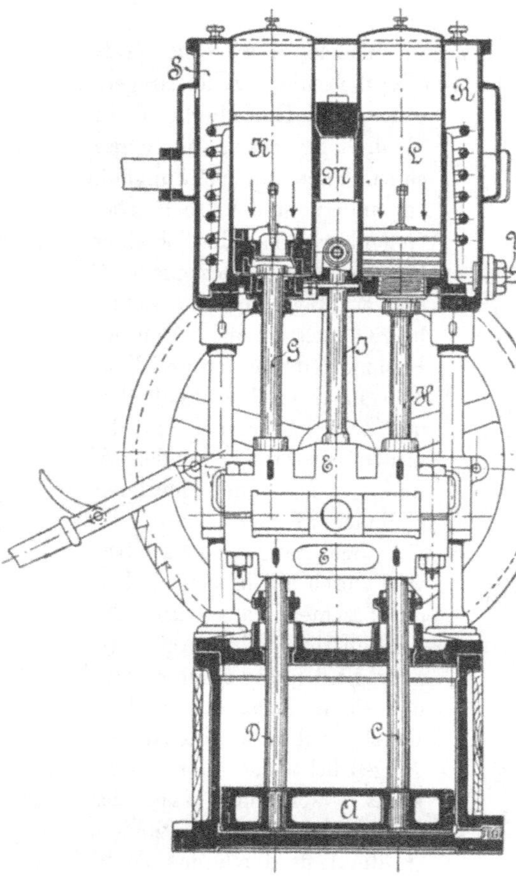

Fig. 242.

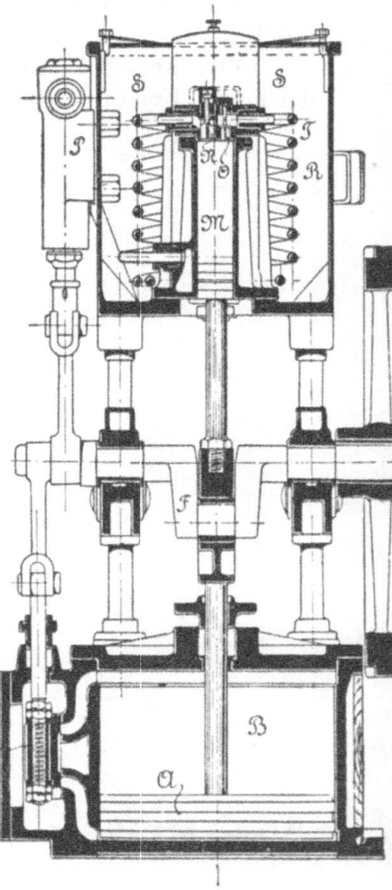

Fig. 243.

3. Verbund-Kompressor der Berliner Maschinenbau-Aktiengesellschaft vorm. L. Schwartzkopff.

Diese Kompressoren werden im wesentlichen nach der in den Figuren 242 und 243 abgebildeten Ausführungsform des Kaselowsky'schen Kompressors ausgeführt, indessen werden dieselben auch an Stelle des Dampfantriebes mit elektrischem Antrieb versehen und ist eine solche Ausführungsform in Fig. 244 in äusserer Ansicht dargestellt. Die nachfolgende Tabelle gibt die Resultate eines am 16. Oktober 1900 ausgeführten Versuches mit einem

Fig. 244.

derartigen elektrischen Kompressor wieder, bei welchem die Luft innerhalb einer Stunde auf 98 Atm. Druck komprimiert wurde und in dieser Zeit ein Luftbehälter von 386,5 Liter mit Luft von 98 Atm. gefüllt wurde. Die mittlere Tourenzahl beträgt 269, die Leistung i. d. Min. 6,45 Liter und der Wirkungsgrad des Elektromotors 90 %. Wie die Tabelle zeigt, steigt die Leistung der Kompression von 6,324 auf 10,20 Kilowatt, jedoch ist die Zunahme derselben im Anfange eine grössere wie gegen Ende der Kompression, wie aus der letzten Spalte der Tabelle ersichtlich ist.

Versuch, ausgeführt am 16. 10. 1900.
Kompressor No. 708 mit elektrischem Antrieb.
Sammler gefüllt: Inhalt 386,5 l.

Luftspannung in Atm.	Stand des Tourenzählers	Amp.	Volt.	Zeit	Tourenzahl in Summa	Tourenzahl pro Min.	K. Watt
0	243 860	62	102	11h 9½ M.	—	—	6,324
10	244 260	62	101	„ 11 „	400	266	6,262
20	246 050	69	102	„ 17½ „	1790	275	7,038
30	247 860	75	103	„ 24 „	1810	278	7,725
40	249 620	81	102	„ 30½ „	1760	270	8,262
50	251 420	85	102	„ 37 „	1800	276	8,670
60	253 210	89	102	„ 43¾ „	1790	265	9,078
70	255 070	92	102	„ 51 „	1860	256	9,384
80	256 900	96	102	„ 57¾ „	1830	271	9,792
90	258 640	99	102	12h 4¼ „	1740	267	10,098
98	260 000	100	102	„ 9½ „	1360	260	10,200

Mittlere Tourenzahl i. d. Minute = 269.
Mittlere Leistung i. d. Minute = 6,45 l von 98 Atm.
Wirkungsgrad des Elektromotors 90 %.

4. Umschaltvorrichtung für Verbund-Kompressoren von Pokorny & Wittekind in Frankfurt a. M.

Die Vorrichtung, welche in Figuren 245 und 246 [1]) in den beiden Hauptstellungen abgebildet ist, hat den Zweck, Luftkompressoren mit zwei-

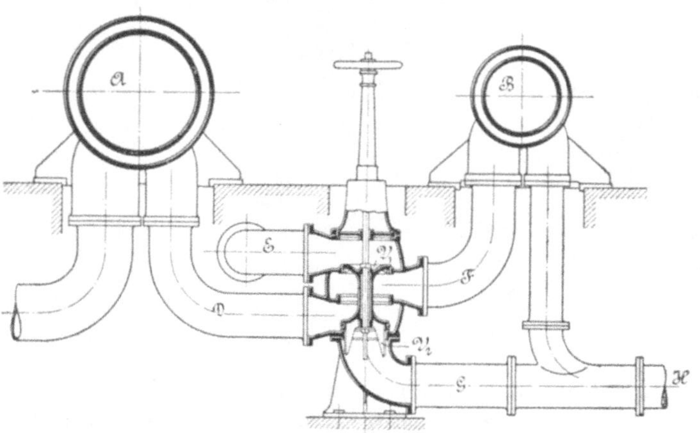

Fig. 245.

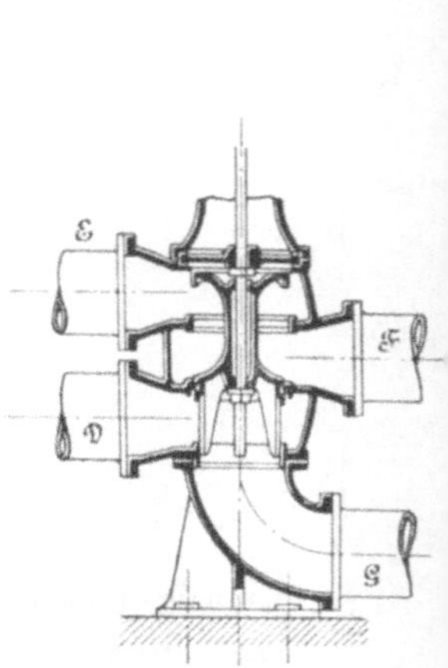

Fig. 246.

1) Deutsche Pat.-Schrift No. 120235.

stufiger Verdichtung für den Fall, dass der Enddruck nicht höher als der Normalenddruck des Niederdruckcylinders ist, als Zwillingskompressoren arbeiten zu lassen. Durch diese Anordnung ist es möglich, vermittels eines Handrades die Rohrverbindung zwischen Hoch- und Niederdruckkompressor derartig umzuschalten, dass beide Cylinder aus der Atmosphäre saugen und beide in die Druckleitung arbeiten, oder dass der grosse Cylinder A die vorkomprimierte Luft dem kleineren Cylinder B zur weiteren Verdichtung zudrückt. Auf der Ventilspindel sitzen zwei Ventile V^1 und V^2, mit Hilfe deren drei Luftdurchgangsöffnungen in der Weise abgeschlossen werden können, dass in der einen Endstellung der Ventile das Druckrohr D des Niederdruckkompressors mit dem Saugrohr F des Hochdruckkompressors B in Verbidung steht, Fig. 245, während in der anderen Endstellung, Fig. 246, die Verbindung derartig getroffen ist, dass die aus dem Druckrohr D ausströmende Luft durch den Rohransatz G nach dem gemeinschaftlichen Druckrohr H geführt wird, während das Saugrohr F des kleineren Cylinders offene Verbindung mit einem, in die Atmosphäre führenden Saugrohr E besitzt, sodass im letzteren Falle beide Cylinder aus der freien Luft saugen und in das gemeinschaftliche Druckrohr H arbeiten.

5. Verbund-Kompressor Riedler. Figuren 247—251.

Wie aus den Figuren 247 und 248 zu ersehen, sind zwei oder drei einfach wirkende stehende oder liegende Kompressoren A und B (bezw. A_1, A_2 und B Fig. 248) mit einem Luftkessel C verbunden, in welchem durch direkte Wassereinspritzung oder gekühlte Rohrschlangen oder dergleichen die Abkühlung der aus dem ersten Cylinder (bezw. den beiden ersten Cylindern) kommenden Luft stattfindet. Von hier saugt der Hochdruckkompressor B die Luft ab, komprimiert dieselbe und drückt sie in die Druckleitung D hinein.

Eine Verbund-Kompressoren-Anlage für Bergwerksbetrieb auf Grube Diepenlinchen bei Stolberg (Rheinprov.) ist in den Figuren 249—251 schematisch dargestellt. Beide Kompressoren C_1 und C_2 sind einfach wirkend und mit gesteuerten Klappen versehen, deren je eine, mit Zugschnüren versehene den Abschluss der Saugöffnung, je eine, durch Daumen geschlossene den Abschluss der Drucköffnung bewirkt. Die Steuerung erfolgt durch je eine Steuerungstange S_1 und S_2, welche eine Verlängerung der Dampfschieberstange bildet, und an den Hebeln A und B angreift. Durch eingeschaltete Federn F_1 und F_2 ist ein möglichst sanfter Gang bezweckt. Die Hebel A und B sitzen am äusseren Ende je einer horizontalen Welle C, Fig. 223, auf welcher die Steuerungsdaumen D und E befestigt sind. Das Einsaugen der Luft geschieht in den grossen oder Niederdruckcylinder C_1 durch den Saugstutzen F, der Austritt durch das Rohr G in den Zwischenbehälter R. In letzterem findet die Kühlung der Luft statt, und wird dieselbe dann durch das Rohr H in den kleinen oder Hochdruckkompressor

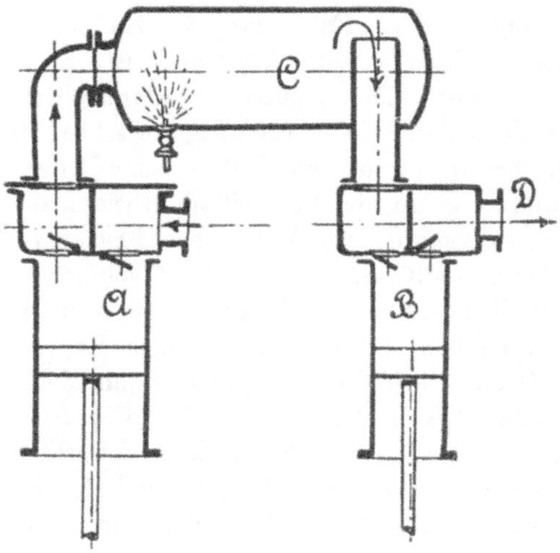

Fig. 247.

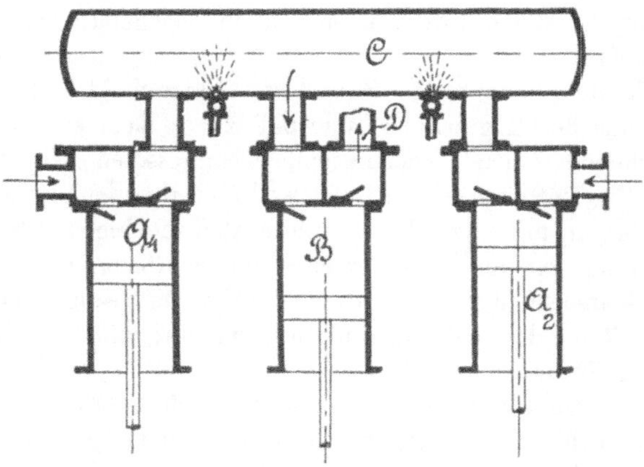

Fig. 248.

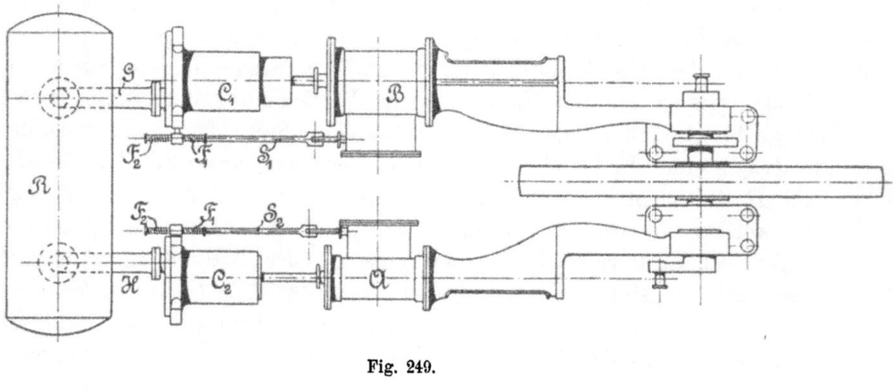

Fig. 249.

eingesaugt und sodann durch das Rohr *J* in die Druckleitung zum Schacht oder einen zwischengeschalteten grossen Luftkessel gedrückt. Die Dampfmaschine ist eine Verbundmaschine mit Kondensation, *A* der Hochdruck-, *B* der Niederdruckcylinder, zwischen welchen im Maschinenfundament der (in der Figur nicht gezeichnete) Dampfreceiver angeordnet ist.

Die Maschine ist für eine minutlich angesaugte Luftmenge von 6 cbm berechnet, und soll die Luft auf 6 Atm. absoluten Enddruck komprimiert werden. Die Abmessungen der Maschine sind folgende:

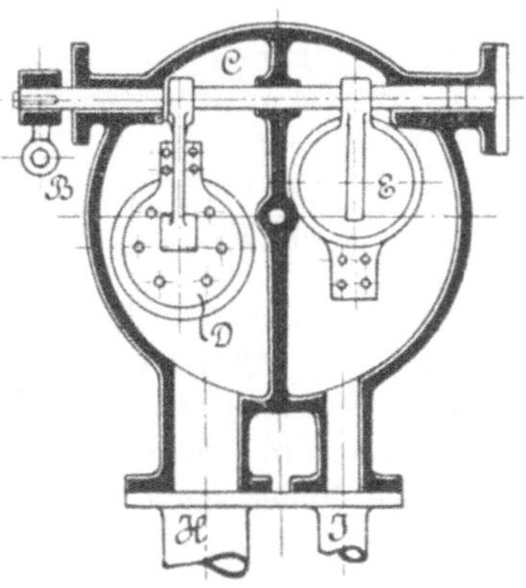

Fig. 250.

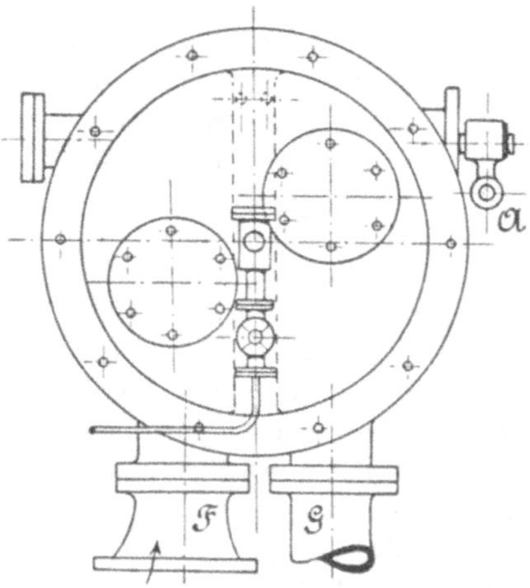

Fig. 251.

Dampfcylinder:	Hochdruck Dmr.	350 mm
	Niederdruck „	500 „
Luftcylinder	„ „	530 „
	Hochdruck „	340 „
Gemeinschaftlicher Hub beider Cylinderpaare		500 „
Minutliche Tourenzahl		60
Kesselüberdruck		5½—6 Atm.
Garantierter Dampfverbrauch für 1 PS. ständl.		9 kg
Mittlere Pferdestärkenzahl der Maschine ca.		43 PS.

6. Verbund-Kompressionsmaschine der Pariser Druckluft-Gesellschaft.

Diese von der Pariser Druckluft-Gesellschaft in der Mitte der 90er Jahre in Paris zur Aufstellung gebrachte Maschine war von Schneider & Co. in Creusot erbaut[1]) und ist in Fig. 252 im Längsschnitt und in Fig. 253 im Querschnitt abgebildet. Die Maschine ist als Dreifach-Verbund-Ex-

1) Engineering 1898. Bd. 66. S. 378.

pansionsmaschine ausgeführt, während die Luftcylinder im Zweifach-Verbundsystem arbeiten.

Die Hauptabmessungen dieser Maschine sind folgende:

Normalleistung jeder Maschine	2000 PS.
Normalumdrehungszahl i. d. Min. . . .	60
Druckluft, normale Pressung	8 kg pro qcm
Kesseldruck	12 „ „ „
Hochdruckdampfcylinder Dmr.	0,9 m
Mitteldruckdampfcylinder „	1,4 „
Niederdruckdampfcylinder „	2,0 „
Niederdruckkompresse „	1,1 „
Hochdruckkompresse „	0,78 „
Gemeinschaftlicher Hub	1,4 „
Schwungrad-Dmr.	5,5 „
Luftpumpen-Dmr.	0,8 „
„ Hub	0,55 „

Die Dampfcylinder sind mit Corliss-Schiebersteuerung versehen. Die Luftcylinder werden durch Riedler'sche Ventile gesteuert. Zwei von den drei Luftcylindern saugen die Luft ein und pressen dieselbe in einen schmiedeeisernen Behälter, welcher neben den Maschinen angeordnet ist und durch gusseiserne Säulen getragen wird. Der dritte Luftcylinder saugt die Luft aus dem Zwischenbehälter und drückt dieselbe von hier in den Hauptbehälter der Anlage. Wie aus den Figuren zu ersehen ist, werden die Druckventile durch Daumen geschlossen, die Saugventile zugezogen, und ist die Anordnung derartig getroffen, dass die Ventilgehäuse leicht von aussen durch Abnahme der Verschlussdeckel zugängig sind. Im nachfolgenden sind die bei einem der zahlreichen Leistungsversuche mit diesen Maschinen gefundenen Ergebnisse wiedergegeben. Bei denselben betrug

die mittlere Umdrehungszahl i. d. Min. . .	59,635
der mittlere Kesseldruck	11,05 kg pro qcm
„ mittlere Druck beim Dampfeinlassventil	10,29 „ „ „
das mittlere Vakuum im Kondensator . .	71,63 cm
der Luftdruck in den Kompressoren	
im Niederdruckkompressor	2,3 kg
„ Hochdruckkompressor	5,3 „
die Temperatur der Luft beim Eintritt in den Niederdruckcylinder	4,82 ° C.
„ beim Austritt aus dem Hochdruckcylinder	20,6 ° C.
die mittlere Temperatur des Kühlwassers	
vorher	17,0 ° „
hinterher	60,0 ° „

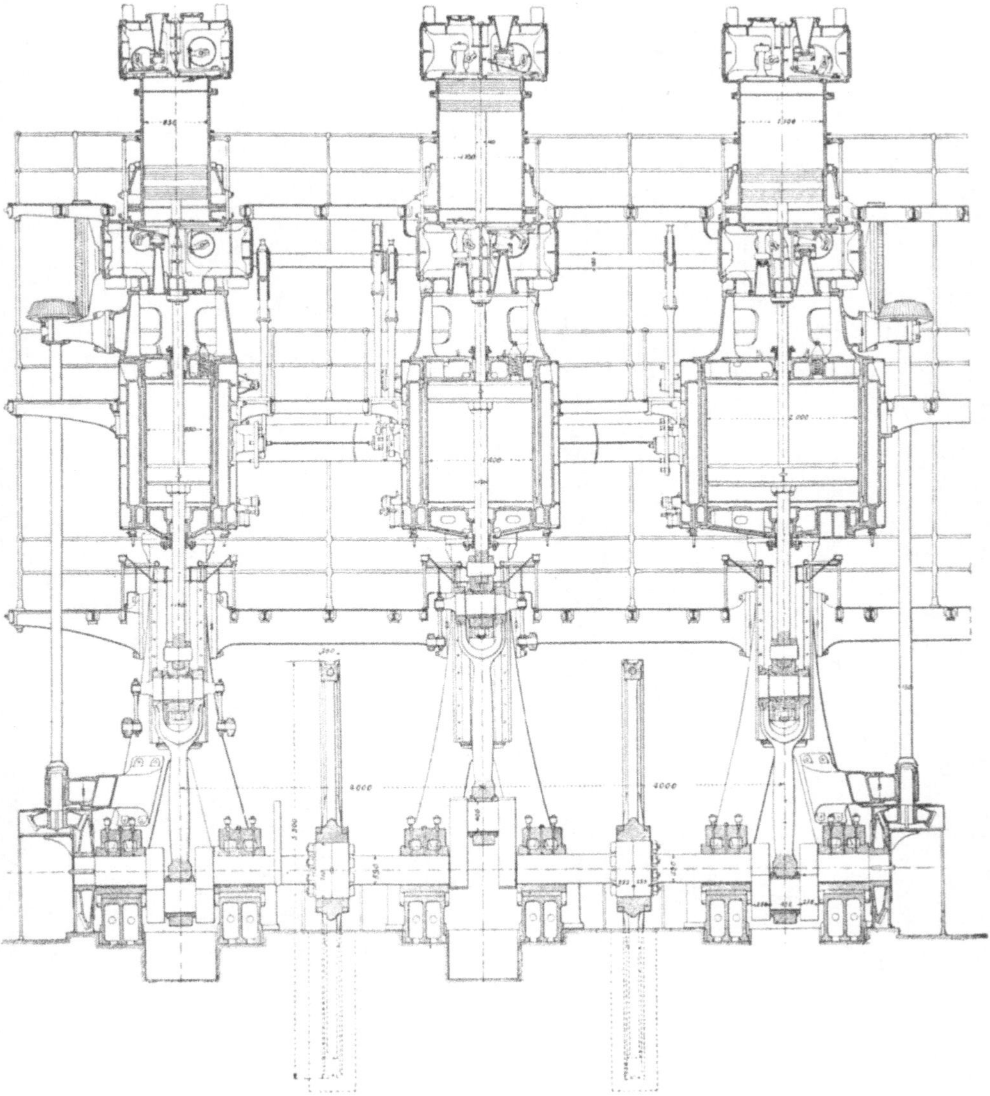

Fig. 252.

die indizierten Leistungen in den Dampfcylindern

im kleinen Cylinder	oben	308,8
	unten	309,8
„ mittleren Cylinder	oben	340,1
	unten	340,2

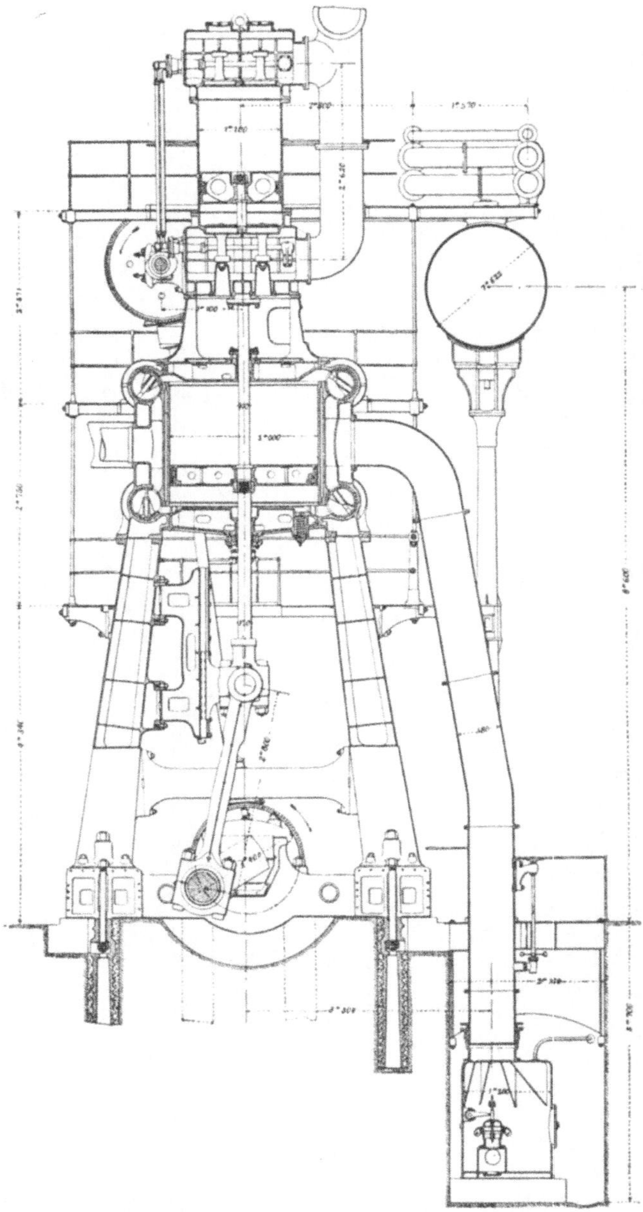

Fig. 253.

im Niederdruckcylinder oben	. . . .	366,6
unten	. . . .	331,0
die gesamte Dampfleistung der Maschine	.	1996,5 PS.

Die hierbei ermittelte Brennstoffmenge, bezogen auf eine indizierte PS. und Stunde betrug 0,586 kg. Die Luftmenge wurde nicht weiter ermittelt.

7. Stehender Verbund-Kompressor, System Köster, von Pokorny & Wittekind in Bockenheim-Frankfurt a. M., auf der Zeche „Minister Stein" der Gelsenkirchener Bergwerks-Aktien-Gesellschaft Rhein-Elbe bei Gelsenkirchen in Westf.

Der beschränkten Grundfläche wegen wurde die stehende Bauart, der gegebenen Bauhöhe wegen die Anordnung der vier Cylinder nebeneinander gewählt. Die Maschine ist auf Tafel IX abgebildet. Die Hauptabmessungen der Maschine sind folgende:

Luftcylinder-Durchmesser	950/590	mm
Dampfcylinder-Durchmesser	685/1025	„
Gemeinsamer Hub	900	„
Umdrehungszahl i. d. Minute	85	„

Garantiert war, dass der Kompressor bei 85 minutlichen Umdrehungen stündlich 6000 cbm Luft von atm. Spannung ansaugen und bei einem Kraftbedarf von 635 bis 672 ind. Dampf-PS zweistufig auf 6 Atm. Überdruck pressen sollte. Der volumetrische Wirkungsgrad war zu 92—96 %, der mechanische zu 79—83 gewährleistet. Der Dampfdruck sollte 8 Atm. betragen, jedoch sollten 10 Atm. zulässig sein. Die Maschine sollte ohne Kondensation arbeiten.

Der Niederdruck-Luftcylinder *A*, Tafel IX, steht neben dem Hochdruck-Dampfcylinder *B* und der Hochdruck-Luftcylinder *C* neben dem Niederdruck-Dampfcylinder *D*. Die Luftcylinder *A*, *C* stehen aussen, der Antrieb der Steuerung erfolgt durch Kurbelscheiben *E*, *F*. Die Kurbelfolge ist in der Drehrichtung der Welle verfolgt: Niederdruck-Dampf, Hochdruck-Dampf, Niederdruck-Luft, Hochdruck-Luft und zwar sind die Kurbeln um je 90^0 gegeneinander versetzt.

Die Gestängegewichte sind ungefähr ausgeglichen. Für diese Anordnung der Kurbeln waren die beiden Gesichtspunkte massgebend, einmal die Druckwechsel der beiden Zwischenlager möglichst günstig zu gestalten, sodann eine möglichst günstige Verteilung der Tangentialdrücke zu erreichen.

Der Hochdruck-Dampfcylinder *B* ist durch einen vollständig entlasteten Doppelkolbenschieber *G* gesteuert, dessen Expansionsschieber durch einen Leistungsregulator *H* beeinflusst wird. Der Niederdruck-Dampfcylinder *D* ist mit Drehschieber-Steuerung und fester Füllung versehen.

Die Luftcylinder *A*, *C* sind mit der Steuerung nach Patent Köster ausgerüstet, und zwar ist der Niederdruckcylinder mit 2 geteilten Steuerkolben und oben und unten mit je 4 Rückschlagventilen *J*, der Hochdruckcylinder mit 1 Steuerkolben und je 2 Ventilen *K* von je 155 mm Durchmesser versehen.

Die Abführung der Kompressionswärme erfolgt in einem Röhrenzwischenkühler von ca. 100 qm Rohrkühlfläche.

Die Maschine ist anfangs Februar 1901 in Betrieb gekommen. Zu dieser Zeit angestellte Versuche ergaben, dass die Maschine infolge Schleuderwirkung der Luftmassen beim Ansaugen im Niederdruck-Luftcylinder bei 80 minutlichen Umdrehungen mit einem volumetrischen Wirkungsgrade von 105 % arbeitete, 6400 cbm Luft i. d. Stunde von atm. Spannung ansaugte und bei einem Kraftbedarf von 662 PS_i in der Dampfmaschine auf 5,8 Atm. Überdruck komprimierte. Der mechanische Wirkungsgrad ergab sich dabei zu 86,5 %. Diese Versuche sollen, da sie von Interesse sein dürften, im folgenden ausführlich wiedergegeben werden.

Versuch am 16. Februar 1901.

Hub	900	mm
Luftcylinder-Durchmesser	590/950	„
Dampfcylinder- „	685/1025	„
minutliche Umdrehungen	80	
Dampfanfangsdruck	10	Atm.
Luftenddruck	5,8	„

I. Angesaugte Luftmenge.

Das Saugquantum der Maschine wird bei atmosphärischem Druck und der Temperatur der Atmosphäre gemessen. Wäre demnach die Spannung im Cylinder zu Anfang der Kompression gleich der atmosphärischen, so würde der volumetrische Wirkungsgrad sich aus dem Diagramm zu 95,5 % bestimmen lassen. Da nun aber, wie aus dem Niederdruck-Luft-Diagramm zu entnehmen, die Spannung zu Beginn der Kompression 1,1 Atm. abs. beträgt, so hat der Kompressor bei Berücksichtigung von 3 % schädlichen Raum und 4,5 % Saugverlust infolge Rückexpansion des schädlichen Raumvolumens — und wenn V das Cylindervolumen bedeutet — mit einem Hub angesaugt

$$1{,}03\,V \,.\, \frac{1{,}1}{1{,}0} - (0{,}03 + 0{,}045)\,.\,V = 1{,}058\,.\,V = \infty\ 1{,}05\ V.$$

d. h. der volumetrische Wirkungsgrad der Maschine ist infolge der Schleuderwirkung der Luftmassen auf 105 % gestiegen.

Der genaue Luft-Niederdruckcylinder-Durchmesser im betriebswarmen Zustand gemessen beträgt 951,7 mm

der Kolbenstangen-Durchmesser 100 mm

sodass im Mittel nach Abzug des halben Kolbenstangenquerschnittes (da die Stange nur unten ist) eine freie Kolbenfläche von 7070 qcm vorhanden ist.

Bei 80 minutlichen Umdrehungen der Maschine beträgt demnach die stündliche Saugleistung

$$Q = 1{,}05\,.\,2\,.\,0{,}707\,.\,0{,}9\,.\,80\,.\,60, \text{ also}$$

$$Q = 6400 \text{ cbm von Atm. Pressung und Temperatur.}$$

II. Kompressionsarbeiten in den Luftcylindern.

A. Luft-Niederdruck-Cylinder.

Durch Planimetrieren der Diagramme ergiebt sich in diesem Cylinder ein mittlerer Druck $p_m = 1{,}465$ Atm.

Die im Cylinderraum geleistete indizierte Luftarbeit ergibt sich (für $n = 80$) zu:

$$N_L = \frac{7070 \,.\, 1{,}455 \,.\, 2 \,.\, 0{,}9 \,.\, 80}{60 \,.\, 75} = 329 \text{ PS.}$$

Dieser Wert repräsentiert jedoch nicht die gesamte, zur Kompression und zum Fortdrücken der Luft geleistete Arbeit. Es muss hier die Wirkungsweise des Schiebers berücksichtigt werden.

Während der Kompressionsperiode im Luftcylinder vergrössert der Steuerkolben das Kompressionsvolumen, so dass die Kompressionslinie einen flacheren Verlauf nehmen muss, als wenn der Steuerkolben nicht bewegt würde. Die dem flacheren Verlauf dieser Kurve entsprechende Arbeit leistet der Schieber. Sie ist aus abgenommenen Schieberdiagrammen zu 2,5 % der im Cylinder geleisteten Arbeit bestimmt. Die gesamte Niederdruck-Luft-Arbeit beträgt alsdann

$$1{,}025 \,.\, 329 = 337 \text{ PS}_{L\,.\,ND}.$$

B. Luft-Hochdruck-Cylinder.

Der im betriebswarmen Zustand gemessene Cylinder-Durchmesser beträgt 590 mm

der Kolbenstangen-Durchmesser 100 „

so dass nach Abzug des halben Kolbenstangenquerschnittes die mittlere freie Cylinderfläche 2694 qcm beträgt.

Aus den Diagrammen ergibt sich ein mittlerer Druck $p_m = 2{,}77$ Atm.

Die im Cylinderraum geleistete Arbeit ergibt sich wie vorher zu:

$$N_L = \frac{2694 \,.\, 2{,}67 \,.\, 2 \,.\, 0{,}9 \,.\, 80}{60 \,.\, 75} = 230 \text{ PS.}$$

Einschliesslich 2,5 % nutzbarer Schieberarbeit ergibt sich die gesamte im Luft-Hochdruck-Cylinder aufgewendete Arbeit zu

$$11{,}025 \,.\, 230 \,. = 236 \text{ PS}_{L\,.\,HD}.$$

Die Summe der Hoch- und Niederdruck-Luftarbeiten ergibt die **gesamte** zur Kompression von stündlich 6400 cbm Luft auf 5,8 Atm. Luft-Überdruck aufgewendete **Kompressionsarbeit** zu 236 PS_L, HD.

+ 337 PS_L, ND.

573 PS_L.

III. Leistungen in den Dampfcylindern.

A. Dampf-Hochdruck-Cylinder.

Der Cylinder-Durchmesser beträgt	685 mm
der Kolbenstangen-Durchmesser	120 mm
somit die freie mittlere Cylinderfläche	3628 qcm.

Der mittlere Druck aus den Diagrammen ergibt sich zu

$$P_m = 3,18 \text{ Atm.}$$

Die indizierte Hochdruck-Dampfarbeit beträgt somit

$$N_i = \frac{3628 \cdot 3,18 \cdot 2,2}{75} = 369 \text{ PS}_{i.HD}.$$

2. Dampf-Niederdruck-Cylinder.

Bei einem Durchmesser von 1025 mm und einem Kolbenstangendurchmesser von 120 mm beträgt die mittlere freie Kolbenfläche 8250 qcm. Der mittlere Druck aus den Diagrammen ergibt sich hier zu $P_m = 1,11$ Atm., so dass die indizierte Niederdruck-Dampfarbeit beträgt:

$$N_i = \frac{8250 \cdot 1,11 \cdot 2,4}{75} = 293 \text{ PS}_{i.ND}.$$

Die gesamte Dampfarbeit ergiebt sich demnach zu 293 $PS_{i.ND}$.
+ 369 $PS_{i.HD}$.
662 PS_i.

IV. Mechanischer Wirkungsgsgrad.

Derselbe ergibt sich aus dem Verhältnis der indizierten Luftarbeit zur indizierten Dampfarbeit zu $\frac{573}{662} = 86,5\,\%$

V. Garantie.

Es ist gewährleistet, dass der Kompressor bei Kompression von stündlich 6000 cbm auf 6 Atm. Luft-Enddruck zwischen 635 und 676 Dampf-PS indizieren soll. Der volumetrische Wirkungsgrad ist zu 92—96 %, der mechanische Wirkungsgrad zu 79—84 % garantiert.

Die Kompressionsarbeiten (bei zweistufiger Kompression mit Zwischenkühlung für 1 cbm angesaugte Luft auf 5,8 bezw. 6,0 Atm.) verhalten sich wie $\sim$ 23000 : 23400 mkg.

Der bei dem Versuch erhaltene Wert 662 Dampf-PS_i, welcher sich auf 6400 cbm und 5,8 Atm. Enddruck bezieht, ergibt auf 6000 cbm und 6 Atm. Enddruck umgerechnet, $\frac{662 \cdot 6000 \cdot 23400}{6400 \cdot 23000} = 631\ PS_i$.

Nachstehend ist, der besseren Übersicht halber, eine Zusammenstellung der Garantiewerte gegenüber den aus dem Versuche erhaltenen gegeben.

Vorausgesetzt war: 6 Atm. Luftenddruck, 6000 cbm stündliche Leistung.

	garantiert	erhalten
$PS_{i.Dampf}$	635—675	631
$\eta_{mech.}$	79—83 %	86,5 %
$\eta_{vol.}$	92—96 %	105 %.

Der volumetrische Wirkungsgrad $\eta_{vol.}$ würde, falls die Schleuderwirkung der Luft nicht auftreten würde, 95,5 % betragen.

Zum Schluss ist noch zu bemerken, dass die ungleiche Arbeitsverteilung in den Dampfcylindern daher rührt, dass die Maschine bei den Versuchen mit 10 Atm., anstatt mit 8 Atm. Überdruck, für welchen Druck sie gebaut ist, gearbeitet hat.

Die ungleiche Arbeitsverteilung in den Luftcylindern ist hauptsächlich durch die Schleuderwirkung der Luft verursacht, da infolge des ausserordentlich hohen volumetrischen Wirkungsgrades von 105⁰/₀ das Luftcylinder-Verhältnis vergrössert ist.

Träte diese Schleuderwirkung nicht auf, so wäre das Cylinder-Verhältnis $\sim$ 2,6, während es im vorliegenden Falle $\sim$ 2,85 beträgt. Die Luft-Niederdruckseite ist dadurch zu Gunsten der Hochdruckseite höher belastet. Wird ausserdem berücksichtigt, dass hier nicht auf volle 6 Atm. komprimiert wurde, in welchem Falle nur die Leistung des Hochdruck-Cylinders gesteigert würde, so ergibt sich, dass die Cylinder unter normalen Verhältnissen gleiche Arbeitsverteilung aufweisen würden. Letzteres erhellt übrigens schon daraus, dass für gleiche Arbeitsverteilung das Cylinderverhältnis ungefähr nach der Wurzel aus dem absoluten Kompressions-Enddruck, hier $\sqrt{7} = 2{,}64$, bemessen werden müsste, was mit der Ausführung nahezu übereinstimmt.

Auf Tafel X ist eine liegende Maschine von nahezu derselben Grösse und ähnlicher Bauart dargestellt. Die Dampfcylinder haben Ventilsteuerung, die Luftcylinder die Köster'sche Kolbenschiebersteuerung mit je einem an jeder Seite des Kolbenschiebers A angebrachten Druckventil B. C ist der Schieberkanal, E der Druckkanal, deren zwei (für jede Cylinderseite einer) angeordnet sind. Die Führung der Luft ist aus der Figur durch die eingezeichneten Pfeile ersichtlich. Die Ausführungen der Köster-schen Verbundkompressoren sind aus der Tabelle auf S. 259 zu ersehen.

8. Verbund-Kompressor, System Burckhardt-Weiss.

Diese Kompressoren sind trockene Schieber-Kompressoren nach dem System Burckhardt und Weiss mit Dampfbetrieb, liegender Konstruktion mit Bajonett-Maschinenrahmen. Auf Tafel XI ist ein Kompressor dieses Systems nach Ausführungen der Sangerhäuser Aktien-Maschinenfabrik und Eisengiesserei in Sangerhausen abgebildet.

Die Dampfmaschine ist, vom Schwungrad aus gesehen, links angeordnet und der mit Dampfmantel und mit durch Regulator beeinflusster Rider-Expansionssteuerung versehene Dampfcylinder ist ohne weitere Unterstützung mit dem Maschinenrahmen verschraubt.

Rechts vom Schwungrad aus gesehen sind die mit Wasserkühlung der Mäntel, Deckel, Cylinderkanäle und Schieberflächen ausgerüsteten Kompressorcylinder angeordnet und zwar unmittelbar am Maschinenrahmen der Niederdruckcylinder, dahinter der Hochdruckcylinder, so dass die Kolbenstange des Hochdruckkolbens mit der durch den hinteren Deckel des

Verbund-Kompressoren System Köster mit Zwischenkühlung, angetrieben durch Verbund-Dampfmaschinen mit Kondensation.

Ausführungen der Maschinenfabrik Pokorny & Wittekind in Bockenheim-Frankfurt a. M.

Saugleistung in cbm i. d. Stunde	2000	3000	4000	5100	6200	7500	9200	11200
Luftkolben-Durchmesser in mm	560/350	675/425	750/470	850/535	910/575	975/615	1075/680	1175/740
Dampfkolben-Durchmesser in mm	375/625	450/740	500/825	560/925	615/1000	650/1070	715/1175	800/1300
Gemeinsamer Hub in mm	750	850	950	1050	1150	1250	1350	1450
Umdrehungen i. d. Minute	100	90	85	80	76	72	68	65
Kraftbedarf in den Dampfcylindern, PS_i	200—215	300—317	390—420	500-540	600—640	725—775	880—940	1075—1140

Kompression der Luft auf 6 Atm. Überdruck.
Dampf-Anfangsdruck 8—10 Atm. Überdruck.
Volumetrischer Wirkungsgrad 95—98 %.

Niederdruckcylinders hindurchgeführten Kolbenstange des Niederdruckkolbens direkt gekuppelt ist. Der Hochdruckcylinder, in seinem oberen Teile durch zwei Spannstangen mit dem Niederdruckcylinder verbunden, stützt sich auf eine, bis unter den hinteren Fuss des Maschinenrahmens reichende Grundplatte, welche zugleich dem Niederdruckcylinder in seinem hinteren Teile Unterstützung bietet. Jeder der Luftcylinder hat gesonderten Antrieb des Steuerungsschiebers, so dass die Steuerungen beider Cylinder unabhängig von einander sind. Seitlich von den Luftcylindern, im Fundament versenkt, ist der Kühler angeordnet, so dass die vom Niederdruckcylinder vorgepresste Luft wieder abgekühlt wird, ehe sie dem Hochdruckcylinder zugeführt wird.

Versuche an einem zweistufigen Burckhardt-Weiss-Kompressor auf dem Zirkelschacht bei Mansfeld am 15. Januar 1899.

Die Abmessungen sind folgende:

Dampfcylinder:

440 mm Durchm., 500 mm Hub, Kolbenstange vorn 78 mm Durchm.

Niederdruck-Luftcylinder:

405 mm Durchm., 500 Hub, Kolbenstange vorn 73 mm Durchm., hinten 59 mm Durchm.

Resultate des Versuches an zwei Verbund-Kompressoren der „Mansfeld'schen

vom 15.

Laufende No.	Zeit	Dampf-druck am Mano-meter Atm.	Luft-druck am Mano-meter Atm.	Temperaturen der Luft: vom N.-Druck-Cyl. angesaugt °C.	beim Eintritt in den Kühler °C.	beim Austritt aus d. Kühler °C.	vom H.-Druck-Cyl. fortgedrückt °C.	Um-dreh-ungen i. d. Min. n	Leistung des Dampfcylinders: vorn p_i kg/qcm	hinten p_i kg/qcm	vorn PS_{i_d}	hinten $PS_{i_{d_h}}$	Mittel aus vorn und hinten PS_{i_d}
													Neuerer
1	12 U. 33 M.	6,7	—	—	—	—	—	102	3,490	3,599	97,518	100,563	99,040
2	12 „ 39 „	6,6	—	—	—	—	—	102	3,512	3,562	98,132	99,529	98,831
3	12 „ 44 „	6,7	[1]) 5,3	—	70	30	103	102	3,435	3,547	95,981	99,110	97,546
4	12 „ 48 „	6,7	5,4	—	78	—	110	102	3,470	3,592	96,959	100,368	98,663
5	12 „ 54 „	6,7	5,4	20	83	37	112	102	3,430	3,552	95,841	99,250	97,546
6	12 „ 58 „	6,7	5,3	22,5	85	37	116	102	3,688	3,528	103,050	98,579	100,815
7	1 „ 05 „	6,6	5,5	22,5	87	38	117	101	3,508	3,556	97,059	98,387	97,723
8	1 „ 34 „	6,8	5,3	22,5	88	38	114	102	3,426	3,565	95,729	99,613	97,671
9	1 „ 36 „	6,7	5,4	22,5	89	38,5	116	101	3,455	3,624	95,593	100,169	97,881
10	1 „ 39 „	6,7	5,5	23	89,5	39	117	101	3,494	3,589	96,672	99,300	97,886
11	1 „ 42 „	6,6	5,5	23,5	90	39	118	101	3,476	3,632	96,174	100,490	98,332
12	1 „ 45 „	6,6	5,5	23,75	91	39,5	118	100	3,494	3,611	95,715	98,920	97,317
Durchschnitt		6,67	[1]) 5,41	—	—	—	—	101,46	—	—	—	—	98,272
													Älterer
I	3 U. 12 M.	6,3	5,6	23,75	91	40	120	101	3,543	3,287	98,028	90,945	94,486
II	3 „ 15 „	6,2	5,5	23,75	92	40	120	101	3,518	3,259	97,336	90,170	93,753
III	3 „ 18 „	6,2	5,4	23,75	93	40	120	101	3,480	3,234	96,285	89,478	92,881
Durchschnitt		6,23	[1]) 5,50	—	—	—	—	101	—	—	—	—	93,707

[1]) Aus den Indikatordiagrammen ergiebt sich eine Luftpressung von 6,5—6,9 Atm. Überdruck. Das Manometer zeigt also bestimmt falsch. Das Kühlwasser hatte eine Temperatur von 13,75° C. und erwärmte sich bis auf 20° C., gemessen in der gemeinschaftlichen Kühlwasserableitung aus den Mänteln der Kompressor-Cylinder und des Kühlers.

Cylinder-Volumen vorn 62,023 Liter, hinten 63,046 Liter.
Schädlicher Raum „ 3,859 „ „ 4,098 „
Raum im Schieber zwischen Schieberspiegel und Rückschlagplatte 1,808 Liter.

Hochdruck-Luftcylinder:

250 mm Durchm., 500 mm Hub, Kolbenstange nur von 59 mm Durchmesser.

Cylinder-Volumen vorn 23,177 Liter, hinten 24,244 Liter.
Schädlicher Raum „ 1,108 „ „ 1,239 „
Raum im Schieber zwischen Schieberspiegel und Rückschlagplatte 0,538 Liter.

Die Resultate sind in obiger Tabelle zusammengestellt.

Der volumetrische Wirkungsgrad des Kompressors wurde durch Beobachtung des Tourenzählers an der Maschine und der Drucksteigerung im Luftwindkessel am Manometer am Maschinenhaus, nachdem der Windkessel vollkommen abgeblasen war, gemessen.

kupferschieferbauenden Gewerkschaft zu Eisleben" auf Zirkelschacht b. Mansfeld
Januar 1899.

Kraftbedarf des Niederdruck-Luft-Cylinders					Kraftbedarf des Hochdruck-Luft-Cylinders					Kraftbedarf des Hoch- und Niederdruckcylinders	Mechanischer Wirkungsgrad η mech. %	Volumetr. Wirkungsgrad η Vol. % aus den Diagrammen
vorn	hinten	vorn	hinten	Mittel aus vorn u. hinten	vorn	hinten	vorn	hinten	Mittel aus vorn u. hinten			
p_i kg/qcm	p_i kg/qcm	$PS_{i_{N_v}}$	$PS_{i_{N_h}}$	PS_{i_N}	p_i kg/qcm	p_i kg/qcm	$PS_{i_{H_v}}$	$PS_{i_{H_h}}$	PS_{i_H}	$PS_{i_N} + PS_{i_H}$	$\frac{PS_{i_N} + PS_{i_H}}{PS_{i_d}}$	
Kompressor.												
1,311	1,283	37,165	36,372	36,769	3,537	3,342	38,258	36,149	37,204	73,973	74,690	95,55
1,324	1,338	37,539	37,931	37,733	3,636	3,420	39,239	36,993	38,161	75,894	76,792	95,85
1,315	1,315	37,279	37,279	37,279	3,757	3,255	40,638	35,208	37,923	75,202	77,094	95,30
1,339	1,297	37,959	36,769	37,364	3,512	3,257	37,988	35,230	36,609	73,973	75,989	95,60
1,297	1,325	36,769	37,562	37,166	3,503	3,248	37,891	35,132	36,511	73,677	75,531	95,90
1,325	1,325	37,562	37,562	37,562	3,520	3,266	38,074	35,327	36,701	74,273	73,663	95,65
1,392	1,322	39,095	37,110	38,012	3,588	3,440	38,430	36,844	37,637	75,649	77,412	95,40
1,313	1,384	37,222	39,236	38,229	3,478	3,372	37,620	36,474	37,047	75,276	77,071	96,35
1,325	1,340	37,194	37,615	37,405	3,532	3,384	37,830	36,245	37,037	74,442	76,053	95,55
1,316	1,387	36,941	38,934	37,938	3,731	3,532	39,961	37,830	38,895	76,833	78,492	95,90
1,327	1,355	37,250	38,036	37,634	3,414	3,393	36,566	36,341	36,453	74,096	75,353	96,25
1,345	1,345	37,382	37,382	37,382	3,462	3,397	36,713	36,023	36,368	73,750	75,783	95,90
—	—	—	—	37,540	—	—	—	—	37,212	74,752	76,066	95,766
Kompressor.												
1,260	1,316	35,369	36,941	36,155	3,168	3,295	33,931	35,291	34,611	70,766	74,895	96,20
1,260	1,345	35,369	37,755	36,562	3,427	3.533	36,705	37,840	37,273	73,835	78,755	95,75
1,290	1,389	36,212	38,991	37,601	3,240	3,368	34,702	36,703	35,388	72,989	78,583	95,30
—	—	—	—	36,773	—	—	—	—	35,757	72,530	77,410	95,750

Der Tourenzähler zeigte bei Beginn des Versuches	2 931 676		
		$n_1 = 89$	
bei Steigerung des Druckes v. $p = 0$ bis $p_1 = 1$ Atm. Überdr.	2 931 765		
		$n_1 = 57$	
" " " " 1 " " 2 " "	2 931 822		
		$n_1 = 63$	
" " " " 2 " " 3 " "	2 931 885		
		$n_1 = 64$	
" " " " 3 " " 4 " "	2 931 949		
		$n_0 = 29$	$n_1 = 60$
" " " " 4 " " 4 1/2 " "	2 931 978		
		$n_0 = 31$	
" " " " 4 1/2 " " 5 " "	2 932 009		
		$n_0 = 29$	$n_0 = 56$
" " " " 5 " " 5 1/2 " "	2 932 038		
		$n_0 = 27$	
" " " " 5 1/2 " " 6 " "	2 962 065		

Tourenzahl i. d. Min. im Mittel . . . . $n = 105$

Wie die beobachteten Umdrehungszahlen n_1 ergeben, steigt der Druck von 1 Atm. Überdruck bis zu 6 Atm. Überdruck vollständig gleichmässig an. Die kleinen Abweichungen, sowohl nach oben als unten sind auf die unvermeidlichen Beobachtungsfehler bei dem relativ raschen Gange von

105 Umdrehungen i. d. Min. zurückzuführen. Nur die erhebliche Abweichung von 0 bis 1 Atm. Überdruck hat darin seinen Grund, dass bei einem Verbund-Kompressor das Volumen des Kühlers und des Hochdruckcylinders erst mit einer gewissen Spannung angefüllt sein müssen, ehe Pressluft vom Hochdruckcylinder nach dem Windkessel gedrückt werden kann.

Im Durchschnitt berechnet sich die nötige Umdrehungszahl n_1, um den Druck um je 0,5 Atm. zu steigern, von 1 bis 6 Atm. Überdruck zu:

$$n_1 = \frac{2\,932\,065 - 2\,931\,765}{2 \cdot (6-1)} = \frac{300}{10} = 30 \text{ Umdrehungen.}$$

Das Volumen V des Luftwindkessels zuzüglich Rohrleitungen, Armaturen und anzurechnender Teil des Hochdruckcylinder-Schieberkastens ist laut Aufstellung seitens der Gewerkschaft $V = 7{,}134$ cbm. Der Inhalt v des bei einem Doppelhub (einer vollen Umdrehung) vom Niederdruckkolben durchlaufenen Volumens ist

$$v = 2 \cdot 0{,}5 \left(\frac{0{,}405^2 \cdot \pi}{4} - \frac{0{,}078^2 + 0{,}059^2}{2} \cdot \frac{\pi}{4}\right) = 0{,}125 \text{ cbm.}$$

Die theoretisch nötige Umdrehungszahl zur Drucksteigerung um $(p_1 - p) = 0{,}5$ Atm. berechnet sich nach Mariotte zu

$$n = \frac{V}{v}(p_1 - p) = \frac{7{,}134}{0{,}125} \cdot 0{,}5 = 28{,}52.$$

Somit

$$\eta_{vol} = \frac{n}{n_1} = \frac{28{,}52}{30} = 0{,}958 \text{ oder } 95{,}8\,\%, \text{ also}$$

fast ganz genau übereinstimmend mit den aus den Diagrammen ermittelten, in der Tabelle auf S. 260 und 261 angegebenen Werten.

Es ist hierbei zu bemerken, dass dieser volumetrische Versuch mit Absicht zu Anfang, als noch die Kompressorcylinder, sowie der Kühler, die Luftleitung und der Windkessel vollständig kalt waren, vorgenommen wurde. Diese Teile blieben auch während der sehr kurzen Dauer des Versuches von noch nicht einmal ganz 4 Minuten vollkommen kalt, sodass auf die Volumenvergrösserung der gepressten Luft durch Erwärmung nicht Rücksicht genommen zu werden braucht und auch nicht genommen werden kann, da sich die wärmere Luft an den kalten Eisenteilen sofort wieder abkühlt, also ihr Volumen gar nicht vergrössert. Da der grosse Windkessel im Freien aufgestellt ist und die Aussentemperatur nahe an 0° oder nur wenig darüber gewesen ist, die Temperatur der aus dem Maschinenraum angesaugten Luft dagegen nahe an 20° C. reichte, so würde die Berücksichtigung der Temperaturen der angesaugten Luft und der Pressluft im Windkessel das obige Resultat eher etwas zu Gunsten der Lieferantin der Maschine verändern.

Das nachstehende, rankinisierte Indikatordiagramm, Fig 254, ist aus Diagrammen der Serie 9, welche gelegentlich der Abnahmeversuche vom 15. Januar 1899 entnommen wurden, zusammengestellt. Zu gleicher Zeit mit der Entnahme der Indikatordiagramme wurden an vier genügend genau übereinstimmend anzeigenden Quecksilberthermometern abgelesen:

1. die Temperatur der vom Niederdruckcylinder angesaugten Luft, unmittelbar an dessen Saugstutzen zu 22,5° C. (gesaugt wurde ohne Vermittlung einer Saugleitung unmittelbar aus dem Maschinenraum, deswegen die hohe Ansaugetemperatur),

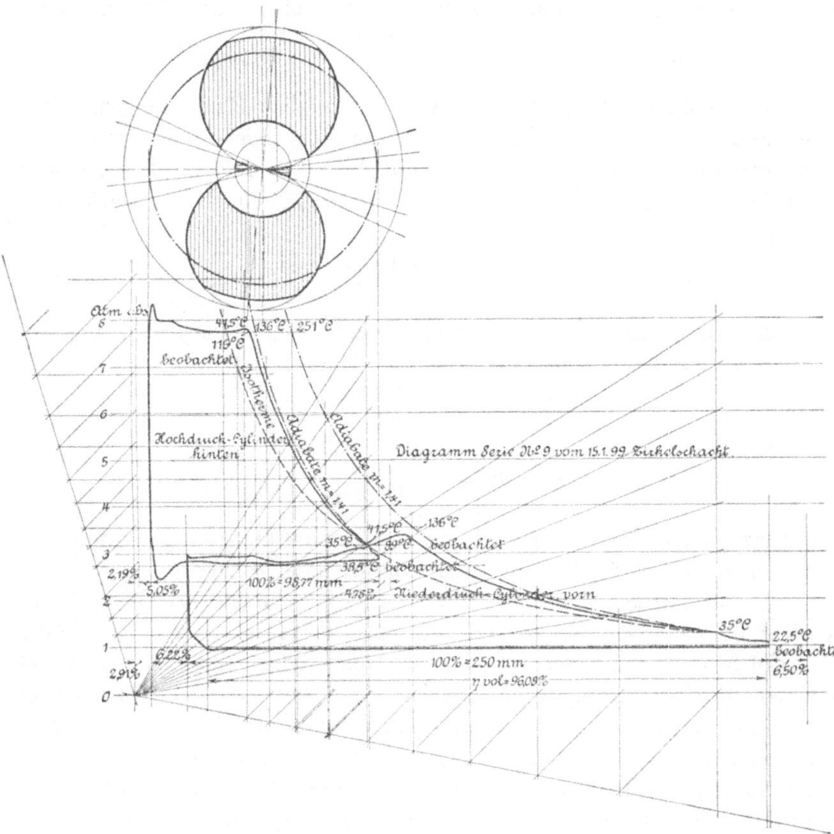

Fig. 254.

2. die vom Niederdruckcylinder weggedrückte, vorgepresste Luft unmittelbar beim Eintritt in den Kühler zu 89° C.,
3. die vom Hochdruckcylinder aus dem Kühler abgesaugte Luft, unmittelbar am Austritt aus diesem zu 38,5° C.,
4. schliesslich noch die Temperatur der Pressluft im Schieberkasten des Hochdruckcylinders zu 116° C.

Durch die Anfangspunkte der Kompressionslinien der Einzeldiagramme sind die Isothermen eingezeichnet und aus der Volumdifferenz die Temperatur am Beginne der Kompression nach dem Gay-Lussac'schen Gesetz für den Niederdruckcylinder zu 35° C., für den Hochdruckcylinder zu 41,5° C. berechnet.

Ferner sind noch die adiabatischen Linien durch die Anfangspunkte der Kompression eingezeichnet und die diesen Linien entsprechenden Endtemperaturen wie vorstehend angegeben berechnet.

Das Kühlwasser hatte 13,75° C. Anfangstemperatur und floss mit 20° C. ab.

Der grosse Vorteil zweistufiger oder überhaupt mehrstufiger Kompression liegt nicht nur in der, auch schon bei geringeren Gesamtkompressions-Verhältnissen möglichen, nicht unerheblichen Ersparnis an Betriebsarbeit, sondern in weit höherem Masse in der geringen Erwärmung der Pressluft, welche hier bei der überaus hohen Ansaugetemperatur von 22,5° C. nur 116° C. betrug.

Der volumetrische Wirkungsgrad ergibt sich aus dem Diagramm zu 96,08 %, während sich derselbe durch unmittelbare Messung zu 95,068 % ergeben hatte. Diese geringe Differenz liegt einesteils an der aus dem Diagramm bemerkbaren geringen Drosselung der angesaugten Luft, anderenteils aber an der erheblichen Abkühlung der Pressluft unter die Temperatur der angesaugten Luft in dem im Freien aufgestellten, sehr grossen Druckluftbehälter.

G. Vergleich der verschiedenen Kompressorensysteme.

Nachdem im vorstehenden die Konstruktion der verschiedenen Kompressorensysteme behandelt ist, sollen im folgenden die Vorzüge und Nachteile der 5 Hauptsysteme zum Vergleich zusammengestellt werden.

Vorteile	Nachteile
1. Trockene Kompressoren.	
1. Vollkommen trockene Luft.	1. Starke Erwärmung der Luft.
2. Zulässigkeit göss. Kolbengeschwindigkeit als bei nassen Kompressoren.	2. Grösserer Kraftbedarf } als bei halbnassen und nassen Kompressoren.
3. Kleinere Cylinder } als bei nassen Kompressoren.	3. Grössere Abnutzung } als bei halbnassen und nassen Kompressoren.
4. Kleineres Gewicht } als bei nassen Kompressoren.	4. Grösserer Verbrauch an Schmiermaterial } als bei halbnassen und nassen Kompressoren.
5. Billigere Herstellung } als bei nassen Kompressoren.	
6. Vermeidung von Eisbildung in den Rohrleitungen und Arbeitsmaschinen.	

2. Halbnasse Kompressoren.

Vorteile	Nachteile
1. Abkühlung der Luft während der Kompression. 2. Geringerer Kraftbedarf 3. Kleinerer schädlicher Raum 4. Grösserer volumetrischer Wirkungsgrad [2.–4.: als bei trockenen Kompressoren]	1. Feuchte Luft, daher Möglichkeit der Eisbildung in den Leitungen und Arbeitsmaschinen bei Kälte. 2. Verschmutzen und Rostbildung in der Maschine. 3. Häufigere Reparaturen und häufiges Verstopfen der Einspritzvorrichtungen 4. Grössere Herstellungskosten 5. Grösserer Wasserbedarf [3.–5.: als bei trockenen Kompressoren] 6. Vermehrung des Kraftbedarfs durch die Kühlwasserdruckpumpe.

3. Nasse Kompressoren.

Vorteile	Nachteile
1. Abkühlung der Luft während der Kompression. 2. Geringerer Kraftbedarf bei der Kompression. 3. Sehr kleiner schädlicher Raum. 4. Grosser volumetrischer Wirkungsgrad. 5. Einfachheit der Konstruktion. 6. Seltene Betriebsstörungen, geringer Verschleiss und seltene Reparaturen.	1. Feuchte Luft. 2. Verschmutzen und Rostbildung in der Maschine. 3. Kleinere Kolbengeschwindigkeit 4. Grössere Cylinder, grösseres Gewicht, grösserer Raumbedarf [3.–4.: als bei trockenen und halbnassen Kompressoren.] 5. Grösserer Kraftbedarf zur Beschleunigung der Wassersäulen. 6. Grösserer Kühlwasserbedarf als bei halbnassen Kompressoren.

4. Kompressoren mit gesteuerten Abschlussorganen.

Vorteile	Nachteile
1. Grössere Kolbengeschwindigkeit 2. Grössere Luftmenge bei kleineren Cylindern 3. Kleineres Gewicht und geringerer Raumbedarf 4. Grösster volumetrischer Wirkungsgrad 5. Geringere Betriebskosten bei dauerndem Betrieb [1.–5.: als bei den drei ersten Systemen]	1. Grössere Herstellungskosten 2. Grösserer Kraftbedarf (für die Steuerung) 3. Häufigere Reparaturen und Betriebsstörungen 4. Schwierigere Wartung und grösserer Schmiermaterialverbrauch [1.–4.: als bei den drei ersten Systemen.]

5. Verbund-Kompressoren.

Vorteile	Nachteile
1. Möglichkeit bedeutend höherer Kompression 2. Geringerer Kraftbedarf 3. Geringere Betriebskosten 4. Grösserer volumetrischer Wirkungsgrad [1.–4.: als bei den vorhergehenden Systemen]	1. Grössere Herstellungskosten 2. Häufigere Reparaturen 3. Grösserer Schmiermaterialverbrauch [1.–3.: als bei den vorhergehenden Systemen.]

Es bedarf wohl kaum der besonderen Erwähnung, dass für die verschiedenartigen Anwendungen der verdichteten Luft entweder das eine oder das andere System den Vorzug verdient. Die verschiedenen Gesichtspunkte, 1. ob die Verwendung nasser oder trockener Luft möglich ist, 2. der Kühlwasserverbrauch, 3. die Dauer des Betriebes, 4. die höheren oder niedrigeren Kohlenpreise, 5. das Gewicht, 6. der Raumbedarf u. s. w. sind für jeden besonderen Fall alle gleichmässig zu prüfen, und ist unter Berücksichtigung der wichtigsten derselben die Wahl des für einen vorliegenden Fall geeignetsten Kompressors zu treffen. Ein Kompressor, welcher beispielsweise für den Betrieb von Gesteinsbohrmaschinen nicht wohl geeignet wäre, könnte für andere Zwecke, z. B. für chemische Fabriken vielleicht am vorteilhaftesten sein. Es ist daher aus diesen Gründen vollständig verkehrt, irgend ein System als das beste bezeichnen zu wollen, da jedes System für ganz bestimmte Zwecke vortrefflich geeignet sein kann, wenngleich es vielleicht für andere Fälle nicht vorteilhaft anzuwenden ist.

Drittes Kapitel.

Die Luftpumpen.

Wie bei den Luftkompressoren bemerkt wurde, unterscheiden sich dieselben von den Gebläsen durch den höheren Enddruck, ihre Bauart und ihre Verwendung. In ähnlichem Verhältnisse stehen auch die Luftpumpen zu den beiden ersten Klassen der Luftförderungsmaschinen mit geradlinig bewegtem Kolben.

Während bei denselben eine Verdichtung der Luft von der atmosphärischen Spannung auf eine höhere beabsichtigt wurde, ist der Zweck der Luftpumpen dagegen, einen mit Luft erfüllten Raum zu entleeren, also eine Luftleere, oder ein Vakuum, bezw. da eine absolute Leere nie erreichbar ist, eine möglichste Luftverdünnung zu erzielen. Hierbei wird eine mit jedem Kolbenhub zunehmende Druckverminderung in dem geschlossenen Raume bewirkt. Das bei jedem Hube angesaugte Luftvolum ist auf atmosphärischen Druck zu komprimieren. Da jedoch der Anfangsdruck immer niedriger wird, so folgt hieraus eine ganz allmähliche Zunahme der Betriebskraft. Bezüglich ihrer Bauart unterscheiden sich die Luftpumpen kaum von den Kompressoren, vielmehr lassen sich die meisten Kompressoren auch als Luftpumpen verwenden, sobald dafür Sorge getragen ist, dass die Saugleitung mit dem zu entleerenden Raum, die Druckleitung oder die Druckventile direkt mit der äusseren Luft in Verbindung stehen.

Die Verwendung der Luftpumpen ist eine vielfache, namentlich dienen dieselben in der chemischen Industrie zur Erzeugung luftverdünnter Räume in Koch-, Abdampf- und Destillationsgefässen, zum Absaugen und Fortbewegen von Flüssigkeiten u. s. w.

Eine zweite, sehr ausgedehnte und wichtige Anwendung finden die Luftpumpen bei den Kondensatoren der Dampfmaschinen zur Erzeugung des Vakuums und zum Absaugen der Luft, des Wasserdampfes und Wassers aus dem Kondensator. Die Kondensatorluftpumpen sind daher meist kombinierte Luft- und Warmwasserpumpen. Dieselben sollen im nachstehenden von den ersteren getrennt behandelt werden. Über die Wirkungsweise und Konstruktion ist bei den einzelnen Typen wenig zu bemerken, so dass im wesentlichen auf die Abbildungen verwiesen werden kann. Von beiden Klassen sind auch nur einige Haupttypen wiedergegeben, da namentlich bei den Kondensator-Luftpumpen die Mannigfaltigkeit der Ausführungen eine zu grosse ist, als dass es möglich wäre, eine umfassende Übersicht in den Rahmen dieses Buches aufzunehmen.

A. Gewöhnliche oder trockene Luftpumpen.

Wie bereits erwähnt, finden dieselben hauptsächlich Verwendung in chemischen Fabriken, bei Verdampfapparaten, zum Absaugen von Gasen

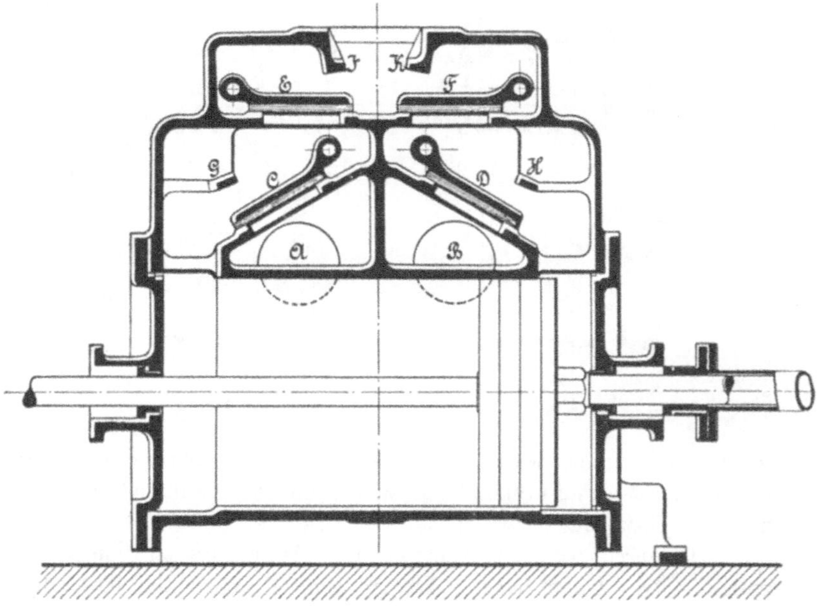

Fig. 255.

und Dämpfen etc. Da der Enddruck der Kompression nur 1 Atm. beträgt, so finden bei diesen, sowie bei den Kondensatorluftpumpen fast ausschliesslich Klappen oder Ventile aus Filz, Leder oder Gummi mit oder ohne Metallarmierung Anwendung. Bei den hierher gehörigen Luftpumpen findet kein Ansaugen von Wasser statt, sodass dieselben auch als trockene Luftpumpen bezeichnet werden.

Eine Reihe verschiedener Ausführungen ist im folgenden gegeben.

1. Amerikanische Luftpumpe. Fig. 255[1]).

A und *B* Saugöffnungen, *C* und *D* Saugklappen, *E* und *F* Druckklappen, *G*, *H*, *I* und *K* Anschläge für die Klappen.

2. Luftpumpe der Braunschweigischen Maschinenfabrik. Figuren 256 und 257.

Auf jeder Cylinderseite sind je zwei runde Klappen als Saugventile *A* und Druckventile *B* angebracht, sodass im ganzen acht Klappen vorhanden sind. Die Befestigung ist durch Druckschrauben, welche in je einem gemeinschaftlichen Bügel *C* sitzen, bewirkt. Zum Ausfüllen des

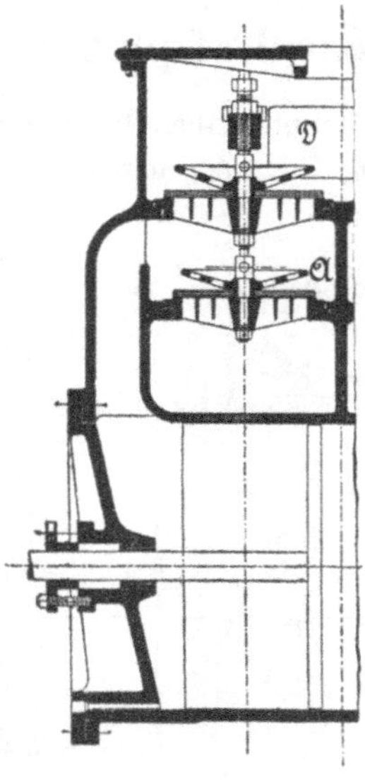

Fig. 256.

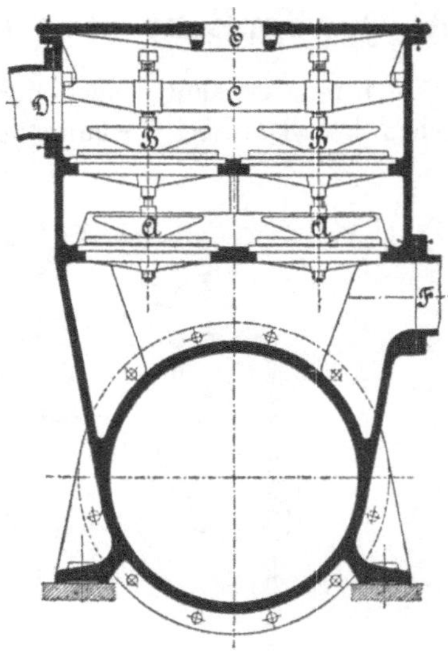

Fig. 257.

schädlichen Raumes wird durch das Saugrohr *F* Wasser mit angesaugt, welches durch das Abflussrohr *D* wieder abfliesst, während die Luft bei *E* ins Freie entweicht.

Hierdurch wird ein volumetrischer Wirkungsgrad von über 90 % erreicht. Die Dimensionen, Luftmengen, Tourenzahlen u. s. w. einiger Ausführungen dieser Luftpumpen sind aus der Tabelle auf S. 270 zu ersehen.

3. Luftpumpe von Heckmann[2]). Figuren 258 und 259.

Dieselbe ähnelt im wesentlichen der Luftpumpe der Braunschweigischen Maschinenfabrik, nur sind die zwischen die Saug- und Druckventile ein-

1) Nach Uhland's prakt. Masch.-Konstrukteur 1891, Fig. 391.

2) C. Heckmann, Kupferschmiede und Maschinenfabrik, Berlin, SO., Görlitzer-Ufer 9.

Dampfcylinder, Dmr. mm . . .	210	220	240	260	300	330	360	400
Luftcylinder „ „ . . .	250	250	350	400	450	500	550	600
Hub mm	300	350	350	400	450	500	550	600
Tourenzahl i. d. Min.	110	100	100	90	84	78	74	70
Kolbengeschwindigkeit i. d. Sek. m	1,1	1,166	1,166	1,2	1,25	1,3	1,35	1,4
Luftgeschwindigkeit i. Saugrohr m .	16	16	17	17	17	17	18	18
Luftgeschwindigkeit i. Druckrohr m .	22	22	22	23	23	23	24	24
Saugrohr, Dmr. mm	65	70	95	110	125	140	150	165
Druckrohr, „ „	60	60	80	90	105	120	130	145
Minutl. angesaugte Luftmenge cbm	2,9	4,4	6,0	8,1	10,7	13,7	17,2	21,3

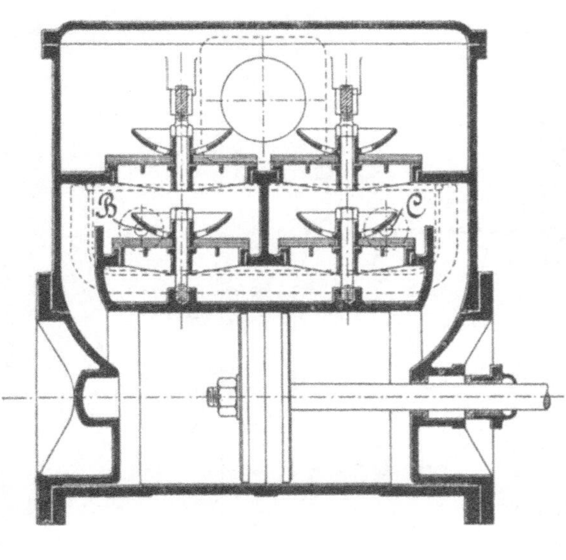

Fig. 258.

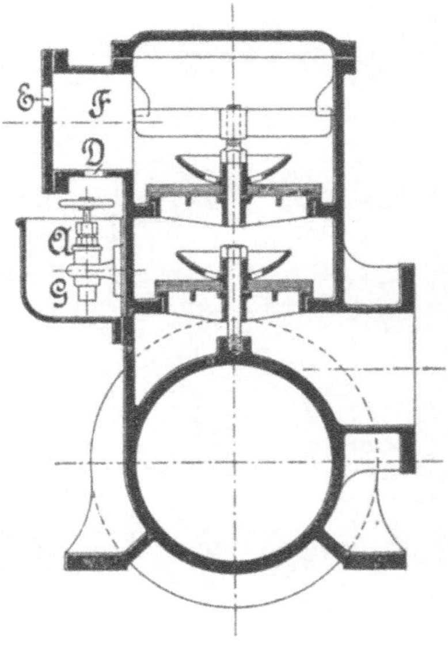

Fig. 259.

geschalteten, vor den Öffnungen *B* und *C* sitzenden Einspritzventile *A* bemerkenswert, durch welche aus dem Trog *G* eine zum Ausfüllen des schädlichen Raumes jeweilig erforderliche Flüssigkeitsmenge, Wasser oder Glycerin, angesaugt wird. Durch die Öffnung *D* am Boden des Stutzens *F* fliesst das Wasser oder Glycerin dem Trog *G* wieder zu, während die Luft durch die Öffnung *E* ins Freie gelangt. Bei Anwendung von Glycerin findet zugleich eine Schmierung des Cylinders durch dasselbe statt.

4. Tiefvakuumpumpe von Richter[1]). Fig. 260.

Dieselbe bezweckt, durch Verbindung eines Strahlapparates *A*[2]) mit der trockenen Luftpumpe *B* in möglichst kurzer Zeit eine starke Luft-

---

1) W. Richter in Berlin, D.R.P. No. 22208 vom 18. 6. 1882.

2) Vergl. Kap. 7 und Theoret. Teil, Kap. 13.

verdünnung vor und hinter dem Luftpumpenkolben, sowie in dem zu entleerenden Raum zu erzeugen. Beim Anlassen des Strahlapparates, welcher durch das Rohr *R* sowohl mit Dampf als auch mit Wasser oder Druckluft betrieben werden kann, wird nach Öffnen des Ventils *C* durch zwei um den Cylinder herumlaufende Rohre *F* eine Verbindung des Saugrohrs

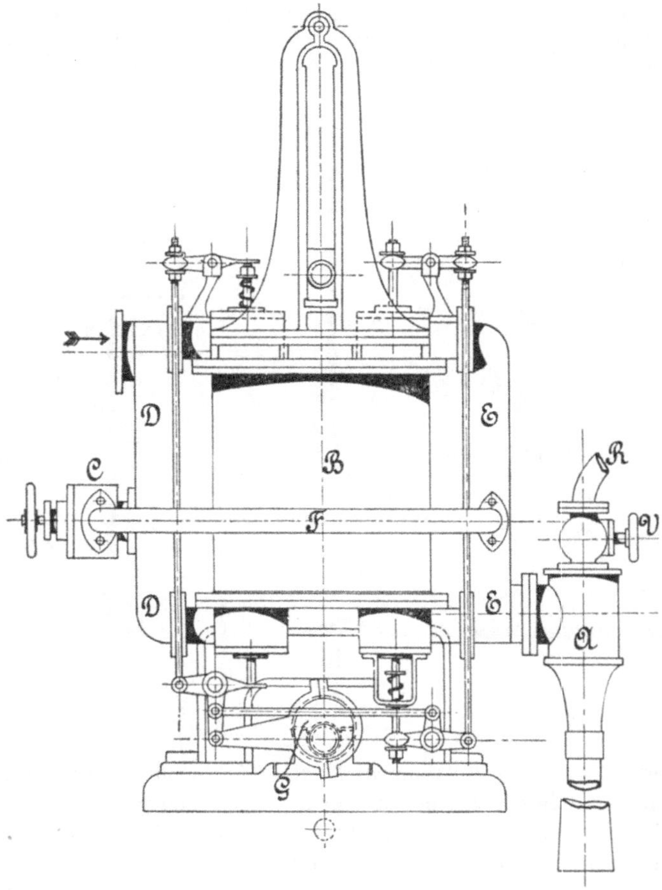

Fig. 260.

D mit dem Druckrohr *E* hergestellt, und der Apparat so lange in Tätigkeit gelassen, bis das Manometer des luftleer zu pumpenden Raumes keine Druckverminderung mehr anzeigt. Hierauf wird nach Schliessen des Ventils *C*, sowie des Dampfventils *V* die Luftpumpe in Bewegung gesetzt, welche nun ein sehr tiefes Vakuum zu erreichen und zu erhalten leichter im stande sein wird. Sämtliche Ventile werden durch das Exzenter *G* gesteuert, wodurch ein genauer Abschluss beim Hubwechsel erreicht und ein Zurückströmen der Luft verhindert wird.

Die Verteuerung der Konstruktion durch den Strahlapparat und die Steuerung dürfte der Einführung derselben wohl hinderlich sein und dieselbe nur für solche Zwecke, welche fortgesetzt die Herstellung eines sehr tiefen Vakuums erfordern, empfehlenswert erscheinen lassen.

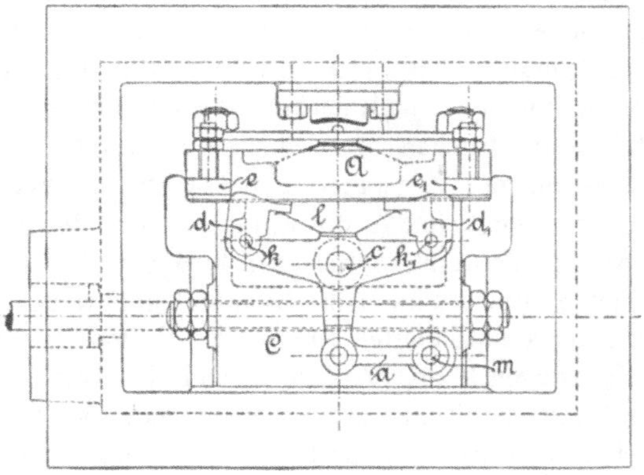

Fig. 261.

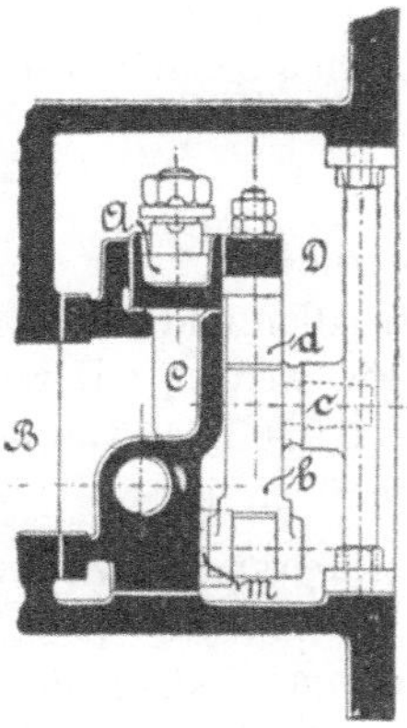

Fig. 262.

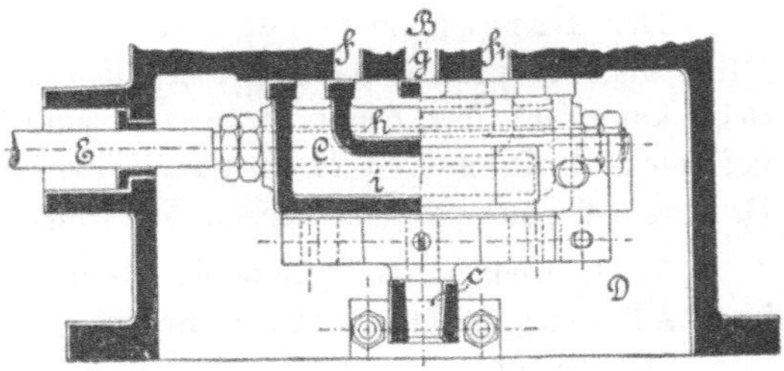

Fig. 263.

5. Luftpumpe von Wegelin und Hübner[1]).

Für sehr niedrige Drücke, welche für manche Zwecke bis zu 1 mm Quecksilbersäule herabgezogen werden müssen, verwenden Wegelin und Hübner die in den Figuren 261—263 dargestellte Konstruktion. Da die mit der früher beschriebenen Schieberluftpumpe von Wegelin und Hübner mit Rückschlagplatte überhaupt erreichbare Luftleere von dem Überdrucke

1) Wegelin & Hübner, Halle a. S.

abhängt, welcher nötig ist, um die Rückschlagplatte zu heben, dieselbe daher um so grösser ist, je geringer dieser Überdruck ist, so geschieht das Öffnen der Rückschlagplatte durch die der Firma Wegelin & Hübner unter dem 22. 9. 1891 patentierte Vorrichtung.

Der gewöhnliche Verteilungsschieber *C*, welcher durch die Schieberstange *E* hin- und herbewegt wird, trägt als Abschluss des Hohlraums *C* vom Schieberkasten *D* eine längliche Platte *A*, welche an beiden Enden mit zwei seitlichen Ansätzen *e* und e_1 versehen ist. Unter die letzteren greifen die um *k* und k_1 drehbaren Knaggen *d* und d_1 des dreiarmigen Hebels *b*, welcher um den am Schieberkasten befestigten Zapfen *c* drehbar ist, und durch die am Rücken des Schiebers am Zapfen *m* befestigte und von diesem mitgenommene Zugstange *a* bewegt wird. Bei der Bewegung des Schiebers wird somit durch die Stange *a* der Hebel *b* abwechselnd hin- und hergedreht, hierdurch mittels der Knaggen *d* und d_1 abwechselnd der Ansatz *e* oder e_1 und dadurch die Rückschlagplatte *A* gehoben, sodass die Ausströmung der komprimierten Luft in den Schieberkasten und von hier in die freie Luft erfolgen kann. Natürlich sind die Grössenverhältnisse der einzelnen Teile des Mechanismus so zu wählen, dass die Öffnung der Rückschlagplatte bei dem tiefsten beabsichtigten Vakuum am Ende der Kompression erfolgt, damit für diesen Fall der Überdruck nicht zu gross werde. Für alle früheren Kompressionen indessen wird die Öffnung des Ventils selbsttätig durch den Luftdruck erfolgen, da eine Veränderlichkeit des Beginns der Eröffnung nicht ausführbar ist [1]).

6. Luftpumpe von Weiss [2]).

Der Burckhardt-Weiss'sche Kompressor wird in sehr vielen Fällen als Luftpumpe benutzt. Bezüglich der Konstruktion und Wirkungsweise kann auf das bereits früher Gesagte verwiesen werden. Derselbe liefert eine Luftleere von 74 cm Quecksilbersäule oder 0,026 Atm. absoluten Druckes bei einem volumetrischen Wirkungsgrad von über 90 %.

7. Drehschieber-Luftpumpe der Berlin-Anhaltischen Maschinenbau-Aktiengesellschaft in Berlin.

Bei derselben wird [3]), wie aus Figuren 264 und 265 ersichtlich, der Ein- und Austritt der Luft durch zwei sich fortdauernd drehende, mittels Schraubenrad und Schnecke von der Maschine bewegte Drehschieber geregelt, welche mit ihrer einen Hälfte mit dem Einlassraum, mit ihrer anderen Hälfte mit dem Auslassraum in Verbindung stehen. Die beiden Räume c_1 und c_2 jedes Drehschiebers *c* sind durch um 90^0 gegeneinander ver-

---

1) Nach Mitteilung der Firma arbeitet eine Luftpumpe dieser Konstruktion im physikal. Laboratorium des bekannten Gelehrten Raoul Pictet zu Berlin für sehr tiefe Luftverdünnung zufriedenstellend.

2) Burckhardt und Weiss, Basel. Vgl. weiter oben unter Schieber-Kompressoren.

3) Deutsche Pat.-Schrift 113 523.

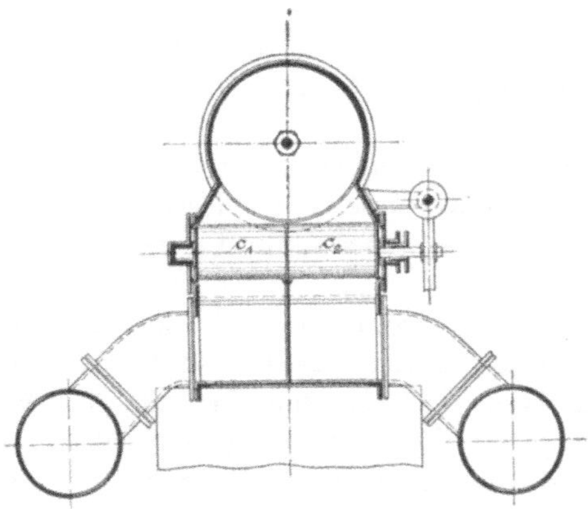

Fig. 264.

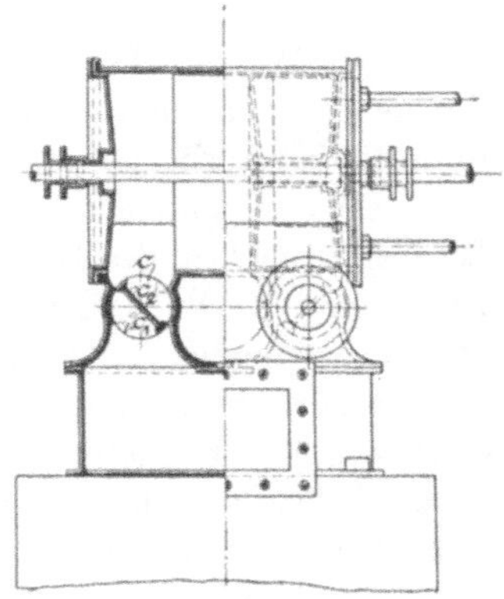

Fig. 265.

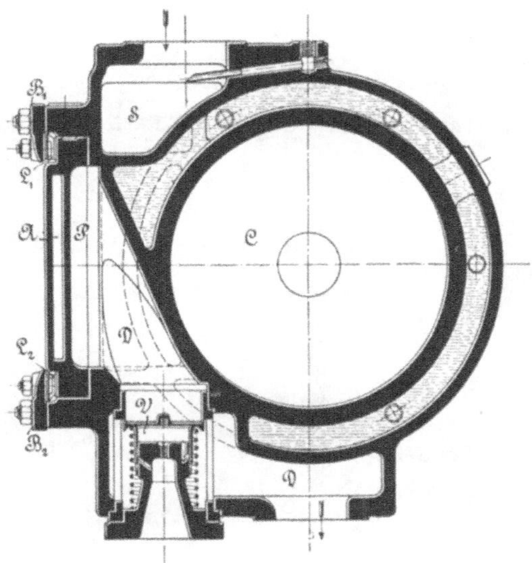

Fig. 266.

setzte Stege voneinander getrennt. Um eine gewisse Kompression der angesaugten Luft ausführen zu können, können die abschliessenden Kanten der Scheidewände mit seitlichen Überdeckungen versehen sein, um beim Hubwechsel durch späteres Öffnen das zusammengepresste Gas erst später einlassen zu können. Die Konstruktion eignet sich vornehmlich für geringere Drücke und Luftkompressoren mit möglichst gleich bleibender Luftlieferung, Gaspumpen, Luftpumpen etc., kann jedoch infolge ihrer Ausbildung mit verhältnismässig hohen Tourenzahlen arbeiten.

8. Luftpumpe Köster.

Das Wesentliche dieser Pumpen besteht darin, dass die Gase durch Kanäle M_1, M_2 und P im Schieberspiegel, Fig. 267, sowohl angesaugt, als auch fortgedrückt werden.

Dadurch wird ein besonderer Schieberkasten entbehrlich, sodass also die Zugänglichkeit des Schiebers jedenfalls eine vorzügliche ist. Ausserdem kann das Rückschlagventil V im Cylinder C festliegend, ebenfalls bequem zugänglich, untergebracht werden.

Für beide Cylinderseiten ist ein gemeinsames, federbelastetes Rückschlagventil V vorgesehen. In dem Luftbuffer desselben wird reine atmosphärische Luft komprimiert, um beim Pumpen unreiner Gase eine Verschmutzung und starke Abnützung der Ventilführung zu vermeiden.

Der Druckausgleich geschieht durch einen in den Schieber eingegossenen Kanal A und er beginnt zwecks Erhöhung des volumetrischen Effektes kurz vor dem Todpunkt des Kolbens, um ebensobald nach demselben beendet zu sein. Das erreichbare und garantierte Vakuum entspricht

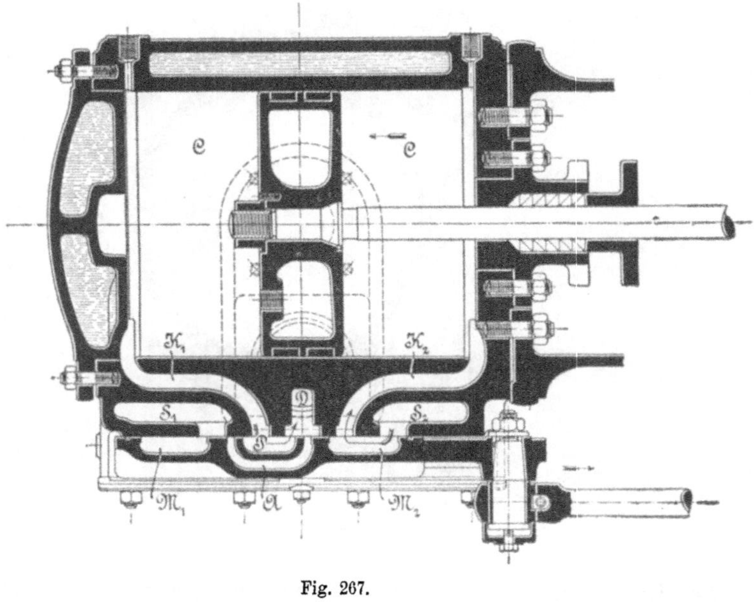

Fig. 267.

bei geschlossenem Saugrohre einem absolutem Quecksilberdruck von 3 bis 5 mm. Handelt es sich um ein höheres Vakuum, so werden Doppelpumpen verwendet, und zwar werden alsdann zwei, an sich gleiche, Cylinder hinter einander geschaltet. Für diese Pumpen wird von der ausführenden Firma Pokorny & Wittekind in Bockenheim-Frankfurt a. M. ein Vakuum von $^1/_2$ bis 1 mm absoluten Quecksilberdruckes garantiert.

B. Kondensator-Luftpumpen.

Zur Einteilung der sehr verschiedenartigen Ausführungen lassen sich zwei Hauptgesichtspunkte heranziehen.

a) Die äussere Form, nach welcher man die Einteilung in:

1. stehende,
   - α) einfach } wirkende
   - β) doppelt } wirkende
2. liegende,
   - α) einfach } wirkende Luftpumpen
   - β) doppelt } wirkende Luftpumpen

treffen kann, und

b) die Art der Luft- und Dampfabsaugung, indem dieselbe entweder mit dem Wasser zugleich oder getrennt erfolgt. Letztere Methode bietet manche Vorteile dar und ist in neuester Zeit vielfach der Konstruktion der Kondensatorpumpen zu Grunde gelegt worden. Es soll im folgenden die unter a) gegebene Einteilung zu Grunde gelegt und zum Schlusse die Einrichtung einiger Kondensatorpumpen mit getrennter Luft- und Wasserabführung besprochen werden.

I. Stehende Kondensator-Luftpumpen.

a) Einfach wirkende.

Dieselben werden entweder mit Taucherkolben oder Ventilkolben ausgeführt. Im ersteren Falle liegen die Ventile seitlich von der vertikalen Cylinderachse, im letzteren in derselben. Ausführungen der ersten Art zeigen die Figuren 268—273, der letzteren die Figuren 274—279.

Fig. 268. Buffaud und Robatel, Lyon. Stehende, schnelllaufende 20pferdige Verbundmaschine [1]).

Fig. 269. Comp. de Fives-Lilles, Paris. Verbundmaschine zum Betriebe von Centrifugalpumpen für Dünkirchen [2]).

Fig. 270. Liegende Verbundmaschine, System Bonjour, gebaut von der Comp. de l'Horme de la Buire [3]).

Die Ventile sind Metallventile, das Saugventil ein Ringventil mit Filz- oder Gummiarmierung, das Druckventil aufgeschliffen.

Fig. 271. Th. Powell, Rouen (Matter & Co. Succrs.) [4]).

---

1) Salomon, Die Dampfmaschinen auf der Pariser Weltausstellung 1889. Z. d. Ing. 1890, S. 842.

2) Buchetti, Les machines à vapeur, à l'Expos. de Paris 1889, Tafel XV.

3) Buchetti, a. a. O. Tafel IX.

4) Z. d. Ing. 1890, S. 948 und Buchetti, a. a. O. Tafel XXXIV.

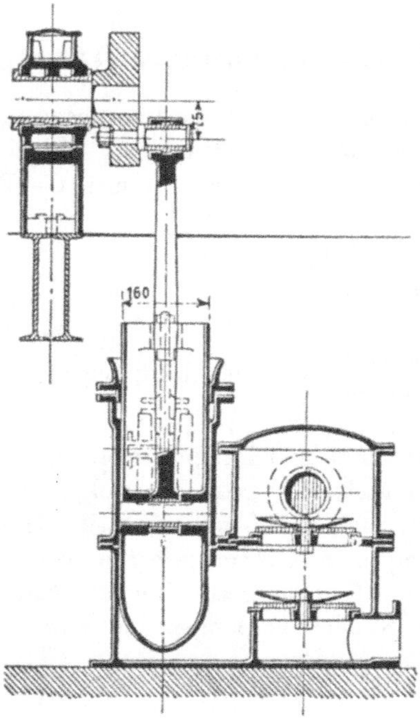

Fig. 268.

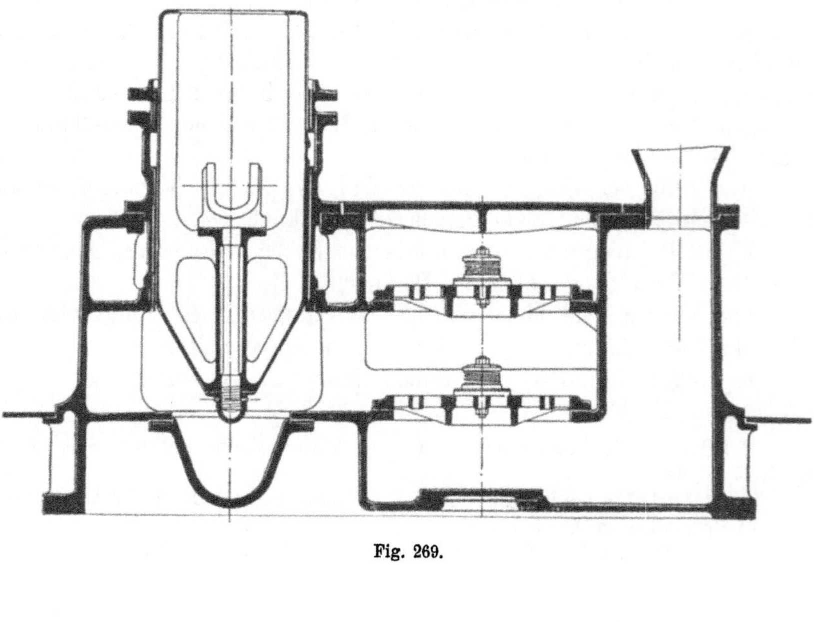

Fig. 269.

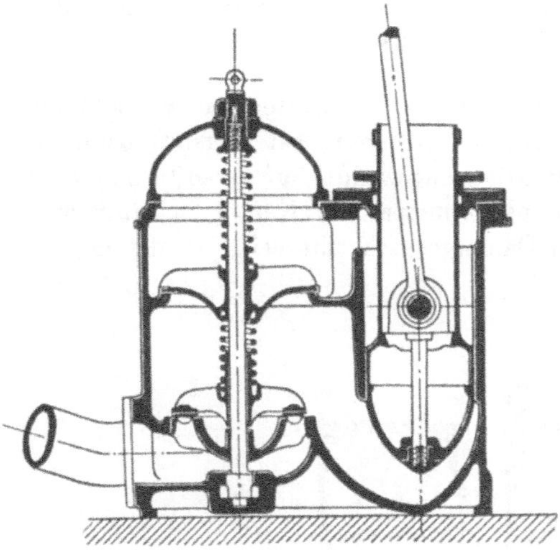

Fig. 270.

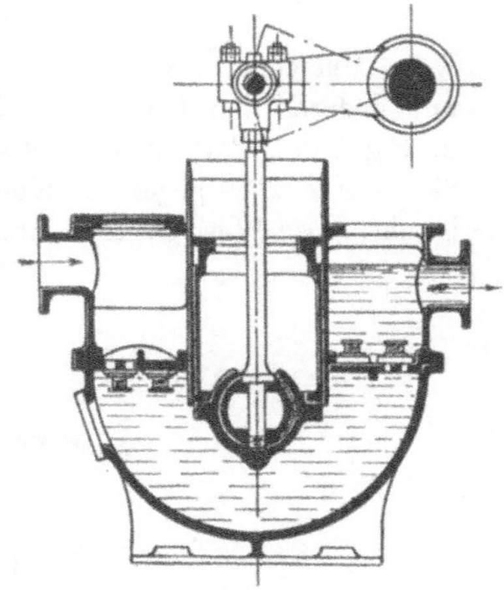

Fig. 271.

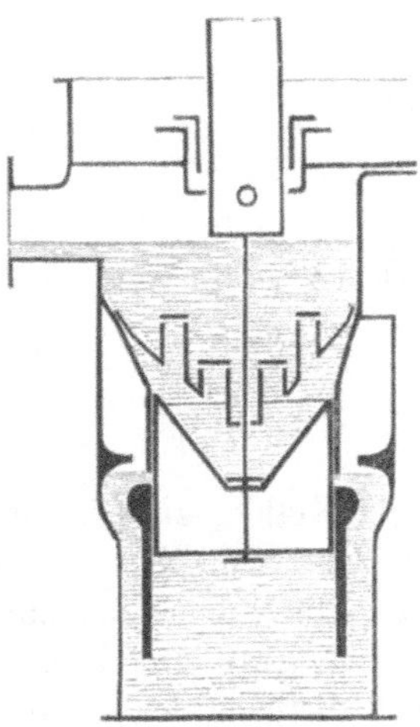

Fig. 272.

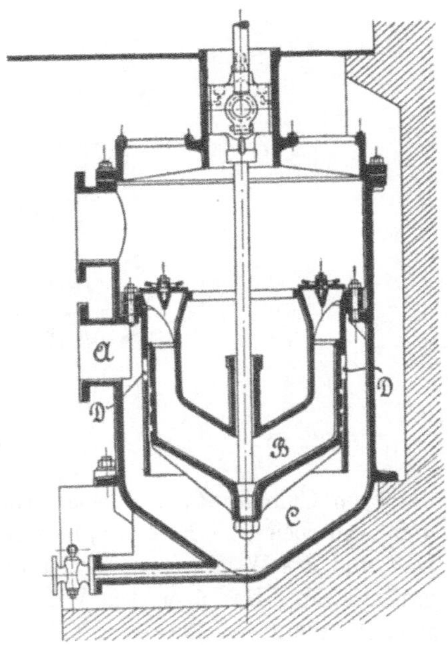

Fig. 273.

Je 15 Saug- und Druckventile nach Art der Worthington-Pumpenventile, kleine, federbelastete Gummischeiben mit Metallarmierung von 100 mm Durchmesser und 10 mm Hub sind ringförmig um den mittleren

Cylinder angeordnet. Die Kolbenstange ist vermittelst eines Kugelgelenkes am unteren Ende des Taucherkolbens befestigt.

Um einen selbsttätigen Wasserzufluss zur Luftpumpe zu bewirken und dadurch den Kondensatordruck zu verringern, hat zuerst Brown die in Fig. 272 [1]) dargestellte Konstruktion angewandt, auf deren Prinzip auch die in Fig. 273 gegebene Kondensatorpumpe von Kuhn in Stuttgart [2]) beruht. Das Wasser-, Luft- und Dampfgemisch tritt bei *A* in den doppel-

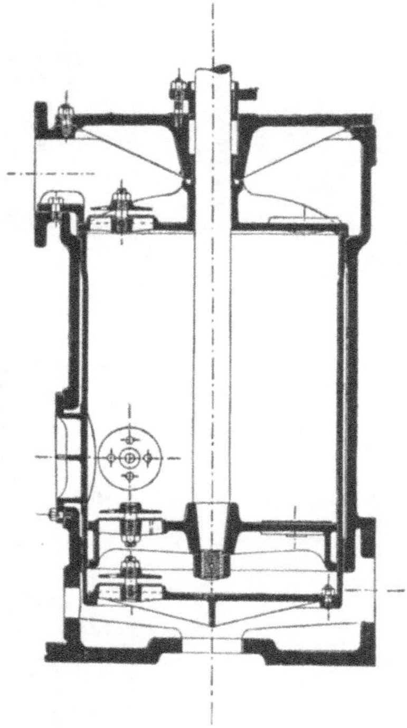

Fig. 274.

wandigen Cylinder *C*, in dessen Innern der hohle Kolben *B* sich auf- und niederbewegt. Eine ringförmige Öffnung *D* dient zum Eintritt der Luft und des Wassers, sobald der obere Rand des Kolbens den Ringkanal geöffnet hat. Das über dem Wasserspiegel befindliche Luft- und Dampfgemisch tritt zuerst über den Kolben. Durch den Niedergang des letzteren wird das unterhalb desselben befindliche Wasser aus dem Cylinder *C* verdrängt und in den Hohlraum des Kolbens gedrückt. Wenn auch beim

---

1) Z. d. Ing. 1882, S. 406.
2) Z. d. Ing. 1891, Tafel 38.

Aufgang des Kolbens ein Teil des Wassers durch den Ringkanal *D* wieder abfliesst, so ist doch der Fortfall der Saugventile und die hierdurch bewirkte einfachere und billigere Herstellung ein nicht zu unterschätzender Vorteil gegenüber anderen Konstruktionen mit einem oder mehreren Saug- und Druckventilen.

Von den Pumpen mit Ventilkolben ist eine typische Ausführungsform in Fig. 274 dargestellt.

Dieselbe stellt die Luftpumpe zur Dreifach-Expansionsmaschine des Hamburger Dampfers „Virginia"[1]) dar.

Sie ist mit Kinghorn'schen Membranventilen versehen, welche aus je drei übereinander gelegten Kupferblechscheiben bestehen. Die Ventile haben 160 mm Durchmesser und 19 mm Hub. Der Durchmesser der Luftpumpe beträgt 630 mm, der Hub 670 mm. Die Maschine ist auf der Werft von Blohm & Voss in Hamburg im Jahre 1891 gebaut.

b) Doppelt wirkende, stehende Luftpumpen.

Sehr verbreitet ist für stehende Luftpumpen die Anwendung von Differentialkolben, wodurch während des Auf- und Niedergangs der Pumpe bei nur einem Saug- und Druckventil Wasser- und Luftförderung ermöglicht ist. Bezeichnet in Fig. 275[2]) *D* den lichten Durchmesser des Pumpencylinders, *d* den Plungerdurchmesser, *s* den Hub des Kolbens, so wird beim Aufgang des Kolbens die Luft- bezw. Wassermenge $Q_1 = \frac{D^2 \pi}{4} \cdot s$ angesaugt. Beim Niedergang tritt dieselbe Menge über den Kolben. Da jedoch der Inhalt des über dem Kolben befindlichen Raumes nur $V = \frac{\pi}{4}(D^2 - d^2) \cdot s$ ist, so wird ein Teil der angesaugten Luft- und Wassermenge Q_1 durch die Druckventile entweichen müssen, und zwar die Menge $Q_2 = \frac{d^2 \pi}{4} \cdot s$, während beim Wiederaufgang der Rest $Q_3 = \frac{\pi}{4}(D^2 - d^2) \cdot s$ gehoben wird. Soll die geförderte Flüssigkeitsmenge beim Auf- und Niedergang dieselbe sein, so muss die Gleichung bestehen

$$\frac{d^2 \pi}{4} \cdot s = \frac{\pi}{4}(D^2 - d^2)\, s,$$

woraus folgt:

$$d = D \cdot \sqrt{\frac{1}{2}} = 0{,}707 \cdot D$$

Der Plungerdurchmesser müsste also ca. $^7/_{10}$ vom Pumpendurchmesser gemacht werden.

---

1) Z. d. V. d. Ing. 1892, S. 1276, Fig. 267.

2) Luftpumpe von A. und H. Oechelhäuser in Siegen.

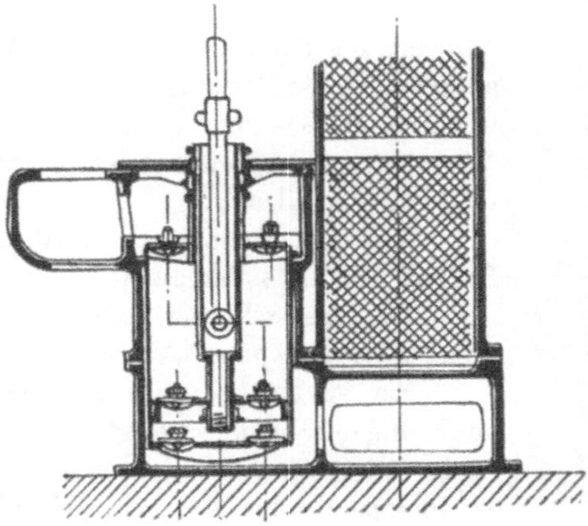

Fig. 276.

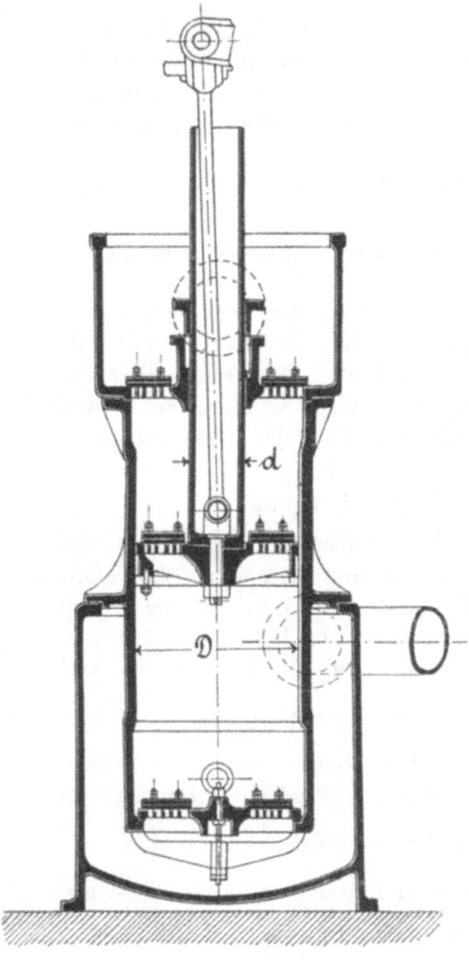

Fig. 275.

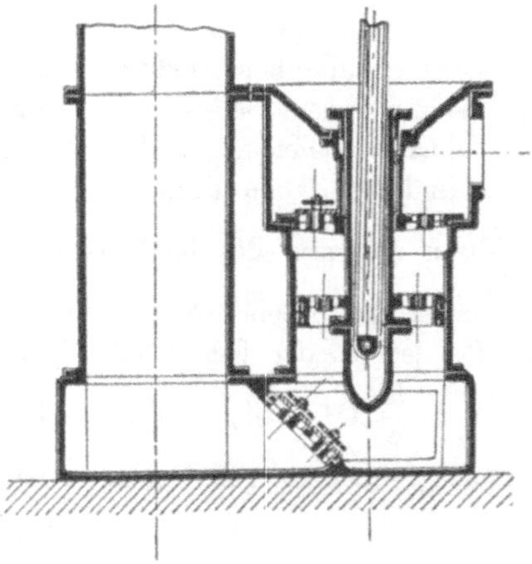

Fig. 277.

Einige andere Ausführungen dieser Pumpenart zeigen noch die Figuren 276 [1])—281.

Fig. 277[2]) Luftpumpe der Dreifach-Expansionsmaschine der Elsässischen Maschinenbau-Gesellschaft in Mühlhausen.

Fig. 278 [3]). Maschinenfabrik von Siegel, Schönebeck a. Elbe, zwei Luftpumpen mit Differentialkolben verbunden und in einen gemeinsamen Windkessel pumpend.

1) 2-Cylinder-Schiffsmaschine des Dampfers „Borussia", gebaut von Day, Summers & Co. Southampton, aus d. Z. d. Ing. 1891, S. 1281.

2) Z. d. Ing. 1891, Tafel 32.

3) Z. d. Ing. 1890, Tafel 24.

Fig. 279 [1]). Van den Kerkove in Gent. Elektrische Lichtmaschine, Berlin. Saug-, Druck- und Kolbenventil aus je 3 um 120^0 versetzten Kautschukklappen gebildet.

Figuren 280 und 281 [2]). Luftpumpe von Märky, Bromovsky und Schulz. Dieselbe ist aus zwei einfach wirkenden Luftpumpen mit

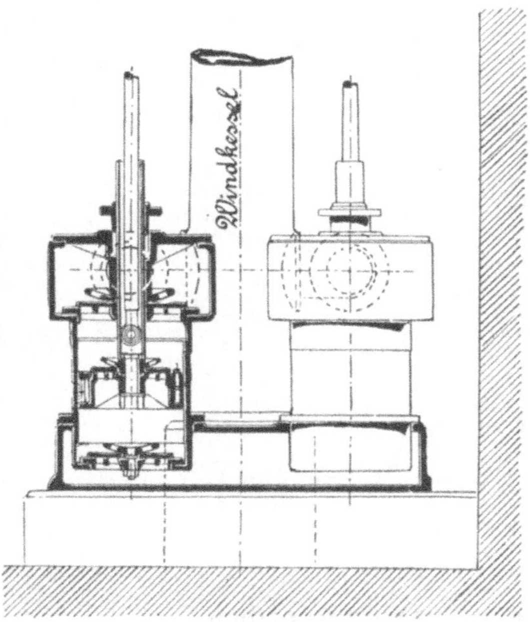

Fig. 278.

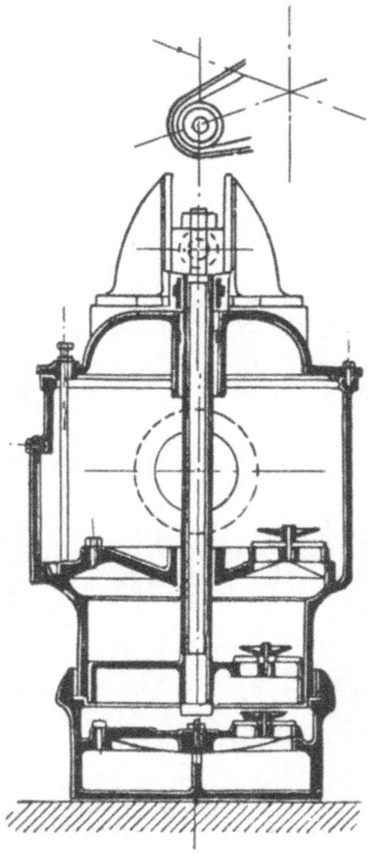

Fig. 279.

massivem Taucherkolben gebildet, welche durch einen dreiarmigen Hebel bewegt werden. Die in der Figur nicht abgebildeten Saugventile liegen seitlich von beiden Cylindern, die Anordnung der Druckventile ist aus der Figur ersichtlich.

1) Engineering 1890, vom 11. 4.
2) Z. d. Ing. 1890, Tafel 35.

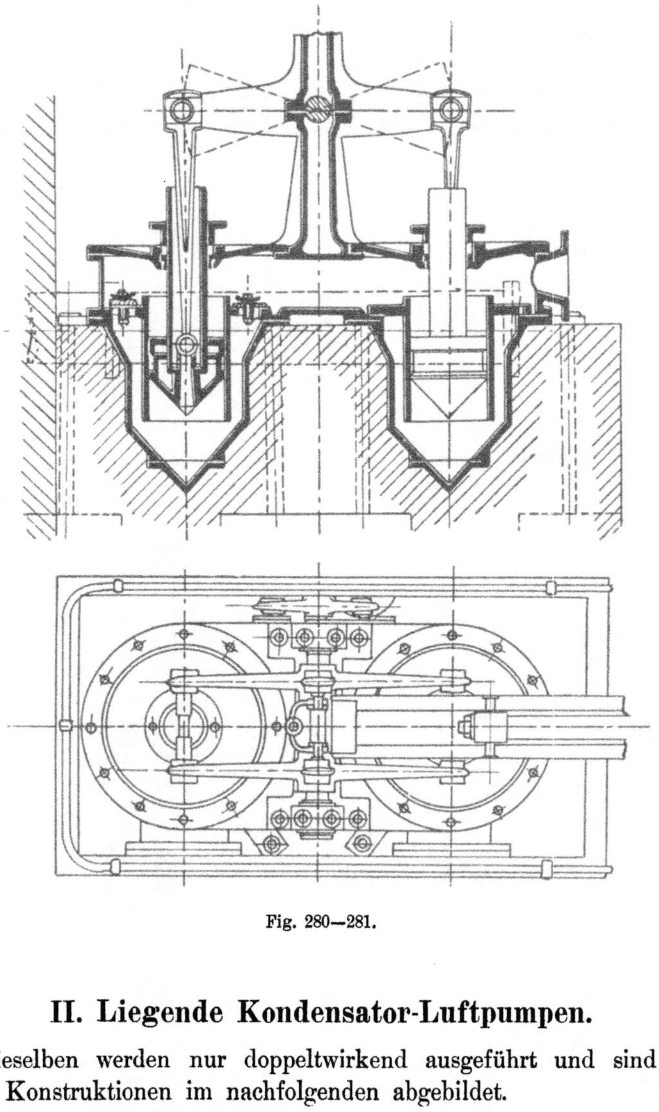

Fig. 280—281.

II. Liegende Kondensator-Luftpumpen.

Dieselben werden nur doppeltwirkend ausgeführt und sind einige typische Konstruktionen im nachfolgenden abgebildet.

Figuren 282 und 283. Luftpumpe der Maschinenbauanstalt „Humboldt", Kalk bei Köln.

Fig. 284. Luftpumpe von Lecouteux und Garnier, Paris [1]).

Fig. 285. Luftpumpe von Buffaud und Robatel, Lyon [2]).

---

1) Z. d. Ing. 1890, S. 845, Fig. 15.
2) Z. d. Ing. 1890, S. 841, Fig. 8.

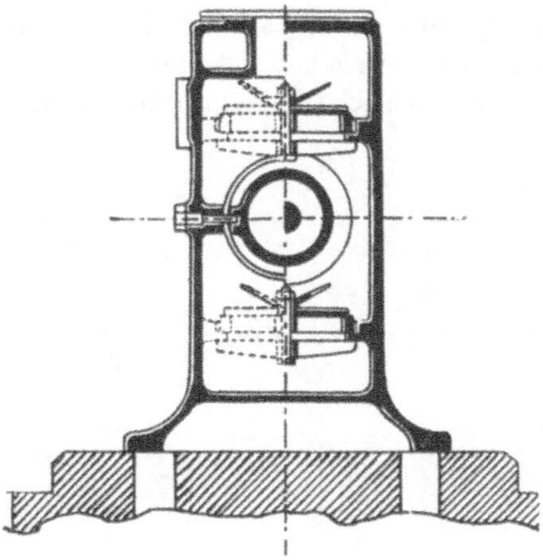

Fig. 282.

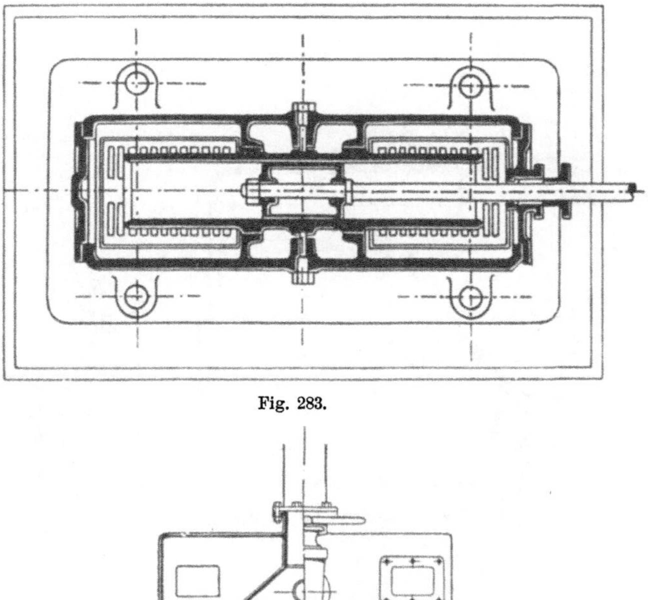

Fig. 283.

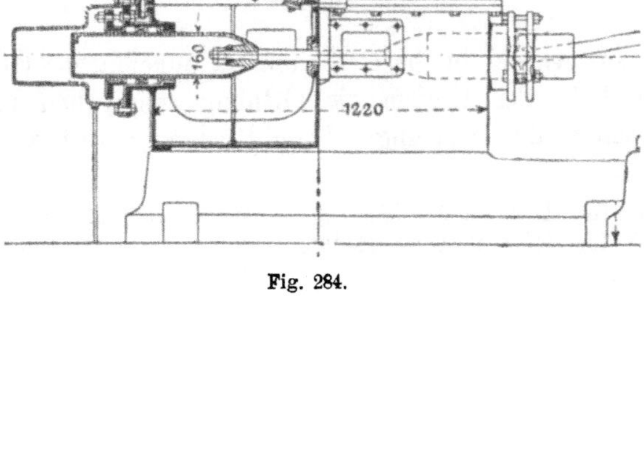

Fig. 284.

Fig. 286. Luftpumpe der Elsässischen Maschinenbau-Gesellschaft in Mühlhausen i. E.[8]. Bei derselben ist das bereits bei den stehenden Pumpen besprochene Brown'sche Prinzip[9]) zur Anwendung gebracht, in-

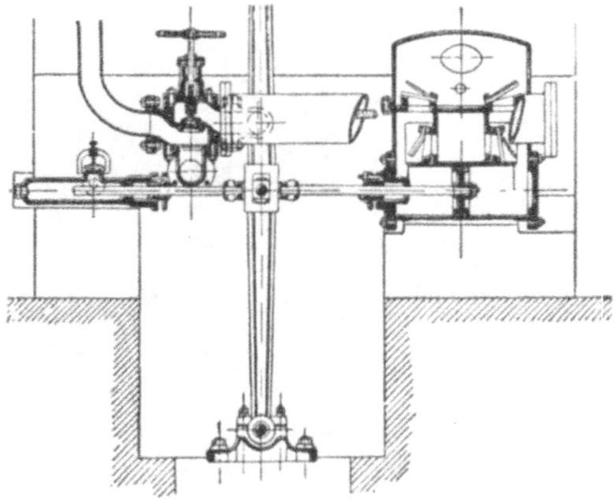

Fig. 285.

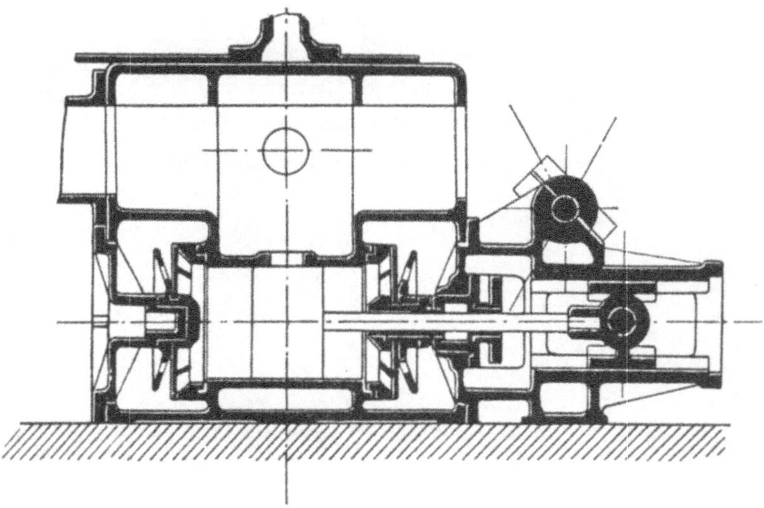

Fig. 286.

dem durch eine Anzahl in der Cylindermitte angebrachter Öffnungen beim Ansaugen (sobald der Kolben die Öffnung freigegeben hat) Luft und Wasser in den Cylinder gelangt. Beim Rückgang wird freilich auch hier

8) Z. d. Ing. 1890, S. 919, Fig. 33. — Buchetti, a. a. O. Tafel 33, Fig. 3.
9) Z. d. Ing. 1882, S. 405 und 406.

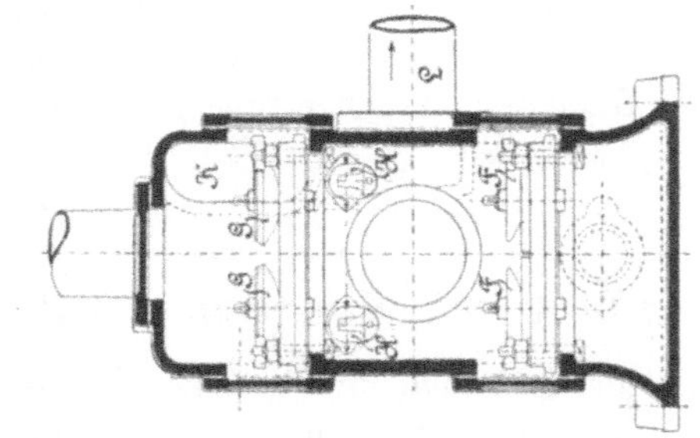

Fig. 289.

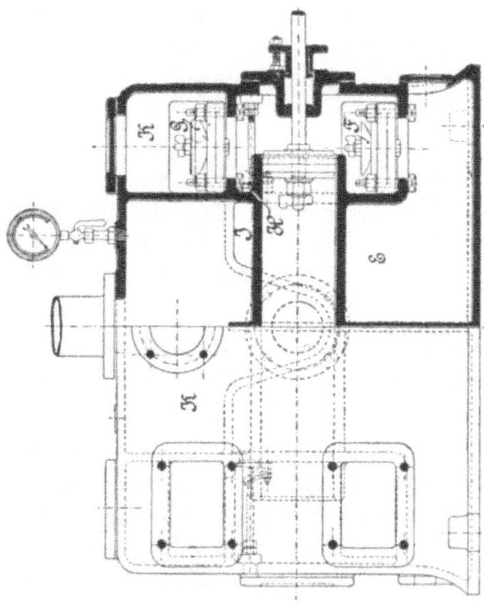

Fig. 288.

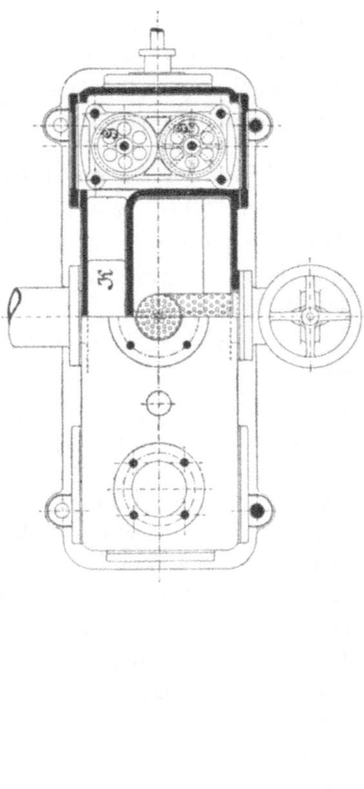

Fig. 290.

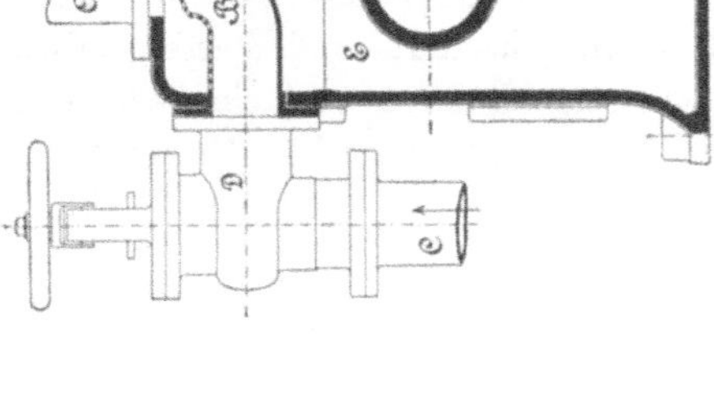

Fig. 287.

wieder ein Teil der angesaugten Flüssigkeit aus dem Cylinder verdrängt, bis der Kolben die Eintrittsöffnung abschliesst. Als Druckventil ist an jedem Cylinderende eine ringförmige Gummiklappe angeordnet, wie aus der Figur ersichtlich ist.

III. Luftpumpen mit getrennter Luft- und Wasserabführung.

Durch die getrennte Abführung der Luft und des Wassers wird sowohl die Erzeugung eines tieferen Vakuums ermöglicht, als auch die Bildung von Luftsäcken in der Kondensatorpumpe verhindert. Die Absaugung kann entweder von einer Pumpe allein erfolgen, oder es kann Luft und Wasser je durch eine besondere Pumpe fortgeschafft, oder endlich das Wasser selbsttätig abgeleitet werden. Ausführungen der ersteren Art sind die folgenden.

1. Luftpumpe von Horn[1]). Figuren 287—290.

Der durch das Dampfrohr A, Fig. 287, eintretende Dampf wird durch das Einspritzwasser kondensiert, welches durch das mittels des Ventils D verschliessbare Druckrohr C zufliesst und durch die Brause B zerteilt wird.

An beiden Enden des Kondensators liegen je zwei Saugventile F und je zwei Druckventile G, ausserdem aber an jeder Seite zwei kleine Luftventile H, Figuren 288 und 289. Bei der gezeichneten rechtsseitigen Stellung des Kolbens ist der Raum zwischen Saugventil, Druckventil und Kolben rechts von diesem mit Wasser gefüllt. Beim Rückgang des Kolbens nach links sinkt, während das Druckventil unter dem Atmosphärendruck fest geschlossen bleibt, der Wasserspiegel und bildet unterhalb der Druckventile G ein Vakuum. Ist das Wasser soweit gesunken, dass die kleinen Luftventile $H\,H$ von ihm nicht mehr berührt werden, so tritt infolge der im Kondensator herrschenden grösseren Spannung sofort Luft durch die Luftventile H in den Kolbenraum, ohne die Wassersaugventile F zu passieren. Zu gleicher Zeit geht das Wasser aus dem Kondensator durch die Saugventile F in den Kolbenraum auf Grund des Gesetzes der kommunizierenden Röhren, weil beide Räume nach dem Öffnen der Luftventile unter gleichem Druck stehen. Es findet also kein Ansaugen, also auch kein Spannungsverlust entsprechend der Höhe der Saugwassersäule statt. Durch den Raum K und Abflussrohr L wird das Luft- und Wassergemisch abgeleitet. Durch diese Einrichtung des Kondensators wird ein bedeutend höheres Vakuum als bei gewöhnlichen Luftpumpen erreicht. Dasselbe beträgt nach Angabe des Fabrikanten 90—95 %.

---

[1]) Ausgeführt von G. Brinkmann & Co., Witten a. d. Ruhr.

Die Menge des Kühlwassers beträgt bei einer Temperatur von 12 bis 15 ⁰ C. ungefähr das 25fache des Speisewassers, wobei das erstere mit einer Temperatur von 36—40 ⁰ C. abfliesst.

2. Luftpumpe von Riedler. Figuren 291 und 292.

Bei der im früheren [1]) besprochenen Bessemergebläsemaschine für das Stahlwerk Heft verwandte Riedler eine stehende Luftpumpe, bei welcher durch ein besonderes, nach dem höchsten Punkt des Kondensators führendes Luftabsaugerohr, welches am unteren Ende ein Saugventil trägt, die Luft

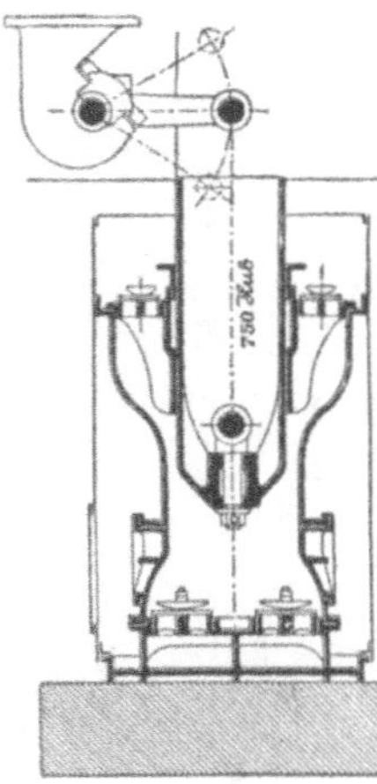

Fig. 291.

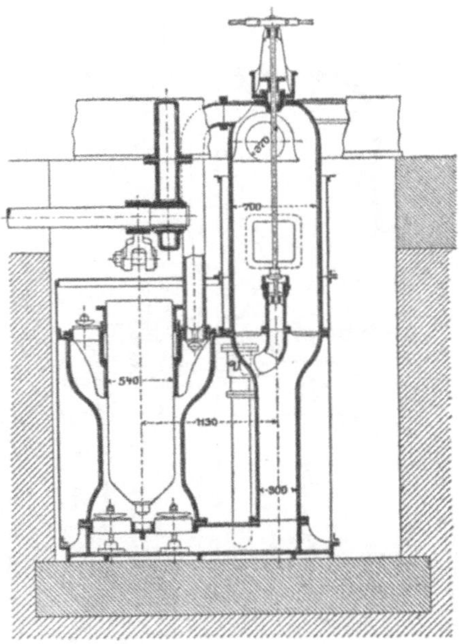

Fig. 292.

angesaugt wird, während das Wasser durch die am Boden des Pumpencylinders befindlichen Saugventile in denselben gelangt.

3. Kondensator - Luftpumpe der Siegener Maschinenbau-Aktiengesellschaft vormals Öchelhäuser.

Bei dieser Pumpe ist das Absaugen der Luft sowohl örtlich wie zeitlich vom Absaugen des Wassers getrennt. Das letztere wird der Pumpe durch ein nach unten kegelförmig erweitertes Rohr zugeführt [2]), Fig. 293, welches im tiefsten Punkte des Kondensators angeschlossen ist. Dieses Rohr ist ganz mit Wasser gefüllt und dient der hydrostatische Druck des-

1) S. 60.

2) Z. d. Ing. 1901, No. 43, S. 1544.

selben mit dazu, die Ventilwiderstände und die eigene Massenträgheit der Wassersäule überwinden zu helfen. Um das Luft- und Dampfgemisch abzusaugen, ist eine besondere Entlüftungsleitung angeschlossen, welche aus dem Kondensator an der kältesten Stelle desselben austritt und im Cylinder der Luftpumpe durch ein Ventil gegen diesen abgeschlossen mündet. Die Öffnungen dieses Ventils sind derartig in die Bahn des Kolbens gelegt,

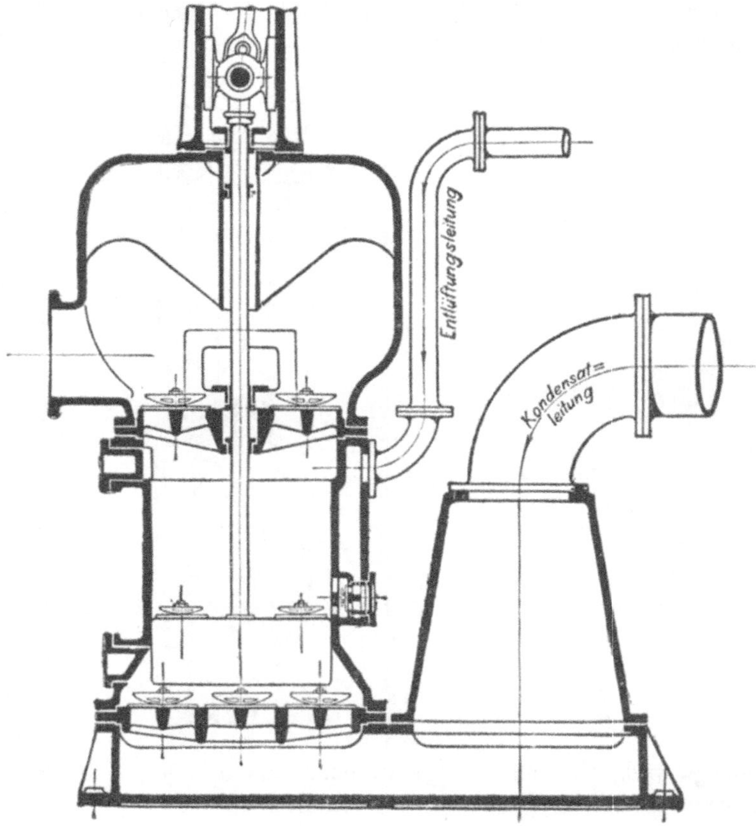

Fig. 293.

dass sie während des ersten Teils des Kolbenhubes nicht mit dem Saugrohr in Verbindung stehen und erst frei werden, wenn der Kolben die pro Hub zu fördernde Wassermenge angesaugt hat. Im zweiten Teile des Hubes wird hierauf das Luft- und Dampfgemisch angesaugt, ohne dass es durch das bereits angesaugte Wasser vermöge der höher liegenden Einmündung des Entlüftungsrohres hindurchzutreten brauchte. Hierdurch wird eine Mischung von Luft und Wasser vermieden, also auch verhindert, dass Luft in beträchtlicher Menge vom Wasser gebunden wird, wodurch die

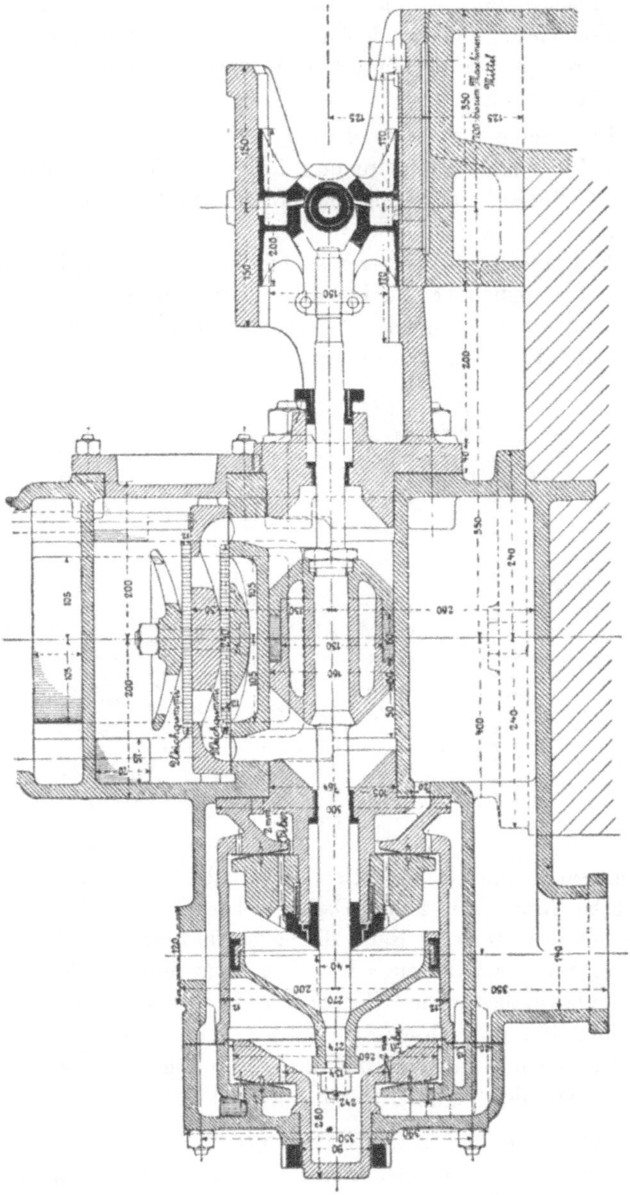

Fig. 294.

Wirksamkeit der Luftpumpe verringert würde. Diese Ausführung ähnelt den vorbeschriebenen Luftpumpen mit getrennter Luft- und Wasserabsaugung. Beim Niedergange des Kolbens tritt durch die im Kolben befindlichen

Klappen zunächst das Luft- und Dampfgemisch und hierauf erst das angesaugte Kondensat über den Kolben, und beim nun folgenden Aufgange desselben durch die im oberen Cylinderdeckel befindlichen Druckklappen in die Abflussleitung.

4. Luftpumpe Örlikon[1]). Fig. 294.

Eine Luftpumpe mit getrennter Luft- und Wasserabsaugung in zwei besonderen Cylindern ist diejenige der Maschinenfabrik Örlikon in Örlikon bei Zürich.

Beide Cylinder (rechts der Wasser-, links der Luftcylinder) liegen in einer Achse hintereinander; die Kolben sind kegelförmig gestaltet, wodurch ein allmähliches und stossfreies Abführen des Wassers zu den Ventilen bewirkt wird. Für den Wasserpumpencylinder dienen zwei aus Weich-

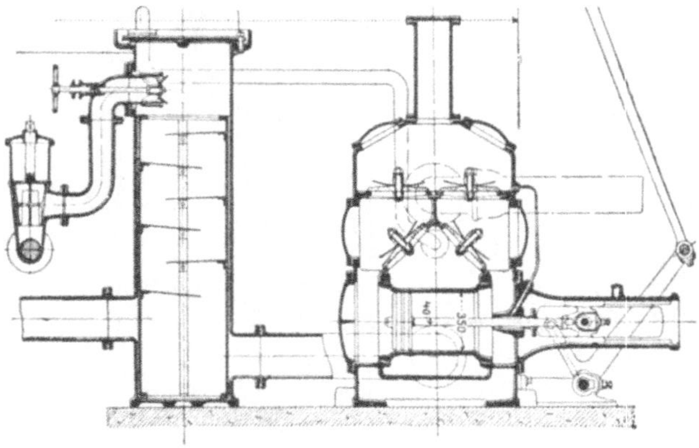

Fig. 295.

gummi hergestellte, rechteckige Klappen als Abschlussorgane, für den Luftcylinder Fiber-Ringe von 2 mm Dicke, welche in der Mitte festgeklemmt sind und mit dem äusseren Rand die Saugöffnungen, mit dem inneren die Drucköffnungen verschliessen. Der Saugraum umgibt den Luftcylinder und ist durch ein besonderes Rohr mit dem obersten Raum des Kondensators verbunden. Der Druckraum ist mit dem unter dem Wasser- und Luftcylinder liegenden Abflussraum in Verbindung. Alles weitere der Konstruktion ist aus der Figur zu ersehen.

5. Luftpumpe von L. A. Riedinger[2]). Fig. 295.

Dieselbe ist eine doppelt wirkende, liegende Luftpumpe mit Gummiklappen. Der Kondensator ist ähnlich wie der nachstehend beschriebene

---

1) Z. d. Ing. 1890. Salomon, Ausstellungsbericht, S. 812, Fig. 6 und 7.

2) Maschinenfabrik von L. A. Riedinger in Augsburg, ausgeführt für die Verbundmaschine der Offenbacher Druckluftanlage, s. Z. d. Ing. 1892, S. 1449 u. folg.

Weiss'sche Kondensator nach dem Gegenstromprinzip angeordnet. Das Kühlwasser wird an der obersten Stelle desselben eingespritzt und fliesst über eingebaute Zwischenwände nach unten, dem Dampf entgegen. Das Luft- und Dampfgemisch wird an der obersten Stelle des Kondensators entnommen und nach der höchsten Stelle des Saugraumes geführt, wie aus der Figur zu ersehen ist, während das Kühlwasser aus dem unteren Raum des Kondensators abgesaugt wird. Der Antrieb der Luftpumpe erfolgt vom Kurbelzapfen aus mittels einer Kuppelstange und eines doppelarmigen Hebels.

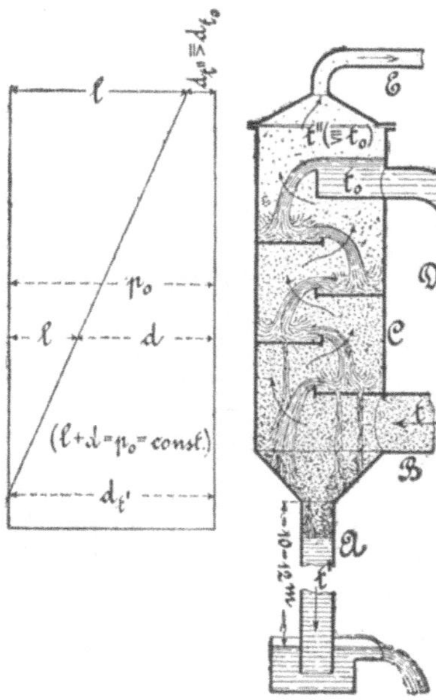

Fig. 296—297.

6. Kondensator mit trockener Luftpumpe von Weiss[1]). Figuren 296—298.

Um bei Mischkondensatoren eine möglichst günstige Ausnutzung des Kühlwassers zu erzielen, hat Weiss einen auf dem Gegenstromprinzip beruhenden Kondensator, einen sogenannten Gegenstromkondensator, konstruiert.

Das Kühlwasser tritt oben seitlich, Fig. 297, in den als stehenden Cylinder ausgeführten Kondensator ein, und fliesst über eine Reihe halbkreisförmiger Querwände nach unten dem aufsteigenden Dampf entgegen. Der letztere tritt am unteren Ende des Kondensators seitlich bei *B* ein. Die im

---

1) F. J. Weiss i. F. Burckhardt, Weiss & Co. Basel. Z. d. Ing. 1888, S. 9. Kondensation.

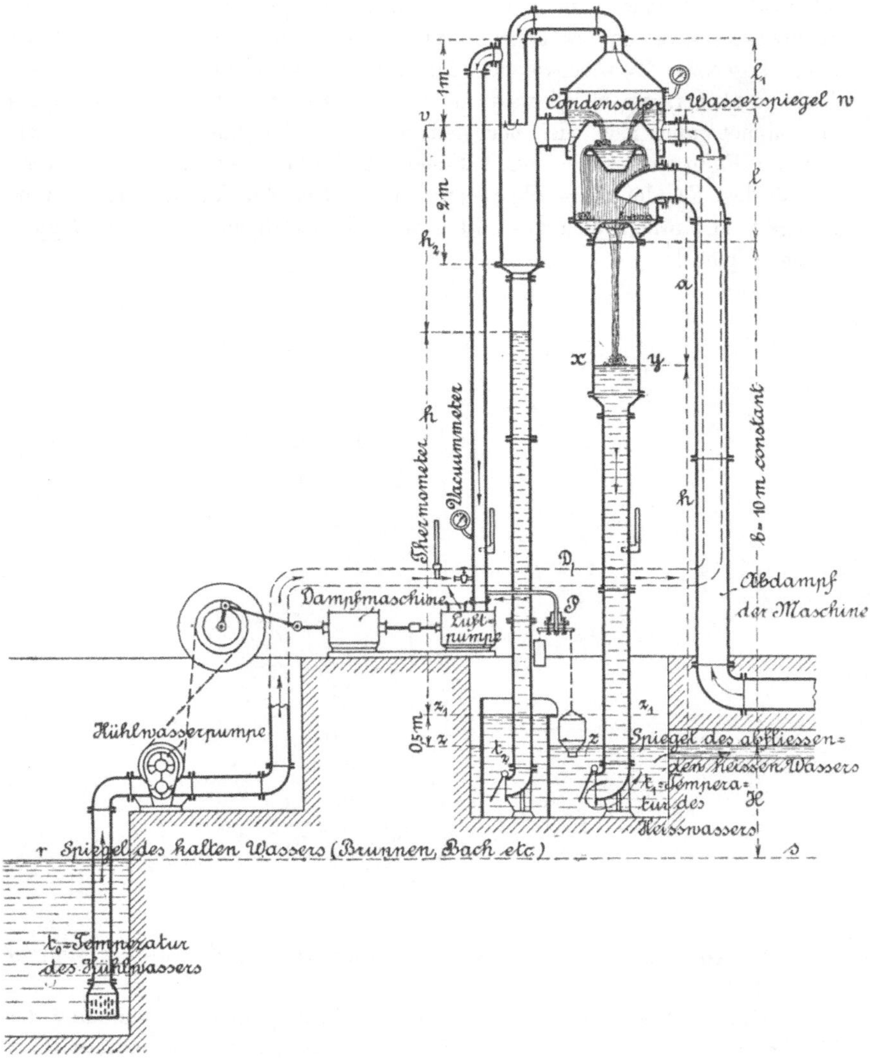

Fig. 298.

Kühlwasser enthaltene Luft, welche mit Wasserdampf gesättigt ist, wird zugleich mit dem nicht kondensierten Dampf an der höchsten Stelle durch eine trockene Schieberluftpumpe abgesaugt, während das Kühl- und Kondensationswasser von der tiefsten Stelle des Kondensators durch ein, je nach dem gewünschten Vakuum kürzeres oder längeres, im Maximum 10—12 m tiefes Abflussrohr abfliesst. Die Luft wird, da sie an der kühlsten Stelle des Kondensators abgesaugt wird, von relativ grösster Dichtigkeit, also relativ kleinstem Volumen sein.

Eine neuere Anordnung des Weiss'schen Gegenstromkondensators, wie sie von der Firma Gustav Brinkmann & Co. in Witten a. Ruhr gebaut wird, ist in Fig. 298 abgebildet. Die Gesamtförderhöhe der Wasserpumpe beträgt $H + b + l$, wovon jedoch die der Saugkraft des Kondensators entsprechende Förderhöhe in Abzug kommt, welche z. B. bei 61 cm Vakuum 8 m beträgt. Für die Anlage dieser Gegenstromkondensatoren empfiehlt die ausführende Firma folgende Gesichtspunkte.

Bei der Disponierung der Höhen hat man immer vom Warmwasserspiegel z z auszugehen oder von der Überfallkante, welche dessen Höhe bestimmt. Den ersteren lege man so tief, als es die lokalen Verhältnisse (Grundwasserstand, Hochwasserstand eines benachbarten Flusses etc.) gestatten, ohne dass man Rückstau befürchten muss.

Alsdann lege man die Unterkante des Kondensatorkörpers um $b = 10$ m über jenen Unterwasserspiegel z z.

Für die Kühlwasserpumpe soll man nie eine Centrifugalpumpe, sondern nur Kapselräder- oder Kolbenpumpen nehmen, damit sie im stande sind, ohne Veränderung der Tourenzahl das Wasser, entsprechend den verschiedenen Vakuumgraden, auf verschiedene Förderhöhe, welche

$$= H + 10\,\text{m} + l - h$$

ist, zu heben.

Die Kühlwasserpumpe kann nie entbehrt werden, auch nicht, wenn der Wasserspiegel r s über z z läge, H also negativ wäre, es sei denn, dass der Kühlwasserspiegel r s sogar noch über dem Oberwasserspiegel v w im Kondensator läge.

Durch die getroffenen Anordnungen sind folgende wesentliche Vorteile der Weiss'schen Konstruktion gegenüber anderen, früher besprochenen Systemen verursacht.

1. Die Luft hat eine über $2^1/_2$ mal grössere Dichtigkeit als bei den unter sonst gleichen Umständen arbeitenden, nassen Luftpumpen, weshalb das Hubvolumen der Luftpumpe bedeutend kleiner sein kann als bei ersteren.
2. Hierdurch ist, weil eine kleinere Pumpe ausreicht, eine billigere Herstellung, sowie ein geringerer Kraftverbrauch der Anlage bewirkt.
3. Der Kühlwasserverbrauch ist beträchtlich kleiner als bei gewöhnlichen Einspritz- oder Mischkondensatoren, weil die Kühlwirkung des Wassers bedeutend besser durch das Gegenstromprinzip ausgenutzt wird, da dasselbe mit der Temperatur des zuströmenden Dampfes abfliesst.
4. Der Raumbedarf und das Gewicht des Kondensators ist beträchtlich kleiner als bei anderen Systemen, wodurch die Aufstellung auch bei geringem, verfügbaren Raume ermöglicht ist.

Ein Hauptnachteil der Weiss'schen Konstruktion aber liegt in dem 10—12 m tiefen Abflussrohr zum Absaugen des warmen Wassers. Hierin ist für viele Gegenden die Unmöglichkeit der Aufstellung infolge der örtlichen Verhältnisse begründet. Namentlich im Flachland, wo ein natürliches Gefälle von 10 m und mehr kaum verfügbar oder nur durch Anlage sehr langer und kostspieliger Rohrleitungen herzustellen ist, wird aus diesem Grunde die Weiss'sche Konstruktion, so vorzüglich sie aus den oben angeführten Gründen für andere örtliche Verhältnisse auch sein mag, sich schwer ausführen lassen[1]).

7. Kondensator-Luftpumpe der Maschinenfabrik Augsburg.

Dieselbe ist liegend und doppeltwirkend, der Eintritt des Dampfluftgemisches erfolgt bei *A*, der Austritt bei *B*, Figuren 299 und 300. Sämtliche Ventile sind in den Räumen oberhalb des Cylinders angeordnet und wird hierdurch erreicht, dass eine Schichtung der

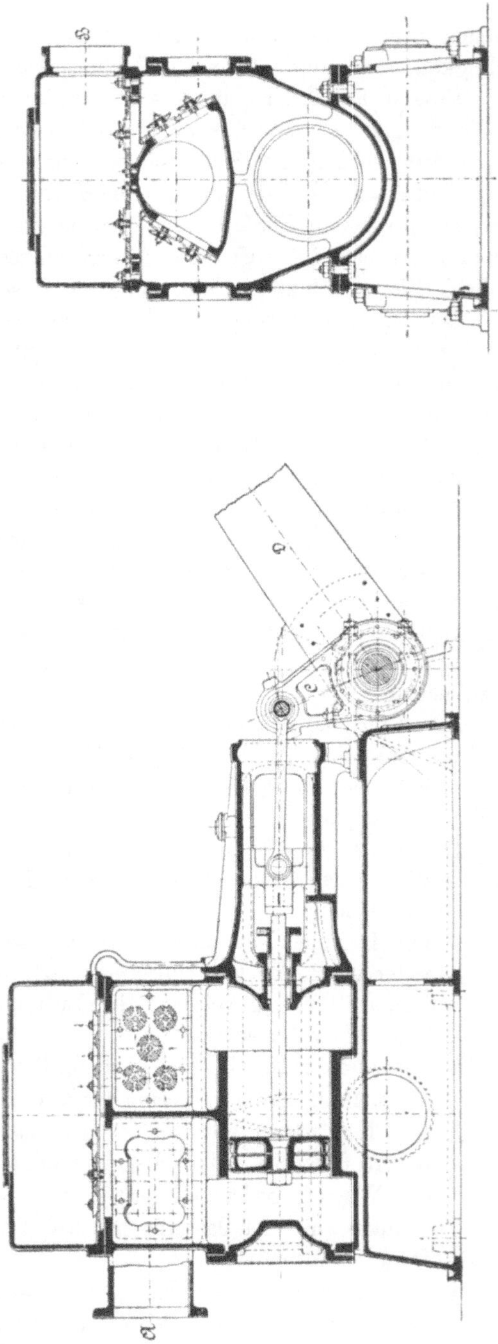

Fig. 299—300.

1) Näheres s. Theoret. Teil, Kapitel 7, G.

Luft und Dampfgemisches, welches nicht kondensiert ist, oberhalb des Wassers stattfindet, indem beim Öffnen der Saugklappen letzteres direkt unter die Druckventile gelangt und sich dort ansammelt, also nicht in den eigentlichen Cylinder einströmt. An jeder Saugseite sind 5 Gummiklappenventile angeordnet, also zusammen für jede Cylinderseite 10 Saugventile, insgesamt also 20. Ebensoviel Druckventile liegen auf dem horizontalen Druckventilrost. Der Antrieb erfolgt in bekannter Weise mittels eines von der Maschinenkurbel angetriebenen Winkelhebels *C D*.

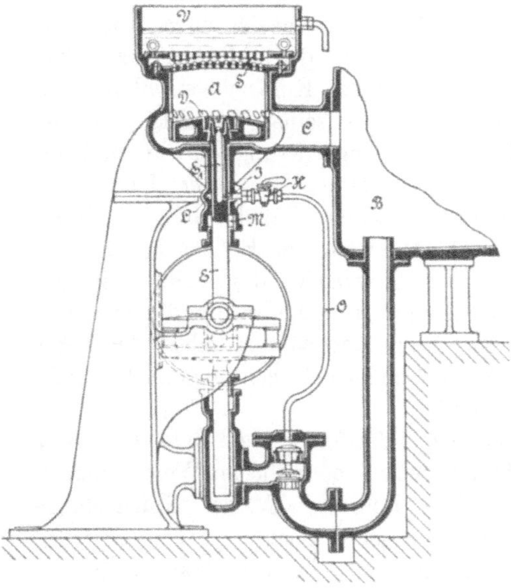

Fig. 301.

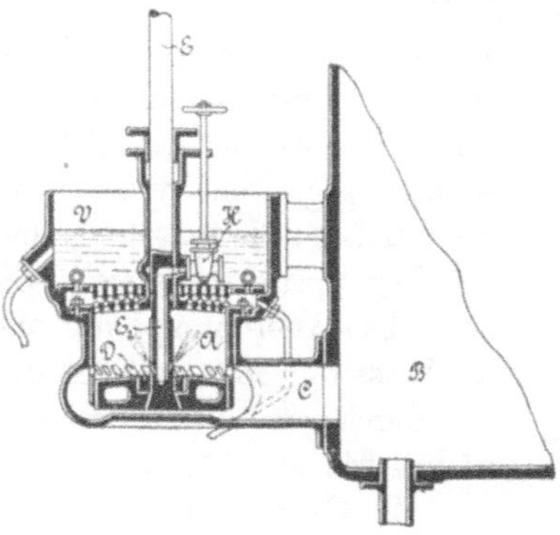

Fig. 302.

8. Trockene Luftpumpe mit Wasserverschluss für Kondensatoren von Th. Thompson in London, Figuren 301 und 302.

Bei derselben [1]) erfolgt die Dichtung des Luftkolbens nicht, wie gewöhnlich, üblich durch Ledermanschetten oder ähnliche Vorrichtungen, sondern durch eine geringe Menge Wasser, welche von aussen her aus einem beliebigen Behälter in bestimmt geregelten Mengen zuströmt und die Arbeitsfläche des Kolbens bedeckt hält. Der Luftpumpencylinder *A* steht mit dem Kondensator *B* durch die Rohrleitung *C* in Verbindung, in welche die im unteren Teile der Wandung des Luftpumpencylinders angeordneten Öffnungen *D* münden. Die letzteren sind derartig angeordnet, dass sie sich stets über dem höchsten Wasserstand im Kondensator befinden, der sich jedoch nie über den tiefsten Stand des Rohres *C*

1) Deutsche Pat.-Schrift No. 123 992 vom 2. 10. 1901.

erheben darf, damit das Wasser nicht in den Luftpumpencylinder gelangen kann. Die Kolbenstange E des Luftpumpenkolbens ist in ihrem oberen Ende ausgebohrt, und steht in ihrer tiefsten Stellung vermöge ihrer Querbohrung I mit einer Ringnut L der zum Durchgang des Pumpenkolbens bestimmten Stopfbüchse M in Verbindung. In diese Nute mündet das Wasserzuführungsrohr O, welches beispielsweise Wasser aus einer Abzweigung der Kondensator-Wasserpumpe der Kolbenstange E zuführt, deren Menge durch einen Hahn H eingestellt werden kann. Beim Einströmen der aus dem Kondensator kommenden Luft, welche durch die Öffnung D in den Cylinder A eintritt, bildet die auf der oberen konischen Decke des Kolbens sich lagernde Wassermenge den Abschluss zwischen Kolben und Cylinderwand. Beim Aufgang des Kolbens verschliesst derselbe die Öffnungen D wieder, wobei das auf seiner Oberfläche befindliche Wasser die Stelle der fehlenden Kolbengliederung vertritt und die Abdichtung bewirkt. Am oberen Ende des Hubes drückt der Kolben die Luft durch die Ventile S in den Wasserbehälter V und durch das Wasser desselben hindurch. Gleichzeitig wird aber auch am Ende des Aufwärtshubes eine gewisse Menge des auf der Oberfläche des Kolbens befindlichen Wassers in den Behälter hineingepresst. Dieses für die Dichtung verloren gegangene Wasser wird am Ende des Abwärtshubes durch die in der tiefsten Stellung hergestellte Verbindung der Kolbenstangenbohrung E_1 mit dem Speiserohr O wiederhergestellt.

Die Anordnung kann auch derartig getroffen werden, dass der Ersatz des Wassers von dem über den Druckventilen befindlichen Wasserraum V aus durch eine nach aufwärts geführte Bohrung E_2 der Kolbenstange erfolgt, wie aus Fig. 302 ohne weiteres ersichtlich ist.

9. Gegenstrom-Kondensatorluftpumpe von Just in Halle a. S.

Bei diesem in den Figuren 303 und 304 dargestellten Kondensator[1]) beruht das eigenartige in der Vereinigung eines Gegenstrom-Kondensators mit einer Nassluftpumpe, bei welcher das bei den bekannten ähnlichen Vorrichtungen übliche Fallrohr beseitigt wird. Zwischen dem Pumpensaugraum b und dem Kondensationsraum c ist eine Wand w mit Überlauf u, einem Wasserverschluss d und einem oder mehreren bis in den obersten Teil c_1 des Kondensators reichenden Luftrohre ff_1 eingeschaltet und ausserdem Luftwege $l\,l_1$ und $v\,v_1$ angeordnet, durch welche Anordnung die in dem Kondensator sich ausscheidenden Gase bis unter die Druckventile $e\,e_1$ der Pumpe, getrennt vom Wasser, geführt werden. Die Wirkungsweise des Kondensators ist nun folgende: Steht der Kolben k am rechten Hubende, so ist der rechte Pumpenraum a_1 vollkommen mit Wasser gefüllt. In letzterem fällt bei der Bewegung des Kolbens nach links das Wasser, worauf sich zunächst nur das Luftventil v_1 öffnet, so dass durch das Rohr l_1 Luft

---

1) Deutsche Pat.-Schrift No. 114098.

getrennt vom Wasser aus dem oberen Teil c_1 des Kondensators unter das Druckventil e_1 gesaugt wird. Durch Vermittelung der Luftwege l_1 uud ff_1 befindet sich unterdessen der Raum a_1 in offener Verbindung mit dem Wassersaugraume b, so dass der Druck in beiden Räumen ausgeglichen ist. Im weiteren Laufe des Kolbens wird demnach das Wasser aus dem Raum b nach dem Gesetz der kommunizierenden Röhren durch das

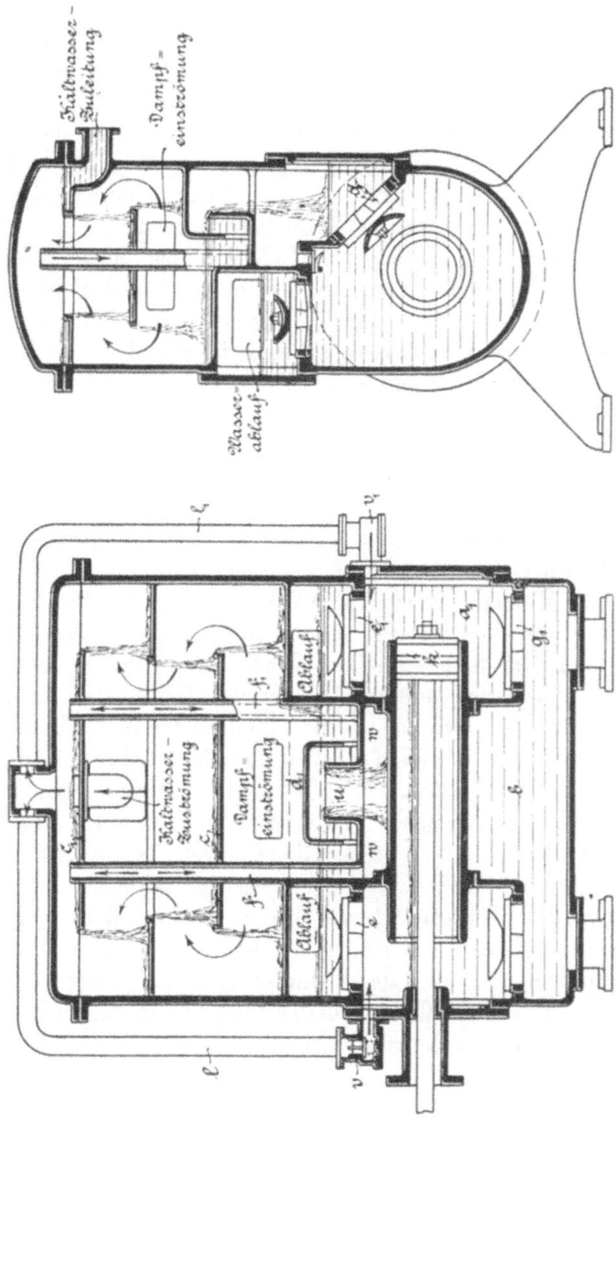

Fig. 303—304.

Ventil g_1 in den rechten Pumpenraum a übertreten, sodass der Wasserspiegel in b abhängig von der hubweisen Wirkung der Pumpe fallen und steigen wird. Dagegen geschieht die Abführung des Wassers aus dem Kondensator c unabhängig von der Saugwirkung der Pumpe, indem dasselbe, da durch die Rohre ff_1 beständiger Druckausgleich zwischen den Räumen c bezw. c_1 und dem Saugraum b stattfindet, ununterbrochen über den Überlauf u in den Wasserraum b abfliesst. Das am Boden des Kondensators c befindliche Wasser wird daher eine gleichmässige, d. h. nicht auf- und abwärtsschwankende Verschlussfläche bilden. Gegenüber den bekannten Einrichtungen von Kondensatoren mit Gegenstrom und Fallrohr und den nach den Gegenstromprinzipien ohne Fallrohr weist der Just'sche Kondensator in Bezug auf die Wirkungsweise die Unterschiede auf, dass

1. die oben aus dem Kondensator bei c_1 angesaugte kühle Luft unter die Druckventile $e e_1$ der Pumpe getrennt vom heissen Kondensationswasser zugeführt wird, und dass
2. infolge der Beseitigung der Fallrohre das heisse Kondensationswasser auf dem kurzen Abfallwege nicht in dem Masse der Zerteilung und Verdampfung ausgesetzt ist als bei Kondensatoren gleicher Art mit Fallrohr, so dass die mit der Luft abzusaugende Dampfmenge nur gering ist.

Bei der Anordnung Fig. 304 sind die Saugventile g schräg gestellt, wobei zur Vereinfachung die Luft- und Wasserventilsitze bezw. Klappen vereinigt werden können. Die Wirkungsweise ist im übrigen dieselbe wie bei Fig. 303.

10. Mischkondensator mit zwei getrennten Pumpen von Balcke & Co. in Bochum i. Westf. Fig. 305.

Um bei Mischkondensatoren, welche entweder im Parallelstrom oder im Gegenstrom arbeiten können eine völlig sichere Wasserabführung zu erzielen, ist bei dem Balcke'schen Kondensator[1]) die Wasserpumpe mit dem Kondensator derart verbunden, dass das Wasser aus dem Kondensator mit natürlichem Gefälle in den Pumpenstiefel einläuft. Der das abzuführende Kondensat und das abzuführende Kühlwasser aufnehmende Raum A des Kondensatorkörpers B liegt ausserhalb des horizontalen Pumpencylinders C. Letzterer besitzt an den Enden die Druckventile D und nahe an seiner Mitte zwei Reihen von Öffnungen E, welche abwechselnd durch den Kolben F freigelegt werden. Der Raum A füllt sich von B aus beständig mit Wasser, welches den Pumpencylinder umgibt, und daher bei der Öffnung der einen oder der andern Reihe der Löcher E frei in den Raum des Cylinders E einläuft, worauf der zurückkehrende Kolben nach gänzlicher Überdeckung der Öffnungen E das Wasser durch das betreffende Druckventil hinausdrückt, worauf am Ende des Kolben-

1) Deutsche Pat.-Schrift 119345.

hubes die Freilegung der andern Reihe von Öffnungen erfolgt. Der Eintritt des Dampfes erfolgt bei *G*, bei *H* derjenige des Kühlwassers. Das letztere fliesst in bekannter Weise über eine Reihe von durchlöcherten Überfallblechen nach unten. Am oberen Ende des Kondensators ist eine, an die trockne Luftpumpe *K* anschliessende Rohrleitung *I* angebracht, durch welche etwa nicht kondensierter Dampf und die bei der Kondensation freiwerdende Luft abgesaugt wird.

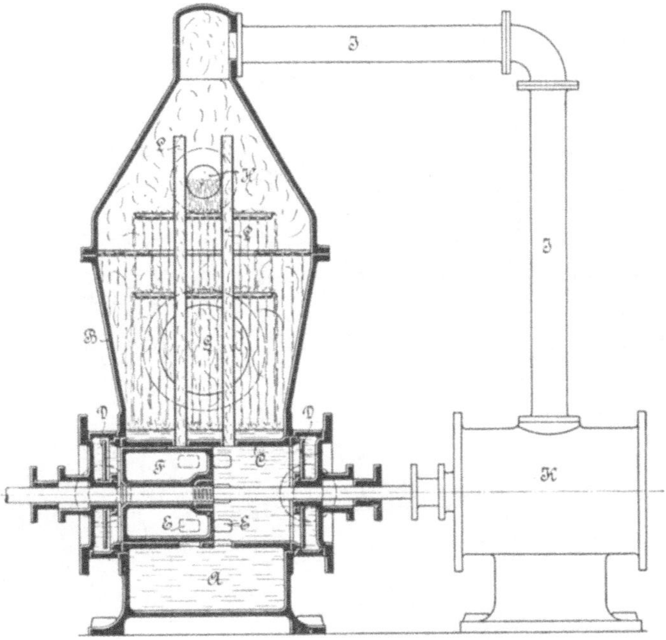

Fig. 305.

Die etwa in den Pumpencylinder hineingelangende Luft wird durch zwei besondere an der höchsten Stelle des Cylinders angebrachte Luftrohre *L* nach dem oberen Raume des Kondensators abgeführt und von der Luftpumpe abgesaugt. Durch diese Rohre *L* wird der Pumpencylinder während des Einlaufes des Wassers stets unter den Druck der Luftpumpe gesetzt, so dass der Einlauf in den Cylinder ohne Druckverlust lediglich nach dem Prinzipe der kommunizierenden Rohre erfolgt und hierdurch auch vermieden wird, dass an irgend einer Stelle des Kondensators, namentlich im Pumpencylinder selbst, sich Luftsäcke bilden können.

11. Kondensator-Luftpumpe der Firma Bettinger & Balcke, Pumpen- und Armatur-Fabrik Frankenthal.

Diese Luftpumpensteuerung steuert den Lufteintritt durch einen Saugschieber mit Überströmkanal in der bereits weiter oben[1]) besprochenen bekannten Weise und hat gegenüber ähnlichen Konstruktionen die Eigentümlichkeit, dass der Schieber in einem neutralen Raume liegt, welcher ganz mit Schmieröl angefüllt werden kann, so dass der Schieber geringste Reibung verursacht. Der Schieber wird durch eine Kappe und

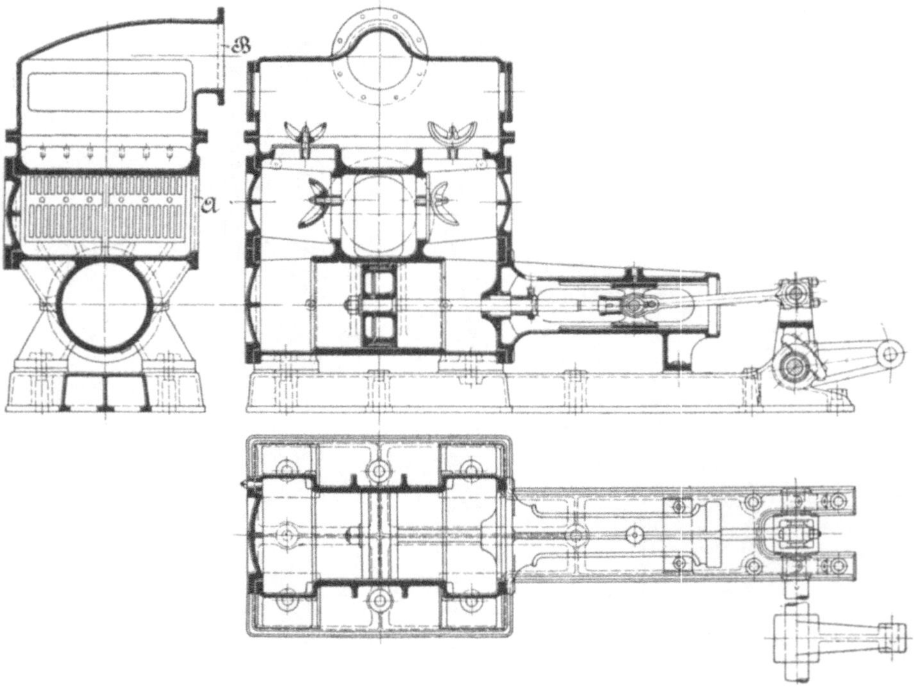

Fig. 306—308.

Federn stets auf seinen Sitz niedergedrückt. Der Schieber dichtet ohne Stopfbüchse ab, indem ein Spindelansatz gegen einen harten Ring in der Führungsbüchse anläuft. Die austretende Luft passiert nicht mehr den Schieber, sondern geht direkt durch in den Kanalwänden sitzende Druckventile, wodurch der für manche Betriebe wichtige Vorteil erzielt ist, dass das im Cylinder etwa vorkommende Wasser einen freien Ausweg findet; diese Ventile wirken also als Sicherheitsventile. Damit die Ventile absolut sicher sitzen, sind deren Sitzkörper

1) s. weiter oben S. 150.

durch Druckschrauben, welche bis durch die Deckel hindurchreichen, niedergedrückt. Um noch grössere Sicherheit gegen Wasserschläge zu erhalten, werden die Ventilkastendeckel auch noch mit besonders grossen Sicherheitsventilen ausgerüstet, derart, dass das Wasser nicht das Auspuffrohr zu passieren hat.

Cylindermantel und beide Deckel, sowie die Innenwände der Luftkanäle sind stets mit Wasserkühlung versehen.

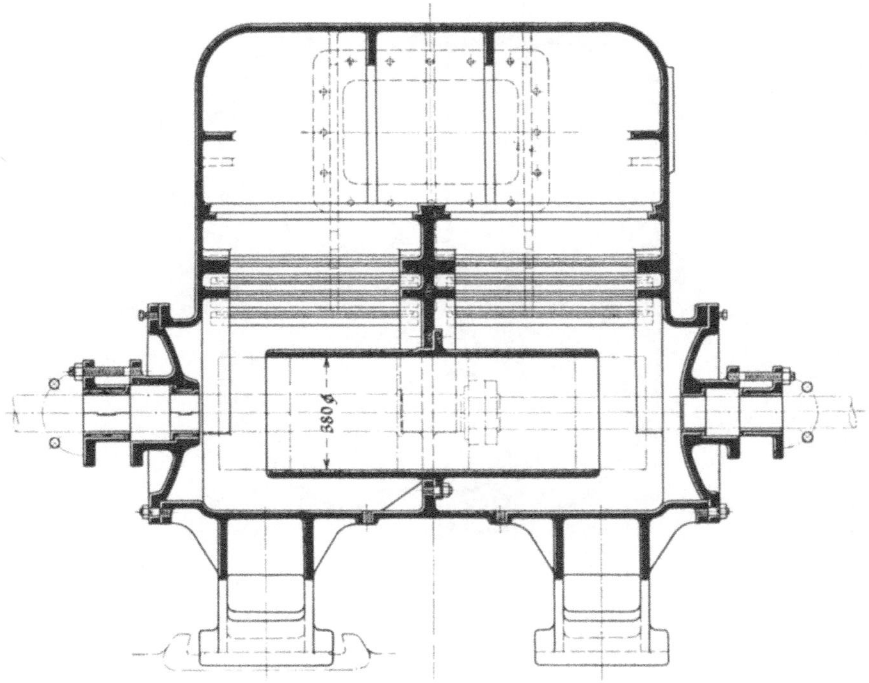

Fig. 309.

Bei den liegenden Luftcylindern tritt die Luft meistens oben ein und bestreicht noch den oberen Teil des Wassermantels, so dass etwa enthaltene Wasserdämpfe noch teilweise niedergeschlagen werden; dieses Kondensations-Wasser tritt durch den Saugschieber ungehindert in den unteren Teil des Cylinders, um dann durch die Druckventile abzufliessen.

Diese Luftcylinder werden sowohl stehend, wie liegend, ausgeführt und zwar in allen Grössen. Für grosse Central-Kondensations-Anlagen arbeitet ein solcher mit Leistungen von 2500 cbm angesaugte Luft i. d. Stunde zur vollen Zufriedenheit.

12. Kondensator-Luftpumpe der Germania in Chemnitz.

In den Figuren 306—308 ist eine liegende Kondensator-Luftpumpe der Maschinenfabrik Germania vorm. J. C. Schwalbe & Sohn in Chemnitz von 400 mm Cylinderdurchmesser und 500 mm Hub dargestellt. Der Eintritt des Dampfes erfolgt von der Seite durch die an den Stutzen *A* anschliessende, zum Kondensator führende Saugleitung. Eigenartig sind die halbcylinderförmig gebogenen Anschläge für die Klappen der Saug-

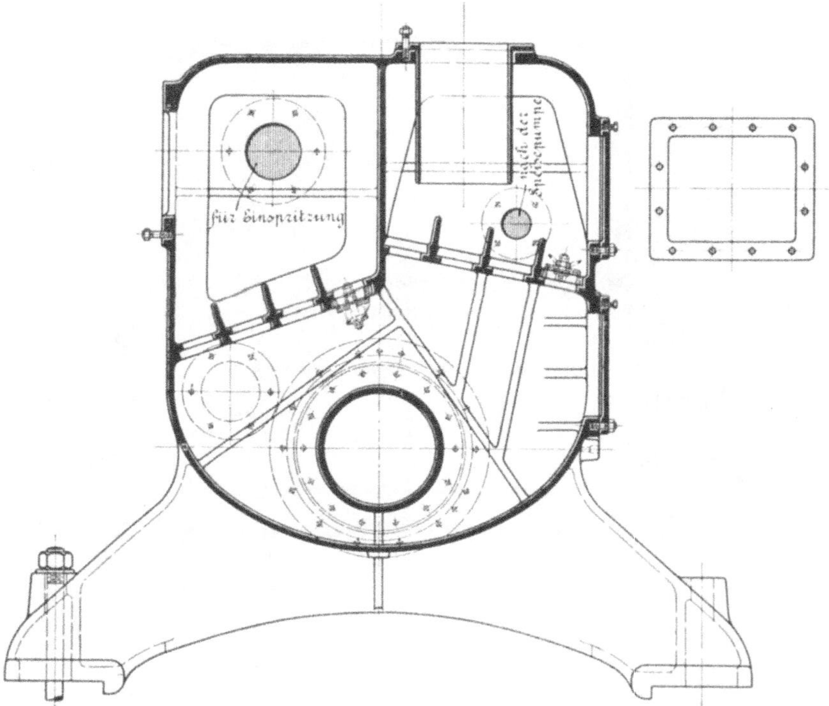

Fig. 310.

und Druckventile, welche in der Mitte durch einen gemeinschaftlichen Steg getrennt sind, wodurch die Abführung des Wassers nach unten und der Luft nach oben durch die Saugventile erleichtert wird. An den Stutzen *B* schliesst die Abflussleitung an.

13. Kondensator-Luftpumpe von A. Borsig in Tegel bei Berlin.

Diese in den Figuren 309 und 310 im Längsschnitt und Querschnitt wiedergegebene Luftpumpe ist mit Saug- und Druckventilen nach Art der Worthington-Ventile ausgerüstet, welche jedoch nicht als Rundventile, sondern als längliche, federbelastete, parallel öffnende und schliessende Klappen ausgeführt sind. Der Querschnitt derselben ist aus Fig. 310 zu

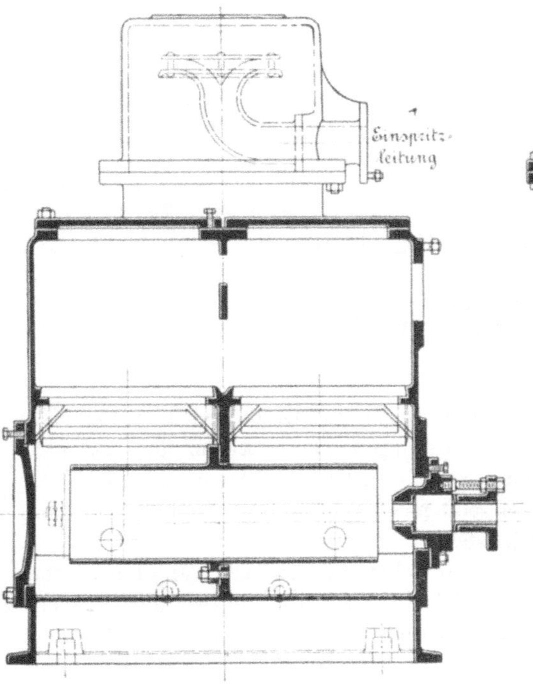

Fig. 311.

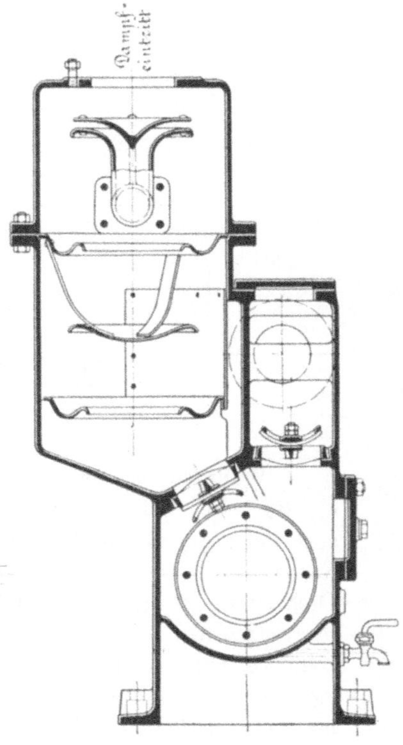

Fig. 312.

ersehen. Die Wasser- und Luftbewegung ist aus den Figuren ohne weiteres verständlich.

In den Figuren 311 und 312 ist eine Berieselungsluftpumpe derselben Firma dargestellt, wie dieselbe für Pumpmaschinen für Wasserwerke und Kanalisationsanlagen verwandt wird, welche mit einer sehr geringen Tourenzahl laufen müssen, und bei denen infolgedessen an die Kondensatoren besondere Anforderungen gestellt werden. Vor der Luftpumpe ist der mit mehreren Überläufen versehene Kondensator angebracht, dessen Wirkungsweise aus der Zeichnung ohne weiteres verständlich ist.

Viertes Kapitel.

Die Kapselgebläse.

Während bei den beiden früheren Hauptklassen der Kolbengebläse die Bewegung des Kolbens oder Verdrängers eine rückkehrende, und zwar entweder eine gradlinig hin- und hergehende oder eine schwingende Bewegung war, ist dieselbe bei der nun folgenden Klasse eine, um eine oder mehrere Drehachsen fortlaufend umdrehende.

In einem geschlossenen, cylindrischen Gefäss, der Kapsel oder dem Gehäuse, mit einer Lufteintritts- und Luftaustrittsöffnung befinden sich ein, zwei oder mehrere massive Flügel (Kolben oder Verdränger), welche auf horizontalen Achsen zweiseitig gelagert sind und durch ein oder mehrere ausserhalb auf der Welle sitzende Zahnräder oder Riemenscheiben in Umdrehung versetzt werden. Die Flügel beschreiben daher Kreise und berühren mit ihrem äussersten Rand die Innenwand der Kapsel (bez. lassen nur einen sehr kleinen Spielraum zwischen ersterem und letzterer), sodass die im Gehäuse eingeschlossene und nach jeder Umdrehung neu angesaugte Luft durch die Flügel verdrängt und in die Druckleitung geschafft wird, durch welche dieselbe dem Verwendungsorte zugeführt wird. In die sich abwechselnd vergrössernden und verkleinernden Zwischenräume zwischen den Flügeln und der Innenwand der Kapsel wird eine bestimmte Luftmenge eingeschlossen und von der Saugseite nach der Druckseite mitgenommen.

Da jedoch eine vollkommene Abdichtung der Flügel gegen die Kapsel oder das Gehäuse nicht ausführbar ist, so wird nicht alle Luft, welche von den Flügeln erfasst wird, zur Druckleitung befördert werden, sondern ein Teil derselben durch die Spielräume nach der Saugseite zurückströmen, weshalb der volumetrische Wirkungsgrad um so geringer ist, je weniger dicht die Berührung der Flügel mit der Kapselwand ist, um so grösser, je geringer der Spielraum zwischen beiden ist. Zur Ausfüllung des letzteren und möglichsten Abdichtung der Flügel gegen die Kapselwand sind verschiedene

Mittel angewandt worden, wodurch der volumetrische Wirkungsgrad nicht unwesentlich erhöht worden ist. Wird die vom Gebläse geförderte Luft in einen geschlossenen Windkessel oder eine am Ende geschlossene Windleitung geblasen, so wird einem Raume von konstantem Volumen stets neue Luft zugeführt, daher der Druck allmählich gesteigert. Der letztere wird daher um so grösser werden, je grösser die minutliche Umdrehungszahl der Flügel ist. Da jedoch mit wachsendem Überdruck in der Druckleitung der Luftverlust durch die Spielräume zunehmen wird, so ist der mit dieser Gebläseart erzielbare Enddruck ein verhältnismässig kleiner. Dagegen ist die geförderte Luftmenge bei nicht zu hohem Druck eine beträchtliche.

Die Gebläse dieser Klasse finden daher hauptsächlich dort Anwendung, wo eine grosse Luftmenge bei nicht sehr hohem Druck benötigt wird, wie z. B. zur Beschaffung der Verbrennungsluft für Schmiedefeuer, Schmelz- und Kupolöfen.

Die Vorteile und Nachteile dieser Gebläse gegenüber den früher besprochenen Systemen lassen sich im wesentlichen folgendermassen zusammenfassen.

Vorteile	Nachteile
1. Grosse Luftmengen bei geringem Kraftbedarf. 2. Geringe Anschaffungskosten. 3. Seltene und leicht ausführbare Reparaturen. 4. Leichte und einfache Inbetriebsetzung und Wartung. 5. Geringer Raumbedarf. 6. Gleichmässigkeit des Luftstroms.	1. Geringer Kompressionsdruck. 2. Lästiges Geräusch während des Betriebes. 3. Schwieriges Abdichten der Flügel.

Die Einteilung der grossen Anzahl verschiedenartigster Konstruktionen dieser Gebläse erfolgt am einfachsten nach dem kinematischen Gesichtspunkte. Nach diesem hat zuerst Reuleaux in seiner theoretischen Kinematik[1]) eine umfassende, systematische Zusammenstellung der verschiedenen, hierher gehörigen Mechanismen gegeben, und gebührt ihm das Verdienst, zum erstenmale Klarheit in die bis dahin vielfach falschen und verworrenen Vorstellungen von dem gegenseitigen Verhältnis der einzelnen Konstruktionen zu einander gebracht zu haben. Reuleaux hat den weitaus grössten Teil der oft höchst originellen und scheinbar ganz neuen Ausführungen in zwei Hauptklassen zerlegt, deren erste und älteste, die Kapselräderwerke oder Kapselwerke, zwei in ein Gehäuse einge-

1) Reuleaux, Theoret. Kinematik, Braunschweig, Friedr. Vieweg & Sohn. 1875.

schlossene Räder mit je zwei oder mehreren eigenartig geformten Zähnen zur Grundlage hat, während zur zweiten Klasse die kinematischen Umkehrungen oder Erweiterungen des Kurbelmechanismus, speziell der Schubkurbel, Doppelkurbel, Kurbelschleife etc. gehören, weshalb Reuleaux dieselben alle unter dem gemeinsamen Namen der Kurbelkapselwerke zusammenfasst.

Im folgenden sollen die verschiedenen Ausführungen der Kapselgebläse auf Grund der Reuleaux'schen Systematik behandelt werden.

A. Kapselgebläse mit zwei Drehachsen.

Denkt man sich zwei im Eingriff befindliche, gleich grosse Stirnräder allseitig von einem möglichst dicht anschliessenden Gehäuse, der Kapsel, umgeben, und zwei Öffnungen zum Ein- und Austritt der Luft in der Richtung der auf der Mittellinie beider Räder senkrecht stehenden Tangente durch den Berührungspunkt beider Teilkreise angebracht, so wird durch die Zähne beim Umlauf der Räder in den Zahnlücken je eine dem Inhalt der Zahnlücke entsprechende Luftmenge abgeschlossen und von der Saugseite nach der Druckseite gefördert. Die älteste Ausführung einer derartigen Maschine zur Förderung von Luft (oder anderen Flüssigkeiten, Wasser etc.) soll von Pappenheim[1]) stammen und schon in der Mitte des 17. Jahrhunderts bekannt gewesen sein. Sie bestand aus zwei Zahnrädern von je sechs an allen Ecken des Profils abgerundeten Zähnen und bildet, wie weiter unten gezeigt wird, noch heute die Grundlage einer Anzahl neuerer Konstruktionen. Da jedoch im Verhältnis zu der Grösse des Rades bei dem geringen Inhalt der Zahnlücken die geförderte Luftmenge nur klein war, wurde an Stelle der mehrzähnigen Räder das Zweizahnrad gesetzt und ist diese Konstruktion wohl heute unter den Kapselräderwerken die weitaus verbreitetste.

Die wichtigsten neueren Ausführungen der Kapselräderwerke sind im folgenden besprochen, wobei zunächst die zweizähnigen und hierauf die mehrzähnigen Räder behandelt sind.

1. Gebläse von Root.

Als weitaus wichtigster Vertreter dieser Gruppe ist das Root'sche Gebläse, oder der Root's-Bläser (auch vielfach noch Root's-Blower genannt) zu bezeichnen. Dasselbe war zuerst auf der Pariser Weltausstellung von 1867 von dem Amerikaner Root ausgestellt[2]). Die von ihm gegebene Konstruktion wurde bald Gemeingut aller Nationen und

---

[1]) Näheres über den Ursprung dieser Maschine s. Reuleaux a. a. O. S. 393 und 394.

[2]) Vgl. Engineering 1867, S. 146. Reuleaux a. a. O. S. 397.

wird heute mit geringen Modifikation von zahlreichen Firmen des In- und Auslandes gebaut.

Fig. 313 zeigt eine Ausführung, bei welcher zum Zweck besserer Abdichtung, leichterer Bearbeitung der Flügeloberfläche und zur Ver-

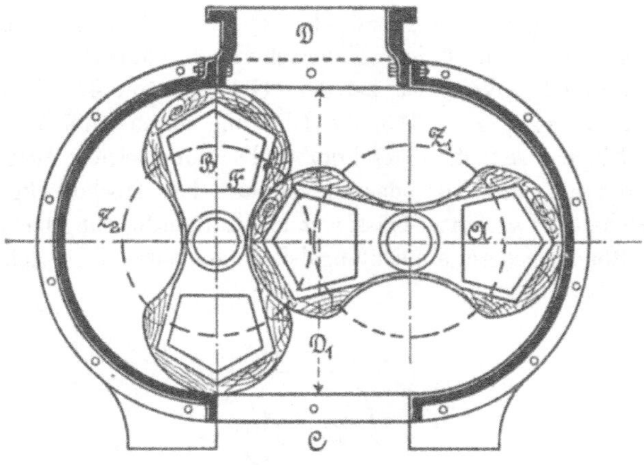

Fig. 313.

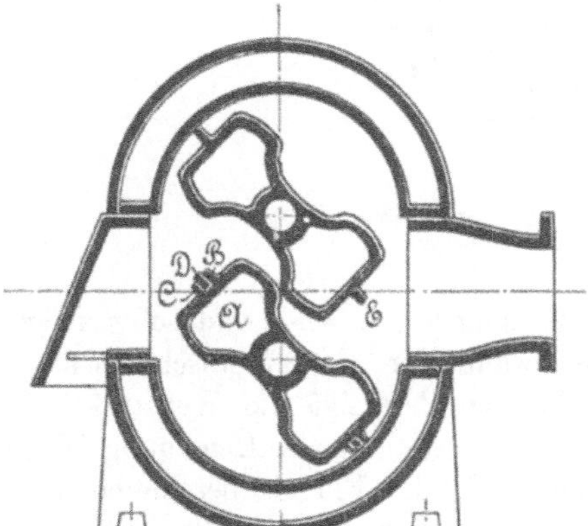

Fig. 314.

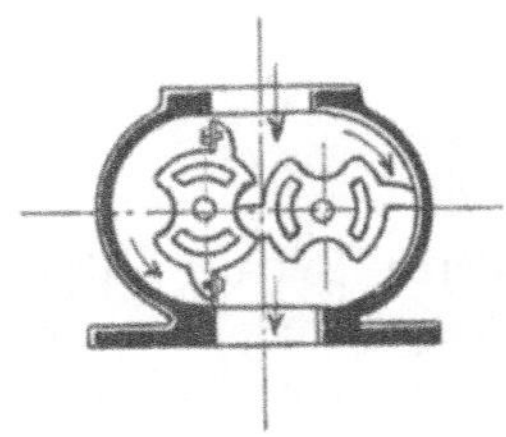

Fig. 315.

ringerung des Geräusches eiserne Flügel mit Holzbekleidung angewandt sind. Beide Flügel A und B drehen sich in entgegengesetzter Richtung, was durch zwei gleich grosse, ausserhalb des Gehäuses liegende Zahnräder Z_1 Z_2 bewirkt wird. Bei C ist der Eintritt, bei D der Austritt der Luft. Eine andere Ausführung zeigt Fig. 314, bei welcher beide Drehachsen nicht in einer Horizontalebene nebeneinander, sondern vertikal übereinander liegen. Um kleinere Abdichtungsflächen zu erhalten, welche weniger Bearbeitung erfordern, ist bei dieser Anordnung der eine Flügel *A* an beiden Seiten mit je zwei Rippen *B* und *C* versehen, zwischen welchen eine leicht auswechselbare Dichtungsleiste *D* aus hartem Holz oder Eisen befestigt ist, während der andere Flügel nur mit je einer schmalen angegossenen Leiste *E* versehen ist, welche allein bearbeitet wird. In ähnlicher Weise ist bei dem Gebläse von J. W. Melling in Wigan, Lancashire[1]), Fig. 315, die Dichtung durch zwei an den Enden des einen Flügels seitlich angeschraubte Dichtungsleisten ausgeführt. Die letzteren sind entweder fest oder verstellbar. Für Hochdruckgebläse, d. h. solche, welche eine verhältnismässig starke Luftverdichtung bewirken sollen, sind verstellbare, federnde Dichtungsleisten angebracht, welche über den

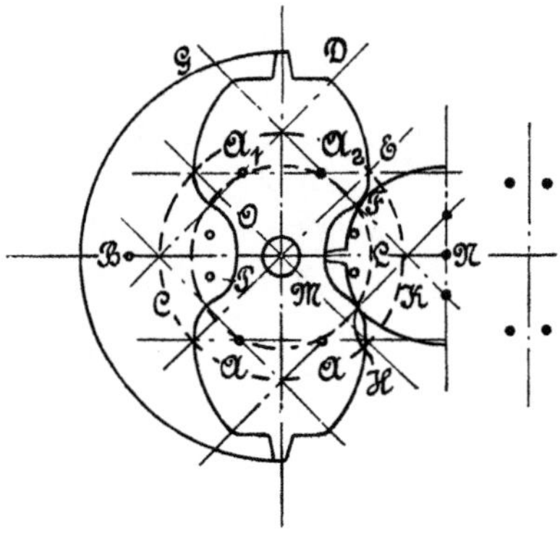

Fig. 316.

vorderen Teil der Flügelvorsprünge umgebogen sind und so vermöge der Federspannung fest an die Innenwand der Kapsel anschliessen. Eine etwas andere Ausbildung des Flügelprofils zeigt die Konstruktion von Samuelson & Co. in Banbury[2]), Fig. 316, deren Aufzeichnung folgendermassen erfolgt. Aus dem Mittelpunkt *M* des Flügels beschreibe man den äusseren Kreis *G* mit dem Flügelhalbmesser und den Teilkreis *K* mit dem Halbmesser r gleich dem halben Achsenabstand, sowie den Kreis *L* mit einem Halbmesser $r_1 = {}^3/_4\, r$. Hierauf zieht man unter 45^0 gegen die Horizontale durch den Mittelpunkt zwei aufeinander senkrechte Durchmesser und durch die Schnittpunkte derselben mit dem Kreise *K* zwei Horizontale. Die Mittelpunkte der einzelnen Kreisbogen, aus welchen das Flügelprofil gebildet ist, sind dann folgende:

1) Maschinenbauer 1883, S. 271.
2) Engineering, 1888, Bd. 45, S. 641.

A_1 Mittelpunkt für den Bogen DE
A_2 " " " " EF
N " " " " FH
B " " " " OP, wobei $BM = NM$ ist.

Eine zweite Konstruktion ist in Fig. 317 [1]) gegeben.

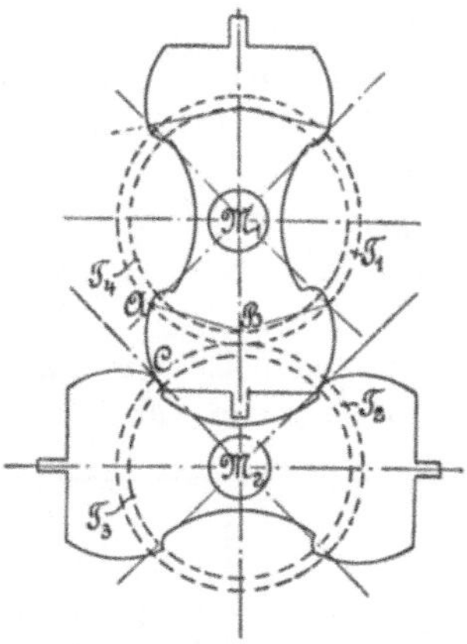

Fig. 317.

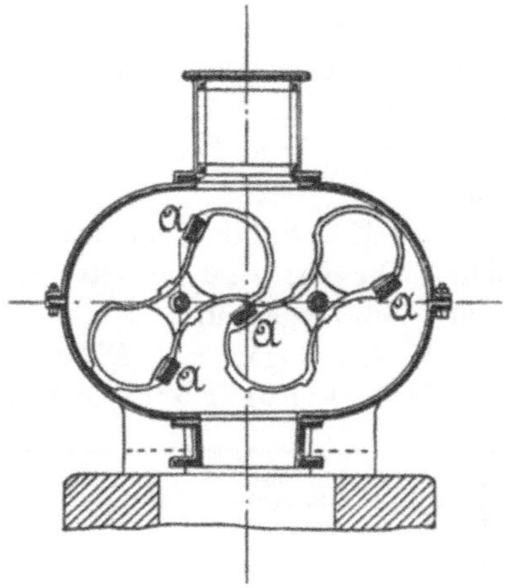

Fig. 318.

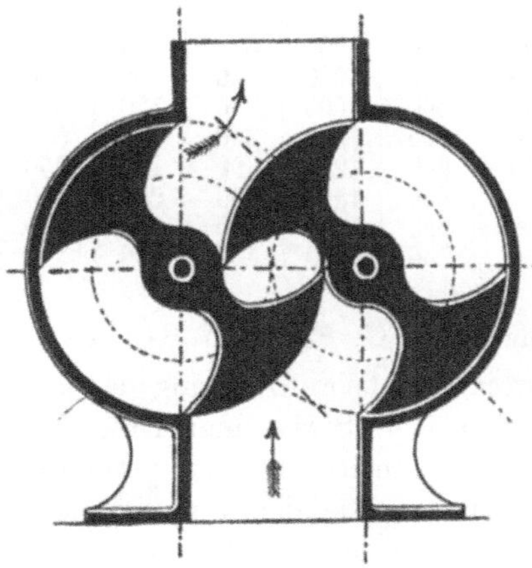

Fig. 319.

Man beschreibe aus M_1 und M_2 mit dem halben Achsenabstand die Teilkreise T_1 und T_2 und die kleineren Kreise T_3 und T_4, deren Durchmesser ca. $^1/_{12}$ kleiner als jene der Teilkreise gemacht werden. Hierauf teile man beide Kreise in je 8 gleiche Teile, so ist AB der

1) Uhland's Prakt. Masch.-Konstr. 1882, S. 313.

Halbmesser des aus *B* zu beschreibenden Bogens *A C*. In derselben Weise sind alle übrigen Bogen zu zeichnen.

Eine Konstruktion des Root'schen Gebläses mit seitlichen Dichtungsleisten zeigt Fig. 318, wie sie von der Aerzener Maschinenfabrik, Adolf Meyer in Aerzen [1]) ausgeführt wird. Während die Flügel selbst aus Gusseisen hergestellt sind, werden an den aufeinander wälzenden Flächen hölzerne Dichtungsleisten *A A* befestigt. Im übrigen ist der Antrieb und die Konstruktion des Gebläses genau wie bei den vorstehenden Ausführungen. Zu bemerken ist noch der auf dem Gebläse angebrachte längliche, mit feinem Drahtgitter versehene Saugkasten zum Abhalten des Staubes.

Eine Konstruktion mit ausgehöhlten Flügeln ist in Fig. 319 [2]) dargestellt. Dieselbe wird in letzterer Form gleichfalls von der Aerzener Maschinenfabrik gebaut.

Die Leistungen und Dimensionen der Root-Gebläse der Sächsischen Maschinenfabrik in Chemnitz ergibt folgende Tabelle:

No.	Anzahl der Schmiedefeuer	Höchstes Schmelzquantum bei 50 cm Wassersäule kg	Flügel-		Antrieb-Riemenscheibe			Kraftbedarf	Gewicht	Wenn mit Dampfmaschine	
			Durchmesser mm	Breite mm	Durchmesser mm	Breite mm	Tourenzahl i. d. Min.	PS.	kg	Cylind.-Dmr. mm	Hub mm
B 1	10—20	2000	400	800	300	90	400	3	650	—	—
B 1 a	20—30	3000	400	1000	300	90	400	5	700	—	—
B 2	30—40	4000	500	1000	350	130	380	7	1050	200	200
B 2 a	40—50	5000	500	1250	350	130	380	9	1200	250	200
B 3	50—60	6500	600	1200	400	160	350	14	1800	300	200
B 3 a	60—75	8500	600	1500	400	200	350	18	2900	300	200
B 4	75—100	12000	750	1500	550	250	320	28	3300	380	300
B 4 a	100—130	15000	750	2000	550	250	300	35	3700	380	300

2. Kapselgebläse von G. Fude in Berlin [3]).

Dasselbe bezweckt die beim Übergang der unkomprimierten Luft in den Druckraum entstehenden Stösse und Druckschwankungen und den hierdurch bewirkten ungleichmässigen und unruhigen Gang zu beseitigen. Erreicht wird dies dadurch, dass die von der Zahnlücke eines Kolbens eingeschlossene Luft nach dem Abschluss von dem Saugraum und vor der Verbindung mit dem Druckraum durch Einwälzen des Zahnes eines anderen Kolbens in die genannte Zahnlücke zusammengepresst und hierdurch auf einen höheren als den Saugdruck gebracht wird. In Fig. 320 ist eine solche Ausführungsform dargestellt, welche folgende Wirkungsweise besitzt.

---

1) Prev. Hannover.

2) Reuleaux a. a. O. S. 398.

3) Deutsche Pat.-Schrift 94 751 vom 2. Nov. 1897.

Lässt man die Verzahnung des einen Kolbens nur bis auf Kreis t_2, aber nicht darüber hinausreichen, so fallen die Unterschneidungen der Zähne fort. Das ist jedoch immer nur an einem der beiden Kolben anwendbar. Um daher die Luft in den Lücken beider Kolben komprimieren zu können, müssen je zwei solcher Lücken in der obersten Stellung durch einen Kanal *k* verbunden werden. Hierbei dringen immer nur die Zähne des rechten Kolbens in die Lücken des linken Kolbens unter der Rippenkante des Gehäuses abdichtend ein und komprimieren den Luftinhalt dieser Lücke und der dem Zahne folgenden Lücke des rechten Kolbens durch den Kanal *k*, bis der Zahn selbst die Austrittsöffnungen freigibt. Die

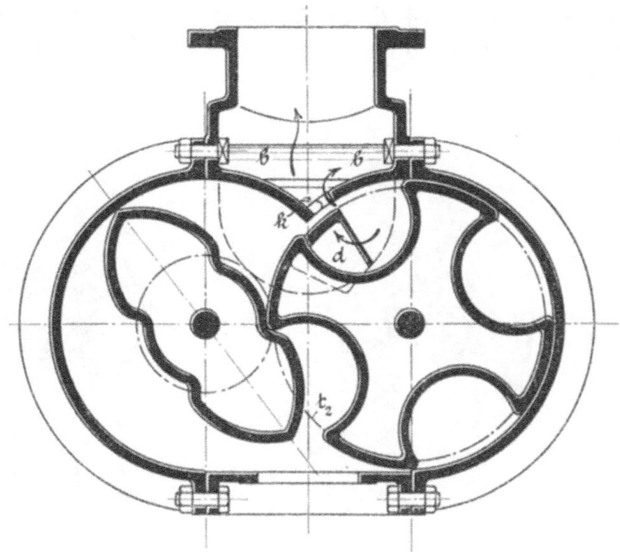

Fig. 320.

letzteren befinden sich sowohl in den Stirnwänden bei *d* als auch in dem Mantel bei *b* über dem Kanal *k*. Das eine der beiden Räder ist zweiflügelig, das andere vierflügelig ausgebildet, sodass das erstere mit der doppelten Tourenzahl des zweiten umlaufen muss.

3. Kapselgebläse von Morell mit dreiflügeligem Kolben[1]).

Das eigenartige dieser Konstruktion besteht darin, dass zum Zwecke einer möglichst grossen Abdichtung sowohl zwischen den Flügelkolben untereinander als auch zwischen den Flügelkolben und der Gehäusewandung die Flügel an ihren Stirnseiten sowie an den am Umfange der Cylinderbohrung gleitenden Flächen mit weichen Lederkappen *k*, Fig. 321, versehen sind. Dieselben sind in die Reibeflächen der Flügelkolben eingelassen, welch

1) Deutsche Pat.-Schrift 100 487 vom 3. Dez. 1898.

letztere in Längsnuten der Naben *d* und *e* eingeschoben und durch Schrauben *h* befestigt sind. Durch eine derartige Flügelbefestigung ist es möglich, die Naben auf der Drehbank genau abzudrehen, wodurch eine genaue Dichtung ermöglicht wlrd. Es erscheint indessen fraglich, ob die vorbeschriebene Abdichtung nicht einer starken Abnutzung unterworfen ist.

4. Gebläse von Evrard und Baker.

Bei dem Evrard'schen Gebläse, Fig. 322, arbeiten zwei Trommeln von gleichem Durchmesser gegeneinander, deren erstere mit zwei Flügeln, die letztere mit zwei cylindrischen Furchen versehen ist, welche von den Spitzen der Flügel bei einer Umdrehung je einmal durchlaufen werden. Das Profil der Furchen ist durch Abwälzen der beiden gleich grossen Teilkreise aufeinander erhalten. Dasselbe ist die Bahn der Flügelspitze bei dieser Wälzung.

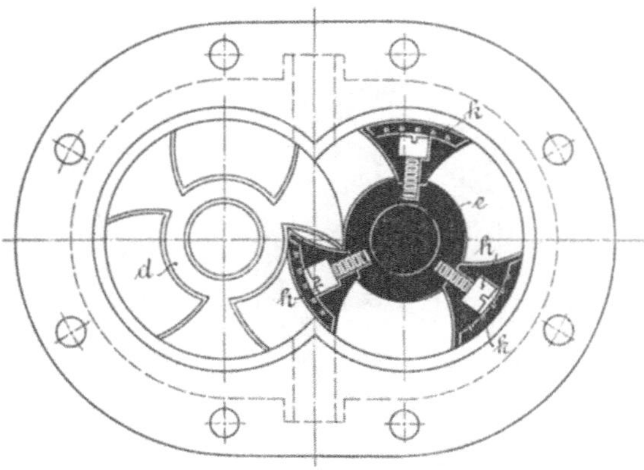

Fig. 321.

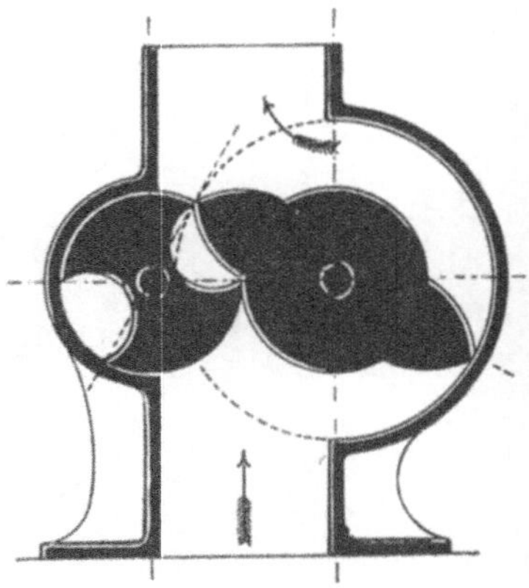

Fig. 322.

Auf demselben Prinzip wie das Evrard'sche beruht zunächst das Baker'sche Gebläse[1]). Figuren 323—325.

Die beiden Flügel *A* und *B*, Fig. 323, sind auf der Trommel *C* einander gegenüber befestigt. Auf der Trommelachse sitzt ausserhalb des Gehäuses das Stirnrad *D*, welches in zwei halb so grosse Stirnräder *G* und *H* eingreift, sodass die letzteren die doppelte Umdrehungszahl wie ersteres haben. Unterhalb der Trommel *C* liegen 2 mit hohlen Furchen versehene Trommeln *E* und *F*, welche sowohl gegen die erste Trommel *C* als auch gegeneinander, sowie gegen das Gehäuse bei *L* und *M* abgedichtet sind. Wie aus der Figur zu ersehen ist, nehmen die Furchen der beiden unteren Trommeln den Flügel beim Durchgang auf und dichten zugleich

1) Baker's Patent Rotary Pressure Blower, ausgeführt von der Savile Street Foundry & Engineering Co. Limited, Sheffield.

den unteren Raum ab, sodass die Luft, welche bei J in das Gebläse eintritt, den Weg über die oberste Trommel nach dem Druckrohr K nehmen muss. Da die Umdrehungsgeschwindigkeit der unteren Trommeln die doppelte der oberen Trommel ist, so werden beide Flügel (nach einer halben Umdrehung der oberen Welle) stets genau mit denselben Punkten der Durchlasstrommeln E und F zusammentreffen.

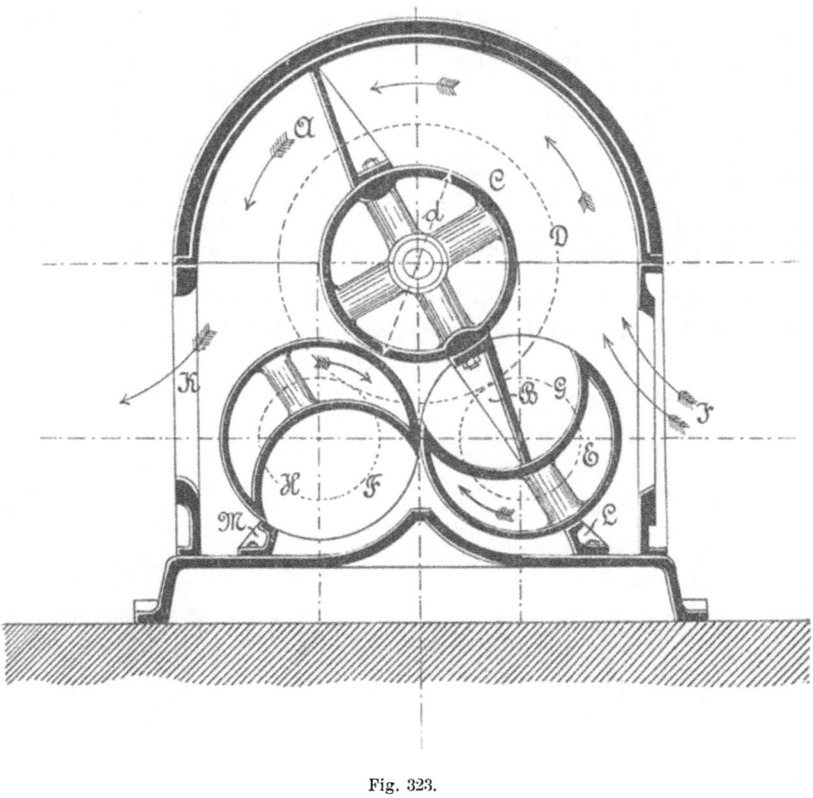

Fig. 323.

Eine andere Konstruktion des Baker'schen Gebläses ist in Fig. 324 gegeben, bei welcher die unteren Trommeln ganz hohl und an den Durchgangsstellen der Flügel geöffnet sind. Der Weg der Luft ist durch die eingezeichneten Pfeile gekennzeichnet. Die Luftmenge, der Kraftbedarf und die Tourenzahl der Baker'schen Gebläse sind in nachstehender Tabelle enthalten[1]).

---

1) Alle Masse sind aus dem englischen in Meter-Mass umgerechnet.

Baker's Kapselgebläse.

Laufende No.	1	2	3	4[1]	5	6	7	8	9
	Von den Flügeln beschriebener Raum bei 1 Umdrehung		Minutlich geförderte Luftmenge	Stündlich geförderte Luftmenge	Tourenzahl i. d. Min.	Indiz. PS.-Zahl bei 150 mm Wassersäule	Verhältnis der min. Luftmenge zum minutl. durchlauf. Raum oder volumetr. Wirkungsgrad	Stündl. Windmenge in cbm für 1 indiz. Pferdekraft	Indiz. PS.-Zahl für 100 cbm stündl. Windmenge
	cb' engl.	cbm	cbm	cbm					
1	1,5	0,0425	6,37	382,2	200	1,75	0,75	218	0,46
2	3	0,085	11,46	687,6	180	2,6	0,75	265	0,38
3	6	0,170	19,1	1146	150	3,4	0,75	337	0,296
4	9	0,2547	24,85	1491	130	4,0	0,75	373	0,268
5	13	0,368	33,11	1986,6	120	4,5	0,75	441	0,226
6	17	0,481	41,49	2490	115	6,1	0,73	408	0,245
7	25	0,710	70,41	4224,6	110	7,3	0,90	578	0,173
8	30	0,850	84,9	5094	105	8,4	0,95	606	0,165
9	45	1,275	117,93	7075,8	105	10,8	0,88	646	0,154
10	60	1,700	150,92	9055,2	100	14,0	0,887	646	0,154
11	100	2,83	235,83	14150	100	23,0	0,83	615	0,162

Dieselbe zeigt in den Spalten 8 und 9 die Zunahme des dynamischen Wirkungsgrades mit zunehmender Grösse und Windmenge des Gebläses.

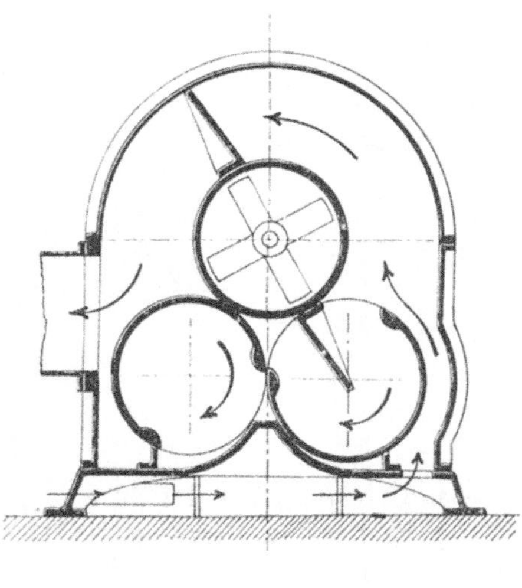

Fig. 324.

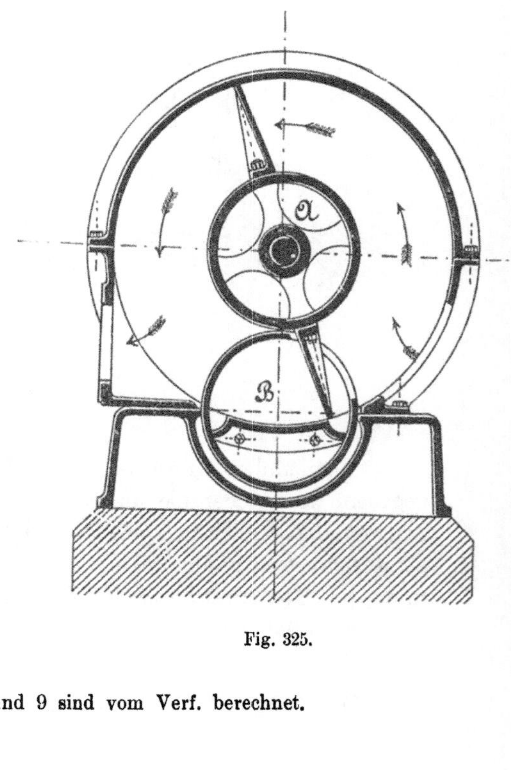

Fig. 325.

[1]) Die Werte der Spalten 4, 7, 8 und 9 sind vom Verf. berechnet.

Eine ähnliche Ausführung, jedoch mit nur einer Dichtungstrommel *B*, zeigt Fig. 325[1]), bei welcher die letztere doppelt soviel Umdrehungen wie das Flügelrad *A* macht.

5. Enke's Präzisions-Gebläse[2]), Fig. 326.

Dasselbe beruht ebenfalls auf einem ähnlichen Prinzip wie das Evrardsche Gebläse, jedoch sind statt zweier Flügel vier, statt zweier Durchgangsöffnungen drei in der unteren Trommel enthalten. Die Dichtung geschieht durch eine, je nach der Grösse der Gebläse 100—250 mm breite, von der Stellung der Zahnräder völlig unabhängige Flächendichtung an den Stellen *A* und *B*. Da das obere Rad 4 Zähne, das untere jedoch nur 3 Lücken

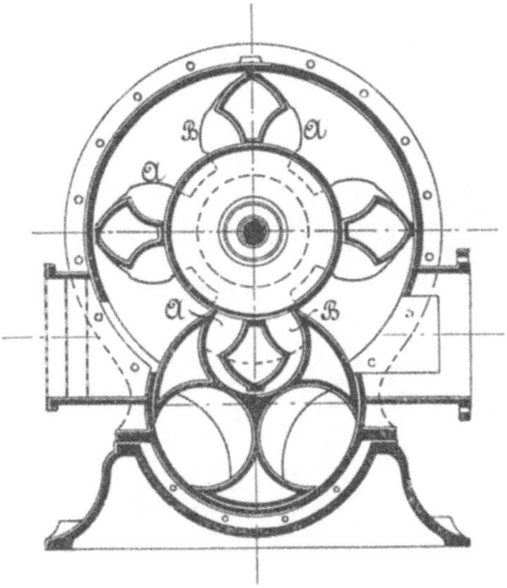

Fig. 326.

hat, so muss die Umdrehungszahl des unteren Rades $^4/_3$ mal so gross sein als diejenige des oberen, wonach bei gewähltem Achsenabstand resp. Flügeldurchmesser das Verhältnis der Teilkreise beider Räder zu berechnen ist. Als Hauptvorteile des Enke'schen Gebläses werden von dem Erbauer die folgenden angegeben:

1. Flächendichtung an Stelle der Liniendichtung bei anderen Gebläsen.
2. Möglichkeit der Herstellung aller Dichtungen auf der Bohr- und Drehbank; keine Nachdichtung durch Dichtungsmasse erforderlich.
3. Die Arbeitsleistung ist von der oberen Welle allein auszuführen.

---

1) „Wilkinson-Blower", ausgeführt von F. H. Stacey, Heeley Bridge Foundry bei Sheffield, aus Industries. 1889, S. 492.

2) C. Enke, Maschinenfabrik, Schkeuditz bei Leipzig.

4. Geringe und gleichmässige Beanspruchung aller Konstruktionsteile.
5. Keine Berührung der rotierenden Körper, Zwischenräume von 10 bis 20 mm, sodass schädliche Reibungen ausgeschlossen sind.

Die neueren Ausführungen des Enke'schen Gebläses sind aus den Figuren 327—330 zu ersehen, von welchen die beiden ersteren ein einfach dichtendes, die beiden letzteren ein doppeltdichtendes Gebläse darstellen. Die durch schwarze Schraffierung angedeuteten Stellen bedeuten die Dichtungsflächen des Gebläses. Bei demselben werden weder die Zähne noch die Lücken bearbeitet, bleiben vielmehr vollständig roh. Die einzige Bearbeitung geschieht an der unteren Walze an der Peripherie, welche demnach kreisrund ist, mithin leicht abgedreht werden kann. Die Zähne werden daher

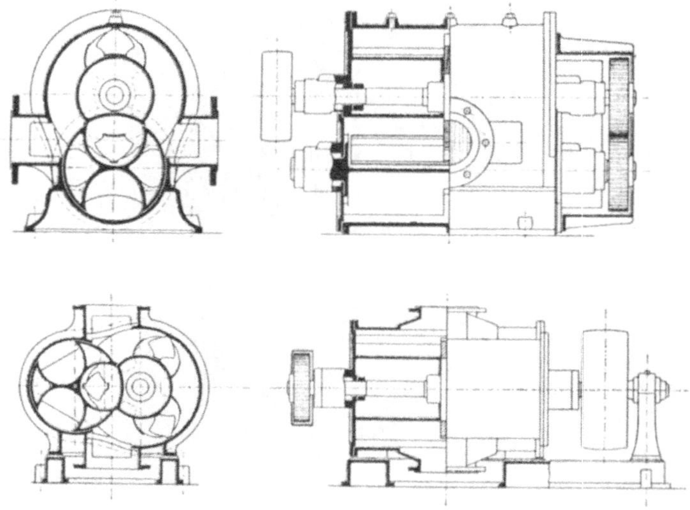

Fig. 327—330.

auch nur an den durch Schraffur angedeuteten Stellen auf Drehbänken abgedreht, was möglich ist, da die Zähne auch an diesen Stellen kreisrund sind. Die Zähne berühren die Lücken nicht, vielmehr sind nur die durch Schraffur gekennzeichneten Stellen Dichtungsflächen. Von solchen Dichtungsflächen, welche mit der Hand nachbearbeitet werden müssen, sind nur die durch Schraffur angedeuteten Zahnkurven zu nennen, welche ein Zahn dicht oder mit nur wenig Spielraum berührt. Da der Zahn aus weichem Metall hergestellt wird, werden schädliche Reibungen bei einer eventuellen Berührung vermieden. Da ferner diese Dichtung nur 15—20 mm breit ist, und dieselbe nur etwa 1 % der ganzen Gebläsedichtung beträgt, so ist ein Luftverlust so gut wie ausgeschlossen.

Zum Unterschiede gegenüber dem Evrard'schen Gebläse, bei welchem der innere Cylinder auf der Welle festsitzt und mit den Zähnen rotiert, sitzen bei dem Enke'schen Gebläse die inneren Cylinder an den beiden seitlichen Deckeln fest, Figuren 329 und 330, und tritt an Stelle der linienbreiten Abdichtung bei Evrard eine breite Flächendichtung von 100—250 mm Berührungsoberfläche je nach der Grösse des Gebläses. Die Ausführungen des Gebläses sind gegenwärtig noch dieselben, wie früher, und sind aus den unten angegebenen Tabellen zu ersehen.

Über den Nutzeffekt dieser Gebläse bei verschiedenen Drücken gibt Enke folgendes an:

„Wiederholte, peinlichst durchgeführte Pressungsversuche haben folgende Effektverhältnisse ergeben, für die ich jede Garantie leiste:

A. Einfachdichtende Gebläse.

No. 4.	Umdreh. i. d. Min.: 320;	Press. = 0,5 m Wassers.;	Raumnutzeff.:	93,5 %
„ 5.	„ „ 300;	„ = 0,5 „ „	„	94 %
„ 6.	„ „ 280;	„ = 0,5 „ „	„	95 %

B. Dreifachdichtende Gebläse.

No. 5.	Umdreh. i. d. Min.: 200;	Press. = 2 m Wassers.;	Raumnutzeff.:	82 %
„ 6.	„ „ 190;	„ = 2 „ „	„	83 %
„ 7.	„ „ 180;	„ = 2 „ „	„	83,5 %

„Hieraus folgt, dass der Kraftbedarf bei meinen Gebläsen wesentlich geringer sein muss als bei Gebläsen mit Dichtungsmasse, welche höchstens bei kräftiger Windpressung 60—70 % Nutzeffekt aufzuweisen haben."

A. Einfachdichtende Gebläse

für Windpressungen bis zu 0,75 m Wassersäule.

No. des Gebläses	Leistung in cbm i. d. Min.	Umdrehungen i. d. Min.	Anzahl der Schmiedefeuer von 28—30 mm Düsen-Dmr.	Anzahl der Schmiedefeuer von 24—25 mm Düsen-Dmr.	Schmilzt Eisen i. d. Std. Ctr.	Riemenscheibe Dmr. mm	Riemenscheibe Breite mm	Dmr. der Anschlussstutzen mm
1	8	400	4	6	—	200	60	90
2	12	380	6	9	—	240	70	100
3	22	360	11	18	20—25	280	85	150
4	34	340	18	26	35—45	325	100	200
5	48	320	25	38	50—60	370	120	260
6	66	300	35	50	70—85	430	140	300
7	94	280	48	70	100—120	500	160	350
8	130	260	65	100	150—180	575	180	400

B. Dreifachdichtende Gebläse

für Windpressungen bis zu 3 m Wassersäule.

No. des Ge-bläses	Leistung in cbm		Umdrehungen i. d. Min.	Riemenscheibe		Dmr. der Anschluss-stutzen mm
	bei 1 Umdrehung	i. d. Min.		Dmr. mm	Breite mm	
1	0,012	4,00	330	200	60	90
2	0,020	6,00	300	240	70	100
3	0,032	9,00	280	280	85	120
4	0,047	12,00	260	325	100	150
5	0,065	15,00	240	370	120	180
6	0.100	21,00	210	430	140	220
7	0,160	28,50	180	500	160	260
8	0,250	40,00	160	575	180	300

6. Hochdruckgebläse von C. H. Jaeger & Co. in Leipzig-Plagwitz.

Das Hochdruckgebläse von Jaeger zeichnet sich vor ähnlichen Gebläsen mit Zweiflügelkammern dadurch aus, dass die Antriebscheibe, auf welcher die Kolben sitzen, kreisrund ist und an einer stillstehenden halbmondförmigen Gegenscheibe vorbeischleift, sodass auch an dieser Antriebsscheibe Flächendichtungen bestehen. Hierdurch ist es ermöglicht, dass fast alle Teile des Gebläses auf der Drehbank bearbeitet werden können. Die Innenkörper sind derartig gestaltet, dass die Luft insbesondere beim Eintritt der Kolben in die Kammern des oberen Steuercylinders bequem entweichen kann, damit keine schädlichen Pressungen entstehen können. Im wesentlichen bestehen die Jaeger'schen Hochdruckgebläse aus folgenden Teilen:

1. aus einem Kolbenkörper mit kreisrunder Antriebsscheibe, auf welcher die Kolben sitzen, die sich in dem ringförmigen Cylinderraum bewegen, der aus dem inneren feststehenden Cylindermantel und dem äusseren Cylindermantel gebildet wird,
2. aus einem Steuercylinder im oberen Cylinderraum, welcher drei Höhlungen besitzt.

Beide Körper drehen sich mit gleicher Umlaufszahl, sodass die Kolben jeweils in die Höhlungen eintreten.

Über die Leistungen dieses Gebläses gibt die erbauende Firma an, dass dasselbe bei

3000	mm Wassersäulendruck noch einen Wirkungsgrad von über	90 ^{0}
5000	„ „ „ „ „ „ „	75—80 ^{0}
6000	„ „ „ „ „ „ „	80 ^{0}

ergeben soll, sodass also bei einem Drucke von rund 3 m Wassersäule noch ein Wirkungsgrad erreicht werden soll, welcher wesentlich höher ist, als der der gewöhnlichen Zweikammerflügelgebläse. Das eigenartige des

Jaeger'schen Gebläses besteht darin, dass dasselbe vollständig frei ist von Liniendichtungen und Verzahnungen im Innern des Gehäuses. Die beiden Körper dichten nicht gegenseitig, sondern jeder für sich mit breiten Flächen nur gegen die Cylinderwandungen. Beide Körper sind so in das Gehäuse eingepasst, dass sie vollständig reibungslos darin laufen und demnach wenig Kraft gebrauchen. Eine Schmierung derselben ist nicht erforderlich, da eine Abnutzung kaum stattfindet.

Die Gebläse werden in den in der folgenden Tabelle angegebenen Grössen und Leistungen ausgeführt:

No.	Effektive Leistung i. d. Min. bei 100 mm Wassersäule in cbm	Umdrehungen i. d. Min.	Durchmesser der Ein- und Ausströmungsöffnung in mm	Riemenscheiben-		Für Schmiedefeuer[1])		Für Kupolöfen		Kraftverbrauch für je 100 mm Wassersäulendruck	Gewicht des Gebläses kg
				Dmr. in mm	Breite in mm	Anzahl der Düsen bei 30 mm Weite	Kraftbedarf in Pferdestärken	Dmr. des Ofens in mm	schmelzt Eisen i. d. Stunde kg[2])		
1	3	400	80	175	50	2	0,2	—	—	0,12	140
2	7	400	90	200	60	3	0,5	—	—	0.25	220
3	10	400	100	250	70	5	0,7	—	—	0,35	345
4	14	400	150	280	75	7	1	400—500	1000	0,45	490
5	25	380	200	330	100	13	1,5	500—600	1750	0,8	750
6	40	360	225	400	125	20	2,5	600—700	3000	1,3	1120
7	55	340	250	450	150	30	3,5	700—800	4000	1,7	1365
8	80	320	300	500	175	40	5	800—900	5500	2,5	2070
9	114	300	350	650	180	60	7	900—1050	8000	3,5	2770
10	140	280	400	750	200	70	9	1050—1300	10000	4,2	3570
11	200	260	450	1000	200	100	12	—	15000	6	5500

7. Kapselgebläse von Alexander Monski in Eilenburg.

Diese, von C. H. Jaeger & Co. in Leipzig, Alexander Monski in Eilenburg und der Wilhemshütte in Waldenburg fabrizierten Gebläse,

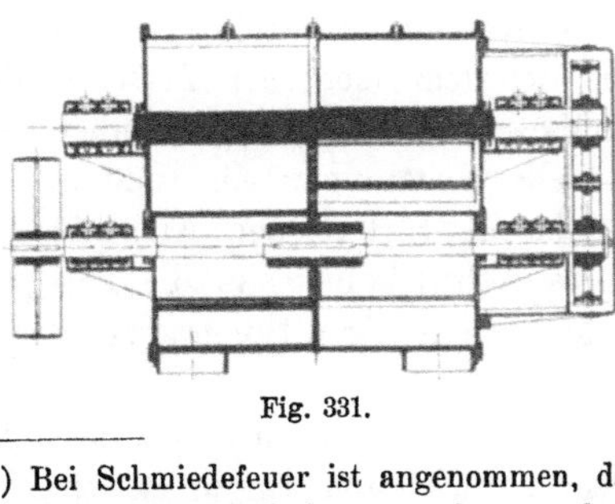

Fig. 331.

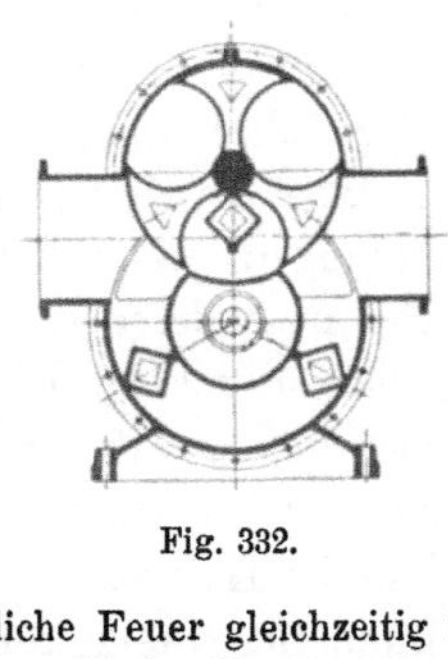

Fig. 332.

[1]) Bei Schmiedefeuer ist angenommen, dass sämtliche Feuer gleichzeitig im Betriebe sind; da dies jedoch kaum vorkommt, kann die Anzahl der Feuer entsprechend grösser angenommen werden.

[2]) Vorstehende Schmelzleistung wird erzielt bei einem Koksverbrauch von ca. 9 %. Bei geringerem Koksverbrauch erhöht sich die Schmelzleistung entsprechend.

welche in ihrer Bauart wenig voneinander abweichen, unterscheiden sich von dem Enke'schen dadurch, dass an Stelle der gezahnten Mittelscheibe des Arbeitskolbens eine runde Mittelscheibe und an Stelle derjenigen des Steuerkolbens eine lose Füllscheibe Verwendung findet. Auf diese Weise ist es möglich, sämtliche die Abdichtung bewirkenden Flächen auf der Drehbank herzustellen, und bedarf es keiner besonderen plastischen Dichtungsmasse, wie bei den Root-Gebläsen.

Folgende sind die Mittelwerte für ein Gebläse von 0,0264 cbm theoretischem Förderquantum bei einer Umdrehung und 400 Umdrehungen i. d. Minute:

Wassersäulendruck	0	500	1000	1500	2000	2500	3000	3500	mm
volumetr. Wirkungsgrad	99,0	95,0	90,5	85,6	79,7	73,2	66,0	57,8	%.

Da es sich nur um geringe Drücke handelt, so ist der Einfluss der schädlichen Räume des Steuerkolbens gering. Bei 3000 mm Wassersäule, einem schon selten vorkommenden Drucke, beträgt der Verlust infolge schädlichen Raumes nach Rechnung 8 %, infolge Durchlässigkeit daher 26 %. Für grössere Gebläse, welche mit grösseren Kolbengeschwindigkeiten arbeiten und bei denen das Verhältnis des Förderquantums zum luftdurchlassenden Querschnitt günstiger wird, ergeben sich noch bessere Wirkungsgrade.

Es ist jedenfalls ohne weiteres ersichtlich, dass bei geringeren Umdrehungen der Teil des volumetrischen Verlustes, welcher von der Durchlässigkeit abhängt, prozentual grösser wird, also höhere Drücke zweckmässig höhere Umdrehungszahlen erfordern, da dann entsprechend auch der Kraftbedarf ein grösserer ist.

Eine Verminderung des starken Geräusches, welches bei allen Kapselgebläsen an der Saugöffnung, besonders bei höheren Drücken bemerkbar ist, kann bei diesen Gebläsen durch Versetzen der Kolbenflügel erreicht werden. Vollständig beseitigen lässt es sich aber auch erst, indem man das Gebläse aus einer Grube saugen lässt.

Da Gebläse für solche niedrigen Drücke ein grosses Verwendungsfeld haben, so haben die den Bau dieser Maschinen betreibenden Fabriken im Laufe der Jahre unter Anwendung der dem modernen Maschinenbau gebotenen Mittel die Konstruktionsdetails weitgehend vervollkommnet. Weniger ist es gelungen, wesentliche prinzipielle Neuerungen einzuführen.

Ein besonderer Wert ist bei der Monski'schen Anordnung darauf gelegt, dass der beim Eintreffen des Arbeitskolbens in die Aussparungen des Steuerkolbens infolge des geringen gegenseitigen Spielraumes der Kolben entstehende Stoss vermindert wird.

Um der Luft zum Durchtritt mehr Querschnitt zu geben, lässt Jaeger die Kanten des Steuerkolbens mehr zurücktreten, sogar soweit, dass zu gewissen Zeiten direkt Luft vom Druckraum zum Saugraum durchströmen kann. Natürlich ist dies nur in geringem Masse möglich, um nicht merkliche Verluste zu erleiden.

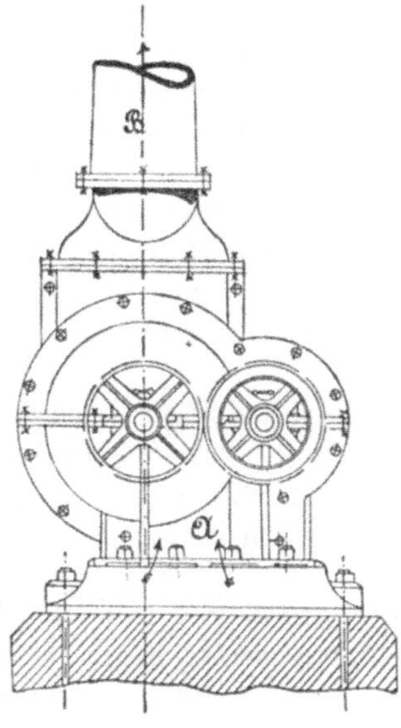

Fig. 333.

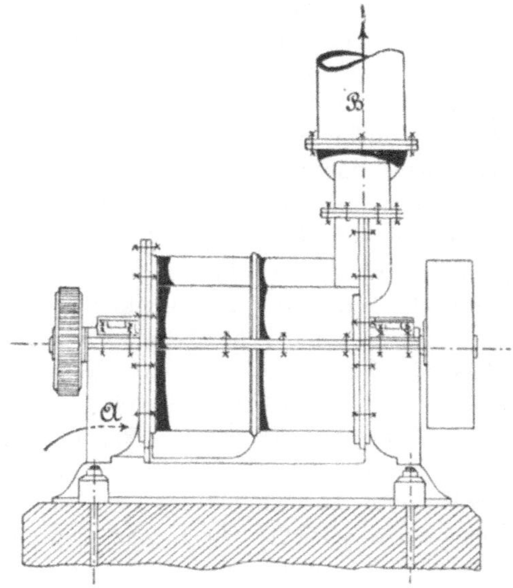

Fig. 334.

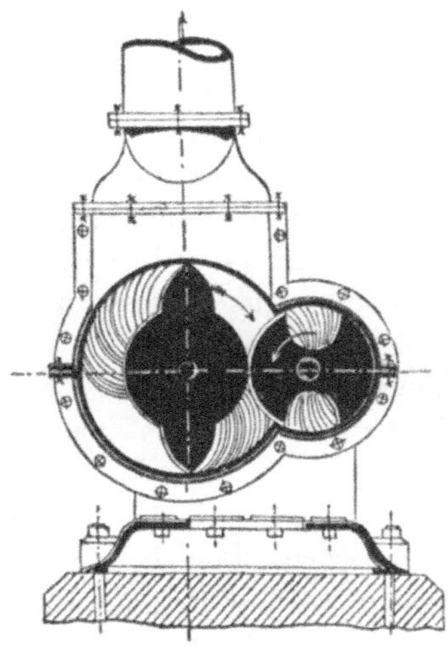

Fig. 335.

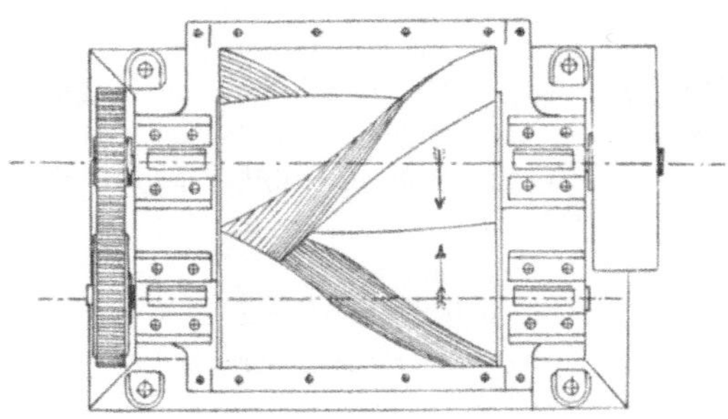

Fig. 336.

Monski erreicht grössere Querschnitte durch Unterbrechung der Dichtungsfläche am Deckel vor dem Eintritt des Arbeitskolbens in die Aussparungen des Steuerkolbens.

Lehmann hat Umströmkanäle in den Cylindervorsprüngen der Deckel vorgesehen.

8. Krigar's Schraubengebläse. Figuren 285—288.

Im Querschnitt vollkommen dem Evrard'schen Gebläse gleich, hat das Krigar'sche[1]) Gebläse an Stelle der cylindrischen schraubenförmig gestaltete Zähne, wodurch die zwischen den Schraubengängen und dem Gehäuse befindliche Luft in achsialer Richtung verdrängt wird. Die Luft muss daher vom Anfang bis zu Ende den Schraubengängen folgen und verlässt das Gebläse stets unter denselben Druckverhältnissen. Die Luft tritt bei *A* (Figuren 333 und 334) an einem Ende des Gehäuses ein, wird durch die Schraubenflügel nach dem anderen Ende gedrängt und entweicht dort durch das Druckrohr *B*.

Die Krigar'schen Gebläse arbeiten mit ziemlich geringer Geschwindigkeit, haben äusserst ruhigen, gleichmässigen und weniger geräuschvollen Gang als die Root'schen Gebläse, weshalb dieselben auch eine sehr geringe Abnutzung und seltene Reparaturen aufzuweisen haben.

Um im Innern einen möglichst dichten Schluss zu erhalten, werden die Gehäuse wie bei den Root-Gebläsen ausgebohrt und die Schraubenflügel genau in dieselben passend abgedreht, sodass nur bearbeitete Flächen zur Abdichtung dienen. Die Schraubenwalzen sind zum Ausgleich kleiner, durch die Bearbeitung entstehender Undichtheiten mit einem leichten Überzug einer Dichtungsmasse von besonderer Zusammensetzung und grossem Adhäsionsvermögen versehen. Dieser Überzug ist aus Graphit hergestellt und bildet eine trockene Schmierung, weshalb die Schmierung der Lager, um ein Feuchtwerden der Dichtungsmasse zu verhindern, nicht mit Öl oder flüssigem Fett, sondern mit konsistentem Fett erfolgen muss.

Infolge ihrer Konstruktion liefern die Krigar'schen Gebläse verhältnismässig hochgespannte Luft, im Maximum von 500 mm Wassersäule bei recht günstigem, volumetrischem Wirkungsgrad. Nach Versuchen von Prof. Hartig[2]) belief sich bei einem Druck von 500 mm Wassersäule der letztere noch auf 83 bis 88%.

Als Vorzüge ihrer Gebläse geben die Erbauer folgende an:

1. Höchste Windpressung bei geringer Tourenzahl und Kraftinanspruchnahme.
2. Sehr hoher Nutzeffekt.
3. Ruhiger, geräuschloser Gang und dauernd sicherer Betrieb.

Die beiden nachstehenden Diagramme, Figuren 337 und 338, geben die Luftpressungen bei verschiedenen Austrittsöffnungen und Umdrehungen. Das erstere gilt für ein Schraubengebläse No. 7 von folgender Leistung:

Theoretische Luftmenge bei 1 Umdrehung . = 0,13 cbm
Übliche Tourenzahl . . . . = 200

---

1) Krigar & Ihssen, Eisengiesserei und Maschinenfabrik, Hannover. D.R.P. No. 4121.

2) Hannover'sche Gewerbeausstellung 1878.

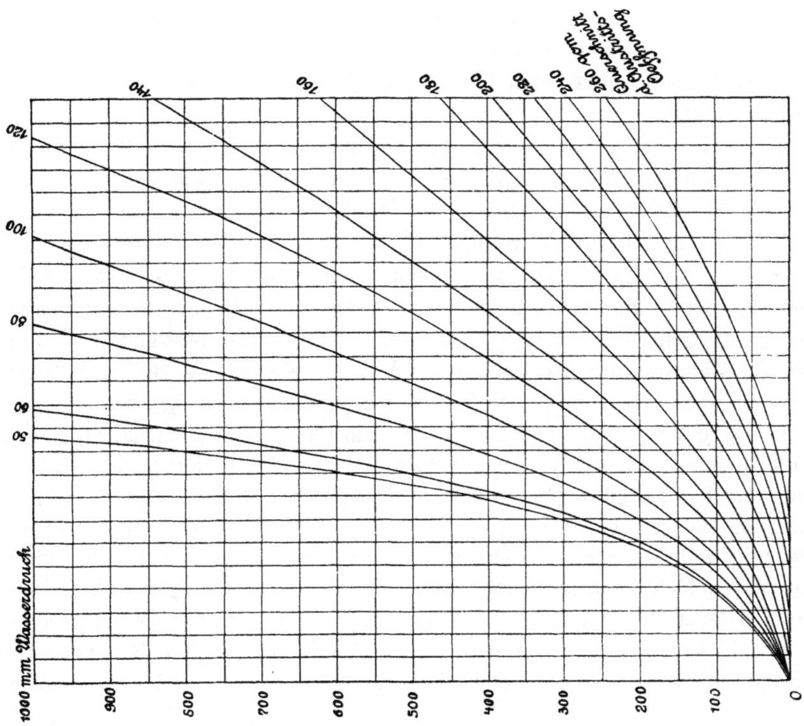

Fig. 338.

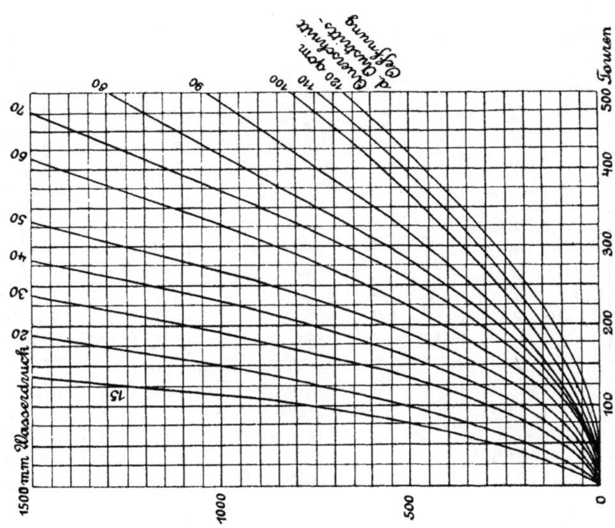

Fig. 337.

Effektive Luftmenge in der Minute . . . = 24 cbm
Volumetrischer Wirkungsgrad . . . . . = 0,923

Das zweite Diagramm (Fig. 290) gilt für das Gebläse No. 9 von der Leistung:

Theoretische Luftmenge bei 1 Umdrehung . = 0,36 cbm
Übliche Tourenzahl . . . . = 200
Effektive Luftmenge in der Minute . . . = 62 cbm
Volumetrischer Wirkungsgrad . . . . . = 0,861

Dieselben lassen die bei zunehmendem Austrittsquerschnitt zur Erreichung bestimmter Enddrucke nötige Tourenzahl ohne weiteres erkennen und geben den bei gegebenem Austrittsquerschnitt und bestimmter Tourenzahl erreichbaren Maximaldruck an. Während derselbe z. B. bei 120 qcm Öffnung und 235 Touren 1000 mm Wassersäule oder 0,1 Atm. beträgt, ist er bei gleicher Tourenzahl und 240 qcm Öffnung nur ca. 260 mm oder 0,026 Atm. Auch die Verschiedenheit der Leistungen der beiden Gebläse geht aus den Diagrammen hervor. Während No. 7 bei 50 qcm Öffnung und 265 Touren einen Druck von 1000 mm Wassersäule hervorbringt, erreicht No. 9 bei derselben Öffnung diesen Druck bereits bei 105 Touren. Das letztere Gebläse arbeitet daher in dieser Beziehung günstiger, während sein volumetrischer Wirkungsgrad, wie oben angegeben, um 6,2 % geringer ist.

Die Leistungen der verschiedenen Ausführungen der Krigar'schen Schraubengebläse sind aus nachstehender Tabelle zu ersehen. In derselben sind in der letzten Spalte die volumetrischen Wirkungsgrade (aus Spalte 2, 3 und 4 berechnet) enthalten.

No. des Gebläses	Theoretische Leistung bei 1 Umdrehung in cbm	Übliche Tourenzahl i. d. Min.	Effektive Leistung in cbm i. d. Min.	Annähernder Kraftbedarf bei 500 mm Wassersäule	Für Kupolöfen: Lichter Durchmesser des Ofens in mm	Für Kupolöfen: Stündliche Schmelzung in kg	Anzahl der Schmiedefeuer bei 25 mm Düsendurchmesser	Dimensionen der Riemenscheibe: Durchmesser in mm	Dimensionen der Riemenscheibe: Breite in mm	Durchmesser der Windleitung in mm	Gewicht: Gebläse kg	Gewicht: Ankerplatte mit Anker kg	Volumetrischer Wirkungsgrad
1	0,0028	400	1,0	0,12	—	—	1	130	65	85	60	—	0,893
2	0,0056	400	1,8	0,2	—	—	1	130	65	85	75	—	0,80
3	0,0120	325	3,5	0,4	—	—	2	200	80	85	100	—	0,90
4	0,033	275	8,35	1,0	—	—	4	360	150	195	260	60	0.92
5	0,0408	275	10,20	1,2	—	—	5	360	150	195	380	60	0.91
6	0.0691	275	16,50	2,0	500	1000	8	360	150	195	470	70	0,87
7	0,1302	200	24	3,0	5—600	1500	20	585	170	240	1050	90	0,923
8	0,2604	200	48	6,0	6—700	3000	30	585	170	240	1140	100	0.923
9	0,361	200	65	7,5	7—800	3800	35	585	170	240	1310	100	0,861
10	0,542	200	85	10,4	9—1000	5000	40	790	190	240	1610	170	0,80
11	0,9484	160	120	14,5	1200	8000	70	1000	200	345	2600	250	0,79
12	1,508	140	155	19	1400	12000	90	1000	200	345	4150	300	0,73

Das Krigar'sche Gebläse muss zweifellos zu den besten Gebläsen für Giessereien und Schmieden gerechnet werden, und zwar liegt sein Hauptvorteil in dem ruhigen, fast geräuschlosen Gang, der sehr gleichmässigen, (nicht stossweisen) Luftförderung und der mit demselben erzielbaren, ziemlich hohen Luftpressung.

Die Schraubenflügel sind meist $^1/_2$ mal, seltener 1 bis 2 mal um den Cylinder gewunden. Zur Aufnahme des infolge der Schraubenbewegung auftretenden achsialen Druckes dienen Kammzapfen und Kammlager.

Für mittlere Gebläse beträgt die Umdrehungszahl 160—200 (No. 7 bis 11 der Tabelle), die Windmenge 0,5 bis 2 cbm sekundlich.

Zur Dichtung verwendet Krigar[1]) eine aus 3 T. Wachs, 6 T. Talg, $^3/_4$ T. Stearin, 1 T. Graphit und 1 T. Olivenöl zusammengesetzte Masse. Dieselbe wird während des Ganges dem Gebläse zugeführt, worauf mittels eines Staubbeutels noch Talk eingeschüttet wird. Eine einmalige Dichtung dieser Art soll für mehrere Jahre ausreichend sein. Als vorteilhafteste Tourenzahl wird für kleinere Gebläse 300 bis 350, für grössere 140 bis 180 angegeben.

Zu den mehrzähnigen Kapselrädern gehören die folgenden Typen.

1. Fig. 339 zeigt eine in England patentierte Ausführung, welche jedoch kaum empfehlenswert sein dürfte. Am Umfang jeder Trommel sind Lücken eingegossen, in welche gleich grosse Zähne des anderen Rades eingreifen.

Die bei einer Umdrehung geförderte Luftmenge ist jedoch bei der geringen Tiefe der Lücken eine geringe, sodass für grössere Luftmengen diese Gebläse wohl nicht anzuwenden sein dürften. Dagegen wird bei sorgfältiger, wenn auch teurer Bearbeitung der erzielte Enddruck ein ziemlich hoher sein.

2. Gebläse von Hoppe[2]). Figuren 340 und 341.

Dasselbe ist eine Nachbildung des Pappenheim'schen Gebläses. Die Zähne der beiden Flügeltrommeln greifen genau wie die Zähne eines Stirnrades ineinander, und dreht das eine Rad das andere um, sodass keine äusseren Stirnräder notwendig sind. Das Wesen der Hoppe'schen Konstruktion besteht jedoch in folgendem. Während bei den meisten Kapselrädern im Moment des Ineinandergreifens der Zähne die zwischen je zwei Zähnen in der Zahnlücke abgeschlossene Luft stark verdichtet wird, wodurch Stösse, Arbeitsverluste, stärkere Abnutzung der Flügel, Wellen und Lager verursacht werden, ist diesem Übelstand durch

---

1) Uhland's Prakt. Masch.-Konstr. 1882, S. 266.

2) D.R.P. No. 41 526 vom 12. 2. 1887 und 44 290. Ausgeführt von der Masch.-Fabrik von Gebr. Pintsch, Bockenheim bei Frankfurt a. M. Uhland's Prakt. Masch.-Konstr. 1884.

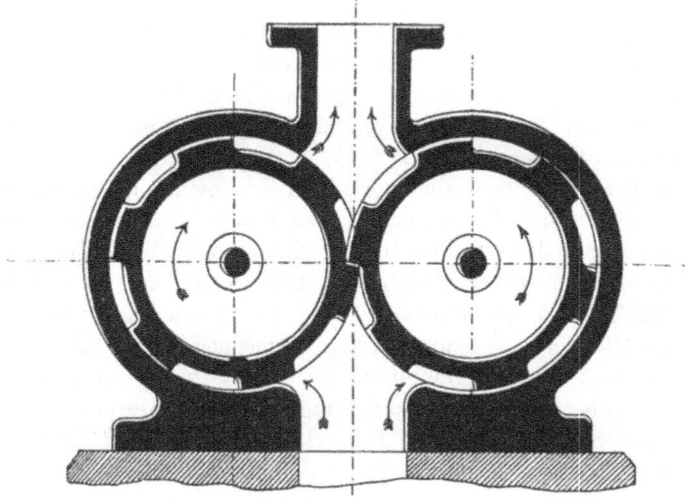

Fig. 339.

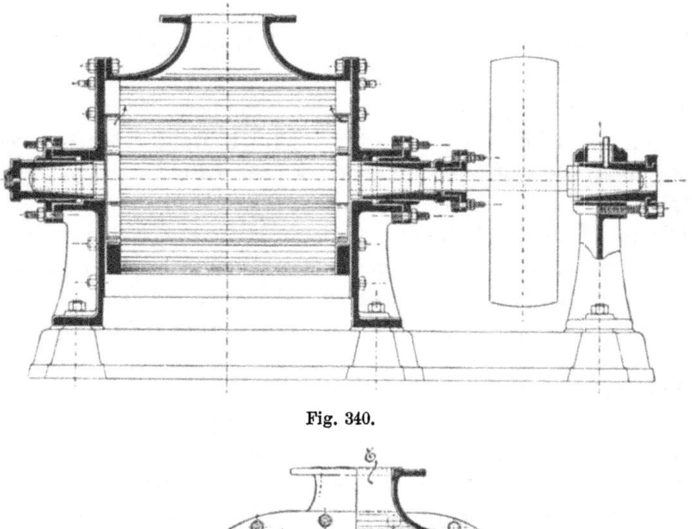

Fig. 340.

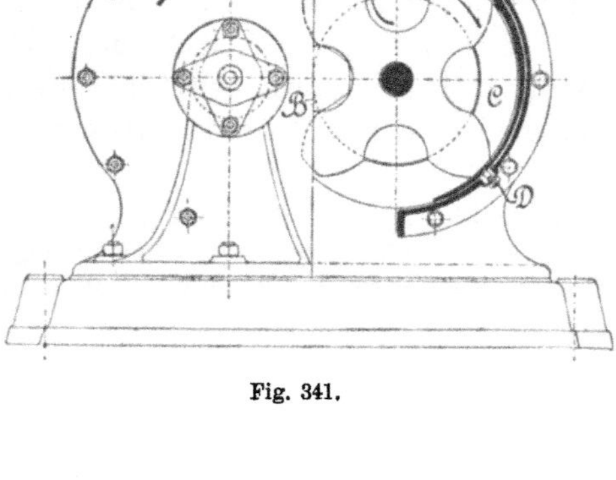

Fig. 341.

die Möglichkeit eines seitlichen Entweichens der Luft hier Abhilfe geschaffen. Die Flügel sind zu diesem Zwecke an ihren beiderseitigen Stirnflächen um ca. 20 bis 40 mm eingedreht, und laufen mit den so ententstandenen, cylindrischen Ansätzen in gleich grossen cylindrischen Aussparungen der Deckel. Die letzteren sind jedoch nach oben gegen die Ausströmungsöffnung *E* hin bei *A* ausgeschnitten, während dieselben nach der Saugseite hin vollkommen abgeschlossen sind, einander in der Mitte bei *B* berühren und in eine scharfe Spitze auslaufen. Infolgedessen kann die zwischen den Zähnen eingeschlossene Luft seitlich nach der Ausströmungsöffnung hin entweichen. Hierdurch wird der Gang ein bedeutend

Leistungen der Hoppe'schen Gebläse für Maschinenbetrieb.

No. der Gebläse	Touren i. d. Min.	cbm Wind i. d. Min.	Schmilzt Eisen i. d. Stunde kg	Anzahl der Schmiedefeuer bei einem Düsendurchm. von mm 25	30	35	Kraftbedarf PS. zum Schmelzen 280—320 mm Wassersäule	zum Schmieden 120—160 mm Wassersäule	Lichtweite der Ausströmung	Dimensionen der Riemscheiben Dmr. mm	Br. mm	Gewicht in kg annähernd
00	400	0,8	—	1	—	—	—	—	40	80	50	28
0	400	1,3	—	1	1	—	—	—	45	100	60	35
1	400	2	—	2	1	1	—	0,1	55	100	60	50
2	390	4,8	—	4	3	2	—	0,3	85	150	80	90
3	390	8,25	—	8	6	4	—	0,4	100	250	115	160
4	380	14,5	1000	13	9	7	1.5—3	0,8	125	275	125	250
5	380	23	1600	23	15	12	2,5—4	1,3	150	300	150	480
6	380	34	2400	30	22	17	4—6	1,8	175	350	150	700
7	350	45	3200	40	29	22	5—7	2,5	200	400	180	950
8	320	52	3600	48	36	27	6—8	3,5	230	500	200	1250
9	300	65	4500	58	43	32	7—9	4,5	260	600	225	1550
10	280	80	6000	70	52	38	8—10	5,5	280	650	225	1800
11	260	92	7500	85	57	44	10—12	6,5	300	650	250	2100
12	250	127	10000	100	75	50	12—14	8	350	750	300	2500

leichterer und ruhigerer, somit auch der Kraftbedarf ein kleinerer. Eine zweite Eigentümlichkeit der Hoppe'schen Konstruktion ist die Möglichkeit der Nachstellung des Gehäuses, sowie der genauen Einstellung der Trommelwellen in achsialer Richtung. Die erstere wird bewirkt durch eine dünne Schale *C*, welche mit ihrer äusseren Oberfläche genau der inneren Höhlung des Gehäuses angepasst ist, während ihre Höhlung dem Umfangskreis der Flügel angeschmiegt ist. Durch geringe Drehung der Schalen *C*, was nach Lösung der in den länglichen Schlitzen des Gehäuses verschiebbaren Schrauben *D* möglich ist, können dieselben zum dichten Anliegen an die Flügel gebracht und in dieser Lage festgestellt werden.

Die Einstellung der Trommelwellen in achsialer Richtung soll ein möglichst gutes, seitliches Abdichten der Flügel gegen die Gehäusestirnwand bez. die Deckel ermöglichen. Sie wird durch die nachstellbaren konischen Lagerbüchsen in der aus der Figur ersichtlichen Weise bewirkt.

Die angegebene Konstruktion bietet gegenüber anderen Systemen den Vorzug einer möglichst guten Abdichtung der Flügel gegen das Gehäuse. Freilich ist dieser Vorteil durch grössere Komplikation, teuerere Herstellung und schwierigere Aufstellung der Hoppe'schen Gebläse erkauft.

Die Luftmengen etc. derselben sind aus der Tabelle auf S. 328 zu ersehen.

B. Kapselgebläse mit einer Drehachse, Kurbelkapselwerke.

Dieselben sind mehr von theoretischem Interesse als praktischem Wert, da ihre Ausführung teils zu kompliziert und kostspielig, teils für grössere Luftmengen und höhere Drücke ungeeignet ist. Wie aus der Benennung Kurbelkapselwerke hervorgeht, sind sie aus dem Kurbelmechanismus entstanden, und zwar liegen ihnen im wesentlichen die drei folgenden Mechanismen zu Grunde:

1. die oscillierende und rotierende Kurbelschleife,
2. die rotierende Bogenschubkurbel,
3. die rotierende Doppelkurbel.

Zur ersten Gruppe gehören folgende Gebläse:

1. Das Gebläse von Wedding. Fig. 342[1]).

Eine um die Mittelachse M_1 in dem Gehäuse G drehbare, exzentrische Scheibe S von der Exzentrizität $M_1 M_2$ saugt bei A Luft an und drückt

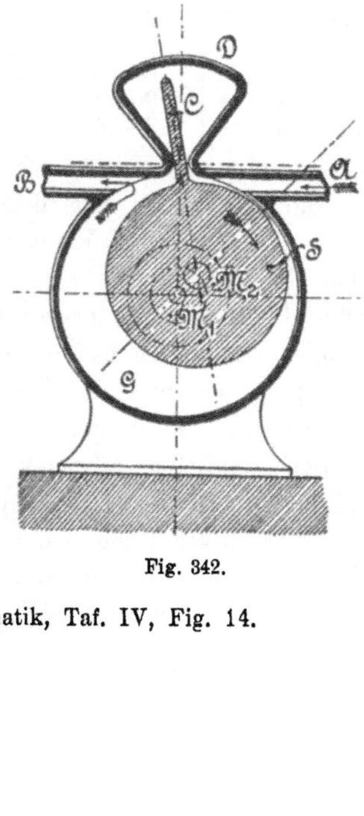

Fig. 342.

[1]) Reuleaux, Kinematik, Taf. IV, Fig. 14.

dieselbe, indem die Scheibe an der Innenfläche des Gehäuses hingleitet, nach dem Druckrohr *B*. Zur Abdichtung beider Räume (Saug- und Druckraum) dient eine mit der Scheibe *S* verbundene Platte *C*, welche in der Kammer *D* hin und her schwingt.

2. Die Luftpumpe von Beale[1]). Fig. 343.

Die Abdichtung erfolgt durch 2 in radialen Schlitzen der exzentrischen Scheibe verschiebbare Platten, welche am äussersten Ende mit je 2 seitlichen, in kreisringförmigen Nuten des Gehäuses geführten Zapfen versehen sind. Durch letztere werden die Platten fortwährend an die Innenwand des Gehäuses angedrückt, wodurch ein Abschluss des Saug- und Druckraums voneinander bewirkt wird. Da jedoch die Abnutzung sowohl der ringförmigen Nuten als auch der in ihnen gleitenden Zapfen eine starke sein wird, so dürfte eine für längeren Betrieb ausreichende Dichtung auf diese Weise wohl nicht zu erreichen sein. Ramelli hat daher bei seiner auf demselben Prinzip beruhenden Pumpe die Dichtungsplatte durch Federn an die Innenwand des Gehäuses angedrückt, wobei jedoch bei der zwischen der äussersten und innersten Lage der Platten stets wechselnden Spannung der Feder eine ungleichförmige Abnutzung des Gehäuses, sowie eine allmähliche Abnahme der Federkraft unvermeidlich ist.

3. Bei dem Gebläse von Bellfort, Fig. 344[2]), sind drei Dichtungsplatten *a* vorhanden, welche um den Mittelpunkt M_2 drehbar sind, wodurch der Abstand derselben von dem Gehäuse unverändert bleibt, also eine Abnutzung derselben, sowie des Gehäuses vermieden ist.

Eine Anwendung desselben Prinzips zeigt das

4. Gebläse von Waller[3]). Figuren 345 und 346. Die Flügel *A* sind in cylindrischen Dichtungen *B* verschiebbar, welche im Umfang der exzentrischen, hohlen Trommel *C* drehbar gelagert sind.

Bei einer a. a. O. beschriebenen Ausführung betrug der innere Durchmesser des Gehäuses 635 mm (2′ 2″ engl.), die achsiale Länge desselben ebensoviel, die minutliche Luftmenge bei 70 Umdrehungen $Q = 18,9$ cbm (666,7 cb′ engl.).

Zur zweiten Gruppe, der rotierenden Bogenschubkurbel gehört

5. das Cooke'sche Gebläse. Fig. 347[4]).

Die Abdichtung des Saug- und Druckraumes voneinander geschieht durch eine an den Umfang der exzentrischen Scheibe dicht anschliessende Schwinge, welche durch eine ausserhalb des Gehäuses liegende Kurbel und Schubstange in schwingende Bewegung versetzt wird, wie aus der Figur ohne weiteres verständlich ist.

---

1) Reuleaux, a. a. O, Taf. V, Fig. 5.

2) Reuleaux, a. a. O., Taf. V, Fig. 12.

3) Iron, 1881, Bd. 17, S. 355.

4) Reuleaux, a. a. O., Taf. VI, Fig. 12.

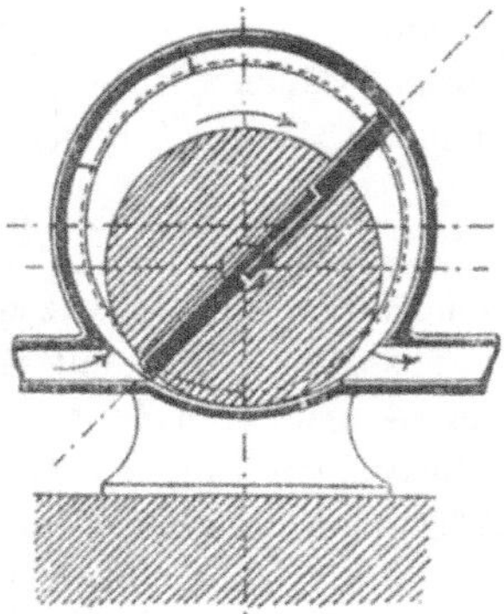

Fig. 343.

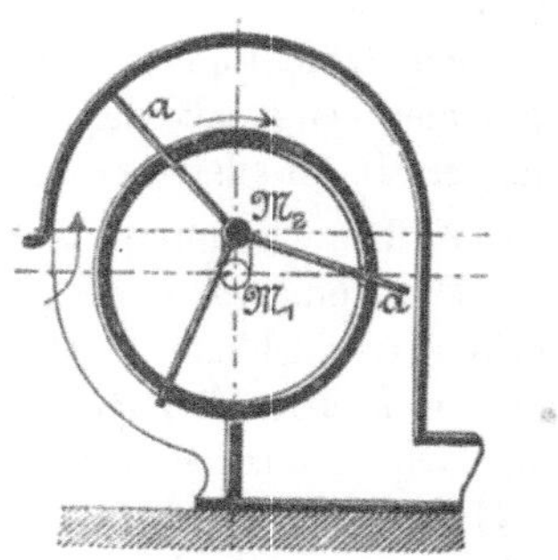

Fig. 344.

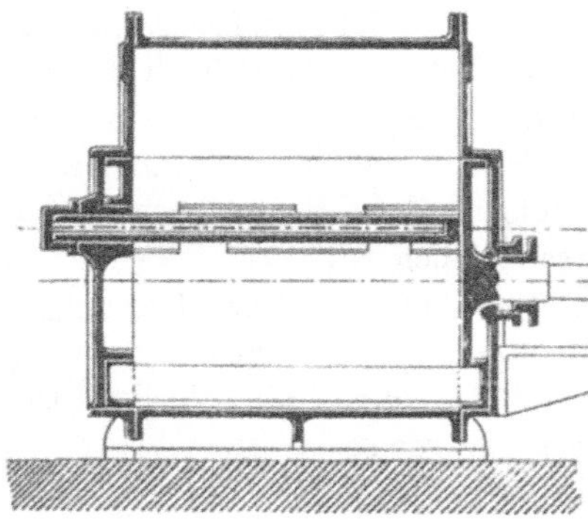

Fig. 345.

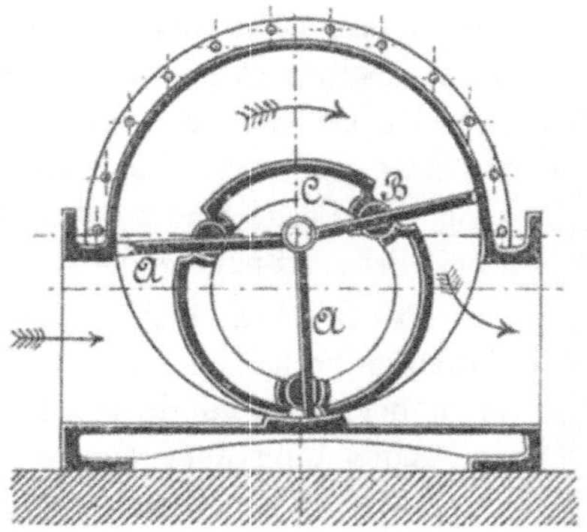

Fig. 346.

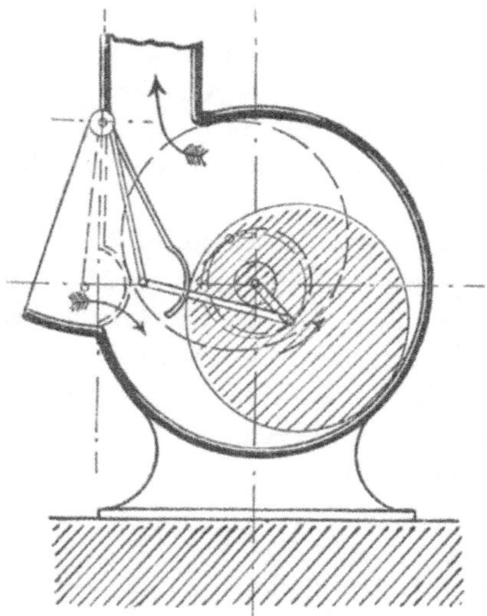

Fig. 347.

Zur dritten Gruppe, der rotierenden Doppelkurbel, sind folgende Gebläse zu rechnen:

1. das Gebläse von Lemielle. Fig. 348[1]).

Eine Anzahl gekrümmter Schaufeln A, deren Krümmungshalbmesser gleich dem Gehäusehalbmesser ist, bewirkt die Verschiebung der Luft in dem Gehäuse EG. Die Schaufeln sind an einem Ende F am Umfang der um den Mittelpunkt M_2 drehbaren, exzentrischen Scheibe S befestigt, während das andere Ende von den um denselben Mittelpunkt drehbaren Lenkstangen B auf dem Kreise C geführt wird.

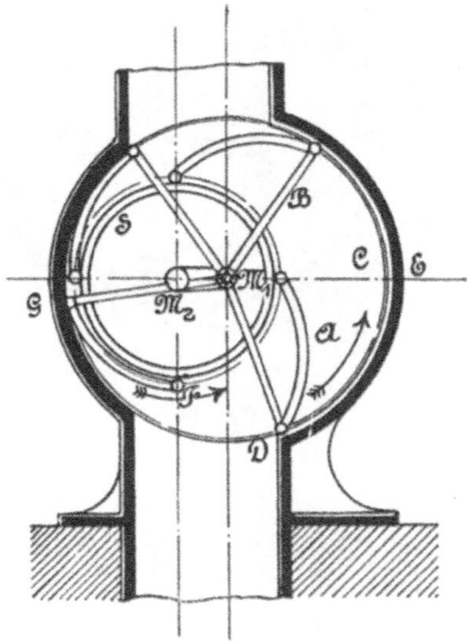

Fig. 348.

Der Halbmesser $M_1 D$ der grösseren Kurbel ist gleich dem Gehäusehalbmesser, derjenige der kleineren gleich dem Halbmesser der exzentrischen Scheibe.

Das Lemielle'sche Gebläse wurde ursprünglich vielfach ausgeführt, namentlich zur Ventilation von Gruben, und leistete im neuen Zustand befriedigendes. Indessen haben die vielen Nachteile, welche hauptsächlich in Lockerung und Abnutzung der vielen Drehgelenke, Brüchen der Lenkstangen und Flügel, einseitiger Abnutzung der Wellenlager, schwieriger Schmierung der Gelenke, kostspieligen und langdauernden Reparaturen ihren Grund hatten, zur allmählichen Verdrängung desselben durch andere Gebläse, namentlich Centrifugal-Ventilatoren, geführt.

Als Abänderungen und teilweise Verbesserungen des Lemielleschen Gebläses sind die beiden folgenden Konstruktionen anzusehen.

---

1) Reuleaux, a. a. O., Taf. VI, Fig. 14.

2. Das Gebläse von Cleathers[1]). Fig. 349.

Die Flügel *A* sind am äusseren Ende an den vier Armen *B* drehbar befestigt, während sie am anderen Ende je eine Rolle *C* tragen, welche

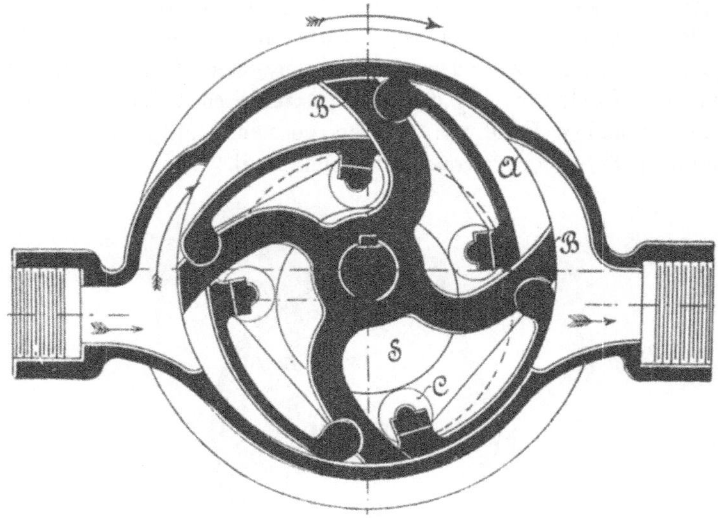

Fig. 349.

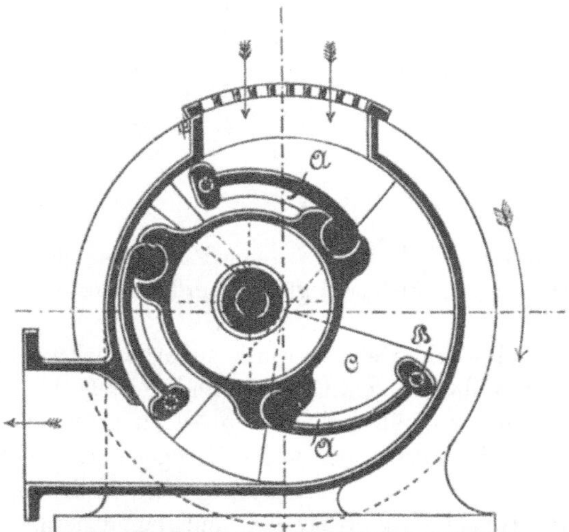

Fig. 350.

---

5) Engl. Patent No. 17 978 v. 11. Nov. 1889. E. T. Cleathers, Brockley, Kent.

auf dem Umfang der exzentrischen Scheibe *S* gleitet. Hierdurch ist ein Verbiegen und Brechen der Lenkstangen beseitigt, indessen ist die Zahl der Drehgelenke nicht verringert, sondern durch beiderseits notwendige Lagerung der Rollen nur noch vermehrt. Auch bietet die Schmierung der Gelenke und Zapfen genau dieselbe Schwierigkeit wie bei dem Lemielle'schen Gebläse.

3. Das Gebläse von Skinner[1]). Fig. 350.

Im Gegensatz zu dem vorigen Gebläse ist hier das innere Ende der Flügel *A* drehbar an der exzentrischen Scheibe befestigt, während das äussere Ende durch die Drehzapfen *B* mit je zwei seitlichen, kreissektorförmigen Platten *C* verbunden ist. Die letzteren sind um die Mittelachse des Gehäuses drehbar und schleifen an den Deckeln des Gehäuses. Auch hier ist gegenüber dem Lemielle'schen Gebläse der Fortfall der Lenkstangen als Vorteil zu verzeichnen, indessen ist die Zahl der Gelenke dieselbe wie bei dem vorigen Gebläse.

---

1) Iron, 1890, S. 513.

Fünftes Kapitel.

Die Schleudergebläse oder Ventilatoren.

Wie in der Einleitung erwähnt wurde, ist die Wirkungsweise der Centrifugalgebläse oder, wie dieselben häufig kurz bezeichnet werden, der „Ventilatoren“ eine dynamische, indem durch ein in einem Gehäuse mit grosser Geschwindigkeit umlaufendes Flügelrad der zwischen den Schaufeln befindlichen und durch seitliche, achsiale Öffnungen fortwährend nachströmenden Luft eine grosse Geschwindigkeit erteilt wird. Die dieser Umfangs- oder Winkelgeschwindigkeit entsprechende Centrifugalkraft schleudert die Luftteilchen aus dem Rade, weshalb die Centrifugalgebläse auch den Namen Schleudergebläse oder Schleuderräder, auch Schleuderpumpen führen[1]). Dieselben sind entweder saugend oder blasend, je nachdem sie die Luft aus einem bestimmten Raume, einer Grube, einem Gebäude, Fabrikraum oder dergl. absaugen und in die freie Luft ausblasen, oder aus der äusseren Luft saugen und die angesaugte Luft in eine Rohrleitung drücken, welche dieselbe nach dem Ort ihrer Verwendung, meist einem Schmiedefeuer, Kupolofen, kurz einem Verbrennungsherd führt. Im ersteren Falle werden dieselben wohl auch Exhaustoren genannt. In beiden Fällen besteht zwischen der Spannung der Luft vor dem Eintritt in das Gebläse und hinter demselben ein Unterschied, welcher bei saugenden Gebläsen die Depression, bei blasenden die Pressung genannt wird. Man misst dieselbe in beiden Fällen von der atmosphärischen Spannung aus und drückt sie meist in mm Wassersäule aus, da bei den Versuchen mit diesen Gebläsen die Messung durch mit Wasser gefüllte Manometer erfolgt, welche eine bedeutend grössere Empfindlichkeit besitzen als Quecksilbermanometer oder Federmanometer. Da eine Atmosphäre einer Wassersäule von 10,333 m = 10 333 mm oder abgerundet 10 000 mm das

---

1) Allgemein findet die letzte Bezeichnung Anwendung auf alle Arbeitsmaschinen von der beschriebenen Wirkungsweise, sei der fortzuschaffende Körper tropfbar flüssig oder gasförmig.

Gleichgewicht hält, so entspricht 1 mm Wassersäule einem Luftdruck von 0,0001 Atmosphäre oder 100 mm = 0,01 Atmosphäre.

Die Depression bezw. Pressung ist je nach dem Zweck der Gebläse sehr verschieden. In der nachstehenden Tabelle sind die Spannungen für verschiedene Zwecke angegeben.

No.	Verwendung des Gebläses	Depression oder Spannung in mm Wassersäule
1.	Gruben, Sammelventilation	60—150
2.	„ Sonder „	10—60
3.	Fabriken, Wohnräume, Theater, Schulen	2—10
4.	Schmiedefeuer	100—200 (120—160)
5.	Schmelzöfen	200—400 (280—320)

Bezüglich der erzeugten Spannung werden die Ventilatoren auch zuweilen in Niederdruck- und Hochdruck-Ventilatoren eingeteilt, welche Unterscheidung jedoch keine exakte ist, da die Spannung der Luft mit der Tourenzahl erheblich gesteigert werden kann, die Grenze zwischen beiden Systemen also eine schwer bestimmbare ist.

Zur Berechnung der von einem Ventilator zu liefernden Luftmenge für die verschiedenen Zwecke der Ventilation, des Schmiedens und des Giessereibetriebes dient die Tabelle auf S. 337.

Die Schaufel- oder Flügelräder sind meist von einem Gehäuse umgeben, welches entweder die ersteren dicht umschliesst oder mit einem allmählich sich erweiternden, ringförmigen Raume, dem Verteiler oder Diffusor, versehen ist. Derselbe bezweckt eine Geschwindigkeitsabnahme, also Spannungs- oder Depressionszunahme der Luft [1]).

Die Schaufeln sind entweder gerade (radial oder gegen die Mittellinie geneigt) oder gekrümmt [2]).

Die minutliche Umdrehungszahl des Schaufelrades schwankt bei den verschiedenen Systemen zwischen 30—70 und 1500—2500.

Bezüglich der Leistungsfähigkeit eines Ventilators kann man [3]) die verdünnende und die fortbewegende Kraft desselben unterscheiden. Erzeugt z. B. ein zum Betriebe eines Giesserei-Kupolofens dienender Ventilator eine hohe Spannung, liefert dagegen eine relativ kleine Luftmenge, so ist seine verdünnende Kraft gross, seine fortbewegende klein. Ist da-

1) Näheres hierüber s. Theoret. Teil, Kapitel 12.

2) Näheres s. Theoret. Teil, Kapitel 12.

3) Nach Murgue, Über Grubenventilatoren, deutsch von Hauer, Leipzig 1884; pouvoir déprimant und pouvoir débitant.

gegen die Luftmenge gross bei kleiner Spannung, so wiegt die fortbewegende Kraft vor. Zur Beurteilung der verdünnenden Kraft ist der manometrische Wirkungsgrad, zur Beurteilung der fortbewegenden Kraft der volumetrische Wirkungsgrad zu ermitteln.

Bei der Ventilation von Gruben finden beide Arten von Ventilatoren Anwendung, je nachdem die Grube eine sogenannte enge oder weite, d. h. eine schwer oder leicht zu ventilierende ist. Ersteres ist der Fall, wenn der Grubenquerschnitt klein, die Länge der Grube gross ist, und die Strecken und Stollen mehr oder weniger unregelmässig, gewunden,

Art der Verwendung	Luftmenge in cbm für 1 Kopf und 1 Stunde
1. Lüftung[1])	
a) Schulen	
α) kleine Kinder	12
β) grössere „	15
γ) Erwachsene	25
b) Kasernen	30
c) Theater, Konzertsäle	40
d) Gewöhnliche Werkstätten	60
e) Krankensäle	60—70
f) „ für Schwerverwundete	100
g) „ „ Epidemien	150
2. Grubenventilation[2])	120—180
dto. Wettermengen[3]) in belgischen Gruben	108—216
„ „ „ amerikan. „	125
3. Giessereigebläse	
a) Luftmenge für 1 kg Koks	9
b) „ „ 100 kg geschmolzenen Eisens	70—80
4. Schmiedegebläse	
a) Luftmenge für 1 kg Kohle	10—15
b) „ „ 1 Stunde und Feuer	70—100

mit scharfen Biegungen versehen sind, kurz die durchströmende Luft einen beträchtlichen Widerstand zu überwinden hat.

Für enge Gruben dienen daher meist Ventilatoren von geringer Luftmenge, grosser Depression, kleinem Durchmesser und grosser Tourenzahl, für weite Gruben solche von grosser Luftmenge, kleiner Depression, grossem Durchmesser und kleiner Tourenzahl[4]).

Für die Lüftung von Gebäuden, Werkstätten etc. dienen Ventilatoren mit grosser Luftmenge und kleiner Depression. Hier finden namentlich

[1]) Paul, Heizung und Lüftung, Tabelle VII d, S. 749.

[2]) Hauer, Wettermaschinen, S. 4.

[3]) Serlo, Bergbaukunde, 4. Aufl. Bd. 2, S. 432 u. folg.

[4]) Vergl. Hauer, Wettermaschinen, Leipzig 1889, S. 23.

raschlaufende Centrifugalgebläse, sowie auch häufig Schraubenventilatoren [1]) ausgedehnte Anwendung.

Für Schmieden und Giessereien endlich sind Ventilatoren von mittlerer Luftmenge, aber grosser Spannung in Gebrauch, welche letztere für Giessereien oft 400—500 mm Wassersäule beträgt.

Wohl wenige Klassen von Maschinen zeigen eine so grosse Verschiedenheit der Ausführungen wie gerade die Ventilatoren, weshalb eine systematische Einteilung derselben grosse Schwierigkeiten bietet.

Hauer schreibt hierüber [2]):

„Eine rationelle Einteilung der Centrifugalventilatoren hat ihre Schwierigkeit darin, dass die für die Wirkungsart und die Konstruktion charakteristischen Merkmale bei den einzelnen Ausführungen in der verschiedensten Art kombiniert sind.“

Hauer fasst bei seiner nachstehend wiedergegebenen Einteilung die für das Prinzip massgebendsten Merkmale ins Auge und erhält so die folgenden 12 verschiedenen Systeme:

1. Konstante Breite, radial auslaufende Flügel:
   Dinnendahl, Rittinger.
2. Gegen aussen verengter Flügelraum:
   Brunton, Colson, Geisler, Schiele, Stevenson, Waddle, Wagner.
3. Vermeidung der Wirbelbildung hinter den Flügeln:
   Aland, Lambert.
4. Leitapparat für den Austritt:
   Gendebien, Harzé.
5. Intermittierender Austritt der Luft:
   Beer, Guibal.
6. Einlaufspirale:
   Kley.
7. Direkte Umwandlung der zur Achse parallelen in die rotierende Bewegung:
   Chagot, Duvergier, Moritz, Pelzer.
8. Leitrad für den Einlauf:
   Kraft.
9. Vorwärtsgekrümmte Flügel:
   Farcot, Gonther, Ser, Winter.
10. Zurückgeneigte Flügel:
   Combes, Galles, Leforet, Leverkus, Tournaire.

---

1) Näheres s. Kapitel 6.

2) a. a. O. S. 63.

11. Abströmung der Luft in der Richtung der Achse:
Andemar, Schwartzkopff.
12. Flügel mit unterbrochener Krümmung:
Capell, Dieu.

Die vorstehende Einteilung dürfte jedoch in mancher Hinsicht nicht vollkommen zutreffend sein. So würde der Schwartzkopff'sche Ventilator, da derselbe einen besonderen, mit gekrümmten Schaufeln versehenen Einlaufapparat besitzt, wohl richtiger zu Klasse 8 (Leitrad für den Einlauf) zu rechnen sein.

Ebenso zeigen die Ventilatoren von Pelzer und Rittinger bedeutend mehr Verwandtschaft hinsichtlich des Lufteintritts, sowie des von ihnen angewandten Verteilers als die Ventilatoren von Pelzer und Moritz, da letzterer nach Angabe des Erfinders selbst als ein Schraubenkreiselgebläse anzusehen, daher wohl zu den Schraubengebläsen zu rechnen ist, der Pelzer'sche und Rittinger'sche Ventilator dagegen in eine Klasse zu stellen wären.

Dennoch verdient die Hauer'sche Einteilung den Vorzug, allen bisher bekannten Systemen Rechnung getragen zu haben.

Verfasser möchte für einige der wichtigsten, im folgenden zu besprechenden Ventilatorensysteme das Vorhandensein oder Fehlen eines Verteilers oder Diffusors als Hauptunterscheidungsmerkmal zu Grunde legen und die Unterabteilungen nach der Flügelform treffen, welche auch Hauer für verschiedene Systeme als Unterscheidungsmerkmal angenommen hat.

Die neueren Untersuchungen von Pelzer, Rateau und anderen haben die Bedeutung des Diffusors für den Nutzeffekt des Ventilators, wie später gezeigt werden soll, derart klargelegt, dass dieser Gesichtspunkt wohl als einer der wichtigsten angesehen werden darf. Die Besprechung der wichtigsten Ventilatorkonstruktionen soll daher in folgender Reihenfolge stattfinden[1]):

1. Schleudergebläse ohne Verteiler
   a) mit geraden Flügeln oder Schaufeln,
   b) mit krummen „ „ „
2. Schleudergebläse mit Verteiler
   a) mit geraden Flügeln oder Schaufeln,
   b) mit krummen „ „ „

Die charakteristischen Merkmale der einzelnen Konstruktionen, welche sich in der systematischen Einteilung doch nicht alle zur Geltung bringen lassen, sollen daher bei Besprechung der verschiedenen Systeme selbst hervorgehoben werden.

---

1) Verf. beabsichtigt nicht, eine erschöpfende, vergleichende Übersicht aller bisher in Anwendung gewesenen und noch in Anwendung befindlichen Ventilatoren zu geben, da eine solche über den Rahmen dieses Buches hinausgehen würde, und verweist daher für eingehende Studien auf das v. Hauer'sche Buch: „Die Wettermaschinen".

A. Schleudergebläse ohne Verteiler.

I. Mit geraden Flügeln.

Die einfachste Konstruktion eines solchen Ventilators ist aus den Figuren 351—353 zu ersehen.

Auf der zu beiden Seiten des Gehäuses gelagerten Welle ist mittels der Naben N_1 und N_2 die Blechscheibe S befestigt, an welcher beiderseits

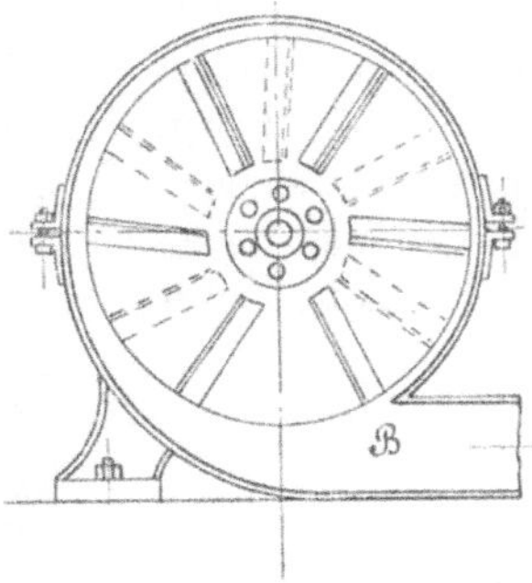

Fig. 351.

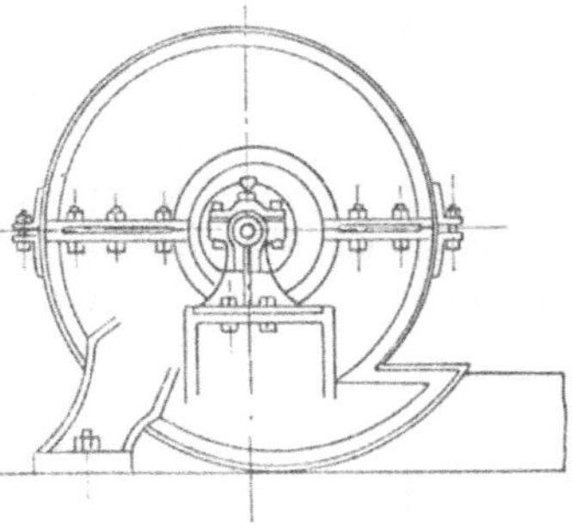

Fig. 352.

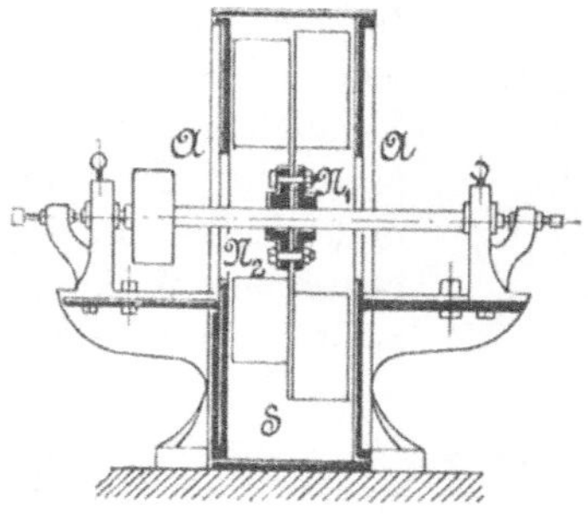

Fig. 353.

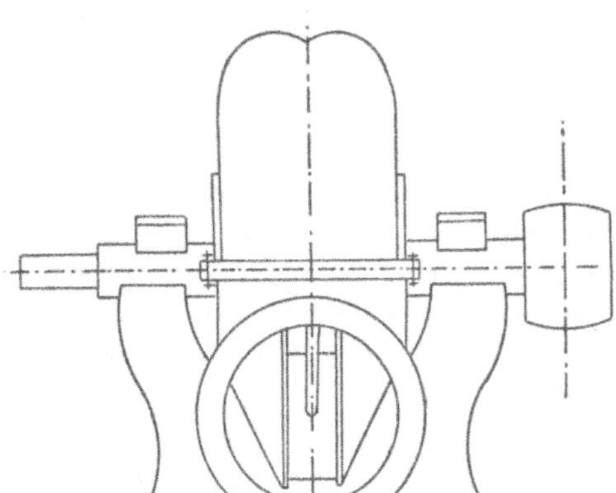

Fig. 354.

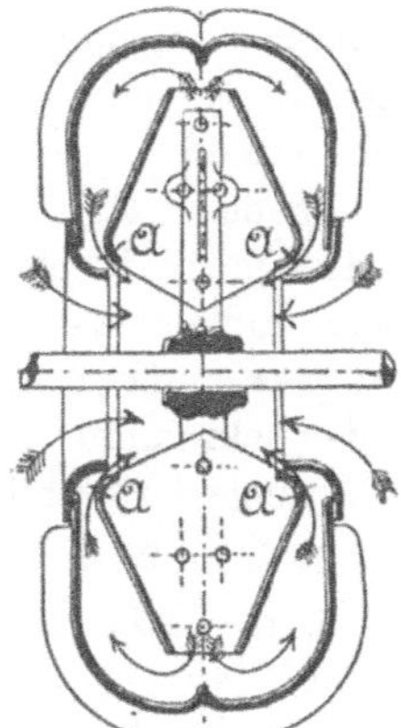

Fig. 355.

durch Winkeleisen je 6 gerade Schaufeln befestigt sind. Die Luft wird von beiden Seiten des Gehäuses bei A eingesaugt und bei B ausgeblasen.

Dieser Ventilator findet seiner einfachen und billigen Herstellung wegen noch vielfach Anwendung als Schmiedegebläse, sowie für Giessereien, seltener zur Lüftung von Gebäuden, da das bei geraden Flügeln infolge des Eintritts der Luft mit Stoss auftretende, starke Geräusch seine Anwendung für diesen Zweck untunlich erscheinen lässt.

Als eine originelle Abänderung der vorstehenden Konstruktion ist der Ventilator von Orme[1]), Figuren 354 und 355, anzusehen, welcher gleichfalls mit geraden, jedoch nach der Peripherie verengten Schaufeln versehen ist. Die eigenartige Einlaufkonstruktion soll die saugende Wirkung des Ventilators noch erhöhen, indem ein Teil der aus der äusseren Peripherie des Schaufelrades ausgeschleuderten Luft durch die ringförmige Öffnung *A* zurückströmt und hierdurch nach Art eines Strahlapparates Luft ansaugt. Indessen dürfte die hierdurch bewirkte Effektszunahme eine sehr geringe sein, da einmal die Luft, welche durch *A* zurückströmt, nicht aus dem Ventilator in die Druckleitung ausgeworfen wird, andererseits durch den nach dem Mittelpunkt des Gebläses zu gerichteten Strom Wirbelbildungen in der Luft entstehen, welche sowohl den dynamischen als auch den manometrischen Wirkungsgrad vermindern, das Geräusch des Ventilators aber zweifellos verstärken müssen.

II. Mit gekrümmten Flügeln.

Die theoretische Untersuchung der Bewegung der Luft in den Kanälen zwischen den Schaufeln führte zur Anwendung gekrümmter Schaufeln, da nur durch Anwendung derselben die erste Hauptbedingung für die richtige Konstruktion, nämlich der Eintritt der Luft in den Ventilator ohne Stoss, erfüllt werden kann.

In der Ausführung der Schaufeln zeigen sich alle möglichen Verschiedenheiten, indem erstlich nur am inneren Umfang gekrümmte, im übrigen radiale, zweitens nach rückwärts gekrümmte, drittens nach vorwärts gekrümmte und endlich gebrochene, aus zwei oder mehreren, verschieden gekrümmten Bogen zusammengesetzte Schaufeln in Anwendung sind.

Einige der wichtigsten Ausführungen dieser Klasse sind die folgenden.

1. Ventilator von Capell[2]).

Derselbe besteht, wie aus Figuren 356 und 357 ersichtlich ist, aus einer auf der Achse *A* befestigten cylindrischen Trommel *B*, welche mit einer der Flügelzahl gleichen Anzahl von Öffnungen *C* versehen ist. Sowohl innerhalb wie ausserhalb der Trommel sind gekrümmte Schaufeln *D* und *E* befestigt. Der Durchmesser des Schaufelrades ist fast gleich jenem des Gehäuses, welches das Rad einschliesst.

Die Saugöffnungen befinden sich zu beiden Seiten des Gehäuses und können, falls der Ventilator aus einem geschlossenen Raume, einer

---

1) F. Orme & Co., London, Iron 1882, Bd. 20, S. 461.

2) George M. Capell, Pattenham (Engl.), D.R.P. No. 25273 vom 25. 2. 1883. Ausgeführt von R. W. Dinnendahl, Kunstwerkerhütte bei Steele a. d. Ruhr.

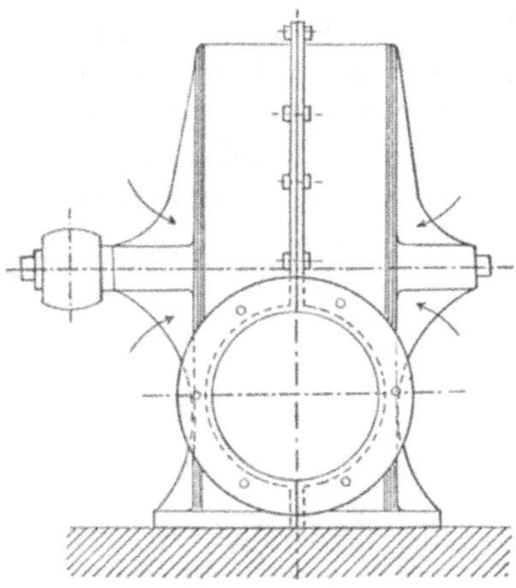

Fig. 356.

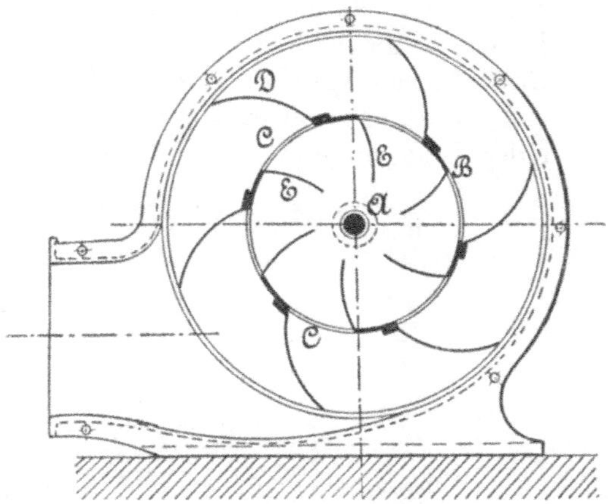

Fig. 357.

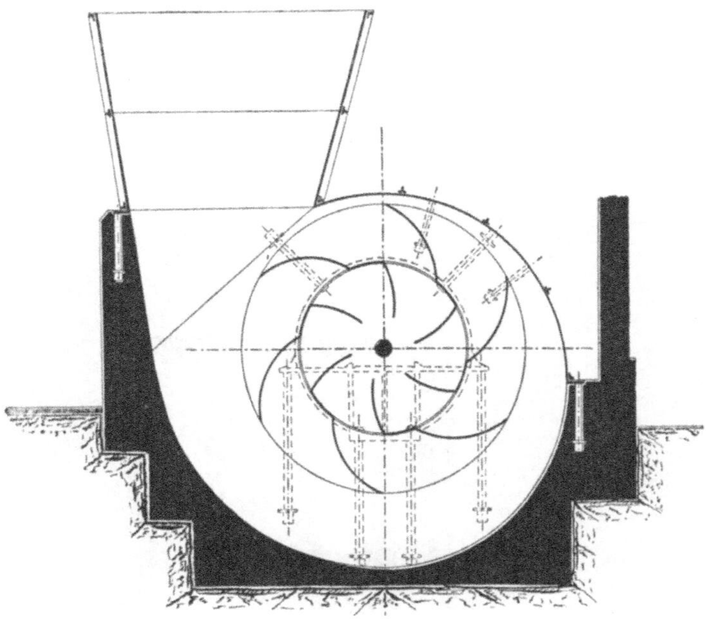

Fig. 358.

Grube u. s. w. absaugen soll, mit Saugrohren versehen werden. Die Anordnung eines einseitig saugenden Grubenventilators zeigt Fig. 358, während die Figuren 359 und 360 den Einbau und Antrieb eines zweiseitig saugenden Grubenventilators ohne weitere Erklärung verständlich machen.

Die Figuren 361 und 362 zeigen eine neuere Ausführungsform eines doppelseitig saugenden Ventilators von 4 m Dmr. und 1,6 m Breite. In den Figuren 363 und 364 ist die Gesammtanlage dieses Ventilators gegeben. In den Figuren 365—368 ist eine Doppelventilator-Anlage mit dem Capell'schen Ventilator für die Zeche Minister Achenbach im Grundriss und Aufriss abgebildet. Die Durchmesser der beiden Ventilatorschaufelräder betragen je 4,25 m, die Breite derselben 1,6 m. Dieselben sind

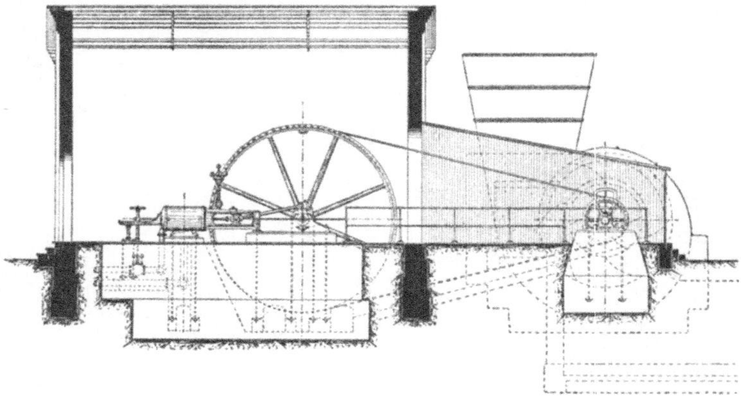

Fig. 359.

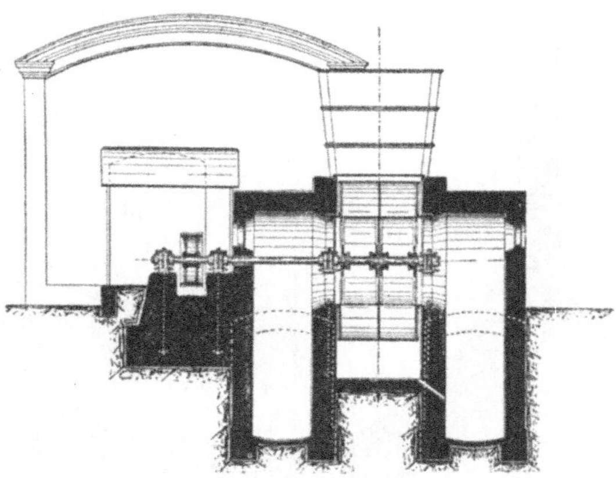

Fig. 360.

durch zwei Verbund-Dampfmaschinen von folgenden Abmessungen durch Seilantrieb bewegt:

Durchmesser der Hochdruckcylinder	.	450 mm
„ „ Niederdruckcylinder	.	700 „
Gemeinschaftlicher Kolbenhub	. . .	900 „

Die Maschinen entwickeln je ca. 500 ind. PS. Die Ventilatorachsen sind hohl, sehr kräftig gehalten, und haben nur je 2 Lager, von welchen diejenigen an der Seilscheibe je eine Lauffläche von 1 m besitzen. Die Welle hat in der Mitte dieses an der Seilscheibe liegenden Lagers einen Wulst, durch welchen sie in der richtigen achsialen Lage erhalten wird, also eine seitliche Verschiebung in achsialer Richtung verhindert wird. Bei beiden Ventilatoren sind die Diffusoren aus Eisengerippe mit Monierumhüllung hergestellt. Die Seilscheiben haben 5000 bezw. 1400 mm Dmr. Die Anlage war im Sommer des Jahres 1901 im Bau und dürfte gegenwärtig bereits dem Betriebe übergeben sein.

Zur Beurteilung der Leistungsfähigkeit dienen vielfache, mit dem Capell'schen Ventilator angestellte Versuche, von welchen einige sowohl

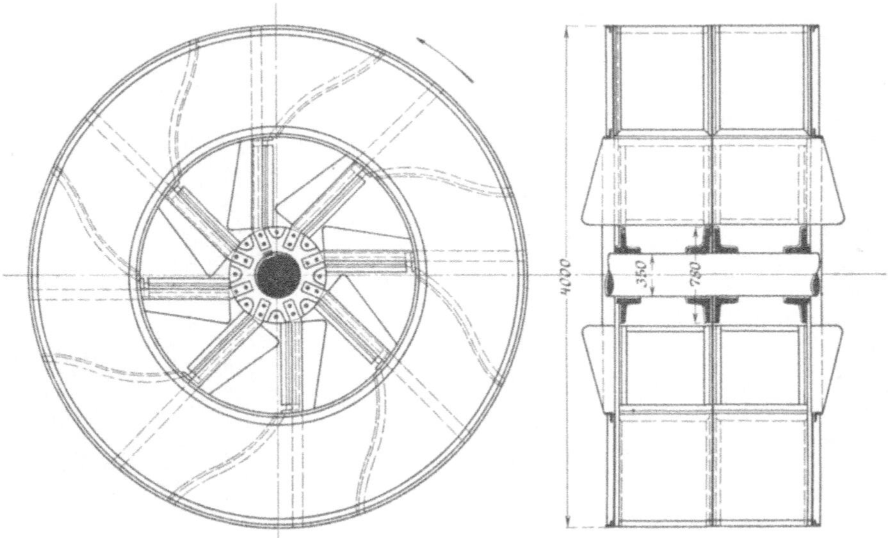

Fig. 361—362.

der Art ihrer Ausführung als auch ihrer günstigen Ergebnisse halber angeführt zu werden verdienen.

1. Versuche auf Schacht Friedrich Joachim bei Essen a. R.[1]).

Die Versuche fanden am 28. 11. 1889 und 19. 1. 1890 statt. Die Abmessungen des Ventilators und der Betriebsmaschine waren folgende.

Ventilator.

Dmr. = 2,5 m; Gesamtbreite = 1,8 m.

Dmr. der seitlichen Eintrittsöffnungen 1,37 m.

Anzahl der Schaufeln auf jeder Seite der mittleren Scheidewand = 6.

Anzahl der Mantelöffnungen auf jeder Seite der mittleren Scheidewand = 6.

1) Z. f. B.-, H.- u. Sal.-W. 1890, S. 248.

Freier Querschnitt beider Eintrittsöffnungen $F_1 = 2 \,.\, 1{,}388 = 2{,}776$ qm.
Gesamter freier Querschnitt der 12 Mantelöffnungen
$F_2 = 12 \cdot 0{,}65 \cdot 0{,}37 = 2{,}886$ qm.

folglich $\frac{F_2}{F_1} = 1{,}04$.

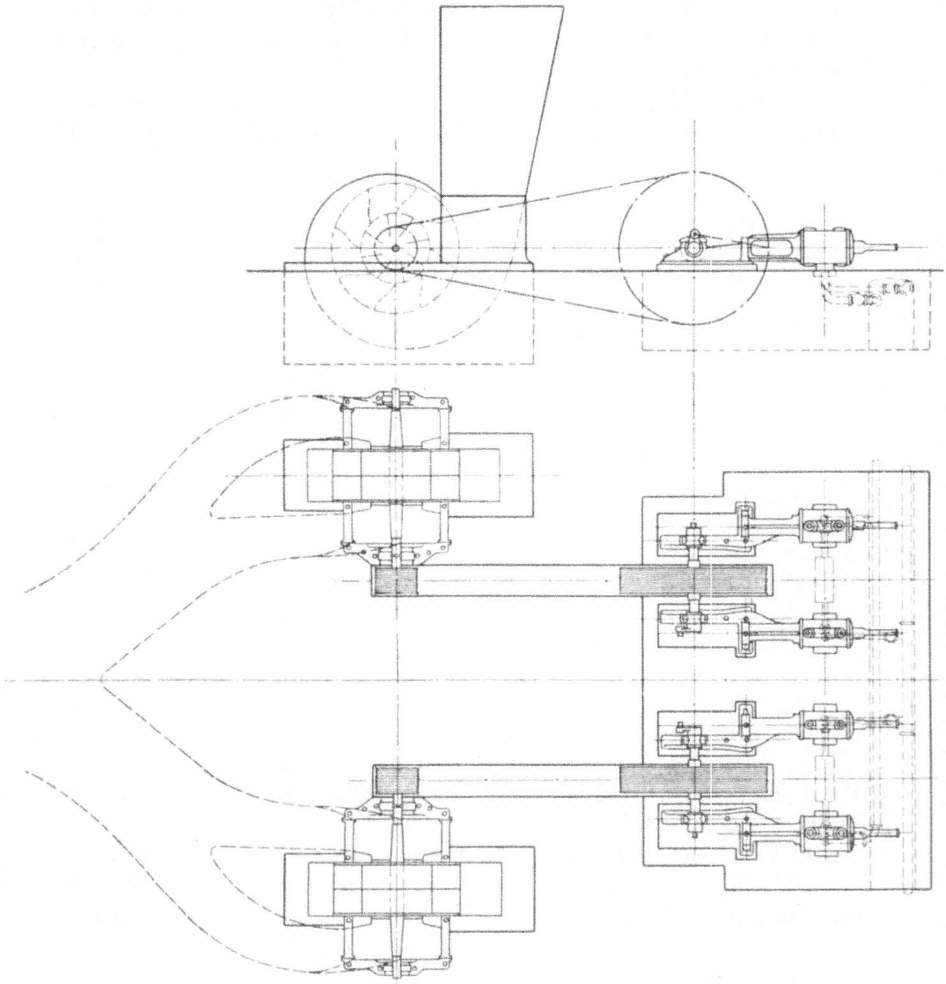

Fig. 363—364.

Riemenscheibe: Dmr. = 900 mm, Breite = 360 mm.

Dampfmaschine.

Cylinder-Dmr. = 400 mm, Hub = 600 mm.
Freie Kolbenfläche im Mittel = 1234,51 qcm.

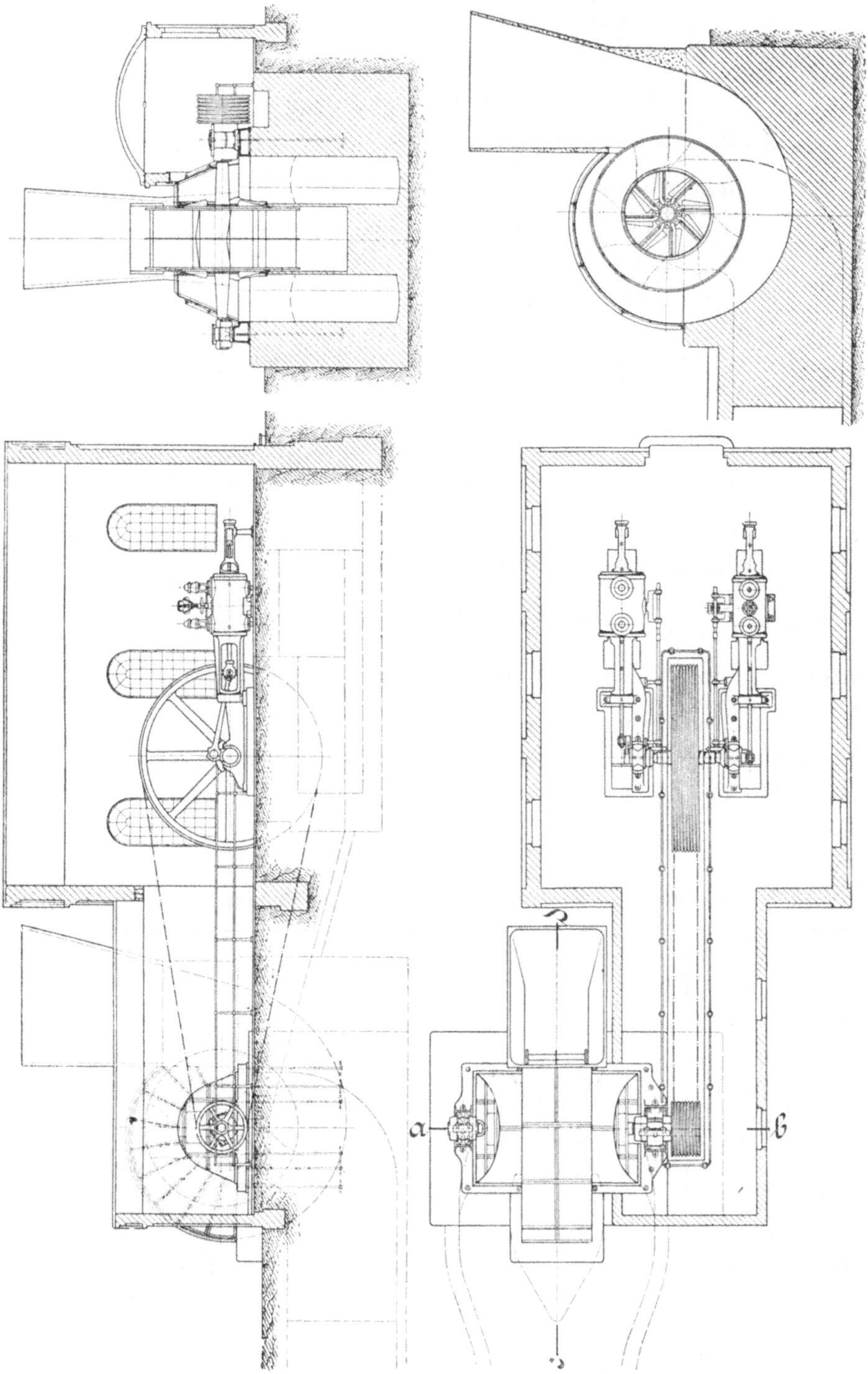

Fig. 365—368.

Dmr. des Schwungrades = 3,6 m, Breite = 360 mm.
Riemenbreite = 320 mm.

$$\text{Übersetzungsverhältnis}\ \frac{\text{Ventilator}}{\text{Dampfmasch.}} = 4.$$

Zur Berechnung der Hauptwerte wurden folgende Gleichungen verwandt.

a) Gewicht eines cbm Grubenluft $\gamma = 1{,}2936\ \frac{b}{760} \cdot \frac{273}{273+t}$, worin t die Temperatur an der Messtelle, in ^{0}C, b der Barometerstand an der Messtelle (Depression) in mm Quecksilbersäule war.

b) Wettermenge i. d. Min. in cbm.
$V = Q \cdot c$, worin Q der Querschnitt an der Messtelle, c die Wettergeschw. in m i. d. Min. an der Messtelle war.

c) Ventilatorarbeit in PS.

$$N = \frac{V\,h}{60 \cdot 75}\left(1 - \frac{h}{2 \cdot 1{,}41 \cdot p}\right),$$

worin h die Depression in mm Wassersäule, p den Druck der Grubengase in kg pro 1 qm bedeutet. Die durch den Atmosphärenüberdruck den Gasen erteilte lebendige Kraft (natürlicher Wetterzug) war berechnet aus der Gleichung

$N_a = \frac{V \cdot \gamma}{g} \cdot \frac{c_1^2}{2} \frac{1}{60 \cdot 75}$, worin c_1 die Wettergeschwindigkeit in m i. d. Sek., also $c_1 = \frac{c}{60}$, γ das Luft-Gewicht (siehe oben unter a) war.

Die Nutzleistung war demnach

$N_e = N - N_a$, da die Arbeit N_a nicht vom Ventilator geleistet war.

Der dynamische Wirkungsgrad war mithin in $^0/_0$

$$\eta_d = 100 \cdot \frac{N_e}{N_i} = 100 \cdot \frac{N - N_a}{N_i},$$

worin N_i die indizierte Leistung der Dampfmaschine war.

Rechteck No.	Anemometerzeiger vor dem Versuch	Anemometerzeiger nach dem Versuch	Differenz
1	9 442	10 102	660
2	10 102	10 768	666
3	10 768	11 496	728
4	11 496	12 210	714
5	12 210	12 907	697
6	12 907	13 530	623
7	13 530	14 226	696
8	14 226	14 968	742
9	14 968	15 706	738
		Summe	6264

Zwei Versuche fanden während des Betriebes der Grube, zwei während des Stillstandes desselben statt.

Der Messquerschnitt Q war = 3,41 qm, die Breite 1,931 m, die Tiefe 1,766 m. Dieser Querschnitt war durch Querfäden in 9 gleiche Rechtecke geteilt, in deren jedem die Geschwindigkeit der Luft mittels Anemometer 2 Min. lang gemessen wurde.

Die Messungen beim ersten Versuch sind in der Tabelle auf S. 347 enthalten.

Die Korrektur des Anemometers wurde zu $18 \cdot 10 = 180$ für 18 Min. eingesetzt, sodass sich ergab:

$$c = \frac{6264 + 180}{18} = \frac{6444}{18} = 358,$$

daraus

$$c_1 = \frac{c}{60} = 5{,}97 \text{ m i. d. Sek.}$$

Hieraus berechnet sich die minutliche Wettermenge zu $V = 3{,}41 \cdot 358 = 1220{,}78$ cbm.

Die Tourenzahl der Dampfmaschine betrug beim ersten Versuch $n_1 = 72$, also diejenige des Ventilators theoretisch $n_2 = 4 \cdot 72 = 288$, in Wirklichkeit jedoch nur 274,5, was aus dem Schleifen des Riemens infolge der Elastizität[1]) zu erklären ist. Die beobachtete Depression war h = 80 mm.

Der mittlere Dampfdruck ergab sich zu $p_m = 1{,}588$ Atm., woraus die indizierte Leistung der Maschine sich berechnet zu

$$N_i = \frac{F \cdot s \cdot n}{30} \cdot \frac{p_m}{75} = \frac{1234{,}51 \cdot 0{,}6 \cdot 72}{30} \cdot \frac{1{,}588}{75} = 37{,}61 \text{ PS.}$$

Die Ventilatorarbeit berechnet sich zu

$$N = \frac{V \cdot h}{60 \cdot 75} \cdot \left(1 - \frac{h}{2 \cdot 1{,}41 \cdot p}\right) = \frac{1220{,}78 \cdot 80}{60 \cdot 75} \left(1 - \frac{80}{2 \cdot 1{,}41 \cdot 9500}\right) = 21{,}64 \text{ PS.}$$

Die durch den natürlichen Wetterzug geleistete Arbeit N_a war

$$= \frac{\overset{\text{minutl. Luftmenge}}{1220{,}78} \cdot \overset{\text{Gew. von 1 cbm}}{1{,}209}}{60 \cdot 75} \cdot \frac{\overset{\text{Geschwindigkeit i. d. Sek.}}{5{,}97^2}}{9{,}81 \cdot 2} = 0{,}5957.$$

Der dynamische Nutzeffekt war somit:

$$\eta_d = \frac{21{,}64 - 0{,}5957}{37{,}61} \cdot 100 = 55{,}66\ \%.$$

Die Zusammenstellung aller Versuchsresultate ist in der folgenden Tabelle gegeben.

---

[1]) Vgl. Bach, Masch.-Elemente. 2. Aufl. Stuttgart 1891. S. 229 u. folg.

		Versuch No.			
		I	II	III	IV
1	Zustand der Grube	gewöhnlich	etwas erweitert	gewöhnlich	gewöhnlich
2	Barometerstand	752	752	750	750
3	Aussentemperatur ° C.	+ 5	+ 5	+ 10,16	+ 10,16
4	Temperatur im Wetterkanal	+ 13,75	+ 13,75	+ 14,75	+ 14,75
5	Kesseldruck, Atm. Überdruck	4,1	4,1	3,5	3,5
6	Mittlerer Dampfüberdruck im Dampfcylinder	1,588	2,14	1,734	1,839
7	Tourenzahl der Maschine . . n_1	72	92	78	96
8	Tourenzahl des Ventilators . n_2	274,5	333	294	340
9	$n_1 : n_2$	1:4	1:4	1:4	1:4
10	Messquerschnitt in qm	3,41	3,41	3,41	3,41
11	h in mm Wassersäule	80	112	93	106
12	Wettergeschwindigkeit an der Messtelle m i. d. Min.	358	526,53	392,66	432,34
13	Wettermenge V in cbm i. d. Min.	1220,78	1795,78	1338,97	1474,28
14	Gewicht von 1 cbm Luft in kg	1,209	1,2052	1,2001	1,1985
15	Gewicht der i. d. Min. bewegten Wettermenge in kg	1475,92	2164,27	1606,89	1766,92
16	Arbeitsleistung zur Kompression der Gase in PS. . . . N	21,64	44,51	27,56	34,6
17	Arbeit der Luft in PS. . . N_a	0,5957	1,8853	0,7784	1,0375
18	Nutzleistung d. Ventilators in PS. $N_e = N - N_a$	21,0443	42,6247	26,7816	33,5625
19	Leistung der Dampfmaschine N_i	37,61	64,8	44,49	58,08
20	Dynam. Wirkungsgrad in % $\frac{N_e}{N_i} \cdot 100$	55,66	65,77	60,19	57,78
21	Äquivalente Fläche (n. Murgue)	0,8646	1,0748	0,8794	0,9058

Der dynamische Wirkungsgrad betrug also im Minimum 55,66 %, im Maximum 65,77 %, im Mittel 59,85 %, welche Werte als recht befriedigende anzusehen sind.

2. Versuche auf Zeche Prosper I bei Berge-Borbeck[1]), Juli 1890, ausgeführt von Ingenieur Herbst.

Die Abmessungen waren hierbei folgende:

a) Ventilator

Dmr. = 3,75 m, Breite = 2 m,

Dmr. der beiden seitlichen Einsaugöffnungen = 2,1 m;

b) Betriebsmaschine (Zwillingsdampfmaschine)

Dmr. = 0,52 m, Hub = 0,8 m,

Wirksame Kolbenfläche = 2087,5 qcm.

Die Messung der Luftgeschwindigkeit erfolgte mit 2 Anemometern, über Tage und unter Tage auf der 234 m-Sohle.

Die Laufzeit des Anemometers betrug 9 bis 11 Minuten.

1) Z. f. B.-, H.- u. Sal.-W. 1890, S. 347.

Die mittlere Geschwindigkeit betrug dabei

unter Tage . . . . . . 485 m i. d. Min.
an der Messstelle . . . 546 „ „ „ „

Der Querschnitt des trapezförmigen Schachtausbaues war

$$F_1 = 4{,}704 \text{ qm},$$

derjenige des Wetterkanals an der Messstelle

$$F_2 = 5{,}474 \text{ qm},$$

woraus sich die Wettermenge in der Minute

unter Tage zu . . . . $V_1 = 4{,}704 \cdot 485 = 2281{,}4$ cbm
an der Messstelle . . $V_2 = 5{,}474 \cdot 546 = 2989$ „

für 72 Touren und 186 mm Depression berechnet.

Der Vergleich beider Wettermengen zeigt, dass nur 76 % der Ventilatorleistung der Grube zu gute kommen, also 24 % der Dampfmaschinenarbeit nutzlos geleistet wurden.

Die indizierte Leistung der Maschine berechnet sich bei einem mittleren Dampfdruck von 2,144 kg/qcm zu

$$N_i = 229{,}23 \text{ PS.}$$

Die Versuche wurden bei 3 verschiedenen Tourenzahlen n = 72, 80 und 87,5 angestellt, die Wettermengen, da dieselben der Tourenzahl und der $\sqrt{h}$ proportional sind, hiernach doppelt berechnet.

Dieselben ergeben sich bei 80 Touren und 223 mm Depression zu

$$V_2 = 2989 \cdot \sqrt{\frac{223}{186}} = 3273 \text{ cbm}$$

bezw.

$$V_2 = 2989 \frac{80}{72} = 3321 \text{ cbm oder im Mittel zu } 3297 \text{ cbm},$$

bei 87,5 Touren und 269 mm Depression zu

$$V_2 = 2989 \,.\, \sqrt{\frac{269}{186}} = 3595$$

bezw.

$$V_2 = 2989 \cdot \frac{87{,}5}{72} = 3663 \text{ oder im Mittel zu } 3629 \text{ cbm.}$$

Die Nutzarbeit, sowie die Arbeit der Luft selbst wurde nach den früher erwähnten Gleichungen berechnet und ergaben sich daraus folgende Resultate.

Versuch No.	n	V_2 an d. Messstelle	N_i PS.	h mm	N_e PS.	η_d
1.	72	2989	229,23	186	119,29	52,039
2.	80	3297	310	223	157,9	51,0
3.	87,5	3629	390	269	207,8	53,0

Der mittlere Nutzeffekt ergab sich somit bei diesen Versuchen nur zu ∽ 52 %, während bei den Versuchen auf Schacht Friedrich Joachim als Mittelwert 59,85 erhalten war.

3. Versuche auf Grube Waleswood in England[1]). Ausgeführt von M. W. Fairley.

Der Ventilator hatte 3,048 m (10′) Durchm., seine Breite war 2,44 m (8′). Derselbe diente zur Ventilation einer Streckenlänge von 7 englischen Meilen = 11,27 km. Bei 213 Touren betrug die Depression 78,74 mm (3,1″), die minutliche Wettermenge war V = 2834,4 cbm (100 085 cb′). Die Ventilatorarbeit berechnet sich hiernach zu 49,61 (48,89 n. d. Orig.) PS.

Die indizierte Leistung der Maschine ist zu 55 PS. angegeben, sodass sich ein dynamischer Wirkungsgrad von

$$\eta_d = \frac{49{,}61}{55} \text{ bez. } \frac{48{,}89}{55} = 0{,}902 \text{ bez. } 0{,}89$$

ergibt. Dieser Wert scheint jedoch viel zu günstig, was wohl in ungenauer Angabe der Leistung der Dampfmaschine seinen Grund hat.

Der manometrische Wirkungsgrad war folgendermassen berechnet.

Die Umfangsgeschwindigkeit am äusseren Radumfang war

$$v = \frac{n \cdot D \cdot \pi}{60} = \frac{213 \cdot 3{,}048 \cdot 3{,}14}{60} = 33{,}95 \text{ m } (111')$$

und berechnete Fairley die theoretische Maximaldepression hieraus nach der Gleichung:

$$H = \frac{v^2}{g} \cdot \frac{\gamma_1}{\gamma_0} \text{ in m Wassersäule}$$

zu

$$H = \frac{33{,}95^2}{9{,}81} \frac{1{,}25}{1000} = 0{,}147 \text{ m} = 147 \text{ mm } (5{,}6'')$$

woraus folgt:

$$\eta_m = \frac{78{,}74}{147} = 0{,}535 \text{ (0,55 im Original)},$$

ein Wert, welcher im Vergleich zu den, mit später zu erwähnenden Ventilatoren erzielten als kein sehr hoher zu bezeichnen ist.

4. Versuche von H. Bochet[2]), Paris.

Der Ventilator hatte nur 0,915 m Dmr. und eine Breite von 0,31 m. Die einseitige Einströmungsöffnung hatte einen Durchmesser von 0,5 m.

Die Versuche wurden bei 5 verschiedenen Umfangsgeschwindigkeiten, ferner eine Versuchsreihe bei offener, eine zweite bei geschlossener Saugöffnung angestellt.

Die Resultate der Versuche und die daraus gezogenen Folgerungen sind von Bochet in einem längeren Aufsatze unter dem Titel „Experimental determinations of the Results of the working of a new fan (Capell) and the consequences deduced from these results“ in der englischen Zeitschrift „The Engineer“ [3]) mitgeteilt. Die nachstehende Tabelle gibt zunächst

---

1) The Engineer. 1889, Bd. 67, S. 39.

2) Inspecteur général des mines, Paris.

3) The Engineer. 1888, Bd. 66, S. 343 und 465.

Bezeichnungen:						Bemerkungen:
1. Tourenzahl i. d. Min.	500	600	700	800	900	n
2. Umfangsgeschwindigk. m i. d. Sek.	23,74	28,73	33,52	38,31	43,10	$v = 4{,}788 \cdot \frac{n}{100}$
A. Versuche bei offenem Saugrohr.						
3. Auf die Vent.-Welle übertragene Arbeit N_e in PS.	0,87	1,49	2,36	3,54	5,04	$N_e = 0{,}00687 \left(\frac{n}{100}\right)^3 = 0{,}0000627 \cdot v^3;\ v = 25{,}2 \sqrt[3]{N_e}$
4. Mittlere Depression, 25 mm vor dem Eintritt in den Ventilator, gemessen in mm Wassersäule .	27	39	52	67	84	$h = 1{,}05 \left(\frac{n}{100}\right)^2 = 0{,}0458 \cdot v^2 = 29{,}5 \sqrt[3]{N_e^2}$ gemessen in 83 mm Abstand vom inneren Umfang des Saugrohrs.
5. Angesaugte Luftmenge, cbm i. d. Min.	209	250	291	332	374	$V = 41{,}6 \frac{n}{100} = 8{,}69 \cdot v = 40{,}6 \sqrt{h} = 219 \sqrt[3]{N_e}$
6. Minutliche Luftmenge, auf 0° C. reduziert	193	231	269	306	345	$V_0 = 38{,}4 \frac{n}{100} = 8{,}02 \cdot v = 37{,}5 \sqrt{h} = 202 \sqrt[3]{N_e}$
7. Luftgeschwindigk. im Saugrohr, m	16	19	22	25,5	29	$c = 3{,}2 \frac{n}{100} = 0{,}667 \cdot v = 0{,}98 \cdot \sqrt{h} = 16{,}8 \sqrt[3]{N_e}$
8. Arbeit der Luft beim Eintritt in das Saugrohr in PS. N	1,12	1,92	3,05	4,56	6,49	$\frac{N}{N_e} = \frac{8.}{3.} = 1{,}29$
9. Arbeit der Luft beim Verlassen des Ventilators in PS. N_0 . . .	0,627	1,08	1,70	2,56	3,64	$\frac{N_0}{N_e} = \frac{9.}{3.} = 0{,}72$
B. Versuche mit vollkommen geschlossenem Saugrohr.						
10. Auf die Vent.-Welle übertragene Arbeit N_e, in PS.	—	0,79	1,23	1,82	—	$N_e = 0{,}0036 \left(\frac{n}{100}\right)^3 = 0{,}000034 \cdot v^2$
11. Depression H in mm Wassersäule	—	45	62	81	—	$H = 1{,}26 \left(\frac{n}{100}\right)^2 = 0{,}055\ v^2 = 53{,}6 \sqrt[3]{N_e^2};\ \frac{h}{H} = 0{,}83$
12. Arbeit der Luft beim Austritt aus dem Ventilator in PS. N_0 . . .	—	—	0,453	—	—	$\frac{N_0}{N_e} = 0{,}37$

die Versuchsresultate, sowie in der letzten Spalte die empirischen Formeln, welche Bochet aus den gefundenen Werten abgeleitet hat.

An die Eintrittsöffnung war ein 3 m langes Saugrohr von gleicher lichter Weite (0,5 m) angeschlossen, welches zur Anbringung des Wassermanometers, sowie zur Messung der Luftgeschwindigkeit diente.

„Die Versuche ergaben einen sehr hohen manometrischen Wirkungsgrad von 0,87 und das sehr günstige Verhältnis von 1,29 zwischen der Arbeit der Luft beim Eintritt in das Saugrohr und der Ventilatorarbeit. Dies ungemein günstige Resultat veranlasste Bochet zu folgendem Ausspruch:

„Der Capell'sche Ventilator ist im Verhältnis von 129 zu 93 besser als alle bisher bekannten Systeme. Um dieselbe Nutzleistung hervorzubringen, braucht er eine viel geringere Betriebskraft — um ca. 30 % weniger — und der Ventilator kann kleiner sein.

„Bei angemessenen Dimensionen kann man mit ihm bei viel geringeren Kosten jede gewünschte Nutzleistung, sei es hinsichtlich der Depression, sei es hinsichtlich der Luftmenge erzielen.“

Inwieweit diese Behauptungen richtig sind, wird die spätere Besprechung der Leistungen der verschiedenen anderen Systeme lehren. Jedenfalls kann jetzt schon gesagt werden, dass die Beurteilung des Capell'schen Ventilators seitens Bochet's gegenüber anderen Systemen eine etwas zu optimistische sein dürfte.

Nach Hauer[1]) ergaben Versuche bei einem geschlossenen Ventilator auf Grube Waleswood bei Sheffield (vergl. S. 351) und bei einem offenen Ventilator auf Grube Swansea Valley in England folgende Resultate.

		Waleswood Geschloss. Vent.	Swansea Offener Vent.
Dmr. des Ventilators	m	3,05	3,05
Breite desselben	„	2,44	1,3
Zahl der Eintrittsöffnungen		2	1
Tourenzahl des Ventilators		205	146
„ der Maschine		36	73
Depression	mm	76	24
Luftmenge i. d. Sek.	cbm	51,3	16,4
Ventilatorleistung	PS.	51,9	5,2
Leistung der Maschine	„	59,3	7,5
Dynam. Wirkungsgrad in	%	87,5	68,0

Eine Übersicht der wichtigsten, bei den verschiedenen Capell-schen Ventilatoren gefundenen Resultate dürfte die Beurteilung der Leistungsfähigkeit desselben wesentlich erleichtern, weshalb dieselben in

1) Hauer, Wettermaschinen S. 125.

der folgenden Tabelle nochmals zusammengestellt sind. In den beiden letzten Horizontalreihen sind die Werte der sekundlichen Luftmengen für 1 PS. eingetragen. Die Tabelle dürfte für den Vergleich des Capell-

Ort der Versuche	Zeche Fried. Joachim	Zeche Prosper	Wales-wood, Fairley	Wales-wood, Capell	Paris, Bochet	Swansea
Dmr. des Ventilators . m	2,5	3,75	3,05	3,05	0,915	3,05
Breite des Ventilators . m	1,8	2,0	2,44	2,44	0,31	1,3
Mittlere Tourenzahl . . .	78	80	213	205	700	146
Mittl. Umfangsgeschw. m	10,21	15,71	33,95	32,7	33,52	23,3
Entsprechende Luftmenge cbm i. d. Sek.	22,316	54,95	47.24	51,3	4,85	16,4
Ventilatorleistung N_e PS.	26,78	157,9	48,89	51,9	3,05	5,2
Maschinenleistung N_i PS.	44,49	310	55	59,3	—	7,5
Depression h . . . mm	93	223	78,74	76	52	24
Manom. Wirkungsgrad .	—	—	—	—	0,83	—
Dynam. Wirkungsgrad %	60,19	51,0	89,0	87,5	—	68,0
Luftmenge V_1 i. d. Sek. für 1 effekt. PS.	0,833	0,347	0,966	0,988	1,59	3,154
Luftmenge V_2 i. d. Sek. für 1 indiz. PS.	0,5	0,177	0,86	0,865	—	2,186

Ventilators mit anderen Systemen einen gewissen Anhalt gewähren, da in ihr alle für die Beurteilung der Leistung des Ventilators wesentlichen Faktoren, die Luftmenge, Tourenzahl, Depression und der Kraftbedarf enthalten sind.

2. Ventilator von D'Anthonay[1]). Figuren 369—371.

Die Schaufeln sind nach vorwärts oder rückwärts gekrümmt, je nachdem der Ventilator blasend oder saugend wirken soll.

Fig. 369 stellt einen blasenden, 371 einen saugenden Ventilator dar, der Querschnitt, Fig. 370, ist für beide Systeme gleich. Die Schaufeln sind trapezförmig und beiderseits mit Blechmänteln bekleidet, welche am Umfang nahe zusammentreten und nur eine schmale Austrittsöffnung für die Luft bilden. Das Rad ist von einem Gehäuse umgeben, wenn der Ventilator blasend wirken soll, während bei dem saugenden Ventilator die Luft aus dem Ventilator direkt ins Freie ausströmt. Das Einsaugen erfolgt in beiden Fällen durch die beiden seitlichen Saugöffnungen.

Die Schaufeln laufen bei dem saugenden Ventilator unter einem möglichst spitzen Winkel gegen die Peripherie aus, um die Luft mit möglichst geringer absoluter Geschwindigkeit austreten zu lassen. Die Ventilatoren von D'Anthonay haben Durchmesser von 2—4 m, die Depression schwankt zwischen 10 und 100 mm, die sekundliche Luftmenge zwischen 8,75 bei der kleinsten und 155 cbm bei der grössten Ausführung.

1) S. D'Anthonay, Paris, Rue de Berthelot.

3. Ventilator von Farcot[1]. Figuren 372—374.

Derselbe unterscheidet sich von dem vorigen System nur dadurch, dass zur besseren Abdichtung des Saugraums gegen den Druckraum am Umfang des Schaufelrades beiderseits Winkelringe *A* befestigt sind, welche

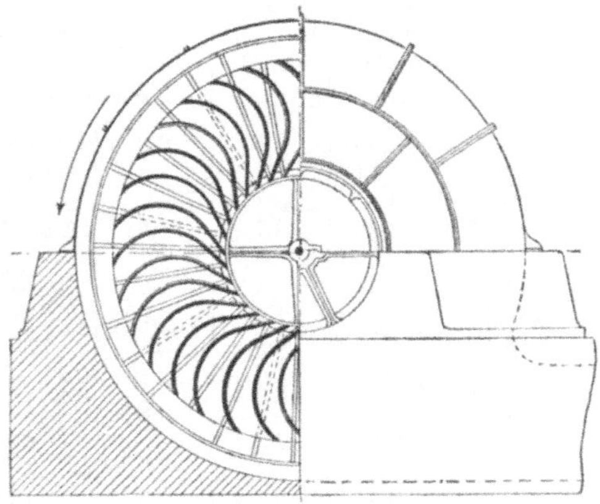

Fig. 369.

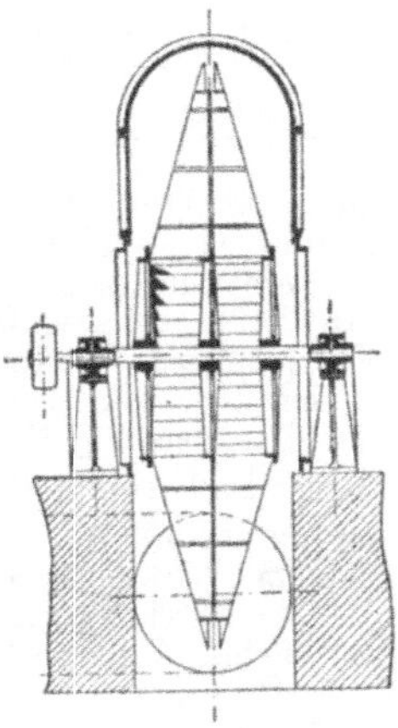

Fig. 370.

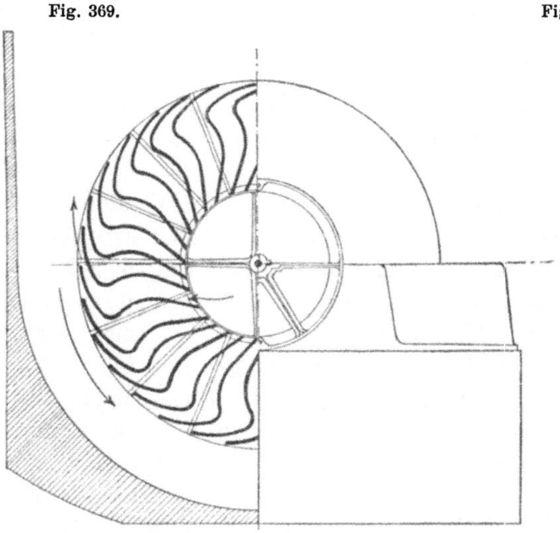

Fig. 371.

in entsprechenden Nuten des Gehäuses laufen. Die Schaufeln sind nach vorwärts gekrümmt und laufen unter einem spitzen Winkel gegen die Peripherie des Rades aus. Eine andere Form der Abdichtung zeigt Fig. 374[2]),

1) E. Farcot fils, Paris, Rue Lafayette.

2) Uhland's Prakt. Masch.-Konstr. 1884. Skzbl. IV.

bei welcher zwei oder mehrere ringförmige Nuten zu beiden Seiten des Flügelrades am Gehäuse angebracht sind, deren Rippen dicht an das Flügelrad anschliessen, wodurch gleichfalls ein Luftüberströmen von der Saug- nach der Druckseite verhindert werden soll.

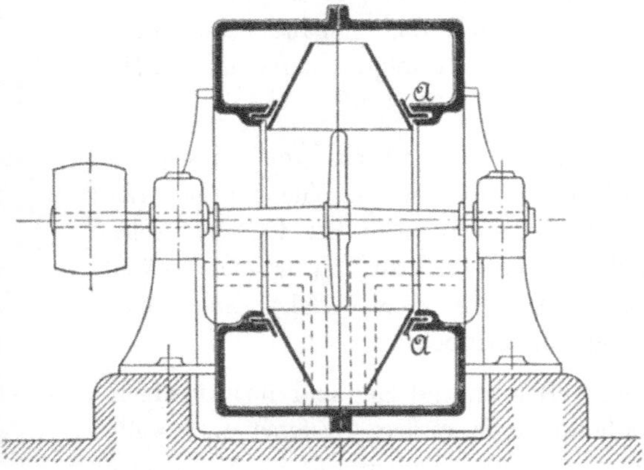

Fig. 372.

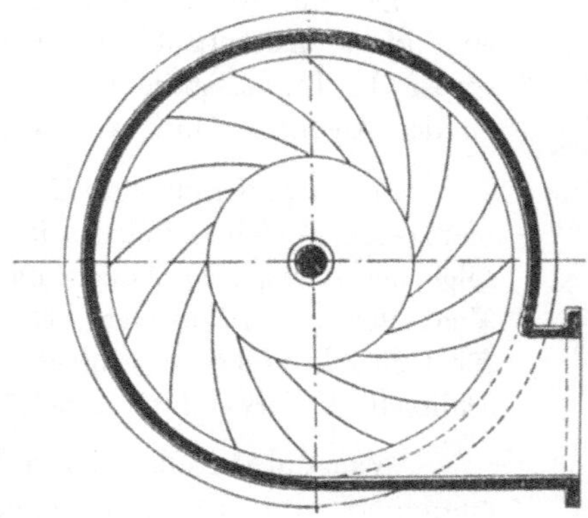

Fig. 373.

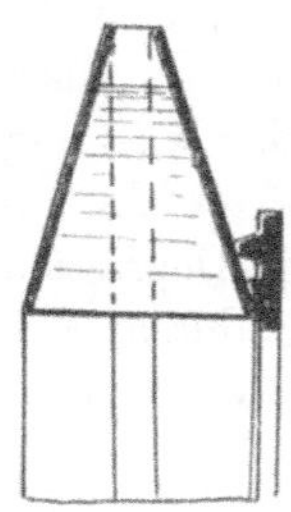

Fig. 374.

Über einige Versuchsresultate mit Farcot'schen Ventilatoren ist in der Revue des mines [1]) näheres mitgeteilt und sind die Resultate in der folgenden Tabelle zusammengestellt.

Der manometrische Wirkungsgrad ist, wie aus dieser Tabelle hervorgeht, trotz der grossen Umfangsgeschwindigkeit ein sehr geringer, nur in einem Falle über 50 %, für die meisten Fälle im Mittel nur 30 %. Leider gestatten die Angaben keine Berechnung des dynamischen Wirkungs-

	Dmr. m	Luftmenge i. d. Sek. cbm	Depression mm	Tourenzahl	Umfangsgeschwindigkeit m	Äquiv. Fläche	Manom. Wirkungsgrad
1. Grube zu Aveyron 1884	6	20	30	95	28,6	1,38	0.3
			80	110	33,1	0,84	0,59
2. " " " 1887	4	35	50	160	33,4	1,87	0,36
3. Brassac (Puy de Dôme) (saugend)	4	18,3	95	215	45,94	0,71	0,375
4. Montieux (St. Etienne)	2,5	24,3	70	350	45,5	1,1	0,28

grades, welcher indessen, nach dem vorstehenden zu schliessen, auch nur gering sein dürfte.

1) 1891, S. 219 folg.

Der Farcot'sche Ventilator muss daher nach diesen Resultaten als wenig empfehlenswert bezeichnet werden.

4. Ventilator von Guibal.

Derselbe ist mit schwachgekrümmten Schaufeln versehen und bis auf eine kleine Austrittsöffnung vollkommen durch das Gehäuse eingehüllt, sodass die Luftausströmung nur intermittierend erfolgt, sobald eine Zelle an der Austrittsöffnung vorübergeht.

Zur Regulierung der Grösse der letzteren dient ein von aussen zu bewegender Schieber, welcher in seitlichen Führungen verschiebbar ist. Infolge der stossweisen Ausströmung der Luft verursacht der Guibal'sche Ventilator ein starkes Geräusch, welches denselben zu Ventilationszwecken für Gebäude völlig ungeeignet macht. Derselbe findet daher auch ausschliessliche Verwendung zur Lüftung von Gruben.

Während derselbe in Frankreich, Belgien und England noch vielfach ausgeführt wird, ist er in Deutschland durch andere Systeme fast vollständig verdrängt worden. Infolge seines sehr grossen (bis zu 12 m ausgeführten) Durchmessers und seiner grossen Breite sind sowohl sein Gewicht als auch seine Herstellungskosten, sowie seine durch das grosse Gewicht verursachte Reibungsarbeit so beträchtlich, dass diese Umstände allein schon genügen, ihn gegenüber anderen Systemen von gleicher Leistung bei beträchtlich kleineren Dimensionen und weit geringerem Gewicht unmöglich zu machen. Infolge der geringen von ihm erzeugten Depression ist derselbe für enge Gruben überhaupt nicht anwendbar, wie durch zahlreiche, von der preussischen Schlagwetterkommission angestellte Versuche zur Genüge dargetan ist.

Durch die Anwendung von trichterförmigen Einlaufrohren ist der Wirkungsgrad allerdings beträchtlich erhöht worden, indem durch dieselben starke Pressungs- und Richtungsänderungen der Luft vermieden wurden, wie durch zahlreiche, auf Grube Heinitz bei Saarbrücken im Jahre 1887[1]) angestellte Versuche erwiesen ist.

Die Ergebnisse derselben sind folgende:

Der Durchmesser des Ventilators betrug 11 m, die Breite 3 m. Die Einlaufrohre waren beiderseits an die Saugöffnungen angeschlossen, welche je 4,93 qm Querschnitt hatten. Der runde Wetterschacht hatte 15 qm freien Querschnitt und war mit den Einlaufrohren durch einen Saugkanal von 10,13 qm Querschnitt verbunden. Die Versuche ergaben bei wechselnder Tourenzahlen des Ventilators von 26,25—50,5 folgende Werte.

---

[1]) Österr. Z. f. B.- u. H.-W. 1888, S. 671.

No.	Touren-zahl i. d. Min.	De-pression mm	V cbm[1]) i. d. Sek.	Vent.-Leistung N_e in PS.	Maschinen-leistung N_i in PS.	Dynam. Wirkungs-grad $\eta_d = \frac{N_e}{N_i}$	Manom. Wirkungs-grad η_m	$\frac{V}{N_e}$	$\frac{V}{N_i}$
1	26,25	20	36,01	9,6	13,7	0,70	0,72	3,75	2,63
2	31,6	30	39,04	15,6	25,7	0,61	0,74	2,50	1,525
3	36,1	36,5	42,75	20,8	30,0	0,69	0,69	2,05	1,425
4	39,4	45	47,81	28,7	43,8	0,66	0,72	1,66	1,091
5	45,9	60	55,53	44,4	67,7	0,66	0,71	1.25	0.82
6	50,5	73,4	60,41	59,1	89,7	0,66	0,71	1,02	0,675

Der mittlere dynamische Wirkungsgrad beträgt demnach 66 %, der mittlere manometrische 71,5 %.

Bezeichnet η_m den manometrischen Wirkungsgrad und C die Zahl, um wieviel die wirkliche Umfangsgeschwindigkeit grösser ist als die theoretisch notwendige, so ist $\eta_m = \frac{1}{C^2}$, worin $C = 0{,}0183 \frac{n \cdot D}{\sqrt{h}}$ ist, und D den Durchmesser in m, h die Depression in mm Wassersäule bezeichnet.

Für den Versuchsventilator war D = 11 m, woraus $C = 0{,}2013 \cdot \frac{n}{\sqrt{h}}$ folgt.

Für die vorstehenden 6 Versuche ergab sich

für n =	26,25	31,6	36,1	39,4	45,9	50,5	im Mittel
C =	1,18	1,16	1,20	1,18	1,19	1,19	1,19
und η_m =	0,72	0,74	0,69	0,72	0,71	0,71	0,715

d. h. die Umfangsgeschwindigkeit war im Mittel um ca. 19 % grösser als die theoretisch notwendige. Da die Übereinstimmung der beiden Wirkungsgrade bei den 3 letzten Versuchen eine fast vollständige war, so darf wohl als richtig angenommen werden, dass der dynamische Wirkungsgrad im Mittel 0,66, der manometrische 0,71 betrug, welches Resultat als ein sehr günstiges angesehen werden muss und die Wichtigkeit der richtigen Lufteinführung, welche durch Anbringung der Einlauftrichter erreicht wurde, deutlich erkennen lässt.

Der gefundene manometrische Wirkungsgrad übertrifft den von Murgue für Guibal'sche Ventilatoren angegebenen von 65 % nicht unerheblich; ebenso ist der dynamische Wirkungsgrad von 50 % nach Murgue's Angaben, bezw. von 42 % nach den Versuchen der preussischen Schlagwetterkommission, beträchtlich übertroffen, was gleichfalls der durch den richtigen Lufteinlauf bewirkten Verringerung der Wirbelbildungen und sonstigen schädlichen Widerstände zuzuschreiben ist.

1) Reduziert auf 0° und Normalbarometerstand.

Bei Versuchen, welche von Steavenson[1]) mit Guibal-Ventilatoren auf englischen Gruben angestellt wurden, ergaben sich folgende Werte:

	Luft-geschwindigkeit i. d. Sek. m	Depression mm Wassersäule	Depression bei 20 m Normal-geschwindigkeit	Theoretische Depression bei dieser Geschwindigkeit	Manom. Wirkungsgrad
im Minimum	19,45	34,3	37,44	50,5	0,578
im Maximum	33,50	79,25	47,60		0,741
im Mittel	26,47	66,77	42,52		0,659

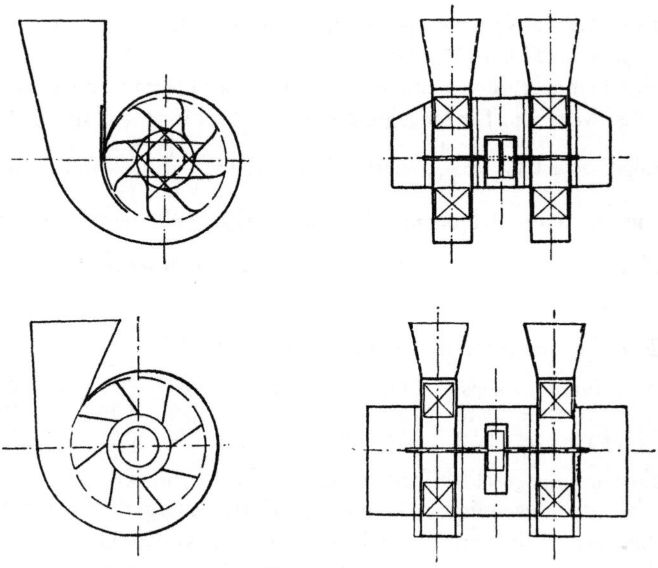

Fig. 375—378.

Über eine grosse Anzahl von Versuchen mit Guibal'schen Ventilatoren, welche meist auf amerikanischen Gruben in den Jahren 1890 und 1891 angestellt wurden, berichtet A. Norris im „Engineering[2]).

Die Originalzusammenstellung enthält im ganzen 75 Versuche, welche mit 25 verschiedenen Guibal-Ventilatoren angestellt wurden. Dieselben waren meist als Doppelventilatoren angeordnet, indem zwei gleich grosse Flügelräder auf einer gemeinsamen Welle sassen, wie aus den Figuren 375—378 ersichtlich ist.

[1]) Engineering 1890. Bd. 49, S. 378.

[2]) Engineering 1892. Bd. 53, S. 303. Centrifugal-Ventilators by R. van A. Norris, Wilkes-Barre, Pa. Siehe I. Aufl. S. 302 und 303. Versuchstabelle.

Dieselben zeigen fast durchweg einen dynamischen Wirkungsgrad von über 60 %, häufig sogar über 80 %. Der letztere, sehr hohe Wert erscheint allerdings etwas fraglich und dürfte derselbe wohl in der Messung der Luftgeschwindigkeit in der Mitte des Luftstroms seinen Grund haben, wodurch sich die Luftgeschwindigkeit und die Luftmenge, also auch die reine Ventilatorleistung und der dynamische Wirkungsgrad als zu vorteilhaft ergibt.

Jedenfalls verdienen die von Norris gegebenen Resultate hohe Beachtung, da auf Grund derselben das Vorurteil, welches gegen die älteren Konstruktionen der Guibal-Ventilatoren vielfach und mit Recht Platz gegriffen hat, wenn nicht ganz beseitigt, so doch stark beeinträchtigt werden kann.

Nicht unerwähnt soll schliesslich das Urteil Hauer's[1]) über die Guibal'schen Ventilatoren bleiben, welches folgendermassen lautet:

„Die besprochenen Ventilatoren dürften bei guter und der gleichwertigen Öffnung der Grube angepasster Ausführung kaum von einer anderen Art Ventilatoren an Wirkungsgrad übertroffen sein; sie zeigen einen soliden Bau und gewähren grosse Sicherheit des Betriebes . . . . . .

„Indessen sind doch einige Einwendungen gegen dieselben zu erheben: Das Rad erfordert eine grössere Breite, durch welche im Verein mit dem bei stärkerer Depression notwendigen, grossen Durchmesser das Gewicht und die Herstellungskosten sehr anwachsen. Die Last des Rades ruft eine bedeutende Achsenreibung hervor (diese konsumiert angeblich beim Ventilator von Couillet 6 PS. bei 42 PS. Leistung). Bei engen Gruben sind sie nicht am Platze und geben, für solche benutzt, einen geringen Wirkungsgrad, wie durch Versuche in Preussen vielfach konstatiert wurde. Sie sind daher dort weniger beliebt und haben durch die neueren Konstruktionen eine starke Konkurrenz erlitten; unter 49 in den Jahren 1880 bis 1883 neu erbauten Ventilatoren befanden sich nur 12 Guibal'sche."

Was die von Hauer besonders hervorgehobene solide Bauart und Betriebssicherheit betrifft, so muss dagegen doch wohl geltend gemacht werden, dass ein eisernes Bauwerk von 11 m Dmr. und 3 m Breite, welches sich mit einer Umfangsgeschwindigkeit von 20—30 m bewegt, wohl schwerlich dauernd vor Lockerung der Verbindungen bewahrt bleiben kann, zumal durch den unterbrochenen Luftaustritt fortgesetzte Stösse und Vibrationen verursacht werden, dasselbe daher zu häufigeren Reparaturen und Betriebsunterbrechungen Anlass geben wird als kleine, selbst rascher laufende Ventilatoren.

Dennoch werden die Guibal'schen Ventilatoren für weite, leicht zu lüftende Gruben, für welche eine geringe Depression ausreichend ist und grosse Luftmengen zu bewältigen sind, wohl noch lange Zeit ihren Platz

---

1) Hauer, Wettermaschinen, S. 92.

behaupten, da dieselben in vielen Gegenden „Mode“ sind, von welcher ungern abgewichen wird.

Die Ausführungen der Guibal'schen Ventilatoren der Maschinenbauanstalt „Humboldt“ in Kalk b. Köln a. Rh. sind in der nachstehenden Tabelle enthalten[1]), worin die reine Ventilatorleistung, sowie der mechanische Wirkungsgrad vom Verfasser berechnet und eingesetzt sind.

Guibal-Ventilatoren, ausgeführt von der Maschinenbauanstalt „Humboldt“, Kalk b. Köln a. Rh.

Durchmesser in m	5	6	7	8	9	10	11	12
Breite in m	1,5	1,8	2,1	2,4	2,7	3	3,3	3,6
Depression bei 60 Touren, mm Wassersäule	21	30	40	53	68	84	100	120
Luftmenge Q cbm i. d. Sek. .	5	10	16	24	33	46	62	81
Reine Ventilatorleistung (berechnet) $N_0 = \frac{Q \cdot h}{75}$, PS. .	1,4	4	8,533	17	30	51,52	82,6	130
Effektiver Kraftverbrauch bei 60 Touren N_e, PS. . . .	3	6	14	27	47	82	132	205
Mechan. Wirkungsgrad $\frac{N_0}{N_e}$ in % (berechnet)	46,6	66,7	60,95	63	64	62,83	62,5	63,4

Die Ausführungen ergeben, abgesehen von der ersten Nummer, im Mittel einen mechanischen Wirkungsgrad von 63,34 %, welcher Wert nach dem früher gesagten, speziell nach den Versuchen auf Grube Heinitz, als ein günstiger anzusehen ist.

B. Schleudergebläse mit Verteiler.

Die Versuche, welche über die Wirkungsweise des Verteilers namentlich in Frankreich von Rateau angestellt worden sind, haben die hohe Bedeutung dieses Teiles des Ventilators klargelegt. Dieselbe wird weiter unten näher besprochen und bewiesen werden, an dieser Stelle sei nur folgendes darüber bemerkt. Der Hauptwert des Verteilers beruht auf der Umwandlung der lebendigen Kraft der aus dem Rade ausströmenden Luft in dynamischen bez. statischen Druck, welche Umwandlung durch die bedeutend geringere Geschwindigkeit der Luft infolge der Querschnittserweiterung zu erklären ist.

Fast alle neueren Ventilatoren sind daher mit einem ringförmigen, nach der Austrittsöffnung sich allmählich erweiternden Gehäuse umgeben, dessen Konstruktion aus der nachfolgenden Beschreibung der verschiedenen Ventilatorensysteme verständlich werden wird.

---

[1]) Berg- und hüttenm. Zeitung 1881, S. 497.

Bezüglich der Schaufelform ist zu erwähnen, dass auch hier gerade und gekrümmte Schaufeln Anwendung finden, die letztere Form jedoch, wie später nachgewiesen werden soll[1]), den Vorzug verdient.

I. Mit geraden Flügeln.

1. Ventilator von Beck und Henkel[2]).

Fig. 379 stellt die äussere Form, Fig. 380 den Querschnitt sowie die Vorderansicht desselben dar. Die Schaufeln *A* sind trapezförmig und mit seitlichen Blechmänteln *B* versehen, welche an gusseisernen, durch zwei Armkreuze *D* mit der Nabe *E* verbundenen Ringen *C* befestigt sind. Die Lagerung der Welle geschieht in zwei leicht nachstellbaren Lagern, deren Konstruktion aus Fig. 380 ersichtlich ist. Der Verteiler *V* umschliesst die Schaufeln ziemlich dicht und erweitert sich nach der Ausflussöffnung hin allmählich.

Die Leistungen, Dimensionen und der Kraftbedarf einiger dieser Ventilatoren sind aus der folgenden Tabelle zu ersehen.

No.	Dmr. des Flügels mm	Zum Schmieden			Zum Schmelzen			Zum Ventilieren und Trocknen			Riemenscheiben		Gewicht ca. kg
		Feuer 300 mm Düse	Umdrehungen i. d. Min.	PS.	Centner Eisen i. d. Stunde	Umdrehungen i. d. Min.	PS.	Wind i. d. Min. cbm	Umdrehungen i. d. Min.	PS.	Dmr. mm	Breite mm	
0	300	1	3500	0,15	—	—	—	—	—	—	25	35	18
2 c	350	4—8	3200	0,75	15—25	5000	1,75	35	2500	0,50	80	60	80
2 d	400	8—12	3000	1,25	25—35	4000	2,50	50	2300	0,75	100	90	100
2 f	650	18—30	1700	3,50	60—90	2500	7,00	140	1250	2,00	150	100	230
2 h	1000	50—80	1000	7,00	135—240	1500	12,00	300	750	5,00	250	150	850
2 k	1500	110—150	650	11,00	300—375	900	18,00	600	350	9,00	350	250	1500

Ein Vergleich der Leistungen des Beck-Henkel'schen Ventilators mit einem gewöhnlichen Lloyd'schen Ventilator ergibt folgendes:

Q = 400 cbm i. d. Min.

	Dmr. m	Tourenzahl	PS.	Gewicht kg
Neuwied. Maschinenfabrik Lloyd'scher Ventilator	1,0	775	4,75	350
Aerzener Maschinenfabrik	1,0	700	6,0	600
Beck & Henkel No. 2 i	1,2	500	7,0	1200

[1]) Vergl. über die Schaufelform sowie den Verteiler den theoretischen Teil, Kap. 12, D u. E.

[2]) Beck & Henkel, Kassel.

Die Beck-Henkel'schen Ventilatoren haben daher bei gleicher Luftmenge einen grösseren Kraftbedarf, sowie ein bedeutend grösseres Gewicht als die beiden Lloyd'schen Ventilatoren. Indessen dürfte wohl auch die erzielte Pressung, welche leider nicht angegeben ist, eine höhere als bei den beiden ersten Systemen sein.

2. Ventilator von Schiele[1]).

Derselbe zeigt mit dem vorbesprochenen System grosse Ähnlichkeit, weshalb derselbe gleich hier behandelt werden soll. Die Schaufeln sind

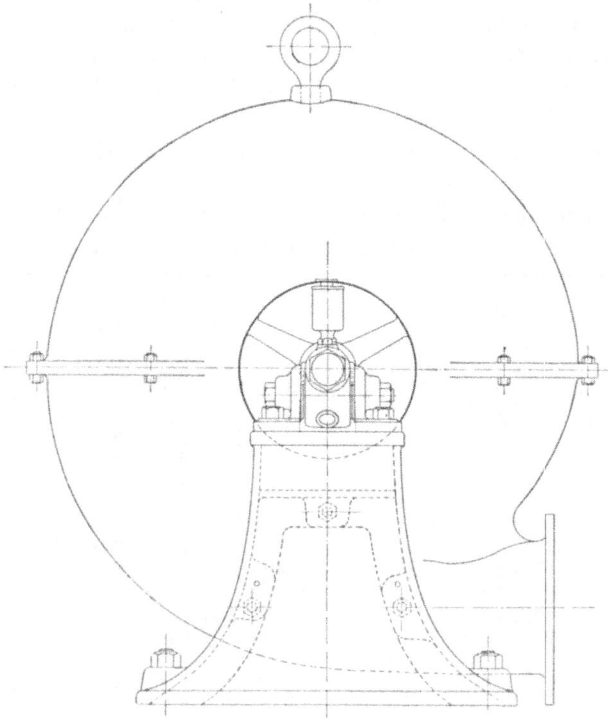

Fig. 379.

im Querschnitt gleichfalls trapezförmig und entweder gerade oder nach rückwärts gekrümmt, wie letzteres aus den Figuren 381 und 382 zu ersehen ist.

Das Gehäuse ist entweder in der Mittelebene des Rades, wie in Figuren 381 und 382, oder in der Horizontalmittelebene der Achse geteilt und im letzteren Falle leicht abnehmbar.

Die Schiele'schen Ventilatoren liefern Windpressungen bis 400 und 450 mm Wassersäule und dienen vorwiegend für Schmiedefeuer, Kupol-,

---

1) G. Schiele & Co., Bockenheim bei Frankfurt a. M.

Schweiss-, Glas- und andere Öfen, sowie als Exhaustoren für Fabriken genau wie die drei zuletzt besprochenen Systeme. Die Dimensionen und Leistungen einiger Schiele'schen Ventilatoren für Schmiedefeuer und Giessereiöfen sind aus der nachfolgenden Tabelle zu ersehen.

No.	Dmr. des Flügels m	Zum Schmieden bei ca. 150 mm Druck Wassersäule			Zum Schmelzen bei ca. 300 mm Druck Wassersäule			Dmr. in mm		Gewicht
		Feuer 3 cm Düse	Umdrehungen i. d. Min.	PS.	Ctr. Eisen i. d. Stunde	Umdrehungen i. d. Min.	PS.	der doppelten Riemenrollen	Ausblasöffnung	ca. kg
2	0,27	2—4	4000	1/3	15	6000	1	50 u. 62	125	50
4	0,40	8—12	3000	1 1/4	25—35	4000	2 1/2	75 „ 100	200	160
6	0,65	18—30	1700	3 1/2	60—90	2500	7	120 „ 150	320	500
8	1,00	50—80	1000	7	135—240	1500	12	200 „ 250	500	1270

Dieselbe zeigt sowohl in den Dimensionen als auch in den Leistungen eine grosse Ähnlichkeit mit den Beck-Henkel'schen Ventilatoren, der einzige Unterschied liegt in No. 2 und 3, für welche bei sonst gleichen Verhältnissen folgende Änderungen gelten.

		No. 2.	No. 3.
Beck & Henkel	Dmr.	0,3 m	0,35
Schiele	„	0,27	0,32
B. & H.	Tourenzahl	3500	3200
Sch.	„	4000	3500
B. & H.	PS.	1,25	1,75
Sch.	(Schmelzen)	1,0	1,5

Auch im Gewicht ist bei No. 3 ein geringer Unterschied vorhanden.

Der Kraftbedarf ist mithin bei Schiele für Gebläse zum Betrieb von Kupolöfen bei No. 2 um 20%, bei No. 3 um 14,3% geringer als bei Beck-Henkel.

Zur Ventilation von Gruben bauen C. Schiele & Co. Ventilatoren zum Einmauern nach Art des Farcot'schen Ventilators, mit seitlichen Blechwänden und spitz zulaufenden, jedoch nicht gekrümmten Schaufeln von 1 1/4 bis 4 1/2 m Raddurchmesser, deren Leistungen etc. aus nachstehender Tabelle ersichtlich sind.

No.	Flügel-Dmr. m	Leistung in cbm i. d. Min.	Touren i. d. Min.	PS.	Querschnitt der Saugkanäle qm	Gewicht ca. kg
20	1,25	300	300	2,5	0,6	300
21	1,50	450	240	4	0,9	425
22	2,00	750	180	6	1,5	750
23	2,50	1250	145	9	2,0	1200
24	3,00	1750	125	12	3,0	2100
25	3,50	2500	110	18	4,0	3600
26	4,00	3200	95	25	5,0	5200
27	4,50	4000	80	35	6,0	6500

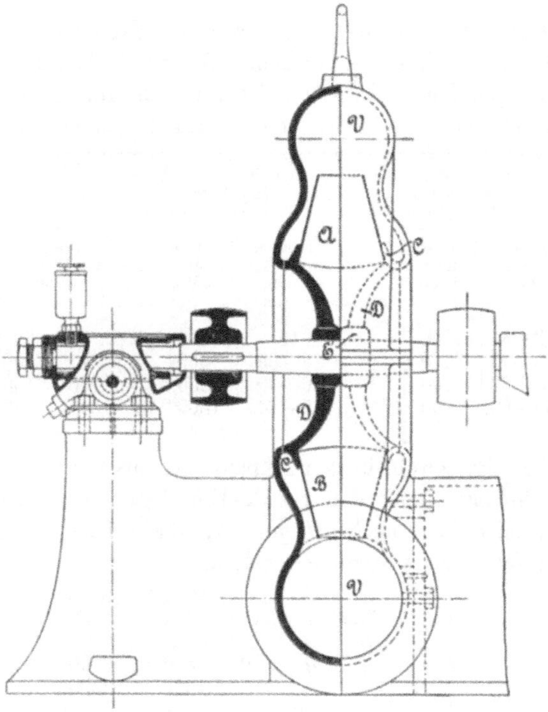

Fig. 380.

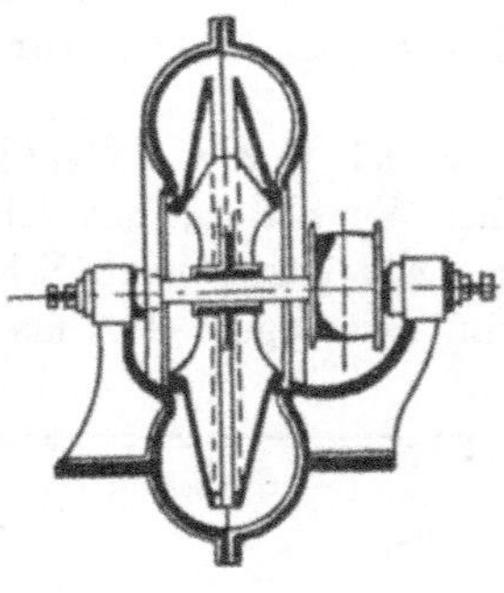

Fig. 381.

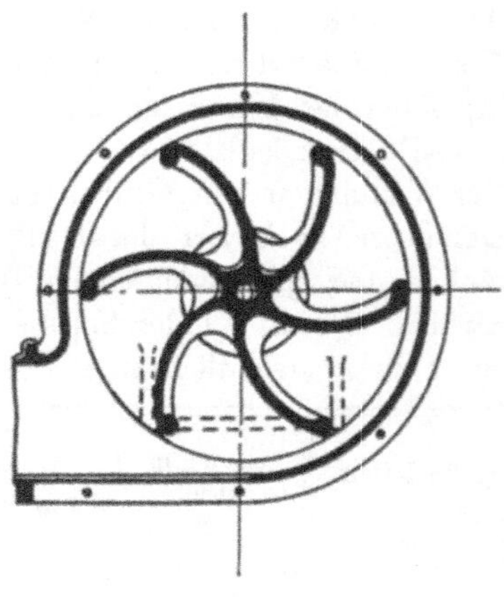

Fig. 382.

Diese Ventilatoren sind namentlich in England zur Ventilation von Gruben viel in Gebrauch. Über Versuchsresultate mit letzteren berichtet v. Hauer[1]) folgendes.

[1]) Hauer, Wettermaschinen, S. 73.

1. Versuche von Merfyn.

Manometr. Wirkungsgrad	Min. . . .	0,239
	Max. . . .	0,376
	Mittel . .	0,304
Dynamischer „	Min. . . .	0,42
	Max. . . .	0,66
	Mittel . .	0,55

2. Versuche mit engl. Ventilatoren

Manometr. Wirkungsgrad	Min. . . .	0,203
	Max. . . .	0,400
	Mittel . .	0,322

3. Versuche der englischen Schlagwetter-Kommission

Manometr. Wirkungsgrad . . . 0,320 bis 0,327
Dynam. „ . . . 0,461 „ 0,493

4. Grube „Gemeinschaft" bei Worsbach

Dynam. Wirkungsgrad . . . . 0,52.

Zwei andere Versuchsreihen seien noch erwähnt, bei welchen das Schiele'sche System mit dem Guibal'schen und Waddle'schen verglichen wurde. Die Werte der ersten Versuchsreihe sind die folgenden[1]):

Name der Grube	System des Ventilators	Datum des Versuchs	Dimensionen des Ventilators: Dmr.	Dimensionen des Ventilators: Breite	Dimensionen des Ventilators: Dmr. des Lufteintritts	Dimensionen der Maschine: Cyl.-Dmr.	Dimensionen der Maschine: Hub	Dimensionen der Maschine: Tourenzahl i. d. Min.	Dimensionen der Maschine: Dampfdruck im Kessel	Dimensionen der Maschine: Dampfdruck mittlerer, nach d. Diagrammen	Dimensionen der Maschine: Indiz. PS. N_i	Leistung des Ventilat.: cbm i. d. Min.	Leistung des Ventilat.: Depression mm Wassersäule	Querschnitt des Wetterkanals	Geschwindigkeit i. Wetterkanal m i. d. Min.
			m	m		m	m							qm	
1. Hilda . .	Guibal	11. 7. 79	15,25	3,66	4,57	1,07	1,07	41	3	0,77	133	3000	84	13,3	230
2. Pemberton	Guibal	27. 1. 80	14	4,5	3,96	0,91	1,07	37	3,9	1,17	136	6900	37	15,5	449
3. Canock Wood . .	Guibal	29. 1. 80	12,2	3,66	4,27	0,91	0,91	36	2,9	0,84	82	4800	36	19,4	247
4. Celynen .	Waddle	30. 10. 79	13,7	2,00 resp. 0,43	4,57	0,81	1,22	51	2,3	0,98	142	4600	51	20,0	230
5. Corton Wood . .	Schiele	24. 1. 80	3,66	0,63	?	0,63	0,61	70	3,2	1,68	102	4400	70	28,0	156
6. Car House	Schiele	23. 1. 80	2,9	0,51	2,44	0,51	0,51	90	3,4	1,57	69	3000	96	7,0	430

Berechnet man hieraus die reine Ventilatorleistung und daraus den dynamischen Wirkungsgrad, so erhält man folgende Übersicht:

	No.	N_e	$\eta_d = \frac{N_e}{N_i}$
Guibal . . .	1	56	0,421
	2	56,72	0,417
	3	38,4	0,468
Waddle . .	4	52,13	0,367
Schiele . .	5	68,45	0,671
	6	64,0	0,927

1) Österr. Z. f. B.- u. H.-W. 1885, S. 251.

Der letzte der berechneten Werte dürfte wohl anzuzweifeln sein, da ein so hoher dynamischer Wirkungsgrad überhaupt nie erreicht werden kann. Es muss also in den Angaben der Quelle ein Fehler sein. Indessen ist der vorhergehende Wert (No. 5) des Wirkungsgrades des Schiele'schen Ventilators von 0,671 auch schon ein sehr hoher, welcher denjenigen der beiden anderen Systeme (Guibal und Waddle) um 20 bis 30 % übertrifft.

Die andere Versuchsreihe[1]) bezieht sich auf den manometrischen Wirkungsgrad. Bei Versuchen, welche von Steavenson mit Ventilatoren von Guibal, Waddle und Schiele angestellt wurden, ergaben sich folgende Werte:

		Manom. Wirkungsgrad η_m
Guibal . . .	Min.	0,578
	Max.	0,741
	Mittel	0,659
Waddle . .	Min.	0,408
	Max.	0,478
	Mittel	0,443
Schiele . .	Min.	0,289
	Max.	0,534
	Mittel	0,412

Der Schiele'sche zeigt dabei den kleinsten manometrischen Wirkungsgrad von im Mittel 0,412, welcher den von Merfyn angegebenen (S. 366) Mittelwert von 0,304 jedoch noch um über 10 % übersteigt.

Die vorstehenden Versuchsresultate ergeben, dass der Schiele'sche Ventilator für Grubenventilation nur bei weiten, leicht zu lüftenden Gruben geeignet ist, da sein manometrischer Wirkungsgrad ein sehr geringer, seine „verdünnende“ Kraft (vergl. S. 336) also im Verhältnis zu seiner fortbewegenden Kraft klein ist.

Einen interessanten Beitrag zur Lösung der Frage blasender oder saugender Luftführungen bei Sonderventilatoren liefert ein Bericht über die blasende und saugende Sonderventilation auf Grube Redern, Bezirk Neunkirchen im Saargebiet[2]). Beim Abteufen des Bildstockschachtes dieser Grube ist das kombinierte System der saugenden und blasenden Ventilation zur Anwendung gekommen, und zwar ein blasender Ventilator System Schiele und ein saugender, System Pelzer, deren ersterer an eine 40 cm weite, deren letzterer an eine 80 cm weite Luttenleitung angeschlossen ist. Die blasende Leitung wird gewöhnlich bis auf 8—10 m vom Schachttiefsten, die saugende bis auf 20—25 m von dort nachgeführt. Bei gleichzeitigem Gang beider Ventilatoren ergaben sich folgende Resultate:

---

[1]) Engineering 1890, Bd. 49, S. 378.

[2]) Zeitschr. f. B.-, H.- und Sal.-Wesen, 1901, Bd. 49, Heft 2, S. 330.

Antriebsmaschine	Blasender Ventilator, Schiele		Saugender Ventilator, Pelzer	
Tourenzahl	Tourenzahl	cbm	Tourenzahl	cbm
38	279	39,20	165	103,04
40	299	41,—	172	107,00
58	427	60,48	253	157,92
62	456	65,14	270	168,70
70	514	73,24	305	189,59

Diese Zusammenstellung zeigt, dass die Verbindung beider Sonderventilatoren sehr vorteilhaft ist, und wie die übrigen, hier nicht weiter mitgeteilten Betriebsresultate ergeben, konnten weder bei nur saugender oder nur blasender Wirkung die beim Abteufen durch Abschiessen entstandenen Gase genügend entfernt werden.

3. Ventilator von Dingler. Figuren 383 und 384.

Derselbe besteht aus einem mit 8 oder mehr geraden, gegen die Mittellinie geneigten Schaufeln *A* versehenen, einseitig offnen Schaufelrad *B*. An die Saugöffnung schliesst sich das Saugrohr *C* an. Das Gehäuse ist ringförmig gestaltet, das Flügelrad jedoch exzentrisch in demselben eingebaut, Fig. 383, wodurch der Auslaufraum allmählich nach der Austrittsöffnung erweitert ist, derselbe also wie ein Verteiler wirkt. Der Betrieb des vorstehend gezeichneten Ventilators erfolgt durch Druckluft, und ist

Versuch No.	Tourenzahl n	L m	Q_1 cbm i. d. Min.	Q_2 cbm i. d. Min.	$\frac{Q_2}{Q_1}$	$\frac{Q_1 - Q_2}{L}$ cbm
1	302	14	—	20,5	—	—
2	266	15	22,40	18,4	0,82	0,2667
3	189	23	13,00	11,15	0,86	0,080
4	362	62	20,83	11,5	0,55	0,124
5	256	68	11,56	5,7	0,50	0,087
6	388	76	—	11,2	—	—
7	332	88	20,23	13,8	0,68	0,073
8	272	92	14.19	7,5	0,53	0,073
9	280	100	—	7,8	—	—
10	308	115	12,00	7,65	0,64	0,038
11	248	126	9,10	6,65	0,73	0,020
12	398	135	—	10,5	—	—
13	276	135	10,89	6,0	0,59	0,036
14	400	140	17,22	5,5	0,32	0,084
15	280	143	14,98	7,0	0,47	0,056
16	308	168	—	7,5	—	—
17	408	170	15,00	6,8	0,455	0,050
18	390	175	14,00	7,35	0,525	0,040
19	436	185	22,11	7,75	0,355	0,077
20	435	195	—	8,25	—	—
21	402	268	17,47	5,1	0,30	0,050

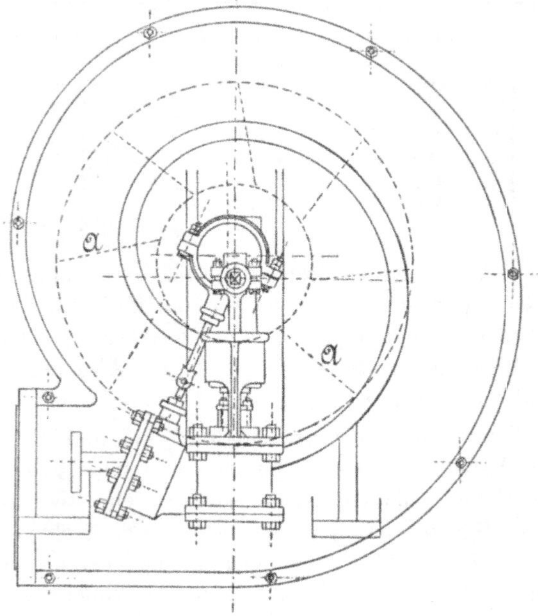

Fig. 383.

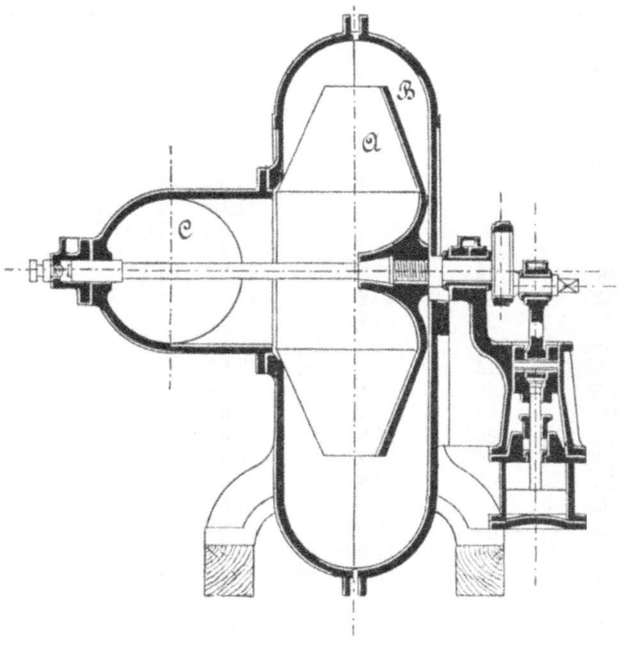

Fig. 384.

derselbe für Sonderventilation in Gruben bestimmt. Auf Grube Dudweiler bei Saarbrücken[1]) wurde ein solcher Dingler'scher Ventilator im Jahre 1888 in Betrieb gesetzt, und wurden mit demselben folgende, für die Beurteilung der Sonderventilation von Gruben wertvolle Resultate erhalten.

Der Ventilator wurde durch Pressluft von 4 Atm. Druck betrieben, welche durch zwei Weiss'sche Kompressoren von Klein, Schanzlin & Becker in Frankenthal und einen Kompressor von Kautz & Westmeyer in St. Johann geliefert wurde. Die Versuche wurden bei verschiedenen Luttenlängen[2]) und verschiedenen Tourenzahlen ausgeführt und dabei sowohl die Luftmengen (Q_1) im Saugrohr, als auch diejenigen (Q_2) vor Ort gemessen. Das Verhältnis beider Luftmengen gibt den volumetrischen Wirkungsgrad der Anlage, der Quotient der Differenz beider durch die Luttenlänge L den Luftverlust für jeden laufenden Meter der Luttenleitung an.

Aus den in der Tabelle enthaltenen Werten lässt sich folgendes schliessen. Der volumetrische Wirkungsgrad nimmt mit zunehmender Luttenlänge ab, ebenso der Luftverlust für 1 laufenden Meter Luttenlänge, welcher sich (abzüglich der besonders hoch und auffallend erscheinenden Werte No. 2 und No. 4) in der Minute im Mittel auf 0,0588 cbm beläuft oder abgerundet zu 1 Liter i. d. Sek. für 1 laufenden Meter Luttenlänge angenommen werden kann.

Die letzte Reihe (No. 21) der Tabelle zeigt, dass selbst auf 268 m Entfernung hin noch über 5 cbm Luft i. d. Min. oder 300 cbm i. d. Stunde vor Ort gelangen, was, wenn man nach der Tabelle auf S. 337 einen stündlichen Luftbedarf von 150 cbm Luft für 1 Arbeiter rechnet, für 2 Arbeiter vollkommen ausreichen würde.

Einen interessanten Beitrag zum Kostenpunkt der Sonderventilation gibt die an gleicher Stelle mitgeteilte Berechnung der Sonderventilation, welche sich folgendermassen gestaltet.

A. Kosten von 1 cbm Luft von 4 Atm.

Die Betriebskosten für 3 Kompressoren, Brennmaterial, Kessel, Maschinenwartung etc. betrugen im Jahre 1888: 47696,44 Mk. bei 8784 Betriebsstunden oder 5,43 Mk. stündlich.

Es lieferten stündlich:

1. Der Kompressor von Kautz & Westmeyer	145,09 cbm Luft von 4 Atm.
2. Der Kompressor von Klein, Schanzlin & Becker (No. 1)	54,96 cbm „ „ „ „
3. Der Kompressor von Klein, Schanzlin & Becker (No. 2)	46,33 cbm „ „ „ „
also zusammen	246,28.

[1]) Z. f. B.-, H.- und Sal.-Wesen 1890, S. 287.

[2]) Lutten s. v. w. Luftzuleitungsrohre zur Ausblasestelle vor Ort.

Davon ab ca. 8% Verlust in der Zuleitung = 19,7

gibt 226,58 cbm Luft,

deren Unkosten 5,43 Mk. betrugen, sodass 1 cbm Luft von 4 Atm. ca. 2,39 ∽ 2,4 Pf. kostete.

B. Berechnung des Luftverbrauchs.

Um 200 m Strecke aufzufahren, waren 5 Monate Ventilationsbetrieb nötig. Der Ventilator verbrauchte i. d. Stunde 7,5 cbm Pressluft von 4 Atm., daher in 5 Monaten $Q = 5 \cdot 30 \cdot 24 \cdot 7,5 = 27000$ cbm.

C. Kosten der Ventilation.

27000 cbm Pressluft à 0,0239 Mk. = ...	645,30 Mk.
200 m Lutten zu je 4,60 Mk. (5mal benutzbar) = . . .	184,00 „
5% Zinsen und Amortisation vom Anlagekapital der Kompressoranlage (55000 Mk.) auf 5 Monate, woran ein Ventilator mit 1/30 beteiligt ist	37,00 „
10% Zinsen und Amortisation vom Kaufpreis des Ventilators auf 5 Monate	25,00 „
Summa	891,30 Mk.

Dagegen kostet

1. Die Ventilation mit Parallelstrecken	3361,00 Mk.
2. „ „ mittels Backsteinwetterscheider . . .	830,60 „
3. „ „ mittels freistehendem, dreiseitig gemauertem Wetterkanal	1464,80 „

sodass die Separatventilation unter Berücksichtigung der Wiederverwendbarkeit der Maschinen und Lutten wohl als die billigste anzusehen ist.

Die im 2. Kapitel angeführten Mitteilungen über die Druckluftanlage auf der königlichen Steinkohlengrube Camphausen bei Saarbrücken[1]) enthalten auch nähere Angaben über die Ventilatoranlage genannter Gruben. Von letzterer sind drei verschiedene Arten im Gebrauch:

1. Ein älterer Ventilator System Ser aus der Fabrik von Pinette mit Riemenantrieb und zweiseitigem Lufteintritt. Derselbe hat sich während der langen Betriebszeit zufriedenstellend bewährt.
2. Fünf Ventilatoren älterer Konstruktion aus der Dingler'schen Maschinenfabrik in Zweibrücken (s. S. 368). Die eincylindrige Antriebsmaschine derselben mit Schiebersteuerung greift direkt an der Ventilatorwelle an und wird durch Druckluft betrieben.
3. Zwei Ventilatoren neuerer Konstruktion derselben Firma.

Bei diesen ist der Motor am Rücken des Gehäuses angebracht und erfolgt der Antrieb durch doppelte Riemenübertragung mit einer Übersetzung von 1 : 3. Der Antrieb dieser Ventilatoren geschieht gleichfalls durch Druckluft. Die Luftzuführung am Cylinder ist am unteren Boden

[1]) Zeitschr. f. B.-, H.- u. Sal.-Wesen 1900. Bd. 48, S. 496.

des Cylinders angebracht, und wird durch einen Hahn geregelt, der vermittels eines Exzenters und einer Exzenterstange vom Motor aus bewegt wird. Durch die Druckluft wird nur eine Aufwärtsbewegung des Kolbens bewirkt, während die Niederbewegung des Kolbens durch die lebendige Kraft der Riemenscheiben und des Ventilators geschieht. Versuche, welche mit beiden Ventilatoren angestellt wurden, haben für den neueren Ventilator einen günstigeren Wirkungsgrad ergeben, da bei gleicher Luftleistung der alte Ventilator 0,122 cbm, der neuere nur 0,047 cbm Druckluft von etwa 4,2 Atmosphären absoluter Spannung i. d. Min. benötigte. Ähnliche Resultate sind auf den Gruben König und Redern mit denselben Ventilatoren gefunden worden. In Ergänzung der auf S. 175 mitgeteilten Betriebskosten für die Luftkompressoren-Anlage der genannten Grube sei im folgenden die Berechnung des Gesamteffektes der ganzen Druckluftanlage wiedergegeben. Zur Feststellung desselben wurden die Betriebsresultate im Monat Oktober 1897 zu Grunde gelegt. Der Druckluftverbrauch ist bei den Pumpen und Haspeln mit Rücksicht auf ihre Abmessungen, Umdrehungen und ihre Betriebsdauer unter Annahme eines durchschnittlichen Füllungsgrades von 60% berechnet worden, während für alle Maschinen unter Berücksichtigung der Druckverluste durch Reibung und Durchlässigkeit der Leitungen nur ein Betriebsdruck in den Motoren von 4 Atm. absoluter Spannung angenommen ist. Nach den angestellten Versuchen beträgt der nutzbare Luftverbrauch in cbm von 5 Atm. absoluter Spannung

1. bei den Pumpen	172	cbm
2. „ „ Ventilatoren	1667	„
3. „ „ Lufthaspeln	603	„
Summa:	2422	cbm
Rechnet man hierzu etwa $33\,^1/_3\,\%$ Luftverlust innerhalb der Maschinen, also	800	cbm
und denselben Luftverlust in den Leitungen	800	„
so ergibt sich der Gesamtluftverbrauch für 1 Tag auf	4022	cbm,

wovon also nur 60% nutzbar verwandt werden.

Nach der Tabelle auf S. 178, Zeile 22, beträgt die tägliche Leistung beider Kompressoren zusammen 4750 cbm von 5 Atm. absoluter Spannung. Der Unterschied zwischen beiden Luftmengen dürfte darin seinen Grund haben, dass

1. der volumetrische Wirkungsgrad des Dingler-Kompressors mit Rücksicht auf die Durchlässigkeit seiner Ventile wohl geringer war als angenommen wurde,

2. die oben erwähnten Versuche über die Verluste in den Leitungen bei Stillstand der Maschinen angestellt wurden, die Verluste aber während des Betriebes höher sein dürften, und
3. der Humboldt-Kompressor und die Druckluftmaschinen unter Tage nicht indiziert werden konnten, sämtliche Berechnungen daher keine vollständig richtigen oder genauen Werte ergeben konnten.

Immerhin ist der Unterschied von 6—7 % zwischen der Berechnung des Luftverbrauchs und der Leistungen kein sehr beträchtlicher. Der Effekt der ganzen Anlage wurde aus der tatsächlichen Leistung der Pumpen und Haspeln auf Grund der geförderten Mengen berechnet, während die indizierte Leistung der Ventilatoren unter Annahme eines Wirkungsgrades von 60 % beim Ser-Ventilator und von 70 % bei den andern Ventilatoren berechnet wurde. Die tatsächliche Leistung für 1 Tag ergab sich danach

bei den Pumpen	zu . . .	3144650 mkg
„ „ Ventilatoren	„ . . .	49248000 „
„ „ Haspeln	„ . . .	8909630 „
	Summa:	61302282 mkg

Die indizierte Leistung beider Kompressoren beträgt 382818960 mkg.

Es werden also 16 % der über Tage in den Kompressoren geleisteten Arbeit unter Tage nutzbar gemacht. Der Arbeitsverlust von 84 % dürfte sich etwa folgendermassen verteilen:

50 % Verluste durch Erzeugung der Druckluft,
16—18 % Verluste in den Leitungen,
16—18 % „ „ „ kleinen Motoren; letztere namentlich dadurch, dass eine Expansion der Druckluft kaum stattfand. — Die Gesamtkosten der Anlage und des Betriebes ergeben sich folgendermassen:

1. die Kompressoren	30500 Mk.
2. Luftleitung	32181 „
3. Pumpen	4060 „
4. Ventilation	6360 „
5. Haspel	12010 „
in Summa:	85111 Mk.
bei 10 % Verzinsung und Amortisation ergibt sich eine Jahresabschreibung von	8511 Mk.
oder im Monat	710 „

Die Betriebskosten betrugen im Monat Oktober 1897

1. bei den Kompressoren . . .	2310,— Mk.
2. „ „ Pumpen	141,— „
3. „ „ Ventilatoren . . .	120,— „
4. „ „ Haspeln	1012,66 „
in Summa:	3583,66 Mk.
Hierzu Amortisation etc. . . .	710,— „
in Summa:	4293,66 Mk.

Hieraus ergibt sich die gesamte Betriebskostenberechnung für 1 Monat zu 4293,66 Mk., für 1 Tag (bei 25 Arbeitstagen) zu 171,70 Mk.

Interessant ist ein Vergleich der Ersparnis bei Anwendung des Druckluftbetriebes gegenüber Menschenbetrieb. Danach würde nach der angegebenen Quelle für die entsprechende Leistung eine Belegschaft von 267 Arbeitern erforderlich gewesen sein, oder bei einem durchschnittlichen Schichtlohn von Mk. 2,50 eine Gesamtausgabe von 667,50 Mk. für 1 Tag, d. i. das 3,89fache der Kosten der Druckluftanlage, sodass die Ersparnis durch letztere gegenüber Menschenbetrieb für 1 Tag 495,8 Mk., im Jahre aber 148770 Mk. beträgt. Abgesehen von dieser nicht unbeträchtlichen Betriebsersparnis ist auch vorteilhaft in Rechnung zu ziehen, dass wegen des unregelmässigen Betriebes der Haspel die Menschenkräfte nicht völlig ausgenutzt werden könnten, dass ferner der Betrieb von Ventilatoren durch Druckluft bedeutend zuverlässiger ist, und endlich auch die durch die in grossen Mengen aus den Druckluftmaschinen ausströmende frische Luft bewirkte Verbesserung der Wetter im Grubengebäude ins Gewicht fällt.

4. Ventilator von Kley[1]).

In den Figuren 385 und 386 ist die äussere Ansicht sowie der Vertikalschnitt durch den Kley'schen Ventilator gegeben, während aus den Figuren 387—389 die Konstruktion des Flügelrades, sowie die Einmauerung zu ersehen ist.

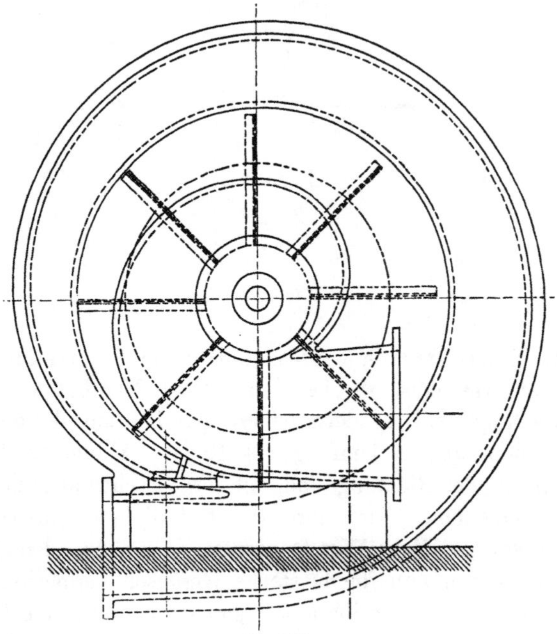

Fig. 385.

1) D.R.P. No. 20314 von C. Kley, Bonn. Ausgeführt von C. Mehler, Maschinenfabrik, Aachen und der Dingler'schen Maschinenfabrik in Zweibrücken.

Der Kley'sche Ventilator zeigt in seinem Äusseren grosse Ähnlichkeit mit dem Guibal'schen und ist als eine Verbesserung dieses Systems anzusehen. Derselbe dreht sich, ebenso wie der Guibal'sche Ventilator, zwischen zwei dichtanschliessenden, feststehenden Wänden, welche jedoch nicht eben sind, sondern flache, abgestumpfte Kegelflächen bilden.

Die Eigentümlichkeit der Kley'schen Verbesserung besteht nun darin, dass die einströmende Luft durch einen spiralförmigen Einlauf *S*, Fig. 387, derart geleitet wird, dass sie in einer Richtung und mit einer Geschwindigkeit am inneren Umfang des Flügelrades ankommt, welche

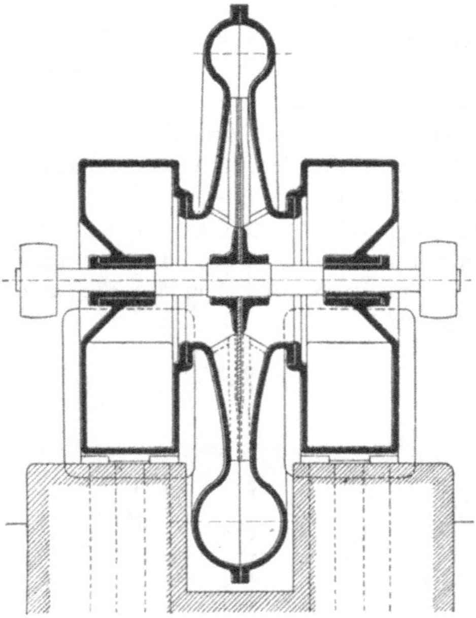

Fig. 386.

deren Eintritt in das Rad ohne Stoss und ohne Kraftverlust ermöglicht. Die Luft strömt also nicht, wie bei den meisten Ventilatoren, rechtwinklig zur Ebene des Rades ein, sondern nahezu parallel mit derselben und fast tangential an den inneren Umfang des Rades. Dadurch, dass die einströmende Luft in der Richtung und mit der Geschwindigkeit der inneren Schaufelenden einströmt, wird ihre Geschwindigkeit nutzbar verwendet, wodurch bedeutend an Betriebskraft gespart, sowie das den älteren Guibal'schen Ventilatoren anhaftende starke Geräusch vermieden wird.

Da der Kley'sche Ventilator am ganzen Umfang ausbläst, während dies bei dem Guibal'schen nur auf $^1/_3$—$^1/_4$ desselben erfolgt, so kann seine Breite bedeutend geringer sein als diejenige des gleichwertigen Guibal'schen Ventilators. Hierdurch wird aber sowohl das Flügelrad als

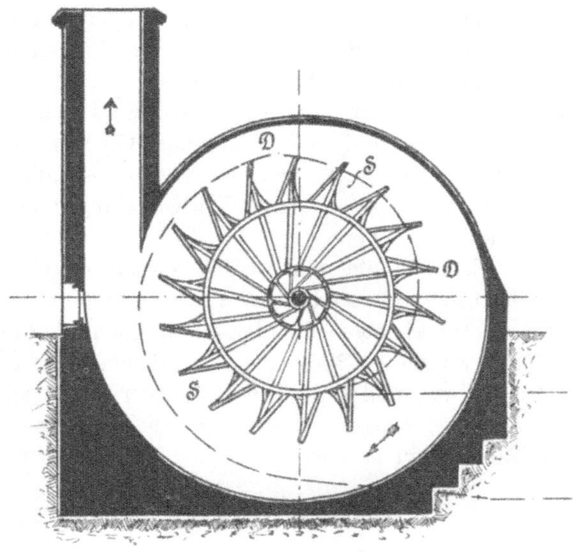

Fig. 387.

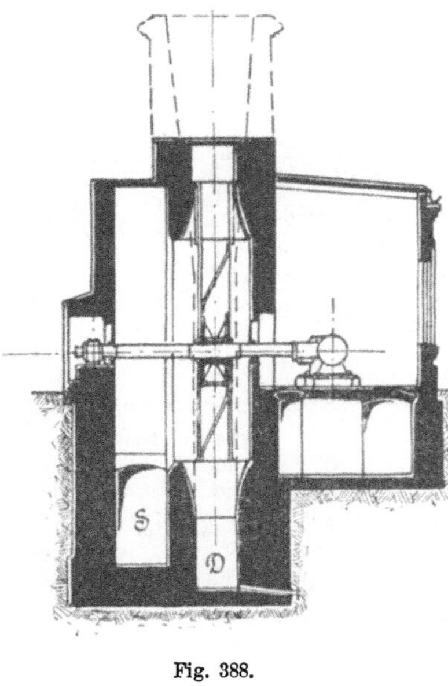

Fig. 388.

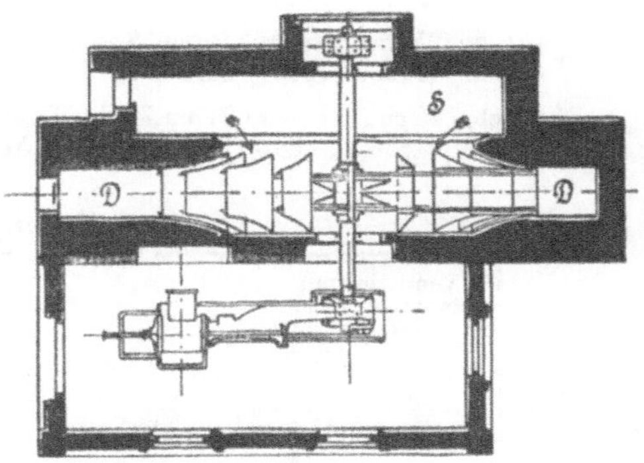

Fig. 389.

auch die Achse leichter, wodurch sowohl die Herstellungskosten, als auch die Reibungswiderstände beträchtlich vermindert werden.

Die Flügel der Kley'schen Ventilatoren sind so gestellt und geformt, dass die Luft im Flügelrad ihre relative Durchströmungsgeschwindigkeit nicht ändert. Es finden nirgends plötzliche Querschnitts- und Richtungsänderungen statt, und bleibt die Luft in stetiger, nur allmählich beschleunigter oder verzögerter Bewegung. Aus dem Flügelrad gelangt die Luft in nahezu tangentialer Richtung in einen Verteiler oder Diffusor, welcher in einen prismatischen oder allmählich erweiterten Schlot endigt. Die Saugkanäle, der Querschnitt der Saug- und Druckspiralen, sowie die Radkanäle sind derart berechnet, dass sie stets vollständig mit vorwärts bewegter Luft erfüllt sind, sodass keine Wirbelbildungen und Rückströmungen der Luft stattfinden können.

Die Kley'schen Ventilatoren werden sowohl einseitig als doppelseitig saugend mit gusseisernem, oder für Grubenventilatoren mit gemauertem Gehäuse ausgeführt. Die kleineren Ventilatoren für Schmieden und Giessereien werden in Grössen von 300—2200 mm, die grösseren für Grubenventilation von 5—12 m Dmr. und 0,6—1,3 m äusserer Breite ausgeführt.

Die Abmessungen einiger Ausführungen beider Arten sind aus den nachstehenden Tabellen zu ersehen.

Fabriksventilatoren.

No.	Windmenge in cbm und Umdrehungszahlen i. d. Min. bei einer Pressungs-Differenz zwischen Saugraum und Druckraum in Wassersäulen von									Durchmesser	
	Zum Ventilieren und Trocknen			Zum Schmieden			Zum Schmelzen			des Flügelrades	der Windleitung
	40 mm	60 mm	80 mm	100 mm	150 mm	200 mm	250 mm	300 mm	400 mm	mm	mm
1	7 cbm 1592	9 cbm 1950	10 cbm 2246	12 cbm 2605	14 cbm 3191	16 cbm 3683	18 cbm 4119	20 cbm 4512	23 cbm 5210	300	150
3	20 cbm 955	25 cbm 1169	29 cbm 1348	32 cbm 1563	39 cbm 1915	45 cbm 2210	50 cbm 2471	56 cbm 2707	64 cbm 3126	500	250
5	39 cbm 682	49 cbm 835	57 cbm 963	63 cbm 1116	76 cbm 1367	88 cbm 1578	98 cbm 1764	110 cbm 1933	125 cbm 2232	700	350

Grubenventilatoren.

No.	Ventilator mit einseitiger Saugwirkung				Leistung								Passende Dampfmaschine	
	Dmr.		Breite		Wettermenge i. d. Min.		Depression in Wassersäule		Tourenzahl		Die Dampfmaschine muss leist.		Cylinder-	
	äusserer m	innerer m	äussere m	innere m	norm. cbm	max. cbm	norm. mm	max. mm	norm.	max.	norm. PS.	max. PS.	Dmr. mm	Hub mm
KV 5	5	3,4	0,6	0,9	900	1100	35	55	80	100	13	23	250	400
KV 6	6	4,0	0,7	1,05	1200	1500	40	62	72	90	20	40	330	500
KV 8	8	5,4	0,9	1,35	2000	2500	50	76	60	75	40	72	400	700
KV 10	10	6,7	1,1	1,65	3000	3600	60	90	52	65	69	128	500	900
KV 12	12	8,0	1,3	1,05	4000	5000	—	—	44	55	95	182	600	1100

Vielfache, mit dem Kley'schen Ventilator angestellte Versuche ergaben recht günstige Resultate, von denen die wichtigsten im folgenden wiedergegeben sind:

a) Ventilator auf dem Schmidtmannschacht der Kaliwerke-Aschersleben-Gewerkschaft zu Aschersleben [1]).

Äusserer Dmr.	9,0 m
Innerer „	6,0 „
Äussere Breite	0,8 „
Innere „	1,2 „

Derselbe ergab folgende Resultate:

Umdrehungen i. d. Min.	Depression im Saugraum des Ventilators mm Wasser	Windmenge i. d. Sek. cbm	Wind-geschwindigkeit im Wetterkanal i. d. Sek. m	Verhältnis der theoretischen Leistung zur indizierten Dampfarbeit
30	22,00	14,00	6,05	
40	34,45	17,66	7,63	0,54
50	50,10	21,33	9,25	
60	72,40	25,00	10,81	0,56
70	98,50	29,00	12,52	
72	104,00	30,00	12,97	0,58

Ein Guibal'scher Ventilator von gleicher Leistung hätte 2,7—3 m Breite erhalten müssen, würde also ein 3—4 mal grösseres Gewicht und entsprechend grössere Leerlaufsarbeit haben.

b) Ventilator auf Zeche Zollverein bei Essen a. R. [2]).

Derselbe wurde im September 1884 in Betrieb gesetzt und mit einem auf derselben Grube befindlichen Guibal-Ventilator verglichen. Die Dimensionen beider Gebläse waren folgende:

	Kley	Guibal
Dmr. m	4,0	9,0
Breite m . . .	0,5	3,0

Beide wurden von derselben Dampfmaschine von 0,47 m Dmr., 0,85 m Hub, welche mit 3 Atm. Überdruck und $^1/_2$ Füllung arbeitete, betrieben, ersterer mit Seilbetrieb (Übersetzung 1 : 2,93), letzterer direkt.

Die Versuchsresultate waren dabei folgende:

	1. Kley	2. Guibal	Verhältnis beider 1.:2.
Tourenzahl	132	45	2,93
Depression, mm Wasser	42	33	1,27
Sekundliche Luftmenge cbm	30,7	27,0	1,14
Reine Ventilatorleistung m/kg . . .	1288,4	891	1,44
Verhältnis der wirklichen zur theoretischen Umfangsgeschwindigkeit der Flügel	1,49	1,29	1,15
Dynamischer Wirkungsgrad	0,6	0,45	1,33

1) „Glückauf" 1886, No. 10.
2) Österr. Z. f. B.- u. H.-W. 1887, S. 14.

Dieser Versuch zeigt, dass die reine Ventilatorleistung bei dem bedeutend kleineren Kley'schen Ventilator um 44 %, der dynamische Wirkungsgrad um $33^1/_3$ % grösser ist als bei dem Guibal'schen Ventilator.

c) Ventilator des Wilhelmsschachtes bei Mährisch-Ostrau[1]).

Derselbe hatte die gleichen Abmessungen wie der unter No. 1 beschriebene Ventilator des Schmidtmannschachtes und ergab folgende Resultate:

Tourenzahl	Depression mm	Luftmenge i. d. Sek. cbm	Reine Ventilatorleistung m/kg
49	43	16,4	705
70	88	21,0	1848

Diese Werte sind allerdings etwas ungünstiger als die auf dem Schmidtmannschacht bei gleichen Touren erhaltenen, indem der dortige Ventilator bei 50 Touren 50 mm Depression und 21,33 cbm, bei 70 Touren 98,5 mm Depression und 29 cbm Luft lieferte.

d) Ventilator auf Josephschacht bei Davidsthal (Böhmen).

9 m äusserer Dmr., 6 m innerer Dmr.

Tourenzahl	Depression mm	Luftmenge i. d. Sek. cbm	Reine Ventilatorleistung m/kg
32	19	14,6	277,4
60	50	27	1350

Der letztere Wert zeigt gleichfalls einen Abfall gegenüber den Werten des Schmidtmannschacht-Ventilators, indem dort bei 60 Touren 72,4 mm Depression und 25 cbm erzielt wurden, was einer reinen Ventilatorleistung von 1810 mkg, also einer Mehrleistung von circa 25 % entspricht.

Man darf nach den gefundenen Resultaten wohl die Behauptung aussprechen, dass der Kley'sche Ventilator einen bedeutend grösseren dynamischen und manometrischen Wirkungsgrad bei wesentlich geringerem Gewicht und geringeren Herstellungskosten als der Guibal'sche Ventilator besitzt.

5. Ventilator von Pelzer[2]).

Das wesentliche und eigenartige des Pelzer'schen Ventilators besteht 1. in den Schöpfschaufeln, 2. in dem verstellbaren Diffusor, zwei Konstruktionen, durch deren Zusammenwirken ein sehr günstiger manometrischer und volumetrischer Wirkungsgrad erreicht wird.

Die Schöpfschaufeln A, Figuren 391 und 392, sind auf dem Rücken des die eigentlichen Ventilatorschaufeln B bedeckenden, kegelförmigen Mantels C befestigt.

Die äussere Form des Rades zeigt die Verbindung eines Cylinders ZZ mit einem Kegel CC, an welchen sich nach der Saugseite hin ein zweiter

---

[1]) v. Hauer, Wettermaschinen, S. 101.

[2]) F. Pelzer, Maschinenfabrik in Dortmund.

Kegel KK von bedeutend kleinerem Spitzenwinkel oder ein Cylinder anschliesst. Die eigenartige Form der Schaufeln bewirkt, dass die aus dem Saugkanal ankommende Luft ohne Stoss und Effektverlust zunächst den eigentlichen Ventilatorschaufeln zugeführt wird, von welchen sie in die Austrittsöffnung gebracht wird. Letztere ist durch eine kegel- oder trichterförmige Wand D, Fig. 392, begrenzt, welche Pelzer den „verstellbaren Diffusor" nennt. Derselbe bildet mit der gleichfalls trichterförmigen Ummauerung T des Ventilators V einen ringförmigen Kanal, durch welchen die Luft ins Freie ausströmt. Der Diffusor D ist auf einem am gegenüberliegenden Mauerwerk befestigten Blechcylinder C verschiebbar. Hierdurch ist es möglich, bei Inbetriebsetzung des Ventilators die Stellung

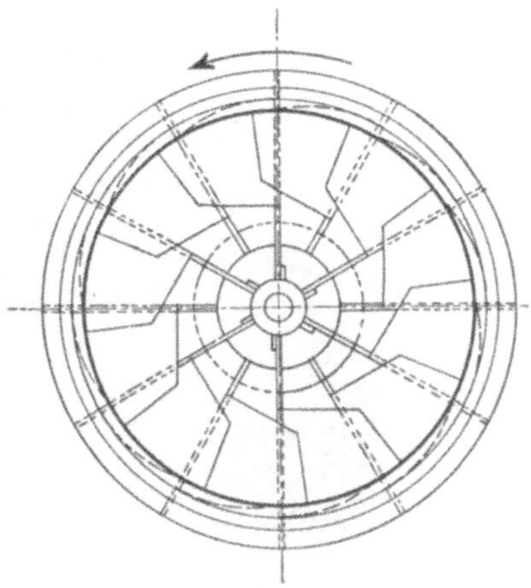

Fig. 390.

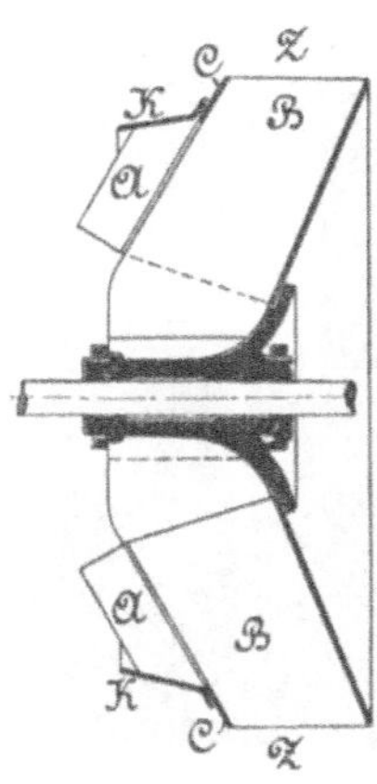

Fig. 391.

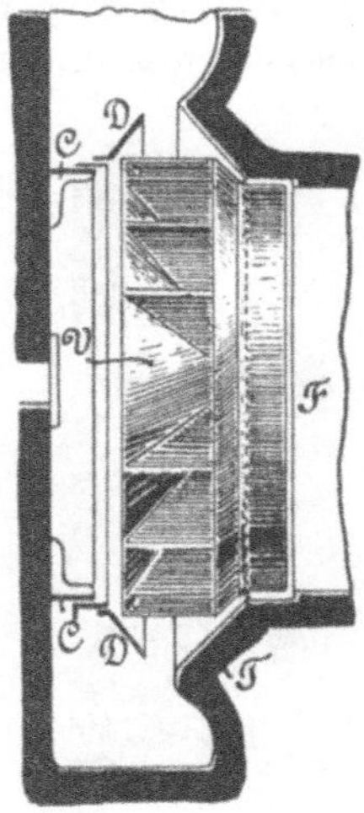

Fig. 392.

des Diffusors so lange zu verändern, bis die mit dem Ventilator überhaupt erzielbare günstige Depression und Luftmenge erreicht ist.

Pelzer gibt für die Konstruktion des Diffusors folgende Regeln an:

1. „Bei saugenden Centrifugalventilatoren ist die Diffusoreinrichtung so zu treffen, dass die ausgeworfene Luft innerhalb des Diffusorgehäuses zu einem geschlossenen Strome gesammelt wird und unter Vermeidung von Stauungen sowohl innerhalb wie ausserhalb des Diffusorgehäuses und unter möglichst geringer Berührung von Wänden ins Freie gelangt."

2. „Bei blasenden Ventilatoren gilt die vorstehende Regel mit dem Unterschiede, dass die aus dem Diffusorspalt austretende Luft in ein Gehäuse strömt, welches ausser dem Ausblasespalt vom Flügelrade vollkommen abgeschlossen ist, und aus dem die Luft mit entsprechend verminderter Geschwindigkeit in die Blaseleitung bezw. den Blaseraum übergeführt wird. Ein Diffusor, dessen Austrittsspalt genau die Grösse hat, dass weder

Stauungen innerhalb des Diffusors entstehen, noch Lücken in dem austretenden Strom, kann nur durch Versuche richtig eingestellt werden und muss also verstellbar sein."

Als Hauptvorzüge der Pelzer'schen Konstruktion sind folgende[1]) zu bezeichnen.

1. Die Luft erhält durch die Schöpfschaufeln bereits eine drehende Bewegung, sodass sie zwischen den Ventilatorschaufeln nur noch einen kleinen Weg zurückzulegen hat, bis sie auf die erforderliche Spannung gebracht ist.

2. Der Eintritt der Luft zwischen die Schöpfschaufeln erfolgt bei der denselben gegebenen Krümmung bezw. Neigung ohne Stoss.

3. Die Saugöffnung kann bei verhältnismässig kleinem, äusserem Durchmesser gross gemacht werden.

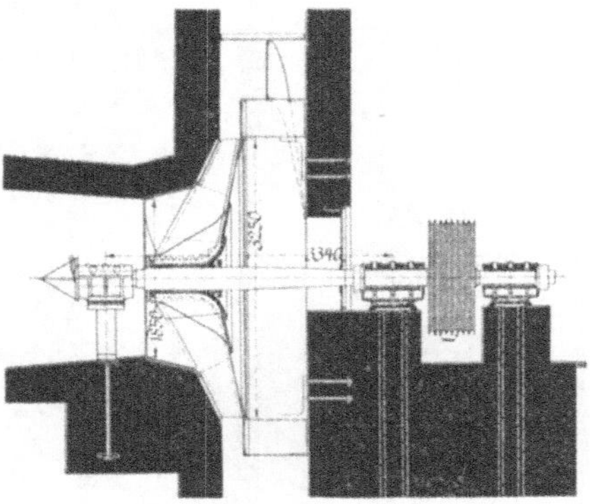

Fig. 393.

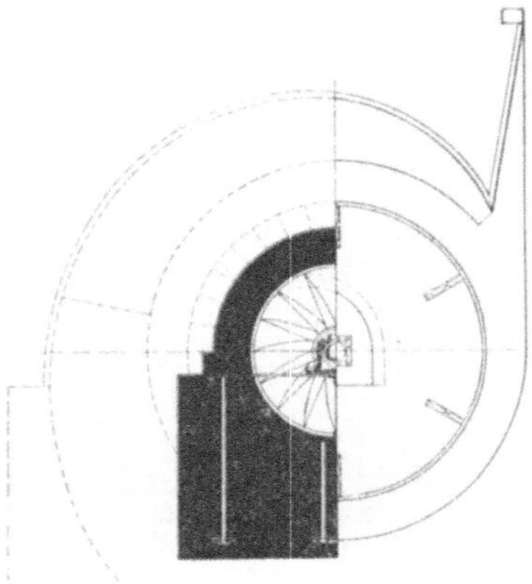

Fig. 394.

4. Infolge des kleinen Durchmessers ist das Gewicht, die Reibungsarbeit, sowie der Herstellungspreis gering.

5. Der Effekt lässt sich, allerdings auf Kosten der Betriebskraft, nötigenfalls bedeutend steigern.

Die neuere Ausführungsform des Pelzer'schen Ventilators ist aus den Figuren 393 und 394 zu ersehen. Der Ventilator hat 3,25 m Durchmesser und ist mit 16 Schaufeln versehen. Das eine Lager ist in dem Wettersaugkanal angebracht und mit einer kegelförmigen vor demselben angeordneten Spitze versehen, welche zur Zerteilung des Luftstromes nach den Schaufeln dient. Der Ventilator bläst in ein gemauertes Gehäuse aus, welches im Innern mit einem aus Schmiedeeisen hergestellten Diffusor ausgerüstet ist, welcher am äusseren Umfange mit einer Auslaufspirale versehen ist.

---

1) Vergl. auch Hauer, a. a. O. S. 108.

Die Anordnung eines über Tage stehenden Pelzer'schen Ventilators ist aus den Figuren 395—397 zu ersehen.

Einige Ausführungen der Pelzer'schen Ventilatoren für 2 verschiedene Depressionen sind aus der nachstehenden Tabelle zu ersehen, worin u die Umfangsgeschwindigkeit des Ventilators, und v die Luftgeschwindigkeit in der Saugmündung bedeutet.

Dmr. des Ventilators D mm	Dmr. der Einströmungsöffnung d mm	Luftgeschwindigkeit in der Saugmündung i. d. Sek. v m	Luftmenge gefördert i. d. Min. q cbm	Tourenzahl des Ventilators i. d. Min.	Beanspruchte Arbeitsleistung PS.	Dmr. des Ventilators D mm	Dmr. der Einströmungsöffnung d mm	Luftgeschwindigkeit in der Saugmündung i. d. Sek. v m	Luftmenge gefördert i. d. Min. q cbm	Tourenzahl des Ventilators i. d. Min.	Beanspruchte Arbeitsleistung PS.
Bei 100 mm Spannungsunterschied						**Bei 300 mm Spannungsunterschied**					
						450	225		28	3000	5,33
300	220		17	2580	0,84	500	250		34	2700	6,47
500	380		48	1550	2,36	700	350		67	1950	12,76
1000	750		200	780	9,60	1000	500		137	1350	26,08
1500	1130	7,6	450	520	22,20	1500	750	11,62	308	900	58,66
2000	1500		800	400	39,48	2000	1000		550	700	104,76
2500	1880		1250	315	61,50	2500	1250		860	550	163,80
3000	2250		1800	260	88,88	3000	1500		1235	450	235,00
4000	3000		3150	200	155,55	4000	2000		2200	350	419.00
$d = 0{,}75 \cdot D$; $v = 0{,}192\,u$.						$d = 0{,}5 \cdot D$; $v = 0{,}166\,u$					

Der Durchmesser beträgt darnach selbst für die grössten Luftmengen und Depressionen nicht mehr als 4 m. Der Pelzer'sche Ventilator gehört also zu den raschlaufenden Ventilatoren mit verhältnismässig kleinen Durchmessern. Berechnet man aus den vorstehenden Tabellen für verschiedene Grössen des Ventilators die reine Ventilatorleistung, so erhält man für den dynamischen Wirkungsgrad folgende Werte:

$h = 100$ mm

D	N_e	N_i (n. d. Tabelle)	$\eta_d = \frac{N_e}{N_i}$
500	1,06	2,36	0,46
1000	4,44	9,60	0,46
1500	10,00	22,20	0,45
2000	17,77	39,48	0,45
3000	40,00	88,88	0,45
4000	70,00	155,55	0,45
		im Mittel	0,453

$h = 300$ mm

D	N_e	N_i (n. d. Tabelle)	$\eta_d = \frac{N_e}{N_i}$
500	2,266	6,47	0,352
1000	9,133	26,08	0,350
1500	20,533	58,66	0,350
2000	36,666	104,76	0,350
3000	82,333	235,00	0,350
4000	146,666	419,00	0,350
		im Mittel	0,350

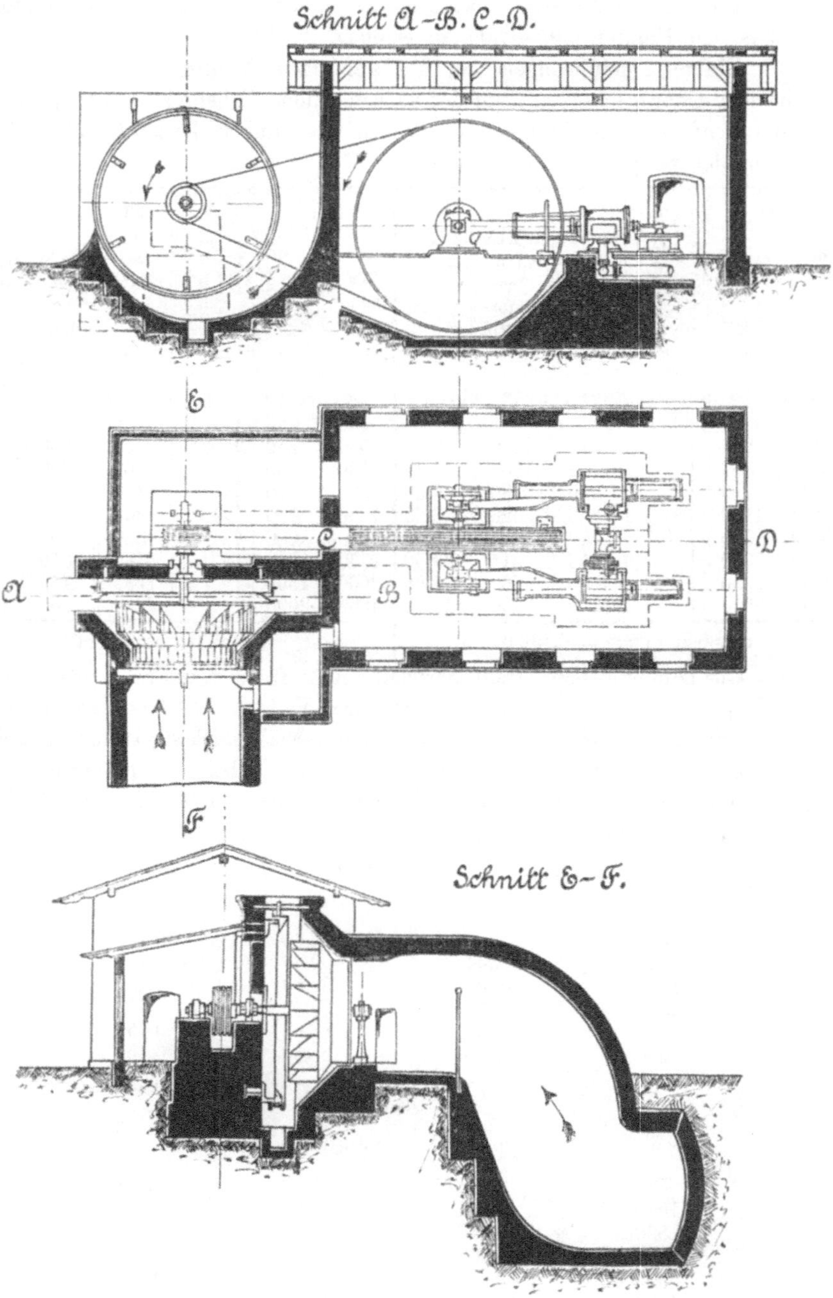

Fig. 395—397.

Beide Tabellen zeigen, dass erstens mit zunehmender Depression der dynamische Wirkungsgrad abnimmt, und zweitens sowohl die reine Ventilatorleistung als auch die indizierte Leistung mit dem Quadrate des Durchmessers wächst. Beide Tabellen genügen nämlich mit ziemlich grosser Genauigkeit der Gleichung

$$N_e = \alpha \cdot h \cdot D^2,$$

worin für

$h =$	0,01	0,02	0,03	0,05	0,10	0,20	0,30 m
$\alpha =$	33	48	38	38	44,44	41,76	30,444

ist und h und D in m einzusetzen sind.

Beispiel: Für $h = 0,1$ und $D = 1,5$ berechnet sich

$$N_e = 44,44 \cdot 0,1 \cdot 1,5^2 = 10,00 \text{ (Tabelle 10,00)}$$

Für $h = 0,3$, $D = 3,0$ m ist $N_e = 30,444 \cdot 0,3 \cdot 3^2 = 82,199$ (Tabelle 82,333).

Der aus den Tabellen berechnete dynamische Wirkungsgrad ist verhältnismässig klein, indessen ist derselbe wohl absichtlich so niedrig gegriffen, um eine Steigerung der Leistung möglich zu machen.

In den Figuren 398—405 ist die allgemeine, bauliche Anordnung eines Pelzer'schen Ventilators von 3,25 m Flügelraddurchmesser mit verbessertem Diffusor für die Gewerkschaft Zeche Nordstern bei Aachen, welcher im Jahre 1900 zur Aufstellung gelangt war, in verschiedenen Schnitten abgebildet.

Versuchs-No.	Zeche	Tourenzahl Dampfmaschine	Tourenzahl Ventilator	Depression mm Wassersäule	Wettergeschw. m i. d. Min.	Wettermenge cbm i. d. Min.	Querschnitt der Strecke, in welcher die Messungen stattfanden qm	Bemerkungen
1	Wolfsbank	17 1/2	114	8—10	300	720	2,4	Die Messungen wurden im Wetterkanal in der Nähe des Ventilators ausgeführt
2		34	221	28—30	405	972		
3		57—59	370—380	65—70	775	1860		
4		57—59	370—380		705	1700		
1	General Blumenthal	30	195	22			3,14	—
2		40	260	40				
3		45	292	52				
4		51	331	64				
5		56	364	78				
1	Minister Stein	24	255	40	235	719	3,06	Messung im Wetterkanal
2		30	326	70	321	982		
3		34	340	80	335	1025		
4		36	370	82	418	1279		
5		40	390	88	451	1378		
6		35	350	80	493	1183	2,4	Messung in der Grube
7		37	375	85	528	1267		
8		38	382	86—88	558	1339		

Mit dem Pelzer'schen Ventilator angestellte Versuche ergaben für seinen dynamischen Wirkungsgrad etwas günstigere als die vorstehend mitgeteilten Resultate. Die wichtigsten dieser Versuche sind nachstehend zusammengefasst.

1. Versuche zur Ermittelung der Wettermenge und Wettergeschwindigkeit auf den Gruben Wolfsbank, General Blumenthal und

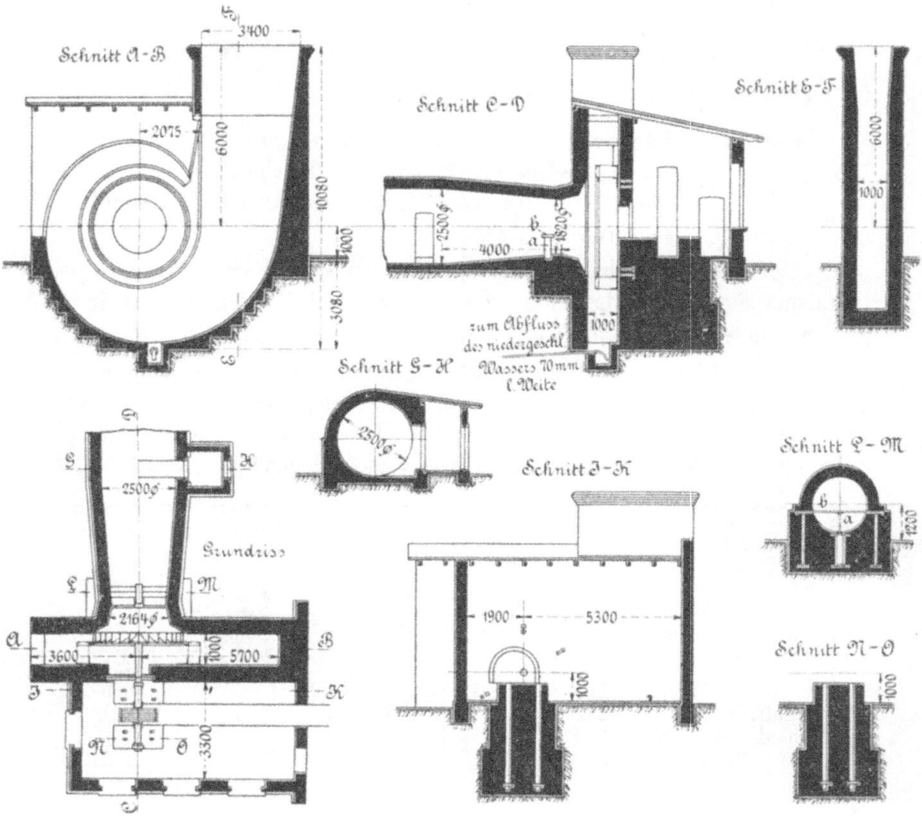

Fig. 398—405.

Minister Stein in Westfalen[1]). Durchmesser des Ventilators 2,5 m. Dieselben ergaben die in der Tabelle auf S. 384 enthaltenen Resultate.

Die Maximaldepression betrug 88 mm, die reine Maximalleistung des Ventilators (Versuch No. 3, Zeche Wolfsbank) 28,04 PS.

2. Versuche auf den Wilhelmsschächten der Kgl. Steinkohlengrube König bei Neunkirchen, September und Oktober 1886.

---

1) Österr. Z. f. B.- u. H.-W. 1880, S. 587.

Vergleich eines Pelzer'schen Ventilators von 4 m Dmr. mit einem Guibal'schen Ventilator von 9,5 m Dmr. Die nachstehende Tabelle ist einem Prospekt von Fr. Pelzer entnommen und gibt zunächst die Resultate der Versuche zum Vergleich zwischen dem Pelzer'schen und

Ventilator-System	Tourenzahl des Ventilators i. d. Min.	Umfangsgeschwindigkeit in m i. d. Sek.	Depression in mm Wassersäule	Theoretische Depression in mm Wassersäule	Manometrischer Nutzeffekt %	Geförderte Luftmenge in cbm i. d. Min.	Äquivalente Grubenweite in qm	Indiz. Leistung der Maschine in PS.	Vom Ventil geleist. Arbeit in PS.	Dynamischer Nutzeffekt %	Bemerkungen
A. Vergleichende Versuche mit Guibal und Pelzer.											
Guibal	40	19,87	23,5	50,3	46,71	2141	2,85				3074 cbm Wetter i. d. Min. stellt also die maximale Leistungsfähigkeit des Guibal-Ventilators dar, während der Pelzersche Ventilator mit derselben verhältnismässig kleinen Maschine v. 400 mm Cylind.-Dmr., wenn dieselbe 90 statt 70 Umdrehungen i. d. Min. macht, 4000 cbm Wetter unter den gegenwärtigen Verhältnissen zu bewältigen vermag.
Pelzer	90	18,84	23,5	45,2	51,99	2191	2,92				
Guibal	50	24,87	36	78,8	75,68	2577	2,78				
Pelzer	110	23,00	36	67,4	53,41	2675	2,88				
Guibal	60	29,84	52	113,46	45,83	3074	2,76				
Pelzer	130	27,31	52	94,34	55,10	3203	2,87				
„	140	29,30	61	109,37	55,77	3409	2,82				
B. Ermittelung des Nutzeffektes des Pelzer'schen Ventilators.											
Pelzer	90	18,84	25	45,2	55,3	2073	2,68	24	11,5	47,92	
„	110	23,00	37	67,4	54,89	2554	2,72	41,38	21	50,75	
„	110	23,00	38	67,4	56,38	2554	2,68	42,86	21,57	50,30	
„	130	27,21	52	94,34	55,10	2973	2,66	64,4	34,35	50,96	
„	130	27,21	52	94,34	55,10	2973	2,66	68,9	34,35	49,88	
„	130	27,21	52	94,34	55,10	2973	2,66	66	34,35	52,04	
„	140	29,3	62	109,37	56,68	3281	2,69	80,5	45,2	56,14	
„	140	29,3	62	109,37	56,68	3281	2,69	84	45,2	53,80	
„	150	31,4	71	125,63	56,51	3544	2,72	106,8	55,9	52,34	

Guibal'schen Ventilator, sodann diejenigen der Versuche zur Ermittelung des Wirkungsgrades des Pelzer'schen Ventilators an.

Aus den Versuchen der zweiten Reihe (B) ergibt sich ein durchschnittlicher dynamischer Wirkungsgrad $\eta_d = 51{,}57\,\%$, ein Maximal-Wirkungsgrad $\eta_d = 56{,}14\,\%$.

„Die Wetter wurden bei dieser zweiten Versuchsreihe in der Grube in 4 Teilströmen, jedesmal durch 2 gleichzeitig an derselben Stelle aufgestellte Anemometer in fünfminutlichen Messperioden gemessen. Der geringeren Geschwindigkeit an den Streckenwänden wurde dadurch Rechnung getragen, dass das gemessene Wetterquantum mit 0,8 multipliziert wurde. Wenngleich diese Reduktion vollkommen gerechtfertigt ist, so dürfte dieselbe doch in den allermeisten Fällen unterbleiben. Zum richtigen Vergleiche mit derartigen nicht reduzierten Resultaten müssen daher die hier verzeichneten dynamischen Nutzeffekte mit $^{10}/_{8}$ multipliziert werden, und betrüge alsdann der durchschnittliche ökonomische Nutzeffekt $51{,}57 \cdot 1{,}25 = 64{,}46\,\%$ der indizierten Leistung. Rechnet man 20 % für Reibung in der Maschine ab, so ergibt sich, wenn man die gemessene Wettermenge auf $^{8}/_{10}$ reduziert, als Nutzeffekt ebenfalls 64,46 %, als nicht reduzierter Nutzeffekt dagegen 80,56 %".

Der letzte Wert ist ein ungemein günstiger, indessen dürfte wohl der Wirkungsgrad von 64,46 % unter Berücksichtigung der Reduktion der Wettermenge als der richtige anzusehen sein, während der Wert 80,56 das Verhältnis der reinen Ventilatorleistung zur *effektiven* Leistung der Maschine und nicht, wie es gewöhnlich geschieht, zur *indizierten* Leistung der Maschine angibt.

3. Versuche auf Schacht III der Zeche *Zollverein*.

Dieselben fanden mit einem Ventilator von 3,5 m Dmr. mit verstellbaren Diffusor statt und ergaben bei 45 Touren der Dampfmaschine und 200 Touren des Ventilators folgende Werte:

Minutliche Luftmenge	2800 cbm
Depression (Wassersäule)	85 mm
Reine Ventilatorleistung	52,88 PS.
Indizierte Leistung der Dampfmaschine .	75,4 „
Dynamischer Nutzeffekt	70 %

4. Versuche im *Kaiserlichen Theater zu Warschau*.

Dmr. des Ventilators	2,5 m
Leerlaufsarbeit d. Ventil. bei 25 Touren .	0,3 PS.
Luftmenge i. d. Min. bei 110 Touren . .	2100 cbm
Depression	12 mm
Reine Ventilatorleistung	5,6 PS.
Indizierte Leistung der Dampfmaschine .	8,7 „
Dynamischer Wirkungsgrad	64,36 %

5. Versuche auf Zeche *Königsgrube* bei Wanne i. Westf.[1]) Dezember 1887 (1. Tabelle auf S. 388).

Dmr. des Ventilators	2,5 m.

6. Versuche auf Zeche *Monopol* (Juni 1891) mit einem Ventilator von 4 m Dmr. und verstellbarem Diffusor (Zwillings-Dampfmaschine von 550 mm Dmr., 1000 mm Hub).

---

[1]) Nach Hauer, a. a. O. S. 109.

Versuche auf Zeche Königsgrube.

Tourenzahl i. d. Min.	Depression mm Wassersäule	Theoret. Maximal-Depression mm	Manometrischer Wirkungsgrad	Koeffizient m[1])	Luftmenge i. d. Sek. cbm	Indizierte Leistung der Maschine PS.	Reine Ventilator-Leistung PS.	Dynam. Wirkungsgrad %
200	40	84	0,48	1,48	18,2	17,9	9,7	54
244	58	125	0,46	1,50	31,1	31,1	18,1	58
284	80	169	0,47	1,49	49,3	49,3	30,1	61
320	104	215	0,48	1,47	74,0	73,5	45,6	62
		im Mittel	0,473	1,485	—	—	—	59

Versuche auf

No.	Tourenzahl der Maschine i. d. Min.	Mittlere Dampfspannung in den Cylindern in kg/qcm	Indizierte Leistung N_m der Maschine in PS.	Tourenzahl des Ventilators i. d. Min.	Umfangsgeschwindigkeit desselben in m i. d. Sek.	Theoretische Depression H in mm Wassersäule	Gemessene Depression h^I in mm Wassersäule	Geschwindigkeitshöhe h^{II} der Wetter im Saugekanal	Vom Ventil. erzeugte Depression $h = h^I - h^{II}$ in mm Wassersäule	Manometrischer Effekt d. Ventilators $\eta_m = \frac{h}{H} 100$ %
I	36,5	1,8562	140,4	195,7	41,68	205,5	116	1,5	114,5	55,6
II	39	2,1145	170,7	211	44,19	239	130	1,7	128,3	53,7
III	45	2,6335	255,6	236,5	49,52	300,2	178	3,0	175	58,29
									i. Mittel	55,86

Zwei neuere, mit Pelzer-Ventilatoren vorgenommenen Versuche sind die folgenden:

7. Versuche auf Grube Prinz Wilhelm der Braunschweigischen Kohlenbergwerke in Helmstedt, September 1900. Dieselben fanden mit einem Pelzer-Ventilator von 2,75 m Flügeldurchmesser statt, welcher durch einen Drehstrom-Motor der Elektrizitäts-Aktiengesellschaft Lahmeyer in Frankfurt a. Main angetrieben wurde. Die Ergebnisse waren folgende:

Umdrehungen des Flügelrades i. d. Min.	Umfangsgeschwindigkeit des Flügelrades in m i. d. Sek.	Wettergeschwindigkeit in m i. d. Sek.	Wettermenge in cbm i. d. Min.	Abgelesene Depression in mm Wassersäule	Nutzleistung der Anlage in PS.	Wirkliche Leistung der Anlage in PS.	Mechanischer Wirkungsgrad des Ventilators	Manometrischer Wirkungsgrad des Ventilators	Äquivalente Grubenweite in qm
	u	v	Q	h	$N_v = \frac{Q \cdot h}{60 \cdot 75}$	$N = \frac{\text{Volt. Amp.} \sqrt{3} \cdot \cos \varphi}{736}$	$\eta_d = \frac{N_v}{N}$	$\eta_m = \frac{h}{\frac{u^2 \gamma}{g}}$	$A = \frac{0{,}38 \cdot Q}{60 \cdot \sqrt{h}}$
169	24,33	6,25	10,72	50	11,91	15,75	75,6 %	70 %	0,96

1050 Volt, 8 Ampère $\cos \varphi = 0{,}8$; $\sqrt{3} = 1{,}732$ $0{,}8 \cdot 1{,}732 = 1{,}38$.

[1]) Verhältnis der wirklichen zur theoretisch erforderlichen Tourenzahl.

8. In der folgenden Tabelle sind zwei Versuche mitgeteilt, von welchen der obere auf Zeche Königsgrube bei Wanne in Westfalen im Mai 1900 vorgenommen war. Der Ventilator hatte 3,75 m Flügelraddurchmesser, die Zwillingsdampfmaschine mit Ventilsteuerung, welche von der Maschinenfabrik Hohenzollern geliefert war, hatte 550 mm Cylinderdurchmesser und 850 mm Hub. Der untere war an einem Ventilator von 4 m Flügeldurchmesser auf Zeche Kaiserstuhl II am 1. Mai 1898 vorgenommen, bei welchem der Antrieb durch eine Verbunddampfmaschine von folgenden Abmessungen erfolgte:

Zeche Monopol.

Temperatur in der Grube in ° C.	Temperatur über Tage in ° C.	Wettergeschwindigkeit im Saugekanal in m i. d. Sek.	Geförderte Wettermenge Q in cbm i. d. Min.	Leistung des Ventilators $N_v = Q \cdot h \frac{1}{60 \cdot 75}$ PS.	Gewicht eines cbm der ausziehenden Wetter in kg	Die durch die lebendige Kraft der Wetter geleistete Arbeit $N_e = \frac{Q \cdot h^{II}}{60 \cdot 75}$ in PS.	Nutzleistung des Ventilators in PS. $N = N_v - N_e$	Dynam. Effekt des Ventilators in % $\frac{N}{N_m}\,100$	Nutzeffekt des Ventilators in % der effektiven Leistung der Maschine bei 75 % Nutzleistung
24	18	5	3451	87,8	1,1922	1,165	86,635	61,72	77,12
24	18	5,27	3635	103,6	1,1922	1,363	102,237	59,9	74,8
24	18	6,1	4245	165,08	1,1922	1,680	161,85	66,53	83,2
							i. Mittel	62,72	78,37

Hochdruck-Cylinderdurchmesser . . 480 mm
Niederdruck- „ . . . 700 „
Gemeinschaftlicher Kolbenhub . . . 1000 „

Umdrehungen i. d. Min. der Maschine	Umdrehungen i. d. Min. des Ventilators	Umfangsgeschwindigkeit des Flügelrades in m i. d. Sek.	Wettergeschwindigkeit im Saugekanal vor dem Ventilator in m i. d. Sek.	Wettermenge in cbm i. d. Min.	Abgelesene Depression in mm Wassersäule	Nutzleistung der Anlage in PS.	Indizierte Leistung der Maschine in PS_i	Mechan. Wirkungsgrad der ganzen Anlage	Angenommener Wirkungsgrad der Dampfmaschine %	Mechanischer Wirkungsgrad des Ventilators allein	Manometrischer Wirkungsgrad	Äquivalente Grubenweite qm
		u	v	Q	h	$N_v = \frac{Q \cdot h}{60 \cdot 75}$	N_i	$\eta_0 = \frac{N_v \cdot 100}{N_i}$	η_m	η_v	$\eta_m = \frac{h}{\frac{u^2\,\gamma}{g}}$	$A = \frac{0{,}38 \cdot Q}{60 \cdot \sqrt{h}}$
60	210	41,23	16,8	3546	135	106,38	132,94	80,02 %	87 %	91,97 %	64,9 %	2,088
60	163	34,14	10,02	4290	110	104,87	156,84	66,81 %	80 %	83,5 %	77,1 %	2,6

Zu bemerken ist hierzu noch, dass die Anlage auf Zeche Königsgrube mit einem spiralförmigen Einlauf versehen war, wodurch der manometrische Nutzeffekt allerdings verringert, der mechanische dagegen vermehrt wurde. Diese Disposition wird indessen nur dort angewandt, wo die Ventilatorachse rechtwinklig zum Wetterkanal gelegt werden muss.

Zur Erleichterung des Überblicks sind die aus den verschiedenen Versuchen erhaltenen Werte des manometrischen und dynamischen Wirkungsgrades im folgenden zusammengestellt.

No.	Versuchsort	Manom. Wirkungsgrad η_m	Dynam. Wirkungsgrad η_d	Versuchs-jahr	Ventilator-Dmr. m
1	Wolfsbank etc.	—	—	1880	2,5
2	König	55,75	64,46	1886	4,0
3	Zollverein	—	40,00	1888	3,5
4	Warschau	—	64,36	1890	2,5
5	Königsgrube	47,3	59,00	1887	2,5
6	Monopol	55,86	52,72	1891	4,0
7	Prinz Wilhelm	70	75,6	1900	2,75
8	Königsgrube	64,9	80,0	1900	3,75
9	Kaiserstuhl II	77,1	66,8	1898	4,0
		i. Mittel 66,25	i. Mittel 71,63		

Beide Mittel-Werte $\eta_m = 66{,}25\,\%$ und $\eta_d = 71{,}73\,\%$ sind als recht günstige zu bezeichnen.

6. Ventilator von Kroll[1]). Figuren 353—355.

Seiner eigentümlichen Schaufelform halber sei der Ventilator von Kroll erwähnt, welcher hauptsächlich für Schmiedefeuer und Kupolöfen

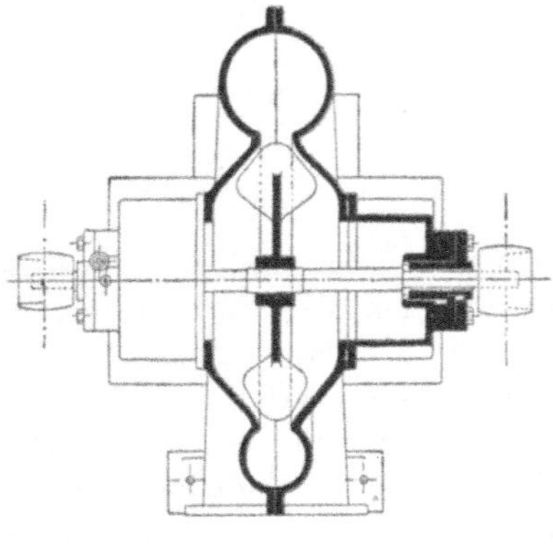

Fig. 406.

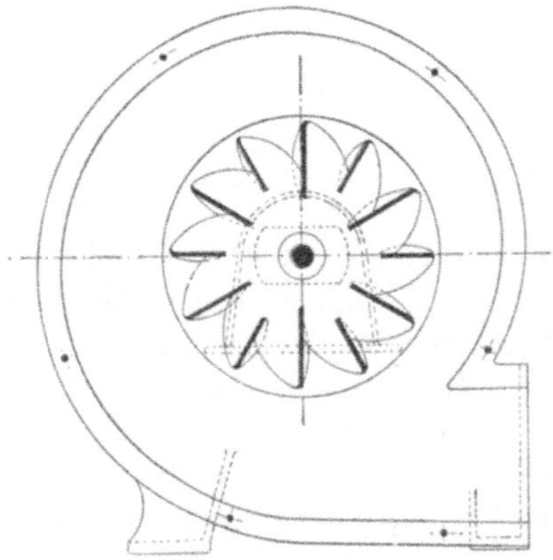

Fig. 407.

Anwendung findet. Die Schaufeln sind radial gestellt, jedoch an den Seiten aufgebogen, wodurch dieselben eine löffelartige Gestalt erhalten; am Rücken sind sie durch je einen mit der Nabe verbundenen Arm gehalten.

1) G. A. Kroll & Co., Hannover.

II. Mit gekrümmten Flügeln.

1. Ventilator von Fink. Figuren 408 und 409.

Die Schaufeln sind nach einer archimedischen Spirale nach rückwärts gekrümmt und an eine mittlere Scheidewand beiderseits angegossen. Das Schaufelrad wird von einem Gehäuse mit zweiseitiger Lufteinströmung umgeben, welches ziemlich dicht an das Schaufelrad herantritt, um einen Abschluss zwischen dem Saug- und Druckraum zu bewirken. Der ringförmige Diffusor ist genau wie bei den früher besprochenen Systemen von Beck und Henckel, Schiele, Kley etc. gestaltet.

Die starke Krümmung der Schaufeln ist für den Wirkungsgrad des Ventilators nicht vorteilhaft, erfordert vielmehr eine bedeutend höhere

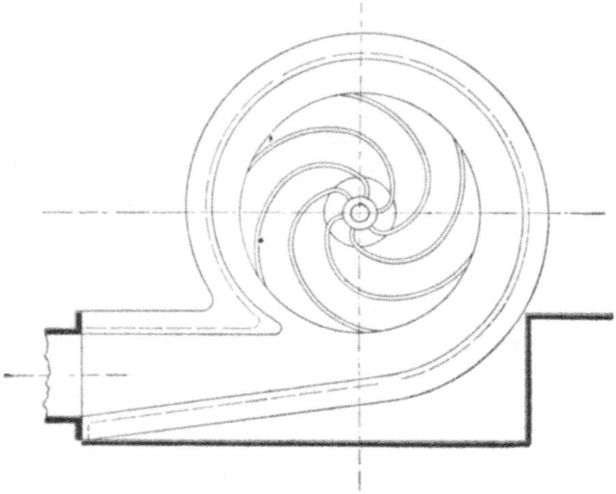

Fig. 408.

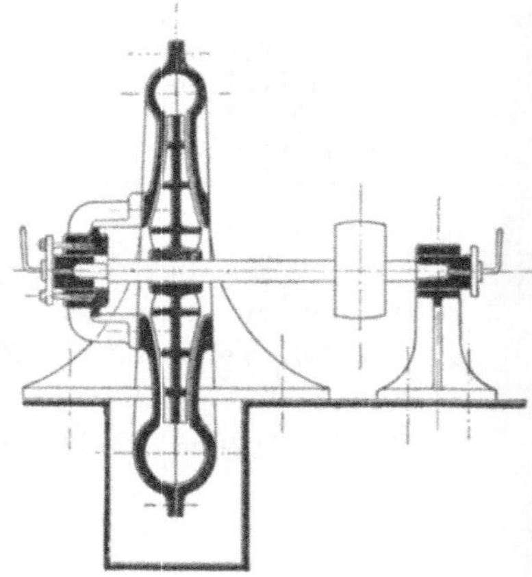

Fig. 409.

Tourenzahl als gerade oder schwach gekrümmte Schaufeln, weshalb diese von Fink vorgeschlagene[1]) Schaufelform auch nur selten zur Ausführung gekommen und bei keinem der neueren Systeme mehr zu finden ist.

2. Ventilator von Geisler[2]). Figuren 410—415.

Derselbe besitzt schwach nach vorwärts gekrümmte, am äusseren Ende radial auslaufende Schaufeln *A*, Fig. 411. Der Lufteintritt erfolgt einseitig durch das innen abgerundete Eintrittsrohr *B*. Am Schaufelrad *D* ist ein Konoïd *C* befestigt, wodurch die Luft möglichst allmählich und ohne Stoss aus der achsialen in die radiale Richtung übergeleitet wird, Effektverluste beim Ansaugen also vermieden werden. Das Schaufelrad *D* ist als Vollscheibe aus Blech hergestellt und von der Seite her in das

---

1) Fink, Theorie d. Centrifugalpumpen und Ventilatoren.

2) A. Geisler, Civilingenieur Düsseldorf. D.R.P. No. 28586.

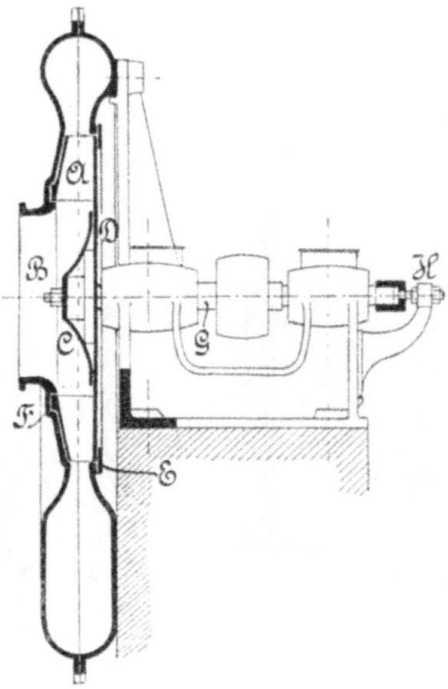

Fig. 410.

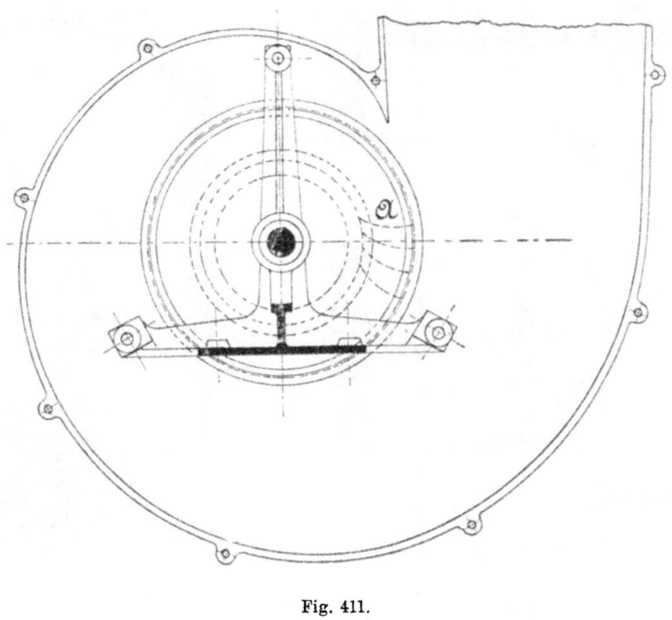

Fig. 411.

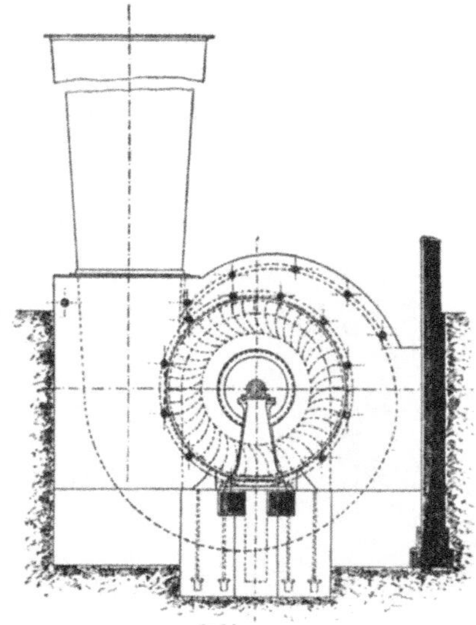

Fig. 412.

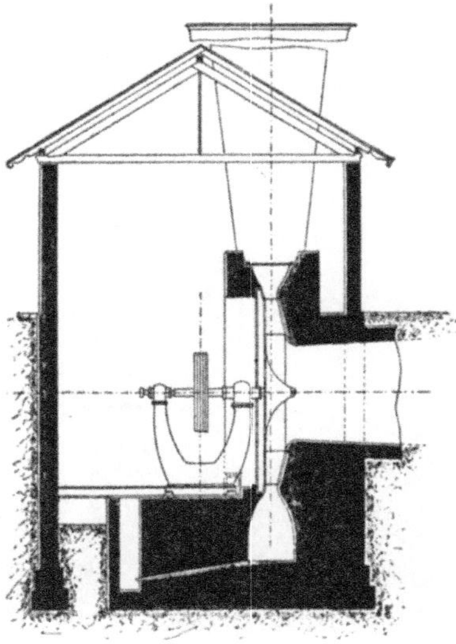

Fig. 413.

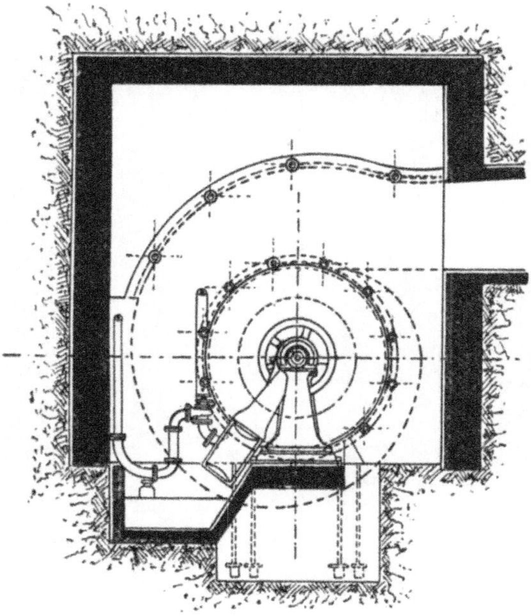

Fig. 414.

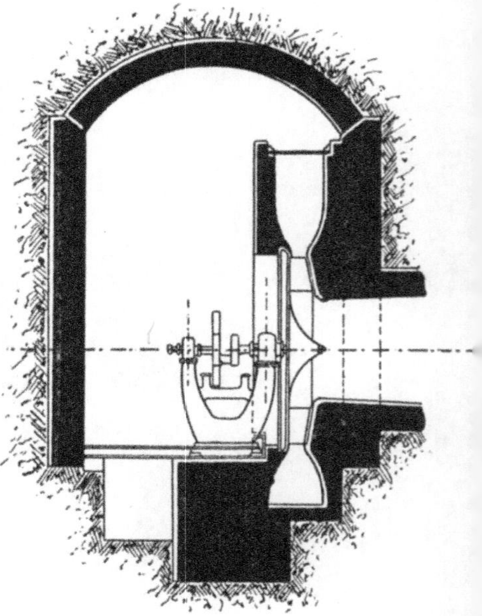

Fig. 415.

Gehäuse eingesetzt. Dasselbe bildet den Abschluss des Gehäuses nach aussen und ist mit letzterem durch zwei vertikale, beiderseitig sauber abgedrehte Ringflächen *E* und *F* abgedichtet, welche am inneren und äusseren Radumfang liegen. Durch eine Stellvorrichtung *H* kann das Rad, welches auf der Achse *G* freitragend befestigt ist, dem Gehäuse beliebig genähert werden, und hierdurch eine fast vollkommene Abdichtung erreicht werden.

Durch diese Konstruktion des Rades und Gehäuses ist ein sehr leichtes Montieren, sowie ein bequemes Auswechseln des Rades im Falle einer Reparatur oder zum Zwecke des Reinigens der Schaufeln möglich.

Die Schaufelzahl ist eine ziemlich grosse, wodurch allerdings die Kanäle ziemlich verengt werden und die Reibung der Luft an den Schaufeln etwas vergrössert wird.

Der Diffusor ist nicht kreisförmig, sondern erweitert sich nach der Ausflussöffnung hin allmählich in radialer Richtung, wie aus Fig. 410 zu ersehen ist.

Die Aufstellung der Geisler'schen Ventilatoren erfolgt sowohl oberirdisch als auch unterirdisch. Eine Anlage ersterer Art ist in den Figuren 412 und 413, eine solche der zweiten Art, und zwar mit direktem Betriebe in den Figuren 414 und 415 dargestellt.

Die letztere Aufstellung mit direktem Maschinenbetrieb hat gegenüber der Anordnung mit Transmissionsbetrieb folgende Vorteile:

1. kleinerer Maschinenraum;
2. geringere Anschaffungskosten;
3. geringere Baukosten für Fundament und Maschinenraum;
4. geringere Betriebskraft wegen Fortfall des schweren Schwungrades, der grösseren Achse und des Seilwiderstandes;
5. leichterer Transport, raschere und leichtere Aufstellung.

Geisler empfiehlt für seine unterirdischen Ventilatoren mit direktem Antrieb die schnelllaufenden Dampfmaschinen, da die Tourenzahlen seiner Ventilatoren noch geringer sind als jene von Dynamomaschinen mit direktem Antrieb.

Einigen Anhalt bezüglich der Leistung der Geisler'schen Ventilatoren bietet die folgende Tabelle [1]), in welcher für verschiedene Durchmesser und verschiedene Luftmengen die Depression im Saugkanal und die Tourenzahlen angegeben sind.

Die reine Ventilatorleistung bei der kleinsten und grössten Depression berechnet sich daraus für die einzelnen Nummern folgendermassen:

No.	1	2	3	4	5
N_v in PS.	5,36—13,4	8—20	10,66—26,65	13,33—33,33	16—40

Für No. 1 (D = 1,44 m) ergibt sich die reine Ventilatorleistung bei den verschiedenen Depressionen zu

---

1) Nach Zeitschr. d. V. d. Ing. 1885, S. 223.

$N_v = \frac{Q \cdot h}{75} = 5{,}33 \quad 6{,}66 \quad 8{,}00 \quad 9{,}33 \quad 10{,}0 \quad 10{,}66 \quad 12{,}0 \quad 13{,}33$ PS.

bei h = 40 50 60 70 75 80 90 100 mm

Leistung der Geisler'schen Ventilatoren.

No.	Dmr. m	Q cbm i. d. Sek.	Umfangs-geschwindigkeit u_a für 40 mm Depression m/sec	Depression in mm h = 40	50	60	70	80	90	100
1	1,44	10	31,29	n = 415	465	510	550	588	623	657
2	1,76	15	31,32	n = 340	380	416	450	480	510	538
3	2,03	20	31,36	n = 295	330	360	390	417	442	466
4	2,28	25	32,27	n = 263	293	321	347	370	394	415
5	2,50	30	31,42	n = 240	268	293	317	340	360	378

Zur leichteren, rascheren und überschläglichen Berechnung des Kraftbedarfs, der Depression und Luftmenge für einen bestimmten Ventilator dient die in Fig. 416 wiedergegebene graphische Darstellung der Ventilatorleistungen, welche Geisler nach seinen Berechnungen und Versuchsergebnissen zusammengestellt hat.

Dieselbe ist jedoch durchweg mit einem gewissen Sicherheitskoëffizienten berechnet worden und zwar ist für die Tourenzahl der Wert $1{,}4 \cdot n$, für die Betriebskraft das $\frac{1}{0{,}65}$fache oder 1,54fache der reinen Ventilatorleistung N_v eingesetzt, sodass die Leistung der Ventilatoren sich in Wirklichkeit bedeutend günstiger gestaltet, da die theoretische Depression schon bei 1,30 n bis 1,35 n erreicht wird und eine Betriebskraft von $\frac{1}{0{,}68}$ bis $\frac{1}{0{,}71}$ der theoretischen Leistung N_e genügt.

Ein Beispiel möge den Gebrauch der Figur 416 erklären.

Es soll von einem Geisler'schen Ventilator von 3,4 m Durchmesser eine Wettermenge von 2500 cbm i. d. Min. gefördert und eine Depression von 70 mm erzeugt werden. Mit welcher Tourenzahl muss derselbe laufen, und welche Betriebskraft erfordert derselbe?

Man suche zunächst in der unteren Horizontalreihe die Zahl 2500, gehe auf der darüberliegenden Vertikalen hinauf bis zum Durchschnitt mit der Horizontallinie der Depressionszahl 70. Man erhält dann das Temperament der Grube $\frac{V}{\sqrt{h}} = 5$, die Betriebskraft = 60 PS., und eine Dampfmaschine von 375/400 mit einer Fällung von 13 bezw. 26 % bei 8 bezw. 5 Atm. Dampfdruck.

Die Berechnung würde eine reine Ventilatorleistung von $\frac{2500 \cdot 70}{60 \cdot 75} = 38{,}88$ PS. ergeben, woraus man bei Annahme eines dynamischen

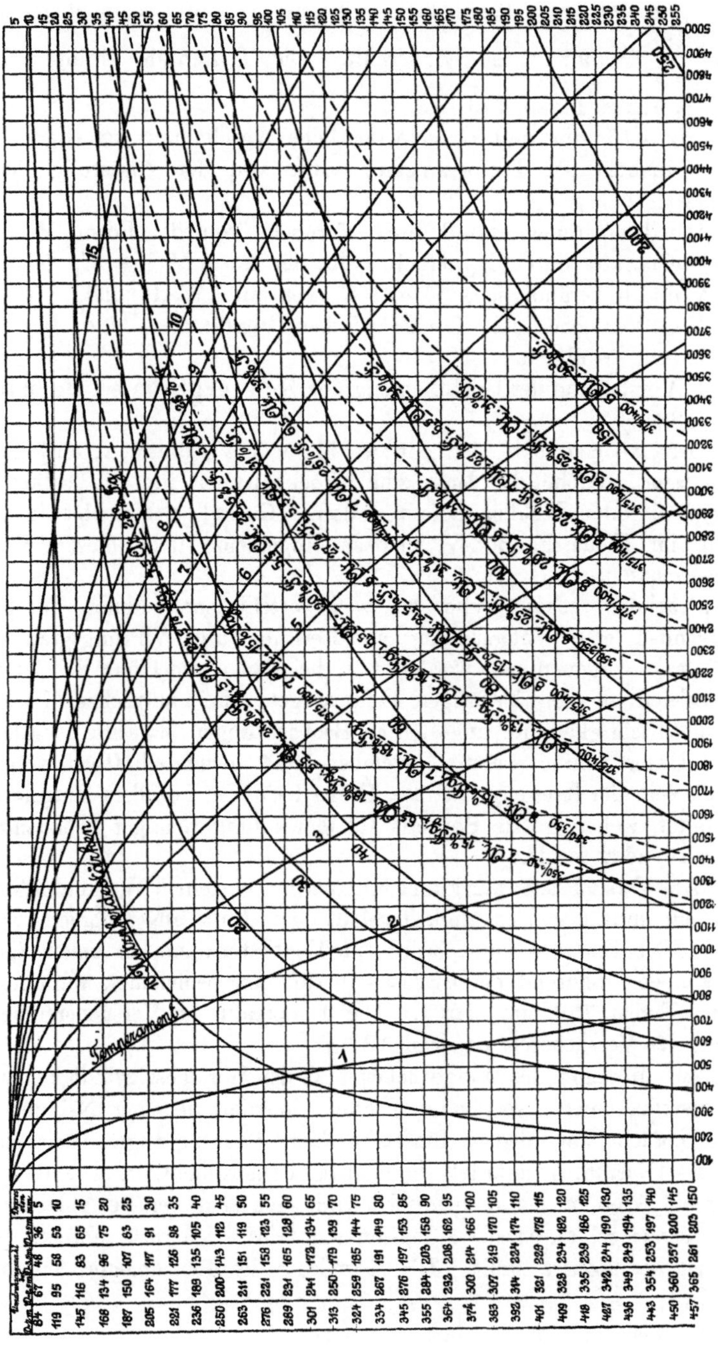

Fig. 416.

Wirkungsgrades von 0,65 die indizierte Dampfmaschinenleistung zu $N_i = \frac{38,88}{0,65} = 59,81 \backsim 60$ PS. erhält. Die Tourenzahl ergibt sich aus Spalte 3, Reihe 14 zu 179.

Fig. 416 gibt zugleich eine deutliche Anschauung von der allmählichen Zunahme der Temperamente, sowie von der Änderung der Betriebskraft.

Die Temperamente sind durch Parabeln von der Form $V^2 = C \cdot h$, die Betriebskräfte durch Hyperbeln von der Form $V \cdot h = C_1$ dargestellt, worin V und h veränderliche, C und C_1 konstante Werte sind.

Von Versuchen mit Geisler'schen Ventilatoren sind die beiden folgenden zu erwähnen.

1. Versuch auf der Braunkohlengrube Roddergrube bei Brühl a. Rh., 6. 11. 1884 [1]).

Derselbe erstreckte sich auf zwei blasende Ventilatoren von je 2,25 m Durchmesser, welche die Luft zum Trocknen der für die Brikettfabrikation bestimmten Kohlen liefern sollten. Geisler berichtet in einem Vortrag im Niederrh. Bez.-V. deutsch. Ingenieure über diesen Versuch folgendermassen.

„Nachdem schon früher zu zwei verschiedenen Malen durch den Vortragenden eine Untersuchung auf Leistung und Wirkungsgrad dieser Ventilatoren vorgenommen worden war, bei denen die Höhe des letzteren, im Vergleich zu den bisherigen Erfahrungen, ein natürliches Misstrauen gegen die Richtigkeit der angestellten Beobachtungen erweckte, wurde eine fernere Untersuchung am 6. November 1884 gemeinschaftlich von dem Oberingenieur der Isselburger Hütte, Herrn Fernis, und dem Vortragenden veranstaltet, wobei grösste Sorgfalt auf Gewinnung richtiger Beobachtungsdaten verwendet wurde.

„Am Versuchstage war klarer Himmel mit einzelnen Wolkenbildungen, sodass ein mittlerer Feuchtigkeitsgehalt der Luft angenommen werden konnte. Der Barometerstand wurde im Ventilatorraume an einem Quecksilberbarometer während des Blasens zu 756 mm beobachtet, während derselbe im Freien 758 mm betrug. Die Temperatur im Versuchsraume war während der Versuchszeit dauernd 18^0 C.

„Zur Messung des Winddruckes und der Windgeschwindigkeit wurde ein Wassermanometer verwendet, dessen Glasrohr in einer Neigung von 1 : 5 angebracht war, also in fünffacher Vergrösserung zeigte. Bei richtiger Wahl des Glasrohres gestattet ein derartiges Instrument, in dessen Wasserfüllung ein Tropfen Anilin gemischt wird, eine sehr genaue Ablesung, da der Wasserspiegel durch die Adhäsion am Glase sich fast normal gegen die Achse des Rohres stellt. Die Korrektur des Instrumentes ergab bei

---

[1]) Zeitschr. d. V. d. Ing. 1885, S. 224 folg.

Nullstellung einen Fehler von + 1/4 mm, und bei 83,5 mm Wassersäule ein Sinken des Wasserspiegels im Gefäss von 3 mm, welche Zahlen nachstehend bei Feststellung der Beobachtungsresultate Berücksichtigung finden.

„Die den Wind betreffenden Beobachtungen wurden vorgenommen an einer Stelle gegen Ende des Blasehalses — woselbst der Querschnitt desselben noch rechteckige Form besass — mittels eines durch Gummischlauch mit dem Instrumente verbundenen, am Ende gebogenen und mit Längeneinteilung versehenen Glasrohres, welches in den Windkanal durch in die Wandungen desselben gebohrte Löcher eingeführt wurde. An der Beobachtungsstelle wurde der Querschnitt des Kanales zu 3,6412 qm ermittelt.

„Die Beobachtungen wurden an vier ziemlich gleichmässig über den Kanalquerschnitt verteilten Punkten derart gemacht, dass zuerst die wirkliche, zur Berechnung zu ziehende Manometerhöhe durch Messung gegen den Windstrom und sodann die Pressung des Windes an derselben Stelle, bei um 180° gedrehtem Glasrohre, ermittelt wurde. In der aus beiden Messungen erhaltenen Differenz wurde sodann die der Luftgeschwindigkeit entsprechende Geschwindigkeitshöhe gefunden.

„In dieser Weise wurde beobachtet:

Wirkliche Manometerhöhe . . H =	83,5	84	83,2	83,25	mm Wassersäule
Luftpressung des Windes über die Atmosphäre . . . . . h =	80	80	78	79	
Mithin die Geschwindigkeitshöhe $\mathfrak{h}$ =	3,5	4	5,2	4,25	

Im Mittel hiernach $H = 83{,}49$, $\mathfrak{h} = 4{,}24$,

woraus durch Berichtigung der Wassersäulenhöhe entsteht:

$$H = 86{,}24 \qquad \mathfrak{h} = 4{,}24.$$

„Während dieser einzelnen Beobachtungen, welche in möglichst rascher Folge gemacht wurden, blieb die Umdrehungszahl der Betriebsmaschine eine gleichmässige, 59 1/2 in 1 Minute, was in kurzen Zeitabschnitten festgestellt wurde.

„Zu bemerken ist indes, dass die obigen Beobachtungsziffern jedesmal als mittlere Höhe der Wassersäule vermerkt wurden, da diese innerhalb der Grenze von 1 mm in fortwährendem Schwanken begriffen blieb, was, wie aus den der Maschine entnommenen Diagrammen hervorgeht, wohl lediglich der ungleichen Dampfverteilung in derselben zuzuschreiben ist. Die im ganzen grosse Gleichmässigkeit der Manometerhöhen im Blasehalse beweist übrigens die Gleichmässigkeit des Windstromes in demselben und dessen richtige Anordnung, sowie überhaupt ein richtiges Arbeiten der Ventilatoren.

„Zur Berechnung der von den beiden Ventilatoren in 1 Sekunde gelieferten Windmenge Q ist aus $\mathfrak{h}$ jetzt die Windgeschwindigkeit v, welche an der zur Beobachtung benutzten Querschnittstelle der Kanäle vorhanden war, zu berechnen und in die Gleichung

$$Q = 2 \cdot 3{,}6412\, v = 7{,}2824\, v$$

einzusetzen. Da die vorhandene Windgeschwindigkeit der Wassersäule $\mathfrak{h}$ das Gleichgewicht hält, deren Druck einer im Verhältnis der Dichte der Luft zu der des Wassers vergrösserten Luftsäule entspricht, so kann dieselbe auch umgekehrt als Endgeschwindigkeit einer durch diese Luftsäule dargestellten Fallhöhe angesehen werden.

„Bezeichnet man die Dichte des Wassers mit γ, die der Luft mit δ, so wird nach dem Fallgesetze $v = \sqrt{2gh}$

$$v = \sqrt{2g\frac{\gamma}{\delta}\mathfrak{h}}.$$

„Bei dem mittleren Barometerstande von 760 mm ist der Druck der Luft auf 1 qm = 10333 kg, und wiegt dabei 1 cbm Luft von $0^0 = 1{,}295$ kg. Bei gleichmässiger Dichte der Luft würde dieselbe dann eine Luftsäule von $\frac{10333}{1{,}295} = 7979$ m Höhe bilden. Bei dem Barometerstande von 756 mm dagegen wiegt eine Luftsäule von 1 qm Querschnitt nur $\frac{756}{760} \cdot 10333$ kg.

„Nach den Untersuchungen von Gay-Lussac dehnt die Wärme die Luft, bei dem hier anzunehmenden mittleren Feuchtigkeitsgehalte, für jeden Grad Cels. um das 0,00375 fache des ursprünglichen Volumens, für t^0 Cels. also um das $(1 + 0{,}00375\, t)$ fache aus.

„Aus dem Luftvolumen 7979 cbm entstehen also bei 18^0 $7979\,(1 + 0{,}00375 \cdot 18)$ cbm, deren Gewicht bei einem Barometerstande von 756 mm $\frac{756}{760} \times 10333$ kg beträgt.

1 cbm Luft wog daher zur Beobachtungszeit:

$$\delta = \frac{\frac{756}{760} \cdot 10\,333}{7979\,(1 + 0{,}00375 \cdot 18)} = 1{,}20675 \text{ kg}.$$

Dies und $\gamma = 1000$ in die Gleichung für v eingesetzt, liefert:

$$v = \sqrt{2g \cdot \frac{1000}{1{,}20675} \cdot 0{,}00424} = \sqrt{68{,}904} = 8{,}3 \text{ m}.$$

Es ist die Windmenge Q daher $= 8{,}3 \cdot 7{,}2824 = 60{,}444$ cbm in 1 Sekunde und die Nutzleistung $= \frac{60{,}444 \cdot 86{,}24}{75} = 69{,}5$ PS.

„Zum Betriebe der Ventilatoren diente eine eincylindrige liegende Maschine aus der Fabrik von R. Küchen in Bielefeld, mit dessen Ventilpräzisionssteuerung versehen, von deren Schwungrädern aus durch Seile die Kraftübertragung stattfand. Von dieser wurden, bei möglichst gleicher Umdrehungszahl mit derjenigen, welche bei der Untersuchung der

Ventilatoren stattfand, in annähernd gleichen Zeiträumen 16 Diagramme von beiden Kolbenseiten entnommen, von denen die ersten vier jedoch, ungleichen Maschinenganges halber, nicht zur Berechnung benutzt wurden. Aus den übrigen zwölf Diagrammen, zur Hälfte von je einer Kolbenseite entnommen, wurde der spezifische Kolbendruck mit Hülfe des Planimeters berechnet.

„Das Ergebnis ist in nachstehender Tabelle zusammengestellt:

Vordere Kolbenseite			Hintere Kolbenseite			
No.	Umdrehungen i. d. Min.	$p_m - p_v$	No.	Umdrehungen i. d. Min.	$p_m - p_v$	
5	56	0,765	9	60	2,010	Durchschnittliche Umdrehungszahl 59,375
6	60	0,785	10	60	1,900	
7	60	0,695	11	60	1,850	
8	60	0,745	12	58,5	1,885	
13	59	0,675	15	60	1,860	
14	59	0,750	16	60	0,900	
also mittlerer Druck vorn:		0,736		hinten:	1,901	

„Die Maschine hat 675 mm Cylinderdmr., 1100 mm Hub und durchgeführte Kolbenstange von 90 bezw. 85 mm Dmr. Die arbeitende Kolbenfläche beträgt demnach vorn 3515 qcm, hinten 3522 qcm; demnach der mittlere Arbeitsdruck vorn 2587 kg, hinten 6695 kg, im Mittel also 4641 kg.

Die Maschine indizierte somit eine Leistung von

$$\frac{4641 \cdot 2{,}2 \cdot 59{,}375}{60 \cdot 75} = 134{,}718 \text{ PS.}$$

„Bei der Unmöglichkeit, die von der Maschine auf die Ventilatoren übertragene Leistung direkt zu messen, erübrigte nur, nach analogen Verhältnissen dieselbe zu bestimmen, und dürfte ein Gesamtverlust von 20 % als der Wirklichkeit sehr nahe kommend angesehen werden. Hiernach betrug die auf die Ventilatoren übertragene Arbeit 107,775 PS.

„Die hiervon durch die beiden Ventilatoren nutzbar gemachte Arbeit, oder deren Wirkungsgrad, beträgt somit $\frac{69{,}50 \cdot 100}{107{,}775} = 64{,}49\,\%$, und befindet sich dieses Ergebnis in naher Übereinstimmung mit den Resultaten der früheren Untersuchungen, durch welche die Richtigkeit der gegenwärtigen somit eine fernere Bestätigung findet.

„Zweifellos würde bei regelmässiger gehender Maschine der Wirkungsgrad sich noch höher herausstellen, da die bedeutenden Druckunterschiede der beiden Kolbenseiten (welche im Durchschnitt sich wie 2587 : 6695 oder $\backsim$ 1 : 2,6 verhielten und ein derartiges Zerren und Schleudern der

Seile hervorriefen, dass diese mehrfach die Nuten wechselten und jeden Augenblick abzuschlagen drohten) unbedingt grosse Reibungen in den Lagern durch die entstehenden übermässigen Seilspannungen hervorriefen. Leider war ein dahingehender Versuch nicht durchzuführen, da das eigenartige System der Steuerung einer Regelung grosse Hindernisse entgegensetzte, welche ohne längeren Stillstand der Maschine nicht zu überwinden gewesen wären.

„Durch das Ergebnis dieser Untersuchung ist aber jedenfalls nachgewiesen, dass erstens die eingangs ausgesprochene Vermutung ihre volle Bestätigung dahin findet,

> dass die an Centrifugalventilatoren bisher zu beobachtenden niedrigen Wirkungsgrade nicht notwendige Folge des bezüglichen Arbeitsprinzipes sind, sondern durch die Abweichungen der verschiedenen Konstruktionen von den Anforderungen der Theorie veranlasst werden,

und ferner, dass die beschriebene Ventilatorkonstruktion hiernach den beabsichtigten Zweck erreicht:

> die Gesamtkosten der Ventilation oder des Gebläses mittels Centrifugalventilatoren in Berücksichtigung der Anlage- und Betriebskosten, Verzinsung und Abschreibung ganz erheblich gegen die bisherigen Verhältnisse zu vermindern,

da nicht allein der Ventilator in dieser Konstruktion wegen seines höheren Wirkungsgrades kleiner und billiger ausfällt als andere, sondern aus demselben Grunde auch die Maschine, unter sonst gleichen Verhältnissen, kleiner wird und geringere Anlagekosten verursacht.“

Dieser mit grosser Sorgfalt angestellte Versuch ergab somit einen Wirkungsgrad von 64,49 %, bezogen auf die auf die Ventilatoren übertragene Arbeit oder einen auf die indizierte Leistung der Maschine bezogenen, dynamischen Wirkungsgrad von 51,6 %.

2. Versuche auf Zeche Shamrock bei Herne i. W.[1]).

Der Ventilator hatte 3,5 m Dmr. und sollte vertragsmässig eine Leistung von 3000 cbm Luft i. d. Minute bei einer Depression von 100 mm geben. Der Wetterausziehschacht hatte 7,4 qm, der Saugkanal 5,74 qm freien Querschnitt, und war letzterer gegen den Ventilator hin allmählich verjüngt.

Die Betriebsmaschine hatte 300 mm Dmr., 600 mm Hub und arbeitete mit 4 Hanfseilen von je 50 mm Dmr. auf den Ventilator mit einer Übersetzung von 1 : 3.

Die Versuche fanden bei 760 mm Luftdruck und 7,8—9 ° C. Temperatur im Wetterschacht statt. Die Temperatur im Saugkanal betrug 21 ° C.

---

1) Österr. Zeitschr. f. B.- u. H.-Wesen 1887, S. 72. A. Kás, Versuche an einem unterirdischen Grubenventilator.

Die Resultate der Versuche waren folgende:

Versuch No.	Wettermenge i. d. Min. auf 0° und 760 mm reduziert cbm	Tourenzahl i. d. Min.	Depression im Saugkanal in mm Wassersäule
1	2261,3	105	21,1
2	2580,7	120	27,65
3	2848,8	136,2	35,6
4	2980,8	148,8	42,8
5	3086,8	150,6	45,0
6	3510,9	166,8	59,0
7	3626,5	178,8	65,7
8	3912,4	195,6	75,3
9	4039,8	200,4	78,7

Hieraus berechnet sich:

1. das Temperament der Grube zu

   $T = \frac{Q}{\sqrt{h}} = 7{,}75$ reduziert auf 0° und 760 mm oder $T = 8{,}33$ für die Temperatur und Depression des Saugkanals, worin Q die sekundliche Luftmenge in cbm, h die Depression in mm ist;

2. die Grösse der äquivalenten Fläche[1])

   $A = 0{,}347 \frac{Q}{\sqrt{h}} \cdot \sqrt{\gamma}$, woraus für $\gamma = 1{,}2$ folgt

   $A = 0{,}380 \frac{Q}{\sqrt{h}}$, also für $\frac{Q}{\sqrt{h}} = 8{,}33$

   $A = 3{,}16$ qm;

3. das Verhältnis m der wirklichen zur theoretischen Umfangsgeschwindigkeit des Flügelrades zu:

   $$m = \frac{u}{U_t} = 0{,}351 \cdot \frac{D \cdot \pi \cdot n}{60} \cdot \frac{1}{\sqrt{h}},$$

   oder, da U_t für radial auslaufende Flügel sich für $\gamma = 1{,}2$ und $g = 9{,}81$ berechnet zu

   $$U_t = \sqrt{h \cdot \frac{g}{\gamma}} = 2{,}86 \sqrt{h}$$

   $$m = 1{,}47 \text{ für } h = 21{,}1 \text{ mm}$$

   $$1{,}40 \quad " \quad h = 59\text{—}67{,}5 \text{ mm}$$

   oder im Mittel $m = 1{,}45$;

4. der manometrische Wirkungsgrad

   $$\eta_m = \frac{1}{m^2} = 0{,}475 \backsim 0{,}48.$$

Der dynamische Wirkungsgrad liess sich nicht genau bestimmen, da die Angaben der indizierten Leistungen fehlerhaft waren.

Leider standen dem Verf. keine weiteren Mitteilungen über Versuche mit dem Geisler'schen Ventilator zur Verfügung, sodass ein Vergleich

1) Nach Murgue, vergl. Theoret. Teil, Kapitel 12, A.

der Leistungsfähigkeit dieses Ventilators mit derjenigen anderer Ventilatoren kaum möglich erscheint.

Als gute Mittelwerte können die aus den beiden Versuchen abgeleiteten Werte von

$$\eta_m = 0{,}48 \text{ und } \eta_d = 0{,}51 \text{ bezw. } 0{,}65$$

wohl angesehen werden.

3. Ventilator von Rateau[1]).

Derselbe ist in den Figuren 417—420 in verschiedenen Schnitten und Ansichten dargestellt, während die Figuren 421 und 422 die äussere

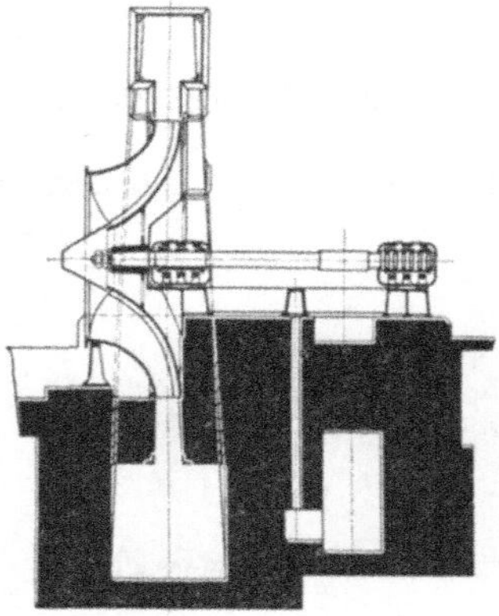

Fig. 417.

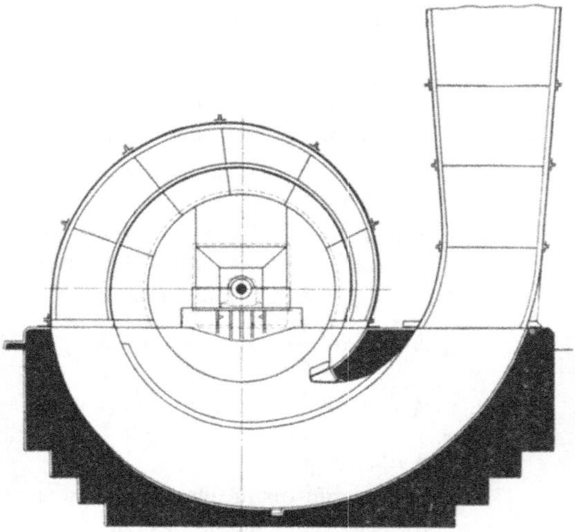

Fig. 418.

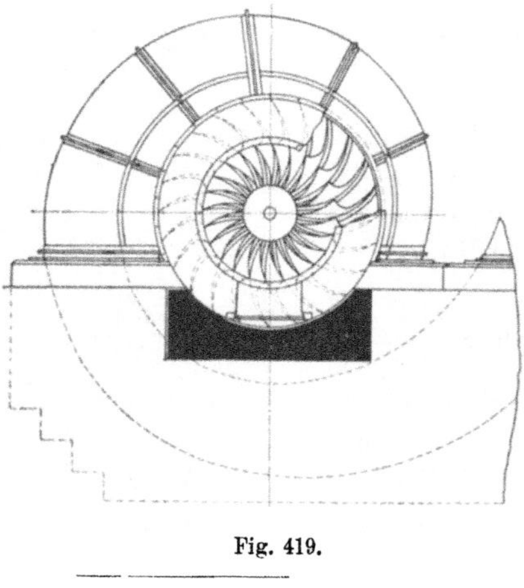

Fig. 419.

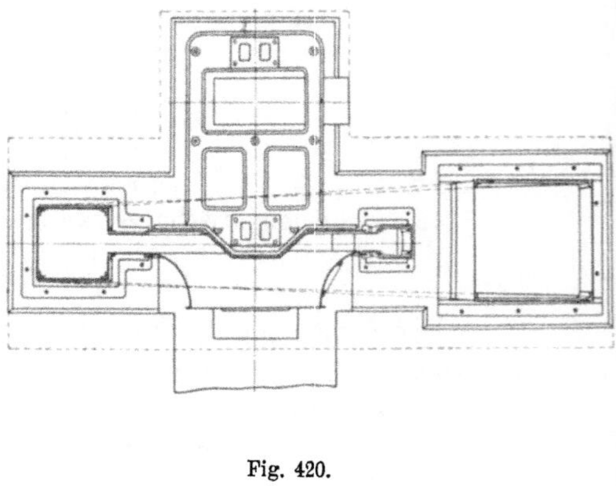

Fig. 420.

1) Compt. rend. de la soc. min. 1889, S. 140, Tafel 18 und 19.

Fig. 421.

Fig. 422.

Ansicht des Schaufelrades mit den eigenartig gestalteten Schöpfflügeln, sowie einen Teil des gemauerten Gehäuses erkennen lassen. Die Schöpfflügel ragen, wie aus Fig. 421 zu erkennen ist, aus dem eigentlichen Radgehäuse in den Saugkanal hinein; der letztere ist in Fig. 421 zu erkennen und wird teilweise aus Blech, teilweise aus Mauerwerk hergestellt. In den Figuren 423—424 ist die Konstruktion eines kleinen Ventilators für Schmiedefeuer u. dergl. abgebildet.

Seitens der Firma Schüchtermann & Kremer in Dortmund wird der Rateau-Ventilator in 9 verschiedenen Grössen ausgeführt. Die Flügelraddurchmesser und Eintrittsöffnungen, sowie die entsprechenden äquivalenten Grubenweiten sind in der nachfolgenden Tabelle zusammengestellt.

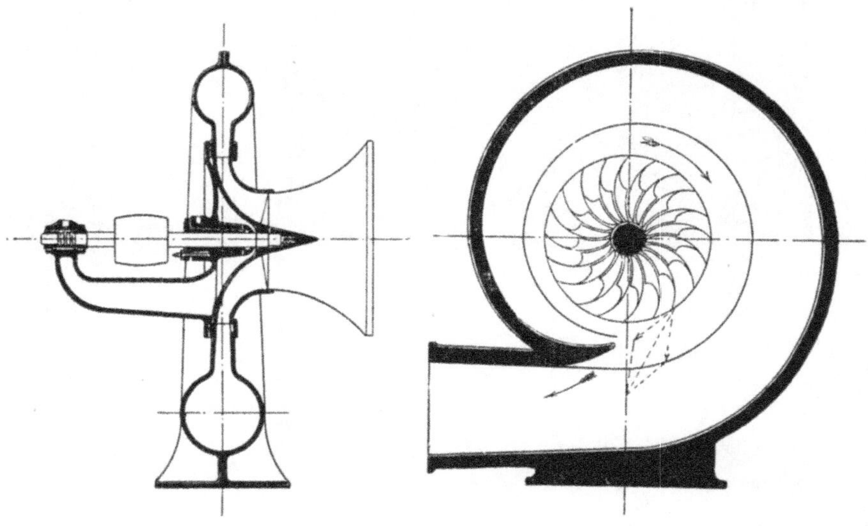

Fig. 423. Fig. 424.

Drm. des Flügelrades m	Dmr. der Eintritts-öffnungen	Äquivalente Grubenweite qm
0,5	0,3	0,055
0,8	0,48	0,055—0,15
1,2	0,72	0,15 —0,3
1,6	0,96	0,3 —0,6
2,0	1,20	0,6 - 0,9
2,4	1,44	0,9 —1,25
2,8	1,68	1,25 —1,8
3,4	2,04	1,8 —2,6
4,0	2,40	über 2,6

Als besondere Vorzüge des Rateau'schen Ventilators nennt die genannte Firma die folgenden:

1. stossfreies Ein- und Austreten der Luft,
2. höchster manometrischer und mechanischer Nutzeffekt,

3. geringste Umfangsgeschwindigkeit,
4. solide Lagerung auf einer gemeinschaftlichen Grundplatte,
5. freie Zugänglichkeit der mit Ringschmierung versehenen Lager,
6. Ausführung aller Teile über Flur in Eisen.

Der Rateau'sche Ventilator zeigt sowohl hinsichtlich der Luftzuführung als auch hinsichtlich der allgemeinen Anordnung und Konstruktion des Diffusors gewisse Ähnlichkeit mit dem vorbesprochenen Geisler'schen Ventilator. Die Schaufeln sind, wie aus Fig. 419 ersichtlich ist, ebenso wie bei Geisler nach vorwärts gekrümmt. Die Radkanäle sind im Gegensatz zu allen bisher besprochenen Konstruktionen nach aussen hin verengt.

Der Diffusor ist ähnlich wie bei dem Pelzer'schen Ventilator aus zwei nahezu parallelen Ringflächen gebildet, an welche sich der kreisringförmige, allmählich erweiterte Auslaufraum anschliesst.

Rateau hat durch eine grosse Anzahl von Versuchen den manometrischen und dynamischen Wirkungsgrad seines Ventilators, sowie den Einfluss der grösseren oder geringeren Schaufelzahl auf die Leistung des Ventilators und endlich die Wirkungsweise des Diffusors klargestellt. Diese Versuche sollen im wesentlichen hier wiedergegeben werden, da dieselben sowohl bezüglich der Art und Weise ihrer Ausführung, als auch bezüglich der Leistungsfähigkeit des Ventilators von Interesse sein dürften.

1. Versuche Juni und Juli 1889 mit einem blasenden Ventilator.

Die Abmessungen des Versuchsventilators waren folgende:

Dmr. des Schaufelrades	0,5 m
Kranzbreite desselben	0,04 m
Dmr. der Eintrittsöffnung	0,3 m
Dmr. des Austrittsrohres	0,29 m
Dmr. der Riemenscheibe	0,15 m
freier Querschnitt der Eintrittsöffnung . .	645 qcm
„ „ „ Austrittsöffnung . .	660,5 qcm
Von dem Schaufelrad bei einer Umdrehung beschriebenes Volumen	0,12 cbm

Die Luft wurde in ein cylindrisches Rohr von 10 cbm Inhalt geblasen und dort der Druck gemessen. Die Öffnung dieses Rohres war nach der freien Luft durch einen Schieber von 0,39 m Höhe verschlossen und konnte hierdurch der Ausblasequerschnitt von 0 bis 39 · 78,5 cm = 3060 qcm verändert werden.

Der erste Versuch diente zur Ermittelung des Druckes bei konstanter Ausflussöffnung von 38 · 14 cm = 546 qcm; derselbe ergab folgende Werte:

n	n^2	h	$\frac{n^2}{h}$	
724	524 176	40	13 104	im Mittel 13 054
1240	1 537 600	118	13 030	
1570	2 464 900	188	13 107	
1701	2 893 401	221	13 092	
1820	3 312 400	256	12 939	

Rateau erhielt hierdurch eine sehr gute Bestätigung des Proportionalitätsgesetzes zwischen dem Drucke und dem Quadrate der Tourenzahl [1]).

Der zweite Versuch diente zur Feststellung der Maximalpressung bei konstanter Tourenzahl von 1200 Touren oder 31,41 m Umfangsgeschwindigkeit des Schaufelrades und veränderlichem Ausblasequerschnitt. Die Ergebnisse sind in der folgenden Tabelle enthalten.

Bei diesem Versuch war die Aussentemperatur 22 ° und der Barometerstand 727 mm.

Der theoretische Maximaldruck war nach der Formel

$$H = u^2 \cdot \frac{\gamma}{g} \text{ berechnet}^{2)}.$$

Öffnung des Schiebers cm	Querschnitt der Öffnung qcm	Tourenzahl n	Druck in mm Wassersäule	Druck reduziert auf 1200 Touren mm	Druck reduziert auf 760 mm Barometerstand, 0° C. und 30 m Umfangsgeschwindigkeit mm	Theoret. Maximaldruck bei gleichen Bedingungen mm
0	0	ca. 1200	80	90	82	119
5	195		80		82	
8	312		100	100	103	
9	351		104	104	107	
10	390		106	106	109	
12	468	1190	112	114	117	
14	546	1177		116,4	**120**	
16	624	1186		115	118	
18	702	1215	105	102	105	
20	780	1230	100	95	98	
22,5	877	1217	88	85	88	
25	975	1220	78	75	78	
30	1170	1203	64	64	66	
35	1365	1183	51	53	54	
40	1560	1131	40	45	46	

Der grösste Druck wurde vom Ventilator bei einer Grösse der Ausströmungsöffnung von 546 qcm erreicht und blieb nahezu unverändert, wenn die Ausströmungsöffnung gleich der Einströmungsöffnung (645 qcm) gemacht wurde.

In Fig. 425 ist eine von Rateau (a. a. O. Taf. 19) gegebene graphische Darstellung der Änderung des Druckes mit zunehmender Erweiterung des Ausflussquerschnitts wiedergegeben. Dieselbe zeigt eine allmähliche Zunahme bezw. Abnahme des Druckes nach dem Punkte *D* hin bezw. von demselben weg.

---

1) Näheres hierüber s. Theoret. Teil, Kapitel 12.

2) Vergl. Theoret. Teil, Kapitel 12, A.

Die diesem Maximaldruck entsprechende Luftmenge i. d. Sek. berechnete Rateau nach der Gleichung:

$$Q = m \cdot O \cdot \sqrt{\frac{2\,g\,h}{\gamma}}, \text{ worin}$$

m den Kontraktionskoëffizienten der Luft bezeichnet, welcher nach Bernoulli 0,65, nach Tresca und François dagegen auf Grund ihrer Versuche mit Ser'schen Ventilatoren 0,75 beträgt.

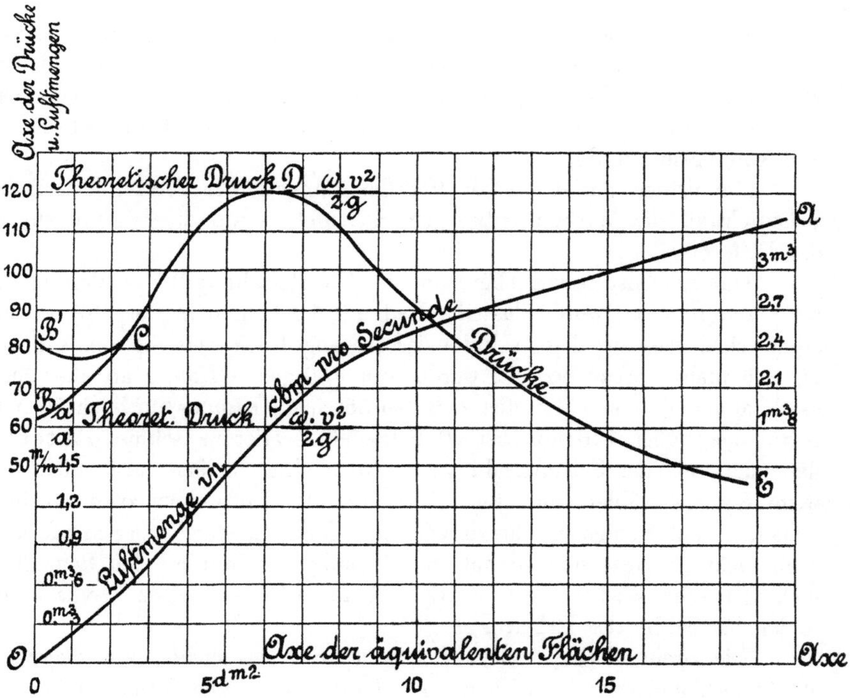

Fig. 425.

Hiernach ergibt sich für diese Luftmenge der Wert Q = 1,85 cbm, oder, da das von dem Schaufelrad beschriebene Volumen 0,12 cbm war, gleich dem Fünfzehnfachen des letzteren. Die nächste Tabelle gibt den Kraftbedarf bei sehr grossen Tourenzahlen an, woraus sich der dynamische Wirkungsgrad ermitteln lässt. Es betrug dabei die Öffnung des Schiebers 14 cm, die Ausflussöffnung also 546 qcm.

Tourenzahl des Ventilators . . .	1645	1820	1850
" der Maschine . . .	274	303,5	309
Druck im Ausflussrohr, mm . .	183	256	265
Windmenge i. d. Sek. cbm . . .	2,9	2,7	2,75
Reine Ventilatorleistung PS. . .	7,1	9,2	9,54

Bei 300 Touren ergab die Bremsung der Maschine eine effektive Leistung derselben von 15,1 PS. Der reduzierte dynamische Wirkungsgrad war also

$$\text{beim 1. Versuch } \frac{7{,}1}{15{,}1} \cdot \frac{300}{274} = 0{,}513$$

$$\text{„ 2. „ } \frac{9{,}2}{15{,}1} \cdot \frac{300}{303{,}5} = 0{,}60$$

$$\text{„ 3. „ } \frac{9{,}54}{15{,}1} \cdot \frac{300}{309} = 0{,}62$$

Beim Ausfluss in die freie Luft, also unverengtem Querschnitt ergaben die Versuche bei 1200 Touren einen Druck von 160 mm in der Mündung, eine Luftmenge i. d. Sek. von 3,6 cbm gleich dem 30 fachen des von den Schaufeln beschriebenen Volumens und eine Luftgeschwindigkeit von 55 m i. d. Sek.

Ein dritter, mit demselben Ventilator angestellter Versuch betraf die Schaufelzahl, die Wirkungsweise der Schaufel, sowie die Wirkungsweise des Diffusors.

Um zunächst festzustellen, ob die Schaufelzahl (20) des Ventilators nicht zu gross sei, wurde dasselbe Rad mit 10 Schaufeln ausgeführt. Es ergab sich, dass in diesem Falle der Anfangsdruck von 80 mm wie bei 20 Schaufeln nahezu erreicht wurde, von 400 qcm Öffnung an aber sehr rasch abnahm, sodass derselbe z. B. bei 550 qcm Öffnung nur noch 76 mm betrug gegenüber 116 mm bei 20 Schaufeln. Hieraus schloss Rateau, dass man mit der Schaufelzahl nicht zu niedrig bleiben, also nicht zu weite Kanäle wählen soll, um die Länge der Luftwellen zwischen den Schaufeln auf wenige cm herabzuziehen. Indessen darf die Schaufelzahl auch nicht zu gross sein, damit die Reibung der Luft an den Schaufeln nicht zu sehr wächst. Die richtige Mitte zwischen beiden Grenzen zu finden, ist Sache der Erfahrung.

Die zweite Frage, welche Rateau zu lösen suchte, war diejenige, ob die Schaufelarbeit vorwiegend zur Druck- oder zur Geschwindigkeitssteigerung der Luft aufgewandt werde. Nach Rateau ist die Ansicht, dass die Drucksteigerung vorwiegend sei, falsch. Zur letzteren werden im Gegenteil nur 15—16 % der Gesamtarbeit verbraucht. Der weitaus grösste Teil der letzteren verwandelt sich in lebendige Kraft, d. h. dient dazu, die Geschwindigkeit der Luft absolut und relativ zu den Schaufeln zu vermehren.

Die dritte Frage bezüglich der Wirkungsweise des Diffusors wird weiter unten[1]) ausführlicher behandelt werden.

2. Versuche auf den Kohlengruben von Aubin (Aveyron)[2]).

---

1) Siehe Theoret. Teil, Kapitel 12, E.

2) Rev. d. min. 1891, Bd. XV, S. 226.

Am 24. Juni 1891 fanden in Cransac bei Aubin eingehende Versuche statt, um die Leistung des Rateau'schen Ventilators im Vergleich zu der des Guibal'schen und Ser'schen Ventilators zu ermitteln.

Die Versuche wurden bei verschiedenen Geschwindigkeiten und veränderlichem, äquivalenten Querschnitt der Grube angestellt und erstreckten sich auf die Untersuchung

1. der Geschwindigkeit des Ventilators,
2. der Depression im Saugschacht, kurz hinter dem Ventilator,
3. der Luftmenge des Ventilators,
4. der Dampfarbeit in der Maschine.

Der Versuchsventilator hatte folgende Abmessungen:

Dmr. des Rades	2,0 m
Dmr. der Saugöffnung	1,2 m
Kranzbreite	0,16 m
Dmr. der Antriebsscheibe	1,0 m
Querschnitt der Saugöffnung	1,06 qm
„ „ Mündung des Austrittsrohrs	3,8 qm
Schaufelvolumen bei einer Umdrehung .	0,75 cbm

Die zu erfüllenden Bedingungen waren folgende: Der Ventilator sollte bei 200 Touren eine Depression von 30—40 mm und eine Luftmenge von 15—20 cbm i. d. Sek. liefern, wobei der dynamische Wirkungsgrad nicht weniger als 50 % betragen sollte und der äquivalente Querschnitt der Grube ∽ 1 qm war.

Zur Veränderung des äquivalenten Querschnitts war im Saugschacht eine Querwand von 1,2 m × 1,2 m angebracht, durch deren Verschiebung der Querschnitt von 0 bis 1,72 qm veränderlich gemacht werden konnte.

Zur Messung der Tourenzahl diente ein Deschiens'scher Tourenzähler; bei jedem Versuch wurden je 2 Ablesungen i. d. Min. gemacht, welche nie um mehr als 2 Touren differierten, was eine Genauigkeit der Übereinstimmung bis auf $^1/_2$ % ergab. Das Verhältnis der Tourenzahl des Ventilators zu derjenigen der Maschine war konstant = 1,83.

Die Depression wurde am Ende des Saugkanals von 2,8 qm Querschnitt gemessen, wo die Luftgeschwindigkeit gering war.

Die Messung geschah mittels eines Wassersäulenmanometers.

Zur Berechnung der Luftmenge wurde die Luftgeschwindigkeit am obersten Ende des Schlotes gemessen. Derselbe war mit einer Gallerie umgeben und die quadratische Ausflussöffnung von 1,95 m Seitenlänge durch je 5 Quer- und 5 Längsdrähte in 36 kleine Quadrate von 32,5 cm Seitenlänge eingeteilt. Die Luftgeschwindigkeit wurde mit einem Casartelli'schen Anemometer je 5 Sekunden lang in jedem Quadrat gemessen, sodass bei jedem Versuch 36 Messungen gemacht wurden und die Dauer jedes Versuches 3 Minuten betrug. Um eine Kontrolle zu ermöglichen, wurden zwei Anemometer angewandt, welche sich gegenseitig ergänzten.

Die Messungen stimmten im Mittel bis auf 1 % Genauigkeit überein, während die Differenz beider Ablesungen nie grösser als 3,5 % war. Die Formeln zur Berechnung der Luftgeschwindigkeit waren

für das 1. Anemometer $v = 0{,}152 + 0{,}308 \cdot n$,

„ „ 2. „ $v = 0{,}166 + n$,

worin n die Tourenzahl des Anemometers i. d. Sek., v die Luftgeschwindigkeit in m i. d. Sek. bezeichnete.

Zu Anfang und zu Ende einer jeden Versuchsreihe wurde die Temperatur der Luft, der Barometer- und Hygrometerstand gemessen.

Zur Berechnung der indizierten Leistung der Dampfmaschine wurden bei jedem Versuche mittels Richard'scher Indikatoren 2 Diagramme abgenommen.

Die Resultate der Versuche sind in der folgenden Tabelle enthalten. Die Temperatur der Luft betrug während der Versuchszeit 31—33° C., der Barometerstand 741 mm, das Gewicht eines cbm Luft mithin 1,122 kg, der Dampfdruck in der Maschine 3,5 kg.

Versuchs-No.	Tourenzahl des Ventilat. n	Tourenzahl der Maschine n'	Depression beobachtet h mm	Depression korrigiert h' mm	Teilstriche des Anemometers No. 1	Teilstriche des Anemometers No. 2	Geschwindigkeit der Luft No. 1 v m	Geschwindigkeit der Luft No. 2 v' m	Luftmenge i. d. Sek. Q cbm	Äquivalente Fläche A qdm	Effektive Arbeit t PS.	Mittlere Ordinaten der Diagramme No. 1 mm	Mittlere Ordinaten der Diagramme No. 2 mm	Indizierte Arbeit T PS.	Dynam. Wirkungsgr. $\frac{t}{T}$ in %
1	290	154	97 1/4	96 3/4	1298	—	3,45	—	13,1	50	16,9	11,6	12,15	30	56,3
2	276	151	103	101 1/2	2918	922	5,14	5,30	19,8	75	26,6	15,5	15,75	37,8	70,9
3	215	117	63 1/2	62 3/4	2358	748	4,19	4,26	16	77	13,4	11,65	11,9	22,1	60,6
4	235	128	85	83	3600	1105	6,31	6,30	24	100	26,8	17,85	18,3	36,8	72,3
5	212	116	71	68 1/2	4046	1213	7,08	7,1	27	124	24,6	20,5	20,8	38,2	54,4
6	196	107	58 1/2	55 3/4	4276	1321	7,63	7,5	28,7	147	21,3	21,7	21,9	37,3	57,1
7	187	102	50	47	4458	1324	7,73	7,52	29,6	165	18,6	22,7	23,5	37,3	49,9
8	184	100	47	44	4554	1397	7,94	7,96	30,2	172	17,5	23,3	23,9	37,8	47,1

Zu bemerken ist, dass die in Spalte 4 enthaltenen korrigierten Depressionen aus den beobachteten Depressionen durch Abzug der der Differenz der lebendigen Kräfte des Windstromes vor seinem Eintritt in den Ventilator und nach seinem Austritt aus dem Schlot entsprechenden Druckhöhe erhalten sind, sowie dass diese korrigierten Depressionen zur Berechnung der äquivalenten Fläche nach der Formel[1] $A = \frac{38 \cdot Q}{\sqrt{h'}}$, sowie der reinen Ventilatorleistung t nach der Formel $t = \frac{Q \cdot h'}{75}$ gedient haben.

Die Versuche ergaben nun:

1. dass der Ventilator mit weit mehr als 200 Touren laufen konnte, da die Maschine für 6 kg Dampfdruck und 50—90 ind. PS. konstruiert

1) Von Murgue, vergl. Theoret. Teil, Kapitel 12, A.

war, während dieselbe bei den Versuchen schon bei 3,5 kg Dampfdruck 38 ind. PS. lieferte;

2. dass der Ventilator schon bei 196 Touren (Versuch No. 6) eine Depression von 55 mm und eine Luftmenge von 28 cbm lieferte, während bei 200 Touren oder 20,944 m Umfangsgeschwindigkeit eine Depression von 46—61 mm und eine Luftmenge von 15,33 cbm bei einer äquivalenten Fläche von 0,75—1,72 qm erzielt wurde, die gestellte Bedingung also vollständig erfüllt war;

3. dass der dynamische Wirkungsgrad für äquivalente Flächen von 0,5—1,6 qm über 50 %, bei 1 qm sogar 72,3 % betrug.

In der nachfolgenden vergleichenden Übersicht, welche den Mitteilungen Rateau's über die obigen Versuche angefügt ist, waren die besten, mit den einzelnen Systemen erreichten Werte einander gegenübergestellt.

Hierzu ist jedoch zunächst zu bemerken, dass der dynamische Wirkungsgrad des Pelzer'schen Ventilators (Tabelle S. 390) im allgemeinen bedeutend höher ist, als hier angegeben, und im Mittel 64 % beträgt.

Ventilator von	mit 20 m Umfangsgeschwindigkeit erzielte Depression mm	Manom. Wirkungsgrad %	Dynam. Wirkungsgrad %
1. Pelzer[1]), 2,5 m Dmr.	29,5	61	48
2. Guibal[2]), 7 und 9 m Dmr. . .	37	70	48
3. Ser[3]), 2 m Dmr.	41 (?)	85	51
4. Rateau, 2 m Dmr.	59	122	72

Da sich die theoretische Maximaldepression nach der Formel $H = \frac{u^2}{g}$ berechnet, und u sich für die grösste effektive Depression von 103 mm und die Tourenzahl 276 zu 28,9 m ergibt, so folgt: $H = \frac{28,9^2}{9,81} = 85,1$, mithin der manometrische Wirkungsgrad $\eta_m = \frac{103}{85,1} = 1,22$ oder 122 %.

Dieser ungemein günstige und scheinbar unmögliche Wert lässt sich durch folgende Betrachtung einigermassen erklären.

Der grösste Wert der reinen Leistung des Rateau'schen Ventilators liegt bei circa 1,15 qm äquivalenter Fläche, wie aus der nach der vorigen Tabelle aufgezeichneten graphischen Darstellung Fig. 426 hervorgeht. Bei dem Ser'schen Ventilator von gleichem Durchmesser liegt

1) Ventilator Pelzer von Alstaden, Rev. d. min. 1890, Bd. IX. 3. Ser.
2) Aufsatz von Althaus, übersetzt von Murgue, Bull. de la soc. min. 1889.
3) Versuche von François, Bull. de la soc. min. 1886.

derselbe bei 1 qm, sodass beide unter ziemlich gleichen Verhältnissen arbeiten.

Da jedoch der Ser'sche Ventilator mit zwei Saugöffnungen versehen ist, während der Rateau'sche deren nur eine besitzt, so folgt daraus, dass die Luftgeschwindigkeit im Rade bei dem Rateau'schen Ventilator bedeutend grösser sein muss als bei dem Ser'schen, und ist hierdurch der bedeutend höhere manometrische Wirkungsgrad einigermassen zu erklären.

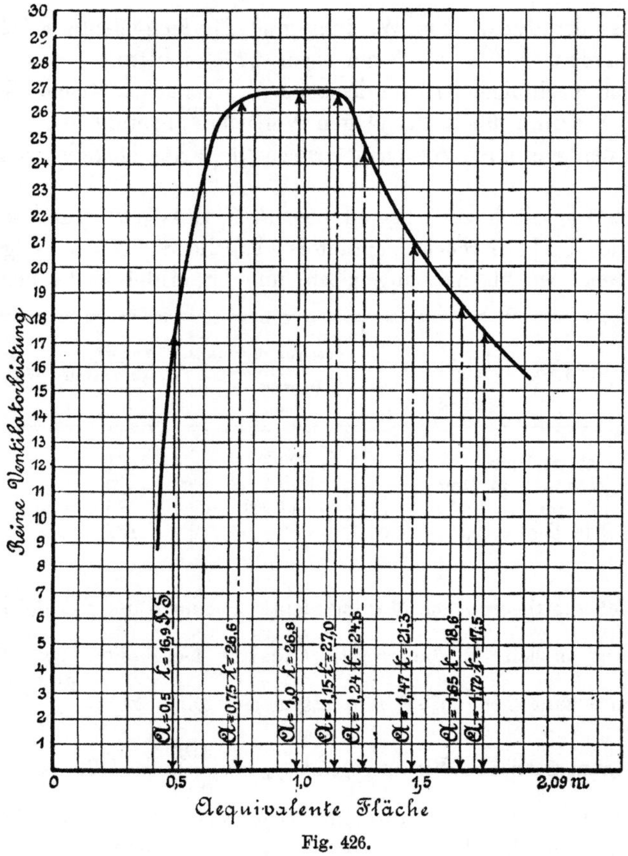

Fig. 426.

Wie ein Blick auf Fig. 423 ferner sofort erkennen lässt, ist der Diffusor im Verhältnisse zum Schaufelrad bedeutend grösser als bei den früher besprochenen Systemen, und dürfte hierin gleichfalls ein Grund für den so ungewöhnlich hohen manometrischen Wirkungsgrad zu suchen sein, da infolge der sehr grossen Querschnittserweiterung im Diffusor die Geschwindigkeit der Luft bedeutend verkleinert, ihre lebendige Kraft also in einen desto grösseren dynamischen und statischen Druck umgewandelt wird.

Versuch	Umdrehungen i. d. Min. d. Maschine n	Umdrehungen i. d. Min. des Ventilators n'	Umfangsgeschwindigkeit des Flügelrades in m i. d. Sek. u	Wettergeschwindigkeit an der Messstelle in m i. d. Sek. v	Wettermenge in cbm i. d. Min. Q	Abgelesene Depression in mm Wassersäule h	Gewicht eines cbm angesaugter Luft in kg γ	Nutzleistung der Anlage in PS. bei Vernachlässigung des natürl. Wetterzuges $N_n = \frac{Q \cdot h}{60 \cdot 75}$	Indizierte Leistung d. Maschine in PS. N_i	Mechan. Wirkungsgrad in % bei Vernachlässigung d. natürl. Wetterzug. $\eta = \frac{N_n}{N_i}$	Manometrischer Wirkungsgrad in % $\eta_2 = \frac{h}{u^2 \frac{\gamma}{g}}$	Äquivalente Grubenweite in qm $A = \frac{0{,}38 \cdot Q}{60 \cdot \sqrt{h}}$	Bemerkungen
Ventilator-Anlage auf Zeche „Schlägel und Eisen“. Wettermessungen bei der Abnahme am 8. Dezember 1894 nach 13 monatlichem Betriebe. Dampfmaschine: Zwilling, D = 500, H = 800 mit Ridersteuerung (8 Atm. Kesselspannung). Rateau-Ventilator von 3,4 m Flügelrad-Durchmesser.													
I	64	192	34,17	12,52	3620	135	1,20	108,6	148	73	93	1,97	
II	72	218	38,80	14,11	4080	170	1,19	154	204	75	93	1,98	
III	81	244	43,43	15,75	4555	210	1,18	212	273	77	93	1,98	
Ventilator-Anlage auf Zeche „Consolidation“. Wettermessungen bei der Abnahme am 16. Juli 1895 nach 5 monatlichem Betriebe. Dampfmaschine: Zwilling, D = 500, H = 1000 mit Kolbensteuerung (6 Atm. Kesselspannung). Rateau-Ventilator von 4,0 m Flügelrad-Durchmesser.													
I	57,5	193,5	40,52	11,945	5590	169	1,183	209,90	305,8	68,6	85,3	2,72	
II	47,5	158	33,09	9,843	4606	112	1,1874	114,60	168	68	84,5	2,75	
III	40	135	28,27	8,383	3925	83	1,1905	72,4	108,1	67	85,6	2,73	Zwischen den Versuchen III und IV ist eine Pause von 2 ½ Stunden während des Schichtwechsels
IV	67,5	227	47,53	13,133	6150	232	1,192	317	448,43	70,7	86	2,55	Der verringerte Querschnitt A ist erklärt durch Änderung in der Wetterführung
V	25	85	17,8	4,875	2280	33	1,197	16,72	25,797	64,8	85,3	2,52	

Ventilator-Anlage auf Zeche „Victor".

Wettermessungen bei der Abnahme am 20. Februar 1896 nach 1 monatlichem Betriebe.
Alte Dampfmaschine: eincylindrig, D = 475, H = 900 mit Ridersteuerung (6 Atm. Kesselspannung).
Neuer Rateau-Ventilator von 2,8 m Flügelrad-Durchmesser.

I	50	225	—	—	2340	—	—	—	101,3	—	—	—	Q aus II berechnet
II	54	242	35,5	5,446	2525	145	1,175	81,36	122,2	66,6	94	1,33	
III	59,5	268	39,8	5,983	2775	174	1,171	107,3	159	67,5	93	1,33	
IV	61	—	—	—	2845	180	—	—	163,5	—	—	—	Q aus III berechnet

Leistung des alten, durch den Rateau-Ventilator ersetzten „Moritz'schen" Ventilators.

	54	320	50	4,377	2030	94	1,18	42,5	120	35,4	31	1,33	h für die neue Messstelle reduziert, N_i nach Angabe

Ventilator-Anlage auf Zeche „Zollern".

Wettermessungen bei der Abnahme am 23. Februar 1896 nach 3 monatlichem Betriebe.
Dampfmaschine: Zwilling, D = 600, H = 1000 mit Kolbensteuerung (4 Atm. Kesselspannung).
Rateau-Ventilator von 3,4 m Flügelrad-Durchmesser.

I	58,5	212	37,74	$\frac{579,55}{60}$	3828	158	1,194	134,7	201,0	67,0	90,9	1,93	
II	68	248	44,18	$\frac{681,6}{60}$	4502	213	1,1884	213,1	300,5	70,8	90,2	1,95	

Ventilator-Anlage auf Zeche „Dannenbaum", Schacht V.

Wettermessungen am 25. März 1896 nach 1 monatlichem Betriebe.
Dampfmaschine: Zwilling, D = 500, H = 800 mit Ridersteuerung (5 Atm. Kesselspannung).
Rateau-Ventilator von 3,4 m Flügelrad-Durchmesser.

I	51	173,5	30,9	$\frac{560,7}{60}$	2540	106	1,192	59,83	88,3	67,6	91,4	1,56	
II	58,5	200	35,6	$\frac{685,5}{60}$	2983	140	1,188	92,8	135	68,8	90,7	1,59	
III	66	224	39,87	$\frac{776,5}{60}$	3518	176	1,186	137,6	193,88	70,97	91,5	1,67	
IV	76	258	45,93	$\frac{920,6}{60}$	4170	238	1,179	220,55	294,7	74,80	93,9	1,71	

Versuch	Umdrehungen i. d. Min. d. Maschine n	Umdrehungen i. d. Min. des Ventilators n'	Umfangsgeschwindigkeit des Flügelrades in m i. d. Sek. u	Wettergeschwindigkeit an der Messstelle in m i. d. Sek. v	Wettermenge in cbm i. d. Min. Q	Abgelesene Depression in mm Wassersäule h	Gewicht eines cbm angesaugter Luft in kg γ	Nutzleistung der Anlage in PS. bei Vernachlässigung des natürl. Wetterzuges $N_n = \frac{Q \cdot h}{60 \cdot 75}$	Indizierte Leistung d. Maschine in PS. N_i	Mechan. Wirkungsgrad in % bei Vernachlässigung d. natürl. Wetterzug. $\eta = \frac{N_n}{N_i}$	Manometrischer Wirkungsgrad in % $\eta_2 = \frac{h}{u^2 \frac{\gamma}{g}}$	Äquivalente Grubenweite in qm $A = \frac{0,38 \cdot Q}{60 \cdot \sqrt{h}}$	Bemerkungen
Ventilator-Anlage auf Zeche „König Wilhelm". Wettermessungen bei der Abnahme am 24. Oktober 1896 nach 3 monatlichem Betriebe. Dampfmaschine: 2 Zwillinge von D = 600, H = 1000 mit Kolbensteuerung. 2 Rateau-Ventilatoren von 3,4 m Flügelrad-Durchmesser.													
I. Anlage rechts bei 68 Umdrehungen der Maschine.													
	68	247	43,83	14,05	5020	218	1,174	243,2	344	70,7	94,7	2,15	
II. Anlage links bei 60,5 Umdrehungen der Maschine.													
	60,5	221	39,34	12,35	4430	164	1,177	161,4	232,5	69,4	88,3	2,16	
III. Beide Anlagen zugleich arbeitend bei 59 resp. 58 Umdrehungen der Maschinen.													
	Masch. rechts 59 Masch. links 58	213,5 210	38,0 37,38	16,025	5750	293	1,1799	374	638	58,7	86	2,13	Bei III saugt Ventilator rechts, Fig. 426, S. 418, aus d. Wetterschacht; links aus rechts. Schieber oben links ist geschlossen, 2 (oben rechts) und 3 geöffnet
Anlage rechts bei 61 Umdrehungen der Maschine.													
	61	221	39,34	11,28	4070	175	1,1716	158,3	233	68	93	1,95	Vorversuch, ausgeführt am 8. 10. 96

Ventilator-Anlage auf Zeche „Centrum".

Wettermessungen bei der Abnahme am 6. Januar 1897 nach 5 monatlichem Betriebe.
Dampfmaschine: Zwilling, D = 425, H = 900 mit neuer Collmann-Ventilsteuerung (8 Atm. Kesselspannung).
Rateau-Ventilator von 4,0 m Flügelrad-Durchmesser.

I	42	126	26,4	12,883	5078	76	1,2152	85,76	119,86	71,47	88,08	3,688	Es wurde gemessen: von 10^{20}—10^{30}
II	55	163	34,15	16,745	6586	127	1,2094	185,87	241,7	76,90	88,34	3,701	von 11^{35}—12^{05}
III	64	191	40,0	19,08	7504	174	1,2067	290,15	371,15	78,17	88,42	3,604	von 4^{30}—5^{00}

Ventilator-Anlage auf Zeche „Franziska Tiefbau".

Wettermessungen bei der Abnahme am 2. November 1897 nach 5 monatlichem Betriebe.
Dampfmaschine: Zwilling, D = 450, H = 900 mit Ventilsteuerung (5 Atm. Kesselspannung).
Rateau-Ventilator von 3,4 m Flügelrad-Durchmesser.

I	43	145	25,81	$\frac{320}{60}$	3080	81	1,2165	55,44	79,55	69,7	98	2,17
II	62	209	37,2	$\frac{463}{60}$	4454	167	1,2068	165,3	222,9	74,1	98	2,18
III	67,5	227	40,4	$\frac{503}{60}$	4840	198	1,2025	213	287,1	74,1	98	2,18

Ventilator-Anlage auf Zeche „Neu-Iserlohn".

Ergebnisse der am 3. April 1898 ausgeführten Untersuchung.
Verbund-Dampfmaschine $D = \frac{425}{600}$, H = 900 mit neuer Collmann-Ventilsteuerung.
Rateau-Ventilator von 3,4 m Flügelrad-Durchmesser.

I	53,5	160	28,48	$\frac{703}{60}$	3555	88	1,184	69,52	106,6	65,2	89,6	2,40
II	69	205	36,49	$\frac{881}{60}$	4469	142	1,182	141,02	215,8	65,35	88,5	2,38
III	77,5	231	41,1	$\frac{998}{60}$	5060	182	1,177	204,65	369,8	66,05	89,7	2,37

In den Figuren 428—431 ist eine Ventilatoranlage für den neuen Schacht III der Zeche Unser Fritz abgebildet. Bei derselben ist ein Ventilator von 4 m Flügeldurchmesser, 420 mm Flügelbreite am Umfange, eine Zwillingsdampfmaschine von 525 mm Cylinderdurchmesser und 1050 mm Kolbenhub zur Ausführung gekommen und findet der Antrieb von der letzteren auf den Ventilator durch Seilantrieb statt.

Von neueren Versuchen sind die in den vorstehenden Tabellen angegebenen Versuche besonders hervorzuheben, welche in den Jahren 1894 bis 1898 stets nach mehrmonatlichem Betriebe an Ventilatoren von 2,8, 3,4 bezw. 4 m Drm. ausgeführt worden.

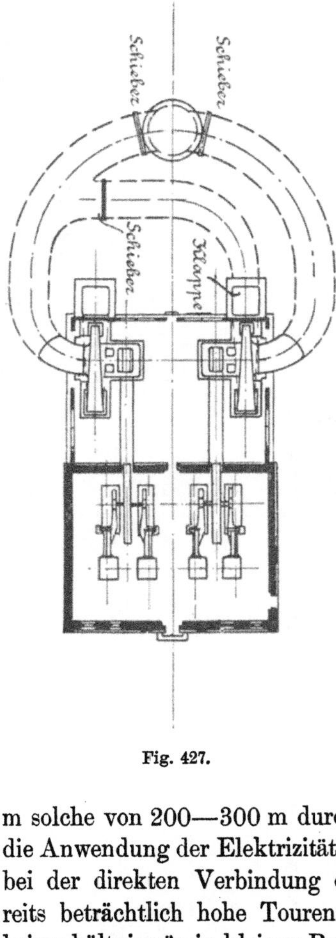

Fig. 427.

Eine übersichtliche Zusammenstellung der neueren Versuche enthält die Tabelle auf S. 420 und 421.

Während bei den bisher beschriebenen Ventilatoren von Rateau[1]), wie die Versuche zeigen, höchstens Depressionen oder Drücke von 300—400 mm Wassersäule erreicht wurden, ist es Rateau durch die Verbindung seines Ventilators mit Dampfturbinen gelungen, Pressungen bezw. Depressionen zu erzielen, welche bisher mit Centrifugalrädern als geradezu unerreichbar erachtet wurden, Pressungen, welche das zehnfache und bei Verwendung von mehreren Ventilatoren hintereinander das noch mehrfache der bisher üblichen Pressungen erreichen. Es darf wohl behauptet werden, dass diese neueste Erfindung Rateau's eine grosse Umwälzung sowohl auf dem Gebiete der Ventilatoren wie der Centrifugalpumpen hervorzubringen geeignet scheint, da auch bei Centrifugalpumpen gegenüber Druckhöhen von 12—15 m solche von 200—300 m durch ein einziges Schaufelrad erzielt sind. Durch die Anwendung der Elektrizität wurde zunächst der Übergang gegeben, indem bei der direkten Verbindung der Dynamomaschine mit dem Ventilator bereits beträchtlich hohe Tourenzahlen erreicht werden konnten, und damit bei verhältnismässig kleinen Raddurchmessern schon beträchtliche Leistungen

1) Ventilateurs et Pompes centrifuges pour hautes pressions par turbines à vapeur ou par moteurs électriques par A. Rateau, Saint-Etienne 1902. Sonderabdruck aus Bulletin de la Société de l'industrie minerale 1902, 4. sér.

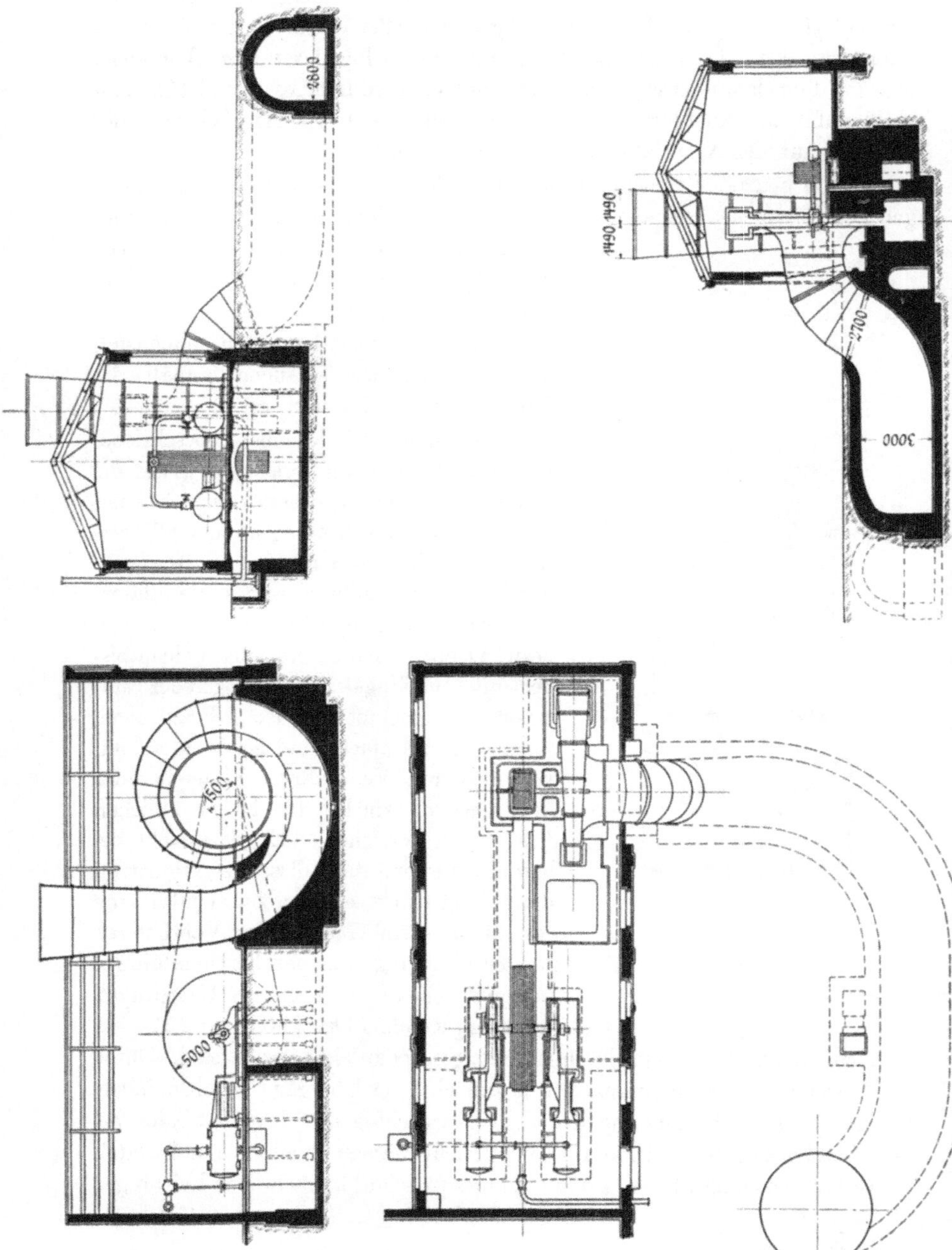

Fig. 428—431.

Versuchsresultate von Venti-

Besteller. Zeche	Flügelrad-Dmr. des Rateau'schen Ventilators mm	Betriebsmaschine: Cylinder-Dmr. mm	Hub mm	Art der Steuerung	Umdrehungen: des Ventilators i. d. Min.	der Maschine i. d. Min.	Umfangsgeschwindigkeit des Flügelrades i. d. Sek.
Schlägel und Eisen . .	3400	Zwilling 500	800	Ridersteuerung	192 244	64 81	34,17 43,13
Consolidation III u. IV	4000	Zwilling 500	1000	Kolben „	158 227	47,5 67,5	33,09 47,53
Zollern	3400	Zwilling 600	1000	„ „	212 248	58,5 68	37,74 44,18
Viktor (Wetterschacht)	2800	Illing 475	900	Rider „	242 268	54 59,5	35,5 39,8
Dannenbaum V . . .	3400	Zwilling 500	800	„ „	200 258	58,5 76	35,6 45,93
König Wilhelm . . .	3400	Zwilling 600	1000	Kolben „	221 247	60,5 68	39,43 43,83
Franziska Tiefbau . .	3400	Zwilling 450	900	Ventil „	145 227	43 67,5	25,81 40,4
Neu-Iserlohn	3400	Verbund 425/600	900	„ „	160 231	53,5 77,5	28,48 41,1
Dannenbaum I . . .	3400	Zwilling 500	800	Rider „	203 230	59 67	36,1 40,9
Centrum	4000	Zwilling 425	900	Ventil „	163 191	55 64	34,15 40,0
Bruchstrasse	3400	Zwilling 500	800	Kolben „	228 258	66 75	40,58 46,0
Vollmond	3400	Zwilling 500	800	„ „	176 222	59 75	31,3 39,5
Consolidation III u. IV	4000	Zwilling 500	1000	„ „	157 213	47 65,5	32,9 44,6
Adolf v. Hansemann .	4000	Verbund 450/700	900	Ventil „	133 186	50 70	27,8 38,9
Neu-Essen	4000	Zwilling 525	1050	„ „	132,5 211	40 64,5	27,76 44,2

erzielt wurden. Jedoch erst bei der Verwendung der mit 10—20000 und mehr Touren i. d. Minute laufenden Dampfturbinen für die Zwecke des direkten Antriebs der Centrifugalventilatoren kam R a t e a u zu den erstaunlichen Re-

latoren. System Rateau.

Abgelesene Depression mm Wassersäule	Manometrischer Wirkungsgrad %	Luftmenge im Wetterkanal i. d. Min. cbm	Nutzleistung der ganzen Anlage PS.	Indizierte Leistung der ganzen Anlage PS.	Mechanischer Wirkungsgrad in %	Äquivalente Grubenweite qm	Zeit der Ausführung des Versuches	Versuch wurde ausgeführt nach einer Betriebszeit von n Monaten	Bemerkungen
135 210	93 93	3620 4555	108,6 212	148 273	73 77	1,97 1,98	8. 12. 94	13	
112 232	84,5 86	4606 6150	114,6 317	168 448,4	68 70,7	2,75 2,55	16. 7. 95	5	1. Anlage
158 213	90,9 90,2	3828 4502	134,7 213,1	201,0 300,5	67,0 70,8	1,93 1,95	23. 2. 96	3	
145 174	94 93	2525 2775	813,6 107,3	122,2 159	66,6 67,5	1,33 1,33	20. 2. 96	1	Alte Betriebsmaschine
140 238	90,7 93,9	2983 4170	92,8 220,55	135 294,7	68,8 74,8	1,59 1,71	25. 3. 96	1	
164 218	88,3 94,7	4430 5020	161,4 243,2	232,5 344	69,4 70,7	2,16 2,15	24. 10. 96	3	
81 198	98 98	3080 4840	55,44 213	79,55 287,1	69,7 74,1	2,17 2,18	2. 11. 97	5	
88 182	89,6 89,7	3555 5060	69,5 204,65	106,0 369,8	65,2 66,0	2,40 2,37	3. 4. 97	5	
130 156	84,6 84,5	2060 2285	58,1 77,7	90,4 120,1	65,8 65,9	1,14 1,16	17. 6. 97	3	
127 174	88,3 88,4	6586 7504	185,87 290,15	241,7 371,15	76,9 78,1	3,7 3,6	15. 12. 96	5	
158 203	79,9 80,1	2680 2890	94,1 130,4	123,4 174,6	76,2 74,1	1,35 1,28	3. 11. 96	2	
104 163	87,5 86,7	2250 2850	52 103,2	86,86 160,5	59,8 64,3	1,40 1,41	11. 12. 96	4	
110 202	82,3	4880 6610	119,2 296,7	182,3 410,9	65,4 72,2	2,95 2,95	21. 10. 97	5	2. Anlage
83 162	88,5 88,5	2340 3276	43,2 118,4	65,9 180,8	65,6 65,6	1,626 1,626	29. 12. 98	2	
77 190	83,6 82,6	3060 5180	54,08 218,7	82,1 294	65,8 74,4	2,28 2,37	8. 9. 99	5	Aus der ersten Reihe berechnet

sultaten, welche er mit seinen verhältnismässig kleinen Ventilatoren durch diese Verbindungen erreichte. In den Figuren 432—434 ist die Anordnung eines Centrifugalventilators mit direktem Antrieb durch eine Dampfturbine in der äusseren Ansicht, im Schnitt und im Grundriss dargestellt. Der Ventilator besteht aus einem Flügelrad aus Stahl von besonderer Konstruktion, welche es ermöglicht, demselben eine Umfangsgeschwindigkeit

Fig. 432.

von 250 m i. d. Sekunde zu geben. Der Ventilator ist beiderseitig saugend in einem gusseisernen Gehäuse V angebracht, während die Dampfturbine T auf derselben Welle wie der Ventilator sitzt. Bei dem Versuchsapparat von **Rateau** hatte das Ventilatorrad einen Durchmesser von 25 cm, die

Dampfturbine einen solchen von 30 cm. Die in der nachfolgenden Tabelle wiedergegebenen Versuche, welche am 24. und 25. Juli 1900 stattfanden, zeigen eine grösste Wassersäulenhöhe von 5,8 m bei 20200 Umdrehungen des Ventilators i. d. Minute, wobei die nutzbare Leistung des Ventilators 34,75 PS. und die Luftmenge 0,551 cbm i. d. Sekunde betrug.

Turbinen-Ventilatoren von Rateau für hohe Kompressionen.

Versuche am 24./25. Juli 1900[1]).

No.	Austrittsöffnung der Lutte qcm	Zahl der geöffneten Röhren	Druck über der Turbine P kg/qcm	Geschwindigkeit des Ventilators n Touren i. d. Min.	Totale Höhe in Wassersäule H m	Leistung des Ventilators Q cbm/sec.	$\frac{10^8 H}{n}$	Koeffizient der Leistung δ	Nutzbare Arbeit T_u PS.	Theoret. Arbeit T_t PS.	Ges. Wirkungsgrad ϱ_v
1	8,25	2	3,40	10500	1,39	0,128	1,26	0,069	2,22	18,2	0,122
5	8,25	2	7,40	18500	4,50	0,214	1,32	0,057	10,85	62,4	0,174
6	15,4	2	2,70	8200	0,84	0,189	1,25	0,112	2,03	11,5	0,177
11	15,4	2	8,30	17700	4,32	0,397	1,38	0,110	19,38	73,9	0,262
12	22,8	2	3,50	9350	1,20	0,332	1,37	0,174	5,02	19,2	0,261
16	22,8	2	9,40	16950	3,88	0,562	1,34	0,162	25,67	88,2	0,291
17	30,3	2	4,40	9500	1,07	0,419	1,18	0,217	5,74	28,2	0,204
20	30,3	2	10,10	16500	3,44	0,710	1,26	0,212	28,36	97,3	0,292
21	19,0	3	6,00	15400	3,16	0,429	1,34	0,136	15,93	68,5	0,233
23	19,0	3	9,30	20200	5,80	0,551	1,42	0,134	34,75	130,0	0,267
24	22,8	3	6,40	15200	3,08	0,509	1,33	5,164	18,49	76,0	0,243
26	22,8	3	10,40	20200	5,70	0,656	1,40	0,159	40,72	152,0	0,307
27	26,6	3	6,70	15400	2,96	0,584	1,25	0,185	20,43	81,0	0,252
29	26,6	3	10,90	20200	5,50	0,755	1,35	0,183	45,55	162,0	0,281

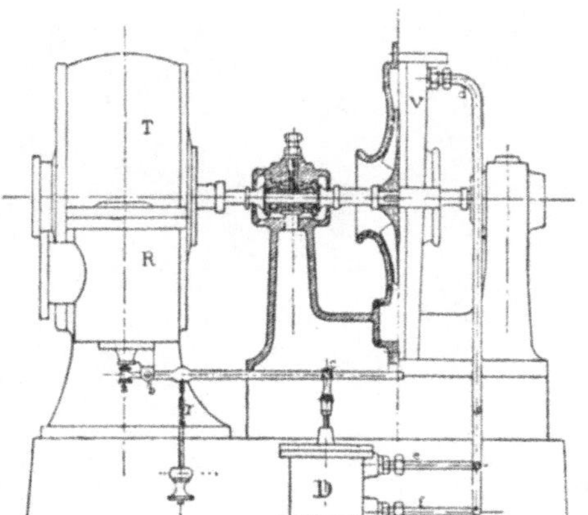

Fig. 433.

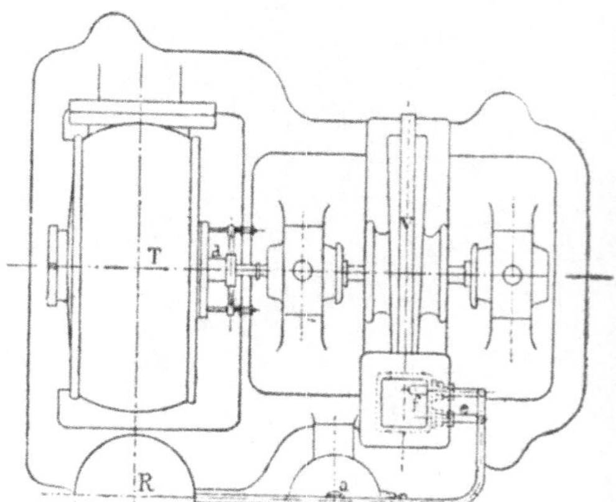

Fig. 434.

[1]) a. a. O. S. 23, wo sich die ausführliche Tabelle sämtlicher 29 Versuche findet.

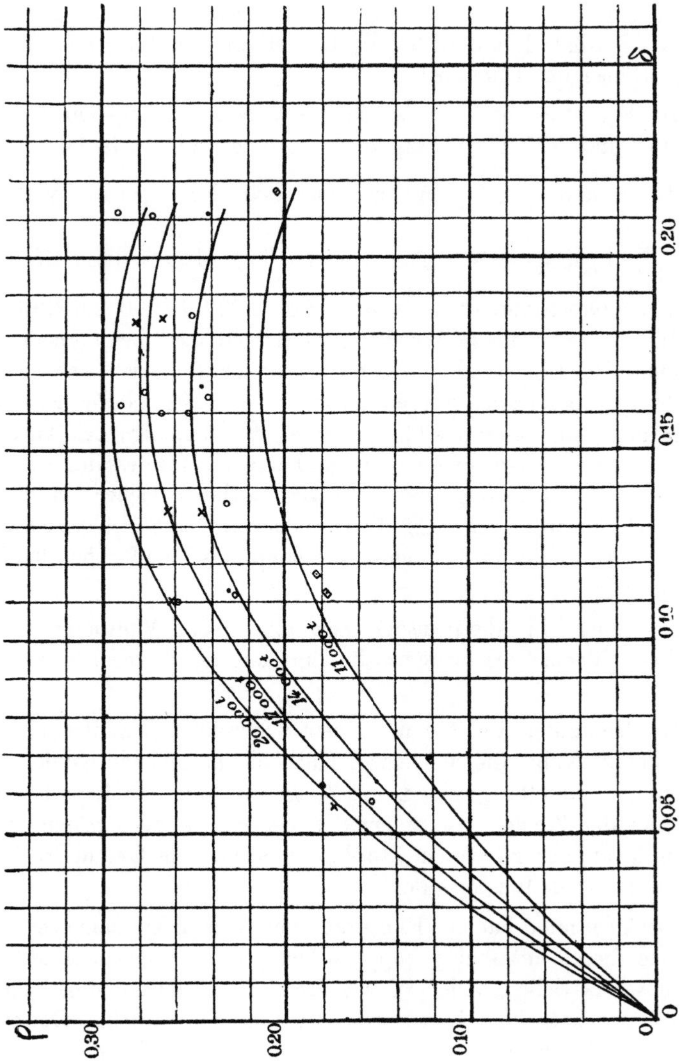

Fig. 435.

Die Messungen fanden in der Weise statt, dass der Austrittsquerschnitt von 8,25 qcm allmählich auf 26,6 qcm erweitert wurde. Für jeden der verschiedenen Austrittsquerschnitte sind in der obigen Tabelle an Stelle der in der Originaltabelle enthaltenen 4—5 Werte nur je zwei Werte gegeben, nämlich für den geringsten und grössten Dampfdruck. In der Tabelle bezeichnet P den Dampfdruck, gemessen vor dem Eintritt des Dampfes in die Turbine in kg/qcm, n die Tourenzahl i. d. Minute, H die Druckhöhe in Metern Wassersäule, Q die Leistungen des Ventilators in cbm Luft i. d. Sekunde, T_u die erzeugte nutzbare Arbeit[1]), also die reine Ventilatorleistung, T_t die theoretische Leistung des in die Turbine einströmenden Dampfes.

In Fig. 435 sind die sogenannten charakteristischen Kurven des Ventilators und der Turbine aufgezeichnet, indem als Accisse der Koeffizient der Leistungen $\delta = \frac{Q}{U \cdot r^2}$ und als Ordinate der gesamte Wirkungsgrad $\varrho_0 = \frac{T_u}{T_t}$ aufgetragen ist. Die in der Figur dargestellten Kurven entsprechen den Geschwindigkeiten von 11000, 14000, 17000 und 20000 Touren i. d. Minute. Aus diesen Kurven geht hervor, dass bei normalem Gange der gesamte Wirkungsgrad ϱ_0 noch grösser als 28 % ist, was als ein sehr gutes Resultat bezeichnet werden muss, da sich hieraus für den Ventilator ein Wirkungsgrad von ungefähr 56 % ergibt; derjenige der Turbine wird zu etwa 50 % angenommen werden können. Interessant ist der von Rateau mitgeteilte Betrag des Dampfverbrauches, welcher bei diesen Versuchen nicht mehr als etwa 12 kg für eine nutzbare PS. und Stunde betrug, also dem einer guten Kondensationsdampfmaschine für dieselbe Leistung gleichkommt.

Bei einem in allerneuester Zeit mit einem Ventilator dieser Art angestellten Versuche[2]) wurden die im folgenden gegebenen Resultate erzielt.

Der Ventilator, welcher mit einem Saugrohr und Luftrohr verbunden ist, hat die Aufgabe, die aus einem Kalkofen abziehende Kohlensäure anzusaugen und dieselbe in einen, mit Zuckersaft gefüllten Kessel zu pressen, in welchem der Zucker fast in einer Höhe von etwa 4 m enthalten ist. Der vom Ventilator zu diesem Zwecke zu erzeugende Gesamtdruck beträgt insgesamt 5—6 m Wassersäule.

Der Ventilator hat ein Flügelrad von 0,25 m Durchmesser und wird durch eine direkt mit ihm gekuppelte Dampfturbine von gleichfalls 0,25 m Durchmesser betrieben, welche durch sechs Dampfdüsen angetrieben wird. Der Abdampf hat einen Druck von 0,5 Atm. Überdruck. Derselbe wird hierauf noch in einem Triple-Effet-Verdampfapparat in der Zuckerfabrik nutzbar gemacht.

Bei dem einzigen Versuch, welcher angestellt wurde, um nach erfolgter Montage die Leistung der Maschine bei normalem Betriebe zu beurteilen, wurden folgende Werte ermittelt.

---

1) Nach der Schreibweise in der Originalabhandlung.

2) Verf. verdankt die Angaben hierüber dem liebenswürdigen Entgegenkommen des Erfinders, welcher dieselben in einem gefl. Schreiben vom 15. Sept. 1902 zwecks Veröffentlichung zur Verfügung stellte.

Tourenzahl der Turbine und des Ventilators i. d. Min. .	21000
Dampfdruck (beim Eintritt in die Turbine) absolut .	7,5 kg/qcm
„ (beim Austritt aus der „) „ .	1,5 „ „
Dampfverbrauch kg i. d. Stde.	1130
Vom Ventilator erzeugte Pressung, m Wassersäule .	5,1
„ „ i. d. Sek. geförderte Luftmenge, bezogen auf atmosphärischen Druck, cbm . .	0,75

Der Ventilator saugte bei diesem Versuch direkt aus der Atmosphäre und blies in weites Rohr aus, welches am Ende mit einem konisch zulaufenden, verengten Rohransatz zur Messung der Luftmenge versehen war.

Rateau berechnet aus den angegebenen Werten zunächst die Nutzleistung des Ventilators nach der Gleichung

$$T_u = \frac{Q \cdot H}{75} \cdot \frac{1}{1 + \frac{5,10}{2}} = 40,5 \text{ PS.}$$

ferner durch Annahme eines Dampfverbrauchs von 9,9 kg für 1 Dampf-PS. nach dem Dampfverbrauch die theoretische Leistung der Turbine zu

$$\frac{1130}{9,9} = 114 \text{ PS}_e$$

und danach den mechanischen Gesamtwirkungsgrad zwischen Turbine und Ventilator zu

$$\eta = \frac{40,5}{114} = 0,355,$$

welcher Wert sich ebenfalls, wenn man, wie Rateau angibt, den Wirkungsgrad der Turbine für sich allein und denjenigen des Ventilators ebenfalls für sich allein zu je 60% annimmt, auch zu

$$\eta = 0,6 \cdot 0,6 = 0,36$$

berechnet.

Es ist zweifellos, dass die neue Erfindung Rateau's überall dort Anwendung finden wird, wo Drücke über 1 m Wassersäule erforderlich sind, z. B. für die Gebläse der Schmelzöfen, Hochöfen, Bessemer Birnen etc., ja selbst für Luftkompressoren für Drücke von 5 Atm. werden sich dieselben einzeln oder in Kombination mehrerer Ventilatoren hinter einander verwenden lassen. Ebenso dürfte jedoch auch für die Erzeugung hoher Pressungen und Depressionen für Ventilationszwecke der Ventilator allmählich Eingang finden, namentlich für sehr enge und schwer zu lüftende Gruben.

4. Ventilator von Ser. Figuren 436 und 437[1]).

Durch zwei seitliche Saugkanäle wird die Luft angesaugt, sodann durch zwei ringförmige Abrundungen des Gehäuses und zwei auf der Flügelradwelle befestigte Konoïde allmählich aus der achsialen in die

---

1) Nach Hauer, Wettermaschinen, Tafel XVII, Fig. 141 u. 142.

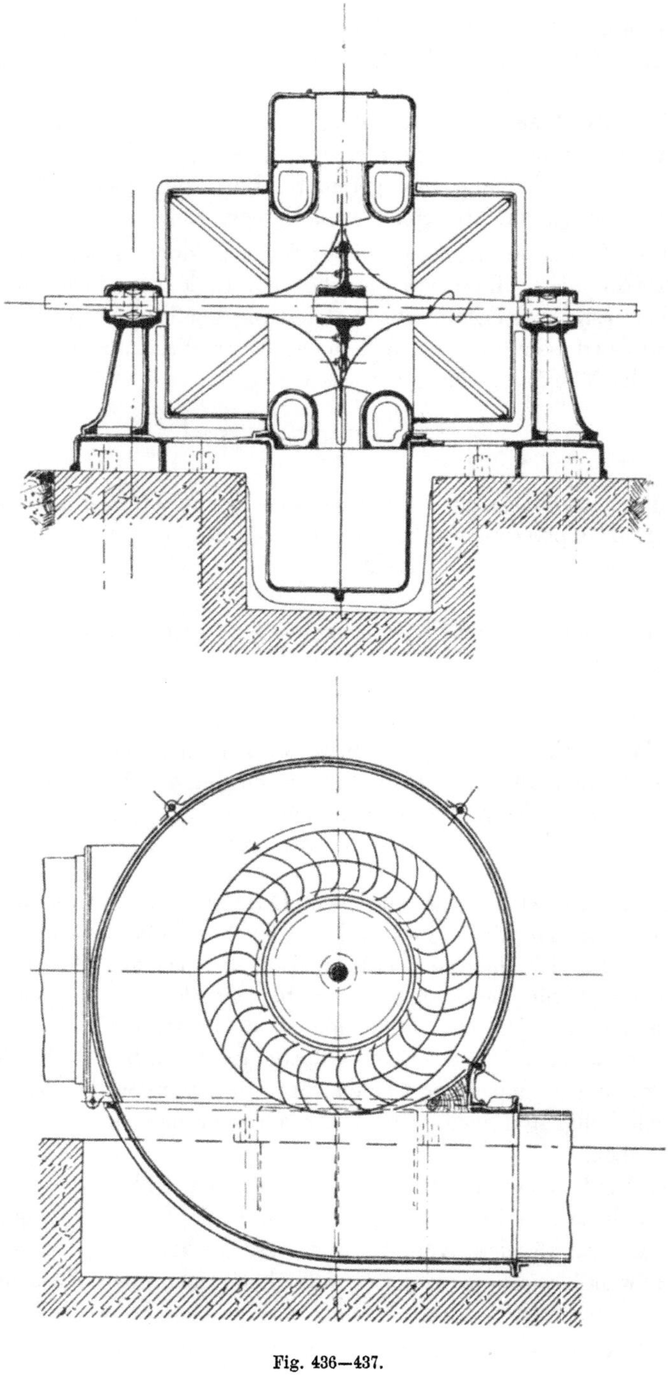

Fig. 436—437.

radiale Richtung abgelenkt und den zu beiden Seiten der massiven, mittleren Blechscheibe befestigten Schaufeln zugeführt. Dieselben sind, wie aus Fig. 437 zu ersehen ist, stark nach vorwärts gekrümmt und bilden mit dem äusseren Radumfang einen Winkel von 45⁰. Das Schaufelrad ist aussen mit einem Diffusor von rechteckigem Querschnitt umgeben, welcher in das Ausblasrohr und einen nach oben sich erweiternden Schlot von quadratischem Querschnitt übergeht, dessen äussere Form aus Fig. 438 zu ersehen ist.

Der Ser'sche Ventilator gehört, ebenso wie der vorher besprochene Rateau'sche, zu den raschlaufenden Ventilatoren mit kleinem Durchmesser, geringem Gewicht und daher geringer Reibungsarbeit, geringer Betriebskraft und niedrigen Anschaffungskosten.

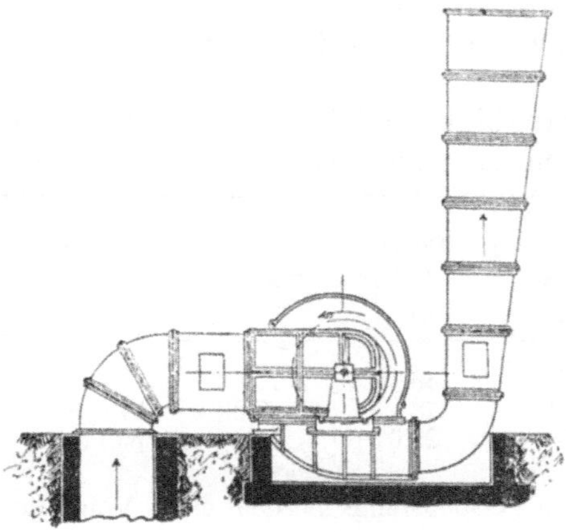

Fig. 438.

Pinette gibt für die Konstruktion der Ser'schen Ventilatoren folgende allgemeine Regel.

„Die Grösse des Ventilators ist für eine bestimmte Grube von bestimmtem, äquivalentem Querschnitt dann passend, wenn der letztere gleich dem Quadrat der Seitenlänge der Ausflussöffnung, also gleich dem Ausflussquerschnitt des Ventilators ist. Ist die äquivalente Fläche doppelt so gross als dieser Querschnitt, so vermehrt sich die geförderte Luftmenge von 65—75 %, die Depression dagegen erniedrigt sich um ca. 30 %."

Von den in grosser Anzahl, namentlich in Frankreich, mit Ser'schen Ventilatoren vorgenommen Versuchen seien die folgenden hervorgehoben.

1. Versuche von François in den Gruben der Compagnie d'Anzin.

Im Jahre 1884 wurde daselbst ein Ventilator von 2000 mm Dmr., im Jahre 1885 wurden zwei solche von 1400 mm Dmr. neu aufgestellt und untersucht.

Der erstere hatte 32 Flügel von 180 mm Breite und 420 mm Höhe, einen inneren Flügeldurchmesser von 1,2 m und lief mit 240 Touren oder einer Umfangsgeschwindigkeit von 25,12 m i. d. Sek. Die Gesamtlänge betrug 4,45 m, die Höhe des Windkastens 2,22 m, die Entfernung von Mitte zu Mitte Wellenlager 3,28 m, die Höhe über dem Fussboden 4,2 m.

Die Versuche erstreckten sich auf die Bestimmung der Depression im Saugkanal und der Luftmenge. Zu diesem Zwecke konnte durch einen Schieber der Durchgangsquerschnitt des Saugkanals vergrössert oder verkleinert werden. Hierdurch wurde sowohl die Depression als auch die Luftmenge entsprechend verändert. Zur Berechnung der Luftmenge diente die Murgue'sche Formel

$$A = 0{,}38 \cdot \frac{Q}{\sqrt{h}}, \quad \text{oder} \quad Q = \frac{A \cdot \sqrt{h}}{0{,}38} = 2{,}631 \cdot A \cdot \sqrt{h},$$

worin A die äquivalente Fläche in qm, Q die sekundliche Luftmenge in cbm bedeutet.

Für die verschiedenen Öffnungen des Schiebers ergaben sich bei 240 Touren die in der nachstehenden Tabelle enthaltenen Werte.

No.	Schieber-öffnung qm	Effektive Depression mm	Theoretische Maximal-Depression	Luftmenge cbm i. d. Sek.	Reine Ventilator-leistung PS.	Manom. Wirkungsgrad %
1	0	46,4	77,2	—	—	60
2	0,97	72	77,2	21,678	20,813	93
3	2,73	29,6	77,2	39,110	15,422	38,3

Eine andere Versuchsreihe mit demselben Ventilator und einem zweiten von 1,4 m Dmr. ist die folgende[1]):

Dmr. m	Äquivalente Öffnung qm	Tourenzahl	Luftmenge cbm i. d. Sek.	Effektive Depression	Theoretische Maximal-Depression	Reine Ventilator-leistung PS.	Manom. Wirkungsgrad %
1,4	0,5	400	12	83,52	86,75	13,36	96,2
1,4	1,0	400	20	58,00	86,75	15,5	66,8
2,0	1,0	280	25	80,00	86,75	26,66	92,2
2,0	1,5	280	32	65,79	86,75	28,07	75,8
2,0	2,0	280	40	58,00	86,75	30,93	66,8

Diese Versuche ergaben einen grössten manometrischen Wirkungsgrad von im Mittel $\frac{96{,}2 + 93 + 92{,}2}{3} = 93{,}8\,\%$, und einen mittleren manometrischen Wirkungsgrad von 73,6 %, welche Werte als sehr günstig zu bezeichnen sind.

[1]) François, Bull. de la soc. de l'ind. min. 1886, Bd. 15, S. 89.

2. Versuche von Ser[1]).

Versuchsventilator: 2000 mm äusserer, 1200 mm innerer Dmr. Die Depression wurde an verschiedenen Stellen des Saugkanals gemessen und ergab das Mittel aus 300 Messungen:

$h = 93{,}44$ mm bei 240 Touren,

$Q = 28{,}99$ cbm i. d. Sek.,

manometrischer Wirkungsgrad 73,7 %.

Die maschinellen Wirkungsgrade ergeben sich aus nachfolgender Tabelle:

No. des Ver- suches	Tourenzahl der Dampf- maschine	Tourenzahl des Ventilators	Indizierte Leistung der Maschine N_i	Leerlaufs- arbeit der Maschine (ohne Vent.) N_o	Vom Ventilator absorbierte Leistung $N_e = N_i - N_o$	$\frac{N_e}{N_i}$
1	31,5	189	31,00	8,2	22,80	0,73
2	32	192	32,84	8,3	24,54	0,74
3	34	204	36,16	8,86	27,30	0,75
4	36	216	40,92	9,6	31,32	0,76
5	38	228	48,28	10,67	37,61	0,77
6	40	240	54,92	11,6	43,32	0,78
7	42	252	60,80	12,8	48,00	0,79
8	44	264	63,60	14,0	49,60	0,78
9	46	276	84,04	15,0	69,04	0,81
10	48	288	84,40	16,12	68,28	0,80

In der letzten Spalte ist jedoch nicht das Verhältnis der reinen Ventilatorleistung zur indizierten Dampfmaschinenleisung, sondern dasjenige der effektiven zur indizierten Leistung der Dampfmaschine enthalten, weshalb die Werte zur Beurteilung des dynamischen Wirkungsgrades des Ventilators ungeeignet sind.

3. Versuche mit Ser'schen Ventilatoren von verschiedenen Durchmessern[2]).

Dmr. m	Äquiv. Öffnung qm	Tourenzahl	Luftmenge cbm i. d. Sek.	Depression mm	Theoretische Maximal-Depression	Manom.[3]) Wirkungsgrad %
1,0	0,30	560	8	80	87,5	} 91
1,4	0,56	400	15	80	87,5	
2,0	1,20	260	32	80	75,5	106
2,5	1,85	210	50	80	77,1	103,7
3,0	2,66	160	72	80	65,0	123
4,0	4,60	120	125	80	64,5	124

1) Prakt. Masch.-Konstrukteur 1889, S. 178.

2) Zeitschr. f. B.-, H.- u. Sal.-Wesen 1887, S. 229 u. folg.

3) Vom Verf. berechnet.

Während die beiden ersten Werte des manometrischen Wirkungsgrades mit dem früher gefundenen Maximalwert übereinstimmen, sind die 4 letzten Werte offenbar falsch, wie leicht nachzuweisen ist.

Nach der unteren Tabelle auf S. 429 war bei 2,0 m Dmr.
bei 280 Touren und $A = 1$ qm gefunden: $Q = 25$ cbm, $h = 80$ mm
„ 280 „ „ $A = 1{,}5$ „ gefunden: $Q = 32$ „ $h \backsim 66$ „

Da die Luftmenge bei gleicher Geschwindigkeit dem äquivalenten Querschnitt proportional ist, so würde bei 280 Touren und $A = 1{,}2$ qm die Luftmenge nach der Gleichung $\left(\frac{Q_x}{25}\right)^m = \frac{1{,}2}{1}$ zu berechnen sein, worin m aus der Beziehung $\frac{1{,}5}{1} = \left(\frac{32}{25}\right)^m$ zu 1,64 folgt.

Hieraus berechnet sich $Q_x = 28$. In ähnlicher Weise berechnet sich die dem Querschnitt von 1,2 qm entsprechende Depression zu $h_x \backsim 74$ mm.

Da jedoch bei verschiedenen Tourenzahlen, aber konstantem äquivalentem Querschnitt das Verhältnis $\frac{h}{n^2}$ auch konstant bleibt[1]), so ergibt sich hieraus die der Tourenzahl 260 entsprechende Depression h_x zu

$$h_x = 74 \cdot \frac{260^2}{280^2} = 74 \cdot 0{,}862 = 65{,}79.$$

Der dieser Depression entsprechende manometrische Wirkungsgrad berechnet sich dann zu

$$\frac{65{,}79}{75{,}5}\,100 = 87{,}1\,\%,$$

welcher Wert wohl mehr Anspruch auf Richtigkeit machen dürfte als der aus den Angaben der vorigen Tabelle berechnete Wert von 106. Der Fehler dürfte nun entweder in der fehlerhaften Angabe der Tourenzahlen oder der Luftmengen zu suchen sein. Da nach der obigen Berechnung die Luftmenge für 280 Touren und 1,2 qm Querschnitt 28 cbm war, so wird, da bei konstantem Querschnitt die Luftmenge der Tourenzahl proportinal ist, in der letzten Tabelle entweder die der Luftmenge $Q = 32$ entsprechende Tourenzahl grösser, oder die der Tourenzahl 260 entsprechende Luftmenge kleiner ausfallen, und zwar im ersten Falle

$$n = \frac{32}{28} \cdot 280 = 320 \text{ statt } 260 \text{ Touren,}$$

im zweiten Falle

$$Q = \frac{260}{280} \cdot 28 = 26 \text{ statt } 32 \text{ cbm}$$

sein.

In genau derselben Weise lassen sich die übrigen manometrischen Wirkungsgrade der Tabelle korrigieren.

---

1) Siehe Theoret. Teil, Kapitel 12.

Da nun die genaue Bestimmung der Tourenzahl geringere Schwierigkeiten bietet als die genauen Berechnungen der Luftmenge, weil die Messung der mittleren Luftgeschwindigkeit sehr sorgfältig vorgenommen werden muss, wie bei früher besprochenen Versuchen ausführlich mitgeteilt wurde, so dürfte der Fehler der obigen Angaben wohl aus der ungenauen Messung der Luftgeschwindigkeit herzuleiten sein.

4. Versuche zu Anzin[1]).

Dmr. m	Touren-zahl i. d. Min.	Äquiv. Fläche A qm	Maximal-Depression gemessen	Maximal-Depression theoretisch	Luftmenge cbm i. d. Sek.	Manom. Wirkungs-grad %	Verhältnis des gelieferten zum durchlaufenen Volumen
1,4	400	0,47	89,2	103,0	11,615	85	7,78
2,0	240	0,97	72,0	77,2	21,698	93	7,30

Der manometrische Wirkungsgrad ergibt sich hiernach im Mittel zu 89 %.

Für den letzteren der beiden in der vorigen Tabelle aufgeführten Ventilatoren ergaben sich folgende dynamische Wirkungsgrade:

Äquiv. Fläche A qm	Leistung der Maschine N_i PS.	Leergangs-arbeit der Maschine N_0 PS.	Tourenzahl der Maschine i. d. Min.	Auf den Ventilator übertragene Arbeit $N_e = N_i - N_0$ PS.	Reine Ventilator-leistung N PS.	Mechan. Wirkungs-grad des Ventilators $\frac{N}{N_e}$	Dynam. Wirkungs-grad $\frac{N}{N_i}$
1,06	48,11	12,0	60	36,11	22,15	0,61	0,46
1,58	70,85	13,6	64	57,25	33,10	0,58	0,47

Das Mittel betrug 46,5 %, welcher Wert in Anbetracht des hohen manometrischen Wirkungsgrades von 93 % als ein befriedigender zu bezeichnen ist.

5. Versuche auf Schacht Moulin bei Anzin[2]).

Dmr. 2,0 m, Kranzbreite 0,5 m, Dmr. der Saugöffnung 1,0 m, Flügelzahl 32.

Die Versuche zeigten deutlich den Einfluss des natürlichen Wetterzugs, wie aus dem ersten Versuch hervorgeht, bei welchem der Ventilator stillstand, derselbe dem durchziehenden Wetterstrom somit einen gewissen Widerstand entgegensetzte, welcher einer Druckhöhe von 4 mm Wassersäule entsprach.

---

1) Revue des mines 1891, Bd. 14, S. 213 u. folg.

2) Zeitschr. f. B.-, H.- u. Sal.-Wesen 1887, S. 222 u. folg.

Die Versuchsergebnisse waren folgende:

No. d. Versuchs	Barometerstand in freier Luft	Barometerstand im Saugkanal	Thermometerstand in freier Luft °C.	Thermometerstand im Saugkanal °C.	Tourenzahl i. d. Min.	Luftmenge cbm i. d. Sek. im Saugkanal	Depression mm Wassersäule gemessen	Depression mm Wassersäule theoretisches Maximum	Manom. Wirkungsgrad %
1	735	735	5	18	—	9,66	4	—	—
2	735	735	5	18	60	13,24	4,5	4,5	100
3	735	735	5	18	106	16,37	9,25	12,56	72,8
4	735	734	5	18	160	19,78	23,25	29,35	79,2
5	735	733	5	18	207	23,78	37,0	47,70	77,6
6	735	731	5	18	256	28,83	65,3	72,98	89,4
7	738	728	5	19	346	35,05	107,3	132,11	81,2

Der mittlere manometrische Wirkungsgrad ergibt sich aus diesen Versuchen zu 83,36 %.

6. Schliesslich seien einige Versuche mit einem kleinen Ser'schen Ventilator für Schmiedefeuer, Schmelzöfen etc. erwähnt, welche gleichfalls sehr günstige Resultate ergaben[1]). Es betrug:

der äussere Durchmesser des Ventilators D . . . . 0,5 m
der innere „ „ „ d . . . . 0,3 m
die radiale Flügellänge . . . . 0,1 m
die achsiale Flügelbreite . . . . 0,09 m
der Querschnitt des Druckrohrs . . $0,25 \times 0,26 = 0,065$ qm

Bezeichnet noch $d_0 = \frac{D + d}{2} = \frac{0,5 + 0,3}{2} = 0,4$ den mittleren Flügeldurchmesser, so berechnet sich der vom Ventilator i. d. Sek. beschriebene Raum zu $Q_0 = d_0 \cdot \pi f_0 \cdot \frac{n}{60}$, woraus für $f_0 = 0,09 \times 0,1 = 0,009$ qm und $n = 1000$ folgt:

$Q_0 = 0,1885$ cbm.

Versuch No.	Tourenzahl i. d. Min.	Depression beobachtet mm Wassersäule	Depression theoret. Maximal- $H = \frac{u^2}{g} \cdot \gamma$	Manom. Wirkungsgrad %	Leistung am Dynamometer gemessen mkg	Reine Ventilatorleistung mkg	Mechan. Wirkungsgrad des Ventilators %	Luftmenge cbm i. d. Sek.
9	1292	133,8	143,2	93,5	593,90	377,58	63,6	2,822
10	1094	93,6	102,8	91,0	354,43	220,99	62,2	2,361
11	1002	80,2	86,2	93,0	262,69	175,24	66,7	2,185
12	830	56,3	59,2	95,0	180,34	103,08	57,1	1,831

1) Dingl. polyt. Journ. 1888, Bd. 267, S. 5.

Hieraus berechnet sich zunächst für 1000 Touren das Verhältnis der geförderten Luftmenge zu dem vom Ventilator beschriebenen Volumen zu:

$$\frac{2,185}{0,1885} = 11,6,$$

ferner der mittlere manometrische Wirkungsgrad zu 93,1 %, der mittlere mechanische Wirkungsgrad zu 62,4 %.

Fasst man die bei den verschiedenen Versuchen mit Ser'schen Ventilatoren gefundenen Resultate zusammen, so erhält man folgende Übersicht:

Versuchsreihe No.	Dmr. m	Luftmenge cbm i. d. Sek.	Manometr. Wirkungsgrad		Dynam. Wirkungsgrad		
			im Mittel	im Max.	im Mittel	im Max.	
1	1,4—2	12—40	73,6	93,8	—	—	Grubenventilatoren
2	2	29	73,7	—	—	—	Grubenventilatoren
3	1—4	8—125	87,1	91	—	—	Grubenventilatoren
4	1,4—2	12—22	89,0	93	46,5	47	Grubenventilatoren
5	2	13—35	83,36	89,4	—	—	Grubenventilatoren
6	0,5	1,8—2,8	93,1	95	62,4	66,7	Ventilator für Schmiedefeuer

Rechnet man aus den 5 ersten Werten nochmals einen Mittelwert für den manometrischen Wirkungsgrad aus, so erhält man $\eta_m = 81,35$ %, welcher Wert dem aus der Tabelle auf Seite 429 berechneten Mittelwert am nächsten kommt und daher wohl Anspruch auf Richtigkeit haben kann, da die in jener Tabelle mitgeteilten Versuche die sorgfältigsten und genauesten unter allen angeführten sind.

Der dynamische Wirkungsgrad ist leider nur bei einer Versuchsreihe ermittelt worden und kann für denselben daher nur der Wert $\eta_d = 46$ bis 47 % für Grubenventilatoren angegeben werden, während der mechanische Wirkungsgrad für kleine Schmiedeventilatoren von 0,5—1 m Dmr. beträchtlich höher, im Mittel zu 62—66 % angenommen werden kann.

Prof. A. Habets fasst in seinen Ducoments et Rapports[1]) die mit dem Ser'schen Ventilator gemachten Erfahrungen in folgenden Sätzen zusammen:

1. Es besteht eine vollkommene Übereinstimmung zwischen den Ergebnissen der Ser'schen Theorie und jenen der Versuche mit diesem Ventilator.

2. Die vom Ventilator gelieferte Windmenge ist der aus der theoretischen Formel berechneten Windmenge gleich und im Mittel gleich dem 10fachen des von den Schaufeln durchlaufenen Raumes.

---

1) Österr. Zeitschr. f. B.- u. H.-Wesen 1885, S. 800.

3. Der mechanische Wirkungsgrad schwankt zwischen 60 und 83 % je nach dem Durchmesser und der Konstruktion des Ventilators.

4. Alle gewonnenen Resultate zeigen, dass mit verhältnismässig geringem Durchmesser und mittlerer Umfangsgeschwindigkeit der Ser'sche Ventilator beträchtliche Windmengen von ziemlich hohen Pressungen geben kann, und dass sein Nutzeffekt demjenigen anderer Ventilatoren gleichkommt.“

Im allgemeinen kann dies Urteil über den Ser'schen Ventilator wohl als richtig anerkannt werden, nur müssen die Angaben von Habets bezüglich des mechanischen Wirkungsgrades als viel zu günstig und durch die Versuche nicht bestätigt bezeichnet werden.

7. Ventilator von Davidson.

Der Davidson'sche Ventilator[1]) hat in seiner äusseren Anordnung einige Ähnlichkeit mit dem Ventilator von Ser und Geneste-Herrscher, unterscheidet sich von denselben jedoch im wesentlichen in folgendem:

Während bei den beiden genannten Konstruktionen die Schaufeln auf der Ventilatorwelle befestigt sind und von der Mitte aus nach den Enden hin allmählich aus der axialen in die radiale Richtung übergehen, und dieselben wie bei gewöhnlichen Ventilatoren in einen den Ventilator dicht umgebenden Auslauf die Luft auswerfen, läuft das Davidson'sche Flügelrad völlig frei im Innern eines in bekannter Weise von der engsten nach der weitesten Querschnittsöffnung allmählich spiralig verlaufenden Gehäuses von rechteckigem Querschnitt und ist freitragend auf einer einseitig aus dem Gehäuse herausragenden Welle befestigt. Die Konstruktion des Ventilators ist aus den Figuren 439—443 ersichtlich. Die Eintrittsöffnung der Luft ist grösser als der Durchmesser des Flügelrades, wodurch sich der Ventilator ganz besonders von allen bisherigen Systemen unterscheidet, und ragen die Schaufeln in das Innere der Trommel hinein, sodass die Luft ohne irgendwie gedrosselt zu werden, frei zu den Schaufeln hinzutreten kann. Die Flügel sind nach vorwärts gekrümmt, bilden an der Innenseite einen Winkel von etwa 64°, an der Aussenseite einen Winkel von etwa 22° mit dem Radumfange, und sind nach einem Radius, welcher etwa $^3/_4$ der Kranzflügelbreite bildet, gekrümmt, wie aus Fig. 443 auf S. 438 ohne weiteres ersichtlich ist. Für die Konstruktion charakteristisch ist, dass erstens die radiale Tiefe der Flügel $^1/_{16}$ des Durchmessers des Ventilators beträgt, dass ferner die Axiallänge der Flügel $^3/_5$ des Durchmessers ausmacht, und endlich die Gesamtzahl der Schaufeln 64 beträgt, durch welche Abmessungen erfahrungsgemäss bei den verschiedensten Grössen des Ventilators die besten Resultate erzielt worden sind. Zur Versteifung der Nabe bezw. des Radkranzes dienen vier oder mehrere tangential an

---

[1]) Deutsche Pat.-Schrift 116231. — Engineer 21. Juni 1901. — Zeitschr. f. B.-, H.- u. Sal.-Wesen, Bd. 50, 1902.

Fig. 440.

Fig. 439.

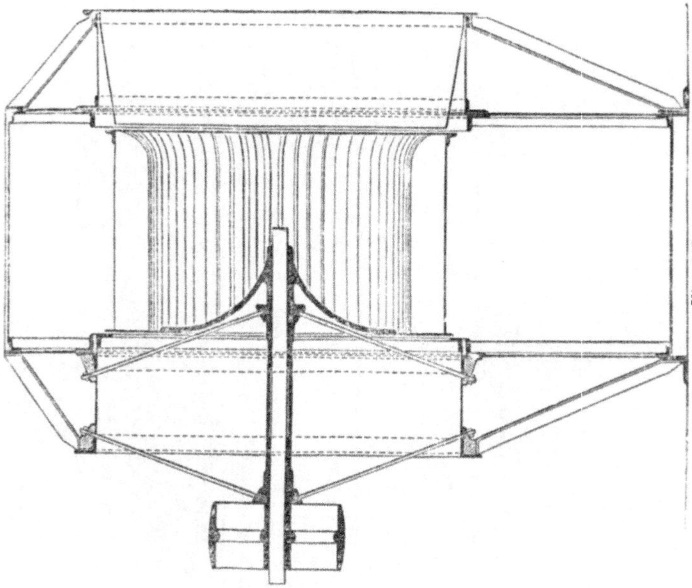

Fig. 442.

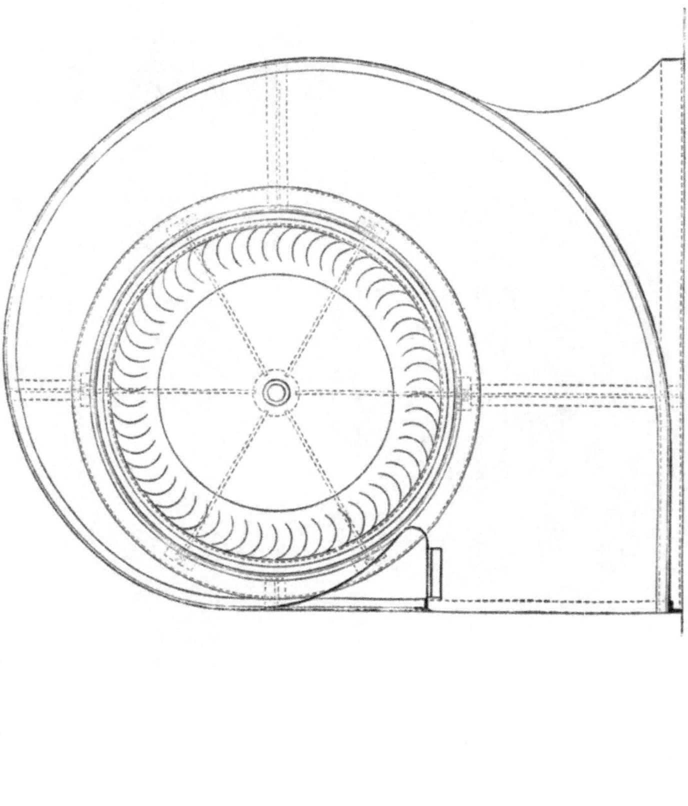

Fig. 441.

der Nabe befestigte Spannstangen, wie aus Fig. 442 hervorgeht. Der Austritts- und Eintrittsquerschnitt des Ventilators haben dieselbe Grösse und wird hierdurch bezweckt, den Durchgang der Luft möglichst zu erleichtern.

Verfasser hatte Gelegenheit im Sommer des Jahres 1900 gelegentlich einer Studienreise nach Frankreich und England in der Fabrik des Erfinders eine grössere Reihe von Versuchen mit dem genannten Ventilator auszuführen, deren Resultate im folgendem wiedergegeben werden sollen[1]). Die Versuche fanden statt in der Zeit vom 18. bis 23. Juli einschliesslich, und erstreckten sich auf 4 Ventilatoren von folgenden Verhältnissen:

No.	Drm.		Breite		Einsauge-Querschnitt		Austritts-Querschnitt		Äusserer Dmr.	Innerer Dmr.	Axiale Breite		Radiale Schaufeltiefe		Schaufelzahl
	Engl. Zoll	mm	Zoll	mm	Quad.-Zoll	qm	Quad.-Zoll	qm	mm	mm	Zoll	mm	Zoll	mm	
1	35	889	21	533	35	0,621	36/30 Dmr.	0,679	889	711	21	533	3 ½	89	64
2	30	762	18	457	30	0,456	30 „	0,456	762	660	18	457	3	76	64
3	25	635	15	381	25	0,317	25 „	0,317	635	513	15	381	2 ½	63	64
4	20	508	12	305	20	0,203	20 „	0,203	508	406	12	305	2	51	64
5	12,5	318	—	—	—	—	—	—	—	—	7,5	190	1	25	48

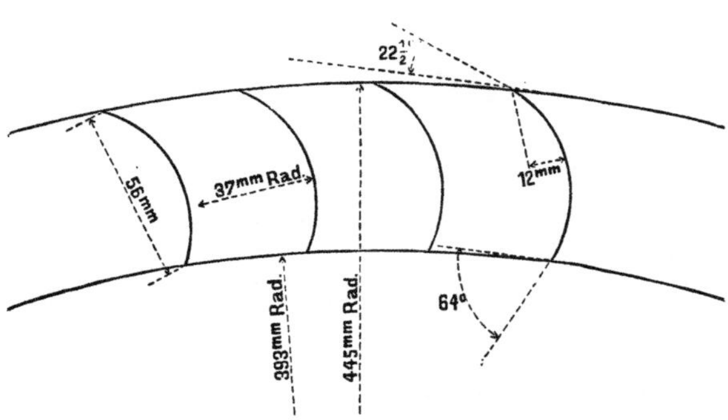

Fig. 443.

Die Hauptversuche wurden an einem Ventilator von 35″ Dmr. ausgeführt. Die Luft wurde in einen hölzernen Kasten von 3,66 m Länge, 0,915 m innerer Höhe und 0,762 m innerer Breite, welcher rechtwinklig zur Austrittsöffnung des Ventilators angebracht war, und an seinem vorderen Ende mit zwei zur Veränderung des Querschnitts dienenden rechteckigen Schiebern versehen war, ausgeblasen. Eine zweite Versuchsreihe fand statt mit demselben Ventilator, nachdem der Kasten derart umgebaut

1) Die nachstehenden Mitteilungen sind der Abhandlung des Verfassers im ersten Hefte der Zeitschrift für Berg-, Hütten- und Salinenwesen 1902 entnommen.

war, dass die Längsrichtung desselben in die Ausblaserichtung der Luft gelegt war, und derselbe bei sonst gleichen Verhältnissen eine Länge von 2,288 m im Lichten erhalten hatte. Die äussere Anordnung der zweiten Einrichtung ist aus den Figuren 444 und 445 zu ersehen. Über die Art und Weise der Methoden der Messung ist folgendes zu berichten. Der Ventilator wurde von einem 10pferdigen Elektromotor angetrieben, dessen Strom-

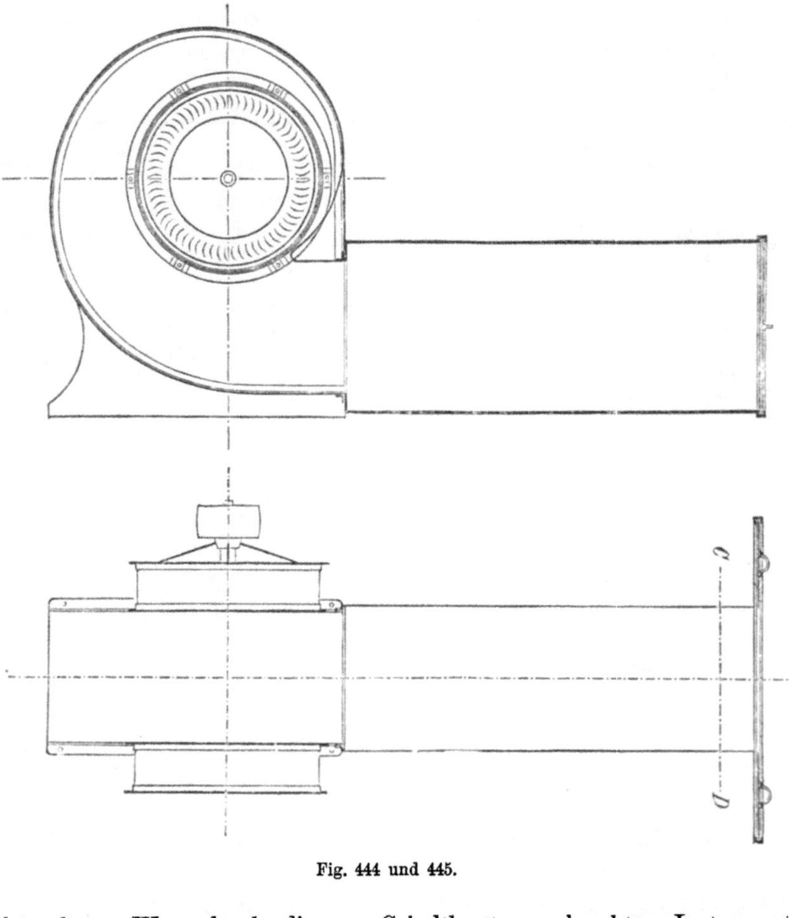

Fig. 444 und 445.

verbrauch an Watt durch die am Schaltbrett angebrachten Instrumente während jedes Versuches abgelesen werden konnte. Jeder Einzelversuch wurde dreimal wiederholt und aus den einzelnen Ablesungen die in den folgenden Tabellen angeführten Mittelwerte ermittelt. Die Messung der Luftmengen erfolgte sowohl bei dem Ventilator von 35″ als auch bei den kleineren Nummern bei verschiedenen Ausblasequerschnitten. Bei dem Hauptventilator wurde, wie bereits angedeutet, die Veränderung des Querschnittes durch die am vorderen Ende des Ausblase-Kanals befindlichen Parallelschieber bewirkt, welche von der Maximalöffnung bis zum völligen Abschluss verstellt werden konnten und folgende Austrittsquerschnitte ergaben:

No.	Zoll	qm
1	36/30	0,697
2	36/20	0,465
3	36/15	0,349
4	36/10	0,233
5	36/5	0,1165
6	geschlossen	0,000

Die Veränderung des Austrittsquerschnittes bei den kleineren Ventilatoren mit kreisrundem Auslaufrohr erfolgte durch vor der Austrittsöffnung angebrachte Holzscheiben mit kreisförmigen Ausschnitten von verschiedenem Durchmesser, deren Grössen weiter unten bei der Besprechung der einzelnen Versuche näher mitgeteilt werden. Die Messung der Luftgeschwindigkeit erfolgte seitens des Verfassers durch zwei für grössere oder geringere Geschwindigkeiten angewandte Casella'sche Manometer, welche in den verschiedensten Stellungen vor der Austrittsöffnung bei jedem Versuche je eine Minute lang auf und ab bewegt wurden. Zur Messung des erzeugten Druckunterschiedes diente ein in der Nähe an der Wand befestigtes Multiplikationsmanometer, bestehend aus zwei parallelen, unter einer Neigung von 1 : 5 an dem Messbrett befestigten, mit gefärbter Flüssigkeit gefüllten Glasrohren, deren eines Ende mittels eines Gummischlauches mit dem in der Wand des Messkanals in etwa $1^1/_2$ m Abstand von der Austrittsöffnung eingeschobenen eisernen, horizontalen Piezometer von $^3/_8''$ Dmr. im Lichten verbunden war. Die Innenkante des Piezometerrohres schloss mit der Innenwand des Holzgehäuses ab, so dass dasselbe von dem Luftstrome nicht getroffen wurde, also auch eine saugende Wirkung desselben ausgeschlossen war. Die Tourenzahlen des Elektromotors und des Ventilators wurden sowohl fortlaufend als auch bei jedem einzelnen Versuche durch zuverlässige Instrumente gemessen.

Die Lufttemperatur war bei allen Versuchen annähernd konstant 19^0 C., der Barometerstand fast dauernd im Mittel 762 mm Quecksilbersäule, woraus sich das spezifische Gewicht $\gamma = \frac{0,0017022 \cdot 762}{1 + \alpha \cdot 19} = \frac{1,297}{1,0697} = \backsim 1,213$ kg/cbm berechnet. In den folgenden Tabellen sind zunächst die aus den Versuchen bei den verschiedenen Auslassquerschnitten erhaltenen Werte eingetragen, und hieraus die Luftmenge, die Austrittsgeschwindigkeit, die reine Ventilatorleistung, sowie der maschinelle Wirkungsgrad berechnet. In Tabelle 1 sind die Werte der Versuche des Ventilators von 35″ Dmr. bei der Anordnung des Messkanals in direkter Verlängerung des Ausblasehalses enthalten, in Tabelle 2 dagegen einige Versuche mit demselben Ventilator bei nahezu konstanter Tourenzahl und bei der Anordnung des Austrittskanals um 90° abgebogen.

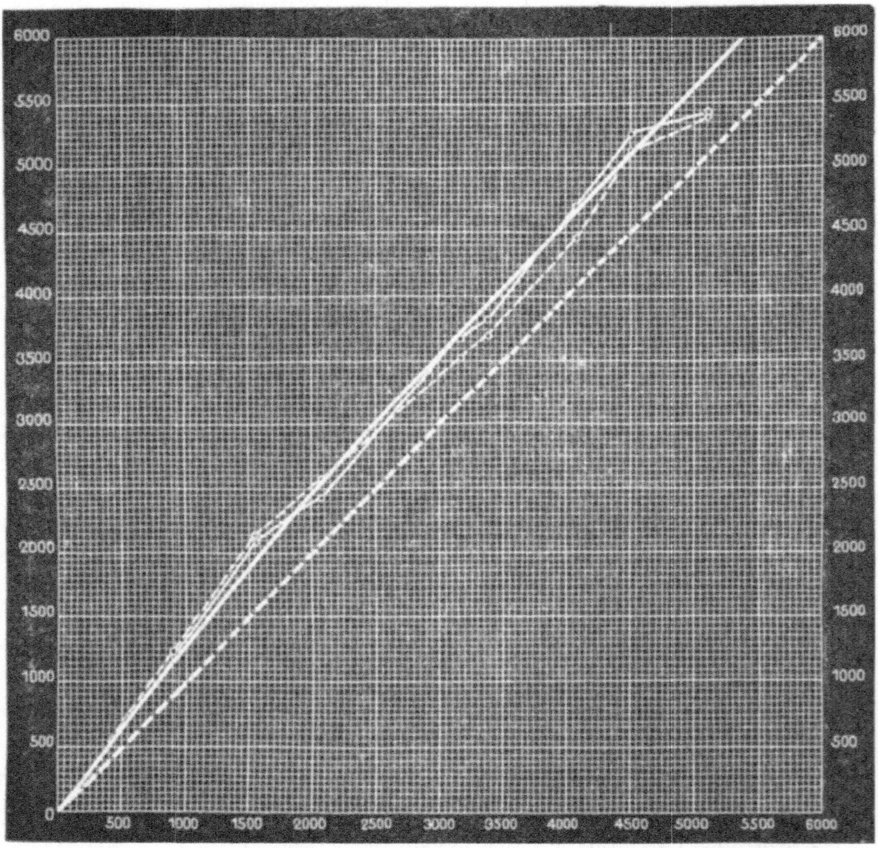

Fig. 446.

Bezüglich der Luftgeschwindigkeiten in Metern ist folgendes zu bemerken: In den Spalten 7 und 8 sind die Luftgeschwindigkeiten angegeben, wie dieselben mit Hilfe des kleinen Anemometers gefunden sind. In den Spalten 9 und 10 dagegen, wie dieselben für die Berechnung der Luftmengen zu Grunde gelegt sind und wie dieselben sich nach der Korrektion ergeben haben. Die Korrektion fand in der Weise statt, dass für bestimmte Tourenzahlen die Luftgeschwindigkeiten einmal mit dem kleinen

Ventilator von Davidson.

Laufende No.	Versuchs-No.	Dmr. des Ventils	Auslass		n, Touren	U	U_a	Luftgeschwindigkeit C	
		m	Zoll	qm F_a	i. d. Min.	m/min.	m/sec.	m/min.	m/sec.
1	2	3	4	5	6	7	8	9	10
1	154—156	35″ = 0,89	36 × 30	0,697	188	522	8,76	575	9,6
2	158/160	„	36 × 20	0,464	213	590	9,93	711	11,85
3	161—163	„	36 × 15	0,348	226	626	10,53	750	12,5
4	164—166	„	36 × 10	0,2323	243	674	11,32	776	12,93
5	167—169	„	36 × 5	0,1162	253	702	11,79	935	15.6
6	170	„	0,0	0,0	245	649	11,42	—	—
7	171—173	„	36 × 30	0,697	291	807	13,56	881	14,7
8	174—176	„	36 × 20	0,464	301	835	14,03	1008	16,8
9	177—179	„	36 × 15	0,348	310	860	14,45	1035	17,25
10	180—182	„	36 × 10	0,2323	316	876	14,73	1025	17,10
11	183—185	„	36 × 5	0,1162	317	880	14,77	1186	19,8
12	186	„	0,0	0,0	320	888	14,91	—	—
13	187—189	„	36 × 30	0,697	336	933	15,66	1077	17,95
14	190—192	„	36 × 20	0,464	387	1074	18,04	1291	21,5
15	193—195	„	36 × 15	0,348	400	1110	18,64	1327	22,1
16	196—198	„	36 × 10	0,2323	407	1129	18,97	1385	23,1
17	199—201	„	36 × 5	0,1162	414	1149	19,29	1590	26,5
18	202	„	0,0	0,0	412	1143	19,20	—	—
19	203	„	0,0	0,0	442	1227	20,60	—	—
1	36/38	„	36 × 30	0,697	344	955	16,03	869	14,5
2	39—41	„	36 × 20	0,464	349	968	16,26	1053	17,5
3	42—44	„	36 × 15	0,348	355	986	16,56	1130	19
4	45—47	„	36 × 10	0,2323	359	997	16,73	1198	20
5	48—50	„	36 × 5	0,1162	360	999	16,78	1387	23,1
6	51	„	0/0	0,0	360	998	16,78	—	—

Anemometer, und für grössere Luftgeschwindigkeiten mit dem grossen Anemometer, und auch mit Hilfe des Wasser-Multiplikations-Manometers in der bekannten Weise ermittelt wurden, indem im letzteren Falle ein gebogenes Rohr mit seiner Mündung direkt dem Luftstrom entgegengehalten wurde, dessen anderes Ende mit der Druckseite des Manometers verbunden war. In Fig. 446 sind durch die unterste Linie die Geschwindigkeiten angegeben, welche den Messungen mit dem kleinen Anemometer entsprechen, durch die gestrichelte Linie die mittels des grossen Manometers gefundenen Geschwindigkeiten, durch die strich-punktierte Linie die Geschwindigkeiten, welche mittels des Wassermanometers ermittelt waren, und endlich durch die obere kräftige schwarze Linie die Mittelwerte aus den beiden letzten

Tabelle 1 und 2.

Luftgeschwindigkeit c_0		Luftmenge cbm Q		Pressung mm	Reine Ventilleistung $\frac{Q \cdot h}{75}$	Volt × Amp. = Watt	$\eta_m = \frac{N_0}{N_e}$	Verhältnis des Aus- zum Eintrittsquerschnitt	Bemerkungen
m/min.	m/sec.	m/min.	m/sec.	h	N_0				
11	12	13	14	15	16	17	18	19	20
714	11,9	492	8,2	0,0	—	13/130	—	1,122	Auslass-Kanal gerade aus
860	14,33	395	6,6	8	0,704	12/144	0,300	0,747	
903	15,05	311	5,18	10,5	0,725	11/150	0,323	0,56	
930	15,5	214	3,57	13	0,65	10/160	0,300	0,374	
1090	18,16	125	2,1	17	0,476	10/167	0,21	0,187	
—	—	—	—	23	—	10/165	—	0,0	
1041	17,35	717	11,95	Saugspannung 11	1,75	26/192	0,26	1,122	
1181	19,7	539	8,98	Druck 16,5	1,98	20/200	0,364	0,747	
1204	20,1	415	6,92	21	1,94	19/203	0,370	0,56	
1212	20,6	274	4,57	24	1,46	14/206	0,372	0,374	
1366	22,8	157	2,61	29	1,092	12/205	0,326	0,187	
—	—	—	—	38	—	12/205	—	0,00	
1244	20,73	857	14,3	Saugspannung 10	1,907	39/200	0,18	1,122	
1472	24,53	675	11,25	Druck 26	3,91	39/200	0,369	0,747	
1510	25,16	520	8,7	31	3,596	34/204	0,381	0,56	
1562	26,03	358	5,97	41,5	3,307	26/204	0,459	0,374	
1772	29,53	204	3,1	49,5	2,27	23/206	0,352	0,187	
—	—	—	—	64	—	24/207	—	0,00	
—	—	—	—	73	—	30/203	—	0,00	
1029	17,15	716,5	11,94	0	0	32/200	—	1,122	Auslass-Kanal um 90° abgebogen
1230	20,5	562	9,37	17	2,134	36/200	0,302	0,747	
1305	21,75	449	7,48	24,5	2,45	23/205	0,383	0,56	
1371	22,85	315,5	5,26	30	2,104	20/208	0,372	0,374	
1570	26,16	180	3,00	37,3	1,50	17/208	0,312	0,187	
—	—	—	—	48,5	—	18/208	—	0,0	

Linienwerten, mit Hilfe deren die korrigierten Geschwindigkeiten entsprechend den Anemometerablesungen direkt ermittelt wurden.

Wie ein Vergleich der beiden Tabellen 1 und 2 für annähernd gleiche Tourenzahlen ergibt, nimmt die Luftmenge nicht unbeträchtlich ab, wenn der Ausblase-Kanal um 90° abgebogen war bei sonst nahezu gleichen Verhältnissen. Während (lfd. No. 13) bei völlig geöffnetem Ausblasehals (Schieberöffnung 39/30) bei 336 Touren die Luftmenge 14,3 cbm betrug, war dieselbe nach No. 1 bei gleichem Austrittsquerschnitt und 344 Touren i. d. Minute nur 11,94, obwohl die Umfangsgeschwindigkeit des Ventilators im letzteren Falle grösser war als im ersteren. Ein derartiger Abfall der Luftmenge, sowie auch der Pressung hängt mit den Wirbelbildungen, dem

Ventilator von Davidson, Tabelle 3 und 4.

Laufende No.	Laufende No. der Versuche	Tourenzahl n	Pressungen h mm Wasser	Umfangsgeschwindigkeit U_a m/sec.	Luftmenge Q i. d. Sek. cbm	$N_v = \frac{Q \cdot h}{75}$	N_e PS.	Maschineller Wirkungsgrad $N_v : N_e$	Öffnungs-Querschnitt
1	2	3	4	5	6	7	8	9	10
1	125/6	240	8	11,18	6,73	0,717	2,4	0,30	36 × 20 ohne Bd.
2	127/8	258	12	12,03	5,57	0,890	2,32	0,383	36 × 15 „ „
3	129/130	270	16	12,58	3,96	0,845	2,24	0,377	36 × 10 „ „
4	131/133	280	21	13,05	2,33	0,652	2,10	0,31	36 × 5 „ „
5	134	282	28	13,14	—	—	2,13	—	ganz zu
6	135/6	321	13,8	14,96	8,70	1,60	4,75	0,337	36 × 20 ohne Bd.
7	137/8	320	21	14,91	6,88	1,926	4,42	0,435	36 × 15 „ „
8	139/140	328	25	15,28	4,70	1,566	3,55	0,44	36 × 10 „ „
9	141/2	328	30	15,28	2,68	1,072	3,12	0,343	36 × 5 „ „
10	143	328	39	15,28	—	—	3,08	—	ganz zu
11	144/5	399	22,5	18,59	10,72	3,21	7,95	0,403	36 × 20 ohne Bd.
12	146/8	409	33,5	19,06	8,25	3,685	7,05	0,522	36 × 15 „ „
13	149/50	424	41,5	19,76	5,87	3,248	6,32	0,513	36 × 10 „ „
14	151/2	432	52,5	20,13	3,43	2,401	5,80	0,414	36 × 5 „ „
15	153	429	69	19,99	—	—	5,65	—	ganz zu
1	93/95	228	5	10,62	4,65	0,310	1,88	0,165	36 × 20″ mit Bd.
2	96/98	236	6	11,0	3,91	0,313	1,91	0,164	36 × 15 „ „
3	99/101	245	7	11,38	2,81	0,262	1,96	0,133	36 × 10 „ „
4	102/104	251	9	11,7	1,55	0,186	1,97	0,094	36 × 5 „ „
5	105	252	13	11,74	—	—	1,97	—	ganz zu
6	106/07	308	8	14,35	6,35	0,677	3,28	0,207	36 × 20 mit Bd.
7	108/109	308	10,5	14,35	5,18	0,725	3,08	0,235	36 × 15 „ „
8	110/112	315	12	14,68	3,48	0,557	2,67	0,209	36 × 10 „ „
9	113/114	316	14,5	14,72	1,91	0,370	2,45	0,151	36 × 5 „ „
10	115	319	21,5	14,87	—	—	2,45	—	ganz zu
11	116/117	401	13	18,69	8,14	1,410	6,3	0,224	36 × 20 mit Bd.
12	118/119	411	19	19,15	6,68	1,692	5,7	0,297	36 × 15 „ „
13	120/121	416	22,5	19,38	4,55	1,378	5,19	0,265	36 × 10 „ „
14	122/123	425	27	19,8	2,49	0,900	4,90	0,183	36 × 5 „ „
15	124	422	38	19,67	—	—	4,7	—	ganz zu

Anprall der aus dem Ventilator ausgeschleuderten Luft gegen die Wand des senkrecht abgehenden Auslaufkanals im zweiten Falle und mit den hierdurch verursachten Geschwindigkeitsverlusten zusammen, wie wohl auch vorauszusehen war.

Mit dem Ventilator von 35″ Dmr. wurde sodann noch eine interessante Versuchsreihe durchgeführt, welche den Einfluss der axialen Schaufellänge (oder Trommelbreite) auf die Lieferung des Ventilators zeigen sollte. Es wurde um die Ventilatortrommel ein Stahlband von der halben Breite der Trommellänge an der dem Lufteintritt zunächst gelegenen Seite um die Schaufeln gelegt und befestigt, sodass die dem Lufteintritt zunächst liegende vordere Hälfte der Schaufelbreite wirkungslos war, und hierauf Versuchsreihen bei je drei annähernd gleichen Geschwindigkeiten von etwa 240, 320 und etwa 420 Umdrehungen i. d. Minute ausgeführt. Die Werte sind in den Tabellen 3 und 4 enthalten.

Der Austrittsquerschnitt wurde von 36 zu 20″ allmählich bis auf 0 verengt, wie aus Spalte 10 ersichtlich ist. Die Anordnung des Ausblasekanals war dieselbe wie bei den Versuchen bei Tabelle 2, also 90° abgebogen. Greift man z. B. die Versuche lfd. No. 2 der beiden Tabellen heraus, so zeigt sich, dass die Luftmenge fast noch 75 % der Luftmenge bei freiem Durchtritt des Ventilators betrug, obwohl nur die Hälfte der Trommelbreite wirksam war. Bei Versuch 7 (5,18 cbm gegen 6,88) ist das Verhältnis nahezu dasselbe 0,75, bei gleicher Ausströmungsbreite und ähnlich bei Versuch 12 (6,68 gegen 8,25), in welchem Falle das Verhältnis sogar 80 % beträgt. Anders stellen sich die Verhältnisse bezüglich der erzeugten Pressung und reinen Ventilatorleistungen (Kolonne 4 und 8); während z. B. bei Versuch 4 bei 251 Touren die Pressung nur 9 mm betrug, betrug sie bei Versuch 4 im anderen Falle bei 280 Touren 21 mm, also genau $2^1/_3$ mal soviel. Bei gleicher Öffnung betrug dieselbe bei Versuch 9 15,5 mm, im anderen Falle 30 bei einer nur wenig erhöhten Geschwindigkeit. Die grösste erreichte Pressung überhaupt (Versuch 15) betrug im ersteren Falle 38, im letzteren Falle 69 mm, also fast das Doppelte bei nahezu gleicher Tourenzahl und Umfangsgeschwindigkeit. Dementsprechend ergibt sich das Verhältnis der reinen Ventilatorleistungen.

Zur Bestimmung des für alle Ventilatoren gültigen Proportionalitätsgesetzes zwischen dem Quadrat der Tourenzahlen einerseits und der Pressung andererseits sind die in Tabelle 5 enthaltenen Werte berechnet worden.

Wie die letzten Spalten zeigen, unterscheiden sich die Mittelwerte um höchstens etwa 5 % von den grössten und kleinsten dieser Werte, welche Abweichungen auf Versuchsfehler zurückzuführen sein dürften.

In Tabelle 6 sind ebenfalls für den Ventilator von 35″ Dmr. die bei abnehmenden Austrittsquerschnitten und zunehmenden Tourenzahlen gefundenen Werte, ferner die äquivalenten Grubenweiten in qm bezw. qcm, sowie der Austrittsquerschnitt und das Verhältnis des Austrittsquerschnittes zur äquivalenten Grubenweite zusammengestellt. Das letztere Verhältnis nimmt mit abnehmendem Austrittsquerschnitt anfangs zu, und nur der letzte Wert zeigt wieder eine gewisse Abnahme. Letzteres dürfte seinen Grund in der sehr raschen Abnahme der äquivalenten Grubenweiten haben, welche im letzten Falle nahezu die Hälfte als wie bei dem vorhergehenden Austrittsquerschnitt beträgt.

In Tabelle 7 ist die Veränderung der angesaugten Luftmenge bezw. das Verhältnis der gelieferten Luftmenge zu dem in der Zeiteinheit vom

Ventilator von Davidson, Tabelle 5.

Öffnungs-Querschnitt	Tourenzahl i. d. Min. n	n^2	Pressungen h	$\sqrt{h}$	$\frac{n^2}{h}$	im Mittel $\frac{n^2}{h}$	Differenzen-Einheiten	Differenzen in %
1	2	3	4	5	6	7	8	9
36 × 20	213	45 369	8	2,83	5671		+ 31	+ 0,5
	301	90 601	16,5	4,06	5491	5640	— 149	— 2,6
	387	149 769	26	5,105	5760		+ 120	+ 2,1
36 × 15	226	51 076	10,5	3,24	4864		— 11	— 0,2
	310	96 100	21	4,58	4600	4875	— 275	— 5,6
	400	160 000	31	5,57	5161		+ 286	+ 5,8
36 × 10	243	59 049	13	3,61	4542		+ 311	+ 7,3
	316	99 856	24	4,9	4161	4231	— 70	— 1,6
	407	165 649	41,5	6,44	3991		— 240	— 5,6
36 × 5	253	64 009	17	4,12	3765		+ 201	+ 5,3
	317	100 489	29	5,383	3465	3564	— 99	— 2,7
	414	171 396	40,5	7,043	3462		— 102	— 2,8
36 × 0	245	60 025	23	4,8	2610		— 48	— 1,8
	320	102 400	38	6,17	2694	2658	+ 36	+ 1,3
	412	169 744	64	8,00	2652		— 6	— 0,2
	442	195 364	73	8,55	2676		+ 18	+ 0,7

Tabelle 6.

Öffnungsquerschnitt	Tourenzahl i. d. Min.	Luftmenge i. d. Sek.	Luftmenge i. d. Min.	Pressungen h	$\frac{Q}{n}$	$\frac{Q}{n}$ im Mittel	$\frac{n^2}{h}$	$\frac{h}{n^2}$	$a = \frac{0{,}38 \cdot Q}{60 \cdot \sqrt{h}} = 0{,}00633 \frac{Q}{\sqrt{h}}$ qm	a qcm	Austrittsquerschnitt F_a qcm	$\frac{F_a}{a}$
1	2	3	4	5	6	7	8	9	10	11	12	13
36 × 30	188	8,2	492	—	2,62		—	—	—	—	—	—
	291	11,95	717	—	2,46	2,54	—	—	—	—	—	—
	336	14,3	857	—	2,55		—	—	—	—	6970	—
36 × 20	213	6,6	395	8	1,85				0,0148			
	301	8,98	539	16,5	1,79	1,79	5640	0,0001773	0,0140 } 0,0143	143	4640	32,44
	387	11,25	675	26	1,75				0,01397			
36 × 15	226	5,18	311	10,50	1,37				0,01013			
	310	6,92	415	21	1,34	1,34	4875	0,000207	0,00975 } 0,00986	98,6	3480	35,3
	400	8,7	520	31	1,30				0,00989			
36 × 10	243	3,57	214	13	0,88				0,00626			
	316	4,57	274	24	0,87	0,875	4231	0,000236	0,00591 } 0,00601	60,1	2323	38,6
	407	5,97	358	41,5	0,88				0,00587			
36 × 5	253	2,1	125	17	0,50				0,00323			
	317	2,61	157	29	0,50	0,50	3564	0,000280	0,00307 } 0,00312	31,2	1165	37,3
	414	3,4	204	49,5	0,50				0,00306			

Ventilator beschriebenen Volumen V_0 dargestellt, welches von 35,5 bis herunter auf 0 abnimmt, während aus der letzten Spalte die gleichzeitig erzeugten Spannungen zu ersehen sind. Die in der Zeiteinheit, also in der

Tabelle 7.

Öffnungs-querschnitt	Tourenzahl i. d. Min.	Umfangs-geschwindigkeit i. d. Min. m	Umfangs-geschwindigkeit i. d. Sek. m	Luft-geschwindigkeit korrigiert c_0 i. d. Sek. m	$\frac{c_0}{u_a}$	Luft-menge i. d. Sek. cbm	V_0 Volumen i. d. Sek.	$\frac{Q}{V_0}$	Pressungen mm Wasser
1	2	3	4	5	6	7	8	9	10
36 × 30	188	526	8,76	11,9	1,358	8,2	0,231	35,5	—
	291	813	13,56	17,35	1,28	11,95	0,354	33,76	—
	336	933	15,66	20,73	1,323	14,3	0,409	34,96	—
36 × 20	213	590	9,93	14,33	1,441	6,6	0,259	25,5	8
	301	835	14,03	19,7	1,404	8,98	0,366	24,53	16,5
	387	1074	18,03	24,53	1,360	11,25	0,471	23,88	26
36 × 15	226	626	10,53	15,05	1,43	5,18	0,275	18,83	10,5
	310	860	14,45	20,1	1,384	6,92	0,377	18,35	21
	400	1110	18,64	25,16	1,35	8,7	0,487	17,89	31
36 × 10	243	674	11,33	15,5	1,37	3,57	0,296	12,06	13
	316	876	14,73	20,6	1,40	4,57	0,385	11,87	24
	407	1129	18,97	26,03	1,372	5,97	0,495	12,06	41,5
36 × 5	253	702	11,79	18,16	1,54	2,1	0,308	6,81	17
	317	880	14,77	22,8	1,543	2,61	0,386	6,76	29
	414	1149	19,29	29,53	1,530	3,4	0,504	6,74	49,5
36 × 0	245	649	11,42	—	—	—	—	0	—
	320	888	14,91	—	—	—	—	0	—
	412	1143	19,20	—	—	—	—	0	—
	442	1227	20,60	—	—	—	—	0	—

Sekunde, theoretisch gelieferte Luftmenge berechnet sich aus der Gleichung $V_0 = \frac{n}{60} \cdot (D_a^2 - D_i^2) \frac{\pi}{4} \cdot 0{,}533$, worin D_a den äusseren Dmr., D_i den inneren Dmr. des Ventilators, n die Umdrehungszahl und 0,533 die Breite des Ventilators in Metern beträgt. Wie die Tabelle zeigt, ist das Verhältnis zwischen der in der Sekunde wirklich gelieferten Luftmenge und dem in der Sekunde beschriebenen Volumen V_0 bei bestimmtem Austrittsquerschnitt auch bei sehr wechselnden Tourenzahlen nahezu konstant, z. B. bei 36/30 bei 188 Touren 35,5, bei 336 Touren 34,96, also fast ebenso gross. Bei 36/10″ Öffnung ist das Verhältnis noch auffallender, bei 243 Touren 12,06, bei 407 Touren ebenfalls 12,06, ähnlich bei der nächstfolgenden Öffnung 36/5″. Diese interessante Übersicht zeigt, dass bei nahezu gleichbleibendem Verhältnis zwischen der gelieferten Luftmenge und dem pro Sekunde vom Ventilator beschriebenen Raum bei gleichem Ausblasequerschnitt die Zunahme der Tourenzahlen vor allen Dingen eine beträchtliche Steigerung der Pressung bewirkt, wie aus der letzten Spalte hervorgeht.

In den Tabellen 8, 9 und 10 sind die wichtigsten Versuchsergebnisse der Ventilatoren von 30″, 25″ und 20″ Dmr. enthalten. Die Veränderungen der Austrittsquerschnitte, sowie das Verhältnis der Austrittsquerschnitte zum Eintrittsquerschnitt sind aus den letzten Spalten der Tabellen zu ersehen.

Ventilator von Davidson, Tabelle 8.

Laufende No.	Laufende No. der Versuche	Tourenzahl i. d. Min.	Pressungen mm Wasser	U_a m/sec.	Luftmenge cbm i. d. Sek.	Verhältnis des Austritts- zum Eintrittsquerschnitt	$N_v = \frac{Q \cdot h}{75}$ PS.	N_e elektr. PS.	$\frac{N_v}{N_e}$	Öffnungs-Querschnitt
1	2	3	4	5	6	7	8	9	10	11
1	220 2	347	2	13,85	10,69	1,53	0,285	4,54	0,063	36/30 ganz offen
2	223/5	394	16	15,70	9,07	1,02	1,93	4,5	0,43	36/20
3	226/8	425	29	16,96	7,83	0,763	3,02	4,57	0,66	36/15
4	229/31	470	41,5	18,75	6,08	0,51	3,35	4,3	0,78	36/10
5	232/34	507	50	20,23	3,47	0,255	2,31	4,0	0,577	36/5
6	235	510	67	20,35	—	0,00	—	3,9	—	ganz zu
7	237	388	38	15,48	—	0,00	—	2,6	—	ganz zu
8	238/40	251	1,5	10,15	8,26	1,53	0,165	2,30	0,072	36/30 ganz offen
9	241/43	298	8	11,89	7,01	1,02	0,75	2,5	0,30	36/20
10	244/46	319	16	12,73	6,16	0,763	1,314	2,7	0,486	36/15
11	247/49	372	24,7	14,84	4,92	0,51	1,62	2,75	0,600	36/10
12	250 52	423	34	16,88	2,85	0,255	1,292	2,9	0,445	36/5
13	253	421	36	16,80	—	0,00	—	2,95	—	ganz zu

Tabelle 9.

Laufende No.	Umfangsgeschwindigkeit U_a m/sec.	Luftmenge i. d. Sek.	Pressungen mm	Tourenzahl	N_v	N_e	$\frac{N_v}{N_e}$	$\frac{F_a}{F_e}$	Öffnungs-Querschnitt
1	2	3	4	5	6	7	8	9	10
1	9,144	4,77	—	275	—	1,43	—	1,0	} offen
2	9,044	4,766	—	272	—	1,44	—	1,0	
3	9,31	0,995	10	280	0,133	0,86	0,154	0,25	12 1/2″ Dmr.
4	7,15	1,116	10	215	0,149	0,58	0,257	0,25	12 1/2″ „
5	9,44	0,532	12	284	0,085	0,57	0,149	0,109	8 1/4″ „
6	7,15	0,527	13	215	0,093	0,28	0,326	0,109	8 1/4″ „
7	9,48	—	14,5	285	—	0,28	—	0,00	ganz zu

Tabelle 10.

Laufend. No.	Tourenzahl	U_a m/sec.	Luftmenge i. d. Sek.	Pressungen mm	N_v	N_e	$\frac{N_v}{N_e}$	Austrittsquerschnitt F_a qcm	$\frac{F_a}{F_e}$	Öffnung
1	2	3	4	5	6	7	8	9	10	11
1	415	11,04	3,337	8	0,356	1,44	0,25	2030	1,00	ganz offen
2	425	11,305	0,804	14,5	0,156	0,28	0,557	507	0,25	10″ Dmr.
3	428	11,385	0,375	18	0,09	0,28	0,321	214	0,106	6 1/2″ Dmr.

In Tabelle 11 ist für einen Ventilator von 20″ Dmr. oder einen Eintrittsquerschnitt von 507 qcm unter der Annahme, dass das Verhältnis der Depression zum Quadrat der Umfangsgeschwindigkeit konstant ist, also $\frac{h}{u_a^2}$ = konst. die Depression bei höheren Tourenzahlen, sowie die Luftmenge nach dem Proportionalitätsgesetz berechnet. Dieselbe ergibt folgende Werte:

Ventilator von Davidson, Tabelle 11.

Laufende No.	F_a	Tourenzahl	u_a	Pressungen h	Luftmenge i. d. Sek. cbm	$\frac{h}{n^2}$
1	2	3	4	5	6	7
1	507	425	11,305	14,5	0,804	$^1/_{12457}$
2	507	500	13,09	20,07	0,95	"
3	507	700	18,33	39,3	1,13	"
4	507	1000	26,18	80,2	1,90	"
5	507	1200	31,42	115,6	2,28	"
6	507	1500	39,27	180,6	2,85	"
7	507	1800	47,12	260,1	3,42	"
1	546	300	7,85	7	—	$^1/_{13054}$
2	546	500	13,09	19,1	—	"
3	546	724	18,95	40	—	"
4	546	1240	32,46	118	—	"
5	546	1570	41,10	188	2,9	"
6	546	1701	44,50	221	—	"
7	546	1720	47,65	256	2,7	"

In der unteren Hälfte der vorstehenden Tabelle 11 sind die auf S. 406 angegebenen Werte des Ventilators von Rateau zusammengestellt, und hier rückwärts die Werte des Druckes für die niedrigeren Touren ebenfalls nach der Formel $\frac{h}{n^2}$ = konst. berechnet. Wie ein Vergleich der beiden Tabellen ergibt, ist z. B. bei 500 Touren die erzeugte Pressung bei dem Ventilator von Davidson dieselbe, wie bei dem Rateau'schen Gebläse, und auch bei der Tourenzahl von 1800 bezw. 1820 i. d. Minute ist die Pressung bei Davidson 260 gegenüber 256 bei Rateau, also eher noch etwas grösser, woraus hervorgeht, dass der Davidson'sche Ventilator dem für hohe Pressungen sehr geeigneten Rateau'schen Ventilator auch bei hohen Tourenzahlen wohl gleichzustellen ist.

In Tabelle 12 sind Versuche zusammengestellt zwischen zwei Ventilatoren von Davidson von 15″ und 7½″ Dmr. und einem Ventilator von Geneste-Herrschel von ebenfalls 15″ Dmr. oder 381 mm und

Ventilator von Davidson, Tabelle 12.

	Davidson		Herrschel	Ser
	mm	mm	mm	mm
1. Dmr. des Ventilators .	381	190,5	381	381
2. Umfangsgeschwindigkeit i. d. Min. . . .	730	724	706	718
3. Luftgeschwindigkeit i. d. Min.	1011	939	914	743
4. Austrittsquerschnitt qm	0,095	0,0278	0,0381	0,00278
5. Luftmenge cbm i. d. Min.	96	26	34,8	20,7
6. Pressung h_d mm Wasser	28,6	22,4	12,7	16
7. Saugspannung h_s mm	22,4	12,7	6,35	6,35
8. $h_0 = h_d + h_s$ mm . .	51,0	35,1	19,05	22,35
9. Tourenzahl i. d. Min.	610	1210	590	600
10. N_v, PS.	1,088	0,203	0,147	0,103
11 Verhältnisse v. Reihe 10	10,56	1,98	1,42	1

einem Ventilator von Ser von gleichem Durchmesser. Wie die Tabelle zeigt, war zunächst der Austrittsquerschnitt des kleineren Ventilators von Davidson gleich dem Austrittsquerschnitt des Ventilators von Ser, dagegen derjenige des grossen Ventilators von Davidson etwa $3^1/_2$ mal so gross wie derjenige des Ser'schen, und nahezu 3 mal so gross wie derjenige des Geneste-Herrschel-Ventilators. Sowohl die Luftmengen wie auch die erzeugten Gesamtdrücke sind bei ungefähr gleichen Umfangsgeschwindigkeiten selbst bei dem halb so grossen Ventilator von Davidson grösser als bei dem Ser'schen Ventilator, und stehen bei den gleich grossen drei Ventilatoren im Verhältnis von $4 : 1^1/_2 : 1$. In der vorletzten Zeile sind die erzeugten reinen Ventilatorleistungen in PS. angegeben, und verhalten sich dieselben, wie aus der letzten Zeile hervorgeht, etwa wie 1 : 1,5 : 2 : 10. Die ausserordentliche Überlegenheit des Davidson'schen Ventilators gegenüber den beiden anderen Ventilatoren ist gerade bei diesem kleinen Durchmesser auf die verhältnismässig geringen Widerstände, welche die Luft beim Ein- und Austritt beim Davidson'schen Ventilator findet, zurückzuführen.

In Tabelle 13 sind die Versuchsresultate umgerechnet, welche in der englischen Zeitschrift Engineer vom 21. Juni 1901 veröffentlicht sind. Diese Versuche wurden von seiten der technischen Kommission dieser Zeitschrift in der Fabrik des Erbauers des Ventilators angestellt. Die elektrischen Messungen wurden seitens des Oberingenieurs des Belfaster Elektrizitätswerkes vorgenommen und seitens desselben auch die Instrumente kontrolliert. Die Tourenzahl war bei sämtlichen Versuchen nahezu konstant und im Mittel gleich 780 Touren i. d. Minute. Die Versuche bezogen sich auf einen Ventilator von

20″ Dmr., und wurde hierbei bei ganz geschlossenem Austrittsquerschnitt eine grösste Pressung von 63,5 mm Wassersäule erreicht. Sämtliche Werte sind vom Verfasser in metrisches Mass umgerechnet und in umgekehrter Reihe steigend nach den erzeugten Pressungen geordnet. Die in den vertikalen Spalten 9 bis 11 enthaltenen Werte sind vom Verfasser nach den Betriebsergebnissen berechnet. Aus Spalte 9 ergibt sich, dass die grösste Ventilatorleistung von 2,04 PS. bei etwa halber Öffnung des Austrittsquerschnittes, ferner wie aus Spalte 10 sich ergibt, der günstigste mechanische Wirkungsgrad des Ventilators von 0,71 bei etwa $^4/_{10}$ Öffnung des Austrittsquerschnittes erreicht wurde. Ein Vergleich des Versuchs No. 9 bei 546 qcm Austrittsquerschnitt und 782 Touren mit dem 3. Versuch in Tabelle 11 bei 700 Touren zeigt, dass im ersteren Falle die Pressung 49,2 mm und die Luftmenge 1,54 cbm betrug, im letzteren 39,3 und 1,13, welche Werte nahezu übereinstimmen, wenngleich die Umfangsgeschwindigkeiten im ersteren Falle 20,8, im letzteren nur 18,33 m betrugen, worauf im letzteren auch die etwas geringere Depression zurückzuführen ist.

Ventilator von Davidson, Tabelle 13.

Laufende No.	Tourenzahl i. d. Min.	Austrittsquerschnitt qcm	Pressungen mm Wasser	Luftgeschwindigkeit m/sec.	Luftmenge i. d. Sek. cbm	Elektr. PS. Motor und Ventilator zusammen	Elektr. PS. für den Ventilator allein	N_v	Wirkungsgrad (9 : 8)	u_a m/sec.
1	2	3	4	5	6	7	8	9	10	11
1	782	2580	0,00	21,99	5,66	6,74	5,89	—	—	20,80
2	774	2311	7,94	22,87	5,28	5,90	5,05	0,56	0,11	20,59
3	784	2062	19,05	25,00	5,16	5,58	4,73	1,31	0,28	20,85
4	784	1803	30,16	26,35	4,75	5,08	4,23	1,91	0,45	20,85
5	773	1549	34,90	27,53	4,26	4,42	3,57	1,96	0,54	20,56
6	786	1290	41,30	28,79	3,71	3,85	3,00	2,04	0,68	20,90
7	790	1031	44,40	28,54	2,94	3,29	2,44	1,74	0,71	21,01
8	786	774	46,00	28,58	2,22	2,97	2,12	1,36	0,64	20,90
9	782	546	49,20	28,13	1,54	2,68	1,83	1,01	0,55	20,80
10	—	0	63,50	0	0	2,62	1,77	—	—	—

Aus den zahlreichen im vorstehenden mitgeteilten Versuchsergebnissen und den daraus berechneten Verhältniszahlen geht zunächst hervor, dass der günstigste maschinelle Wirkungsgrad des Ventilators dann erreicht wird, wenn der Auslassschieber etwa auf die Hälfte der grössten Stellung, also halben Querschnitt verringert wurde. Dieselben zeigen ferner, dass die untersuchten Ventilatoren sich hauptsächlich für die Förderung grosser Luftmengen dann eignen, wenn verhältnismässig starke Pressungen nicht erforderlich sind, und dass infolge der eigenartigen Konstruktion des Luft-Ein- und Austrittes die im Ventilator selbst verbrauchte Arbeit zur Beschleunigung der Luftmassen, sowie die im Ventilator vorhandenen Widerstände verhältnismässig gering sind. Ob der Davidson'sche Ventilator sich bei Lieferung grosser Luftmengen und höherer, für die Anforderung des bergbaulichen Betriebes erforderlichen Pressungen oder Depressionen von etwa 100, 150 bis 200 mm Wassersäule eignen wird, darüber können nur Versuche Aufschluss geben, welche an grösseren Ventilatoren, wie sie für derartige Betriebe geeignet sind, angestellt werden müssen [1]).

Hierdurch darf der Davidson'sche Ventilator mit unter die Zahl der leistungsfähigsten gegenwärtig existierenden Centrifugalventilatoren gerechnet werden, und ist demselben, wenn es auch gelingen sollte, durch konstruktive Verbesserungen höhere Pressungen oder Depressionen zu erzielen, gewiss auch die Möglichkeit der Anwendung für den Bergwerksbetrieb in Aussicht zu stellen. Soviel bekannt, ist derselbe für diese Zwecke noch nicht, wenigstens nicht in Deutschland, zur Ausführung gelangt, und auch in England wohl hauptsächlich vorläufig nur zur Lüftung von Gebäuden und zur Erzeugung künstlichen Zuges bei stationären Dampfkesseln und bei verschiedenen Dampfkesseln der englischen Kriegsmarine angewandt worden, in welch letzteren Fällen derselbe zufriedenstellend funktioniert haben soll.

8. Ventilator von Wenner [2]). Figuren 447—450.

Derselbe besteht aus zwei, drei oder mehreren konzentrischen, mit nahezu gleicher Umfangsgeschwindigkeit bewegten Schaufelrädern A, B, C, Fig. 448, welche sich alle in gleichem Drehsinne bewegen. Der Antrieb derselben erfolgt durch die Riemenscheiben D, E und F, Fig. 447, deren Durchmesser derartig zu nehmen ist, dass bei gleichen Durchmessern der Transmissionsscheiben die Tourenzahlen der drei Schaufelräder nach aussen hin allmählich abnehmen, infolgedessen die Umfangsgeschwindigkeiten der drei Schaufelräder annähernd dieselben bleiben. Die einzelnen Schaufelräder sind durch die Armkreuze G, H und I, Fig. 447, mit den Naben K, L und M verbunden, deren erste auf der Welle festgekeilt ist, während die beiden letzteren sich lose auf derselben drehen und auf ihrer Verlängerung die Riemenscheiben E bezw. F tragen. Die Arme H und I sind schraubenförmig gestaltet, wodurch dieselben dem Eintritt der Luft geringeren Widerstand als geradestehende Arme entgegensetzen und derselben eine gewisse Drehbewegung im Sinne der Drehrichtung verleihen.

---

1) Nach kürzlich dem Verf. gewordenen Mitteilungen sind derartige Versuche gegenwärtig im Gange, jedoch konnten Resultate derselben leider noch nicht mit aufgenommen werden, da ein Abschluss derselben erst nach beendigter Drucklegung dieses Buches zu erwarten steht.

2) C. Wenner, Zürich, D.R.P. No. 55760 vom 19. 7. 1890. Zeitschr. d. V. d. Ing. 1892, S. 434.

Der Zweck der Wenner'schen Konstruktion ist eine Erhöhung des Druckes um nahezu das Doppelte, bezw. Drei- und Mehrfache bei 2, 3 und mehr Schaufelrädern gegenüber den Schaufelrädern mit einem Kranz.

Da nach dem Bernoulli'schen Satz[1]) die Druckhöhe um so grösser ist, je kleiner die Differenz der Geschwindigkeitshöhen, oder je kleiner der Unterschied der Austritts- und Eintrittsgeschwindigkeit ist, so wird durch die Wenner'sche Konstruktion, da die Austrittsgeschwindigkeit nur um einen geringen Betrag grösser, als die Eintrittsgeschwindigkeit ist, die Druckhöhe allerdings vergrössert werden. Da jedoch durch die Ungleichheit der Umfangsgeschwindigkeiten am äusseren Umfang des kleinsten und inneren Umfang des nächst grösseren Rades die Luft starken Stössen und hier-

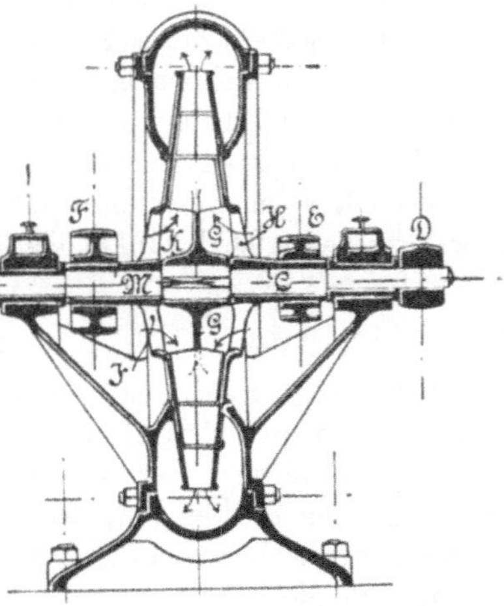

Fig. 447.

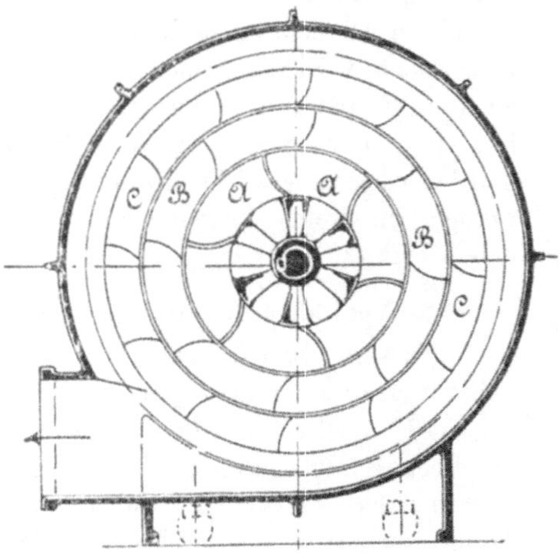

Fig. 448.

durch bewirkten Wirbelbildungen ausgesetzt ist, welche sich so oft wiederholen, als ein Übergang aus einem kleinen in ein grösseres Rad stattfindet, so wird hierdurch ein Effektverlust bewirkt, welcher den Vorteil der ganzen Konstruktion wesentlich beeinträchtigen dürfte. Nur eingehende Versuche können daher die Frage entscheiden, ob der schliessliche Gewinn an Luftmenge und Druck (unter Berücksichtigung der besprochenen Effektverluste) die bedeutend grösseren Herstellungskosten dieses Ventilators, sowie den zweifellos höheren Kraftbedarf auszugleichen im stande ist.

Über einen Versuch berichtet Wenner in der angeführten Quelle folgendermassen:

Ein Verbundventilator von 500 mm äusserem Flügeldurchmesser ergab bei 38 m Umfangsgeschwindigkeit der Flügel: 160 mm Wasser-

[1]) s. Theoret. Teil, Kapitel 12.

säulenpressung und 0,38 cbm Windmenge i. d. Sek. Ein gewöhnlicher Ventilator hätte unter sonst gleichen Verhältnissen kaum mehr als 95 mm Pressung und eine entsprechend kleinere Windmenge ergeben.

Nach privaten Mitteilungen des Erfinders ist die vorbeschriebene Konstruktion durch eine neuere, einfachere Konstruktion desselben verbessert worden, welche in den Figuren 449 und 450 dargestellt ist und von Wenner als „Verbund-Hochdruck-Ventilator" bezeichnet ist. Die Wirkungsweise desselben ist folgende. Im Innern des Ventilatorgehäuses, welches

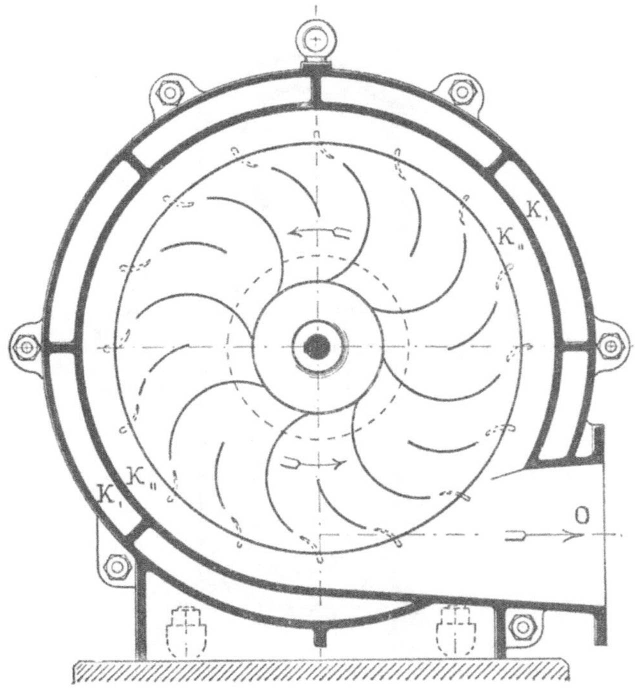

Fig. 449.

eine äussere Kammer K_1 und eine von dieser umschlossene, innere Kammer K_2 bildet, bewegt sich der mit passend geformten Schaufeln versehene Doppelflügel AB, welcher an zwei Stellen die innere Kammer K_2 gegen die äussere K_1 abschliesst, sodass der Wind den durch Pfeile angedeuteten Weg zu nehmen gezwungen wird, nämlich: er tritt durch die eine Saugöffnung des Flügels (linker Hand in Fig. 450) in die erste Flügelhälfte A ein, durchströmt diese radial und wird am Umfange unter einer gewissen, der Umfangsgeschwindigkeit des Flügels entsprechenden Pressung in die äussere Kammer K_1 ausgeworfen. Aus dieser Kammer K_1, in welcher also bereits ein gewisser Überdruck herrscht, tritt der Wind durch die andere Saugöffnung des Flügels (rechter Hand in Fig. 450) in die zweite Flügelhälfte B ein, durchströmt dieselbe radial und wird am Umfange in die innere Kammer K_2 ausgestossen, nachdem er durch die Wirkung dieser zweiten Flügelhälfte abermals auf eine höhere Pressung gebracht worden ist. Aus der Kammer K_2 endlich entweicht der in dieser Weise doppelt gepresste Wind durch den Ausblasehals O nach dem Ort seiner Verwendung. Die äussere Kammer K_1 bildet somit gleichzeitig den Druckraum der einen Flügelhälfte A und den Saugraum für die andere Flügel-

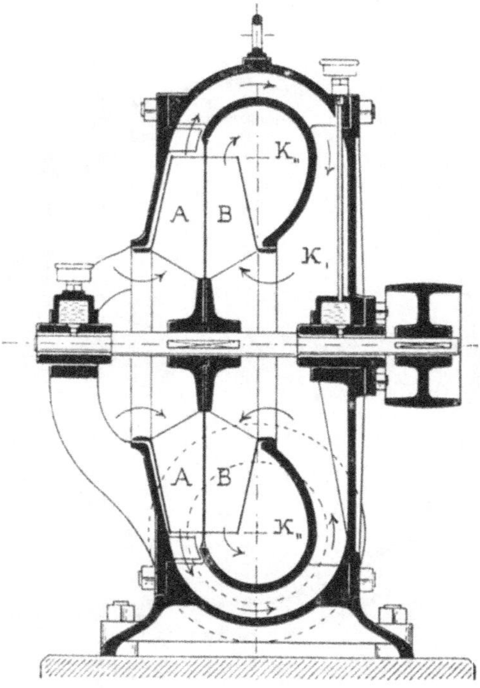

Fig. 450.

hälfte B. Messungen des Luftdrucks in der Kammer K_1 und dem Ausblasehals O ergaben für das Verhältnis beider Drücke nahezu den Wert $^1/_2$, sodass also tatsächlich eine bedeutende Drucksteigerung durch die neue Wenner'sche Konstruktion erzielt wird.

Bezüglich der Luftmengen und zugehörigen Umdrehungszahlen macht Wenner folgende Angaben:

	1	2	3	4	5	6
Tourenzahl i. d. Min.	3000	2235	1675	1340	1070	900
Luftmenge, cbm i. d. Min.	30	50	90	140	200	300
Anzahl der Schmiedefeuer von 30 mm Dmr .	15	20	35	65	95	130

Ein Versuch mit einem Verbundventilator von 600 mm Dmr. ergab
bei 31 m Umfangsgeschwindigkeit einen Druck von
55 mm Wassersäule in der Zwischenkammer
130 „ „ im Ausblasehals,
bei 62 m Umfangsgeschwindigkeit
500 mm Wassersäule im Ausblasehals.

Wenner schliesst hieraus, dass

bei 50 m	Umfangsgeschwindigkeit	ein	Druck	von	rund	320	mm	Wassersäule
60 „	„	„	„	„	„	460	„	„
70 „	„	„	„	„	„	620	„	„
80 „	„	„	„	„	„	800	„	„

erreicht werden kann.

Über die bei diesen höheren Drucken erhaltenen Windmengen, sowie den Kraftbedarf macht jedoch Wenner keine Mitteilungen, sodass aus den obigen Angaben allein über diesen Ventilator kein entscheidendes Urteil zu fällen ist. Trotzdem darf die verbesserte Wenner'sche Konstruktion wohl als ein wesentlicher Fortschritt zur Erhöhung des manometrischen Wirkungsgrades bezeichnet werden.

9. Ventilator von Mortier.

Der von der Maschinenfabrik Emil Wolff in Essen a. d. Ruhr ausgeführte Mortier-Ventilator ist der bisher einzige Vertreter einer besonderen Klasse von Ventilatoren, nämlich derjenigen mit radialem Lufteintritt und radialem Luftaustritt. Derselbe ist in den Figuren 451 und 452 im Vertikal-Längsschnitt und Querschnitt abgebildet.

Auf der horizontalen Welle C ist vermittels der beiden Naben B die kräftige, massive Blechscheibe A befestigt, an welche am Umfange zu beiden Seiten je 36 dünne Blechschaufeln angenietet sind. Dieselben sind aussen noch durch je einen kräftigen, schmiedeeisernen Ring E gehalten. Die Schaufeln laufen innen radial aus, während sie am äusseren Radumfang einen Winkel von 40^0 mit dem Halbmesser, also von 50^0 mit der Tangente an die äussere Peripherie bilden. Dieselben sind nach vorwärts, also nach der Bewegungsrichtung hin, gekrümmt. Das ganze Rad hat die Breite des Wettersaugkanals und wird von einem eigenartig gestalteten schmiedeeisernen Gehäuse umgeben, an welches sich ein Ausblaseschlot von rechteckigem Querschnitt und allmählich nach oben hin zunehmender Tiefe anschliesst. Die ganze untere Begrenzungsfläche G des Gehäuses ist an zwei Stellen beweglich, sodass dieselbe aus der in der Figur gezeichneten äussersten Lage dem Rad bis in die punktiert gezeichnete Stellung genähert werden kann. Diese mit dem Namen des Multiplikators bezeichnete Einrichtung bezweckt, die Leistung des Ventilators bezüglich der angesaugten Luftmenge veränderlich zu machen, allerdings bei gleichzeitiger Abnahme der vom Ventilator erzeugten Depression. Der Ventilator, welcher von dem französischen Ingenieur

Mortier Anfang der 90 er Jahre erfunden wurde und zunächst in Frankreich und hierauf in Deutschland zur Aufstellung gelangte, wurde von dem Erfinder als Diametral-Ventilator bezeichnet. Diese Benennung hat in der demselben eigenartigen Bewegung der Luft ihren Grund. Die im Wettersaugkanal mit gewisser Geschwindigkeit ankommende Luft trifft nämlich auf den äusseren Umfang des Schaufelrades und wird von den Schaufeln erfasst. Die Luftteilchen werden nun nicht etwa von den Schaufeln mit-

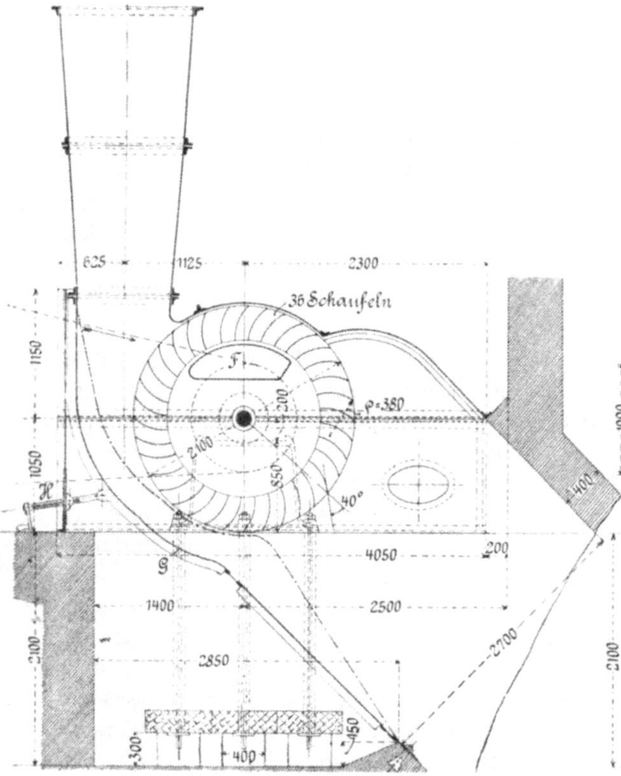

Fig. 451.

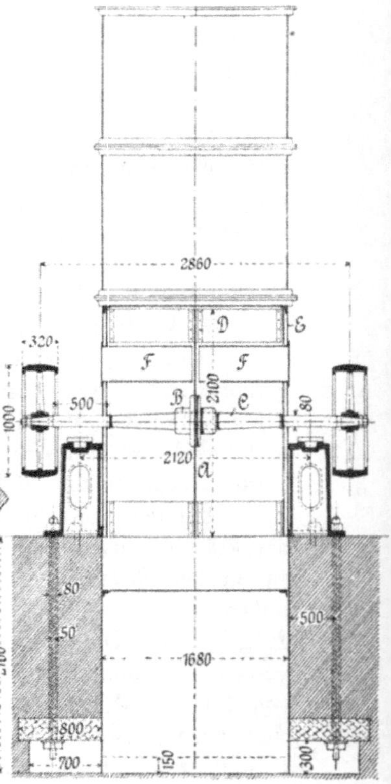

Fig. 452.

genommen und in den Ausblaseschlot ausgeworfen, sondern treten durch die Schaufeln hindurch in das Innere des Rades, durchströmen den Innenraum nahezu in gerader Richtung und treten an der gegenüberliegenden Seite wieder in das Rad ein, strömen aber jetzt von innen nach aussen durch die Schaufeln und werden dann mit einer, der äusseren Umfangsgeschwindigkeit entsprechenden absoluten Geschwindigkeit in den Ausblasehals geworfen, wo ihre Geschwindigkeit infolge der allmählichen Querschnittserweiterung und der Reibung an den Wandungen des Schlotes sich ver-

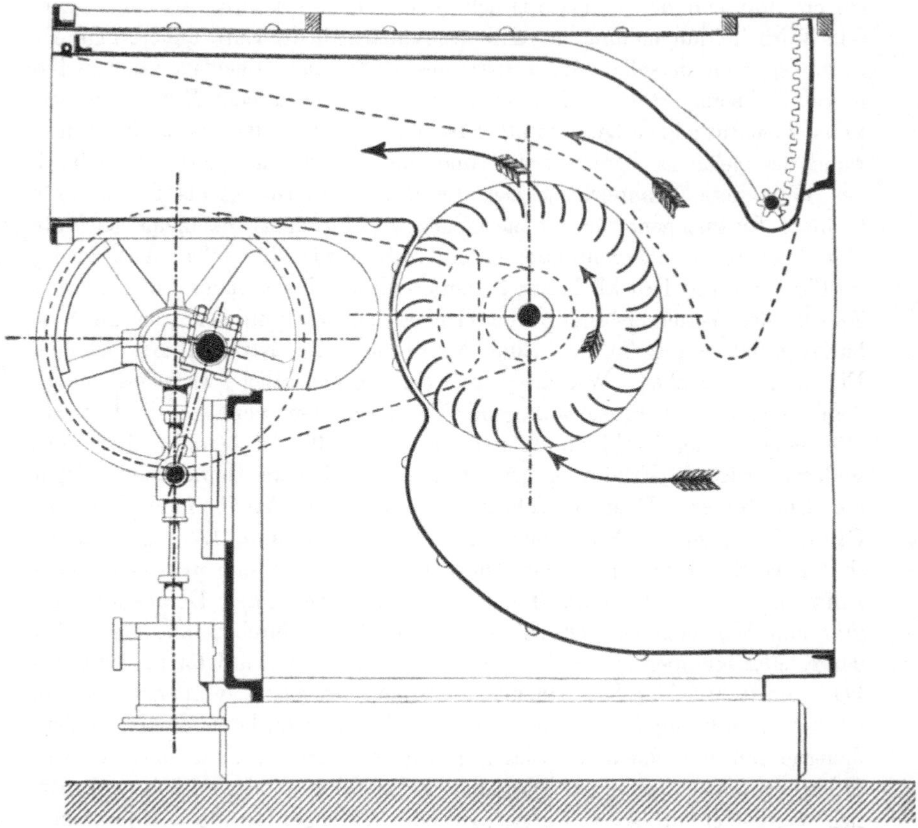

Fig. 453.

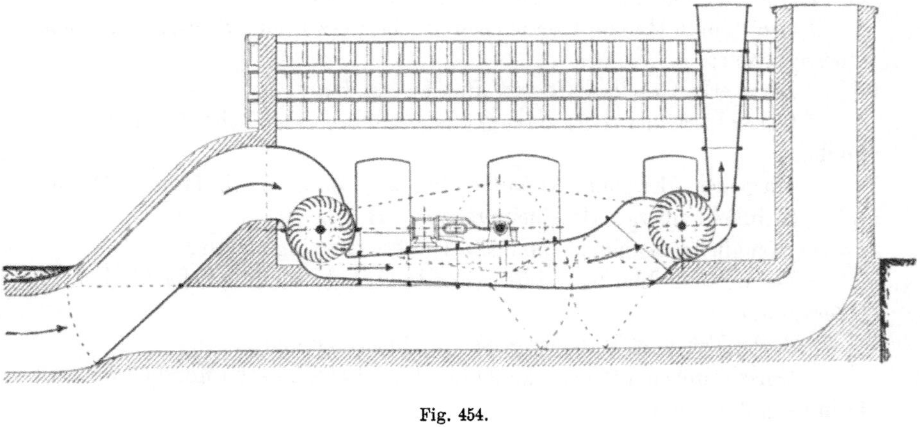

Fig. 454.

ringert, während der statische Druck dabei vergrössert wird. Um nun einerseits Wirbelbildungen und ein vertikales Aufsteigen der Luft, andererseits ein Zurückströmen derselben im Innern des Rades zu vermeiden, ist dasselbe in seiner oberen Hälfte mit zwei linsenförmig gestalteten Kernen F von kreissegmentförmigem Querschnitt versehen, welche beiderseits an der Innenwand des Gehäuses befestigt sind und nahe bis an die mittlere Scheibe A des Ventilators heranreichen. Der Ventilator wird sowohl als Gebläse für kleinere Luftmengen, für Schmiedefeuer, zu Lüftungszwecken, als auch als Ventilator für Sonderventilationen in Gruben, wie eine solche Ausführung in Fig. 453 für Druckluftantrieb dargestellt ist, insbesondere aber für die Zwecke der Wetterversorgung von Gruben, entweder einfach oder als Verbundventilator ausgeführt. Eine Anordnung der letzteren Art ist aus Fig. 454 zu ersehen. Wie aus der Zeichnung ersichtlich, wirft der hintere dem Wetterschacht zunächst liegende Ventilator dem vorderen die Luft zu. Die Saugwirkung ist hierdurch nahezu verdoppelt und können diese Ventilatoren, wie die Erfahrung gezeigt hat, eine höhere Depression erzielen als Einzelräder. Eine Ausführung der letzteren Art befindet sich auf Grube Rouchamp in Frankreich. Dieselbe ist im Jahre 1894 gebaut, besitzt zwei Räder von je 1,8 m Dmr. und je 15 m Breite und liefert eine Luftmenge von 5000—5500 cbm i. d. Min. bei einer Depression von 200 mm Wassersäule. Durch zwei in der Figur durch punktierte Linien dargestellte Klappen kann der vordere oder hintere Ventilator ausser Tätigkeit gesetzt und nur mit einem der beiden gearbeitet werden. Die genannte Anordnung kann daher auch als Reserveventilator dienen, indem dauernd nur mit einem Ventilator gearbeitet werden kann und in Notfällen, etwa nach erfolgten Schlagwetter-Explosionen oder auch bei erforderlich werdender grösserer Luftmenge oder Verengerung des Grubenbaues beide Ventilatoren in Tätigkeit gesetzt werden können.

Von den grösseren bis Ende 1898 in Deutschland gelieferten Anlagen sind die folgenden wichtigsten zu erwähnen:

Graf Guido Henkel-Donnersmarck'sche Verwaltung, Schwientochlowitz, Oberschlesien;

Bergwerks-Gesellschaft ver. Bonifacius, Kray;

Gelsenkirchener Bergwerks-Aktien-Gesellschaft, Zeche Alma, Gelsenkirchen;

Harpener Bergbau-Aktien-Gesellschaft, Zeche v. d. Heydt, Herne;

Steinkohlenbergwerk Rheinpreussen, Homberg;

Königliche Berginspektion am Deister, Barsinghausen;

Donnersmarckhütte, Aktien-Gesellschaft, Konkordia-Schacht, Zabrze, Oberschlesien;

Zeche Viktoria Mathias, Schacht Gustav, Essen;

Gelsenkirchener Bergwerks-Aktien-Gesellschaft, Zeche Monopol, Schacht Grimberg, Camen i. W.;

Steinkohlenbergwerk Zollverein, Caternberg bei Essen;
Steinkohlenbergwerk ver. Bommerbänker Tiefbau, Bommern;
Union, für Zeche Karl Friedrich, Weitmar;
Gelsenkirchener Bergwerks-Aktien-Gesellschaft, Zeche Minister Stein, Eving bei Dortmund:
Zeche Margaretha, Sölde i. W.;
Zeche Dahlbusch bei Gelsenkirchen;
Gelsenkirchener Bergwerks-Aktien-Gesellschaft Zeche Erin, Castrop.

Von den zahlreichen, mit dem Mortier-Ventilator angestellten Versuchen sind die wichtigsten in der folgenden Tabelle zusammengestellt:

1	2	3	4	5	6	7	8	9	10	11	12
Laufende No.	Datum	Dmr. des Ventilators	Breite des Ventilators	Cylinder-Dmr. der Dampfmaschine	Hub der Dampfmaschine	Tourenzahl der Dampfmaschine	Tourenzahl des Ventilators	Umfangsgeschwindigkeit des Ventilators i. d. Sek.	Theoret. Maximal-Depression mm	Effektive Depression mm	Querschnitt an der Messstelle
1	6. 11. 96	—	—	580	550	73	221	—	—	47	—
2	4 Monate Betrieb	—	—	580	550	70	215	—	—	46	—
3	17. 4. 97	2400	1900	500	800	70	317	39,83	—	155	—
4	„	2400	1900	500 Zwilling	800	60	270	33,93	—	118	—
5	20. 6. 97	2800	1200	elektrisch betriebener Ventilator		55	199	—	—	78	—
6	„	2800	1200			55	199	—	—	78	—
7	24. 10. 97	2400	1000	360—550	650	76	344	43,23	—	160	—
8	12. 2. 99	2800	2000	525	1000	61,95	260,8	38,2	177	116,3	8,9
9	„	2800	—	800	—	75,2	312,3	45,7	256	172,6	8,9
10	12. 4. 99	2800	2000	500—800	600	110	275	40,33	199	150	—
11	22. 10. 99	2800	2000	400—800	600	108	270	39,6	192	142	—

Versuch mit dem Mortier-Ventilator auf dem Bullerbachschacht bei Barsinghausen a. Deister am 24. Oktober 1897.

Bei dem am genannten Tage ausgeführten Versuch wurden während der Versuchszeit dreimal je 3 Indikatordiagramme gleichzeitig an der Vorderseite des Hochdruckcylinders und an beiden Seiten des Niederdruckcylinders entnommen. Die hintere Cylinderseite des Hochdruckcylinders konnte nicht indiziert werden, da der hierzu bestimmte Indikator defekt geworden war. Da jedoch die Steuerung auf gleiche Füllung beider Cylinderseiten eingestellt war und bei früheren Versuchen, welche seitens des Herrn Maschinensteigers Heidmüller der Barsinghauser Bergverwaltung vorgenommen worden waren, gleiche Leistung auf beiden Cylinderseiten gefunden worden war, so konnte auch für den vorliegenden Versuch die Leistung beider Cylinderseiten des Hochdruckcylinders gleich angenommen werden.

Die Diagramme, welche zum Zwecke der Planimetrierung der Erbauerin der Dampfmaschine, der Maschinenfabrik von A. Knoevenagel in Hannover, eingesandt waren, ergaben für die drei Aufnahmen die, in der unteren Tabelle angegebenen Leistungen:

13	14	15	16	17	18	19	20	21	22	23	24
Wetter-geschwindigkeit in m i. d. Min.	Wettermenge cbm i. d. Min.	Gewicht der Luft cbm	Indizierte Leistung der Dampfmaschine	Reine Ventilatorleistung PS.	Mechan. Wirkungsgrad	Manom. Wirkungsgrad	Äquivalente Grubenweite	Garantierte Luftmenge cbm i. d. Min.	Garantierte Depression mm	Aufstellungsort	Bemerkungen
—	2604	—	—	—	—	—	—	2000	50 bei 70 Touren	Deutschlandsgrube, O.-Schles.	—
—	2600	—	—	—	—	—	—				—
—	4325	1,2	227,5	149	0,655	0,803	2,2	—	—	Schacht Alma in Westf.	—
—	3660	1,2	146	96	0,657	0,842	2,13	—	–		—
—	2605	—	59,92	45,16	0,75	0,75	1,87	2600	70	Zeche Bonifazius Kray bei Gelsenkirchen	—
—	2617	—	elektr.	45,36	0,76	0,76	1,88	bei 200 Touren u. 60 PS. i. Motor			—
—	2348,4	1,224	140,48	83,5	0,594	0,78	1,18	2000 b. 130 PS.	—	Bullerbach-Schacht, Barsinghausen	—
643,1	5723	1,19	272,4	147,9	0,543	0,657	3,36	—	—	Zeche Monopol, Camen in Westf.	Normal-Betrieb
754,6	6716	1,18	451,5	262	0,589	0,657	3,24	—	—		Forcierter Betrieb
—	5323	1,2	—	—	—	0,76	2,68	5000 bei 110 Touren	150 bei 110 Touren	Minister Stein	—
—	5472	1,2	—	—	—	0,74	2,9			Eving bei Dortmund	—

Zeit	Diagramm No.	Dampfdruck im Kesselhaus	Kondensatorspannung cm	Tourenzahl der Maschine	Tourenzahl des Ventilators	Leistung der Maschine N_i	Abgelesene Depression mm
10 U. 55 Min.	1	6,2	56	76	346 342	148,30	160
11 „ 05 „	2	6,2	51	76	347	140,59	160
11 „ 14 „	3	6,2	45	76	342	132,55	160
			im Mittel	76	344	140,48	160

Die Abnahme der Leistung der Maschine um je ca. 8 PS. bei den 3 Versuchen hatte ihren Grund in der Abnahme der Kondensatorspannung. Um 11 Uhr 14 Min. wurde der Versuch beendigt, da das Kondenswasser zu heiss wurde und die Maschine mit Kondensation nicht weiterarbeiten konnte.

Die Zeitdauer der Wettermessung betrug 22 Minuten; die Geschwindigkeit der Wetter in dieser Zeit 600,5 + 6 (konstant) = 606,5 m. Da der Messquerschnitt zu 3,872 qm ermittelt war, betrug die minutliche Luftmenge

$$Q_{min} = 606{,}5 \cdot 3{,}872 = 2348{,}4 \text{ cbm.}$$

Es berechnet sich darnach die Leistung des Ventilators zu

$$N_v = \frac{Q \cdot h}{60 \cdot 75} = \frac{2348{,}4 \cdot 160}{60 \cdot 75} = 83{,}5 \text{ PS.}$$

und demnach der mechanische Gesamtwirkungsgrad, d. h. das Verhältnis der Ventilatorleistung zur indizierten Leistung der Dampfmaschine zu

$$\eta = \frac{83{,}5}{140{,}48} = 0{,}594.$$

Zur Wettermessung ist zunächst folgendes zu bemerken: Da die Grubenluft ausserordentlich feucht und mit fettigen (wohl von den Öllampen und dem feinen Kohlenstaub bezw. Bitumen der Deisterkohle herrührenden) Bestandteilen erfüllt war, beschlugen sich die Flügel des zur Messung verwandten Anemometers sehr bald derart mit feinen Wasser- und Öl- bezw. Kohlenteilchen, dass das Gewicht derselben nicht unbeträchtlich vergrössert, dadurch aber die minutliche Umdrehungszahl derselben beträchtlich verringert wurde. Es darf daher mit Sicherheit angenommen werden, dass die wirkliche Luftgeschwindigkeit der Wetter an der Messstelle eine wesentlich höhere war, als durch das Anemometer angezeigt war, sodass die tatsächlich vom Ventilator geförderte Luftmenge grösser als 2348 cbm gewesen sein muss.

Infolge der grossen Feuchtigkeit der Luft ist aber auch die zur Bewegung der Wetter erforderliche Depression grösser, als wenn der Feuchtigkeitsgehalt geringer ist, wie aus der Gleichung für die theoretische Maximal-Depression $Ho = \frac{U^2 \times \gamma}{g}$ ohne weiteres hervorgeht, da nach derselben die Depression mit zunehmendem Gewicht γ der Luft infolge des mechanisch mitgerissenen Wassers ebenfalls wachsen muss.

Zu berücksichtigen ist endlich, dass bei stillstehendem Ventilator der natürliche Wetterzug am Versuchstage einziehend wirkte, wie durch die Bewegung des Anemometers festgestellt wurde, dass also der Wetterzug dem Ventilator entgegenarbeitete, hierdurch also ebenfalls die Leistung des Ventilators beeinträchtigt wurde.

Es darf daher wohl angenommen werden, dass der Ventilator bei entgegengesetzt gerichtetem Wetterzug, bei weniger mit Wasser geschwängerter und leichterer Grubenluft um mindestens 10 % mehr leistet, als am Versuchstage, wie sich bei Versuchen im Winter bei gleicher Tourenzahl der Maschine und des Ventilators zweifellos ergeben wird.

Zur Bestimmung der Leistung des Ventilators bei 130 indizierten PS., für welche er vertragsmässig 2000 cbm i. d. Minute liefern soll, dienten folgende Berechnungen.

Nimmt man den Wirkungsgrad, wie bei 140,48 indizierten PS., zu 0,594 an, so folgt hieraus die auf den Ventilator entfallende Leistung zu

$$130 \cdot 0{,}594 = 77{,}22 \text{ PS.}$$

Dies gibt bei einer ebenfalls angenommenen Depression von 160 mm noch eine Luftmenge von

$$Q = \frac{N_v \cdot 60 \cdot 75}{h} = \frac{77{,}22 \cdot 60 \cdot 75}{160} = 2171 \text{ cbm.}$$

Genügt jedoch hierzu eine geringere Depression, wie wohl anzunehmen ist, so wird nach der Gleichung

$$N_v = \frac{Q \cdot h}{60 \cdot 75}$$

bei der gegebenen Pferdestärkenzahl von 77,22 PS. die Luftmenge noch entsprechend grösser ausfallen. Dieselbe beträgt beispielsweise bei 140 mm Depression und 77,22 PS.

$$Q = \frac{N_v \cdot 60 \cdot 75}{h} = \frac{77{,}22 \cdot 60 \cdot 75}{140} = 2481{,}75 \text{ cbm.}$$

Diese geringere Depression würde voraussichtlich dann ausreichen, wenn der natürliche Wetterzug (im Winter bei der höheren Lage des Ventilators über dem einziehenden Schachteingang) im Sinne des Ventilators, also ausziehend, wirkt.

Wie die Berechnung ergibt, würde in diesem Falle die mit der vertragsmässigen Leistung der Dampfmaschine von 130 PS. geförderte Luftmenge noch um 2481,75—2348,4 = 133,35 cbm grösser sein als am Versuchstage.

Jedenfalls haben die Messungen am Abnahme-Versuchstage zweifellos ergeben, dass der Mortier-Ventilator des Bullerbachschachtes die vertragsmässig garantierte Leistung, „bei 130 indizierten PS. der Dampfmaschine 2000 cbm Luft (im ausziehenden Wetterstrom gemessen) zu liefern“, vollauf erfüllt hat.

Wie sowohl diese, als auch die in der Tabelle auf S. 460 enthaltenen Resultate zeigen, hat der Ventilator sowohl einen recht hohen mechanischen, als auch manometrischen Wirkungsgrad aufzuweisen und darf derselbe daher mit zu den leistungsfähigsten Grubenventilatoren gezählt werden, zumal auch seine recht hohen Depressionen (160—170 mm) ihn auch für schwierig zu ventilierende engere Gruben geeignet machen dürften.

Vergleich der verschiedenen Ventilatorensysteme.

Zur Erleichterung des Vergleichs der Leistungsfähigkeit der verschiedenen Ventilatorensysteme auf Grund der angeführten Versuche sind die Hauptwerte derselben in der nachfolgenden Tabelle zusammengestellt und zwar sind für jedes System die kleinsten, grössten und mittleren Werte (letztere aus allen Versuchen) der manometrischen und dynamischen Wirkungsgrade zusammengestellt.

Leider sind, wie die Tabelle zeigt, von verschiedenen Ventilatoren die manometrischen Wirkungsgrade gar nicht bezw. nur durch je einen Versuch ermittelt, sodass ein Vergleich nach dieser Richtung hin schwierig ist. Über den offenbar zu hoch angegebenen manometrischen Wirkungsgrad des Rateau'schen Ventilators ist bereits weiter oben näheres mitgeteilt worden.

Laufende No.	Ventilatorsystem	Manometrischer Wirkungsgrad			Dynamischer Wirkungsgrad Verhältnis der reinen Ventilator-Leistung zur indiziert. Dampfmaschinen-Leistung		
		kleinster	mittlerer, Durchschnittswert	grösster	kleinster	mittlerer, Durchschnittswert	grösster
1	**Capell** . . .	—	—	0,83	0,51	0,712	0,89
2	**Farcot** . . .	0,28	0,38	0,59	—	—	—
3	**Geisler** . . .	—	0,48	—	—	0,65	—
4	**Guibal** . . .	0,42	0,68	0,741	0,50	0,663	0,70
5	**Kley**	—	—	—	0,54	0,56	0,60
6	**Pelzer** . . .	0,473	0,53	0,559	0,59	0,641	0,70
7	**Rateau** . . .	0,81	0,887	0,98	0,598	0,686	0,781
8	**Schiele** . . .	0,289	0,412	0,534	—	0,50	0,672
9	**Ser**	0,736	0,813	0,938	0,465	0,544	0,667
10	**Mortier** . . .	0,657	0,750	0,842	0,543	0,650	0,760

Die dynamischen Wirkungsgrade zeigen in ihren Mittelwerten im allgemeinen eine ziemliche Übereinstimmung, indessen dürften auch diese Zahlen, da sie nicht bei allen Systemen aus einer gleichen Anzahl mit gleicher Sorgfalt und unter gleichen Verhältnissen angestellter Versuche abgeleitet sind, keinen Anspruch auf absolute Gültigkeit machen können. Diejenigen Werte, welche nur aus einer oder höchstens zwei Versuchsreihen ermittelt sind, dürften weniger zuverlässig sein als die durch zahlreiche, unter verschiedenen Verhältnissen angestellte Versuche gefundenen Werte, wie letzteres z. B. bei den Capell'schen und Rateau'schen Ventilatoren der Fall ist.

C. Versuche an Grubenventilatoren der Systeme Guibal, Capell, Ser und Rateau in Belgien.

Im Auftrage der belgischen „Société Générale pour favoriser l'industrie nationale“ fanden zu Anfang des Jahres 1892 vergleichende Versuche zwischen Grubenventilatoren der Systeme Guibal, Capell, Ser und Rateau statt, über welche die mit der Ausführung derselben betraute Kommission[1]) im 2. Bande der „Publications de la Société des Ingénieurs etc. du Hainaut“, ausführlich berichtet.

Die Versuche, welche, wie ausdrücklich betont wurde, nur praktischen Interessen dienen sollten, befassten sich bei allen Ventilatoren mit der Ermittlung:

1. des Kraftverbrauchs,
2. der Rentabilität des Betriebs,

	System des Ventilators	No.	Dmr. des Ventilators m	Art des Antriebs	Aufstellungsort	Besitzer bezw. Kohlenbergwerk	Kohlenbecken von
1	Guibal . .	1	12,0	direkt	Grube No. 12 Abteilung Crachet Picquéry	Levant du Flenu	Mons
		2	12,0	direkt	Grube No. 11	Marcinelle-Nord	Charleroi
		3	9,0	indirekt	Grube Mécanique	Sacré-Madame	„
		4	5,8	direkt	„ Braconier	Horloz	Lüttich
2	Ser	1	1,4	indirekt	„ Davy	Comp. d'Anzin	Nordfrankreich
		2	1,6	„	„ Dutemple	„	„
		3	2,0	„	„ Moulin	„	„
		4	2,5	„	„ Saint-Mark	„	„
3	Capell . .	1	2,5	„	„ Joachim	Königin Elisabeth	Westfalen
		2	3,6	„	„ No. 3 u. 4	Dahlbruch	„
		3	3,75	„	„ „ 2	Prosper	„
		4	3,8	„	„ „ 8	Grand-Hornu	Mons
4	Rateau . .	1	2,0	„	„ Ambroise	Compagnie de Villeboeuf	Loire
		2	2,0	„	„ Villars	Comp. des mines de la Loire	„
		3	2,8	„	„ Brulé	Comp. des mines Montrambert et la Béraudière	„
		4	2,8	„	„ No. 1	Société du Rien-du-Cour	Mons

[1]) Bestehend aus den belgischen Ingenieuren H. Mativa, E. Desvachez, J. Isaac und N. Evrard.

3. der Betriebssicherheit,
4. der Anlagekosten,
5. der Vorteile und Nachteile der Anlage.

Bei der grossen Anzahl der zur Verfügung stehenden Ventilatoren war es geboten, eine Auswahl zu treffen. Es wurden daher zunächst alle Ventilatoren mit rotierendem Kolben oder Kapselgebläse (von welchen nach Ansicht der Kommission auch kaum noch neuere Anlagen mehr ausgeführt sein dürften) von den Versuchen ausgeschlossen, die letzteren vielmehr nur auf Centrifugalventilatoren beschränkt, von welchen auch wieder nur die Systeme von Guibal, Capell, Ser und Rateau berücksichtigt wurden.

Von jedem Systeme wurden je 4 Ventilatoren von möglichst verschiedenen Abmessungen, Anlagen und Grubenverhältnissen gewählt. Auch wurde bei der Wahl dieser Ventilatoren der Gesichtspunkt im Auge behalten, dieselben aus möglichst verschiedenen Bergbaudistrikten auszuwählen, um auch möglichst verschiedenartige Betriebs- und Lüftungsverhältnisse miteinander in Vergleich bringen zu können.

Die 16 verschiedenen Ventilatoren, welche den Versuchen unterworfen wurden, sind in der vorstehenden Tabelle enthalten.

Obwohl es wünschenswert gewesen wäre, die einzelnen Ventilatoren bei möglichst verschiedenen äquivalenten Querschnitten der Gruben, also verschiedenen Luftbewegungswiderständen zu untersuchen, wie es bei früheren Versuchen anderer Kommissionen geschehen war, musste hiervon aus verschiedenen Gründen Abstand genommen werden. Vielmehr wurden alle Versuche bei normalen Betriebsverhältnissen ausgeführt.

Mit jedem Ventilator wurden drei Versuchsreihen ausgeführt, eine solche bei normaler Umdrehungszahl, eine zweite bei ungefähr 10 Touren über, eine dritte bei ungefähr 10 Touren unter der gewöhnlichen Tourenzahl. Bei jedem Versuche wurde die Tourenzahl der Maschine und meist auch des Ventilators, die Depression in mm Wassersäule im Saugkanal des Ventilators, die minutliche Luftmenge (gemessen im Saugkanal), die Dampfarbeit des bezw. der Dampfcylinder (durch Indikatordiagramme), sowie endlich in einzelnen Fällen die Temperatur und der Barometerstand der Grubenluft ermittelt.

In zwei Nachträgen [1]) des Kommissionsberichtes sind die Versuchsmethoden für die Mehrzahl der Versuche genau wiedergegeben, deren Mitteilung indessen hier unterbleiben mag. Erwähnt sei an dieser Stelle, dass die Anbringung der im Luftkanal liegenden Mundstücke der Manometerrohre derart geschah, dass dieselben zwar mit der bewegten Luft in Verbindung standen, jedoch nicht im Luftstrom selbst und nicht mit der Mündung demselben entgegengerichtet waren, weil sonst die Depression

---

[1]) a. a. O. S. 68 u. 70.

um einen Betrag zu gross gemessen worden wäre, welcher, in mm Wassersäule dem $^{6}/_{100}$ Teil des Quadrats der Luftgeschwindigkeit in m gleich gewesen wäre [1]).

Zur Bestimmung der Luftmengen wurde fast ausschliesslich das Amenometer von Biram angewandt.

In dem zweiten Teile des Berichtes werden die verschiedenen Versuchsventilatoren eingehend beschrieben. Von einer Wiedergabe dieses Teiles kann Abstand genommen werden, da die 4 genannten Systeme nach dem Vorstehenden als bekannt vorausgesetzt werden können.

Die Versuchsergebnisse sind in den nachfolgenden 5 Tabellen enthalten. Während dieselben im Kommissionsbericht am Schlusse mitgeteilt sind, sollen dieselben hier vorausgeschickt werden, und sodann erst die auf Grund der gefundenen Resultate angestellten, allgemeinen Betrachtungen folgen.

Die letzte Tabelle des Kommissionsberichtes gibt höchst interessante Einzelwerte über die Dauer und den Preis der Transmissionsriemen, sowie über die Kosten der Schmierung der Maschinen und Ventilatoren. Da derartige Mitteilungen in der Fachliteratur über Ventilatoren wohl kaum sonst zu finden sein dürften, so ist auch diese Tabelle hier wiedergegeben (S. 470).

Aus den von der Kommission auf Grund der erhaltenen Werte angestellten vergleichenden Betrachtungen sei folgendes erwähnt.

I. Vergleich der Ventilatoren hinsichtlich des Kraftbedarfs.

Da die Leistung eines Ventilators bei unverändertem, äquivalentem Querschnitte der Grube der erzeugten Depression direkt porportional ist, so kann zur Beurteilung des Kraftbedarfs die Grösse der erzielten Depression als Massstab dienen. Die letztere hängt von der Umfangsgeschwindigkeit des Ventilators und dem äquivalenten Querschnitt der Grube ab. Hieraus folgt 1., dass bei unverändertem, äquivalentem Querschnitt die Depression dem Quadrate der Umfangsgeschwindigkeit proportional ist, 2. dass der Ventilator bei unveränderter Tourenzahl, entsprechend der veränderlichen äquivalenten Fläche, verschiedene Depressionen erzeugen wird, deren Maximum bei einer ganz bestimmten Querschnittsgrösse liegen wird. Von diesem grössten Werte der Depression werden sich die übrigen Werte derselben bei einer Änderung des äquivalenten Querschnitts, mehr und mehr entfernen, sei es, dass eine Vergrösserung oder dass eine Verkleinerung derselben stattfindet.

---

1) Bericht der Preuss. Unter-Kommission für Ventilatoren, Bull. de l'Industrie minér. de St. Etienne, 3. série, Bd. III.

No.	Messung der Betriebskraft				Messung der Ventilatorleistung						Berechnete Werte		
	Tourenzahl i. d. Min.					Luft-		Depression mm Wassersäule					
Dmr. m	Dampfmaschine	Ventilator	Umfangsgeschwindigkeit des Ventilators m i. d. Sek.	Indizierte Leistung der Maschine N_i PS.	Messquerschnitt qm	Geschwindigkeit m i. d. Sek.	Menge cbm i. d. Sek. Q	beobachtet	Bezogen auf eine Umfangsgeschwindigkeit von 35 m	Reine Ventilator-Leistung N_e PS.	Äquivalente Fläche A qm	Dynam. Wirkungsgrad in % $\frac{N_e}{N_i}$	Manometrisches Verhältnis
Reihe No.	1	2	3	4	5	6	7	8	9	10	11	12	13
						Guibal-Ventilatoren.							
1.	46	46	28,88	77,61	4,65	12,37	57,520	55	83,2	42,18	2,95	54,3	Norm. Be- trieb
	56	56	35,16	140,49	4,65	13,79	64,123	84	80,7	71,82	2,66	51,1	
12 m	65	65	40,82	205,49	4,65	16,18	75,237	107	78,6	107,34	2,76	52,2	
							Mittelwerte		80,8		2,79	52,5	0,539
2.	50	50	31,40	59,94	4,0	6,15	24,600	73	89,6	23,94	1,09	39,9	Norm. Be- trieb
	60	60	37,68	89,74	4,0	7,25	29,000	104	93,0	40.21	1,08	44,8	
12 m	70	70	43,94	152,10	4,0	8,29	33,160	147	90,7	64,99	1,04	42,7	
							Mittelwerte		91,1		1,07	42,4	0.607
3.	40	64	30,14	58,49	6,54	4,47	29,283	78	101,0	30,40	1,26	52,0	
	47	75	35,32	89,55	6,54	4,96	32,438	102	93,9	46,78	1,22	52,2	
9,0 m	53	85	40,03	118,09	6,54	5,19	33,940	123	105,0	55,66	1,16	47,1	
							Mittelwerte		100,0		1,21	50,4	0,667
4.	100	100	30,35	82,0	7,72	5,96	46,000	80	106,4	49,06	1,95	59,8	
	106	106	32,17	100,42	7,72	6,40	49,440	90	99,6	59,78	1,99	59.5	
5,8 m	120	120	36,42	125,18	7,72	6,85	52,880	108	106,3	76,14	1,95	60,8	
							Mittelwerte		104,1		1,96	60,0	0,694
						Ser-Ventilatoren.							
1.	65	336	24,61	10,65	3,18	2,72	8,650	37	70,1	4,27	0,54	40,1	
	75	391	28,64	16,86	3,18	3,25	10,335	47	74,7	6,47	0,57	38,4	
1,4 m	85	435	35,20	22,13	3,18	3,94	12,529	57	69,6	9,52	0,63	43,0	
							Mittelwerte		71,5		0,58	40,5	0,477
2.	63	302	25,28	25,43	6,17	3,17	19,559	49	99,7	12,78	1,06	50,3	
	73	345	28,88	37,63	6,17	3,86	23,816	68	93,8	21,60	1,10	57,4	
1,6 m	80	377	31,56	46,96	6,17	4,11	25,359	78	95,8	26,37	1,09	56,2	
							Mittelwerte		96,4		1,08	54,6	0,643
3.	57	302	31,60	45,68	{4,50 / 2,14}	{7,23 / 1,55}	}35,852	41	53,1	19,60	2,13	42,9	
	67	365	37,15	75,70	{4,50 / 2,14}	{8,31 / 1,82}	}41,289	60	50,2	33,16	2,02	43,8	
2,0 m	72	382	39,98	90,12	{4,50 / 2,14}	{9,63 / 2,09}	}47,808	68	52,1	43,35	2,20	48,1	
							Mittelwerte		51,8		2,11	44,9	0,345
4.	36	122	15,96	17,36	8,03	3,09	24,813	24	105,6	7,94	1,92	45,7	
	46	154	20,14	28,55	8,03	3,85	30,916	35	115,3	14,43	1,99	50,5	
2,5 m	56	186	24,33	60,51	8,03	4,89	39,267	53	109,5	29,08	2,05	47,9	
							Mittelwerte		110,1		1,98	48,0	0,734

No. / Dmr. m	Messung der Betriebskraft: Tourenzahl i. d. Min.: Dampfmaschine	Tourenzahl i. d. Min.: Ventilator	Umfangsgeschwindigkeit des Ventilators m i. d. Sek.	Indizierte Leistung der Maschine N_i PS.	Messung der Ventilatorleistung: Messquerschnitt qm	Luft-: Geschwindigkeit m i. d. Sek.	Luft-: Menge cbm i. d. Sek. Q	Depression mm Wassersäule: beobachtet	Depression mm Wassersäule: Bezogen auf eine Umfangsgeschwindigkeit von 35 m	Reine Ventilator-Leistung N_e PS.	Berechnete Werte: Äquivalente Fläche A qm	Dynam. Wirkungsgrad in % $\frac{N_e}{N_i}$	Manometrisches Verhältnis
Reihe No.	1	2	3	4	5	6	7	8	9	10	11	12	13

Capell-Ventilatoren.

No. / Dmr.	1	2	3	4	5	6	7	8	9	10	11	12	13
1.	46	184	36,11	64,42	5,44	6,26	34,054	86	69,7	39,05	1,40	60,6	
	56	224	43,96	95,08	5,44	7,75	42,160	110	70,7	61,83	1,54	65,0	
2,5 m	66	264	51,81	150,14	5,44	8,64	47,001	155	80,7	97,14	1,43	64,7	
							Mittelwerte		73,7		1,45	63,4	0,491
2.	40	160	20,94	6,69	3,63	3,58	12,995	27	75,4	4,69	0,95	70,1	
	50	200	26,18	14,84	3,63	4,78	17,350	48	85,9	10,97	0,96	73,9	
3,6 m	60	240	31,42	24,96	3,63	5,29	19,207	64	79,3	16,39	0,88	65,6	
							Mittelwerte		80,3		0,93	69,8	0,534
3.	36	160	30,14	30,72	4,29	4,48	19,219	59	78,5	15,12	0,95	49,2	
	40	178	33,53	41,11	4,29	5,07	21,750	72	71,2	20,88	0,97	50,8	
3,75 m	44	196	36,92	53,41	4,29	5,28	22,636	79	79,5	23,86	0,95	44,7	
							Mittelwerte		76,4		0,95	48,2	0,509
4. / 3,8 m	Die Veröffentlichung dieser Versuchsergebnisse musste die Kommission auf Wunsch der Grubenverwaltung unterlassen.												

Rateau-Ventilatoren.

No. / Dmr.	1	2	3	4	5	6	7	8	9	10	11	12	13
1.	100	177	18,52	19,83	2,87	8,05	23,104	31	110,1	9,54	1,58	48,1	
	120	216	22,60	33,27	2,87	8,65	24,826	46	110,5	15,22	1,39	45,7	
2,0 m	140	255	26,69	36,24	2,87	9,54	27,380	48	82,5	17,52	1,53	48,3	
							Mittelwerte		101,0		1,50	47,3	0,673
2.	110	237	24,80	24,15	3,44	6,56	22,570	67	130,6	20,16	1,05	83,9	
	120	264	27,63	31,15	3,44	6,86	23,600	81	129,8	25,48	1,00	81,8	
2,0 m	130	285	29,83	40,94	3,44	7,76	26,694	95	133,2	33,81	1,04	82,6	
							Mittelwerte		131,2		1,03	82,7	0,875
3.	35	145	21,24	31,22	3,53	5,19	18,320	45	122,5	10,92	1,04	35,0	
	45	186	27,25	50,64	3,53	6,23	22,000	72	118,2	21,12	0,99	41,7	
2,8 m	55	228	33,40	86,76	3,53	8,14	28,075	109	120,3	40,80	1,03	47,0	
							Mittelwerte		120,3		1,02	41,2	0,802
4.	80	115	16,85	16,28	5,68	4,48	25,450	33	131,7	11,19	1,68	68,7	
	101,5	150	21,98	32,27	5,68	5,67	32,210	52	142,2	22,33	1,70	69,2	
2,8 m	114	170	24,91	41,69	5,68	6,27	35,614	68	134,1	32,29	1,64	77,5	
							Mittelwerte		136,0		1,67	71,8	0,907

System des Ventilators	No.	Reine Ventilatorleistung bei normalem Betrieb	Treibriemen					Unkosten für Schmierung					Gesamtkosten Riemen und Schmierung	
			Material des Riemens	Anschaffungspreis	Im Betrieb, Jahre	kostet täglich	kostet für 1 Million cbm Luft	Maschine: Cylinder täglich	Maschine: Triebwerk täglich	Ventilator täglich	Insgesamt täglich	für 1 Million cbm Luft	Für 1 Nutz-PS. täglich	Für 1 Million cbm Luft
		PS.		Mk.		Pf.	Pf.	Pf.	Pf.	Pf.	Pf.	Pf.	Pf.	Pf.
Guibal	1	71,82	—	—	—	—	—	36	17,6	8,8	62,4	11,2	0,8	11,2
	2	40,21	—	—	—	—	—	30,4	24	9,6	64	23,2	1,52	23,2
	3	46,78	Baumwolle	772	3	30,4	27,2	12	21,6	21,6	55,2	19,2	2,64	46,4
	4	59,78	—	—	—	—	—	51,2	240,8	133,6	425,6	98,4	6,92	98,4
Ser	1	33,16	Leder	632	3	57,6	16,8	28,8	16	18,4	63,2	17,6	3,6	34,4
	2	21,60		438		40	26,4	24		16	56	26,4	4,4	52,8
	3	6,47		384		35,2	40	20,8	12,0	14,4	47,2	56	12,7	96,0
	4	14,43		1120		102,4	42,4	52,8	53,6	53,6	160	64	17,24	106,4
Capell	1	61,83	Kameelshaar	1500	5	81,6	19,2	108,0	136,0	12	256	68,8	5,44	88,0
	2	10,97	Gummi	700	3	64,0	38,4	18,4	37,6	Wasserschmierung	56	38,4	10,96	76,8
	3	20,88	Kameelshaar	1500	5	81,6	40,8	72,0	48	14,4	134,4	71,2	10,32	112,0
	4	120,00	10 Seile von 50 mm Dmr. Manillahanf	858	—	—	—	—	—	—	—	—	—	—
Rateau	1	15,22	Geleimter Lederriemen	480	3	44	20	72,0	80,0	179,2	331,2	152,0	14,64	172,0
	2	33,81		670	3	60,8	24,8	80,0	80,0	40,0	200,0	83,2	7,68	108,0
	3	10,92	Leder	960	2	131,2	69,6	28,0	44,8	52	124,8	70,4	23,44	140,0
	4	22,33	Geleimter Lederriemen	666	3	60,8	20,8	137,6	12,0	12	161,6	61,6	9,92	82,4

Alle Preise sind von Frcs. in Mk. und Pf. umgerechnet.

Zum Vergleich der verschiedenen Ventilatorleistungen wurde für alle eine gleiche Umfangsgeschwindigkeit von 35 m festgesetzt, welche bei den verschiedenen Durchmessern folgende Tourenzahlen erforderte:

Dmr. in m	12	9	5,8	3,8	3,75	3,6	2,8	2,5	2,0	1,6	1,4
Tourenzahl i. d. Min. .	55,7	74,3	115,3	176	178,9	185,8	238,9	267,6	334,5	418,1	477,8

Auf die gemeinsame Umfangsgeschwindigkeit wurden die beobachteten Depressionen reduziert und sodann das in Spalte 13 der Tabellen 1—4 enthaltene manometrische Verhältnis nach der Gleichung

$$R = \frac{h'}{\frac{\gamma \cdot u^2}{g}} \text{ berechnet,}$$

worin h' die auf 35 m Umfangsgeschwindigkeit reduzierte, beobachtete Depression, $\gamma = 1{,}2$ kg das Gewicht eines cbm Luft, u die Umfangsgeschwindigkeit von 35 m und $g = 9{,}81$ die Beschleunigung der Schwere ist.

Das so berechnete Verhältnis R entspricht daher nicht genau dem manometrischen Wirkungsgrad, dient jedoch ebenso gut wie dieser zum Vergleiche der Leistungen der verschiedenen Ventilatoren.

Die berechneten Werte von R zeigen, dass verschiedene der untersuchten Ventilatoren sich auf Gruben befinden, für welche sie nicht geeignet sind, da der Querschnitt derselben entweder zu klein oder zu gross für sie war.

A. Guibal-Ventilatoren.

No.[1])	Äquivalente Fläche qm	Depression bei 35 m Umfangsgeschwindigkeit	Werte von R	Dmr. in m
2	1,07	91,1	0,607	12,0
3	1,21	100,0	0,667	9,0
4	1,96	104,1	0,694	5,8
1	2,79	80,8	0,539	12
			i. M. 0,627	

Die Tabelle zeigt, dass mit wachsendem, äquivalentem Querschnitt die Depression und der Wert R zunimmt bis zu circa 2 m, dass jedoch bei einer Vergrösserung der Fläche das manometrische Verhältnis rasch sinkt.

1) Die Ventilatoren sind in den folgenden Tabellen nicht, wie im Kommissionsbericht nach der Grösse ihrer Dmr., sondern nach der Grösse der äquivalenten Flächen geordnet.

B. Ser-Ventilatoren.

No.	Äquivalente Fläche qm	Depression bei 35 m Umfangs-geschwindigkeit	Werte von R	Dmr. in m
1	0,58	71,5	0,477	1,4
2	1,08	96,4	0,643	1,6
4	1,99	110,1	0,734	2,5
3	2,12	51,8	0,345	2,0
			i. M. 0,55	

Der grösste Wert von R wird erreicht bei einer äquivalenten Fläche von ca. 2 m und einem Durchmesser von 2,5 m. Der schlechte manometrische Effekt von No. 3 hat seinen Grund in dem im Verhältnis zum äquivalenten Querschnitt zu kleinen Durchmesser dieses Ventilators.

C. Capell-Ventilatoren.

No.	Äquivalente Fläche qm	Depression bei 35 m Umfangs-geschwindigkeit	Werte von R	Dmr. in m
2	0,93	80,3	0,534	2,5
3	0,95	76,4	0,509	3,6
1	1,45	73,7	0,491	3,75
			i. M. 0,513	

Die Veröffentlichung der Versuchsergebnisse des Capellventilators No. 4 auf der Grube der Société du Grand Hornu unterblieb auf Wunsch der letzteren Gesellschaft. Die Tabelle zeigt, dass sowohl die Depression als auch das manometrische Verhältnis bei zunehmender äquivalenter Fläche und wachsendem Ventilatordurchmesser abnimmt und für eine äquivalente Fläche von ca. 0,9 qm am grössten ist.

D. Rateau-Ventilatoren.

No.	Äquivalente Fläche qm	Depression bei 35 m Umfangs-geschwindigkeit	Werte von R	Dmr. in m
3	1,02	120,3	0,802	2,80
2	1,03	131,2	0,875	2,0
1	1,50	101,0	0,673	2,0
4	1,67	136,0	0,907	2,8
			i. M. 0,814	

Die Tabelle zeigt keine solche Gesetzmässigkeit, wie es bei den früheren der Fall war. Während Ventilator No. 3 für die Grube von 1,02 qm äquivalenter Fläche einen zu grossen Durchmesser besitzt, also ungünstig arbeitet, und umgekehrt Ventilator No. 1 für den äquivalenten Querschnitt 1,5 qm zu klein ist, daher nur einen manometrischen Effekt von 67,3 % hervorbringt, zeigen die Ventilatoren No. 2 und 4 recht günstige Werte von R, woraus geschlossen werden darf, dass der Rateau-sche Ventilator von 2 m Dmr. für Gruben von ca. 1 qm äquivalenter Fläche, derjenige von 2,8 m Dmr. für solche von 1,6—1,7 qm äquivalenter Fläche sehr geeignet ist, da die mit diesen Ventilatoren erzielten manometrischen Verhältnisse R diejenigen aller übrigen Ventilatorensysteme weitaus übertreffen.

Die folgende Tabelle [1]) lässt dies besonders deutlich erkennen, indem der kleinste Wert von R des Rateau'schen Ventilators die Mittelwerte aller anderen Systeme überragt, sein Mittelwert aber den grössten Werten von R der anderen Ventilatoren noch um 8, 12 bezw. 28 % überlegen ist.

Manometrisches Verhältnis R.

Ventilator von	Grösster Wert	Mittelwert aus allen Versuchen	Kleinster Wert
1. Rateau	0,907	0,814	0,673
2. Ser	0,734	0,550	0,345
3. Guibal	0,694	0,627	0,539
4. Capell	0,534	0,513	0,491

II. Vergleich der Ventilatoren hinsichtlich der Betriebskosten.

Da die Betriebskosten um so geringer sind, je grösser der dynamische Wirkungsgrad oder das Verhältnis der reinen Ventilatorleistung zur indizierten Dampfarbeit ist, je kleiner also die Verluste durch Reibungsarbeit im Ventilator und in der Dampfmaschine sind, so geben die in Spalte 12 der Tabellen 1—4 enthaltenen (von der Kommission als mechanische Wirkungsgrade bezeichneten) Werte einen Massstab zum Vergleich der 4 untersuchten Systeme bezüglich ihrer Rentabilität. Die in Tabelle 5 mitgeteilten Betriebskosten für die Riemen und Schmierung der Maschinen dürften gegenüber den wesentlich höheren, eigentlichen Betriebskosten (für Heizung und Wartung) kaum in Betracht kommen.

Nach diesem Gesichtspunkte gruppieren sich die verschiedenen Systeme folgendermassen:

---

1) Vom Verfasser zusammengestellt.

Dynamische Wirkungsgrade[1].

Ventilator von	Grösster Wert	Mittelwert aus allen Versuchen	Kleinster Wert
1. Rateau	0,839	0,608	0,350
2. Capell	0,739	0,605	0,447
3. Guibal	0,608	0,513	0,399
4. Ser	0,674	0,470	0,384

Wie in Bezug auf den manometrischen Effekt, so nimmt auch hinsichtlich des dynamischen Wirkungsgrades der Ventilator von Rateau die erste Stelle ein, während der Guibal'sche Ventilator hier wie dort erst in dritter Reihe kommt. Die Ventilatoren von Capell und Ser haben ihre Plätze gewechselt.

Bildet man, um eine zum Vergleich geeignetere Zahlenreihe zu erhalten, die Produkte aus den Werten der manometrischen Verhältnisse R und denjenigen der dynamischen Wirkungsgrade, wodurch man einen, wenn auch nicht vollkommen richtigen Gesamtwirkungsgrad $\eta = \eta_m \cdot \eta_d$ erhält, so ergibt sich die folgende Anordnung[2]):

Gesamt-Wirkungsgrade.

Ventilator von	Grösster Wert	Mittelwert aus allen Versuchen	Kleinster Wert
1. Rateau	0,761	0,495	0,223
2. Guibal	0,422	0,322	0,216
3. Ser	0,421	0,259	0,189
4. Capell	0,395	0,311	0,219

Hiernach erhält Guibal die zweite Stelle, während Ser und Capell nahezu gleiche Werte zeigen.

Aus allen drei Tabellen kann man schliesslich folgende Beziehungen ableiten:

1. Der weitaus vollkommenste unter den 4 untersuchten Ventilatoren ist der Rateau'sche Ventilator, dessen grösster Gesamtwirkungsgrad noch über 75 %, dessen grösster dynamischer Wirkungsgrad aber fast 84 % beträgt.

2. Die Ventilatoren der drei anderen Systeme stehen, wenn man die Mittelwerte aller Versuche allein betrachtet, so ziemlich auf einer Stufe.

3. Bezüglich des manometrischen Effektes ist der Ser'sche Ventilator dem Guibal'schen und namentlich dem Capell'schen Ventilator

1) Vom Verfasser zusammengestellt.
2) Vom Verfasser berechnet.

weit überlegen, während andererseits der dynamische Wirkungsgrad, also indirekt auch die Betriebskosten sich bei Capell bedeutend vorteilhafter als bei Ser und Guibal stellen.

Eine Reihe anderer Schlussfolgerungen, welche die Kommission auf Grund der angestellten Versuche macht, beziehen sich noch auf die Betriebssicherheit, die Anlagekosten und verschiedene andere Einzelheiten. Es würde zu weit führen, dieselben an dieser Stelle alle wiederzugeben, und mögen daher nur noch die Schlussworte des Kommissionsberichtes hier folgen.

1. „Die Ventilatoren von kleinen Abmessungen bieten eine grosse Leichtigkeit der Aufstellung und Auswechslung. Ihre Aufstellung erfordert viel weniger Zeit als diejenige der grossen Ventilatoren.

„2. Die Ventilatoren mit Transmissionsbetrieb erfordern grösseren Aufstellungsraum als diejenigen mit direktem Antrieb. Dafür bieten sie den Vorteil, den Ventilator von der Maschine unabhängig zu machen. Die Geschwindigkeit des ersteren kann ohne Änderung der Geschwindigkeit der Maschine innerhalb weiter Grenzen geändert werden; es genügt hierzu, den Durchmesser der einen der beiden Transmissionsscheiben zu verändern. Bei den Ventilatoren mit direktem Antrieb dagegen ist die Geschwindigkeit des Ventilators durch die Geschwindigkeit der Maschine begrenzt.

3. „Manche Ventilatoren, so diejenigen des Guibal'schen Systems von grossem Durchmesser, verursachen ein Geräusch, welches auf eine beträchtliche Entfernung hörbar ist, wogegen andere, wie z. B. die Rateau'schen Ventilatoren, einen sanften und geräuschlosen Gang haben. — — — —

„Wie die meisten unserer Vorgänger, glauben wir unsere Arbeit mit der Bemerkung schliessen zu müssen, dass die gute Lüftung einer Grube viel weniger von dem angewandten Ventilator, als von den Abmessungen der Schächte und Strecken und der guten Anlage des ganzen Bergwerkes abhängt".

Sechstes Kapitel.

Die Schraubengebläse.

Jede Schraubenbewegung setzt sich bekanntlich aus einer geradlinig fortschreitenden und einer drehenden Bewegung zusammen. Beide Bewegungen können entweder von einem schraubenförmig gestalteten Körper gleichzeitig ausgeführt werden, in welchem Falle der denselben umschliessende Körper in Ruhe ist, oder die drehende Bewegung wird von dem einen Körper, die fortschreitende von dem anderen ausgeführt und umgekehrt.

Alle drei Bewegungsarten haben für die Arbeitsmaschinen zur Ortsveränderung der Körper Anwendung gefunden.

Bei den Schraubenventilatoren wird ein mit schrägstehenden, schraubenförmig gestalteten Flügeln versehenes Rad auf einer festgelagerten Welle in rasche Umdrehung versetzt. Das Rad führt daher die drehende Bewegung, die Luft die fortschreitende Bewegung aus.

Auf einer Umkehrung dieses Prinzips beruhen die Windräder oder Windturbinen, bei welchen durch einen in fortschreitender Bewegung befindlichen Luftstrom dem schraubenförmig gestalteten Windrad eine drehende Bewegung erteilt wird.

Während im letzteren Falle eine bestimmte, in der Zeiteinheit durch das Rad strömende Luftmenge von bestimmter Geschwindigkeit demselben eine bestimmte Umdrehungsgeschwindigkeit erteilt und eine bestimmte Arbeit verrichtet, welche an die Welle des Windrades abgegeben und von hier weitergeleitet wird, wird umgekehrt bei den Schraubenventilatoren eine bestimmte Arbeit auf die Welle und das Schraubenrad übertragen, demselben eine bestimmte Umdrehungsgeschwindigkeit gegeben und hierdurch in der Zeiteinheit eine bestimmte Luftmenge mit bestimmter Geschwindigkeit durch das Rad von einer Seite desselben nach der anderen gefördert. Während nun bei den Windrädern ein Zurückströmen der durch das Rad hindurchgegangenen Luft infolge ihrer fortschreitenden

Bewegung ausgeschlossen ist, muss bei den Schraubenventilatoren das Zurückströmen verhindert werden. Zu diesem Zwecke sind dieselben entweder mit einem Saugrohr verbunden, welches an seinem einen Ende das Flügelrad umschliesst, während das andere mit dem zu lüftenden Raum in Verbindung steht, oder sie sind in einem in die Aussenmauer des zu lüftenden Raumes luftdicht eingesetzten Gehäuse angebracht.

Da, wie erwähnt, die Luft mit einer grossen Geschwindigkeit durch das Rad hindurchströmt, diese Geschwindigkeit aber nur die Folge eines Druckunterschiedes zwischen der in Ruhe befindlichen und der das Rad durchströmenden Luft sein kann, so folgt hieraus, dass das Flügelrad eine der Luftgeschwindigkeit proportionale Depression erzeugen muss. Da jedoch die aus dem zu lüftenden Raume ausströmende Luft ohne irgend welche Reibungswiderstände oder sonstige Druckverluste in das Schraubenrad gelangen kann, so genügt schon eine sehr geringe Depression, um der Luft die zu ihrer Fortbewegung nötige Geschwindigkeit zu erteilen. Erstere beträgt denn auch für gewöhnlich nicht mehr als 4—10 mm Wassersäule.

Hieraus geht ohne weiteres hervor, dass die Schraubenventilatoren für hohe Depressionen ungeeignet sind, da ihre „verdünnende" Kraft (vergl. S. 336) im Verhältnis zu ihrer „fortbewegenden" Kraft klein ist.

Die Schraubenventilatoren eignen sich daher fast ausschliesslich zu Lüftungszwecken für Gebäude, wobei dieselben je nach der Umdrehungsrichtung entweder saugend oder blasend wirken können, also die verdorbene Luft aus den zu lüftenden Räumen fortschaffen, oder frische Aussenluft einführen. Im letzteren Falle findet sehr häufig ein Anfeuchten der Luft im Saugrohr statt.

Auch zum Absaugen oder Einblasen von Wasserdämpfen, sowie von stark erwärmter Luft finden dieselben in verschiedenen industriellen Anlagen Verwendung.

Die Luftmengen, welche die Schraubenventilatoren zu bewältigen im stande sind, schwanken zwischen 10 und 400 cbm i. d. Min. bei Flügeldurchmessern von 0,2—1 m und 1000—4000 cbm i. d. Min. bei Flügeldurchmessern von 1,5—3 m. Der Kraftbedarf derselben ist im Vergleich zu demjenigen der Centrifugalventilatoren sehr gering und schwankt zwischen $^1/_{10}$—$1^1/_2$ PS. bei den kleineren, 4—10 PS. bei den grösseren Ausführungen.

Der Antrieb erfolgt meist durch Riemen, bei kleineren Ventilatoren für Einzellüftung häufig durch kleine, mittels Druckwasser betriebene Turbinen, bei Schiffsventilatoren auch durch besondere, am Ventilatorgehäuse befestigte Dampfmaschinen.

Die Konstruktion des Flügelrades ist im allgemeinen bei den meisten Ausführungen dieselbe. Während jedoch bei älteren Systemen meist wenige Flügel und sehr grosse Umdrehungszahlen in Gebrauch waren, sind in

Dmr. =	0,5 m				1,0 m			
	1	2	3	4	1	2	3	4
Name des Fabrikanten	Maximal-Luftmenge Q i. d. Stunde cbm	Maximal-Kraftbedarf N_e PS.	Maxim.-Tourenzahl n	Gewicht kg	Maximal-Luftmenge Q i. d. Stunde cbm	Maximal-Kraftbedarf N_e PS.	Maxim.-Tourenzahl n	Gewicht kg
Beck & Henckel, Cassel.	6300	0,3	1200	80	27 600	1,0	600	320
J. C. Kämpf, Frankfurt a. M.	6300	0,3	1200	80	27 600	1,0	600	320
Sauerbrey & Beygang Neuwied a. Rh.	6300	0,333	1200	90	27 600	1,0	600	320
Scherr & Petzold, Berlin.	6300	0,3	1200	80	27 600	1,0	600	320
C. Schiele, Bockenheim.	7500	0,5	1200	80	32 400	2,2	600	310

neuerer Zeit Räder mit einer grösseren Flügel- und kleineren Tourenzahl mehr in Aufnahme gekommen.

Die wichtigsten Ausführungen der Schraubenventilatoren sind die folgenden:

1. Der Schiele'sche Schraubenventilator. Figuren 455 und 456.

Am Umfang der cylindrischen, nach beiden Seiten hin konisch verjüngten Nabe *A*, welche auf der Welle *B* befestigt ist, sind 6, 8, 10 oder mehr Flügel *C* an den schräggestellten Armen *D* festgenietet. Dieselben drehen sich in dem das Flügelrad umschliessenden Gehäuse *E*, welches in die Gebäudeaussenmauer eingebaut ist. Dasselbe trägt mittels der 3 Arme *F* die Büchse *G* (im Querschnitt fortgelassen), in welcher die Welle gelagert ist. In gleicher Weise ist die Welle auf der Aussenseite gehalten.

Der Steigungswinkel der Schraube beträgt hier 35 Grad, die Flügel sind nach dem äusseren Umfang hin verbreitert und füllen das Gehäuse vollkommen aus.

Im wesentlichen ebenso wie der Schiele'sche Ventilator sind die Ventilatoren der Firmen Beck & Henckel in Cassel, J. C. Kämpf in Frankfurt a. M., Sauerbrey & Beygang in Neuwied und Scherr & Petzold in Berlin ausgeführt. Zum Vergleich der Leistungsfähigkeit der von diesen Firmen gebauten Ventilatoren sind in der obigen Tabelle die Maximalwerte der Luftmengen, Tourenzahlen etc. einiger Ausführungen von 0,5, 1,0, 1,5 und 3,0 m Dmr. gegeben.

Dieselbe zeigt, dass erstlich die Tourenzahlen bei allen 5 Erbauern genau übereinstimmen, dass sodann der Schiele'sche Ventilator die absolut grösste Leistung bei allerdings bedeutend grösserem Kraftbedarf aufzuweisen hat, dass endlich das Gewicht so ziemlich bei allen Ventilatoren gleichen

1,5 m				3,0 m			
1	2	3	4	1	2	3	4
Maximal-Luftmenge Q i. d. Stunde cbm	Maximal-Kraftbedarf N_e PS.	Maximal-Tourenzahl n	Gewicht kg	Maximal-Luftmenge Q i. d. Stunde cbm	Maximal-Kraftbedarf N_e PS.	Maximal-Tourenzahl n	Gewicht kg
60 000	2,0	400	750	249 000	8,8	200	2150
60 000	2,0	400	750	249 000	8,8	200	2150
60 000	2,0	400	550	249 000	9	200	1700
60 000	2,0	400	750	249 000	8,8	200	2150
72 000	4,0	400	720	298 800	16,5	200	2300

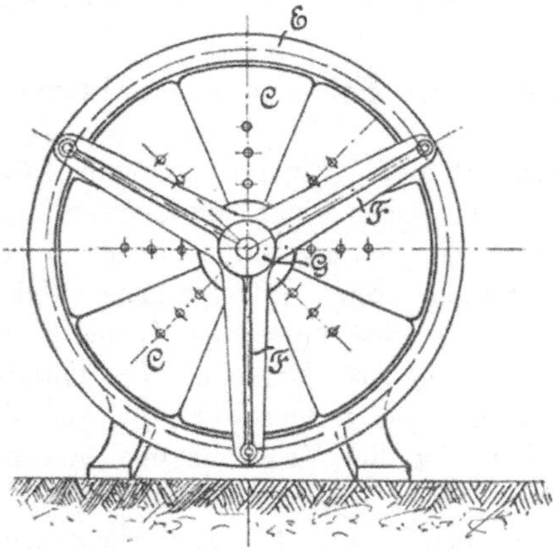

Fig. 455.

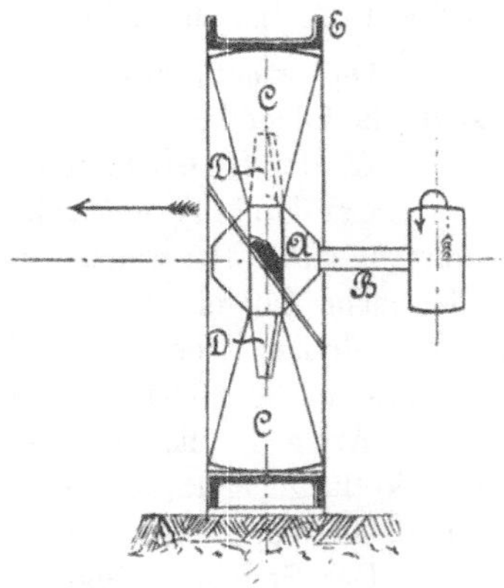

Fig. 456.

Durchmessers (mit Ausnahme des grössten Durchmessers) dasselbe ist. Etwas anders gestaltet sich das gegenseitige Verhältnis, wenn man, wie in der folgenden Tabelle (S. 480) geschehen, die stündlichen Windmengen für 1 PS. für die verschiedenen Durchmesser einander gegenüberstellt.

Hieraus ergibt sich, dass für alle Durchmesser die von einer Pferdestärke stündlich gelieferte Windmenge bei Schiele am kleinsten, bei den übrigen grösser und nahezu übereinstimmend ist.

Zwei Versuche mit Schiele'schen Ventilatoren von 650 mm Dmr. ergaben die in der unteren Tabelle auf S. 480 enthaltenen Werte[1]):

---

[1]) Z. d. V. d. Ing. 1891, S. 598.

Dmr. =	0,5 m	1,0 m	1,5 m	3,0 m
Name des Fabrikanten	Windmenge für 1 PS. i. d. Stunde cbm $\frac{Q}{N_e}$	Windmenge für 1 PS. i. d. Stunde cbm $\frac{Q}{N_e}$	Windmenge für 1 PS. i. d. Stunde cbm $\frac{Q}{N_e}$	Windmenge für 1 PS. i. d. Stunde cbm $\frac{Q}{N_e}$
Beck & Henckel, Cassel.	21 000	27 600	30 000	28 300
J. C. Kämpf, Frankfurt a. M.	21 000	27 600	30 000	28 300
Sauerbrey & Beygang, Neuwied a. Rh.	18 900	27 600	30 000	27 666
Scherr & Petzold, Berlin.	21 000	27 600	30 000	28 300
C. Schiele, Bockenheim.	15 000	14 800	30 000	18 110

Tourenzahl i. d. Min.	Mittlere Luftgeschwindigkeit m i. d. Sek.	Mittlerer Druck mm Wassersäule	Ausströmungsquerschnitt qm	Luftmenge i. d. Sek. cbm	Betriebs-Arbeit in PS. N_e	Luftmenge für 1 PS. i. d. Stunde $\frac{Q}{N_e}$ cbm	Nutz-Arbeit PS.	Dynam. Wirkungsgrad η_d
550	7,02	3,14	0,312	2,19	0,225	35 000	0,0916	0,407
680	8,84	5,0	0,312	2,75	0,426	23 250	0,183	0,43

Der mittlere dynamische Wirkungsgrad ergibt sich hieraus zu 0,419 ∽ 0,42, welcher Wert im Gegensatz zu den bei Centrifugalventilatoren gefundenen Werten sehr niedrig ist.

Der erstere der beiden für die stündliche Luftmenge für 1 PS. gegebenen Werte übertrifft die für 0,5 und 1 m Dmr. in der oberen Tabelle dieser Seite enthaltenen Werte um mehr als das Doppelte, und ist noch um 5000 cbm grösser als der grösste aller überhaupt in dieser Tabelle enthaltenen Werte von 30 000 cbm. Ferner ist die Betriebsarbeit zu nur 0,426 PS. angegeben, während sie für den um 150 mm kleineren Ventilator von 0,5 m Dmr. 0,5 PS. beträgt. Es scheint daher, dass die in der Tabelle auf S. 478 mitgeteilten Werte etwas zu günstig sind, während die in der oberen Tabelle auf dieser Seite enthaltenen Werte im allgemeinen eine solche Übereinstimmung zeigen, dass an ihrer Richtigkeit nicht zu zweifeln sein dürfte. Die Tabelle auf S. 481 gibt für einige andere Ausführungen der Schiele'schen Ventilatoren die Luftmenge und den Kraftbedarf an.

Nummer des Schraubenventilators		00	2	5	7	9	10
Flügeldmr. in mm		200	400	800	1200	2000	2500
Umläufe i. d. Min.	1.	1750 bis	870 bis	460 bis	290 bis	175 bis	135 bis
	2.	2500	1500	800	500	300	230
Umfangsgeschwindigkeit u m/sec.[1])	1.	18,37	18,24	19,28	18,14	18,34	17,69
	2.	26,25	31,44	33,54	31,44	31,44	30,13
Druck in mm Wassersäule	1.	2 bis	2 bis	2 bis	2 bis	2 bis	2 bis
	2.	4	6	6	6	6	6
Luftgeschwindigkeit c m/sec.[1])	1.	5,3	4,46	5,3	5,52	5,3	5,43
	2.	7,96	8,75	9,2	9,58	9,55	9,67
$\frac{u}{c}$ [1])	1.	3,47	3,93	3,64	3,3	3,46	3,24
	2.	3,3	3,59	3,64	3,28	3,29	3,11
Luftmenge i. d. Min. cbm	1.	10 bis	35 bis	160 bis	375 bis	1000 bis	1600 bis
	2.	15	65	280	600	1800	2850
Betriebskraft in PS.	1.	0,02 bis	0,1 bis	0,5 bis	0,9 bis	2 bis	3,5 bis
	2.	0,05	0,3	1,5	3	7	11,5
Riemscheibe:							
Dmr. in mm		50	100	200	300	550	700
Breite in mm		50	60	100	125	150	160
Gewicht, annähernd, in kg		15	50	205	425	1125	1560

2. Der Blackmann-Ventilator[2]).

Derselbe hat die aus Figur 457 und 458 ersichtliche Gestalt. Die Flügel sind sowohl am Umfang an einem Ringe, als auch seitlich an je einem radialen Arme befestigt, während die andere Seite ausgebaucht ist. Hierdurch erhalten die Flügel eine eigentümliche, schaufel- oder löffelförmige Gestalt, mittels deren sie die Luft leichter durchschneiden und fortbewegen. Diese Ventilatoren werden von 0,6 bis 1,8 m Dmr. gebaut, laufen mit 100 bis 700 Touren und geben Luftmengen von 40 bis 2300 cbm i. d. Min. Für drei kleinere Nummern sind die Leistungen und der Kraftbedarf aus der folgenden Tabelle ersichtlich.

1) Vom Verf. berechnet.

2) Ausgeführt von Dav. Grove, Berlin.

Fig. 457.

Dmr. m	Saugfläche qm	Ausströmungsfläche qm	Umdrehungen i. d. Min.	Anzahl der mit dieser Geschwindigkeit i. d. Min. bewegten Luft cbm	Zu diesem Betriebe nötige Betriebskraft PS.
0,6	0,5	0,29	800	182	0,5
0,9	1,08	0,65	650	407	1,5
1,2	1,9	1,16	500	718	1,75

Berechnet man unter Annahme einer Windpressung von 5 mm Wassersäule die reine Ventilatorleistung für die drei vorliegenden Fälle, so erhält man die folgenden dynamischen Wirkungsgrade:

Dmr. m	Reine Ventilatorleistung PS.	Effektive Leistung	Dynamischer Wirkungsgrad %	Luftmenge für 1 effektive PS. i. d. Stunde cbm
0,6	0,2022	0,5	40,5	21 840
0,9	0,452	1,5	30,13	16 280
1,2	0,800	1,75	45,7	24 624

Fig. 458.

Die in der letzten Spalte enthaltenen Werte der stündlichen Luftmengen für 1 effektive PS. sind für die beiden ersten Ventilatoren grösser, für den letzten nahezu ebenso gross als die in der oberen Tabelle auf S. 480 für die Schiele'schen Ventilatoren angegebenen Werte. Der mittlere dynamische Wirkungsgrad ergibt sich zu 38,8 %.

Die Luftmengen und Tourenzahlen für einige Ausführungen des Blackmann-Ventilators sind aus der folgenden Tabelle (S. 484) ersichtlich.

Um den Blackmann-Ventilator auf seine Leistungsfähigkeit zu prüfen, wurden von G. Schiele & Co. in Bockenheim im Jahre 1889 vergleichende Versuche mit ihrem Schraubenventilator von 0,65 m Dmr.

Umdrehungen i. d. Min.	Luftmenge in cbm i. d. Min. (Erfahrungs-Resultate)									Umdrehungen i. d. Min.
	Dmr. 0,60 m	Dmr. 0,76 m	Dmr. 0,91 m	Dmr. 1,05 m	Dmr. 1,22 m	Dmr. 1,37 m	Dmr. 1,52 m	Dmr. 1,67 m	Dmr. 1,83 m	
100	—	—	—	—	120,2	171,6	237,6	322,0	423,1	100
150	—	—	—	—	181,4	259,3	363,2	494,3	649,5	150
200	—	—	101,8	158,8	246,0	351,5	494,8	674,3	885,7	200
250	39,3	76,3	128,6	200,5	314,4	448,5	631,5	862,1	1131,9	250
300	47,7	94,5	157,2	244,2	386,4	549,8	774,1	1057,9	1388,0	300
350	57,0	114,5	187,5	289,9	462,2	655,7	922,4	1261,1	1654,0	350
400	67,3	136,2	219,7	337,5	541,6	766,2	1076,4	1472,3	1925,9	400
450	78,5	159,6	253,5	387,1	624,7	881,3	1236,0	1678,9	2178,3	450
500	90,6	184,6	289,2	438,8	711,8	1001,1	1401,3	1873,0	—	500
550	103,6	210,9	323,8	492,4	802,4	1125,4	1562,4	2062,4	—	550
600	117,5	238,8	363,1	548,0	892,9	1254,3	1711,1	—	—	600
650	132,3	267,8	404,1	605,5	972,0	1387,8	—	—	—	650
700	147,9	298,4	446,9	663,4	1046,5	1525,5	—	—	—	700

und einem Blackmann-Ventilator von 0,61 Dmr. angestellt. Dieselben ergaben nach Mitteilung der vorgenannten Firma folgende Resultate:

Tourenzahl	Mittlere Luftgeschwindigkeit m i. d. Min.	Ventilator-Querschnitt qm	Luftmenge i. d. Min. cbm	Betriebskraft PS.
Schiele'scher Schraubenventilator No. 4. 650 mm·Flügel-Dmr.				
550	421	0,312	131	0,225
670	530	0,312	165	0,426
Blackman-Schrauben-Propeller 610 mm Flügel-Dmr.				
550	327	0,277	90	0,1
920	491	0,277	136	0,466
1000	570	0,277	158	0,57

Die Luftgeschwindigkeit wurde bei diesen Versuchen mit einem Anemometer an verschiedenen Stellen der Austrittsöffnung gemessen, der Kraftbedarf mit Hilfe eines zuverlässigen Zwischen-Dynamometers ermittelt.

3. Kosmos-Ventilator von Schäffer & Walcker.

Derselbe besteht aus einem auf horizontaler oder vertikaler Achse befestigten fünf- oder mehrarmigen Flügelrad, welches am äusseren Rande mit einem Schaufelkranz versehen ist. Der letztere ist von einem wasserdichten Gehäuse umgeben und wird durch Druckwasser in Umdrehung gesetzt, welches sich nach dem Gebrauch am Boden des Gehäuses sammelt und durch ein Überfallrohr abfliesst. Die Luftmengen schwanken bei den verschiedenen Ausführungen zwischen 100 und 8000 cbm stündlich. Der Wasserverbrauch ergibt sich aus der folgenden Tabelle, worin D_1 den äusseren Durchmesser des Gehäuses, D_2 den Flügeldurchmesser und D_3 den Durchmesser der Luftsaug- oder Druckrohre bezeichnet.

No.	Luftmenge i. d. Stunde mit Wasserbetrieb bei 3–4 Atm.	Wasserverbrauch ungefähr i. d. Stunde	Abmessungen der Apparate Dmr. D_1 mm	Dmr. D_2 mm	Dmr. der Luftrohre D_3 mm
1	100 cbm	0,03 cbm	260	220	150
2	300 „	0,07 „	400	360	230
3	700 „	0,15 „	470	500	330
4	1200 bis 1500 cbm	0,20 „	600	600	400
	bei 4—6 Atm.				
5	12—1800	0,20—0,30	520	550	450
6	2—3000	0,30—0,40	550	600	500
7	3—4000	0,40—0,50	650	700	550
8	4—6000	0,60—0,70	800	850	600

Hieraus berechnet sich das Verhältnis der Luftmenge zur verbrauchten Wassermenge $\frac{Q_e}{Q_w}$, sowie der stündliche Wasserverbrauch W in Litern für 1000 cbm stündlicher Luftmenge für die 8 verschiedenen Ausführungen folgendermassen:

No.	1	2	3	4	5	6	7	8
$\frac{Q_e}{Q_w}$	3000	4300	4666	6000—7500	6000	6666—7500	7500—8000	6666—8600
W in l	300	233	214	166—133	166	150—133	133—125	150—117

Die stündliche Wassermenge liegt mithin zwischen 120 l bei grossen und 300 l bei kleineren Ventilatoren. Je nach den Wasserpreisen werden hiernach die Betriebskosten mehr oder weniger veränderlich sein und ist daher ein allgemeiner Vergleich mit den Anlage- und Betriebskosten der früher besprochenen Schraubenventilatoren kaum durchführbar. Für jeden besonderen Fall indessen bietet diese Berechnung keine Schwierigkeit und ermöglicht, das für eine bestimmte Anlage günstigste System zu wählen. Der Vorzug der Kosmosventilatoren liegt vor allem in dem Fortfall der bei den anderen Systemen notwendigen Transmission, in der hierdurch erleichterten Aufstellung und der leichten und raschen Inbetriebsetzung.

Ein gleichfalls durch Druckwasser betriebenes Schraubengebläse ist **4.** das Gebläse von Lau[1]).

Das durch das Druckrohr *A*, Figuren 459 und 460, zufliessende Wasser gelangt durch den mit mehreren Schaufeln *B* versehenen Leit-

[1]) D.R.P. No. 24445 vom 10. 2. 1883 von H. Lau, Freiburg in Sachsen.

apparat in die Turbine *C* und setzt dieselbe in Umdrehung. Durch den Abfluss *D* und das Rohr *E* fliesst das verbrauchte Wasser fort. Auf der Welle *F* sind beiderseits die Naben *G* befestigt, welche je 4 Flügel *H* tragen; dieselben sind jedoch bei dem vorderen Flügelrad unter einem grösseren Winkel gegen die Achse geneigt als bei dem hinteren. Hierdurch soll eine Verstärkung der Saugwirkung hervorgebracht werden.

5. Schraubenventilator von Rateau.

Der von Rateau auf Grund seiner Ventilatoren-Theorie ausgeführte Schraubenventilator[1]) hat eine derartige Leistung, wie dieselbe im allgemeinen bei Schraubenventilatoren nicht zu erreichen ist, indem mittels desselben wesentlich höhere Drücke als bei gewöhnlichen Schraubenventilatoren er-

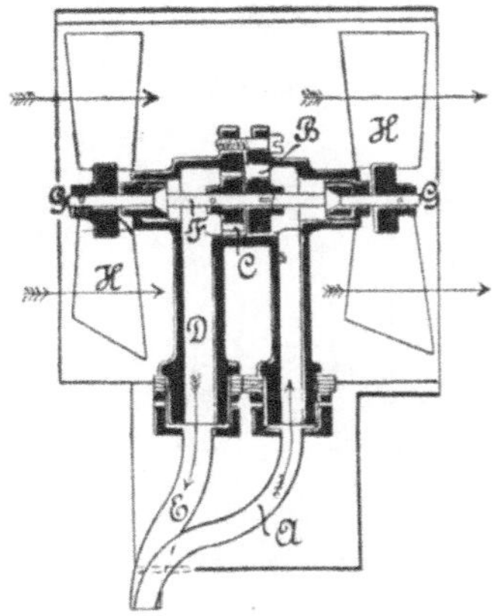

Fig. 459.

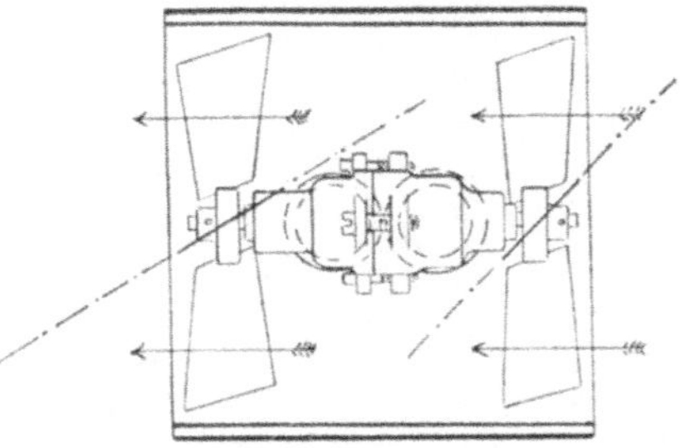

Fig. 460.

zielt werden, wobei gleichzeitig auch ein Wirkungsgrad in maschineller und volumetrischer Beziehung erreicht wird, welcher demjenigen guter Centrifugal-Ventilatoren nahe kommt. Der Rateau'sche Schraubenventilator besteht aus folgenden Teilen:

1. dem Einlauf oder Verteiler,
2. dem eigentlichen Laufrad,
3. dem Auslauf oder Diffusor.

Der Einlauf oder Verteiler hat den Zweck, den Luftstrahlen beim Eintritt in das Schraubenrad die geeignete Richtung zu erteilen, damit dieselben am Turbinenrad ohne Stoss aufgenommen werden. Bei dem in Fig. 461 in äusserer Ansicht und Fig. 463 im Querschnitt dargestellten Ventilator hat der Verteiler 24 feste, aus Blech hergestellte Leitschaufeln *m*, Fig. 463, welche in dem Cylindermantel des Diffusors angebracht sind.

1) Ventilateurs hélicoïdes de M. Rateau. Par A. Laponche. Paris, Publications du journal „Le génie", 1899.

Fig. 461.

Fig. 462.

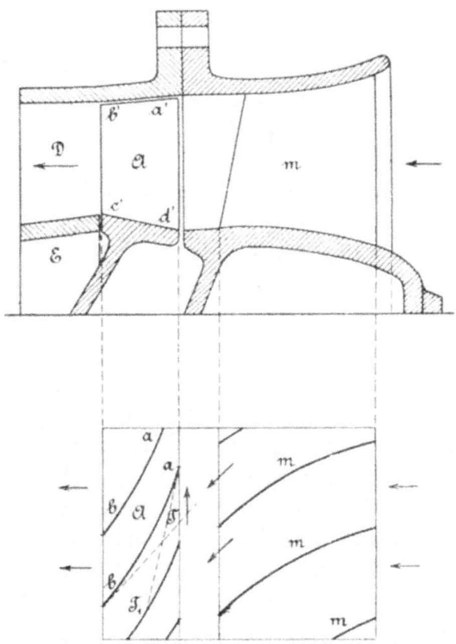

Fig. 463.

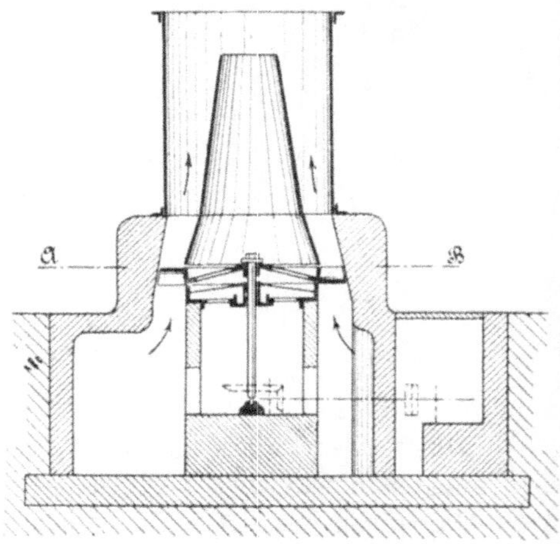

Fig. 464.

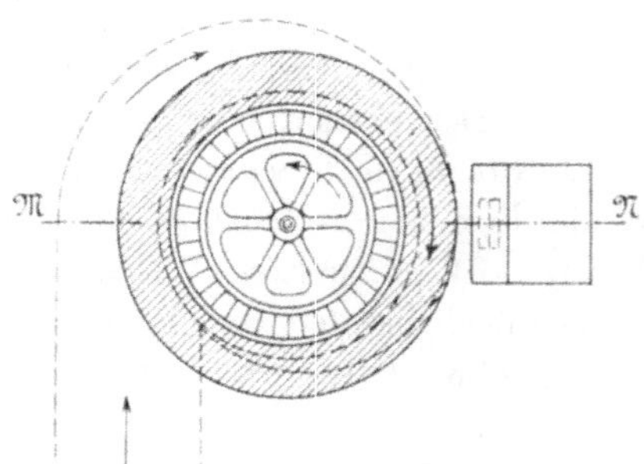

Fig. 465.

Häufig wendet Rateau an Stelle eines derartig gestalteten, cylindrischen Einlaufes einen spiralförmigen an, wie aus den Figuren 464 und 465 ersichtlich ist. Das Turbinenrad ist in Fig. 462 abgebildet und besteht aus einer, mit konischem Aufsatz versehenen Scheibe, welche am Umfange eine grössere Anzahl schräg gestellter Schaufeln trägt. Aus der Theorie seines Schraubenventilators hat Rateau die Beziehung abgeleitet, welche für die gute Wirkungsweise seines Schraubenventilators von grosser Wichtigkeit ist, dass die radiale Höhe der Schaufeln vom Eintrittsrande der Luft (a' d'), Fig. 463,

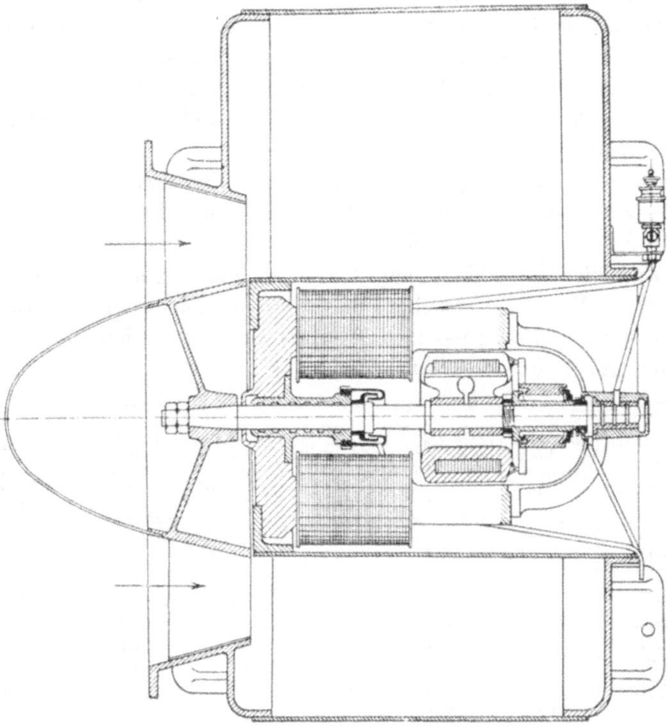

Fig. 466.

nach dem Austrittsrande (b' c') allmählich abnimmt. Sowohl die Theorie als auch die Versuche mit seinem Ventilator haben ergeben, dass zur Erhöhung des Wirkungsgrades die Bewegung der Luft, wie dieses durch die genannte Anordnung der Schaufeln erreicht wird, centripetal verläuft, d. h. dass die Luftstrahlen auf ihrem Wege vom Eintritt zum Austritt aus den Schaufeln nach der geometrischen Achse des Schaufelrades hin abgelenkt werden. Der Diffusor oder Verteiler D des Schraubenventilators, Fig. 463, bezweckt, die lebendige Kraft des Luftstroms, welche derselbe vermöge seiner Austrittsgeschwindigkeit aus dem Rade besitzt, ebenso wie bei den Centrifugalventilatoren in Pressung umzusetzen. Ausserdem soll er dazu dienen, Wirbelströmungen und Wirbelbildungen der Luft nach dem Verlassen des Schraubenrades zu vermeiden. Der Diffusor kann im allgemeinen in gleicher Weise wie der Verteiler- oder Einlauf-Apparat mit Schaufeln versehen oder ähnlich wie der Einlauf spiralförmig angeordnet sein. Die geometrische Achse des Schraubenventilators kann sowohl wie in Fig. 461 horizontal, als auch wie in den Figuren 464 und 465 vertikal angeordnet sein. Fig. 466 zeigt einen Schraubenventilator mit elektrischem Antriebe, welcher direkt an die Saugleitung angeschlossen und mit Auslaufschaufeln versehen ist. Derselbe ist auf der Grube du Cros in St. Etienne aufgestellt, hat einen Durchmesser von 1,6 m, ist für eine äquivalente Grubenweite von 1,4 qm berechnet und hat nur ein Gewicht von 1400 kg. Die mit diesem Ventilator angestellten Versuche vom 8. April 1899 sind in der folgenden Tabelle zusammengestellt.

Leider war es nicht möglich, bei demselben den Kraftverbrauch des Elektromotors zu messen, trotzdem sind die nachfolgenden Versuche deswegen nicht uninteressant, weil dieselben die Leistungsfähigkeit der Schraubenventilatoren und die Möglichkeit, mit denselben hohe Drücke zu erzielen, erkennen lassen. Bei den Versuchen wurde der manometrische Wirkungsgrad mit Hilfe eines Wassermanometers vor und hinter dem Ventilator, die Luftmenge mit Hilfe eines Anemometers gemessen.

No. der Versuche	Tourenzahl des Ventilators	Tourenzahl des Manometers i. d. Sek.	Messquerschnitt qm	Luftgeschwindigkeit m i. d. Sek.	Luftmenge cbm i. d. Sek.	Pressung mm Wassersäule	Äquiv. Grubenweite qm
1	610	—	3,4	—	—	62	—
2	575	80	3,4	1,5	5,2	55	0,266
3	575	152	3,4	2,7	9,18	47	0,509
4	575	252	3,4	4,36	14,81	44	0,845
5	575	281	3,4	4,85	16,5	41	0,940
6	575	301	3,4	5,19	17,6	40	1,000
7	575	322	3,4	5,52	18,8	40	1,150
8	575	327	3,4	5,60	19,1	38,5	1,170
9	575	334	3,4	5,72	19,5	38	1,200
10	575	450	3,4	7,62	26,1	20	2,210

Ein weiterer interessanter Versuch eines elektrisch betriebenen Schraubenventilators von Rateau wurde von der französischen Marine an einem Schraubenventilator von 1,3 m Dmr. ausgeführt, welcher für Lüftungszwecke für ein Kriegsschiff bestimmt war. Bei diesen Versuchen wurde der Ventilator direkt durch den Elektromotor angetrieben. Er blies seine Luft in eine grosse Kammer aus, welche mit einer Öffnung in dünner Wand versehen war, die durch einen Schieber verschliessbar war. Die Versuche ergaben folgende Resultate:

No. d. Versuche	Tourenzahl des Ventilators	Luftmenge i. d. Sek.	Druck mm	Reine Ventilator-leistungen in m/kg 2 : 3	Elektrische Leistung m/kg i. d. Sek.	Gesamt-Wirkungsgrad des Ventilators und seines Elektromotors 5 : 6
1	2	3	4	5	6	7
1	435	0	16,5	0	294	0
2	450	3,024	16,5	50	294	0,170
3	450	5,837	16,5	96	302	0,318
4	440	8,213	14,5	119	302	0,392
5	445	9,333	12,5	117	294	0,400
6	445	10,205	10	102	290	0,351
7	460	10,860	8,5	92,5	277	0,332
8	475	12,804	5	64	262	0,245
9	490	14,710	2	29,4	253	0,116

Derselbe zeigt einen grössten Wirkungsgrad von 40 %, welcher als recht günstig zu bezeichnen ist.

Die mit dem oben zuerst genannten Schraubenventilator auf der Grube du Cros erzeugten Pressungen von 62 mm Wassersäule bei geschlossenem Auslauf und 55 mm bei 0,266 qm sind für einen Schraubenventilator sehr hoch und wohl hauptsächlich der Anwendung der Einlaufschaufeln und des Auslaufs zuzuschreiben.

Siebentes Kapitel.

Die Strahlgebläse.

Dieselben beruhen auf demselben Prinzip wie die Strahlpumpen oder Injektoren. Durch einen mit grosser Geschwindigkeit aus einer konisch zugespitzten Düse ausströmenden Dampf-, Wasser-, Luft-, oder beliebig anderen Flüssigkeitsstrahl wird in dem die Düse umgebenden Raum eine Luftverdünnung erzeugt, indem der austretende Strahl die in diesem Raum befindliche Luft mit sich fortreisst. Ist dieser Raum nun durch ein Saugrohr mit einem zu entleerenden Raume verbunden, so wird aus diesem die Luft gleichfalls abgesaugt. Steht dagegen der Düsenraum direkt mit der äusseren Luft in Verbindung, so wird aus ihr Luft angesaugt und mit einem bestimmten Überdruck in eine Druckleitung geschafft. Die Strahlgebläse können daher

1. saugend wirken, in welchem Falle der Düsenraum mit einem luftleer zu pumpenden Raume in Verbindung steht, während das Druckrohr direkt in die freie Luft mündet,
2. blasend wirken, in welchem Falle der Düsenraum direkt von der äusseren Luft umgeben ist, das Druckrohr dagegen in einen mit Luft von höherer Pressung zu erfüllenden Raum mündet.

Der Unterschied beider Systeme ist bezüglich der Wirkungsweise genau derselbe wie zwischen Kolbenluftpumpen und Kompressoren. In beiden Fällen ist die Luft von einer Anfangsspannung (p_a, Druck im Saugraume bezw. atmosphärischer Luftdruck) auf eine Entspannung (p_e, atmosphärischer Luftdruck bezw. Überdruck) zu bringen, also entweder eine Depression oder eine Pressung zu erzeugen.

Der durch den bewegten Strahl erzeugte Spannungsunterschied ist von der Ausflussgeschwindigkeit der bewegten Flüssigkeit, die letztere wieder von dem auf der Flüssigkeit lastenden Druck und den Konstruktionsverhältnissen des Gebläses abhängig [1]).

---

1) Näheres hierüber siehe Kapitel 13 des theoretischen Teiles.

Das unbestrittene, grosse Verdienst, die Strahlgebläse auf Grund fortgesetzter, sorgfältigster Versuche zu einer hohen Vollendung gebracht zu haben und dieselben in fast alle Gebiete der Industrie eingeführt zu haben, gebührt der Firma Gebrüder Körting in Hannover.

Einige der wichtigsten Anwendungen der Strahlgebläse sind in der nachfolgenden Tabelle zusammengestellt.

a) Saugende Wirkung. *b) Blasende Wirkung.*

No.	Anwendung	Betrieb durch	Leistung in cbm Luft i. d. Min.	No.	Anwendung	Betrieb durch	Leistung in cbm Luft i. d. Min.
1	Schornsteinventilation für stationäre Kessel, Lokomotiv- und Schiffskessel	Dampf	5–500	1	Unterwindgebläse f. stationäre Kessel, Schiffskessel etc.	Dampf	5—400
2	Sammel-Lüftung von Gruben, Arbeitsräumen, Schiffsräumen etc.	„	3–625	2	Sonder-Lüftung von Gruben	Druckluft, Wasser	20—180
3	Sonder-Lüftung in Gruben	Dampf, Druck-Wasser	20—180	3	Rührgebläse	Dampf	—
4	Absaugen von Luft und Gasen aus Trockenräumen	Dampf		4	Regenerier-Gebläse für Gasanstalten	„	—
5	Filtrieren	„	0,66—20	5	Kohlensäuregebläse für Zuckerfabriken	„	3—30
6	Heben dickflüssiger Stoffe	„		6	Zerstäuber für flüssige Brennstoffe	Dampf, Druckluft	—
7	Imprägnieranstalten	„					
8	Teerschwelereien	„	6,66–24				
9	Gasexhaustoren	„	0,3–30				
10	Eisenbahnbremsen	„	—				

Die Luftmenge der Strahlgebläse schwankt zwischen 0,005 und 12, selbst 18 cbm i. d. Sekunde, der erforderliche Betriebsdruck ist für Dampfbetrieb meist 5—6 Atm., für Betrieb durch Druckwasser 3—5 Atm., für Druckluftbetrieb 3—4 Atm.

Die Vorzüge der Strahlgebläse gegenüber anderen Gebläsen sind die folgenden:

1. Fortfall einer Betriebsmaschine und Transmission.
2. Leichte Aufstellung, bequeme Inbetriebsetzung und Wartung.
3. Geringer Raumbedarf.

4. Fortfall von Reparaturen und hierdurch verursachten Betriebsstörungen.

5. Geringe Anschaffungs- und Aufstellungskosten.

6. Geringere Betriebskosten als bei Ventilatoren mit direktem oder indirektem Maschinenbetrieb.

7. Leichte Regulierung der geförderten Luftmenge.

8. Leichte Auswechslung gegen neue Apparate von gleicher oder grösserer Leistungsfähigkeit.

9. Leichterer Anschluss an vorhandene Dampf-, Druckwasser- oder Druckluftleitungen.

Einige der gebräuchlichsten Ausführungen der Strahlgebläse für saugende und blasende Wirkung sind die folgenden:

1. Strahlgebläse von Körting[1]).

In den Figuren 467 und 468 sind zwei neuere Ausführungen der Körting'schen Strahlgebläse abgebildet, die erstere für saugende, die letztere für blasende Wirkung. An den Stutzen *A* wird die Dampf-, Wasser-, oder Druckluftleitung angeschlossen. *B* ist die Düse, *C* ein Ventilkegel, welcher durch das Handrad *D* bewegt wird. Derselbe gestattet ein langsames Anlassen des Apparates sowie eine bestmögliche Regulierung der Druckflüssigkeitsmenge. An die erste Düse *B* sind mehrere Zwischendüsen *E*, *F* und *G* angeschlossen, welche eine Verstärkung der Saugwirkung sowie eine Vermeidung von Wirbelbildungen in der angesaugten Luft bezwecken. Die letzte derselben mündet in die Fangdüse oder die Esse *H*, welche entweder aus einem cylindrischen Rohr *H* und einem konischen Mundstück *J*, Fig. 468, oder aus einem einzigen konischen Rohr *H*, Fig. 467, besteht.

Für Luftsauge- oder Vakuumbremsen findet die aus Fig. 469 ersichtliche und ohne weiteres verständliche Konstruktion des Exhaustors oder Saugers Anwendung.

Den Einbau des saugenden Strahlapparates als Schornsteinventilator zeigt Fig. 470 auf S. 496, während Fig. 471 die äussere Anordnung desselben als Grubenventilator wiedergibt.

Die näheren Angaben über Schornsteinventilatoren sind aus der ersten der beiden folgenden Tabellen, diejenigen über Grubenventilatoren aus der letzten derselben zu entnehmen.

Für Sonderlüftung in Bergwerken sind Strahlgebläse in Gebrauch, deren Konstruktion genau der in Fig. 469 gegebenen entspricht. Dieselben wirken entweder saugend oder blasend und werden durch Druckluft betrieben. Der Einbau derselben ist aus den Figuren 472—474 auf S. 497 ersichtlich.

---

[1]) Gebrüder Körting, Körtingsdorf bei Hannover.

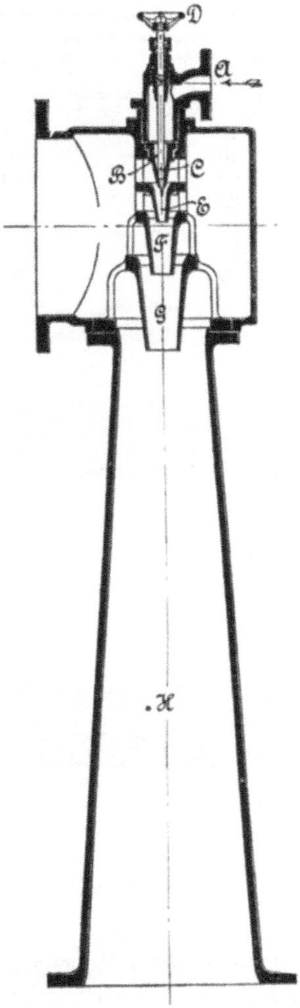

Fig. 467.

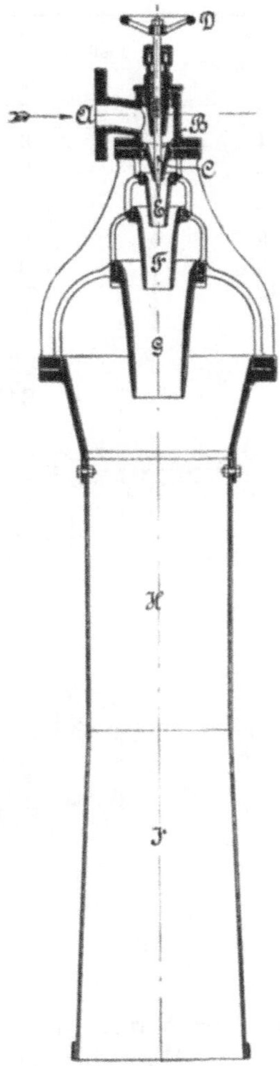

Fig. 468.

No. des Schornstein-Ventilators	Genügt zum Verbrennen von stündlich		Heizfläche der Kessel		Lichte Weite des Dampfrohres
	Steinkohlen kg	Braunkohlen kg	bei Steinkohlen-Feuerung qm	b. Braunkohlen-Feuerung qm	mm
1	20	35	6,3	5,2	20
2	50	80	15,5	13	20
4	175	290	55	47,50	30
6	570	940	185	150	45
8	950	1560	315	250	60
10	1930	3200	625	520	80

No. des Ventilators	Lieferung i. d. Min. cbm	Geringster Durchmesser des Dampfrohres mm	der Luftröhren mm
1	3	10	110
2	6	10	160
4	25	20	300
6	100	35	550
8	250	50	900
10	400	60	1100
12	625	80	1500

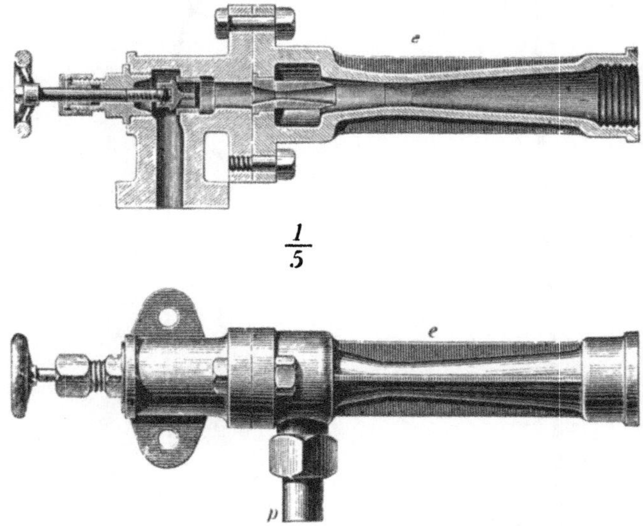

Fig. 469.

Dieselben werden für kurze Luttenleitung für Luftmengen bis zu 180 cbm i. d. Min., für längere Leitungen bis 110 cbm gebaut. Die Leistungen einiger Ausführungen derselben sind aus der folgenden Tabelle zu ersehen.

No. des Apparates	Weite der Lutten mm	Leistung in cbm i. d. Min. bei kurzen Luttenleitungen	Luttenleitungen von 100 m Länge	Weite des Rohres für Pressluft mm	Gewicht des Apparates kg
1	150	20— 25	15	20	22
2	210	40— 50	30	25	35
3	300	80—100	60	35	75
4	400	150—180	110	45	135

Da auf vielen Gruben die Anwendung dieser Ventilatoren infolge Mangels von Druckluft nicht möglich ist, bauen Gebr. Körting für den

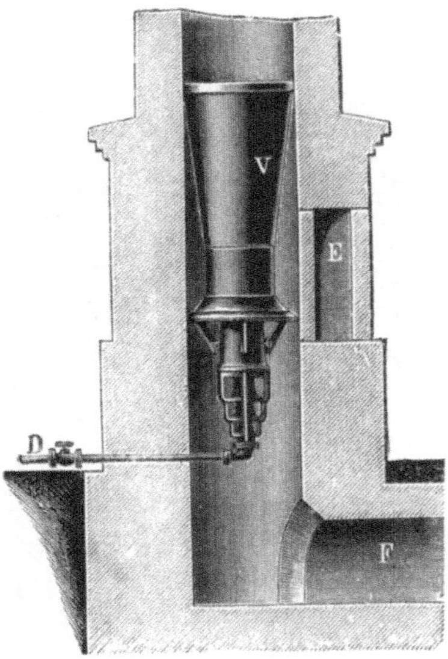

Fig. 470.

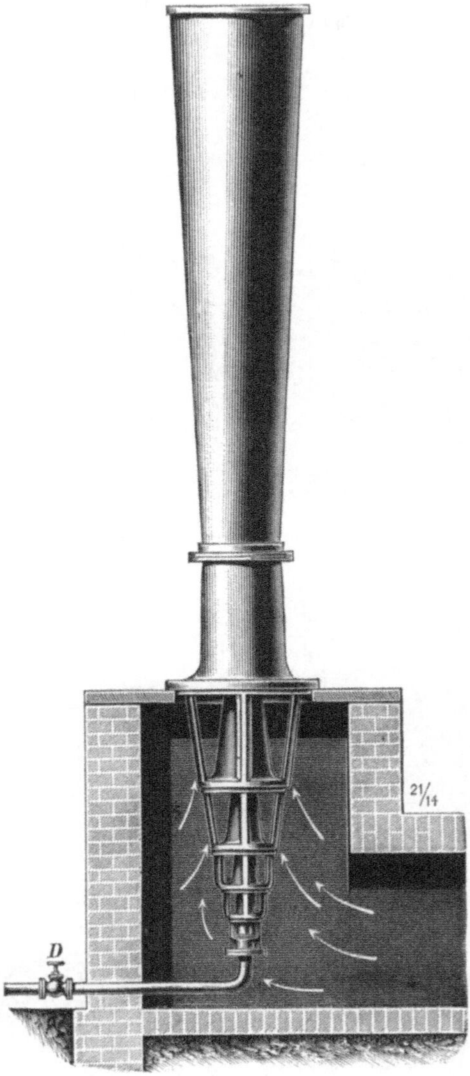

Fig. 471.

gleichen Zweck Wasserstaub-Ventilatoren, bei welchen Druckwasser als treibende Flüssigkeit verwandt wird, dasselbe aber zugleich im Apparate zerstäubt und zur Anfeuchtung der Luft benutzt wird. Die Einrichtung eines solchen Ventilators zeigt Fig. 475 auf S. 498. Die Leistung desselben ist aus der folgenden Tabelle zu ersehen.

No. der Apparate	Passend für eine Lutte von	Leistung i. d. Stunde bei 6 Atm. Druck cbm	Weite des Wasserrohres mm
1	150 mm Dmr.	250	13
2	200 „ „	500	13
3	300 „ „	1000	20
4	400 „ „	1500	25

Fig. 472.

Fig. 473.

Fig. 474.

Die mit einem Wasserstaubventilator auf Grube Melchior bei Altwasser in Schlesien angestellten Versuche ergaben folgendes.

Der Ventilator sollte stündlich 1000 cbm Luft liefern, welche bei einem Wasserverbrauch von höchstens 10 cbm bei 20 Atm. Betriebsdruck durch eine Luttenleitung von 1000 m Länge vor Ort geschafft werden sollten.

Bei einer Entfernung von 380 m vom Wetterschacht ergaben die Versuche

Luftmenge i. d. Stunde	Wasserverbrauch	Verhältnis der Luft zur Wassermenge
1250 cbm	5,666 cbm	220
1710 „	8,136 „	210

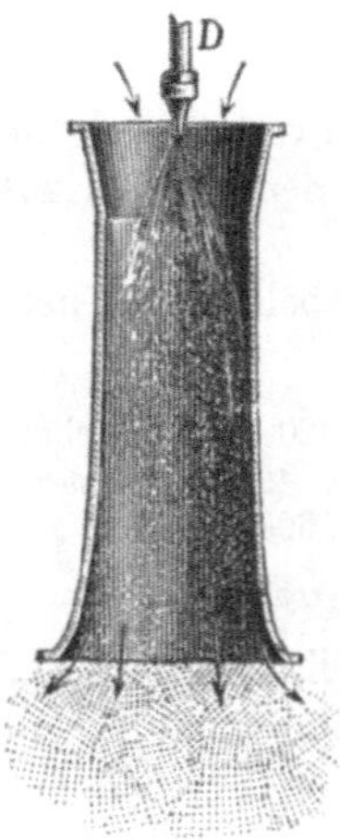

Fig. 475.

sodass die an den Ventilator zu stellenden Anforderungen erfüllt bezw. übertroffen waren.

Über einige Anwendungen der Körting'schen Grubenventilatoren berichtet Salomon in der Zeitschrift[1]) für Berg-, Hütten- und Salinenwesen folgendes.

Auf den Gruben Sarts-Berleurs, Hasard, Gosson-Lagasse und La Haye (Lüttich) waren Körting'sche Strahlgebläse als Reserveventilatoren vorhanden.

Auf Grube La Haye hatte ein solcher eine minutliche Leistung von 600 cbm, auf Grube Hasard diente als Abzugsschacht ein 60 cm weites, mit eisernem Rohr ausgekleidetes Bohrloch und arbeitete auch hier der Körting'sche Apparat zufriedenstellend.

Einen Anhalt bezüglich des Dampf-, Druckwasser- oder Druckluftverbrauchs bieten die angeführten Tabellen und Versuchsresultate jedoch kaum.

Bei den Versuchen auf der Melchiorgrube betrug die Luftmenge das 210 bis 220fache der Wassermenge bei einem Betriebsdruck von 20 Atm. Bei 5 Atm. Betriebsdruck würde die Wassermenge ca. das 2 bis 3fache der vorigen Menge betragen.

Es ist daher auch schwer, einen Vergleich der Strahlapparate mit Centrifugal- und anderen Gebläsen bezüglich ihrer Betriebskosten zu ziehen.

Einen gewissen Anhalt kann die folgende, nach der oberen Tabelle auf S. 495 berechnete Tabelle geben, bei welcher die Dampfmengen aus den in der genannten Tabelle angegebenen Dampfrohrweiten bei Annahme einer Dampfgeschwindigkeit von 20 m/sec. berechnet sind.

Nach dieser Tabelle kann man für Überschlagsberechnungen im Mittel die Luftmenge in cbm als das 200 bis 350fache des Dampfgewichts in kg annehmen, und die Dampfmenge für 1000 cbm Luft im Mittel

---

1) 1887. Bd. 35, S. 229.

No. des Ventilators	Luftmenge i. d. Stunde cbm	Dampfmenge i. d. Stunde cbm	Dampfmenge i. d. Stunde kg [1])	Luftmenge in cbm für 1 kg Dampf	Dampfmenge in kg i. d. Stunde für 1000 cbm Luft i. d. Stunde
3	720	1,21	3,95	182,3	5,48
4	1 500	2,14	7,0	214,3	4,66
6	6 000	6,42	21,2	283,0	3,53
8	15 000	13,27	43,3	346,4	2,88
10	24 000	19,16	62,1	386,4	2,60
12	37 500	33,71	110	341,0	2,93

zu 3 kg für grössere, zu 4 bis 6 kg für kleinere Gebläse in Rechnung setzen.

2. Strahlgebläse von C. W. Jul. Blancke.

Dieselben unterscheiden sich nicht wesentlich von den vorbesprochenen Körting'schen Apparaten und ist ihre Einrichtung aus den Figuren 476 und 477 ohne weiteres verständlich.

Die Leistungen derselben sind aus der folgenden Tabelle zu ersehen:

Modell No.	0	1	2	3	4	5	6	
Leistung i. d. Min.	6	12	35	60	120	200	250	cbm
Dmr. des Dampfrohres	15	20	20	25	35	40	45	mm
Dmr. des Luftrohres	100	150	200	300	450	600	700	„

3. Dampfstrahlsauger von Tilghmann[2]). Fig. 478.

Eine Eigentümlichkeit zeigt dieser Apparat bezüglich des Dampf- und Luftaustritts und der Regulierung. Der bei *A* eintretende Dampf strömt durch das Rohr *B* nach der Düse, welche eine schmale, ringförmige Öffnung besitzt, deren Abschluss und Regulierung durch das Ventil *C* erfolgt. Die bei *D* und *E* eintretende Luft wird durch den radial ausströmenden Dampf durch die Öffnungen *F* und *G* angesaugt und verlässt den Apparat mit dem Dampf durch die gleichfalls ringförmige Öffnung *H*. Die beiden Hälften des Apparates werden durch drei um 120^0 gegeneinander versetzte Schrauben *I* verbunden, welche ein genaues Einstellen beider Teile gegeneinander und somit der Ausblasöffnung *H* ermöglichen. An die Rohrstutzen *D* und *E* wird die Saugleitung angeschlossen.

4. Ein Strahlgebläse zur Erzeugung künstlichen Zuges für Schiffskessel, welches in England Anwendung findet, stellen die Figuren 479—481 dar. In der Mitte des Kesselschornsteins *A* ist die Saugdüse *B* angebracht, Fig. 481, welche durch die Dampfleitung *C* mit dem von der Maschine abgehenden oder mit frischem Kesseldampf gespeist wird. In den Figuren 479 und 480 ist dieselbe in zwei verschiedenen Ausführungen

1) Bei Annahme eines Dampfdruckes von 6 Atm. abs. beträgt das Gewicht eines cbm Dampf: $\gamma = 3,2632$ kg.

2) Sand Blast Company Lim., Sheffield. Engng. 1891, Bd. 52, S. 312.

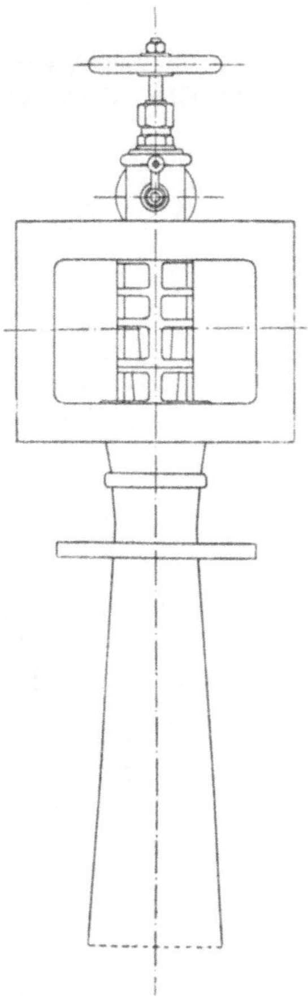

Fig. 476.

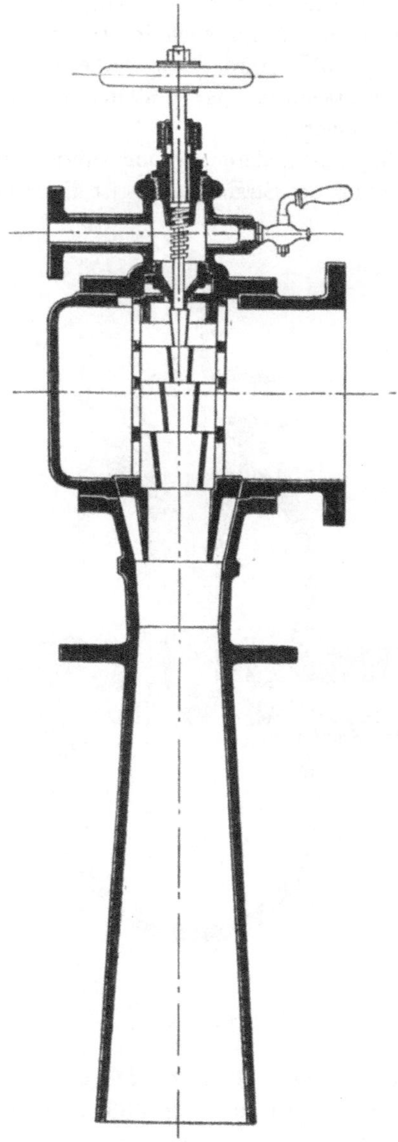

Fig. 477.

im Querschnitt dargestellt. Der bei C eintretende Dampf gelangt in den Hohlraum D der Düse und strömt aus der sehr schmalen, ringförmigen Öffnung E aus. Die Luft wird hierdurch sowohl durch den Innenraum F der Düse hindurch als auch um dieselbe herum angesaugt.

Bei der in Fig. 480 dargestellten Düse tritt der Dampf sowohl am Rande bei E als auch im Innern bei G aus, wodurch die saugende Wirkung erhöht wird. Die vorliegende Konstruktion zeichnet sich durch grosse Einfachheit aus, gestattet jedoch keine Regulierung der Dampf- oder Luftmenge.

5. Eine andere erwähnenswerte und vielfach mit Vorteil ausgeführte Anwendung des Strahlgebläses ist diejenige für Kupolöfen, Schmelzöfen etc.

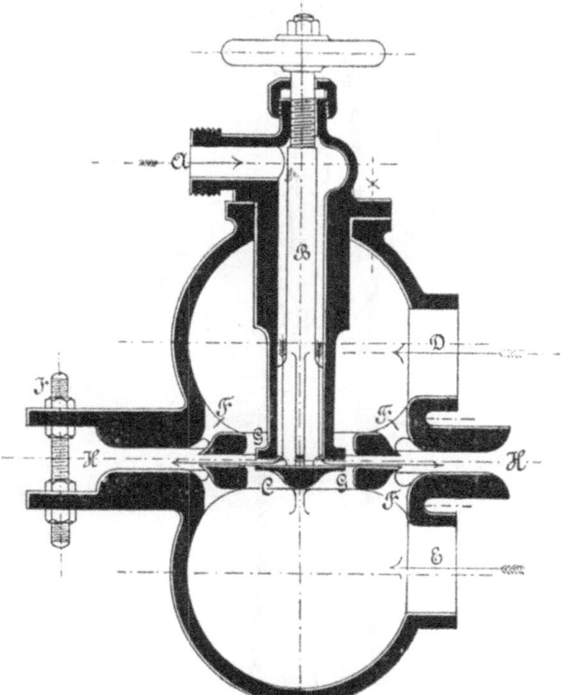

Fig. 478.

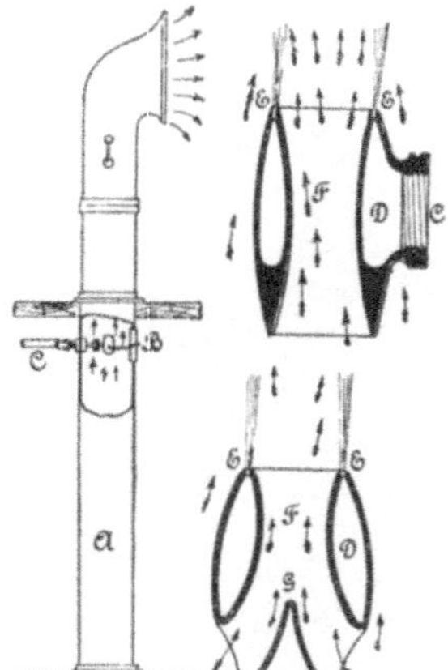

Fig. 479—481.

von Herbertz[1]) in Köln. Dieselbe ist aus Fig. 482 in der allgemeinen Anordnung, sowie aus Fig. 483 in ihrer besonderen Konstruktion zu ersehen. In die am oberen Ende des Kupolofens seitlich angebrachte Esse A, welche sich allmählich konisch verjüngt und oberhalb des cylindrischen Teiles B wieder konisch erweitert, ist kurz unterhalb des cylindrischen Rohres B eine Dampfdüse C eingebaut, welche mit der Dampfleitung D verbunden ist. Durch den ausströmenden Dampfstrahl werden

[1]) D.R.P. No. 29 539, 42 580, 52 644, 52 992, 52 995, 56 205.

die Verbrennungsgase aus dem Schacht des Ofens abgesaugt und wird hierdurch im Ofen eine Luftverdünnung erzeugt, welche ein Nachströmen der äusseren Luft durch die ringförmige Öffnung *E* zwischen dem Schacht *K*

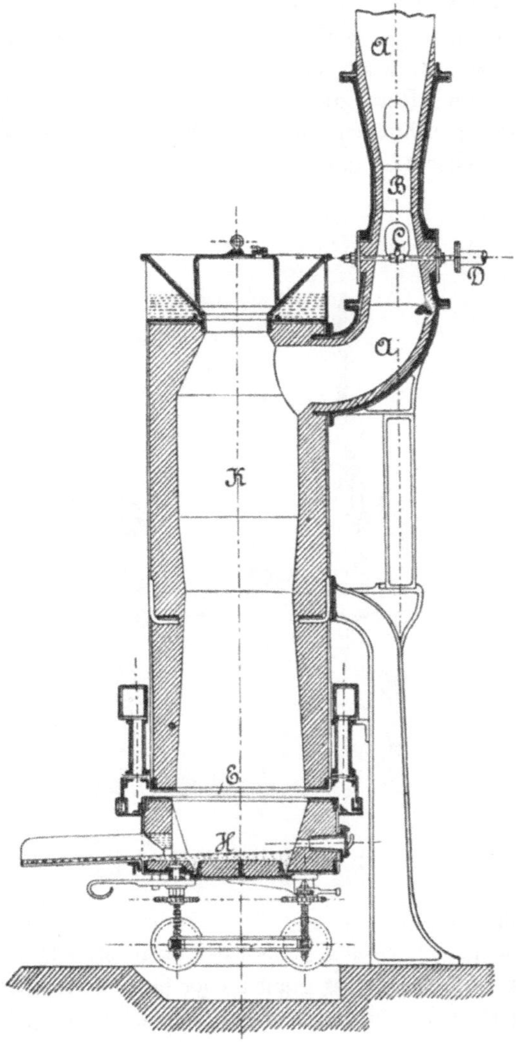

Fig. 482.

und dem in vertikaler Richtung verstellbaren und ausziehbaren Herd *H* bewirkt.

Die Konstruktion der Düse ist aus Fig. 483 ohne weiteres verständlich.

Als wesentlichste Vorteile gegenüber der Anwendung von Centrifugal- oder rotierenden Kolbengebläsen gibt der Erfinder die folgenden an:

1. „Wegfall des Betriebsmotors, des Ventilators und des Gebläsezubehörs, wie Windleitung, Formen und Düsen.

2. „Vollkommen gleichmässiger Eintritt der Verbrennungsluft, bedingt durch die Konstruktion der ringförmigen Lufteinströmungsöffnung zwischen Schacht und Herd, die es ermöglicht, dass die Verbrennungsluft an allen Punkten gleichmässig in den Schacht gelangt. Einesteils wird dadurch der Schmelzprozess gleichmässiger und dann auch eine hohe Koksersparnis erzielt.

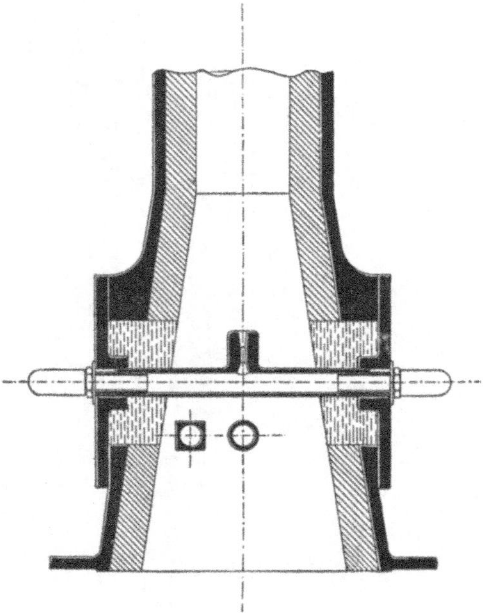

Fig. 483.

3. „Rauchloses Arbeiten des Ofens. Infolge der saugenden Wirkung des Dampfstrahls herrscht in dem Innern des Ofens statt Druck ein Vakuum, welches absolut verhindert, dass Rauch oder Gase von innen nach aussen gelangen können. Selbst während der Beschickung bei geöffneter Glocke ist dies ganz unmöglich. Es ist dies besonders da von ausserordentlichem Werte, wo während der Schmelzung sich schädlicher Rauch bildet, wie beispielsweise beim Verhütten von Blei- und Kupfererzen.

4. „Rasche Erledigung von Reparaturen. Da der Herd vom Ofenschachte getrennt, beweglich und fahrbar ist, so kann man leicht ans Ofeninnere gelangen und dort etwa notwendige Reparaturen vornehmen, und

hat man lange nicht die Umstände, wie sie sich bei einem Gebläseofen bieten, dessen Herd mit dem Schachte vermauert ist.

5. „Kein Auswurf von Funken oder Asche und keine Gichtflamme sichtbar, wodurch es ermöglicht wird, dass der Ofen allenthalben betrieben werden kann und sei es selbst in den dicht bevölkertsten Stadtteilen, und dies umsomehr, als der Betrieb des Ofens nahezu geräuschlos ist. Tatsächlich ist der Schmelzofen mit Dampfstrahl der einzige, dem in Städten behördlicherseits nicht die Konzession verweigert werden kann und der sich inmitten zahlreicher grosser Städte im Betrieb befindet. Sein Betrieb ist eben weder mit Feuers- noch mit sonstigen Gefahren verbunden und verursacht kein belästigendes Geräusch.

6. „Geringere Kohlenoxydgasbildung. Zahlreiche vergleichende Analysen ergaben für den Herbertz-Ofen eine viel geringere Kohlenoxydbildung dem Gebläseofen gegenüber. Tritt nämlich die Luft in gepresstem Zustande in den Ofen ein, so füllt sie auch die feinen Kokszellen aus, die anfänglich gebildete Kohlensäure wird dort wieder zu Kohlenoxyd reduziert, wodurch ein bedeutender Wärmeverlust entsteht. Beim Herbertz-Ofen verhält es sich gerade umgekehrt, die Depression im Ofen lässt kein Eindringen der Kohlensäure in die Kokszellen zu, wodurch die Kohlenoxydbildung erheblich vermindert wird und die ursprüngliche Temperatur erhalten bleibt."

Bei Versuchen [1]), welche von Hollenberg mit einem Herbertz-Ofen angestellt wurden, hatte derselbe folgende Leistung. Bei einem Kesseldruck von

	kg	betrug die Depression in mm Wassersäule
1.	4	40
2.	4	50
3.	4,5	60
4.	4,5—4,75	85
5.	4,5	80
6.	4	70
7.	4,75	60
8.	3,75—4	65
9.	3,5	55

Die Depression war mithin bei dem 4. Versuch bei 4,75 kg Kesseldruck am grössten, während sie bei gleichem Druck beim 7. Versuch nur 60 mm betrug.

Der Koksverbrauch ergab sich hierbei zu 4 kg für 100 kg geschmolzenen Eisens, während er bei Anwendung anderer Gebläse 7—10 kg beträgt. Die stündlich geschmolzene Eisenmenge betrug 3000 kg, der stündliche Dampfverbrauch 70 kg. Bei Annahme einer nur 7fachen Verdampfung ergab dies einen Kohlenverbrauch von 10 kg stündlich oder

[1]) Revue des mines 1886, Bd. 19.

für 100 kg geschmolzenes Eisen $^1/_3$ kg, mithin war der Gesamtverbrauch an Brennmaterial 4 kg Koks und $^1/_3$ kg Steinkohle für die erwähnte Eisenmenge.

Die vorstehenden Resultate müssen als sehr günstige bezeichnet werden und dürften dem Herbertz'schen Ofen eine dauernde Anwendung und eine immer weitere Verbreitung sichern.

6. Ein Strahlgebläse, welches gleichfalls zur Luftlieferung für Kupolöfen, Schmiedefeuer, Lötrohre etc. dient, ist das von der Maschinenfabrik von L. A. Riedinger in Augsburg für die Offenbacher Druckluftanlage vielfach ausgeführte, welches in Fig. 484 im Längsschnitt dargestellt ist[1]). Dasselbe wird durch Druckluft betrieben, saugt durch ein konisches Mundstück Luft an und bläst sie direkt in die Formen der Schmiedefeuer. Die Wirkungsweise desselben ist aus der nachstehenden, auf Grund zahlreicher Versuche ermittelten Tabelle[2]) zu ersehen.

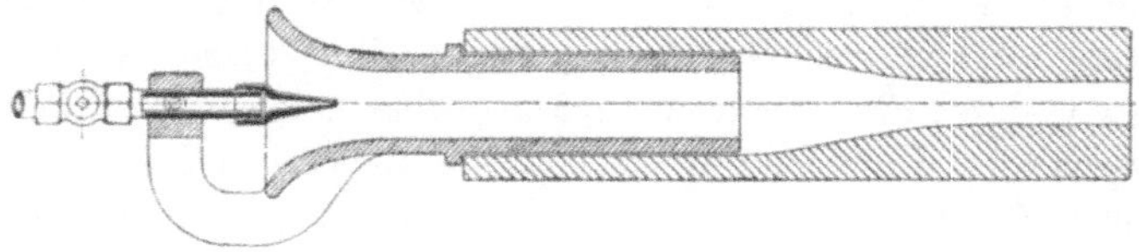

Fig. 484.

Luftverbrauch von Schmiedefeuerdüsen.

Schmiedefeuer	Geförderte Luftmenge i. d. Stunde cbm	Dmr. der Düse mm	Dmr. der Mündung mm	Luft-verbrauch i. d. Stunde cbm	Betriebs-kosten i. d. Stunde Pfg.
Kleines für Schlosser . .	60	1,0	25	3,32	3
Mittleres für Schmiede .	90	1,5	25	7,47	7
Grösstes f. Schmiedestücke von 500 kg und mehr .	150	2,0	35	13,28	13

Aus derselben lassen sich die folgenden Werte berechnen:

	Luftmenge in cbm für 1 cbm Druckluft	Luftgeschwindigkeit in m i. d. Sek. in der Düse c_1 ca.	Luftgeschwindigkeit in m i. d. Sek. in der Mündung c_2 ca.	$c_1 : c_2$
1. Kleines Feuer . . .	18	1150	50	23
2. Mittleres „ . . .	12	1000	80	13
3. Grösstes „ . . .	11,3	1150	70	15

1) M. F. Gutermuth, Die Druckluftanlage Offenbach. Z. d. V. d. Ing. 1892, S. 1449 folg.

2) a. a. O. S. 1459.

Die letzte Spalte gibt das Verhältnis der Ausflussgeschwindigkeiten der Luft aus der Düse und aus der Mündung an, welches sich im Mittel zu 17 ergibt. Die gefundenen Werte dürften einigen Anhalt für die Berechnung der Düsenquerschnitte, Luftmengen und Luftgeschwindigkeiten für andere Ausführungen bieten.

7. Strahldüsengebläse von F r i e d e b e r g in Berlin[1]).

Das Eigenartige dieses Gebläses besteht darin, dass der Regulier- und Abschlusskonus *C* mit einer T-förmigen Durchbohrung *H I* versehen ist und Kegel sowohl als Düsenöffnungen grosse Konizität besitzen, wodurch bewirkt wird, dass beim Öffnen der Düsen das Druckmittel als Vollkegel statt des sonst üblichen Hohlkegels aus der Düse austritt, da auch durch den mittleren Kanal *H* Druckflüssigkeit ausströmt. Ausserdem wird durch die angegebene Konstruktion erreicht, dass beim Schlusse der Strahldüse gleichzeitig die ringförmige Öffnung und auch die mittlere

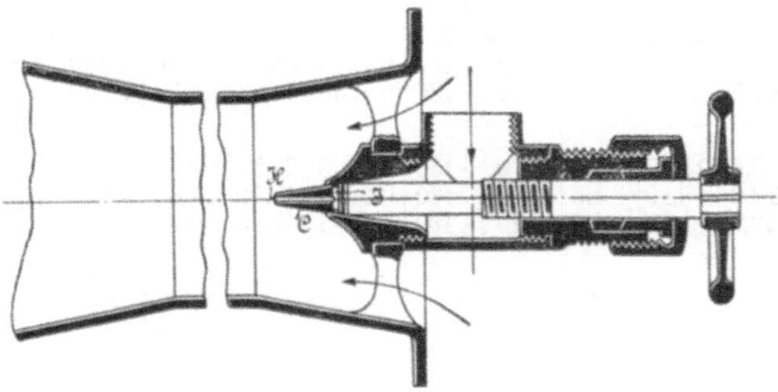

Fig. 485.

Bohrung abgeschlossen werden. Durch die angegebene Konstruktion soll eine Erhöhung des Wirkungsgrades des Strahlgebläses infolge des volleren Strahles erreicht werden.

8. Über die V e r w e n d u n g v o n D r u c k w a s s e r u n d D r u c k l u f t a l s B e w e t t e r u n g s m i t t e l sind auf Zeche Germania II im Bergrevier Dortmund Versuche gemacht worden, um festzustellen, ob es zweckmässig ist, bei Einführung mehrerer Pressluft- oder Druckwasserdüsen in ein und dieselbe Wetterlutte die Düsen n e b e n e i n a n d e r oder in einiger Entfernung h i n t e r e i n a n d e r anzuordnen[2]). Als Versuchslutte diente eine gut verdichtete Luttentour von 130 m Länge. Die nebeneinander liegenden Düsen waren in die vordere Öffnung der Lutte eingeführt, während bei hintereinander angeordneten Düsen nur die erste am Anfang, die zweite und dritte in Abständen von je 15 m voneinander angebracht waren.

1) Deutsche Pat.-Schrift, 104 644 vom 16. Aug. 1899.

2) Zeitschr. f. B.-, H.- u. Sal.-Wesen, 1901, Bd. 49, Heft 2, S. 326.

Die nachstehende Tabelle ergibt die näheren Abmessungs- und Betriebsverhältnisse bei den Versuchen.

Betriebs-kraft	Dmr. der Düsen-öffnung mm	Querschnitte der Düsen qmm	Überdruck Atm.	Verbrauch an Druckwasser resp. Druckluft i. d. Min.	Länge der Luttentour m	Querschnitt der Luttentour qm	Angesaugte Luft i. d. Min. cbm	Ausgeblasene Luft i. d. Min. cbm	Depression in Wassersäule mm	Bemerkungen
Druckwasser	2	3,14	11,2	7,65	130	0,1256	25,37	24,62	1,5	1 Düse
„	3 à 2	9,42	11,2	22,95	130	0,1256	41,45	37,68	4	3 Düsen nebeneinander
„	3 à 2	9,42	11,2	22,95	130	0,1256	40,94	35,80	3,6	3 „ hinter „
Druckluft	2	3,14	4	50	130	0,1256	14,32	14,07	0	1 Düse
„	3 à 2	9,42	4	150	130	0,1256	27,75	23,48	1,5	3 Düsen nebeneinander
„	3 à 2	9,42	4	150	130	0,1256	25,62	22,86	1,5	3 „ hinter „
Druckwasser	3,6	10,17	11,2	19,75	130	0,1256	40,44	37,68	3	1 Düse
„	3 à 3,6	30,52	8,8	59,25	130	0,1256	56,52	45,85	7,8	3 Düsen nebeneinander
„	3 à 3,6	30,52	8,8	59,25	130	0,1256	53,38	43,08	7,2	3 „ hinter „
Druckluft	3,6	10,17	4,6	170	130	0,1256	23,23	22,39	1	1 Düse
„	3 à 3,6	30,52	4,6	520	130	0,1256	48,73	41,69	5,4	3 Düsen nebeneinander
„	3 à 3,6	30,52	4,6	520	130	0,1256	47,35	40,44	5	3 „ hinter „

Diese Tabelle zeigt, dass:

1. bei gleichen Düsen von 2 mm Durchmesser sich die angesaugten Luftmengen bei Druckwasser und Druckluft wie 25,37 : 14,32 oder wie 1,77 : 1, dagegen bei 3,6 mm Durchmesser nur wie 1,74 : 1 verhalten, und

2. bei sonst gleichen Querschnittsverhältnissen es stets vorteilhaft ist, die Düsen *nebeneinander* statt hintereinander anzuordnen, sowohl bezüglich der Luft*menge* als auch bezüglich des erzeugten Luft*druckes*.

Auch bezüglich des Verhältnisses der angesaugten zur ausgeblasenen Luftmenge, des Luftverlustes für den laufenden Meter Luttenlänge, des Druckwasser- und Druckluftverbrauchs liessen sich interessante Folgerungen ziehen, worauf hingewiesen zu haben jedoch genügen möge.

Es muss als dringend wünschenswert bezeichnet werden, dass durch recht zahlreiche, in ähnlicher Weise angestellte Versuche zur Schaffung einer Grundlage für die theoretische Behandlung der fraglichen Bewetterungsverhältnisse weitere und genauere Erfahrungswerte ermittelt werden.

Strahlgebläse für Lokomotiven.

Die weitaus häufigste Anwendung finden die Strahlgebläse zur Zugerzeugung bei Lokomotiven.

Der aus den Dampfcylindern ausströmende Dampf gelangt durch zwei Ausblaserohre *A* und *B*, Fig. 486, und ein Verbindungsrohr *C* in

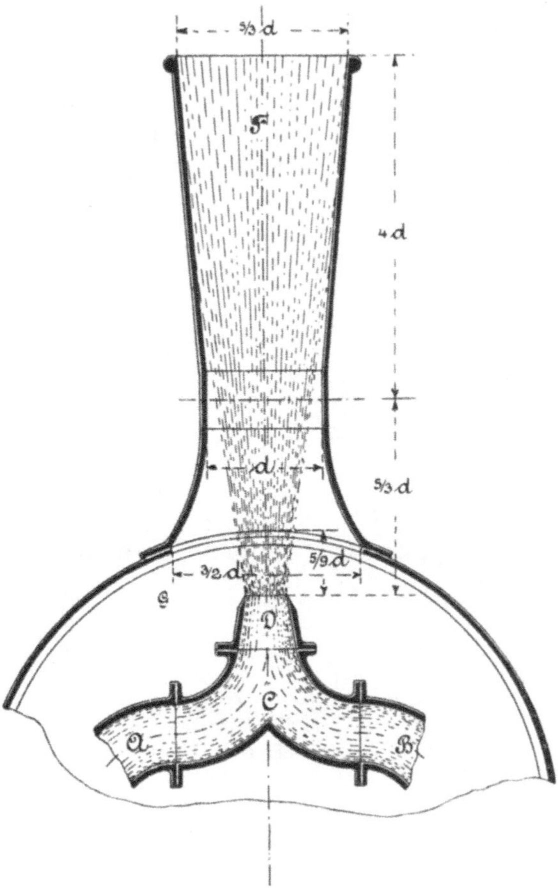

Fig. 486.

das sogenannte Blasrohr *D*. Der austretende Dampfstrahl bildet einen nach der Mündung des Schornsteins *F* sich erweiternden Kegel, welcher die Innenwand des gleichfalls nach oben erweiterten Schornsteins berührt und vermöge seiner Geschwindigkeit auf die ihn umgebenden Feuergase eine saugende Wirkung ausübt, in der Rauchkammer *G* also eine Depression erzeugt, infolge deren die Aussenluft durch den Rost in die Feuerkiste

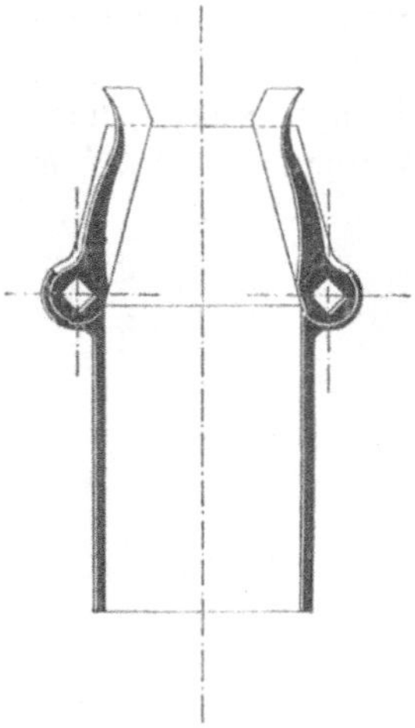

Fig. 487.

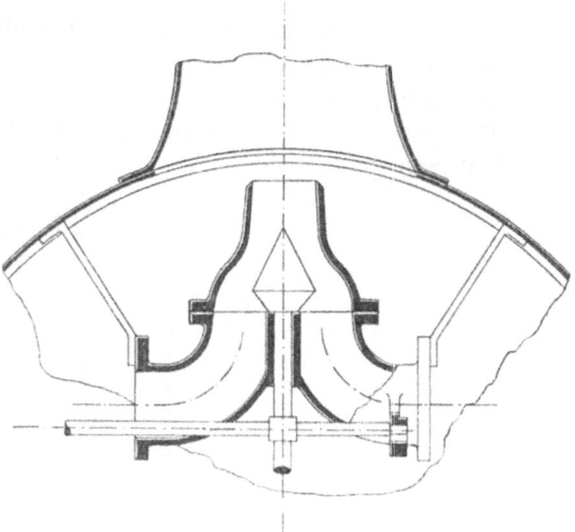

Fig. 488.

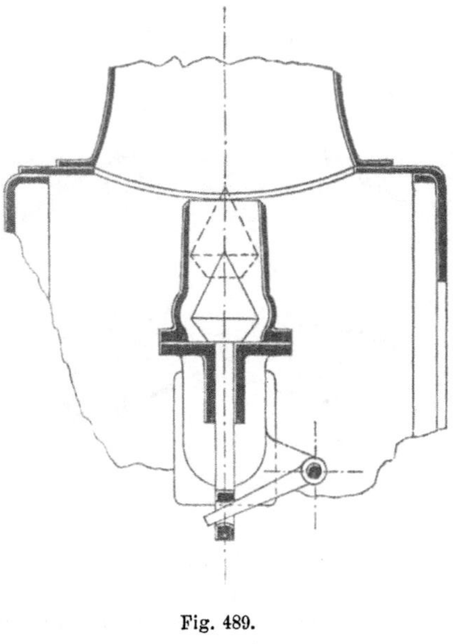

Fig. 489.

einströmt und die Verbrennung unterhält, worauf die Verbrennungsgase durch die Siederohre in die Rauchkammer gelangen.

Einige neuere Konstruktionen des Blasrohres sind im folgenden gegeben. Dieselben bezwecken fast alle eine Möglichkeit der Regulierung des Zuges durch Veränderung des Blasrohrquerschnitts, welch letztere auf verschiedene Weise möglich ist.

In Fig. 487 ist dieselbe durch zwei Klappen bewirkt, welche vom Führerstand aus einander genähert bezw. von einander entfernt werden können, wodurch die Ausblasöffnung verengt bezw. erweitert wird. Diese Konstruktion ist auch unter dem Namen „Froschmaulblasrohr" oder Polonceau'sches Blasrohr bekannt.

Die Figuren 488 und 489 stellen die Konstruktion des Blasrohres mit verstellbarer Birne dar. Durch Heben derselben kann eine Verengung des Blasrohres bewirkt werden.

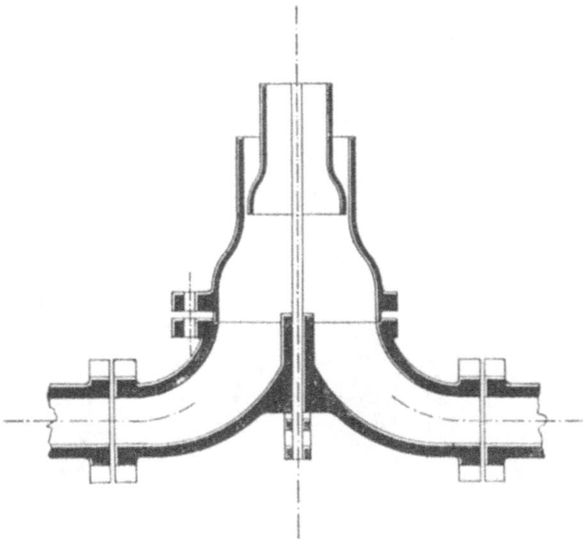

Fig. 490.

Bei dem Blasrohr von Heusinger von Waldegg, Fig. 490, geschieht die Verengung des Blasrohrquerschnittes durch ein unten erweitertes Rohr.

Die Dampfausströmung erfolgt bei demselben sowohl durch das Rohr hindurch, als auch durch den zwischen dem inneren und äusseren Rohr gebildeten, ringförmigen Querschnitt. Während nun der innere Querschnitt des beweglichen Rohres unverändert bleibt, wird durch Heben desselben der Ringquerschnitt mehr und mehr verengt und hierdurch der Zug verstärkt. Da jedoch durch den engeren Querschnitt dieselbe bezw. eine grössere Dampfmenge treten muss, weil infolge des stärkeren Zuges die Dampfentwickelung eine stärkere geworden ist, so wird infolgedessen der Druck im Blasrohr, also auch der Gegendruck auf den Kolben grösser, hierdurch aber die Nutzleistung der Maschine kleiner werden. Aus diesem Grunde ist eine Verengerung des Blasrohrquerschnittes nicht ohne weiteres vorteilhaft. Über den wirklichen Nutzen dieser Konstruktion sind die Ansichten noch sehr geteilt und werden in England gar keine Blasrohrreguliervorrichtungen verwandt. Dagegen findet dort vielfach die Ausführung ringförmiger Blasrohrquerschnitte statt. Erwähnt seien hiervon die folgenden Konstruktionen.

Von Adams[1]), dem Chef-Ingenieur der „London and South-Western Railway" ist das von ihm „Vortex blast pipe" benannte, ringförmige

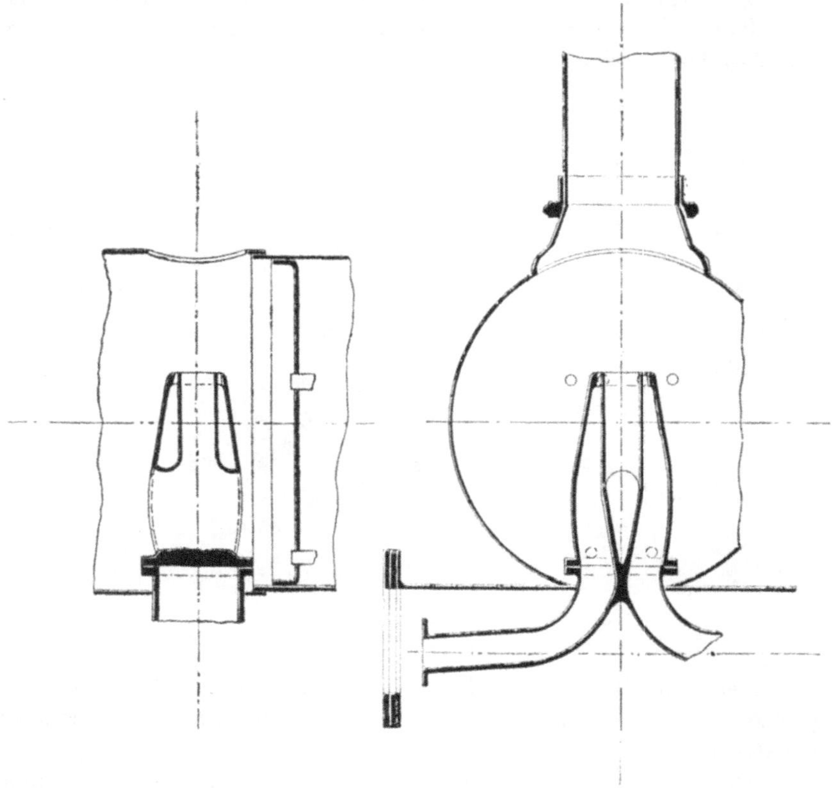

Fig. 491. Fig. 492.

Blasrohr konstruiert, welches nach der Ausführung der österreichischen Staatseisenbahnen in Figuren 491 und 492 dargestellt ist. Der von beiden Cylindern kommende Dampf strömt durch das Blasrohr von kreisringförmigem, nach oben allmählich verengtem Querschnitt und saugt sowohl innerhalb als ausserhalb des Rohres die Heizgase an, wodurch eine bedeutende Verstärkung des Zuges hervorgebracht wird. Die Konstruktion ist der auf S. 499 unter No. 4 behandelten sehr ähnlich.

1) Organ f. d. Fortschr. des Eisenbahnwesens. N. Folge, Bd. 27, 1890, S. 33.

Zunächst in England, sodann auch in Frankreich und Österreich fand die Adams'sche Konstruktion vielfache Anwendung und haben verschiedene Versuche den Vorzug derselben vor dem einfachen Blasrohr erwiesen. Da das Adams'sche Blasrohr tiefer als das gewöhnliche liegt, so wird auch auf die tiefer liegenden Siederohre eine stärkere Zugwirkung ausgeübt. Als Hauptvorteile des Adams'schen Blasrohres sind folgende zu bezeichnen:

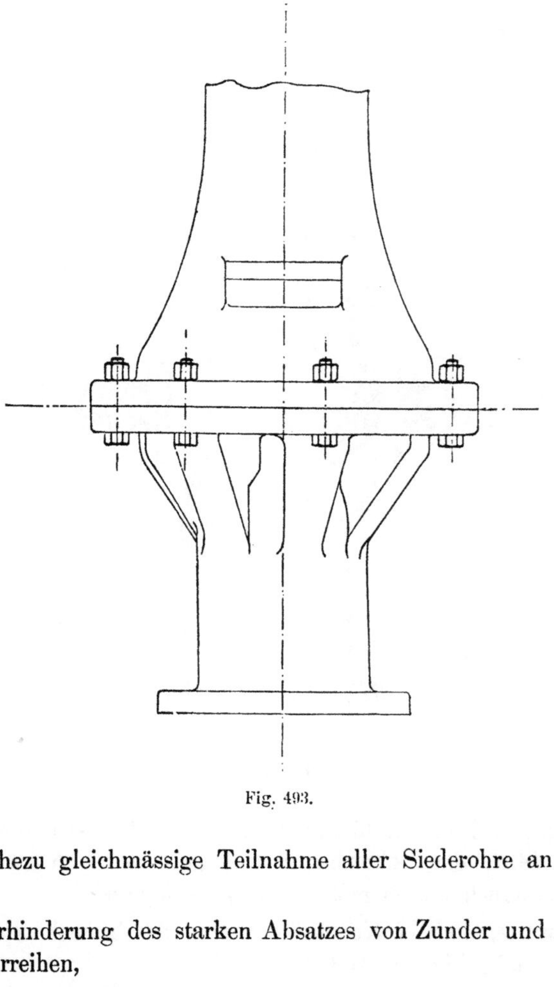

Fig. 493.

1. Nahezu gleichmässige Teilnahme aller Siederohre an der Dampferzeugung,

2. Verhinderung des starken Absatzes von Zunder und Asche in den unteren Rohrreihen,

3. sanfteres Ausströmen des Dampfes,

4. Vergrösserung der Berührungsfläche zwischen dem austretenden Dampf und den Verbrennungsgasen und dadurch bewirkte Verstärkung des Zuges.

Im Jahre 1886 mit zwei, unter fast gleichen Verhältnissen arbeitenden Lokomotiven angestellte Versuche ergaben für die mit dem Adams'schen Blasrohr ausgerüstete Maschine eine Kohlenersparnis von 11,23 %.

Im Jahre 1885 waren von den 505 Lokomotiven der englischen Gesellschaften 9, d. h. 1,8 %, im Jahre 1887 dagegen von 529 Lokomotiven bereits 230, d. h. 43,5 %, mit dem Adams'schen Blasrohr ausgerüstet. Der Kohlenverbrauch für ein Zugkilometer stellte sich im Jahre 1885

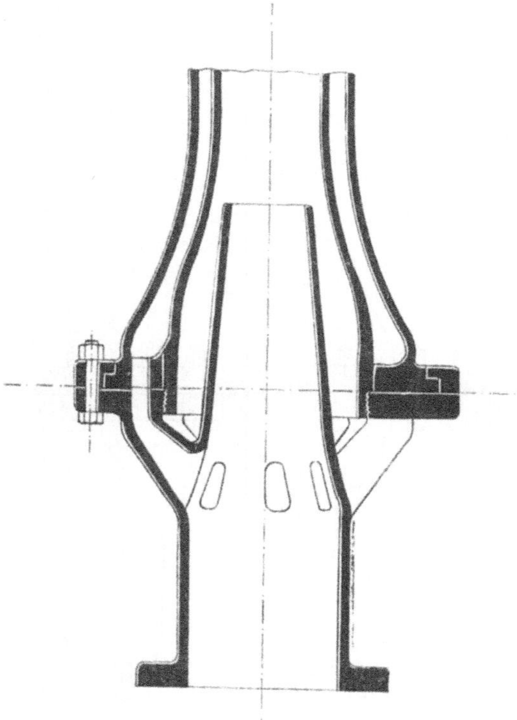

Fig. 494.

auf 11,27 kg, im Jahre 1888 auf 10,32 kg, sodass sich durch die Ausrüstung der Hälfte der Lokomotiven mit dem neuen Ausströmungsrohre der Kohlenverbrauch um ungefähr 8,4 % verringerte.

Eine andere, ähnliche Konstruktion zeigt das Blasrohr von Appleby und Robinson[1]), Figuren 493 und 494.

Der eintretende Dampf strömt sowohl durch das mittlere Rohr als auch durch 6 oder 8 Verbindungskanäle und einen ringförmigen Raum

1) Engineer 1887, Bd. 64, S. 14.

aus und saugt sowohl durch das Rohr hindurch als auch von aussen Luft an.

Bei Versuchen, welche mit diesem Blasrohr auf der Waterford and Limerick-Railway mit zwei Lokomotiven von ähnlichen Verhältnissen angestellt wurden, ergaben sich die in der Tabelle auf S. 515 enthaltenen Resultate.

Die Ersparnis betrug mithin bei der ersten Maschine 32 %, bei der zweiten 23,6 %, welche Werte als ungemein günstige anzusehen sind.

Auf dem gleichen Prinzipe beruhend, nur etwas anders in der Ausführung ist das Blasrohr von Kordina[1]), einem österreichischen Ingenieur,

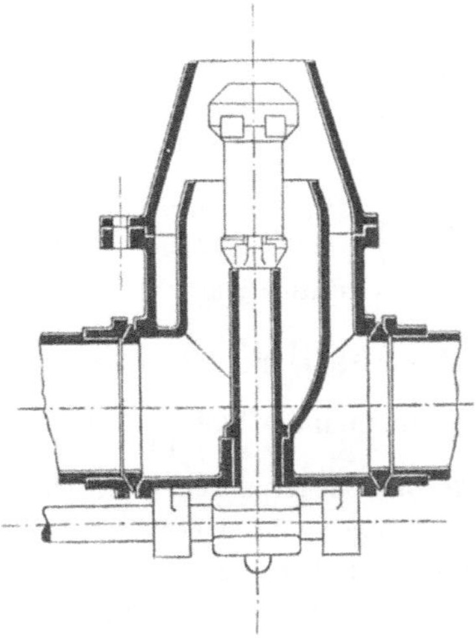

Fig. 495.

welches sowohl für Lokomotivkessel als auch für stationäre und Lokomobilkessel Anwendung gefunden hat. Der von dem einen Cylinder durch das Austrittsrohr, Fig. 495, kommende Dampf strömt durch das innere Rohr, während der vom anderen Cylinder zuströmende Dampf in den äusseren, ringförmigen Raum des Blasrohres gelangt. Zur Regulierung des Zuges dient ein in der Mitte des Blasrohres vertikal verschiebbar angebrachter Regulierkegel. Mehrere a. a. O. wiedergegebene Diagramme lassen den durch die Anwendung des Kordina'schen Blasrohres erzielten Vorteil deutlich erkennen.

Bezüglich der Druckverhältnisse, der Dampf- und Luftmengen der Lokomotiv-Blasrohre und deren Berechnung sei auf die Lehrbücher des Eisenbahnmaschinenwesens verwiesen.

---

1) Engineer 1888, Bd. 65, S. 46.

	Kohlenverbrauch Gesamt: während d. Versuchs in Ztr.	für 1 Meile Pfd.	Kosten für 30 000 Meilen im Jahr = 48 270 km bei 13 s ∾ 13 Mk. für 1 Tonne Livre	s	p	Mk.
1. Maschine mit 2 gekuppelt. Achsen, Raddmr. 5′ 3″ Cylinder 16 × 24″						
a) mit gewöhnlichem Blasrohr 4 1/2″ Dmr. . . .	394	28,61	249	1	0	ca. 5090
b) mit Appleby's Blasrohr	170	19,46	169	7	10	ca. 3460
Ersparnis jährlich:			79	13	2	1360
2. Maschine mit 3 gekuppelt. Achsen, Raddmr. 4′ 6″ Cylinder 17 × 24″						
a) mit gewöhnlichem Blasrohr 4 1/2″ Dmr. . . .	766	38,78	340	16	7	ca. 6965
b) mit Appleby's Blasrohr	583	29,94	260	12	4	ca. 5325
Ersparnis jährlich:			80	4	3	1640

Erwähnt sei an dieser Stelle nur, dass das durch den ausströmenden Dampfstrahl erzeugte Vakuum im Mittel $\frac{1}{14} = 0{,}0714$ [1]) des Dampfdruckes beträgt. Zeuner[2]), welcher zuerst durch seine Untersuchungen über das Lokomotiv-Blasrohr auf Grund zahlreicher Versuche die Grundlagen für die richtige Konstruktion des Blasrohres geschaffen hat, gibt für den mittleren Blasrohrdruck bei verschiedenen Dampfmengen folgende Werte an, woraus sich das erzeugte Vakuum mit Hilfe obiger Beziehung berechnen lässt.

Dampfmenge i. d. Sek. kg	Mittlerer Blasrohrdruck in Atm., wenn der Dmr. der Blasrohrmündung beträgt: 6 cm	8 cm	10 cm	12 cm
1. 0,6	1,4877	1,1140	—	—
2. 0,8	1,9129	1,2485	1,0669	—
3. 1,0	2,4596	1,4215	1,1138	1,0349
4. 1,2	—	1,6329	1,2244	1,0777
5. 1,4	—	1,8828	1,3267	1,1270
6. 1,6	—	2,1710	1,4448	1,1840
7. 1,8	—	—	1,5787	1,2485
8. 2,0	—	—	1,7282	1,3206

1) Nach Grove (Handbuch für spezielle Eis.-Techn. Bd. III, S. 145) ist dieser Wert $\frac{1}{13{,}36}$.

2) Zeuner, Das Lokomotivblasrohr. Zürich 1863.

Die Tabelle zeigt, dass mit zunehmender Dampfmenge, also auch zunehmender Zugsgeschwindigkeit der mittlere Blasrohrdruck zwar auch wächst, jedoch in viel geringerem Masse zunimmt als die Dampfmenge, wobei die relative Druckzunahme mit wachsendem Durchmesser des Blasrohrs geringer wird. Während bei dem Durchmesser von 6 cm eine Vermehrung der Dampfmenge von 0,6 auf 1,0 kg, also um 0,4 kg i. d. Sek. eine Drucksteigerung um fast 1 Atm. bewirkt, entspricht bei dem Durchmesser von 8 cm der gleichen Zunahme der Dampfmenge nur eine Drucksteigerung um 0,31 Atm., bei 10 cm um 0,16 Atm. und bei 12 cm nur um 0,09 Atm. Noch manche andere interessante Schlüsse lassen sich aus der obigen Tabelle ziehen, welche jedoch mehr theoretischer Natur sind und hier zu weit führen würden.

II. Teil.

Berechnung der Gebläse.

Erstes Kapitel.

Die physikalischen Eigenschaften der Luft.

Als Zweck aller Gebläse ist die Ortsveränderung atmosphärischer Luft bezeichnet und dabei zugleich bemerkt worden, dass dieselbe immer mit einer Druckveränderung der Luft verbunden ist.

Infolge der Elastizität der Luft hat diese Druckveränderung auch stets eine Volumveränderung zur Folge und umgekehrt entspricht jeder Volumveränderung der Luft auch eine Änderung des Druckes. Da endlich jede Druckänderung der Luft auch eine Temperaturänderung derselben nach sich zieht, so folgt aus dem Vorhergehenden, dass Druck, Volumen und Temperatur der Luft in einer bestimmten Wechselbeziehung zueinander stehen müssen.

Ehe daher auf die Untersuchung der Vorgänge in den Gebläsen näher eingegangen werden kann, ist es notwendig, zunächst die Gesetze zu betrachten, nach welchen die oben erwähnten Veränderungen vor sich gehen.

Während die Luft früher zu den sogenannten permanenten Gasen gerechnet wurde, worunter alle jene gasförmigen Körper verstanden wurden, welche man nicht in den flüssigen oder festen Aggregatzustand überführen konnte, ist letzteres gegenwärtig sowohl bei der Luft als auch bei fast allen übrigen Gasen, der Kohlensäure, dem Sauerstoff, Stickstoff, Wasserstoff u s. w. gelungen[1]). Man versteht daher neuerdings unter Gasen solche Dämpfe flüssiger oder fester Körper, welche von ihrem Kondensationspunkt weit entfernt sind und erst durch starken Druck oder starke Abkühlung oder beides zusammen in den flüssigen oder festen Aggregatzustand überführbar sind. Man kann dieselben daher auch als überhitzte Dämpfe ansehen.

---

1) Über die Verflüssigung der Luft durch Cailletet am 22. Dez. 1877 siehe Compt. rend. de l'acad. des sciences. Bd. LXXXIV (1877), S. 1271.

Wie alle gasförmigen Körper ist auch die Luft in hohem Grade elastisch und zusammendrückbar, und verringert oder vergrössert ihr Volumen bei abnehmender oder zunehmender Temperatur und zwar in genau demselben Verhältnisse wie alle übrigen Gase. Der kubische Ausdehnungskoeffizient der Luft, d. h. die Vergrösserung eines bestimmten Luftvolumens bei der Erwärmung um 1° C. bei konstantem Druck beträgt $\frac{1}{273} = 0{,}003665$ des Anfangsvolumens.

Wird also z. B. ein Luftvolumen von 273 l = 0,273 cbm um 1° C. erwärmt, so wird das Volumen um $\frac{1}{273} = 1$ l vergrössert, sodass das neue Volumen 273 + 1 = 274 l beträgt. Wird umgekehrt eine bestimmte Luftmenge, z. B. 1 cbm bei konstantem Druck um 1° C. abgekühlt, so wird dieselbe um $\frac{1}{273}$ ihres Anfangsvolumens, also um $\frac{1000}{273} = 1{,}2663$ l verringert, sodass das Endvolumen nur noch 998,7337 l beträgt.

Denkt man sich eine bestimmte Luftmenge V bei konstantem Drucke von 0° C. abwärts fortwährend abgekühlt, bis ihre Temperatur — 273° C. beträgt, so wird — theoretisch — ihr Volumen auf Null gebracht sein, da bei jedem Grad Temperaturerniedrigung eine Luftmenge von $\frac{V}{273}$, also bei — 273° eine solche von $\frac{V}{273} \cdot -273 = -V$ von dem ursprünglichen Volum V abzuziehen ist. Eine noch stärkere Abkühlung wäre imaginär, da das Volumen der Luft bei — 273° C. auf Null gebracht, dieselbe also vollständig verschwunden und ihre weitere Abkühlung daher nicht ausführbar wäre[1]). Man hat diesen Temperaturgrad von — 273° C. als den absoluten Nullpunkt einer absoluten Wärmeskala angenommen und misst von ihm aus die sogenannten absoluten Temperaturen (T). In dieser Skala liegt also der Gefrierpunkt des Wassers bei + 273°, der Siedepunkt desselben bei 273° + 100 oder + 373°. Man schreibt die absoluten Temperaturen, indem man zu den Graden (t) der Celsius'schen Skala 273° addiert, also

$$T = 273 + t.$$

Durch Einführung der absoluten Temperaturen erhält man für das Ausdehnungsgesetz der Luft folgende allgemeine Gleichungen, in welchen V_0 das der Temperatur T_0 entsprechende Anfangsvolumen, V_1 das zu T_1

1) Dass einerseits in Wirklichkeit eine so weitgehende Temperaturerniedrigung nicht ausführbar ist, andererseits die Luft jedenfalls weit eher in den flüssigen und festen Aggregatzustand übergehen wird, als die Temperatur von — 273° erreicht ist, bedarf wohl kaum noch der Erwähnung.

gehörige Endvolumen und $\alpha = \frac{1}{273}$ den Ausdehnungskoeffizienten bedeutet:

$$V_1 = V_0 + \frac{1}{273} V_0 (T_1 - T_0) = V_0 \left[1 + \frac{1}{273} (T_1 - T_0)\right].$$

Da jedoch

$$T_1 - T_0 = 273 + t_1 - (273 + t_0) = t_1 - t_0 = t$$

ist, worin t die wirkliche Erwärmung der Luft in ^{0} C. bedeutet, so folgt:

$$V_1 = V_0 (1 + \alpha \cdot t), \qquad 1)$$

oder allgemein

$$\frac{V_1}{V_2} = \frac{V_0 (1 + \alpha \cdot t_1)}{V_0 (1 + \alpha \cdot t_2)} = \frac{1 + \alpha \cdot t_1}{1 + \alpha \cdot t_2} = \frac{\frac{273 + t_1}{273}}{\frac{273 + t_2}{273}} = \frac{T_1}{T_2}, \text{ (für } p = \text{konst.)} \qquad 1a)$$

worin V_2 ein beliebiges anderes, der Temperatur T_2 entsprechendes Volumen bedeutet.

Aus diesem einfachen Gesetze lassen sich durch die folgenden Betrachtungen und Berechnungen fast alle Beziehungen zwischen Druck, Volumen, Temperatur und Wärme der Luft leicht ableiten.

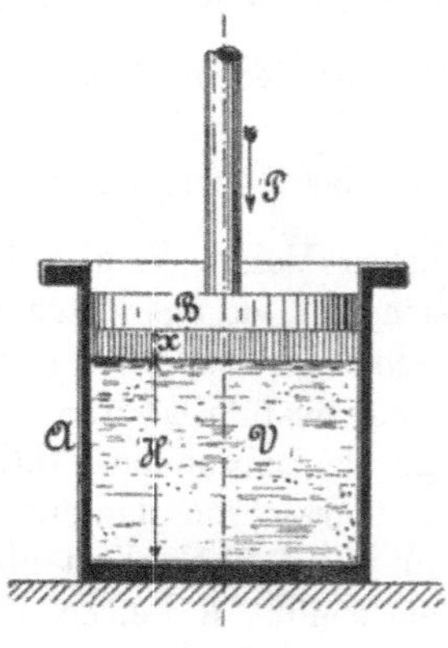

Fig. 496.

Es sei in Fig. 496 *A* ein oben offener Cylinder, dessen Grundfläche genau 1 qm betrage, was einem Durchmesser von rund 1,13 m entspricht. In demselben soll ein als gewichtlos gedachter Kolben *B* luftdicht beweglich sein. Der Cylinder sei genau mit 1 kg Luft von 0^0 C. ($t = 0^0$, $T = 273^0$) gefüllt, dann ist die Höhe *H* des Luftcylinders 0,773 m[1]. Der äussere Luftdruck, welcher auf den Kolben wirkt, beträgt 1 Atm. auf 1 qm oder 10333 kg/qm, mithin der Gesamtdruck *P* auch 10333 kg, da die Kolbenfläche $F = 1$ qm gesetzt wurde.

Wird nun dieses Luftvolumen von 1 kg um 1^0 C. erwärmt, so dehnt sich dasselbe um $\frac{1}{273}$ seines Volumens aus, sodass das neue Volumen

---

[1]) 1 cbm Luft von 0^0 wiegt bei einer Spannung von 1 Atm. = 10 333 kg/qm 1,2936 kg, daher ist das Volum von 1 kg Luft $V = \frac{1}{1,2936} = 0,773$ cbm. Da nun die Grundfläche $F = 1$ qm ist, so ist, da $V = F \cdot H$ ist, $H = \frac{V}{F} = \frac{0,773}{1} = 0,773$ m.

$V_1 = V + \frac{V}{273}$ wird. Die bei dieser Ausdehnung unter konstantem, äusserem Druck geleistete Arbeit R besteht aber in der Hebung des Kolbens um den Weg x, sodass hierfür die Gleichung

$$R = P \cdot x$$

besteht. Die Volumvergrösserung durch die Erwärmung ist $V_1 - V = F \cdot x$, woraus, da $F = 1$ ist, folgt:

$$x = \frac{V_1 - V}{F} = \left[V + \frac{V}{273} - V\right] \cdot \frac{1}{F} = \frac{V}{273}.$$

Mithin ist $R = \frac{P \cdot V}{273}$. Setzt man hierin die Werte für P und V ein, so folgt

$$R = \frac{10\,333 \cdot 0{,}773}{273} = \mathbf{29{,}2721}\ \text{mkg}. \qquad 2)$$

Da für alle anderen Temperaturerhöhungen, z. B. von 100 auf 101°, der Ausdehnungskoeffizient nahezu derselbe bleibt[1]), so wird auch die bei der Ausdehnung unter konstantem Druck verrichtete Arbeit unabhängig von der Temperatur, bei welcher die Ausdehnung erfolgt, für jeden Grad Temperaturerhöhung innerhalb sehr weiter Grenzen dieselbe sein. Der Wert R ist also eine konstante Grösse und bedeutet „diejenige Arbeit in mkg, welche 1 kg trockener[2]) atmosphärischer Luft bei konstantem Drucke bei seiner Ausdehnung infolge der Erwärmung um 1° C. verrichtet". Die Zahl R heisst die Regnault'sche Zahl oder Regnault'sche Konstante.

Dividiert man den in Gleichung 2. enthaltenen Wert durch das mechanische Wärmeäquivalent $\frac{1}{A} = 424$ mkg, also $\frac{R}{\frac{1}{A}} = A \cdot R = q$, so erhält man diejenige von der Luft aufgenommene Wärmemenge q in W.E., welche lediglich zu ihrer Ausdehnung verbraucht wurde, während der Rest nur zur Temperaturerhöhung diente. In der Summe beider Wärmemengen erhält man dann die gesamte, dem 1 kg Luft zugeführte Wärmemenge oder die spezifische Wärme der Luft bei konstantem Druck c_p[3]), während die nur zur Temperaturerhöhung ver-

1) Für sehr verdünnte atmosphärische Luft ist nach Dronke der Ausdehnungskoeffizient $\alpha = \frac{1}{274{,}6}$.

2) Für mittelfeuchte Luft ist R etwas grösser, und zwar 29,38 mkg für 1 kg Luft.

3) In neuerer Zeit ist die Schreibweise c_1 statt c_p und c statt c_v vielfach in Gebrauch gekommen, indessen behält Verfasser die ältere Schreibweise bei, welche sowohl Zeuner in seiner Technischen Thermodynamik, als auch Grashof in seiner Theoretischen Maschinenlehre angewandt hat, da dieselbe vermöge der dem Buchstaben c angefügten Kennzeichen p und v wesentlich deutlicher als die neuere Bezeichnung ist.

brauchte Wärmemenge die spezifische Wärme bei konstantem Volumen c_v ist. Man kann sich die Zustandsänderungen, welche durch die Erwärmung erfolgt sind, der Reihe nach in folgende Teile zerlegt denken.

1. Ein Teil der in den Cylinder eingeführten Wärme bewirkt die Erwärmung um 1° C. bei konstantem, unverändertem Volumen; dann ist die hierzu benötigte Wärmemenge die spezifische Wärme bei konstantem Volumen $= c_v$.

2. Hierauf wird durch die noch übrige, zugeführte Wärme das Volumen der Luft um $\frac{1}{273}$ vergrössert; die hierzu nötige Wärmemenge ist nach Obigem $= A \cdot R$, die gesamte, bei der Erwärmung unter konstantem Druck verbrauchte Wärme daher:

$$c_p = c_v + A \cdot R,$$

woraus folgt

$$A \cdot R = c_p - c_v, \quad \text{oder} \quad R = \frac{1}{A}(c_p - c_v). \tag{3)}$$

R war berechnet zu 29,27 mkg, also ist

$$A \cdot R = 29{,}27 \cdot \frac{1}{424} = 0{,}06904.$$

Die spezifische Wärme für 1 kg Luft bei konstantem Volumen ist aber durch Versuche zu

$$c_v = 0{,}16847 \text{ W.E.}$$

ermittelt, mithin muss

$$c_p = A \cdot R + c_v = 0{,}06904 + 0{,}16847 = 0{,}23751 \text{ W.E. für 1 kg Luft}$$

sein, welcher Wert dem von Regnault durch zahlreiche Versuche gefundenen genau entspricht.

Der zur Ausdehnung der Luft verbrauchte Teil der zugeführten Wärme, $A \cdot R$, lässt sich rückwärts wieder gewinnen, wenn man umgekehrt den Kolben im Cylinder *A*, Fig. 496, wieder nach unten bewegt und hierdurch die Luft zusammendrückt. Bezeichnet man mit t' die Temperaturerhöhung nach beendigter Verdichtung, so besteht die Gleichung:

$$A \cdot R = c_p - c_v = c_v \cdot t',$$

worin $A \cdot R$ die im ersten Falle zur Arbeitsleistung verbrauchte Wärmemenge, $c_v \cdot t'$ die im zweiten Falle zur Erwärmung der Luft verbrauchte, durch die Verdichtung erzeugte Wärmemenge bedeutet. Aus dieser Gleichung folgt:

$$\frac{c_p - c_v}{c_v} = t', \quad \text{oder} \quad \frac{c_p}{c_v} = 1 + t' = \varkappa.$$

Da nun $c_p = 0{,}23751$ und $c_v = 0{,}16847$ ist, so folgt:

$$\varkappa = \frac{c_p}{c_v} = \frac{0{,}23751}{0{,}16847} = 1{,}4098 \backsim 1{,}41\,^{1)}, \qquad 4)$$

also

$$t' = \varkappa - 1 = 0{,}41^0\ \mathrm{C.},$$

d. h. die bei der Kompression eines kg trockner Luft von atmosphärischer Spannung um $\frac{1}{273}$ seines Volumens erfolgte Temperaturerhöhung beträgt $0{,}41^0$ C. und die hierbei erzeugte Wärmemenge ist gleich dem zur Ausdehnung eines kg Luft bei 1^0 Temperaturerhöhung bei konstantem Druck verbrauchten Teil der zugeführten Wärme.

Das in den Gleichungen 1) und 1a) ausgedrückte Gesetz galt jedoch nur unter der Voraussetzung, dass der Luftdruck stets gleich 1 Atmosphäre, also konstant blieb. Ist letzteres nicht der Fall, so tritt an Stelle des vorstehenden Gesetzes das Mariotte-Gay-Lussac'sche Gesetz, welches die Beziehungen zwischen dem Volumen, dem Drucke und der Temperatur der Luft ganz allgemein angibt und folgendermassen lautet:

Für trockene, atmosphärische Luft verhalten sich die Produkte aus Druck und Volumen in zwei verschiedenen Zuständen wie die denselben entsprechenden Temperaturen, also

$$\frac{V_1 \cdot p_1}{V_2 \cdot p_2} = \frac{T_1}{T_2} \qquad 5)$$

oder

$$\frac{V_1 \cdot p_1}{T_1} = \frac{V_2 \cdot p_2}{T_2} = \frac{V_x \cdot p_x}{T_x} = \text{Konstante} = R \qquad 5a)$$

oder

$$V \cdot p = R\,T. \qquad 5b)$$

Nach Antoine[2]) ist der Wert R für wachsenden Druck nicht konstant, sondern nimmt zu nach der Gleichung:

$$R = 28{,}35 + 0{,}018\,(p - 40) \text{ für Drücke über 40 Atm.}$$

---

1) Nach Wüllner ist $\varkappa$ (für 0^0) $= 1{,}40526$ aus der Schallgeschwindigkeit berechnet; nach Regnault ist $\varkappa$ (für 100^0) $= 1{,}40289$, nach Röntgen $\varkappa$ (für 18^0) $= 1{,}4053$, nach Regnault für 0^0 $c_v = 0{,}16902$ und $\varkappa = 1{,}40496$. Hieraus folgt, dass die spez. Wärme der Luft mit wachsender Temperatur etwas wächst, sodass bei 100^0 $c_v = 0{,}16930$ ist und $\frac{c_v\,100^0}{c_v\,0^0} = 1{,}00169$ ist. Für die nachfolgenden Berechnungen gibt jedoch der Wert $\varkappa = 1{,}41$ vollständig genügende Genauigkeit. Vergl. auch Zeuner, Techn. Thermodynamik, Bd. I, S. 113.

2) Antoine, Ch., Comptes rendues 1890, S. 335.

Für Drücke unter 40 Atmosphären setzt Antoine $R = 28{,}35$, also konstant. In der Gleichung $p \cdot V = (273 + t) = R \cdot (\beta + t)$ hat β nach Antoine für Luft den Wert $\beta = 273{,}6 - \sqrt{p}$, worin p in Atmosphären einzusetzen ist. Nach diesen Werten von R und β ist die nachstehende Tabelle für 1 kg Luft und $t = 0^0$ berechnet, worin $p \cdot V$ die in 1 kg Luft bei 0^0 aufgespeicherte Arbeit in mkg bedeutet.

Tabelle 1.

p kg/qcm	p · V	R mkg	p kg/qcm	p · V	R mkg
1	?	28,35	220	8746	33,80
20	?	28,35	240	8897	34,47
40	7577,2	28,35	260	9048	35,24
60	7667	28,84	280	9201	35,82
80	7778	29,39	300	9357	36,51
100	7903	29,98	750	13047	52,99
120	8032	30,58	1000	15165	62,67
140	8167	31,2	1500	19450	82,81
160	8309	31,84	2000	23719	103,63
180	8450	32,48	2500	27955	125,02
200	8596	33,13	3000	32132	146,83

Das in den Gleichungen 5)—5b) enthaltene Gesetz lässt sich sehr einfach auch aus den früheren Gleichungen ableiten.

Die zur Erwärmung der Luft um 1^0 C. zu verrichtende Arbeit war berechnet zu:

$$R = P \cdot \frac{1}{273} \cdot V,$$

folglich ist die Arbeit bei einer Erwärmung um 273^0,

$$L = 273\,R = P \cdot V,$$

bei einer weiteren Erwärmung um $t_x{}^0$

$$L_x = (273 + t_x)\,R = P_x \cdot V_x,$$

oder wenn man $273 + t_x = T_x$ setzt,

$$T_x \cdot R = P_x \cdot V_x, \quad \text{oder} \quad R = \frac{P_x \cdot V_x}{T_x},$$

und ebenso

$$T_y \cdot R = P_y \cdot V_y, \quad \text{oder} \quad R = \frac{P_y \cdot V_y}{T_y},$$

also ganz allgemein:

$$\frac{P \cdot V}{T} = R \text{ und } P \cdot V = R \cdot T$$

für irgend einen Zustand der Luft.

Aus diesem Gesetze ergeben sich nun die folgenden Spezialfälle ohne weiteres.

1. Der Druck bleibe fortwährend konstant.

Dann ist $P_0 = P_1 = P_x =$ konstant und

$$\frac{V_1 \cdot p_1}{T_1} = \frac{V_2 \cdot p_1}{T_2} = \frac{V_x \cdot p_1}{T_x},$$

also

$$\frac{V_1}{T_1} = \frac{V_2}{T_2} \text{ oder } \frac{V_1}{V_2} = \frac{T_1}{T_2} \tag{6}$$

und

$$V_1 = T_1 \cdot R, \quad V_2 = T_2 \cdot R,$$

also auch

$$V_2 - V_1 = (T_2 - T_1) \cdot R \tag{6a}$$

und

$$\frac{V_2 - V_1}{T_2 - T_1} = R = \text{konst.}, \tag{6b}$$

d. h. bei konstantem Druck verhalten sich die Volumina wie die Temperaturen, und die Volumvergrösserung oder -verkleinerung ist der Temperaturzu- oder -abnahme direkt proportional.

2. Die Temperatur bleibe konstant.

Dann ist $T_0 = T_1 = T_x$, und

$$\frac{V_1 \cdot p_1}{T_1} = \frac{V_2 \cdot p_2}{T_1} = \frac{V_x \cdot p_x}{T_1},$$

also

$$V_1 \cdot p_1 = V_2 \cdot p_2 = V_x \cdot p_x = R\,T, \tag{7}$$

d. h. bei konstanter Temperatur sind die Produkte aus Druck und Volumen auch konstant.

3. Das Volumen bleibe konstant.

Dann ist $V_0 = V_1 = V_x$ und

$$\frac{V_1 \cdot p_1}{T_1} = \frac{V_1 \cdot p_2}{T_2} = \frac{V_1 \cdot p_x}{T_x},$$

also

$$p_1 : p_2 : p_x = T_1 : T_2 : T_x \tag{8}$$

und

$$p_1 = T_1 \cdot R, \quad p_2 = T_2 \cdot R,$$

also auch

$$p_2 - p_1 = (T_2 - T_1)\,R, \tag{8a}$$

d. h. bei konstantem Volumen verhalten sich die Drücke genau wie die Temperaturen oder die Druckzu- oder -abnahmen sind den Temperaturzu- oder -abnahmen direkt proportional.

Aus Gleichung 5a) lassen sich noch die folgenden Gleichungen zur Bestimmung der Dichtigkeit oder des Gewichtes der Luft ableiten.

Es bezeichne γ das Gewicht eines cbm Luft in kg bei irgend einem Drucke. Dasselbe ist um so grösser, je grösser dieser Druck, welcher auf der Luft lastet, je kleiner also das Volumen ist, d. h. es ist dem Volumen umgekehrt proportional, also $\gamma = \frac{1}{V}$.

In Gleichung 5a) war gefunden:

$$V \cdot p = R \cdot T,$$

woraus folgt:

$$V = \frac{R \cdot T}{p} \quad \text{oder} \quad \gamma = \frac{1}{V} = \frac{p}{RT}.$$

Setzt man hierin

$$T = 273 + t, \quad \text{oder} \quad \frac{T}{273} = \frac{273 + t}{273} = 1 + \frac{1}{273} t = 1 + \alpha \cdot t,$$

also

$$T = 273 (1 + \alpha \cdot t),$$

so folgt

$$\gamma = \frac{1}{V} = \frac{p}{1 + \alpha \cdot t} \cdot \frac{1}{29{,}27 \cdot 273} = 0{,}0001252 \cdot \frac{p}{1 + \alpha \cdot t} \text{ kg für 1 cbm.} \qquad 9)$$

Hierin bedeutet p den in dem betreffenden Luftvolumen herrschenden Druck in kg/qm, t die Temperatur der Luft in ^{0}C.

Demnach ist das Gewicht eines cbm trockner Luft von 0^0 C. bei einem Drucke von 1 (alten) Atm. oder einem Barometerstand von 760 mm Quecksilber

$$\gamma = 0{,}0001252 \cdot \frac{10334}{1 + 0^0} = 1{,}29369 \text{ kg},$$

welcher Wert mit dem auf S. 521, Fussnote 1, angegebenen Werte von $\gamma = 1{,}2936$ genau übereinstimmt.

Soll in Gleichung 9) die absolute Temperatur enthalten sein, so ist die erstere in folgender Weise umzuformen:

$$\gamma = \frac{1}{V} = \frac{p}{RT} = \frac{1}{29{,}27} \cdot \frac{p}{T} = 0{,}034165 \cdot \frac{p}{T} \text{ kg}, \qquad 9a)$$

worin γ das Gewicht eines cbm Luft von der absoluten Temperatur T und dem absoluten Drucke p in kg/qm bedeutet.

Soll ferner der Druck p nicht in kg/qm, sondern in kg/qcm in die Gleichung eingesetzt werden, so ist, da ein qm 10000 qcm enthält, Gleichung 9a) mit 10000 zu multiplizieren und man erhält

$$\gamma = 341{,}65 \cdot \frac{p}{T} \text{ kg} \qquad 9b)$$

als das Gewicht eines cbm Luft von der absoluten Temperatur T und einem absoluten Atmosphärendruck p. Hierin ist für 1 alte Atmosphäre (760 mm Quecksilber) p = 1,0334 kg/qcm und für 1 metrische[1]) (neue) Atm. p = 1,000 kg/qcm zu setzen.

Soll endlich der Luftdruck in mm Quecksilber und die Temperatur in Celsiusgraden eingesetzt werden, so ist die Gleichung zu verwenden:

$$\gamma = 0{,}4645 \cdot \frac{b}{273 + t}. \qquad 9c)$$

Beispiel:

Es ist das Gewicht eines cbm Luft von 0,97 alten Atm. Druck und 17,5° C. zu berechnen.

Nach Gleichung 9) folgt zunächst

$$\gamma = 0{,}0001252 \cdot \frac{p}{1 + \alpha \cdot t} = 0{,}0001252 \cdot \frac{0{,}97 \cdot 10334}{1 + \frac{17{,}5}{273}} = 1{,}1794 \text{ kg},$$

und aus 9a), wenn T = 273 + 17,5 = 290,5 eingesetzt wird,

$$\gamma = 0{,}034165 \cdot \frac{10023{,}98}{290{,}5} = 1{,}1787 \text{ kg}.$$

Nach Gleichung 9b) ist

$$\gamma = 341{,}65 \cdot \frac{0{,}97 \cdot 1{,}0334}{290{,}5} = 341{,}65 \cdot \frac{1{,}0024}{290{,}5} = 1{,}1787 \text{ kg}.$$

Soll endlich der Druck in barometrischer Höhe angegeben werden, so ist, da eine alte Atmosphäre = 760 mm ist, b = 0,97 · 760 = 737,2 zu setzen.

Nach Gleichung 9c) folgt sodann

$$\gamma = 0{,}4645 \cdot \frac{b}{273 + t} = 0{,}4645 \cdot \frac{737{,}2}{290{,}5} = 1{,}17894,$$

welche Werte sämtlich bis auf wenige Gramm übereinstimmen.

Das aus Gleichung 3) abgeleitete Gesetz, dass die einem kg Luft zur Temperaturerhöhung um 1° C. zuzuführende Wärmemenge c_p teilweise zur Erwärmung der Luft, d. h. zur Vermehrung der sogenannten inneren

---

1) 1 metr. Atm. = 10 000 kg/qm = 0,96778 alte Atm. = 735,51 mm Quecksilber.

Arbeit (U, c_v) und teilweise zur Volumvergrösserung derselben, d. h. zur sogenannten äusseren Arbeit (L, $A \cdot R$) verbraucht wird, lässt sich auch folgendermassen entwickeln und erweitern.

Versteht man unter Q die gesamte, bei der Erwärmung um $T_2 - T_1{}^0$ zugeführte Wärmemenge für 1 kg Luft, unter Q_1 den hiervon auf die blosse Temperaturerhöhung entfallenden, unter Q_2 den zur Volumvergrösserung, also Arbeitsverrichtung, verbrauchten Teil, so ist

$$Q = Q_1 + Q_2$$

oder

$$Q = c_v (T_2 - T_1) + A \cdot R (T_2 - T_1) = c_v T_2 - c_v T_1 + A \cdot L =$$
$$= U_2 - U_1 + A \cdot L. \qquad 10)$$

Da nun $T_1 = \frac{p_1 V_1}{R}$ und $T_2 = \frac{p_2 V_2}{R}$ ist, so lässt sich die vorstehende Gleichung auch schreiben:

$$Q = \frac{c_v}{R} \cdot (p_2 V_2 - p_1 V_1) + A \cdot (p_2 V_2 - p_1 V_1) = \left(A + \frac{c_v}{R}\right) \cdot (p_2 V_2 - p_1 V_1),$$

also nach Gleichung 3)

$$Q = \frac{c_p}{R} \cdot (p_2 V_2 - p_1 V_1)\,^{1)} \qquad 10a)$$

Hieraus lassen sich, ähnlich wie aus Gleichung 5), folgende Spezialfälle ableiten:

1. Zustandsänderung der Luft bei konstantem Druck. Die Erwärmung bewirkt eine Vergrösserung des Volumens und der Temperatur.

$$p_1 = p_2 = p_n = \text{Konst.}$$

---

1) Mit Hilfe der höheren Mathematik lassen sich die vorstehenden Gleichungen einfacher folgendermassen schreiben:

$$dQ = dQ_1 + dQ_2 = c_v \cdot dT + A \cdot p \cdot dv,$$

welche Gleichung bekanntlich den 1. Hauptsatz der mechanischen Wärmetheorie darstellt.

Aus ihr folgt

$$Q = \int (c_v\, dT + A \cdot p\, dv) = c_v \int_{T_1}^{T_2} dT + A \int_{V_1}^{V_2} p \cdot dv = c_v (T_2 - T_1) +$$
$$+ A \int_{V_1}^{V_2} p\, dv. \qquad 10b)$$

Dann gelten für 1 kg Luft folgende Gleichungen:

$$Q = c_p (T_2 - T_1) = c_p \cdot \left[\frac{p_1 V_2}{R} - \frac{p_1 V_1}{R}\right] = \frac{c_p p_1}{R} (V_2 - V_1). \qquad 11)$$

Die äussere Arbeit ist dann

$$L = R \cdot (T_2 - T_1),$$

die derselben entsprechende Wärmemenge

$$Q_2 = A \cdot R (T_2 - T_1), \qquad 11\,a)$$

die innere Arbeit

$$U_2 - U_1 = \frac{c_v}{A} (T_2 - T_1),$$

die derselben entsprechende Wärmemenge

$$Q_1 = A (U_2 - U_1) = c_v (T_2 - T_1). \qquad 11\,b)$$

2. Zustandsänderung der Luft bei konstantem Volumen. Die Erwärmung bewirkt eine Vergrösserung des Druckes und der Temperatur. Die gesamte Wärmezufuhr wird also nur zur Vergrösserung der inneren Arbeit U verbraucht.

$$V_1 = V_2 = V_n = \text{Konst.}$$

Dann ist, gleichfalls für 1 kg Luft:

$$Q = c_v (T_2 - T_1) = \frac{c_v}{R} \cdot V_1 (p_2 - p_1). \qquad 12)$$

Die äussere Arbeit L ist gleich Null, weil keine Ausdehnung der Luft stattfindet, die Vermehrung der inneren Arbeit

$$U_2 - U_1 = \frac{Q}{A}. \qquad 12\,a)$$

3. Zustandsänderung der Luft bei konstanter absoluter Temperatur T oder isothermisch. Die Wärmezufuhr bewirkt keine Vergrösserung der Temperatur, sondern nur eine solche der äusseren Arbeit, die ganze von aussen zugeführte Wärme wird in äussere Arbeit umgesetzt.

$$T_1 = T_2 = T_n = \text{Konst.}$$

$$U_2 = U_1, \quad U_2 - U_1 = 0.$$

Dann ist

$$L = \frac{Q}{A} \quad \text{oder} \quad Q = A\,L. \qquad 13)$$

Soll L die ganze, bei der isothermischen Zustandsänderung verrichtete Arbeit bezeichnen, so kann man sich dieselbe aus einer grossen Anzahl sehr kleiner Einzelarbeiten zusammengesetzt denken, deren Summe gleich L ist, oder

$$L = L_1 + L_2 + L_3 + L_4 + \ldots\ldots\ldots L_n.$$

Zur Berechnung der Einzelarbeiten diene folgende Betrachtung. In Fig. 497 sei wieder, wie in Fig. 496, A ein Cylinder von 1 qm Grundfläche und 1 kg Luftinhalt, B der in demselben luftdicht verschiebbare Kolben. Bei jeder sehr klein gedachten Zuführung einer Wärmemenge von q W. E. werde der Kolben um $a = h_1 - h_0 = h_2 - h_1 = h_3 - h_2$ u. s. w. gehoben.

Die bei der Hebung um $a = h_1 - h_0$ verrichtete Arbeit L_1 ist, da die Fläche $F = 1$ qm ist,

$$L_1 = p_0 \cdot a.$$

Ferner ist

$$p_0 \cdot V_0 = p_1 \cdot V_1 = p_n \cdot V_n, \text{ also } p_0 = p_1 \cdot \frac{V_1}{V_0} = p_1 \cdot \frac{h_1}{h_0}. \qquad 13\,a)$$

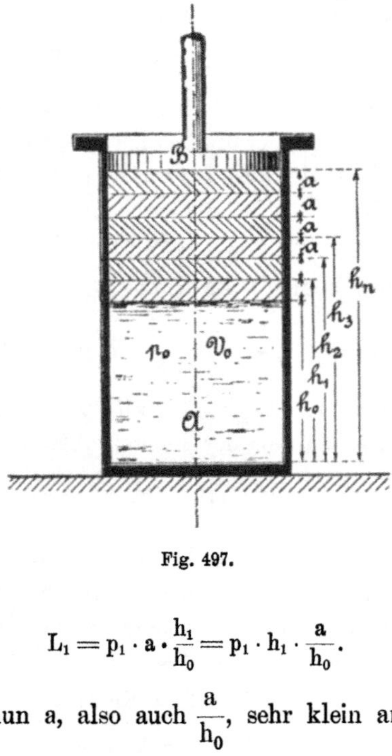

Fig. 497.

Mithin ist

$$L_1 = p_1 \cdot a \cdot \frac{h_1}{h_0} = p_1 \cdot h_1 \cdot \frac{a}{h_0}.$$

Nimmt man nun a, also auch $\frac{a}{h_0}$, sehr klein an, so kann man annäherungsweise[1]) setzen

$$\frac{a}{h_0} = \ln\left(1 + \frac{a}{h_0}\right) = \ln \frac{h_0 + a}{h_0} = \ln \frac{h_1}{h_0}.$$

---

[1]) Unter Zuhilfenahme der Beziehungen

$$e^x = 1 + x + \frac{x^2}{1 \cdot 2} + \ldots\ldots$$

und für sehr kleines x

$$x = \ln(1 + x).$$

Folglich ist

$$L_1 = p_1 \cdot h_1 \cdot \ln\frac{h_1}{h_0}, \text{ oder, da } p_1 h_1 = p_0 h_0 = p_0 V_0 \text{ und}$$

$$\frac{h_1}{h_0} = \frac{V_1}{V_0} = \frac{p_0}{p_1} \text{ ist:}$$

$$L_1 = p_0 V_0 \cdot \ln\frac{V_1}{V_0} = p_0 V_0 \cdot \ln\frac{p_0}{p_1}. \qquad 13\text{b)}$$

In derselben Weise findet sich

$$L_2 = p_0 V_0 \cdot \ln\frac{V_2}{V_1}$$

$$L_3 = p_0 V_0 \cdot \ln\frac{V_3}{V_2}$$

$$L_n = p_0 V_0 \cdot \ln \cdot \frac{V_n}{V_{n-1}}, \text{ folglich:}$$

$$L = L_1 + L_2 + L_3 + \ldots\ldots L_n = p_0 V_0 \left(\ln\frac{V_1}{V_0} + \ln\frac{V_2}{V_1} + \ldots\ldots \ln\frac{V_n}{V_{n-1}}\right) =$$

$$= p_0 V_0 \cdot (\ln V_1 - \ln V_0 + \ln V_2 - \ln V_1 + \ldots\ldots \ln V_{n-1} + \ln V_n - \ln V_{n-1}).$$

Hierin heben sich alle Logarithmen bis auf diejenigen von V_0 und V_n fort und es bleibt:

$$L = p_0 V_0 \cdot (\ln V_n - \ln V_0) = p_0 V_0 \cdot \ln\frac{V_n}{V_0} = p_0 V_0 \cdot \ln\frac{p_0}{p_n}, \qquad 13\text{c)}$$

oder, da $p_0 V_0 = R T_0$ ist,

$$L = R T_0 \cdot \ln\frac{V_n}{V_0} \qquad 13\text{d)}$$

und

$$Q = A \cdot L = A R T_0 \cdot \ln\frac{V_n}{V_0} = A \cdot p_0 V_0 \ln\frac{V_n}{V_0} \text{[1]}. \qquad 13\text{e)}$$

---

[1] Mit Hilfe der höheren Mathematik gestaltet sich die vorstehende Entwickelung folgendermassen bedeutend einfacher: Aus der allgemeinen Gleichung $dL = A \cdot p\, dV$ erhält man durch die Beziehung $p_0 V_0 = R T_0$, oder $p_0 = \frac{R T_0}{V_0}$ die Gleichung $dL = R T_0 \cdot \frac{dV_0}{V_0}$, also durch Integration

$$L = R T_0 \int_{V_0}^{V_n} \frac{dV_0}{V_0} = R T_0 (\ln V_n - \ln V_0) = R T_0 \ln\frac{V_n}{V_0},$$

mithin $Q = A \cdot L = A \cdot R T_0 \ln\frac{V_n}{V_0}$.

4. Zustandsänderung der Luft ohne Wärmezufuhr von aussen oder Wärmeableitung nach aussen.

In Gleichung 10)

$$Q = Q_1 + Q_2 = c_v (T_2 - T_1) + A L$$

ist $Q = 0$ zu setzen, woraus folgt:

$$A L = - c_v (T_2 - T_1) = c_v (T_1 - T_2)$$

oder umgekehrt:

$$c_v (T_2 - T_1) = - A L,$$

oder

$$L = \frac{c_v}{A} (T_1 - T_2) = - \frac{c_v}{A} (T_2 - T_1) = - (U_2 - U_1), \qquad 14)$$

d. h. die ganze äussere Arbeit A wird in Vermehrung der inneren Arbeit oder in die Erwärmung von T_1 auf T_2 umgesetzt und umgekehrt wird bei der Temperaturerniedrigung, also auch Druckerniedrigung die gesamte innere Arbeitsverminderung $U_2 - U_1$ in äussere Arbeit umgesetzt, oder mit anderen Worten einer Zunahme an innerer Arbeit (oder Temperaturerhöhung) entspricht ein Verlust an äusserer Arbeit und umgekehrt einer Abnahme der inneren Arbeit eine genau gleich grosse Zunahme der äusseren Arbeit.

Diese Zustandsänderung der Luft heisst die adiabatische. Sie ist eine der wichtigsten Zustandsänderungen der Gase überhaupt und spielt bei der theoretischen Untersuchung der Kompressionsarbeit der Luft eine Hauptrolle.

Zur Ableitung einer gebräuchlicheren Schreibweise von Gleichung 14), in welcher dieselbe für gewöhnlich angewandt wird, dienen die folgenden Entwickelungen.

Bezeichnen $\varDelta V$ und $\varDelta p$ die bei einer Zustandsänderung erfolgenden sehr kleinen Volumen- und Druckzu- oder -abnahmen, so steht eine bestimmte Wärmezu- oder -abnahme $\varDelta Q$ mit den Werten $\varDelta V$ und $\varDelta p$ in folgendem Zusammenhange:

$$\varDelta Q = c_v \cdot V \cdot \varDelta p + c_p \cdot p \varDelta V,$$

oder in Worten ausgedrückt: Die Wärmezufuhr bewirkt zunächst bei konstantem Volumen (c_v) eine Drucksteigerung um $\varDelta p$ und sodann bei konstantem Druck (c_p) eine Volumvergrösserung um $\varDelta V$ oder: die von aussen zugeführte Wärmemenge zerfällt in zwei Teile, deren einer bei unverändert gedachtem Volum eine Druckerhöhung, der andere bei unverändert gedachtem Druck eine Volumvergrösserung bewirkt.

Da nun die Zustandsänderung ohne Wärmezu- oder -abnahme stattfinden, also $\varDelta Q = 0$ sein soll, so ist

$$c_v \cdot V \Delta p + c_p \cdot p \Delta V = 0,$$

oder

$$c_v \cdot V \cdot \Delta p = - c_p \cdot p \cdot \Delta V,$$

$$\frac{V}{\Delta V} = -\frac{c_p}{c_v} \cdot \frac{p}{\Delta p} = -\varkappa \cdot \frac{p}{\Delta p}$$

und

$$\frac{\Delta V}{V} = -\frac{1}{\varkappa} \frac{\Delta p}{p}. \tag{15}$$

Nun ist bei einer Volumzunahme um ΔV

$$V_1 = V + \Delta V = V\left(1 + \frac{\Delta V}{V}\right),$$

mithin unter Voraussetzung einer fortwährend gleichen Zunahme um ΔV nach den Lehrsätzen über geometrische Reihen das Endvolumen

$$V_n = V\left(1 + \frac{\Delta V}{V}\right)^{n-1}$$

und ebenso

$$p_1 = p + \Delta p = p\left(1 + \frac{\Delta p}{p}\right)$$

$$p_n = p\left(1 + \frac{\Delta p}{p}\right)^{n-1},$$

mithin

$$\frac{V_n}{V} = \left(1 + \frac{\Delta V}{V}\right)^{n-1}, \quad \frac{p_n}{p} = \left(1 + \frac{\Delta p}{p}\right)^{n-1},$$

oder unter Zuhilfenahme der Beziehung (auf S. 531 Anmerkung)

$$1 + x = e^x, \quad (1 + x)^{n-1} = e^{(n-1) \cdot x}$$

$$\left(1 + \frac{\Delta V}{V}\right)^{n-1} = e^{(n-1) \cdot \frac{\Delta V}{V}},$$

also

$$(n-1) \cdot \frac{\Delta V}{V} = \ln\left[\left(1 + \frac{\Delta V}{V}\right)^{n-1}\right] = \ln\left(\frac{V_n}{V}\right)$$

und ebenso

$$\left(1 + \frac{\Delta p}{p}\right)^{n-1} = e^{(n-1) \cdot \frac{\Delta p}{p}},$$

$$(n-1) \cdot \frac{\Delta p}{p} = \ln\left[\left(1 + \frac{\Delta p}{p}\right)^{n-1}\right] = \ln\left(\frac{p_n}{p}\right).$$

Nun war nach Gleichung 15)

$$\frac{\Delta V}{V} = -\frac{1}{\varkappa}\frac{\Delta p}{p},$$

also

$$(n-1)\cdot\frac{\Delta V}{V} = -(n-1)\cdot\frac{1}{\varkappa}\cdot\frac{\Delta p}{p}$$

oder

$$\ln\left(\frac{V_n}{V}\right) = -\frac{1}{\varkappa}\cdot\ln\left(\frac{p_n}{p}\right),$$

mithin

$$\varkappa\cdot\ln\left(\frac{V_n}{V}\right) = -\ln\frac{p_n}{p} = \ln\frac{p}{p_n}.$$

Hieraus folgt

$$\left(\frac{V_n}{V}\right)^{\varkappa} = \frac{p}{p_n}, \quad \text{oder} \quad p\cdot V^{\varkappa} = p_n\cdot V_n^{\varkappa}. \tag{16)}$$

Aus den Gleichungen

$$p_1 V_1 = R\,T_1 \quad \text{und} \quad p_2 V_2 = R\,T_2$$

folgt ferner

$$\frac{T_2}{T_1} = \frac{p_2}{p_1}\cdot\frac{V_2}{V_1} = \left(\frac{V_1}{V_2}\right)^{\varkappa}\cdot\frac{V_2}{V_1} = \left(\frac{V_1}{V_2}\right)^{\varkappa}\cdot\frac{1}{\frac{V_1}{V_2}} = \frac{\frac{(V_1)^{\varkappa}}{V_1}}{\frac{(V_2)^{\varkappa}}{V_2}} = \frac{(V_1)^{\varkappa-1}}{(V_2)^{\varkappa-1}} = \left(\frac{V_1}{V_2}\right)^{\varkappa-1}$$

und

$$\frac{T_2}{T_1} = \frac{p_2}{p_1}\cdot\left(\frac{p_1}{p_2}\right)^{\frac{1}{\varkappa}} = \left(\frac{p_2}{p_1}\right)^{1-\frac{1}{\varkappa}} = \left(\frac{p_2}{p_1}\right)^{\frac{\varkappa-1}{\varkappa}},$$

mithin allgemein:

$$\frac{T_n}{T} = \left(\frac{V}{V_n}\right)^{\varkappa-1} = \left(\frac{p_n}{p}\right)^{\frac{\varkappa-1}{\varkappa}} \quad \text{und} \quad \frac{p_n}{p} = \left(\frac{V}{V_n}\right)^{\varkappa} = \left(\frac{T_n}{T}\right)^{\frac{\varkappa}{\varkappa-1}}. \tag{16 a)}$$

Das in diesen Gleichungen ausgesprochene Gesetz heisst das Poisson'sche Gesetz oder das potenzierte Mariotte'sche Gesetz [1]).

---

1) Mit Hilfe der höheren Mathematik lässt sich dasselbe ebenfalls einfacher folgendermassen ableiten: In der allgemeinen Gleichung

$$dQ = c_v\,dT + A\,p\,dV \quad \text{ist} \quad dQ = 0 \quad \text{zu setzen,}$$

$$\text{also } c_v\,dT = -A\,p\,dV \text{ oder, da } p = \frac{R\,T}{V} \text{ ist,}$$

$$c_v\,dT = -A\,R\,T\frac{dV}{V}, \quad c_v\frac{dT}{T} = A\,R\cdot\frac{dV}{V},$$

Aus den Gleichungen 14), 3) und 4) folgt sodann:

$$L = \frac{c_v}{A}(T_1 - T_2) = \frac{R}{\varkappa - 1}(T_1 - T_2),$$

und da

$$R = \frac{p_1 V_1}{T_1} \text{ ist},$$

$$L = \frac{p_1 V_1}{\varkappa - 1}\left[1 - \frac{T_2}{T_1}\right] = \frac{p_1 V_1}{\varkappa - 1}\left[1 - \left(\frac{V_1}{V_2}\right)^{\varkappa - 1}\right] =$$

$$= \frac{p_1 V_1}{\varkappa - 1}\left[1 - \left(\frac{p_2}{p_1}\right)^{\frac{\varkappa - 1}{\varkappa}}\right]. \qquad 17)$$

Darin bedeutet L die von einem kg Luft entsprechend der Temperaturänderung $T_2 - T_1$ verrichtete oder verbrauchte, äussere Arbeit in mkg. Wird hierin $V_1 = 1$ cbm gesetzt, so ist

$$L_0 = \frac{p_1}{\varkappa - 1}\left[1 - \frac{T_2}{T_1}\right] = \frac{p_1}{\varkappa - 1}\left[1 - \left(\frac{p_2}{p_1}\right)^{\frac{\varkappa - 1}{\varkappa}}\right] \qquad 17\,a)$$

die von einem cbm Luft verrichtete oder verbrauchte äussere Arbeit in mkg.

$$c_v \cdot \int_{T_1}^{T_2} \frac{dT}{T} = -AR \int_{V_1}^{V_2} \frac{dV}{V},$$

$$c_v \cdot \ln \frac{T_2}{T_1} = -AR[\ln V_2 - \ln V_1] = AR \ln \frac{V_1}{V_2}, \quad \ln \frac{T_2}{T_1} = \frac{AR}{c_v} \ln \frac{V_1}{V_2};$$

nun ist aber $AR = c_p - c_v = \varkappa \cdot c_v - c_v = (\varkappa - 1) \cdot c_v$,

also $\frac{AR}{c_v} = \varkappa - 1$,

mithin $\ln \frac{T_2}{T_1} = (\varkappa - 1) \ln \frac{V_1}{V_2}$

und $\frac{T_2}{T_1} = \left(\frac{V_1}{V_2}\right)^{\varkappa - 1}$,

also allgemein $\frac{T_n}{T} = \left(\frac{V}{V_n}\right)^{\varkappa - 1} = \left(\frac{p_n}{p}\right)^{\frac{\varkappa - 1}{\varkappa}}$.

Zweites Kapitel.

Die Kompressionsarbeit für trockene Luft.

Die Kompressionsarbeit L für 1 kg Luft von der Anfangsspannung p_1 setzt sich aus folgenden Teilen zusammen:

1. der Arbeit beim Ansaugen der Luft, L_1,
2. der Arbeit beim Verdichten der Luft, L_2,
3. der Arbeit beim Verdrängen der Luft aus dem Cylinder, L_3.

Die Arbeit beim Ansaugen der Luft wirkt auf der, der Kompressionsarbeit entgegengesetzten Kolbenseite, ist daher mit zur Verschiebung des Kolbens wirksam, also von der zur Kompression nötigen Arbeit abzuziehen, sodass man erhält:

$$L = L_2 + L_3 - L_1.$$

Bezeichnet p_1 den absoluten Anfangsdruck der Kompression, p_2 den absoluten Enddruck, beide in kg/qm, also $p_2 > p_1$, V_1 das Anfangsvolumen der Luft, V_2 das Endvolumen in cbm, wobei $V_1 > V_2$, T_1 die Anfangstemperatur, T_2 die Endtemperatur, wobei $T_2 > T_1$, s_1 den ganzen Kolbenhub, s_2 den Kolbenhub während des Verdrängens der Luft aus dem Cylinder, F die Kolbenfläche in qm, so ergeben sich folgende Gleichungen.

A. Isothermische Kompression.

$$L_1 = p_1 \cdot F \cdot s_1 = p_1 \cdot V_1.$$

$$L_2 = p_1 V_1 \cdot \ln \frac{V_1}{V_2} = p_1 \cdot V_1 \cdot \ln \frac{p_2}{p_1}, \text{ nach Gleichung 13c).}$$

$$L_3 = p_2 \cdot F \cdot s_2 = p_2 \cdot V_2.$$

Da nun nach Gleichung 13a)

$$p_1 V_1 = p_2 V_2 \text{ ist, so folgt}$$

$$L_1 = L_3, \text{ also}$$

$$L = L_2 + L_1 - L_1 = L_2 = p_1 \cdot V_1 \cdot \ln \frac{p_2}{p_1} \qquad 18)$$

in mkg für 1 kg angesaugter Luft; oder nach Gleichung 13d)

$$L = R \cdot T_1 \cdot \ln \frac{V_1}{V_2} = R\,T_1 \cdot \ln \frac{p_2}{p_1}. \qquad 18a)$$

Soll die Arbeit für einen cbm angesaugter Luft berechnet werden, so ist, da in Gleichung 18) V_1 das Volumen eines kg Luft von der Temperatur T_1 in cbm bedeutet, Gleichung 18) durch V_1 zu dividieren, oder $V_1 = 1$ zu setzen, woraus sich ergibt:

$$L_I = p_1 \cdot \ln \frac{p_2}{p_1} = \frac{R\,T_1}{V_1} \cdot \ln \frac{p_2}{p_1} \qquad 18b)$$

in mkg für 1 cbm angesaugter Luft.

Da ferner

$$L = p_1\,V_1 \cdot \ln \frac{p_2}{p_1} = p_2\,V_2 \cdot \ln \frac{p_2}{p_1}$$

ist, worin V_2 das Volumen komprimierter Luft in cbm vom Drucke p_2 bedeutet, so ist

$$L_{II} = p_2 \cdot \ln \frac{p_2}{p_1} \qquad 18c)$$

die Arbeit für 1 cbm komprimierter Luft in mkg.

Bezeichnet D den Cylinderdurchmesser einer Gebläsemaschine und s den Kolbenhub derselben, beides in m, so ist die bei einem Hube theoretisch angesaugte Luftmenge

$$V = \frac{D^2 \cdot \pi}{4} \cdot s = F \cdot s$$

in cbm, mithin

$$V_0 = F\,s \cdot 2\,n$$

in cbm die angesaugte Luftmenge i. d. Min., wenn n die Zahl der Umdrehungen in einer Minute bezeichnet; folglich ist

$$A_0 = 2\,F\,s\,n\,p_1 \cdot \ln \frac{p_2}{p_1}$$

die Arbeit in mkg i. d. Min., oder

$$N = \frac{2 \cdot F\,s\,n}{60 \cdot 75}\,p_1 \cdot \ln \frac{p_2}{p_1} = \frac{F \cdot s \cdot n}{30} \cdot \frac{p_1 \cdot \ln \frac{p_2}{p_1}}{75} = \frac{F \cdot s\,n}{30} \cdot \frac{p_m}{75} \qquad 18d)$$

die gesamte Kompressionsarbeit in PS., worin F in qm, s in m, p_1 und p_2 in kg/qm zu setzen sind, und

$$p_m = p_1 \cdot \ln \frac{p_2}{p_1}$$

ist.

Beispiel:

Eine Bessemer-Gebläsemaschine[1]) habe folgende Abmessungen:

---

[1]) Dortmunder „Union", Bessemer-Gebläsemaschine No. 2.

Gebläsecylinder Dmr. . . . . . 1,57 m
„ Kolbenhub . . . 1,41 m
„ Kolbenfläche . . 1,9359 qm

Tourenzahl 34—36 i. d. Min.

Höchster absoluter Winddruck = 2,74 kg/qcm.

Mittlerer (aus dem Diagramm ermittelter) Winddruck = 1,04 kg/qcm.

Dann ist, weil 2 Gebläsecylinder vorhanden sind, die im Gebläsecylinder verbrauchte Arbeit (ohne Berücksichtigung der Reibungsarbeit der Kolben, Kolbenstangen, Ventilspindeln u. s. w.):

$$N = 2 \cdot \frac{F\,s\,n}{30} \cdot \frac{p_1 \cdot \ln \frac{p_2}{p_1}}{75} = \frac{2 \cdot s\,n}{30 \cdot 75} \cdot F \cdot p_m =$$

$$= \frac{1{,}41 \cdot 36}{15 \cdot 75} \cdot [1{,}9359 \cdot 10\,333 \cdot \ln 2{,}74] = 0{,}04512 \cdot 20\,226 = \mathbf{912{,}6\ PS.}$$

B. Adiabatische Kompression.

Wie bei der isothermischen Kompression gilt die Hauptgleichung:

$$L = L_2 + L_3 - L_1.$$

Darin ist $L_1 = p_1 V_1$.

Da jedoch die Arbeit L_2 nicht von der Luft geleistet, sondern verbraucht wird, so ist der Wert aus Gleichung 17) mit dem negativen Vorzeichen einzuführen, also zu setzen

$$L_2 = -\frac{p_1 V_1}{\varkappa - 1}\left[1 - \left(\frac{p_2}{p_1}\right)^{\frac{\varkappa-1}{\varkappa}}\right] = \frac{p_1 V_1}{\varkappa - 1}\left[\left(\frac{p_2}{p_1}\right)^{\frac{\varkappa-1}{\varkappa}} - 1\right].$$

Endlich ist

$$L_3 = p_2 V_2 = p_1 V_1 \cdot \frac{T_2}{T_1},$$

also nach Gleichung 16a)

$$= p_1 V_1 \left(\frac{p_2}{p_1}\right)^{\frac{\varkappa-1}{\varkappa}}.$$

Mithin folgt:

$$L = \frac{p_1 V_1}{\varkappa - 1}\left[\left(\frac{p_2}{p_1}\right)^{\frac{\varkappa-1}{\varkappa}} - 1\right] + p_1 V_1 \left(\frac{p_2}{p_1}\right)^{\frac{\varkappa-1}{\varkappa}} - p_1 V_1 =$$

$$= p_1 V_1 \left\{\left(\frac{p_2}{p_1}\right)^{\frac{\varkappa-1}{\varkappa}}\left(1 + \frac{1}{\varkappa - 1}\right) - \left(1 + \frac{1}{\varkappa - 1}\right)\right\} =$$

$$= \frac{\varkappa}{\varkappa - 1}\, p_1 V_1 \left\{\left(\frac{p_2}{p_1}\right)^{\frac{\varkappa-1}{\varkappa}} - 1\right\} = \varkappa \cdot L_2 \qquad 19)$$

in mkg für 1 kg Luft.

L_2 ist aber nach Gleichung 17) $= \frac{c_v}{A} T_2 - T_1$, mithin lässt sich L auch schreiben:

$$L = \varkappa \cdot L_2 = \frac{\varkappa \cdot c_v}{A}(T_2 - T_1) = \frac{c_p}{A}(T_2 - T_1) \text{ mkg für 1 kg Luft,}$$

oder unter Einführung der Beziehung

$$c_v = \frac{A\,R}{\varkappa - 1} \text{ (S. 536, Fussnote)}$$

$$L = \frac{\varkappa}{\varkappa - 1} \cdot R\,(T_2 - T_1) = 100{,}7 \cdot (T_2 - T_1), \text{ wenn}$$

$$\varkappa = 1{,}41, \quad \frac{\varkappa}{\varkappa - 1} = \frac{1{,}41}{0{,}41} = 3{,}44 \text{ und } R = 29{,}2721 \qquad \text{19 a)}$$

eingesetzt wird.

Soll wieder, wie in Gleichung 18), die Arbeit für 1 cbm angesaugter Luft berechnet werden, so ist $V_1 = 1$ zu setzen, und es folgt:

$$L_I = \frac{\varkappa}{\varkappa - 1} \cdot p_1 \cdot \left[\left(\frac{p_2}{p_1}\right)^{\frac{\varkappa - 1}{\varkappa}} - 1\right] \text{ mkg für 1 cbm Luft}^{1)}. \qquad \text{19 b)}$$

Die Arbeit für 1 cbm komprimierter Luft berechnet sich aus den Gleichungen:

$$L = \frac{\varkappa}{\varkappa - 1} p_1 \cdot V_1 \left[\left(\frac{p_2}{p_1}\right)^{\frac{\varkappa - 1}{\varkappa}} - 1\right]$$

und

$$p_1 V_1 = p_1 \cdot \frac{p_2}{p_1} \cdot \frac{T_1}{T_2} \cdot V_2 = p_1 \cdot V_2 \left(\frac{p_2}{p_1}\right)^{\frac{1}{\varkappa}},$$

zu

$$L = \frac{\varkappa}{\varkappa - 1} p_1 \cdot V_2 \left[\left(\frac{p_2}{p_1}\right)^{\frac{\varkappa - 1}{\varkappa}} \cdot \left(\frac{p_2}{p_1}\right)^{\frac{1}{\varkappa}} - \left(\frac{p_2}{p_1}\right)^{\frac{1}{\varkappa}}\right] = \frac{\varkappa}{\varkappa - 1} \cdot p_1 \cdot V_2 \left[\left(\frac{p_2}{p_1}\right) - \left(\frac{p_2}{p_1}\right)^{\frac{1}{\varkappa}}\right],$$

woraus für $V_2 = 1$ folgt:

$$L_{II} = \frac{\varkappa}{\varkappa - 1} \cdot p_1 \cdot \left[\left(\frac{p_2}{p_1}\right) - \left(\frac{p_2}{p_1}\right)^{\frac{1}{\varkappa}}\right] = 3{,}44 \cdot p_1 \left[\left(\frac{T_2}{T_1}\right)^{3{,}44} - \left(\frac{T_2}{T_1}\right)^{2{,}44}\right], \qquad \text{19 c)}$$

$$\text{wenn } \frac{p_2}{p_1} \text{ durch } \left(\frac{T_2}{T_1}\right)^{\frac{\varkappa}{\varkappa - 1}}$$

---

1) p_1 und p_2 ist in diesen und den später hieraus abgeleiteten Gleichungen immer in kg/qm zu setzen.

ausgedrückt und wieder $\varkappa = 1{,}41$, also $\frac{\varkappa}{\varkappa - 1} = 3{,}44$ gesetzt wird. Wird jedoch die auf die Temperatur T_2 komprimierte Luft durch nachherige Abkühlung wieder auf die Anfangstemperatur T_1 abgekühlt, so wird V_2 (den Druck als unverändert vorausgesetzt) auf V_2' verringert, wofür nach Gleichung 6) $\frac{V_2'}{V_2} = \frac{T_1}{T_2}$ ist.

Mithin ist

$$V_2' = V_2 \cdot \frac{T_1}{T_2} = V_2 \cdot \left(\frac{p_1}{p_2}\right)^{\frac{\varkappa - 1}{\varkappa}}$$

Da nun durch die Abkühlung das Volumen sich verkleinert oder $V_2' < V_2$ ist, so ist die Arbeit für die abgekühlte Luft grösser, und berechnet sich die Arbeit für 1 cbm komprimierter Luft von der Temperatur T_1 zu:

$$L_{III} = \frac{L}{V_2'} = \frac{\varkappa}{\varkappa - 1} p_1 \cdot V_2 \left[\left(\frac{p_2}{p_1}\right) - \left(\frac{p_2}{p_1}\right)^{\frac{1}{\varkappa}}\right] \cdot \frac{1}{V_2'}$$

$$= \frac{\varkappa}{\varkappa - 1} \cdot p_1 \left[\left(\frac{p_2}{p_1}\right) \cdot \left(\frac{p_2}{p_1}\right)^{\frac{\varkappa - 1}{\varkappa}} - \left(\frac{p_2}{p_1}\right)^{\frac{\varkappa - 1 + 1}{\varkappa}}\right] = \frac{\varkappa}{\varkappa - 1} \cdot p_2 \left[\left(\frac{p_2}{p_1}\right)^{\frac{\varkappa - 1}{\varkappa}} - 1\right]. \qquad 19\,d)$$

Die Arbeit für 1 cbm angesaugter Luft von der Temperatur T_1 war nach Gleichung 19 b)

$$L_I = \frac{\varkappa}{\varkappa - 1} \cdot p_1 \left[\left(\frac{p_2}{p_1}\right)^{\frac{\varkappa - 1}{\varkappa}} - 1\right];$$

folglich ist

$$\frac{L_{III}}{L_I} = \frac{p_2}{p_1}, \quad \text{oder} \quad L_{III} = L_I \cdot \frac{p_2}{p_1}; \qquad 19\,e)$$

d. h. die Arbeiten für 1 cbm angesaugter und komprimierter Luft von gleicher Temperatur verhalten sich genau wie die entsprechenden Drücke.

Kühlt sich die Luft nicht auf die Anfangstemperatur T_1, sondern nur auf T' ab, so ist

$$V_2'' = V_2 \left(\frac{T'}{T_2}\right),$$

also

$$L_{IV} = \frac{L}{V_2''} = \frac{\varkappa}{\varkappa - 1} p_1 \left[\left(\frac{p_2}{p_1}\right) - \left(\frac{p_2}{p_1}\right)^{\frac{1}{\varkappa}}\right] \cdot \frac{T_2}{T'}. \qquad 19\,f)$$

Unter Voraussetzung derselben Bezeichnungen für eine Gebläsemaschine wie in Gleichung 18 d) ist wieder $V_0 = 2\,F\,s\,n$ in cbm die i. d.

Min. angesaugte Luftmenge, ferner

$$V_I = V_0 \cdot \frac{p_1}{p_2} \cdot \frac{T_2}{T_1}$$

in cbm die i. d. Min. komprimierte Luftmenge von der Temperatur T_2, und endlich, unter Berücksichtigung der nachherigen Abkühlung der Luft von T_2 auf T'

$$V_{II} = V_0 \cdot \frac{p_1}{p_2} \cdot \frac{T_2}{T_1} \cdot \frac{T'}{T_2} = V_0 \cdot \frac{p_1}{p_2} \cdot \frac{T'}{T_1} \text{ cbm}, \qquad 20)$$

die i. d. Min. komprimierte Luftmenge von der Temperatur T'.

Die Arbeit i. d. Min. berechnet sich daher zu

$$A_0 = 2 \cdot F s n \cdot \frac{\varkappa}{\varkappa - 1} \cdot p_1 \left[\left(\frac{p_2}{p_1}\right)^{\frac{\varkappa-1}{\varkappa}} - 1 \right],$$

also in PS.

$$N = \frac{F s n}{30} \cdot \frac{p_m}{75},$$

worin

$$p_m = \frac{\varkappa}{\varkappa - 1} \cdot p_1 \left[\left(\frac{p_2}{p_1}\right)^{\frac{\varkappa-1}{\varkappa}} - 1 \right] \qquad 21)$$

ist.

Die Luftmenge der Maschine i. d. Sek. ist dann:

$$\left.\begin{aligned} V_0 &= \frac{F s n}{30} \text{ cbm angesaugter Luft von der Temperatur } T_1 \\ V_I &= \frac{F s n}{30} \cdot \left(\frac{p_1}{p_2}\right) \left(\frac{T_2}{T_1}\right) \text{ cbm komprimierter Luft von der Temperatur } T_2 \\ V_{II} &= \frac{F s n}{30} \left(\frac{p_1}{p_2}\right) \left(\frac{T'}{T_1}\right) \text{ cbm komprimierter Luft von der Temperatur } T' \end{aligned}\right\} \qquad 22)$$

Beispiel:

Das auf S. 538 angegebene Beispiel berechnet sich bei adiabatischer Kompression folgendermassen. Da wieder 2 Cylinder vorhanden sind, so ist

$$N = 2 \cdot \frac{F s n}{30 \cdot 75} \cdot p_m = \frac{s n}{15 \cdot 75} F \cdot p_m = \frac{s n}{15 \cdot 75} \cdot P_m = 0{,}04512 \cdot P_m =$$

$$= 0{,}04512 \cdot \frac{1{,}41}{0{,}41} \left[\left(2{,}74\right)^{\frac{0{,}41}{1{,}41}} - 1 \right] \cdot 10\,333 \cdot 1{,}9359$$

$$= 0{,}04512 \cdot 3{,}44\,(1{,}338 - 1) \cdot 20\,006 = \mathbf{1049{,}35} \text{ PS},$$

ebenfalls ohne Berücksichtigung der Reibungsarbeiten des Kolbens u. s. w

Bei isothermischer Kompression war N = 912,6 PS. gefunden, folglich ist der Mehrbetrag bei adiabatischer Kompression 1049,35 — 912,6 = 136,75 PS. oder $\frac{136,75}{912,6} = 15\,\%$ der isothermischen und $\frac{136,75}{1049,35} = 13,3\,\%$ der adiabatischen Kompressionsarbeit.

Die Erwärmung der Luft ergibt sich aus der Gleichung

$$T_2 = T_1 \left(\frac{p_2}{p_1}\right)^{\frac{\varkappa - 1}{\varkappa}}.$$

Wird hierin die Lufttemperatur t_1 zu 20°, also T_1 zu 273 + 20 = 293° angenommen, so ist

$$T_2 = 293\,(2,74)^{0,291} = 293 \cdot 1,338 = 391^{\circ} = 273 + 118^{\circ},$$

mithin die Erwärmung von 20 auf 118° C. oder um 98° C.

Die Luftmenge jedes Cylinders i. d. Sek. berechnet sich in beiden Fällen nach den Gleichungen 18) und 22)

a) bei isothermischer Kompression zu:

$$V_0 = \frac{F \cdot s \cdot n}{30} = \frac{1,9359 \cdot 1,41 \cdot 36}{30} = 3,2755 \text{ cbm}$$

angesaugte Luftmenge und

$$V_I = \frac{p_1}{p_2} \cdot V_0 = \frac{1}{2,74} \cdot 3,2755 = 1,1956 \text{ cbm}$$

komprimierte Luftmenge;

Tabelle 2.

Temperaturerhöhungen bei adiabatischer Kompression.

$p_n : p$	$T_n : T$	$p_n : p$	$T_n : T$	$p_n : p$	$T_n : T$	$p_n : p$	$T_n : T$	$p_n : p$	$T_n : T$
1,1	1,0281	2,2	1,2577	4,2	1,5180	11	2,0083	25	2,5500
1,2	1,0545	2,4	1,2900	4,4	1,5385	12	2,0482	30	2,6886
1,3	1,0793	2,6	1,3203	4,6	1,5586	13	2,1083	35	2,8120
1,4	1,1028	2,8	1,3490	4,8	1,5780	14	2,1542	40	2,9233
1,5	1,1252	3,0	1,3764	5	1,5968	15	2,1978	50	3,1193
1,6	1,1465	3,2	1,4025	6	1,6837	16	2,2350	60	3,2892
1,7	1,1668	3,4	1,4274	7	1,7610	17	2,2794	70	3,4395
1,8	1,1864	3,6	1,4513	8	1,8306	18	2,3176	80	3,5760
1,9	1,2052	3,8	1,4720	9	1,8945	19	2,3543	90	3,7008
2,0	1,2233	4,0	1,4965	10	1,9502	20	2,3896	100	3,8160

Tabelle 3.

Werte der Endtemperaturen in ° C. für Anfangstemperaturen von 5, 10, 15, 20, 25° C. und Kompressionsgrade von 1,1 bis 10.

t_1	1,1	1,2	1,3	1,4	1,5	1,6	1,7	1,8	1,9	2,0	2,2	2,4	2,6	2,8	3,0
5	12,82	20,15	27,05	33,58	39,8	45,73	51,37	56,84	62,04	67,08	76,64	85,62	94,04	102,02	109,64
10	17,95	25,42	32,44	39,09	45,43	51,46	57,21	62,75	68,07	73,19	82,93	92,07	100,65	108,77	116,52
15	23,05	30,7	37,84	44,9	51,06	57,16	63,04	68,68	74,09	79,31	89,22	98,52	107,25	115,51	123,40
20	28,24	35,97	43,24	50,12	56,68	62,93	68,87	74,62	80,12	85,43	95,51	104,97	113,85	121,26	130,28
25	33,35	41,24	48,63	55,64	62,31	68,66	74,71	80,55	86,15	91,54	101,79	111,42	120,45	129,00	137,17

Fortsetzung.

t_1	3,2	3,4	3,6	3,8	4,0	4,2	4,4	4,6	4,8	5,0	6,0	7,0	8,0	9,0	10,0
5	116,89	123,82	130,48	136,22	143,03	149,00	154,71	160,29	165,69	170,91	195,09	216,56	235,94	258,87	269,10
10	123,91	130,95	137,72	143,58	150,51	156,59	162,39	168,08	173,58	178,89	203,49	225,37	244,89	263,14	278,85
15	130,92	138,09	144,97	150,94	157,99	164,18	170,10	175,88	181,47	186,88	211,91	234,17	254,00	272,62	288,60
20	137,93	145,23	152,23	158,29	165,48	171,77	177,78	183,67	189,36	194,86	220,33	242,97	263,19	282,09	298,35
25	144,95	152,37	159,49	165,66	172,96	179,37	185,47	191,46	197,25	202,85	228,74	251,79	272,34	291,56	308,10

b) bei adiabatischer Kompression zu:

$$V_0 = 3{,}2755 \text{ cbm}$$

angesaugte Luftmenge,

$$V_I = 1{,}1956 \cdot 1{,}334 = 1{,}595 \text{ cbm}$$

und

$$V_{II} = 1{,}1956 \cdot \frac{T'}{T_1}$$

komprimierte Luftmenge, worin T' je nach den Umständen gleich oder grösser als T_1 anzunehmen ist.

Zur leichteren Berechnung der Endtemperaturen bei adiabatischer Kompression dient die Tabelle 2 auf S. 543, während die nebenstehende Tabelle 3 für bestimmte Anfangstemperaturen die Temperaturzunahmen ergibt.

Drittes Kapitel.

Die Kompressionsarbeit für feuchte Luft und der Einfluss der Wasserkühlung[1].

Die im vorigen Kapitel abgeleiteten Gleichungen bezogen sich auf die Zustandsänderungen vollkommen trockener Luft. Es ergab sich, dass die theoretisch günstigste Kompression diejenige nach dem Mariotte'schen Gesetz oder bei konstanter Temperatur war, während die adiabatische Kompression bedeutend mehr Arbeit erforderte. Beide Zustandsänderungen entsprechen jedoch der Wirklichkeit nicht, da weder eine Kompression ohne Temperaturerhöhung noch eine solche ohne Wärmeabgabe durch die Cylinderwandungen nach aussen möglich ist. Je näher jedoch die Zustandsänderung dem Mariotte'schen Gesetze kommt, d. h. je geringer der Unterschied zwischen der End- und Anfangstemperatur der Luft ist, desto günstiger wird, wie sich aus dem Vorstehenden ohne weiteres ergibt, die Kompression erfolgen.

Da jedoch die in die Gebläse eingesaugte Luft nicht immer vollkommen trocken, sondern meistens mehr oder weniger mit Wasserdampf erfüllt ist, so werden auch hierdurch die oben abgeleiteten Gleichungen beeinflusst. Es ist daher notwendig zu untersuchen:

a) welchen Einfluss die Feuchtigkeit der Luft auf die Kompressionsarbeit ausübt,

b) in wie weit durch Abkühlung der Luft durch Wasserkühlung der Wirkungsgrad der Kompression erhöht werden kann.

Für beide Fälle sind die im vorigen Kapitel entwickelten Gleichungen abzuändern.

A. Hauptgleichungen für die Kompression feuchter Luft.

Da das in der Luft enthaltene Wasser als Wasserdampf vorhanden ist, so setzt sich die Kompressionsarbeit aus 2 Teilen zusammen, 1. der

1) Siehe auch Zeuner, Techn. Thermodynamik, Bd. II. § 38—40. S. 302 u. f.

zur Kompression der trockenen Luft, 2. der zur Kompression des Wasserdampfes nötigen Arbeit. Die Menge des letzteren oder der absolute Feuchtigkeitsgehalt der Luft ist je nach der Temperatur und dem Sättigungsverhältnis der Luft verschieden. Für jede Temperatur gibt es jedoch nur eine ganz bestimmte grösste Wasserdampfmenge, welche in 1 cbm Luft enthalten sein kann. Man nennt diese Dampfmenge die Sättigungsmenge der Luft. Dieselbe steigt und sinkt jedoch mit der Temperatur. Die Spannung oder Spannkraft dieses Wasserdampfes ist bedeutend geringer als der Luftdruck. Die Sättigungsmengen und Spannkräfte des Wasserdampfes für verschiedene Temperaturen sind in der nachstehenden Tabelle 4 enthalten.

Tabelle 4.

Spannkräfte und Sättigungsmengen des Wasserdampfes von 0° bis 70° C.[1])

Temperatur		Absoluter Druck[2])		Sättigungsmenge x[3]) in 1 cbm feuchter Luft in Gramm
Cels.	absol.	mm Quecksilber	kg/qcm	
0	273	4,600	0,0062	4,82
2,5	275,5	5,492	0,00723	5,72
5	278	6,534	0,0086	6,75
7,5	280,5	7,769	0,0108	7,96
10	283	9,165	0,0120	9,36
12,5	285,5	10,804	0,0145	10,93
15	288	12,699	0,0167	12,75
17,5	290,5	14,884	0,0196	14,84
20	293	17,391	0,023	17,23
22,5	295,5	20,266	0,0266	19,88
25	298	23,550	0,031	22,93
27,5	300,5	27,296	0,0359	26,35
30	303	31,548	0,0415	30,21
32,5	305,5	36,24	0,0477	34,54
35	308	41,71	0,0549	39,45
37,5	310,5	47,78	0,063	44,89
40	313	54,906	0,072	50
45	318	71,391	0,094	65
50	323	91,982	0,121	81
55	328	117,478	0,155	99
60	333	148,791	0,196	118
65	338	186,945	0,246	137
70	343	233,093	0,306	157

[1]) Nach Jochmann, Ex. Physik. und Hüttentaschenbuch, 14. Aufl. I, S. 241.

[2]) Die Drücke nach Weissbach-Herrmann, Lehrb. d. Mechanik, Bd. II, 2. S. 769.

[3]) Die Werte von x für $t = 0^\circ$ bis $37{,}5^\circ$ nach Jochmann (s. Fussnote 1), diejenigen für $t = 40^\circ$ bis 70° C. sind graphisch durch Konstruktion der Kurve für x nach der empirischen Gleichung $t^{1,846} = 19{,}28\,x$ ermittelt, worin t in ° C., x in g/cbm Luft einzusetzen sind.

Angenommen nun, dass die Luft mit Wasserdampf vollständig gesättigt sei, so berechnet sich das Gewicht eines cbm dieser Luft folgendermassen. Bezeichnet p den absoluten Luftdruck der feuchten Luft, p_l den absoluten Druck der in einem cbm obiger Luft enthaltenen, trockenen Luft, p_d die absolute Dampfspannung des in einem cbm obiger Luft enthaltenen Wasserdampfes (alles in kg/qm), ferner γ das Gewicht eines cbm der trockenen Luft, γ_1 dasjenige eines cbm der feuchten Luft, $\frac{x}{1000}$ das Gewicht eines cbm des in der Luft enthaltenen Wasserdampfes (alles in kg), so ist nach dem Dalton'schen Gesetz[1]) der absolute Luftdruck gleich der Summe der Einzeldrücke oder

$$p = p_l + p_d, \quad \text{oder} \quad p_l = p - p_d.$$

Nach Gleichung 9) (S. 527) ist sodann

$$\gamma = 0{,}0001252 \cdot \frac{p_l}{1 + \alpha \cdot t} = 0{,}0001252 \frac{p - p_d}{1 + \alpha \cdot t},$$

folglich

$$\gamma_1 = \gamma + \frac{x}{1000} = 0{,}0001252 \frac{p - p_d}{1 + \alpha \cdot t} + \frac{x}{1000}. \qquad 23)$$

Ist z. B. $t = 20^0$ C., $p = 10334$ kg, so ist nach Tabelle 4

$$x = 17{,}23 \text{ g}, \quad \frac{x}{1000} - 0{,}01723 \text{ kg}, \quad p_d = 0{,}023 \text{ kg/cm} = 230 \text{ kg/qm}.$$

Das Gewicht eines cbm trockener Luft berechnet sich dann zu

$$\gamma = 0{,}0001252 \cdot \frac{p}{1 + \alpha \cdot t} = 0{,}0001252 \frac{10\,334}{1 + 0{,}003665 \cdot 20} = 1{,}2053 \text{ kg},$$

während das Gewicht der gleichen Menge feuchter Luft sich ergibt zu

$$\gamma_1 = 0{,}0001252 \frac{10\,334 - 230}{1 + 0{,}003665 \cdot 20} + 0{,}01723 = 1{,}1957 \text{ kg}.$$

Ist die Luft nicht vollständig mit Wasserdampf gesättigt, so nennt man das Verhältnis der in einem cbm enthaltenen Dampfmenge in g zu der Sättigungsmenge x den Sättigungsgrad oder das Sättigungsverhältnis oder die relative Feuchtigkeit der Luft, φ[2]). Das Gewicht der Luft berechnet sich dann nach der Gleichung:

$$\gamma_1 = 0{,}0001252 \frac{p - \varphi \cdot p_d}{1 + \alpha \cdot t} + \frac{\varphi \cdot x}{1000}. \qquad 24)$$

---

1) Wüllner, Exp. Physik, 2. Aufl., Bd. III, S. 622.

2) Zeuner, Techn. Thermodyn. Bd. II, S. 323.

Ist z. B. bei Annahme desselben Druck- und Temperaturzustandes wie im obigen Beispiel $\varphi = 0,25$, d. h. sind in 1 cbm feuchter Luft nicht 17,23 g, sondern nur 4,33 g Wasserdampf enthalten, so ist

$$\gamma_1 = 0,0001252 \frac{10\,333 - 0,25 \cdot 230}{1 + 0,003665 \cdot 20} + \frac{4,33}{1000} = 1,2030 \text{ kg}.$$

Das Gewicht der Luft ist also um so grösser, je geringer der Feuchtigkeitsgehalt derselben, oder je kleiner das Sättigungsverhältnis ist.

Da durch die Kompression Wärme entwickelt wird, die wärmere Luft jedoch eine grössere Sättigungsmenge besitzt, so wird sich der in der Luft enthaltene Wasserdampf bei der Kompression von seinem Tau- oder Kondensationspunkt immer weiter entfernen, sich mithin nicht wie gesättigter, sondern wie überhitzter Wasserdampf verhalten.

Die zur Kompression feuchter Luft nötige Arbeit setzt sich nun zusammen:

1. aus der Arbeit zur Kompression der in einer bestimmten Luftmenge, z. B. 1 cbm enthaltenen trockenen Luft,

2. aus der Arbeit zur Kompression des in dieser Luftmenge enthaltenen Wasserdampfes.

Für den ersteren Teil der Arbeit gelten alle früheren Gleichungen der trockenen Luft, während für die Berechnung der Kompressionsarbeit des überhitzten Wasserdampfes die folgenden Betrachtungen anzustellen sind.

Da nach beendigter Kompression die Luft das Volumen V_2, den Druck p_2 und die Temperatur T_2 angenommen hat, so wird auch der Wasserdampf dieselbe Endtemperatur annehmen müssen, mithin von der Anfangsspannung p_x (entsprechend der Anfangstemperatur T_1) auf den Enddruck p_y (entsprechend der Endtemperatur T_2) komprimiert worden sein. Unter Voraussetzung adiabatischer Kompression kann mithin auch für den überhitzten Wasserdampf, da er als ein permanentes Gas angesehen werden kann, mit genügender Annäherung das Poisson'sche Gesetz angewandt werden, woraus folgt

$$\frac{T_2}{T_1} = \left(\frac{p_y}{p_x}\right)^{\frac{\varkappa - 1}{\varkappa}}. \qquad 25)$$

Die Berechnung dieser Gleichung setzt aber die Kenntnis des Wertes $\varkappa$ oder der spezifischen Wärmen des überhitzten Wasserdampfes bei konstantem Druck und konstantem Volumen voraus. Beide Werte sind jedoch noch nicht vollkommen genau durch Versuche bestimmt[1]). Es ist von vornherein klar, dass der Exponent $\varkappa$ zwischen dem Exponenten für trocken gesättigten Dampf $\varkappa = 1,135$ und dem Exponenten für

1) Ausführlicheres hierüber siehe Zeuner, Techn. Thermodynamik, Bd. II, S. 230 u. folg.

die adiabatische Kompression der Luft $\varkappa = 1,41$ liegen muss. Aus Versuchen von Regnault ergibt sich, dass die spezifische Wärme c_p im Mittel $= 0,4805$ zu setzen ist, woraus Zeuner den Exponenten $\varkappa$ zu $1,3333 = \frac{4}{3}$ und den Wert $\frac{\varkappa - 1}{\varkappa}$ zu 0,25 berechnet.

Die Kompressionsarbeit für 1 kg feuchter Luft würde sich hieraus berechnen lassen zu

$$L = L_1 + L_2,$$

worin L_1 die Arbeit zur Kompression der Luft,
L_2 „ „ „ „ des Wasserdampfes ist.

Nach Gleichung 19) war die Arbeit für 1 kg trockener Luft

$$L_1 = \frac{\varkappa}{\varkappa - 1} p_1 V_1 \left[\left(\frac{p_2}{p_1}\right)^{\frac{\varkappa - 1}{\varkappa}} - 1\right].$$

Die Arbeit für 1 kg überhitzten Wasserdampf berechnet sich demnach ebenso zu

$$L_2 = \frac{\varkappa}{\varkappa - 1} \cdot p_x \cdot V_x \left[\left(\frac{p_y}{p_x}\right)^{\frac{\varkappa - 1}{\varkappa}} - 1\right],$$

worin jedoch $\varkappa = 1,3333$, oder $\frac{\varkappa - 1}{\varkappa} = 0,25$, also $\frac{\varkappa}{\varkappa - 1} = 4$ zu setzen ist, p_x und p_y die absolute Anfangs- und Endspannung in kg/qm, V_x das Anfangsvolumen des Wasserdampfes in cbm ist.

Sind nun in 1 kg feuchter Luft G_1 kg trockener Luft und G_2 kg Wasserdampf enthalten (wobei $G_1 + G_2 = 1$ ist), so folgt

$$L = G_1 \cdot L_1 + G_2 \cdot L_2.$$

Einfacher gestaltet sich die Berechnung, wenn man nach Zeuner[1]) den Exponenten $\varkappa$ der Mischung von Luft und Wasserdampf nach der Gleichung

$$\varkappa = \frac{c_p' + m \cdot c_p''}{c_v' + m \cdot c_v''} \qquad 26)$$

berechnet, worin c_p' und c_v' die spezifischen Wärmen der Luft, c_p'' und c_v'' diejenigen des überhitzten Wasserdampfes bedeuten und zu

$$c_p' = 0,2375, \qquad c_v' = 0,1685$$
$$c_p'' = 0,4805, \qquad c_v'' = 0,3695,$$

zu setzen sind und endlich m das Mischungsverhältnis oder das Verhältnis des Dampfgewichts zum Luftgewicht in 1 kg feuchter Luft also $m = \frac{G_2}{G_1}$ ist.

---

1) Zeuner, a. a. O. Bd. II, S. 327 u. 328.

Zur Berechnung von m dient die Gleichung:

$$m = \frac{R_1}{R_2} \cdot \frac{p_d}{p_l} = \frac{29,269}{47,061} \cdot \frac{p_d}{p_l} = 0,623 \cdot \frac{p_d}{p_l}. \qquad 27)$$

Darin ist p_d die absolute Dampfspannung bei einer beliebigen Temperatur und p_1 der absolute Luftdruck bei derselben Temperatur, R_1 bezw. R_2 die Regnault'sche Konstante für Luft bezw. überhitzten Wasserdampf. Die Kompressionsarbeit berechnet sich dann genau wie bei trockener Luft durch Einführung dieses Mischungsexponenten in die Gleichung

$$L = \frac{\varkappa}{\varkappa - 1} p_1 \cdot V_1 \cdot \left[\left(\frac{p_2}{p_1}\right)^{\frac{\varkappa - 1}{\varkappa}} - 1\right], \qquad 28)$$

worin der Wert von $\varkappa$ aus Gleichung 26) für ein bestimmtes Mischungsverhältnis m zu berechnen ist.

Bezeichnet wieder, wie früher, $\frac{F \cdot s \cdot n}{30}$ die i. d. Sek. angesaugte Luftmenge, so folgt genau wie oben

$$N = \frac{F \cdot s \cdot n}{30} \cdot \frac{p_m}{75},$$

worin

$$p_m = \frac{\varkappa}{\varkappa - 1} \cdot p_1 \left[\left(\frac{p_2}{p_1}\right)^{\frac{\varkappa - 1}{\varkappa}} - 1\right] \qquad 28\text{a})$$

und $\varkappa$ aus Gleichung 26) zu berechnen ist.

Beispiel:

Das oben S. 538 und 542 berechnete Beispiel soll unter der Voraussetzung, dass feuchte Luft von 25 ° C. bei einem äusseren Luftdruck von 745 mm Barometerstand angesaugt werde, umgerechnet werden, wobei der Sättigungsgrad φ der Luft zu 0,3 angenommen sei.

Zunächst ist wieder $V_0 = \frac{F \cdot s \cdot n}{30} = 3,2755$ cbm die i. d. Sek. angesaugte Luftmenge, und $\frac{p_2}{p_1} = 2,74$ das Kompressionsverhältnis.

Dann ist

$$p_l = 10\,334 \cdot \frac{745}{760} \cdot \frac{1}{1 + 0,00367 \cdot 25} = 10129,5 \cdot 0,916 = 9278,6.$$

Für vollkommen gesättigte Luft wäre nach Tabelle 4. $p_d = 310$ kg/qm. Da jedoch das Sättigungsverhältnis nur 0,3 ist, so folgt $p_d = 0,3 \cdot 310 = 93$ kg/qm, und $p_1 = 9278,6 - 93 = 9185,6$ kg/qm, also nach Gleichung 27)

$$m = 0,623 \cdot \frac{93}{9185,6} = 0,0063$$

und

$$\varkappa = \frac{0,2375 + 0,0063 \cdot 0,4805}{0,1685 + 0,0063 \cdot 0,3695} = 1,4080,$$

welcher Wert dem Exponenten $\varkappa = 1,41$ für trockene Luft sehr nahekommt. Setzt man den gefundenen Wert in Gleichung 28a) ein, so erhält man

$$p_m = 3,44 \cdot 9278,6 \cdot \left(2,74^{0,2898} - 1\right) 10\,791,$$

folglich

$$N = 0,04512 \cdot 1,9359 \cdot 10\,791 = \mathbf{945,83\ PS.}$$

Wäre dagegen die Temperatur der Luft bei gleichem Sättigungsverhältnis 0° gewesen, so ergibt die Berechnung:

$p_l = 10\,333 \cdot \frac{745}{760} = 10129,5$ kg/qm,

$p_d = 62$ kg/qm, also für $\varphi = 0,3$ $p_d = 0,3 \cdot 62 = 18,6$ kg/qm,

$p_l = 10\,129,5 - 18,6 \backsim 10\,111$ kg/qm,

$m = 0,00115$, $\varkappa = 1,4094$

$p_m = 11780,6$ kg/qm und endlich

$N = $ **1032,57 PS.**

Die folgende Tabelle erleichtert die Übersicht:

	Beschaffenheit der Luft	Art der Kompression	Kraftbedarf
1.	Trocken	isothermisch	**912,6**
2.	„	adiabatisch	**1049,35**
3.	Feucht von 25° C.	Exponent 1,408	**945,83**
4.	Feucht von 0° C.	„ 1,408	**1032,75**

Da die Kompressionsarbeit bei trockener Luft N = 1049,35 PS. betrug, so ist der Mehrbetrag der letzteren gegenüber der Arbeit bei feuchter Luft

im ersten Falle (25° C.) 1049,35 — 945,83 = 103,52 PS.

oder fast 10% der Arbeit bei trockener Luft,

im zweiten Falle (0° C.) 1049,35 — 1032,57 = 16,78 PS.

oder nur 1,6%, welcher Unterschied auf der Verschiedenheit des vorausgesetzten äusseren Luftdrucks und dem Feuchtigkeitsgehalt der Luft beruht.

Die vorstehenden Berechnungen gestatten die Behauptung aufzustellen, dass

1. die Kompressionsarbeit mit zunehmender Temperatur der angesaugten Luft abnimmt und

2. die Kompressionsarbeit feuchter Luft kleiner ist als diejenige trockener Luft von sonst gleichem Zustand.

B. Einfluss der Wasserkühlung auf den Wirkungsgrad der Kompression.

Um die Erwärmung der Luft und der Cylinderwandungen möglichst herabzuziehen, dadurch den Wirkungsgrad der Kompression möglichst zu erhöhen, bedient man sich der Wasserkühlung, welche nach drei verschiedenen Methoden ausgeführt wird

1. durch Einspritzen von Wasser in den Cylinder,
2. durch Anwendung einer vom Kolben bewegten Wassersäule im Innern des Cylinders,
3. durch Kühlung der äusseren Oberfläche des Cylinders und der Deckel.

Über die Anwendung dieser verschiedenen Methoden ist das Nähere im I. Teil erwähnt worden [1]).

Um die zur Kühlung nötige Wassermenge zu berechnen, soll zunächst die adiabatische Kompression, d. h. ohne Wärmezu- oder -abfuhr vorausgesetzt werden.

Nach Gleichung 19a) ist dann die zur Kompression eines kg Luft notwendige Arbeit L in mkg gleich:

$$L = \frac{c_p}{A}(T_2 - T_1), \text{ worin } T_2 - T_1$$

die Temperaturerhöhung bei der adiabatischen Kompression bedeutete. Die Beziehungen zwischen Anfangsdruck, -Volumen und -Temperatur $p_1\ V_1\ T_1$ und Enddruck, -Volumen und -Temperatur $p_2\ V_2\ T_2$ waren für diesen Fall berechnet zu

$$p_1 \cdot V_1^{\varkappa} = p_2 \cdot V_2^{\varkappa}$$

und

$$\frac{T_2}{T_1} = \left(\frac{V_1}{V_2}\right)^{\varkappa - 1} = \left(\frac{p_2}{p_1}\right)^{\frac{\varkappa - 1}{\varkappa}}.$$

Für die Kompression ohne Temperaturerhöhung war $p_1 \cdot V_1 = p_2 \cdot V_2$, mithin werden für die Kompression mit Wasserkühlung, da dieselbe zwischen beiden Grenzzuständen liegt, die Gleichungen gelten:

$$p_1 \cdot V_1^n = p_2 \cdot V_2^n \qquad 29)$$

und

$$\frac{T_2}{T_1} = \left(\frac{V_1}{V_2}\right)^{n - 1} = \left(\frac{p_2}{p_1}\right)^{\frac{n - 1}{n}} \qquad 29\,a)$$

worin $1 < n < k$ ist.

---

1) Siehe S. 119, S. 158 und S. 167.

Tabelle 5.

Werte der poly-

$t_n{}^0 =$	25	30	35	40	45	50	55	60	65	70	75	80
$T_n =$	298	303	308	313	318	323	328	333	338	343	348	353
$T_n : T =$	1,017	1,034	1,051	1,068	1,085	1,102	1,120	1,136	1,153	1,170	1,188	1,205
$\varepsilon = p_n : p$												
1,1	1,214	—	—	—	—	—	—	—	—	—	—	—
1,2	1,102	1,224	1,375	—	—	—	—	—	—	—	—	—
1,3	1,068	1,146	1,234	1,335	—	—	—	—	—	—	—	—
1,4	1,053	1,110	1,173	1,243	1,320	1,406	—	—	—	—	—	—
1,5	1,043	1,090	1,140	1,194	1,252	1,315	1,388	—	—	—	—	—
1,6	1,037	1,077	1,118	1,163	1,210	1,261	1,311	1,373	—	—	—	—
1,7	1,033	1,067	1,129	1,142	1,182	1,225	1,271	1,316	1,366	—	—	—
1,8	1,0295	1,063	1,092	1,126	1,161	1,198	1,238	1,277	1,319	1,368	—	—
1,9	1,027	1,055	1,084	1,114	1,145	1,178	1,214	1,248	1,285	1,324	1,367	—
2,0	1,025	1,051	1,077	1,105	1,133	1,163	1,195	1,226	1,258	1,293	1,331	1,368
2,2	1,022	1,044	1,067	1,091	1,115	1,141	1,168	1,193	1,221	1,249	1,280	1,310
2,4	1,019	1,039	1,060	1,081	1,103	1,125	1,151	1,171	1,194	1,218	1,245	1,271
2,6	1,018	1,036	1,055	1,074	1,093	1,113	1,134	1,154	1,175	1,197	1,220	1,243
2,8	1,017	1,034	1,051	1,069	1,086	1,104	1,124	1,142	1,160	1,180	1,201	1,221
3,0	1,015	1,031	1,048	1,064	1,080	1,097	1,115	1,131	1,149	1,167	1,186	1,205
3,5	1,014	1,029	1,044	1,060	1,075	1,091	1,108	1,123	1,139	1,156	1,174	1,191
4,0	1,0156	1,025	1,037	1,050	1,063	1,075	1,089	1,102	1,115	1,128	1,142	1,155
4,5	1,011	1,023	1,034	1,046	1,057	1,069	1,082	1,093	1,105	1,117	1,129	1,142
5,0	1,0105	1,021	1,032	1,043	1,053	1,064	1,073	1,086	1,097	1,108	1,120	1,131
6,0	1,0095	1,019	1,0285	1,038	1,048	1,057	1,067	1,077	1,086	1,096	1,106	1,116
7,0	1,009	1,0175	1,026	1,035	1,044	1,053	1,062	1,070	1,079	1,088	1,097	1,106
8,0	1,008	1,017	1,025	1,033	1,041	1,049	1,058	1,065	1,073	1,082	1,090	1,099
9,0	1,0075	1,015	1,023	1,031	1,039	1,046	1,054	1,062	1,069	1,077	1,085	1,093
10,0	1,0074	1,0147	1,022	1,029	1,037	1,044	1,052	1,059	1,066	1,073	1,081	1,088
$t_n{}^0 =$	25	30	35	40	45	50	55	60	65	70	75	80

Die Kompression nach diesem Gesetz bezeichnet Zeuner als die polytropische Kompression.

Aus der letzten Gleichung berechnet sich n für jede beliebige Endtemperatur T_2 und jeden Enddruck p_2 folgendermassen.

Es ist

$$\log \frac{T_2}{T_1} = \frac{n-1}{n} \log \frac{p_2}{p_1},$$

daher

$$n = \frac{\log \frac{p_2}{p_1}}{\log \frac{p_2}{p_1} - \log \frac{T_2}{T_1}} = \frac{\log \frac{p_2}{p_1}}{\log \frac{p_2}{p_1} \cdot \frac{T_1}{T_2}} = \frac{\log \varepsilon}{\log \varepsilon \cdot \frac{T_1}{T_2}}, \tag{30}$$

worin $\varepsilon = \frac{p_2}{p_1}$ das Kompressionsverhältnis ist.

Tabelle 5.

tropischen Exponenten.

85	90	95	100	105	110	115	120	125	130	135	140	145	150
358	363	368	373	378	383	388	393	398	403	408	413	418	423
1,221	1,239	1,256	1,273	1,290	1,307	1,324	1,341	1,358	1,375	1,392	1,409	1,426	1,443
—	—	—	—	—	—	—	—	—	—	—	—	—	—
—	—	—	—	—	—	—	—	—	—	—	—	—	—
—	—	—	—	—	—	—	—	—	—	—	—	—	—
—	—	—	—	—	—	—	—	—	—	—	—	—	—
—	—	—	—	—	—	—	—	—	—	—	—	—	—
—	—	—	—	—	—	—	—	—	—	—	—	—	—
—	—	—	—	—	—	—	—	—	—	—	—	—	—
—	—	—	—	—	—	—	—	—	—	—	—	—	—
—	—	—	—	—	—	—	—	—	—	—	—	—	—
1,405	—	—	—	—	—	—	—	—	—	—	—	—	—
1,339	1,373	1,407	—	—	—	—	—	—	—	—	—	—	—
1,295	1,324	1,352	1,381	1,410	—	—	—	—	—	—	—	—	—
1,264	1,289	1,313	1,338	1,363	1,389	—	—	—	—	—	—	—	—
1,241	1,263	1,284	1,306	1,329	1,352	1,375	1,398	—	—	—	—	—	—
1,222	1,242	1,262	1,282	1,302	1,322	1,343	1,364	1,386	1,408	—	—	—	—
1,204	1,226	1,244	1,261	1,280	1,299	1,318	1,337	1,357	1,377	1,397	1,410	—	—
1,168	1,183	1,197	1,211	1,225	1,237	1,254	1,269	1,283	1,298	1,313	1,329	1,344	1,360
1,153	1,169	1,179	1,191	1,204	1,217	1,230	1,242	1,255	1,269	1,282	1,295	1,309	1,323
1,142	1,154	1,165	1,177	1,188	1,200	1,211	1,223	1,235	1,247	1,259	1,271	1,283	1,295
1,125	1,136	1,146	1,154	1,165	1,176	1,186	1,196	1,206	1,216	1,226	1,2365	1,247	1,257
1,115	1,124	1,133	1,142	1,151	1,1596	1,168	1,177	1,187	1,196	1,205	1,214	1,223	1,232
1,106	1,115	1,123	1,131	1,139	1,148	1,156	1,164	1,173	1,181	1,189	1,197	1,206	1,214
1,100	1,108	1,116	1,124	1,131	1,139	1,147	1,154	1,162	1,169	1,177	1,185	1,193	1,201
1,094	1,102	1,110	1,117	1,124	1,132	1,139	1,146	1,153	1,161	1,168	1,175	1,182	1,189
85	90	95	100	105	110	115	120	125	130	135	140	145	150

Nach dieser Gleichung ist Tabelle 5 für die Anfangstemperatur $t = 20^0$ C. oder $T = 293^0$ und Endtemperaturen bis zu 150^0 C. bei den in der Tabelle angegebenen Druckerhöhungen berechnet.

Ist jedoch die Anfangstemperatur eine beliebig andere, so lässt sich die Tabelle auch für diesen Fall mit hinreichender Genauigkeit anwenden. Soll z. B. $t = 12^0$ C., also $T = 273 + 12 = 285^0$ und $t_n = 50^0$, also $T_n = 273 + 50 = 323^0$ sein, so ist $T_n : T = 323 : 285 = 1{,}133$, welcher Wert dem in Spalte 8 berechneten 1,136 am nächsten kommt, sodass z. B. für $\varepsilon = 4{,}0$ $n = 1{,}102$ gesetzt werden kann. Ist dagegen $T_n : T$ nicht genau in der Tabelle enthalten, so lässt sich n durch Interpolation ermitteln. Für $T_n : T$ z. B. $= 1{,}229$ ($t = 10^0$, $T = 283^0$, $T_n = 283 \cdot 1{,}229 = 347{,}8$, $t_n = 74{,}8^0$) und $\varepsilon = 3{,}5$ liegt n zwischen 1,204 und 1,226, woraus man durch Interpolation $n = 1{,}214$ erhält.

Die Kompressionsarbeit bei polytropischer Zustandsänderung berechnet sich nun genau wie bei adiabatischer Kompression nach Gleichung 19) und 19 b) zu

$$L_I = \frac{n}{n-1} \cdot p_1 \left[\left(\frac{p_2}{p_1} \right)^{\frac{n-1}{n}} - 1 \right] \qquad 31)$$

in mkg für 1 cbm angesaugter Luft, oder unter Einführung der Temperaturen zu:

$$L_I = \frac{n}{n-1} \cdot p_1 \left[\frac{T_2'}{T_1} - 1 \right] = \frac{n}{n-1} \cdot p_1 \frac{T_2' - T_1}{T_1}. \qquad 31\,a)$$

Soll jedoch die Kompressionsarbeit für 1 cbm komprimierter Luft berechnet werden, so ist

$$L_{II} = \frac{n}{n-1} \cdot p_1 \left[\frac{p_2}{p_1} - \left(\frac{p_2}{p_1} \right)^{\frac{1}{n}} \right] \qquad 31\,b)$$

oder unter Einführung der Temperaturen

$$L_{II} = \frac{n}{n-1} \cdot p_1 \left[\left(\frac{T_2'}{T_1} \right)^{\frac{n}{n-1}} - \left(\frac{T_2'}{T_1} \right)^{\frac{1}{n-1}} \right]. \qquad 31\,c)$$

Hierin ist n für das gewünschte Druckverhältnis $\varepsilon = \frac{p_2}{p_1}$ und die beabsichtigte Temperaturerhöhung $T_2' - T_1$ aus Gleichung 30) zu berechnen.

Die Arbeit für 1 kg trockener Luft berechnet sich bei teilweiser Kühlung (oder polytropischer Kompression) nach der Gleichung

$$L = \frac{n}{n-1} \cdot R\,(T_2' - T_1), \qquad 32)$$

welche der Gleichung 19 a) entspricht. Hierin bedeutet n den Exponenten nach Gleichung 30) für das gewünschte Kompressionsverhältnis, sowie T_2' die durch die Kühlung beabsichtigte niedrigere Endtemperatur.

Diese Gleichung dürfte für die Berechnung der Kompressionsarbeit bei teilweiser Kühlung für die meisten praktischen Fälle genügende Genauigkeit ergeben.

Für streng wissenschaftliche Untersuchungen dagegen muss den von Mallard aufgestellten Gleichungen der Vorzug gegeben werden.

In sehr eingehender und klarer Weise hat derselbe zuerst[1]) die Vorgänge bei der Kompression und Expansion feuchter Luft, sowie den Einfluss der

---

1) Étude théorique sur les machines à air comprimé, par M. Mallard, Ingénieur de mines, professeur à l'Ecole des mineurs de Saint-Etienne. Bulletin de l'industrie minérale, Bd. XII, S. 615 u. f. Paris 1867.

Wasserkühlung entwickelt und die Gleichung für die Berechnung des Enddrucks der Kompression und der Kompressionsarbeit abgeleitet, wobei er die Voraussetzungen macht, dass 1. keinerlei Wärme durch die Cylinderwandungen zu- oder abgeführt werde (also adiabatische Zustandsänderung stattfinde), dass 2. während der Kompressionsperiode soviel Wasser in den Cylinder eingespritzt werde, dass die bei der Kompression entwickelte Wärme teilweise zur Verdampfung desselben verbraucht werde, sodass am Ende der Kompression die Luft grade ganz mit Wasserdampf gesättigt sei, und dass 3. die Temperaturen des Wassers, der Luft und des Wasserdampfes fortwährend einander gleich seien, also das Wasser und der Wasserdampf sich mit der Luft infolge der Kompression gleichmässig und gleichzeitig erwärme[1]).

C. Berechnung der abzuleitenden Wärmemenge.

In Fig. 498 sind die Kompressionsdiagramme für isothermische, adiabatische und polytropische Kompression dargestellt. Die Kurve AB stellt die Druckzunahme im ersten, AC im zweiten, AD bezw. AH im dritten Falle bei teilweiser Kühlung auf 150° bezw. 75° dar. Die diesen Kompressionen und nachherigem Verdrängen aus dem Cylinder entsprechenden Arbeitsmengen sind durch die Flächen ABEF, ACEF und ADEF bezw.

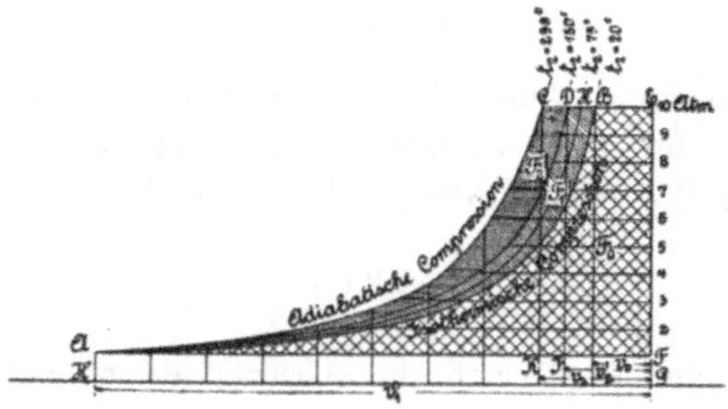

Fig. 498.

AHEF dargestellt. Es ist darin $L_i = F_0$, $L_a = F_0 + F_1 + F_2$ und $L_p = F_0 + F_1$, worin F_0 die kreuzweise schraffierte, F_1 die diagonal schraffierte und F_2 die horizontal schraffierte Fläche bezeichnet. Die adiabatische Kompressionsarbeit ist somit am grössten, die isothermische am kleinsten, zwischen beiden liegt die polytropische. Der ersteren entspricht im vorliegenden Falle (für $\frac{p_2}{p_1} = \varepsilon = 10$) eine Endtemperatur $t_2 = 298^0$, der letzteren eine solche von $t_2' = 150^0$ bezw. 75^0. Die Arbeitsersparnis bei teilweiser Kühlung

[1]) Für die gegebenenfalls erforderliche Benutzung dieser Gleichung sei auf die 1. Auflage, S. 464 u. folg. verwiesen.

von 298° auf 150° oder um $T_2 - T_2' = t_2 - t_2' = 148°$ ist somit gleich der Fläche F_2, diejenige bei isothermischer Kompression, also bei einer Kühlung von 298° auf 20° oder um 278° gleich der Fläche $F_1 + F_2$. Für die Kühlung auf 75° ist noch die Kurve AH eingezeichnet.

Zur Berechnung der ganzen, bei polytropischer Kompression abzuleitenden Wärmemenge dienen folgende Gleichungen.

Zeuner[1]) versteht unter der polytropischen Kompression diejenige, bei welcher die der Luft entzogene Wärmemenge der Temperaturänderung direkt proportional ist. Diese Voraussetzung lässt sich ausdrücken durch die Gleichung

$$Q = c\,(T_2' - T_1) \quad \text{oder} \quad \frac{Q}{T_2' - T_1} = \text{Konst.} = c,$$

worin c eine konstante Zahl ist, welche das Verhältnis der Wärmemenge zur Temperaturänderung ausdrückt. Da jedoch die Multiplikation von c mit einer Temperaturdifferenz die Wärmemenge Q ergibt, so muss c eine spezifische Wärme oder die zur Erwärmung eines kg Luft bei der Zustandsänderung nach der polytropischen Kurve um 1° nötige Wärmemenge bezeichnen. Zeuner[2]) nennt daher auch c die spezifische Wärme des betreffenden Gases, also hier der Luft, für die Druckkurve $p \cdot v^n = \text{Konst.}$

Ganz allgemein war nun für alle Zustandsänderungen der Luft die Gleichung 10) gefunden

$$Q = Q_1 + Q_2 = c_v\,(T_2 - T_1) + A \cdot L.$$

Schreibt man hierin T_2' statt T_2 und L_p statt L, so folgt

$$Q = c_v\,(T_2' - T_1) + A \cdot L.$$

Subtrahiert man diese Gleichung von der obigen, so folgt

$$0 = (c - c_v)\,(T_2' - T_1) - A \cdot L_p$$

oder

$$L_p = \frac{c - c_v}{A}\,(T_2' - T_1).$$

Dividiert man endlich diese Gleichung durch die erste, so folgt

$$\frac{A \cdot L_p}{Q} = \frac{c - c_v}{c},$$

oder wenn man nach Zeuner[3])

1) Techn. Thermodynamik, Bd. I, 1887, S. 142.
2) a. a. O. S. 143.
3) a. a. O. S. 143.

$$c = \frac{n - \varkappa}{n - 1} \cdot c_v$$

setzt,

$$\frac{A L_p}{Q} = \left(\frac{n - \varkappa}{n - 1} - 1\right) \cdot c_v \cdot \frac{n - 1}{(n - \varkappa) \cdot c_v} = \frac{1 - \varkappa}{n - \varkappa} = \frac{\varkappa - 1}{\varkappa - n},$$

folglich

$$Q = \frac{\varkappa - n}{\varkappa - 1} \cdot A L_p. \qquad 33)$$

Hierin bedeutet L_p die nur zur Kompression verwandte Arbeit. Da jedoch, wie bei der adiabatischen Kompression, auch hier die Beziehung besteht, dass die Gesamtarbeit zur Kompression und Hinausschieben aus dem Cylinder für 1 kg Luft

$$L = n \cdot L_p$$

ist, so folgt

$$L_p = \frac{1}{n} \cdot L,$$

und

$$Q = \frac{\varkappa - n}{(\varkappa - 1) \cdot n} \cdot A \cdot L = q \cdot L, \text{ worin } q = \frac{\varkappa - n}{n(\varkappa - 1)} \cdot A \qquad 34)$$

und L die ganze Arbeit bei einem Hube ist.

Die nachfolgende Tabelle 6 enthält für verschiedene Endtemperaturen und Kompressionsgrade bei einer Anfangstemperatur der Luft $= 20^0$ die Werte von q. Dieselbe gestattet auch, für andere Anfangstemperaturen die Wärmemenge zu ermitteln, da die Kompressionsarbeit nach den Gleichungen

Tabelle 6.

Werte von q (Gleichung 34).

$t_1 = 20^0$ C., $T_1 = 293^0$.

$\varepsilon = \frac{p_2}{p_1}$	$t_2' = 30^0$	50^0	75^0	100^0	150^0
	$T_2' : T_1 = 1{,}034$	1,102	1,188	1,273	1,443
1,5	0,00171	0,00041	—	—	—
2	0,00200	0,00122	0,00034	—	—
2,5	0,00207	0,00148	0,00083	0,00020	—
3	0,00211	0,00161	0,00109	0,00054	—
3,5	0,00214	0,00170	0,00125	0,00075	—
4	0,00216	0,00178	0,00135	0,00094	0,00020
4,5	0,002175	0,00183	0,00143	0,00106	0,00037
5	0,00219	0,00186	0,00148	0,00114	0,00051
6	0,00220	0,00191	0,00157	0,00127	0,00070
7	0,00221	0,00195	0,00163	0,00135	0,00083
8	0,00222	0,00198	0,00168	0,00141	0,00092
9	0,00223	0,00200	0,001715	0,00146	0,00100
10	0,00224	0,00201	0,00175	0,00150	0,00107

17a), 19a) und 32) nur abhängig ist von der Temperaturdifferenz oder dem Verhältnis der Anfangs- und Endtemperatur zueinander, nicht aber von der absoluten Grösse der Anfangstemperatur.

Da in der zweiten Horizontalreihe diese Verhältnisse für die in der Tabelle enthaltenen Werte angegeben sind, so dürfte es nicht schwer fallen, durch Interpolation für beliebige andere Temperaturverhältnisse die Werte von q zu ermitteln.

Beispiel:

Es sei für die im obigen Beispiel (S. 538) berechnete Luftmenge von 3,2755 cbm i. d. Sek. die in der gleichen Zeit abzuleitende Wärmemenge Q_0 zu berechnen, wenn $t_1 = 20^0$ und $t_2' = 50^0$ sein soll.

Es war zunächst $\varepsilon = 2{,}74$. Nach den obigen Gleichungen berechnet sich die Kompressionsarbeit zu $L = \mathbf{9125}$, hierfür $= \mathbf{9125}$ mkg, aus Tabelle 6 erhält man durch Interpolation $q = 0{,}001545$ W.E., woraus folgt

$$Q = 9125 \cdot 0{,}001545 = 14{,}098 \backsim 14{,}1 \text{ W.E.}$$

für 1 kg Luft. Das Gewicht eines cbm Luft von 20^0 berechnet sich für einen Luftdruck von 760 mm nach Gleichung 9b) zu

$$\gamma = 341{,}65 \frac{1{,}0333}{273 + 20} = 1{,}2048 \text{ kg},$$

folglich ist

$$G = 3{,}2755 \cdot 1{,}2048 = 3{,}946 \text{ kg},$$

und

$$Q_0 = 14{,}1 \cdot 3{,}946 = \mathbf{55{,}64} \text{ W.E.}$$

die ganze i. d. Sek. abzuführende Wärmemenge.

D. Berechnung der Kühlwassermenge.

Wie bereits oben erwähnt wurde, gibt es bei den Gebläsen und Luftkompressoren drei verschiedene Methoden der Kühlung:

1. Kühlung durch Wassereinspritzung in den Cylinder,
2. Mantelkühlung,
3. Kühlung durch direkte Berührung mit einer Wassersäule.

Es finden jedoch häufig zwei Methoden zugleich Anwendung, namentlich wird die Mantelkühlung mit der Wassereinspritzung vielfach verbunden. Die Berechnung der erforderlichen Kühlwassermengen kann aus verschiedenen Gründen nur annäherungsweise erfolgen, erstlich weil die Cylinderwandungen teilweise Wärme an die äussere Atmosphäre abgeben, deren Menge sich schwer ermitteln lässt, zweitens, weil durch die Stopfbüchsen- und Kolbenreibung noch Wärme entwickelt wird, welche den Kühlwasserverbrauch vergrössert, drittens, weil bei kombinierter Kühlung schwer bestimmbar ist, wieviel Wärme von dem Mantelwasser, wieviel von dem Einspritzwasser aufgenommen wird. Die Berechnung kann daher nur unter mehrfachen Einschränkungen erfolgen, daher die der Wirklichkeit entsprechenden Werte nie genau ergeben.

I. Kühlung durch Einspritzung.

Unter der Voraussetzung, dass die ganze abzuleitende Wärme nur vom Einspritzwasser aufgenommen werde, berechnet sich die Menge des letzteren annäherungsweise zu:

$$W = \frac{Q}{t'' - t'} \text{ in kg} \tag{35}$$

für 1 kg angesaugter Luft, worin Q aus Gleichung 34) zu berechnen und t' die Anfangs-, t'' die Endtemperatur des Kühlwassers ist, welche meist um ein beträchtliches geringer als die Endtemperatur t_2' der Luft ist.

Für einen cbm angesaugter Luft berechnet sich die Wassermenge zu:

$$W_1 = \frac{Q_1}{t'' - t'}, \tag{35a}$$

worin $Q_1 = Q \cdot \gamma$ und γ das Gewicht eines cbm angesaugter Luft in kg bei der Anfangstemperatur t_1 und dem äusseren Luftdrucke p in kg/qcm ist.

Wie bereits erwähnt, sind die vorstehenden Gleichungen nur für überschlägliche und angenäherte Berechnungen anwendbar, während die genaue Ermittelung der Einspritzwassermenge unter Berücksichtigung der Kompressionsarbeit, welche auch von dem mit höherem als dem jeweiligen Luftdruck in den Cylinder eintretenden Wasser teilweise geleistet wird, sowie unter Berücksichtigung des Volumens der Einspritzwassermenge im Cylinder erfolgen muss. In sehr klarer und ausführlicher Weise ist diese Berechnung zuerst von Lorenz angestellt worden, auf dessen interessante Arbeit, „Theorie der Luftkompression mit Einspritzkühlung“[1], hier verwiesen sei.

Lorenz leitet die folgende Hauptgleichung zur Berechnung der theoretischen Kühlwassermenge ab[2]):

$$W_0 = G \cdot \frac{c_v}{c} \cdot \frac{\varkappa - n}{n - 1} \cdot \ln\left(\frac{1 - \frac{T'}{T_1}\left(\frac{V_1}{V_0}\right)^{n-1}}{\left(1 - \frac{T'}{T_1}\right)\cdot\left(\frac{V_1}{V_0}\right)^{n-1}}\right),$$

[1]) Civil-Ingenieur, Bd. 36, 1890, S. 109 u. folg. und Z. d. V. d. Ing. 1892, S. 737 u. folg.

[2]) Geschrieben unter Anwendung der vom Verfasser bisher gebrauchten Schreibweise.

worin W_0 die ganze, während der Kompressionsperiode einzuspritzende Wassermenge in kg, G die angesaugte Luftmenge in kg, V_0 das Anfangs-, V_1 das Endvolumen derselben nach der Kompression, T_1 die absolute Anfangstemperatur der Luft, T' die absolute Anfangstemperatur des Wassers bedeutet. Die wichtigsten, von Lorenz auf Grund seiner Untersuchungen ausgesprochenen Sätze sind folgende:

1. „Durch Verdampfen von Kühlwasser kann bei Einspritzkompressoren keine Kühlwirkung erwartet werden".
2. „Während der Kompression wird nicht nur Wasser niedergeschlagen, sondern es wird hierbei auch noch eine bestimmte Wärmemenge frei, welche ausser der Kompressionswärme noch vom Kühlwasser aufgenommen werden muss".
3. „Die Kompressionsarbeit muss ebensowohl von dem Kompressorkolben als auch teilweise von dem eindringenden Kühlwasser bezw. von dessen Pumpe geleistet werden".

In der zweiten, gleichfalls citierten Abhandlung gibt Lorenz die folgende, einfachere Gleichung für die Einspritzwassermenge [1]):

$$W_0 = G \cdot \frac{c_v\,\varkappa - n}{c\;\; n - 1} \ln \frac{T_2' - T_1}{T_1 - T'},$$

worin T_1 die abs. Anfangs-, T_2' die abs. Endtemperatur der Luft, T' die abs. Anfangstemperatur des Einspritzwassers bedeutet. Die nachfolgende Tabelle 7 ist von Lorenz [2]) für verschiedene Werte von n und $\varepsilon = \frac{p_2}{p_1}$, sowie für eine Anfangstemperatur der Luft $t_1 = 20^0$ C., des Wassers $t' = 10^0$ C. berechnet und enthält die Werte der Verhältnisse: $\frac{W_0}{G}$.

Tabelle 7.

Theoretische Kühlwassermengen.

$\varepsilon = \frac{p_2}{p_1}$	n = 1	n = 1,1	n = 1,2	n = 1,3	n = 1,41
7	1,33	0,891	0,428	0,175	0
9	1,47	0,940	0,453	0,184	0
11	1,68	1,003	0,472	0,191	0

An der gleichen Stelle gibt sodann Lorenz eine interessante Zusammenstellung der Mittelwerte dreier Versuche an der Kompressoranlage

1) Siehe Fussnote 1 auf S. 561.

2) Z. d. V. d. Ing. 1892, S. 739.

der Kommanditgesellschaft für Druckluft in Augsburg, bei welchen die Luft auf 7, 9 und 11 Atmosphären abs. Enddruck komprimiert war und für die polytropischen Exponenten die Werte

$$n = 1{,}21 - 1{,}22 \text{ für den Niederdruckkompressor}$$
$$n = 1{,}15 - 1{,}2 \text{ für den Hochdruckkompressor,}$$

gefunden wurden. Bezüglich aller weiteren Einzelheiten dieser Versuche sei auf den Originalaufsatz verwiesen.

II. Mantelkühlung.

Die Berechnung gestaltet sich für diesen Fall wesentlich verwickelter, da hierbei verschiedene Umstände, wie die Wandstärke der Cylinder, die Art der Deckelkühlung, die Wärmeableitung durch die Kolbenstange, die Wärmeabgabe vom äusseren Mantel an die umgebende Luft, die mittlere Temperatur im Inneren des Cylinders, die Kühlung der Cylinderwandungen durch die frischangesaugte, kältere Luft u. s. w. eine mehr oder weniger wichtige Rolle spielen. Daher sollen zur Vereinfachung der Berechnung folgende Voraussetzungen gemacht werden.

1. Die Temperatur der Cylinderwände an der inneren Oberfläche sei fortwährend konstant und gleich der Endtemperatur T_2' der Luft, an der äusseren Oberfläche ebenfalls konstant und gleich t'', der Endtemperatur des abfliessenden Kühlwassers.

2. Die Wärmeabgabe durch die Deckel, Ventile, Kolbenstangen etc. sei vernachlässigt.

Die für 1 qm Cylinderoberfläche i. d. Stunde abgegebene Wärmemenge setzt sich zusammen aus der durch Strahlung und der durch Leitung abgegebenen Wärmemenge, also

$$Q_1 = S + B \qquad \text{W.E.}^{1)},$$

worin

$$S = 124{,}72 \cdot k \cdot 1{,}0077^{t''} (1{,}0077^{d} - 1)$$

und

$$B = 0{,}552\, C\, d^{1{,}233}$$

ist. Darin ist k ein Faktor, welcher von dem die Wärme überleitenden Material abhängig und für Gusseisen = 3,17 zu setzen ist, ferner bedeutet t'' die Temperatur des Kühlwassers beim Verlassen des Cylinders, d den Temperaturunterschied zwischen der Temperatur im Innern des Cylinders t_2' und der Temperatur des Kühlwassers t'', also $d = t_2' - t''$, ferner C einen von der Form des sich abkühlenden Körpers abhängigen Wert,

[1]) Weissbach-Herrmann, Lehrbuch der Mechanik II, 2, 5. Aufl. S. 812 u. folg.

welcher für horizontale Kreiscylinder vom Halbmesser r in m aus der Beziehung $C = 2{,}058 + \frac{0{,}0382}{r}$ zu berechnen ist. Man erhält somit aus der Gleichung

$$Q_1 = 124{,}72 \cdot 3{,}17 \cdot 1{,}0077^{t''} (1{,}0077^{d} - 1) + 0{,}552 \left(2{,}058 + \frac{0{,}0382}{r}\right) \cdot d^{1{,}233} \qquad 36)$$

die von 1 qm Oberfläche stündlich abgegebene Wärmemenge. Die gesamte Wärmemenge Q_{st}, welche i. d. Stunde durchgeleitet wird, berechnet sich dann, wenn $O = 2\,r\,\pi\,.\,s$ die Oberfläche des Cylinders in qm ist (unter Vernachlässigung der Wandstärke, Arbeitsleisten, Rippen u. s. w.) zu:

$$Q_{st} = O \cdot Q_1\,. \qquad 37)$$

Diese durchgeleitete Wärmemenge muss der stündlich fortzuschaffenden gleich sein.

Bezeichnet nach Gleichung 22) $V_0 = \frac{F \cdot s \cdot n}{30}$ die i. d. Sek. angesaugte Luftmenge in cbm, so ist $Q_0 = V_0 \cdot \gamma\, Q$ die ganze i. d. Sek. abzuleitende Wärmemenge, worin sich Q aus Gleichung 34) ergibt, mithin die stündlich abzuleitende Wärmemenge

$$Q_{st} = 3600 \cdot V_0\, \gamma\, Q\,. \qquad 37\,a)$$

Aus der Gleichheit beider Werte folgt

$$2\,r\,\pi \cdot s \cdot Q_1 = 3600 \cdot \frac{F \cdot s \cdot n}{30}\, \gamma\, Q\,. \qquad 38)$$

Da nun das Kühlwasser durch diese Wärmemenge von t auf t″ erwärmt wird, so folgt die stündliche Kühlwassermenge W_{st} in kg aus der Gleichung:

$$W_{st}\,(t'' - t) = 2\,r\,\pi \cdot s\, Q_1 = 120 \cdot F\,s\,n\,\gamma\, Q,$$

also

$$W_{st} = \frac{2\,r\,\pi \cdot s\, Q_1}{t'' - t'} = \frac{120 \cdot F\,s\,n \cdot \gamma \cdot Q}{t'' - t'}\,. \qquad 39)$$

III. Kühlung durch Wassersäule.

Bei den nassen Kompressoren wird mit der Luft zugleich eine bestimmte Wassermenge angesaugt und nach der Kompression wieder ausgestossen. Ist $Q' = Q \cdot \gamma$ die für 1 cbm Luft abzuleitende Wärmemenge und V_0 die Luftmenge i. d. Sek., so ist $Q_0 = V_0 \cdot Q'$ die ganze i. d. Sek. abzuleitende Wärmemenge. Wird die Endtemperatur des Wassers gleich jener der Luft t_2' vorausgesetzt, so erfolgt die Erwärmung des Wassers von t' auf $t_2'^0$. Ist die Endtemperatur des Wassers nur t''^0, so beträgt die Erwärmung nur $t'' - t'^0$. Bezeichnet w die Wassermenge, welche bei jedem Hube auf einer Cylinderseite angesaugt wird, so ist die gesamte i. d. Sek. eingeführte Wassermenge

$$W = \frac{w \cdot 2 \cdot n}{60},$$

folglich muss

$$W \cdot (t_2' - t_0) = Q_0 \text{ oder } W = \frac{Q_0}{t_2' - t_0} \text{ bezw. } = \frac{Q_0}{t'' - t_0} \qquad 40)$$

sein. Dieselbe ist daher um so grösser, je geringer die Erwärmung des Wassers ist. Je niedriger aber die Temperatur t^0 ist, desto geringer ist mithin auch bei einer bestimmten Endtemperatur t'' der Wasserverbrauch.

Viertes Kapitel.

Der Einfluss des schädlichen Raumes, volumetrischer Wirkungsgrad.

In dem zwischen dem Kolben in seiner Endstellung und den Cylinderdeckeln, Ventilen oder Klappen befindlichen schädlichen Raum bleibt ein gewisses Luftvolumen $\varepsilon_0 \cdot V_1$ von der Spannung p_2 zurück, welches sich

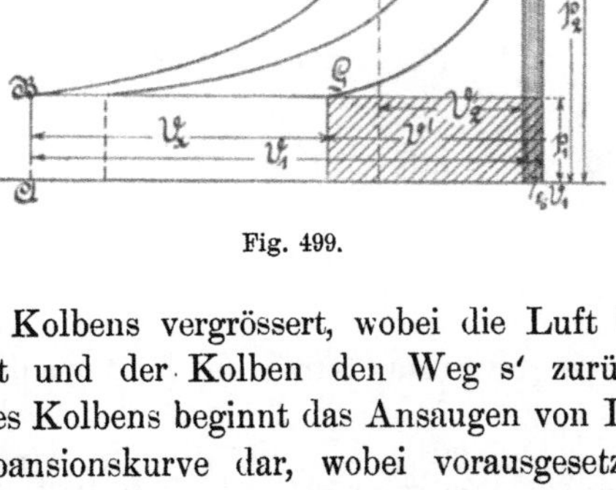

Fig. 499.

beim Rückgang des Kolbens vergrössert, wobei die Luft bis zum Anfangsdruck p_1 expandiert und der Kolben den Weg s′ zurücklegt. Erst bei dieser Stellung G des Kolbens beginnt das Ansaugen von Luft. In Fig. 499 stellt DG die Expansionskurve dar, wobei vorausgesetzt ist, dass diese Zustandsänderung adiabatisch erfolge. Die angesaugte Luftmenge ist dann nur V_x statt V_1, und ist dieselbe, wie die Figur zeigt, um so kleiner, je grösser der Enddruck p_2 ist. Wird derselbe z. B. gleich p_3, so findet fast während des ganzen Rückganges Expansion statt, und die angesaugte Luftmenge ist ungefähr gleich Null. Je höher also die Kompression getrieben wird, um so stärker ist der Einfluss des schädlichen Raumes.

Bei Beginn des Rückgangs war das Volumen des schädlichen Raumes $\varepsilon_0 V_1$ (vertikal schraffiert), der Druck p_2, die Temperatur T_2, am Ende der Expansion bezw. V' (diagonal schraffiert), p_1 und T_1, sodass die Gleichungen bestehen:

$$p_2 \cdot (\varepsilon_0 V_1) = p_1 \cdot V'$$

für isothermische und

$$p_2 \cdot (\varepsilon_0 V_1) = R T_2 \quad \text{und} \quad p_1 \cdot V' = R \cdot T_1,$$

oder

$$\frac{p_2 (\varepsilon_0 V_1)}{T_2} = \frac{p_1 \cdot V'}{T_1}$$

für adiabatische Zustandsänderung.

Aus der ersten Gleichung folgt:

$$V' = \varepsilon_0 \cdot V_1 \frac{p_2}{p_1} = \varepsilon_0 \cdot V_1 \cdot \varepsilon.$$

Aus der Gleichung $V_1 + \varepsilon_0 V_1 = V' + V_x$ folgt aber weiter:

$$V_x = (1 + \varepsilon_0) V_1 - V' = V_1 (1 + \varepsilon_0 - \varepsilon_0 \cdot \varepsilon) = V_1 [1 - \varepsilon_0 (\varepsilon - 1)]. \qquad 41)$$

Für isothermische Kompression ergibt sich daher der volumetrische Wirkungsgrad, d. h. das Verhältnis der wirklich angesaugten zur theoretischen Luftmenge oder zum Hubvolumen, zu:

$$\eta_v = \frac{V_x}{V_1} = 1 - \varepsilon_0 (\varepsilon - 1). \qquad 42)$$

Hieraus folgt, dass $\eta_v = 0$ wird, wenn $1 - \varepsilon_0 (\varepsilon - 1) = 0$, oder

$$\varepsilon = \frac{1}{\varepsilon_0} + 1 = \frac{1 + \varepsilon_0}{\varepsilon_0} \qquad 43)$$

ist, woraus z. B. für $\varepsilon_0 = 0{,}05$ sich

$$\varepsilon = \frac{1{,}05}{0{,}05} = 21$$

berechnet.

Für adiabatische Zustandsänderung folgt aus der obigen Gleichung:

$$V' = \varepsilon_0 V_1 \cdot \frac{p_2}{p_1} \cdot \frac{T_1}{T_2} = \varepsilon_0 V_1 \cdot \left(\frac{p_2}{p_1}\right)^{\frac{1}{\varkappa}} = \varepsilon_0 V_1 \cdot \left(\frac{p_2}{p_1}\right)^{0{,}7092} \qquad 44)$$

Aus der Gleichung

$$V_1 + \varepsilon_0 V_1 = V' + V_x$$

folgt sodann wie vorher:

$$V_x = (1 + \varepsilon_0)\, V_1 - V' = (1 + \varepsilon_0)\, V_1 - \varepsilon_0\, V_1 \left(\frac{p_2}{p_1}\right)^{\frac{1}{\varkappa}},$$

woraus sich nach verschiedenen Umformungen und unter Einführung der Bezeichnung $\varepsilon = \frac{p^2}{p_1}$ ergibt:

$$V_x = V_1 \left[1 - \varepsilon_0 \left((\varepsilon)^{\frac{1}{\varkappa}} - 1\right)\right], \tag{45}$$

also der volumetrische Wirkungsgrad zu:

$$\eta_v = \frac{V_x}{V_1} = 1 - \varepsilon_0 \left((\varepsilon)^{\frac{1}{\varkappa}} - 1\right). \tag{46}$$

Aus dieser Gleichung folgt, dass der volumetrische Wirkungsgrad um so grösser ist, je kleiner der schädliche Raum und je kleiner der Enddruck der Kompression ist. Der Wirkungsgrad wird dagegen gleich Null, wenn

$$\varepsilon_0 \left((\varepsilon)^{\frac{1}{\varkappa}} - 1\right) = 1 \quad \text{oder} \quad \varepsilon = \left(\frac{1 + \varepsilon_0}{\varepsilon_0}\right)^{\varkappa} \tag{47}$$

ist, also z. B. für

$$\varepsilon_0 = 0{,}05, \quad \varepsilon = 21^{1,41} = 73{,}17.$$

Die nachstehende Tabelle 8 gibt für verschiedene Werte von ε_0 die Werte von ε an, für welche der Wirkungsgrad bei isothermischer und adiabatischer Kompression gleich Null wird, also keine Luft mehr angesaugt wird. Die volumetrischen Wirkungsgrade für verschiedene schädliche Räume und für verschiedene Werte von ε sind aus Tabelle 9 zu ersehen.

Tabelle 8.

ε_0 in %	Isotherm. Kompr. $\varepsilon = \frac{1 + \varepsilon_0}{\varepsilon_0}$	Adiabat. Kompr. $\varepsilon = \left(\frac{1 + \varepsilon_0}{\varepsilon_0}\right)^{\varkappa}$
10	11	29,4
8	13,5	39,24
6	17,66	57,49
4	26	98,88

Um den nachteiligen Einfluss des schädlichen Raumes auf den volumetrischen Wirkungsgrad möglichst zu verkleinern, hat zuerst Professor Wellner[1]) den Vorschlag gemacht, am Ende des Kolbenhubes eine Ver-

[1]) Wellner, Schadloshaltung des schädlichen Raumes bei Gebläsemaschinen, siehe Technische Blätter 1879, S. 91.

Tabelle 9.

Volumetrische Wirkungsgrade bei verschiedenen Kompressionsgraden.

$\frac{p_2}{p_1} = \varepsilon$	Isothermische Kompression				Adiabatische Kompression			
	$\varepsilon_0 = 0{,}1$	$\varepsilon_0 = 0{,}08$	$\varepsilon_0 = 0{,}06$	$\varepsilon_0 = 0{,}04$	$\varepsilon_0 = 0{,}1$	$\varepsilon_0 = 0{,}08$	$\varepsilon_0 = 0{,}06$	$\varepsilon_0 = 0{,}04$
1,1	0,99	0,992	0,994	0,996	0,993	0,994	0,996	0,9972
1,2	98	984	988	992	986	989	992	9945
1,3	97	976	982	988	979	984	9877	9918
1,4	96	968	976	984	973	978	9838	989
1,5	95	960	970	980	967	973	980	9867
1,6	94	952	964	976	960	968	976	984
1,7	93	944	958	972	954	963	9726	9817
1,8	92	936	952	968	948	958	9689	979
1,9	91	928	946	964	942	954	9654	977
2	90	920	940	960	936	949	9619	9746
2,5	85	88	91	94	908	927	945	963
3	80	84	88	92	882	906	929	953
3,5	75	80	85	90	857	885	914	9427
4	70	76	82	88	833	866	8896	933
5	60	68	76	84	787	829	872	915
6	50	60	70	80	744	795	846	897
7	40	52	64	76	703	762	821	881
8	30	44	58	72	663	730	798	865
9	20	36	52	68	625	699	775	85
10	0,10	0,28	46	64	588	670	753	835
15	—	—	0,16	44	417	534	650	767
20	—	—	—	0,24	0,263	0,410	0,558	0,705

bindung zwischen beiden Cylinderräumen herzustellen, wodurch ein Überströmen der im schädlichen Raum befindlichen komprimierten Luft nach der anderen Kolbenseite erfolgen kann. Bezeichnet wieder $\varepsilon_0 V_1$ den Inhalt des schädlichen Raumes, p_2 und T_2 den Druck und die Temperatur der in ihm enthaltenen Luft, p_1, T_1 und V_1 dieselben Werte für die andere Kolbenseite, so kann man den Vorteil des Druckausgleichs für den volumetrischen Wirkungsgrad folgendermassen berechnen.

Volumetrischer Wirkungsgrad bei Druckausgleich.

I. Für isothermische Kompression.

Vor dem Ausgleich: $\varepsilon_0 V_1 \cdot p_2$ Druck und Volumen der Luft im schädlichen Raum, $(1 + \varepsilon_0) V_1 \cdot p_1$ Druck und Volumen der Luft auf der anderen Kolbenseite.

Nachdem Ausgleich: $(1 + 2\varepsilon_0 + \varepsilon_1) V_1 \cdot p_1'$ Druck und Volumen der gesamten Luft im Cylinder, den schädlichen Räumen und dem Umlaufkanal, worin $\varepsilon_1 \cdot V_1$ der Inhalt des Umlaufkanals ist, folglich:

$$\varepsilon_0 V_1 \cdot p_2 + (1 + \varepsilon_0) V_1 \cdot p_1 = (1 + 2\varepsilon_0 + \varepsilon_1) V_1 \cdot p_1'.$$

Wird $p_2 = \varepsilon \cdot p_1$ eingesetzt, so folgt:

$$V_1 \cdot p_1 (\varepsilon_0 \varepsilon + 1 + \varepsilon_0) = V_1 \cdot p_1' (1 + 2\varepsilon_0 + \varepsilon_1)$$

oder

$$p_1' = \frac{1 + (1 + \varepsilon)\varepsilon_0}{1 + 2\varepsilon_0 + \varepsilon_1} \cdot p_1, \text{ und } \varepsilon' = \frac{p_1'}{p_1} = \frac{1 + (1 + \varepsilon)\varepsilon_0}{1 + 2\varepsilon_0 + \varepsilon_1}, \tag{48}$$

also

$$\eta_v = 1 - \varepsilon_0 (\varepsilon' - 1). \tag{49}$$

Die nachstehende Tabelle 10 gibt eine vergleichende Übersicht der Wirkungsgrade bei Kompression ohne und mit Druckausgleich. Die erste Spalte gibt das Kompressionsverhältnis $\frac{p_2}{p_1} = \varepsilon$, die zweite den volumetrischen Wirkungsgrad ohne Druckausgleich, die beiden folgenden denselben mit Druckausgleich. Die Angaben der vierten Spalte sind der umfassenden und wertvollen Abhandlung von Weiss[1]) entnommen. Die

Tabelle 10.

Volumetrische Wirkungsgrade.

$\varepsilon_0 = 0{,}05$; $\varepsilon_1 = 0{,}01$; $1 + 2\varepsilon_0 + \varepsilon_1 = 1{,}11$.

$\frac{p_2}{p_1}$ oder ε	Ohne Druckausgleich	Mit Druckausgleich		Gewinn in %	$\varepsilon' = \frac{p_1'}{p}$
		nach Gl. 52	nach Weiss[2])		
1,2	0,99	0,99995	—	—	1,001
1,4	98	99955	—	—	1,009
1,6	97	9991	—	—	1,018
1,8	96	9986	—	—	1,027
2	95	998	0,995	4	1,036
2,5	925	997	—	—	1,06
3	90	9959	0,9925	10	1,081
3,5	875	9948	—	—	1,103
4	85	9937	0,990	15	1,126
5	80	991	0,9875	20	1,171
6	75	989	985	24	1,216
8	65	984	980	33	1,306
10	55	980	975	42	1,40
15	28	969	960	68	1,621
20	0,05	957	950	90	1,85
30	—	935	—	—	2,3
40	—	912	—	—	2,75
50	—	89	87	—	3,2
100	—	0,778	0,75	—	5,45
	—				

[1]) J. F. Weiss, Schieberkompressoren und Vakuumpumpen mit potenzierter Leistung, Patent Burckhardt und Weiss, Z. d. V. d. Ing. 1885, S. 934.

[2]) Weiss, a. a. O. S. 934.

für praktische Verhältnisse wohl belanglosen Unterschiede zwischen den Weiss'schen und den vom Verfasser berechneten Werten dürften ihren Grund in der Verschiedenheit der Annahme bezüglich der Grösse des Umlaufkanals haben. Die letzte Spalte gibt das Verhältnis des Drucks nach erfolgtem Ausgleich zum atmosphärischen Druck.

Die Tabelle zeigt, dass bei Kompression ohne Ausgleich für $p_2 > 20$ Atmosphären der Wirkungsgrad gleich Null wird, während derselbe bei Druckausgleich für denselben Enddruck noch 95 % und der Anfangsdruck auf der Saugseite nur 1,85 Atmosphären absolut beträgt, während er bei nicht erfolgtem Ausgleich 20 Atmosphären betragen würde.

Aus Gleichung 49) folgt ferner, dass der Wirkungsgrad um so grösser ist, je kleiner ε', oder nach Gleichung 48) je grösser der Umlaufkanal ε_1 ist, weil der Druckausgleich um so rascher, also auch die Öffnung der Saugkanäle um so früher erfolgen kann. Jedoch darf aus praktischen Gründen dieser Wert nicht zu gross genommen werden, damit der Schieber nicht zu gross wird.

II. Für adiabatische Kompression.

Da der Druckausgleich sehr rasch erfolgt, so darf wohl angenommen werden, dass derselbe bei konstanter Temperatur vor sich geht, zumal der Inhalt des schädlichen Raumes im Verhältnis zum Cylinderinhalt nur sehr klein ist. Bei sehr hohen Drücken dagegen wird die überströmende Luft einen Teil der angesaugten Luft erwärmen, indessen findet auch eine Wärmeabgabe an die Wandungen des Cylinders, Schiebers und der Deckel statt, sodass auch die Annahme einer adiabatischen Druckausgleichung falsch sein würde. Für adiabatische Kompression gehen die Gleichungen 48) und 49) über in die folgenden Gleichungen:

$$\varepsilon' = \frac{p_1'}{p_1} = \frac{1 + \varepsilon_0 + \varepsilon \cdot \varepsilon_0}{1 + 2\,\varepsilon_0 + \varepsilon_1} \qquad 50)$$

und

$$\eta_v = 1 - \varepsilon_0 \left[(\varepsilon')^{\frac{1}{\varkappa}} - 1\right]. \qquad 51)$$

Aus der letzten Gleichung folgt, dass der Wirkungsgrad bei Annahme adiabatischer Kompression noch günstiger wird, da $(\varepsilon')^{\frac{1}{\varkappa}} < \varepsilon'$ ist, also $\varepsilon_0 \left[(\varepsilon')^{\frac{1}{\varkappa}} - 1\right]$ kleiner und η_v grösser als bei isothermischer Kompression wird.

Da die wirkliche Zustandsänderung zwischen der isothermischen und adiabatischen liegen, also eine polytropische sein wird, so wird n an Stelle von $\varkappa$ zu setzen und für n derjenige Wert auf Tabelle 5 (S. 554) zu wählen sein, welcher dem Kompressionsverhältnis und der infolge der teilweisen Abkühlung im Cylinder herrschenden, niedrigeren Temperatur entspricht.

Beispiel:

Bei einem Kompressor von 400 mm Cylinderdurchmesser, 600 mm Kolbenhub sei $\varepsilon_0 = 0{,}08$, $\varepsilon_1 = 0{,}01$, $p_2 = 6$ Atmosphären absolut $\backsim$ 6 kg/qcm; dann berechnet sich p_1' nach Gleichung 48) zu

$$p_1' = \frac{1 + (1 + \varepsilon)\,\varepsilon_0}{1 + 2\,\varepsilon_0 + \varepsilon_1} \cdot p_1 = 1{,}33 \text{ kg/qcm},$$

und

$$\varepsilon' = \frac{1{,}33}{1} = 1{,}33,$$

folglich

$$\eta_v = 1 - \varepsilon_0\,(\varepsilon' - 1) = 0{,}9736$$

Nach Tabelle 10 ist dagegen der Wirkungsgrad bei Kompression ohne Druckausgleich $\eta_v = 0{,}6$, sodass durch den Druckausgleich ein volumetrischer Gewinn von $\backsim$ 38 % erzielt ist.

Zur Berechnung des volumetrischen Gewinns ist Gleichung 49) durch Gleichung 42) zu dividieren und man erhält:

$$\eta_g = \frac{\eta_v''}{\eta_v'} = \frac{1 - \varepsilon_0\,(\varepsilon' - 1)}{1 - \varepsilon_0\,(\varepsilon - 1)}, \qquad 52)$$

für isothermische Zustandsänderung und

$$\eta_g = \frac{\eta_v''}{\eta_v'} = \frac{1 - \varepsilon_0\left[(\varepsilon')^{\frac{1}{\varkappa}} - 1\right]}{1 - \varepsilon_0\left[(\varepsilon)^{\frac{1}{\varkappa}} - 1\right]} \qquad 53)$$

für adiabatische Zustandsänderung.

Beispiel:

Es ist der volumetrische Gewinn bei einem Enddruck $p_2 = 10$ Atm. abs. zu berechnen, wenn $\varepsilon_0 = 0{,}06$, $\varepsilon_1 = 0{,}008$ ist, bei einem Kompressor mit Druckausgleich gegenüber einem solchen ohne Druckausgleich a) bei isothermischer, b) bei adiabatischer, c) bei polytropischer Kompression, bei welcher die Endtemperatur der Luft infolge starker Kühlung nur 95° C. betragen, die Anfangstemperatur aber 20° sein soll.

Nach Gleichung 48) ist

$$p_1' = \frac{1 + \varepsilon_0\,(1 + \varepsilon)}{1 + 2\,\varepsilon_0 + \varepsilon_1} \cdot p_1 = \frac{1 + 0{,}06\,(1 + 10)}{1 + 0{,}12 + 0{,}008} \cdot 1 = 1{,}472$$

also

$$\varepsilon' = \frac{1{,}472}{1} = 1{,}472,$$

folglich

$$\eta_g = \frac{1 - \varepsilon_0 (\varepsilon' - 1)}{1 - \varepsilon_0 (\varepsilon - 1)} = \frac{1 - 0{,}06\,(1{,}472 - 1)}{1 - 0{,}06\,(10 - 1)} = \frac{0{,}972}{0{,}46} = 2{,}11$$

bei isothermischer Kompression, ferner:

$$\eta_g = \frac{1 - \varepsilon_0 \left[(\varepsilon')^{\frac{1}{\varkappa}} - 1\right]}{1 - \varepsilon_0 \left[\varepsilon^{\frac{1}{\varkappa}} - 1\right]} = \frac{1 - 0{,}06 \left[1{,}472^{0{,}709} - 1\right]}{1 - 0{,}06 \left[10^{0{,}709} - 1\right]} = \frac{0{,}981}{0{,}753} = 1{,}303$$

bei adiabatischer Kompression und endlich für den Fall der Abkühlung der Luft auf 95°, für welchen sich nach Tabelle 5 für $n = 1{,}11$, also $\frac{1}{n} = 0{,}9$ ergibt:

$$\eta_g = \frac{1 - \varepsilon_0 \left[(\varepsilon')^{\frac{1}{n}} - 1\right]}{1 - \varepsilon_0 \left[\varepsilon^{\frac{1}{n}} - 1\right]} = \frac{1 - 0{,}06 \left[1{,}472^{0{,}9} - 1\right]}{1 - 0{,}06 \left[10^{0{,}9} - 1\right]} = \frac{0{,}975}{0{,}583} = 1{,}672.$$

Es ist somit der Gewinn bei adiabatischer Kompression 30 %, bei polytropischer 67 % und bei isothermischer **111** % von der Luftmenge des Kompressors ohne Druckausgleich, wovon der mittlere Wert bei polytropischer Kompression der Wirklichkeit am nächsten kommen dürfte.

Fünftes Kapitel.

Der dynamische Wirkungsgrad.

A. Bei Maschinen ohne Druckausgleich.

Das in Fig. 498 (S. 557) dargestellte Kompressionsdiagramm lieferte in der Fläche F_0 die theoretische, bei isothermischer Kompression bei einem Kolbenhub verbrauchte Arbeit, in den Flächen $F_0 + F_1 + F_2$ diese Arbeit

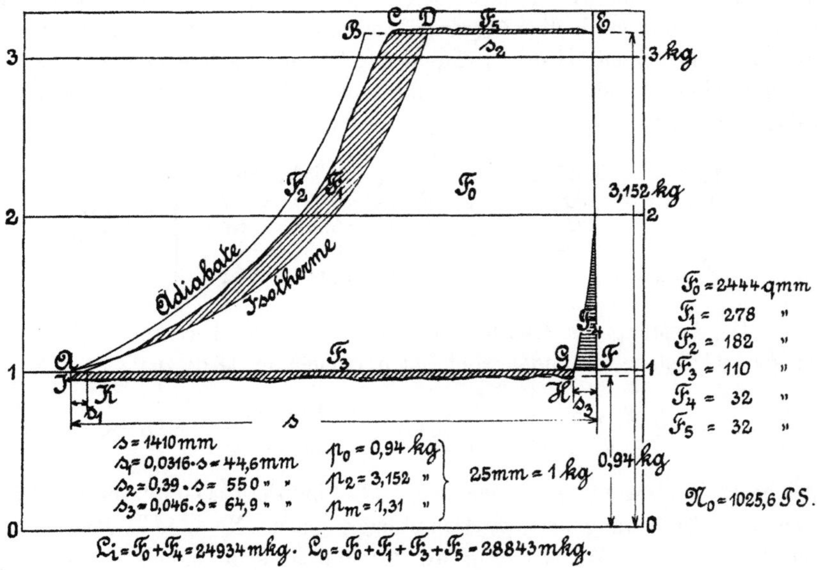

Fig. 500.

bei adiabatischer Kompression. In diesem Diagramm waren jedoch weder die schädlichen Räume, noch die infolge der Saugwirkung des Kolbens stattfindende Druckverminderung, noch endlich die Widerstände in den

Ventilen etc. berücksichtigt worden, welche Umstände zusammen das wirkliche Kompressionsdiagramm wesentlich beeinflussen. Fig. 500 zeigt ein Diagramm der Bessemer-Gebläsemaschine No. 1 der Dortmunder „Union“ (Aufnahme April 1891). Die Abmessungen dieser Maschine sind folgende:

Dampfcylinderdurchmesser	1255 mm
Gebläsecylinderdurchmesser	1410 „
Gemeinschaftlicher Hub	1410 „
Umdrehungszahl i. d. Min.	40
Kolbengeschwindigkeit i. d. Sek.	1,88 m

Die Kompressionskurve JKCDE liegt zwischen der Adiabate und Isotherme, die diagonal schraffierte Fläche F_1 gibt den Mehrbetrag an Kompressionsarbeit gegenüber der isothermischen Kompression, die Fläche F_2 den Arbeitsgewinn infolge der Kühlung, F_3 den zum Heben der Ventile etc. verbrauchten Arbeitsverlust während der Saugperiode, F_4 den Arbeitsgewinn infolge der Expansion der im schädlichen Raum enthaltenen Luft, F_5 den zum Heben der Druckventile etc. verbrauchten Arbeitsverlust während des Hinausschiebens der Luft aus dem Cylinder. Während nun $F_0 + F_4$ das der theoretischen Arbeit entsprechende Diagramm ist und sich durch Planimetrieren zu 2476 qmm ergibt, ist $F_0 + F_1 + F_3 + F_5$ die wirklich verbrauchte Arbeit, welche einer Fläche von 2864 qmm entspricht. Der mittlere Kolbenüberdruck berechnet sich hieraus zu 1,31 kg/qcm, die Arbeit bei einem Hube zu $L_0 = 28843$ mkg, sodass eine Fläche von 1 qmm einer Arbeit von 10,07 mkg entspricht. Die Einzelarbeiten ergeben sich danach zu:

$F_0 =$	24610	mkg	oder	$F_0 : L_0 = 0{,}853 = 85{,}3\,\%$	der effektiven Arbeit L_0.
$F_1 =$	2800	„	„	$F_1 : L_0 = 0{,}097 = 9{,}7$ „	
$F_2 =$	1833	„	„	$F_2 : L_0 = 0{,}063 = 6{,}3$ „	
$F_3 =$	1108	„	„	$F_3 : L_0 = 0{,}038 = 3{,}8$ „	
$F_4 = F_5 =$	324	„	„	$F_4 : L_0 = 0{,}011 = 1{,}1$ „	

Die Leistung der Maschine im Gebläsecylinder berechnet sich daher, da zwei Cylinder vorhanden sind, nach Gleichung 18d) zu:

$$N = 2 \cdot \frac{F \cdot s \cdot n}{30} \cdot \frac{p_m}{75} = \frac{2 \cdot n}{30 \cdot 75} \cdot L_0 = \frac{2 \cdot 28843 \cdot 40}{30 \cdot 75} = \mathbf{1025{,}6}\ \text{PS.}$$

für beide Gebläsecylinder zusammen. Die indizierte Dampfarbeit beträgt nach der Berechnung aus den Dampfdiagrammen: $N_i = \mathbf{1171}$ **PS.**, sodass der dynamische Wirkungsgrad der Maschine, d. h. das Verhältnis der zur Kompression und Verdrängung der Luft notwendigen Arbeit zu der ganzen im Dampfcylinder geleisteten Arbeit

$$\eta_d = \frac{N}{N_i} = \frac{1025{,}6}{1171} = 0{,}876,$$

der Arbeitsverlust durch die Widerstände der Maschine also 12,4 % der Dampfarbeit ist. Der Gesamtarbeitsverlust setzt sich aber aus den einzelnen Arbeitsverlusten, d. h. jenen Arbeitsmengen zusammen, welche nicht zur Kompression der Luft, sondern zur Überwindung von schädlichen Widerständen verbraucht werden; dieselben sind folgende:

1. Arbeitsverlust L_1 infolge der Erwärmung der Luft, Fläche F_1.

2. Arbeitsverlust L_2 beim Verdrängen der Luft und eventuell des Kühlwassers aus dem Cylinder infolge des Widerstandes durch die Klappen oder Ventile, Fläche F_5.

3. Arbeitsverlust L_3 beim Ansaugen der Luft gleichfalls infolge des Widerstandes in den Ventilen, Fläche F_3.

4. Arbeitsverlust L_4 durch Kolben- und Stopfbüchsenreibung, Schieber- und Ventilreibungswiderstände.

5. Arbeitsverlust L_5 durch die Reibung in den Pleuelstangen- und Schwungradachslagern.

6. Arbeitsverlust L_6 durch den Luftwiderstand des Schwungrades.

Während die drei ersten Widerstände sich nur auf das Gebläse allein beziehen, findet der vierte Verlust in beiden Cylindern statt, während die Verluste 5 und 6 nur von der Dampfmaschine und ihrer indizierten Leistung abhängig sind. Bezeichnet man die letztere mit L_i, die theoretische Kompressionsarbeit mit L, so lassen sich die Verluste im Verhältnis zu L_i und L folgendermassen ausdrücken [1]):

$$\lambda_1 = \frac{L_1}{L}, \qquad \lambda_2 = \frac{L_2}{L}, \qquad \lambda_3 = \frac{L_3}{L}, \qquad L_4 = \frac{L_4 + L_5 + L_6}{L_i}, \tag{54}$$

und die Gesamtarbeit

$$L_i = L + L_1 + L_2 + L_3 + L_4 + L_5 + L_3,$$

woraus man durch Einführung von λ_1, λ_2 etc. erhält

$$\eta_d = \frac{L}{L_i} = \frac{N}{N_i} = \frac{1 - \lambda_4}{1 + \lambda_1 + \lambda_2 + \lambda_3}. \tag{55}$$

Hierin bezeichnet L die Arbeit zur Kompression eines bestimmten Luftvolumens ohne Berücksichtigung des volumetrischen Wirkungsgrades. Da jedoch die wirklich gelieferte Luftmenge nach Kapitel 4 kleiner ist, so hat man den volumetrischen Wirkungsgrad mit in Rechnung zu ziehen und erhält somit den Gesamtwirkungsgrad η, d. h. das Verhältnis der theoretisch zur Kompression einer bestimmten Luftmenge nötigen Arbeit zur Dampfarbeit zu

$$\eta = \eta_d \cdot \eta_v = \frac{N_l}{N_d}, \quad \text{also } N_d = \frac{1}{\eta_d} \cdot \frac{1}{N_v} \cdot N_l, \tag{56}$$

---

[1]) Vergl. auch Handbuch der Ing.-Wissenschaften IV, 1, S. 212 u. f.

oder nach den Gleichungen 46) und 50)

$$\eta = \frac{1 - \lambda_4}{1 + \lambda_1 + \lambda_2 + \lambda_3} \cdot \left\{1 - \varepsilon_0 \left((\varepsilon)^{\frac{1}{\varkappa}} - 1\right)\right\}. \tag{57}$$

Berechnung der Arbeitsverluste.

1. Arbeitsverlust $\lambda_1 = \frac{L_1}{L}$ infolge der Erwärmung der Luft.

Nach Gleichung 31) (S. 556) berechnet sich die Kompressionsarbeit für 1 cbm angesaugter Luft bei teilweiser Kühlung oder polytropischer Kompression zu

$$L_I = \frac{n}{n-1} \cdot p_1 \left[\varepsilon^{\frac{n-1}{n}} - 1\right] \text{ mkg},$$

bei isothermischer Kompression dagegen nach Gleichung 18b) zu:

$$L = p_1 \cdot \ln \frac{p_2}{p_1} = p_1 \ln \varepsilon.$$

Mithin ist der Arbeitsverlust

$$L_1 = L_I - L,$$

also

$$\lambda_1 = \frac{L_1}{L} = \frac{L_I}{L} - 1 = \frac{n}{n-1} \cdot \frac{\varepsilon^{\frac{n-1}{n}} - 1}{\ln \varepsilon} - 1. \tag{58}$$

Aus der Beziehung:

$$\varepsilon^{\frac{n-1}{n}} = \frac{T_2'}{T_1}$$

folgt

$$L_I = \frac{n}{n-1} \cdot p_1 \left(\frac{T_2'}{T_1} - 1\right)$$

und

$$\frac{n-1}{n} \cdot \ln \varepsilon = \ln \frac{T_2'}{T_1},$$

oder

$$\ln \varepsilon = \frac{n}{n-1} \cdot \ln \frac{T_2'}{T_1},$$

also

$$L = \frac{n}{n-1} \cdot p_1 \cdot \ln \frac{T_2'}{T_1},$$

mithin

$$\lambda_1 = \frac{L_I}{L} - 1 = \frac{\frac{T_2'}{T_1} - 1}{\ln \frac{T_2'}{T_1}} - 1. \qquad 59)$$

Unter Benutzung von Tabelle 5 (S. 554) kann

$$\lambda_1 = \frac{L_I - L}{L}$$

für die Endtemperaturen 30, 50, 75 etc. und die häufigsten Kompressionsverhältnisse von $\varepsilon = 1{,}1$ bis 10 leicht berechnet werden.

Soll z. B. $t_2 = 50^0$, $\varepsilon = 3{,}5$ sein, so ist hierfür $L_I = 13\,460$ mkg, $L = 12\,947$, also

$$\lambda_1 = \frac{13\,460 - 12\,947}{12\,947} = \frac{513}{12\,947} \backsim 0{,}04 \text{ oder } 4\,\%.$$

2. Arbeitsverlust $\lambda_2 = \frac{L_2}{L}$ beim Durchgang der Luft durch die Druckventile

Ist die Kompression der Luft bis zu dem in der Windleitung oder dem Windregulator herrschenden Druck getrieben, so herrscht auf beiden Seiten der Ventile oder Klappen derselbe Druck. Um dieselben jedoch zu öffnen, also ihr Eigengewicht, sowie den etwa auf ihnen noch lastenden Federdruck zu überwinden, muss der innere Druck grösser als der äussere sein. Ausserdem muss noch ein Überdruck zur Überwindung des Widerstandes beim Durchgang durch den freien Ventilquerschnitt vorhanden sein, sodass der absolute innere Druck sich berechnet zu:

$$p_2' = p_2 + p_x + p_y + p_z,$$

worin

p_2 den Druck in der Windleitung oder im Regulator in kg/qcm,
p_x den zur Überwindung des Ventilgewichts nötigen Druck in kg/qcm,
p_y den zur Überwindung des Federwiderstandes nötigen Druck in kg/qcm,
p_z den zur Überwindung des Durchgangswiderstandes nötigen Druck in kg/qcm

bedeutet.

A. Berechnung von p_x.

Es sei in Fig. 501 A der freie Ventilquerschnitt vom Durchmesser d, B das Ventil vom Gewicht G, p_x der zur Hebung und zum Festhalten des Ventils in der geöffneten Stellung nötige Überdruck, so muss

$$\frac{d^2 \pi}{4} \cdot p_x = G$$

sein. Sind i Ventile vorhanden, und wird nach Riedler[1]) das Verhältnis des gesamten Druckventilquerschnitts zum Cylinderquerschnitt $\gamma = {}^1/_{13} - {}^1/_{15}$, im Mittel $= \frac{1}{14}$ gesetzt, so ist für $\gamma = \frac{1}{14}$:

$$i \cdot \frac{d^2 \pi}{4} = \frac{1}{14} \frac{D^2 \pi}{4} \quad \text{oder} \quad d = 0,267 \frac{D}{\sqrt{i}},$$

oder allgemein

$$d = D \sqrt{\frac{\gamma}{i}} \text{ in cm},$$

also

$$p_x = \frac{G}{d^2 \frac{\pi}{4}} = 1,273 \frac{i \cdot G}{\gamma \cdot D^2}, \tag{60)}$$

worin G in kg, D in cm zu setzen ist.

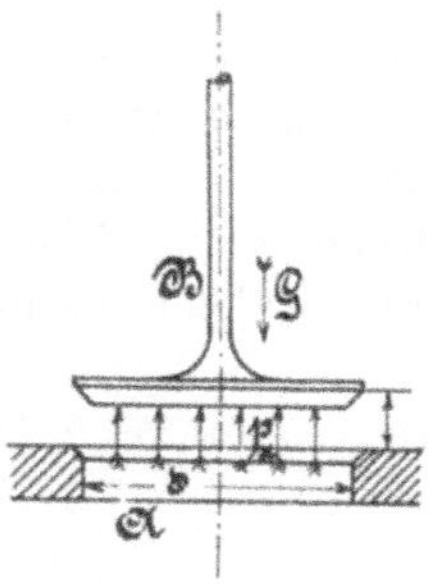

Fig. 501.

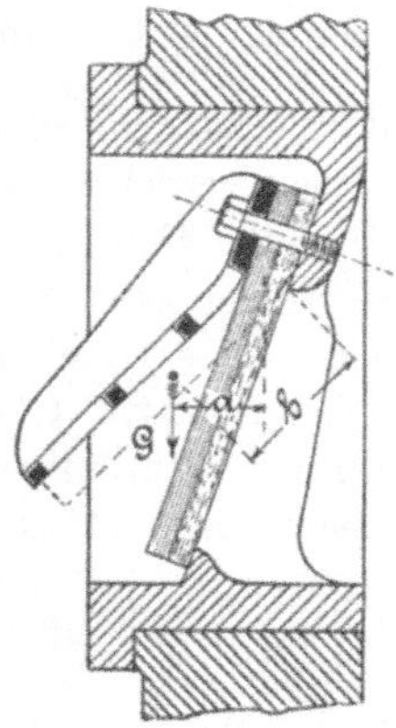

Fig. 502.

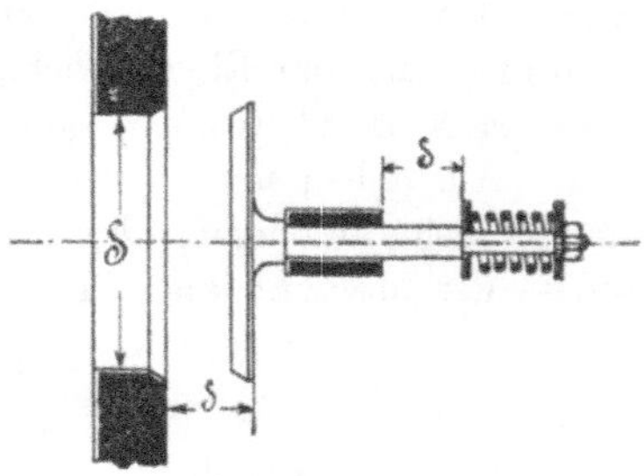

Fig. 503.

Sind keine Ventile, sondern Klappen vorhanden, so ist unter G das Gewicht einer Klappe zu verstehen. Ist die Anordnung derselben vertikal, wie es bei liegenden Gebläsen meist der Fall ist, so berechnet sich p_x folgendermassen. Es sei wieder G das Gewicht der Klappe, Fig. 502, und dieselbe um den $\angle \alpha$ gehoben. Der Hebelarm des Gewichts G sei a, derjenige des Überdrucks $p_x \cdot F$ sei b, dann ist:

$$G \cdot a = p_x \cdot F \cdot b,$$

also

$$p_x = \frac{G}{F} \cdot \frac{a}{b}. \tag{61)}$$

1) Z. d. V. d. Ing. 1884, Bd. 28, S. 5 u. f.

B. Berechnung von p_y.

Um ein rascheres Schliessen der Ventile zu erreichen, werden Federn angewandt, welche bei horizontal liegenden Ventilen auch noch den Reibungswiderstand derselben in den Führungen zu überwinden haben. Der letztere Fall soll allein untersucht werden, da bei aufrecht stehenden Ventilen der Schluss durch das Eigengewicht bewirkt werden kann.

Es sei in Fig. 503 δ der Hub des Ventils und derselbe zu $\delta = \frac{d}{4}$ in mm angenommen, welcher Wert bei Ventilen ohne Führungsrippen, wie sie bei Gebläsen meist Anwendung finden, der theoretisch notwendige ist. Das Gewicht G des Ventils bewirkt einen Reibungswiderstand $R = f \cdot G$, worin f für ruhende Reibung von Schmiedeeisen auf Gusseisen (Ventilspindel in der Führung) nach Morin[1]) zu 0,19 gesetzt werden kann. Beim Öffnen muss der innere Überdruck sowohl die Reibung R, als auch den Federdruck P überwinden. Der letztere muss mindestens so stark sein, um beim Hubwechsel das Ventil zu schliessen, also die Reibung R zu überwinden und dem Ventil eine gewisse Beschleunigung zu erteilen. Nach Bach[2]) ist der Federdruck P abhängig von der Kolbengeschwindigkeit und dem Kolbenquerschnitt und nach der Gleichung

$$P = \frac{1}{30} \cdot \frac{n^2 \cdot s \cdot F}{\varepsilon}$$

zu berechnen. Annäherungsweise sei $P = 1{,}5\,R$ gesetzt, so muss

$$p_y \cdot \frac{d^2 \pi}{4} = R + P = 2{,}5\,R = 0{,}19 \cdot 2{,}5\,G = 0{,}475\,G$$

oder

$$p_y = \frac{4}{\pi} \cdot 0{,}475 \frac{G}{d^2} = 0{,}605 \frac{G}{d^2}$$

sein, oder wenn wieder $d = D \cdot \sqrt{\frac{\gamma}{i}}$ gesetzt wird,

$$p_y = 0{,}605 \cdot \frac{i \cdot G}{\gamma \cdot D^2}, \qquad 62)$$

worin G das Ventilgewicht in kg, D den Cylinderdurchmesser n cm, i die Anzahl der Ventile und γ das Verhältnis $\frac{i\,d^2}{D^2}$ bedeutet.

Bei Federbelastung stehender Ventile kann die Reibung R vernachlässigt werden, und

$$p_y = \frac{4}{\pi} \cdot \frac{P}{d^2} = 1{,}273 \cdot \frac{P \cdot i}{\gamma \cdot D^2} \qquad 62\,a)$$

---

1) Hüttentaschenbuch, 15. Aufl. 1890, I, S. 199.

2) Z. d. V. d. Ing. 1887, S. 61 f.

gesetzt werden, worin P der Federdruck in kg, D der Cylinderdurchmesser in cm ist.

C. Berechnung von p_z.

Da der freie Durchgangsquerschnitt der Druckventile resp. Klappen bedeutend kleiner ist als der Cylinderquerschnitt, oder $F_1 = \gamma \cdot F$ ist, worin $\gamma = \frac{1}{13} - \frac{1}{15}$ zu setzen war, so muss, wenn die Kolbengeschwindigkeit $c = \frac{s \cdot n}{30}$ ist, die Geschwindigkeit c_1 in den Ventilen berechnet werden nach der Gleichung $c_1 = \frac{1}{\gamma} \cdot c$ und die Geschwindigkeit in der Druckleitung des Cylinders, wenn deren Querschnitt $F_2 = \gamma' \cdot F$ ist, zu

$$c_2 = \frac{1}{\gamma'} c.$$

Unter Berücksichtigung der Reibungs- und Druckwiderstände in den Ventilen oder Klappen berechnet sich die Ausflussmenge V_0 durch den gesamten freien Ventilquerschnitt F_1, reduziert auf den Druck p_1 und die Temperatur T_1 der angesaugten Luft nach G. Schmidt[1]) zu:

$$V_0 = 336{,}6 \cdot \lambda \cdot F_1 \frac{\sqrt{b + h_2}}{b \cdot \sqrt{1 + \alpha t_2'}} \cdot (1 + \alpha t_1) \sqrt{h_1 - h_2},$$

worin

$$\lambda = 1 - 0{,}03 \frac{h_1 - h_2}{b + h_2}$$

und

b	der Barometerstand der Luft im Gebläseraum	in mm
h_1	der Manometerüberdruck im Cylinder	Queck-
h_2	„ „ in der Druckleitung	silbersäule,
t_1	die Temperatur der angesaugten Luft,	
t_2'	„ „ „ komprimierten Luft	

$$\alpha = \frac{1}{273}, \quad F_1 = \gamma \cdot F$$

ist. Setzt man

$$\frac{h_1 - h_2}{b + h_2} = \frac{p_z}{p_2},$$

und rechnet für eine vorläufige Annahme von p_z den Wert λ aus, so lässt sich für p_z folgende Gleichung aufstellen.

1) Hüttentaschenbuch, 14. Aufl. 1890, I, S. 213.

Da nach Gleichung 22) die i. d. Sek. angesaugte Luftmenge sich zu

$$V_0 = \frac{F \cdot s \cdot n}{30}$$

berechnete, so ist

$$336{,}6 \cdot \lambda \cdot F_1 \frac{\sqrt{b + h_2}}{b \cdot \sqrt{1 + \alpha t_2'}} \cdot (1 + \alpha t_1) \sqrt{h_1 - h_2} = \frac{F \cdot s \cdot n}{30},$$

woraus man durch verschiedene Umformungen erhält:

$$p_z' = \frac{h_1 - h_2}{b} \cdot 10\,333 = 0{,}02775 \cdot \frac{T_2'}{T_1^2} \cdot \left(\frac{s \cdot n}{\lambda \cdot \gamma}\right)^2 \cdot \frac{b}{b + h_2} \qquad 63)$$

$$\text{in kg/qcm oder } p_z = \frac{p_z'}{10\,333} \text{ in kg/qcm.} \qquad 63\,a)$$

Die aus den Gleichungen 60), 62) und 63 a) berechneten Werte von p_x, p_y und p_z ergaben den Überdruck vor dem Kolben über den Regulatordruck zu

$$p' = p_2' - p_2 = p_x + p_y + p_z, \qquad 64)$$

mithin berechnet sich der Arbeitsverlust L_2 zu:

$$L_2 = p' \cdot F \cdot s_2 = p' \cdot V_2,$$

oder da nach Gleichung 16)

$$\frac{V_2}{V_1} = \left(\frac{p_1}{p_2}\right)^{\frac{1}{\varkappa}},$$

also

$$V_2 = V_1 \cdot \left(\frac{p_1}{p_2}\right)^{\frac{1}{\varkappa}}$$

ist,

$$L_2 = p' \cdot V_1 \cdot \left(\frac{p_1}{p_2}\right)^{\frac{1}{\varkappa}},$$

folglich für 1 cbm Luft oder für $V_1 = 1$

$$L_2 = p' \cdot \left(\frac{p_1}{p_2}\right)^{\frac{1}{\varkappa}} = p' \cdot \left(\frac{1}{\varepsilon}\right)^{\frac{1}{\varkappa}}, \qquad 65)$$

hieraus folgt, da $L = p_1 \cdot \ln \varepsilon$ ist:

$$\lambda_2 = \frac{p' \cdot \left(\frac{1}{\varepsilon}\right)^{\frac{1}{\varkappa}}}{p_1 \cdot \ln \varepsilon}. \qquad 66)$$

3. Arbeitsverlust $\lambda_3 = \frac{L_3}{L}$ beim Durchgang der Luft durch die Saugventile.

Soll die äussere Luft in den Gebläsecylinder gelangen, so muss ihr Überdruck genügen, um 1. die Ventile oder Klappen zu öffnen, 2. den Druck der Federn, falls solche vorhanden sind, 3. den Widerstand beim Durchgang durch die Ventile oder Klappen zu überwinden. Der im Innern des Cylinders während der Saugperiode herrschende Druck muss daher um den zur Überwindung dieser Widerstände nötigen Druck kleiner als der äussere Luftdruck sein. Bezeichnet p_1 den letzteren, p_1' den inneren Druck, so muss

$$p_1 = p_1' + p_x + p_y + p_z,$$

oder

$$p_1' = p_1 - (p_x + p_y + p_z) = p_1 - p' \tag{67}$$

sein; hierin bezeichnet wieder wie vorher

p_x den zur Überwindung des Ventilgewichts nötigen Druck in kg/qcm,

p_y den zur Überwindung des Federwiderstandes nötigen Druck in kg/qcm,

p_z den zur Überwindung des Durchgangswiderstandes nötigen Druck in kg/qcm,

p' den gesamten Druckverlust $= p_x + p_y + p_z$ in kg/qcm.

Mit einer für die Praxis völlig genügenden Genauigkeit kann man dieselben Gleichungen wie oben anwenden und schreiben:

$$p_x = 1{,}273 \frac{i \cdot G}{\gamma \cdot D^2},$$

worin i die Anzahl der Ventile vom Einzelgewicht G, D den Cylinderdurchmesser in cm, γ das Verhältnis des gesamten freien Ventilquerschnitts zum Cylinderdurchschnitt bedeutet. Letzteres ist nach Riedler[1]) zu:

$$\gamma = \frac{1}{7} \text{ bis } \frac{1}{10}$$

zu setzen. Nach Daelen[2]) ist zu nehmen

$$\gamma = \frac{1}{5} \text{ bis } \frac{1}{6}$$

für die Saugventile,

$$\gamma = \frac{1}{15} \text{ bis } \frac{1}{18}$$

---

1) Z. d. V. d. Ing. 1884, Bd. 28, S. 5 u. f.

2) Daelen, Verhandl. d. Vereins zur Beförd. des Gew.-Fleisses, 1883, S. 173.

für die Druckventile, welch letztere Werte nach Hauer[1]) zu gross bezw. zu klein sind, da das Verhältnis der Saugventilquerschnitte zu den Druckventilquerschnitten $\frac{F_s}{F_d} = 3$ zu gross erscheint.

Für vertikal hängende Klappen ist, wie früher:

$$p_x = \frac{G}{F} \cdot \frac{a}{b}.$$

p_y berechnet sich nach Gleichung 65) zu:

$$p_y = 0{,}605 \cdot \frac{i \cdot G}{\gamma \cdot D^2}$$

oder bei stehenden Ventilen zu:

$$p_y = 1{,}273 \cdot \frac{i \cdot P}{\gamma \cdot D^2}.$$

Berechnung von p_z.

Bezeichnet wieder $\gamma \cdot F$ den freien Durchgangsquerschnitt der Ventile oder Klappen, so muss

$$\gamma \cdot F \cdot c_1 = F \cdot c \quad \text{oder} \quad c_1 = \frac{1}{\gamma} \cdot c$$

sein. Zur Überwindung der Reibungswiderstände muss jedoch die wirkliche Geschwindigkeit grösser, also

$$c_1' = \frac{1}{\mu} \cdot c \quad \text{oder} \quad \frac{c_1'}{c} = \frac{1}{\mu}$$

sein, worin μ der Eintrittskoeffizient ist. Bezeichnet man mit h und $h + h_z$ die diesen Geschwindigkeiten entsprechenden Druckhöhen in m Luftsäule, so muss

$$c_1 = \sqrt{2gh} \quad \text{und} \quad c_1' = \sqrt{2g(h + h_z)}$$

sein, oder

$$\frac{c_1'}{c} = \sqrt{\frac{h + h_z}{h}} = \frac{1}{\mu},$$

woraus folgt:

$$\frac{h_z}{h} = \frac{1 - \mu^2}{\mu^2},$$

oder, weil

$$\frac{h_z}{h} = \frac{p_2}{p_1}$$

gesetzt werden kann,

$$p_z = \frac{1 - \mu^2}{\mu^2} \cdot p_1.$$

---

[1]) Hauer, Die Hüttenwesensmaschinen. Supplement 1887.

Für den Eintrittskoeffizienten μ kann man nach Weissbach[1]) für innen abgerundete, kürzere konische Düsen

$$\mu = 0{,}95 \text{ bis } 0{,}97$$

setzen, sodass für gut abgerundete Eintrittsöffnungen, deren Länge ja nur gleich der Wandstärke des Cylinderdeckels ist,

$$\mu = 0{,}97 \text{ bis } 0{,}99$$

angenommen werden kann. Genauere, versuchsmässig festgestellte Werte für den Eintrittskoeffizienten bei Gebläseventilen- bezw. Klapprosten sind, soweit dem Verfasser bekannt ist, nicht vorhanden und dürften erst durch eine grössere Versuchsreihe festzustellen sein. Für die meisten Berechnungen wird jedoch der obige Wert von p_z genügende Genauigkeit ergeben.

Der Arbeitsverlust L_3 berechnet sich nun zu:

$$L_3 = p_1' \cdot F \cdot s = p_1' \cdot V_1,$$

also für 1 cbm oder $V_1 = 1$ zu:

$$L_3 = p_1' = p_1 - (p_x + p_y + p_z),$$

mithin, da

$$\lambda_3 = \frac{L_3}{L} \text{ und } L = p_1 \cdot \ln \varepsilon \text{ ist}$$

$$\lambda_3 = \frac{p_1'}{p_1 \cdot \ln \varepsilon}. \qquad 68)$$

4. Arbeitsverlust $\lambda_4 = \frac{L_4 + L_5 + L_6}{L_i}$ durch die Maschinenreibung etc.

Den durch die Maschinenreibungswiderstände bewirkten Arbeitsverlust, oder die Leergangsarbeit kann man mit genügender Genauigkeit nach den für Dampfmaschinen geltenden Regeln und Tabellen berechnen, wenn an Stelle des Gebläsecylinders ein Dampfcylinder von gleichem Durchmesser und Hub gesetzt wird. Für eine Zwillingsgebläsemaschine würde daher der 4fache Widerstand einer einfachen Dampfmaschine in Rechnung zu setzen sein.

Nach Hrabak[2]) berechnet sich der Leergangswiderstandsdruck r in kg/qcm nach den Gleichungen:

$$r = 0{,}042 \sqrt{p} + \frac{0{,}025}{d}$$

für Auspuffmaschinen und

$$r = 0{,}025 + 0{,}05 \sqrt{p} + \frac{0{,}045}{d}$$

für Kondensationsmaschinen, worin p in kg/qcm, d in m zu setzen ist.

---

1) Z. d. V. d. Ing. 1860, S. 13 und Hüttentaschenbuch, a. a. O., I, S. 213.

2) Hüttentaschenbuch, a. a. O. S. 659.

Der Koeffizient der zusätzlichen Reibung μ ist aus der nachstehenden Tabelle 11 zu entnehmen.

Tabelle 11.
Werte von r', r'' und μ.

a)

Absol. Einströmungsspannung p =	3	4	5	6	7	8	10
für Auspuff . . . . r' =	0,073	0,084	0,094	0,103	0,111	0,119	0,133
für Kondensation . . r' =	0,112	0.125	0,137	0,148	0,157	0,166	0,183

b)

Kolben-durchmesser in m	r'' für Aus-puff-maschinen		μ Maschine mit		$\frac{1}{1+\mu}$ Maschine mit	
	für Aus-puff-maschinen	für Konden-sations-maschinen	1 Cylinder	2 Cylindern	1 Cylinder	2 Cylindern
0,3	0,083	0,150	0,157	0,181	0,864	0,846
0,4	0,063	0,113	0,138	0,156	0,879	0,865
0,5	0,050	0,090	0,122	0,137	0,891	0,880
0,6	0,042	0,075	0,112	0,122	0,900	0,891
0,7	0,036	0,064	0,101	0,110	0,908	0,901
0,8	0,031	0,056	0,092	0,100	0,916	0,909
0,9	0,028	0,050	0,086	0,096	0,921	0,912
1,0	0,025	0,045	0,079	0,093	0,927	0,915
1,2	0,021	0,038	0,077	0,087	0,928	0,920
1,4	0,018	0,032	0,075	0,083	0,930	0,923
1,6	0,016	0,028	0,073	0,079	0,932	0,927
1,8	0,014	0,025	0,071	0,078	0,933	0,928
2,0	0,013	0,023	0,070	0,077	0,935	0,929
2,5	0,010	0,018	0,066	0,074	0,938	0,931
3,0	0,008	0,015	0,063	0,071	0,941	0,934

Ist nun

$$N_i = \frac{F \cdot s \cdot n}{30} \cdot \frac{p_m}{75}$$

die indizierte Leistung der Dampfmaschine, und

$$N = \frac{F \cdot s \cdot n}{30} \cdot \frac{p_m - r}{1 + \mu}$$

die effektive, im Gebläsecylinder zur Kompression verbrauchte Arbeit, so ist die sekundliche Leergangsarbeit in PS. oder der auf die Überwindung der Reibungs- und sonstigen Widerstände verwandte Arbeitsverlust

$$N_i - N = \frac{F \cdot s \cdot n}{30} \left(p_m - \frac{p_m - r}{1 + \mu}\right),$$

mithin

$$L_4 + L_5 + L_6 = F \cdot s \cdot \left(p_m - \frac{p_m - r}{1 + \mu}\right)$$

dieser Arbeitsverlust bei einem Hube, also

$$\lambda_4 = \frac{L_4 + L_5 + L_6}{L_i} = \frac{F\,s\left(p_m - \frac{p_m - r}{1+\mu}\right)}{F\,s \cdot p_m} = \frac{1}{1+\mu}\left(\mu + \frac{r}{p_m}\right). \qquad 69)$$

Hierin ist p_m der mittlere Dampfüberdruck in kg/qcm und sind die Werte μ und r aus Tabelle 11 zu entnehmen. Dabei sind (den Gebläsecylinder als Dampfcylinder vorausgesetzt) die Werte für Zweicylindermaschinen einzusetzen. Nur für den Fall, dass nur der Gebläse-, aber kein Dampfcylinder vorhanden ist (Transmissionsantrieb, Antrieb durch ein Wasserrad oder dergl.), sind die Werte für Eincylindermaschinen der Tabelle zu entnehmen.

Beispiel:

Für die auf S. 575 in ihren Hauptabmessungen beschriebene Gebläsemaschine sollen noch folgende Werte gegeben sein. Bei derselben sind die Saugventile an den Cylinderdeckeln, die Druckventile seitlich am Cylinder angebracht. Die Anfangsdampfspannung beträgt 3,8 Atm. abs., die Cylinder arbeiten mit ca. 0,7 Füllung. Ferner sei $t_1 = 15^0$, $T_1 = 288^0$, $t_2 = 50^0$, $T_2 = 323^0$, $\gamma = \frac{1}{8}$ für die Saugventile und $= \frac{1}{14}$ für die Druckventile angenommen.

Der Wirkungsgrad berechnet sich nun nach Gleichung 57) zu:

$$\eta = \eta_d \cdot \eta_v = \frac{1 - \lambda_4}{1 + \lambda_1 + \lambda_2 + \lambda_3}\left\{1 - \varepsilon_0\left((\varepsilon)^{\frac{1}{\varkappa}} - 1\right)\right\}$$

Da nach dem Diagramm Fig. 500 (S. 574) der Enddruck der Kompression $p_2 = 3{,}152$ ist, so ist auch

$$\varepsilon = \frac{p_2}{p_1} = \frac{3{,}152}{1} = 3{,}152.$$

Bei Annahme von $\varepsilon_0 = 0{,}08$ ist der volumetrische Wirkungsgrad η_v aus Tabelle 18. durch Interpolation zwischen 0,906 und 0,885 zu 0,899 zu nehmen.

$$1. \quad \lambda_1 = \frac{L_I - L}{L}.$$

Für $\varepsilon = 3{,}15$ berechnet sich bei $t_2 = 50^0$ L_I nach Gleichung 31) bei der Annahme des polytropischen Exponenten n aus Tabelle 5 (S. 554) zu 1,095 zu

$$L_I = 12\,434 \text{ mkg}.$$

Ebenso findet sich L für $\varepsilon = 3{,}15$ zu

$$L = 11\,880 \text{ mkg},$$

folglich

$$\lambda_1 = \frac{12\,434 - 11\,880}{11\,880} = 0{,}047.$$

$$2. \quad \lambda_2 = \frac{p' \left(\frac{1}{\varepsilon}\right)^{\frac{1}{\varkappa}}}{p_1 \cdot \ln \varepsilon}.$$

Zur Berechnung von p' müssen die Werte p_x, p_y und p_z ermittelt werden.

$$p_x = 1{,}273 \cdot \frac{i \cdot G}{\gamma \cdot D^2};$$

für $G = 1{,}5$ kg, $D = 141$ cm, $i = 6$ und $\gamma = \frac{1}{14}$ ist $p_x = 0{,}0081$ kg/qcm $= 83{,}7$ kg/qm.

$$p_y = 1{,}273 \cdot \frac{i \cdot G}{P \cdot i};$$

für $P = 1{,}5\ R = 1{,}5 \cdot 0{,}19 \cdot G = 0{,}43$ kg ist $p_y = 0{,}0023$ kg/qcm, $= 23{,}8$ kg/qm.

$$p_z = 0{,}02775 \cdot \frac{T_2'}{T_1^2} \left(\frac{s \cdot n}{\lambda \cdot \gamma}\right)^2 \frac{b}{b + h_2}.$$

Darin ist $b = 760$, $b + h_2 = 760(3{,}152)$, also

$$\frac{b}{b + h_2} = \frac{1}{3{,}152},$$

$s = 1{,}41$, $n = 40$, $\lambda = 0{,}9$ angenommen, ferner ist $\gamma = \frac{1}{14}$, $T_1 = 288$, $T_2' = 323$, woraus man erhält

$$p_z = 26{,}89 \text{ kg/qm};$$

folglich ist

$$p' = p_x + p_y + p_z = 83{,}7 + 23{,}8 + 26{,}89 = 134{,}4 \text{ kg/qm},$$

daher

$$\lambda_2 = \frac{134{,}4}{10\,333} \cdot \frac{\left(\frac{1}{3{,}152}\right)^{\frac{1}{1{,}41}}}{\ln 3{,}152} = 0{,}00502.$$

$$3. \quad \lambda_3 = \frac{p'}{p_1 \cdot \ln \varepsilon}.$$

Darin sind wieder für p' die Werte p_x, p_y und p_z zu berechnen.

$$p_x = 1{,}273 \frac{i \cdot G}{\gamma \cdot D^2},$$

worin $\gamma = \frac{1}{8}$, i = 15 und G = 1,5 kg, also p_x = 0,012 kg/qcm = 124 kg/qm ist.

$$p_y = 1{,}273 \cdot \frac{\lambda \cdot P}{\gamma \cdot D^2},$$

worin $\gamma = \frac{1}{8}$, i = 15, P = 0,43 kg ist, und die Berechnung p_y = 0,0033 kg/qcm = 35,2 kg/qm ergibt.

$$p_z = \frac{1 - \mu^2}{\mu^2} \cdot p_1,$$

worin μ = 0,98 gesetzt werden soll. Dann ist p_z = 0,041 kg/qcm = 423,7 kg/qm.

Hieraus folgt sodann

$$p' = p_x + p_y + p_z = 583 \text{ kg}$$

und

$$\lambda_3 = \frac{p'}{p_1 \cdot \ln \varepsilon} = \frac{583}{10\,334 \cdot 1{,}1474} = 0{,}05.$$

4. $$\lambda_4 = \frac{1}{1+\mu}\left(\mu + \frac{r}{p_m}\right).$$

Da die Maschine eine Zwillingsmaschine ist, so sind für r und μ die Werte aus den Tabellen für Zweicylindermaschinen zu entnehmen. p_m ist zu 2,19 kg aus dem Diagramm ermittelt.

$$r = r' + r'' = 0{,}08 + 0{,}018 = 0{,}098 \text{ kg/qcm},$$

$$\mu = 0{,}083, \quad \frac{1}{1+\mu} = 0{,}923,$$

folglich

$$\lambda_4 = 0{,}923\left(0{,}083 + \frac{0{,}098}{2{,}19}\right) = 0{,}1172.$$

Durch Einsetzen der berechneten Werte erhält man

$$\eta = 0{,}899 \cdot \frac{1 - 0{,}1172}{1 + 0{,}047 + 0{,}005 + 0{,}5} = \mathbf{0{,}73}.$$

Der auf Seite 575 berechnete dynamische Wirkungsgrad betrug 0,876; der volumetrische Wirkungsgrad war 0,899, woraus der Gesamtwirkungsgrad η sich zu

$$\eta = 0{,}876 \cdot 0{,}899 = 0{,}787,$$

also um

$$0{,}787 - 0{,}73 = 0{,}057 \text{ oder } 5{,}7\,\%$$

grösser berechnet, welcher Unterschied wohl in der Ungenauigkeit der Annahme der Endtemperatur der komprimierten Luft und des Wertes γ, sowie in der nicht gleichzeitigen Aufnahme der den Berechnungen der Dampfarbeit zu Grunde gelegten Diagramme des Gebläse- und Dampfcylinders begründet ist. Letzterer Fehler kann jedoch nur gering sein, da das Verhältnis der Luft- zur Dampfarbeit bei den Bessemergebläsen meist unverändert ist.

Bei der Beurteilung ausgeführter Gebläse und Luftkompressoren wird ausser dem dynamischen Wirkungsgrad $\eta_d = \frac{N}{N_i}$ meistens auch nach dem Verhältnis der stündlich angesaugten Luft zur indizierten Arbeit, sowie nach dem Verhältnis der Luftmenge zur Dampfmenge geforscht und geben diese Werte einen Massstab zum Vergleich der Leistungsfähigkeit ausgeführter Maschinen. Bezeichnet wieder

$$V_0 = \frac{F\,s\,n}{30}$$

die i. d. Sek. theoretisch angesaugte Luftmenge für 1 Cylinder, η_v den volumetrischen Wirkungsgrad, also $\eta_v \cdot V_0$ die wirklich angesaugte Luftmenge, D_{st} die stündliche Dampfmenge in kg, so ergibt

$$\eta' = \frac{2 \cdot 3600 \cdot \eta_v \cdot V_0}{N_i} \qquad 70)$$

die stündliche, von beiden Cylindern angesaugte Luftmenge bezogen auf 1 indizierte PS. und

$$\eta'' = \frac{2 \cdot 3600 \cdot \eta_v \cdot V_0}{D_{st}} \qquad 71)$$

die auf 1 kg Dampf bezogene, stündlich angesaugte Luftmenge.

Beispiel:

Bei der auf S. 575 berechneten Gebläsemaschine war die Dampfarbeit

$$N_i = 1171 \text{ PS.},$$

die wirklich angesaugte Luftmenge

$$\eta_v \cdot V_0 = 0{,}93 \cdot \frac{1{,}41^2 \cdot \pi}{4} \cdot \frac{1{,}41 \cdot 40}{30} = 2{,}728 \text{ cbm}$$

i. d. Sek. für 1 Cylinder, folglich ist:

$$\eta' = \frac{2 \cdot 3600 \cdot 2{,}728}{1171} = 16{,}77 \text{ cbm}$$

stündlich für 1 i. PS.

Die Dampfmenge beträgt bei 70 % Füllung 326 kg i. d. Min., also die stündliche Dampfmenge

$$D_{st} = 326 \cdot 60 = 19\,560 \text{ kg},$$

folglich ist

$$\eta'' = \frac{2 \cdot 3600 \cdot 2{,}728}{19\,560} = 1{,}004 \text{ cbm}$$

die auf 1 kg Dampf bezogene angesaugte Luftmenge.

Endlich ist der stündliche Dampfverbrauch für 1 indizierte PS.

$$\mathfrak{D} = \frac{19\,560}{1171} = \mathbf{16{,}63} \text{ kg}.$$

Bei Annahme eines volumetrischen Wirkungsgrades $\eta_v = 0{,}75$ dagegen ist

$$\eta_v \cdot V_0 = 0{,}75 \cdot \frac{1{,}41^2 \cdot \pi}{4} \cdot \frac{1{,}41 \cdot 40}{30} = 2{,}102 \text{ cbm}$$

i. d. Sek., $\eta' = 12{,}92$ cbm stündl. für 1 i. PS. und $\eta'' = 0{,}774$ cbm angesaugter Luft auf 1 kg Dampf.

B. Bei Maschinen mit Druckausgleich.

I. Voraussetzung isothermischer Kompression.

I. Fall.

Nach Gleichung 18) war die Kompressionsarbeit ohne Berücksichtigung des schädlichen Raumes berechnet zu:

$$L_I = L_2 + L_3 - L_1 =$$
$$= p_1 V_1 \ln \varepsilon + p_2 V_2 - p_1 V_1,$$

oder da

$$p_1 V_1 = p_2 V_2$$

st,

$$L_I = p_1 V_1 \cdot \ln \frac{p_2}{p_1} = p_1 V_1 \cdot \ln \varepsilon.$$

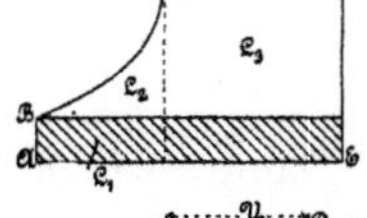

Fig. 504.

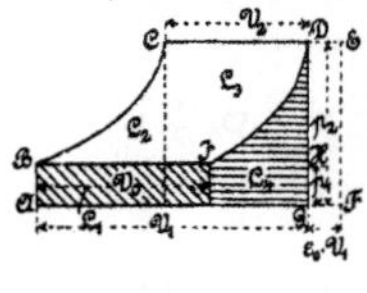

Fig. 505.

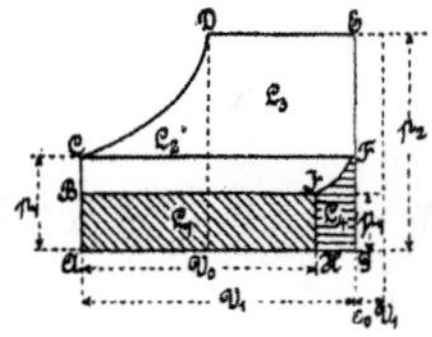

Fig. 506.

Die Kompressionsarbeit ist repräsentiert durch die Fläche BCDF, Fig. 504, die beiden anderen Figuren 505 und 506 stellen die Arbeitsflächen für den (II.) Fall, Kompression mit schädlichem Raum ohne Druckausgleich und für den (III.) Fall, Kompression mit schädlichem Raum und mit Druckausgleich dar.

Die entsprechenden Arbeitsgleichungen ergeben sich nun folgendermassen.

II. Fall.

$$L_{II} = L_2 + L_3 - L_1 - L_4.$$

Hierin ist nach Fig. 505

$$L_1 = p_1 \cdot V_0 = \text{Fläche ABJ},$$
$$L_2 = p_1 V_1 \cdot (1 + \varepsilon_0) \ln \varepsilon = \text{Fläche ABC},$$
$$L_3 = p_2 V_2 = p_1 \cdot V_0 = \text{Fläche CDG},$$

weil die angesaugte Luftmenge gleich der fortgeschafften Luftmenge sein muss,

$$L_4 = \varepsilon_0 V_1 \cdot \varepsilon \cdot p_1 \cdot \ln \varepsilon = \text{Fläche JDG}.$$

Folglich ist

$$L_{II} = p_1 V_1 \cdot (1 + \varepsilon_0) \ln \varepsilon + p_1 V_0 - p_1 V_0 - p_1 V_1 \cdot \varepsilon \varepsilon_0 \ln \varepsilon =$$
$$= p_1 V_1 \cdot [1 - \varepsilon_0 (\varepsilon - 1)] \ln \varepsilon = \eta_v \cdot p_1 V_1 \cdot \ln \varepsilon = \eta_v \cdot L_I.$$

III. Fall.

$$L_{III} = L_2 + L_3 - L_1 - L_4.$$

Hierin ist nach Fig. 506

$$L_1 = p_1 \cdot V_0 = \text{Fläche ABJH},$$

$$L_2 = p_1' V_1 \cdot (1 + \varepsilon_0) \ln \frac{p_2}{p_1'} = \varepsilon' \cdot p_1 V_1 \cdot (1 + \varepsilon_0) \ln \frac{p_2}{p_1} \cdot \frac{p_1}{p_1'} =$$

$$= p_1 V_1 . \varepsilon' (1 + \varepsilon_0) \ln \frac{\varepsilon}{\varepsilon'},$$

$$L_3 = p_2 V_2' = p_1 \cdot V_0,$$

(ebenso wie bei Fall II)

$$L_4 = \varepsilon_0 V_1 \cdot \varepsilon' \cdot p_1 \cdot \ln \varepsilon',$$

folglich ist

$$L_{III} = p_1 V_1 \cdot \varepsilon' (1 + \varepsilon_0) \ln \frac{\varepsilon}{\varepsilon'} + p_1 V_0 - p_1 V_0 - \varepsilon_0 \cdot \varepsilon' \cdot p_1 V_1 \cdot \ln \varepsilon';$$

oder nach mehreren Umformungen

$$= \varepsilon' \cdot L_I \cdot \frac{(1 + \varepsilon_0) \ln \varepsilon - (1 + 2\,\varepsilon_0) \ln \varepsilon'}{\ln \varepsilon},$$

weil

$$p_1 V_1 \cdot \ln \varepsilon = L_I$$

ist.

Man erhält somit die folgende vergleichende Übersicht:

I. Fall.

$$L_1 = p_1 V_1$$
$$L_2 = p_1 V_1 \cdot \ln \varepsilon$$
$$L_3 = p_2 V_2 = p_1 V_1$$
$$L_4 = 0$$
$$L_I = p_1 V_1 \ln \varepsilon$$

II. Fall.

$$L_1 = \eta_v \cdot p_1 V_1 = p_1 V_0$$
$$L_2 = (1 + \varepsilon_0) p_1 V_1 \cdot \ln \varepsilon$$
$$L_3 = p_2 V_2 = p_1 \cdot V_0$$
$$L_4 = \varepsilon \cdot \varepsilon_0 p_1 V_1 \cdot \ln \varepsilon$$
$$L_{II} = \eta_v \cdot p_1 V_1 \cdot \ln \varepsilon = \eta_v \cdot L_I$$

III. Fall.

$$L_1 = \eta_v' \cdot p_1 V_1 = p_1 \cdot V_0$$
$$L_2 = \varepsilon' (1 + \varepsilon_0) p_1 V_1 \ln \frac{\varepsilon}{\varepsilon'}$$
$$L_3 = p_2 V_2' = p_1 \cdot V_0$$
$$L_4 = \varepsilon' \cdot \varepsilon_0 p_1 V_1 \cdot \ln \varepsilon'$$
$$L_{III} = \varepsilon' \cdot L_I \cdot \frac{(1 + \varepsilon_0) \ln \varepsilon - (1 + 2\,\varepsilon_0) \ln \varepsilon'}{\ln \varepsilon}.$$

Aus den letzten drei Gleichungen folgt zunächst, dass L_I der grösste der drei Arbeitswerte ist, was auch aus den Figuren sofort zu ersehen war. Ferner ist L_{III} grösser als L_{II}, wie gleichfalls aus der Vergleichung der Figuren 505 und 506 folgt, weil im III. Falle nur eine kleinere Arbeit durch die Expansion wiedergewonnen wird als im II. Falle. Das Verhältnis der letzteren beiden Arbeitswerte berechnet sich aus der Gleichung:

$$\psi = \frac{L_{III}}{L_{II}} = \frac{\varepsilon' \cdot [(1 + \varepsilon_0) \ln \varepsilon - (1 + 2\,\varepsilon_0) \ln \varepsilon']}{\eta_v \cdot \ln \varepsilon}.$$

Da jedoch die in beiden Fällen wirklich gelieferten Luftmengen vom volumetrischen Wirkungsgrad abhängig sind, welcher im zweiten Falle bedeutend kleiner als im dritten Falle ist, so hat man, um das Verhältnis der effektiven Arbeitswerte zu erhalten, den Wert ψ noch mit dem Verhältnis der volumetrischen Wirkungsgrade zu multiplizieren und erhält so schliesslich das Arbeitsverhältnis für gleiche Luftmengen zu:

$$\psi_e = \frac{\varepsilon' \cdot [(1 + \varepsilon_0) \ln \varepsilon - (1 + 2\,\varepsilon_0) \ln \varepsilon']}{\eta_v \ln \varepsilon} \cdot \frac{\eta_v}{\eta_v'} =$$
$$= \frac{\varepsilon' \cdot [(1 + \varepsilon_0) \ln \varepsilon - (1 + 2\,\varepsilon_0) \ln \varepsilon']}{\eta_v' \cdot \ln \varepsilon}. \qquad 72)$$

Nach dieser Gleichung ist die folgende Tabelle 12 berechnet, wobei $\varepsilon_0 = 0{,}05$, $\varepsilon_1 = 0{,}01$ gesetzt und die Werte für ε' und η'_v aus Tabelle 10 (S. 570) entnommen sind.

Tabelle 12.

Werte von ψ_e.

ε	ε'	Nach Gl. 72)	Nach Weiss[1])
2	1,036	1,03	1,04
4	1,126	1,085	1,11
6	1,216	1,14	—
8	1,306	1,20	—
10	1,400	1,27	1,36
15	1,621	1,43	—
20	1,850	1,60	1,76
50	3,200	2,60	2,80
100	5,450	4,52	4,50

Die Abweichung von den Weiss'schen Werten erklärt sich aus der verschiedenen Annahme des schädlichen Raumes, welchen Weiss im Verhältnis zum Hubvolumen + schädlichen Raum angibt, während derselbe in den vorstehenden Berechnungen im Verhältnis zum Hubvolumen allein angenommen ist. Indessen zeigen beide Berechnungen mit genügender Übereinstimmung die Zunahme des Arbeitsverhältnisses bei wachsendem Kompressionsgrad.

Die Kompressionsarbeit bei Anwendung des Druckausgleichs ist daher stets grösser als bei Nichtanwendung desselben[2]). Bei hohen Kompressionsgraden, z. B. für $\varepsilon = 18$ oder 20 wird der volumetrische Wirkungsgrad im zweiten Falle fast gleich Null, während Kompressoren mit Druckausgleich in diesem Fall noch immer über 90 % der theoretischen Luftmenge liefern, worin der wesentliche Vorteil der Kompressoren mit Ausgleich für hohe Drücke liegt. Dasselbe gilt, wie später zu zeigen ist, für Vakuumpumpen, für welche der Druckausgleich von noch grösserem Vorteil ist, weil nur mit Hilfe desselben ein sehr tiefes Vakuum zu erreichen ist.

II. Voraussetzung adiabatischer Kompression.

Bei Annahme adiabatischer Zustandsänderung ergeben sich folgende Gleichungen:

I. Fall. Kein schädlicher Raum und kein Druckausgleich.

$$L_I = L_2 + L_3 - L_1,$$

worin

1) Weiss, a. a. O. S. 1011, Tabelle V.

2) Vergl. auch A. Kás: „Zur Schadlosmachung des schädlichen Raumes bei Luftverdichtungsmaschinen". Österr. Z. f. B.- u. H.-Wesen 1886, S. 287 u. f.

$$L_1 = p_1 V_1 ,$$

$$L_2 = \frac{1}{\varkappa - 1} \cdot p_1 V_1 \left[\varepsilon^{\frac{\varkappa - 1}{\varkappa}} - 1 \right], \quad \varepsilon = \frac{p_2}{p_1},$$

$$L_3 = p_1 V_1 \cdot \varepsilon^{\frac{\varkappa - 1}{\varkappa}},$$

$$L_I = \frac{\varkappa}{\varkappa - 1} \cdot p_1 V_1 \left[\varepsilon^{\frac{\varkappa - 1}{\varkappa}} - 1 \right].$$

II. Fall. Schädlicher Raum ohne Druckausgleich.

Zunächst gelten für die Kompressionsarbeit allein folgende Beziehungen: Anfangszustand:

$$p_1, \quad V_1 + \varepsilon_0 V_1, \quad \text{also} \quad p_1 \cdot V_1 (1 + \varepsilon_0) = R\, T_1 .$$

Endzustand:

$$p_2, \quad V_2 + \varepsilon_0 V_1, \quad \text{also} \quad p_2 \cdot (V_2 + \varepsilon_0 V_1) = R\, T_2 ,$$

oder

$$\frac{V_2 + \varepsilon_0 V_1}{(1 + \varepsilon_0) V_2} = \left(\frac{p_1}{p_2} \right)^{\frac{1}{\varkappa}} \quad \text{(nach Gleichung 16)},$$

woraus folgt:

$$V_2 = \frac{V_1 \left[1 - \varepsilon_0 \left(\varepsilon^{\frac{1}{\varkappa}} - 1 \right) \right]}{\varepsilon^{\frac{1}{\varkappa}}},$$

und, weil nach Gleichung 49)

$$1 - \varepsilon_0 \left(\varepsilon^{\frac{1}{\varkappa}} - 1 \right) = \eta_v \text{ ist}, \quad V_2 = \frac{\eta_v \cdot V_1}{\varepsilon^{\frac{1}{\varkappa}}}.$$

Wie früher gilt nun die folgende Gleichung:

$$L_{II} = L_2 + L_3 - L_1 - L_4 ,$$

worin

$$L_1 = p_1 \cdot V_0 = \eta_v \cdot p_1 V_1 ,$$

$$L_2 = \frac{1}{\varkappa - 1} \cdot p_1 (1 + \varepsilon_0) V_1 \cdot \left[\varepsilon^{\frac{\varkappa - 1}{\varkappa}} - 1 \right],$$

$$L_3 = p_2 V_2 = \frac{\eta_v}{\varepsilon^{\frac{1}{\varkappa}}} \cdot V_1 \cdot \varepsilon \cdot p_1 = \eta_v \cdot p_1 V_1 \cdot \varepsilon^{\frac{\varkappa - 1}{\varkappa}},$$

$$L_4 = \frac{1}{\varkappa - 1} p_1 V_1 (1 + \varepsilon_0 - \eta_v) \left[\varepsilon^{\frac{\varkappa - 1}{\varkappa}} - 1 \right]$$

ist, folglich:

$$L_{II} = \eta_v \cdot \frac{1}{\varkappa - 1} p_1 V_1 \left[\varepsilon^{\frac{\varkappa-1}{\varkappa}} - 1\right] + \eta_v \cdot p_1 V_1 \left[\varepsilon^{\frac{\varkappa-1}{\varkappa}} - 1\right] =$$

$$= \eta_v \cdot \frac{\varkappa}{\varkappa - 1} p_1 V_1 \left[\varepsilon^{\frac{\varkappa-1}{\varkappa}} - 1\right] = \eta_v \cdot L_I .$$

III. Fall Schädlicher Raum und Druckausgleich.

$$L_{III} = L_2 + L_3 - L_1 - L_4 ,$$

worin

$$L_1 = p_1 V_0 = \eta_v \cdot p_1 V_1 ,$$

$$L_2 = \frac{1}{\varkappa - 1} \cdot (1 + \varepsilon_0) \varepsilon' \cdot p_1 \cdot V_1 \cdot \left[\left(\frac{\varepsilon}{\varepsilon'}\right)^{\frac{\varkappa-1}{\varkappa}} - 1\right],$$

$$L_3 = p_2 V_2 .$$

Zur Bestimmung von V_2 ist zu setzen:
Anfangszustand:

$$p_1' = \varepsilon' \cdot p_1 , \quad (1 + \varepsilon_0) V_1 , \quad \text{also} \quad \varepsilon' \cdot (1 + \varepsilon_0) p_1 \cdot V_1 = R T_1 .$$

Endzustand:

$$p_2 \cdot (V_2 + \varepsilon_0 V_1) = R T_2$$

oder wie oben:

$$\frac{V_2 + \varepsilon_0 V_1}{(1 + \varepsilon_0) V_1} = \left(\frac{p_1'}{p_2}\right)^{\frac{1}{\varkappa}} = \left(\frac{\varepsilon' \cdot p_1}{\varepsilon \cdot p_1}\right)^{\frac{1}{\varkappa}} = \left(\frac{\varepsilon'}{\varepsilon}\right)^{\frac{1}{\varkappa}},$$

woraus

$$V_2 = V_1 \left[(1 + \varepsilon_0) \left(\frac{\varepsilon'}{\varepsilon}\right)^{\frac{1}{\varkappa}} - \varepsilon_0\right]$$

folgt, mithin

$$L_3 = p_2 V_2 = \varepsilon \cdot p_1 \cdot V_1 \cdot \left[(1 + \varepsilon_0) \left(\frac{\varepsilon'}{\varepsilon}\right)^{\frac{1}{\varkappa}} - \varepsilon_0\right],$$

$$L_4 = \frac{1}{\varkappa - 1} \cdot \varepsilon' \cdot p_1 \cdot \varepsilon_0 V_1 \cdot \left[\varepsilon'^{\frac{\varkappa-1}{\varkappa}} - 1\right]$$

ist. Hieraus ergibt sich:

$$L_{III} = p_1 V_1 \left\{\frac{\varepsilon'}{\varkappa - 1} \left[(1 + \varepsilon_0) \left(\left(\frac{\varepsilon}{\varepsilon'}\right)^{\frac{\varkappa-1}{\varkappa}} - 1\right) - \varepsilon_0 \cdot \left(\varepsilon'^{\frac{\varkappa-1}{\varkappa}} - 1\right)\right] \cdot \right.$$

$$\left. + \varepsilon \cdot \left[(1 + \varepsilon_0) \left(\frac{\varepsilon'}{\varepsilon}\right)^{\frac{1}{\varkappa}} - \varepsilon_0\right] - \eta_v \right\}.$$

Man erhält somit für adiabatische Kompression die folgende Zusammenstellung:

I. Fall.

$$L_1 = p_1 V_1 ,$$

$$L_2 = \frac{1}{\varkappa - 1} \cdot p_1 V_1 \left[\varepsilon^{\frac{\varkappa - 1}{\varkappa}} - 1 \right],$$

$$L_3 = p_1 V_1 \cdot \varepsilon^{\frac{\varkappa - 1}{\varkappa}} ,$$

$$L_4 = 0 ,$$

$$L_I = \frac{\varkappa}{\varkappa - 1} \cdot p_1 V_1 \cdot \left[\varepsilon^{\frac{\varkappa - 1}{\varkappa}} - 1 \right].$$

II. Fall.

$$L_1 = \eta_v \cdot p_1 V_1 ,$$

$$L_2 = \frac{(1 + \varepsilon_0)}{\varkappa - 1} \cdot p_1 V_1 \left[\varepsilon^{\frac{\varkappa - 1}{\varkappa}} - 1 \right],$$

$$L_3 = \eta_v \cdot p_1 V_1 \cdot \varepsilon^{\frac{\varkappa - 1}{\varkappa}} ,$$

$$L_4 = \frac{1 + \varepsilon_0 - \eta_v}{\varkappa - 1} p_1 V_1 \left[\varepsilon^{\frac{\varkappa - 1}{\varkappa}} - 1 \right],$$

$$L_{II} = \eta_v \cdot \frac{\varkappa}{\varkappa - 1} p_1 V_1 \cdot \left[\varepsilon^{\frac{\varkappa - 1}{\varkappa}} - 1 \right] = \eta_v \cdot L_I .$$

III. Fall.

$$L_1 = \eta_v' \cdot p_1 V_1 ,$$

$$L_2 = \frac{1 + \varepsilon_0}{\varkappa - 1} \varepsilon' \cdot p_1 V_1 \left[\left(\frac{\varepsilon}{\varepsilon'} \right)^{\frac{\varkappa - 1}{\varkappa}} - 1 \right],$$

$$L_3 = \varepsilon \cdot p_1 V_1 \left[(1 + \varepsilon_0) \left(\frac{\varepsilon'}{\varepsilon} \right)^{\frac{1}{\varkappa}} - \varepsilon_0 \right],$$

$$L_4 = \frac{\varepsilon' \cdot \varepsilon_0}{\varkappa - 1} \cdot p_1 V_1 \cdot \left[\varepsilon'^{\frac{\varkappa - 1}{\varkappa}} - 1 \right],$$

$$L_{III} = p_1 V_1 \left\{ \frac{\varepsilon'}{\varkappa - 1} \left[(1 + \varepsilon_0) \left[\left(\frac{\varepsilon}{\varepsilon'} \right)^{\frac{\varkappa - 1}{\varkappa}} - 1 \right] - \varepsilon_0 \left(\varepsilon'^{\frac{\varkappa - 1}{\varkappa}} - 1 \right) \right] + \right.$$

$$\left. + \varepsilon \left[(1 + \varepsilon_0) \left(\frac{\varepsilon'}{\varepsilon} \right)^{\frac{1}{\varkappa}} - \varepsilon_0 \right] - \eta_v \right\}.$$

Hieraus folgt wieder:

$$\psi = \frac{L_{III}}{L_{II}} \quad \text{und} \quad \psi_e = \frac{L_{III}}{L_{II}} \cdot \frac{\eta_v}{\eta_v'} . \qquad 73)$$

Zur Vereinfachung der letzteren Formel kann man für nicht zu hohe Kompressionsgrade angenähert

$$\varepsilon'^{\frac{1}{\varkappa}} \backsim 1 \quad \text{und} \quad \varepsilon'^{\frac{\varkappa - 1}{\varkappa}} \backsim 1$$

setzen, woraus zunächst folgt:

$$L_3 = \varepsilon^{\frac{\varkappa-1}{\varkappa}} p_1 V_1 \left(1 + \varepsilon_0 - \varepsilon_0 \varepsilon^{\frac{1}{\varkappa}}\right) = \eta_v \cdot p_1 V_1 \cdot \varepsilon^{\frac{\varkappa-1}{\varkappa}}$$

und

$$L_3 - L_1 = \eta_v' \cdot p_1 V \cdot \left[\varepsilon^{\frac{\varkappa-1}{\varkappa}} - 1\right],$$

wenn $\eta_v = \eta'_v$ gesetzt wird, was für mittlere Kompressionsgrade mit einer für die praktischen Verhältnisse genügenden Genauigkeit wohl zulässig ist. Ferner erhält man annäherungsweise:

$$L_2 - L_4 = \frac{\varepsilon' \cdot p_1 V_1}{\varkappa - 1} \cdot \left[(1 + \varepsilon_0)\left(\frac{\varepsilon}{\varepsilon'}\right)^{\frac{\varkappa-1}{\varkappa}} - \varepsilon_0 \varepsilon'^{\frac{\varkappa-1}{\varkappa}} - 1\right] =$$

$$= \frac{\varepsilon'(1 + \varepsilon_0)}{\varkappa - 1} \cdot p_1 V_1 \left[\varepsilon^{\frac{\varkappa-1}{\varkappa}} - 1\right],$$

folglich ist

$$L_{III} = p_1 V_1 \cdot \left(\varepsilon^{\frac{\varkappa-1}{\varkappa}} - 1\right) \cdot \left[\frac{\varepsilon'(1 + \varepsilon_0)}{\varkappa - 1} + \eta_v'\right] =$$

$$= \frac{p_1 V_1}{\varkappa - 1}\left(\varepsilon^{\frac{\varkappa-1}{\varkappa}} - 1\right)\left[\varepsilon'(1 + \varepsilon_0) + \eta_v'(\varkappa - 1)\right]$$

oder, da

$$L_{II} = \eta_v \cdot \frac{\varkappa}{\varkappa - 1} \cdot p_1 V_1 \left(\varepsilon^{\frac{\varkappa-1}{\varkappa}} - 1\right),$$

also

$$\frac{p_1 V_1}{\varkappa - 1}\left(\varepsilon^{\frac{\varkappa-1}{\varkappa}} - 1\right) = \frac{L_{II}}{\eta_v \cdot \varkappa}$$

ist,

$$L_{III} = \frac{L_{II}}{\varkappa \cdot \eta_v} \cdot \left[\varepsilon'(1 + \varepsilon_0) + \eta_v'(\varkappa - 1)\right],$$

demnach

$$\psi = \frac{L_{III}}{L_{II}} = \frac{\varepsilon'(1 + \varepsilon_0) + \eta_v'(\varkappa - 1)}{\varkappa \cdot \eta_v},$$

und

$$\psi_e = \frac{L_{III}}{L_{II}} \cdot \frac{\eta_v}{\eta_v'} = \frac{\varepsilon'(1 + \varepsilon_0) + \eta_v'(\varkappa - 1)}{\varkappa \cdot \eta_v'}. \qquad 74)$$

Die nachfolgende Tabelle 13 gibt für $\varepsilon_0 = 0{,}05$ die Werte von ψ_e für die adiabatische Kompression in der ersten Vertikalreihe, diejenige für isothermische Kompression nach Tabelle 12 in der zweiten Reihe, neben welcher noch die Weiss'schen Werte zum Vergleich angegeben sind.

Tabelle 13.
Werte ψ_e.

ε	Adiabat. Kompression nach Gl. 74)	Isotherm. Kompression	
		nach Gl. 72)	nach Weiss
2	1,06	1,03	1,04
4	1,13	1,085	1,11
6	1,20	1,14	—
8	1,27	1,20	—
10	1,35	1,27	1,36
20	1,70	1,60	1,76

Es ist somit bei adiabatischer Kompression ebenso wie bei isothermischer die Kompressionsarbeit für Kompressoren mit Druckausgleich grösser als für solche ohne denselben, und für mittlere Drücke (6 bis 8 Atmosphären) die erstere noch um einige Prozente grösser als bei isothermischer Kompression. Da die wirklichen Arbeitswerte zwischen beiden Grenzwerten liegen, so wird für dieselben jedenfalls auch ein Mehrverbrauch an Kompressionsarbeit bei Anwendung des Druckausgleichs stattfinden.

Sechstes Kapitel.

Theorie des Verbundkompressors.

Um die Wirkungsweise der Verbundkompressoren klarzulegen, ist in Fig. 507 zunächst in ABCD das Diagramm eines einfachen Kompressors

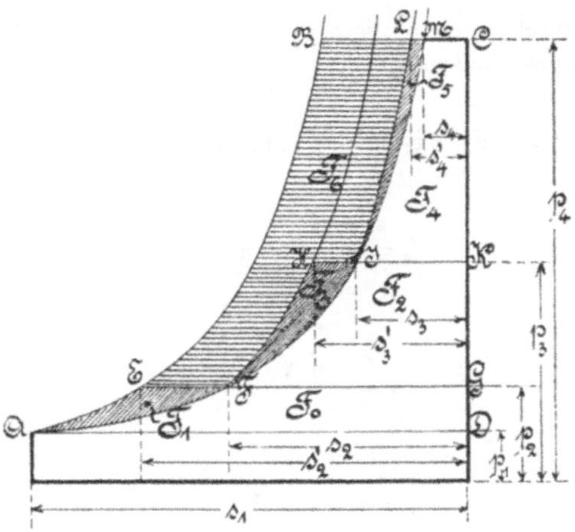

Fig. 507.

für den Enddruck p_4 gezeichnet. Die Linie AB ist dann die adiabatische, AM die isothermische Linie. Die Fläche

$$ABCD = F_0 + F_1 + F_2 + F_3 + F_4 + F_5 + F_6$$

repräsentiert die Arbeit bei adiabatischer Kompression auf den Enddruck p_4.

Wird dagegen die Kompression stufenweise in mehreren (z. B. 3) Cylindern ausgeführt, und die Luft zwischen den einzelnen Kompressionsperioden in Zwischenbehältern auf die Anfangstemperatur wieder abgekühlt, so ist die Kompressionslinie die teilweise gebrochene Linie AEFHIL. Die Kompression findet dabei in folgender Reihenfolge statt.

1. Kompression der Luftmenge $V_1 = F \cdot s_1$ vom Drucke p_1 auf den Druck p_2, Kompressionsarbeit

$$A_1 = F_0 + F_1 = \frac{\varkappa}{\varkappa - 1} \cdot p_1 \cdot V_1 \left[\varepsilon^{\frac{\varkappa - 1}{\varkappa}} - 1\right];$$

Endvolumen

$$V_2' = F \cdot s_2' = V_1 \cdot \left(\frac{1}{\varepsilon}\right)^{\frac{1}{\varkappa}},$$

worin

$$\varepsilon = \frac{p_2}{p_1}.$$

2. Abkühlung der Luft auf die Anfangstemperatur T_1 bei konstantem Druck, wodurch eine Volumverminderung auf das Volumen

$$V_2 = F \cdot s_2 = V_2' \cdot \frac{T_1}{T_2} = V_1 \cdot \left(\frac{1}{\varepsilon}\right)^{\frac{1}{\varkappa}} \cdot \left(\frac{1}{\varepsilon}\right)^{\frac{\varkappa - 1}{\varkappa}} - 1 = \frac{V_1}{\varepsilon}$$

bewirkt wird.

3. Kompression der Luftmenge $V_2 = F \cdot s_2$ vom Drucke p_2 auf den Druck p_3, Kompressionsarbeit

$$A_2 = F_2 + F_3 = \frac{\varkappa}{\varkappa - 1} \cdot p_2 \cdot V_2 \left[\varepsilon_1^{\frac{\varkappa - 1}{\varkappa}} - 1\right];$$

oder, da

$$V_2 = \frac{V_1}{\varepsilon} \quad \text{und} \quad p_2 = \varepsilon \cdot p_1$$

ist,

$$A_2 = \frac{\varkappa}{\varkappa - 1} p_1 V_1 \left[\varepsilon_1^{\frac{\varkappa - 1}{\varkappa}} - 1\right];$$

Endvolumen

$$V_3' = F \cdot s_3' = V_2 \cdot \left(\frac{1}{\varepsilon_1}\right)^{\frac{1}{\varkappa}},$$

worin

$$\varepsilon_1 = \frac{p_3}{p_2}.$$

4. Abkühlung der Luft auf die Anfangstemperatur T_1 bei konstantem Druck, Volumverminderung auf

$$V_3 = F \cdot s_3 = V_3' \cdot \frac{T_1}{T_3} = V_2 \cdot \left(\frac{1}{\varepsilon_1}\right)^{\frac{1}{\varkappa}} \left(\frac{1}{\varepsilon_1}\right)^{\frac{\varkappa - 1}{\varkappa}} = \frac{V_2}{\varepsilon_1} = \frac{V_1}{\varepsilon \cdot \varepsilon_1}.$$

5. Kompression der Luftmenge $V_3 = F \cdot s_3$ vom Drucke p_3 auf den Druck p_4, Kompressionsarbeit

$$A_3 = F_4 + F_5 = \frac{\varkappa}{\varkappa - 1} \cdot p_3 V_3 \left[\varepsilon_2^{\frac{\varkappa - 1}{\varkappa}} - 1\right],$$

oder, da

$$p_3 V_3 = p_1 V_1 \text{ ist,} \quad A_3 = \frac{\varkappa}{\varkappa - 1} \cdot p_1 V_1 \left[\varepsilon_3^{\frac{\varkappa - 1}{\varkappa}} - 1\right];$$

Endvolumen

$$V_4' = F \cdot s_4' = V_3 \left(\frac{1}{\varepsilon_2}\right)^{\frac{1}{\varkappa}},$$

worin

$$\varepsilon_2 = \frac{p_4}{p_3}.$$

Das Endvolumen bei nochmaliger Abkühlung auf T_1 wäre:

$$V_4 = F \cdot s_4 = V_4' \cdot \frac{T_1}{T_4} = V_3 \cdot \left(\frac{1}{\varepsilon_2}\right)^{\frac{1}{\varkappa}} \cdot \left(\frac{1}{\varepsilon_2}\right)^{\frac{\varkappa - 1}{\varkappa}} = \frac{V_3}{\varepsilon_2} = \frac{V_1}{\varepsilon \cdot \varepsilon_1 \cdot \varepsilon_2} = \frac{V_1}{\varepsilon_0},$$

also dasselbe wie bei isothermischer Kompression auf den Druck p_4 in einem Cylinder.

Die Kompressionsarbeit für einen Hub ist somit:

$$A = A_1 + A_2 + A_3 =$$

$$= \frac{\varkappa}{\varkappa - 1} \left[p_1 V_1 \cdot \left(\varepsilon^{\frac{\varkappa - 1}{\varkappa}} - 1\right) + p_2 V_2 \cdot \left(\varepsilon_1^{\frac{\varkappa - 1}{\varkappa}} - 1\right) + p_3 V_3 \cdot \left(\varepsilon_2^{\frac{\varkappa - 1}{\varkappa}} - 1\right)\right]$$

oder

$$A = \frac{\varkappa}{\varkappa - 1} \cdot p_1 V_1 \left[\left(\varepsilon^{\frac{\varkappa - 1}{\varkappa}} - 1\right) + \left(\varepsilon_1^{\frac{\varkappa - 1}{\varkappa}} - 1\right) + \left(\varepsilon_2^{\frac{\varkappa - 1}{\varkappa}} - 1\right)\right]. \tag{75}$$

Die Kompressionsarbeit bei adiabatischer Kompression in einem Cylinder war dagegen:

$$A_0 = \frac{\varkappa}{\varkappa - 1} \cdot p_1 V_1 \left[\varepsilon_0^{\frac{\varkappa - 1}{\varkappa}} - 1\right], \tag{76}$$

worin

$$\varepsilon = \frac{p_4}{p_1} = \frac{p_2}{p_1} \cdot \frac{p_3}{p_2} \cdot \frac{p_4}{p_3} = \varepsilon \cdot \varepsilon_1 \cdot \varepsilon_2 \tag{77}$$

ist.

Soll die Kompressionsarbeit auf alle drei Cylinder gleich verteilt sein, also $A_1 = A_2 = A_3$ sein, so folgt:

$$\frac{\varkappa}{\varkappa - 1} \cdot p_1 V_1 \cdot \left(\varepsilon^{\frac{\varkappa - 1}{\varkappa}} - 1\right) = \frac{\varkappa}{\varkappa - 1} \cdot p_1 V_1 \left(\varepsilon_1^{\frac{\varkappa - 1}{\varkappa}} - 1\right)$$

oder $\varepsilon = \varepsilon_1 = \varepsilon_2$, also, da $\varepsilon_0 = \varepsilon \cdot \varepsilon \cdot \varepsilon = \varepsilon^3$ wird

$$\varepsilon = \sqrt[3]{\varepsilon_0}, \tag{78)}$$

und

$$A = 3\,A_1 = 3\,\frac{\varkappa}{\varkappa - 1} \cdot p_1\,V_1 \left(\varepsilon^{\frac{\varkappa - 1}{\varkappa}} - 1\right). \tag{79)}$$

Sind nur zwei Cylinder vorhanden, so ist $\varepsilon = \varepsilon_1$, $\varepsilon_0 = \varepsilon^2$, oder $\varepsilon = \sqrt{\varepsilon_0}$ und

$$A = 2\,A_1 = 2\,\frac{\varkappa}{\varkappa - 1} \cdot p_1\,V_1 \left(\varepsilon^{\frac{\varkappa - 1}{\varkappa}} - 1\right). \tag{80)}$$

1. Beispiel:

Das Kompressionsverhältnis ε_0 sei $= 8$, die Luft soll in zwei Cylindern nach einander so komprimiert werden, dass beide Cylinder die gleiche Arbeit zu verrichten haben. Dann ist zunächst

$$\varepsilon = \varepsilon_1 = \sqrt{\varepsilon_0} = 2{,}8284,$$

und

$$A = 2\,\frac{\varkappa - 1}{\varkappa} \cdot p_1\,V_1 \left(\varepsilon^{\frac{\varkappa - 1}{\varkappa}} - 1\right).$$

Soll nun das Volumen $V_1 = 1$ cbm angenommen werden, so ist

$$A = 2 \cdot \frac{\varkappa}{\varkappa - 1} \cdot p_1 \cdot \left(\varepsilon^{\frac{\varkappa - 1}{\varkappa}} - 1\right) = 2 \cdot 3{,}44 \cdot 10\,333 \left(2{,}8284^{0{,}29} - 1\right) = \mathbf{25\,026\ mkg}.$$

Für adiabatische Kompression in einem Cylinder berechnet sich die Arbeit zu

$$A_0 = 29\,527,$$

folglich ist der Arbeitsgewinn

$$\Delta = A_0 - A = 4500 \text{ mkg}$$

oder

$$= \frac{4500}{29\,527} = 0{,}15 = 15\,\%$$

der adiabatischen Kompressionsarbeit in einem Cylinder und

$$\frac{4500}{25\,026} = 0{,}183 = 18{,}3\,\%$$

der Arbeit bei stufenweiser Kompression.

2. Beispiel:

Bei einem Kompressor, welcher die Luft zum Betriebe von Torpedomaschinen von 200 Atmosphären absoluter Spannung zu liefern bestimmt ist, soll die Kompression stufenweise in 3 Cylindern stattfinden und die Arbeit auf alle 3 Cylinder gleichmässig verteilt sein. Da $\varepsilon_0 = 200$ ist, und 3 Cylinder vorhanden sind, so folgt

$$\varepsilon = \varepsilon_1 = \varepsilon_2 = \sqrt[3]{200} = 5{,}848.$$

Die Arbeit für 1 Hub berechnet sich dann zu

$$A = 3\,A_1 = 3 \cdot 3{,}44 \cdot 10\,333 \cdot \left(5{,}848^{0{,}29} - 1\right) \text{ mkg}$$

für 1 cbm angesaugter Luft, oder

$$A = 71\,304{,}6 \text{ mkg}.$$

Soll die Arbeit in PS. berechnet werden, so ist

$$N = \frac{71304{,}6 \cdot 2\,n}{60 \cdot 75}$$

die Arbeit für 1 cbm angesaugter Luft i. d. Sek., folglich, wenn V cbm i. d. Sek. angesaugt werden sollen,

$$N = \frac{71304{,}6 \cdot 2 \cdot n}{60 \cdot 75} \cdot V = \frac{F \cdot s \cdot n}{30} \cdot \frac{71304{,}6}{75}.$$

Ist der Durchmesser D des ersten Cylinders z. B. = 600 mm, der Hub s = 800 mm, die Tourenzahl n = 80, also $\frac{s \cdot n}{30} = 2{,}13$ m i. d. Sek. und F = 0,2827 qm, so folgt

$$N = 0{,}2827 \cdot 2{,}13 \cdot \frac{71\,305}{75} = 572{,}32 \text{ PS}.$$

im ganzen, also

$$N_1 = N_2 = N_3 = \frac{N}{3} = 190{,}8 \text{ PS}.$$

für jeden einzelnen Kompressor.

Siebentes Kapitel.

Theorie der Luftpumpe.

A. Berechnung des Enddruckes bei einfach wirkenden Luftpumpen.

In Fig. 508 ist die Anordnung einer Luftpumpe schematisch dargestellt und es bezeichnet $V = F \cdot s$ den Inhalt des Cylinders, $\varepsilon_0 V$ den

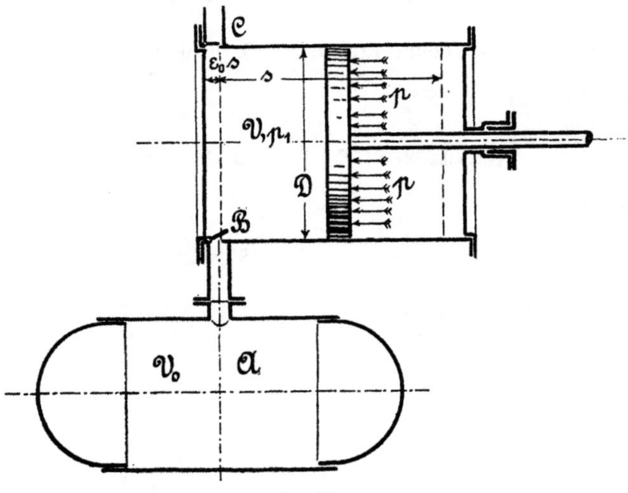

Fig. 508.

Inhalt des schädlichen Raumes bis zum Saugventil B, V_0 den Inhalt des luftleer zu pumpenden Behälters A, gleichfalls bis zum Saugventil B gemessen, p den atmosphärischen Druck = 1,0333 kg/qcm, p_1, p_2, p_3 etc. den Druck im Behälter A am Ende des ersten, zweiten, dritten etc. Kolbenhubes

Vor Beginn des ersten Hubes ist der Druck im Cylinder, im schädlichen Raum und im Behälter A gleich p. Die Reihenfolge der einzelnen Vorgänge ist nun folgende:

1. Der Kolben geht nach rechts, am Ende des Hubes ist der Druck im Cylinder, schädlichen Raum und Behälter gleich p_1, sodass

$$p_1 \cdot (V + \varepsilon_0 V + V_0) = p(V_0 + \varepsilon_0 V),$$

oder

$$p_1 = p \frac{V_0 + \varepsilon_0 V}{V_0 + V(1 + \varepsilon_0)}$$

ist. Setzt man $\frac{V}{V_0} = \alpha$ oder $V = \alpha \cdot V_0$ und dividiert den Zähler und Nenner durch V_0, so folgt

$$p_1 = p \cdot \frac{1 + \varepsilon_0 \cdot \alpha}{1 + (1 + \varepsilon_0)\alpha}. \qquad 81)$$

2. Rückkehr des Kolbens und Kompression der Luft auf atmosphärischen Druck; Druck im schädlichen Raum = p.

3. Zweiter Kolbenhub, Expansion der Luft im schädlichen Raum vom Drucke p auf den Druck p_1, wobei das Volumen V_x beschrieben wird, bis

$$\varepsilon_0 V \cdot p = V_x \cdot p_1 \quad \text{oder} \quad V_x = \varepsilon_0 V \cdot \frac{p}{p_1}$$

ist. Anfangs- und Endzustand der Saugperiode sind dann

$$(V_0 + V_x)\, p_1 = [V_0 + V(1 + \varepsilon_0)]\, p_2,$$

woraus folgt:

$$p_2 = p_1 \frac{V_0 + \varepsilon_0 V \cdot \frac{p}{p_1}}{V_0 + V(1 + \varepsilon_0)},$$

oder wenn wieder $\frac{V}{V_0} = \alpha$ und $\frac{p}{p_1} = \varepsilon_1$ gesetzt wird.

$$p_2 = p_1 \frac{1 + \varepsilon_0 \cdot \alpha \cdot \varepsilon_1}{1 + (1 + \varepsilon_0)\alpha}. \qquad 81\,a)$$

Rückkehr des Kolbens und Kompression.

5. Dritter Kolbenhub, Expansion der Luft im schädlichen Raum bis p_2, sodass $V_x = \varepsilon_0 V \cdot \frac{p}{p_2}$ oder wenn $\frac{p}{p_2} = \varepsilon_2$ gesetzt wird, $V_x = \varepsilon_2 \cdot \varepsilon_0 V$ ist. Anfangs- und Endzustand sind wieder

$$(V_0 + V_x) \cdot p_2 = (V_0 + V[1 + \varepsilon_0]) \cdot p_3,$$

oder

$$p_3 = p_2 \frac{V_0 + \varepsilon_0 V \cdot \varepsilon_2}{V_0 + V(1 + \varepsilon_0)} = p_2 \cdot \frac{1 + \varepsilon_0 \cdot \alpha \cdot \varepsilon_2}{1 + (1 + \varepsilon_0) \cdot \alpha}. \qquad 81\,b)$$

In derselben Weise erhält man

$$p_4 = p_3 \cdot \frac{1 + \varepsilon_0 \cdot \alpha \cdot \varepsilon_3}{1 + (1 + \varepsilon_0)\,\alpha} \text{ etc.}$$

oder allgemein

$$p_{n+1} = p_n \cdot \frac{1 + \varepsilon_0 \cdot \alpha \cdot \varepsilon_n}{1 + (1 + \varepsilon_0)\,\alpha}, \qquad 81\,c)$$

worin

$$\varepsilon_n = \frac{p}{p_n}$$

ist. Setzt man zur Vereinfachung

$$1 + \varepsilon_0\,\alpha = a, \text{ also } \varepsilon_0\,\alpha = a - 1$$

und

$$1 + (1 + \varepsilon_0)\,\alpha = b,$$

so folgt zunächst:

$$\varepsilon_1 = \frac{1 + (1 + \varepsilon_0) \cdot \alpha}{1 + \varepsilon_0} = \frac{b}{a},$$

folglich nach Gleichung 81)

$$p_1 = p \cdot \frac{a}{b},$$

nach Gleichung 81 a)

$$p_2 = p \cdot \frac{a + (a-1)\,b}{b^2},$$

ebenso

$$p_3 = p \cdot \frac{a + (a-1)\,b + (a-1)\,b^2}{b^3},$$

$$p_4 = p \cdot \frac{a + (a-1)\,b + (a-1)\,b^2 + (a-1)\,b^3}{b^4}$$

oder allgemein

$$p_n = p \cdot \frac{a + (a-1)\,b + (a-1)\,b^2 + \ldots (a-1)\,b^{n-1}}{b^n}. \qquad 81\,d)$$

Setzt man rückwärts a und a — 1 ein, so folgt

$$p_n = \frac{p}{b^n}\left\{1 + \left(\varepsilon_0\,\alpha + \varepsilon_0\,\alpha\,b + \varepsilon_0\,\alpha \cdot b^2 + \ldots\ldots \varepsilon_0\,\alpha \cdot b^{n-1}\right)\right\}$$

oder, da die Summe der geometrischen Reihe

$$\varepsilon_0\,\alpha + \varepsilon\,\alpha \cdot b + \ldots\ldots \varepsilon_0\,\alpha \cdot b^{n-1} = \varepsilon_0\,\alpha \cdot \frac{b^n - 1}{b - 1}$$

ist,

$$p_n = p\left[\frac{1}{b^n} + \frac{\varepsilon_0\,\alpha}{b-1}\left(1 - \frac{1}{b^n}\right)\right]. \qquad 82)$$

Der Enddruck p_n für $n = \infty$, d. h. also die nach unendlich viel Hüben überhaupt erreichbare kleinste Spannung im Behälter A ergibt sich hiernach einfach, da

$$\frac{1}{b^n} = \frac{1}{\infty} = 0$$

wird, zu

$$p_n = p \cdot \frac{\varepsilon_0 \alpha}{b-1} = p \cdot \frac{\varepsilon_0 \alpha}{1 + (1+\varepsilon_0)\alpha - 1} = p \cdot \frac{\varepsilon_0}{1+\varepsilon_0} \qquad 82\,a)$$

oder, wenn Zähler und Nenner mit V multipliziert wird:

$$p_n = \frac{\varepsilon_0 V}{V + \varepsilon_0 V} \cdot p, \quad \frac{p_n}{p} = \frac{\varepsilon_0 V}{V + \varepsilon_0 V}, \qquad 83)$$

d. h. der kleinste, überhaupt erreichbare Enddruck ist gleich dem atmosphärischen Druck mal dem Verhältnis des schädlichen Raumes zum Cylinderinhalt vermehrt um den schädlichen Raum.

Beispiel:

Wie gross ist nach $n = 30$ Hüben der Enddruck in einem Behälter A vom Inhalt $V_0 = 1$ cbm, wenn die einfach wirkende Luftpumpe 400 mm Durchmesser, 600 mm Hub hat, und das Verhältnis des schädlichen Raumes zum Cylinderinhalt $\varepsilon_0 = 0{,}06$ ist?

Zunächst ist der Cylinderinhalt

$$V = F \cdot s = 0{,}4^2 \cdot \frac{\pi}{4} \cdot 0{,}6 = 0{,}07542 \text{ cbm},$$

folglich

$$\alpha = \frac{V}{V_0} = \frac{0{,}07542}{1} = 0{,}07542,$$

also

$$\varepsilon_0 \cdot \alpha = 0{,}004525, \quad b = 1 + (1+\varepsilon_0) \cdot \alpha = 1{,}07995, \quad b^n = 1{,}07995^{30} = 10{,}053$$

und nach Gleichung 82)

$$p_n = p \cdot \left[\frac{1}{10} + \frac{0{,}004525}{0{,}07995} \cdot \left(1 - \frac{1}{10}\right)\right] = p \cdot \left[0{,}1 + 0{,}0566 \cdot 0{,}9\right] =$$

$$= 0{,}15094 \cdot 1{,}0333 = \mathbf{0{,}156 \text{ kg/qcm}},$$

oder in cm Quecksilbersäule

$$p_n = 0{,}15094 \cdot 76 = 11{,}472 \text{ cm}$$

absolut, oder von der Atmosphäre abwärts gemessen

$$p_n' = 76 - 11{,}472 = 64{,}528 \text{ cm}$$

Vakuum.

Der äusserste Enddruck, welcher für $n = \infty$ erreicht würde, betrüge

$$p_\infty = p \cdot \frac{\varepsilon_0}{1 + \varepsilon_0} = 1{,}0333 \cdot \frac{0{,}06}{1{,}06} = 0{,}0585 \text{ kg/qcm}$$

oder

$$p_\infty = 4{,}3016 \text{ cm Quecksilbersäule absolut} = 71{,}6948 \text{ cm Vakuum.}$$

B. Berechnung des Enddrucks bei doppeltwirkenden Luftpumpen.

Da jede Cylinderseite als einfach wirkende Luftpumpe angesehen werden kann, so wird zur Erzielung eines bestimmten Enddrucks die Anzahl der Hübe ebenso gross, diejenige der Doppelhübe oder Umdrehungen dagegen nur halb so gross sein wie bei der einfach wirkenden Pumpe. Zur Berechnung des Enddrucks dient daher ebenfalls Gleichung 83), worin jedoch n die Anzahl der einfachen Hübe bedeutet, während dann die Tourenzahl der Maschine $n_0 = \frac{n}{2}$ ist.

C. Berechnung des Enddrucks bei Luftpumpen mit Druckausgleich.

Nach Gleichung 82) ist der niedrigste, überhaupt erreichbare Enddruck bei einfachen Luftpumpen abhängig vom Verhältnis des schädlichen Raumes zum Cylinderinhalt. Um diesen Einfluss des schädlichen Raumes möglichst zu beseitigen, wird, wie bei Luftkompressoren, am Ende des Hubes ein Druckausgleich zwischen beiden Cylinderseiten bewirkt, wodurch ein bedeutend grösserer, volumetrischer Wirkungsgrad und auch ein kleinerer Enddruck erreicht wird.

Es sei in Fig. 509 V der Cylinderinhalt, V_s der schädliche Raum bis zum Saugventil und dem Verteilungsschieber gemessen, V' der Inhalt des Druckausgleichkanals, V_0 der Inhalt des luftleer zu pumpenden Behälters, oder wie früher

$$V_s = \varepsilon_0 \cdot V, \quad \frac{V}{V_0} = \alpha \quad \text{und} \quad V' = \varepsilon' \cdot V,$$

so ist die Reihenfolge der Vorgänge jetzt folgende:

1. Kolbenhub nach rechts. Anfangszustand und Endzustand:

$$(V_s + V_0) \cdot p = (V + V_s + V_0)\, p_1$$

oder

$$(\varepsilon_0 V + V_0) \cdot p = (V + \varepsilon_0 V + V_0) p_1 ,$$

und nach Division durch V_0,

$$p_1 = p \frac{1 + \varepsilon_0 \alpha}{1 + (1 + \varepsilon_0) \alpha} ,$$

oder wenn zur Vereinfachung der späteren Rechnungen wieder

$$1 + \varepsilon_0 \alpha = a , \quad \text{also} \quad \varepsilon_0 \alpha = a - 1 ,$$

$$1 + (1 + \varepsilon_0) \alpha = b , \quad \text{also} \quad (1 + \varepsilon_0) \alpha = b - 1 ,$$

dagegen hier zur Vereinfachung der Berechnung umgekehrt

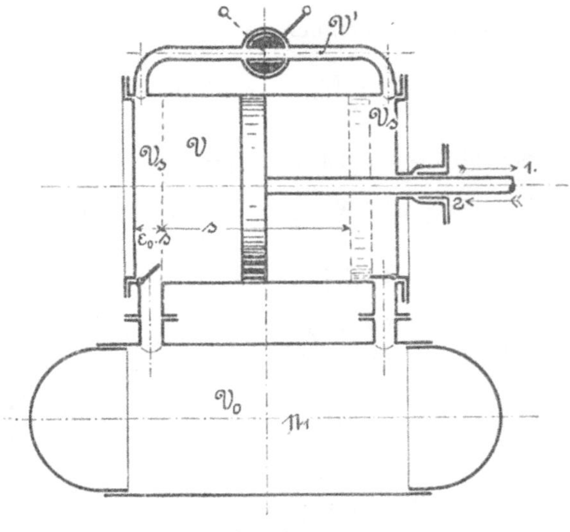

Fig. 509.

$$\frac{p_1}{p} = \varepsilon_1 , \quad \frac{p_2}{p} = \varepsilon_2 , \ldots \ldots \frac{p_n}{p} = \varepsilon_n$$

gesetzt wird,

$$p_1 = p \frac{a}{b} = p \cdot \varepsilon_1 . \tag{84}$$

2. Druckausgleich zwischen linker Kolbenseite $(V_s + V) p_1$ und rechter Kolbenseite $V_s \cdot p$, woraus folgt:

$$V_s \cdot p + (V_s + V) p_1 = (V + 2 V_s + V') p_1' ,$$

worin p_1' den Druck nach erfolgtem Ausgleich auf beiden Kolbenseiten bezeichnet, oder unter Einführung der Koeffizienten ε_0, α und ε'

$$\varepsilon_0 p + (1 + \varepsilon_0) p_1 = (1 + 2 \varepsilon_0 + \varepsilon') p_1' ,$$

also

$$p_1' = \frac{\varepsilon_0 \cdot p + (1 + \varepsilon_0)\, p_1}{1 + 2\,\varepsilon_0 + \varepsilon'},$$

oder wenn

$$1 + 2\,\varepsilon_0 + \varepsilon' = c$$

gesetzt wird,

$$p_1' = \frac{p}{c}\left(\varepsilon_0 + (1 = \varepsilon_0)\,\frac{a}{b}\right)$$

oder

$$= \frac{p}{\alpha \cdot c}\left(\varepsilon_0\,\alpha + (1 + \varepsilon_0)\,\alpha \cdot \frac{a}{b}\right),$$

und nach verschiedenen Umformungen

$$p_1' = \frac{p}{b \cdot \alpha \cdot c}\Big[(a - 1)\,b + b \cdot (b - 1 \cdot \varepsilon_1\Big]. \tag{84 a}$$

3. Kolbenhub nach links, Anfangs- und Endzustand:

$$V_s \cdot p_1' + V_0 \cdot p_1 = (V + V_0 + V_s) \cdot p_2$$

oder

$$\varepsilon_0\,\alpha \cdot p_1' + p_1 = [1 + (1 + \varepsilon_0)\,\alpha] \cdot p_2,$$

$$p_2 = \frac{(a - 1)\,p_1' + p_1}{b} = \frac{1}{b}\left[(a - 1)\,p_1' + p\,\frac{a}{b}\right] =$$

$$= \frac{1}{b}\left\{(a - 1)\,\frac{p}{b \cdot \alpha\, c}\Big[(a - 1)\,b + (b - 1)\,a\Big] + p \cdot \frac{a}{b}\right\}$$

$$= \frac{p}{b^2}\left\{a + \frac{a - 1}{\alpha \cdot c}\Big[(a - 1) \cdot b + (b - 1)\,a\Big]\right\} =$$

$$= \frac{p}{b^2}\left\{a + \frac{a - 1}{\alpha \cdot c}\Big[(a - 1)\,b + (b - 1) \cdot b\,\varepsilon_1\Big]\right\}, \tag{84 b}$$

folglich ist

$$\varepsilon_2 = \frac{p_2}{p} = \frac{1}{b^2}\left\{a + \frac{a - 1}{\alpha \cdot c}\Big[(a - 1) \cdot b + (b - 1) \cdot a\Big]\right\}.$$

4. Druckausgleich zwischen rechter und linker Kolbenseite:

$$V_s \cdot p + (V + V_s) \cdot p_2 = (V + 2\,V_s + V')\,p_2',$$

oder

$$\varepsilon_0 \cdot p + (1 + \varepsilon_0)\,p_2 = (1 + 2\,\varepsilon_0 + \varepsilon')\,p_2' = c \cdot p_2',$$

mithin

$$p_2' = \frac{\varepsilon_0 \cdot p + (1 + \varepsilon_0)\,p_2}{c},$$

oder wenn $p_2 = \varepsilon_2 p$ gesetzt wird

$$p_2' = \frac{p}{c}\left(\varepsilon_0 + (1+\varepsilon_0)\cdot\varepsilon_2\right) = \frac{p}{\alpha\cdot c}\left(\varepsilon_0\,\alpha + (1+\varepsilon_0)\,\alpha\cdot\varepsilon_2\right) =$$

$$= \frac{p}{\alpha\cdot c}\left[(a-1) + (b-1)\,\varepsilon_2\right] =$$

$$= \frac{p}{\alpha\cdot c}\left[(a-1) + \frac{b-1}{b^2}\left\{a + \frac{a-1}{\alpha\cdot c}\left[(a-1)\,b + (b-1\,a\right]\right\}\right],$$

und nach mehreren Umformungen

$$p_2' = \frac{p}{b^2\cdot\alpha c}\left[b^2(a-1) + b^2(b-1)\,\varepsilon_2\right]. \qquad 84c)$$

In derselben Weise wie für p_2 (Gl. 84 b) erhält man für p_3 die Gleichung:

$$p_3 = \frac{p}{b^3}\left\{a + \frac{a-1}{\alpha\cdot c}\left[(a-1)(b+b^2) + (b-1)\,b^2\cdot\varepsilon_2\right]\right\},$$

für p_4:

$$p_4 = \frac{p}{b^4}\left\{a + \frac{a-1}{\alpha\cdot c}\left[(a-1)(b+b^2+b^3) + (b-1)\,b^3\,\varepsilon_3\right]\right\},$$

mithin allgemein

$$p_n = \frac{p}{b^n}\left\{a + \frac{a-1}{\alpha\cdot c}\left[(a-1)\left(b+b^2+b^3+\ldots\ldots b^{n-1}\right) + \right.\right.$$

$$\left.\left. + (b-1)\,b^{n-1}\cdot\varepsilon_{n-1}\right]\right\}. \qquad 85)$$

Wird hierin die Summe der Reihe

$$b + b^2 + b^3 + \ldots\ldots b^{n-1} = b\cdot\frac{b^{n-1}-1}{b-1}$$

eingesetzt, so folgt

$$p_n = \frac{p}{b^n}\left\{a + \frac{a-1}{\alpha\cdot c}\left[(a-1)\cdot b\cdot\frac{b^{n-1}-1}{b-1} + (b-1)\cdot b^{n-1}\cdot\varepsilon_{n-1}\right]\right\},$$

oder nach einigen Umformungen:

$$p_n = p\left\{\frac{1}{b^n} + \frac{\varepsilon_0\,\alpha}{b^n} + \frac{\varepsilon_0\,\alpha}{\alpha\cdot c}\left[\frac{\varepsilon_0\,\alpha}{b-1}\left(1 - \frac{b}{b^n}\right) + \varepsilon_{n-1}\cdot\left(1 - \frac{b^{n-1}}{b^n}\right)\right]\right\}. \qquad 85\,a)$$

Hieraus erhält man:

$$\varepsilon_n = \frac{p_n}{p} =$$

$$= \frac{1}{b^n}\left\{a + \frac{a-1}{\alpha \cdot c}\left[(a-1)\,b \cdot \frac{b^{n-1}-1}{b-1} + (b-1)\,b^{n-1} \cdot \varepsilon_{n-1}\right]\right\}. \qquad 86)$$

Aus Gleichung 85 a) erhält man den Enddruck p_n für $n = \infty$, d. h. die überhaupt mögliche kleinste Spannung, da für

$$b^n = \infty \text{ auch } b^{n-1} = \infty\,,\ \frac{1}{b^n} = 0\,,\ \frac{b^{n-1}}{b^n} = \frac{b^n}{b^n} = 1$$

wird, zu:

$$p_\infty = p \cdot \frac{\varepsilon_0^2\,\alpha^2}{\alpha \cdot c\,(b-1)} = p \cdot \frac{\varepsilon_0^2\,\alpha^2}{\alpha \cdot (1+\varepsilon_0)\,\alpha\,(1+2\,\varepsilon_0+\varepsilon')} = p \cdot \frac{\varepsilon_0^2}{(1+\varepsilon_0)\,(1+2\,\varepsilon_0+\varepsilon')}$$

und

$$\varepsilon_\infty = \frac{p_\infty}{p} = \left(\frac{\varepsilon_0}{1+\varepsilon_0}\right)\left(\frac{\varepsilon_0}{1+2\,\varepsilon_0+\varepsilon'}\right) = \varepsilon_a \cdot \varepsilon_b\,. \qquad 86\text{ a)}$$

Nach Gleichung 82 a) war für gewöhnliche Luftpumpen ohne Druckausgleich der kleinste überhaupt erreichbare Druck

$$p_\infty = p \cdot \frac{\varepsilon_0}{1+\varepsilon_0} = p \cdot \varepsilon_a\,,$$

während durch Anwendung des Druckausgleiches dieser theoretische Grenzwert um

$$\varepsilon_b = \frac{\varepsilon_0}{1+2\,\varepsilon_0+\varepsilon'}$$

kleiner ist, worin ε_b das Verhältnis des schädlichen Raumes auf einer Cylinderseite zu dem ganzen beim Druckausgleich von Luft erfüllten Raume ist.

Zur Berechnung des Enddruckes für eine bestimmte Hubzahl nach den Gleichungen 85 a) und 86) wäre zunächst der Wert ε_{n-1} zu berechnen, für welchen wieder ε_{n-2} u. s. w. bekannt sein müsste. Da jedoch diese Berechnung eine sehr umständliche sein würde, so kann, da für eine grössere Hubzahl der Unterschied zwischen ε_{n-1} und ε_n nur gering ist, annäherungsweise $\varepsilon_{n-1} = \varepsilon_n$ gesetzt werden, wodurch Gleichung 86) übergeht in die folgende Gleichung:

$$\varepsilon_n = \frac{1}{b^n}\left\{a + \frac{a-1}{\alpha \cdot c}\left[(a-1)\,b \cdot \frac{b^{n-1}-1}{b-1} + (b-1) \cdot b^{n-1} \cdot \varepsilon_n\right]\right\}.$$

Hieraus erhält man nach verschiedenen Umformungen die Gleichung:

$$\varepsilon_n = \frac{1}{b^{n-1}} \left\{ a + \frac{a-1}{\alpha \cdot c} (a-1)\, b \cdot \frac{b^{n-1}-1}{b-1} \right\} = \frac{p_n}{p}, \tag{87}$$

welche nur die bekannten Werte α, a, b und c enthält, deren Bedeutung auf S. 610 erklärt ist.

Setzt man, um die Grösse des Fehlers zu berechnen, den nach Gleichung 86) berechneten Wert $= \varepsilon_n'$, den nach Gleichung 87) berechneten $= \varepsilon_n''$, so folgt:

$$\varepsilon_n' - \varepsilon_n'' = \frac{\varepsilon_0}{c} \frac{b-1}{b} \cdot \varepsilon_{n-1} - \left\{ a + \frac{a-1}{\alpha \cdot c} (a-1)\, b \cdot \frac{b^{n-1}-1}{b-1} \right\} \cdot \frac{b^n - b^{n-1}}{b^{2n-1}}.$$

Lässt man den Subtrahenten dieser Gleichung als einen sehr kleinen Wert fort, so ist jedenfalls:

$$\varepsilon_n' - \varepsilon_n'' < \frac{\varepsilon_0}{c} \frac{b-1}{b} \cdot \varepsilon_{n-1} \quad \text{oder}$$

$$< \frac{\varepsilon_0}{1 + 2\varepsilon_0 + \varepsilon'} \cdot \frac{(1+\varepsilon_0)\alpha}{1 + (1+\varepsilon_0)\alpha} < \frac{\varepsilon_0}{1 + 2\varepsilon_0 + \varepsilon} \cdot \left(1 - \frac{1}{1 + (1+\varepsilon_0)\alpha}\right) \cdot \varepsilon_{n-1}.$$

Da hierin $1 + (1 + \varepsilon_0)\,\alpha$, wenn α und ε_0 verhältnismässig klein angenommen werden, wenig grösser als 1 ist, so ist auch $\frac{1}{1 + (1 + \varepsilon_0)\alpha}$ nahezu 1, also $1 - \frac{1}{1 + (1 + \varepsilon_0)\alpha}$ ein verhältnismässig kleiner Bruch, folglich

$$\frac{\varepsilon_0}{1 + 2\varepsilon_0 + \varepsilon'} \cdot \left(1 - \frac{1}{1 + (1+\varepsilon_0)\alpha}\right)$$

noch bedeutend kleiner. Für ε_0 z. B. $= 0{,}06$ $\alpha = 0{,}1$, $\varepsilon' = 0{,}01$ ist

$$\varepsilon_n' - \varepsilon_n'' < 0{,}0053\, \varepsilon_{n-1},$$

sodass mit einer für die Praxis völlig genügenden Genauigkeit in Gleichung 86) ε_n statt ε_{n-1} gesetzt und der Wert ε_n dann nach Gleichung 87) berechnet werden darf.

Beispiel:

In dem auf S. 608 berechneten Beispiel war $V_0 = 1$ cbm, $V = 0{,}07542$ cbm, also $\alpha = \frac{V}{V_0} = 0{,}07542$, ferner $\varepsilon_0 = 0{,}06$ angenommen. Es sei nun $\varepsilon' = 0{,}01$ und $n = 30$ gesetzt. Dann ist die Endspannung p_n nach Gleichung 93):

$$p_n = p \cdot \varepsilon_n = p \cdot \frac{1}{b^{n-1}} \left\{ a + \frac{(a-1)^2}{\alpha \cdot c} \cdot b \cdot \frac{b^{n-1} - 1}{b - 1} \right\}.$$

Hierin ist: $b = 1{,}07995$, $b^{n-1} = 1{,}07995^{29} = 9{,}315$, $b - 1 = 0{,}07995$, $c = 1 + 2\,\varepsilon_0 + \varepsilon' = 1{,}13$, $a = 1 + \varepsilon_0\,\alpha = 1{,}00453$, $a - 1 = 0{,}00453$, $(a-1)^2 = 0{,}00002052$, also

$$p_n = 1{,}0333 \cdot \frac{1}{9{,}315} \left\{ 1{,}00453 + 0{,}02705 \right\} = 1{,}0333 \cdot \frac{1{,}0316}{9{,}315} = \mathbf{0{,}11445}\ \text{kg/qcm}$$

oder in cm Quecksilbersäule

$$p_n = 0{,}11445 \cdot 76 = 8{,}7\ \text{cm absolut} = 67{,}3\ \text{cm Vakuum}.$$

Für $n = \infty$ beträgt der theoretische Grenzwert

$$p_\infty = p \cdot \frac{\varepsilon_0}{1 + \varepsilon_0} \cdot \frac{\varepsilon_0}{1 + 2\,\varepsilon_0 + \varepsilon'} = 0{,}0585 \cdot 0{,}053 = 0{,}0031\ \text{kg/qcm}$$

oder

$$p_\infty = 0{,}2356\ \text{cm Quecksilber} = 75{,}7644\ \text{cm Vakuum}.$$

Ein Vergleich der früheren Werte mit den jetzigen zeigt den Vorteil des Druckausgleiches ohne weiteres.

Tabelle 14.

p_n für $n = 30$		p_n für $n = \infty$	
ohne Ausgleich	mit Ausgleich	ohne Ausgleich	mit Ausgleich
0,156 kg/qcm 11,470 cm Quecks. 64,528 cm Vakuum	0,11445 kg/qcm 8,7 cm absol. 67,3 cm Vakuum	0,0585 kg/qcm 4,3016 71,6984	0,0031 kg/qcm 0,2356 cm Quecks. 75,7644 cm Vakuum

D. Berechnung der angesaugten Luftmenge.

Bezeichnet wieder V den Inhalt des Luftpumpencylinders, $V_s = \varepsilon_0 V$ den schädlichen Raum, $V_0 = \frac{V}{\alpha}$ den Inhalt des luftleer zu pumpenden Behälters A, p den atmosphärischen Luftdruck, p_n den Druck im Behälter A nach n Hüben, so erhält man, wenn man sich den Inhalt V_0 soweit vergrössert denkt, bis in einem neuen Behälter A′ von dem Inhalt V_n der Druck p_n herrscht, die Gleichung

$$V_n \cdot p_n = V_0 \cdot p, \quad \text{oder} \quad V_n = V_0 \cdot \frac{p}{p_n} = \frac{V_0}{\varepsilon_n}.$$

Diese Luftmenge V_n soll bei n Hüben angesaugt und fortgeschafft werden. Zum Schluss befindet sich jedoch noch die Luftmenge V_0 vom Drucke p_n im Behälter A, sodass die tatsächlich fortgeschaffte Luftmenge vom Drucke p_n nur $V_n - V_0$ ist. Mithin folgt

$$(V_n - V_0) \cdot p_n = V_x \cdot p$$

oder die bei n Hüben abgesaugte Luftmenge V_x, bezogen auf den äusseren Luftdruck, zu:

$$V_x = (V_n - V_0)\frac{p_n}{p} = V_0 \frac{(p - p_n)}{p} = V_0\left(1 - \frac{p_n}{p}\right) = V_0 (1 - \varepsilon_n). \qquad 88)$$

Macht nun der Kolben $2 \cdot n_1$ Hübe oder die Maschine n_1 Umdrehungen i. d. Min., so ist, da $\frac{V_x}{n}$ die Luftmenge bei einem Hube ist,

$$V_{sec} = \frac{V_x}{n} \cdot \frac{2\,n_1}{60} = \frac{V_0}{n} \cdot \frac{(1 - \varepsilon_n) \cdot n_1}{30}$$

die Luftmenge i. d. Sek. bezogen auf den äusseren Luftdruck.

Bezeichnet wieder D den Cylinderdurchmesser, s den Kolbenhub, F die Kolbenfläche (alles in m-Mass), so ist $V' = \frac{F \cdot s \cdot n_1}{30}$ der vom Kolben i. d. Sek. durchlaufene Raum, also

$$V_{sec} = \frac{F\,s \cdot n_1}{30}\frac{p_n}{p} = \frac{F \cdot s\,n_1}{30} \cdot \varepsilon_n \qquad 88\,a)$$

die auf den äusseren Luftdruck bezogene, i. d. Sek. angesaugte Luftmenge. Mithin ist

$$\frac{F\,s \cdot n_1}{30} \cdot \varepsilon_n = \frac{V_0}{n}\frac{(1 - \varepsilon_n)\,n_1}{30},$$

oder da $V = F \cdot s = \alpha \cdot V_0$ ist

$$V = V_0 \frac{1 - \varepsilon_n}{n \cdot \varepsilon_n},$$

und

$$\alpha = \frac{1 - \varepsilon_n}{n \cdot \varepsilon_n} = \frac{1}{n}\left(\frac{1}{\varepsilon_n} - 1\right). \qquad 88\,b)$$

Da nun in der Gleichung 87) für ε_n ebenfalls α enthalten ist, so liesse sich α aus beiden Gleichungen berechnen, was jedoch eine ziemlich umständliche Berechnung ergibt.

Wird Gleichung 87) für n als Unbekannte aufgelöst, so folgt

$$b^{n-1} = \frac{a \cdot c\,(1 + \varepsilon_0) - \varepsilon_0^2 \cdot b}{\varepsilon_n \cdot c\,(1 + \varepsilon_0) - \varepsilon_0^2 \cdot b} = B$$

und

$$(n-1)\cdot\log b = \log B, \quad n-1 = \frac{\log B}{\log b},$$

also

$$n = 1 + \frac{\log \dfrac{a\,c\cdot(1+\varepsilon_0) - \varepsilon_0^2\cdot b}{\varepsilon_n\,c\cdot(1+\varepsilon_0) - \varepsilon_0^2\cdot b}}{\log b} =$$

$$= n = 1 + \frac{\log\left\{a\cdot c\,(1+\varepsilon_0) - \varepsilon_0^2\cdot b\right\} - \log\left\{\varepsilon_n\cdot c\,(1+\varepsilon_0) - \varepsilon_0^2\cdot b\right\}}{\log b}. \qquad 89)$$

Hierin müssen ε_0, α, ε' und ε_n bekannt sein, woraus sodann die Hubzahl n berechnet werden kann, welche nötig ist, um das Volumen V_0 auf die Spannung p_n zu erniedrigen.

Ist ε_0, α, ε' und n gegeben, so ist ε_n nach Gleichung 87) zu berechnen.

Annäherungsweise kann V berechnet werden, wenn V_0, ε_n und ε_0, ε' bekannt sind, indem α schätzungsweise angenommen, sodann n aus Gleichung 89) berechnet und hierauf α rückwärts nach Gleichung 88b) genauer ermittelt wird.

Beispiel:

In welcher Zeit kann eine doppeltwirkende Luftpumpe von 420 Dmr., 400 mm Hub, 108 Umdrehungen i. d. Min. in einem Gefäss von 4 cbm Inhalt eine Luftleere von 0,08 Atmosphären herstellen?

Um n zu berechnen, muss ε_0, ε' und α bekannt sein. ε_0 sei angenommen zu 0,05, $\varepsilon' = 0{,}01$, α berechnet sich zu

$$\alpha = \frac{V}{V_0} = \frac{0{,}0555}{4} = 0{,}0139.$$

Dann ist

$$a = 1 + \varepsilon_0\,\alpha = 1 + 0{,}0007 = 1{,}0007,$$
$$b = 1 + (1+\varepsilon_0)\,\alpha = 1 + \alpha + \varepsilon_0\,\alpha = a + \alpha = 1{,}0007 + 0{,}0139 = 1{,}0146.$$
$$c = 1 + 2\,\varepsilon_0 + \varepsilon' = 1 + 0{,}1 + 0{,}01 = 1{,}11, \quad \varepsilon_n = 0{,}08.$$

Hieraus berechnet sich n zu

$$n = 1 + \frac{0{,}06614 - (0{,}95761 - 2)}{0{,}00647} = 1 + \frac{1{,}10853}{0{,}00647} = \mathbf{172{,}3\ Hüben.}$$

Da nun die Pumpe i. d. Min. 108 Umdrehungen, also $2\cdot 108 = 216$ Hübe, also i. d. Sek. $\frac{216}{60} = 3{,}6$ Hübe macht, so ist die Zeit zur Erzeugung eines Vakuums von 0,08 Atm. $Z = \frac{172{,}3}{3{,}6} = 47{,}8$ Sek.

Weit einfacher ist die Berechnung, wenn die Luftpumpe dazu dienen soll, fortwährend ein bestimmtes Vakuum in einem Raume, z. B. einem Dampfmaschinen-Kondensator, zu erhalten.

Bezeichnet V_0 die i. d. Sek. aus dem Raum zu entfernende Luftmenge in cbm von der absoluten Spannung $p_n = \varepsilon_n \cdot p$, so ist: $V_1 p = V_0 \cdot p_n$, oder

$$V_1 = V_0 \cdot \frac{p_n}{p} = V_0 \cdot \varepsilon_n$$

dasselbe Volumen bezogen auf atmosphärischen Druck. Der Inhalt des Luftpumpencylinders berechnet sich sodann aus der Gleichung:

$$\frac{F \cdot s \cdot n}{30} = V_0 \quad \text{zu} \quad F \cdot s = V = \frac{30 \cdot V_0}{n} = \frac{30 \cdot V_1}{n \cdot \varepsilon_n}. \qquad 90)$$

Hierbei ist jedoch vorausgesetzt, dass die zur Aufrechterhaltung der Luftleere dienende Luftpumpe weder Wasser noch Dampf zu fördern braucht.

E. Berechnung der Kondensatorluftpumpen.

Um aus den bei Dampfmaschinen gebräuchlichen Einspritzkondensatoren die mit dem Einspritzwasser in den Kondensator gelangende und bei der Kondensation frei werdende Luft, sowie den der Kondensatortemperatur T_1 entsprechenden Wasserdampf und das Warmwasser zu entfernen, bedient man sich der Luft- und Warmwasserpumpen, welche das gesamte Gemisch ansaugen und fortschaffen.

Um für eine bestimmte, zu kondensierende Dampfmenge den Inhalt der Luftpumpe zu bestimmen, bedarf es folgender Annahmen. Bezeichnet D den stündlichen Dampfverbrauch der Kondensationsdampfmaschine in kg, so ist $\mathfrak{d} = \frac{D}{3600}$ die i. d. Sek. zu kondensierende Dampfmenge in kg. Die hierzu nötige Wassermenge berechnet sich nach Grashof[1]) zu:

$$G_1 = \frac{620 - t_1}{t_1 - t_0} \cdot \mathfrak{d} \text{ kg Wasser}, \qquad 91)$$

worin t_0 die Anfangs-, t_1 die Endtemperatur des Wassers nach der Kondensation oder die Kondensatortemperatur bedeutet. Die dieser Temperatur t_1 entsprechende absolute Spannung des Wasserdampfes p_d, sowie die Dampfmenge **x** in g in 1 cbm Luft ist aus der Tabelle 4, S. 547 zu entnehmen. Es bezeichne ferner: y die Luftmenge in cbdm, welche in 1 kg Wasser

---

1) Grashof, Theoret. Maschinenlehre, 1890, Bd. III, S. 672 u. folg.

von der Temperatur t_0 bei atmosphärischem Druck gebunden ist, γ_1 die Dampfdichte, oder das Gewicht eines cbm Dampf von der Temperatur t_1 oder der Spannung p_d in kg, p_l die der Temperatur t_1 entsprechende Spannung der Luft im Kondensator, so setzt sich die im Kondensator herrschende Gesamtspannung zusammen aus der Spannung des Wasserdampfes und der Luft, oder

$$p_c = p_d + p_l\,{}^{1)}, \quad \text{und} \quad p_l = p_c - p_d, \tag{92)}$$

Das ganze, i. d. Sek. fortzuschaffende Volumen ergibt sich dann folgendermassen. In 1 kg Wasser sind y cbdm Luft, also $G \cdot y = V_0$ cbdm in G_1 kg Wasser enthalten. Da sich diese Luftmenge bei der Kondensation ebenso wie das Kühlwasser von t_0 auf t_1 erwärmt, so wird sich dieselbe auf

$$V_0' = V_0 \frac{273 + t_1}{273 + t_0} = V_0 \cdot \frac{T_1}{T_0}$$

ausdehnen. Unter Annahme des Mariotte'schen Gesetzes ist bei der Ausdehnung dieser Luftmenge im Kondensator: $V_l \cdot p_c = V_0' \cdot p_1$, worin V_l das Volumen der Luft im Kondensator, p_1 den äusseren Luftdruck bezeichnet oder

$$V_l = V_0 \cdot \frac{T_1}{T_0} \cdot \frac{p_1}{p_c} = G_1 \cdot y \cdot \frac{T_1}{T_0} \cdot \frac{p_1}{p_c} = \frac{D}{3600} \cdot \frac{620 - t_1}{t_1 - t_0} \cdot y \frac{T_1}{T_0} \cdot \frac{p_1}{p_c}. \tag{93)}$$

Nach Weissbach-Herrmann (a. a. O.) ist y im Mittel zu 0,071 cbdm für 1 kg Wasser[2]) anzunehmen, sodass:

$$V_l = 0{,}00002 \cdot D \cdot \frac{620 - t_1}{t_1 - t_0} \cdot \frac{T_1}{T_0} \cdot \frac{p_1}{p_c} \text{ cbdm} \tag{93 a)}$$

die i. d. Sek. fortzuschaffende Luftmenge von der Kondensatorspannung p_c ist.

Die Dampfmenge V_d, welche zugleich mit der Luft fortzuschaffen ist, berechnet sich folgendermassen: Da $\frac{x}{1000}$ kg Dampf bei der Temperatur T_1 in 1 cbm, oder

$$\frac{1}{1000} \cdot \frac{x}{1000} = \frac{x}{1000^2} \text{ kg}$$

in 1 cbdm Luft enthalten sind, und

$$s = \frac{1}{\gamma_1} \text{ cbm} \quad \text{oder} \quad s_1 = 1000 \cdot \frac{1}{\gamma_1} \text{ cbdm}$$

---

1) Vergl. S. 548, Anm. 1 und Weissbach-Herrmann, Lehrbuch der Mechanik II, 2. S. 1116 u. folg.

2) Grashof, Theoret. Maschinenlehre, Bd. III, 1890, S. 674 gibt nach Bunsen y = 0,025 an.

das Volumen eines kg Dampf von der Temperatur T_1 ist, so ist

$$V_d = \frac{x}{1000^2} \cdot \frac{1000}{\gamma_1} = \frac{x}{1000 \cdot \gamma_1} \text{ cbdm}$$

die Dampfmenge in 1 cbdm Luft, mithin, da die ganze Luftmenge V_1 cbdm beträgt,

$$V_d = V_1 \cdot \frac{x}{1000 \cdot \gamma} \text{ cbdm} \qquad 94)$$

die ganze, i. d. Sek. fortzuschaffende Dampfmenge.

Die zur Kondensation nötige Wassermenge betrug G_1 kg, also das Volumen derselben $V_w' = G_1$ cbdm.

Die zu kondensierende Dampfmenge $\mathfrak{d} = \frac{D}{3600}$ liefert (unter der mit genügender Genauigkeit gültigen Voraussetzung, dass aller Dampf kondensiert werde) ein Wasservolumen

$$V_w'' = \frac{D}{3600} \text{ cbdm},$$

folglich ist das gesamte, i. d. Sek. fortzuschaffende Wasservolumen

$$V_w = V_w' + V_w'' = \frac{D}{3600} \cdot \frac{620 - t_1}{t_1 - t_0} + \frac{D}{3600} = \frac{D}{3600} \cdot \frac{620 - t_0}{t_1 - t_0} =$$

$$= G_1 + \mathfrak{d} \text{ cbdm}. \qquad 95)$$

Das ganze, von der Luftpumpe i. d. Sek. fortzuschaffende Volumen in cbdm ist daher:

$$V = V_1 + V_d + V_w = V_1 \left(1 + \frac{x}{1000\,\gamma_1}\right) + V_w =$$

$$= G_1 \cdot y \cdot \frac{T_1}{T_0} \cdot \frac{p_1}{p_c} \left(1 + \frac{x}{1000\,\gamma_1}\right) + G_1 + \mathfrak{d},$$

oder, wenn G_1 und $\mathfrak{d}$ durch ihre Werte ausgedrückt werden:

$$V = \frac{D}{3600} \left\{ \frac{620 - t_1}{t_1 - t_0} \cdot 0{,}071 \cdot \left(1 + \frac{x}{1000\,\gamma_1}\right) \cdot \frac{T_1}{T_0} \cdot \frac{p_1}{p_c} + \frac{620 - t_0}{t_1 - t_0} \right\} \text{ cbdm}. \qquad 96)$$

Zur Berechnung dieser Gleichung müssen die Werte p_c, T_1, T_0, x und γ_1 bekannt sein. p_c wird meist $= 0{,}08 - 0{,}13$ Atm. angenommen, p_d und x ergeben sich aus Tabelle 4 S. 547 für die Kondensatortemperatur T_1, welche, in Celsiusgraden ausgedrückt, gewöhnlich $30 - 40^0$, im Mittel 35^0 C. ist, während γ_1 aus den Zeuner'schen oder Fliegner'schen Tabellen für gesättigte Wasserdämpfe zu entnehmen ist. Der Luftpumpencylinder in dm berechnet sich hiernach, da

$$\eta_v \cdot \frac{F \cdot s \cdot n \cdot i}{60} = V$$

sein muss, zu

$$\left.\begin{array}{l} d = 4{,}25 \sqrt[3]{\dfrac{V}{\eta_v \cdot \alpha \cdot n}} \\ \text{für einfach wirkende und} \\ d = 3{,}37 \sqrt[3]{\dfrac{V}{\eta_v \cdot \alpha \cdot n}} \end{array}\right\} \quad 97)$$

für doppeltwirkende Luftpumpen, worin $i = 1$ bezw. 2 für einfach-, bezw doppeltwirkende Cylinder zu setzen, $\alpha = \frac{s}{d}$, d der Cylinderdurchmesser in dm, s der Kolbenhub in dm, n die Tourenzahl i. d. Min. und η_v der volumetrische Wirkungsgrad der Pumpe ist, welcher zu 0,8—0,9 angenommen werden kann.

Beispiel:

Wie gross ist das i. d. Sek. zu fördernde Volumen V, sowie der Durchmesser und Hub der hierzu nötigen, doppeltwirkenden Luftpumpe einer Kondensationsdampfmaschine zu nehmen, wenn die stündliche Dampfmenge derselben $D = 560$ kg, $n = 64$, $t_0 = 15^0$ C., $t_1 = 38^0$ C. ist und $p_c = 0{,}1$ Atmosphären betragen soll.

Für $t_1 = 37{,}5$ ist nach Tabelle 4, S. 547,

$$x = 44{,}89\,, \quad \gamma_1 = 0{,}043\,, \quad p_d = 0{,}063 \text{ kg/qcm}\,,$$

folglich, da

$$p_c = 0{,}1 \text{ Atm.} = 0{,}10333 \text{ kg/qcm}$$

ist:

$$p_l = p_c - p_d = 0{,}10333 - 0{,}063 = 0{,}04033 \text{ kg/qcm}.$$

Es berechnet sich ferner:

$$\frac{p}{p_c} = \frac{1{,}0333}{0{,}10333} = 10\,,$$

$$\frac{T_1}{T_0} = \frac{273 + 38}{273 + 15} = 1{,}08\,,$$

$$\frac{620 - t_1}{t_1 - t_0} = \frac{620 - 38}{23} = 25{,}3\,,$$

$$\frac{620 - t_0}{t_1 - t_0} = \frac{620 - 15}{23} = 26{,}3\,,$$

$$\frac{x}{1000 \cdot \gamma_1} = \frac{44{,}89}{43} = 1{,}044\,,$$

also das Luftvolumen zu:

$$V_l = \frac{560}{3600} \cdot 25{,}3 \cdot 0{,}071 \cdot 1{,}08 \cdot 10 = 3{,}017 \text{ cbdm},$$

das Dampfvolumen zu:

$$V_d = V_l \cdot \frac{x}{1000\,\gamma} = 3{,}017 \cdot 1{,}044 = 3{,}15 \text{ cbdm}.$$

und das Wasservolumen zu:

$$V_w = \frac{D}{3600} \cdot \frac{620 - t_0}{t_1 - t_0} = 26{,}3 \cdot \frac{560}{3600} = 0{,}1555 \cdot 26{,}3 = 4{,}0897 \text{ cbdm}.$$

Folglich ist

$$V = V_l + V_d + V_w = 3{,}017 + 3{,}15 + 4{,}09 = 10{,}257 \text{ cbdm}.$$

Da die i. d. Sek. zu kondensierende Dampfmenge

$$\mathfrak{d} = \frac{560}{3600} = 0{,}1555 \text{ kg}$$

war, so ist

$$\frac{V}{\mathfrak{d}} = \frac{10{,}257}{0{,}1555} = 66$$

oder das gesamte Volumen der Luftpumpe $= 66\,\mathfrak{d}$. Der Durchmesser der Pumpe berechnet sich dann nach Gleichung 97) zu

$$d = 3{,}37 \sqrt[3]{\frac{10{,}26}{\eta_v \cdot \alpha \cdot n}},$$

oder wenn $\alpha = \frac{s}{d} = 1{,}5$, $\eta_v = 0{,}85$ genommen wird,

$$d = 3{,}37 \sqrt[3]{\frac{10{,}26}{0{,}85 \cdot 1{,}5 \cdot 64}} = 1{,}685 \text{ dm} \backsim 170 \text{ mm}$$

und $s = 1{,}5 \cdot 170 = 255$ mm.

Das Verhältnis des Luftvolumens zum Dampfgewichte oder $\frac{V_l}{\mathfrak{d}}$ berechnet sich zu

$$\frac{3{,}017}{0{,}1556} = 19{,}4 \text{ oder rund } V_l = 20\,\mathfrak{d}$$

und das Verhältnis der Dampfmenge im Kondensator zum Dampfgewicht oder $\frac{V_d}{\mathfrak{d}}$ zu:

$$\frac{3{,}15}{0{,}1556} = 20{,}3 \text{ oder rund } V_d = 21\,\mathfrak{d},$$

endlich das Verhältnis des ganzen Volumens V zum Volumen des fortzuschaffenden Wassers oder $\frac{V}{V_w}$ zu:

$$\frac{10{,}61}{4{,}227} = 2{,}51 .$$

Die vorstehend durchgeführte Berechnung der Verhältnisse $\frac{V_l}{\mathfrak{d}}$, $\frac{V_d}{\mathfrak{d}}$, $\frac{V_w}{\mathfrak{d}}$ gibt für die Berechnung des Luftpumpeninhalts folgenden Annäherungswert:

$$V = V_l + V_d + V_w = (20 + 21 + 27) \cdot \mathfrak{d} = 68\,\mathfrak{d},$$

wofür abgerundet:

$$V = 70\,\mathfrak{d},$$

und unter Einführung des volumetrischen Wirkungsgrades η_v, die Gleichung:

$$V = 70\,\mathfrak{d} = i \cdot \eta_v \cdot \frac{\pi \cdot d^2}{4} \cdot \alpha \cdot d \cdot \frac{n}{60}$$

geschrieben werden kann, woraus folgt:

$$d = 1{,}673 \sqrt[3]{\frac{D}{\eta_v \cdot \alpha \cdot i \cdot n}} \tag{98}$$

Darin ist: $\alpha = \frac{s}{d}$, $i = 1$ bezw. 2 für einfach- bezw. doppeltwirkende Luftpumpen, n die Tourenzahl i. d. Min., D die stündliche Dampfmenge der Maschine in kg und η_v der volumetrische Wirkungsgrad der Pumpe.

F. Berechnung des Kraftbedarfs der Luftpumpen.

I. Für trockene Luftpumpen.

Es bezeichne in Fig. 510 p_n den niedrigsten Luftdruck, p_1 den atmosphärischen Druck, $\varepsilon_n = \frac{p_1}{p_n}$ das Kompressionsverhältnis, s den Hub des Kolbens, s_2' den Hub beim Rückgang des Kolbens bis zum Beginn der Saugwirkung, L_1 = Fläche ABIH die Arbeit während der Saugperiode

L_2 = Fläche ABCK die Kompressionsarbeit,
L_3 = Fläche CDGK die Arbeit zum Fortschaffen der Luft,
L_4 = DGHI die Expansionsarbeit der im schädlichen Raum enthaltenen Luft,

so berechnet sich die zur Kompression und Verschiebung bei einem Hub nötige Arbeit zu

$$L = L_2 + L_3 - L_1 - L_4.$$

Da für Vakuumpumpen genau dieselben Gleichungen wie für Kompressoren gelten, vorausgesetzt, dass Anfangs- und Enddruck fortwährend unverändert bleiben und dass der niedrigste Druck an Stelle des atmosphärischen Druckes bei Kompressoren und der atmosphärische Druck an Stelle des Kompressionsenddruckes, also p_n statt p_1 und p_1 statt p_2 und $\varepsilon_n = \frac{p_1}{p_n}$ statt $\varepsilon = \frac{p_2}{p_1}$ in den entsprechenden Gleichungen gesetzt wird, so folgt zunächst aus den früheren Gleichungen

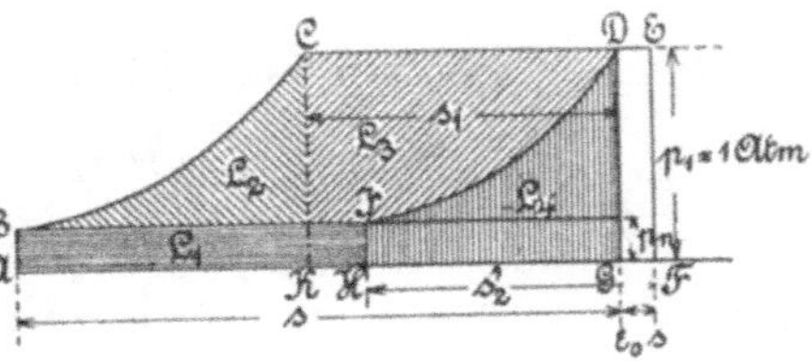

Fig. 510.

$$L_{II} = \eta_v \cdot p_n \cdot V_1 \cdot \ln \varepsilon_n = \eta_v \cdot \frac{1}{\varepsilon_n} \cdot p_1 \cdot V_1 \ln \frac{p_1}{p_n},$$

$$L_{III} = \varepsilon' p_n V_1 \ln \varepsilon_n \cdot \frac{(1 + \varepsilon_0) \ln \varepsilon_n - (1 + 2\,\varepsilon_0) \ln \varepsilon'}{\ln \varepsilon_n},$$

worin, unter Beibehaltung derselben Bezeichnung wie oben, nach Gleichung 48) (S. 570)

$$\varepsilon' = \frac{1 + (1 + \varepsilon_n)\, \varepsilon_0}{1 + 2\,\varepsilon_0 + \varepsilon_1},$$

L_{II} die Arbeit bei Luftpumpen ohne Druckausgleich, L_{III} dieselbe bei Anwendung desselben bezeichnet.

Nach Gleichung 72) (S. 593) erhält man dann das Verhältnis des Arbeitsverbrauchs in beiden Fällen (bei Anwendung und Nichtanwendung des Druckausgleiches) zu:

$$\psi_e = \frac{[(1 + \varepsilon_0) \ln \varepsilon_n - (1 + 2\,\varepsilon_0) \ln \varepsilon']}{\eta_v' \cdot \ln \varepsilon_n}, \qquad 99)$$

worin η_v' nach Gleichung 44) (S. 570) zu setzen ist:

$$\eta_v' = 1 - \varepsilon_0 (\varepsilon' - 1),$$

oder unter Einführung von ε'

$$\eta_v' = 1 - \varepsilon_0 \left[\frac{1 + (1 + \varepsilon_n)\varepsilon_0}{1 + 2\varepsilon_0 + \varepsilon_1} - 1\right] = 1 - \varepsilon_0 \frac{\varepsilon_0(\varepsilon_n - 1) - \varepsilon_1}{1 + 2\varepsilon_0 + \varepsilon_1}. \quad 100)$$

Bezeichnet wieder V_s die i. d. Sek. angesaugte theoretische Luftmenge vom Drucke p_n, so ist:

$$V_s = \frac{F \cdot s \cdot n}{60} \cdot i,$$

worin $\left\{\begin{array}{l} i = 1 \text{ für einfach wirkende} \\ i = 2 \text{ „ doppelt „} \end{array}\right\}$ Pumpen ist.

Setzt man in den Gleichungen für L_{II} und L_{III} $V_1 = 1$, so erhält man die Arbeit für 1 cbm angesaugter Luft von der Spannung p_n zu

$$L_{II}' = \eta_v \cdot p_n \cdot \ln \varepsilon_n \text{ und } L_{III}' = \varepsilon' \cdot p_n \cdot [(1 + \varepsilon_0) \ln \varepsilon_n - (1 + 2\varepsilon_0) \ln \varepsilon']. \quad 101)$$

Die Arbeit in Pferdestärken berechnet sich dann in beiden Fällen zu:

$$N = \frac{V_s \cdot L_{II}'}{75} = \eta_v \cdot \frac{F \cdot s n}{60} \cdot i \cdot \frac{p_n \ln \varepsilon_n}{75}$$

(ohne Ausgleich), worin $\eta_v = 1 - \varepsilon_0 (\varepsilon_n - 1)$ ist, und 102)

$$N = \frac{V_s \cdot L_{III}'}{75} = \varepsilon' \cdot \frac{F s n}{60} \cdot i \cdot \frac{p_n [(1 + \varepsilon_0) \ln \varepsilon_n - (1 + 2\varepsilon_0) \ln \varepsilon']}{75}$$

(mit Ausgleich).

Hierin ist, wie früher, p_n in kg/qm einzusetzen.

Beispiel:

Eine doppeltwirkende Luftpumpe mit Druckausgleich, Patent Burckhardt und Weiss[1]), habe 0,3 m Cylinderdurchmesser, 0,2 m Hub und mache 200 Umdrehungen in der Minute. Bei einer Ventilluftpumpe ohne Druckausgleich von denselben Dimensionen sei ε_0 zu 0,05 angenommen, bei der ersten Pumpe sei das Verhältnis des Umlaufkanals zum Cylinderinhalt $\varepsilon_1 = 0.03$. Es soll eine Luftleere von 0,08 Atmosphären absoluter Spannung oder ein Vakuum von 69,92 ∽ 70 cm hergestellt werden. Die theoretisch i. d. Sek. angesaugte Luftmenge von der Spannung 0,08 Atmosphären berechnet sich dann in beiden zu $V_s = 0{,}09425$ cbm, oder 340 cbm stündlich und unter Einführung der volumetrischen Wirkungsgrade

$$\eta_v = 1 - \varepsilon_0 (\varepsilon_n - 1) = 1 - 0{,}05\,(12{,}5 - 1) = 0{,}425$$

---

1) Preisliste Klein, Schanzlin & Becker in Frankenthal 1886, S. 91, No. 4; siehe auch S. 141 d. B.

und

$$\eta_v' = 1 - \varepsilon_0 \frac{\varepsilon_0 (\varepsilon_n - 1) - \varepsilon_1}{1 + 2\,\varepsilon_0 + \varepsilon_1} = 0{,}9759 \backsim 0{,}976$$

erhält man die wirkliche Luftmenge im ersten Falle zu:

$$V_{st} = 0{,}425 \cdot 340 = 144{,}5 \text{ cbm}$$

stündlich, im zweiten Fall zu

$$V_{st} = 0{,}976 \cdot 340 = 331{,}84 \backsim 332 \text{ cbm}.$$

Die Arbeit in Pferdestärken berechnet sich im ersten Falle zu:

$$N = 0{,}425 \cdot 0{,}09425 \cdot 0{,}08 \cdot \frac{10\,333 \cdot \ln 12{,}5}{75} = 1{,}114 \text{ PS.},$$

im zweiten Falle zu:

$$N = 1{,}482 \cdot 0{,}09425 \cdot 0{,}08 \cdot 10\,333 \cdot \frac{[(1 + 0{,}05) \cdot 2{,}526 - (1 + 0{,}1) \cdot 0{,}392]}{75} =$$

$$= 3{,}42 \text{ PS.}$$

Berücksichtigt man, dass im ersten Falle nur 144,5 cbm stündlich abgesaugt wurden, im zweiten dagegen 332 cbm, so erhält man das Verhältnis des wirklichen Kraftbedarfs in beiden Fällen zu

$$\psi_e = \frac{3{,}42}{1{,}114} \cdot \frac{144{,}5}{332} = 1{,}33\,.$$

Der Kraftbedarf bei Anwendung des Druckausgleichs ist daher um $^1/_3$ grösser als bei Fortfall desselben. Je niedriger jedoch das Vakuum ist, desto günstiger wird dies Verhältnis, da bei einem Vakuum von 0,05 Atmosphären oder $\varepsilon_n = 20$ der volumetrische Wirkungsgrad im ersten Falle fast zu Null wird, während derselbe im zweiten Falle nach Tabelle 10, S. 570, noch über 95 % beträgt, also die Luftpumpe im letzteren Falle fast die theoretische Luftmenge liefert, während die erstere überhaupt nicht mehr funktioniert.

Zur Herstellung starker Luftverdünnungen wird daher nur eine Luftpumpe mit Druckausgleich dienen können und liegt hier der ausserordentliche Vorteil dieser Konstruktion gegenüber allen anderen Pumpen ohne Druckausgleich.

Dieselben ermöglichen es, wie früher gezeigt, sich einem Vakuum von 75,7644 cm oder einem absoluten Luftdruck von 0,0031 Atmosphären bis auf beliebige Genauigkeit zu nähern, also fast eine absolute Luftleere zu erreichen.

II. Für Kondensatorluftpumpen.

Die zum Fortschaffen der Luft, des Wasserdampfes und Kühlwassers aus dem Kondensator nötige Arbeit setzt sich aus folgenden Teilen zusammen:

1. aus der Arbeit L_1 zur Kompression und zum Fortschaffen der mit Wasserdampf gesättigten Luft,
2. aus der Arbeit L_2 zur Hebung der Kühlwassermenge V_w.

Nach Gleichung 28) auf S. 551 berechnet sich die Kompressionsarbeit für 1 cbm feuchter, mit Wasserdampf völlig gesättigter Luft zu:

$$L_1 = \frac{\varkappa}{\varkappa - 1} \cdot p_1 \cdot \left[\left(\frac{p_2}{p_1}\right)^{\frac{\varkappa - 1}{\varkappa}} - 1\right],$$

worin $\varkappa$ aus Gleichung 26), Seite 550 zu berechnen ist. Da hierin p_1 der Anfangs-, p_2 der Enddruck der Kompression ist, so muss für die Kondensatorluftpumpe p_c statt p_1 und p_1 statt p_2 gesetzt werden, woraus folgt

$$L_1 = \frac{\varkappa}{\varkappa - 1} p_c \cdot \left[\left(\frac{p_1}{p_c}\right)^{\frac{\varkappa - 1}{\varkappa}} - 1\right]. \qquad 103)$$

Hierin ist p_c die absolute Kondensatorspannung bei der mittleren absoluten Kondensatortemperatur T_c und nach Gleichung 98) gleich $p_d + p_l$. Da jedoch mit zunehmender Kühlwassertemperatur der Kondensatordruck grösser wird, so muss der Berechnung des Kraftbedarfes die höchste, überhaupt vorkommende Kühlwassertemperatur und der dieser entsprechende Kondensatordruck zu Grunde gelegt werden[1]).

Zunächst berechnet sich die ganze, i. d. Sek. fortzuschaffende Luft- und Dampfmenge zu

$$V_s = V_l + V_d = \frac{D}{3600} \cdot 0{,}071 \cdot \left(1 + \frac{x}{1000 \cdot \gamma_l}\right) \cdot \frac{620 - t_1}{t_1 - t_0} \cdot \frac{T_1}{T_0} \cdot \frac{p_1}{p_c}, \qquad 104)$$

die i. d. Sek. fortzuschaffende Wassermenge zu

$$V_w = \frac{D}{3600} \cdot \frac{620 - t_0}{t_1 - t_0} \text{ cbdm oder kg.} \qquad 104\,a)$$

Die Arbeit L_1 i. d. Sek. ergibt sich demnach zu

$$L_1 = \frac{\varkappa}{\varkappa - 1} \cdot p_c \cdot V_s \left[\left(\frac{p_1}{p_c}\right)^{\frac{\varkappa - 1}{\varkappa}} - 1\right] \text{ mkg.} \qquad 105)$$

1) Ausführlicher s. diese Berechnung 1. Aufl. S. 537: „Berechnung der vorteilhaftesten Kondensatorspannung“.

Die Arbeit zum Fortschaffen des Wassers berechnet sich zu

$$L_2 = V_w \cdot h \text{ in mkg}, \tag{106}$$

worin $h = h_s + h_d$ in m, h_s die dem Kondensatorvakuum entsprechende Saughöhe, h_d die Förderhöhe des Wassers von Mitte Luftpumpencylinder bis Mitte Ausflussrohr ist. Die erstere ergibt sich aus der Gleichung

$$h_s = \left(1 - \frac{p_c}{p_1}\right) \cdot 10{,}333,$$

während h_d von den örtlichen Verhältnissen abhängig ist.

Aus den Gleichungen 105) und 106) folgt somit

$$L = L_1 + L_2 = \frac{\varkappa}{\varkappa - 1} \cdot p_c \cdot V_s \left[\left(\frac{p_1}{p_c}\right)^{\frac{\varkappa - 1}{\varkappa}} - 1\right] + V_w (h_s + h_d) \tag{107}$$

oder die effektive Luftpumpenarbeit in PS

$$N = \frac{1}{\eta} \cdot \frac{L}{75}, \tag{107 a}$$

worin η der maschinelle Wirkungsgrad der Luftpumpe ist und zu 0,8—0,9 angenommen werden kann.

Zur Aufstellung einer einfacheren, wenngleich nur annäherungsweise gültigen Formel diene folgende Betrachtung.

Auf S. 623 war das Verhältnis des Luftvolumens zur Dampfmenge berechnet zu $\frac{V_l}{\mathfrak{d}} = 20$, oder $V_l = 20\,\mathfrak{d}$, das Dampfvolumen $V_d = 21\,\mathfrak{d}$, das Wasservolumen $V_w = 27\,\mathfrak{d}$.

Unter der Annahme, dass das Dampfvolumen gleich dem Luftvolumen, also $V_l = V_d = 20\,\mathfrak{d}$ sei, und dass auch für den Dampf dasselbe Kompressionsgesetz wie für die Luft gelte, ist:

$$V_s = 2 \cdot V_l = 40\,\mathfrak{d} \text{ bis } 42\,\mathfrak{d}$$

und nach Gleichung 18b) S. 538 die Kompressions- und Ausschubarbeit

$$L_1 = p_c \ln \frac{p_1}{p_c}.$$

Hieraus folgt, da $V_s = \frac{40\,\mathfrak{d}}{1000}$ in cbm gemessen zu setzen ist:

$$L_1' = V_s \cdot L_1 = L_1' = 0{,}04 \cdot \mathfrak{d} \cdot p_c \ln \frac{p_1}{p_c} = 0{,}04 \cdot \frac{D}{3600} p_c \cdot \ln \frac{p_1}{p_c} =$$

$$= 0{,}111\, D \cdot p_c \ln \frac{p_1}{p_c} \text{ mkg i. d. Sek.} \tag{108}$$

worin D die stündlich zu kondensierende Dampfmenge, p_c den Kondensatordruck in kg/qcm, p_1 den Atmosphärendruck in kg/qcm bedeutet.

Unter Einführung von $V_w = G = 27\,\mathfrak{d}$, oder allgemein $G = x \cdot \mathfrak{d}$ berechnet sich L_2' zu:

$$L_2' = 27\,\mathfrak{d} \cdot h = \frac{27}{3600} \cdot D \cdot h = 0{,}0075\, D \cdot h\,,$$

oder allgemein

$$L_2' = \frac{x}{3600} \cdot D \cdot h\,,$$

folglich

$$L = L_1' + L_2' = 0{,}111\, D \cdot p_c \cdot \ln \frac{p_1}{p_c} + \frac{x}{3600} D \cdot h =$$

$$= D \cdot \left(0{,}111 \cdot p_c \ln \frac{p_1}{p_c} + \frac{x}{3600} \cdot h\right). \qquad 109)$$

Unter Einführung eines Wirkungsgrades der Pumpe von $\eta = 0{,}66 - 0{,}9$ (je nach der Güte der Ausführung) oder $\frac{1}{\eta} = 1{,}11$ bis $1{,}5$ [1]), sowie der Beziehungen $\ln \frac{p_1}{p_c} = 2{,}3026 \log \frac{p_1}{p_c}$ und $0{,}111 \cdot 2{,}3026 \cdot \log \frac{p_1}{p_c} = \alpha$ folgt allgemein:

$$N = \frac{1}{\eta} \cdot \frac{D}{75} \left(\alpha \cdot p_c + \frac{x}{3600} \cdot h\right), \qquad 110)$$

worin D die stündliche Dampfmenge, α aus der nachstehenden Tabelle 15 zu entnehmen, p_c der Kondensatordruck, $x = \frac{G}{\mathfrak{d}}$ das Verhältnis der Kühlwassermenge zur Dampfmenge und h die gesamte Förderhöhe $= h_s + h_d$ (nach den Gleichungen auf S. 628) ist.

Tabelle 15.

$p_c =$	64	65	66	67	68	69	70	71	72 cm Vak.
	0,158	0,145	0,131	0,118	0,105	0,092	0,079	0,066	0,053 Atm. absol.
$\frac{p_1}{p} = \frac{1}{\varepsilon_n}$	6,33	6,9	7,6	8,44	9,5	10,86	12,66	15,2	19
$\alpha =$	0,205	0,214	0,226	0,237	0,250	0,264	0,282	0,303	0,327

1) Nach Grashof, Theoret. Maschinenlehre, III, S. 677, $\frac{1}{\eta} = 1{,}3 - 1{,}5$.

Nach Grashof berechnet sich, unter Beibehaltung der obigen Bezeichnungen und Zusammenstellung seiner Formeln No. 5), 6) und 7)[1]), die effektive Pferdestärkenzahl zu

$$N = \frac{1}{\eta} \frac{D}{3600 \cdot 75} \left[x \cdot h_d + (x+1) \cdot b \cdot (1 - p_e) + \right.$$
$$\left. + (0{,}025 \cdot x + 1{,}8) \cdot b \cdot \ln \frac{1 - p_d}{p_c - p_d} \right], \qquad 110\,a)$$

worin b der Barometerstand in m Wassersäule, für gewöhnlich also $b = 10{,}333$ m, $x = \frac{G}{\mathfrak{b}}$ und p_d die Spannung des Wasserdampfes nach Tabelle 4 (S. 547) ist.

Beispiel:

Für eine Kondensatorluftpumpe ist der Kraftverbrauch zu ermitteln, bei welcher die stündlich zu kondensierende Dampfmenge $D = 2431$ kg, $p_c = 0{,}08987$ oder $\backsim 0{,}09$ kg/qcm, also $1 - p_c = 0{,}91$ kg/qcm ist. Es sei ferner angenommen, dass $\eta = 0{,}8$ oder $\frac{1}{\eta} = 1{,}25$ und $h_d = 1$ m, $h_s = \left(1 - \frac{1}{\varepsilon_n}\right) \cdot 10{,}333 = (1 - 0{,}09) \cdot 10{,}333 = 9{,}4$ m, also $h = 9{,}4 + 1 = 10{,}4$ m sei, so folgt zunächst nach der Gleichung $G = \frac{593 - 0{,}7\, t_0}{27 - 0{,}3\, t_0} \cdot \mathfrak{b}$[2]) $G = 23{,}7 \cdot \mathfrak{b}$ oder $x = \frac{G}{\mathfrak{b}} = 23{,}7$. Ferner war t_1 berechnet zu 32°, also $p_d = 0{,}0477$ kg/qcm (Tabelle 4, S. 547), mithin $p_c - p_d = 0{,}09 - 0{,}0477 = 0{,}0423$ kg/qcm und

$$\ln \frac{1 - p_d}{p_c - p_d} = \ln \frac{0{,}9523}{0{,}0423} = \ln 22{,}5 = 3{,}114\,.$$

Nach Gleichung 110) berechnet sich dann:

$$N = 1{,}25 \frac{2431}{75} \cdot \left(0{,}267 \cdot 0{,}09 + \frac{23{,}7}{3600} \cdot 10{,}4\right) = 3{,}65 \text{ PS.},$$

oder

$$\frac{3{,}65 \cdot 100}{243{,}08} = 1{,}5\,\%$$

der Dampfmaschinenleistung.

Nach der Grashof'schen Gleichung 110a) ist:

$$N = 1{,}25 \cdot \frac{2431}{3600 \cdot 75} \cdot [23{,}7 \cdot 1 + 24{,}7 \cdot 10{,}333 \cdot 0{,}91 +$$
$$+ (0{,}025 \cdot 23{,}7 + 1{,}8)\, 10{,}333 \cdot 3{,}114] = 3{,}746 \text{ PS.},$$

---

[1]) a. a. O. S. 676 u. folg.

[2]) 1. Aufl. S. 543, Gl. 110).

$= 1{,}541\,\%$ der Dampfmaschinenleistung, d. h. im letzteren Falle 0,096 $\backsim$ 0,1 PS. grösser, welcher geringe Unterschied wohl eine genügende Übereinstimmung beider Gleichungen erkennen lässt.

G. Berechnung der Luftpumpen für Gegenstrom-Kondensatoren.

Während bei den bisher besprochenen Kondensatorluftpumpen ein Gemisch von Luft und Dampf, sowie Warmwasser aus dem Kondensator fortzuschaffen und hierfür das Fördervolumen der Luftpumpe zu berechnen war, wird bei den Gegenstrom-Kondensatoren nach dem Prinzip von F. J. Weiss[1]) nur Luft und eine geringe Menge Dampf abgesaugt, während das Kondensationswasser im unteren Ende des Kondensators abfliesst. Die Wirkungsweise derselben ist auf S. 292 u. folg. beschrieben. Nach Weiss berechnet sich zunächst das Fördervolumen V_1 i. d. Sek. zu:

$$V_1 = \frac{625 - t_1}{t_1 - t_0} \cdot \frac{y}{1000} \cdot \mathfrak{d} \cdot \frac{1}{p_c - p_d'} \text{ cbm}, \tag{111}$$

worin p_d' der Dampfdruck bei einer um 1 bis 5^0 höheren Temperatur als derjenigen des Kühlwassers ist, während t_0 die Kühlwasser-, t_1 die Dampftemperatur und y wie früher das Luftvolumen in 1 kg Wasser bezeichnet.

Nach Gleichung 93) (S. 619) war für Kondensatoren mit nassen Pumpen das Luftvolumen

$$V_1 = \frac{620 - t_1}{t_1 - t_0} \cdot \frac{y}{1000} \cdot \mathfrak{d} \cdot \frac{p_1}{p_c} \cdot \frac{T_1}{T_0} \text{ cbm}$$

oder, wenn $p_1 = 1$ gesetzt wird

$$V_1 = \frac{620 - t_1}{t_1 - t_0} \cdot \frac{y}{1000} \cdot \mathfrak{d} \cdot \frac{1}{p_c} \cdot \frac{T_1}{T_0}.$$

Das letztere Volumen ist also um $\frac{T_1}{T_0}$ grösser. Da ferner zu diesem Luftvolumen noch das Dampfvolumen hinzukommt, welches abgerundet gleich dem Luftvolumen gesetzt werden kann (siehe S. 628), so ist das Verhältnis der von der Pumpe in beiden Fällen zu fördernden Gasmengen:

$$\frac{V_1}{V_1} = 2 \cdot \frac{T_1}{T_0} \cdot \frac{1}{p_c} : \frac{1}{p_c - p_d'} = 2 \cdot \frac{T_1}{T_0} \cdot \frac{p_c - p_d'}{p_c}.$$

Ist z. B. $p_c = 0{,}1$, $t_0 = 20^0$, $t_1 = 40^0$ oder $T_0 = 293^0$, $T_1 = 313^0$ abs., p_d' für $t^0 = 20 + 2{,}5 = 22{,}5^0$ nach Tabelle 4 S. 547 $= 0{,}0266$, so folgt

1) F. J. Weiss, Kondensation, Z. d. V. d. Ing. 1888, S. 9 u. folg.

$$\frac{V_l}{V_1} = 2 \cdot \frac{313}{293} \cdot \frac{0{,}1 - 0{,}0266}{0{,}1} = 1{,}6 .$$

Hierzu kommt bei den Parallelstrom-Kondensatoren noch das Wasservolumen, sodass das Fördervolumen dieser Pumpen, also auch der Kraftbedarf derselben 2—3 mal grösser ist, als bei Anwendung des Gegenstromprinzips.

Der grosse Vorteil bei Anwendung des Gegenstroms erhellt am deutlichsten aus nachstehender Vergleichung[1]):

Tabelle 16.

	Parallelstrom	Gegenstrom	Ersparnis in % der ersteren
Kühlwasserbedarf, i. d. Min. cbm	9	5,7	37
Grösse der (reinen) Luftpumpe bezw. nötige Leistung i. d. Min. cbm	30	10,04	67
Effektive Betriebskraft PS.	56	16,7	70

und bei einem zweiten von Weiss berechneten Beispiel:

Tabelle 17.

	Parallelstrom	Gegenstrom	Ersparnis in % der ersteren
Kühlwasserbedarf, i. d. Min. cbm.	3,77	2,74	27
Grösse der (reinen) Luftpumpe bezw. nötige Leistung i. d. Min. cbm	20	6,3	69
Indizierte Leistung PS.	18,4	3,33	82

Im letztern Falle beträgt also die Kraftersparnis 82 % oder die notwendige Kraftleistung nur ca. 1/6 derjenigen im ersten Falle.

Der grosse Vorteil dieser Kondensatoren gegenüber den Parallelstromkondensatoren liegt somit auf der Hand, jedoch wird man überall da, wo durch örtliche Verhältnisse die Anbringung eines 10—12 m tiefen Ablaufrohrs ausgeschlossen ist, von den Parallelstromkondensatoren nicht abgehen können.

1) Weiss, a. a. O. S. 65 u. folg.

Achtes Kapitel.

Theorie der Schieber-Kompressoren.

A. Ohne Druckausgleich.

Es sei in Fig. 511 S der Schieber, welcher in gleicher Weise wie der Schieber einer Dampfmaschine abwechselnd die Saug- und Druckkanäle der Maschine öffnet. Zur Beurteilung des Zusammenhangs zwischen der

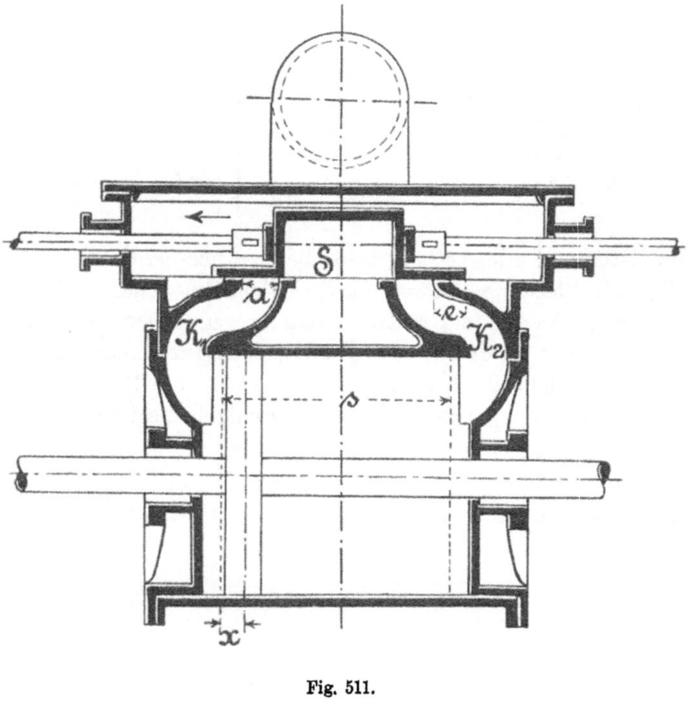

Fig. 511.

Bewegung des Schiebers und Kolbens, des Beginns der einzelnen Saug- und Druckperioden seien folgende Bezeichnungen eingeführt[1]).

Es sei:

r der Halbmesser des den Schieber bewegenden Exzenters, Fig. 512,

$90^0 + \delta$ der Winkel, um welchen das Exzenter der Kurbel OA nacheilt, Fig. 513,

s der Hub des Kolbens,

x der Kolbenweg nach der Drehung der Kurbel um ω, Figuren 511 und 513,

F der Querschnitt des Cylinders,

$\varepsilon_0 \cdot Fs = \varepsilon_0 V$ der Inhalt des schädlichen Raumes auf jeder Cylinderseite,

$\xi = r \cdot \sin(\delta - \omega) = r \cdot \sin\varphi$ der Schieberweg, gemessen von der Mittellage aus, und zwar $+\xi$, wenn der Schieber rechts, $-\xi$, wenn er links von der Mittellage steht, Fig. 513,

$i = r \cdot \sin\varphi_1$ die innere, sehr kleine Überdeckung des Schiebers bei seiner Mittellage,

$e = r \cdot \sin\varphi_2$ die äussere Überdeckung desselben.

Man kann nun die folgenden wichtigen Stellungen des Schiebers unterscheiden:

1. Rechts Abschluss des Kanals, $\xi = +i$, $\varphi = \varphi_1$, $\omega = \delta - \varphi_1 = \omega_1$, Beginn der Kompression rechts, der Expansion links.

2. Links Öffnen, $\xi = -i$, $\varphi = -\varphi_1$, $\omega = \delta + \varphi_1 = \omega_2$, Beginn des Saugens links.

3. Rechts Öffnen und Beginn der Ausströmung, $\xi = -e$, $\varphi = -\varphi_2$, $\omega = \delta + \varphi_2 = \omega_3$.

4. Rückkehr des Schiebers nach rechts, rechts Abschluss und Ende der Ausströmung, $\xi = -e$, $\varphi = -(180 - \varphi_2)$, $\omega = \delta + (180 - \varphi_2) = \omega_4$.

Unter Einführung dieser Winkel ω und φ erhält man die diesen Stellungen entsprechenden Kolbenwege:

1. Kolbenweg x_1 bis zum Beginn der Kompression rechts

$$= \frac{s}{2}(1 - \cos\omega_1) = \frac{s}{2}[1 - \cos(\delta - \varphi_1)];$$

vorher wird, da der Kanal K_2 noch mit dem Schieber S kommuniziert, die Luftmenge $F \cdot x_1 = V_1$ hinausgedrückt, also ein Verlust verursacht.

2. Kolbenweg x_2 bis zum Beginn der Einströmung links, Expansion der links im schädlichen Raum enthaltenen Luft

---

1) Vergl. G. Schmidt, Berg- und Hüttenmänn. Jahrbuch der k. k. Bergakademien Leoben etc. 1862.

$$x_2 = \frac{s}{2}(1 - \cos \omega_2) = \frac{s}{2}[1 - \cos(\delta + \varphi_1)];$$

Luftverlust vor dem Ansaugen $V_2 = F \cdot x_2$.

3. Kolbenweg x_3 bis zum Beginn des Ausblasens der komprimierten Luft

$$= \frac{s}{2}(1 - \cos \omega_3) = \frac{s}{2}[1 - \cos(\delta + \varphi_2)].$$

4. Kolbenweg x_4 bis zum Ende des Ausblasens

$$= \frac{s}{2}(1 - \cos \omega_4) = \frac{s}{2}[1 + \cos(\varphi_2 - \delta)];$$

verstärkte Kompression der Luft in den schädlichen Raum hinein. Beim Rückgang des Kolbens wird erst nach dem Kolbenweg $x_5 = s - x_4$ der

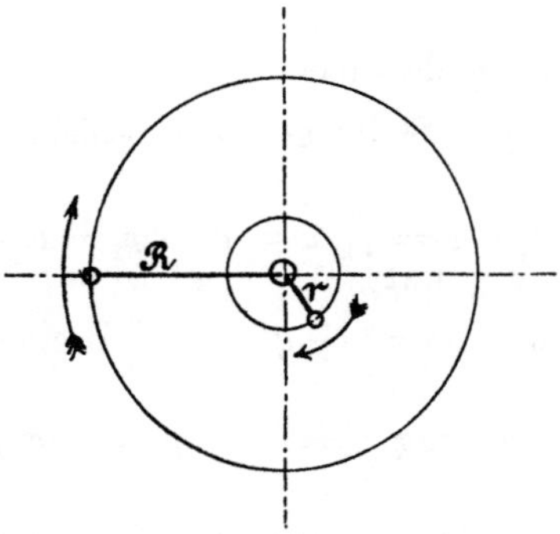

Fig. 512.

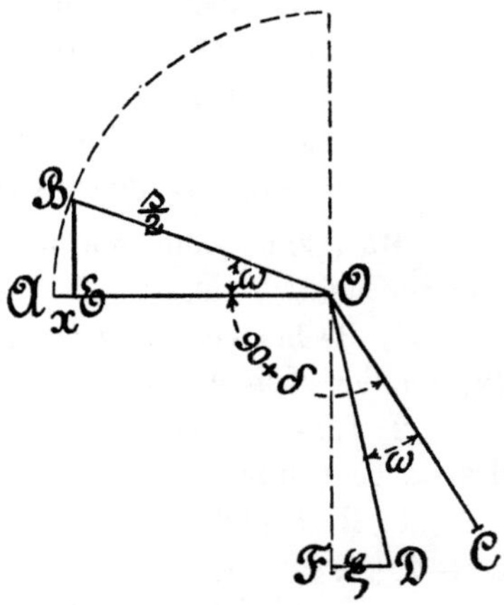

Fig. 513.

Druck der komprimierten Luft erreicht und beginnt erst jetzt die Expansion während des Kolbenweges x_1 (wie vorher beim Hingang).

Das Kompressionsverhältnis berechnet sich nun folgendermassen.

Bei Beginn der Kompression war das Luftvolumen rechts vom Kolben

$$V_0 = F\,s + F \cdot \varepsilon_0 \cdot s - F\,x_1 = F[(1 + \varepsilon_0)\,s - x_1],$$

am Ende der Kompression ist

$$V_0' = F\,s + F \cdot \varepsilon_0\,s - F \cdot x_3 = F \cdot [(1 + \varepsilon_0)\,s - x_3],$$

folglich ist das Kompressionsverhältnis

$$\varepsilon = \frac{V_0}{V_0'} = \frac{(1 + \varepsilon_0)\,s - x_1}{(1 + \varepsilon_0)\,s - x_3}.$$

Das Expansionsverhältnis berechnet sich mit Berücksichtigung des schädlichen Raumes zu:

$$\varepsilon' = \frac{x_2 + \varepsilon_0 \cdot s}{x_5 + \varepsilon_0 s} = \frac{x_2 + \varepsilon_0 s}{s - x_4 + \varepsilon_0 s} = \frac{x_2 + \varepsilon_0 s}{(1 + \varepsilon_0) s - x_4}.$$

Damit nun weder beim Blasen noch zu Beginn des Saugens Stösse stattfinden, muss $\varepsilon' = \varepsilon$ sein, woraus nach verschiedenen Umformungen nach Einsetzen der Werte für x_1, x_2, x_3 und x_4 folgt:

$$\sin \delta = \frac{(1 + 2\,\varepsilon_0)(\varepsilon - 1)}{\frac{i}{r} + \varepsilon \frac{e}{r}} \qquad 112)$$

und

$$e = \frac{r}{\varepsilon} \sqrt{\varepsilon^2 - 1 + \left(\frac{i}{r}\right)^2}. \qquad 113)$$

Die bei einem Hub angesaugte Luftmenge berechnet sich zu

$$V_e = V - V_1 - V_2 = F\,s - F\,x_1 - F\,x_2 = F\,(s - x_1 - x_2)$$

oder

$$V_e = F\,s \left[1 - \frac{1}{2} + \frac{1}{2} \cos(\delta - \varphi_1) - \frac{1}{2} + \frac{1}{2} \cos(\delta + \varphi_1)\right] =$$

$$= F\,s \cdot \cos \sqrt{1 - \sin^2 \varphi_1} = F\,s \cdot \cos \delta \cdot \sqrt{1 - \left(\frac{i}{r}\right)^2} = \eta \cdot F\,s, \qquad 114)$$

worin also der volumetrische Wirkungsgrad

$$\eta = \cos \delta \cdot \sqrt{1 - \left(\frac{i}{r}\right)^2} \qquad 115)$$

ist.

Zur Erleichterung der Berechnung der Schieberdimensionen dient die nachfolgende Tabelle, welche für Drücke von $p_2 = 1{,}1$ bis 2 Atmosphären absolut und das Verhältnis $\frac{i}{r} = \frac{1}{40}$, $\varepsilon_0 = 0{,}08$ berechnet ist.

Tabelle 18.

p_2	ε	$\frac{e}{r}$	δ 0	δ '	η
1,1	1,070	0,356	11	33	0,979
1,2	1,138	0,478	16	21	0,959
1,3	1,204	0,558	19	54	0,940
1,4	1,269	0,616	22	47	0,922
1,5	1,333	0,662	25	11	0,905
1,6	1,395	0,698	27	20	0,888
1,7	1,457	0,727	29	15	0,872
1,8	1,517	0,752	30	57	0,857
1,9	1,576	0,773	32	31	0,843
2,0	1,635	0,791	33	57	0,829

Beispiel:

Es ist ein Schiebergebläse zu berechnen, welches stündlich 240 cbm Luft (von atm. Spannung und 10^0 Temperatur) oder i. d. Sek. 0,0667 cbm Luft ansaugt. Der Enddruck der Kompression sei $p_2 = 2$ Atm. abs. Die mittlere Kolbengeschwindigkeit sei $c = 1{,}3$ m, der Kolbenhub $s = 1{,}5$ D.

Nach Gleichung 114) ist die bei einem Hub angesaugte Luftmenge

$$V_e = \eta \cdot F \cdot s,$$

oder die Luftmenge i. d. Sek.

$$V_{sec} = \eta \cdot F \cdot c,$$

folglich

$$F = \frac{D^2 \pi}{4} = \frac{0{,}0667}{0{,}829 \cdot 1{,}3} = 0{,}0618 \text{ qm},$$

also

$$D = 0{,}2807 \backsim 280 \text{ mm}, \quad s = 1{,}5\,D = 420 \text{ mm}.$$

Die grösste Eröffnung des Schieberkanals für den Austritt der komprimierten Luft findet statt, wenn der Schieber in seiner äussersten Lage, also die Kanalweite

$$r - e = r\left(1 - \frac{e}{r}\right) = r\,(1 - 0{,}791) = 0{,}209\,r$$

ist.

Wird die Kanalbreite gleich der 10 fachen Kanaleröffnung angenommen, so folgt

$$B = 10 \cdot (r - e) = 2{,}09\,r,$$

also der grösste Ausströmungsquerschnitt

$$f_{max} = B \cdot (r - e) = 2{,}09 \cdot 0{,}209 \cdot r^2 = 0{,}437\,r^2.$$

Wird nun dieser Ausströmungsquerschnitt zu $\frac{1}{20}$ F angenommen, so folgt

$$\frac{618}{20} = 0{,}437\,r^2,$$

also

$$r = \sqrt{70{,}7} = 8{,}41 \text{ cm} \backsim 84 \text{ mm},$$

ferner

$$e = 0{,}791\,r = 6{,}644 \text{ cm} \backsim 67 \text{ mm} \quad \text{und} \quad r - e = 17 \text{ mm}, \quad B = 170 \text{ mm}.$$

Setzt man

$$i = \frac{r}{20} = 4{,}1 \text{ mm},$$

und die grösste innere Einströmungsöffnung $= \frac{F}{15}$, so folgt

$$a \cdot B = \frac{618}{15},$$

also

$$a = \frac{618}{15 \cdot 17} = 2{,}42 \text{ cm} \backsim 25 \text{ mm},$$

und die Schieberlappenlänge

$$l = e + a + i \backsim 96 \text{ mm}.$$

Nach Tabelle 18 ist endlich $\delta = 33^0\,57'$ zu machen.

B. Mit Druckausgleich.

Im vorstehenden Kapitel war ausführlich behandelt, welchen grossen Vorteil die Anwendung eines Druckausgleiches gegenüber den Kompressoren und Vakuumpumpen ohne denselben sowohl hinsichtlich des

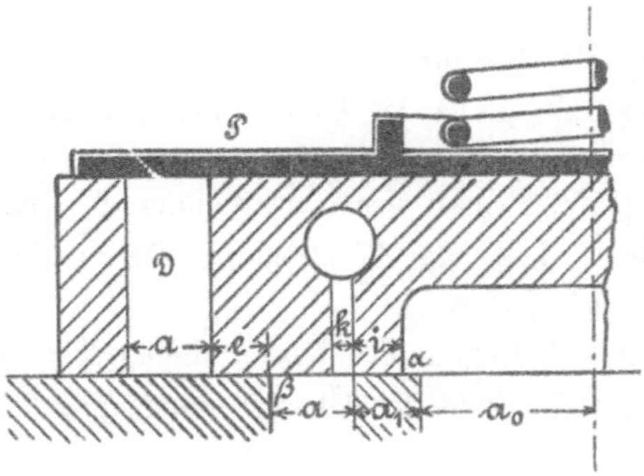

Fig. 514.

volumetrischen Wirkungsgrades, als auch hinsichtlich des Kraftbedarfs bietet, vorausgesetzt, dass ein ziemlich hoher Kompressionsgrad bezw. ein ziemlich tiefes Vakuum erreicht werden soll, z. B. $\varepsilon = 15 - 20$ und mehr, $\frac{1}{\varepsilon} = \frac{1}{15} - \frac{1}{20}$ und weniger. Es sollen nun die Bedingungen untersucht werden, welche erfüllt sein müssen, damit die Schieber dieser Kompressoren und Vakuumpumpen mit Druckausgleich richtig arbeiten. Es sei zunächst in Fig. 514 der Querschnitt durch den Schieber zur Hälfte schematisch dargestellt, und die Einströmungskanalweite mit a, die äussere Überdeckung mit e, die innere mit i, die Umlaufskanalweite mit k, die Stegbreite mit a_1 und die halbe Saugkanalweite mit a_0 bezeichnet. In Fig. 515 ist das Schieberdiagramm bezogen auf das Achsenkreuz XXYY dargestellt. Die Exzenterkurbel läuft ebenso, wie bei einfachen Schiebergebläsen, der Maschinenkurbel um den Winkel $90 + \delta$ nach und wird erst nach Zurücklegung dieses Drehwinkels in ihrer Todpunktlage, also der Schieber in seiner äussersten Ausweichung nach links angekommen sein, weshalb im Schieberdiagramm die Mittellinie der Schieberkreise unter einem Winkel $90 + \delta$ gegen die Horizontalachse geneigt zu zeichnen ist. Es seien nun in bekannter Weise die Schieberkreise K_1 und K_2, Fig. 515, um die Exzentrizität als Durchmesser, sowie die Deckungskreise mit e und i, sowie ein dritter Kreis mit k als Radien aus O gezeichnet. Beschreibt man noch mit R als Halbmesser den Kurbelkreis K_0, so erhält man, indem man durch die Durchschnittspunkte der Kreise K_1 und K_2 mit den Deckungskreisen Radien zieht, die folgenden wichtigen Stellungen der Maschinenkurbel.

1. Stellung I, Beginn des Ansaugens, Schieberweg $\xi = i$.

2. Stellung II, rechtsseitige Todlage der Kompressorkurbel, Schieberweg, $\xi = i + l$, Öffnung des Einströmungskanals um l.

3. Stellung II′, Abschluss des Einströmungskanals, Ende der Saugperiode, $\xi = i$.

4. Stellung III, Beginn der Überströmung, $\xi = k$.

5. Stellung III′, Ende der Überströmung, Beginn der Kompression, $\xi = k$.

6. Stellung IV, Beginn der Ausströmung, $\xi = e$.

7. Stellung V, Ende der Ausströmung. Beginn der Überkompression auf einen Druck p_2', $\xi = e$.

8. Stellung VI′, Beginn der Überströmung, $\xi = k$.

9. Stellung VII, Ende der Überströmung, $\xi = k$.

Das Diagramm zeigt zunächst, dass der Saugkanal am Ende des Kolbenhubes nicht geschlossen ist, dass also beim Rückgang wieder Luft ausgeblasen, also verloren wird. Um dies zu vermeiden, muss Stellung II mit der XX-Achse zusammenfallen. Aus Stellung V folgt ferner, dass die Ausströmung früher beendigt ist, als der Kolben am Ende seines Hubes angelangt ist, wodurch eine nutzlose Überkompression der Luft stattfindet. Um dies zu verhindern, muss Punkt F gleichfalls in die XX-Achse fallen. Da nach dem Vorigen $O\,II' = X_1X_1$ die neue Lage der XX-Achse sein muss, so muss Punkt F mit G zusammenfallen, woraus folgt, dass die äussere Überdeckung e gleich der inneren Überdeckung i sein muss, wie dies auch bei den Weiss'schen Kompressoren ausgeführt ist. Die richtige Lage des Achsenkreuzes gegenüber den Schieberkreisen ist mithin dargestellt durch die Linien $X_1\,X_1$ und $Y_1\,Y_1$, δ_1 ist der neue oder richtige Voreilungswinkel, und der Kreis K_3 der richtige Deckungskreis mit dem Halbmesser $e = i$. Man erhält dann die neuen Stellungen der Maschinenkurbel:

I Beginn des Ansaugens,
II′ Ende des Ansaugens,
III Beginn der Überströmung,
III′ Ende der Überströmung,
IV′ Beginn der Ausströmung in den Kanal D,
V′ Ende der Ausströmung,
VI Beginn der Überströmung,
VII Ende der Überströmung.

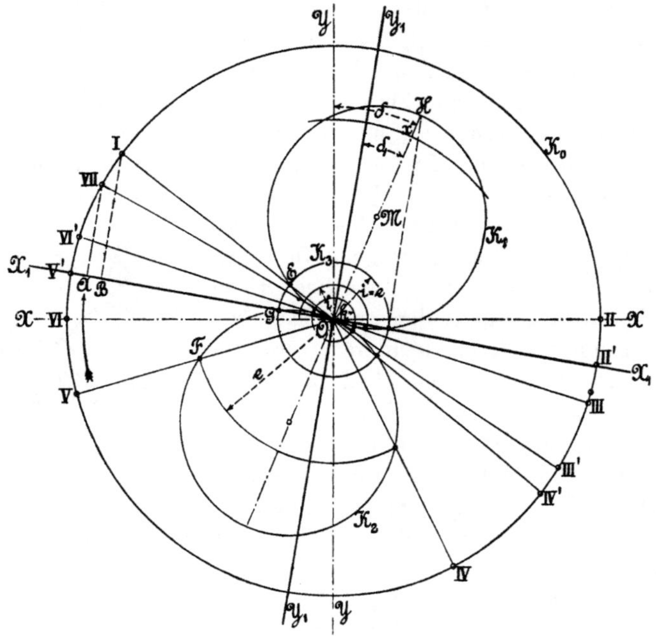

Fig. 515.

Fällt man nun von den Punkten VII und I auf die neue X-Achse X_1X_1 die Senkrechten VII A und I B, so ist (unter Vernachlässigung des Einflusses der endlichen Pleuelstangenlänge) V′ A der Kolbenweg bis zum Abschluss des Druckausgleichkanals, V′ B $= s_1'$, der Kolbenweg bis zum Beginn der Saugwirkung. Nach den früheren Berechnungen folgt dann, wenn angenähert V′ A $=$ A B $= \frac{s_1'}{2}$ gesetzt wird,

$$p_1' \cdot \left(\varepsilon_0 \cdot s + \frac{s_1'}{2}\right) = p_1 \cdot (\varepsilon_0 \, s + s_1')$$

oder

$$\frac{p_s'}{p_1} = \frac{\varepsilon_0 \cdot s + s_1'}{\varepsilon_0 \cdot s + \frac{s_1'}{2}} = \varepsilon',$$

woraus folgt:

$$s_1' = \frac{2 \cdot \varepsilon_0 (\varepsilon' - 1)}{2 + \varepsilon'} \cdot s, \tag{116}$$

worin nach Gleichung 43) (S. 570)

$$\varepsilon' = \frac{1 + (1 + \varepsilon) \cdot \varepsilon_0}{1 + 2\,\varepsilon_0 + \varepsilon_1}$$

ist.

Da nun Stellung I, also auch s_1' von der Wahl des Voreilungswinkels abhängig ist, so folgt, dass für einen bestimmten Winkel δ_1, unter welchem das Exzenter gegen die Y-Achse aufgekeilt ist, die richtige Eröffnung des Saugkanals nur für einen ganz bestimmten Wert von ε' oder, da ε' eine Funktion von ε ist, nur für ein ganz bestimmtes Kompressionsverhältnis erfolgen kann. Für einen kleineren Wert von ε oder s_1' wird der Saugkanal geöffnet, ehe die Luft auf atmosphärischen Druck expandiert ist, sodass teilweise Ausströmung ins Freie, also ein Druckverlust stattfindet, während für einen grösseren Wert von ε oder s_1' zu spätes Öffnen erfolgt, die Luft daher unter den atmosphärischen Druck expandiert. Auch hierdurch wird ein Arbeitsverlust bewirkt, da der nützliche Gegendruck der Luft von a bis b, Fig. 516, kleiner als eine Atmosphäre ist, also von der Maschine eine grössere Arbeit (entsprechend der engschraffierten Fläche F im Diagramm) zu leisten ist. Der Voreilungswinkel δ ist daher für das normale Kompressionsverhältnis zu wählen.

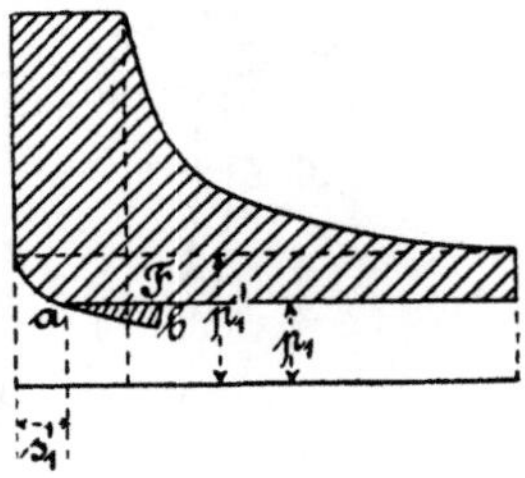

Fig. 516.

Da der Druckkanal D, Fig. 514, nach dem Schieberdiagramm von der Stellung IV' bis V' der Kurbel oder fast während $^9/_{10}$ des Kolbenhubes geöffnet ist, so wird die Ausströmung der Luft für die verschiedensten Kompressionsgrade richtig erfolgen, sobald nur der Druck im Cylinder den auf der Rückschlagplatte P ruhenden Überdruck erreicht oder in Anbetracht des auf der Platte lastenden Federdrucks um einen geringen Betrag überschritten hat.

Zur Berechnung der Exzentrizität, des Voreilungswinkels etc. dienen folgende Gleichungen.

Aus dem rechtwinkligen Dreieck über OMH, Fig. 515, folgt:

$$e = i = OH \cdot \sin \delta_1 = r \cdot \sin \delta_1,$$

also

$$\sin \delta_1 = \frac{e}{r}. \tag{117}$$

Aus dem Diagramm folgt ferner

$$r = i + a + x \text{ oder, da } i = e \text{ ist,}$$
$$r = e + a + x,$$

worin x die Strecke ist, um welche die innere Schieberkante α, Fig. 514, bei der äussersten Stellung des Schiebers über die Kante β hinausgegangen ist. Wird

$$x = \frac{a}{5} \text{ und } e = \frac{a}{3} - \frac{a}{2}, \text{ im Mittel} = \frac{2}{5}a$$

angenommen, so folgt

$$r = \frac{a}{3} + 1{,}2\,a \text{ bis } \frac{a}{2} + 1{,}2\,a$$

oder

$$r = 1{,}5 - 1{,}7\,a, \text{ im Mittel } 1{,}6\,a, \qquad 118)$$

mithin

$$\sin\delta_1 = \frac{a}{3} \cdot \frac{1}{1{,}5\,a} = \frac{1}{4{,}5} = 0{,}222 \text{ bis } \frac{a}{2} \cdot \frac{1}{1{,}7\,a} = \frac{1}{3{,}4} = 0{,}3$$

und

$$\delta_1 = 13^0 \text{ bis } 20^0.$$

Bezeichnet ferner c_1 die Geschwindigkeit der Luft in den Schieberkanälen, $c = \frac{s \cdot n}{30}$ die Kolbengeschwindigkeit, B die Breite der Kanäle, $o = \frac{a}{B}$ das Verhältnis der Kanalweite zur Breite, so muss

$$a \cdot B \cdot c_1 = \frac{D^2 \pi}{4} \cdot c$$

sein.

Wird $c_1 = m \cdot c = 30$ m gesetzt, welchen Wert auch Weiss bei seinen Kompressoren einführt, so folgt zunächst $m = \frac{30}{c}$, und

$$a \cdot \frac{a}{o} \cdot m \cdot c = \frac{D^2 \pi}{4} \cdot c \text{ oder } a^2 = \frac{D^2 \pi}{4} \cdot \frac{o}{m}$$

und

$$a = D \cdot \sqrt{\frac{\pi \cdot o \cdot c}{4 \cdot 30}} \qquad 119)$$

Nach Weiss'schen Ausführungen [1]) ist $o = \frac{1}{7}$ bis $\frac{1}{8}$. Hieraus kann für einen bestimmten Cylinderdurchmesser und Hub, sowie eine bestimmte Tourenzahl zunächst a, sodann B, r und e berechnet werden. Die Weite der Umlaufkanalmündung k, Fig. 514, nehme man zu $\frac{a}{4}$ bis $\frac{a}{3}$.

---

1) Z. d. V. d. Ing. 1885, Taf. 36, Fig. 1 u. 2.

Zur graphischen Bestimmung von r, s und δ dient folgendes Verfahren. Man berechne zunächst a nach Gleichung 119) aus den gegebenen Werten s, D und n, hierauf $e = \frac{a}{3}$ bis $\frac{a}{2}$ und s_1' aus der Gleichung

$$s_1' = 2\,s\,\varepsilon_0 \frac{\varepsilon_0(\varepsilon - 1) - \varepsilon_1}{\varepsilon_0(\varepsilon + 5) + 2\,\varepsilon_1 + 3},$$

welche durch einige Umformungen aus Gleichung 116) entwickelt ist, worin ε, ε_0 und ε_1 bekannt sind. Sodann zeichne man das Achsenkreuz X_1X_1

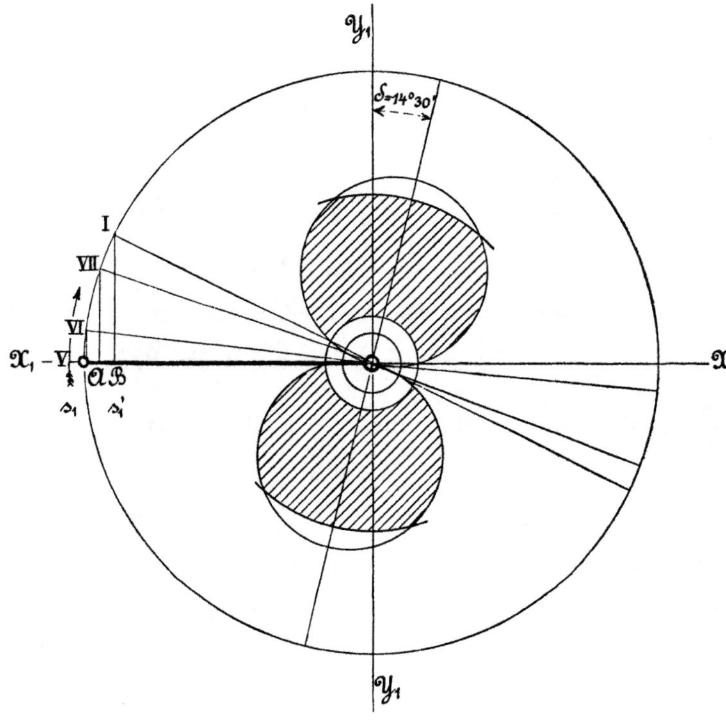

Fig. 517.

und Y_1Y_1, Fig. 517, schlage mit R als Halbmesser einen Kreis aus dem Achsenmittelpunkt, mache $VA = AB = \frac{s_1'}{2}$, errichte in B eine Senkrechte, welche den Kurbelkreis in I schneidet, ziehe von I nach dem Mittelpunkt O, beschreibe aus diesem mit e als Halbmesser einen Kreis, halbiere den $\angle IOX_1$, so erhält man im Schnittpunkt zweier, auf den Mitten der Sehnen im Deckungskreis errichteten Senkrechten den Mittelpunkt des gesuchten Schieberkreises, sowie durch die Verbindungslinie der Mittelpunkte des Schieberkreises und Kurbelkreises den richtigen Winkel δ_1.

Beispiel:

Für die auf S. 625 berechnete Schieberluftpumpe sind die Schieberdimensionen etc. zu ermitteln.

Bei derselben war $D = 0,3$ m, $s = 0,2$ m, $n = 200$, $\varepsilon_0 = 0,05$, $\varepsilon_1 = 0,03$, $p_n = 0,08$, p_1 oder $\varepsilon = 12,5$.

Die Kolbengeschwindigkeit c berechnet sich zu

$$c = \frac{0,2 \cdot 200}{30} = \frac{40}{30} = 1,334 \text{ m},$$

die Kanalweite a nach Gleichung 119) zu

$$a = 0,3 \sqrt{\frac{3,14 \cdot 1,334}{4 \cdot 7,5 \cdot 30}} = 0,0204 \text{ m} \backsim 21 \text{ mm},$$

mithin

$$e = i - \frac{2}{5} a = 8 \text{ mm},$$

$$r = 1,5\, a = 32 \text{ mm},$$

$$s_1' = 2 \cdot 0,2 \cdot 0,05 \cdot \frac{0,05\,(12,5 - 1) - 0,03}{0,05\,(12,5 + 5) + 2 \cdot 0,03 + 3} = 0,0028 \text{ m} \backsim 3 \text{ mm}.$$

Hiernach ist in der angegebenen Weise das Diagramm Fig. 517 gezeichnet, und ergibt die Konstruktion der Exzentrizität r zu 32,5 mm, den Nacheilungswinkel δ_1 zu $\frac{12,5}{78,54} \cdot 90^0 = 14^0\,18'$, während die Berechnung ergibt:

$$\sin \delta_1 = \frac{8}{32} = 0,25 \text{ und } \delta_1 = 14^0\,30',$$

was wohl eine genügende Übereinstimmung des graphischen mit dem rechnerischen Verfahren zeigt.

Neuntes Kapitel.

Versuchsergebnisse.

Zur Ermittelung des dynamischen und volumetrischen Wirkungsgrades, der Kühlwassermenge, der Querschnitte der Ein- und Austrittsöffnungen der Luft, der vorteilhaftesten Kolbengeschwindigkeit bezw. Tourenzahl und verschiedener anderer Verhältnisse mehr sind namentlich mit Kompressoren zahlreiche Versuche angestellt worden, deren Ergebnisse im nachfolgenden derart zusammengestellt sind, dass die erste Spalte die absoluten Minimalwerte, die letzte die absoluten Maximalwerte unter allen Versuchen, die mittlere Spalte die Mittelwerte aus einer grösseren Anzahl von Versuchen enthält.

1. Kolbengeschwindigkeit. $c = \frac{s \cdot n}{30}$.

A. Gebläsemaschinen.

	Min.	Mittel	Max.
a) Hochofengebläse	0,63	1,253	2,13
b) Bessemergebläse	0,938	1,827	4,00

B. Kompressoren.

	Min.	Mittel	Max.
a) Trockene	0,80	1,40	2,24
b) Halbnasse	0,75	1,37	2,00
c) Nasse	0,20	0,95	1,40

2. Dynamischer Wirkungsgrad. $\eta_d = \frac{\text{Reine Kompressorarbeit}}{\text{Indizierte Dampfarbeit}}$.

A. Gebläsemaschinen.

	Min.	Mittel	Max.
a) Hochofengebläse	0,6	0,85[1])	—
b) Bessemergebläse[2])	0,75	0,83	—

B. Kompressoren.

	Min.	Mittel	Max.
a) Trockene	0,55	0,70	0,75
b) Halbnasse	—	0,70	—
c) Nasse	0,665	0,75	0,79

3. Volumetrischer Wirkungsgrad.

A. Gebläsemaschinen.

	Min.	Mittel	Max.
Gebläsemaschinen	—	0,85	0,90

B. Kompressoren.

	Min.	Mittel	Max.
a) Trockene	0,70	0,80	0,91
b) Halbnasse	0,70	0,85	0,92
c) Nasse	0,66	0,88	0,94

Über den Einfluss der Kolbengeschwindigkeit auf den volumetrischen Wirkungsgrad geben folgende Versuche Aufschluss.

a) Halbnasser Kompressor (Dubois-François)[3]):

Kolbengeschwindigkeit in m . .	0,4	0,8	1,0	1,2	1,4
Minutl. Tourenzahl	10	20	25	30	35
Volumetr. Wirkungsgrad . . .	0,94	0,92	0,90	0,86	0,78

sodass für die mittlere, für halbnasse Kompressoren gültige Kolbengeschwindigkeit von 1,3 m der volumetrische Wirkungsgrad nur 0,82 beträgt.

b) Nasse Kompressoren.

α) Stanek[4]). (Vergl. S. 178.)

Kolbengeschwindigkeit in m . . .	0,6	0,8	1,0	1,2	1,4
Minutl. Tourenzahl	30	40	50	60	70
Volumenverlust in % des Hubvol. .	1	2	3	6	10

---

1) Trappen, Dingl. polyt. Journ. 1885, Bd. 256, S. 119.
2) Riedler, Verh. d. V. f. Gewerbfl. 1890, S. 294.
3) Handbuch d. Ing.-Wissensch. IV, S. 212.
4) Österr. Z. f. B.- u. H.-W. 1879, S. 267.

β) Humboldt. (Vergl. S. 173.)

Kolbengeschwindigkeit .	0,44	0,66	0,84	0,94	1,04	1,19	1,36
Tourenzahl	22	33	42	47	52	58,5	68
Volumetr. Wirkungsgrad	81,4	91	91,5	92,7	92,4	89	84,6

4. Verhältnis der Saug- und Druckventilquerschnitte zum Cylinderquerschnitt $\frac{S}{F}$ und $\frac{D}{F}$.

A. Gebläsemaschinen.

		$\frac{S}{F}$	$\frac{D}{F}$	$\frac{S}{D}$
α) Hochofengebläse . . .	ältere	$\frac{1}{8}-\frac{1}{10}$ $\left(\text{sogar } \frac{1}{22}\right)$[1]	$\frac{1}{12}$	1,5
	neuere	$\frac{1}{4}-\frac{1}{6}$ i. M. $\frac{1}{5}$	$\frac{1}{8}$	1,6—1,7
β) Bessemergebläse		$\frac{1}{6}$	$\frac{1}{12}$	2

B. Kompressoren.

		$\frac{S}{F}$	$\frac{D}{F}$	$\frac{S}{D}$
a) trockene	ältere Konstr.	$\frac{1}{9}-\frac{1}{11}$	$\frac{1}{12,5}-\frac{1}{25}$	1,3—2,3
	neuere Konstr.	$\frac{1}{5}-\frac{1}{8}$	$\frac{1}{8}-\frac{1}{10}$	1,25—1,6
b) halbnasse		$\frac{1}{5}-\frac{1}{6}$	$\frac{1}{7}-\frac{1}{8}$	1,3—1,4
c) nasse		$\frac{1}{3}$	$\frac{1}{4}$	1,333

Nach Riedler[2]) ist bei der Berechnung der Ventile die Luftgeschwindigkeit in denselben zu Grunde zu legen, welche nach ihm zu nehmen ist zu:

$$v_{max} = 20\text{—}30 \text{ m i. d. Sek. für die Saugventile,}$$

$$v_{max} = 25\text{—}35 \text{ m i. d. Sek. für die Druckventile.}$$

1) Percy-Wedding, Eisenhüttenkunde II, 1. S. 59.
2) Z. d. V. d. Ing. 1884, S. 5.

Die Maximalgeschwindigkeiten sind für die Berechnung der Maximalluftmengen zu Grunde zu legen. Die mittlere Geschwindigkeit ist zu $\frac{1}{1,57} \cdot v_{max} = 0,636 \cdot v_{max}$ zu nehmen, oder

$$v_m = 12,72 - 19,1 \text{ m} \backsim 13 - 19 \text{ m für die Saugventile,}$$
$$v_m = 15,9 - 22,3 \text{ m} \backsim 16 - 23 \text{ m für die Druckventile.}$$

5. Kühlwassermenge.

A. Bessemer-Gebläsemaschinen.

Leider liegen hierfür sehr wenige versuchsweise ermittelte Werte vor. Für eine horizontale zweicylindrische Bessemer-Gebläsemaschine der Märkischen Maschinenbauanstalt zu Wetter a. R. ist die minutliche Kühlwassermenge für eine minutliche Windmenge von 252—300 cbm zu 6,5 cbm angegeben [1]), woraus sich die Wassermenge für 1 cbm angesaugter Luft zu 0,0217 bis 0,026 cbm = 21,7 bis 26 l oder die Wassermenge dem Volumen nach zu 2,17 bis 2,6 % der Luftmenge bezw. als das 17- bis 21fache des Luftgewichts ergibt.

B. Kompressoren.

a) Trockene Kompressoren.

Bei dem Colladon-Kompressor des Gotthardtunnels [2]) betrug für einen Luftdruck von 8 Atm. abs. und eine Kolbengeschwindigkeit von 1 m die Wassermenge 8—10 % der angesaugten Luftmenge (dem Volumen nach).

b) Halbnasse Kompressoren.

Bei Versuchen mit einem Cornet-Kompressor auf der Grube Levant-le-Flénu (Belgien) ergab sich für einen Luftdruck von $p = 5,21$ Atm. abs. und 30—40 Touren die Wassermenge zu 6,52 l für 1 cbm angesaugter Luftmenge oder zu 0,65 % des Luftvolumens.

Der Reumeaux'sche Kompressor hatte bei dem oben (S. 195) mitgeteilten Versuch einen Kühlwasserbedarf von 5,8 kg für 1 cbm Luft oder 0,58 %. Man kann daher wohl annäherungsweise den Kühlwasserbedarf für halbnasse Kompressoren bei mässigen Enddrücken (4—6 Atm. abs.) und mittlerer Lufttemperatur zu 0,6 bis 0,7 % des Luftvolumens setzen.

Wesentlich kleinere Kühlwassermengen ergaben die bereits erwähnten, von H. Lorenz veröffentlichten [3]) Augsburger Versuche, obwohl bei den-

---

1) Uhland's Prakt. Masch.-Konstr. 1889, Bd. 22, S. 168.
2) Handbuch d. Ing.-Wissenschaft, Bd. IV, S. 214.
3) Z. d. V. d. Ing. 1892, S. 733 u. folg.

selben nicht nur Wassereinspritzung in beide Kompressoren, sondern auch in den Zwischenkühler stattfand. (Vergl. auch die Mitteilungen über die Druckluftanlage zu Offenbach, S. 210.) Obgleich der Kompressionsenddruck ein wesentlich höherer als bei den anderen, vorher erwähnten Versuchen war, und die Maschine mit einer Kolbengeschwindigkeit von 1,5 bis 1,6 m lief, fand gegenüber diesen keine Vermehrung der Einspritzwassermenge statt.

Die auf den Kühlwasserverbrauch bezüglichen Mittelwerte aus den Lorenz'schen Versuchen sind im folgenden wiedergegeben.

Tabelle 19.

	I. Versuch	II. Versuch	III. Versuch
Überdruck im Zwischenkühler kg/qcm	2,26	2,45	2,5
„ „ Windkessel „	6,0	8,0	10,0
Stündlich angesaugte Luft cbm	673	660	662
„ „ „ G kg	814	798	801
Temperatur der Luft vor dem N. D.-Komp. °C.	12	18	19
„ „ „ hinter „ „ „ °C.	47	50	52
„ „ „ vor „ H. D.-Komp. °C.	31	32	34
„ „ „ hinter „ „ „ °C.	37	50	50
Anfangstemperatur des Kühlwassers °C. . . .	11,9	11,25	11,25
Endtemperatur „ „ nach Verlassen des Zwischenbehälters °C.	32,5	40,0	37,5
Stündliche Kühlwassermenge K kg	1065	1092	1046
„ „ für 1 kg Luft $\frac{K}{G}$	1,31	1,37	1,30

Rechnet man das stündliche Luftvolumen aus allen drei Versuchen im Mittel zu 665 cbm, die stündliche Wassermenge im Mittel zu 1,068 cbm, so ergibt sich 1,61 kg oder l Wasser für 1 cbm Luft oder nur 0,161 % der Luftmenge, sodass die Kühlwassermenge für stufenweise Kompression wegen der besseren Ausnutzung derselben wesentlich geringer als bei allen anderen Kompressorensystemen ausfällt.

c) Nasse Kompressoren.

Für dieselben ist die Kühlwassermenge im Verhältnis zu trockenen und halbnassen Kompressoren am kleinsten und beträgt nach den bereits mehrfach erwähnten Versuchen von Novák und anderen je nach der Tourenzahl 0,27—0,48 % der angesaugten Luftmenge, im Mittel für Stanek'sche Kompressoren 0,37 % der Luftmenge.

Man erhält somit folgende, freilich nur annäherungsweise gültigen und je nach der Kolbengeschwindigkeit, dem Kompressionsdruck, der äusseren Lufttemperatur und der Wassertemperatur veränderlichen Mittelwerte.

Tabelle 20.

	Kompressorsystem	Wassermenge in % des angesaugten Luftvolumens
1	Bessemer Gebläsemaschinen (1—2 Atm.)	2,5
2	Trockene Kompressoren (6 - 8 Atm)	8—10
3	Halbnasse Kompressoren	0,6—0,7
4	Nasse Kompressoren	0,3—0,5
5	Verbund-Kompressoren mit Zwischenkühlung . . .	0,16

Man ersieht hieraus, dass der Kühlwasserverbrauch für trockene Kompressoren am grössten, für halbnasse kleiner und nur etwa 7—8 % des vorhergehenden, für nasse Kompressoren am kleinsten und ca. 4 bis 6 % des ersteren Wasserverbrauchs beträgt. Es ergibt sich ferner, dass die im vorstehenden berechneten theoretischen Einspritzwassermengen in Wirklichkeit sehr beträchtlich überschritten werden, was wohl hauptsächlich in folgenden Umständen seinen Grund hat. Erstlich ist die Mischung des Wassers und der Luft keine vollkommene, ferner ist die Zeit für den Temperaturausgleich eine zu geringe, endlich aber entzieht sich die Erwärmung der Luft an den durch die Kolbenreibung und die Kompression erwärmten Cylinderwänden, sowie an der durch die Stopfbüchsenreibung erwärmten Kolbenstange der theoretischen Untersuchung vollständig. Nur genaue, mit derselben Maschine bei verschiedenen Tourenzahlen, verschiedenen Enddrücken und verschiedenen Luft- und Wassertemperaturen angestellte Versuche, sowie vergleichende Versuche an verschiedenen Kompressoren der Hauptsysteme können über den wirklichen Kühlwasserverbrauch und den Einfluss der einen oder anderen Kühlungsart auf den dynamischen Wirkungsgrad, also über die wirkliche Kraft- bezw. Dampf- und Kohlenersparnis Aufschluss geben. Solche Versuche liegen leider noch wenige vor, weshalb dieselben aufs Dringendste zu wünschen sind, um einerseits den häufigen Übertreibungen hinsichtlich der Endtemperaturen der gelieferten Luft, sowie der Kraftersparnis infolge der Einspritzung ein Ziel zu setzen, andererseits Grundlagen für die Berechnung der wirklichen (nicht der theoretischen) Kühlwassermengen bei den verschiedenen Systemen zu schaffen.

Einen höchst lobenswerten und nachahmungswürdigen Schritt auf diesem Wege hat die bereits mehrfach erwähnte Kommanditgesellschaft für Druckluftanlagen, A. Riedinger & Co. in Augsburg durch Errichtung einer wissenschaftlichen Versuchsstation getan. Möchte dieses Beispiel baldige und ausgedehnte Nachahmung finden!

Zehntes Kapitel.

Berechnung der Kapselgebläse.

Die genaue Berechnung der Windmenge, der Windpressung, des Kraftbedarfs und der äusseren Abmessungen der Kapselgebläse lässt sich nicht so wie bei den vorherigen Klassen der Kolbengebläse auf Grund der Gesetze der Physik und Mechanik ausführen. Der Hauptgrund hierfür bildet die Schwierigkeit der Beurteilung der Bewegungsvorgänge in dem Gebläse. Durch die Flügel werden Wirbelbewegungen in der Luft erzeugt, deren Berechnung höchst schwierig, ja fast unmöglich sein dürfte. Infolge des Spielraumes zwischen den Flügeln und dem Gehäuse, sowie auch zwischen den Stirnflächen beider Flügel und den Deckeln finden Druck- und Luftverluste statt, welche sich gleichfalls der genauen Beurteilung entziehen. Weit richtiger und für die Praxis wertvoller ist es daher, die Luftmenge, den Kraftbedarf, die Pressung etc. durch Versuche festzustellen und aus den erhaltenen Werten Versuchskonstante abzuleiten, welche zur Aufstellung von Gleichungen dienen können.

In dieser Weise hat zuerst Hartig bei seinen mustergültigen und höchst verdienstvollen Versuchen [1]) über den Kraftbedarf der Arbeitsmaschinen, speziell der Werkzeugmaschinen, für verschiedene Arten von Gebläsen die Gleichungen aufgestellt, und dieselben sind im folgenden näher behandelt.

Die geringste Schwierigkeit bietet die Berechnung der Windmenge, da die letztere dem von den Flügeln durchlaufenen Raum proportional, jedoch noch mit einem durch Versuche festzustellenden Wirkungsgrad zu multiplizieren ist. Schwieriger ist die Berechnung des Winddrucks und des Kraftbedarfs.

---

[1]) E. Hartig, Versuche über Leistung und Arbeitsverbrauch der Werkzeugmaschinen, aus „Mitteilungen der königl. sächs. Polytechnischen Schule zu Dresden“, Leipzig 1873.

Es soll im folgenden für verschiedene Gebläse zunächst die erstere berechnet und sodann für letztere eine Anzahl, auf Grund von Versuchen aufgestellter Formeln gegeben werden.

1. Root-Gebläse.

Es sei D_1 (Fig. 313, S. 308) der Durchmesser der Flügel in m, F der Querschnitt derselben in qm, L die axiale Breite derselben in m, so ist die Luftmenge, welche bei einer halben Umdrehung eines Flügels verdrängt wird

$$Q_1 = \frac{1}{2} \cdot \left(\frac{D_1^2 \pi}{4} - F\right) \cdot L \text{ in cbm},$$

also bei einer Umdrehung beider Flügel

$$Q_2 = 2 \cdot \left(\frac{D_1^2 \pi}{4} - F\right) \cdot L,$$

folglich in der Sekunde

$$Q_{sec} = \frac{n \cdot L}{30} \cdot (0{,}785\, D_1^2 - F) \text{ cbm}. \qquad 120)$$

In Wirklichkeit ist jedoch, wenn η_v den volumetrischen Wirkungsgrad bezeichnet, die geförderte Luftmenge nur:

$$Q_e = \eta_v \cdot Q_{sec} = \eta_v \cdot \frac{n \cdot L}{30} \cdot (0{,}785\, D_1^2 - F) \text{ cbm}. \qquad 120\,a)$$

Hierin ist der Wirkungsgrad η_v durch Versuche zu bestimmen. Derselbe ist abhängig von der Tourenzahl des Gebläses, sowie von der Windpressung und zwar der ersteren direkt, der letzteren umgekehrt proportional, denn je grösser die letztere ist, desto kleiner wird infolge der Verluste durch die Spielräume die Luftmenge sein.

Bei den Versuchen von Hartig[1]) ergab sich folgendes:

Windpressung mm Wassersäule	Tourenzahl i. d. Min.	Volumetr. Wirkungsgrad η_v
38	275	0,79
820	192	0,12.

Hieraus lässt sich die folgende, empirische Gleichung ableiten:

$$\eta_v = 0{,}00288\, n - 0{,}646\, h^2,$$

worin n die minutliche Tourenzahl und h den Luftdruck in **m** Wassersäule bezeichnet.

Dieselbe gestattet folgende Schlüsse:

1. für einen Wasserdruck $h = 0$, also freies Ausblasen in die Luft, ist bei 348 Touren der volumetrische Wirkungsgrad am grössten, und zwar $= 1$;

---

1) a. a. O. S. 243.

2. der volumetrische Wirkungsgrad wird Null, wenn die Gleichung besteht: $n = 224{,}3\,h^2$. Da der normale Winddruck für Gebläse zum Schmieden und Schmelzen zwischen 120—160 mm bezw. 280—320 mm Wassersäule liegt, so lässt sich hieraus die kleinste Tourenzahl des Gebläses berechnen.

Für jedes andere Gebläse sind die Koeffizienten für n und h in ähnlicher Weise durch Versuche zu bestimmen.

Nach Hartig berechnet sich für das bei seinen Versuchen benutzte Gebläse von 430 mm Flügeldmr., 850 mm Länge die Windmenge i. d. Sek. zu

$$Q_{sec} = 0{,}152 \cdot \frac{n}{60} = 0{,}002533 \cdot n \text{ in cbm},$$

der Kraftbedarf zu:

$$N = 0{,}169 \cdot \frac{n}{60} = 0{,}002817 \cdot n \text{ in PS.},$$

worin n die minutliche Tourenzahl bedeutet und die berechneten Werte für den Fall des Ausblasens durch den unverengten Blasehals gelten.

Für die auf S. 256 [1]) mitgeteilten Ausführungen des Root-Gebläses von Mohr und Federhaff berechnet sich die theoretische Windmenge folgendermassen.

Bezeichnet D den äusseren Durchmesser in m, F den Querschnitt des Flügels in qm, so kann mit hinreichender Annäherung $F = 0{,}254\,D^2$ gesetzt werden, woraus die theoretische sekundliche Luftmenge sich nach Gleichung 120) zu:

Tabelle 21.

Root-Gebläse von Mohr und Federhaff.

No. des Prosp.	Minutliche Windmenge cbm		Volumetr. Wirkungsgrad
	theoretisch [2]), berechnet nach Gl. 121 a)	effektiv [3])	
1	0,877	0,50	0,57
3	1,625	0,95	0,58
4	2,836	1,83	0,65
5	3,980	2,25	0,57
6	7,965	4,65	0,58
7	15,93	9,50	0,60
7 1/2	32,50	19,25	0,60
8	49,70	29,40	0,60
9	74,50	44,00	0,60
10	134,60	95,00	0,70
11	179,50	125,00	0,70
12	224,40	158,00	0,70

1) Der ersten Auflage.

2) Unter Zugrundelegung der von der Firma gütigst übermittelten Konstruktionswerte.

3) Nach den Versuchstabellen der genannten Firma.

$$Q_{sec} = \frac{n \cdot L}{30} \cdot (0{,}785 - 0{,}254)\, D^2 = 0{,}0177 \cdot n \cdot L \cdot D^2 \qquad 121)$$

und die theoretische, minutliche Luftmenge zu:

$$Q_{min} = 1{,}062 \cdot n \cdot L \cdot D^2 \qquad 121\,a)$$

berechnet. Die Tabelle 21 auf S. 653 gibt eine Zusammenstellung der so berechneten theoretischen und effektiven Luftmengen, sowie der volumetrischen Wirkungsgrade.

Der volumetrische Wirkungsgrad schwankt somit zwischen 0,57 und 0,70 und beträgt im Mittel 0,62, welcher Wert als befriedigend angesehen werden muss.

2. Gebläse von Evrard, Baker etc.

In Fig. 323 (S. 314) ist D der äussere Flügeldmr., d der Flügeltrommeldmr., L die axiale Länge der Flügel, alles in m. Dann ist die Luftmenge bei einer Umdrehung

$$Q = \left(\frac{D^2 \pi}{4} - \frac{d^2 \pi}{4}\right) L,$$

oder i. d. Sek.

$$Q_{sec} = 0{,}785\,(D^2 - d^2)\,\frac{L \cdot n}{60}$$

und die effektive Luftmenge

$$Q_e = \eta_v \cdot 0{,}0131 \cdot L\, n \cdot \left(1 - \left(\frac{d}{D}\right)^2\right) \cdot D^2,$$

worin η_v den volumetrischen Wirkungsgrad bezeichnet. Setzt man, wie es auch in Fig. 323 der Fall ist, $\frac{d}{D} = 0{,}45$, ferner $L = \alpha D$, so folgt

$$Q_e = \eta_v \cdot 0{,}63 \cdot n \cdot \alpha \cdot D^3. \qquad 122)$$

Hierin ist für Neuausführungen $\eta = 0{,}75 - 0{,}85$, $\alpha = 1 - 2$ zu setzen. Für die in der Tabelle auf S. 315 enthaltenen Baker'schen Gebläse erhält man folgende Werte:

Tabelle 22.

Laufende No. des Gebläses	Tourenzahl	Dmr. D in m	Luftmenge Q cbm i. d. Min. nach der Tabelle auf S. 315	Luftmenge Q cbm i. d. Min. nach Gl. 122 berechnet
1	200	0,325	6,37	6,43
7	110	0,825	70,41	70,68
11	100	1,310	235,83	235,14

Zur überschläglichen Berechnung des Kraftbedarfs in PS. kann die empirische Gleichung dienen:

$$N = 0{,}93 + 0{,}134\, Q - 0{,}00043\, Q^2, \qquad 123)$$

worin Q die minutliche Luftmenge in cbm bezeichnet.

Für Luftmengen über 100 cbm i. d. Min. ist jedoch zu dem aus dieser Gleichung gefundenen Werte ein Zuschlag von 10—20 % desselben hinzuzufügen.

3. Schraubengebläse von Krigar.

Wie die Diagramme Fig. 337 und 338 auf S. 324 zeigen, ist für jede Austrittsöffnung der Zusammenhang zwischen dem Luftdruck, dem Ausblasequerschnitt und der Umdrehungszahl durch eine Parabel dargestellt. Man kann diese Beziehung zusammenfassen in den folgenden Gleichungen:

$$h = \frac{n^2}{F}(4{,}10 - 0{,}01\, F) \qquad 124)$$

für enge Ausblasöffnungen und

$$h = \frac{n^2}{F}(4{,}90 - 0{,}0186\, F) \qquad 124\,a)$$

für weite Ausblasöffnungen, worin h den Druck in mm Wassersäule, n die minutliche Tourenzahl und F den Ausblasequerschnitt in qcm bedeutet.

Zur Berechnung des Kraftbedarfs dient folgende Betrachtung.

Denkt man sich die Schraubenflügel derartig gegen das Gehäuse abgedichtet, dass keine Verluste stattfinden können, so wird durch die Umdrehung der Flügel die von einem Flügel abgeschlossene Luftmenge auf den Druck in der Windleitung komprimiert und fortgeschafft werden müssen. Da eine merkliche Erwärmung der Luft bei dem geringen Kompressionsgrad nicht stattfindet, so kann man isothermische Kompression voraussetzen. Für dieselbe berechnet sich nach Gleichung 18) (S. 537) die theoretische Kompressionsarbeit zu

$$N = \frac{p_1 V_1}{75} \cdot \ln \frac{p_2}{p_1} = \frac{p_1 V_1}{75} \cdot 2{,}3026 \cdot \log \frac{p_2}{p_1}. \qquad 125)$$

Hierin bezeichnet p_1 den äusseren Luftdruck, p_2 den Luftdruck beim Eintritt in die Windleitung oder den Kompressionsenddruck, beide in kg/qm oder mm Wassersäule, V_1 die i. d. Sek. angesaugte Luftmenge. Setzt man in Gleichung 125) $p_1 = 10000$ und bezeichnet mit V_m die i. d. Min. gelieferte Luftmenge vom Drucke p_2, so folgt, da

$$V_m = 60 \cdot V_1 \cdot \frac{p_1}{p_2}, \quad \text{also} \quad V_1 = \frac{V_m}{60} \cdot \frac{p_2}{p_1} \ \text{ist},$$

$$N = \frac{10\,000}{60 \cdot 75} \cdot V_m \cdot \frac{p_2}{p_1} \cdot 2{,}3026 \log \frac{p_2}{p_1},$$

oder wenn die Druckhöhe h in mm Wassersäule eingesetzt, also $p_2 = 10000 + h$ und

$$\frac{p_2}{p_1} = \frac{10\,000 + h}{10\,000} = 1 + 0{,}0001 \cdot h$$

gesetzt wird:

$$N = 5{,}117\,(1 + 0{,}0001 \cdot h)\,V_m \cdot \log\,(1 + 0{,}0001 \cdot h)\,. \qquad 125\,a)$$

Für die auf S. 325 angeführten Krigar'schen Gebläse ist in Spalte 5 der Kraftbedarf bei 500 mm Wasserdruck nach den durch die Erfahrung gewonnenen Resultaten angeführt.

In der nachstehenden Tabelle sind diese Werte mit den nach Gleichung 125 a) berechneten zusammengestellt.

Tabelle 23.

No. der Gebläse	1. Annähernder Kraftbedarf nach der Tabelle S. 325	2. Theoretischer Kraftbedarf nach Gl. 125 a)	3. Dynamischer Wirkungsgrad 2:1
1	0,12	0,114	0,95
2	0,20	0,205	1,02 (?)
3	0,40	0,399	0,99
4	1,0	0,952	0,95
5	1,2	1,163	0,97
6	2,0	1,881	0,94
7	3,0	2,736	0,912
8	6,0	5,472	0,912
9	7,5	7,410	0,98
10	10,4	9,690	0,93
11	14,5	13,680	0,94
12	19,0	17,670	0,93

In der dritten Spalte sind die dynamischen Wirkungsgrade angegeben, deren Mittelwert $\eta_d = 0{,}952$ wohl etwas zu hoch sein dürfte. Indessen ist zu berücksichtigen, dass die wirklich zu komprimierende Luftmenge, also auch die Kompressionsarbeit, infolge des Luftverlust durch die Spielräume kleiner ist, als oben berechnet ist. Multipliziert man den berechneten mittleren dynam. Wirkungsgrad $\eta_d = 0{,}952$ mit dem mittleren volumetrischen Wirkungsgrad (aus der Tabelle S. 325) $\eta_v = 0{,}86$, so erhält man einen mittleren dynamischen Wirkungsgrad $\eta_d = 0{,}819 \backsim 0{,}82$, welcher gleichfalls noch als sehr günstig zu bezeichnen ist.

4. Fabry'sches Gebläse.

Nach Weissbach-Herrmann[1]) berechnet sich die theoretische, sekundlich gelieferte Luftmenge in cbm nach der Formel

1) Ing. Mechanik, Bd. III, 2. Abteil., S. 1212 u. 1213. II. Aufl.

$$Q = (\pi \cdot r_1^2 - 3{,}4277\, r_2^2)\,\frac{n \cdot L}{30}\,, \qquad 126)$$

worin r_1 den äusseren Flügelhalbmesser, r_2 den Abstand eines Querarms vom Mittelpunkt, L die Radweite, alles in m, und n die minutliche Umdrehungszahl bedeutet.

Ein (a. a. O. angeführtes) Fabry'sches Gebläse hat folgende Abmessungen:

$$r_1 = 1{,}7\text{ m}, \quad r_2 = 1\text{ m}, \quad b = 2\text{ m}, \quad n = 36-40, \quad h = 40-50\text{ mm Wassersäule},$$

$$N_i = 15\text{ PS.}, \quad \eta_d = 0{,}51, \quad \eta_v = 0{,}7.$$

Nach Gleichung 126) berechnet sich die theoretische, sekundliche Luftmenge zu 15,07 cbm, die minutliche (bei 40 Touren) zu 602,8 ∾ 603 cbm, die effektive Luftmenge i. d. Min. also zu

$$V_m = 603 \cdot 0{,}7 = 422{,}1\text{ cbm.}$$

Wendet man zur Berechnung des Kraftbedarfs Formel 125 a) hier an, so folgt

$$N = 422{,}1 \cdot 5{,}117 \cdot 1{,}005 \cdot \log 1{,}005 = 5{,}065 \backsim 5{,}1\text{ PS.}$$

Da der dynamische Wirkungsgrad, also das Verhältnis der theoretisch zur Kompression nötigen Arbeit zur ganzen, auf das Gebläse zu übertragenden Arbeit zu 0,51 angegeben ist, so folgt die letztere zu:

$$N_e = \frac{5{,}1}{0{,}51} = \mathbf{10\ PS.}$$

Da die indizierte Leistung der Dampfmaschine ca. 15 PS. betrug, so ist der Wirkungsgrad der letzteren $^2/_3$ oder 0,667. Bei Annahme eines Wirkungsgrades von 0,75 an Stelle des letzteren wären $\frac{10}{0{,}75} = 13{,}33$ ind. PS. von der Maschine zu leisten. Die stündliche Windmenge für 1 ind. PS. berechnet sich danach zu

$$V_{st} = \frac{422{,}1 \cdot 60}{15} = 1690\text{ cbm.}$$

Bei dem auf S. 271 der ersten Auflage angeführten Fabry'schen Gebläse von Vieille Marihaye betrug die minutliche Windmenge 2400 cbm, die Depression 40 mm. Da die Depression um 10 mm geringer ist als im vorigen Falle, so kann die stündliche Windmenge für 1 ind. PS. etwas höher, beispielsweise zu 1800 cbm angenommen werden, woraus man rückwärts den Kraftbedarf erhält zu:

$$N_i = \frac{2400 \cdot 60}{1800} = 80 \text{ PS.}$$

Nach Gleichung 125a) berechnet sich derselbe bei Annahme desselben dynamischen Wirkungsgrades von 0,51 wie oben zu:

$$N_i = \frac{1}{0{,}51} \cdot 2400 \cdot 5{,}117 \cdot 1{,}004 \cdot \log 1{,}004 = 79{,}82 \text{ ind. PS.},$$

welche beiden Werte genügende Übereinstimmung zeigen. Es kann somit auch für das Fabry'sche Gebläse der Kraftbedarf mit ziemlicher Genauigkeit nach Gleichung 125a) berechnet werden.

Elftes Kapitel.

Berechnung der Schleudergebläse.

Bei der theoretischen Untersuchung der Wirkungsweise der Schleudergebläse oder Centrifugalventilatoren, ihrer Leistung, ihres Kraftbedarfs, ihrer Umdrehungszahl u. s. w., hat man folgende Werte zu berücksichtigen und ihre gegenseitigen Beziehungen zueinander zu ermitteln:

1. Die vom Ventilator in der Zeiteinheit gelieferte Luftmenge.
2. Die vom Ventilator hervorgebrachte Luftverdichtung bezw. Verdünnung, oder die Pressung im Druckrohr bei blasenden, bezw. die Depression im Saugrohr bei saugenden Ventilatoren.
3. Die Umfangsgeschwindigkeit des Ventilatorflügelrades, bezw. der Durchmesser des letzteren und seine Tourenzahl.
4. Den Kraftbedarf des Ventilators.
5. Die auf die Konstruktion des Rades speziell bezüglichen Werte, die Winkel der beiden Schaufelenden mit den Umfangskreisen, die Krümmung, Länge und Breite der Schaufeln, die Grösse der Eintrittsöffnung, des Verteilers oder Diffusors und der Austrittsöffnung.

Zu diesen Werten kommt noch ein wichtiger Wert hinzu, welcher für die Berechnung der Luftmengen, sowie überhaupt zur Vereinfachung der theoretischen Untersuchungen von grosser Bedeutung ist und zuerst von Murgue[1]) eingeführt wurde, die gleichwertige oder äquivalente Fläche[2]). Dieselbe ist von Murgue zunächst für Grubenventilatoren angewandt worden, lässt sich jedoch auch bei allen übrigen Ventilatoren mit Vorteil benutzen.

Man hat darunter diejenige Öffnung a in einer dünnen Scheidewand zwischen zwei mit Luft von verschiedener Spannung erfüllten Räumen zu

1) Murgue, Über Grubenventilatoren, deutsch von J. v. Hauer, Leipzig 1884.
2) Orifice équivalent.

verstehen, welche bei dem Spannungsunterschied h zwischen beiden Luftdrücken in der Zeiteinheit genau dieselbe Luftmenge V durchlässt, wie in der gleichen Zeit bei der gleichen Pressung oder Depression h durch eine bestimmte Grube hindurchströmt. Murgue hat daher an Stelle des Grubenquerschnitts diese, mit letzterem gleichwertige oder äquivalente Fläche oder Öffnung gesetzt und je nach der Grösse dieser Fläche die verschiedenen Gruben in enge, mittlere und weite Gruben eingeteilt. Er bezeichnet als enge Gruben alle jene, deren gleichwertige Fläche kleiner als 1 qm ist, als mittlere diejenigen von 1—1,5 qm Fläche und als weite die über 1,5 qm Fläche.

Durch Einführung dieses Wertes gewinnen alle Berechnungen Murgue's eine grosse Klarheit und Einfachheit und soll daher bei den nachfolgenden Berechnungen auf die Murgue'sche Methode Bezug genommen werden.

A. Beziehungen des Druckes und Volumens der Luft zur Umfangsgeschwindigkeit des Ventilators.

Bei den folgenden Untersuchungen sei zunächst die Form der Schaufeln, ihre axiale und radiale Breite, ihre Anzahl, sowie die Form des das Schaufelrad umschliessenden Gehäuses unberücksichtigt gelassen.

Zwischen je zwei Schaufeln bewegt sich die am inneren Radumfang eintretende Luft wie in einem allseitig geschlossenen Kanal oder Rohr.

Es ist zunächst ohne weiteres ersichtlich, dass für gewöhnlich [1]) der Querschnitt dieses Kanals nach aussen hin allmählich zunehmen wird, da die Entfernung der Schaufeln voneinander oder die Teilung aussen grösser als innen ist.

Es ist ferner klar, dass die Umfangsgeschwindigkeit, welche die Luft durch die Umdrehung der Flügel erhält, nach aussen hin mit wachsendem Durchmesser zunehmen muss.

Da die Luft sich in den Schaufelkanälen von innen nach aussen fortbewegt, zugleich aber an der drehenden Bewegung der Schaufeln teilnimmt, so ist ihre Bewegung durch beide Bewegungen bedingt, oder ihre Geschwindigkeit von der radialen Geschwindigkeit in den Schaufeln und der Umfangsgeschwindigkeit abhängig.

Es seien nun zunächst für die nachstehenden Berechnungen folgende Bezeichnungen eingeführt.

Es bedeute:

V die von einem Ventilator i. d. Sek. abgesaugte oder ausgeblasene Luftmenge in cbm,

---

1) Die Abweichung von dieser Regel siehe weiter unten.

a die gleichwertige Fläche in qm nach Murgue,
v die Geschwindigkeit der Luft im Querschnitt a in m,
u die äussere Umfangsgeschwindigkeit des Ventilators in m,
γ_0 das Gewicht eines cbm Wasser (1 cbm = 1000 kg),
γ „ „ „ „ Luft (1 cbm bei $0^0 = 1{,}293$)[1],
g = 9,81 m die Beschleunigung der Schwere,
o die Durchgangsöffnung des Ventilators in qm,
H_0 die theoretische Maximaldepression bezw. Pressung beim Absaugen aus einem geschlossenen Raum bezw. Einblasen in einen geschlossenen Raum in m Wassersäule,
H die effektive Maximaldepression bezw. Pressung in m Wassersäule,
h die effektive Depression bezw. Pressung bei irgend einer Umfangsgeschwindigkeit in m Wassersäule.

Die theoretische Luftmenge, welche der Ventilator sekundlich liefert, berechnet sich zunächst aus der Gleichung:

$$V = a \cdot v \,. \tag{127)}$$

In Wirklichkeit ist dieselbe jedoch infolge des Reibungswiderstandes beim Durchgang durch die dünne Wand, sowie infolge der Kontraktion geringer. Die effektive Luftmenge ergibt sich daher zu:

$$V = \mu \cdot a \cdot v \,, \tag{127 a)}$$

worin μ ein Koeffizient ist, welcher diesen Widerständen Rechnung trägt. Derselbe ist nach Murgue = 0,65 zu setzen, während Weissbach[2] denselben zu 0,85 angibt.

Die bekannte Formel für die Ausflussgeschwindigkeit tropfbar-flüssiger Körper:

$$v = \sqrt{2\,g\,h_d} \tag{128)}$$

worin h_d ganz allgemein die zur Erzeugung der Geschwindigkeit v erforderliche Druckhöhe bedeutet, ergibt für Luft die Gleichung

$$v = \sqrt{2\,g\,h_l} \tag{128 a)}$$

worin h_l die der Geschwindigkeit v entsprechende Druckhöhe in m Luftsäule ist. Soll dieselbe jedoch in m Wassersäule (h) gemessen werden, so ist zu setzen:

$$v = \sqrt{2\,g\,h \cdot \frac{\gamma_0}{\gamma}}\,, \tag{128 b)}$$

---

[1]) Genauer zu berechnen nach den Gleichungen 9) bis 9 c), S. 527 und 528.
[2]) Hüttentaschenbuch 1887, 13. Aufl., S. 193.

Da die Beziehung besteht

$$\frac{h_1}{h} = \frac{\gamma_0}{\gamma},$$

und daraus

$$h_1 = h \cdot \frac{\gamma_0}{\gamma}$$

oder für $\gamma_0 = 1000$ und $\gamma \sim 1{,}25$, also $\frac{\gamma_0}{\gamma} = 800$,

$$v = \sqrt{2\,g\,h \cdot 800} = 125{,}28\,\sqrt{h}, \qquad 128\,c)$$

worin h in m Wassersäule einzusetzen ist.

Soll endlich die Druckhöhe in mm Wassersäule ausgedrückt werden, so ist,

$$v = \sqrt{2\,g\,h_1 \cdot \frac{\gamma_0}{\gamma} \cdot \frac{1}{1000}} = \sqrt{\frac{2\,g\,h_1}{\gamma}} = 3{,}961\,\sqrt{h_1}, \qquad 128\,d)$$

für $\gamma = 1{,}25$ kg/cbm.

Durch Einsetzen der vorstehenden Gleichungen in Gleichung 127 a) folgt

$$V = \mu \cdot a \cdot \sqrt{2\,g\,h\,\frac{\gamma_0}{\gamma}} = 81{,}43 \cdot a\,\sqrt{h} = 2{,}575 \cdot a\,\sqrt{h_1}, \qquad 129)$$

worin h in m Wassersäule, h_1 in mm Wassersäule, $\mu = 0{,}65$ (nach Murgue) gesetzt ist.

Beispiel:

Für eine Grube von 1 qm äquivalenter Fläche und einer Depression von $h_1 = 80$ mm Wassersäule ist $V = 2{,}575 \cdot 1 \cdot \sqrt{80} \sim 23$ cbm i. d. Sek., und $V_m = 1380$ cbm i. d. Min.

Aus Gleichung 129) berechnet sich rückwärts die gleichwertige Fläche zu:

$$a = \frac{V}{\mu \cdot \sqrt{2\,g\,h\,\frac{\gamma_0}{\gamma}}}. \qquad 130)$$

Nach Murgue[1]) ist

$$V = 0{,}65 \cdot a \cdot \sqrt{\frac{2\,g\,h \cdot \gamma_0}{\gamma}} = \frac{0{,}65 \cdot a\,\sqrt{\frac{2\,g\,H \cdot \gamma_0}{\gamma}}}{\sqrt{1 + \frac{a^2}{o^2}}}, \qquad 131)$$

---

1) a. a. O. S. 27.

worin

$$H = k \cdot \frac{u^2}{g} \cdot \frac{\gamma}{\gamma_0} \qquad 132)$$

die effektive Maximaldepression in m Wassersäule ist.

Die theoretische Maximaldepression berechnet sich hiernach für $k = 1$ zu:

$$H_0 = \frac{u^2}{g} \cdot \frac{\gamma}{\gamma_0} \qquad 133)$$

in m Wassersäule.

Dieselbe ist somit dem Quadrate der Umfangsgeschwindigkeit direkt proportional. Für $\gamma_0 = 1000$ und $\gamma = 1,20$ (bei etwa 20° C.) berechnet sich die Konstante der Gleichung zu·

$$\frac{\gamma}{g \cdot \gamma_0} = \frac{1,2}{9,81 \cdot 1000} = 0,0001223$$

Tabelle 24 gibt für Umfangsgeschwindigkeiten von 15—35 m die Werte von H_0 in mm Wassersäule an, welche nach der Gleichung

$$H_0 = \frac{u^2}{g} \cdot \frac{\gamma}{\gamma_0} \cdot 1000 = 0,1223 \cdot u^2 \qquad 133\,a)$$

berechnet sind, worin u ebenso wie in Gleichung 159) in m/sek. einzusetzen ist.

Aus den Gleichungen 132) und 133) folgt

$$k = \frac{H}{H_0} \qquad 134)$$

welchen Wert Murgue als den manometrischen Wirkungsgrad bezeichnet.

Man hat nach Murgue folgende drei Werte für die Pressung bezw. Depression in m Wassersäule zu unterscheiden:

1. Theoretische Maximaldepression

$$H_0 = \frac{u^2}{g} \cdot \frac{\gamma}{\gamma_0}. \qquad 135\,a)$$

2. Effektive Maximaldepression bei geschlossener Grube ($a = 0$)

$$H = k \cdot \frac{u^2}{g} \cdot \frac{\gamma}{\gamma_0}. \qquad 135\,b)$$

3. Effektive Depression bei offener Grube

$$h = k \cdot \frac{u^2}{g} \frac{\gamma}{\gamma_0} \cdot \frac{o^2}{a^2 + o^2} \qquad 135\,c)$$

Tabelle 24.

Theoretische Maximal-Depressionen.

u Umfangsgeschwindigkeit des Ventilators in · m, H_0 entsprechende theoretische Depression in mm Wassersäule.

u m	H_0 mm	u m	H_0 mm	u m	H_0 mm	u m	H_0 mm
15,0	27,5	20,0	48,9	25,0	76,5	30,0	110,1
2	28,3	2	49,9	2	77,7	2	111,6
4	29,0	4	50,9	4	78,9	4	113,1
6	29,8	6	51,9	6	80,2	6	114,6
8	30,5	8	52,9	8	81,4	8	116,1
16,0	31,3	21,0	53,9	26,0	82,7	31,0	117,6
2	32,1	2	55,0	2	84,0	2	119,1
4	32,9	4	56,0	4	85,3	4	120,6
6	33,7	6	57,1	6	86,6	6	122,2
8	34,5	8	58,1	8	87,9	8	123,7
17,0	35,4	22,0	59,2	27,0	89,2	32,0	125,3
2	36,2	2	60,3	2	90,5	2	126,8
4	37,0	4	61,4	4	91,8	4	128,4
6	37,9	6	62,5	6	93,2	6	130,0
8	38,8	8	63,6	8	94,5	8	131,6
18,0	39,6	23,0	64,7	28,0	95,9	33,0	133,2
2	40,5	2	65,8	2	97,3	2	134,8
4	41,4	4	67,0	4	98,7	4	136,5
6	42,3	6	68,1	6	100,1	6	138,1
8	43,2	8	69,3	8	101,5	8	139,8
19,0	44,2	24,0	70,5	29,0	102,9	34,0	141,4
2	45,1	2	71,6	2	104,3	2	143,1
4	46,0	4	72,8	4	105,7	4	144,8
6	47,0	6	74,0	6	107,2	6	146,5
8	48,0	8	75,2	8	108,6	8	148,2
						35,0	149,8

oder

$$\frac{h}{u^2} = \frac{k}{g} \cdot \frac{\gamma}{\gamma_0} \frac{o^2}{a^2 + o^2},$$

worin sämtliche Werte der rechten Seite der Gleichung konstant sind für einen bestimmten Zustand des Ventilators, sodass man auch schreiben kann, da die Umfangsgeschwindigkeit u nur mit der Tourenzahl n sich ändert,

$$\frac{h}{u^2} \text{ oder } \frac{h}{n^2} = \text{Konst.}$$

Aus Gleichung 131) folgt ferner, da $\frac{\sqrt{h}}{u}$ konstant ist, nach mehreren Umformungen

Tabelle 25.

No.	Name des Ventilators	V cbm i. d. Min.	n	h mm	$\frac{V}{n}$	$\frac{h}{n^2}$
1	Capell[1])	1221	275	80	4,44	0,00106
		1339	294	93	4,55	0,00107
		1474	333	106	4,43	0,00096
		1796	397	112	4,44	0,00071
2	Geissler[2])	2261	105	21	21,53	0,0019
		2580	120	28	21,5	0,0019
		2849	136	36	20,9	0,0019
		2981	149	43	20,1	0,0019
		3087	151	45	20,4	0,0019
		3511	167	59	21,0	0,0021
		3627	179	66	20,3	0,00206
		3913	196	75,3	20,0	0,0019
		4040	201	79	20,1	0,00195
3	Guibal[3])	2160	26,25	20	82,3	0,029
		2342	31,6	30	74	0,030
		2565	36,1	36,5	71	0,028
		2869	39,4	45	73	0,029
		3332	45,9	60	72,6	0,0284
		3625	50,5	73,4	72,0	0,029
4	Kley[4])	840	30	22	28	0,0244
		1060	40	34,45	26,5	0,0215
		1280	50	50,10	25,6	0,0204
		1500	60	72,40	25	0,0201
		1740	70	98,5	25	0,0201
		1800	72	104,00	25	0,0201
5	Lambert[5])	1800	60	40	30	0,01111
		1920	65	63	30	0,0154
6	Pelzer[6]) Zeche Wolfsbank	720	114	8—10	6,3	0,0008
		972	221	28—30	4,4	0,00061
		1860 1700	} 375	} 65—70	} 5,0	} 0,0005
7	Pelzer[7]) Zeche Minister Stein	719	255	40	2,82	0,00061
		982	326	70	3,00	0,00065
		1025	340	80	3,01	0,00069
		1279	370	82	3,43	0,00060
		1378	390	88	3,53	0,00058

1) Z. f. B.-, H.- u. Sal.-W. 1890, S. 248.
2) Österr. Zeitschr. f. B.- u. H.-W. 1887, S. 47.
3) Österr. Zeitschr. f. B.- u. H.-W. 1888, S. 671.
4) „Glückauf" 1886, No. 10 (3. 2. 1886).
5) Z. f. B.-, H.- u. Sal.-W. 1887, S. 227.
6) Österr. Z. f. B.- u. H.-W. 1880, S. 587.
7) Österr. Z. f. B.- u. H.-W. 1880, S. 587.

Tabelle 25 (Fortsetzung).

No.	Name des Ventilators	V cbm i. d. Min.	n	h mm	$\frac{V}{n}$	$\frac{h}{n^2}$
8	Pelzer Zeche Minister Stein	1183 1267 1339	350 375 382	80 85 88	3,38 3,38 3,50	0,00065 0,000605 0,000603
9	Pelzer[1]) Verstellb. Diffusor	3451 3635 4245	196 211 237	114,5 128,3 175	17,6 17,2 17,9	0,00298 0,00288 0,00311
10	Pinette[2])	44,7 78,3 95,4 109,3 124,8	446 677 776 900 964	10 23 34 45 58	0,100 0,116 0,123 0,121 0,129	0,0000503 0,0000502 0,000056 0.000055 0,000062
11	Rateau[3])	— — — — —	724 1240 1570 1701 1820	40 118 188 221 256	— — — — —	0,0000763 0,0000767 0,0000762 0,0000763 0,0000772
12	Ser[4])	983 1388 1427 1730 2103	106 160 207 256 346	9,25 23,25 37 65,3 107,3	9,27 8,68 7,00 7,00 6,09	0,00082 0,00090 0,00086 0,00100 0,00096
13	Ser[5])	110 131 142 169,3	830 1002 1094 1292	56,3 80,2 93,6 133,8	0,1325 0,1307 0,1300 0,1310	0,0000817 0,0000800 0,0000800 0,0000800

$$\frac{V}{u} = \frac{0{,}65 \cdot a \cdot o \cdot \sqrt{2k}}{\sqrt{a^2 + o^2}} = \text{Konst.,} \qquad 136)$$

d. h. das Verhältnis $\frac{V}{u}$ oder, da u wieder nur mit n zu- oder abnimmt, $\frac{V}{n}$ ist für einen bestimmten Ventilator und eine bestimmte Grube vom Querschnitt a gleichfalls konstant.

---

1) Zeche Monopol, 7. Juni 1891. Prospekt von Pelzer.
2) Z. f. B.-, H.- u. Sal.-W. 1890, S. 237.
3) Compt. rend. soc. min. 1889, p. 140.
4) Z. f. B.-, H.- u. Sal.-W. 1887, Bd. 35, S. 227 u. folg.
5) Dingl. Polyt. Journ. 1888, Bd. 267, S. 5.

Tabelle 26.

No.	1	2	3	4	5	6	7	8
	Ventilator von	V cbm i. d. Min.	n	D_{max} m	Umfangsgeschwindigkeit m	h mm Wassersäule	$\alpha = \frac{V}{n}$ im Mittel	$\beta = \frac{h}{n^2}$ im Mittel
1	Capell	1221—1796	275—333	2,5	36—44	80—112	4,47	0,00103
2	Geissler	2260—4040	105—201	3,5	19—37	21—79	20,7	0,00195
3	Guibal	2160—3625	26—50	11,0	15—29	20—73	74,1	0,0289
4	Kley	840—1800	30—72	1,56	2,45—5,88	22—104	25,8	0,0211
5	Lambert	1800—1920	60—65	10,0	31,4—34	40—63	30	0,01325
6	Pelzer	720—1700	114—375	2,5	14,9—49	8—70	5,2	0,00063
7	dto.	719—1378	255—390	2,5	33—51	40—88	3,16	0,000626
8	dto.	1183—1339	350—382	2,5	45,8—50	80—88	3,42	0,000619
9	Pelzer { mit verstellbarem Diffusor	3451—4245	196—237	4,0	41,7—49,5	114—175	17,6	0,00299
10	Rateau	—	724—1820	0,5	19—47,7	40—256	—	0,0000765
11	Ser	983—2103	60—346	2,0	6,3—36,2	4,5—107	8,55	0,000965
12	Ser	110—170	830—1292	0,5	21,7—33,8	56—134	0,131	0,0000804
13	Ser-Pinette	45—125	446—964	0,5	11,7—25,3	10—58	0,118	0,0000547

Diese beiden Proportionalitätsgesetze lassen sich auch folgendermassen aussprechen:

1. Die von einem Ventilator **in der Zeiteinheit gelieferte Luftmenge** ist der **Umdrehungszahl** in dieser Zeiteinheit **direkt proportional.**

2. Die von einem Ventilator bei bestimmter Umdrehungszahl **erzeugte Depression** oder **Pressung** ist dem **Quadrate** dieser **Umdrehungszahl direkt proportional.**

Beide Gesetze finden durch die zahlreichen, mit den verschiedensten Ventilatoren angestellten Versuche ihre Bestätigung. In Tabelle 25 sind beide, aus einer grösseren Anzahl von Versuchen berechneten Werte für einige der wichtigsten Ventilatorensysteme enthalten.

Tabelle 26 gibt eine gedrängte Übersicht der gefundenen Werte, während Tabelle 27 die Werte $\frac{V}{n}$ und $\frac{h}{n^2}$ nach zunehmenden Ventilatordurchmessern geordnet wiedergibt.

Tabelle 27.

Namen	D_{max} in mm	$\frac{V}{n}$		$\frac{h}{n^2}$	
Rateau	0,5	—		0,0000765	
Ser	0,5	0,118		0,0000547	
Ser	0,5	0,131		0,0000804	
[Kley	1,56	25,8		0,0211]	
Ser	2	8,55		0,000965	
Pelzer	2,5	5,2	i. M. 3,93	0,00063	i. M. 0,000625
	2,5	3,16		0,000626	
	2,5	3,42		0,000619	
Guibal	2,5	3,1		0,000981	
Capell	2,5	4,47		0,00103	
Geissler	3,5	20,7		0,00195	
Pelzer	4	17,6		0,00299	
Lambert	10	30,0		0,01325	
Guibal	11	74,1		0,0289	

Tabelle 27 lehrt, dass im grossen und ganzen mit zunehmendem Ventilatordurchmesser die Ausdrücke $\frac{V}{n}$ und $\frac{h}{n^2}$ gleichfalls zunehmen. Die einzige Ausnahme bildet der Kley'sche Ventilator, welcher bei nur 1,56 m Dmr. bedeutend grössere Werte von $\frac{V}{n}$ und $\frac{h}{n^2}$ zeigt, als andere Ventilatoren von gleichem Durchmesser.

Eine interessante Beziehung lässt sich aus dem ersten Proportionalitätsgesetz ableiten, welche zur überschläglichen Berechnung der Luftmengen bezw. des Wertes $\frac{V}{n}$ für verschiedene Ventilatorgrössen desselben Systems dient, sobald für eine bestimmte Grösse der Wert $\frac{V}{n}$ bekannt ist.

Bezeichnet man mit α_1 den Wert $\frac{V_1}{n_1}$ für den Durchmesser D_1 eines Ventilators, mit α_x den dem Durchmesser D_x zugehörigen Wert von $\frac{V}{n}$, so gilt mit ziemlicher Genauigkeit das Gesetz

$$\alpha_x = \alpha_1 \left(\frac{D_x}{D_1}\right)^3, \qquad 137)$$

wobei vorausgesetzt ist, dass die Depression in allen Fällen konstant sei. Die nachstehenden Tabellen geben die Bestätigung hierfür.

1. Ser[1]).

V cbm i. d. Min.	Dmr. m	Tourenzahl i. d. Min. n	h mm Wasser-säule	$\alpha = \frac{V}{n}$
480	1	560	80	0,86
900	1,4	400	80	2,25
1920	2	260	80	7,4
3000	2,5	210	80	14,3
4320	3	160	80	27,0
7500	4	120	80	62,5

Beispiel:

$$D_1 = 1, \quad D_x = 2, \quad \alpha_1 = 0{,}86,$$

$$\alpha_x = 0{,}86 \left(\frac{2}{1}\right)^3 = 0{,}86 \cdot 8 = 6{,}88 \text{ (Tabelle 7,4).}$$

2. Pelzer[2]), h = 75 mm.

V	Dmr.	n	h	α
16	0,3	2250	75	0,0071
46	0,5	1350	75	0,0340
115	0.8	850	75	0,135
180	1	700	75	0,257
410	1,5	475	75	0,863
725	2	350	75	2,071
1135	2,5	270	75	4,2
1625	3	230	75	7,01
2220	3,5	200	75	11,1
2880	4	175	75	16,4

1) Z. f. B.-, H.- u. Sal.-W. 1887, S. 229 folg.
2) Preisliste von G. Pelzer, Dortmund.

Beispiel:

a) $D_1 = 0{,}3$, $\alpha_1 = 0{,}0071$, $D_x = 3$,

$\alpha_x = 0{,}0071 \left(\frac{3}{0{,}3}\right)^3 = 0{,}0071 \cdot 1000 = 7{,}1$ (Tabelle 7,01).

b) $D_1 = 1$, $\alpha_1 = 0{,}257$, $D_x = 4$, $\alpha_x = 0{,}257 \cdot (4)^3 = 0{,}257 \cdot 64 =$
$= 16{,}448$ (Tabelle 16,4).

3. Pelzer, h = 200 mm.

V	D	n	h	$\frac{V}{n}$
47	0,5	2200	200	0,0213
122	0,8	1400	200	0,087
190	1	1100	200	0,173
420	1,5	750	200	0,56
750	2	550	200	1,364
1170	2,5	450	200	2,5
1680	3	375	200	4,5
2290	3,5	325	200	7,01
3000	4	280	200	10,7

Beispiel:

a) $D_1 = 1$, $\alpha_1 = 0{,}173$, $D_x = 3$, $\alpha_x = 0{,}173 \cdot (3)^3 =$
$= 0{,}173 \cdot 27 = 4{,}67$ (Tabelle 4,5).

b) $D_1 = 1$, $\alpha_1 = 0{,}173$, $D_x = 4$, $\alpha_x = 10{,}9$ (Tabelle 10,7).

c) $D_1 = 0{,}5$, $\alpha_1 = 0{,}0213$, $D_x = 2{,}5$, $\alpha_x = 0{,}0213 \cdot (5)^3 =$
$= 0{,}0213 \cdot 125 = 2{,}6625$ (Tabelle 2,6).

4. Kley[1]).

V	D	n	h	$\frac{V}{n}$	$\alpha_x = \alpha_1 \left(\frac{D_x}{D_1}\right)^3$
10	0,3	2246	80	0,00445	—
18	0,4	1685	80	0,0107	0,0105
29	0,5	1348	80	0,0215	0,0209
40	0,6	1123	80	0,0356	0,0356
57	0,7	963	80	0,0592	0,057
30	0,75	1810	400	0,01657	—
50	1,0	1358	400	0,03682	0,0392
75	1,25	1086	400	0,069	0,076
120	1,56	870	400	0,138	0,1399
140	2,222	610	400	0,3934	0,3938
40	0,75	2216	600	0,018	—
60	1	1662	600	0,0361	0,042
90	1,25	1330	600	0,0676	0,070
150	1,56	1065	600	0,140	0,134
300	2,222	748	600	0,400	0,395

1) Preisliste der Maschinenfabrik von C. Mehler, Aachen.

Man kann wohl nach dem vorstehenden die Vermutung aussprechen, dass auch für andere Ventilatorensysteme der in Gleichung 166) ausgedrückte Zusammenhang bestehen wird[1]).

Aus den beiden Proportionalitätsgesetzen folgt eine weitere Beziehung, welche einen Anhalt für die Wahl der Grösse des Ventilators für eine bestimmte Grube bietet.

Setzt man wieder, wie vorher,

$$\frac{V}{n} = \alpha,$$

und ferner

$$\frac{h_1}{n^2} = \beta,$$

so folgt

$$n = \frac{V}{\alpha}, \quad h_1 = \beta \cdot n^2 = \beta \cdot \frac{V^2}{\alpha^2},$$

woraus

$$V = \alpha \cdot \sqrt{\frac{h_1}{\beta}},$$

und

$$\frac{V}{\sqrt{h_1}} = \frac{\alpha}{\sqrt{\beta}} = \text{Konst.} \qquad 138)$$

Hierin ist V die Luftmenge in cbm i. d. Sek., h_1 die Depression oder Pressung in mm Wassersäule.

Nach Gleichung 129) ist aber

$$\frac{V}{\sqrt{h_1}} = 2{,}575 \cdot a, \qquad 138\,a)$$

worin h_1 in mm Wassersäule zu setzen ist. Aus beiden Gleichungen folgt:

$$\frac{\alpha}{\sqrt{\beta}} = 2{,}575 \cdot a. \qquad 138\,b)$$

Da nun für einen bestimmten Ventilator die Werte α und β, also auch $\frac{\alpha}{\sqrt{\beta}}$ konstant sind, so folgt, dass für diesen Ventilator auch a konstant ist, oder dass es umgekehrt für eine jede Grube von bestimmtem

---

[1]) Leider standen Verf. für andere Systeme keine Versuchsresultate zum Beweise der Gültigkeit dieser Annahme zur Verfügung.

gleichwertigen Querschnitt a nur einen Ventilator gibt, welcher die für diese Grube notwendige Luftmenge zu liefern im stande ist, wenn bei ihm

$$\frac{\alpha}{\sqrt{\beta}} = \frac{V}{\sqrt{h}} = 2{,}575\ a \qquad 138\ c)$$

ist. Der Ausdruck $\frac{V}{\sqrt{h}}$ entspricht dem von Guibal zuerst aufgestellten, sogenannten Temperament der Grube. Kennt man daher a, so lässt sich daraus $\frac{\alpha}{\sqrt{\beta}}$, oder umgekehrt, wenn V und h bekannt sind, die zugehörige äquivalente Fläche a berechnen.

Der Zusammenhang der vorstehenden Gleichungen lässt sich auch graphisch darstellen, wie in Fig. 518 geschehen.

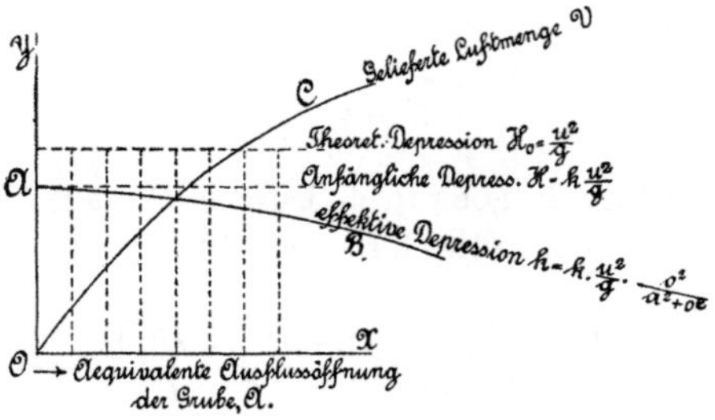

Fig. 518.

Auf der X-Achse sind von O aus die gleichwertigen Querschnitte der Grube aufgetragen, auf der Y-Achse die jedem Querschnitt entsprechenden Depressionen und Luftmengen. Die oberste Parallele zur X-Achse stellt die theoretische Maximaldepression, die nächstfolgende die anfängliche Depression, die Kurve AB endlich die Abnahme der wirklichen Depression mit zunehmender Grösse der äquivalenten Grubenweite a dar. Die Kurve O C gibt die Zunahme der Luftmenge bei zunehmender Weite der Grube. Aus Fig. 518 ist ohne weiteres folgendes ersichtlich:

1. Für $a = 0$ ist $V = 0$, d. h. die Kurve für V beginnt im Koordinatenanfangspunkte.

2. Für $a = \infty$ ist V ein Maximum; dies ist der Fall, wenn der Ventilator aus der freien Luft saugt.

3. Die effektive Depression nimmt ab mit wachsender Fläche a und wird für $a = \infty$, d. h. für den Fall des Absaugens aus freier Luft und Wiederausblasens in die freie Luft zu Null. Die ganze vom Ventilator erzeugte Depression wird dann im Innern desselben zur Überwindung der innern Widerstände, Reibung der Luft etc. aufgezehrt.

B. Die Betriebskraft der Ventilatoren.

Die mit der Geschwindigkeit v durch den Querschnitt a strömende Luftmenge V hat das Gewicht $V \cdot \gamma$, die Masse $\frac{V \cdot \gamma}{g}$, mithin ist die in derselben enthaltene lebendige Kraft

$$A = \frac{V \cdot \gamma}{g} \cdot \frac{v^2}{2} = V \cdot \frac{v^2}{2g} \cdot \gamma.$$

Da die Anfangsgeschwindigkeit beim Einsaugen aus der freien Luft $= 0$ ist, so ist die vom Ventilator zu leistende Arbeit

$$L = A = V \cdot \frac{v^2}{2g} \cdot \gamma,$$

oder da $\frac{v^2}{2g} = h$ ist,

$$L = V \cdot h \cdot \gamma.$$

Hierin ist jedoch h noch in m Luftsäule ausgedrückt. In m Wassersäule schreibt sich h nach Gleichung 128 b)

$$h = \frac{v^2}{2g} \cdot \frac{\gamma}{\gamma_0}, \quad \text{also} \quad \frac{v^2}{2g} = \frac{\gamma_0}{\gamma} \cdot h,$$

in mm Wassersäule nach Gleichung 128 d)

$$h_l = \frac{v^2}{2g} \cdot \gamma,$$

mithin erhält man

$$\frac{v^2}{2g} = \frac{h_l}{\gamma}$$

und

$$L = V \cdot \frac{h_l}{\gamma} \cdot \gamma = V \cdot h_l \text{ mkg}. \tag{139)}$$

Soll jedoch die theoretische Maximalarbeit für die theoretische Maximaldepression berechnet werden, so ist H_0 statt h_l zu setzen, woraus folgt

$$L = V \cdot H_0 \text{ mkg}. \tag{139 a)}$$

In beiden Gleichungen ist V die sekundliche Luftmenge in cbm, h_l und H_0 die Depression oder Pressung in mm Wassersäule.

In anderer Weise lässt sich die Arbeitsgleichung folgendermassen ableiten.

Bezeichnet wieder

V die sekundliche Luftmenge in cbm,
v die Geschwindigkeit der Luft in m,
a den gleichwertigen Durchgangsquerschnitt,
H′ die Druckhöhe in m Luftsäule,
P den Druck, welcher auf der Fläche a lastet,
so ist zunächst

$$P = a \cdot H' \cdot \gamma .$$

Die Arbeit, welche die Luft bei diesem Drucke und der Geschwindigkeit v leistet, ist dann:

$$L = P \cdot v ,$$

oder, da die Luftmenge

$$V = a \cdot v ,$$

also

$$v = \frac{V}{a}$$

ist,

$$L = P \cdot \frac{V}{a} = a \cdot H' \cdot \frac{V}{a} \gamma = V \cdot H' \cdot \gamma ,$$

oder da

$$H' \cdot \gamma = H_0 \cdot \gamma_0$$

ist,

$$L = V \cdot H_0 \cdot \gamma_0 ,$$

worin H_0 in m Wassersäule ausgedrückt ist, folglich, da $h_1 = 1000\, H_0$ die Druckhöhe in mm Wassersäule bezeichnet,

$$L = V \cdot \frac{h_1}{1000} \cdot \gamma_0 = V \cdot h_1 \text{ mkg}. \qquad 139\text{b})$$

Man erhält somit die reine Ventilatorarbeit als „das Produkt aus der sekundlichen Luftmenge und der Depression in mm Wassersäule“.

C. Die Wirkungsgrade der Ventilatoren.

I. Der manometrische Wirkungsgrad.

Wie bereits im ersten Abschnitt angedeutet wurde, ist die bei einer bestimmten Tourenzahl wirklich erreichbare Depression oder Pressung bedeutend kleiner als die theoretische Maximalpressung, und bezeichnet man als manometrischen Wirkungsgrad das Verhältnis beider zu einander oder nach Gleichung 134) (S. 663) $k_1 = \frac{H}{H_0}$ für geschlossenen Saug- oder Druckraum, bezw. $k_2 = \frac{h}{H_0}$ für offenen Saug- oder Druckraum.

Nach **Murgue** ist k_1 der genaue manometrische, k_2 der angenäherte manometrische Wirkungsgrad. Durch Einsetzen der Werte von h und H_0 folgt

$$k_2 = k \cdot \frac{o^2}{a^2 + o^2} = \frac{k}{1 + \frac{a^2}{o^2}} = \eta_m, \qquad 140)$$

welcher Wert in der Folge als der manometrische Wirkungsgrad bezeichnet werden soll. **Murgue** nimmt denselben zu 0,65 an, welcher Wert für kleine Werte von a ($a < 1$ m) etwas erhöht, für grössere Werte ($a > 1$ m) etwas vermindert werden muss.

Zur Berechnung des manometrischen Wirkungsgrades aus Versuchsresultaten hat **Murgue** folgende Gleichungen aufgestellt.

Aus den Gleichungen

$$h = k \cdot \frac{u^2}{g} \cdot \frac{o^2}{a^2 + o^2} \cdot \frac{\gamma}{\gamma_0}$$

und

$$V = \frac{0{,}65 \cdot a \cdot u \cdot o \cdot \sqrt{2k}}{\sqrt{a^2 + o^2}}$$

folgt durch Fortschaffen von a:

$$h = k \cdot \frac{u^2}{g} \cdot \frac{\gamma}{\gamma_0} - \frac{V^2}{0{,}65^2 \cdot o^2 \cdot 2g} \cdot \frac{\gamma}{\gamma_0}.$$

Setzt man hierin

$$\frac{k\ u^2}{g} \cdot \frac{\gamma}{\gamma_0} = H \text{ (anfängliche, wirkliche Depression)}$$

und

$$\frac{\gamma}{0{,}65^2 \cdot o^2 \cdot 2g \cdot \gamma_0} = M,$$

so folgt

$$h = H - M \cdot V^2. \qquad 141)$$

Diese Gleichung hält **Murgue** aus nachfolgenden Gründen für die zweckmässigste zur Berechnung des manometrischen Wirkungsgrades. Dieselbe ermöglicht

1. die Berechnung von h ohne Kenntnis der gleichwertigen Fläche a;
2. die graphische Darstellung der Änderung von h durch eine gerade Linie, wenn V^2 als Abscisse, h als Ordinate aufgetragen wird.

In Gleichung 141) sind jedoch h und H in m Wassersäule ausgedrückt. Sollen dieselben in mm Wassersäule eingeführt werden, so folgt, wenn die obige Gleichung beiderseits mit 1000 multipliziert und $\gamma_0 = 1000$ eingesetzt wird,

$$h_1 = k \cdot \frac{u^2}{g} \cdot \gamma - \frac{V^2 \cdot \gamma}{0{,}65^2 \cdot o^2 \cdot 2\,g}, \qquad 141\,a)$$

worin die Konstanten von Gleichung 141) jetzt die Werte erhalten

$$H = \frac{k \cdot u^2}{g} \cdot \gamma, \qquad 142)$$

$$M = \frac{\gamma}{0{,}65^2 \cdot o^2 \cdot 2\,g} = 0{,}12\,\frac{\gamma}{o^2},$$

oder für $\gamma = 1{,}25$

$$M = \frac{0{,}15}{o^2}. \qquad 142\,a)$$

Durch die zahlreichen Versuche, welche die französische Commission du Gard mit Ventilatoren verschiedener Systeme angestellt hat, sind die zusammengehörigen Werte von V und h bei verschiedenen Öffnungen a der Gruben ermittelt worden.

Aus jeder Versuchsreihe berechnete danach Murgue für die verschiedenen Ventilatoren je eine Gleichung der die Abnahme von h darstellenden geraden Linie, welche Gleichungen in der nachstehenden Tabelle zusammengestellt sind.

Tabelle 28.

Ventilator zu:	Gleichung der geraden Linie	H mm Wassersäule	M
1. Creal	$h = 27{,}71 - 0{,}01158\,V^2$	27,71	0,01158
2. Lalle	$h = 26{,}45 - 0{,}01849\,V^2$	26,45	0,01849
3. Bessèges	$h = 33{,}37 - 0{,}008614\,V^2$	33,37	0,008614
4. Vers. v. Tournaire[1])	$h = 20{,}14 - 11{,}2508\,V^2$	20,14	11,2508
5. Vers. v. Rittinger[2])	$h = 29{,}2 - 3{,}54\,V^2$	29,2	3,54
6. Vers. v. Rittinger .	$h = 26{,}3 - 3{,}03\,V^2$	26,3	3,03

Aus allen Gleichungen erhält man Werte von H und M, welche zur Berechnung von k und o dienen können. Aus Gleichung 142)

1) Murgue, a. a. O. S. 40.
2) Centrif.-Ventil. und Centrif.-Pumpen. Wien 1858, S. 202 u. 206.

$$H = \frac{k \cdot u^2}{g} \cdot \gamma$$

folgt für $\gamma = 1{,}25$ und $g = 9{,}81$

$$k = 7{,}848 \cdot \frac{H}{u^2}, \qquad 143)$$

ferner aus der Gleichung 171 a) $M = \frac{0{,}15}{o^2}$

oder allgemein

$$\left.\begin{aligned} o &= \frac{0{,}3873}{\sqrt{M}} \\ o &= \sqrt{\frac{0{,}12 \cdot \gamma}{M}}. \end{aligned}\right\} \qquad 144)$$

Die Methode zur Berechnung des manometrischen Wirkungsgrades ist daher nach dem vorangegangenen folgende.

Aus zwei oder mehreren Versuchen, welche bei verschiedenen Öffnungen der Grube (bezw. eines mit einem verstellbaren Schieber versehenen Saugkanals) [1]) verschiedene Luftmengen und Depressionen ergeben haben, ermittle man die Werte für x und y in der Gleichung

$$h = x - y \cdot V^2. \qquad 145)$$

Es sei z. B. bei einem Ventilator von 6 m Durchmesser bei 63,66 Touren für

$a = 0{,}6135$ m $\quad h = 26{,}88$ mm $\quad V = 8{,}461$ cbm

und für

$a = 1{,}334$ m $\quad h = 25{,}08$ mm $\quad V = 15{,}07$ cbm

gefunden.

Man erhält dann die beiden Gleichungen

$$26{,}88 = x - y \cdot 8{,}461^2$$

und

$$25{,}08 = x - y \cdot 15{,}07^2,$$

woraus folgt

$$x = H = 27{,}71$$

und

$$y = M = 0{,}01158.$$

War nun die Umfangsgeschwindigkeit für beide Versuche

---

1) Siehe Versuche von Rateau S. 406, Zeile 11 von unten und S. 438, Versuche am Ventilator von Davidson.

$$u = \frac{D \cdot \pi \cdot n}{60} = \frac{6 \cdot 3{,}14 \cdot 63{,}66}{60} \backsim 20 \text{ m},$$

so folgt nach Gleichung 143)

$$k = 7{,}848 \cdot \frac{27{,}71}{400} = 0{,}544$$

und nach Gleichung 144)

$$o = \frac{0{,}3873}{\sqrt{0{,}01158}} = \frac{0{,}3873}{0{,}107} = 3{,}62 \text{ qm}.$$

Die theoretische Maximaldepression berechnet sich nach Gl. 133) zu

$$H_0 = \frac{u^2}{g} \cdot \frac{\gamma}{\gamma_0}$$

in m Wassersäule oder

$$H_0 = \frac{u^2}{g} \cdot \frac{\gamma}{\gamma_0} \cdot 1000 = \frac{u^2}{g} \cdot \gamma$$

in mm Wassersäule zu

$$H_0 = \frac{400}{9{,}81} \cdot 1{,}25 = 50{,}97 \text{ mm}.$$

Man hat somit für das vorliegende Beispiel folgende Resultate:

$H_0 = 50{,}97$ mm theoret. Maximaldepression,
$H = 27{,}71$ „ effekt. „ oder Anfangsdepression,
$h = 26{,}88$ „ „ Depression,

$$k_1 = \frac{27{,}71}{50{,}97} = 0{,}544,$$

$$k_2 = \eta_m = \frac{26{,}88}{50{,}97} = 0{,}527,$$

$o = 3{,}62$ qm.

II. Der mechanische und der dynamische Wirkungsgrad.

Wie bereits im ersten Abschnitt erwähnt war, geht ein Teil der auf die Ventilatorwelle übertragenen Arbeit zur Überwindung der Nebenhindernisse oder Reibungswiderstände verloren.

Bezeichnet (nach Gl. 139) L die zur Förderung der sekundlichen Luftmenge V notwendige Arbeit oder reine Ventilatorleistung, L_1 die zur Überwindung der Reibungswiderstände notwendige Arbeit oder die Leergangsarbeit, L_e die gesamte vom Ventilator verbrauchte Arbeit, so ist:

$$L_e = L + L_1 \text{ in mkg, oder in PS: } N_e = N + N_1$$

Der mechanische oder maschinelle Wirkungsgrad des Ventilators ist dann das Verhältnis der reinen Ventilatorleistung L zur Gesamtarbeit L_e oder

$$\left.\begin{aligned} \eta_0 &= \frac{L}{L_e} = \frac{L}{L+L_1} = 1 - \frac{L_1}{L+L_1} \\ \text{bezw.} \quad \eta_0 &= \frac{N}{N_e} = \frac{N}{N+N_1} = 1 - \frac{N_1}{N+N_1}. \end{aligned}\right\} \qquad 146)$$

Derselbe wird um so grösser sein, je kleiner L_1 im Verhältnis zu L oder je kleiner $\frac{L}{L+L_1}$ ist.

Bezeichnet ferner wie früher N_i die indizierte Leistung der Antriebs-Dampfmaschine, N_e die effektive Leistung derselben, welche auf den Ventilator übertragen wird, so ist $\eta_1 = \frac{N_e}{N_i}$ der mechanische oder maschinelle Wirkungsgrad der Dampfmaschine und $\eta_d = \frac{N}{N_i}$ der dynamische Wirkungsgrad des Ventilators oder nach dem vorhergehenden

$$\eta_d = \frac{N}{N_i} = \frac{N}{N_e} \cdot \frac{N_e}{N_i} = \eta_0 \cdot \eta_1 . \qquad 147)$$

Nach Murgue gilt die Gleichung

$$\eta_0 = \frac{V \cdot h}{V \cdot H_0 + T_p}, \qquad 148)$$

worin $V \cdot H_0$ die Betriebsarbeit für die theoretische Maximaldepression und T_p die Reibungsarbeit (L_1) ist. Da $V \cdot h$ und $V \cdot H_0$ mit der dritten Potenz der Tourenzahl, T_p dagegen langsamer wächst, so folgt hieraus, dass der mechanische Wirkungsgrad mit wachsender Tourenzahl bezw. Umfangsgeschwindigkeit gleichfalls wächst, welche Annahme auch durch die Versuche innerhalb nicht zu weiter Grenzen bestätigt wird. Murgue bemerkt hierüber folgendes:

„Lässt man bei ungeänderter Drehungsgeschwindigkeit die äquivalente Ausflussöffnung der Grube von Null bis ins Unendliche wachsen, wie mit Hilfe eines successiv weiter zu öffnenden Schiebers geschehen kann, so findet man anfangs den Wirkungsgrad Null, da die geleistete reine Arbeit selbst gleich Null ist. Von da an wächst der Wirkungsgrad und zwar zuerst langsam, da der Wert T_p der Arbeit der Nebenhindernisse verhältnismässig gross ist. Je mehr die reine Arbeit zunimmt, desto geringer wird der Einfluss von T_p, der Wirkungsgrad steigt mehr und mehr; dann tritt aber die rasch sich vergrössernde Reibung der den Apparat durchströmenden Luft ins Spiel; bald herrscht dieser neue Einfluss vor und nach Erreichung eines gewissen Maximums nimmt der Wirkungsgrad wieder ab und wird endlich gleich Null.“

„Diese Änderung des Wirkungsgrades . . . zeigt, dass es für jeden Depressionsventilator eine Grube von bestimmter Weite gibt, für welche sein Wirkungsgrad am grössten wird und für welche er daher am besten geeignet ist.“

Aus zahlreichen Versuchen, speziell den bereits erwähnten Versuchen der französischen Commission du Gard leitet Murgue[1]) folgende Mittelwerte für η_0 ab.

1.	Ventilatoren mit Schraubenflügeln		. . . . . .	$\eta_0 = 0{,}260$
2.	Centrifugalventilatoren ohne Gehäuse		. . . . .	$\eta_0 = 0{,}278$
3.	„	mit „	ohne Schlot .	$\eta_0 = 0{,}284$
4.	„	„ „	mit Schlot von konst. Querschnitt	$\eta_0 = 0{,}379$
5.	„	„ „	mit allmählich erweitertem Schlot	$\eta_0 = 0{,}467$.

Als Mittelwert für Guibal'sche Ventilatoren gibt Murgue $\eta_0 = 0{,}5$ an.

Für einige der in Tabelle 25 (S. 665) angeführten Ventilatoren haben sich folgende Werte für den maschinellen Wirkungsgrad η_0 ergeben.

1. Capell-Ventilator[2]) (Schacht Friedrich Joachim b. Essen a./R.) 0,557—0,658,
2. Capell-Ventilator (Zeche Prosper I, Bergeborbeck)[3]) 0,5204—0,53,
3. Guibal[4]) 0,16—0,43,
4. Guibal (Grube Hernitz bei Saarbrücken, 1887)[5]) 0,66—0,70,
5. Kley (Zeche Zollverein, Essen)[6]) 0,45,
6. Kley (Schmidtmann-Schacht, Aschersleben)[7]) 0,54—0,58,
7. Pelzer (Schacht III, Zollverein, Essen)[8]) 0,70,
8. Pelzer (Zeche Monopol, Juni 1891)[9]) 0,599—0,6653,
9. Pelzer (Kaiserl. Theater, Warschau) 0,644,
10. Pelzer (Zeche Wolfsbank)[10]) 0,737—0,81,

---

1) a. a. O. S. 73.
2) Z. f. B.-, H.- u. Sal.-W. 1890, S. 248 folg.
3) Z. f. B.-, H.- u. Sal.-W. 1890, S. 347.
4) Prakt. Masch.-Konstr. 1889, XXII, S. 168.
5) Österr. Z. f. B.- u. H.-W. 1888, S. 671.
6) Österr. Z. f. B - u. H.-W. 1887, S. 14.
7) „Glückauf“ 1886, No. 10 vom 3. Februar.
8) Prospekt von F. Pelzer, Dortmund.
9) Vent. mit verstellbarem Diffusor bei No. 7 und 8.
10) Berg- u. Hütten-Z. 1881, S. 26.

11. Rateau (Kohlengruben von Aubin, Aveyron)[1] $\eta_0 = 0,709—0,723$, $\eta_d = 0,52—0,62$)[2],
12. Ser[3]) 0,51,
13. Ser (Schmiede-Ventilator)[4]) 0,571—0,636,
14. Ser (Bergwerks-Ventilat.)[5]) 0,5—0,775,
15. Ser[6]) 0,604—0,828.

Die vorstehende Übersicht ergibt, dass der mechanische Wirkungsgrad zwischen 0,5 und 0,75 schwankt, daher die effektive Arbeit N_e der Antriebsmaschine $^4/_3$ bis 2 mal so gross als die reine Ventilatorarbeit, oder

$$\left.\begin{aligned} L_e &= 1,33\,L - 2,0\,L \\ \text{bezw.} \quad N_e &= 1,33\,N - 2,0\,N. \end{aligned}\right\} \qquad 149)$$

angenommen werden muss.

Zur leichteren Berechnung von L_e dient die nachstehende Tabelle 29 von Hanarte[7]), in welcher die Arbeiten zur Kompression und diejenigen zum Verdrängen der Luft besonders aufgeführt sind.

Dieselbe gibt die reine Ventilatorarbeit für 1 cbm Luft bei der in Spalte 1 angegebenen Depression oder Pressung bei konstanter Temperatur.

Beispiele:

1. Bei dem Capell-Ventilator auf Schacht Friedrich Joachim bei Essen (vergl. S. 344) war beim 1. Versuch $Q = 1221$ cbm i. d. Min. oder $Q = 20,35$ cbm i. d. Sek., die Depression 80 mm. Nach Spalte 5 der Tabelle 29 folgt hierfür

$$N' = 1,06 \text{ PS. für 1 cbm},$$

folglich

$$N = 1,06 \cdot 20,35 = 21,571 \text{ PS.} \quad (21,64 \text{ in der Tabelle S. 349, Zeile 16}).$$

2. Bei den Versuchen mit dem Guibal-Ventilator auf Grube Heinitz bei Saarbrücken[8]) betrug bei

	die Luftmenge Q i. d. Sek.	die Depression in mm
Versuch No. 4	47,81	45
„ „ 5	55,53	60

Die reine Ventilatorleistung berechnet sich dann nach Tabelle 29 für

No. 4 zu $N = 0,596 \cdot 47,81 = 28,5$ (28,7 in der Tabelle S. 358)
„ 5 „ $N = 0,794 \cdot 55,53 = 44,1$ (44,4 „ „ „ S. 358).

---

1) Rev. univ. d. min. 1891, Bd. XV, S. 226.
2) Compt. rend. soc. min. 1889, S. 140.
3) Murgue, Bull. soc. min. 1889.
4) Dingl. 1888, Bd. 267, S. 5.
5) Prakt. Masch.-Konstr. 1889, S. 178.
6) Österr. Z. f. B.- u. H.-W. 1885, S. 800. Vers. von Habets.
7) Hanarte, Revue de min. 1886, Bd. 20, S. 153.
8) Österr. Z. f. B.- u. H.-W. 1888, S. 671, vergl. S. 357 d. Buches.

Tabelle 29.

Depression oder Pressung in m Wassersäule	Nützliche, vom Ventilator geleistete Arbeit: $p_0 V_0 \cdot \ln \frac{p}{p_0}$			Gesamtarbeit in PS. für 1 cbm Luft i. d. Sek. $\frac{p_0 V_0 \ln \cdot \frac{p}{p_0}}{75}$
	Zur Kompression	Zum Verdrängen	Gesamtarbeit, um aus der Leitung abzusaugen und fortzuschaffen $p_0 V_0 \ln \cdot \frac{p}{p_0}$	
m	mkg	mkg	mkg	PS.
0,01	0,004	10,839	10,843	0,144
015	005	14,951	14,956	199
02	005	19,901	19,906	264
025	006	24,943	24,949	332
03	006	29,872	29,878	398
035	007	34,904	34,911	465
04	007	39,833	39,840	531
045	008	44,732	44,740	596
05	010	49,763	49,773	663
055	017	54,670	54,687	729
06	036	59,580	59,616	794
065	058	64,581	64,639	861
07	074	69,479	69,553	927
075	105	74,469	74,574	994
08	164	79,357	79,521	1,060
085	248	84,234	84,482	1,126
09	317	89,215	89,532	1,193
095	388	94,081	94,469	1,259
0,100	429	99,052	99,481	1,326
0,105	484	104,011	104,495	1,379
110	545	108,765	109,310	1,457
115	575	113,724	114,299	1,510
120	631	118,571	119,202	1,589
125	664	123,510	124,174	1,655
130	721	128,346	129,067	1,720
135	838	133,285	134,123	1,788
140	882	138,110	138,992	1,853
145	913	142,936	143,849	1,917
150	938	148,548	149,486	1.991
155	1,070	152,670	153,740	2.049
160	1,199	157,474	158,673	2,115
165	1,212	162,372	163,584	2,181
170	1,343	167,177	168,520	2,247
175	1,441	172,075	173,516	2.313
180	1,459	176,859	178,318	2,377
185	1,589	181,643	183,232	2,443
190	1,683	186,520	188,203	2,522
195	1,712	191,294	193,006	2,573
0,200	1,885	196,172	198,057	2,640

3. Bei den auf Zeche Monopol mit dem Pelzer'schen Schöpfschaufelventilator mit verstellbarem Diffusor am 7. Juni 1891 angestellten Versuchen war bei Versuch III

$$Q = 4245 \text{ cbm i. d. Min., oder } Q = 70{,}75 \text{ cbm i. d. Sek.,}$$
$$b = 175 \text{ mm};$$

nach Tabelle 29 ist für diese Depression

$$N = 2{,}313 \cdot 70{,}75 = 163{,}65 \text{ (165,08 nach der Angabe S. 358).}$$

Um die Zu- oder Abnahme des manometrischen, sowie mechanischen Wirkungsgrades bei verschiedenen Öffnungen der Saugleitung, sowie die Beziehung zwischen beiden und der Luftmenge leicht erkennen zu können, hat zuerst die französische Commission du Gard die graphische Methode angewandt und die sogenannten „charakteristischen Kurven“ der Ventilatoren aufgezeichnet. Im nachstehenden sind einige dieser Kurven wiedergegeben und bedürfen dieselben kaum einer weiteren Erläuterung.

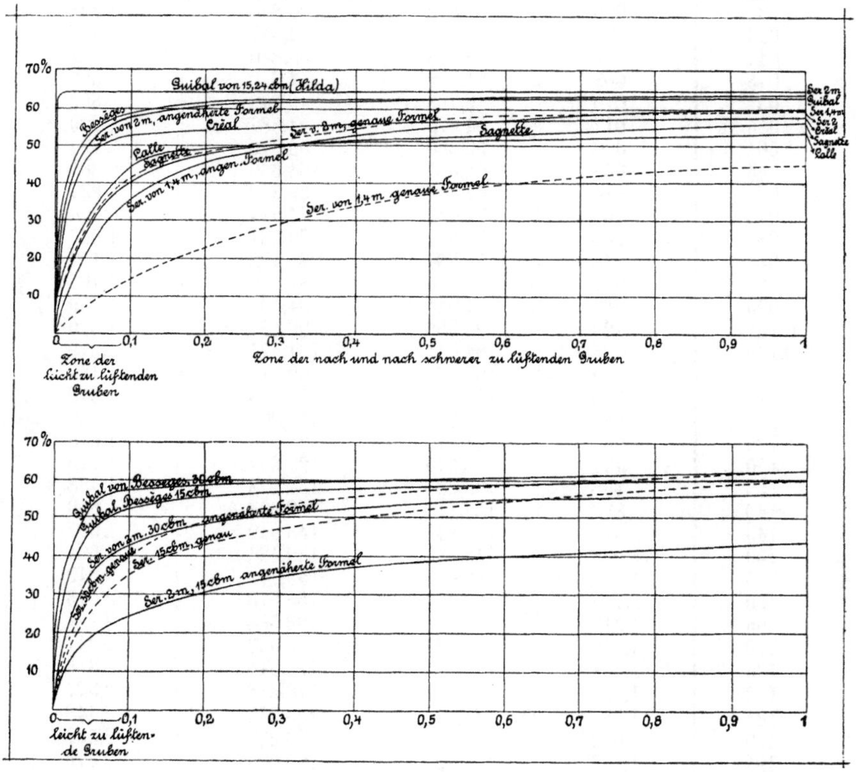

Fig. 519 u. 520.

Fig. 519 [1]) stellt die verschiedenen maschinellen Wirkungsgrade, d. h. das Verhältnis der Widerstandsarbeit der Grube zur Summe der letzteren

---

1) Revue d. min. 1887, Bd. 22, Taf. 6.

und der Widerstandsarbeit des Ventilators für verschiedene Ventilatoren (Ser und Guibal) dar. In Fig. 520 sind die dynamischen Wirkungsgrade, d. h. die Verhältnisse der Widerstandsarbeiten der Grube zu den Dampfarbeiten als Ordinaten aufgetragen.

Aus beiden Diagrammen geht folgendes hervor[1]):

1. Der dynamische Wirkungsgrad η_d kleiner Ventilatoren kann bei sehr schwer zu ventilierenden Gruben denjenigen grosser Ventilatoren erreichen.

2. In einer leicht zu lüftenden Grube wird ein grosser Ventilator einen grösseren dynamischen Wirkungsgrad haben als ein kleiner.

3. Im allgemeinen ist der dynamische Wirkungsgrad desto besser, je schwerer die Grube zu lüften ist.

4. Der dynamische Wirkungsgrad ist um so grösser, je grösser die angesaugte Luftmenge ist.

Eine andere charakteristische Linie und zwar für einen Ventilator von Rateau[2]) von 0,5 m Dmr. ist in Fig. 425 auf S. 408 dargestellt. Darin gibt OA die Zunahme der Luftmengen bei wachsender gleichwertiger Fläche a (im Diagramm in qdm aufgetragen), die Kurve BCDE bezw. B'CDE die Änderung der Drücke (in mm Wassersäule). Die Kurve ist nach Versuchen, welche am 15. Juni und 19. Juli 1889 mit einem Rateau'schen Ventilator angestellt wurden, aufgezeichnet. Die Tourenzahl betrug dabei 1200 i. d. Min. Die Maximaldepression von 120 mm wurde erreicht bei einer Öffnung von 5,46 qdm, wobei die sekundliche Luftmenge V = 1,85 cbm war. Von hier nimmt die Depression allmählich ab, während die Luftmenge ziemlich konstant zunimmt.

Man kann sich daher durch die charakteristischen Linien leicht Aufschluss über die Lage der Maximaldepression, die Art oder Geschwindigkeit der Zu- und Abnahme der Depression, die Zunahme der Luftmenge, den manometrischen und dynamischen Wirkungsgrad u. s. w. verschaffen, weshalb die Kontrolle angestellter Versuche durch diese graphische Methode stets vorgenommen werden sollte.

D. Die Schaufelform der Ventilatoren.

Um eine möglichst grosse Pressung oder Depression der Luft beim Durchgang durch das Flügelrad zu erzielen, müssen alle Effektverluste wie Wirbelbildungen, Stösse, plötzliche Geschwindigkeitsänderungen u. s. w. nach Möglichkeit vermieden werden. Zu diesem Zwecke müssen folgende zwei Bedingungen erfüllt sein:

---

1) Vergl. Henrotte, Théorie des Ventilateurs à force centrifuge. Revue des min. 1887, Bd. 22, S. 119.

2) Compt. rend. soc. min. 1889, Taf. 19, S. 140 u. folg.

1. Die Luft muss aus dem Saugrohr womöglich ohne Stoss in das Flügelrad eintreten.

2. Die Luft muss das Flügelrad mit möglichst grosser absoluter Geschwindigkeit verlassen, da die erzielte Pressung oder Depression dem Unterschied der Eintritts- und Austrittsgeschwindigkeit proportional ist.

Es bezeichne in Fig. 521 für den Punkt P_1 am inneren Umfang des Radkranzes

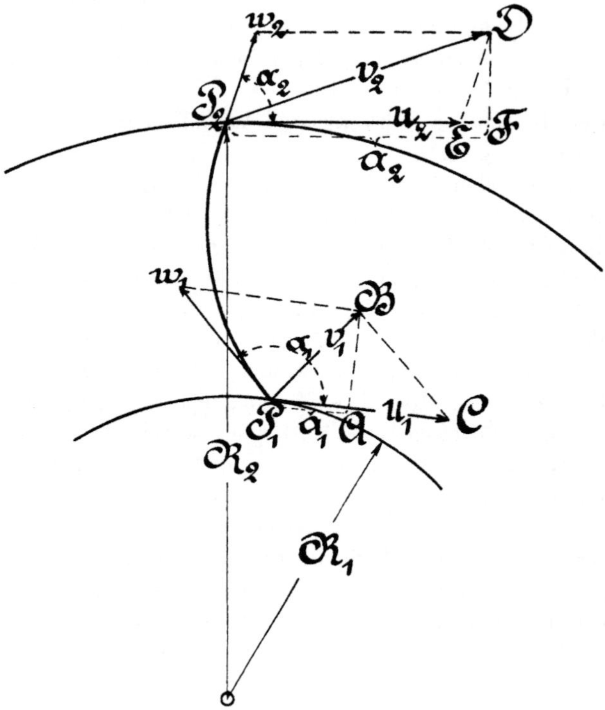

Fig. 521.

u_1 die Umfangsgeschwindigkeit,

v_1 die absolute Eintrittsgeschwindigkeit der Luft in das Schleuderrad und

w_1 die Geschwindigkeit der Luft relativ zu den Schaufeln beim Eintritt in das Rad,

ferner für den Punkt P_2 am äusseren Umfang des Radkranzes

u_2 die Umfangsgeschwindigkeit,

v_2 die absolute Austrittsgeschwindigkeit und

w_2 die Geschwindigkeit relativ zu den Schaufeln beim Austritt aus dem Rade, ferner

H_1 die statische Druckhöhe im Innern des Rades (Saugspannungshöhe bei saugenden Ventilatoren gemessen unmittelbar vor dem Eintritt der Luft in das Rad, äussere Luftdruckhöhe bei blasenden Ventilatoren) und

H_2 die statische Druckhöhe der Luft im Ausblaseraum hinter dem Diffusor (atmosphärische Druckhöhe bei saugenden, Pressungshöhe im Druckkanal bei blasenden Ventilatoren) und zwar sämtliche Geschwindigkeiten in m/Sek., die beiden Druckhöhen in m Luftsäule,

so gelten zunächst für die Umfangsgeschwindigkeit die Gleichungen, wenn n die Tourenzahl i. d. Min. bedeutet:

$$u_1 = \frac{2 R_1 \cdot \pi \cdot n}{60} = \frac{R_1 \cdot \pi \cdot n}{30} = 0{,}10472 \cdot R_1 \cdot n$$

und

$$u_2 = \frac{2 R_2 \cdot \pi \cdot n}{60} = \frac{R_2 \cdot \pi \cdot n}{30} = 0{,}10472 \cdot R_2 \cdot n.$$

Zur Ableitung der Hauptgleichung für den Zusammenhang zwischen den Drücken und Geschwindigkeiten an den verschiedenen Punkten der Ventilatorschaufel dient der Bernoulli'sche Satz, nach welchem für jeden Punkt des bewegten Luftstrahls die Summe aus der statischen Druckhöhe und der, der Geschwindigkeit der Luft in diesem Punkt entsprechenden Geschwindigkeitshöhe, oder der dynamischen Druckhöhe konstant ist.

Im Punkte P_1 herrscht somit eine statische Druckhöhe

$$H_1 - \frac{v_1^2}{2g}. \qquad 150)$$

Die Änderung der lebendigen Kraft, welche die Luftmenge bei ihrer Bewegung an den Schaufeln entlang infolge der Zunahme der Umfangsgeschwindigkeit erleidet, berechnet sich zu

$$\frac{M(u_2^2 - u_1^2)}{2}, \qquad 151)$$

worin

$$M = \frac{V_0 \cdot \gamma}{g}$$

und V_0 die i. d. Sek. angesaugte Luftmenge in cbm, γ das Gewicht eines cbm dieser Luft in kg und $g = 9{,}81$ die Beschleunigung der Schwere ist. Die, der Relativgeschwindigkeit w_1 beim Eintritt der Luft entsprechende, dynamische Druckhöhe ist $\frac{w_1^2}{2\,g}$, mithin die gesamte Druckhöhe im Punkte P_1

$$H_1 - \frac{v_1^2}{2g} + \frac{w_1^2}{2g}. \qquad 152)$$

Die der Energiezunahme in den Schaufeln entsprechende Geschwindigkeitshöhe ist

$$\frac{u_2^2 - u_1^2}{2g},$$

mithin ist die Gesamtdruckhöhe beim Austritt der Luft aus der Schaufel, also im Punkte P_2 gleich der Gesamtdruckhöhe im Punkte P_1, vermehrt um die der Zunahme der lebendigen Kraft in den Schaufeln entsprechende Druckhöhe, also

$$H_{d+s} = H_1 - \frac{v_1^2}{2g} + \frac{w_1^2}{2g} + \frac{u_2^2 - u_1^2}{2g}, \qquad 153)$$

Die im Punkte P_2 herrschende statische Druckhöhe allein erhält man, wenn man von dieser Gesamtdruckhöhe die dynamische Druckhöhe abzieht, welche der Relativgeschwindigkeit w_2 im Punkte P_2 entspricht, also

$$H_s = H_1 - \frac{v_1^2}{2g} + \frac{w_1^2}{2g} + \frac{u_2^2 - u_1^2}{2g} - \frac{w_2^2}{2g}, \qquad 154)$$

welcher Druck beim Eintritt in den Diffusor in der Luft herrscht.

Wird nun angenommen, dass die ganze dynamische Druckhöhe, welche der absoluten Austrittsgeschwindigkeit v_2 entspricht, im Ausblasehals des Ventilators in statischen Druck umgesetzt werde, sodass also die Luft mit der theoretisch kleinstmöglichen Geschwindigkeit gleich Null aus dem Ausblasehals ausströme, so folgt der im Ausblasehals herrschende statische Druck zu

$$H_2 = H_s + \frac{v_2^2}{2g},$$

also zu

$$H_2 = H_1 - \frac{v_1^2}{2g} + \frac{w_1^2}{2g} + \frac{u_2^2 - u_1^2}{2g} - \frac{w_2^2}{2g} + \frac{v_2^2}{2g}, \qquad 155)$$

woraus der statische Druckunterschied zwischen Saug- und Druckraum, oder der vom Ventilator theoretisch erzeugbare Pressungsunterschied (die Depression bei saugenden, die Pressung bei blasenden Ventilatoren) sich ergibt zu

$$H_0 = H_2 - H_1 = \frac{u_2^2 + v_2^2 - w_2^2}{2g} - \frac{u_1^2 + v_1^2 - w_1^2}{2g} \qquad 156)$$

oder

$$2g\,H_0 = (u_2^2 + v_2^2 - w_2^2) - (u_1^2 + v_1^2 - w_1^2)^{1)} \qquad 157)$$

1) Die Ableitung dieser Gleichung in dieser Form ist zuerst von Rateau gegeben worden. Vergl. Bull. de la soc. de l'industrie minerale, 1892, S. 47 u. 228; speziell Gleichung No. 32, S. 108 a. a. O.

Diese Gleichung lässt sich jedoch noch vereinfachen, wenn man die Beziehungen zwischen den Geschwindigkeiten an den Punkten P_1 und P_2 berücksichtigt.

Bezeichnet noch a_1 die Projektion von v_1 auf u_1 und a_2 diejenige von v_2 auf u_2, so ist zunächst in den Dreiecken P_1BC und P_2DE

$$w_1^2 = u_1^2 + v_1^2 - 2\,u_1 \cdot a_1$$

und

$$w_2^2 = u_2^2 + v_2^2 - 2\,u_2 \cdot a_2$$

oder, wenn man mit α_1 und α_2 die Winkel zwischen u_1 und w_1 bezw. u_2 und w_2 von 0^0 bis 180^0 an gerechnet, bezeichnet,

$$a_1 = u_1 + w_1 \cdot \cos \alpha_1$$

und

$$a_2 = u_2 + w_2 \cdot \cos \alpha_2 .$$

Aus den ersteren Gleichungen folgt

$$\left.\begin{aligned} u_1^2 + v_1^2 - w_1^2 &= 2\,u_1 \cdot a_1 \\ \text{und} \qquad u_2\ \ + v_2^2 - w_2^2 &= 2\,u_2 \cdot a_2 , \end{aligned}\right\} \qquad 158)$$

mithin ergibt sich Gleichung 157) in der Form

$$2\,g\,H_0 = 2\,u_2\,a_2 - 2\,u_1 \cdot a_1$$

oder

$$g \cdot H_0 = u_2\,a_2 - u_1 \cdot a_1 , \qquad 159)$$

während aus den beiden anderen Gleichungen und Gleichung 159) folgt

$$g\,H_0 = u_2\,(u_2 + w_2 \cdot \cos \alpha_2) - u_1\,(u_1 + w_1 \cdot \cos \alpha_1) . \qquad 159\,a)$$

Aus Gleichung 159) folgt sofort, dass H_0 am grössten wird, wenn der Subtrahend $u_1\,a_1$ gleich Null wird. Dies ist der Fall, wenn a_1 gleich Null wird, oder v_1 in die Richtung des Radius R_1 fällt, d. h. wenn die Luft radial in die Schaufeln eintritt. Aus der Gleichung $a_1 = u_1 + w_1 \cos \alpha_1$ folgt sodann

$$u_1 = - w_1 \cdot \cos \alpha_1 \quad \text{oder} \quad w_1 = - \frac{u_1}{\cos \alpha_1} \qquad 160)$$

Da w_1 tangential zur Schaufel gerichtet ist, so folgt aus der ersten der beiden Gleichungen 160) auch, da

$$\frac{u_1}{w_1} = - \cos \alpha_1 = \cos (180 - \alpha_1)$$

ist, dass der Winkel $\alpha > 90^0$ sein muss, oder dass die Schaufel, wie es in Fig. 521 dargestellt ist, konkav zur Bewegungsrichtung, d. h. also

nach vorwärts gekrümmt sein muss, damit die erzeugte Depression möglichst gross ist.

Aus der Gleichung

$$g\,H_0 = u_2\,a_2$$

folgt ferner, dass H_0 am grössten wird, wenn a_2 am grössten gemacht wird. Da $a_2 = u_2 + w_2 \cdot \cos\alpha_2$ ist, so folgt hieraus, dass dieser grösste Wert erreicht würde, wenn $\cos\alpha_2 = 1$, oder $\alpha_2 = 0^0$ wäre. Dies würde bedeuten, dass das Schaufelende tangential im Punkte P_2 zum Radumfange ausliefe. Dies ist jedoch in Wirklichkeit nicht ausführbar, weil hierdurch der Austritt der Luft völlig oder nahezu unmöglich gemacht würde, da die Radkanäle am äusseren Ende zu sehr verengt würden.

Wie die Erfahrung ergeben hat, soll α_2 nicht kleiner als 30^0 und nicht grösser als 50^0 gewählt werden. Im ersten Falle (30^0) ist $\cos\alpha_2 = 0{,}866$, im letzteren $\cos\alpha_2 = 0{,}643$.

Da mit abnehmendem Werte von α die Geschwindigkeit w_2 immer grösser wird, und w_2 schliesslich für $\alpha = 0^0$ mit u_2 zusammenfällt, so wäre für diesen Grenzwert

$$H_0 = \frac{u_2^2 + u_2^2}{g} = 2 \cdot \frac{u_2^2}{g}. \qquad 161)$$

Für **radial** auslaufende Schaufeln ist $\alpha_2 = 90^0$, also $\cos\alpha_2 = 0$, mithin,

$$H_0 = \frac{u_2^2}{g}. \qquad 161\,a)$$

Beide Gleichungen gelten für den radialen Eintritt der Luft in das Schaufelrad, also für den Fall, dass in Gleichung 158) der Subtrahend der rechten Seite gleich Null ist. Für den letzten Fall (Gleichung 161 a) ist die theoretische Maximaldepression in Tabelle 24 (S. 664) enthalten. Für die Winkel $\alpha_2 = 30^0$ und 50^0 endlich berechnet sich die theoretische Maximaldepression aus der Gleichung

$$H_0 = \frac{u_2^2 + 0{,}866\,u_2 \cdot w_2}{g}, \text{ für } 30^0 \qquad 161\,b)$$

bezw.

$$H_0 = \frac{u_2^2 + 0{,}643\,u_2 \cdot w_2}{g}, \text{ für } 50^0. \qquad 161\,c)$$

Hierin ist w_2 aus der sekundlich vom Ventilator gelieferten bezw. zu liefernden Luftmenge Q_{sec} in cbm und dem Querschnitt des Austrittskanals am Radumfang zu berechnen[1]).

---

[1]) Näheres s. weiter unten: F. Berechnung eines Ventilators.

E. Der Zweck und die Wirkungsweise des Verteilers.

Um die Geschwindigkeit der aus dem Schleuderrad ausströmenden Luft allmählich zu verringern und dementsprechend die Pressung der Luft zu erhöhen, ist das Rad häufig mit einem sich allmählich erweiternden Diffusor oder Verteiler umgeben. In demselben nimmt die Geschwindigkeit der Luft vom Anfangspunkt der Auslaufspirale nach der Ausflussöffnung hin allmählich ab. Die Annahme jedoch, dass der Druck dementsprechend von der Spitze der Spirale aus nach dem Druckrohr gleichmässig zunehme, ist, wie die genauen Versuche von Rateau erwiesen haben, irrig. Dieselben[1]) wurden von Rateau zur Beantwortung der beiden folgenden Fragen angestellt:

1. wie die Wirkung der Schaufeln auf die Luft sich äussere, ob die von ihnen geleistete Arbeit mehr eine Drucksteigerung oder eine Geschwindigkeitszunahme verursache, und

2. wie der Diffusor auf die Druckänderung der Luft einwirke.

Die vielfach verbreitete Ansicht, dass die Schaufelarbeit mehr den Druck, als die lebendige Kraft der Luft vermehre, ist nach Rateau falsch.

Durch mehrere, am 19. Juli 1889 mit einem blasenden Ventilator angestellte Versuche fand Rateau die überraschende Tatsache, dass am Umfang des Rades, bezw. direkt dahinter eine Depression von 21 mm Wassersäule herrschte, während nach der gewöhnlichen Annahme die Luft mit einem Überdruck aus den Schaufeln austritt. Die Depression im Saugrohr betrug dabei 45 mm, während die ganze, von den Schaufeln verrichtete Arbeit einen mittleren Überdruck von 155 mm Wassersäule im Verteiler hervorbrachte.

Hiernach lässt sich die Arbeit des Schaufelrades folgendermassen zerlegen.

Da der Druck von — 45 auf — 21 mm oder um 24 mm Wassersäule erhöht wurde, so betrug der auf Druckerhöhung verwandte Teil der Arbeit $\frac{24}{155} \cdot 100\,\% = 15{,}5 \backsim 16\,\%$. Die ganze übrige Arbeit ist zur Vermehrung der lebendigen Kraft oder Geschwindigkeit der Luft verwandt. Daraus folgt aber sofort, dass der ganze nützliche Überdruck, welchen der Ventilator (sei es als Pressung, sei es als Depression) ausübt, lediglich durch die Umwandlung der lebendigen Kraft der Luft im Verteiler oder Diffusor hervorgebracht wird.

Zur Lösung der zweiten Frage, wie diese Umwandlung der lebendigen Kraft im Diffusor vor sich gehe, wurden Druckmessungen an verschiedenen Stellen des Diffusors mit Hilfe von Wassermanometern vorgenommen,

---

[1]) Compt. rend. de la soc. min. 1889, S. 173 u. folg.

welche durch die Aussenwand in den Luftstrom im Diffusor eingesetzt waren. Die Messungen ergaben dabei folgende Drücke bezw. Depressionen.

1. Depression beim Eintritt der Luft aus dem Freien in das Saugrohr $^1/_2$ mm Wassersäule.
2. Depression am Umfang des Rades und direkt hinter demselben 21 mm.
3. Druck im Diffusor (am Beginn der Spirale) 177 mm.
4. „ „ „ (in der Mitte der Spirale) 155 mm.
5. „ „ „ (am Ende der Spirale) 130—134, i. M. 132 mm.
6. Druck im Ausblaserohr 128 mm.

Der Diffusor verwandelte somit die lebendige Kraft der Luft in einen dynamischen Druck:

1. am Anfang der Spirale von $177 + 21 = 198$ mm,
2. in der Mitte „ „ „ $155 + 21 = 176$ „
3. am Ende „ „ „ $132 + 21 = 153$ „

oder im Mittel von

$$\frac{198 + 176 + 153}{3} = 176 \text{ mm}$$

und in einen statischen Druck, welcher fortwährend im Ausblaserohr herrschte, von $118 + 21 = 139$ mm. Der hieraus berechnete manometrische Wirkungsgrad ist:

$$\eta_m = \frac{139}{176} \cdot 100 = 79\,\%.$$

Die theoretische Maximaldepression, welche der ganzen, durch das Flügelrad geleisteten Arbeit entsprechen würde, berechnet Rateau nach der Gleichung

$$H_0 = \mu \cdot \frac{v^2}{g} \cdot \left(1 + \frac{w}{u} \cdot \sin \alpha\right),$$

worin $\mu = 1{,}14$, $g = 9{,}81$, $u = 32{,}4$ m die Umfangsgeschwindigkeit, $w = 23$ m die Austrittsgeschwindigkeit relativ zu den Schaufeln, α der äussere Schaufelwinkel ($= 45^0$) ist, zu

$$H_0 = 183 \text{ mm}.$$

Die Druckverluste in den einzelnen Teilen des Ventilators ergeben sich hiernach folgendermassen:

1. Verlust in der Eintrittsöffnung ca. 0,5 %
2. Verlust im Rad $\frac{183 - 155}{183} \cdot 100 = \frac{28}{183} \cdot 100 = 15$ „
3. Verlust im Diffusor $\frac{155 - 132}{183} \cdot 100 = \frac{23}{183} \cdot 100 = 12{,}5$ „
4. Verlust im Ausblaserohr $\frac{132 - 118}{183} \cdot 100 = \frac{14}{183} \cdot 100 = 7{,}6$ „

Summa 35,6 %,

welcher Wert sich auch aus der folgenden Gleichung ergibt:

$$\frac{183 - 118}{183} \cdot 100 = \frac{65}{183} \cdot 100 = 35{,}5\,\%,$$

oder abgerundet 36 %. Rateau rechnet hierzu noch 4 % Verlust für die Reibung der Luft in den Schaufeln, sodass schliesslich der gesamte Druck- oder Arbeitsverlust sich auf 40 % beläuft, der maschinelle Wirkungsgrad mithin 100 — 40 = 60 % beträgt.

Die Rateau'schen Versuche haben demnach die interessanten Resultate ergeben, dass die Pressung bezw. die Depression der Luft hauptsächlich im Diffusor erzeugt wird, und dass der Druck in letzterem vom Anfang der Spirale nach dem Ausblaserohr hin allmählich abnimmt. Der ausserordentlich hohe manometrische und mechanische Wirkungsgrad des Rateau-schen Ventilators ist auf diese Wirkungsweise des Diffusors zurückzuführen. Leider liegen über den Einfluss des Diffusors bei den verschiedenen anderen Ventilatorkonstruktionen keine Versuchsergebnisse vor, aus welchen sich eine Bestätigung der Rateau'schen Versuche und Behauptungen mit Sicherheit ergibt. Bei der grossen Bedeutung des Diffusors für den Nutzeffekt der Centrifugalgebläse muss der Mangel an solchen Versuchen befremden, wenngleich die Schwierigkeit ihrer genauen Ausführung nicht unterschätzt werden soll. Es muss daher die Ausführung derartiger Versuche, welche über die Wirkungsweise des Diffusors genauen Aufschluss geben, zur Förderung der Theorie der Ventilatoren, sowie zur Vervollkommnung der Konstruktion derselben als unerlässlich bezeichnet werden.

F. Berechnung eines neuen Ventilators.

Der weitaus häufigste Fall ist derjenige, dass für eine bestimmte Luftmenge V_{sec} und für eine bestimmte, zu erzeugende Pressung oder Depression h ein neuer Ventilator zu berechnen ist.

Nach den von Murgue aufgestellten Beziehungen zwischen dem sogenannten äquivalenten Querschnitt A einer Grube und den beiden obengenannten Werten V und h, welche in der Formel:

$$A = 0{,}347 \frac{V_{sec}}{\sqrt{h}} \cdot \sqrt{\gamma}$$

zum Ausdruck gebracht sind, ist es auch leicht, für eine gegebene Grube von bekanntem Querschnitt A und eine bestimmte Luftmenge die erforderliche Depression oder für die beiden Werte V und h die entsprechende äquivalente Fläche zu berechnen. In vorstehender Gleichung ist γ das Gewicht eines cbm Luft, welches für mittlere Verhältnisse (mittlerer Temperatur von etwa 15° C. und mittlerem Feuchtigkeitsgehalt bei etwa 755 bis 765 mm Barometerstand) zu $\gamma = 1,20$ kg/cbm angenommen werden kann, oder bei einer gegebenen Grube durch Messung der Temperatur der ausziehenden Wetter, des Feuchtigkeitsgehaltes derselben und des Barometerstandes gefunden werden kann.

Für den Wert $\gamma = 1,20$ geht die obige Gleichung über in die folgende:

$$A = 0,38 \frac{V_{sec}}{\sqrt{h}}.$$

In der folgenden Tabelle 30 sind nun für verschiedene Ventilatorensysteme die wichtigsten, auf die bauliche Ausführung dieser Ventilation bezüglichen Abmessungen und Verhältnisse zusammengestellt, wodurch die Wahl geeigneter Verhältnisse für einen bestimmten, zu berechnenden Ventilator sehr erleichtert wird.

Aus dieser Tabelle ist zunächst der Durchmesser D_2 für ähnliche Verhältnisse zu wählen. Hierbei ist zu beachten, ob der Ventilator einseitig oder doppelseitig saugen soll.

Nach Spalte 3 der Tabelle ist sodann $\frac{D_2}{D_1}$ zu wählen, hieraus D_1 und der oder die Einströmungsquerschnitte und die Eintrittsgeschwindigkeit der Luft aus der Gleichung

$$V_{sec} = \frac{D_1^2 \cdot \pi}{4} \cdot v$$

für einseitigen Eintritt und

$$V_{sec} = 2 \cdot \frac{D_1^2 \pi}{4} v_1$$

für doppelseitigen Eintritt der Luft zu berechnen. Aus der ersten Gleichung folgt

$$v_1 = \frac{V}{\frac{D_1^2 \pi}{4}},$$

aus der zweiten

$$v_1 = \frac{V}{\frac{D_1^2 \pi}{2}}.$$

Um jedoch den Reibungswiderständen der Luft im Einlauf und der Verengerung des Querschnittes durch die bei doppelseitiger Einsaugung meistens durch den Einlaufskanal beiderseits nach aussen durchgeführte Ventilatorwelle Rechnung zu tragen, empfiehlt es sich, v_1 um 10—20% grösser anzunehmen, als die obigen Gleichungen ergeben.

Unter der Voraussetzung des radialen Eintrittes der Luft bei nach vorwärts gekrümmten Schaufeln, welche Anordnung wegen der damit zu erzielenden höheren Depression wohl allgemein zur Anwendung kommen dürfte, folgt aus den Beziehungen zwischen v_1 und w_1 (s. Fig. 521):

Tabelle 30.

Laufende No.	System des Ventilators	1	2	3	4	5	6	7	8	9
		Äusserer Durchmesser D_2	Innerer Durchmesser D_1	$\frac{D_2}{D_1}$	Luftmenge i. d. Min.	Luftmenge V_{sec} i. d. Sek.	Eintrittsquerschnitt im Rad (s. Spalte 17)	Einströmungsgeschwindigkeit v_1	Breite des Rades aussen b_2	Breite des Rades innen b_1
		m	m		cbm	cbm	qm	m/sec.	m	m
1	Capell	2,5	1,37	1,82	1474	24,57	2,76	8,88	1,8	1,8
2	„	3,75	2,10	1,80	2989	49,80	6,86	7,30	2,0	2,0
3	„	0,915	0,50	1,83	374	6,23	0,196	29,00	0,31	0,31
4	Kley	5,0	3,40	1,47	1100	18,33	9,08	2,10	0,6	0,9
5	„	8,0	5,40	1,48	2500	41,67	22,9	1,82	0,9	1,35
6	„	9,0	6,00	1,50	1800	30,00	28,27	1,06	0,8	1,2
7	„	10,0	6,70	1,49	3600	60,00	35,26	1,70	1,1	1,65
8	Pelzer	2,0	1,00	2	800	13,40	1,1	7,60	—	—
9	„	3,0	1,50	2	1800	30,00	2,5	7,60	—	—
10	„	4,0	2,00	2	3150	52,50	4,5	7,60	—	—
11	Geissler	1,44	0,87	1,66	600	10	0,407	24,50	∽	∽
12	„	2,03	1,22	1,66	1200	20	0,802	26,10	0,09	0,15
13	„	2,50	1,50	1,66	1800	30	1,227	24,40	D_2	D_2
14	Rateau	2,0	1,20	1,66	1440	24	1,06	6,30	0,16	—
15	„	2,8	1,68	1,66	2775	46,25	2,217	20,90	—	—
16	„	3,4	2,04	1,66	5020	83,60	3,27	25,60	—	—
17	„	4,0	2,40	1,66	6610	110,16	4,524	24,30	—	—
18	Ser	1,4	0,84	1,66	720	12	1,11	10,81	—	—
19	„	2,0	1,20	1,66	1500	25	2,26	11,10	0,18	—
20	„	2,5	1,50	1,66	3000	50	3,53	14,10	—	—
21	„	3,0	1,80	1,66	4320	72	5,09	14,10	—	—
22	„	4,0	2,40	1,66	7500	125	9,05	13,70	—	—

$$w_1 = \frac{v_1}{\sin(180 - \alpha_1)} = m \cdot v_1 .$$

Der Winkel α_1 ist zwischen 120^0 und 150^0 anzunehmen, und hieraus w_1 zu berechnen. Zur Erleichterung dient die folgende Tabelle.

Tabelle 31.

α_1	$180 - \alpha_1$	$\sin(180 - \alpha_1)$	$m = \frac{1}{\sin(180 - \alpha_1)}$
120	60^0	0,866	1,155
125	55	0,819	1,221
130	50	0,766	1,305
135	45	0,707	1,415
140	40	0,643	1,555
145	35	0,574	1,742
150	30	0,500	2,000

Tabelle 30.

10	11	12	13	14	15	16	17
Krümmung der Radschaufeln nach	Tourenzahl i. d. Min. n	Äussere Umfangsgeschwindigkeit u_2 m/sec.	Depression h in mm Wassersäule, gemessen mm	$n \cdot D_2$	$\frac{u_2}{v_1}$	Seite des Buches (2. Aufl.)	Lufteinströmung einseitig oder zweiseitig
rückwärts	340	44,54	106	850	5	344	zweiseitig
"	72	14,15	186	270	2	349	"
"	900	43,10	84	823	1,5	351	"
vorwärts	100	26,20	55	500	12,5	377	einseitig
"	75	31,44	76	600	17,2	377	"
"	72	33,96	104	648	30	378	"
"	65	34,06	90	650	20	377	"
gebrochen, radial	400	39,52	300	800	5,2	382	"
	260	39,52	300	780	5,2	382	"
	200	39,52	300	800	5,2	382	"
vorwärts	657	49,44	100	946	2,0	395	"
"	466	49,55	100	946	1,98	395	"
"	378	49,64	100	945	2,04	395	"
"	235	24,70	83	470	3,92	410	"
"	268	39,80	174	750	1,90	420	"
"	247	43,83	218	840	1,71	421	"
"	213	44,60	202	852	1,83	421	"
"	400	29,40	84	560	2,72	426	zweiseitig
"	280	29,40	80	560	2,66	429	"
"	210	27,50	80	525	1,95	430	"
"	160	25,14	80	480	1,80	430	"
"	120	25,14	80	480	1,84	430	"

Zur Berechnung der Austrittsgeschwindigkeit w_2 relativ zu den Schaufeln kann die Annahme gemacht werden, dass dieselbe entweder kleiner, gleich oder grösser als w_1 wird. Letzteres ist bei dem Ventilator von Rateau der Fall. Zweifellos dürfte es nachteilig sein, w_2 kleiner als w_1 werden zu lassen, daher empfiehlt es sich, entweder

$$w_2 = w_1, \quad \frac{w_2}{w_1} = 1$$

oder

$$w_2 > w_1, \quad \frac{w_2}{w_1} > 1,$$

also etwa 1,25 bis 1,5 zu wählen.

Ist hieraus w_2 berechnet, so lässt sich endlich u_2 aus Gleichung 159a) ermitteln.

In derselben bezeichnet jedoch H_0 die theoretische Maximaldepression. Aus der Beziehung

$$\eta_m = \frac{h}{H_0}$$

folgt

$$H_0 = \frac{h}{\eta_m},$$

worin der manometrische Wirkungsgrad η_m entsprechend den im 5. Kapitel angegebenen Mittelwerten (s. S. 464) angenommen werden kann.

Aus Gleichung 159a) folgt sodann

$$u_2^2 + u_2 \cdot w_2 \cdot \cos\alpha_2 = \frac{g \cdot h}{\eta_m}$$

und daraus

$$u_2 = \sqrt{\left(\frac{w_2 \cdot \cos\alpha_2}{2}\right)^2 + \frac{g \cdot h}{\eta_m}} - \frac{w_2 \cdot \cos\alpha_2}{2}, \qquad 162)$$

worin h jedoch die der erzeugten Pressung oder Depression entsprechende Druckhöhe in m Luftsäule bedeutet.

Ferner ist $\cos\alpha_2$ unter Annahme des äusseren Schaufelwinkels α_2 zwischen 35 und 75° einzusetzen. Zur Erleichterung der Berechnung dient die folgende Tabelle.

Tabelle 32.

α_2	$\frac{\cos\alpha_2}{2}$
35	0,4095
40	0,3830
45	0,3536
50	0,3214
55	0,2868
60	0,2500
65	0,2113
70	0,1710
75	0,1294

Für gewöhnlich wird $\alpha_2 = 45°$ angenommen. Aus der äusseren Umfangsgeschwindigkeit u_2 folgt sodann zunächst u_1 nach der Beziehung

$$u_1 : u_2 = D_1 : D_2$$

zu

$$u_1 = u_2 \cdot \frac{D_1}{D_2}$$

Ferner ergibt sich die Tourenzahl n des Ventilators aus der Gleichung

$$u_2 = \frac{D_2 \pi \cdot n}{60}$$

zu

$$n = \frac{60 \cdot u_2}{D_2 \cdot \pi} = 19{,}1 \cdot \frac{u_2}{D_2}.$$

Zur Berechnung der äusseren axialen Radbreite b_2 dient die folgende Betrachtung. Es bezeichne t_2 die Teilung, also den auf dem äusseren Radumfange gemessenen Abstand zweier Schaufeln voneinander, z die Schaufelzahl, δ_2 den lotrechten Abstand zweier Schaufeln am äusseren Rande, also $b_2 \cdot \delta_2$ den Ausflussquerschnitt, so ist die durch eine Schaufel i. d. Sek. ausströmende Luftmenge $L_0 = b_2 \cdot \delta_2 \cdot w_2$, also durch z Schaufeln, oder den ganzen Radumfang

$$V_{sec} = b_2 \cdot w_2 \cdot \delta_2 \cdot z.$$

Mit grosser Annäherung kann man setzen:

$$\frac{\delta_2}{t_2} = \sin \alpha_2 \quad \text{oder} \quad \delta_2 = t_2 \cdot \sin \alpha_2,$$

also

$$V_{sec} = b_2 \cdot w_2 \cdot z \cdot t_2 \cdot \sin \alpha_2.$$

Nun ist aber $z \cdot t_2 = D_2 \pi$, mithin

$$V_{sec} = b_2 \cdot w_2 \cdot D_2 \pi \cdot \sin \alpha_2$$

und daraus

$$b_2 = \frac{V_{sec}}{D_2 \cdot \pi \cdot w_2 \cdot \sin \alpha_2}. \qquad 163)$$

Für den Eintritt der Luft in den inneren Schaufelrand gilt die Gleichung

$$V_{sec} = D_1 \cdot \pi \cdot v_1 \cdot b_1$$

und daraus

$$b_1 = \frac{V_{sec}}{D_1 \cdot \pi \cdot v_1}. \qquad 164)$$

Beispiel:

Es soll ein einseitig saugender Grubenventilator berechnet werden, welcher eine minutliche Luftmenge von 3000 cbm bei einer Depression von 150 mm liefert.

Zunächst ist

$$V_{sec} = \frac{3000}{60} = 50 \text{ cbm}$$

und

$$A = 0{,}38 \frac{3000}{60} \cdot \frac{1}{\sqrt{150}} = 1{,}551 \text{ qm}.$$

Nach Tabelle 30 kann zunächst $D_2 = 3,5$ m und $\frac{D_2}{D_1} = 1,667$ gewählt werden.

Hieraus folgt

$$D_1 = \frac{D_2}{1,667} = \frac{3,5}{1,667} = 2,1 \text{ m},$$

ferner

$$v_1 = \frac{V_{sec}}{\frac{D_1^2 \pi}{4}} = \frac{50}{3,464} = 14,43 \text{ m/sec.}$$

Nimmt man jedoch v_1 um 10% grösser, so ergibt sich $v_1 = 14,43 + 1,443 = 15,87$ m/sec. Wählt man $\alpha_1 = 130^0$, so ist $m = 1,305$, also $w_1 = 1,305 \cdot v_1 = 20,71$.

Ferner sei $\frac{w_2}{w_1} = 1,33$, also $w_2 = 1,33 \cdot w_1 = 22,61$ m/sec.

Unter Annahme eines manometrischen Wirkungsgrades $\eta_m = 0,8$ und des äusseren Schaufelwinkels $\alpha_2 = 45^0$ ist zuächst nach Tabelle 32

$$\frac{\cos \alpha_2}{2} = 0,3536.$$

Für $h = 150$ mm berechnet sich bei $\gamma = 1,2$ kg die Druckhöhe h_l in m Luftsäule aus der Gleichung

$$h_l = \frac{1000}{1,2} \cdot \frac{150}{1000} = \frac{150}{1,2} = 125 \text{ m}$$

und hieraus endlich

$$u_2 = \sqrt{(27,61 \cdot 0,3536)^2 + \frac{9,81 \cdot 125}{0,8}} - 27,61 \cdot 0,3536$$
$$= \sqrt{1628,1} - 9,763 = 30,59 \text{ m/sec.}$$

Somit ist $u_1 = u_2 \cdot \frac{D_1}{D_2} = 30,59 \cdot 0,6 = 18,35$, ferner $n = 19,1 \cdot \frac{30,59}{3,5} = 167$,

$$b_2 = \frac{V_{sec}}{D_2 \cdot \pi \cdot w_2 \sin \alpha_2} = \frac{50}{3,5 \cdot 3,14 \cdot 27,61 \cdot 0,707} = 0,25 \text{ m}$$

$$b_1 = \frac{V_{sec}}{D_1 \cdot \pi \cdot v_1} = \frac{50}{2,1 \cdot 3,14 \cdot 15,87} = 0,533 \text{ m.}$$

Man erhält somit die Verhältniszahlen

$$\frac{b_2}{D_2} = \frac{0,25}{3,5} = 0,071,$$

$$\frac{b_1}{D_2} = \frac{0,533}{3,5} = 0,152,$$

$$n \cdot D_2 = 585,$$

von welchen die ersteren beiden Werte den Werten bei dem Geislerschen Ventilator [s. Tabelle 30, Zeilen 11—13, Spalten 8 und 9] nahe kommen.

G. Verhalten des Ventilators bei veränderlichem Betriebe.

Während bei den Ventilatoren für Kupolöfen, Schmiedefeuer etc. die Luftmenge meistens unverändert ist und auch die der Luft zu erteilende Pressung kaum erheblichen Schwankungen unterliegt, die Leistung des Ventilators also fortgesetzt dieselbe bleibt, ist dies bei Ventilatoren für Grubenlüftung nicht der Fall. Da bei der allmählichen Erweiterung des Grubenausbaues die zu fördernde Luftmenge sich vergrössert, oder dieselbe beim Schliessen abgebauter Strecken plötzlich verringert wird, so ist die Leistung des Ventilators gleichfalls eine veränderliche. Bietet nun schon bei der Neuanlage eines Grubenventilators die genaue Berechnung der erforderlichen Leistung Schwierigkeit, da in den seltensten Fällen der äquivalente Querschnitt der Grube, die zu fördernde Luftmenge, die zu erzielende Depression oder Pressung, also das Guibal'sche Temperament $\frac{V}{\sqrt{h}}$ (Gleichung 138) S. 671) genau bekannt ist, so ist die Berechnung der veränderten Leistung bei allmählicher oder plötzlicher Veränderung der Grubenverhältnisse eine in hohem Grade schwierige, ja fast unmögliche.

Wie bereits oben erwähnt wurde, folgt aus Gleichung 138a)

$$\frac{V}{\sqrt{h}} = 2{,}575 \cdot a\,,$$

dass es für jede Grube vom Querschnitt a nur einen Ventilator gibt, welcher für die Grube am vorteilhaftesten arbeitet und zwar derjenige, für welchen die in dieser Gleichung ausgesprochene Beziehung besteht.

Da jedoch von V und h, wie oben nachgewiesen ist, alle Grössen des Ventilators abhängig sind, so würde eine Änderung von V streng genommen auch eine Änderung des Ventilators erfordern. Da die letztere jedoch nicht möglich ist, so folgt hieraus, dass der Ventilator für jede andere, grössere oder kleinere Luftmenge als die in Gleichung 138a) zur Berechnung eingeführte „normale“ oder günstigste Luftmenge unvorteilhafter arbeiten wird.

Es ist daher keineswegs gerechtfertigt, aus der bei Versuchen ermittelten Leistung eines Ventilators ohne weiteres über seine Güte oder Unvollkommenheit ein Urteil zu fällen, da erstlich nicht zu vergessen ist, dass bei falschen Voraussetzungen und falschen Angaben bezüglich der geforderten Leistung, sowie bezüglich der Grösse der Grube die Konstruktion unmöglich den tatsächlichen Verhältnissen angepasst sein kann, der Ventilator also auch nicht unter den günstigten Verhältnissen arbeiten kann, und da zweitens den fortgesetzten Änderungen während des Betriebes Rechnung getragen werden muss. Die letzteren können zur Folge haben, dass ein Ventilator, welcher anfänglich zur grössten Zufriedenheit und tadellos arbeitete, also seinen günstigsten Wirkungsgrad hatte, nach längerem Betriebe unter höchst ungünstigen Verhältnissen, d. h. mit sehr schlechtem Wirkungsgrad läuft. Aber auch umgekehrt kann der Fall eintreten, dass der beim Abbau einer neuen Grube anfangs unvorteilhaft arbeitende Ventilator seinen Wirkungsgrad nach und nach verbessert, sodass also durch Erweiterung der Grube die Wirkungsweise des Ventilators verbessert werden kann. Aus beiden Tatsachen geht hervor,

1. dass der Gesamtwirkungsgrad eines Grubenventilators nicht dauernd derselbe bleibt, sondern nur während einer gewissen Zeit für einen gewissen Grubenzustand seinen grössten Wert besitzt,

2. dass der Nutzeffekt eines Ventilators unter Umständen durch Erweiterung der Grube noch erhöht werden kann.

Nach v. Hauer[1]) lässt sich die Änderung der Luftmenge und Depression bei ab- oder zunehmender Grubenweite folgendermassen berechnen.

1. „Wird die gleichwertige Öffnung a auf

$$a_1 = \alpha \cdot a$$

vermindert, wobei $\alpha < 1$ ist, d. h. wird der freie Querschnitt der Grube n irgend einer Art verkleinert, so gehen die Luftmenge M und die Depression h in M_1 bezw. h_1 über und es wird

$$\frac{M_1}{\sqrt{h_1}} = \alpha \cdot \frac{M}{\sqrt{h}}, \qquad \frac{M_1}{M} = \alpha \frac{\sqrt{h_1}}{\sqrt{h}}\text{“}.$$

„Wird dabei die Betriebskraft nicht geändert, so ist

$$M_1 h_1 \cdot \gamma = M \cdot h \gamma, \quad \text{oder} \quad \frac{M_1}{M} = \frac{h}{h_1},$$

und diese Gleichung gibt mit der vorigen kombiniert

$$\alpha \cdot \frac{\sqrt{h_1}}{\sqrt{h}} = \frac{h}{h_1},$$

oder

1) Wettermaschinen, S. 53.

$$h_1 = \frac{h}{\sqrt[3]{\alpha^2}},$$

es wird also die Depression grösser. Ferner wird

$$M_1 = \frac{h}{h_1} \cdot M = \sqrt[3]{\alpha^2} \cdot M,$$

somit die Luftmenge kleiner."

„Zur Erzeugung der grösseren Depression ist aber eine grössere Umfangsgeschwindigkeit notwendig, es wächst daher u_2. Ungeachtet dieser grösseren Geschwindigkeit wird also die Luftmenge, mithin auch v_e kleiner, der Eintritt der Luft in das Rad erfolgt mit einem Stoss. Hierin ist auch am deutlichsten der Unterschied gegen Volum-Ventilatoren [1]) ausgeprägt, bei welchen durch Verminderung von a zwar ebenfalls h vergrössert, M verkleinert wird, zugleich aber die Geschwindigkeit abnimmt, indem diese stets der Luftmenge proportional ist. Soll bei der verengten Grube wieder die gleiche Luftmenge M wie früher durchströmen, so muss der Gang noch weiter beschleunigt werden, sodass eine noch stärkere Depression h_2 entsteht und es muss, da die gleichwertige Öffnung nur α mal so gross ist als ursprünglich,

$$\frac{M}{\sqrt{h_2}} = \alpha \cdot \frac{M}{\sqrt{h}}$$

und

$$h_2 = \frac{h}{\alpha^2}$$

sein. Der nun notwendige Betriebseffekt wird theoretisch

$$M\,h_2 \cdot \gamma = \frac{M \cdot h\,\gamma}{\alpha^2}, \text{ also } \frac{1}{\alpha^2} \text{ mal}$$

grösser als ursprünglich; in der Tat aber erhält derselbe einen noch höheren Wert, weil bei dem geänderten Betriebsverhältnisse der Wirkungsgrad sinkt."

„Wird die Grube ganz gesperrt, also die gleichwertige Öffnung auf Null reduziert, und an der Betriebsmaschine nichts geändert, so läuft der Ventilator immer schneller um, bis er die Geschwindigkeit erreicht, bei welcher die Betriebskraft durch die Nebenhindernisse aufgezehrt wird; er erzeugt dann die grösste, bei dieser Betriebskraft durch ihn erreichbare Depression."

2. „Wenn dagegen die gleichwertige Öffnung vergrössert wird, so nehmen Luftmenge M und Depression h bei ungeänderter Betriebskraft

---

1) Rotierende Kolbengebläse oder Kapselgebläse.

die Werte M_1 und h_1 an, welche wieder durch dieselben Gleichungen wie früher ausgedrückt erscheinen, wobei jedoch $\alpha > 1$ wird. Es ergibt sich somit eine kleinere Depression und grössere Luftmenge. Dadurch hat man ein Mittel, bei Ventilatoren, welche bei der grössten verfügbaren Betriebskraft nicht Luft genug ansaugen, die Menge der letzteren zu vergrössern; man erweitert die Grube oder erleichtert das Durchströmen der Luft durch dieselbe. Dies ist wieder eine Eigentümlichkeit der Centrifugalventilatoren, während sich bei Kolbenmaschinen durch Erweiterung der Grube die Luftmenge nicht vermehren lässt, denn diese hängt nur von der Anzahl der Kolbenspiele ab und kann, wenn letztere ihr Maximum erreicht hat, nicht weiter gesteigert werden."

Bei der Untersuchung einer ausgeführten Ventilatoranlage hat man sich daher zunächst darüber zu unterrichten, wie lange der Ventilator im Betrieb ist, ob derselbe bei der Neuanlage der Grube oder erst einige Zeit nach dem Beginn des Abbaus aufgestellt wurde, sowie ob bei seiner Konstruktion die Werte a und V genau angegeben oder nur geschätzt worden waren.

Bei der Berechnung und Konstruktion eines neuen Ventilators hat man dagegen auf möglichst genaue Angabe des gleichwertigen Grubenquerschnitts und der erforderlichen Luftmenge zu dringen und am besten den Ventilator nicht für den Anfangsbetrieb, sondern für einen nach längerer Zeit erst vorhandenen mittleren Grubeninhalt zu berechnen.

Geisler trägt der Ungenauigkeit in den Angaben zur Konstruktion der Ventilatoren, sowie der Veränderung des Grubeninhalts durch eine von vornherein bedeutend höher festgesetzte Tourenzahl $m \cdot n$[1]) Rechnung, und wählt m zwischen 1,4 und 1,5. Seine auf S. 396 wiedergegebene graphische Tabelle ist für $m = 1,4$ berechnet. Durch Einführung des Koeffizienten m wird somit die Leistung des Ventilators von vornherein grösser, als notwendig ist, sodass dieselbe innerhalb gewisser Grenzen steigerungsfähig ist.

H. Erfordernisse einer erschöpfenden Theorie.

Wohl über kein Gebiet des gesamten Maschinenbaus herrschen trotz zahlreicher, theoretischer Untersuchungen desselben voneinander abweichendere Meinungen, wie über die Centrifugalventilatoren. Soviel Theorien derselben auch aufgestellt sind, so ist noch keine bekannt, welche sowohl allen Betriebsverhältnissen, als auch allen so verschiedenartigen Konstruktionen von Ventilatoren angepasst wäre. Die Schwierigkeiten für die genaue Berechnung und die Aufstellung einer erschöpfenden Theorie liegen

---

1) Vergl. S. 395, Z. 15—17 von oben.

wohl vor allem in der durch die grosse Elastizität und das geringe spezifische Gewicht der Luft bewirkten starken Neigung zu Schwingungen und Wirbelbildungen, welche sich jeder Berechnung entziehen. Dass daher eine Theorie, welche erschöpfend sein soll, diesen Verhältnissen Rechnung tragen muss, ist ohne weiteres klar. Letzteres ist jedoch nur möglich durch versuchsweise festgestellte Werte oder Erfahrungskoeffizienten, deren Aufnahme in die Formeln zur Berechnung der Ventilatoren daher unbedingtes Erfordernis für die Richtigkeit der Formeln ist. Leider zeigen jedoch diese Versuchskoeffizienten noch sehr grosse Verschiedenheit. Verfasser verweist nur auf die Tabelle S. 464, welche um 20 % und mehr voneinander abweichende Werte für den manometrischen und dynamischen Wirkungsgrad enthält.

Dass somit ein dringendes Bedürfnis nach versuchsmässiger Feststellung der Erfahrungswerte und nach Aufstellung einer darauf zu begründenden Theorie vorliegt, ist aus dem Gesagten wohl zweifellos. Aus dieser Erkenntnis ist die auf Veranlassung des Professors Schulz vom Aachener Bezirksverein deutscher Ingenieure im Jahre 1888 [1]) vorgeschlagene Preisaufgabe entstanden, deren Wortlaut hier wiedergegeben zu werden verdient.

„Aufgabe. Es sind durch Versuche diejenigen Regeln zu ermitteln, nach welchen die Wahl der Form und der Abmessungen eines Centrifugalventilators für die Wetterversorgung einer Grube zu erfolgen hat, wenn die äquivalente Durchtrittsöffnung letzterer bekannt und die zur Ventilierung der Grube notwendige Wettermenge gegeben ist.

„Begründung. Nach den Untersuchungen der in neuerer Zeit in verschiedenen Staaten eingesetzten Wetterkommissionen ist es erwiesen, dass eine ganz bestimmte Beziehung besteht zwischen der Form und den Abmessungen eines Centrifugalventilators und dem Zustande der von diesem zu ventilierenden Grube. Diesen bezeichnet man jetzt allgemein durch den Ausdruck

$$\frac{0{,}38 \cdot Q}{\sqrt{h}},$$

dessen Wert die Grösse der sogen. äquivalenten Durchtrittsöffnung A der Grube angibt. In diesem Ausdruck bedeuten: Q die i. d. Sek. der Grube zugeführte Wettermenge in cbm, und h die zu erzielende Depression in mm Wassersäule ausgedrückt.

„Der Theorie ist es nun bisher noch nicht gelungen, sichere Regeln ausfindig zu machen, nach denen man zu einem Ventilator kommt, welcher mit dem Minimum an Kraftaufwand die grösste Ventilationsarbeit für eine

---

[1]) Z. d. V. d. Ing. 1888, S. 203.

Grube von bekanntem A leistet. Für den Bergingenieur sind solche Regeln aber von grösster Wichtigkeit, nicht nur im Interesse der Sicherheit der Grube, sondern auch zur Vermeidung von unnützer Kraftvergeudung.

„Aus den zu findenden Regeln müssen sich bestimmen lassen:

1. die Breite der Flügel des Ventilators;
2. der Durchmesser des Ventilators;
3. Durchmesser des Einlaufs und die zweckmässigste Form desselben;
4. Form und Abmessungen des Blasehalses (Diffusors) bezw. die zweckmässigste Anzahl der Diffusoren und die vorteilhafteste Stelle der Anbringung derselben;
5. die vorteilhafteste Geschwindigkeit der Grubenluft kurz vor dem Eintritt in den Ventilator.

„Endlich ist noch zu versuchen, über Form, Verlauf und Zahl der Flügel auf Grund von theoretischen Erwägungen und praktischen Beobachtungen ebenfalls bestimmte Regeln aufzustellen.“

Leider fand die Anregung des Aachener Bezirks-Vereins keinen Anklang, sonst wären vielleicht die in der besagten Preisaufgabe gestellten Probleme ihrer Lösung um ein Beträchtliches näher gebracht, wenn nicht bereits vollkommen gelöst worden. Es muss mit lebhaftem Bedauern erfüllen, dass die für den Betrieb der Bergwerke im allgemeinen, insbesondere aber für den Betrieb der durch Schlagwetter gefährdeten Kohlengruben so ungemein wichtige Frage der vorteilhaftesten und möglichst vollkommenen Lüftung kein allseitiges Interesse gefunden hat. Dass aber eine einheitliche und erschöpfende Theorie wünschenswert ist, lehrt ein Blick auf die bei den verschiedenen Autoren voneinander höchst abweichenden Formeln für dieselben Grössen, welche in Tabelle 33 auf S. 706—707 einander gegenübergestellt sind.

Die vom Verfasser oben ausgesprochene Bedingung der Aufnahme versuchsweise festgestellter Koeffizienten in die Gleichungen findet sich bei einer der neueren Theorien, derjenigen von Henrotte[1]), fast vollkommen erfüllt. Sowohl aus diesem Grunde als auch der eigenartigen Ableitung der Hauptgleichungen wegen kann die Henrotte'sche Theorie als ein bemerkenswerter Beitrag auf dem Gebiete der Erforschung der in den Schleudergebläsen sich abspielenden Vorgänge bezeichnet werden. Es würde jedoch über den Rahmen dieses Buches hinausgehen, näher auf diese Theorie einzugehen und kann daher nur das Studium der Originalabhandlung angelegentlichst empfohlen werden. Auch die neueren theoretischen Untersuchungen von Rateau[2]) bedeuten einen sehr beachtens-

---

1) J. Henrotte, Lüttich. Revue d. mines 1887, Bd. 22, S. 99—120.

2) Traité des Turbo-machines par M. A. Rateau, Paris, Ch. Dunod, 1900.

werten Fortschritt im gleichen Sinne und sei auf dieselbe hier ebenfalls aufs dringendste verwiesen. Zeuner's Gleichungen in seinen „Vorlesungen über Theorie der Turbinen"[1]) sind im wesentlichen auf den Gleichungen von Weissbach, Redtenbacher und Rittinger basirt, tragen jedoch den neueren Fortschritten in der Theorie der Ventilatoren, so namentlich den früher erwähnten Untersuchungen von Murgue und Rateau leider keine Rechnung, sodass sich die Berechnung neuer Ventilatoren nach diesen Gleichungen und Angaben kaum ausführen lässt, da die Annahmen, wie z. B. diejenige des Wirkungsgrades nach Rittinger zu 0,3, doch etwas zu ungenau und unbestimmt sind.

[1]) Leipzig, A. Felix, 1899. S. 339—351.

Tabelle 33.

	Murgue[1])	Weissbach-Herrmann[2])	Hauer[3])	Henrotte[4])
Depression oder Pressung	a) theoretisch $H_0 = u^2 \cdot \frac{\gamma_1}{g}$ (mm Wass.) b) anfänglich $H = k \cdot u^2 \cdot \frac{\gamma_1}{g} \cdot \frac{o^2}{a^2 + o^2}$	a) theoretisch $h = u_2^2 \cdot \frac{\gamma_1}{g}$ (mm Wass.) b) effektiv $h = k \cdot u_2^2 \cdot \frac{\gamma_1}{g}$	$h = \frac{g}{\gamma_1} \cdot \frac{p_3 - p_0}{7850}$ $p_3 > p_0$, Anfangs- und Enddruck in Atmosphären	a) theoretisch $h = u^2 \frac{\gamma_1}{g}$ b) effektiv $h_e = u^2 \cdot \frac{\gamma_1}{g} \cdot \frac{1}{1 + \alpha}$
sekundl. Luftmenge cbm	$V = 0{,}65\, \alpha \cdot \sqrt{2\, g\, h \frac{\gamma_0}{\gamma_1}}$ $\gamma_0 =$ spez. Gew. d. Wass. $\gamma_1 =$ „ „ „ Luft	—	$V = 0{,}65\, a \sqrt{800 \cdot 2\, g\, h}$	$V = u \sqrt{\frac{\delta}{g[(1+\alpha) \cdot c + \beta]}}$ α und β Koeff. $c = \frac{0{,}14}{a^2}$
Manometrischer Wirkungsgrad	$k = \frac{g \cdot H}{\gamma_1\, u^2}$	—	—	—
Betriebskraft	$T_m = V \cdot H_0 + T_p$ mkg	$L_0 = V \cdot h \cdot \gamma_0 = V \cdot \frac{u_2^2}{g} \cdot \gamma_1$ $L_e = \frac{1}{\eta} \cdot V \cdot h \cdot \gamma_0$ h m Wass, $\gamma_0 = 1000$	$L_0 = 1000 \cdot V \cdot h$ h m Wassersäule	$L_0 =$ $(1 + \alpha)\, c \cdot V^3 + \beta \cdot V^2 + 10\, \omega$ $\omega = \frac{\pi \cdot n}{30}$
Umfangsgeschwindigkeit u oder ω	$u_2 = \sqrt{g \frac{h}{k}}$	$u_2 = \sqrt{g \cdot \frac{\gamma_0}{\gamma_1}(h + z) + \frac{W^2}{2}}$ z = Sa aller Ein- und Austrittswiderstandshöhen W Geschwindigkeit der Luft im Auslauf	$u_2 = m \left(\frac{v_2 \sin \alpha_2}{2} + \sqrt{\frac{v_2^2 \sin^2 \alpha_2}{4} + 7850\, h} \right)$ $v_2 =$ Relative Austrittsgeschwindigkeit	—

1) Über Grubenventilatoren, deutsch v. Hauer. — 2) Mechanik, III. Bd., 2. Abt. — 3) Wettermasch. — 4) Revue d. min. 1887, Bd. 22.

	Zeuner[5]	Lindner[6]	Ser[7]
Depression oder Pressung	$h = \frac{1}{2g}\Big\{c_1^2 + c_3^2 - c^2 - c_e^2 - c_4^2 + (u_2^2 - u_1^2) - \left(\zeta_1 \cdot c^2 + \zeta_2 c_1^2 + \zeta_3 \cdot c_3^2\right)\Big\}$ (Gleichung 273)	$H = \frac{p_2 - p_1}{\gamma_1} + \frac{u_2^2 - u_1^2}{2g}$	$h = m \cdot r_1^2 \omega^2 \cdot \frac{\gamma_1}{g}\left(1 - \frac{r_0 \cos\gamma}{r_0 \cos\delta}\right)$ γ äusserer, δ innerer } Flügelwinkel r_1 äusserer, r_0 innerer } Flügelhalbmesser
sekundl. Luftmenge cbm	$V = F \cdot c = 2 r_1 \cdot e_1 \pi \cdot \cos\alpha \cdot c$	$V = \frac{r^2 \cdot b}{1{,}14 \operatorname{tg} \varepsilon}\left(n - \sqrt{\frac{900 \cdot H}{r_2^2 - r_1^2}}\right)$	$V = \mu \cdot 2 r_0^3 \pi \cdot \omega \cdot \operatorname{tg}\delta$ r_0 innerer Halbmesser μ volum. Wirkungsgrad $\omega = \frac{\pi \cdot n}{30} = 0{,}1047 \cdot n$
Manometrischer Wirkungsgrad	—	—	—
Betriebskraft	$L = \frac{M}{2}\Big[2gh + c_4^2 + \zeta_1 \cdot c^2 + \zeta_2 \cdot c_1^2 + \zeta_3 \cdot c_3^2\Big]$ (Gleichung 271 c)	—	$L = V \cdot h \cdot \gamma_0 \cdot \frac{1}{\varphi}$ $\varphi = \eta$, dynam. Wirkungsgrad, h m Wassersäule, $\gamma_0 = 1000$
Umfangsgeschwindigkeit u oder ω	$u_1 = \operatorname{tg}\alpha_1 \cdot \sqrt{\frac{2gh}{2\frac{e_1}{e_2} \cdot \operatorname{tg}\alpha_1 \cdot \operatorname{tg}\alpha_3 - \psi}}$ (Gleichung 275 a)	$\omega = {}^3/_4\, w \frac{\operatorname{tg}\varepsilon}{r} \pm \sqrt{\left(\frac{w}{4}\frac{\operatorname{tg}\varepsilon}{r}\right)^2 + \frac{g \cdot H}{r_2^2 - r_1^2}}$	—

5) Vorlesungen über Theorie der Turbinen von Dr. Gustav Zeuner. Leipzig, 1899, S. 341 u. folg. — 6) Z. d. V. d. Ing. 1891, S. 576 u. folg. — 7) Prakt. Masch.-Konstr. 1889, S. 178 u. Mém. d. l. soc. des Ing. civils. 1878.

Zwölftes Kapitel.

Berechnung der Strahlgebläse.

Die Theorie der Strahlgebläse oder Strahlapparate ganz allgemein hat sich mit der Untersuchung der folgenden Werte zu befassen:

1. mit der Ausflussgeschwindigkeit und Ausflussmenge der treibenden Flüssigkeit, also des Dampfes, Wassers oder der Druckluft;
2. mit der durch die treibende Flüssigkeit erzeugten Depression oder Pressung;
3. mit dem Verhältnis der Querschnitte des Ausblaserohrs (oder der Düse), des Aufsatzrohrs (oder der Esse) und des Saugrohrs zueinander;
4. mit dem Verhältnis der in der Zeiteinheit angesaugten Luftmenge zur Menge der Treibflüssigkeit.

Alle diese für die Erkenntnis der Wirkungsweise der Strahlapparate so sehr wichtigen Werte sind zuerst von Zeuner in seiner klassischen Abhandlung über das Lokomotivblasrohr eingehend untersucht[1], und auf Grund dieser Untersuchungen die zur Berechnung der Strahlapparate erforderlichen Grundgleichungen aufgestellt worden.

Eine Erweiterung und teilweise Abänderung[2] haben diese Untersuchungen in Zeuner's technischer Thermodynamik[3], bei der Behandlung der strömenden Bewegung und des Ausflusses der Gase[4]) und Dämpfe gefunden[5]).

---

1) „Das Lokomotiv-Blasrohr". Experimentelle und theoretische Untersuchungen über die Zugerzeugung durch Dampfstrahlen und über die saugende Wirkung der Flüssigkeitsstrahlen überhaupt. Von Dr. Gustav Zeuner, Zürich 1863.

2) Technische Thermodynamik, Bd. II, S. 166, Z. 10 v. u.

3) Technische Thermodynamik von Dr. Gustav Zeuner, 3. Aufl., Bd. I, Leipzig 1887; Bd. II, Leipzig 1890.

4) a. a. O. Bd. I, § 40—52, S. 212—262.

5) a. a. O. Bd. II, § 20—25, S. 137—186.

Auf Grund einer grossen Anzahl von Versuchen, welche Zeuner im Sommer des Jahres 1858 auf dem Bahnhofe der Schweizerischen Nordostbahn in Zürich angestellt hatte, deren Ergebnisse mit den Resultaten seiner theoretischen Untersuchungen durchweg eine vollkommene Übereinstimmung zeigten, gelangte Zeuner zu nachfolgenden Hauptsätzen, welche zwar nicht in der hier gewählten Zusammenstellung und demselben Wortlaute in seiner Abhandlung enthalten sind, jedoch das wesentliche der aus seinen Versuchen und Berechnungen abgeleiteten Schlüsse wiedergeben.

1. Die beim Ausströmen eines Flüssigkeitsstrahls erzeugte Depression oder der Pressungsunterschied its proportional dem Flüssigkeitsdruck oder der Geschwindigkeitshöhe, welche der Geschwindigkeit entspricht, mit welcher der Flüssigkeitsstrahl ausströmt.

2. Die Depression oder der Pressungsunterschied ist nur abhängig vom Verhältnis des Querschnitts des Aufsatzrohrs zum Düsenquerschnitt und demjenigen des Saugrohrs zum Düsenquerschnitt, nicht aber von der absoluten Grösse dieser drei Querschnitte.

3. Die Depression nimmt mit zunehmendem Verhältnis des Saugrohr- zum Düsenquerschnitt um so rascher ab, je kleiner das Verhältnis des Aufsatzrohrs zur Düse ist.

4. Jedem bestimmten Verhältnis von Saugrohr und Düse entspricht ein vorteilhaftestes Verhältnis vom Aufsatzrohr zur Düse, für welches die Luftverdünnung und folglich auch die angesaugte Luftmenge am grössten ist.

5. Bei konstanter Grösse des Querschnitts der Düse und des Aufsatzrohrs nimmt die angesaugte Luftmenge direkt mit der Quadratwurzel aus dem Überdruck der treibenden Flüssigkeit über dem äusseren Luftdruck zu.

6. Bei konstantem Querschnitt der Düse, des Aufsatzrohrs und konstantem Dampfdruck nimmt die angesaugte Luftmenge mit wachsender Saugrohröffnung zu, erreicht jedoch schliesslich einen Grenzwert, welcher nicht überschritten wird, wie gross auch die Saugrohröffnung gemacht wird. Selbst bei unendlich grosser Öffnung, also Saugen aus freier Luft, wird die Luftmenge nicht grösser als beim Saugen aus einem Rohr von bestimmtem, dem Grenzwert entsprechendem Querschnitt.

7. Bei konstantem Querschnitt der Düse, des Saugrohrs und konstantem Dampfdruck existiert eine bestimmte Weite des Aufsatzrohrs, für welche die angesaugte Luftmenge am grössten ist. Der vorteilhafteste Aufsatzrohrquerschnitt ist dabei um so kleiner, je kleiner das Verhältnis des Saugrohrs zur Düse ist.

8. Beim Ausfluss einer Flüssigkeit aus einem Gefäss wird, abgesehen von den schädlichen Widerständen auf Erzeugung der Ausflussgeschwindigkeit, eine Arbeit verwendet, welche gleich ist:

a) der Arbeit, welche die Flüssigkeit durch das Konstanthalten des Druckes im Ausflussgefäss annimmt, vermehrt

b) um die Arbeit, welche frei wird, indem die Flüssigkeit vom anfänglichen Flüssigkeitsdruck im Gefäss in den ausserhalb desselben herrschenden Druck übergeht, vermindert endlich

c) um die Arbeit, welche die Flüssigkeit verrichten muss, um den äusseren konstanten Gegendruck zu überwinden.

9. Die angesaugte Luft bewegt sich mit derselben Geschwindigkeit und unter denselben Druckverhältnissen durch das Aufsatzrohr, wie die saugende Flüssigkeit.

10. Bei konstantem Verhältnis des Saugrohrs zur Düse und konstantem Dampfdruck gibt es stets zwei Werte des Verhältnisses des Aufsatzrohrs zur Düse, für welche dieselbe Luftmenge angesaugt wird.

In den nachfolgenden Gleichungen sind folgende Bezeichnungen eingeführt. Es bedeutet:

ξ die durch den ausfliessenden Strahl erzeugte Depression bezw. den Pressungsunterschied zwischen dem äusseren Luftdruck und dem in der Saugkammer, d. h. dem die Düse umgebenden Raum herrschenden Druck in m Wassersäule für Luft- und Wasserdruck, in mm Quecksilbersäule für Dampfdruck;

h die Druckhöhe der treibenden Flüssigkeit in m Wassersäule bezw. mm Quecksilber;

F den Querschnitt der Ausflussöffnung oder Düse in qm;

F_1 „ „ des Aufsatzrohrs oder der Esse in qm;

F_2 „ „ „ Saugrohres in qm;

m das Verhältnis $\frac{F_1}{F}$;

n „ „ $\frac{F_2}{F}$;

p den Dampfüberdruck des Betriebsdampfes in Atm.;

w die Ausflussgeschwindigkeit der treibenden Flüssigkeit aus der Düse in m i. d. Sek.;

G die sekundliche Ausflussmenge der treibenden Flüssigkeit in kg;

x die spezifische Dampfmenge des Betriebsdampfes;

α, β, ζ und $\varkappa$ Versuchskonstanten.

Während die Untersuchung der Vorgänge beim Absaugen der Luft aus einem geschlossenen Gefässe exakt ausführbar ist, wie Zeuner nachgewiesen hat, ist dieselbe für das Absaugen aus Gefässen oder Räumen, welche mit der äusseren Luft in Verbindung stehen, welcher Fall für die Strahlapparate in Frage kommt, bedeutend schwieriger, da die hierbei auftretenden Vorgänge höchst verwickelter Natur sind. Die Änderung der

Dichtigkeit im Gehäuse[1]), die Wirbelbildungen, welche durch die Ablenkung der Luft aus der Bewegungsrichtung im Saugrohr in eine senkrecht hierzu stehende verursacht werden, die teilweise Kondensation des Dampfes und verschiedene andere Umstände mehr erschweren die Berechnung ungemein. Dieselbe kann daher nur annäherungsweise unter bestimmten Voraussetzungen erfolgen. Eine der ersten derselben ist diejenige, dass die Dichtigkeit im Gehäuse überall dieselbe sei und für dieselbe ein mittlerer Wert γ_1 angenommen werden könne. Einige andere Voraussetzungen bezüglich der Widerstandskoeffizienten, sowie der Koeffizienten α und β werden im weiteren bei Ableitung der einzelnen Hauptgleichungen noch gemacht werden.

Für alle nachfolgenden Berechnungen gelten nun die folgenden Hauptgleichungen gemeinsam.

Das Gewicht der treibenden Flüssigkeit, welches in der Zeiteinheit durch den Düsenquerschnitt F ausströmt, berechnet sich zu

$$G = V \cdot \gamma = F \cdot w \cdot \gamma$$

oder, da das spezifische Volumen v der Flüssigkeit dem Gewicht je eines cbm oder der Dichtigkeit umgekehrt proportional also

$$v = \frac{1}{\gamma} \quad \text{und} \quad \gamma = \frac{1}{v}$$

ist,

$$G = \frac{F \cdot w}{v} \text{ [2]}. \qquad 165)$$

Die theoretische Ausflussgeschwindigkeit w berechnet sich nach der Gleichung:

$$w = \sqrt{2 g H}, \qquad 166)$$

dagegen die effektive Ausflussgeschwindigkeit unter Berücksichtigung der Widerstände zu

$$w_e = \sqrt{\frac{2 g H}{1 + \zeta}}. \qquad 167)$$

Hierin bedeutet H die Strömungsenergie oder die der Ausflussgeschwindigkeit w zugehörige Geschwindigkeitshöhe. Für die verschiedenen treibenden Flüssigkeiten, Druckluft, Dampf und Wasser sind daher zunächst die Werte von H und w zu bestimmen. Hierbei soll für alle 3 Fälle die Voraussetzung gemacht werden, dass der Ausfluss durch gut abgerundete Mündungen (Figuren 467 und 468, S. 494) und bei

---

[1]) Unter welcher Bezeichnung in der Folge der die Düse direkt umgebende Raum zu verstehen ist, in welchen das Saugrohr mündet.

[2]) Vergl. Zeuner, a. a. O. Bd. I, S. 218, Gleichung IV.

konstantem Überdruck der treibenden Flüssigkeit über dem äusseren Luftdruck erfolge und dass der absolute Flüssigkeitsdruck mindestens das Doppelte des äusseren Luftdruckes betrage[1]). Alle 3 Voraussetzungen entsprechen den bei Strahlapparaten wirklich vorkommenden Verhältnissen, indem erstlich die Ausflussdüsen gut abgerundet sind, sodann der Dampf-, Wasser- oder Luftdruck, welcher zum Betriebe der Apparate zur Verfügung steht, innerhalb sehr enger Grenzen als konstant angenommen werden kann und endlich der Betriebsdruck meist 3—4 Atmosphären, bei Dampf oft noch mehr beträgt.

A. Berechnung der Ausflussgeschwindigkeit w und Ausflussmenge G für Luft[2]).

Ohne Berücksichtigung des Reibungswiderstandes in der Ausflussdüse gelten die Gleichungen:

$$w = \sqrt{2g \cdot \frac{\varkappa}{\varkappa - 1} \cdot p_0 \cdot v_0 \left[1 - \left(\frac{p}{p_0}\right)^{\frac{\varkappa - 1}{\varkappa}}\right]} \qquad 168)$$

und

$$G = F \cdot \sqrt{2g \cdot \frac{\varkappa}{\varkappa - 1} \cdot \frac{p_0}{v_0} \cdot \left[\left(\frac{p}{p_0}\right)^{\frac{2}{\varkappa}} - \left(\frac{p}{p_0}\right)^{\frac{\varkappa + 1}{\varkappa}}\right]}. \qquad 169)$$

Hierin ist v_0 in cbm das spezifische Volumen eines kg Luft vom Drucke p_0 in der Druckleitung gemessen, p der Mündungsdruck, $\varkappa = 1{,}410$ das Verhältnis der spezifischen Wärme bei konstantem Druck zu derjenigen bei konstantem Volumen (S. 524).

Unter Berücksichtigung der Reibungswiderstände in der Düse ist die effektive Ausflussgeschwindigkeit geringer, oder

$$w_e = \varphi \cdot w, \qquad 170)$$

worin φ der Geschwindigkeitskoeffizient ist.

Die effektive Strömungsenergie H_e ist dann nur $\varphi^2 \cdot H$, da die Beziehung besteht

$$\frac{H_e}{H} = \frac{w_e^2}{w^2} = \frac{\varphi^2 \cdot w^2}{w^2} = \varphi^2.$$

---

1) Zeuner hat nachgewiesen, dass für Dämpfe bei einem Druckverhältnis zwischen dem Flüssigkeitsdruck und äusseren Gegendruck kleiner als 1,732 der Mündungsdruck mit dem äusseren Druck identisch ist, für ein grösseres Verhältnis jedoch beide Werte verschieden sind, daher der letztere Fall als der allgemeinere und häufigere Fall betrachtet werden soll. (Näheres vergl. a. a. O. Bd. II, S. 162 u. folg.)

2) Vergl. Zeuner, Bd. I, S. 220 u. folg.

Nach Gleichung 167) ist aber auch

$$w_e = \sqrt{\frac{1}{1+\zeta}} \cdot \sqrt{2\,g\,H} = \sqrt{\frac{1}{1+\zeta}} \cdot w\,,$$

folglich ist

$$\varphi = \sqrt{\frac{1}{1+\zeta}} \text{ und } \zeta = \frac{1}{\varphi^2} - 1\,. \qquad 171)$$

Unter Berücksichtigung der Kontraktion des Luftstrahles ist $\alpha \cdot \varphi$ statt φ einzuführen, worin α den Kontraktionskoeffizienten bezeichnet. Setzt man $\alpha \cdot \varphi = \mu$, so ist auch $w_e' = \mu \cdot w$ und man erhält die effektive Ausflussmenge G_e zu:

$$G_e = \mu \cdot G = \mu \cdot \frac{F \cdot w}{v_1}\,. \qquad 172)$$

Hierin ist μ der Ausflusskoeffizient.

Nach den Versuchen von Weissbach, deren Ergebnisse von Grashof teilweise umgerechnet worden sind, können die Koeffizienten φ und μ für Luft nahezu gleich denen für Wasser gesetzt werden.

Zeuner hat die nachfolgende Gleichung zur Berechnung des Widerstandskoeffizienten ζ aufgestellt[1]):

$$\zeta = \frac{\varkappa - n}{\varkappa\,(n-1)}\,, \qquad 173)$$

worin n den „Ausflussexponenten" bedeutet, welcher für die Zustandsänderung der Luft nach der polytropischen Kurve $p \cdot v^n =$ Konst. gilt. Gleichung 173) lehrt, dass n stets kleiner als $\varkappa$ sein muss, da ζ stets einen positiven Wert besitzt, dass dagegen für die theoretische Ausflussgeschwindigkeit, bei welcher die Widerstände vernachlässigt werden, also $\zeta = 0$ ist, $n = \varkappa$ sein muss, die polytropische Kurve also in die adiabatische Kurve übergeht, der Ausfluss der Luft also ohne Wärmezufuhr von aussen oder Wärmeabfuhr nach aussen stattfindet. Hieraus folgt jedoch umgekehrt, dass in Wirklichkeit beim Ausfluss der Luft durch die Düse eine Wärmeabgabe nach aussen stattfindet, welche der infolge der Reibung der Luft an den Wandungen der Düse verlorenen Arbeit entspricht. Unter Berücksichtigung von Gleichung 173) gehen die Gleichungen 168 und 169) nun über in die folgenden

$$w = \sqrt{2\,g \cdot \frac{n}{n-1}\, p_0\, v_0 \left[1 - \left(\frac{p}{p_0}\right)^{\frac{n-1}{n}}\right]} \qquad 174)$$

und

$$G = F \cdot \sqrt{2\,g \cdot \frac{n}{n-1}\,\frac{p_0}{v_0} \left[\left(\frac{p}{p_0}\right)^{\frac{2}{n}} - \left(\frac{p}{p_0}\right)^{\frac{n+1}{n}}\right]}\,, \qquad 175)$$

---

1) a. a. O. Bd. I, S. 227.

in denen an Stelle des Exponenten $\varkappa$ in den früheren Gleichungen der Exponent n getreten ist.

Unter Benutzung der Beziehung

$$A \cdot p_0 v_0 = c_p \frac{n-1}{n} \cdot T_0$$

oder

$$p_0 v_0 = c_p \frac{n-1}{n} \cdot \frac{T_0}{A},$$

sowie unter Einführung des Kontraktionskoeffizienten α (falls eine Kontraktion angenommen werden soll) folgt endlich:

$$w_e = \sqrt{2 g \cdot c_p \cdot \frac{T_0}{A}\left[1 - \left(\frac{p}{p_0}\right)^{\frac{n-1}{n}}\right]} \qquad 174a)$$

und

$$G_e = \frac{\alpha F}{v_0} \cdot \sqrt{2 g \cdot c_p \cdot \frac{T_0}{A}\left[\left(\frac{p}{p_0}\right)^{\frac{2}{n}} - \left(\frac{p}{p_0}\right)^{\frac{n+1}{n}}\right]}, \qquad 175a)$$

worin T_0 die absolute Temperatur der Luft im Druck- oder Ausflussrohr, c_p die spezifische Wärme bei konstantem Druck = 0,2375 bedeutet und v_0 sich aus der Gleichung

$$v_0 = \frac{R \cdot T_0}{p_0} = 29{,}272 \frac{T_0}{p_0} \qquad 176)$$

berechnet.

Der Mündungsdruck p kann für geringere Pressungen (1,5—2 Atm. abs. Luftdruck) ohne grossen Fehler gleich dem äusseren Gegendruck p_2 gesetzt werden.

Für grössere Drücke ist derselbe jedoch aus der Gleichung

$$p = p_0 \cdot \left(\frac{2}{n+1}\right)^{\frac{n}{n-1}} \quad \text{oder} \quad \log p = \log p_0 + \frac{n}{n-1} \log \frac{2}{n+1}$$

$$= \log p_0 - \frac{n}{n-1}\left(\log (n+1) - \log 2\right) \qquad 177)$$

zu berechnen, sobald die Beziehung erfüllt ist, dass

$$\frac{p_2}{p_0} < \left(\frac{2}{n+1}\right)^{\frac{n}{n-1}} \quad \text{oder} \quad \frac{p_0}{p_2} > \left(\frac{2}{n+1}\right)^{\frac{n}{n-1}} \text{ ist.}$$

Je nach der Grösse der Mündung, ihrer Beschaffenheit, Abrundung etc. ist hierin n zwischen 1,0 und 1,41 zu wählen. Zeuner gibt für

für

$$\frac{p_2}{p_0} = 0{,}6667 = \frac{2}{3}, \quad \text{also} \quad \frac{p_0}{p_2} = 1{,}5, \quad n = 1{,}250,$$

$$\frac{p_2}{p_0} = 0{,}25 \quad = \frac{1}{4}, \quad \text{also} \quad \frac{p_0}{p_2} = 4{,}0, \quad n = 1{,}380$$

an, woraus zu schliessen ist, dass mit wachsendem Überdruck der Einfluss der Widerstände auf die Ausflussgeschwindigkeit abnimmt, weil mit wachsendem Exponenten n der Wert ζ kleiner wird, wie auch aus der folgenden Tabelle zu ersehen ist.

Tabelle 34.

Widerstandskoeffizient ζ.

n =	1,0	1,10	1,15	1,20	1,22	1,25	1,27	1,30	1,33	1,35	1,38	1,41
ζ =	∞	2,19	1,23	0,745	0,613	0,454	0,368	0,260	0,172	0,1215	0,056	0,000

Das spezifische Volumen in der Mündung berechnet sich für dieselben Voraussetzungen nach der Gleichung

$$v = v_0 \cdot \left(\frac{n+1}{2}\right)^{\frac{1}{n-1}}. \tag{178}$$

Beispiel:

Aus einer Druckluftleitung ströme Luft unter einem Druck von 4 Atm. abs. durch eine konische Düse von 20 mm Mündungsdurchmesser aus. Die Temperatur der Luft in der Luftleitung sei 17° C. Die theoretische und effektive Ausflussgeschwindigkeit und Ausflussmenge ist zu berechnen.

Nach Gleichung 176) ist zunächst das spezifische Volumen bei dem gegebenen Druck p_0 von 4 Atm. $= 4 \cdot 10333 = 41\,332$ kg/qm

$$v_0 = 29{,}272 \frac{273 + 17}{41\,332} = 0{,}2053 \text{ cbm},$$

also

$$p_0 v_0 = 8488{,}01.$$

Nach Gleichung 168) berechnet sich sodann

$$w = \sqrt{19{,}62 \cdot 3{,}439 \cdot 8488{,}01 \left[1 - \left(\frac{p}{p_0}\right)^{0{,}29}\right]},$$

hierin ist zunächst p noch unbekannt. Ohne Berücksichtigung der Reibung, also für $n = \varkappa = 1{,}41$ berechnet sich p nach der Gleichung

$$p = p_0 \cdot \left(\frac{2}{\varkappa + 1}\right)^{\frac{\varkappa}{\varkappa - 1}}$$

zu:

$$p = 41\,332 \cdot \left(\frac{2}{2{,}41}\right)^{\frac{1{,}41}{0{,}41}} = 41\,332 \cdot 0{,}527 = 21\,784 \text{ kg} = 2{,}108 \text{ Atm.}$$

Das spezifische Volumen ergibt sich nach Gleichung 178), wenn $n = \varkappa = 1{,}41$ gesetzt wird, zu:

$$v = 0{,}2053 \left(\frac{2{,}41}{2}\right)^{\frac{1}{0{,}41}} = 0{,}2053 \cdot 1{,}5773 = 0{,}32392.$$

Nach Gleichung 177) berechnet sich, wenn $n = 1{,}380$ angenommen werden mag, p zu

$$p = 41\,332 \cdot 0{,}84^{3{,}631} = 41\,332 \cdot 0{,}531 = 21\,947{,}29 \text{ kg/qm} = 2{,}124 \text{ Atm.}$$

und daraus

$$\frac{p}{p_0} = 0{,}531,$$

ferner:

$$1 - \left(\frac{p}{p_0}\right)^{0{,}29} = 1 - 0{,}531^{0{,}29} = 1 - 0{,}8325 = 0{,}1675.$$

Folglich ist

$$w = \sqrt{19{,}62 \cdot 3{,}439 \cdot 8488{,}01 \cdot 0{,}1675} = \sqrt{95967{,}5} \backsim 310 \text{ m}.$$

Das spezifische Volumen in der Mündung berechnet sich dann nach Gleichung 178) zu

$$v = v_0 \cdot \left(\frac{n+1}{2}\right)^{\frac{1}{n-1}} = 0{,}2053 \cdot \left(\frac{2{,}38}{2}\right)^{\frac{1}{0{,}38}} = 0{,}2053 \cdot 1{,}58 = 0{,}3252 \text{ cbm.}$$

Nach Gleichung 175) ist sodann die Ausflussmenge in kg i. d. Sek.

$$G = 0{,}02^2 \frac{\pi}{4} \sqrt{19{,}62 \cdot 3{,}439 \cdot \frac{41\,332}{0{,}2053} \cdot \left[0{,}531^{1{,}418} - 0{,}531^{1{,}70}\right]} =$$

$$= 0{,}000314 \sqrt{930\,528} = 964{,}6 \cdot 0{,}000314 = 0{,}3029 \text{ kg},$$

oder in cbm vom Drucke p_0:

$$G \cdot v_0 = 0{,}2053 \cdot 0{,}3029 = 0{,}0622 \text{ cbm.}$$

Die effektive Ausflussgeschwindigkeit berechnet sich nach Gleichung 174 a) zu:

$$w_e = \sqrt{19{,}61 \cdot 0{,}2375 \cdot 424 \cdot 290 \cdot \left[1 - 0{,}531^{\frac{n-1}{n}}\right]}.$$

Hierin ist der Wert von n noch unbekannt. Wird derselbe nach Zeuner's Angaben zu 1,38 genommen, so folgt

$$w_e = \sqrt{572\,379 \cdot [1 - 0{,}8383]} = \sqrt{92\,554} = \mathbf{30{,}423\ m.}$$

Die effektive Ausflussmenge ergibt sich nach Gleichung 175 a), wenn $\alpha = 0{,}90$ angenommen wird, zu

$$G_e = \frac{0{,}9 \cdot 0{,}000314}{0{,}2053} \cdot \sqrt{19{,}61 \cdot 0{,}2375 \cdot 424 \cdot 290 \left[0{,}531^{1{,}45} - 0{,}531^{1{,}724}\right]} =$$

$$= 0{,}2695 \backsim 0{,}27\ \text{kg},$$

oder in cbm vom Drucke p_0

$$G_e \cdot v_0 = 0{,}0553\ \text{cbm}.$$

Der Ausflusskoeffizient $\varphi = \frac{w_e}{w}$ berechnet sich hiernach zu

$$\varphi = \frac{304{,}23}{310} = 0{,}9814.$$

Berechnet man hieraus rückwärts ζ nach Gleichung 171), so folgt

$$\zeta = 0{,}03885,$$

und nach Gleichung 173)

$$n = \frac{\varkappa\,(1+\zeta)}{1+\zeta\cdot\varkappa} = 1{,}388,$$

welcher Wert mit dem anfangs angenommenen $n = 1{,}38$ fast genau übereinstimmt.

B. Berechnung der Ausflussgeschwindigkeit w und Ausflussmenge G für Wasser.

Nach bekannten Sätzen der Hydraulik ist:

$$w = \sqrt{2g \cdot h}, \tag{179)}$$

$$w_e = \sqrt{\frac{2g \cdot h}{1 + \zeta_0 + \zeta\frac{1}{d}}} = \varphi \cdot w, \quad \text{worin} \quad \varphi = \sqrt{\frac{1}{1 + \zeta_0 + \zeta\frac{1}{d}}} \tag{179 a)}$$

ist. Ferner ist

$$G = F \cdot w \cdot \gamma \text{ in kg}, \tag{180)}$$

$$G_e = \mu G = \alpha \cdot \varphi \cdot G = \alpha \cdot \varphi \cdot F w \gamma. \tag{180 a)}$$

Hierin bezeichnet:

- w bezw. w_e die theoretische bezw. effektive Ausflussgeschwindigkeit des Wassers in m i. d. Sek.;
- h die Druckhöhe in m Wassersäule (1 Atm. = 10,33 m);
- l und d die Länge und Weite des Zuflussrohres in m;
- G und G_e die theoretische und effektive Ausflussmenge in kg i. d. Sek.;
- F den Mündungsquerschnitt in qm;
- φ wie vorher den Geschwindigkeitskoeffizienten;
- ζ_0 den Widerstandskoeffizienten für die Mündung;
- ζ „ „ „ „ Reibung des Wassers im Zuflussrohr;
- α den Kontraktionskoeffizienten und
- μ den Ausflusskoeffizienten.

Die Werte dieser Koeffizienten sind bekanntlich durch sehr zahlreiche Versuche von Weissbach bestimmt worden.

Für innen gut abgerundete, konische Mundstücke können folgende Werte eingesetzt werden:

$\alpha = 1$, da eine Kontraktion des austretenden Strahls nur beim Ausfluss aus Mündungen in dünner Wand stattfindet, dieselben jedoch bei den Strahlapparaten keine Anwendung finden. Es kann daher in der Folge $\mu = \varphi$ gesetzt werden.

ζ_0 ist nach Weissbach-Hermann[1]) zu 0,0526 zu nehmen, wenn φ für gut abgerundete konische Mundstücke zu 0,975 gesetzt wird.

Nach Zeuner[2]) ist für die verschiedensten Druckhöhen und Mündungsdurchmesser bei gut abgerundeten Mündungen $\zeta_0 = 0,063$ zu setzen.

ζ ist der Geschwindigkeit umgekehrt proportional und berechnet sich nach Weissbach-Herrmann[3]) aus der Gleichung

$$\zeta = 0,01439 + \frac{0,0094711}{\sqrt{v}}, \qquad 181)$$

worin v die mittlere Geschwindigkeit des Wassers im Zuflussrohr ist und vorläufig nach der Gleichung

$$v = \sqrt{2gh}$$

zu berechnen ist.

Zeuner[4]) gibt dafür die Gleichung

---

1) Weissbach-Herrmann, Lehrbuch der Ingenieur- und Maschinenmechanik, 5. Aufl. 1875, Bd. I, S. 969.

2) a. a. O. Bd. I, S. 254.

3) a. a. O. S. 1015.

4) Civilingenieur, Bd. I, 1854.

$$\zeta = 0{,}014312 + \frac{0{,}010327}{\sqrt{v}}. \qquad 182)$$

Aus beiden Gleichungen ergeben sich für verschiedene, am meisten gebräuchliche Druckhöhen folgende Werte.

Tabelle 35.

p Atm. Überdruck	h m Wassersäule		$w=\sqrt{2gh}$	Widerstandskoeffizient ζ		
	genau	abgerundet	m	berechnet nach Weissbach-Herrmann Gleichung 181)	berechnet nach Zeuner Gleichung 182)	Mittelwerte
1	10,333	10,34	14,27	0,01505	0,015036	0,015043
2	20,666	20,70	20,15	0,01486	0,014825	0,014843
3	30,999	31,00	24,67	0,01477	0,014730	0,014750
4	41,332	41,34	28,49	0,01472	0,014675	0,014698
5	51,665	51,70	31,85	0,01469	0,014636	0,014663
6	61,998	62,00	34,88	0,01466	0,014608	0,014634
8	82,664	82,67	40,27	0,01463	0,014568	0,014599
10	103,330	103,34	45,00	0,01460	0,014542	0,014571
15	154,995	155,00	55,15	0,01456	0,014500	0,014530
20	206,660	206,70	63,70	0,01454	0,014474	0,014507

Die Zeuner'schen Koeffizienten sind somit durchweg etwas kleiner als diejenigen von Weissbach-Herrmann. Für die meisten praktischen Fälle dürften die in der letzten Spalte enthaltenen Mittelwerte genügende Genauigkeit ergeben.

Beispiel:

Für das für Luft berechnete Beispiel soll unter gleichen Verhältnissen die theoretische und effektive Ausflussgeschwindigkeit und Ausflussmenge berechnet werden, wobei die Länge der Zuflussleitung $l = 10$ m (von einem Druckwasserbehälter herkommend) und der Durchmesser derselben auch $= 20$ mm sein soll.

Für $p = 4$ Atm. abs. ist nach Tabelle 35 $h = 41{,}332$ und $w = 28{,}49$ die theoretische Geschwindigkeit.

Nach Gleichung 179 a) ist

$$\varphi = \sqrt{\frac{1}{1+\zeta_0+\zeta\cdot\frac{l}{d}}} = \sqrt{\frac{1}{1+0{,}063+0{,}014698\cdot\frac{10}{0{,}02}}} = 0{,}3448 \backsim 0{,}345,$$

folglich

$$w_e = 28{,}49 \cdot 0{,}345 = 9{,}83 \text{ m}.$$

Die theoretische Ausflussmenge ist demnach

$$G = 0{,}0003142 \cdot 1000 \cdot 28{,}49 = 8{,}954 \text{ kg},$$

die effektive Ausflussmenge aber, da $\mu = \varphi$ ist, nur

$$G_e = \varphi \cdot G = 8{,}954 \cdot 0{,}345 = 3{,}089 \text{ kg}.$$

C. Berechnung der Ausflussgeschwindigkeit w und Ausflussmenge G für Dampf.

Nach Zeuner[1]) können die für den Ausfluss der Luft abgeleiteten Gleichungen hier mit der einzigen Änderung Anwendung finden, dass

$$\varkappa = 1{,}035 + 0{,}100\, x_1 \qquad 183)$$

zu setzen ist, worin x_1 die spezifische Dampfmenge bezeichnet, also für trocken gesättigten Wasserdampf oder $x_1 = 1$, $\varkappa = 1{,}135$ wird.

Der Ausflussexponent n berechnet sich wie oben nach der Gleichung

$$n = \frac{\varkappa\,(1 + \zeta)}{1 + \varkappa\,\zeta},$$

worin ζ wieder den Widerstandskoeffizienten für das Ausflussrohr oder die Düse bezeichnet. Für verschiedene Werte von n ist derselbe aus der nachfolgenden Tabelle zu entnehmen.

Tabelle 36.

Widerstandskoeffizient ζ.

n =	1,00	1,02	1,04	1,06	1,08	1,10
ζ =	∞	5,07	2,092	1,101	0,606	0,308
n =	1,105	1,110	1,115	1,120	1,125	1,130
ζ =	0,252	0,200	0,152	0,110	0,0704	0,034

$$n = \varkappa, \quad \zeta = 0{,}000.$$

Für Dampfdrücke über 2 Atm. abs., welche bei Strahlgebläsen wohl meist nur Anwendung finden, gelten nach Zeuner die folgenden Gleichungen:

Der Mündungsdruck p ist zunächst für $n = \varkappa$ (ohne Berücksichtigung des Widerstandskoeffizienten ζ)

$$p = 0{,}5774\, p_1, \qquad 184)$$

das spezifische Volumen in der Mündung

$$v = 1{,}6223\, v_0. \qquad 185)$$

Die Ausströmungsgeschwindigkeit berechnet sich sodann zu

$$w = 3{,}2296\, \sqrt{p_0\, V_0}, \qquad 186)$$

die Ausflussmenge zu

$$G = 1{,}9908 \cdot F \sqrt{\frac{p_0}{v_0}}. \qquad 187)$$

---

[1]) a. a. O. Bd. II, S. 161 u. folg.

In den Gleichungen 186) und 187) ist v_0 in cbm, p_0 in kg/qm zu setzen. Soll p_0 in Atm. abs. eingesetzt werden, so ist

$$w = 328{,}32 \cdot \sqrt{p_0 v_0} \qquad 186\,a)$$

und

$$G = 202{,}4 \cdot F \sqrt{\frac{p_0}{v_0}} \qquad 187\,a)$$

zu setzen.

Mit Berücksichtigung von ζ (also für $n < \varkappa$) gelten für die Mündung folgende Gleichungen:

Mündungsdruck

$$p = p_0 \cdot \left(\frac{2}{n+1}\right)^{\frac{1}{n-1}}, \qquad 188)$$

Spezifisches Mündungsvolumen

$$v = v_0 \cdot \left(\frac{n+1}{2}\right)^{\frac{1}{n-1}}, \qquad 189)$$

Dampfgeschwindigkeit in der Mündung

$$w = \sqrt{2g \cdot \frac{\varkappa}{\varkappa - 1} \cdot \frac{n-1}{n+1} \cdot p_0 v_0}, \qquad 190)$$

Ausflussmenge aus der Mündung

$$G = F \sqrt{2g \cdot \frac{\varkappa}{\varkappa - 1} \cdot \frac{p_0}{v_0} \cdot \frac{n-1}{n+1} \cdot \left(\frac{2}{n+1}\right)^{\frac{2}{n-1}}}. \qquad 191)$$

Darin ist p_0 in kg/qm, v_0 in cbm einzusetzen.

Zur Berechnung der spezifischen Dampfmenge x in der Mündung dient die Gleichung:

$$v = x \cdot u + \sigma, \qquad 192)$$

woraus folgt:

$$x = \frac{v - \sigma}{u}. \qquad 192\,a)$$

Hierin ist v das spezifische Volumen in der Mündung, welches nach den Gleichungen 176) bezw. 178) zu berechnen ist, $u = s - \sigma$ für den Mündungsdruck aus den Zeuner'schen Tabellen für Wasserdämpfe zu entnehmen, und $\sigma = 0{,}001$ zu setzen.

Die nachfolgende Tabelle, welche von Zeuner nach den Gleichungen 184)—187) also unter Vernachlässigung der Widerstände berechnet ist, gibt für Dampfdrücke von 1—14 Atm. die auf den Ausfluss trockener gesättigter Wasserdämpfe durch eine einfache abgerundete Mündung in die freie Atmosphäre bezüglichen Werte.

Tabelle 37.

Ausfluss trockener gesättigter Wasserdämpfe in die freie Atmosphäre durch eine einfache abgerundete Mündung unter Vernachlässigung der Widerstände[1]).

Druck p_0 im Kessel Atm.	1 Spez. Volumen V_0 im Kessel cbm	2 Druck p in der Mündungsebene Atm.	3 Spez. Volumen v in der Mündungsebene cbm	4 Spez. Dampfmenge x in der Mündungsebene kg	5 Ausflussgeschwindigkeit w	6 Ausflussmenge G in kg i. d. Sek. Mündungsquerschnitt F in qm: Mischung $\frac{G}{F}$	7 Dampf $\frac{G \cdot x}{F}$	8 Wasser $\frac{G(1-x)}{F}$	9 Werte von $\frac{F_0}{F}$ (F_0 Ausflussquerschnitt, F Mündungsquerschnitt)	Druck p_0 im Kessel
1,1	1,5088	1	1,6410	0,994	178,5	108,8	108,1	0,7	1	1,1
1,2	1,3902	1	1,6324	0,989	247,0	151,3	149,6	1,7	1	1,2
1,4	1,2025	1	1,6174	0,980	335,5	207,4	203,3	4,1	1	1,4
1,6	1,0606	1	1,6047	0,972	397,0	247,4	240,5	6,9	1	1,6
1,8	0,9494	1,039	1,5402	0,965	429,2	278,6	268,9	9,7	1,000	1,8
2	0,8599	1,155	1,3950	0,966	430,5	308,6	298,1	10,5	1,015	2
3	0,5875	1,732	0,9531	0,967	435,8	457,3	442,2	15,1	1,166	3
4	0,4484	2,310	0,7274	0,968	439,7	604,4	585,1	19,3	1,348	4
5	0,3636	2,887	0,5899	0,968	442,6	750,4	726,4	24,0	1,533	5
6	0,3064	3,464	0,4971	0,969	445,1	895,4	867,7	27,7	1,715	6
7	0,2652	4,042	0,4302	0,969	447,3	1039,7	1007,5	32,2	1,898	7
8	0,2339	4,619	0,3795	0,969	449,1	1183,3	1146,6	36,7	2,073	8
9	0,2095	5,197	0,3399	0,969	450,8	1326,2	1285,1	41,1	2,240	9
10	0,1897	5,774	0,3078	0,969	452,2	1469,0	1423,5	45,5	2,409	10
11	0,1735	6,351	0,2815	0,969	453,5	1611,1	1561,2	49,9	2,574	11
12	0,1599	6,929	0,2594	0,969	454,7	1753,1	1698,7	54,4	2,738	12
13	0,1483	7,506	0,2406	0,969	455,8	1894,5	1835,8	58,7	2,899	13
14	0,1383	8,084	0,2241	0,969	456,8	2035,7	1972,6	61,1	3,058	14

[1]) Zeuner, Techn. Thermodynamik, Bd. II, S. 167.

Beispiel:

Für das oben berechnete Beispiel ergeben sich für Dampf folgende Werte.

Die theoretische Ausflussgeschwindigkeit w ist für 4 Atm. nach Tabelle 37.

$$w = 439{,}7 \text{ m},$$

das spezifische Volumen des Dampfes in der Mündung

$$v = 0{,}7274 \text{ cbm},$$

der spezifische Druck in derselben

$$p = 2{,}310 \text{ Atm.},$$

die spezifische Dampfmenge

$$x = 0{,}968 \text{ kg}$$

und die Ausflussmenge

$$G = 604{,}4 \cdot 0{,}0003142 = 0{,}1899 \backsim 0{,}19 \text{ kg}.$$

Unter Berücksichtigung der Widerstände ergibt sich bei Annahme eines Widerstandskoeffizienten $\zeta = 0{,}1$

$$n = \frac{\varkappa(1+\zeta)}{1+\varkappa\zeta} = \frac{1{,}135 \cdot 1{,}1}{1+0{,}1135} = 1{,}121.$$

Unter Benutzung der Gleichungen 188—191) erhält man:

$$p = 4 \cdot \left(\frac{2}{2{,}121}\right)^{9{,}294} = 4 \cdot 0{,}94295^{9{,}264} = 2{,}3213,$$

$$v = v_0 \left(\frac{n+1}{2}\right)^{\frac{1}{n-1}} = 0{,}4484 \left(\frac{2{,}121}{2}\right)^{\frac{1}{0{,}121}} = 0{,}4484 \cdot 1{,}6249 = 0{,}7286,$$

$$w = \sqrt{19{,}62 \cdot 8{,}4 \frac{0{,}121}{2{,}121} \cdot 4 \cdot 10\,333 \cdot 0{,}4484} = 417{,}2 \text{ m},$$

$$G_e = 0{,}0003142 \sqrt{19{,}62 \cdot 8{,}4 \cdot \frac{41\,332}{0{,}4484} \cdot \frac{0{,}121}{2{,}121} \cdot \left(\frac{2}{2{,}121}\right)^{\frac{2}{0{,}121}}} = 0{,}1797 \text{ kg}.$$

Der Ausflusskoeffizient φ bezw. das Verhältnis der effektiven zur theoretischen Ausflussmenge berechnet sich demnach zu

$$\varphi = \frac{w_e}{w} = \frac{417}{440} = 0{,}9477,$$

$$\frac{G_e}{G} = \frac{0{,}1797}{0{,}1899} = 0{,}9473,$$

welche Werte eine genügende Übereinstimmung zeigen.

Die für die drei verschiedenen Flüssigkeiten Luft, Wasser und Wasserdampf für das gegebene Beispiel erhaltenen Werte sind der besseren Übersicht wegen in der folgenden Tabelle 38 zusammengestellt.

Tabelle 38.

Flüssigkeitsdruck = 4 Atm. abs.

Ausströmende Flüssigkeit	1. Spezifisches Volumen v_0 cbm im Druckbehälter	2. Spezifisches Volumen v cbm in der Mündung		3. Druck p in der Mündungsebene in Atm. ohne Berücksichtigung der Reibung	4. Druck p in der Mündungsebene in Atm. mit Berücksichtigung der Reibung	Ausflussgeschwindigkeit in m i. d. Sek. theoretisch	Ausflussgeschwindigkeit in m i. d. Sek. effektiv	Ausflussmenge G theoretisch kg (cbm)	Ausflussmenge G effektiv kg (cbm)
		a)	b)						
Luft	0,2053	0,3239	0,3252	2,108	2,124	310	304,23	0,3029 (0,0622	0,270 0,0553)
Wasser	0,001	0,001		1	1	28,49	9,83	8,954	3,089
		a)	b)						
Wasserdampf	0,4484	0,7274	0,7284	2,310	2,3213	439,7	417,2	0,1899	0,1797

a) ohne Berücksichtigung, b) mit Berücksichtigung der Reibung.

Die Tabelle zeigt die auffallende Tatsache, dass sowohl das spezifische Volumen, als auch der Druck in der Mündung bei Berücksichtigung der Reibungswiderstände grösser ausfällt als ohne Berücksichtigung derselben, oder dass der effektive Mündungsdruck bezw. das spezifische Volumen grösser ist als der theoretische Druck bezw. das theoretische Volumen in der Mündung. Wie die Tabelle zeigt, gilt dies sowohl für Luft als auch für Wasserdampf[1]).

D. Berechnung der angesaugten Luftmenge.

Zur Berechnung der angesaugten Luftmenge dienen folgende Gleichungen.

Es bezeichne in Fig. 522

F, p, γ, w den Querschnitt, den Druck, das Gewicht eines cbm und die Geschwindigkeit in der Ausströmungsöffnung,

F_1, p_1, γ_1, w_1 dieselben Werte an der engsten Stelle des Aufsatzrohres,

[1]) Zur Erklärung dieser Erscheinung sei auf die nähere Entwickelung der 1. Aufl. S. 674—678 verwiesen.

F_0, p_0, $\gamma_0 = \gamma_1$, w_0 diese Werte am Ende des Aufsatzrohres,
F_2, p_2, γ_2, w_2 dieselben im Saugrohr;

ferner

p_x den Druck an der Mischungsstelle,
G die aus dem Mundstück D sekundlich ausströmende Luft-, Wasser- oder Dampfmenge in kg,
G_2 die durch das Saugrohr S sekundlich angesaugte Luftmenge in kg,
G_0 die aus dem Aufsatzrohr sekundlich ausströmende Mischungsmenge in kg.

Da die in der Zeiteinheit aus dem Mundstück D ausströmende Flüssigkeitsmenge, sowie die angesaugte Luftmenge in derselben Zeit aus

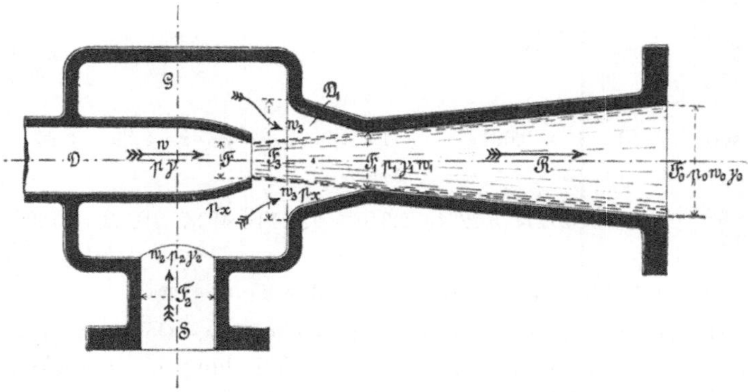

Fig. 522.

dem Aufsatzrohr auch wieder ausgeblasen werden muss, so folgt als erste Gleichung

$$G_0 = G + G_2 . \qquad 193)$$

Aus den Beziehungen

$$G = F \cdot w \cdot \gamma, \quad G_2 = F_2 \cdot w_2 \cdot \gamma_2 \quad \text{und} \quad G_0 = F_0 \cdot w_0 \cdot \gamma_1 \qquad 194)$$

ergibt sich

$$F_0 \cdot w_0 \cdot \gamma_1 = F \cdot w \cdot \gamma + F_2\, w_2\, \gamma_2 \qquad 195)$$

oder da dieselbe Mischungsmenge in der Zeiteinheit auch durch den engsten Querschnitt des Aufsatzrohres strömen muss,

$$F_1\, w_1 \cdot \gamma_1 = F_0\, w_0\, \gamma_1 .$$

Gleichung 195) schreibt sich also auch

$$F_1\, w_1 \cdot \gamma_1 = F \cdot w \cdot \gamma + F_2\, w_2\, \gamma_2 ,$$

oder

$$\frac{F_1}{F}\, w_1\, \gamma_1 = w \cdot \gamma + \frac{F_2}{F}\, w_2\, \gamma_2 .$$

Bezeichnet man noch $\frac{F_1}{F}$ mit m, $\frac{F_2}{F}$ mit n, so folgt

$$m \cdot w_1 \cdot \gamma_1 = w \cdot \gamma + n \cdot w_2 \gamma_2 . \qquad 196)$$

Zur Berechnung der einzelnen Geschwindigkeiten dient die allgemeine Gleichung

$$\frac{w^2}{2g} = \frac{p_a - p_e}{\gamma} \qquad 197)$$

oder unter Berücksichtigung der Reibungswiderstände

$$(1 + \zeta) \frac{w^2}{2g} = \frac{p_a - p_e}{\gamma}, \qquad 197\,a)$$

worin p_a den Anfangsdruck, p_e den Enddruck ($p_a > p_e$) und γ das Gewicht der strömenden Flüssigkeit ist.

Nach Zeuner berechnet sich nun die ganze, von der Mischungsmenge G_0 verrichtete Arbeit folgendermassen. Betrachtet man den zwischen den Querschnitten F_1 und F_0 im Aufsatzrohr enthaltenen Flüssigkeitskegel, so wirken zunächst auf den Querschnitt F_1 folgende Kräfte.

1. $F_1 \cdot p_x$ der konstante, in der Mischungsdüse D_1 herrschende absolute Druck.
2. $\frac{G}{g}(w - w_1)$ der von der treibenden Flüssigkeit infolge der Geschwindigkeitsabnahme ausgeübte Druck.
3. $\frac{G_2}{g}(w_3 - w_1)$ der von der angesaugten Luft ausgeübte Druck, wobei w_3 die Geschwindigkeit der Luft in der Mischungsdüse ist.

Der Gesamtdruck p_1 ist somit

$$P_1 = F_1 p_x + \frac{G}{g}(w - w_1) + \frac{G_2}{g}(w_3 - w_1), \qquad 198)$$

folglich die Arbeit, welche derselbe in der Zeiteinheit leistet

$$A_1 = P_1 \cdot w_1 . \qquad 199)$$

Diese Arbeit wird verwandt zur Beschleunigung der gesamten Mischungsmenge $G_0 = G + G_2$ und zur Überwindung des äusseren Luftdrucks $F_0\, p_0$, es ist somit auch

$$A_1 = \frac{G_0}{g} \cdot \frac{w_0^2 - w_1^2}{2} + F_0\, p_0 \cdot w_0 . \qquad 199\,a)$$

Aus der Gleichung 198) und 199 a) folgt sodann

$$F_1 p_x \cdot w_1 + \frac{G}{g}(w - w_1) \cdot w_1 + \frac{G_2}{g}(w_3 - w_1) \cdot w_1 = \frac{G_0}{g} \frac{w_0^2 - w_1^2}{2} + F_0\, p_0\, w_0, \qquad 200)$$

oder nach einigen Umformungen

$$F_0 w_0 \cdot p_0 - F_1 w_1 p_x = \frac{G}{g} \cdot w \cdot w_1 + \frac{G_2}{g} \cdot w_3 \cdot w_1 - \frac{G_0}{g} \frac{(w_0^2 + w_1^2)}{2}. \tag{201}$$

Setzt man hierin die Werte für G_0, G und G_2 ein, so folgt:

$$F_0 w_0 p_0 - F_1 w_1 p_x = \frac{F \cdot w \cdot \gamma}{g} \cdot w w_1 + \frac{F_2 w_2 \cdot \gamma_2}{g} \cdot w_3 \cdot w_1 - \frac{F_0 \cdot w_0 \cdot \gamma_1}{g} \frac{(w_0^2 + w_1^2)}{2},$$

oder da $F_0 w_0 = F_1 w_1$ ist, nach Division durch $F_1 w_1$

$$p_0 - p_x = \frac{F}{F_1} \cdot \frac{\gamma}{g} \cdot w^2 + \frac{F_2}{F_1} \cdot \frac{\gamma_2}{g} \cdot w_2 w_3 - \frac{\gamma_1}{2g} (w_0^2 + w_1^2),$$

mithin, da nach den obigen Bezeichnungen

$$\frac{F}{F_1} = \frac{1}{m}, \quad \frac{F_2}{F_1} = \frac{n}{m}$$

ist,

$$2g(p_0 - p_x) = \frac{2\gamma}{m} \cdot w^2 + \frac{2\gamma_2 \cdot n}{m} \cdot w_2 w_3 - \gamma_1 (w_0^2 + w_1^2). \tag{202}$$

Nach Gleichung 197a) ist nun

$$w_2^2 = \frac{2g}{\gamma_2} \cdot \frac{p_0 - p_x}{1 + \zeta_2}. \tag{203}$$

Setzt man ferner noch $w_3 = 0$, d. h. nimmt man an, dass die Luft im Gehäuse G wieder zur Ruhe gekommen sei, so folgt aus Gleichung 202)

$$2g(p_0 - p_x) = \frac{2\gamma}{m} w^2 - \gamma_1 (w_0^2 + w_1^2). \tag{204}$$

Für $w_0^2 + w_1^2$ lässt sich setzen

$$w_1^2 \left[1 + \left(\frac{w_0}{w_1}\right)^2\right] = 2 \cdot w_1^2 \cdot \frac{1}{2} \left[1 + \left(\frac{F_1}{F_0}\right)^2\right] = 2 w_1^2 \cdot \lambda,$$

worin

$$\lambda = \frac{1}{2} \left[1 + \left(\frac{F_1}{F_0}\right)^2\right] \tag{205}$$

ist und eine Funktion des Verhältnisses des engsten zum weitesten Querschnitt des Aufsatzrohres ist.

Man erhält somit für Gleichung 202) die folgende Gleichung

$$2g(p_0 - p_x) = \frac{2\gamma}{m} \cdot w^2 - 2\gamma_1 \cdot \lambda \cdot w_1^2. \tag{206}$$

Aus Gleichung 203) folgt aber

$$2g(p_0 - p_x) = w_2^2 \cdot \gamma_2 (1 + \zeta_2), \tag{206 a}$$

folglich ist

$$w_2^2 \cdot \gamma_2 (1 + \zeta_2) = \frac{2\gamma}{m} \cdot w^2 - 2\gamma_1 \lambda w_1^2$$

oder

$$w_2^2 = \frac{2\gamma}{\gamma_2 (1 + \zeta_2)} \cdot \frac{w^2}{m} - \frac{2\gamma_1}{\gamma_2 (1 + \zeta_2)} \lambda w_1^2.$$

Setzt man hierin:

$$\frac{2\gamma_1}{\gamma_2 (1 + \zeta_2)} = \alpha \qquad 207)$$

und

$$\frac{2\gamma}{\gamma_2 (1 + \zeta_2)} = \beta \qquad 207\,a)$$

so folgt

$$w_2^2 = \beta \cdot \frac{w^2}{m} - \alpha \cdot \lambda w_1^2, \qquad 208)$$

oder

$$m \cdot w_2^2 = \beta \cdot w^2 - m \cdot \alpha \cdot \lambda \cdot w_1^2$$

und

$$m^2 w_2^2 = m \cdot \beta w^2 - \alpha \cdot \lambda (m \cdot w_1)^2.$$

Aus Gleichung 196) folgt ferner

$$w_1 = w \cdot \frac{1}{m} \cdot \frac{\gamma}{\gamma_1} + w_2 \cdot \frac{n}{m} \cdot \frac{\gamma_2}{\gamma_1},$$

folglich

$$(m \cdot w_1)^2 = \left(\frac{\gamma}{\gamma_1} \cdot w + \frac{\gamma_2}{\gamma_2} \cdot n \cdot w_2\right)^2.$$

Aus dieser Gleichung und Gleichung 208) folgt

$$\left(m \cdot \frac{w_2}{w}\right)^2 = m \cdot \beta - \alpha \lambda \left(\frac{\gamma}{\gamma_1} + \frac{\gamma_2}{\gamma_1} \cdot n \frac{w_2}{w}\right)^2,$$

und hieraus schliesslich

$$\left(\frac{w_2}{w}\right)^2 \cdot \left[m^2 + \alpha \cdot \lambda \cdot \left(\frac{\gamma_2}{\gamma_1} \cdot n\right)^2\right] + 2 \cdot \alpha \lambda \frac{\gamma \cdot \gamma_2}{\gamma_1^2} \cdot n \frac{w_2}{w} = m \cdot \beta - \alpha \cdot \lambda \frac{\gamma}{\gamma_1}. \qquad 209)$$

Die Auflösung dieser Gleichung führt zu einem sehr komplizierten Ausdruck, weshalb das zweite Glied der linken Seite als verhältnismässig klein vernachlässigt werden soll. Man erhält dann die bedeutend einfachere Gleichung

$$\left(\frac{w_2}{w}\right)^2 = \frac{m\beta - \alpha \cdot \lambda \frac{\gamma}{\gamma_1}}{m^2 + \alpha \cdot \lambda \frac{\gamma_2^2}{\gamma_1^2} \cdot n^2}$$

und hieraus

$$w_2 = w \cdot \sqrt{\frac{\beta(m - \lambda)}{m^2 + \beta \cdot \lambda \cdot n^2 \frac{\gamma_2^2}{\gamma_1 \cdot \gamma}}}, \qquad 210)$$

da

$$\alpha = \frac{\gamma_1}{\gamma} \cdot \beta$$

und

$$\alpha \cdot \frac{\gamma_2^2}{\gamma_1^2} = \frac{2 \cdot \gamma_1}{\gamma_2(1 + \zeta_2)} \cdot \frac{\gamma_2^2}{\gamma_1^2} \cdot \frac{\gamma}{\gamma} = \beta \cdot \frac{\gamma_2^2}{\gamma_1 \cdot \gamma}$$

ist. Für $\gamma_2 = \gamma_1 = \gamma$ folgt hieraus

$$w_2 = w \cdot \sqrt{\frac{\beta(m - \lambda)}{m^2 + \beta \cdot \lambda \cdot n^2}}. \qquad 210\text{ a)}$$

Die angesaugte Luftmenge G_2 berechnet sich hieraus unter Berücksichtigung von Gleichung 194) zu:

$$G_2 = F_2 \gamma_2 \cdot w \cdot \sqrt{\frac{\beta(m - \lambda)}{m^2 + \beta \cdot \lambda \cdot n^2 \frac{\gamma_2^2}{\gamma_1 \cdot \gamma}}}, \qquad 211)$$

das Verhältnis der angesaugten Luftmenge zur treibenden Flüssigkeitsmenge zu

$$\frac{G_2}{G} = \frac{F_2 \gamma_2 w_2}{F \cdot \gamma \cdot w},$$

oder da $\frac{F_2}{F} = n$ ist, zu

$$\frac{G_2}{G} = n \cdot \frac{\gamma_2}{\gamma} \cdot \sqrt{\frac{\beta(m - \lambda)}{m^2 + \beta \cdot \lambda \cdot n^2 \cdot \frac{\gamma_2^2}{\gamma \cdot \gamma_1}}} = \frac{\gamma_2}{\gamma} \sqrt{\frac{\beta n^2 (m - \lambda)}{m^2 + \beta \cdot \lambda n^2 \frac{\gamma_2^2}{\gamma \cdot \gamma_1}}}. \qquad 212)$$

Die in dieser Gleichung enthaltene Beziehung lässt sich in folgendem, von Zeuner zuerst in seiner Theorie des Lokomotivblasrohrs ausgesprochenem und bewiesenem Satze ausdrücken:

„Die angesaugte Luftmenge ist der ausfliessenden Flüssigkeitsmenge direkt proportional, von der Grösse des Flüssigkeitsdruckes unabhängig und nur eine Funktion der verschiedenen Querschnittsverhältnisse, nicht aber der absoluten Grössen derselben.“

Aus Gleichung 212) lassen sich ferner folgende Schlüsse ziehen:

1. Die angesaugte Luftmenge ist um so grösser, je grösser n, d. h. je grösser der Querschnitt der Saugleitung im Verhältnis zum Düsenquerschnitt ist oder umgekehrt.

2. Dieselbe ist um so kleiner, je grösser λ ist. Dieselbe ist somit für $\lambda < 1$ grösser als für $\lambda = 1$, oder gar $\lambda > 1$. Der erste Wert gilt für konisch divergente Aufsatzrohre, der mittlere für cylindrische und

der letzte für konvergente Rohre. Es ist daher stets vorteilhafter, das Aufsatzrohr konisch divergent als cylindrisch zu machen, während konisch nach oben verjüngte Rohre ganz zu verwerfen sind.

3. Die Luftmenge ist vom Verhältnis der spezifischen Gewichte der anzusaugenden Luft und der saugenden Flüssigkeit abhängig. Die spezifisch leichteste Flüssigkeit wird daher unter sonst gleichen Verhältnissen die grösste Luftmenge, die spezifisch schwerste, das Wasser, dagegen die kleinste Luftmenge ansaugen.

Um den Einfluss der Werte m, n und λ auf G_2 noch deutlicher zu zeigen, kann man Gleichung 212) auch folgendermassen schreiben:

$$\frac{G_2}{G} = \frac{\gamma_2}{\gamma}\sqrt{\frac{\beta \cdot n^2 m - \beta \lambda n^2 + m^2 - m^2}{m^2 + \beta \lambda n^2}} = \frac{\gamma_2}{\gamma}\sqrt{\frac{m^2 + m \cdot \beta n^2}{m^2 + \lambda \cdot \beta n^2} - 1}. \qquad 212\text{a)}$$

Der Bruch unter dem Wurzelzeichen wird um so grösser sein, je grösser m gegenüber λ ist, weil die beiden Glieder βn^2 im Zähler und Nenner sich nur durch die Faktoren m und λ unterscheiden.

Um zu ermitteln, für welche Werte von m, n und λ G_2 ein Maximum ist, hat man Gleichung 211) nach diesen einzelnen Werten zu differenzieren.

1. m sei veränderlich und vorübergehend mit x bezeichnet, n und λ seien konstant. Dann ist Gleichung 211) zu schreiben

$$G_2 = G \cdot \frac{\gamma_2}{\gamma} \cdot \sqrt{\frac{x^2 + x \cdot \beta n^2}{x^2 + \lambda \beta n^2} - 1}.$$

Durch Differentiation ergibt sich:

$$\frac{d G_2}{dx} = G \cdot \frac{\gamma_2}{\gamma} \cdot \frac{(x^2 + \lambda \beta n^2)(2x + \beta n^2) - (x^2 + x \beta n^2) \cdot 2x}{2 \cdot (x^2 + \lambda \beta n^2)^2 \cdot \sqrt{\frac{x^2 + x \beta n^2}{x^2 + \lambda \beta n^2} - 1}} = 0,$$

oder

$$(x^2 + \lambda \beta n^2)(2x + \beta n^2) = (x^2 + x \beta n^2) \cdot 2x,$$

woraus nach einigen Umformungen

$$x^2 - \lambda \cdot 2x - \lambda \beta n^2 = 0,$$

also

$$x = m = \lambda + \sqrt{\lambda^2 + \lambda \beta \cdot n^2} \qquad 213)$$

folgt.

2. n sei veränderlich. Dann ist

$$G_2 = G \frac{\gamma_2}{\gamma} \sqrt{\frac{x^2 \cdot m \beta + m^2}{x^2 \cdot \lambda \beta + m^2} - 1}$$

zu setzen.

Die Differentiation dieser Gleichung würde keinen Maximalwert von G_2 ergeben, da, wie die Gleichung sofort zeigt, G_2 mit n fortwährend wächst, wie auch bereits oben (S. 629) nachgewiesen wurde.

3. λ sei veränderlich. Gleichung 211) zeigt sofort, dass, wie auch bereits erwähnt, G_2 um so grösser ist, je kleiner λ ist. Aus Gleichung 205) folgt, dass der Grenzwert für λ sich für $\left(\frac{F_1}{F_0}\right)^2 = 0$ oder $\frac{F_1}{F_0} = 0$ zu $\lambda \doteq \frac{1}{2}$ ergibt. Diesen Wert kann man jedoch nicht erreichen, da hierzu entweder $F_1 = 0$ oder $F_0 = \infty$ sein müsste, was den Voraussetzungen widerspricht.

Zeuner empfiehlt für Lokomotivblasrohre $\lambda = 0{,}5988 \backsim 0{,}6$ zu machen, woraus folgt

$$\frac{F_1}{F_0} = \sqrt{2\,\lambda - 1} = 0{,}447$$

oder

$$F_0 = 2{,}237\,F_1$$

und

$$d_0 = 1{,}497\,d_1 \backsim 1{,}5\,d_1\,.$$

Setzt man den Wert $\lambda = 0{,}6$ in Gleichung 213) ein, so erhält man

$$m = 0{,}6 + \sqrt{0{,}36 + 0{,}6 \cdot \beta\,n^2} = 0{,}6 + \sqrt{n^2\left(0{,}6\,\beta + \frac{0{,}36}{n^2}\right)}\,. \qquad 213\,a)$$

Vernachlässigt man das zweite Glied des Klammerausdruckes und setzt β vorübergehend nach Zeuner[1]) $= \frac{1}{6} = 0{,}1666$, so folgt

$$m = 0{,}316\,n + 0{,}6$$

oder

$$n = 3{,}164\,(m + 0{,}6)\,. \qquad 214)$$

Zeuner fand bei den oben erwähnten Versuchen, dass, wenn $m < 4$ gemacht wurde, der Versuchsapparat so starken Erschütterungen ausgesetzt war, und das Geräusch desselben ein so starkes war, dass unter diesen Verhältnissen eine Weiterführung der Versuche nicht durchführbar war. Man kann daher wohl $m = 4$ als niedrigsten Grenzwert für m angeben. Hierfür erhält man nach Gleichung 214)

$$n = 3{,}164 \cdot 4{,}6 = 14{,}55 \backsim 14{,}6\,.$$

In den obigen Gleichungen sind noch die Werte von α, β, $\zeta_2\,\gamma$, γ_1 und γ_2 einer näheren Besprechung zu unterziehen.

In den Gleichungen 207) und 207 a) ist der Widerstandskoeffizient ζ_2 enthalten. Derselbe kann für Luft annähernd so gross wie für Wasser gesetzt und für grosse Geschwindigkeit vernachlässigt werden, da er nach Weissbach der Geschwindigkeit umgekehrt proportional ist.

---

1) Für Dampf als saugende und heisse Luft als angesaugte Flüssigkeit.

Zur genaueren Berechnung dienen die auf S. 718 angegebenen Gleichungen 181) und 182) von Weissbach und Zeuner.

Im Mittel kann derselbe zu 0,0146 oder $\frac{2}{1+\zeta_2} = 1{,}971$ angenommen werden, woraus sich ergibt

$$\alpha = 1{,}971 \cdot \frac{\gamma_1}{\gamma_2} \text{ und } \beta = 1{,}971 \cdot \frac{\gamma}{\gamma_2}.$$

Zur Berechnung der Gewichte eines cbm dienen folgende Gleichungen:

1. γ ergibt sich aus der Gleichung

$$\gamma = \frac{1}{v},$$

worin v das spezifische Volumen der saugenden Flüssigkeit im Mundstück ist, und sich

für Luft aus Gleichung 178) (S. 715),
„ Dampf „ „ 189) (S. 721)

berechnet, während für Wasser $\gamma = 1$ zu setzen ist.

2. γ_1 ist das Gewicht eines cbm der Mischung im Aufsatzrohr. Wie bereits oben (S. 711) bemerkt wurde, muss zur Vereinfachung der Berechnung das Gewicht im Aufsatzrohr konstant angesehen und hierfür ein mittlerer Wert angenommen werden.

Man berechne zunächst w_2 nach Gleichung 210), indem man im Nenner $\gamma_1 = \gamma$ setzt. Sodann folgt aus Gleichung 193) (S. 725)

$$G_0 = G + G_2$$

oder

$$v_0 \gamma_1 = v \cdot \gamma + v_2 \gamma_2,$$

mithin

$$\gamma_1 = \frac{F \cdot w \cdot \gamma + F_2 w_2 \gamma_2}{F_0 \cdot w_0} = \frac{F \cdot w \cdot \gamma + F_2 w_2 \gamma_2}{F_1 \cdot w},$$

wenn man $w_1 = w$ setzt, welche Voraussetzung zwar nicht streng richtig ist, jedoch keinen grossen Fehler verursacht. Setzt man noch

$$w_2 = \varepsilon \cdot w,$$

worin ε den Wurzelausdruck in Gleichung 210) bezeichnet, und dividiert die rechte Seite der obigen Gleichung durch F, so ist

$$\gamma_1 = \frac{w \cdot \gamma + n \cdot \varepsilon \cdot w \cdot \gamma_2}{m \cdot w} = \frac{\gamma + n \cdot \varepsilon \cdot \gamma_2}{m}. \qquad 215)$$

Diese Gleichung enthält noch den Wert γ_2, welcher sich aus den nachfolgenden Gleichungen berechnet.

3. γ_2 ist das Gewicht der angesaugten Luft. Dasselbe ergibt sich aus der Zustandsgleichung

$$p_2 v_2 = R T_2$$

und der Beziehung

$$v_2 = \frac{1}{\gamma_2} \quad \text{zu} \quad \gamma_2 = \frac{p_2}{R T_2}.$$

Hierin ist p_2 der Druck der angesaugten Luft beim Eintritt in das Gehäuse, welchen man, ohne einen grossen Fehler zu begehen, gleich dem Drucke p_x setzen kann, sodass man auch schreiben kann

$$\gamma_2 = \frac{p_x}{R T_2}.$$

Nach Gleichung 206 a) (S. 727) ist nun

$$2 g (p_0 - p_x) = w_2^2 \cdot \gamma_2 \cdot (1 + \zeta_2) = w_2^2 \cdot (1 + \zeta_2) \frac{p_x}{R T_2},$$

woraus nach verschiedenen Umformungen folgt

$$p_x = p_0 \frac{2 g R T_2}{2 g R T_2 + w_2^2 (1 + \zeta_2)} = p_0 \left[1 - \frac{w_2^2 (1 + \zeta_2)}{2 g R T_2 + w_2^2 (1 + \zeta_2)}\right]. \qquad 216)$$

Setzt man den ersteren der beiden Werte oben ein, so folgt

$$\gamma_2 = p_0 \cdot \frac{2 g}{w_2^2 (1 + \zeta_2) + 2 g R T_2}. \qquad 217)$$

Zur Berechnung von w_2 wende man Gleichung 210 a) an, worin vorübergehend $\gamma_2 = \gamma_1 = \gamma$ gesetzt ist.

Die Temperatur T_2 nehme man gleich der Temperatur T_0 der Aussenluft.

Aus Gleichung 216) lässt sich, nachdem mit Hilfe von Gleichung 217) und 210) der richtige Wert von w_2 gefunden ist, die absolute Spannung p_x im Gehäuse G, sowie die erzeugte Depression $\xi = p_0 - p_x$ berechnen. Man erhält

$$\xi = p_0 - p_x = \frac{w_2^2 (1 + \zeta_2)}{2 g R T_2 + w_2^2 (1 + \zeta_2)} \cdot p_0 =$$

$$= w^2 \cdot (1 + \zeta_2) \frac{\dfrac{\beta (m - \lambda)}{m^2 + \beta \cdot \lambda \cdot n^2 \dfrac{\gamma_2^2}{\gamma_1 \cdot \gamma}}}{2 g R T_2 + w^2 (1 + \zeta_2) \dfrac{\beta (m - \lambda)}{m^2 + \beta \cdot \lambda \cdot n^2 \cdot \dfrac{\gamma_2^2}{\gamma_1 \cdot \gamma}}} \cdot p_0,$$

woraus nach verschiedenen Umformungen folgt:

$$\xi = \frac{w^2 \cdot (1 + \zeta_2) \cdot \beta (m - \lambda)}{w^2 (1 + \zeta_2) \cdot \beta (m - \lambda) + 2 g R T_2 \left(m^2 + \beta \cdot \lambda \cdot n^2 \dfrac{\gamma_2^2}{\gamma \cdot \gamma_1}\right)} \cdot p_0. \qquad 218)$$

Beispiel:

Für das oben (S. 715) berechnete Beispiel soll die angesaugte Luftmenge und die Depression im Gehäuse für Luft, Wasser und Dampf als saugende Flüssigkeit berechnet werden.

1. Luft als saugende Flüssigkeit.

Es war

$$w_e = 304{,}23 \text{ m}, \qquad G_e = 0{,}27 \text{ kg} = 0{,}0553 \text{ cbm}$$

gefunden.

Nach Gleichung 210a) (S. 729) ist zunächst für $\gamma = \gamma_1 = \gamma_2$

$$w_2 = w \cdot \sqrt{\frac{\beta \cdot (m - \lambda)}{m^2 + \beta \cdot \lambda n^2}}.$$

Um zunächst m zu berechnen, sei $\lambda = 0{,}6$, $n = 12$ gesetzt, so folgt nach Gleichung 213a)

$$m = 0{,}6 + \sqrt{0{,}36 + 0{,}6 \cdot 1{,}971 \cdot 144},$$

worin β für $\gamma_2 = \gamma$ nach Gleichung 207a) (S. 728) zu 1,971 gesetzt ist. Hieraus folgt $m = 13{,}7$, mithin

$$w_2 = 304{,}23 \cdot \sqrt{\frac{1{,}971 \cdot 13{,}1}{187{,}7 + 170{,}28}} = 304{,}23 \cdot 0{,}268 = 81{,}54 \text{ m}.$$

Berechnet man γ_2 für diesen Wert von w_2 nach Gleichung 217), worin $t = 10^0$ C. oder $T = 283$ angenommen sei, so folgt

$$\gamma_2 = 10\,333 \cdot \frac{19{,}62}{81{,}54^2 \cdot 1{,}0146 + 19{,}62 \cdot 29{,}27 \cdot 283} = \frac{202\,733}{169\,262} = 1{,}198.$$

Berechnet man ferner noch γ aus dem Wert

$$v = 0{,}3244 \text{ zu } \gamma = \frac{1}{v} = 3{,}0826$$

und

$$\beta = 1{,}971 \cdot \frac{\gamma}{\gamma_2} = 1{,}971 \cdot \frac{3{,}0826}{1{,}198} = 2{,}573,$$

hieraus sodann m genauer zu

$$m = 0{,}6 + \sqrt{0{,}36 + 0{,}6 \cdot 2{,}573 \cdot 144} = 15{,}53,$$

und endlich γ_1 nach Gleichung 215) zu

$$\gamma_1 = \frac{3{,}0826 + 12 \cdot 0{,}268 \cdot 1{,}198}{15{,}53} = \frac{6{,}743}{15{,}53} = 0{,}434 \text{ kg},$$

so kann man nun die genaue Formel 210) zur Berechnung von w_2 benutzen, wonach man erhält

$$w_2 = 304{,}23 \cdot \sqrt{\frac{2{,}573 \cdot 14{,}93}{241 + 2{,}573 \cdot 0{,}6 \cdot 144 \cdot \frac{1{,}198^2}{0{,}434 \cdot 3{,}0826}}} = 304{,}23 \sqrt{\frac{38{,}41}{480}} = \mathbf{85{,}732}\ \text{m}.$$

Hieraus folgt genau

$$\gamma_2 = \mathbf{1{,}1925}\ \text{kg}.$$

Es ist mithin

$$\frac{G_2}{G} = \frac{F_2\, w_2 \cdot \gamma_2}{F \cdot w \cdot \gamma} = n \cdot \frac{w_2}{w} \cdot \frac{\gamma_2}{\gamma} = 12 \cdot 0{,}2818 \cdot \frac{1{,}1925}{3{,}0826} = 1{,}34$$

und

$$G_2 = 0{,}27 \cdot 1{,}34 = 0{,}362\ \text{kg}.$$

Das Volumverhältnis der angesaugten zur saugenden Flüssigkeit ergibt sich zu

$$\frac{V_2}{V} = \frac{G_2}{G} \cdot \frac{\gamma}{\gamma_2} = 1{,}34 \cdot \frac{3{,}0826}{1{,}1925} = \mathbf{2{,}59}\,,$$

also

$$V_2 = 0{,}0553 \cdot 2{,}59 = 0{,}1433\ \text{cbm}.$$

Die absolute Spannung p_x im Gehäuse folgt nach Gleichung 216) zu

$$p_x = p_0 \cdot \frac{2\,g\,R\,T_2}{2\,g\,R\,T_2 + w_2^2\,(1 + \zeta_2)} = 10\,333 \cdot \frac{162\,520}{162\,520 + 85{,}732^2 \cdot 1{,}0146} =$$
$$= 9867{,}25\ \text{kg/qm}$$

oder mm Wassersäule, mithin die erzielte Depression zu

$$\xi = p_0 - p_x = 465{,}75\ \text{mm Wassersäule}.$$

2. Dampf als saugende Flüssigkeit.

$$w_e = 417{,}2\ \text{m i. d. Sek.},\quad G_e = 0{,}22257\ \text{kg},\quad \gamma = \frac{1}{v} = \frac{1}{0{,}72796} = 1{,}283\ \text{kg}.$$

Unter Anwendung derselben Gleichungen, wie vorher, erhält man, wenn man vorläufig γ_2 wie bei Luft als Treibflüssigkeit zu 1,247 annimmt,

$$\beta = 1{,}971 \cdot \frac{1{,}283}{1{,}247} = 2{,}03,$$

$$m = 13{,}9,$$

$$w_2 = 112{,}65\ \text{m},$$

hieraus genauer

$$\gamma_2 = 1{,}156\ \text{kg},\quad m = 14{,}4,\quad \gamma_1 = 0{,}3474\ \text{kg}$$

und nach Gleichung 210)

$$w_2 = \mathbf{83{,}44}\ \text{m},$$

woraus sich γ_2 rückwärts zu

$$\gamma_2 = \mathbf{1{,}194}\ \text{kg}$$

berechnet. Hieraus folgt:

$$\frac{G_2}{G} = 2{,}232,$$

also

$$G_2 = \mathbf{0{,}497}\ \text{kg}, \quad \frac{V_2}{V} = 2{,}397 \backsim \mathbf{2{,}4}.$$

Die absolute Spannung im Gehäuse und die Depression erhält man zu

$$p_x = 10\,333 \cdot \frac{162\,520}{162\,520 + 83{,}44^2 \cdot 1{,}0146} = 9901{,}08\ \text{kg/qm}$$

oder mm Wassersäule, folglich

$$\xi = p_0 - p_x = 431{,}92\ \text{mm Wassersäule.}$$

3. Wasser als saugende Flüssigkeit.

Dieselben Verhältnisse λ und n auf Wasser angewandt führen, wie die nachfolgende Berechnung klarlegen soll, zu sehr abnormen Werten, was seinen Grund einmal in dem sehr verschiedenen spezifischen Gewicht von Wasser und Luft, also der nicht mehr in gleichem Masse wie bei Luft oder Dampf zutreffenden Voraussetzung einer gleichbleibenden mittleren Dichtigkeit im Gehäuse, sodann aber auch in der bedeutend geringeren Geschwindigkeit des Wassers hat.

Nach Tabelle 38 (S. 724) ist $w_e = 9{,}83$ m, $G_e = 3{,}089$ kg, also $V_e \backsim 0{,}00309$ cbm. Da $\gamma = 1000$ kg ist, so folgt, wenn man zunächst nach dem vorigen Beispiel $\gamma_2 = 1{,}193$ setzt,

$$\beta = 1{,}971 \cdot \frac{1000}{1{,}193} = 16{,}52.$$

Man erhält dann für $\lambda = 0{,}6$ und $n = 12$ $m = 378$ und hiernach vorläufig $w_2 = 19{,}4$ m. Genauer folgt sodann $\gamma_2 = 1{,}2445$ kg, $\gamma_1 = 2{,}704$ kg und daraus

$$w_2 = 9{,}83 \cdot \sqrt{\frac{1652 \cdot 377{,}4}{378^2 + 1652 \cdot 0{,}6 \cdot 144 \dfrac{1{,}2445^2}{2{,}704 \cdot 1000}}} = \mathbf{20{,}515}\ \text{m},$$

woraus sich wieder genauer

$$\gamma_2 = 1{,}248\ \text{kg}$$

berechnet.

Man erhält sodann

$$\frac{G_2}{G} = n \cdot \frac{w_2}{w} \cdot \frac{\gamma_2}{\gamma} = 12 \cdot 2{,}088 \cdot \frac{1{,}248}{1000} = 0{,}03127$$

oder

$$G_2 = 3{,}09 \cdot 0{,}03127 = 0{,}0966 \text{ kg},$$

und endlich

$$\frac{V_2}{V} = \frac{G_2}{G} \cdot \frac{\gamma}{\gamma_2} = 0{,}03127 \cdot \frac{1000}{1{,}248} = 25{,}06$$

und

$$V_2 = 0{,}00309 \cdot 25{,}06 = 0{,}0775 \text{ cbm}.$$

Die Spannung und Depression berechnet sich zu

$$p_x = 10\,333 \cdot \frac{162\,520}{162\,520 + 20{,}515^2 \cdot 1{,}0146} = 10\,302 \text{ kg/qm}$$

oder mm Wassersäule, also

$$\xi = p_0 - p_x = 29 \text{ mm Wassersäule}.$$

Der letztere Wert zeigt besonders auffallend die höchst mangelhafte Wirkungsweise des Apparates unter den angemessenen Verhältnissen und berechtigt zu dem Ausspruch, dass die für einen Druckluft- oder Dampfstrahlapparat brauchbaren Verhältnisse für Wasserstrahlapparate nicht anwendbar sind oder dass umgekehrt die ersteren Apparate bei Anwendung von Wasser als saugende Flüssigkeit im höchsten Grade unvorteilhaft arbeiten.

Es sind daher für Wasserstrahlapparate andere Werte für m, n und λ als für Dampf- und Luftstrahlapparate zu wählen.

Wie aus Gleichung 216) hervorgeht, ist p_x um so kleiner, je grösser w_2 ist.

Aus der Gleichung

$$w_2 = w \cdot \sqrt{\frac{\beta\,(m - \lambda)}{m^2 + \beta \cdot \lambda\, n^2 \dfrac{\gamma_2^{\,2}}{\gamma_1 \cdot \gamma}}}$$

lassen sich zunächst folgende Schlüsse ziehen.

w_2 ist der Ausflussgeschwindigkeit w direkt proportional. Der Zähler des Bruches unter dem Wurzelzeichen ist aber um so grösser, je kleiner λ gegenüber m, oder je grösser $\frac{m}{\lambda}$ ist. Da nun

$$m = \frac{F_1}{F} \text{ und } \lambda = \frac{1}{2}\left(1 + \left(\frac{F_1}{F}\right)^2\right)$$

ist, so folgt

$$\frac{m}{\lambda} = 2 \cdot \frac{F_1}{F} \cdot \frac{1}{1 + \left(\dfrac{F_1}{F_0}\right)^2},$$

oder wenn man den Wert $\left(\frac{F_1}{F_0}\right)^2$ als sehr klein vernachlässigt,

$$\frac{m}{\lambda} \backsim 2 \cdot \frac{F_1}{F}.$$

Diese Vernachlässigung kann man aber, ohne einen grossen Fehler zu begehen, vornehmen, da beispielsweise für $\frac{F_1}{F_0} = \frac{1}{10}$ oder $d_0 = 3{,}16\ d_1$ der Wert

$$\frac{1}{1 + \left(\frac{F_1}{F_0}\right)^2} = 0{,}99$$

wird, also mit genügender Genauigkeit $= 1$ gesetzt werden darf.

Der Wert $\frac{m}{\lambda} = \frac{F_1}{F}$ wird aber um so grösser sein, je kleiner F und je grösser F_1 ist. Der unterste Grenzwert für λ war früher zu $\frac{1}{2}$ gefunden. Um daher den Zähler des obigen Wurzelausdrucks möglichst gross zu machen, müsste m möglichst gross sein. Da jedoch m im Nenner im quadratischen Verhältnis zunimmt, so ist hierdurch die Wahl von m beeinflusst.

Genauer lässt sich der günstigste Wert des Wurzelausdrucks durch Differentiation ermitteln. Zunächst sind die Werte λ, γ_1, γ_2 und β zu bestimmen. Die folgende Tabelle gibt für verschiedene Werte von $\frac{d_0}{d_1}$ die entsprechenden Werte von λ.

Für

$$\frac{d_0}{d_1} = 1{,}5 \qquad 2 \qquad 3 \qquad 4 \qquad 5$$

folgt

$$\frac{F_0}{F_1} = 2{,}25 \qquad 4 \qquad 9 \qquad 16 \qquad 25$$

oder

$$\frac{F_1}{F_0} = 0{,}444 \qquad 0{,}25 \qquad 0{,}111 \qquad 0{,}0625 \qquad 0{,}004$$

also

$$\left(\frac{F_1}{F_0}\right)^2 = 0{,}1971 \qquad 0{,}0625 \qquad 0{,}0123 \qquad 0{,}0039 \qquad 0{,}0016$$

und daraus

$$\lambda = 0{,}5985 \qquad 0{,}5313 \qquad 0{,}5061 \qquad 0{,}50195 \qquad 0{,}5008.$$

Wählt man $\lambda = 0{,}6$, so wird hiermit den meist praktischen Fällen Genüge geleistet sein und in manchen Fällen λ noch kleiner, also w_2 entsprechend grösser sein.

Nach dem früheren sei $\gamma_2 = 1{,}193$, also $\beta \backsim 1650$ und

$$\frac{\beta \cdot \lambda \gamma_2^2}{\gamma \cdot \gamma_1} = C$$

gesetzt. Wird ferner n konstant angenommen, so kann man den Bruch unter dem Wurzelzeichen auch schreiben

$$\frac{1650\,(m - 0{,}6)}{m^2 + C\,n^2} = \frac{1650\,m - 0{,}6 \cdot 1650}{m^2 + C\,n^2}.$$

Durch Differentiation erhält man

$$(m^2 + C\,n^2) \cdot 1650 - (1650\,m - 0{,}6 \cdot 1650) \cdot 2\,m = 0,$$

oder einfacher

$$m^2 + C\,n^2 - (m - 0{,}6) \cdot 2\,m = 0,$$

woraus folgt

$$m^2 - 1{,}2\,m - C\,n^2 = 0,$$

also

$$m = 0{,}6 \pm \sqrt{0{,}36 + C\,n^2}$$

worin, da m positiv sein muss, das positive Wurzelzeichen zu nehmen ist, also

$$m = 0{,}6 + \sqrt{0{,}36 + C\,n^2} \qquad 219)$$

zu schreiben ist. Da jedoch der Wert von w_2 um so grösser wird, je kleiner n, also auch n^2 ist, so folgt, dass in Gleichung 219) C und n_2 möglichst klein zu halten sind. Für $C \cdot n^2 = 0$ ist $m = 1{,}2$ oder $= 2\,\lambda$.

Aus Gleichung 219) folgt rückwärts

$$n = \sqrt{\frac{m^2 - 1{,}2\,m}{C}}. \qquad 220)$$

Der Koeffizient $C = \beta \cdot \lambda \cdot \frac{\gamma_2^2}{\gamma \cdot \gamma_1}$ wird nur durch die verschiedenen Dichtigkeiten bestimmt. Setzt man noch $\beta = 1{,}971 \cdot \frac{\gamma}{\gamma_2}$ ein, so folgt

$$C = 1{,}971 \cdot \lambda \cdot \frac{\gamma_2}{\gamma_1}.$$

Da γ_2 das Gewicht eines cbm der angesaugten Luft, γ_1 dasjenige des Gemisches von Wasser und Luft ist, so ist ohne weiteres klar, dass

$\gamma_2 < \gamma_1$, oder $\frac{\gamma_2}{\gamma_1} < 1$ sein muss. Setzt man den Grenzwert $\frac{\gamma_2}{\gamma_1} = 1$ oben ein, so folgt $C = 1{,}971 \cdot 0{,}6 = 1{,}1826$ als grösster Wert. Für $C = 1$ folgt

$$\frac{\gamma_2}{\gamma_1} = \frac{1}{1{,}971 \cdot 0{,}6} = 0{,}84.$$

Nimmt man vorläufig an, dass dieses Verhältnis zutreffend sei, so kann man Gleichung 219) schreiben

$$m = 0{,}6 + \sqrt{0{,}36 + n^2}$$

und man erhält für verschiedene Werte von n folgende Werte von m:

n = 0,1	0,5	1	1,5	2	4	8
m = 1,201	1,381	1,766	2,216	2,69	4,65	8,62.

Rechnet man hieraus z. B. für $n = 1$ und $m = 1{,}766$ die Werte w_2, γ_1 und γ_2 aus, so folgt $w_2 = 21{,}6 \cdot w = 282{,}96$ m, γ_2 0,835, folglich $\gamma_1 = \frac{0{,}835}{0{,}84} \propto 1{,}0$ nach obiger Annahme. Aus Gleichung 215) folgt dagegen

$$\gamma_1 = \frac{1000 + 1 \cdot 21{,}6 \cdot 0{,}835}{1{,}766} = 575{,}1.$$

Man erkennt hieraus sofort, dass die obige Annahme $C = 1$ einen viel zu grossen Wert des Verhältnisses $\frac{\gamma_2}{\gamma_1}$ ergibt, dass man also C bedeutend kleiner, oder γ_1 bedeutend grösser anzunehmen hat.

Aus der Gleichung $C = 1{,}971 \cdot \lambda \cdot \frac{\gamma_2}{\gamma_1}$ folgt

$$\frac{\gamma_2}{\gamma_1} = \frac{C}{\lambda \cdot 1{,}971} \quad \text{oder für } \lambda = 0{,}6,$$

$$\frac{\gamma_2}{\gamma_1} = \frac{C}{1{,}183} \quad \text{und} \quad C = 1{,}183 \frac{\gamma_2}{\gamma_1}. \qquad 221)$$

Da nun über die Grössen der Werte von γ_1, m und n keine weiteren Anhaltspunkte vorhanden sind, so soll zur Lösung der Aufgabe der folgende Weg eingeschlagen werden.

Es soll angenommen werden, dass die vom Wasserstrahl anzusaugende Luftmenge dieselbe wie bei Luft und Dampf, also im Mittel

$$G_2 = 0{,}43 \text{ kg}$$

oder

$$\frac{G_2}{G} = \frac{0{,}43}{3{,}089} = 0{,}1392$$

sein soll, dass ferner auch die Depression im Gehäuse dieselbe wie bei Luft und Dampf, also $\xi \backsim 450$ mm, mithin

$$p_x = p_0 - \xi = 9883 \text{ kg/qm oder mm Wassersäule}$$

sein soll.

Dann berechnet sich zunächst w_2 nach Gleichung 216) (S. 733) zu

$$w_2 = \sqrt{\frac{p_0 - p_x}{p_x} \cdot \frac{2\,g\,R\,T_2}{1 + \zeta_2}} = 85{,}5 \text{ m},$$

sodann nach Gleichung 217)

$$\gamma_2 = p_0 \cdot \frac{2\,g}{2\,g\,R\,T_2 + w_2^2\,(1 + \zeta_2)} = \frac{202\,733}{162\,520 + 7313} = 1{,}1925 \text{ kg},$$

ferner

$$\varepsilon = \frac{w_2}{w} = \frac{85{,}5}{9{,}83} = 8{,}698 \backsim 8{,}7$$

und hiermit nach Gleichung 212)

$$n = \frac{G_2}{G} \cdot \frac{\gamma}{\gamma_2} \cdot \frac{1}{\varepsilon} = 0{,}1392 \cdot \frac{1000}{1{,}1925} \cdot \frac{1}{8{,}7} = 13{,}43.$$

Zur Berechnung von γ_1 dient die Gleichung

$$G_0 = V_0 \cdot \gamma_1 = G_1 + G_2,$$

also

$$\gamma_1 = \frac{G + G_2}{V_0} = \frac{G + G_2}{V + V_2} = \frac{G + G_2}{\frac{G}{\gamma} + \frac{G_2}{\gamma_2}} = \frac{0{,}43 + 3{,}089}{0{,}003089 + 0{,}385} = 9{,}072 \text{ kg}.$$

Hieraus folgt

$$\frac{\gamma_2}{\gamma_1} = \frac{1{,}1925}{9{,}072} = 0{,}1314,$$

mithin nach Gleichung 221)

$$C = 1{,}183 \cdot \frac{\gamma_2}{\gamma_1} = 1{,}183 \cdot 0{,}1314 = 0{,}1555$$

und

$$m = 0{,}6 + \sqrt{0{,}36 + 0{,}1555 \cdot 13{,}43^2} = 5{,}92,$$

also

$$\frac{d_1}{d} = \sqrt{m} = \sqrt{5{,}92} = 2{,}433$$

und endlich, da d = 20 mm angenommen war, $d_1 = 48{,}66 \backsim 49$ mm und

$$d_2 = d \cdot \sqrt{n} = 20 \cdot \sqrt{13{,}43} = 73{,}4 \backsim 74 \text{ mm}.$$

Während also bei Druckluft und Dampf $m > n$ gefunden war, ist hier umgekehrt $m < n$ zu machen.

Man erhält somit die folgenden zusammengehörigen Werte bei nahezu gleicher Leistung.

	m	n	d	d_1	d_2	d_0 [1]
			mm			
Druckluft . . .	15,53	12	20	79	69,3	120
Dampf	14,4	12	20	76	69,3	114
Wasser	5,92	13,43	20	49	74	75

Der leichteren Übersicht halber sind die sämtlichen berechneten Werte in der folgenden Tabelle zusammengestellt.

Tabelle 39.

No.	Bezeichnung	Druckluft	Dampf	Wasser
1	Effektive Ausflussmenge G, kg i. d. Sek.	0,27	0,22257	3,089
2	Angesaugte Luftmenge G_2, kg „ „ „	0,362	0,497	0,43
3	$G_2 : G$	1,34	2,232	0,1392
4	Volumenverhältnis $V_2 : V$	2,59	2,4	124,6
5	Effektive Ausflussgeschwindigkeit w, m i. d. Sek.	304,23	417,2	9,83
6	Geschwindigkeit der angesaugten Luft, w_2, m i. d. Sek.	85,732	83,44	85,5
7	Depression ξ, mm Wassersäule . . .	465,75	431,92	450
8	Gewicht γ_1 der Mischung, kg/cbm . .	0,434	0,3474	9,072
9	„ γ_2 der angesaugten Luft, kg/cbm	1,1925	1,194	1,1925

Tabelle 39 zeigt zunächst, dass das Volumenverhältnis $\frac{V_2}{V}$ bei Druckluft ungefähr dasselbe wie bei Dampf, bei Wasser dagegen bedeutend grösser ist, was aus dem bedeutend grösseren Gewicht des Wassers zu erklären ist, dass ferner das Gewicht eines cbm der Mischung in dem Aufsatzrohr bei Wasser bedeutend grösser ist als bei Druckluft und Dampf.

Die vorstehend ausgeführten Berechnungen geben einen Anhalt, wie die entwickelten Hauptgleichungen zu benutzen sind. Die meisten Probleme,

[1]) Für $\lambda = 0{,}6$.

welche in Wirklichkeit auftreten, lassen sich auf folgende zwei Fälle zurückführen.

1. Gegeben ist ein Strahlgebläse von bestimmten Abmessungen, also bekannten Verhältnissen m, n und λ. Gegeben ist ferner der Betriebsdruck, wodurch die Ausflussgeschwindigkeit gleichfalls bekannt ist. Es soll die sekundlich oder stündlich angesaugte Luftmenge und die erzeugte Depression berechnet werden.

2. Gegeben ist die anzusaugende Luftmenge, die zu erzeugende Depression und der Betriebsdruck, zu berechnen sind die Verhältnisse m, n und λ.

In beiden Fällen geben die entwickelten Gleichungen wohl für die meisten praktischen Ausführungen genügend genaue Resultate, während infolge der gemachten Voraussetzungen und teilweisen Vernachlässigungen, ohne welche eine Durchführung der Entwickelungen überhaupt nicht ausführbar war, eine absolute Genauigkeit derselben, sowie eine vollständige Übereinstimmung mit den durch Versuche gefundenen Resultaten nicht zu erwarten ist.

Während für Lokomotivblasrohre durch Zeuner's Versuche die Bestimmung der Erfahrungskoeffizienten, sowie der günstigsten Werte für die Ausführung erfolgt ist, fehlen leider für die übrigen Strahlgebläse bei höheren Betriebsdrücken diese Werte vollständig, welchen Mangel auch Zeuner[1]) mit Bedauern hervorhebt. Es soll zwar nicht in Abrede gestellt werden, dass die Verbesserung der Strahlapparate, wie sie speziell der bereits mehrfach erwähnten Firma Gebr. Körting in Hannover gelungen ist, nur durch langwierige und mühevolle Versuche erreicht werden konnte, und dass bestimmte Erfahrungskoeffizienten hierdurch gefunden wurden, welche für den Bau der Apparate massgebend sind. Indessen sind diese Werte leider nicht bekannt, sodass auch hier wieder, wie bereits bei verschiedenen anderen Gelegenheiten, der Mangel streng wissenschaftlicher, zuverlässiger Versuche hervorgehoben und die Ausführung derselben im Interesse der Wissenschaft und Industrie aufs lebhafteste befürwortet werden muss. Einen sehr wertvollen Beitrag zur Untersuchung und Aufklärung der Ausströmungserscheinungen der Gase aus Düsen bildet die Abhandlung von Dr. R. Emden[2]), auf welche hier nur verwiesen sei. Auch die neueren Versuche von Rateau[3]) über die Ausflussmengen und Saugwirkung von bewegten Dampfstrahlen seien an dieser Stelle erwähnt, wenngleich eine weitere Ausbildung der Theorie der Strahlapparate auf Grund dieser Versuche zur Zeit noch nicht ausführbar ist, weil die-

---

1) Techn. Thermodynamik, Bd. II, S. 171, § 24.

2) Über die Ausströmungserscheinungen permanenter Gase. Habilitationsschrift etc. von Dr. Robert Emden. Leipzig, J. A. Barth, 1899.

3) Revue industrielle, 1901, Bd, 32, S. 464.

selben noch kein genügendes Material hierfür bieten, da sie noch nicht auf die Ausflusserscheinungen bei Druckluft und Wasser ausgedehnt sind. Endlich sei noch auf die Untersuchungen von Fliegner[1]) über das Ausströmen von Luft durch konisch divergente Düsen und von Stodola[2]) über die strömende Bewegung des Dampfes in den Düsen von Dampfturbinen verwiesen, welche gleichfalls wertvolle Beiträge zur Weiterentwickelung der Theorie der Strahlapparate enthalten.

1) Schweizerische Bauzeitung, 1898, Bd. 31, S. 68 und 1901, Bd. 38, S. 151.

2) Zeitschr. d. Vereins deutsch. Ingenieure, 1903, Bd. 47, S. 1, „Die Dampfturbinen etc.“ Abschnitt über die strömende Bewegung des Dampfes.

Literatur-Verzeichnis.

(Die Quellenangaben im Text sind meistens nicht wiederholt. Die schrägstehenden Zahlen hinter den Bezeichnungen der Zeitschriften bedeuten die Bände, die darauffolgenden die Seiten.)

---

1. Gebläsemaschinen.

The Buffalo steel pressure blower. Iron A., *51*, 1063. — Cockerill's large blowing engines, Luxemburg blast furnaces, Eng., *75*, 426, 440. — Freytag, Über Gebläsemaschinen in Nord-Amerika. (Steuerung der Allis-Maschine.) Masch.-Konstr., *27*, 67. — 650 i. HP. gas blowing engine Seraing., Eng., *89*, 663. — Galloways, Compound blowing engine, Engng., *72*, 1901, 365. — Gouvy machine soufflante horizontale pour hauts fourneaux, Portef. éc., *41*, 1896, 81. — Greiner, Première mach. soufflante actionnée p. l. gaz. d. hauts fourneaux, Gén. civil., *37*, 39. — Hoerbiger, Eine Neuerung im Gebläsebau. (Lang's Gebläse- oder Kompressor-Ventil.) Stahl, *17*, 941/8. — Hoerbiger-Rogler, Hochofengebläsemaschine, Z. d. V. d. Ing., *45*, 1901, 218. — Kennedy, Bessemer blowing engine, Ohio Steel Co. Iron A., *52*, 305, Am. Mach. *16*, No. 43. — Kennedy, Neuere amerikanische Gebläsemaschinen. (Konstruktion von Allis Co., Porter Allen.) Stahl, *14*, 852, Trans. Min. Eng., *22*, 537. — Machines soufflantes de seraing, Mém. S. ing. civ. 1893, *2*, 111. — Machine soufflante, Système Delamarre-Debouteville, Rev. indust., *31*, 34. — Mitteilungen über die Versuche mit der ersten Hochofengas-Gebläsemaschine, St. u. Eisen, *20*, I, 419. — Reynold, Vertical compound blowing engine. (Riesengebläse der Allis Co., Milwaukee.) Iron A., *57*, 1896, 412, Bull. d'enc. 1896, 1176.

2. Luftkompressoren.

Air and gas compressor, Ind. *20*, 25. — Air compressing plant. (Corliss engine and air compressor for lifting water in Bloomington.) Engng. *61*, 1896, 676. — Air compressing engines, Eng. *91*, 652. — A special water-driven air compressor. (Pelton-Rad zwischen zwei einfach wirkenden Kompressoren.) Ind., *18*, 1895, 341. — Chevillard, Compresseurs à gaz. mûs par l'eau sous pression, Rev. indust. *31*, 94. — Chicago drainage canal. (Luftkompressoren.) Eng., *63*, 1/3, F. — Clayton, Duplex air compressor of the latest improved pattern, Railr. G. *41*, 433. — Schulte, Die neuen Collmann-Kompressoren, Glückauf, *37*, 973, 1901. — Compresseur d'air hydraulique, Gén. civ. *39*, 409. — Kompressor und Cylindergebläse der Philadelphia Engin. Co., Masch.-Konstr., *29*, 1896, 92. — Corliss, Valved air compressor, Mech. World, *22*, 158/9. — Der Daw-Luftkompressor, Engng., 1902, 26/9, 403. — Evans & Sons, Direct acting air compressor, Engng., *59*, 94. — Gutermuth, Neuere Bestrebungen in der Erzeugung und Verwendung der Druckluft, Z. komp. Gase, *5*, 10. — Hochdruck-Kompressor, Skizzenb., *37*, H. 12. — Hydraulic air compressing plant. (Compression by the flow of water down a vertical pipe.) Eng., *83*, 585/6. — Ingersoll-Sergeant Drill Co., New plattern of air compressor with receiver intercooler, Eng. News, *38*, 21. — Ingersoll-Sergeant, New air compressor. (Der grösste Widerstand tritt gleichzeitig mit dem grössten Dampfdruck auf und regelt zugleich die Geschwindigkeit.) Am. Mach., *19,* 1217. — Kaufhold, Corliss-Luftkompressor, System Strnad, Glückauf, *33,* 557/62. — Kaufmann, Verbundkompressor, Bauart Köster, Z. d. V. d. Ing., *41,* 427/9. — Lorenz, Untersuchung der Kompressoren (mittelst Indikatoren), Z. Kälteind., *3,* 1896, 161. — Luftkompressor mit 4 Cylindern, Masch.-Konstr., *34,* 120. — Mécarski, Compresseur d'air à trois étages, type de 500 kg d'air à l'heure, Gén. civ., *27,* 1895, 158. — Neuere Kompressoren und Gebläsemaschinen, Dingl. J., *305,* 6/8, F. — Neuere Luftkompressoren. (Konstruktionen von New-York Air Brake Co., Elwell, Crichton, Norwalk Iron Works Co., Bellismorcom.) Dingl. *298,* 1895, 79 F. — Neuere Luftkompressoren. (Konstruktionen von Compressed Air Carpet-Cleaning Co., der Société des Moteurs Aérothermiques Genty, Evans, der Ingersoll-Sergeant Co.) Dingl. 1895, 104. — Nordberg, Compresseurs, Bull. d'encour. *101,* 413. — Petit compresseur d'air à mot. elect., Gén. civil, *36,* 253. — Philadelphia compound air compressor, Iron A., *59,* 17. Juni, 1/2. — Sauvage, Comp. d'air à deux phases, de la Co. d. Fives-Lille, Rev. indust., *31,* 104. — Stodola, Zweistufiger Luftkompressor, Patent Burckhardt und Weiss, für ein anzusaugendes Luftvolumen von 50 m^3 pro Min., Schw. Baur., *29,* 89/90. — Strnad, Explosionen an Luftkompressoren, Glückauf, *33,* 789/93. — Stuart and Terwilliger, Test of four-stage air compressor at pressures up to 2500 lbs. per sq. inch. (a), Eng. News, *38,* 234. — Taylor, Hydraulic air compressor (wirkt direkt durch den Druck des fallenden Wassers), Eng. min. *62,* 1896, 605, Am. Mach., *19,* 1122. — The Taylor hydraulic air compressing system (ähnlich einem Wassertrommelgebläse), Am. Mach. *18,* 482. — Walter, Zum Betriebe der Luftkompressoren. (Ausführliche Beschreibung der Maschinen und Handhabung.) Chem. ind., *18,* 6. — Zwillings-Verbundkompressor des Emscher Schachtes. Glückauf, *37,* 453, 1901.

3. Luftpumpen, Kondensatorluftpumpen.

Berrenberg'sche Luftpumpe für die Glühlampenfabrikation, Elektrotechn. Z., *21,* 214. — Berringer-Chaplin, Vacuum pump (für Glühlampenherstellung), Engng., *61,* 98. — Berrenberg, Luftpumpe (mechanische, zur Entlüftung von Glühlampenbirnen), El. Anz., *13,* 205, El. Rev., *38,* 103. — Blake, Independent air pumps. (Air pumps, S. S. „Kaiser Wilhelm d. Grosse"). Engng., *63,* 44/5. — Conover's Luftpumpmaschine, Uhland's W. T., *7,* 261. — Edward's patent air-pump. (Wegfall der Fuss- und Kolbenventile.) (a), Mar. E., *19,* 254/8. — Guild & Garrison, Vacuum pump and compressor (für Dampfbetrieb), Am. Mach., *18,* 1. — Herzog, Umänderung einer nassen Luftpumpe in eine trockene, Masch.-Konstr., *27,* 21. — Hynek, Beitrag zur Gegenstrom-Kondensation bei sogenannten nassen Luftpumpen. (Um die Wirkung der Gegenstrom-Kondensatoren effektvoller zu gestalten, empfiehlt es sich, die kalte Luft mit einer separaten, trocken arbeitenden Luftpumpe abzusaugen.) Z. Zuckerind. Böhm., *18,* 431. — Kondensator-Luftpumpe, Masch.-Konstr., *34,* 104. — Kondensator-Luftpumpe von Dörffel, Masch.-Konstr., *34,* 64. — The Lundley air pump (ohne Ventile, Dampfantrieb), Iron A., *52,* 201. — Murrly, Vacuum pump (für Glühlampenbirnen, ohne Kolben und Ventile), El. Eng., *21,* 625. — Oechelhäuser, Kondensator-Luftpumpe, Z. d. V. d. Ing., *45,* 1901, 1544. — Raps, Die Expansions-Luftpumpe, Polyt. C.-Bl. *58,* 77. — Ventilluftpumpe der Braunschweigischen Maschinenbau-Anstalt (auch als Kompressor verwendbar), Uhland's W. T., 1896, *5,* 43. — Wegelin und Hübner, Schieber-Luftpumpe (Tandem-Anordnung), Uhland's W. T., 1896, *8,* 15. — Weiss, Schiebersteuerung mit Doppelöffnung des Austrittskanals bei Dampfmaschinen bezw. des Ausgangskanals bei Luftpumpen, bei beiden mit Druckausgleich. Z. d. V. d. Ing., *39,* 762 F.

4. Kapselgebläse.

Bryan-Donkin, Extracteur rotatif de gaz., Rev. ind., *25,* 423. — Jäger, Hochdruckgebläse, System Jäger, Uhland's W. T. 1897, I, 86. — Roots Co., Improved force blast blower, Am. Mach., *17,* No. 18. — Roots, Rotary blowers (verschiedene Arten Kapselräder), Am. Mach. *16,* 52, 5.

5. Schraubengebläse.

Direct-connected electric exhaust fans, Eng. min., *70,* 489. — Innes, Screw fans, Engng., *69,* 66. — Oslender, Kraftmessungen an Blakman'schen Schraubenventilatoren (Besprechung), (Sitzungsbericht), Z. d. V. d. Ing., *41,* 722. — Sturtevant, New type of elect. propeller vent. fan. (Schraubengebläse), Railr. Gaz., *44,* 483. — Walker, Experiments upon propeller ventilating fans and upon the electric motor driving them. (a. V.), Engng., *64,* 55/8 F., Eng., *83,* 648/50, Eng. Rec., *36,* 166/7 F. — The wing propeller fan, Eng., *92,* 649, 1901.

6. Schleudergebläse.

Capell, Manometer efficiency of fans, Ind., *15,* 70. — Carpenter, Tests of different makers, Gas Light, *67,* 206/8. — Conklin, Elektrisch betriebener Ventilator, El. Anz., *11,* 183. — Davidson, Fan., Textil. Rec., *21,* 351. — Davidson-Ventilator, Z. f. B.-, H.- u. Sal.-W., 1902. Glückauf, 1903, No. 2. — Denton, Annual meeting of the American Society of heating and ventilating engineers. (Comparative tests of two centrifugal fans.) Eng. News, *37,* 79/80. — Farcot, Ventilateur pour fusions rapides (besonders für Stahlwerke), Rev. ind., *24,* 213, Gén. civ., *22,* 304. — Henrotte, Les ventilateurs à force centrifuge (besonders für Bergwerke), Ann. trav., *50,* 373. — Hodges and Co., Compound blower, Eng., *81,* 431. Sc. Am. Suppl., *42,* 17161. Masch.-Konstr., *29,* 1896, 160. — Huyett & Smith, Electrically driven ventilating fan, Iron A., *54,* 7. — Pregel, Neuere Grubenventilatoren. (Konstruktionen von Guibal, Walker, Waddle, Rateau, Capell, Farcot, Ser, Pelzer, Wade, Wenner.) Dingl. *296,* 1895, 54. — Rateau, Ventilatoren, durch Dampfturbinen betrieben, Bull. d'encour, *101,* 2, 728. — The Rateau fan at the Lens colliery in the North of France (direkt getrieben von horizontaler Dampfmaschine). Eng., *79,* 1895, 451. — Rateau, Rendements d'un ventilateur de 2,8 m de diamètre, Rev. univ., *36,* 304. — Schleuder-, Schrauben- und Kapselgebläse, Versuche und Berechnungen von Gruben- und Blaseventilatoren. (Guibal's und Hemann's Grubenventilator, Kapselgebläse von Enke und Skinner, Schraubenventilator von Verity u. a.) Dingl., *305,* 6/8. — Ventilateur „Sun", système Tattersall, Rev. indust., *31,* 235. — Ventilateurs centripètes à ailes paraboliques excentrées Desgoffe et De Georges, Gén. civ., *22,* 291. — Ventilating fans for the Simplon tunnel. (Zwei, auf Druck oder Quantität zu schaltende Ventilatoren für je 1750 Kubikfuss pro Sekunde.) Eng, *79,* 1895, 103. — Wenner's Verbund-Ventilator, Z. d. V. d. Ing., *37,* 14.

7. Strahlapparate.

Bessière, Ventilateur à eau sous pression (durch Wasserstrahl ausgesaugte Luft), Rev. ind., *26,* 1895, 323.

8. Theoretische Aufsätze.

Corey, Inlet valves, relation to efficiency etc. of air compressors, Eng. News, *45,* 390. — Efficiency of fans, Eng., *92,* 176. — Lindner, Ungleichmässigkeit der Strömung in Ventilatoren, Z. d. V. d. Ing., *39,* 1895, 611. — Rudolf, Ventilspiel bei Pumpen und Gebläsen, Dingl. J., *316,* 309. — Rateau, Note s. l. expériences d. ventilat., Rev. univers., *51,* 37. — Volumetr. Wirkungsgrad an Luftkompressoren, Z. f. komp. Gase, 1902, 44. — Sauvage, Pneumatique. (Theoretisches, Ventilatoren, Gebläse, Drucklufterzeuger und -motoren, Leitung von Druckluft.) Ann. d. mines, *5,* 413. — Testing centrifugal fans, Eng., *92,* 334, 1901.

Alphabetisches Sach- und Namen-Register.

(Die Ziffern bedeuten die Seitenzahlen.)

Stehende Hochofe

der Pennsylvania Steel Co. in Spa

Mafsst

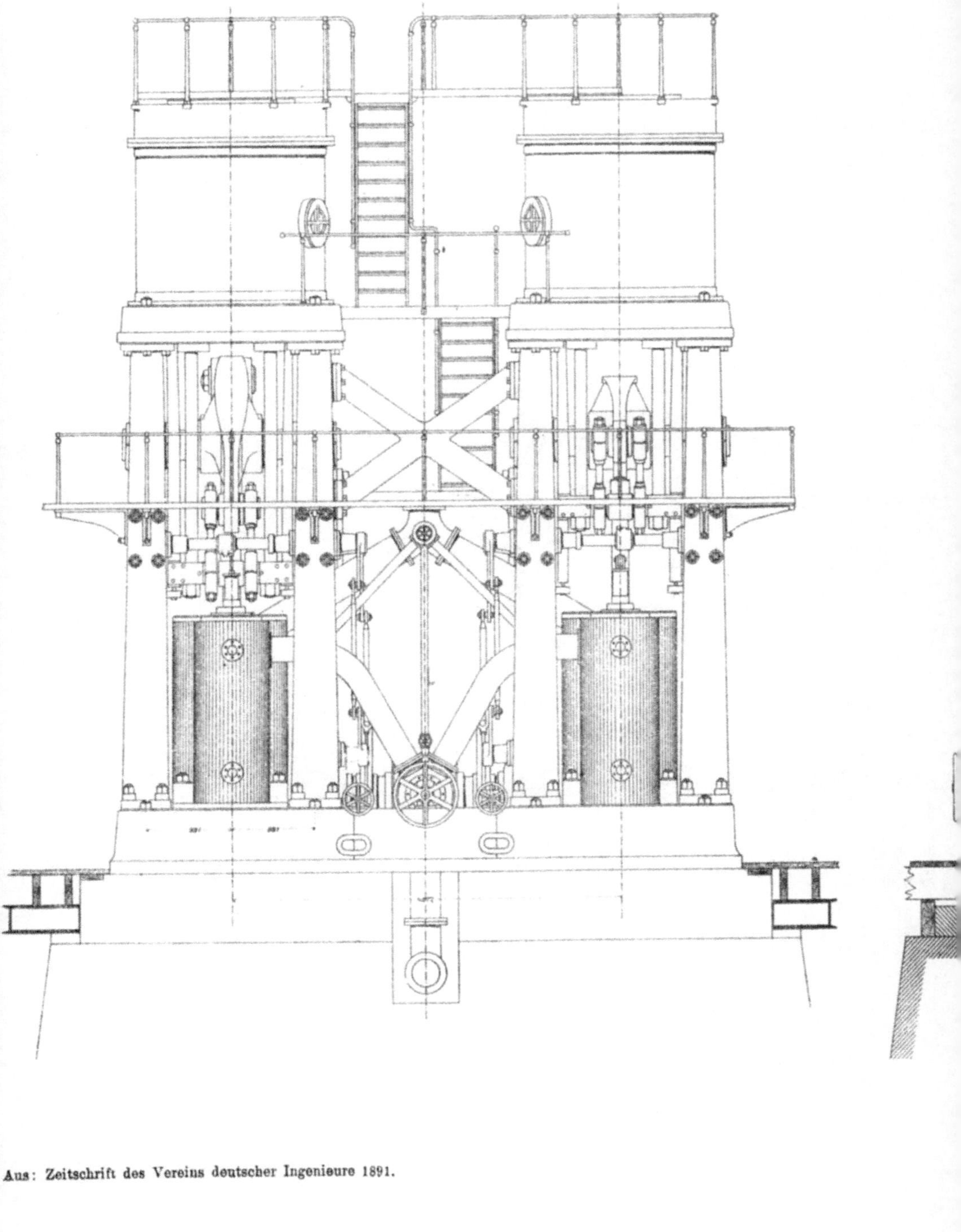

Aus: Zeitschrift des Vereins deutscher Ingenieure 1891.

a-Gebläsemaschine

Tafel I.

row Point Works, Nord-Amerika.

b 1 : 75.

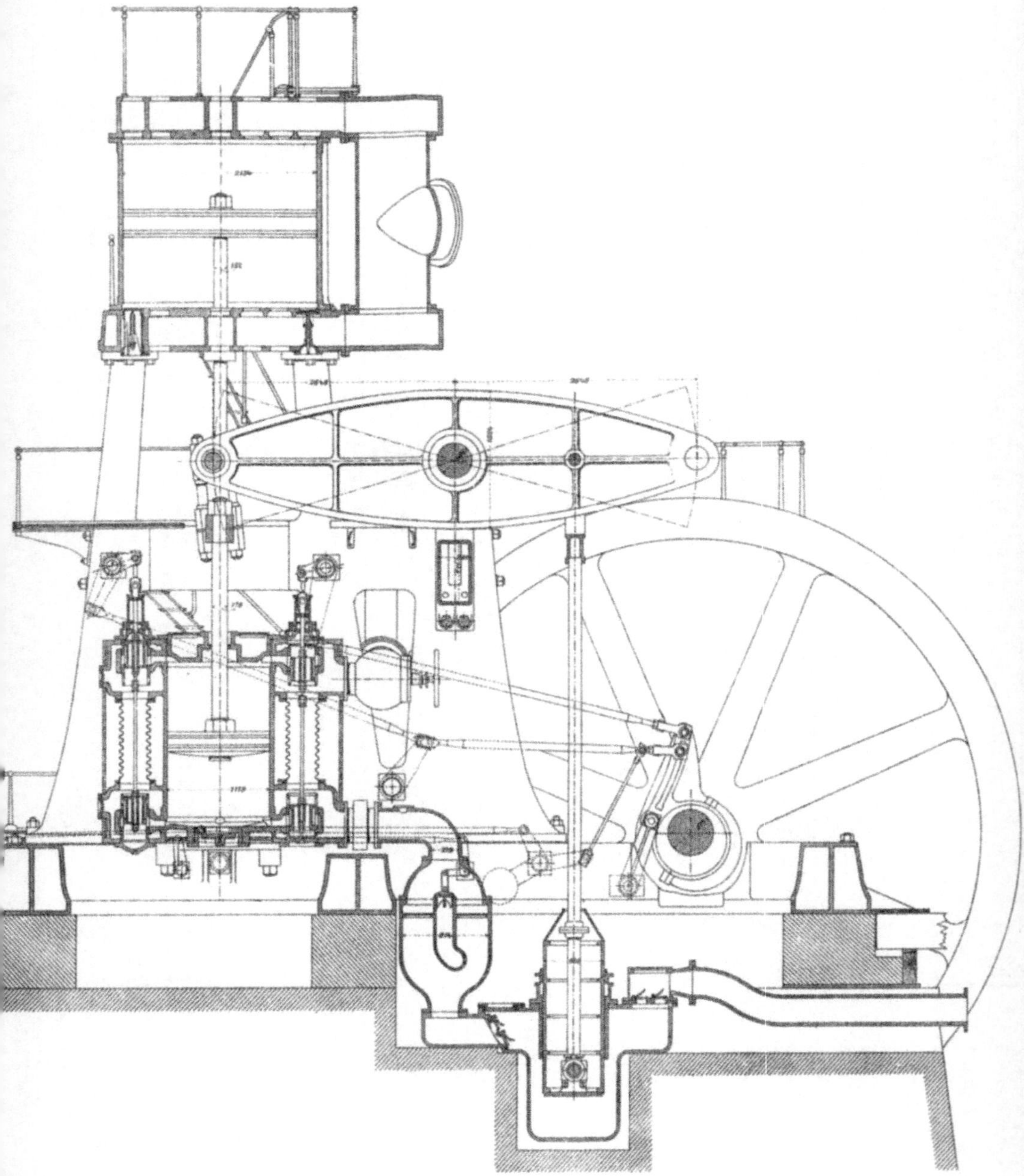

Photolith. d. geogr.-lith. Anst. u. Steindr. v. C. L. Keller in Berlin S.

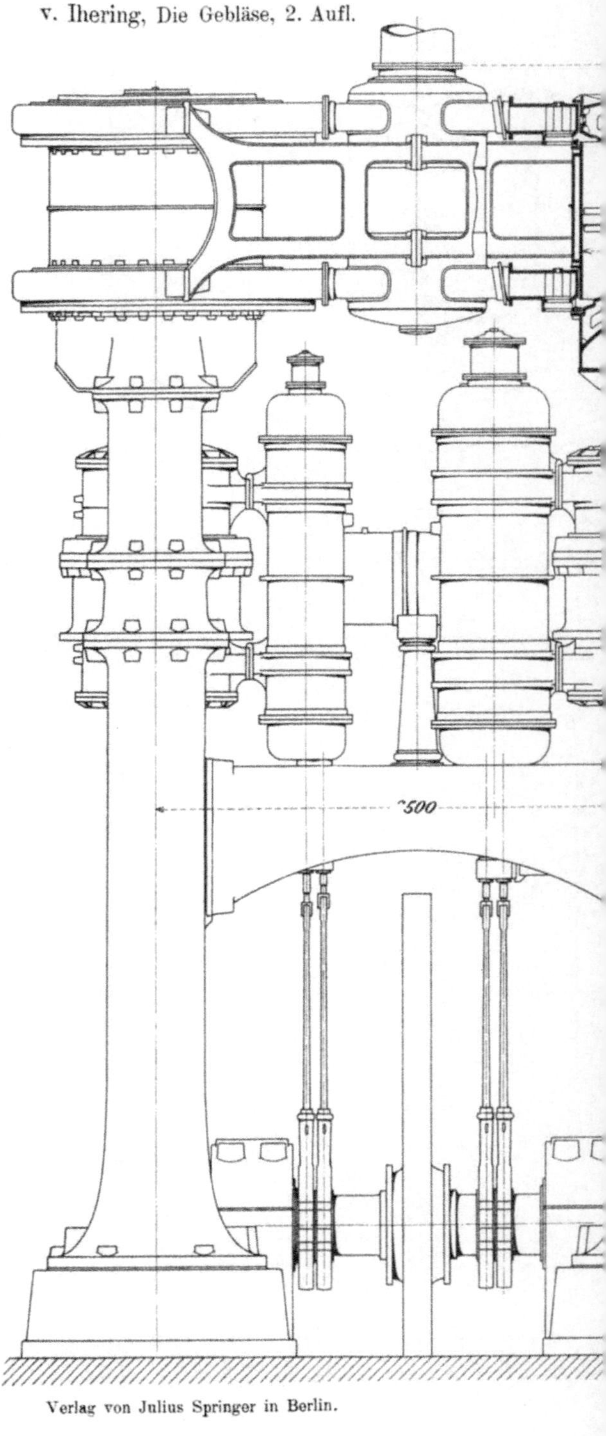

Verlag von Julius Springer in Berlin.

Stehende
1600 u. 2350 Da
der Köln

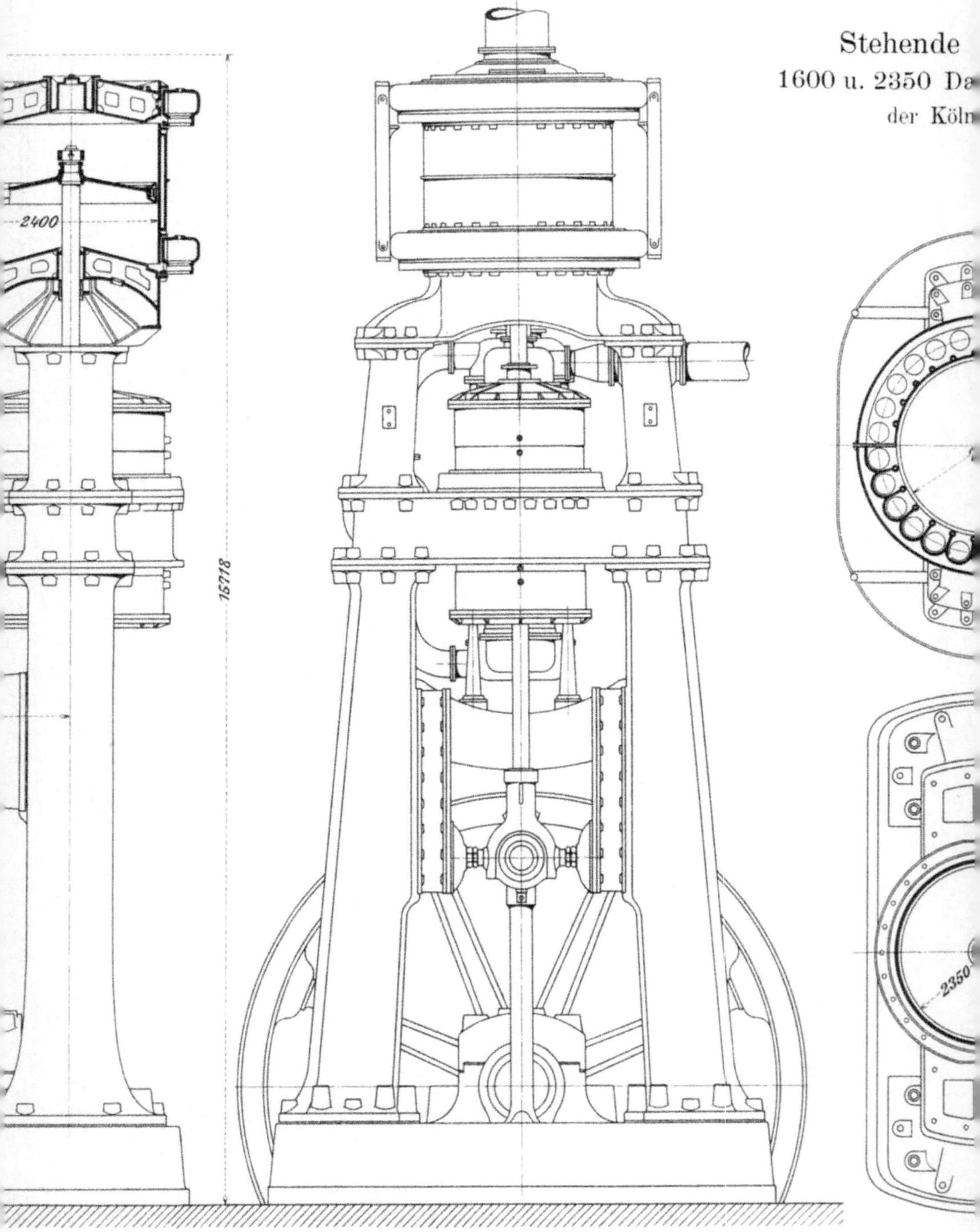

Tafel II.

Iochofen-Gebläsemaschine

., 2400 Windcyl.-Dmtr., 1800 Hub

nenbau-A.-G. Köln-Bayenthal.

fsstab 1:90.

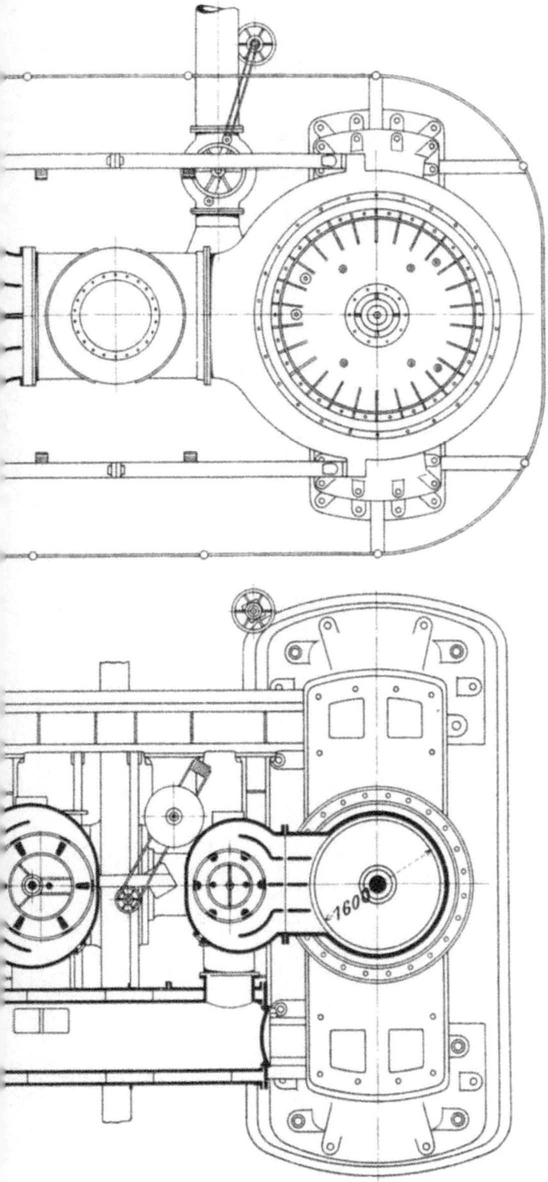

Techn.-art. Anst. von Alfred Müller in Leipzig.

Liegende Zwi

der Julienhütt

gebaut von der Sächsischen Masc

Maſ

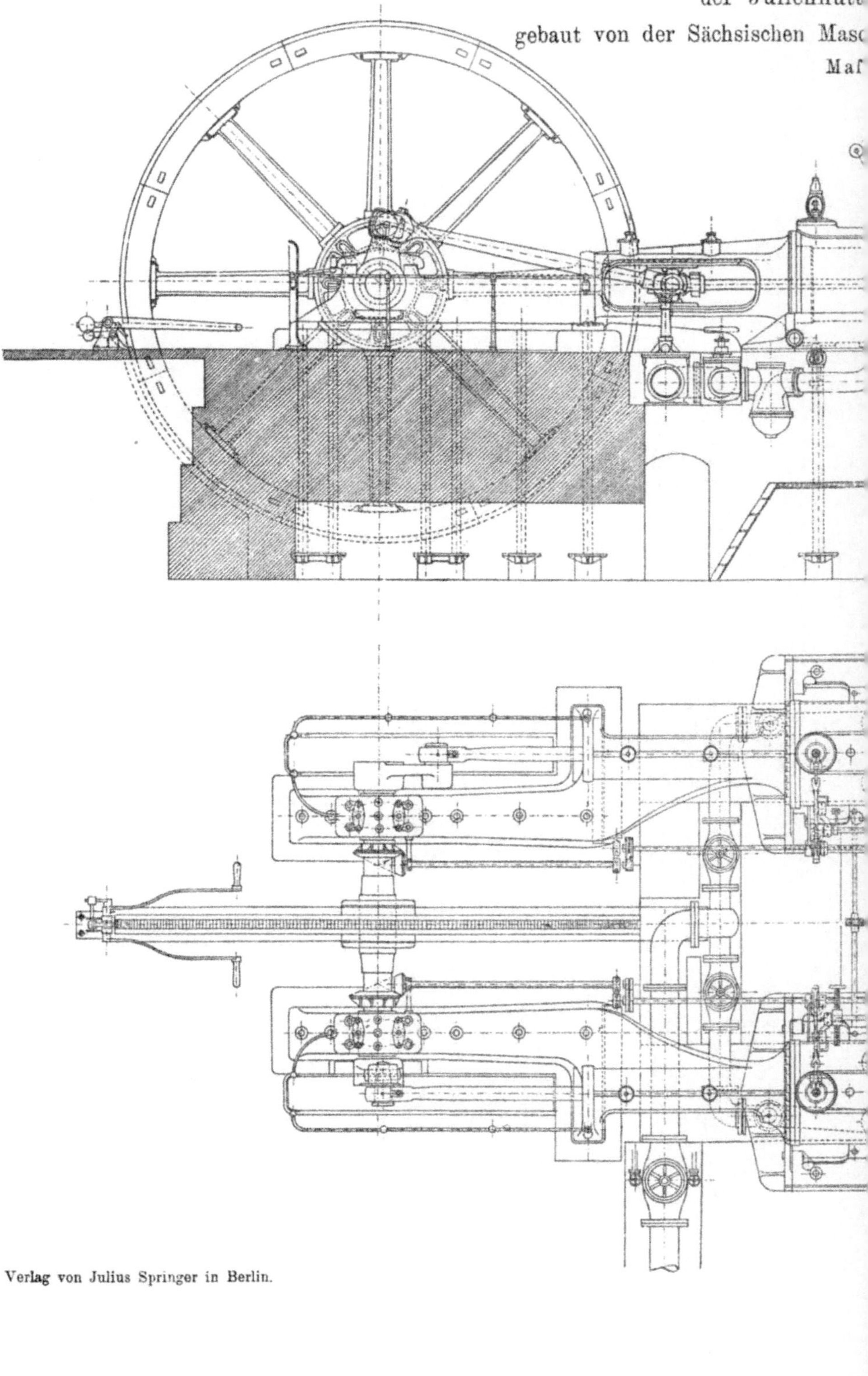

Verlag von Julius Springer in Berlin.

ings-Gebläsemaschine

Tafel III.

in Gleiwitz O.-Schles.,

inenfabrik vorm. R. Hartmann in Chemnitz.

stab ca. 1 : 100.

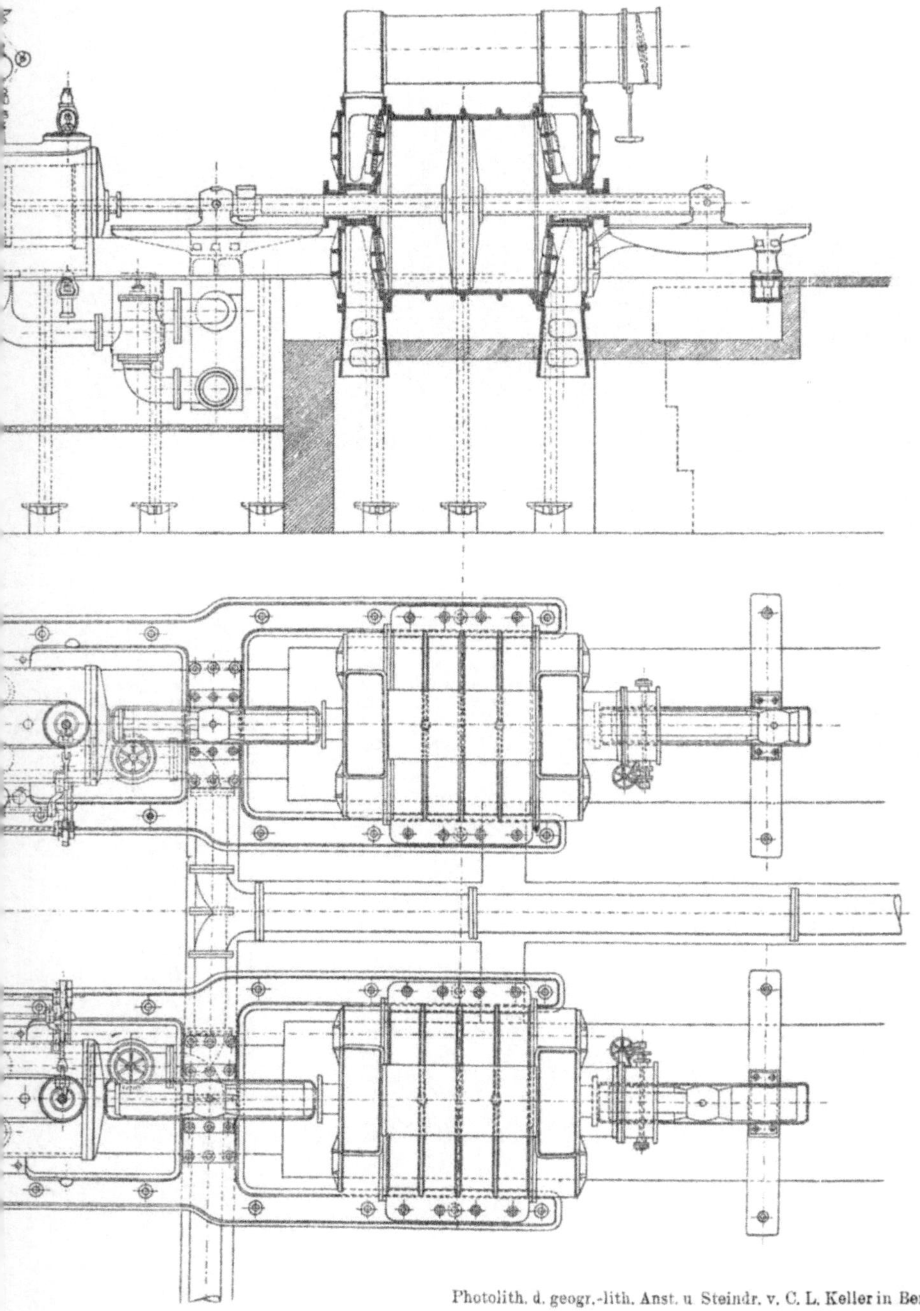

Photolith. d. geogr.-lith. Anst. u. Steindr. v. C. L. Keller in Berlin S.

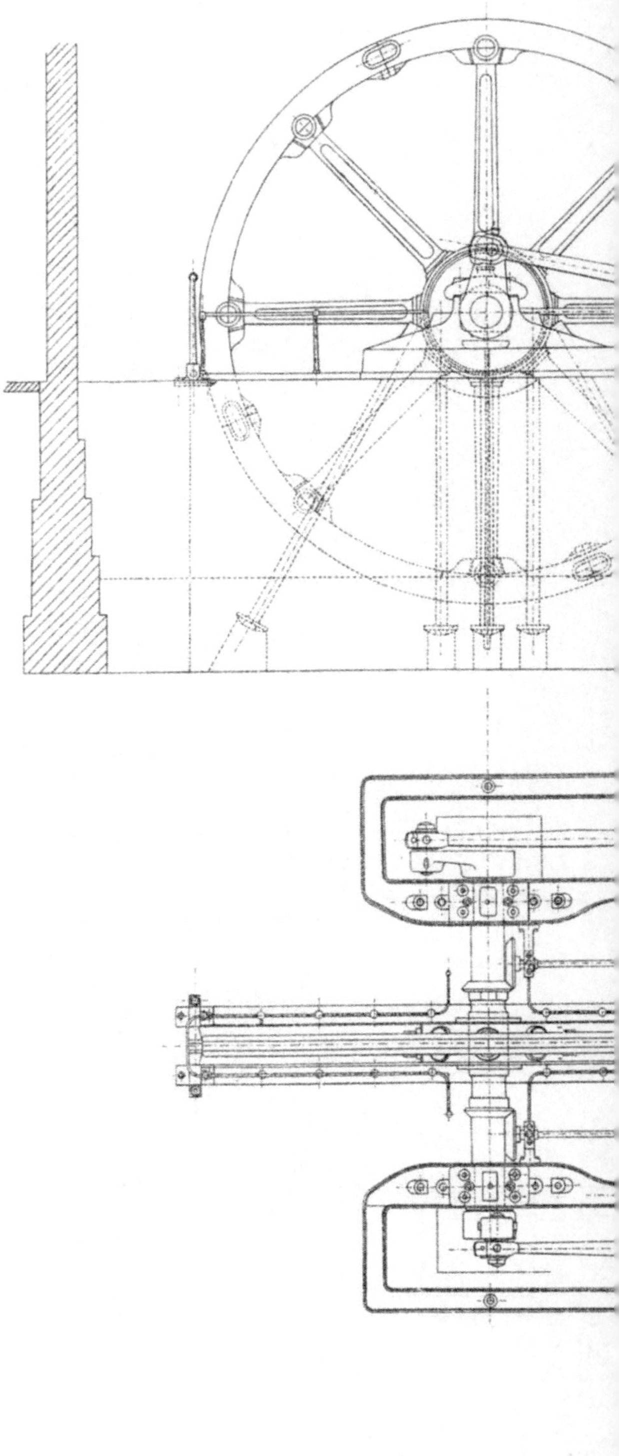

Verlag von Julius Springer in Berlin.

Liegende Hochofen-Gebläsemaschine

der Buderus'schen Eisenwerke zu Lollar,

gebaut von der Isselburger Hütte zu Isselburg.

Maſsstab 1 : 100.

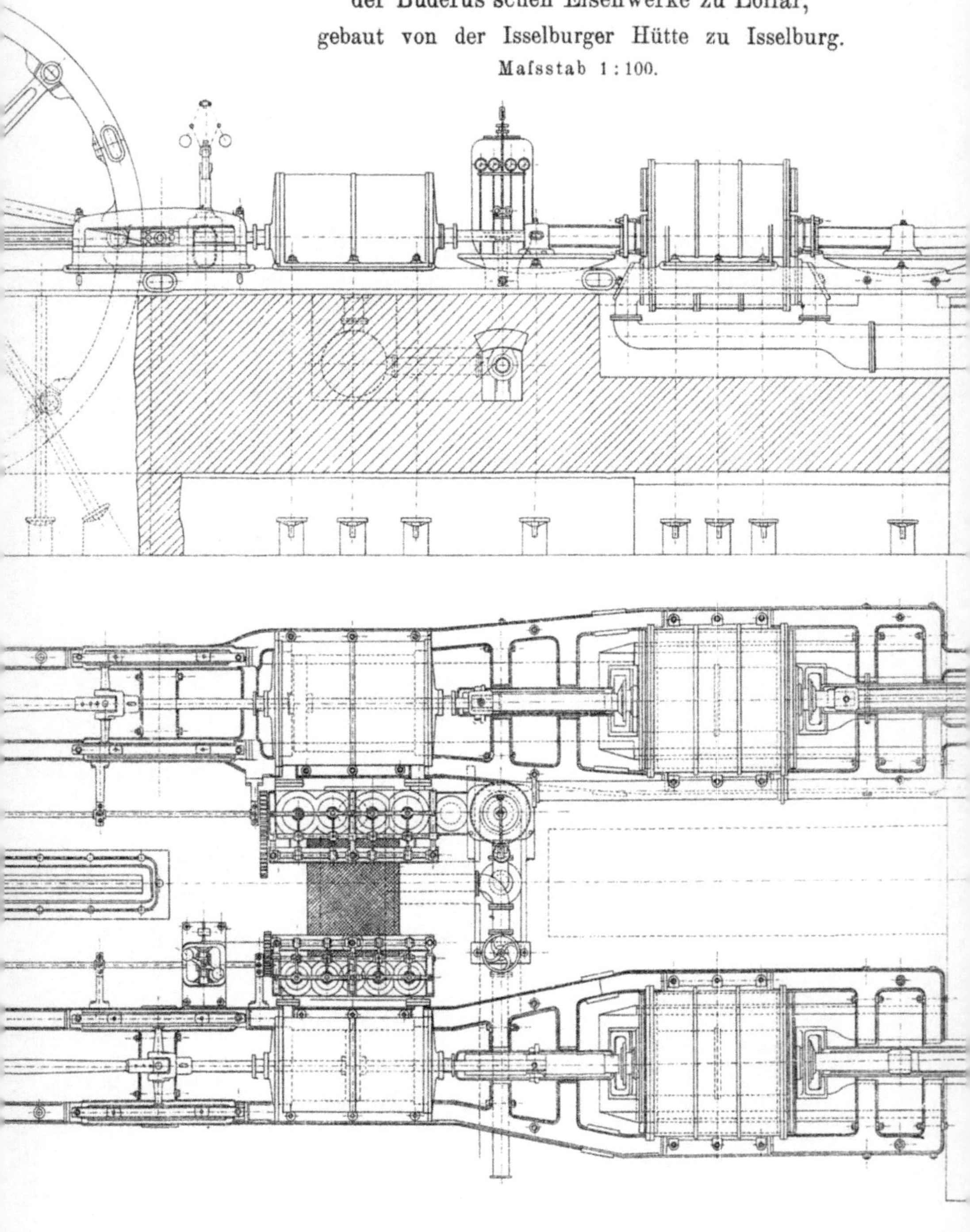

Tafel IV.

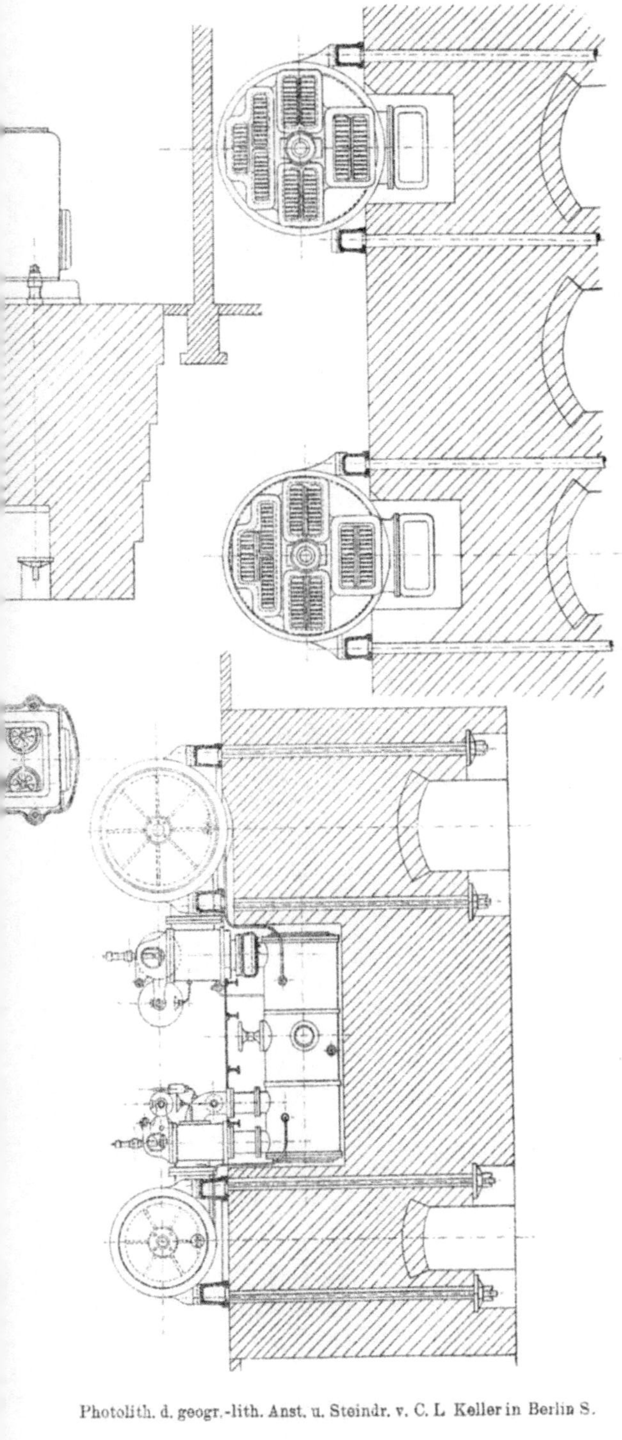

Photolith. d. geogr.-lith. Anst. u. Steindr. v. C. L Keller in Berlin S.

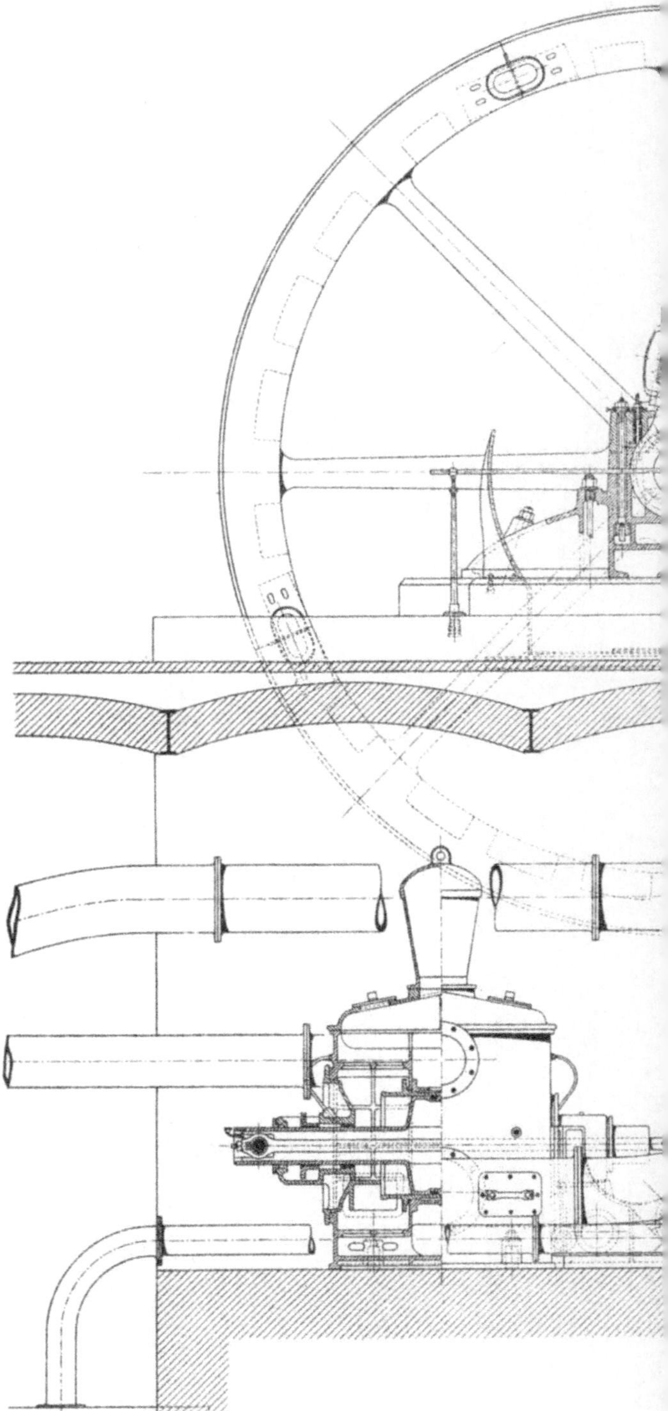

Verlag von Julius Springer in Berlin.

Liegend

für die Eisenwerke der Hernád

ausgeführt von B

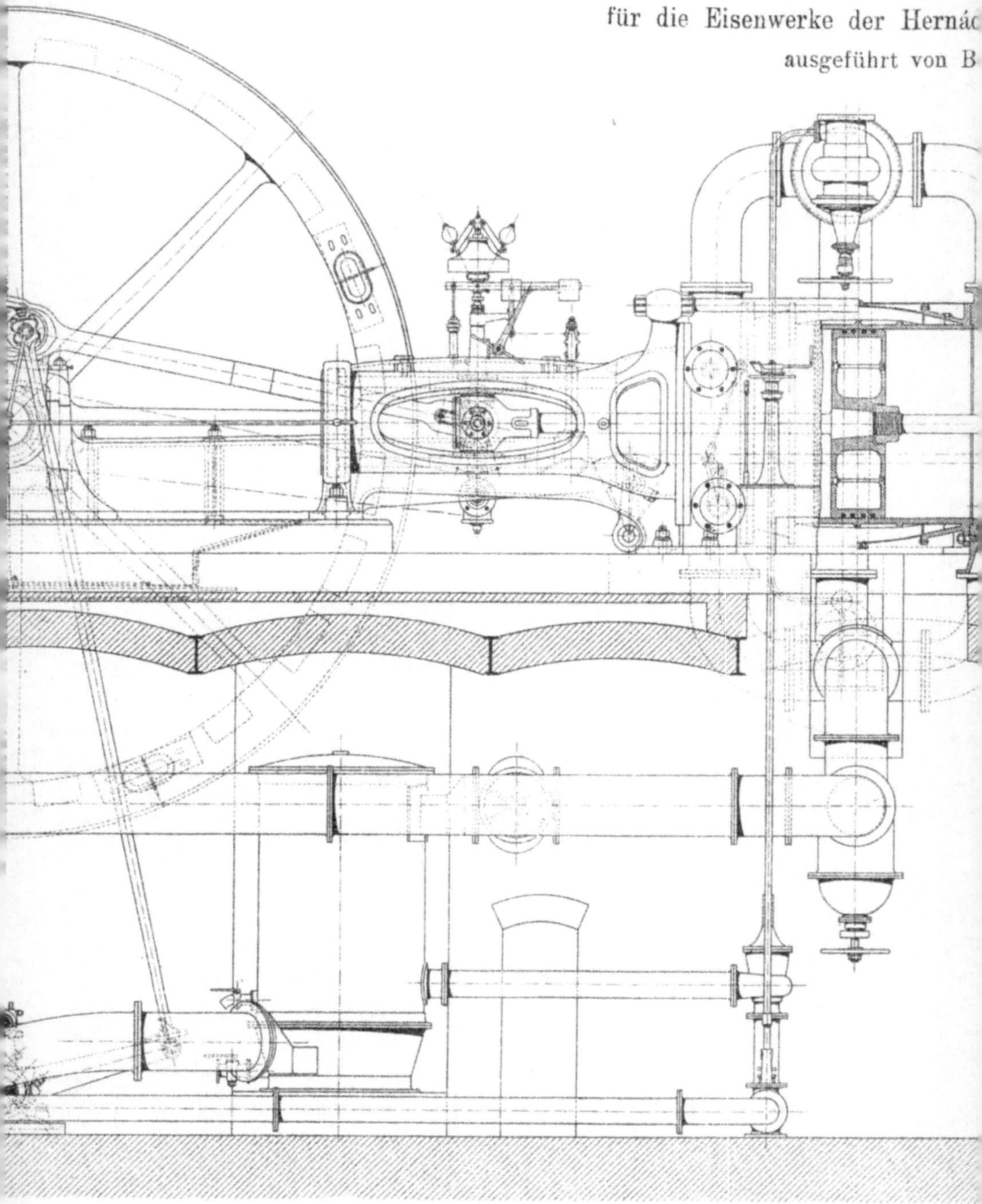

-Gebläsemaschine

arischen Eisenindustrie-A.-G. in Krompach

co & Co. in Schlan in Böhmen.

ca. 1 : 50

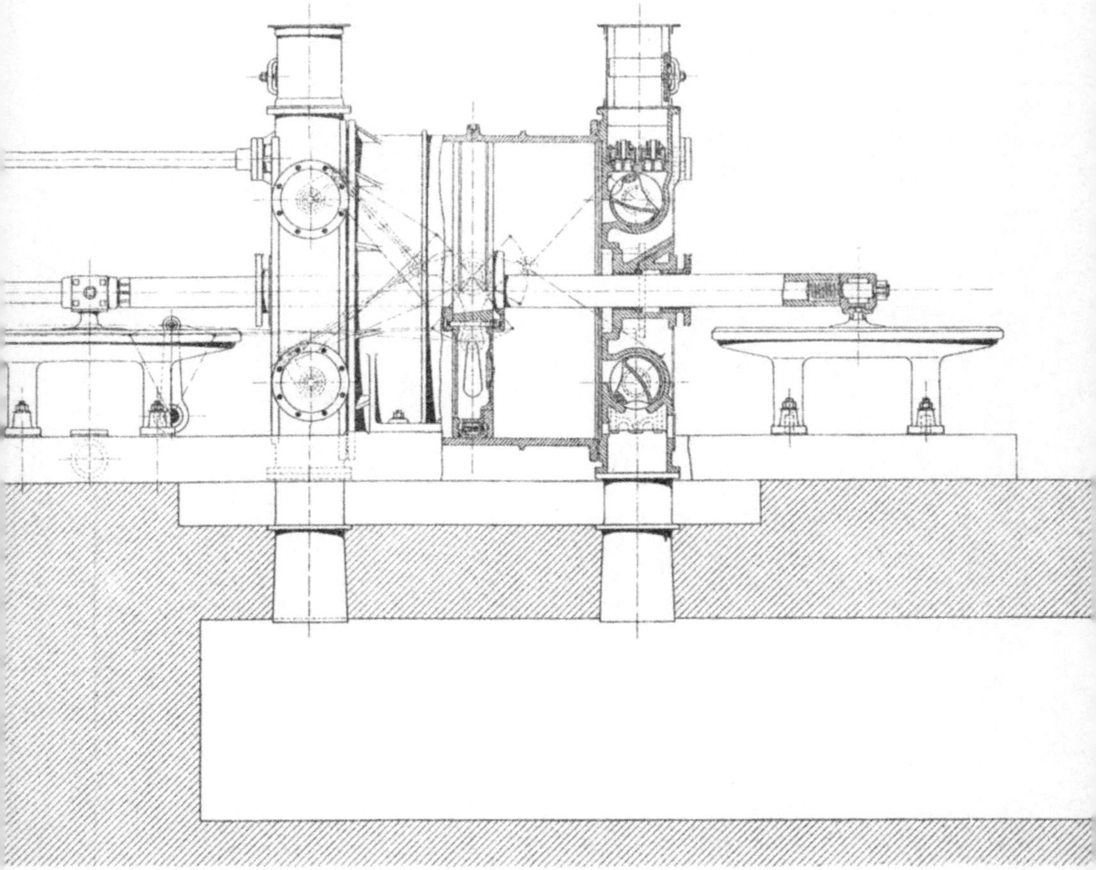

Gebläsediagramm

bei den Versuchen

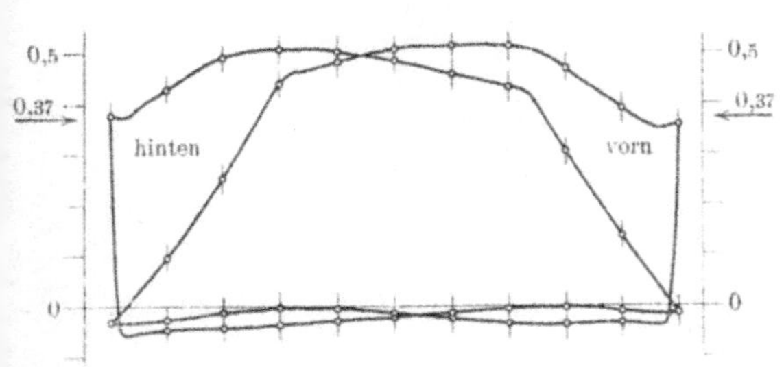

beim Betriebe

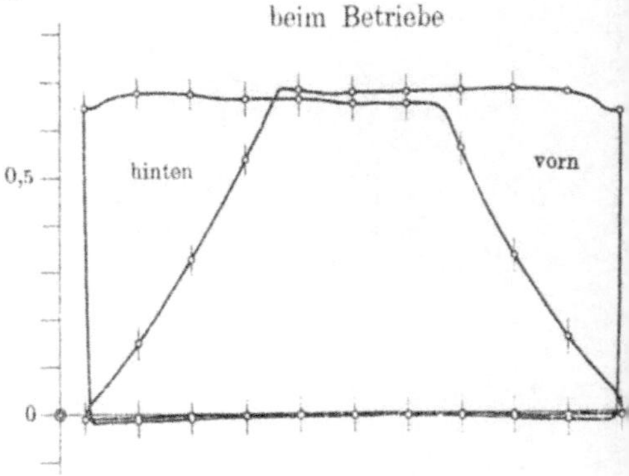

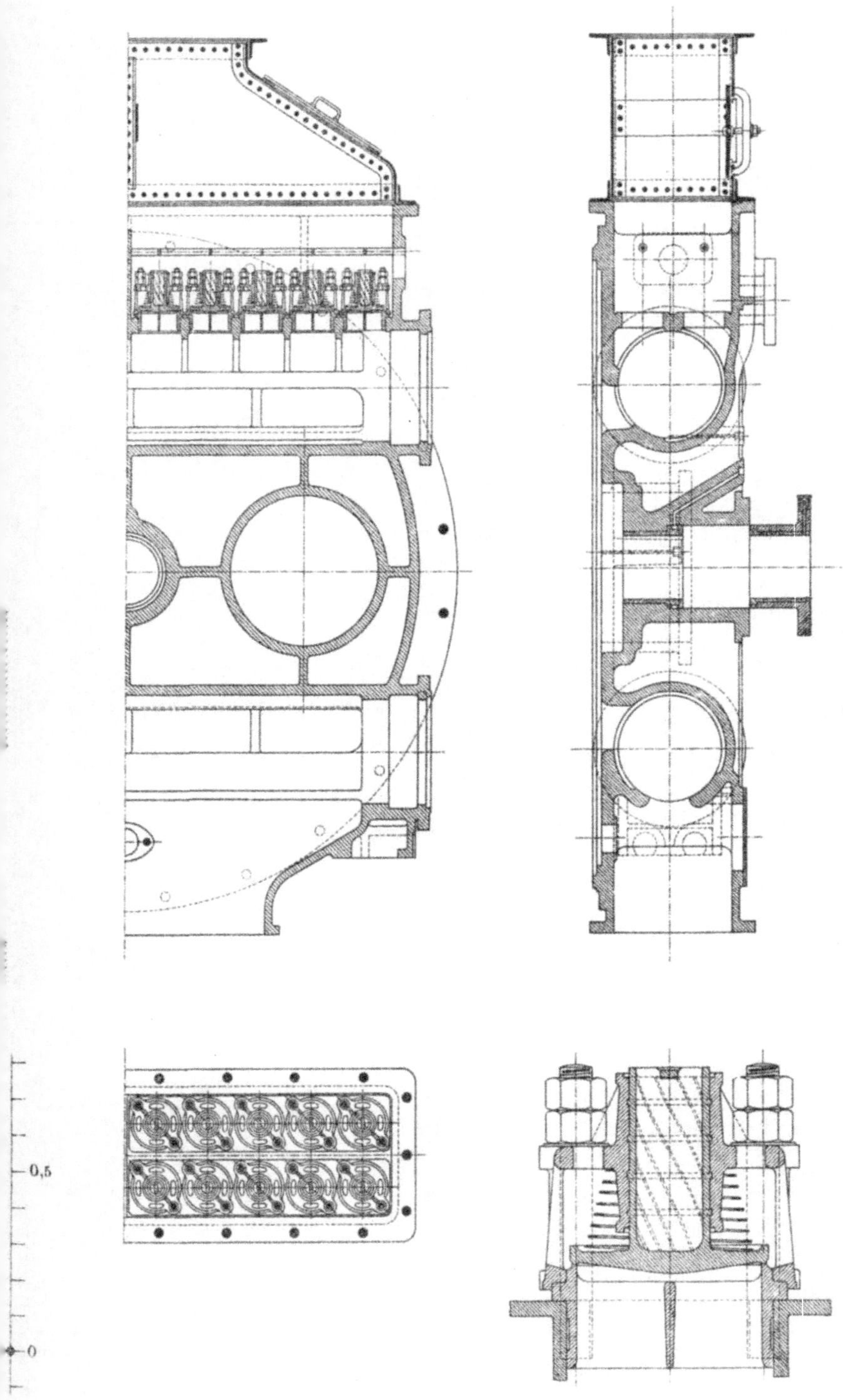

Photolith. d. geogr.-lith. Anst. u. Steindr. v. C. L. Keller in Berlin S.

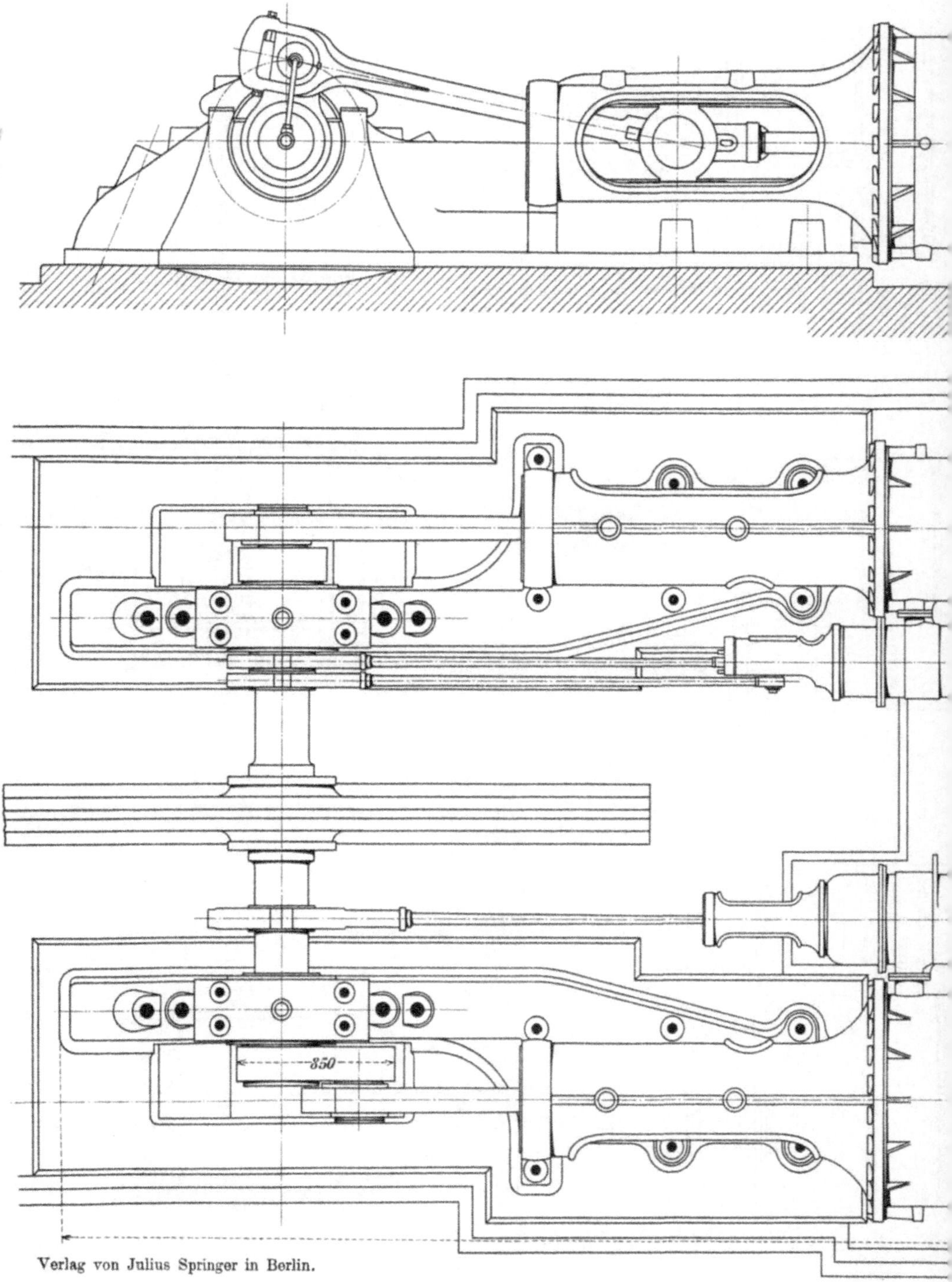

Verlag von Julius Springer in Berlin.

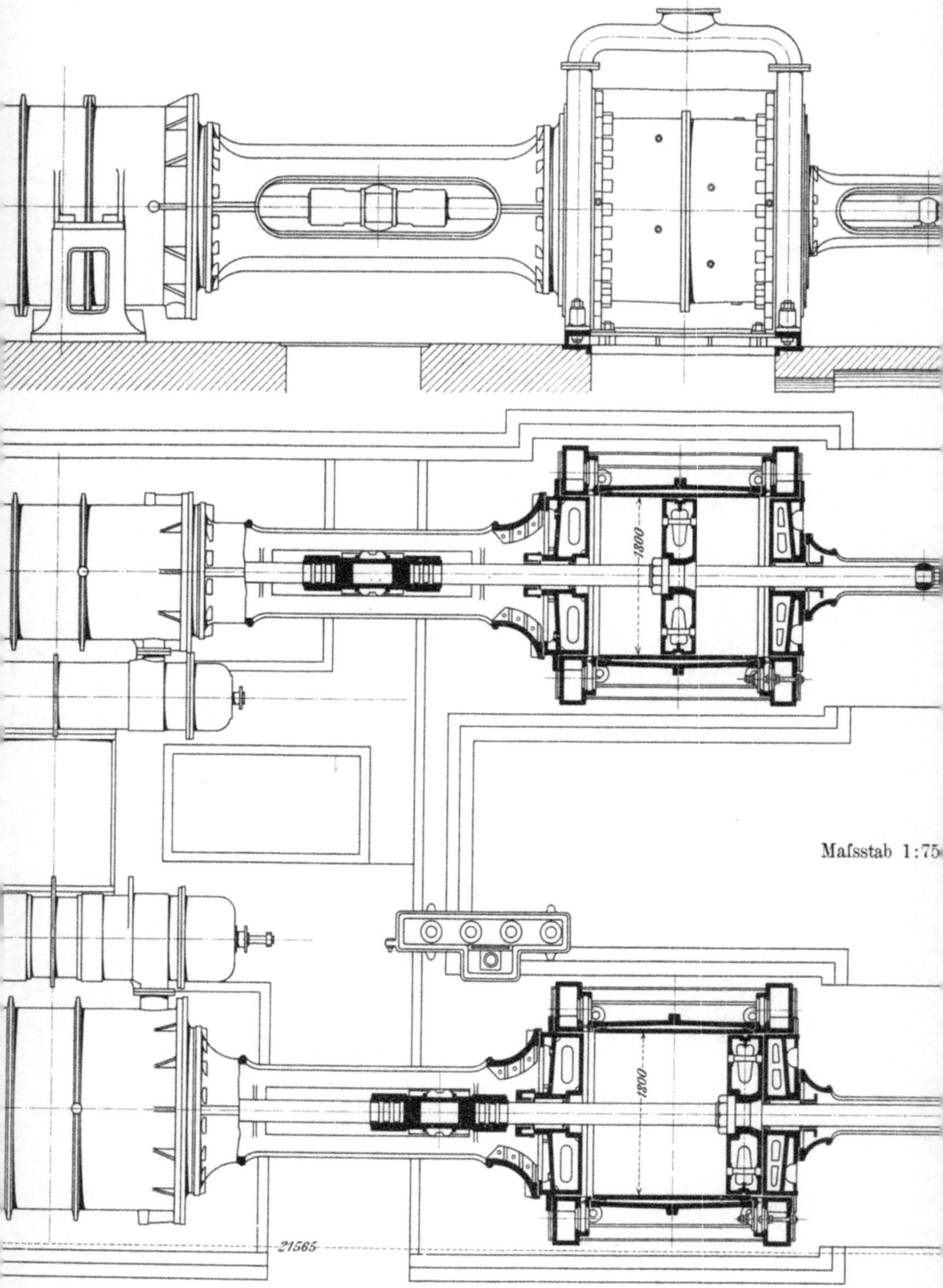

1800
1800
21565
Maſsstab 1:75

Tafel VI.

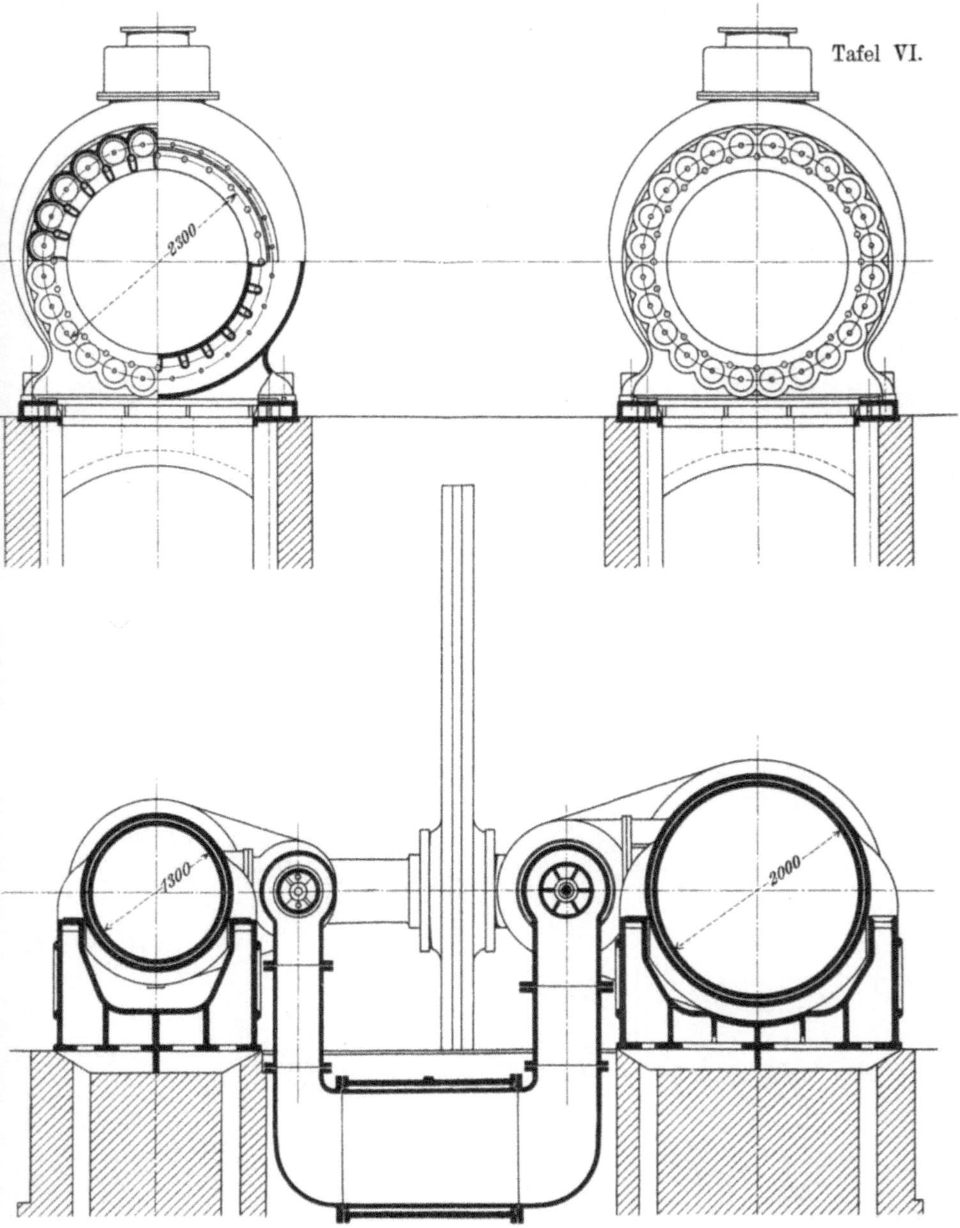

Liegende Verbund-Stahlwerks-Gebläsemaschine

1300 u. 2000 Dampfcyl.-Dmtr., 1800 Windcyl.-Dmtr., 1700 Hub

der Kölnischen Maschinenbau-A.-G. Köln-Bayenthal.

Techn.-art. Anst. von Alfred Müller in Leipzig.

Liegende Verbund-

der Maschinenbau

M

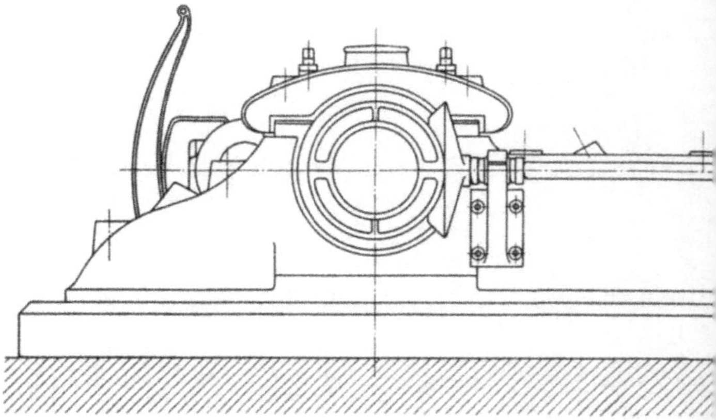

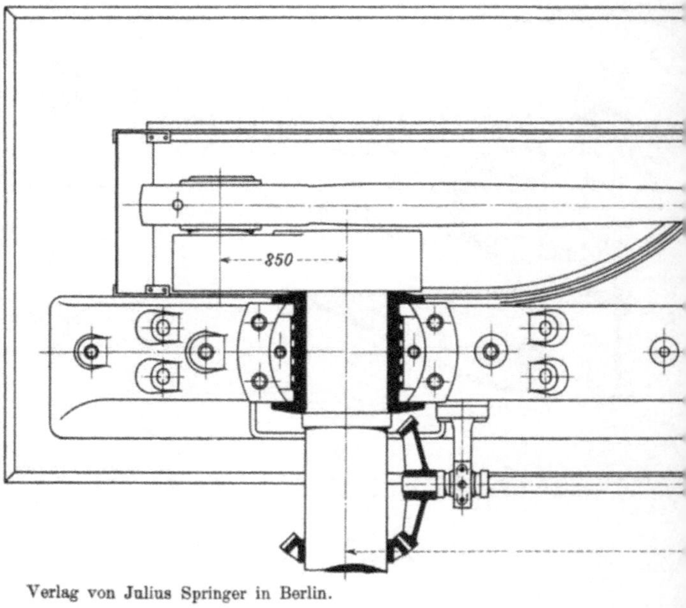

Verlag von Julius Springer in Berlin.

Bessemer-Gebläsemaschine

-A.-G. „Union" in Essen a. R.

Mafsstab 1:50.

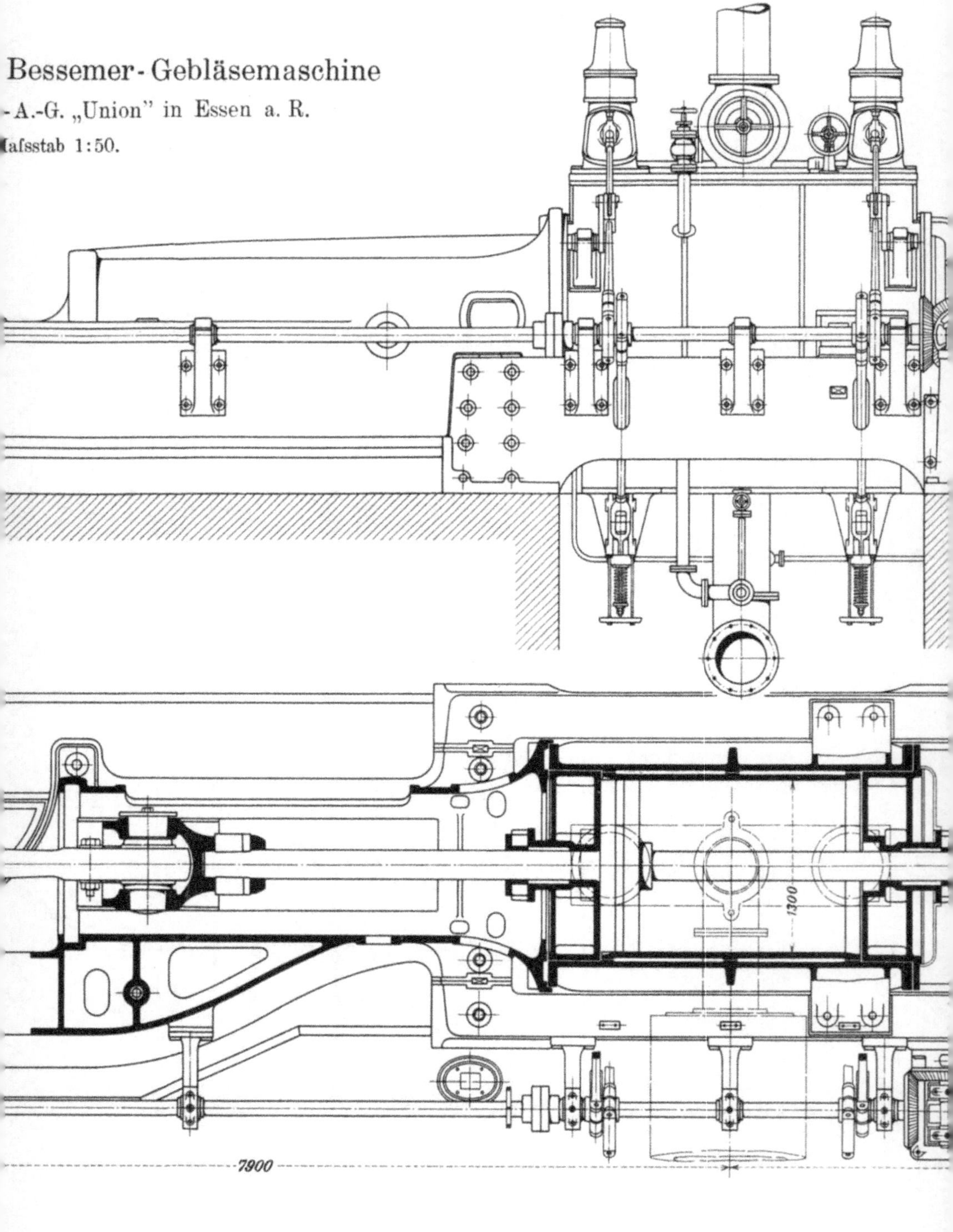

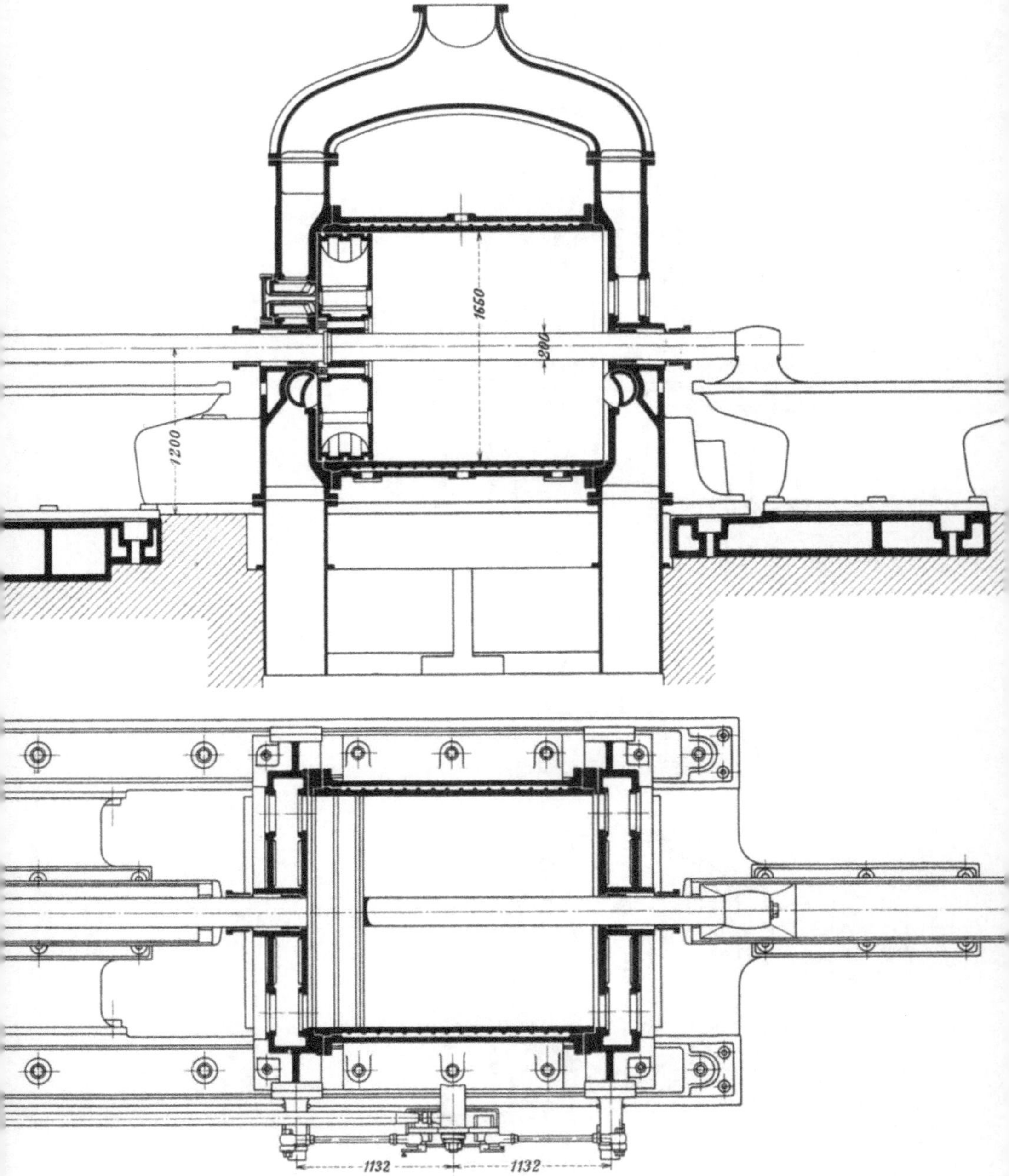

1650
280
1200
1132
1132
6000

Tafel VII.

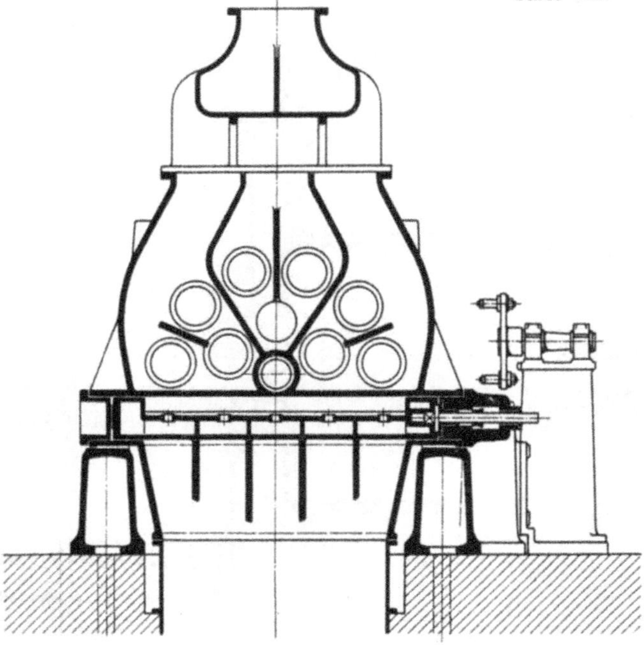

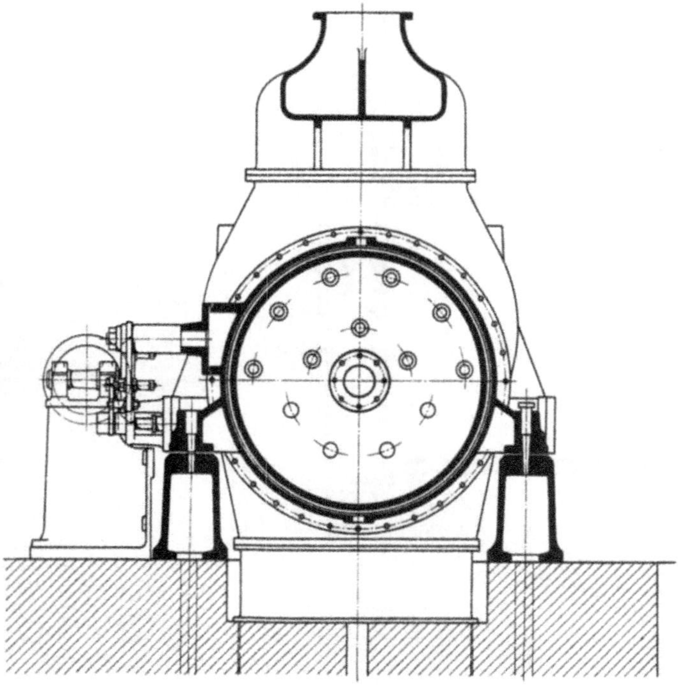

Techn.-art. Anst. von Alfred Müller in Leipzig.

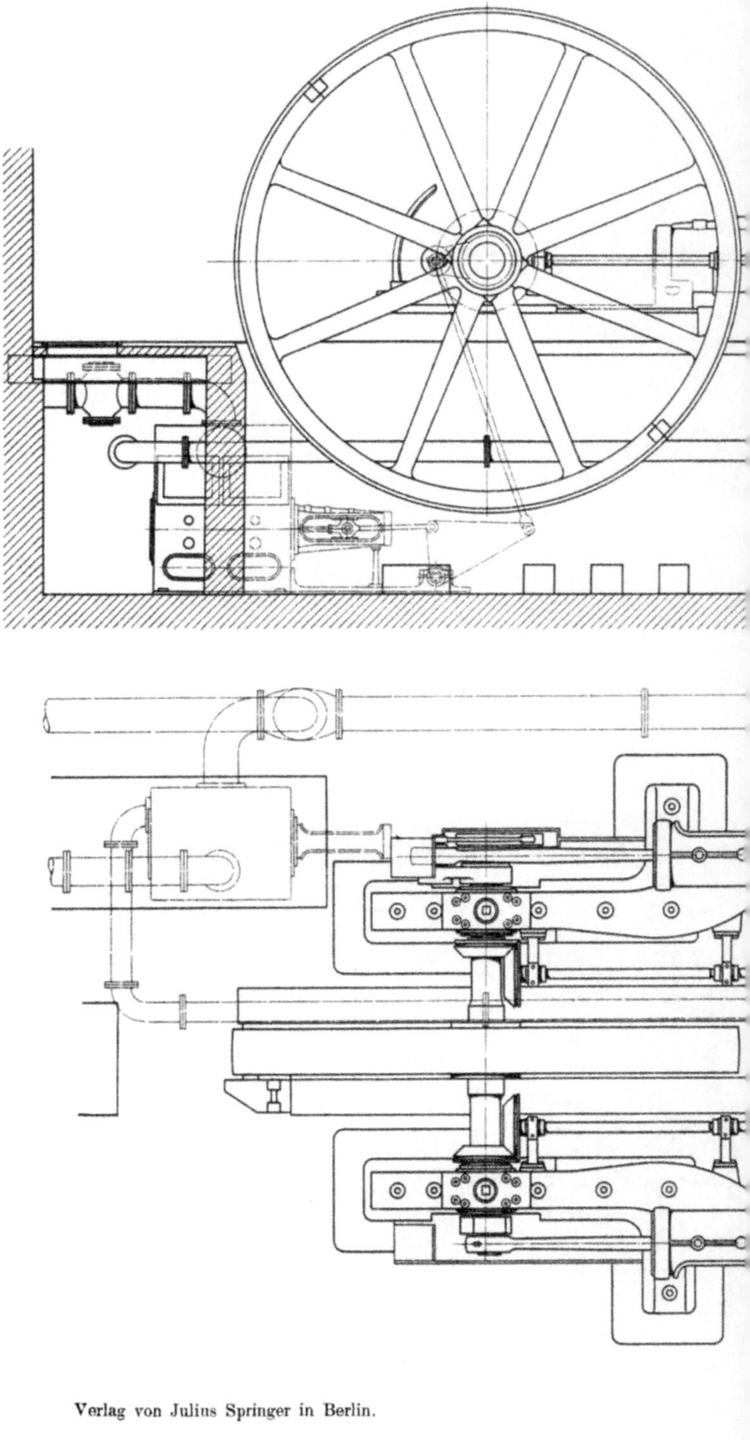

Verlag von Julius Springer in Berlin.

Liegender Verbund-Kompressor

System Strnad, von Hofmann & Zinkeisen in Zwickau.

Maſsstab 1:75.

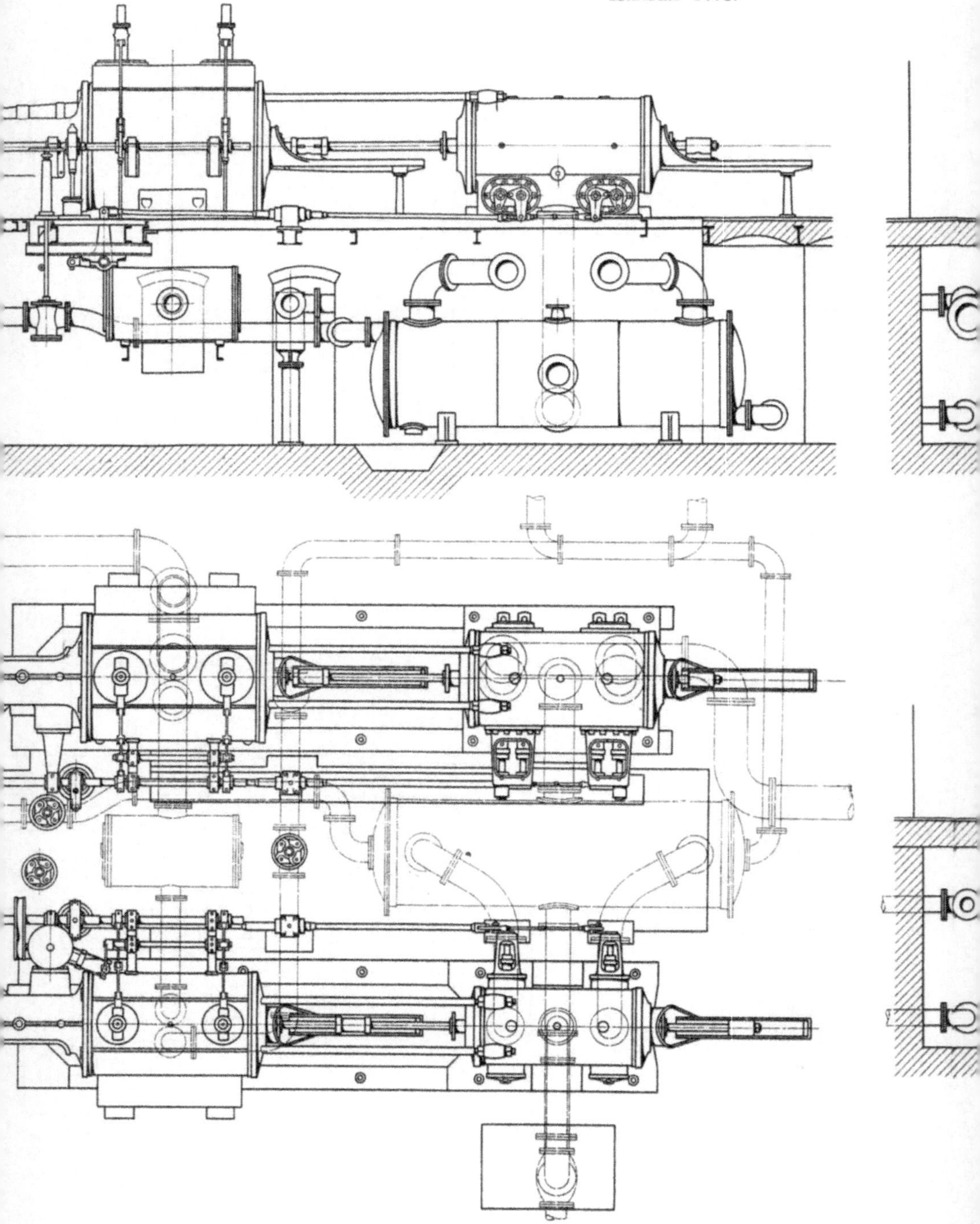

Tafel VIII.

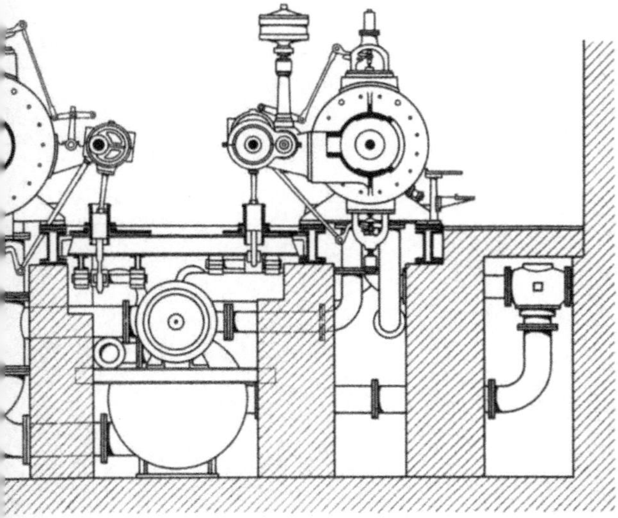

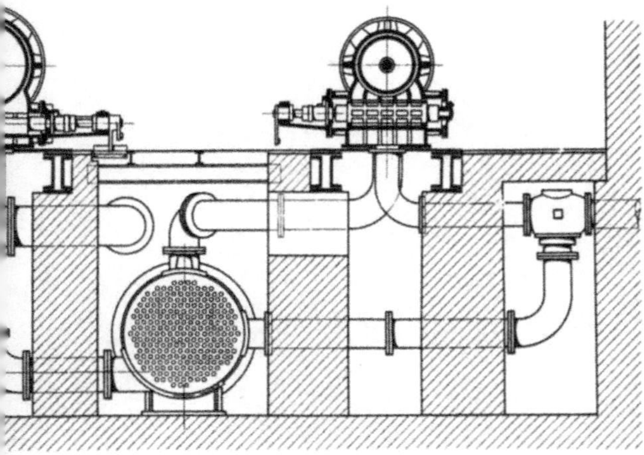

Techn.-art. Anst. von Alfred Müller in Leipzig.

Stehender Ver

System

von Pokorny & Wittekind i

Masst

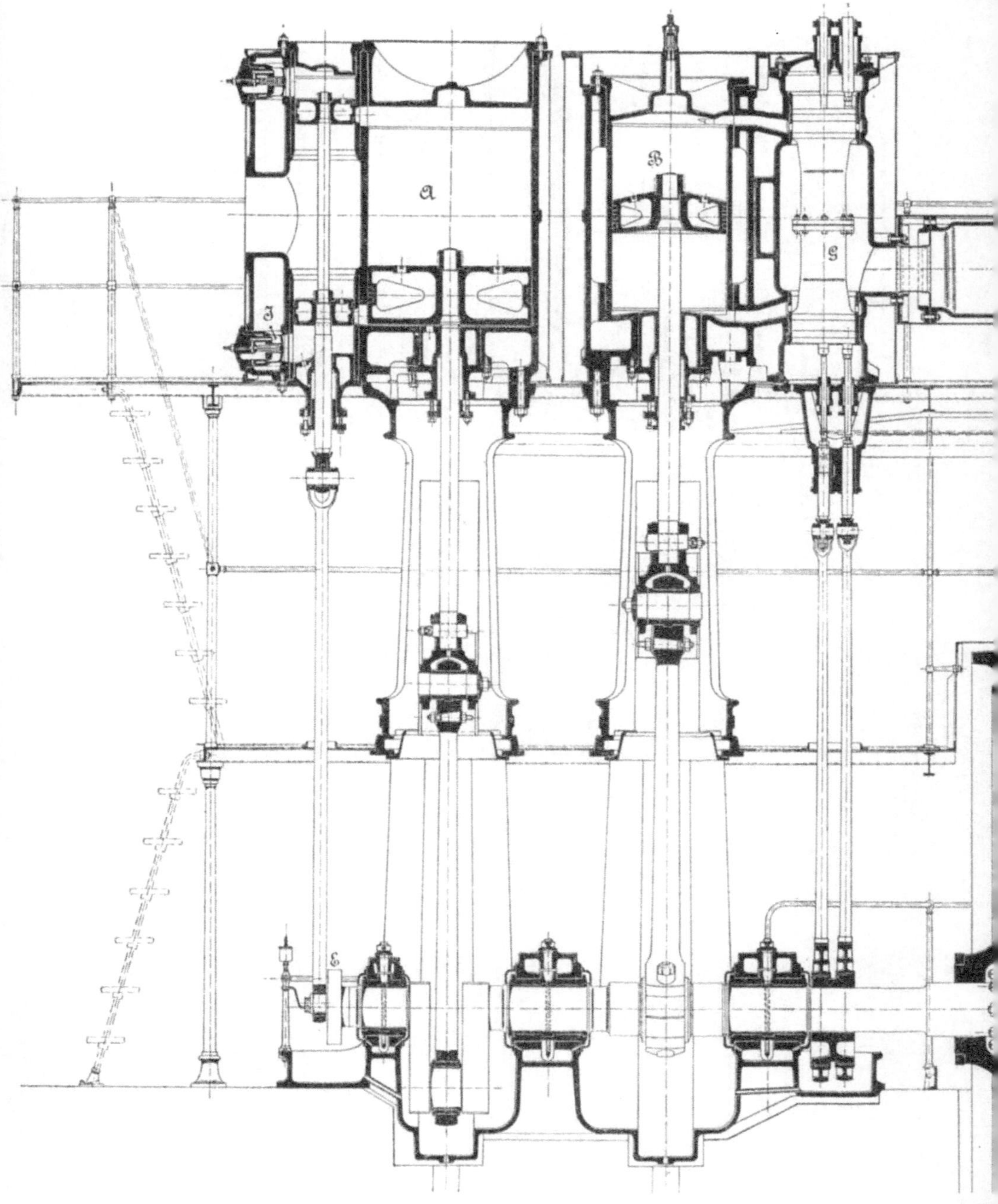

Verlag von Juliu

und-Kompressor

Köster

Bockenheim-Frankfurt a. M.

Tafel IX.

› 1 : 40.

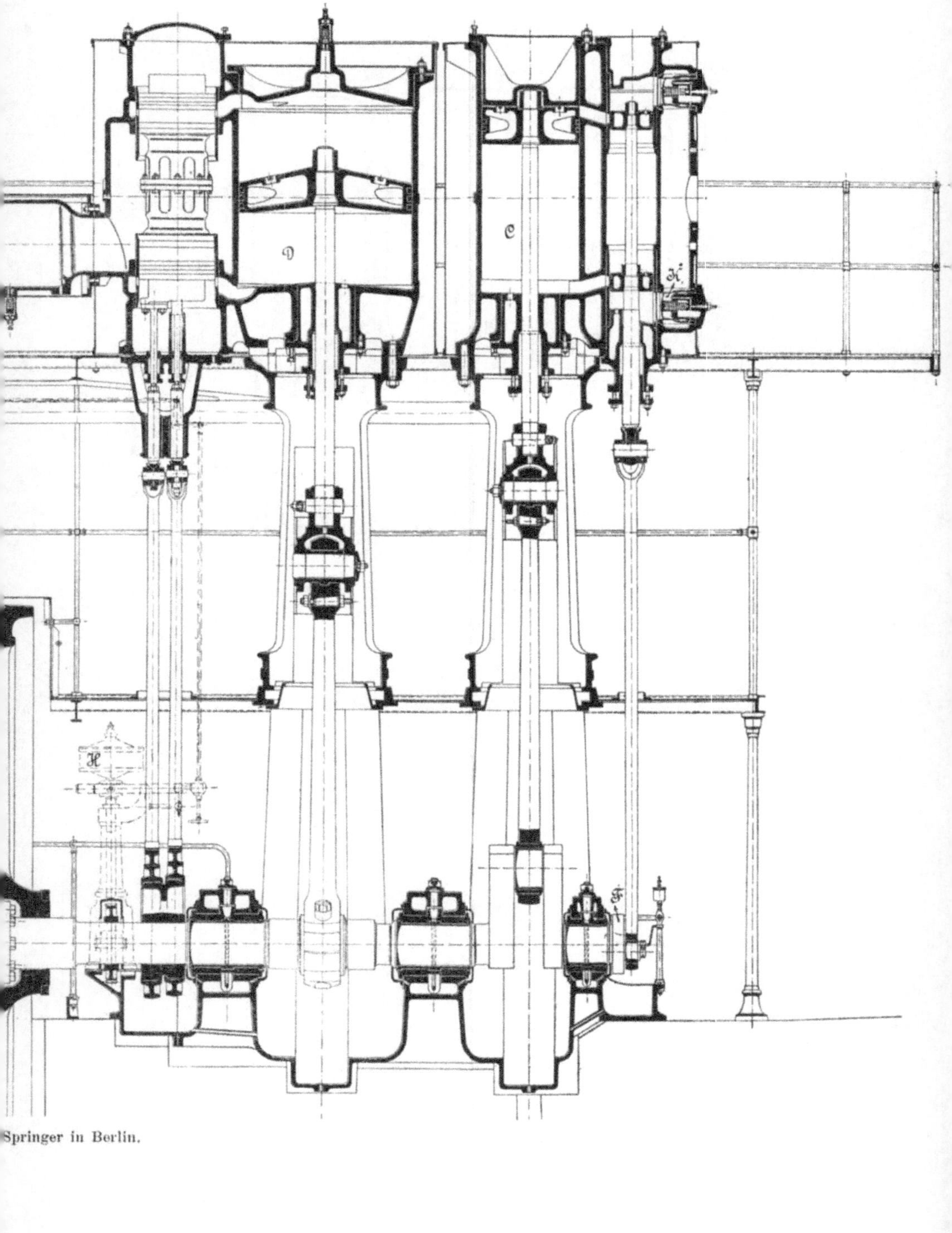

Springer in Berlin.

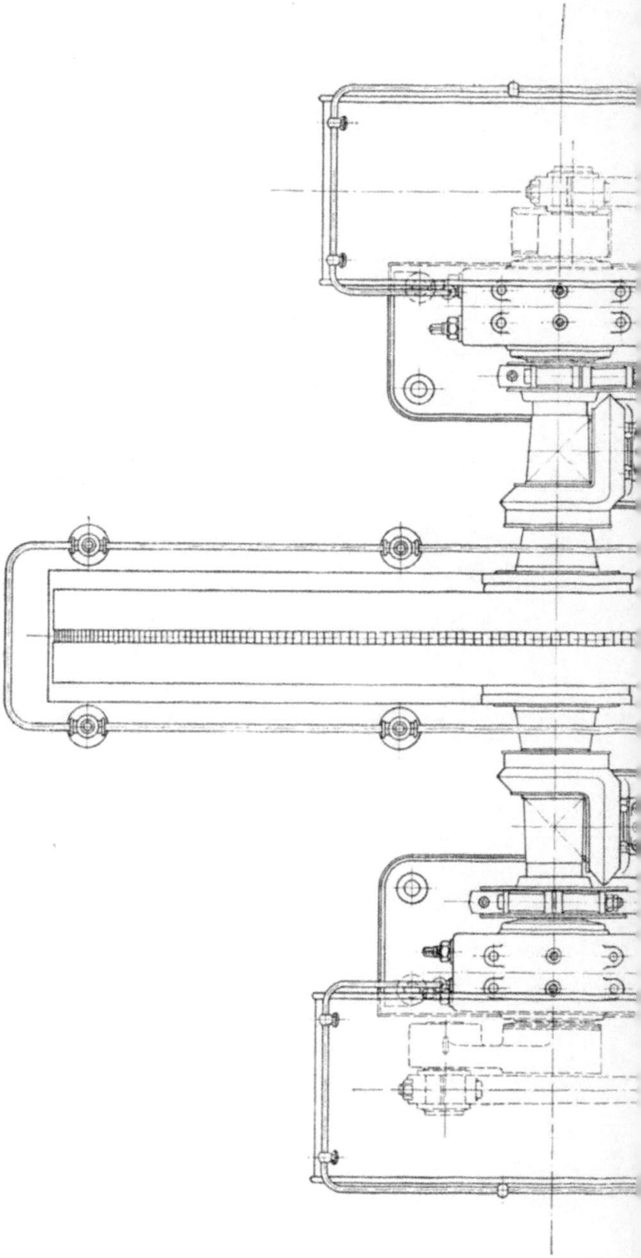

Liegender Verbund-Kompressor
System Köster
von Pokorny & Wittekind in Bockenheim-Frankfurt a. M.

Masstab 1 : 40.

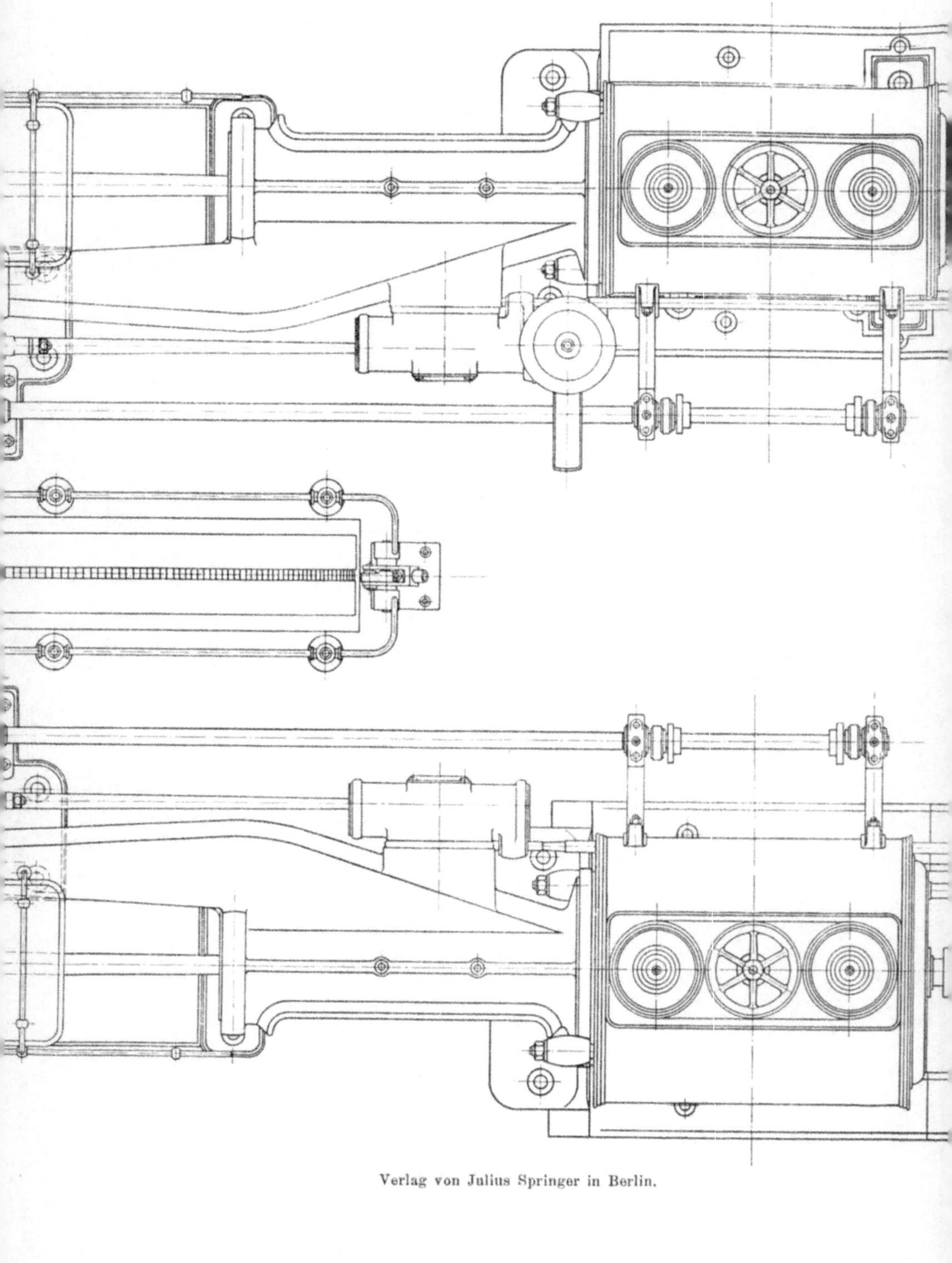

Verlag von Julius Springer in Berlin.

Tafel X.

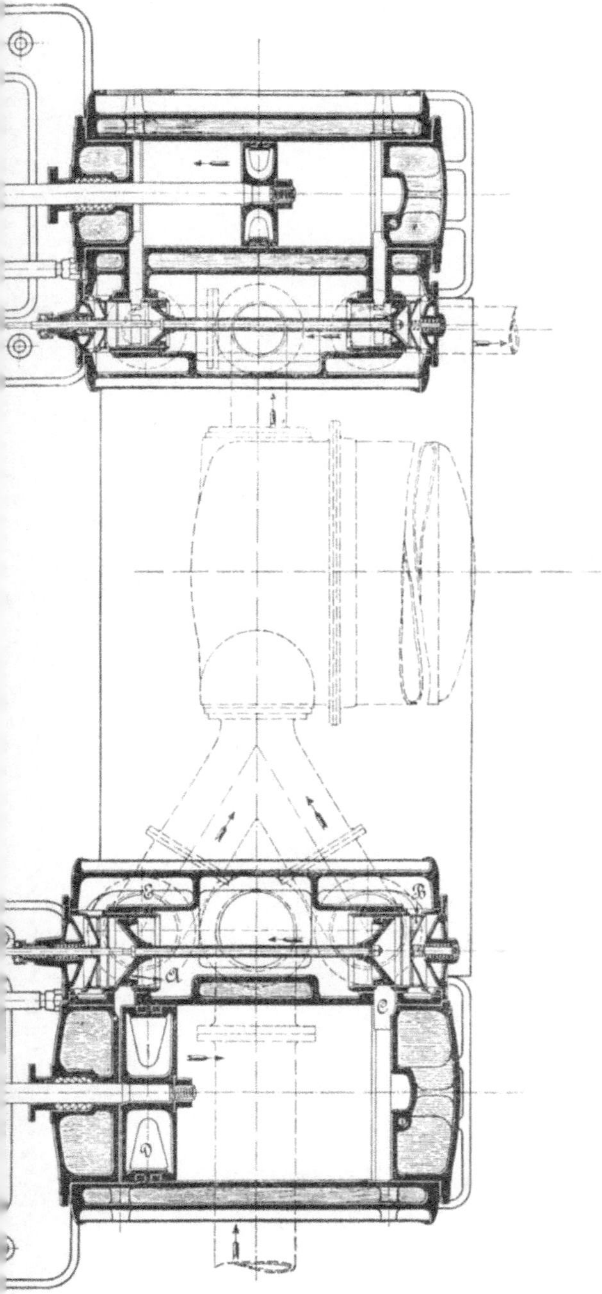

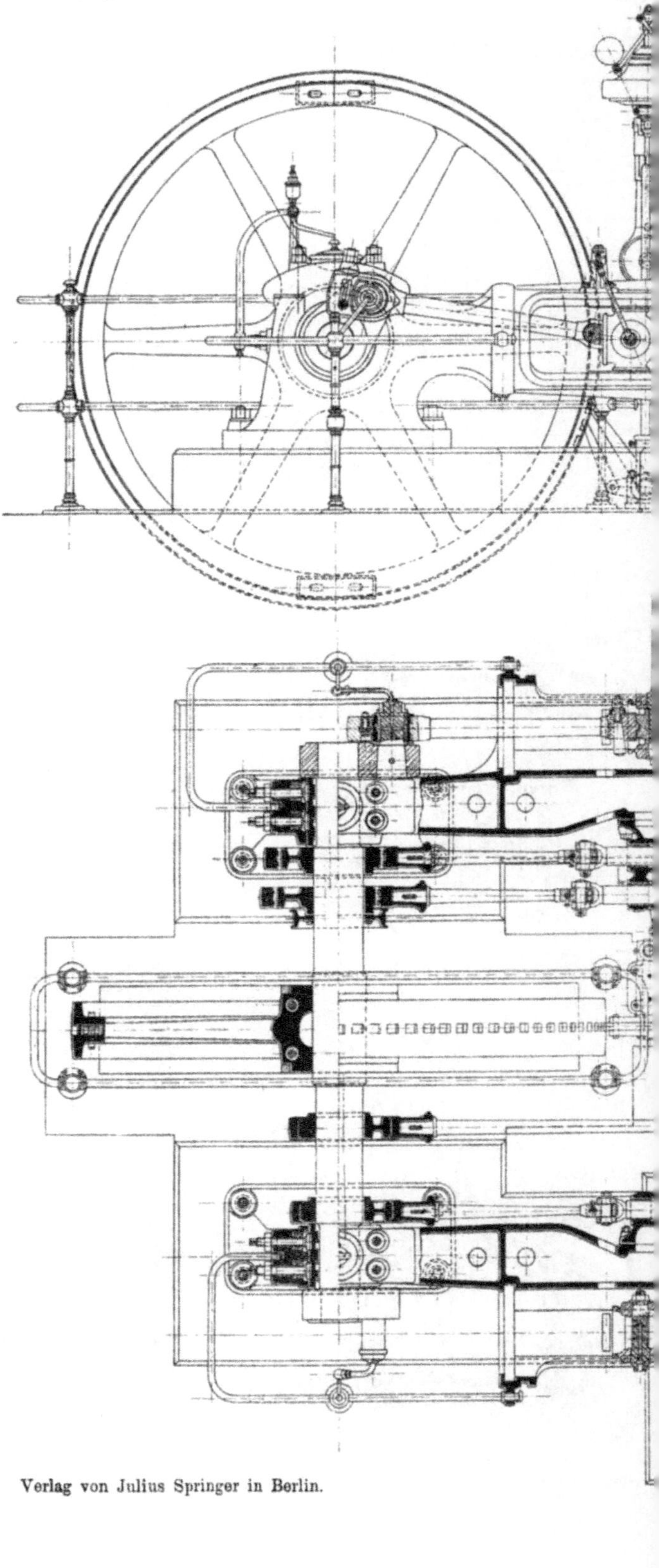

Verlag von Julius Springer in Berlin.

Liegender zweistufiger Kompressor, System Burckhardt-Weiss der Sangerhäuser Aktien-Maschinenfabrik und Eisengiesserei in Sangerhaus[en]

Mafsstab 1:35.

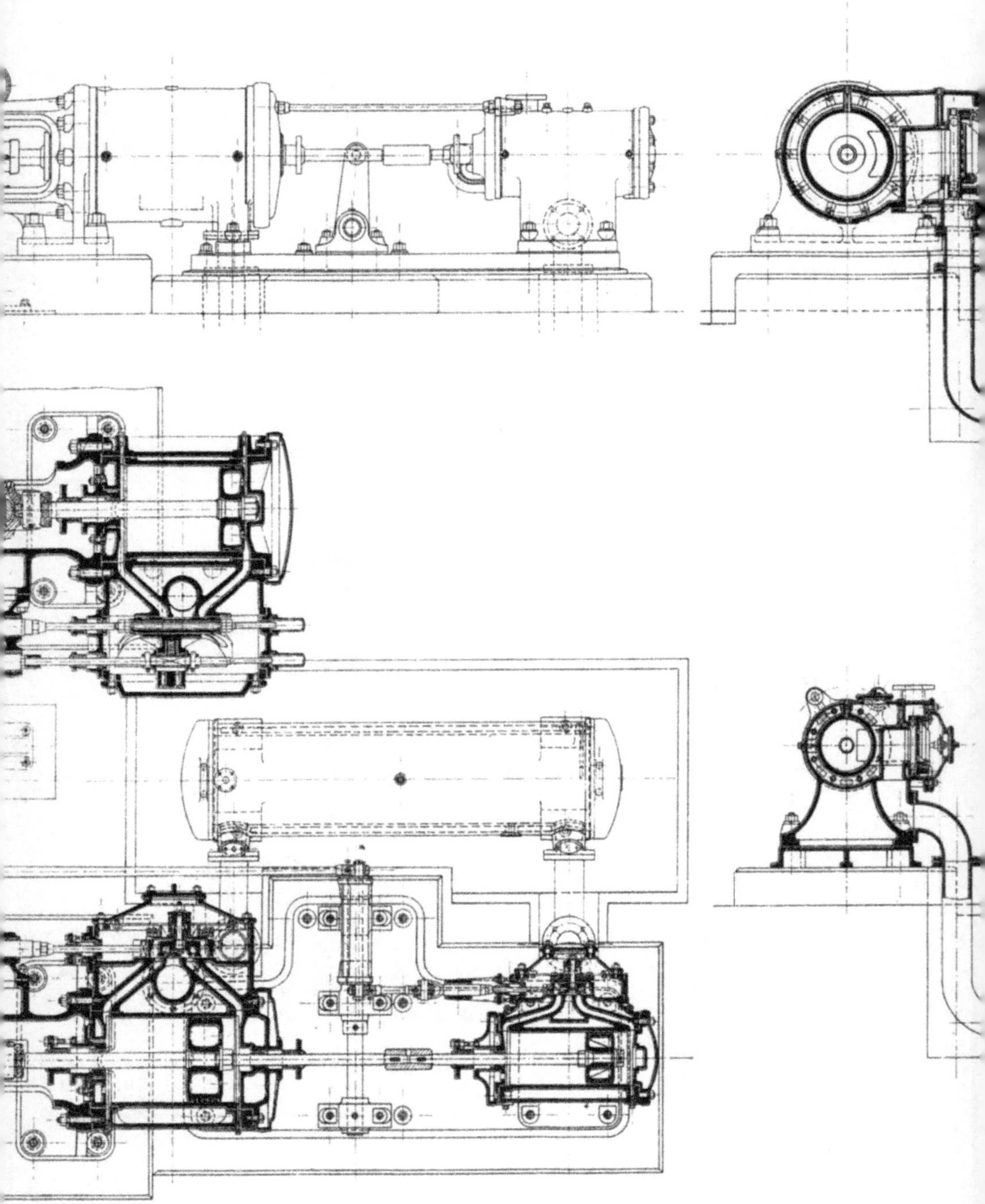

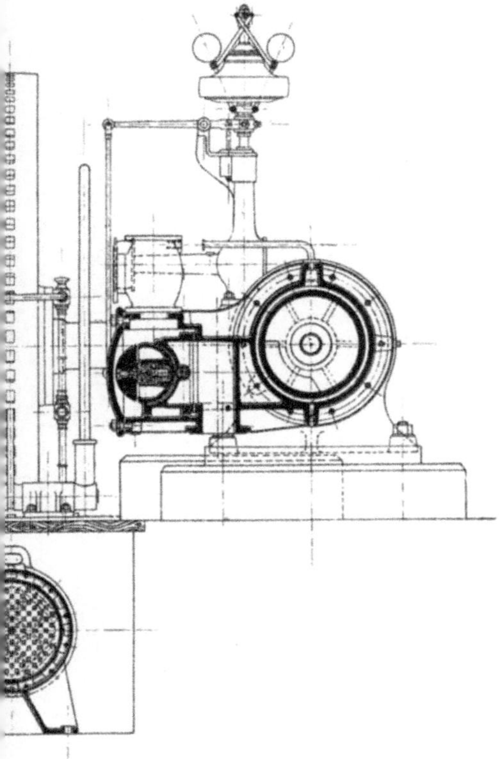

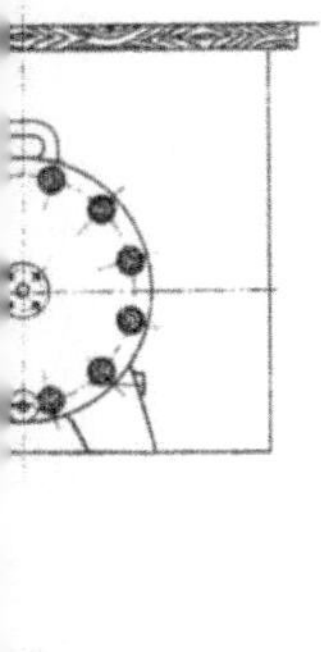

d. geogr.-lith. Anst. u. Steindr. v. C. L. Keller in Berlin S.

GPSR Compliance

The European Union's (EU) General Product Safety Regulation (GPSR) is a set of rules that requires consumer products to be safe and our obligations to ensure this.

If you have any concerns about our products, you can contact us on ProductSafety@springernature.com

In case Publisher is established outside the EU, the EU authorized representative is:

Springer Nature Customer Service Center GmbH
Europaplatz 3
69115 Heidelberg, Germany

Batch number: 10682269

Printed by Printforce, the Netherlands